Bairlein – Das große Buch vom Vogelzug

Franz Bairlein

# Das große Buch vom Vogelzug

## Eine umfassende Gesamtdarstellung

AULA

AULA-Verlag Wiebelsheim

Prof. Dr. Franz Bairlein

Institut für Vogelforschung
„Vogelwarte Helgoland"
An der Vogelwarte 21
D-26386 Wilhelmshaven
E-Mail: franz.bairlein@ifv-vogelwarte.de

und

Max Planck Institut für Verhaltensbiologie
Am Obstberg 1
D-78315 Radolfzell



**Bibliografische Information der Deutschen Nationalbibliothek**
Die Deutsche Nationalbibliothek verzeichnet diese Publikation in der Deutschen Nationalbibliografie; detaillierte bibliografische Daten sind im Internet über http://dnb.d-nb.de abrufbar.



Umschlagabbildung: H. Glader
Druck und Verarbeitung: Westermann Druck Zwickau GmbH
Printed in Germany/Imprimé en Allemag ne
ISBN 978-3-89104-825-2

# Inhaltsverzeichnis

# Vorwort

Als ich angesprochen wurde, ein „Vogelzugbuch“ zu schreiben, war mein erster Gedanke „Doch nicht noch eines“, denn es gibt doch bereits eine ganze Reihe ausgezeichneter Bücher und Abhandlungen zum Vogelzug (s. „Zum Weiterlesen“) und unzählige wissenschaftliche Publikationen. Mit etwas Abstand habe ich mich dann doch überzeugen lassen, dieses Buch zu schreiben. Schließlich habe ich ja auch meine gesamte Zeit als Forscher und Wissenschaftler dem Vogelzug gewidmet. „Vogelzug“ begeistert mich dabei heute noch genauso wie zu Beginn meiner Forschung, wenn nicht sogar noch mehr mit den nun immer tieferen Einblicken und dem gewonnenen Wissen. In den letzten Jahren haben gerade neue Methoden, wie das direkte Verfolgen von ziehenden Vögeln mittels Telemetrie, aber auch neue molekularbiologische Techniken völlig neue Einblicke in den Vogelzug und seine Mechanismen eröffnet, aber auch zugleich neue Fragen aufgeworfen. Eine der derzeit sicherlich besonders spannenden ist, wie Zugvögel mit dem allgegenwärtigen Klimawandel zurechtkommen, inwieweit sie sich anpassen können. Gleichzeitig sind viele Zugvogelarten insbesondere durch den Landschaftswandel teilweise hochgradig gefährdet und brauchen dringend unsere Hilfe. Sie als Leserinnen und Leser an dieser „Faszination Vogelzug“ teilhaben zu lassen, war dann schließlich der eigentliche Antrieb für dieses Buch.

Dabei wird sich Vieles nicht stark von anderen Vogelzugbüchern unterscheiden, das Schauspiel an sich und seine Grundlagen sind eben wie sie sind. Doch in Einem ist dieses Buch etwas anders: Ein recht umfangreiches und früh im Buch platziertes Kapitel beschäftigt sich mit „Vogelzug in Deutschland“. Auf der Basis des vor einigen Jahren veröffentlichten *„Atlas des Vogelzugs –Ringfunde deutscher Brut- und Gastvögel“*, erweitert mit Daten von mit Sendern oder Geolokatoren ausgestatteten Vögeln, stelle ich kurz das Zugverhalten zahlreicher heimischer Arten oder von Arten vor, die bei uns auffällige oder besondere Durchzügler oder Wintergäste sind. Motiviert dazu hat mich, dass ich nach öffentlichen Vorträgen, wo man ja gern eher das Besondere als das Alltägliche vorstellt, immer wieder nach dem Zugverhalten der alltäglichen Arten wie Stockente, Amsel, Rotkehlchen und Co. gefragt wurde. So soll dieses Kapitel einen exemplarischen Querschnitt durch das Zugverhalten heimischer Arten vermitteln, ohne aber jede Art behandeln zu können. Hierfür sei auf den *„Atlas“* verwiesen. Vielmehr habe ich versucht, aus den einzelnen Vogelfamilien die charakteristischen Arten aber auch kontrastierendes Zugverhalten vorzustellen.

Ist der Vogelzug unserer heimischen Arten schon faszinierend, so bekommt dies noch eine zusätzliche Note, wenn wir den Blick auf das weltweite Vogelzuggeschehen richten. Begeistert uns, dass unsere heimischen Weißstörche oder Rauchschwalben 10.000 km bis ins südliche Afrika ziehen, so macht nahezu sprachlos, dass eine Küstenseeschwalbe bis zu 90.000 km im Jahr unterwegs sein kann auf ihrer Reise zwischen ihrem Brutgebiet in der Arktis, ihrem „Winter“gebiet in der Antarktis und wieder zurück ins Brutgebiet, oder Pfuhlschnepfen aus Alaska nahezu 200 Stunden lang ununterbrochen quer über den Pazifik fliegen, bis sie ihr Überwinterungsgebiet in Neuseeland erreichen. Welche vielfältigen Formen und Muster es im Vogelzug gibt, in welcher Höhe Vögel ziehen, wie Zugvögel Barrieren wie Meere, Gebirge und Wüsten überwinden, wie sie „wissen“, wann es Zeit ist zu ziehen, wohin sie zu fliegen haben, wie sie sich orientieren und wie sie ihre Reise bewältigen, aber auch welche Herausforderungen und Gefahren ihnen begegnen oder welche Auswirkungen der derzeitige Klimawandel auf Zugvögel schon zeigt, sind weitere Themen.

Dabei verwende ich viele Abbildungen. Grafiken lassen oftmals vieles „auf einen Blick“ verständlicher werden als viele Worte, gerade, weil man sich in viele auch vertiefen muss, um sie zu durchdringen. Mit den Quellenangaben zu den Abbildungen ergibt sich auch ein Querschnitt der diesem Buch zugrundeliegenden, umfangreichen wissenschaftlichen Literatur, ohne diese auch im Text auszuweisen. In Vorbereitung dieses Buches habe ich hunderte wissenschaftliche Originalarbeiten gesichtet und „verarbeitet“. Sie alle zu zitieren bzw. hier aufzuführen, würde sowohl die Lesbarkeit des Textes erschweren wie den Umfang des Buches sprengen. Aus Gründen der Lesbarkeit habe ich deshalb auf die Angabe weiterer Quellen für den Text verzichtet, zumal mit diesem Buch kein „wissenschaftliches Review“ angestrebt war. Zudem finden sich viele Quellen in den „Zum Weiterlesen“ aufgeführten Werken sowie in den Literaturverzeichnissen der Abbildungsquellen.

Dieses Buch wäre nicht ohne die Hartnäckigkeit des Verlegers entstanden. Aber ich bin dankbar dafür, denn es hat auch Spaß gemacht. Es wäre aber auch nicht möglich geworden ohne die Hilfe Vieler.

Ich danke Heiko Schmaljohann für zahlreiche Anmerkungen zum Manuskript, ebenso Heidi Seibold-Schütz für ihre Durchsicht. Für die Bereitstellung von Abbildungsvorlagen gilt mein Dank Miriam Liedvogel, Reno Lottmann, Henrik Mouritsen, Ilia Solov‘yov und Stefan Stübing, darüber hinaus den vielen Autoren, die ihre Fotos zur Verfügung stellten.

Besonderer Dank geht an Georg Grothe vom AULA-Verlag, der mit großer Geduld und Geschick meine zahlreichen Abbildungsvorlagen umgesetzt und das Layout gestaltet hat. Svenja Höchster und Fabian Kaschinski danke ich für das Lektorat.

Schließlich widme ich dieses Buch in großer Dankbarkeit all denen, die mich auf meiner beruflichen Laufbahn begleitet und vielfältig unterstützt haben: meine Familie, die Kolleginnen und Kollegen innerhalb und außerhalb meiner Wirkungsstätten in Radolfzell, Köln, Hattiesburg (USA) und Wilhelmshaven, die Studierenden, die Doktorandinnen und Doktoranden, die Postdoktoranden, die Teilnehmerinnen und Teilnehmer an meinen vielen Forschungsreisen sowie die zahlreichen Freunde, die es angesichts meiner meist knappen Zeit für sie mit mir nicht immer einfach hatten.

Wilhelmshaven, Radolfzell und Nürnberg
im Januar 2022.

Franz Bairlein

Die Mehrzahl der Abbildungen haben einen Textverweis und sind deshalb nummeriert. Sie werden ergänzt durch illustrierende Fotos ohne Nummerierung.

Ziehende Weißstörche (Foto: T. Krumenacker)

# Methoden der Vogelzugforschung

# 1

## Von der Beobachtung zu Hightech im Weltall und ins Labor

### Beobachtung

Dass Vögel ziehen, ist dem Menschen durch Beobachtung seit langem bekannt. So finden sich Darstellungen ziehender Vögel in Grabmosaiken des Alten Ägyptens aus der Zeit 1200 v. Chr. Der erste, der sich mehr systematisch mit Vogelzug beschäftigt hat, war der griechische Philosoph und Naturforscher Aristoteles (384–322 v. Chr.) in seiner „*Historia animalium*" („Geschichte des Tierreichs").

Darin hat Aristoteles vieles zum Vogelzug treffend beschrieben, zugleich aber auch die sich bis ins 19. Jahrhundert anhaltende Meinung begründet, Vögel würden „Winterschlaf" machen, obwohl eigentlich schon 1724 durch ein „Experiment" von Johann Leonhard Frisch widerlegt. Frisch versah Schwalben mit roten Fäden an den Füßen, um die allgemein verbreitete Ansicht zu prüfen, dass Schwalben in Teichen und Sümpfen einen Winterschlaf halten. Wenn dem so sei, sollte die rote Farbe durch die Einwirkung des Wassers verschwinden. Die Fäden der im nächsten Frühjahr zurückgekehrten Schwalben hatten ihre

Abb. 1: Eisfischer holen ein Netz ein, in dem sich „Vögel" befinden. Die Legende von den Schwalben, die am Grund von Gewässern überwintern, hielt sich bis ins 19. Jahrhundert. Holzschnitt aus den „Historia de gentibus septentrionalibus" von Olaus Magnus 1555 aus Curry-Lindahl 1982.

Farbe jedoch nicht verloren, woraus Frisch schloss, dass die Schwalben nicht im Wasser überwintern sondern wie andere Vögel auch, nach dem Süden gezogen waren.

Dennoch verharrte selbst der große schwedische Naturforscher Carl von Linné (1707–1778) in seinem 1757 erschienenen Werk *„Migrationes Avium"* („Der Zug der Vögel") noch in der Annahme, dass Zugvögel am Grunde von Gewässern überwintern. Möglicherweise getrieben war diese Ansicht von der Beobachtung, dass sich Rauchschwalben zu den Zugzeiten im Herbst und Frühjahr oftmals in großer Zahl zum Übernachten in Schilfröhrichten an Gewässern sammeln, den Winter über aber „verschwunden" sind. So nahm man an, dass sie im Herbst in die Gewässer eintauchen, dort am Grund der Gewässer verbleiben, um im Frühjahr daraus wieder aufzutauchen. Der schwedische Bischof, Kartograf und Geograf Olaus Magnus (1490–1557) ließ dies sogar in seiner 1555 erschienenen *„Historia de gentibus septentrionalibus"* durch einen Holzschnitt illustrieren, wie Eisfischer Schwalben mit Netzen aus dem Wasser fischen (Abb. 1).

Sorgfältige Beobachtungen und Deutung der Beobachtungen waren die Grundlagen für eine erste umfassende Darstellung des Vogelzuges durch den deutschen Kaiser Friedrich II. (1194–1250) in seinem berühmten Werk *„De arte venandi cum avibus"* („Über die Kunst mit Vögeln zu jagen").

Und auch spätere Ausführungen zum Vogelzug beruhten ausschließlich auf Beobachtungen; über Herkunft und Verbleib der Vögel konnte bestenfalls spekuliert werden. So erging es auch Heinrich Gätke (1814–1897), der zwar akribisch aufzeichnete, welche Vogelart wann auf Helgoland durchzieht, in seinem 1891 veröffentlichten Buch *„Die Vogelwarte Helgoland"* (Abb. 2) aber nichts zu deren Herkunft sagen konnte.

Abb. 2: Heinrich Gätke und die Titelseite seines 1891 erschienenen Buches „Die Vogelwarte Helgoland" (Archiv Institut für Vogelforschung).

Abb. 3: „Pfeilstörchin" von Wismar (Foto: R. Kinzelbach in Kinzelbach 2005).

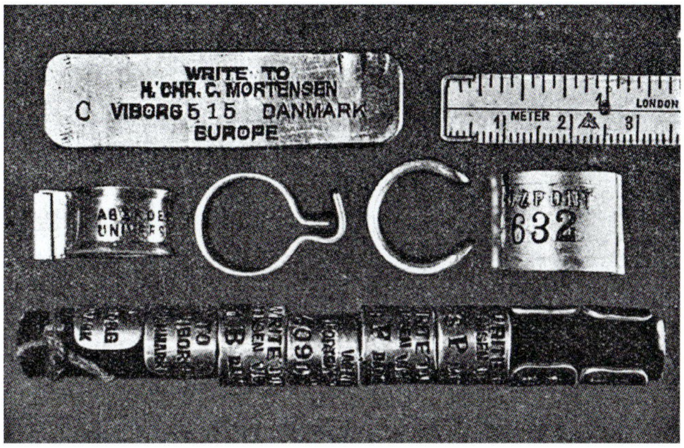


Abb. 4: Hans Christian Mortensen (1856 – 1921; https://de.wikipedia.org/wiki/Hans_Christian_Cornelius_Mortensen) sowie von ihm verwendete Ringe (aus Mortensen 1912).

Zwar gab es die berühmte Pfeilstörchin, die 1822 bei Wismar mit einem Speer ostafrikanischer Herkunft geschossen wurde (Abb. 3), und eine im Mai 1886 in Wexford in Irland tot aufgefundene Rauchschwalbe, die einen Papierring mit der Inschrift „Mary Eslam Suakin, Aegypthen 10. III. 1885" trug, die erste Belege dafür lieferten, dass heimische Vögel nach Afrika ziehen. Doch so richtig anders wurde es erst, als der dänische Lehrer Hans Christian Cornelius Mortensen (1856–1921; Abb. 4) 1899 auf die Idee kam, Vögel mit kleinen Metallringen zu beringen, auf denen eine individuelle Nummer und eine Adresse eingeprägt sind. Denn nun war es möglich, die Zugwege und Wintergebiete der Vögel aufzuklären.

## Wissenschaftliche Beringung von Vögeln

Im Herbst 1899 beringte Mortensen 165 Stare und zwei Haussperlinge mit Aluminiumringen, in die er „Viborg", den Namen seines Heimatortes, und eine laufende Nummer gestanzt hatte. Obwohl er im ersten Jahr keine Rückmeldung erhielt, setzte er seine Beringungen im Jahr 1900 mit weiteren 410 Staren und vier Haussperlingen fort. Die Ringe bekamen zusätzlich die Inschrift „M. Danmark". Bereits im selben Jahr erfolgten die ersten beiden Wiederfundmeldungen: je ein Star war in Holland und in Norwegen geschossen worden.

Starenschwarm (Foto: R. Nagel)

Doch damit hat Mortensen eigentlich nur eine Methode aufgegriffen, die schon viel länger bekannt war, aber vorher nicht systematisch eingesetzt wurde. In den Berichten über seine Asienreise (1271–1295) erwähnt bereits Marco Polo (1254–1324) dass die chinesischen Falkner ihre Vögel mit Fußringen mit dem Namen des Eigentümers kennzeichnen.

In Europa ist dies aus dem 17. und 18. Jahrhundert bekannt. 1722 machte Gottlieb Röhlichen den Vorschlag, „Störche durch einen am Fuß, Schnabel oder Flügel befestigten Ring kenntlich zu machen, um ihren Winteraufenthalt zu erforschen". Anfang des 19. Jahrhunderts hat Johann Andreas Naumann (1744–1826) Mäusebussarde bei seinen Studien zur altersabhängigen Färbung mit kupfernen Ringen mit Inschrift markiert, „in der Hoffnung, sie einmal, vielleicht in veränderter Kleidung, wieder zu fangen". Im 19. Jahrhundert beringte man auch die ersten Weißstörche. Ein 1843 bei Alphen in Holland beringter Jungstorch wurde am 13. August desselben Jahres in S-Frankreich abgelesen und ein im Juli 1890 bei Berka an der Werra beringter Jungstorch, der noch am 20. August im Brutgebiet war, war am 24. August in der Provinz Gerona, Spanien, erlegt worden. Ebenfalls im Jahr 1890 beringte der Lord von Northumberland in England junge Waldschnepfen mit Fußringen, um den Zug der Waldschnepfe zu erforschen. Und 1890 hat auch Mortensen schon seine ersten Beringungsversuche durchgeführt. Angeregt durch einen Bericht über in Holland um etwa 1830 mit Halsbändern aus Messing markierte Gänse und Enten, von denen ein Vogel aus der Gegend von Danzig zurückgemeldet worden war, hat Mortensen bereits 1890 einige Stare mit dünnen Zinkstreifen mit der Aufschrift „Viborg 1890" markiert. 1888 beringte er mit einem Hühnerring einen Mittelsäger, der kurz danach geschossen wurde.

Abb. 5: Johannes Thienemann (1863 – 1938) (aus: Thienemann 1930) sowie Vogelwarte Rossitten (vor 1930) (Archiv Max-Planck-Institut für Verhaltensbiologie).

Dennoch: 1899 gilt als die Geburtsstunde der heutigen wissenschaftlichen Vogelberingung und damit einer Forschungsmethode, die auf individueller Markierung beruht. Jeder Wiederfund eines markierten Vogels, ob als Wiederfang oder als Totfund, liefert wichtige Informationen über ein Vogelleben, speziell über die Wanderungen. Aus der Zusammenschau derartiger Wiederfunde werden die Wanderwege und die Rastplätze der Vögel deutlich. Daher war die Beringung zunächst ein Durchbruch in der Vogelzugforschung. Inzwischen ist ihre Bedeutung vielfältig. Auch moderner Naturschutz kann auf Beringung nicht mehr verzichten. Beringungsergebnisse von Zugvögeln liefern wichtige Grundlagen für die Planung von Kontinent-überschreitenden Schutzgebietssystemen. Ferner erlauben Wiederfunde und Wiederfänge beringter Vögel die Schätzungen von Sterblichkeitsraten oder des Fortpflanzungserfolgs, beides Parameter von entscheidender Bedeutung für die Erforschung von Ursachen für Veränderungen von Vogelbeständen. Zudem liefern sie uns wichtige Informationen über Todesursachen.

Heute, nach mehr als 100 Jahren wissenschaftlicher Vogelberingung mit allein in Deutschland mehr als 20 Mio. und europaweit sogar mehr als 120 Mio. beringter Vögel, haben wir für viele Arten recht gute Kenntnisse ihrer Zugverhältnisse.

## Die wissenschaftliche Vogelberingung in Deutschland

Beginn der systematischen Beringung von Vögeln für die Erforschung des Vogelzuges in Deutschland und weltweit war im Oktober 1903, als Johannes Thienemann zwei Jahre nach der Gründung der „Vogelwarte Rossitten“ auf der Kurischen Nehrung (Abb. 5), der ersten Vogelwarte weltweit, 151 als Durchzügler gefangene Nebelkrähen mit Aluminiumringen beringte, auf denen eine laufende Nummer und die Jahreszahl eingestanzt waren. Noch im gleichen Winter erhielt er Nachricht über fünf dieser Vögel, die in Pommern geschossen worden waren.

Bereits beim ersten Internationalen Ornithologen Kongress in Wien (1884) wurde der Vorschlag diskutiert, solche Kennzeichnungen als „Experiment“ in die Vogelzugforschung einzuführen, doch dauerte es eben noch bis 1903, als J. Thienemann auf der Kurischen Nehrung begann, die individuelle Beringung von Vögeln als wissenschaftliche Methode, als „Ringversuch“, aufzugreifen und einzuführen. Trugen die ersten Ringe 1903 nur eine laufende Nummer und die Jahreszahl, so erhielten bereits 1904 die Ringe zusätzlich die Aufschrift „Vogelwarte Rossitten“ und damit eine „Anschrift“, an die ein Ringfund gemeldet werden konnte. Trotz schon damals heftiger Angriffe von „Tierschützern“ (J. Thienemann) war der Siegeszug der Methode nicht mehr aufzuhalten. Sie eröffnete nämlich eine völlig neue Dimension in der Erforschung der bis dato unbekannten Wanderungen von Vögeln.

Auf Helgoland begann die Beringung 1909, als Hugo Weigold von der „Biologischen Anstalt Helgoland“ die ersten Vögel beringte und auch schon den ersten Fund erzielte: Eine auf Helgoland am 16.10.1909 beringte Singdrossel mit der Ringnummer „1111“ war ebendort nach zwei Tagen geschossen worden. Zunächst verwendete Weigold Ringe der Vogelwarte Rossitten (Bub 1990). Nach Gründung der „Vogelwarte Helgoland“ im Jahr 1910, dem heutigen „Institut für Vogelforschung“ in Wilhelmshaven, führte er eigene Ringe mit der Aufschrift „Zool. Stat. Helgoland“ ein. Dabei half der Zufall: „Durch einen Zufall, veranlaßt durch unsere den Vogelfußringen gleichenden Makrelenschwanzringe, geschah es, dass 1000 Stiick Drosselringe statt mit der Aufschrift „Vogelwarte Rossitten“ mit „Helgoland“ geliefert wurden. In der Not musste ich sie verwenden. Damit war aber nun einmal der Anfang mit eigenen Ringen gemacht, die die Direktion schon längst dringend gewünscht hatte. Da ein Nachteil überdies nicht einzusehen war, weil „Zool. Stat. Helgoland“ im Auslande eher verständlicher ist als „Vogelwarte Rossitten“, so wurden nach der Saison neue Ringe (Krähen-, Möwen-, Drossel- und Schwalbenringe) angeschafft, von denen die beiden größeren Sorten die Aufschrift tragen: „Returnt: Zool. Stat. Helgoland Nr.“, die kleineren, mit Ausnahme jener leider nur mit „Helgoland Nr.“ bedruckten 1000 Stück, aber nur „Zool. Stat. Helgoland Nr.““. Später trugen die Helgoland-Ringe die Inschrift „Biolog. Helgoland“, nach dem 1. Weltkrieg „Helgoland Germania“ bzw. „Vogelwarte Helgoland Germania“.

## Vogelberingung anderswo

Auch anderswo fasste die Beringung rasch Fuß, so bereits 1903 in Ungarn, 1909 in Großbritannien und in den USA, 1911 in der Schweiz, 1912 in Schweden, 1914 in den Niederlanden und Frankreich sowie 1916 in Finnland. Nach diesen Anfängen entwickelte sich die Beringung zu einer in aller Welt genutzten Standardmethode der ornithologischen Forschung. Insbesondere die Vogelzugforschung hat sie revolutioniert.

Schon bald nach Einführung der Beringung gab es die ersten aufsehenerregenden Wiederfunde beringter Vögel, so eine Lachmöwe von der Kurischen Nehrung in Oberitalien oder eine Sturmmöwe von der Nehrung auf den Färöer-Inseln, und so dauerte es auch

Abb. 6: 1919 leitete von Lucanus erstmalig auf der Basis von Funden beringter Vögel die wichtigsten Zugrouten ab.

Abb. 7: Fundmitteilungen beringter Vögel erreichen eine Beringungszentrale aus aller Welt, darunter auch kuriose (Archiv Institut für Vogelforschung).

nicht lange, bis erste Zusammenfassungen erschienen. Bereits 1910 stellte J. Thienemann die ersten 35 Funde von beringten Weißstörchen zusammen, darunter die ersten aus der Kapregion S-Afrikas, 9600 km vom Beringungsort in Ostpreußen entfernt. Sensationell war der erste Fund einer in England beringten Rauchschwalbe in S-Afrika. „Der Versuch nimmt immer größere Dimensionen an", so Thienmann (1910) zum „Ringversuch" und so wuchs die Zahl von Rückmeldungen rasch an. 1919 folgte die erste umfangreichere Zusammenstellung von Funden beringter Vögel durch Friedrich von Lucanus, in der er bereits mehrere hundert Funde von 127 Arten analysierte und die wichtigsten Zugrouten erstmalig auf der Basis von Funden beringter Vögel darstellte (Abb. 6).

Abb. 8: Titel des ersten Ringfundatlas, in dem bereits rund 9200 Funde beringter Vögel dargestellt wurden (links), so auch die Afrika-Funde von in Europa beringten Rauchschwalben (rechts).

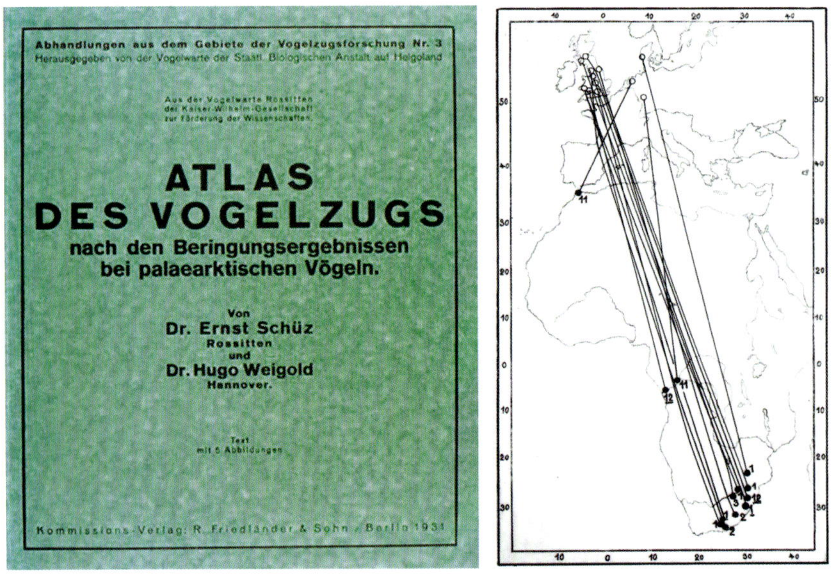


Mit der Ausweitung der Beringung übers ganze Land, unterstützt von sog. Zweigberingungsstellen, nahm die Zahl der Beringungen weiterhin rasch zu. Nicht zuletzt aufgrund der Fülle von Ringfunden (Abb. 7) und der damit rasch ansteigenden Ergebnisse und Erkenntnisse zu den Wanderungen der Vögel gründeten die beiden Vogelwarten Helgoland und Rossitten in Gemeinschaft mit der Deutschen Ornithologischen Gesellschaft 1930 die Zeitschrift *„Der Vogelzug – Berichte über Vogelzugforschung und Vogelberingung"* mit der Absicht, Beiträge zum „Vogelzug und die damit verknüpften Fragen" zu veröffentlichen, ferner zur „Vogelberingung, auch soweit sie nicht nur Vogelzuguntersuchungen betrifft, sondern eben als individuelle Kennzeichnung ein wichtiges Hilfsmittel geworden ist; also z. B. in der Oekologie". Weiterhin sollten „die Beringer nicht nur über die Ergebnisse der Vogelzugsforschung und Beringungsarbeit, sondern auch über neue Methoden unterrichtet und theoretisch wie praktisch gefördert werden" (Der Vogelzug 1, 1930, S. 1). So enthielt das 1. Heft schon gleich erste Kurzbeiträge zur Beringungstechnik und in Heft 4 begann Rudolf Drost seine Reihe von Beiträgen zu *„Kennzeichen für Geschlecht und Alter bei Zugvögeln"*. Ebenso 1930 begann die Vogelwarte Helgoland mit dem Beitrag von Hugo Weigold *„Der Vogelzug auf Helgoland graphisch dargestellt"* ihre *„Abhandlungen aus dem Gebiet der Vogelzugforschung"* herauszugeben.

Der erste *„Atlas des Vogelzuges"* erschien 1931, zusammengestellt von Ernst Schüz und Hugo Weigold, in dem erstmalig für viele Arten und für ganz Europa auf 262 Einzelkarten rund 9200 Wiederfunde beringter Vögel dargestellt wurden (Abb. 8).

Für durch ihre Größe auffällige Arten (z. B. Weißstorch), für stark bejagte Arten (z. B. Enten) oder für häufige, leicht erreichbare Arten (z. B. Star, Rauchschwalbe) konnte schon damals ein recht gutes Bild der Zugverhältnisse gezeichnet werden.

Die Beringung nahm weiter rasant zu. 1931 wurden von den Beringern der beiden Vogelwarten zum ersten Mal mehr als 100.000

Vögel beringt, 1934 wurden die 200.000 überschritten und mit nahezu 280.000 war das Jahr 1936 „Spitzenreiter“, bevor dann die jährlichen Beringungszahlen zurückgingen.

## Die erste Beringungsverordnung und der Weg zur „Planberingung“

Mit dem großen Interesse an der Beringung wurde es aber auch notwendig, organisatorische Anpassungen vorzunehmen und weitere Qualitätsstandards einzuführen. So wurden 1933 die Zuständigkeiten der beiden Beringungszentralen Rossitten und Helgoland neu geregelt und 1935 erschien das 1. Merkblatt für die Beringer der Vogelwarten Helgoland und Rossitten. Diese Merkblätter „sollen in erster Linie den Anfänger vor Fehlern bewahren, aber auch dem Bewährten Winke geben“. Auch wurden die bereits von J. Thienemann 1912 eingeführten Lehrgänge für Vogelbeobachter und Beringer intensiviert und schließlich wurde 1937 vom damaligen Reichsforstmeister und Reichsjägermeister Hermann Göring die erste „*Verordnung über die wissenschaftliche Vogelberingung (Vogelberingungsverordnung) vom 17. März 1937*“ (Reichsgesetzblatt I Nr. 38, S. 331–333, vom 22. März 1937) erlassen (Der Vogelzug 8, 1937, S. 89). Erstmals wurde auch die räumliche Zuständigkeit der beiden deutschen Beringungszentralen gegeneinander abgegrenzt. Die Vogelwarte Helgoland wurde danach zuständig für die preußischen Provinzen Sachsen, Schleswig-Holstein, Hannover, Westfalen, Hessen-Nassau, Rheinprovinz (mit Ausnahme der hohenzollerischen Lande) sowie für die Länder Bayern (mit Ausnahme des Wirkungsbereichs der Regierungen der Pfalz sowie von Schwaben und Neuburg), Thüringen, Hessen, Braunschweig, Oldenburg, Anhalt, Schaumburg-Lippe, Lippe, Hamburg, Bremen, Lübeck und Saarland, die Vogelwarte Rossitten für die restlichen deutschen Gebiete.

Mit dieser Verordnung einher ging auch die „Pflege eines ausgewählten, tüchtigen Mitarbeiterstabes. Diesem Zuge entsprechend schieden nunmehr viele Mitarbeiter aus, die derzeit nur in kleinem Maße tätig sein können oder aus anderen Gründen zu einer planvollen Mitarbeit nicht in der Lage sind.“ Schon 1934 schrieb Schüz dazu: „... wir müssen vom wenig leistungsfähigen „Kleinberinger“ mehr und mehr abrücken und dafür den „Großberinger“ bevorzugen.“ Die verstärkte „Planberingung“, heute weit verbreitet, war geboren. Weiterhin erweiterte die Beringung auch ihre Betätigungsfelder. In den ersten Jahrzehnten nahezu ausschließlich im Dienst der Vogelzugforschung, kamen nun Fragen vor allem der Populationsbiologie und der Verhaltensforschung hinzu. „Je mehr die zufällige Fernrückmeldung beringter Vögel in den Hintergrund tritt, desto höher werden unsere Anforderungen an die Erkennbarkeit des freilebenden Ringvogels“. „Buntringe“ und verschiedene „Formringe“ wurden eingeführt, um das individuelle Erkennen im Freiland ohne Wiederfang zu ermöglichen.

Der 2. Weltkrieg hat die Beringungsarbeit massiv eingeschränkt, aber nicht gänzlich unterbrochen. So wurden sogar 1943–1945 noch insgesamt etwa 100.000 Vögel beringt und schon bald nach Kriegsende nahm die Vogelberingung in Deutschland wieder Fahrt auf.

## Vogelberingung nach 1945

Mit der Gründung der „Vogelwarte Radolfzell“ innerhalb der Kaiser-Wilhelm-Gesellschaft zur Förderung der Wissenschaften, der heutigen Max-Planck-Gesellschaft, als Nachfolgeinstitut der ehemaligen „Vogelwarte

Beringung eines Trauerschnäppers (Foto: Archiv IfV)

Rossitten“ im Jahr 1946 und der Ansiedlung der Vogelwarte Helgoland als Institut für Vogelforschung in Wilhelmshaven setzte sich die Beringung mit Ausnahme kriegsbedingter Rückgänge nahezu reibungslos fort. Bereits 1947 wurden schon wieder 36.540 Vögel beringt, 1951 wurde die 100.000er-Marke überschritten. Einen großen Beitrag dazu lieferte die Einführung des sog. „Japannetzes“ in den frühen 1950er-Jahren. Diese führte zu einer „zweiten Revolution“ der wissenschaftlichen Vogelberingung. „Japannetze“ sind mobil und flexibel einsetzbar und so führte ihr Einsatz zu einer starken Zunahme der Beringungen kleiner Singvögel, auch solcher, die schwer erreichbar in Dickichten und Schilfflächen leben. Hinzu kamen eine bessere Schulung der Mitarbeiter und die Aufklärung der Bevölkerung in den Fundgebieten, wodurch sich die Zahl der Beringungen und Funde rasch erhöhte.

Mit der Fortführung der Vogelwarte Rossitten als Vogelwarte Radolfzell bekamen die Ringe die Inschrift „Radolfzell Germania“. „*Der Vogelzug*“, der 1943 sein Erscheinen einstellen musste, wurde 1948 als „*Die Vogelwarte – Berichte aus dem Arbeitsgebiet der Vogelwarten*“ fortgeführt, herausgegeben vom Institut für Vogelforschung „Vogelwarte Helgoland“ und der Vogelwarte Radolfzell der Kaiser-Wilhelm-Gesellschaft.

Auch die 1936 gegründete Vogelwarte Hiddensee nahm 1948 ihre Arbeit als Zweigberingungsstelle der „Vogelwarte Helgoland“ für das Land Mecklenburg wieder auf. Seit der Gründung der Bundesrepublik ist die Beringungszentrale Helgoland zuständig für die wissenschaftliche Vogelberingung in den nordwestdeutschen Bundesländern Schleswig-Holstein, Hamburg, Bremen, Niedersachsen, Nordrhein-Westfalen und Hessen, die Vogelwarte Radolfzell für die süddeutschen Bundesländer Bayern, Baden-Württemberg, Rheinland-Pfalz und Saarland sowie für Berlin.

Und auch in der damaligen DDR wurde noch bis 1963 mit Ringen der Vogelwarten Helgoland und Radolfzell beringt, obwohl es schon seit 1936 die Vogelwarte Hiddensee gab; 1948 eine schriftliche Übereinkunft mit der Vogelwarte Helgoland geschlossen wurde, dass Hiddensee die „Organisation und die Durchführung der wissenschaftlichen Vogelberingung in Mecklenburg“ (mit Helgoland-Ringen) übernehmen sollte, und die DDR 1956 die „*Anordnung über die wissenschaftliche Vogelberingung*“ erließ, nach der die zentrale Leitung des Beringungswesens im Lande nun amtlich bei der Vogelwarte Hiddensee lag. Das bedeutete jedoch nicht viel mehr als die Beschaffung behördlicher Zulassungen für die Beringer und die Vermittlung von Ringen und Beringungslisten der jeweils zuständigen Beringungszentrale im Westen. Neu war lediglich die nun offizielle Festlegung, dass in den ehemals Rossitten zugeordneten Gebieten der DDR Radolfzell-Ringe zu verwenden seien. Erst seit 1964 gibt die Vogelwarte Hiddensee eigene Ringe mit der Inschrift „Vogelwarte Hiddensee“ aus. Seither ist sie für die wissenschaftliche Beringung in den Bundesländern Mecklenburg-Vorpommern, Brandenburg, Sachsen-Anhalt, Sachsen und Thüringen zuständig. Mit der von der Vogelwarte Hiddensee im März 1964 herausgegebenen „*Richtlinie über das wissenschaftliche Beringungswesen*“ gab es allerdings erstmals in Deutschland eine rechtlich verbindliche Anforderung an die fachliche Qualifikation von ehrenamtlichen Vogelberingern, die in Ausbildungskursen nachzuweisen und in einem Zeugnis zu dokumentieren war, ein heute in allen Beringungszentralen normaler Vorgang.

Nach der institutionellen Abtrennung der „Arbeitsgruppe Beringungszentrale“ von der Vogelwarte Hiddensee wird die Vogelberingung in Ostdeutschland seit 1994 von der „Beringungszentrale Hiddensee“ auf der Grundlage eines Verwaltungsabkommens zwischen den fünf ostdeutschen Bundesländern als Mehrländereinrichtung unter dem Dach des Landesamtes für Umwelt und Naturschutz und Geologie (LUNG) Mecklenburg-Vorpommern fortgeführt.

Historisch bedingt sind es also in Deutschland derzeit drei Beringungszentralen, die sich die Betreuung der wissenschaftlichen Vogelberingung in Deutschland teilen: das Institut für Vogelforschung „Vogelwarte Helgoland“ in Wilhelmshaven, die Beringungszentrale Hiddensee in Stralsund und die Vogelwarte Radolfzell in Radolfzell. Die Vogelwarte Radolfzell betreute zudem bis 2015 die Beringung in Österreich. Seither verfügt Österreich über eine eigene Beringungszentrale (https://www.vetmeduni.ac.at/de/klivv/oesterreichische-vogelwarte/beringungszentrale/).

## Der „Zink'sche“ Atlas

Die große Zahl an Beringungen führte zwangsläufig zu zahlreichen Rückmeldungen beringter Vögel. Schon bald waren die zahlreichen Ringfundberichte nicht mehr überschaubar und ein neues Kartenwerk war nur eine Frage der Zeit. Dieser immensen Aufgabe hat sich Gerhardt Zink von der Vogelwarte Radolfzell gestellt. Dabei galt es nicht nur, die Vielzahl an Funden zusammenzutragen, zu sichten und zu bewerten. Es war unverzichtbar auszuwählen, sowohl an Arten wie an Funden. Die enorme Leistung von Gerhard Zink kann dabei wirklich nur einschätzen, wer sich selbst schon einmal an eine Ringfundauswertung gewagt hat. Entstanden ist *„Der Zug europäischer Singvögel. Ein Atlas der Wiederfunde beringter Vögel“* von Gerhard Zink (Abb. 9).

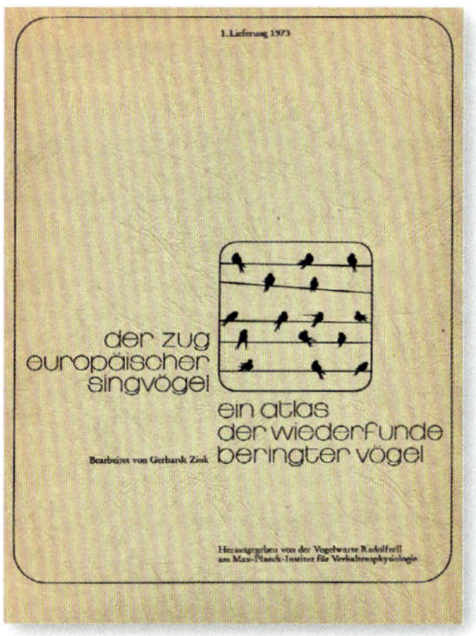

Abb. 9: Titelblatt der 1. Lieferung des „Zink'schen“ Vogelzugatlasses 1973.

Viele Funde beringter Vögel sind auch im *„Handbuch der Vögel Mitteleuropas“* verarbeitet; auch gibt es verschiedene regionale Auswertungen. Eine umfassende Auswertung aller Rückmeldungen von in Deutschland seit Beginn der wissenschaftlichen Vogelberingung beringten oder in Deutschland beringt gefundenen Vögel erschien 2014 als Gemeinschaftswerk der drei deutschen „Vogelwarten“: der *„Atlas des Vogelzugs. Ringfunde deutscher Brut- und Gastvögel“.*

## Ohne Ehrenamt geht es nicht

Diesen „Atlas“ gäbe es nicht ohne die ehrenamtlichen Beringerinnen und Beringer. Die flächendeckende Ausübung der Beringung, aber auch die vielen Beringungsprojekte und Beringungsprogramme der Vogelwarten und Zentralen wären ohne die aufopferungsvolle, entbehrungsreiche, aber dennoch begeisterte Mitarbeit der zahlreichen ehrenamtlichen „Beringer“ nicht denkbar. Die Beringung beruht fast ausschließlich auf ehrenamtlicher Tätigkeit. In Deutschland sind es etwa 850 Personen, europaweit ca. 9000, die sich in ihrer Freizeit der wissenschaftlichen Vogelberingung zuwenden. Die meisten arbeiten heute in sog. Programmen mit, in denen ganz spezielle Fragestellungen bearbeitet werden und die seitens der nationalen Zentralen oder gar europaweit koordiniert werden. Die hauptamtlichen Ornithologen in den Beringungszentralen halten die Beringer zur Mitarbeit in verschiedensten Forschungsprojekten an und sichern gleichzeitig, dass die Beringung höchsten Maßstäben von Technik beim Fang, bei der Beringung und in der Datenanalyse sowie der Sicherheit für den Vogel genügt. Die Beringer werden intensiv geschult bzw. müssen entsprechende Fachkenntnisse im Umgang mit Fanggeräten und vor allem mit den Vögeln nachweisen. Die Beringung von Vögeln zu wissenschaftlichen Zwecken ist gesetzlich geregelt und die Beringer erhalten die entsprechende Genehmigung von ihren zuständigen Landesbehörden. Die große Gemeinschaft der Beringer ist eine einmalige Erscheinung in der zoologischen Forschung nicht nur Europas, sondern der ganzen Welt. In den letzten gut 100 Jahren wurden so allein in Deutschland mehr als 20 Millionen Vögel beringt, die bisher mehr als eine Million Rückmeldungen erbrachten.

## Ringe und andere Markierungen

Gegenwärtig wird eine Vielzahl verschiedenster Ringe verwendet, die in Größe und Material optimal an die Anatomie und die Lebensweise der zu untersuchenden Vogelarten angepasst sind. Spezialringe, so

Verschiedene Ringe und Marken für die individuelle Markierung von Vögeln (Fotos: Archiv Institut für Vogelforschung; H. Kruckenberg, O. Krüger).

auch Farbringe, sowie verschiedene andere Markierungsmittel, wie z.B. Flügelmarken und Halsringe, erlauben eine Identifizierung markierter Vögel auch aus der Ferne.

## Vom Tagebuch zur elektronischen Datenbank

Johannes Thienemann, Hugo Weigold und Zeitgenossen führten über ihre Beringungen in „Tagebüchern" Buch. Später wurden sog. Beringungslisten eingeführt, in die fortlaufend jeder beringte Vogel eingetragen wurde. Wurde ein beringter Vogel gefunden und an die Beringungszentrale gemeldet, wurde anfänglich eine Notiz in der Beringungsliste gemacht, später wurde für jeden „Fund" eine Karteikarte mit den Beringungs- und Funddaten angelegt. Ein großer Fortschritt für die Auswertung von Ringfunden war die Einführung der sog. Randlochkarte. Hier konnten im Randbereich der Karteikarte Aussparungen gestanzt werden, die anschließend ein erleichtertes Heraussuchen von Karten nach bestimmten Kriterien erlaubten.

Mit Einführung der elektronischen Datenverarbeitung veränderte sich die Bearbeitung und Auswertung von Beringungs- und Funddaten nochmals grundlegend. Die Randlochkarte wurde von maschinenlesbaren Lochkarten abgelöst, später von magnetischen und schließlich elektronischen Datenträgern. Hinzu kamen die ersten EDV-Programme zur Auswertung der Daten.

Doch noch immer mussten die Mitarbeiterinnen und Mitarbeiter der Beringungszentralen die Beringungs- und Funddaten manuell eingeben. Dies änderte sich im Arbeitsbereich der Beringungszentrale Hiddensee 1993, als den Beringern das PC-Programm BERIHIDD zur eigenen Eingabe von Beringungsdaten zur Verfügung gestellt wurde. Bereits 1994 wurden 50 % der Beringungsdaten elektronisch eingereicht. In den Beringungszentralen Helgoland und Radolfzell erfolgte dieser Schritt erst im Jahr 2000 mit Einführung der Software RING. Heute werden den Zentralen nahezu alle Beringungsdaten und Daten von sog. eigenen Wiederfängen elektronisch eingereicht. Damit werden heute auch nicht mehr nur die Beringungen digitalisiert, die einen Fund erbrachten, sondern alle Beringungen, wodurch zukünftig auch Auswertungen möglich sind, die Beringungszahlen brauchen.

## Globale Zusammenarbeit – EURING

Heute gibt es in Europa in nahezu jedem Land eine Beringungszentrale. Manche werden von privaten Institutionen betrieben, so in der Schweiz und in Großbritannien, die meisten sind jedoch an staatliche Organisationen angeschlossen. In den meisten Ländern gibt es jeweils nur eine nationale Beringungszentrale.

Vögel ignorieren politische Grenzen. Für die Erforschung vieler Aspekte des Vogellebens ist deshalb eine Zusammenarbeit über Ländergrenzen hinweg unerlässlich. Deshalb haben sich schon 1963 die nationalen europäischen Beringungszentralen zur „European Union for Bird Ringing“ (EURING) zusammengeschlossen und sich darauf verständigt, einen einheitlichen Computercode für die Beringungs- und Funddaten zu verwenden und ihre Daten auch in eine zentrale europäische Datenbank einzubringen. Diese Datenbank befindet sich heute beim British Trust for Ornithology (BTO) in Thetford, England (Näheres zu EURING s. https://euring.org).

## Internationale Beringungsvorhaben

Dieser Verbund der europäischen Beringungszentralen bietet auch einzigartige Möglichkeiten für internationale Forschungsprogramme unter Mithilfe der zahlreichen Beringer in vielen europäischen Ländern. Beispiele für derartige europaweit organisierte Projekte sind die gemeinsamen Untersuchungen an den Rohrsängern. Die Rohrsänger brüten in ganz Europa, verbringen aber den Winter stets südlich der Sahara und teilweise in der Sahel-Zone, die in mehreren aufeinander folgenden Jahren von verheerenden Dürren betroffen war. Die Beringung brachte den Nachweis, dass besonders der Schilfrohrsänger sehr empfindlich auf die Bedingungen in seinem Winterquartier reagiert. In den Dürrejahren waren die Sterberaten bei ihm sehr hoch, und weniger Individuen kehrten im Frühjahr nach Europa zurück, um zu brüten.

Ein anderes Beispiel ist das EURING-Schwalbenprojekt, in dem Populationsbiologie, Zugverhalten und Überwinterungsökologie der

Euring
Co-ordinating bird ringing throughout Europe

Rauchschwalbe großräumig untersucht werden. An ihm beteiligten sich europaweit hunderte von Beringern. So war es bspw. möglich zu zeigen, dass sich die Ankunftszeiten der Rauchschwalben im Frühjahr in ganz Europa in den letzten Jahrzehnten verfrüht haben, die Abzugszeiten dagegen sich in N- und Mitteleuropa verspätet haben, nicht aber so die Durchzugszeiten in S-Europa und Afrika. Zudem zeigte sich, dass die verschiedenen Populationen europäischer Rauchschwalben sehr populationsspezifische Winterquartiere in Afrika haben.

Koordination und Standardisierung solcher großräumigen Vorhaben zur Erforschung des Zuges von Singvögeln waren maßgeblich bestimmt von den Erfolgen des „Mettnau-Reit-Illmitz-Programmes“ der Vogelwarte Radolfzell. Sie gaben auch den Impuls zum „Europäisch-afrikanischen Singvogelzug-Projekt“ in den Jahren 1994–1996, für das erstmalig auch eine „europäische“ Finanzierung durch die Europäische Forschungsgemeinschaft (European Science Foundation ESF) erreicht werden konnte. Es war eine bisher einzigartige europaweite Initiative, die nachhaltig weiterwirkt. Mehr als 30 Forschergruppen aus 18 verschiedenen Ländern haben zusammengearbeitet und dabei auf mehr als 50 Beringungsstationen zwischen Skandinavien und Westafrika allein in den Jahren 1994–1996 mehr als 400.000 Vögel von 34 „Zielarten“ gefangen, vermessen und beringt. Das Projekt bringt detaillierten Aufschluss über die Zugstrategien vieler europäischer Singvogelarten. Darin eingebettet war auch ein anderes internationales Beringungsprojekt zum Vogelzug, das „Progetto Piccole Isole“, das die italienische Beringungszentrale seit 1988 im Mittelmeerraum durchführt und in dem etwa 30 Beringungsstationen im gesamten Mittelmeerraum eingebunden sind. Ein dem ESF-Netzwerk sehr ähnliches Vorhaben ging aus dem Projekt „Operation Baltic“ hervor, das seit 1960 den Kleinvogelzug an der polnischen Ostseeküste untersucht. Es dehnte sich als „South Eastern European Network SEEN“ bis nach Ostafrika aus.

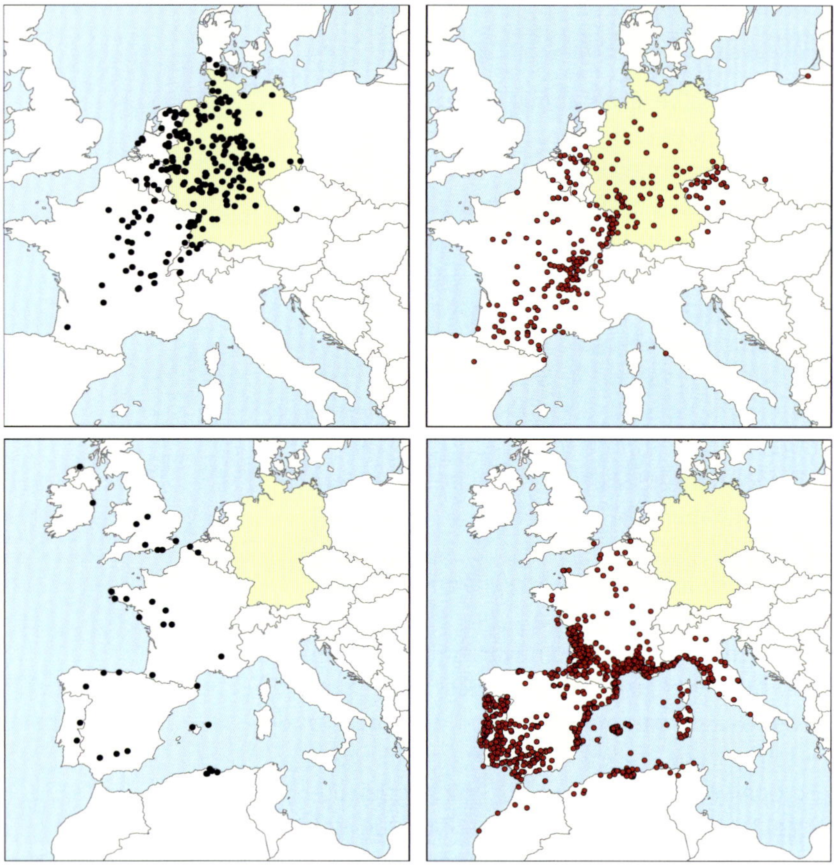

Abb. 10: Funde im Winter (Dezember – Februar) von in Deutschland beringten Mäusebussarden (oben) und Singdrosseln (unten), die entweder als „tot“ (links) oder „gejagt“ (rechts) gemeldet wurden (aus Bairlein et al. 2014).

## Was „erzählen“ Ringfunde?

Um aus der Beringung von Vögeln das Zugverhalten abzuleiten, ist ein Wiederfund erforderlich. Die Wiederfundwahrscheinlichkeit ist aber nicht überall gleich hoch, sondern hängt davon ab, ob es in einer Region wichtige Rastplätze gibt, wie hoch Bevölkerungsdichte und Bildungsstand der dortigen Bevölkerung sind, in welcher Dichte Verkehrswege, Hochspannungsleitungen oder Glasflächen vorhanden sind und ob in einer Region Vögel bejagt, vielleicht sogar einige Arten gezielt verfolgt werden. Insofern beschreiben Funde beringter Vögel die wirklichen Zugwege nur bedingt und in Europa ist es gerade der Südost-Zug, der dadurch leicht unterschätzt wird. In jedem Fall aber sind Funde ein Beleg dafür, dass Zugvögel durch eine Region ziehen. Ihre Dichte und die räumliche und zeitliche Verteilung spiegeln aber nicht direkt den „wahren“ Zug wider. Ein Beispiel ist der Vergleich der Verteilung der Funde von Mäusebussard und Singdrossel, die einerseits als „tot“, andererseits als „geschossen/gefangen“ gemeldet wurden (Abb. 10). So ist die Häufung in SW-Frankreich hier wie bei vielen anderen Arten gerade durch die dortige Verfolgung bedingt.

Über die Jahre ist die Wiederfundwahrscheinlichkeit daher auch von der die Bejagung regelnden Gesetzgebung und der wirtschaftlichen Entwicklung einer Region mitbestimmt. So haben beispielsweise Änderungen der Jagdgesetze in vielen Ländern Europas nicht nur dazu geführt, dass tatsächlich weniger Vögel geschossen werden, sondern auch, dass weiterhin illegal geschossene Vögel mit Ring nicht mehr gemeldet werden. Großen Einfluss auf die Veränderung der Fundwahrscheinlichkeit hat auch die wirtschaftliche Entwicklung hinsichtlich Verkehr und anderer Infrastruktur, wie beispielsweise Ausbau der Stromtrassen oder die in jüngster Zeit zahlreich zunehmenden Windräder. Aber auch Verbesserungen im Vogelschutz, wie Vermeidung von Stromschlag an Masten und Leitungen, verändern die Wiederfundwahrscheinlichkeiten. Insbesondere langfristige Analysen von Veränderungen im Zugverhalten, z. B. im Lichte des Klimawandels, sind also immer auch im Kontext anderer Veränderungen zu betrachten. Moderne statistische Verfahren versuchen hier Abhilfe zu schaffen und können in der Zukunft die Analyse von Ringfunden und Fragen nach den Zugwegen oder des Ausmaßes der geografischen Konnektivität zwischen Brut- und Überwinterungsgebieten weit über das hinaus entwickeln, was wir derzeit mit der kartografischen Darstellung von Funden leisten können. Auch die neuen Technologien zur individuellen Verfolgung von Zugvögeln (s. u.) werden die Ringfunddaten vielfach ergänzen und erweitern.

## Beringung – für mehr als nur die Vogelzugforschung

Anfängliches Ziel der Vogelberingung war es, die Wanderungen der Vögel aufzuklären. Dies war der klare Gründungsauftrag für die beiden Vogelwarten Rossitten und Helgoland. Doch wie schon die Herausgeber zum 1. Heft vom „*Der Vogelzug*“ schrieben, ist die Vogelberingung schon bald auch „ein wichtiges Hilfsmittel [...] z. B. in der Oekologie“ geworden.

Beim Fang von Vögeln für die Beringung fallen verschiedenste Informationen an. Das betrifft zunächst das Alter, das Geschlecht und spezielle Körpermaße der Vögel, die u. a. auf Zugehörigkeit zu bestimmten Populationen schließen lassen, aber auch die Körperfettreserven bei Zugvögeln, die Stadien der Mauser oder den Biotoptyp, in dem sie angetroffen werden. Informationen über die freigelassenen Ringvögel stammen zum einen von Beringern, die die Tiere gezielt oder zufällig wiederfangen, zum anderen aber von unbeteiligten Personen, die beringte Vögel beobachten oder einen verendeten Vogel zufällig, nach Kollision mit einem Auto oder „geschossen" fanden.

Damit sind vielfältige Aussagen zu Todesursachen, räumlicher Verteilung und Veränderungen möglich. Bei einer Kontrolle (Wiederfang) durch einen Beringer erlauben die wiederholbaren Messungen besonders gute Einblicke in den Jahreszyklus der Vögel, der sich u. a. durch Körpermassezunahmen vor dem Zug und Mauserzyklen widerspiegelt. Selbstverständlich sind die gefundenen Werte nur dann brauchbar, wenn alle Beringer überall dieselbe standardisierte Messmethode anwenden.

Individuelle Kennzeichnung ist für zahlreiche verhaltensbiologische Untersuchungen unverzichtbar, ebenso in der Populationsbiologie. Nur mittels individueller Beringung können Überlebensrate, Zu- und Abwanderung oder die Altersstruktur in einer Population ermittelt werden. Damit hilft die Beringung auch, Ursachen für Bestandsveränderungen aufzuklären. Um Populationen wirksam zu schützen, ist es erforderlich zu wissen, in welchem Ausmaß und weshalb die Bestände abnehmen. Zur Aufdeckung von Gefährdungsfaktoren ist Monitoring unverzichtbar. Gemäß der „Europäischen Vogelschutzrichtlinie" sind alle Mitgliedsstaaten verpflichtet, ihre Vogelbestände regelmäßig zu erfassen und dabei ist die wissenschaftliche Vogelberingung als Methode ausdrücklich genannt. Im Rahmen eines „Integrierten Monitorings" leistet Beringung einen Beitrag, den die Bestandszählung allein nicht liefern kann.

Ausgehend von dem bereits seit 1986 vom British Trust for Ornithology landesweit erfolgreich durchgeführten sog. „*Constant Effort Site* (CES)"-Projekt in Großbritannien haben auch die drei deutschen Vogelwarten 1999 ein solches Projekt aufgelegt, das „*Integrierte Monitoring von Singvogelpopulationen* (IMS)". Vorläufer dazu war das ebenfalls von allen drei Vogelwarten von 1994–1998 durchgeführte „Heckenprogramm".

CES wie IMS basieren auf dem konstanten, standardisierten Netzfang von Vögeln in regelmäßigen Abständen während der Brutzeit. Zwischen Mai und August werden an zwölf Tagen in immer gleicher Weise Vögel gefangen. Die Anzahl gefangener Jungvögel beschreibt den alljährlichen Bruterfolg, und Wiederfänge von beringten Vögeln in verschiedenen Jahren liefern Daten zur jährlichen Überlebensrate. Über das Land verteilt, lassen sich mit solchen IMS-Fangplätzen Bestandsveränderungen von Brutvögeln großräumig untersuchen. Mittlerweile lässt sich dies sogar europaweit machen, denn auch viele andere Ländern haben ein solches CES eingeführt und sich unter dem Dach von EURING zu EURO-CES zusammengetan (http://www.euring.org/research/ces_in_europe/background.htm).

Nur wenn wir die einzelnen Vorgänge, die Bestandsveränderungen bei Vögeln bedingen, kennen und verstehen, wird es möglich sein, die Umweltfaktoren zu bestimmen, die für die Bestandsveränderungen verantwortlich sind. Nur mittels Beringung war es möglich aufzuzeigen, dass die drastischen Bestandsrückgänge von Trans-Sahara ziehenden Arten, wie Weißstorch, Purpureiher oder Schilfrohrsänger, auch die Folge der ökologischen Bedingungen im afrikanischen Winterquartier sind.

Mithilfe der wissenschaftlichen Vogelberingung ist es auch möglich, zeitliche Veränderungen in Vogelpopulationen über einen großen geografischen Raum zu erfassen. Während das Brutvogelmonitoring lokale Bestände nämlich untersucht, werden durch standardisierten Fang mit konstantem Aufwand in Rastgebieten Vogelbestände über einen sehr viel größeren Einzugsbereich erfasst.

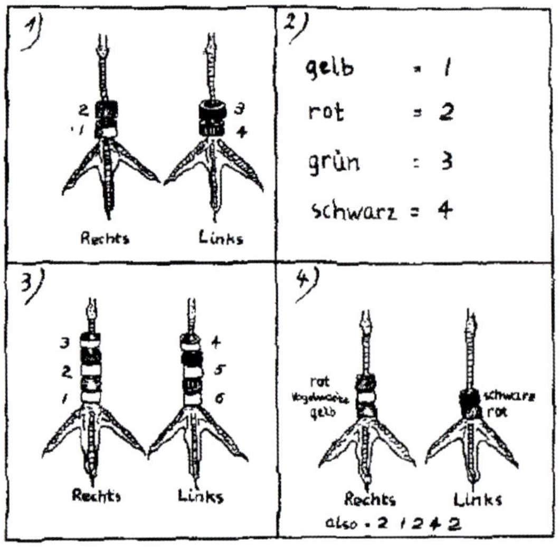

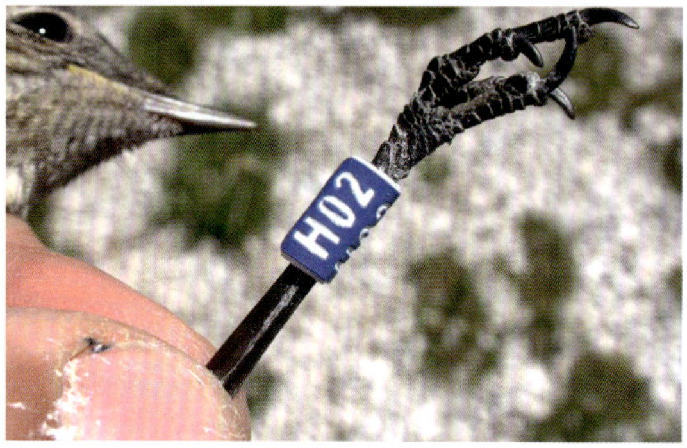


Abb. 11: Farbberingung. Links: Aufruf zur Verwendung von „Buntringen“ (Vogelzug 1938); rechts oben: farbberingte Löffler (Foto: O. Geiter); rechts unten: codierter Farbring an einem Steinschmätzer (Foto: E. Strinella).

Auf der Insel Helgoland betreibt das Institut für Vogelforschung „Vogelwarte Helgoland“ bereits seit 1911 den sog. Fanggarten. Darin werden mittels sog. Helgolandreusen Vögel während ihrer zugzeitlichen Rast gefangen. Seit 1960 erfolgt dies ganzjährig in täglich immer gleicher Weise mit drei Reusen. Ringfunde von auf Helgoland beim Durchzug beringten Vögeln zeigen, dass diese überwiegend aus Brutgebieten in Norwegen, Schweden und Finnland stammen. Seit 1960 haben sich die jährlichen Fangzahlen aller innerhalb Europas überwinternder Arten (sog. Kurz- und Mittelstreckenzieher) kaum verändert, die südlich der Sahara überwinternden Arten (Langstreckenzieher) haben jedoch signifikant abgenommen.

Ähnliche Ergebnisse zeigen sich in dem langjährigen Fangprogramm der Vogelwarte Radolfzell auf der Bodenseehalbinsel Mettnau. Hier wurden zwischen 1972 und 2008 alljährlich zwischen Ende Juni und Anfang November mittels einer standardisierten Netzfanganlage, die verschiedene Lebensräume durchzieht, rastende Kleinvögel gefangen. Sie kommen überwiegend aus dem zentralen und östlichen Mitteleuropa. Auch hier haben sich die Fangzahlen der Kurz- und Mittelstreckenzieher nur geringfügig und nicht signifikant verändert. Die Langstreckenzieher nahmen dagegen zwischen 1972 und 2008 um jährlich 1,2 % ab. Über die Jahre hat sich so auf beiden Fangstationen der relative Anteil der Langstreckenzieher signifikant verringert. Da die beiden Stationen unterschiedliche Einzugsgebiete haben, weisen diese Ergebnisse auf europaweite Veränderungen bei den in Afrika südlich der Sahara überwinternden Langstreckenziehern hin.

## Die individuelle Verfolgung von Zugvögeln – Neue Technologien

Die Kennzeichnung von Vögeln mit einem Ring liefert normalerweise nur einen Fund, da der Vogel meist tot gefunden wird. Ringfunde sagen so meist nur etwas darüber aus, dass ein Vogel an einem bestimmten Ort war; sein individueller Zugweg lässt sich so nicht nachzeichnen. Abhilfe schaffen hier die neuen Technologien, die die direkte Verfolgung des ziehenden Vogels ermöglichen.

### Farbberingung

Doch schon vor Einführung von Hightech-Methoden wie Satellitentelemetrie, GPS-Loggern oder Licht-Dunkel-Geolokation hat man mithilfe von individuellen Farbringen (Abb. 11) und anderen Markierungen, die am lebenden Vogel abgelesen werden können, versucht, Vögel auf ihren Wanderungen individuell zu verfolgen.

Neben Kombinationen von uncodierten Farbringen werden vor allem bei größeren Arten Farbringe mit individuellem Code (Buchstaben, Ziffern) eingesetzt. Hier kann die Codierung direkt abgelesen werden. Besonders Schwäne, große Gänse, Störche und Kraniche werden auch mit farbigen und codierten Halsmanschetten markiert, bei Greifvögeln und Möwen kommen auch Flügelmarken zum Einsatz. Der Erfolg der Farbmarkierung beruht auf Ablesungen. Je mehr mitmachen, umso rascher entstehen Ergebnisse und umso genauer lassen sich Zugwege und Lebensgeschichten einzelner Vögel nachzeichnen. Die „Auflösung" ist dabei aber von der Verteilung und der Aktivität von Beobachtern abhängig. Abhilfe schaffen hier neue Technologien, die die direkte Verfolgung des ziehenden Vogels ermöglichen und so die realen Flugrouten zeigen.

### Satellitentelemetrie – Fahrtenschreiber

Zunächst war dies die sog. **Satelliten-Telemetrie**, die sich Mitte der 1980er-Jahre etablierte. Bei ihr wird ein Vogel mit einem permanenten leistungsstarken Sender ausgestattet, sog. PTTs (Platform Transmitter Terminal; Abb. 12), dessen Position über Satelliten erfasst wird. Damit kann der Vogel während seiner gesamten Reise direkt verfolgt werden. Dies erlaubt nicht nur eine Beobachtung seiner Zugrouten, sondern auch, was er unterwegs macht, wo er wie lange rastet, wo er überwintert und ob er im Wintergebiet eher ortsgebunden ist oder auch dort umherwandert, z. B. auf der Suche nach Nahrung und so möglicherweise nicht nur ein, sondern mehrere „Winterquartiere" aufsucht. Die Einführung der Satellitentelemetrie ermöglichte also erstmals umfassende Analysen der Jahreslebensräume, oft auch über mehrere aufeinanderfolgende Jahre. Waren die Satellitensender in ihrer Anfangszeit noch recht groß und schwer und so nur von relativ großen Vögeln, wie Weißstörchen, großen Greifvögeln oder Gänsen, zu tragen, so wiegen die leichtesten heute nur noch 2 g und sind damit auch von mittelgroßen Vögeln (schwerer als etwa 60 g) schadlos zu tragen. Da das Tragen eines Senders das Verhalten des Vogels nicht beeinträchtigen soll, darf sein Gewicht in der Regel drei bis fünf Prozent des Körpergewichtes nicht überschreiten.

Herzstück der Satellitensender waren über lange Zeit in Satelliten installierte ARGOS-Empfänger. Die Ortungen erfolgen anhand des Doppler-Effekts. Der Doppler-Effekt ist die zeitliche Stauchung bzw. Dehnung eines Signals bei Veränderungen des Abstands zwischen Sender und Empfänger während der Dauer des Signals. Ursache ist die Veränderung der Laufzeit. Bewegt sich der Satellit auf den besenderten Vogel zu, so ist die Signalfrequenz, die der Satellit vom Vogel aufnimmt, höher als die Sendefrequenz. Steht der Satellit direkt über dem besenderten Vogel, entsprechen sich Sender- und Empfangsfrequenz. Bewegt sich der Satellit weg von Sender nimmt die Empfangsfrequenz ab. Sobald also Sende- und Empfangsfrequenz

Abb. 12: PTT (Platform Transmitter Terminal-Sender; (Foto: Archiv Institut für Vogelforschung) und Prinzip der ARGOS-Doppler Lokalisation eines besenderten Vogels (Grafik: R. Lottmann).

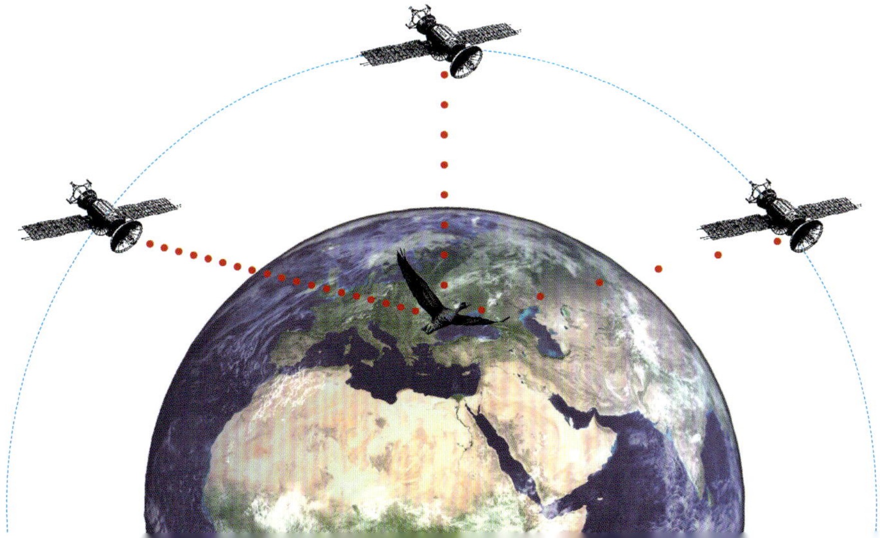

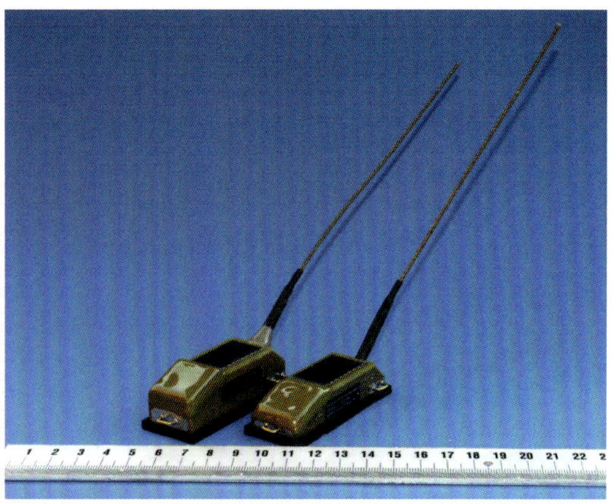

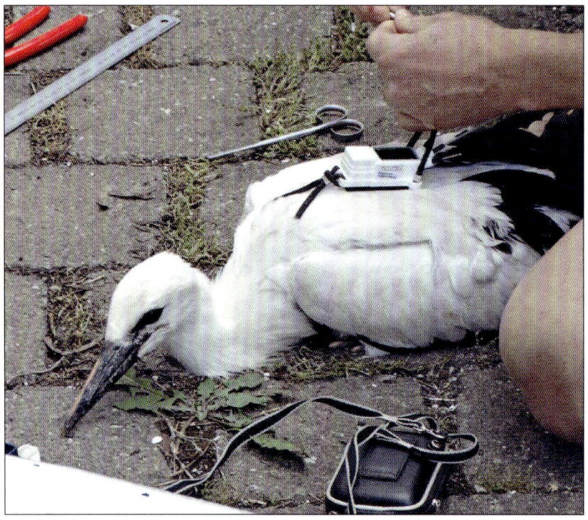

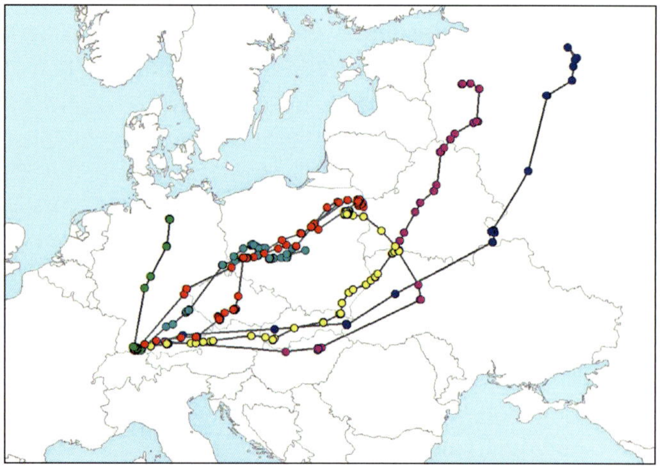

Abb. 13: Besenderung eines jungen Weißstorchs mit einem GPS-Sender (Foto: Archiv Max-Planck-Institut für Verhaltensbiologie) sowie mit Satellitentelemetrie ermittelte Bewegungen von sechs Stockenten, die im Herbst und Winter am Bodensee gefangen wurden. Zu sehen sind die Flüge in die Brutgebiete ab März und teilweise die Rückkehr zum Bodensee im Hochsommer (nach Max-Planck-Institut für Verhaltensbiologie, www.movebank.org; W. Fiedler).

übereinstimmen, ist die Position des besenderten Vogels bestimmt. Solche Ortungen sind damit aber vergleichsweise ungenau, in der Regel nur auf mehrere Kilometer, zur umfassenden Analyse der im Laufe eines Jahres aufgesuchten Lebensräume aber vollkommen ausreichend.

Seit Anfang des 21. Jahrhunderts stehen auch GPS-gestützte Satellitensender zur Verfügung, die räumlich wesentlich höher aufgelöste Daten liefern können (Abb. 13). Das Global Positioning System (GPS) basiert nämlich auf mehreren Satelliten, die mit codierten Radiosignalen ständig ihre aktuelle Position und die genaue Uhrzeit ausstrahlen. Aus den Signallaufzeiten können die GPS-Empfänger ihre eigene Position exakt berechnen. Neuerdings können Satellitensender und ähnliche Systeme auch mit Beschleunigungsmessern, Höhenmessern, Thermometern oder physiologischen Messgeräten kombiniert werden, sodass eine völlig neue Qualität in der Beobachtung des Vogelzuges erschlossen wird.

Der große Vorteil der Satellitentelemetrie und ähnlicher Systeme ist, dass Daten in kurzer Zeit und auch von seltenen Arten und aus entlegensten Gebieten gesammelt werden können (denn man muss ja nicht vor Ort sein, um die Informationen zu erhalten), sodass auch unmittelbar für den Schutz relevante Ergebnisse rasch zur Verfügung stehen. Nachteile sind die recht hohen Kosten für die Sender und vor allem auch für die Übertragung der Daten. Weiterhin nachteilig ist der hohe Stromverbrauch, um die Daten der Sender zu den in 850 km Höhe umlaufenden Satelliten zu übertragen. Bei leichten und damit kleinen Sendern reicht die Fläche des Solarpanels, als Stromversorgung auf dem Sender angebracht, vielfach nicht aus, die Solarbatterien in kurzer Zeit zu laden, sodass Ortungen dann nur selten möglich sind.

In Zukunft werden preisgünstigere mikroprozessorkontrollierte GPS-Logger an Bedeutung gewinnen – Datenlogger, die mehrere 10.000 Ortungen speichern und mittels Radio-Empfängern bzw. über das Mobilfunksystem aus der Ferne ausgelesen bzw. auch

Abb. 14: Häufigkeitsverteilung der Körpergewichte (g) von Vögeln in Bezug zu möglichen Tracking-Methoden, bemessen an der „5 %-Regel“ (nach Bridge et al. 2011).

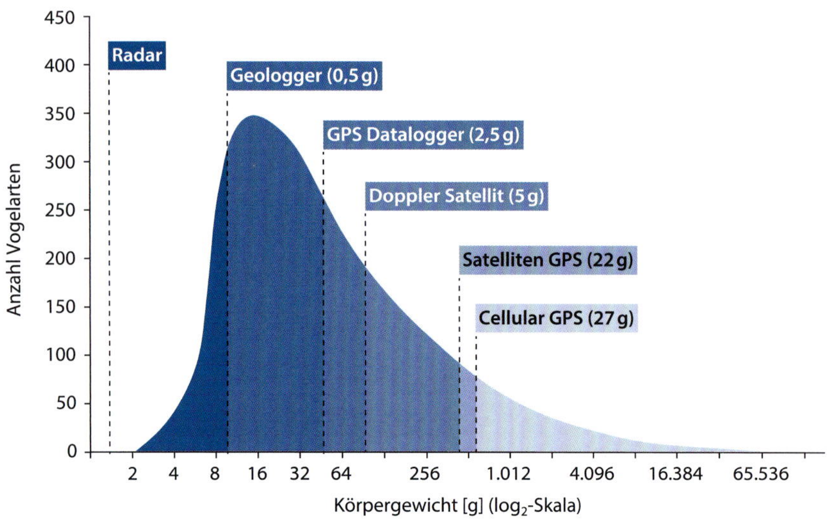

programmiert werden können. Die auf wenige Meter genauen Ortungen können zusammen mit verschiedenen Begleitparametern im Sekundentakt gespeichert werden. Diese Systeme werden eine Datendichte ermöglichen, die vor wenigen Jahren noch unvorstellbar war, und erlauben Detailanalysen sowohl der Zugwege als auch der Aktionsräume einzelner Vögel über das gesamte Jahr hinweg.

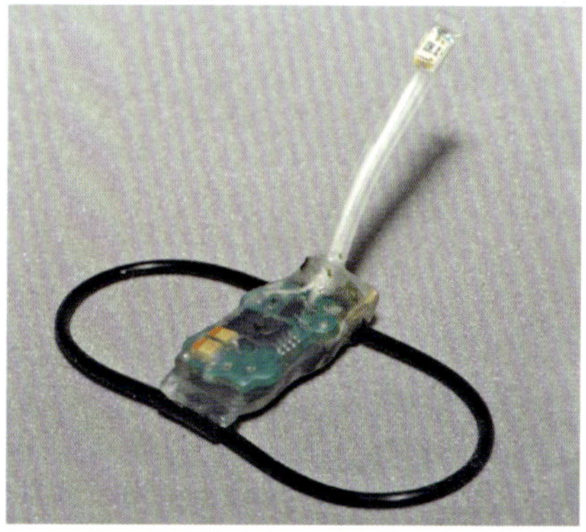

Abb. 15: Hell-Dunkel-Geolokator (Foto: Archiv Institut für Vogelforschung) und auf dem Rücken eines Steinschmätzers kurz nach der Anbringung (Foto: H. Schmaljohann). Bereits wenige Stunden nach dem Freilassen ragt nur noch der Stift mit dem Lichtsensor aus dem Gefieder.

## Hell-Dunkel-Geolokation

Für die große Zahl der ziehenden Kleinvögel, wie Singvögel und die meisten Watvögel, sind aber auch die leichtesten Satellitensender immer noch zu schwer (Abb. 15). Doch hier etablierte sich jüngst die Hell-Dunkel-Geolokation als eine neue einfache Methode für das „tracking“, das Verfolgen der einzelnen Zugvögel auf ihrem Weg. Hierbei wird ein Vogel mit einem „Fahrtenschreiber“ (Logger Abb. 17) ausgestattet, der über eine Fotozelle die Helligkeit der unmittelbaren Umgebung des Vogels misst. Gleichzeitig wird der Zeitpunkt der Bestimmung der Helligkeit mittels einer eingebauten Uhr gespeichert. Um an die Daten zu gelangen, muss der Vogel erneut gefangen werden. Diese kleinen und leichten Logger sind auf ein minimales Gewicht getrimmt. Dadurch wird es möglich, auch kleine Vögel zu markieren, doch – anders als bei der Satellitentelemetrie – werden die Messwerte nicht direkt auf den Rechner des Wissenschaftlers gesendet. Vielmehr werden die Daten nach dem Wiederfang heruntergeladen. Aus dem Zeitpunkt von Mittag und Mitternacht lassen sich anschließend die geografische Länge und aus der Tageslichtdauer und der Nachtlänge die geografische Breite ableiten (Abb. 16). Die derzeit leichtesten Geolokatoren wiegen gerade noch 0,3 g, sodass damit Vögel mit einer Körpermasse von nur 10 g ausgerüstet werden können, also fast die kleinsten Vögel in unserer heimischen Vogelwelt.

Die Verfolgung noch kleinerer Zugvögel könnte zukünftig durch das Projekt ICARUS (International Cooperation of Animal Research Using Space, s. www.icarusinitiative.org) erleichtert werden. ICARUS ist ein satellitengestütztes System zur permanenten Beobachtung selbst kleinster Tiere wie Insekten rund um den Globus. Die von ICARUS genutzten Sender können deutlich kleiner und leichter sein als bisherige Satellitensender, da der Empfänger auf der Internationalen Weltraumstation ISS angebracht ist, die die Erde in nur knapp 400 km Höhe umfliegt. Damit benötigen Empfänger wie Sender deutlich weniger Energie zur Datenübertragung. Zudem wird der Empfänger unter Nutzung neuester digitaler Kommunikationsverfahren spezifisch für Minisender entwickelt und abgestimmt, was nochmals Gewicht spart und die Sender sehr klein werden lässt.

Abb. 16: Die Weltkarte zeigt die Tag-Nachtlicht-Verteilung (wikipedia.org/wiki/Tageslicht) und illustriert die Bestimmung von Breiten- und Längengrad anhand der Tageslichtlänge bzw. des Mittagszeitpunktes.

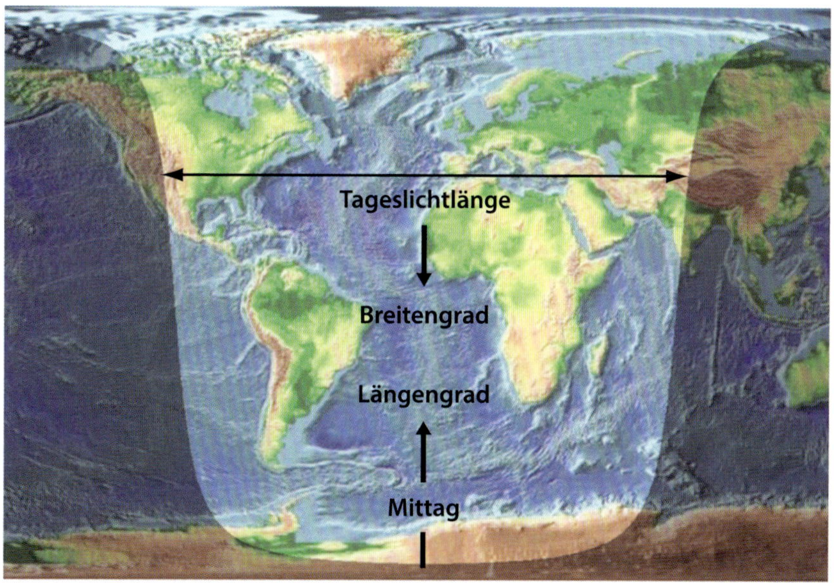

Foto: F. Packmor

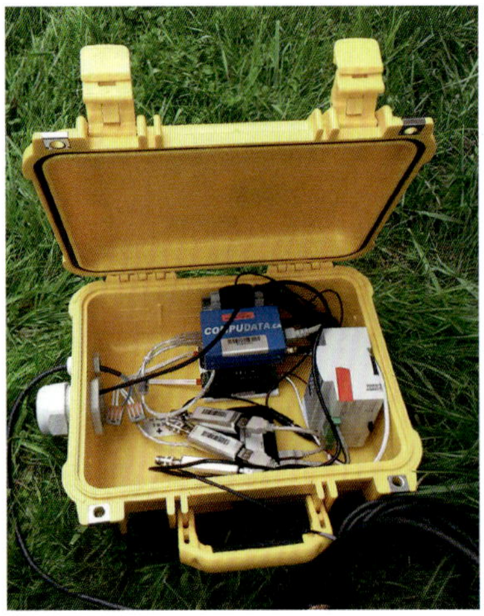

Foto: F. Packmor

Foto: M. de Neidels

Abb. 17: Radiosender, SensorGnome-Box und Antennenmast des Motus-Systems.

## Radiotelemetrie

Doch nicht nur aus dem Weltraum haben sich neue Verfahren für die Untersuchung des individuellen Verhaltens von freilebenden Vögeln etabliert. Radiotelemetrische Untersuchungen am Boden oder aus Flugzeugen erlauben detaillierte und neuartige Einblicke in das räumliche und zeitliche Verhalten von Vögeln und ihren inner- und zwischenartlichen Interaktionen. Der Erfolg dieser Radiotelemetrie liegt dabei in der Miniaturisierung der Radiosender. Die derzeit kleinsten Radiosender wiegen gerade noch 0,2 g (Abb. 17), weshalb damit trotz der 3–5 % „Belastungsgrenze" auch sehr kleine Vögel, wie nur 6 g schwere Fitisse, markiert werden können. Der Nachteil dieser sehr kleinen Sender ist aber, dass sie nur eine recht geringe Reichweite von wenigen Kilometern und eine kurze Lebensdauer haben. Neben ihrer „Leichtheit" haben diese modernen Radiosender noch einen anderen großen Vorteil: sie sind digital codiert. Sie senden zwar alle auf derselben Frequenz und mit derselben Pulsrate, doch jeder Puls enthält einen individuellen Code. Dadurch ist es möglich, eine Vielzahl von Vögeln automatisch gleichzeitig, kontinuierlich und unabhängig von Tageszeit oder Wetter zu identifizieren. Der „Nachteil" der geringen Reichweite lässt sich mit einem

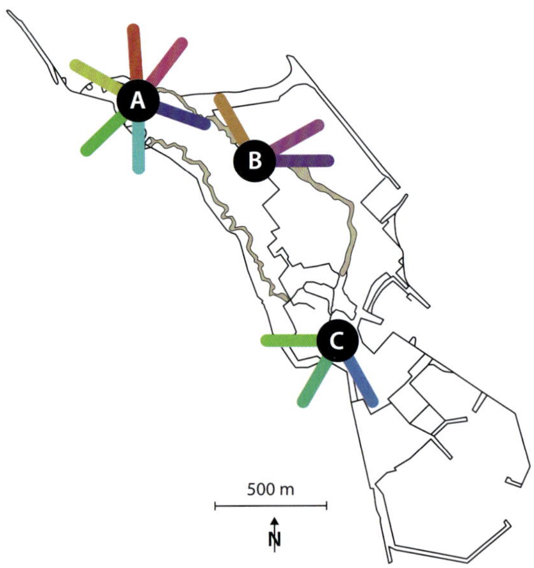


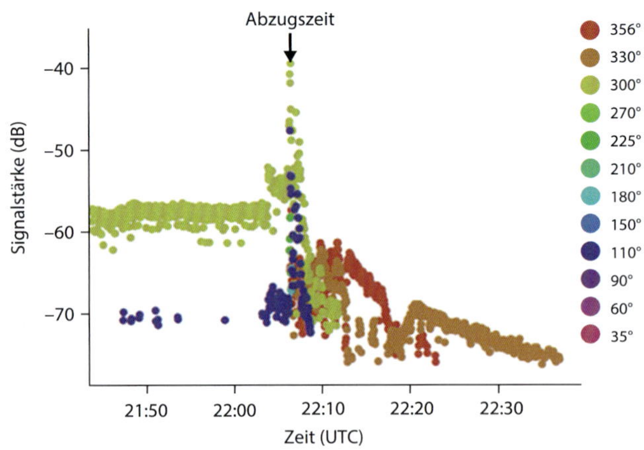


Abb. 18: Links: Automatisches Radiotelemetriesystem mit Empfangsstationen an drei Standorten auf Helgoland. Zwei Empfangsstationen sind mit drei, eine Station mit sechs 6-Element Yagi-Antennen ausgerüstet, die mit digitalen Empfängern („SensorGnome") verbunden sind. Die zwölf Antennen sind so ausgerichtet, dass ihre Hauptachsen um jeweils ca. 30° gegeneinander versetzt sind. Rechts: Veränderung der Signalstärke über die Zeit eines von Helgoland abziehenden Steinschmätzers im Frühjahr 2015. Die Farben der Punkte entsprechen den Antennen, über welche die Signale aufgezeichnet wurden. Die Antennen sind nach der Richtung ihrer Hauptachse benannt. Der rapide Anstieg der Signalstärke um 22:07 Uhr kennzeichnet den Zeitpunkt, an dem der Vogel aufgeflogen bzw. abgezogen ist. Beim Verlassen der Insel wurde der Vogel von mehreren Antennen gleichzeitig erfasst, am längsten mit der nach 330° ausgerichteten. Der Abzug erfolgte also etwa in Richtung NNW. Das letzte Signal des Senders wurde um 22:37 Uhr aufgezeichnet. Der Vogel wurde für ca. 30 Minuten vom System erfasst. Bei einer angenommenen Fluggeschwindigkeit von 47 km/h wurde der Steinschmätzer somit über etwa 23 km verfolgt (aus Schmaljohann et al. 2017).

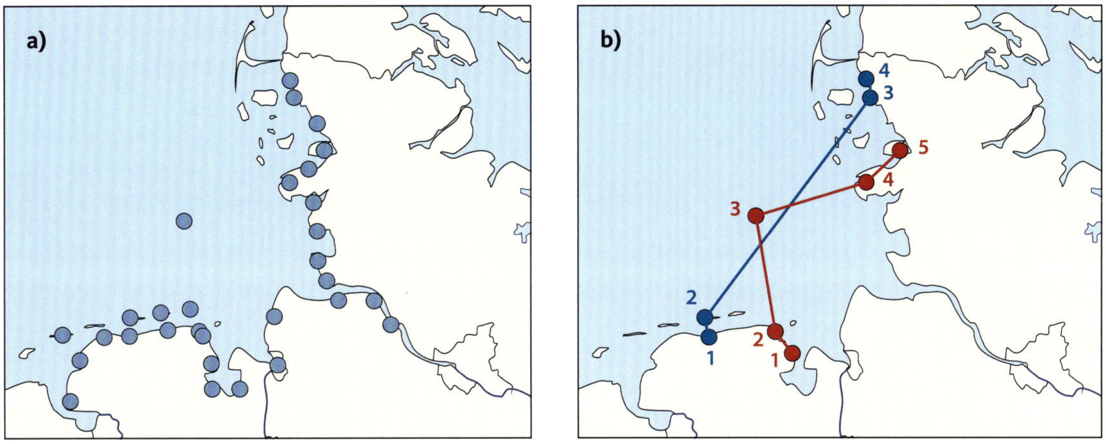


Abb. 19: a) Standorte von Motus-Empfangsstationen des Instituts für Vogelforschung an der deutschen Nordseeküste, b) Ortungspunkte von zwei besenderten Steinschmätzern der Unterart *leucorhoa* im Frühjahr 2017. Die Linien geben nicht die genauen Flugwege wider. Die Empfangsstationen, die dieselben Vögel orteten, wurden durch eine gerade Linie verbunden. Die Dauer der Nordsee-Überquerung dieser beiden Vögel dauerte ca. 2 h 25 Minuten (grün) und 3 h 5 Minuten (blau). *Leucorhoa* Steinschmätzer brüten auf Island, Grönland und im östlichen Kanada und überwintern im westlichen Afrika (aus Schmaljohann et al. 2017).

engen Netz an automatisch aufzeichnenden Empfangsstationen lösen, wodurch dann durchaus auch ein größerer Raum überwacht werden kann. Erstmalig großräumig eingesetzt wurde diese Idee im Nordosten Nordamerikas mit dem „Motus Wildtier-Tracking-System" (https://motus.org). Die Vision war, ein den Kontinent umspannendes Netzwerk aus kostengünstigen digitalen und automatisierten Empfangsstationen, sogenannten „SensorGnomes" (www.sensorgnome.org; Abb. 17), aufzubauen. Insgesamt wurden bisher in Nord-, Mittel- und Südamerika weit über 300 Empfangsstationen installiert. Die Idee dahinter ist, dass in einer gemeinsamen Datenbank alle Codes aktiver Radiosender sowie alle Daten sämtlicher Empfangsstationen automatisch hochgeladen werden, so dass sich dann jeder einzelne Sender (Vogel) verfolgen lässt, wie er sich zwischen den verschiedenen Empfangsstationen bewegt.

In Europa wurden die ersten Motus-Empfangsstationen im Jahr 2015 vom Institut für Vogelforschung „Vogelwarte Helgoland" auf der Insel Helgoland aufgebaut (Abb. 18), um das Wander- und Aufbruchsverhalten von nachtziehenden Singvögeln zu untersuchen. Dieses Motus-System wurde ab 2016 auf Inseln des Niedersächsischen Wattenmeers und entlang der niedersächsischen und schleswig-holsteinischen Nordseeküste ausgedehnt, um großräumige Bewegungen der Zugvögel im Bereich der Deutschen Bucht besser zu verstehen (Abb. 21). Mit einem europaweiten Motus-Netzwerk soll es schon bald möglich sein, selbst kleinste Vogel- und Fledermausarten ebenso wie große Insekten auf ihren Wanderungen zu verfolgen.

## Transponder

Moderne Vogelzugforschung ist nicht nur daran interessiert aufzuklären, welche Art wohin und entlang welcher Routen fliegt. Der Zug ist Teil der gesamten Lebensstrategie eines Zugvogels und so ist auch wichtig zu erfahren, wer überhaupt wieder in sein vorjähriges Brutgebiet oder seinen vorjährigen Geburtsort zurückkehrt. Alle Tracking-Verfahren und auch die Beringung und andere Markierungsmethoden liefern solche Informationen, im Fall der Trackingverfahren aber meist nur in geringen Anzahlen, und bei der Beringung ist mit Ausnahme der Farbberingung oftmals ein Wiederfang des

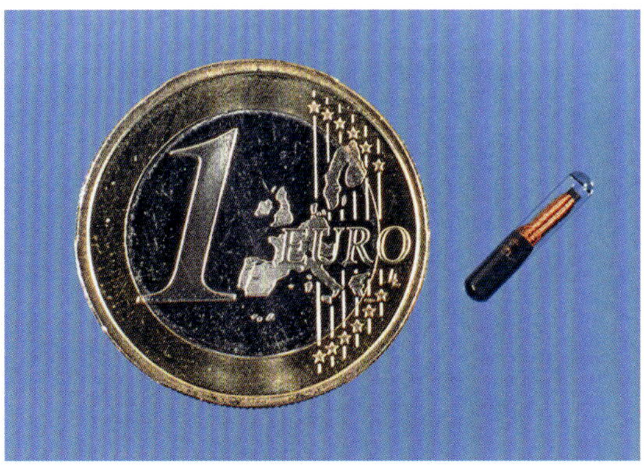

Abb. 20: Der reiskorngroße Transponder kann unter die Haut eingepflanzt, an einen Fußring oder für kurzfristige Untersuchungen auf eine Feder geklebt werden. Mit einer Antenne kann der markierte Vogel am Nest oder an einer Sitzwarte ohne Wiederfang identifiziert werden (Foto: Archiv Institut für Vogelforschung).

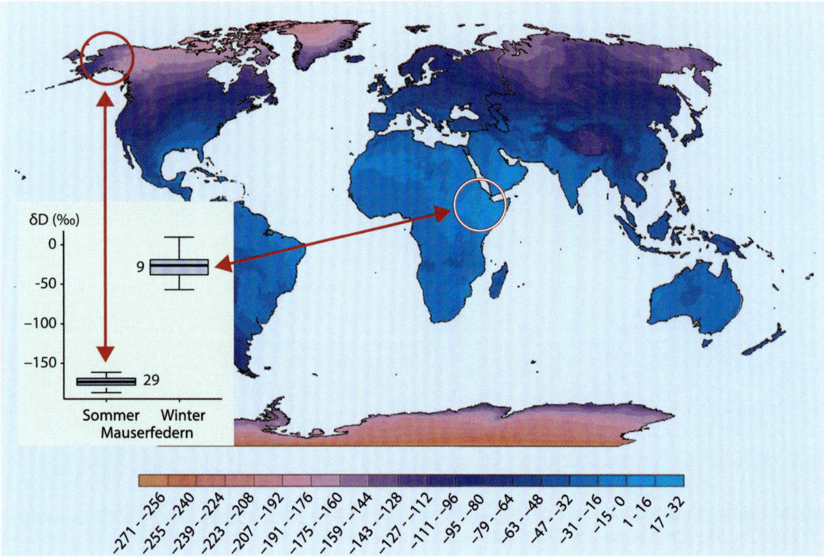


Abb. 21: Deuterium-Konzentrationen von Federn von Steinschmätzern und deren geografische Zuordnung (nach Bairlein et al. 2012).

beringten Vogels notwendig, um seinen Ring sicher ablesen zu können. Deshalb werden zunehmend häufiger sogenannte Transponder (Mikrochips; Abb. 20) in die Vögel eingesetzt, wie sie in der Kennzeichnung von Nutztieren oder im Tierhandel weit verbreitet sind. Damit markierte Vögel brauchen zur späteren Identifikation nicht mehr gefangen werden. Sie können mittels Empfangsanlagen, die am Nistplatz oder an regelmäßigen Sitzplätzen eingesetzt werden, automatisch ohne erneuten Fang identifiziert werden, wodurch Daten gewonnen werden können, wie sie auch bei noch so intensivem Fang nicht erreichbar wären.

## Stabile Isotope

Farbberingung, Satellitentelemetrie, GPS-Logger oder Licht-Dunkel-Geolokation sind direkte Verfahren, die Zugwege von Vögeln und anderer wandernder Tierarten individuell zu verfolgen. Sie alle haben derzeit noch den Nachteil, dass sie technisch sehr aufwändig und vergleichsweise teuer sind und so oft nur wenige Vögel untersucht werden (können). Deshalb haben sich auch neue „indirekte" Verfahren etabliert, mit denen man zwar nicht die Zugwege individueller Vögel verfolgen kann, aber beispielsweise Winterquartiere ermitteln kann.

Ein bereits weit verbreitetes Verfahren ist die Bestimmung eines chemischen Fingerabdrucks mittels der sogenannten Stabilen Isotope von Federn; in den meisten Fällen von Isotopen des Wasserstoffmoleküls, das in allen „Geweben" der Vögel vertreten ist. Viele Zugvogelarten mausern zumindest einen Teil ihrer Federn im Winterquartier. Vorteilhafterweise ist die Erdoberfläche chemisch nicht einheitlich, die gewachsene Feder spiegelt daher die chemische Signatur des Ortes wider, an dem sie gewachsen ist. Eine frisch gewachsene Feder trägt somit bis zur nächsten Mauser einen ortstypischen chemischen „Fingerabdruck". Untersucht man nun im Brutgebiet die Isotopenzusammensetzung einer im Winterquartier gewachsenen Feder, kann man daraus auf das Winterquartier schließen. So zeigt eine Analyse der Wasserstoffisotope von im Winterquartier gewachsenen Federn von Steinschmätzern aus Alaska, dass diese in Ostafrika gewachsen sein müssen, wohingegen die von Steinschmätzern aus Nordostkanada ein Winterquartier in Westafrika ausweisen (Abb. 21). Beide bestätigen sich durch die Ergebnisse der Licht-Dunkel-Geolokation und zeigen, dass die Analyse von Stabilen Isotopen

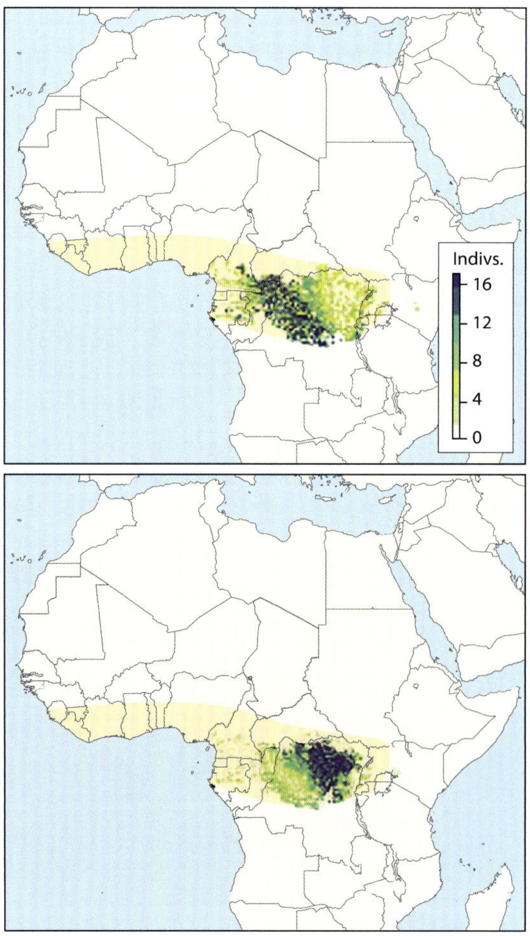


Abb. 22: Mittels Stabiler Isotope von im Winterquartier gemauserten Federn ermittelte Überwinterungsgebiete von englischen und deutschen Waldlaubsängern im zentralen Afrika. Beide Populationen überwintern im Kongobecken, die britischen Vögel (oben) mehrheitlich etwas weiter westlich als die deutschen Vögel (unten) (nach Hobson et al. 2014).

eine hilfreiche, weil viel weniger aufwändige Methode, ist. Die Verwendung von Stabilen Isotopen ist zwar recht ungenau und oftmals können lediglich die Überwinterungsregionen angegeben werden, die Methode kann aber schadlos auch an kleinsten Arten eingesetzt werden. So zeigte sich für englische und deutsche Waldlaubsänger, dass sie beide im zentralen Afrika überwintern (Abb. 22), von wo aber von in Deutschland zur Brutzeit beringten Vögeln keine Ringfunde vorlagen.

## Genetischer Fingerabdruck

Eine andere „indirekte" Methode ist die Bestimmung eines genetischen Fingerabdruckes. Vielfach sind Zugvögel unterschiedlicher geografischer Herkunft genetisch verschieden und diese Unterschiede lassen sich mit modernen molekulargenetischen Methoden auch für die Vogelzugforschung nutzen. Verwendet werden dazu sogenannte Mikrosatelliten. Mikrosatelliten sind kurze DNA-Sequenzen, aus denen keine Eiweißstoffe (Proteine) erstellt werden. Solche sog. nicht-codierenden Abschnitte des Erbgutes werden im Organismus oft wiederholt. Da sich die Anzahl der Wiederholungen bei verschiedenen Individuen unterscheidet, können Mikrosatelliten zur Bestimmung eines genetischen Fingerabdrucks verwendet werden. So lassen sich verschiedene Brutpopulationen charakterisieren. Fängt man nun einen Vogel während seiner Rast oder im Winterquartier, kann er mittels einer kleinen Blutprobe charakterisiert und einer Herkunftspopulation zugewiesen werden. So lassen sich Landkarten der einzelnen Zugvögel herleiten oder zeichnen. So zeigte sich, dass an der portugiesischen Küste ausschließlich Alpenstrandläufer überwintern, die in Nordeuropa brüten, an der deutschen Küste dagegen schon etwa 1/3 der Wintervögel sibirischer Herkunft ist und in Tunesien und am Golf von Arabien überwiegend sibirische Alpenstrandläufer überwintern (Abb. 23).

Eine noch neuere genetische Methode ist die Bestimmung von genetischen Fingerabdrücken mittels sogenannter SNPs (Single Nucleotide Polymorphismus, Einzelnukleotid-Polymorphismen). Mit ihrer Hilfe können Vögel bekannter Brutgebiete mit höherer

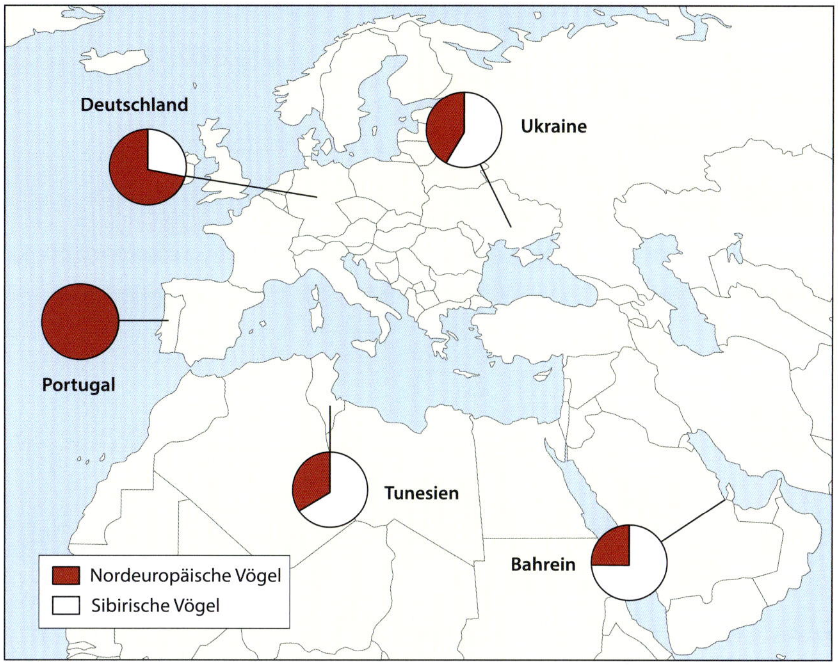


Abb. 23: Verteilung der Winterpopulationen des Alpenstrandläufers aufgrund ihrer genetischen Unterschiede (nach Wennerberg 2001).

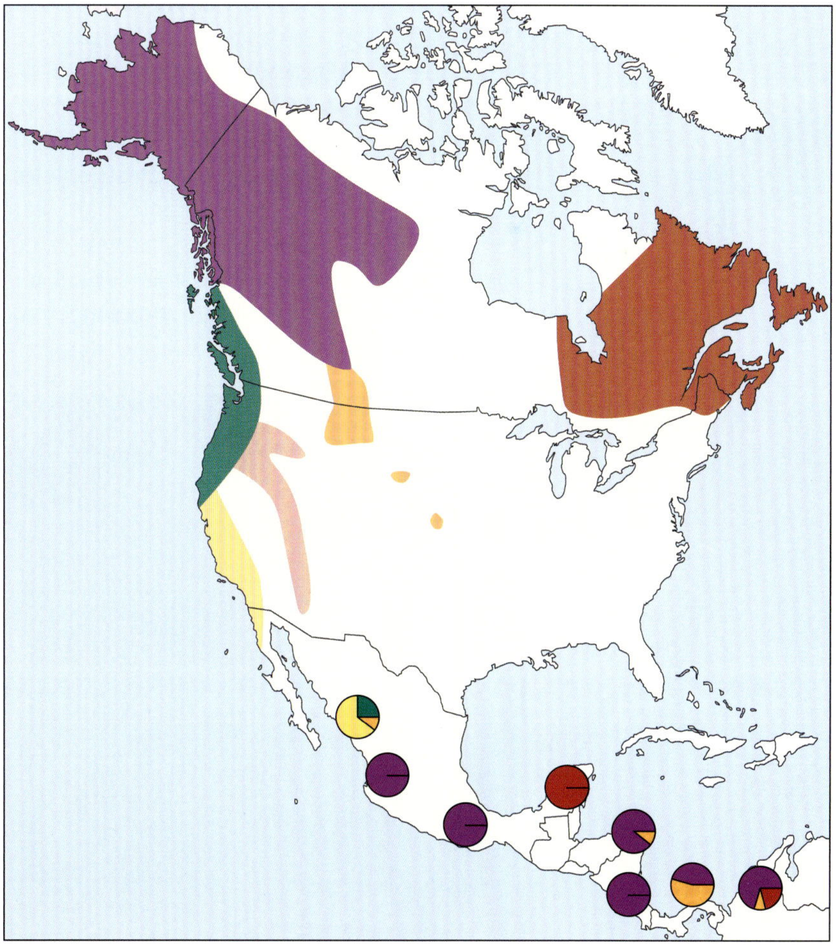

Abb. 24: Brut- und Winterverbreitung verschiedener Populationen des Mönchswaldsängers N-Amerikas aufgrund ihres genetischen Fingerabdruckes. Die farbigen Flächen in der Karte zeigen die Brutgebiete, die Tortendiagramme den jeweiligen Anteil der Population in den Wintergebieten (nach Ruegg et al. 2014).

Abb. 25: Helgolandreuse, 1934 (Archiv Institut für Vogelforschung) und 2008 (Foto: K. Hüppop) im Fanggarten des Instituts für Vogelforschung „Vogelwarte Helgoland" auf Helgoand sowie in der Fangstation Fringilla der Biologischen Station Rybachy auf der Kurischen Nehrung (Foto: F. Bairlein).

Auflösung charakterisiert werden, als es die Mikrosatelliten zulassen. Durch eine SNP-Analyse können Individuen in Rast-, Durchzugs- und Wintergebieten ihren Brutgebieten zugewiesen werden. Somit kann man sehr genau auflösen, aus welchem Brutgebiet ein Vogel kommt, sofern man vorher Vögel aus verschiedenen Brutgebieten typisiert hat. So überwintern Mönchswaldsänger aus dem Nordosten Nordamerikas im südlichen Mittelamerika, die Vögel aus dem NW dagegen im mittleren Mittelamerika (Abb. 24).

Abb. 26: Fangnetze auf der Mettnau-Halbinsel im Bodensee (Foto: F. Bairlein).

Diese neuen Markierungsmöglichkeiten für Vögel erweitern und verfeinern die Möglichkeiten der Vogelzugforschung und der Erforschung des räumlichen und zeitlichen Verhaltens freilebender Vögel ungemein. Die Vogelberingung als Methode für die ornithologische Wissenschaft und den Naturschutz werden sie jedoch nicht ersetzen. Allerdings haben sich die Schwerpunkte der Vogelberingung verschoben. Für die klassischen Fragen der Vogelzugforschung, nämlich der Aufklärung der Zugwege und Winterquartiere, wird Beringung noch mehr an Bedeutung verlieren. Für populationsbiologische und verhaltensbiologische Studien aber ist sie ebenso wenig verzichtbar wie für das integrierte Bestandsmonitoring. Die wissenschaftliche Vogelberingung ist also so lebendig und erforderlich wie bisher.

## Fangmethoden

Um Vögel beringen, markieren, mit einem Sender ausstatten oder Blut für eine genetische Analyse nehmen zu können, muss

Abb. 27: In einem „Japannetz“ hängendes Rotkehlchen (Archiv Max-Planck-Institut für Verhaltensbiologie) sowie eine „Handvoll“ gefangener Wintergoldhähnchen (Foto: W. Fiedler). Der Fang vieler Vögel ist Voraussetzung für den Erfolg der wissenschaftlichen Vogelberingung, da die Fundraten bei vielen Arten sehr gering sind.

Netze, Reußen, Fallen, ... vielfältig und nicht selten sehr artspezifisch sind die Fangmethoden für die Beringung. 1: Entenreuse; 2: Austernfischerfang mit Kanonennetz; 3: Ansitzschlagfalle; 4: „Wichtel“ zum Steinschmätzerfang am Nest; 5: Bodenschlagfalle; 6: Kastenfalle zum Amselfang; 7: Whoosh-Netz; 8: n ächtlicher Limikolenfang im Watt mit Japannetz; 9: Druckluftnetz; 10: Hochnetz. (Fotos: 1: Archiv Max-Planck-Institut für Verhaltensbiologie; 2: K.-M. Exo; 3-5: F. Bairlein; 6-8: J. Dierschke; 9: R. Vohwinkel; 10: T. Gottschalk).

Abb. 28: Radargeräte zur Erfassung von Vogelzug. Oben: „Superfledermaus"-Radar der Schweizerischen Vogelwarte (Foto: B. Bruderer); rechts: Schiffsradar (Foto: F. Bairlein).

man ihner zunächst habhaft werden. Noch nicht flügge Jungvögel können leicht im Nest beringt werden oder bei nestflüchtenden Arten per Hand oder mit Kescher gegriffen werden. Für alle freifliegenden Vögel braucht man Fanggeräte. Über die vielen Jahre haben sich viele verschiedene Fangmethoden etabliert, von wenig artspezifischen wie z. B. Reusen und Netze, bis hin zu sehr speziellen zum Fang bestimmter Arten.

Massenfang, gerade von Singvögeln, wurde zum ersten Mal 1920 mit der Einführung der sog. Helgoländer Trichterreuse („Helgolandreuse"; Abb. 25) durch die „Vogelwarte Helgoland" auf Helgoland möglich. Bis heute werden solche stationären Reusen vor allem an festen Fangstationen an der Küste eingesetzt, wo die Windbedingen den Einsatz von Netzen erschweren oder unmöglich machen. Eine der weltweit größten „Helgoland-Reusen" steht heute in Rybachy, ehemals Rossitten, auf der Kurischen Nehrung.

Schon zu Beginn der Vogelzugforschung mittels Beringung hat man Vögel mit Netzen gefangen, doch so richtig los ging der Netzfang mit der Einführung des „Japannetzes" (Abb. 26) in den frühen 1950er Jahren. Denn nun wurde es möglich, mobil zu sein. Solche Netze lassen sich nämlich recht leicht zwischen Büschen, im Schilf, als Hochnetz auch in Baumkronen oder anderswo aufstellen. Diese Netze bestehen aus sehr dünnen Nylonfäden (Abb. 27) und sind preiswerter und sicherer beim Fang von Kleinvögeln als die früher verwendeten Baumwollnetze.

## Radar – Infrarot – Zugrufe

Funde beringter Vögel, Fahrtenschreiber oder Stabile Isotope erlauben die Beschreibung von Durchzugs-, Rast- und Überwinterungsgebieten oder gar der individuellen Zugwege. Über das Ausmaß des Vogel-

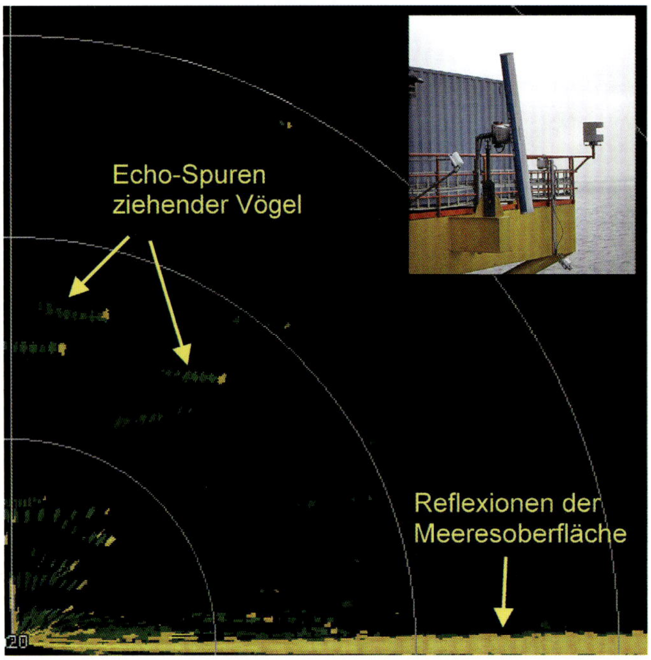


Abb. 29: Mit einem Schiffsradargerät mit vertikal rotierendem Antennenbalken registrierter Vogelzug. Bei jeder Antennenumdrehung wird ein neuer Punkt auf dem Radarschirm ausgegeben (jüngster Punkt gelb). Der Abstand zwischen den weißen Ringen beträgt jeweils eine viertel nautische Meile (463 m) (aus Exo et al. 2010).

zuges sagen sie uns aber nichts. Wann, wo, wie viele Vögel ziehen, entzieht sich in der Regel unseren Beobachtungsmöglichkeiten. Ausnahmen sind Arten, die tagsüber in geringer Höhe und konzentriert ziehen, z. B. entlang von Flüssen oder Küsten oder über Meeresengen oder Gebirgspässe, und dabei gut beobachtet und gezählt werden können.

Hier schafft der Einsatz von **Radar**geräten Abhilfe, aber auch Infrarotkameras und die automatische Erfassung von Rufen ziehender Vögel.

Das Radar ist die einzige Messtechnik, die eine quantitative Erfassung fliegender Vögel in großen Mengen und über lange Zeiträume erlaubt. Spezielle Radargeräte, wie das vielfach von der Schweizerischen Vogelwarte eingesetzte Zielfolgeradar „Superfledermaus“ (Abb. 28), ermöglichen die Unterscheidung von Vögeln, Insekten und anderen Objekten und die Erfassung von verschiedenen Typen von Vogelgruppen. Die Mehrzahl aber erlaubt meist nur die Bestimmung der Menge an fliegenden Vögeln und deren Flugrichtungen, Fluggeschwindigkeiten und Flughöhe. Radargeräte können stationär betrieben werden, so auch die weltweit verfügbaren Wetterradargeräte, oder mobil, z. B. zur Erfassung des Vogelzuges in der Nähe von

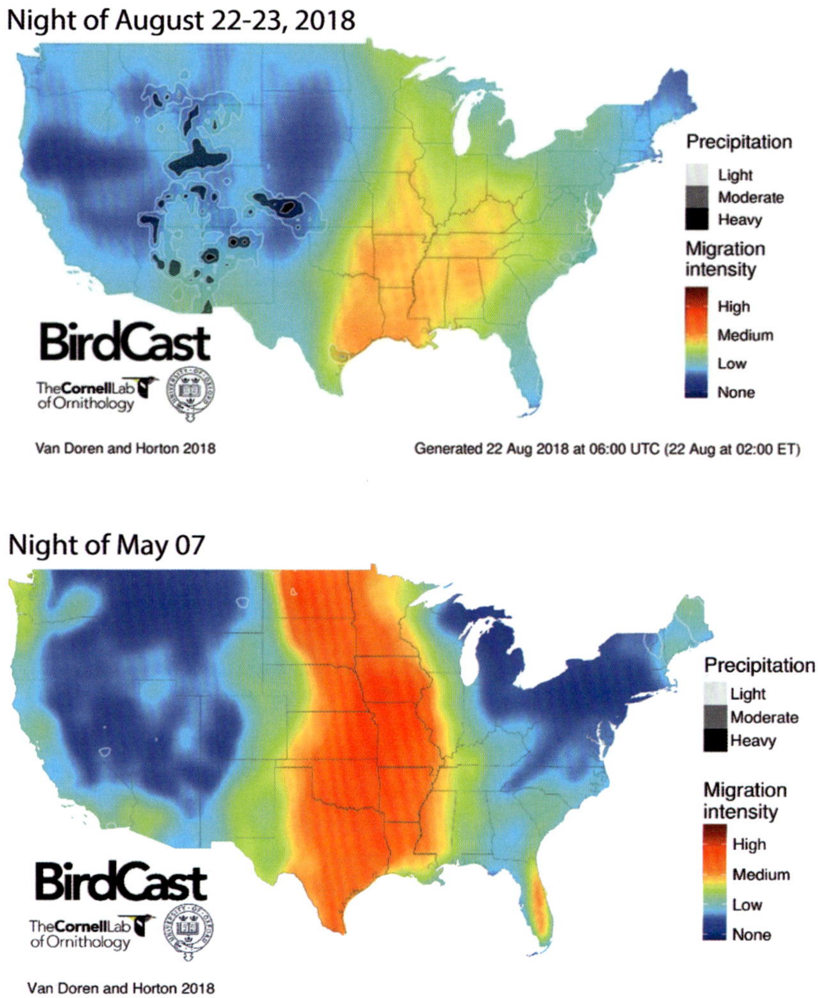


Abb. 30: Momentaufnahmen des Vogelzuges über den USA an je einem Tag des Herbstzuges bzw. des Frühjahrszuges. Die Daten wurden mittels des US NEXRAD Wetterradarüberwachungssystems erfasst. Tagesaktuell kann der Vogelzug über den USA unter https://birdcast.info/migration-tools/live-migration-maps/ beobachtet werden (nach Van Doren & Horton 2018).

Abb. 31: Wärmebildkamera (links, Foto: F. Bairlein) und über jeweils fünf Minuten aufaddierte Wärmebilder (aus Exo et. al 2010).

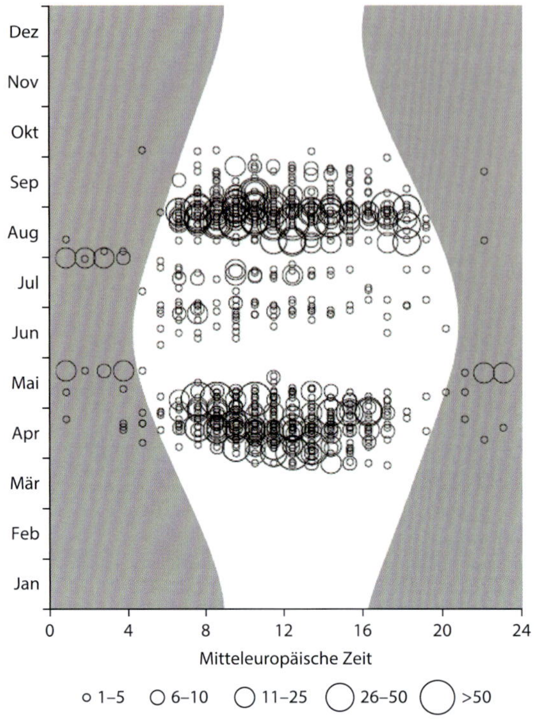


Abb. 32: Automatisch erfasste, jahres- und tageszeitliche Verteilung der Zugrufe (Vögel/Stunde) von Rotdrosseln an einer Forschungsplattform in der südöstlichen Nordsee, etwa 45 km von der Küste entfernt (nach Hill & Hüppop 2008).

Windenergieanlagen (Abb. 29). Mittlerweile können mittels Radargeräten Vogelzüge automatisch erfasst und quantifiziert werden (Abb. 30), Dies hat nicht nur für die Vogelzugforschung eine große Bedeutung, sondern gerade auch für die militärische wie zivile Flugsicherheit. Auf Radardaten basierende Frühwarnsysteme sind heute an vielen Flughäfen Standard, damit es nicht zu Kollisionen zwischen Flugzeugen und Vogelschwärmen kommt.

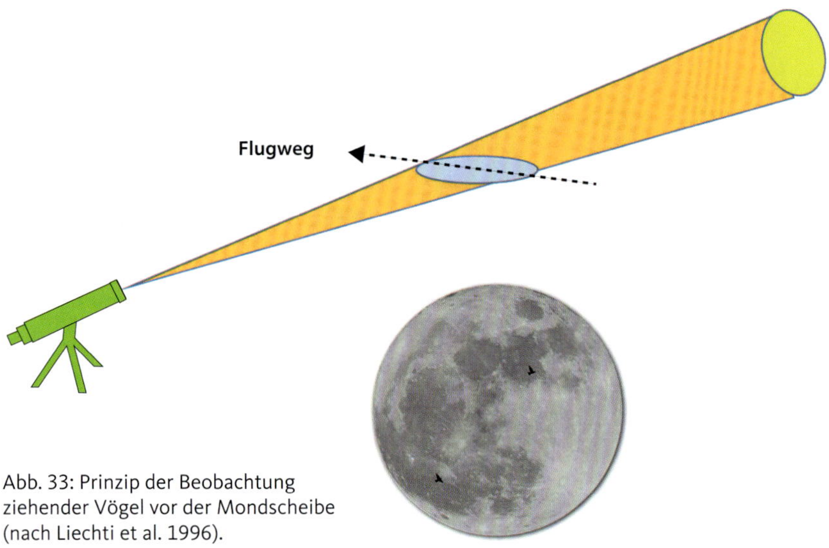


Abb. 33: Prinzip der Beobachtung ziehender Vögel vor der Mondscheibe (nach Liechti et al. 1996).

Eine andere, wenn auch selten verwendete Methode, Zuggeschehen sichtbar zu machen und zu quantifizieren, ist der Einsatz von hochauflösenden **Wärmebildkameras** (Infrarotkameras; Abb. 31). Fliegende Vögel haben eine recht hohe Körpertemperatur von über 40 °C. Insbesondere in kühlen Nächten lässt sich so ein kleiner „Feuerball" trotz einer gewissen Abschirmung der Körperwärme durch das Federkleid mittels Wärmebildkameras, wie sie auch in der Thermografie von Gebäuden eingesetzt werden, erfassen und dies unter günstigen Bedingungen bis in Flughöhen von über einem Kilometer. Damit lassen sich zwar auch in der Regel keine Arten erkennen, aber aufgrund ihrer Körpergröße und/oder Flugweise immerhin Artengruppen, ähnlich wie beim Radar.

Radar oder Wärmebildkamera erlauben in nur wenigen Ausnahmen einen Rückschluss auf die Vogelart. Auf Artniveau können nachts ziehende Arten erfasst werden, wenn sie während des Zuges rufen. Viele Vogelarten rufen während des nächtlichen Fluges, beispielsweise Rotdrosseln, Limikolen oder Gänse. Vermutlich halten nachts ziehende Vögel durch **Flugrufe** untereinander Kontakt. Dies könnte unter anderem wichtig sein, um bei schlechten Sichtbedingungen von der Gruppennavigation zu profitieren. So treten Rufe von nachts über der Deutschen Bucht ziehenden Drosseln häufiger bei ungünstigen Wetterbedingungen auf. Zugrufe können also genutzt werden, um den nächtlichen Zug zu beschreiben und das Artenspektrum zu bestimmen. Dazu muss man mittlerweile nicht mehr nächtelang draußen sein, heute geschieht dies mithilfe automatischer akustischer Erfassung (Abb. 32).

Eine Untersuchung der Flugrufe im Zug von 15 Arten ergab eine mittlere Ruflänge von 0,23 Sekunden mit meist nur einem Rufelement, bei einer Spannweite von 0,048 s eines Bluthänflings bis zu 1,264 s mit 13 Rufelementen eines Regenbrachvogels. Die höchste Ruf-Frequenz hatte ein Wiesenpieper mit 7763 Hz, die niedrigste eine Graugans mit 1031 Hz; im Mittel lag die Frequenz bei 3151 Hz.

## Zug-Planbeoachtungen

Vogelzuggeschehen systematisch zu erfassen, gelingt nicht nur mittels technischer Hilfsmittel, sondern auch durch „einfache“ systematische Beobachtung des sichtbaren Vogelzuges. Dies geschieht meist bei Tag, doch auch der nächtliche Vogelzug kann durch Beobachtung vor der Mondscheibe erfasst werden (Abb. 33).

Für Tagzugbeobachtungen eignen sich besonders exponierte Standorte, die einen Blick „übers Land“ ermöglichen oder an denen sich Vogelzug verdichtet, wie an Küsten, entlang von Flüssen oder auf Bergrücken. Ein herausragendes Beispiel sind die bereits seit 1970 laufenden planmäßigen Untersuchungen am Randecker Maar am nordwestlichen Steilabfall der Schwäbischen Alb in Baden-Württemberg. Das Randecker Maar liegt auf etwa 800 m ü. NN etwa 400 m über dem Albvorland und bildet einen Trichter, der den Vogelzug über die Alb horizontal und vertikal bündelt und konzentriert (Abb. 34). So ziehen die Vögel teilweise auf Augenhöhe über das Maar, was die Beobachtung des sichtbaren Vogelzuges sehr erleichtert. Seit dem Jahr 1988 wird täglich von Mitte August bis Anfang November beobachtet. In dieser Zeit spielt sich etwa 90 % des dortigen Vogelzuges ab.

## Vogelzugforschung – auch im Labor

Moderne Vogelzugforschung ist mehr als die Beschreibung von Zugwegen, Durchzugs-, Rast- und Überwinterungsgebieten. Heute stehen auch Fragen nach dem „Wie“ im Fokus des Interesses. Junge Gänse oder Kraniche folgen ihren Eltern, doch woher weiß beispielsweise ein im Herbst erstmals ziehender Steinschmätzer, der, wie die Mehrzahl unserer Zugvögel, nachts allein ohne elterliche Führung zieht, oder ein junger Kuckuck, der seine leiblichen Eltern nicht einmal kennt, wann es Zeit ist, auf Reise zu gehen, wohin er zu ziehen hat und wie er dies bewerkstelligen soll? Solche Fragen sind durch Untersuchungen im Freiland nicht zu beantworten, doch manche Zugvögel lassen sich gut in Gefangenschaft halten und zeigen dort ihr arttypisches Zugverhalten. So können wir Grundlagen des Vogelzugs sogar mit Vögeln in Gefangenschaft aufklären.

## Moderne Vogelzugforschung – Die Kombination macht's

War der Vogelzug vor gut 100 Jahren noch ein großes Mysterium, so erlauben die heute vielfältigen neuen Methoden ganz neue Einblicke, und dies sogar individuell für den ziehenden Vogel und über lange Zeiträume, sodass Vogelzug in seiner Ganzheit verstanden werden kann.

Für ein tieferes Verständnis der langfristigen Auswirkungen von anhaltenden Umweltveränderungen, einschließlich Klimawandel, auf Vögel ist wichtig zu wissen, wie anpassungsfähig Arten sind. Dabei ist nicht die unmittelbare Verhaltensreaktion auf eine Veränderung zu verstehen, sondern wie eine

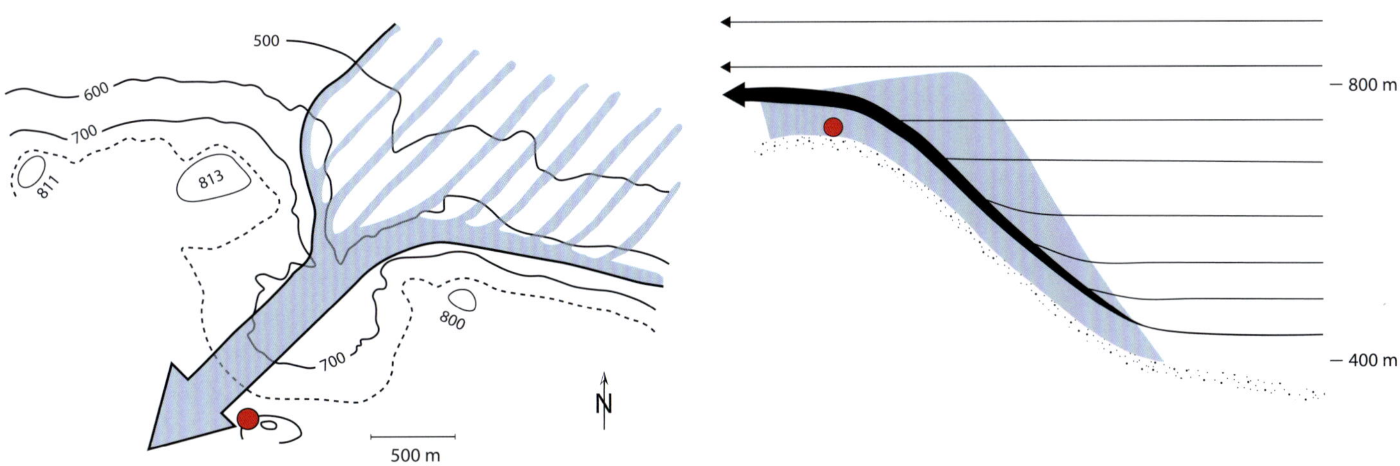


Abb. 34: Das etwa 400 m über dem Albvorland und nach Norden geöffnete Randecker Maar bündelt den Vogelzug trichterförmig (links) und vertikal (rechts). Punkt: Lage der Beobachtungsstation (nach Gatter 2000).

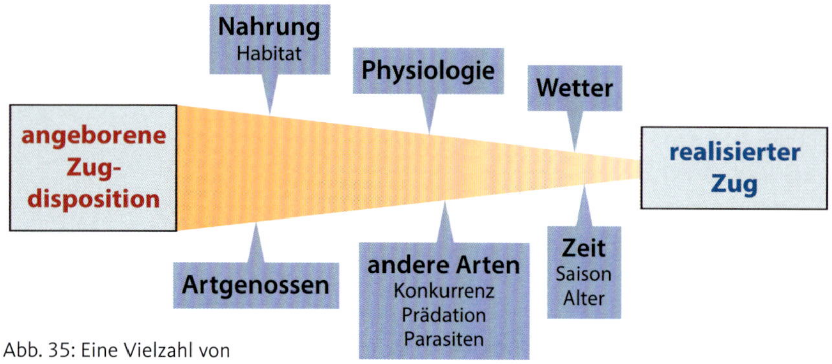


Abb. 35: Eine Vielzahl von Umweltfaktoren wirkt auf ein angeborenes Grundmuster des Zugerhaltens und „gestaltet“ so den Ablauf des Vogelzuges (aus Bairlein 2010).

Art langfristig, also über viele Generationen, auf solche Umweltveränderungen reagiert, inwieweit sie sich durch evolutive Prozesse, also Änderungen in ihren Genen, anpasst. Ein Beispiel: Die Flügellänge eines Vogels ist in gewisser Weise ein Indiz für sein Zugverhalten. Vögel mit sehr langen Zugwegen haben in der Regel relativ längere und spitzere Flügel als weniger weit ziehende Arten, die mehr „runde“ Flügel haben. Dies hat damit zu tun, dass längere und spitzere Flügel effizienter für den Langstreckenflug sind. Damit kann die Messung der Flügellänge genutzt werden, um etwas über langfristige Anpassungen im Zugverhalten an Umweltveränderungen auszusagen, da sich solche morphologischen Maße langfristig ausschließlich über Selektion verändern. Erste Auswertungen der Flügellänge von verschiedenen Zugvögeln zeigen nun in der Tat, dass bereits in den letzten Jahrzehnten deren Flügellängen abgenommen haben. Dies ist ein Hinweis dafür, dass evolutive Veränderungen stattfinden.

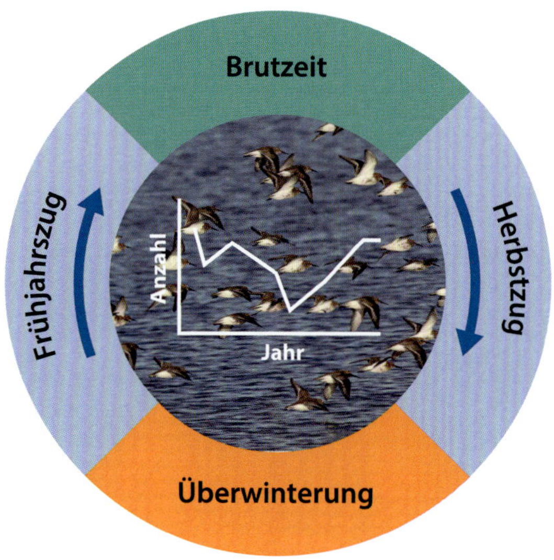


Abb. 36: Um Vogelzug in seiner Gesamtheit zu verstehen, muss er als Teil des gesamten Jahreszyklus des Zugvogels betrachtet werden (nach Bairlein & Becker 2011).

Um solche Beziehungen zu erklären, ist es wichtig, bei einem Zugvogel sowohl seine angeborenen Verhaltensweisen wie auch das tatsächliche in der Umwelt gezeigte Verhalten zu untersuchen (Abb. 35). Für viele Zugvögel dürfen wir annehmen, dass sie über ein angeborenes Grundmuster ihres Zugverhaltens verfügen, das dann in der realen Welt durch Umweltfaktoren beeinflusst wird und zu dem Zugablauf führt, den wir beobachten können. Die Anpassungsfähigkeit einer Art auf anhaltende Umweltveränderungen wird deshalb besonders davon abhängen, ob sie mehr genetisch bestimmt ist oder mehr durch ihre Umwelt. Solche Untersuchungen sind aber schwierig. Sie setzen voraus, dass man einerseits das Zugverhalten- und hier insbesondere das Rastverhalten einer Art im Freiland quantitativ untersuchen kann und andererseits zugleich diese Art so in Gefangenschaft halten kann, dass sich die genetischen (angeborenen) Grundlagen ihres Zugverhaltens untersuchen lassen.

Mit der Kombination von verschiedenen Methoden und Untersuchungsansätzen ist es möglich, den Bogen zu spannen zwischen angeborenen Grundlagen und realem Freilandverhalten. Damit kann das Wechselspiel zwischen Umwelt und Genen verstanden werden, die Grundlage, um zu verstehen, wie sich so ein Zugvogel an wechselnde Umweltbedingungen anpassen kann. Dies ist nicht nur von grundsätzlich wissenschaftlichem Interesse, es ist die Vorrausetzung für erfolgreichen Schutz von Zugvögeln. Und hier erlauben uns die neuen Methoden auch noch einen weiteren Schritt, die Kombination von Zug- und Brutverhalten (Abb. 36). Für den einzelnen Vogel lässt sich untersuchen, wie er seinen Zug gestaltet hat und wie sich dies auf sein nachfolgendes Brutverhalten und den Bruterfolg auswirkt, ebenso, wie sich der Aufwand für das Brutgeschäft oder die Qualität der Jungvögel auf den nachfolgenden Zug der Eltern wie der Jungvögel auswirkt. So sind wir erstmalig in der Lage, den gesamten Jahreszyklus eines Zugvogels integrativ aufzuklären.

Alpenstrandläufer (Foto: R. Nagel)

# Vogelzug in Deutschland 2

Etwa 250 Vogelarten brüten in Deutschland, noch einmal so viele sind hier Gastvögel. Etwa 55 % der mehr als 500 in Deutschland nachgewiesenen Vogelarten sind Zugvögel. Ihre Wanderungen können nur wenige Dutzend Kilometer ausmachen, wie es bei manchen Eulen der Fall ist, oder mehr als 10.000 km beim Weißstorch. Die ganze Vielfalt des Zugverhaltens von in Deutschland vorkommenden Vogelarten lässt sich hier nicht darstellen. Vielmehr sollen zu den wichtigsten Vogelgruppen in systematischer Reihenfolge exemplarisch bekannte Arten vorgestellt und gezeigt werden, auf welchen Wegen sie wohin ziehen, oder woher sie kommen, wenn sie nur als Durchzügler auftreten oder in Deutschland überwintern. Das Zugverhalten aller in Deutschland jemals beringter Vogelarten findet sich im „*Atlas des Vogelzuges*".

## Nicht-Singvögel

**Höckerschwäne** (Abb. 37) sind in Mitteleuropa, wo ihre Bestände im Wesentlichen auf Aussetzungen seit dem 16. Jahrhundert zurückgehen, weitgehend ganzjährige Standvögel. In Eiswintern, wenn die Gewässer anhaltend zugefroren sind, weichen sie jedoch aus, so aus Deutschland vor allem in die Nachbarländer Dänemark, Niederlande, Polen, Tschechien und die Schweiz. Dabei können sie durchaus über 1000 km abwandern, auch wenn die Masse weniger als 100 km zurücklegt. Wintergäste kommen vornehmlich aus dem südlichen Skandinavien, Finnland, dem Baltikum, Belarus, dem westlichen Russland und aus der Ukraine.

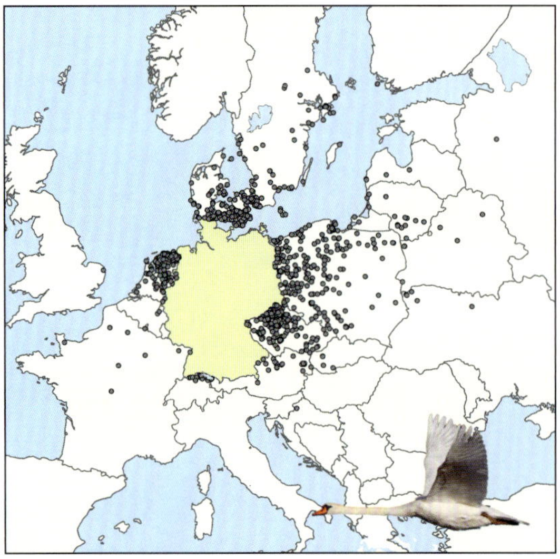

Abb. 37: Fundorte im Ausland von in Deutschland beringten Höckerschwänen (aus Bairlein et al. 2014, Foto: H.-J. Fünfstück).

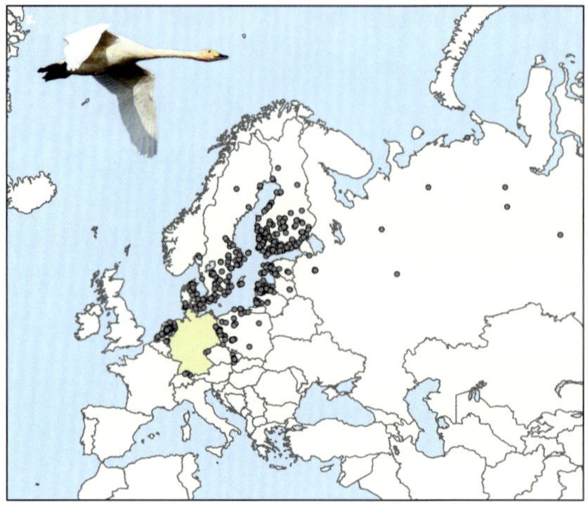

Abb. 38: Fundorte im Ausland von in Deutschland beringten Singschwän en (aus Bairlein et al. 2014, Foto: H.-J. Fünfstück).

Der **Singschwan** (Abb. 38) brütet in Deutschland erst seit einigen Jahren in Schleswig-Holstein, Hamburg, Brandenburg und Sachsen. Über das Zugverhalten dieser Vögel ist noch wenig bekannt. Die Brutvögel aus Brandenburg wandern im Herbst nach Südwesten und gelangen dadurch bis zum Bodensee, andere verweilen in der Nähe der brandenburgischen Brutplätze oder bleiben an der mittleren Elbe. Der Singschwan ist in Deutschland aber zahlreicher Wintergast aus Nord- und Osteuropa und bis aus W-Sibirien. Diese Vögel wandern im Herbst vornehmlich von Nordosten und Osten her nach Norddeutschland ein. Ostdeutsche Wintergäste stammen vor allem aus Polen, Weißrussland und Russland.

Unter den Gänsen sind die heimischen **Graugänse** (Abb. 39) eine Mischung aus autochthonen Beständen in NO-Deutschland und auf Einbürgerungen zurückgehende Vorkommen anderswo. Die nordostdeutschen Graugänse sind zum großen Teil Zugvögel, die anderen meist Standvögel, auch wenn diese durchaus Zugverhalten zeigen können, so Vögel aus dem Stadtgebiet von Hannover bis in die Schweiz.

Wanderungen deutscher Brut- und Gastvögel umfassen ein großes Gebiet von S-Spanien und N-Afrika bis N-Norwegen; der weiteste in Deutschland beringt gefundene Vogel stammt aus der SO-Ukraine. Gleich nach der Brut ziehen viele Graugänse zunächst in Mausergebiete innerhalb Deutschlands oder in die Niederlande und nach Dänemark, von wo sie nach der Mauser im August wieder vorübergehend nach Deutschland zurückkehren. Im August beginnt dann auch der Zuzug von Vögeln aus Norwe-

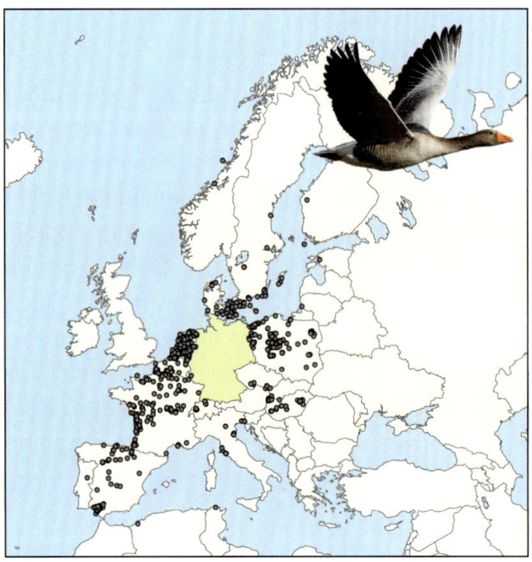

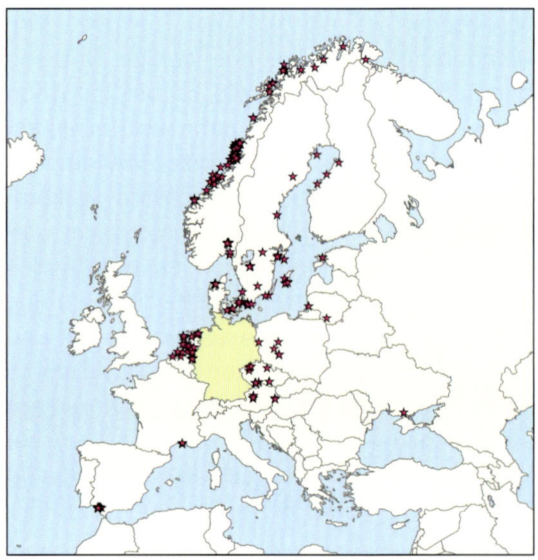

Abb. 39: Fundorte im Ausland von in Deutschland beringten (links) und ausländische Beringungsorte von in Deutschland gefundenen (rechts) Graugänsen (aus Bairlein et al. 2014, Foto: H.-J. Fünfstück).

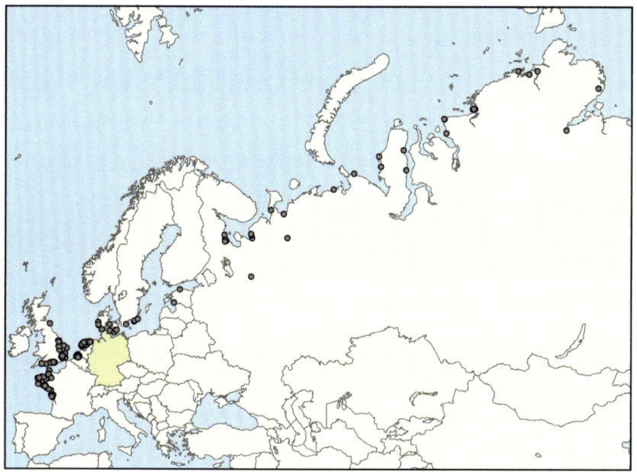

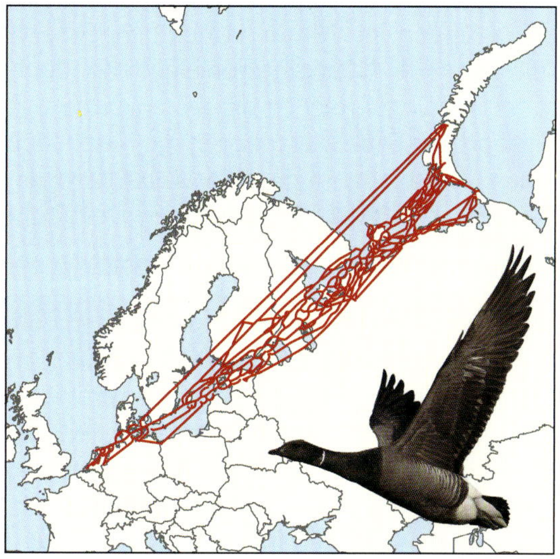

Abb. 40: Fundorte im Ausland von in Deutschland beringten (links: aus Bairlein et al. 2014) und Beispiele von Zugwegen von in Deutschland und in den Niederlanden mit Satellitensendern ausgestatteten Ringelgänsen (rechts: nach Koelzsch et al. 2014; www.movebank.org: W. Fiedler, Foto: T. Krüger).

gen, Polen oder dem Baltikum, doch die meisten von ihnen ziehen anschließend vor allem südwestwärts nach Frankreich und Spanien weiter. Dorthin ziehen, vor allem in die Coto de Doñana, auch viele norddeutsche Brutvögel. Andere ziehen zur Überwinterung nach Ungarn oder vereinzelt gar bis N-Afrika.

Die **Ringelgans** (Abb. 40) ist ein Brutvogel der arktischen Tundra von Nordamerika, Grönland, Spitzbergen und Sibirien. In Deutschland ist sie Wintergast im Wattenmeer und während der Zugzeiten von September bis November und März bis Juni hier und an der Ostseeküste Rastvogel. Dabei sind es in der Mehrzahl Vögel der dunkelbäuchigen Unterart aus Nordsibirien bis von der Taimyr-Halbinsel. In kleiner Zahl treten aber auch hellbäuchige aus Westkanada, Nordgrönland und Spitzbergen auf.

Durch die zahlreichen Beringungen mit farbigen Marken gibt es eine Vielzahl von Funden und Beobachtungen. Sie zeigen, dass der Zug der sibirischen Vögel auf einem schmalen Band entlang der Küsten erfolgt. Für viele sind die deutschen Küsten nur Zwischenstation auf dem Weg in Winterquartiere in den Niederlanden, in S-England und in W-Frankreich. Diese Zugwege sind eindrucksvoll durch die Telemetrie bestätigt. Ringelgänse, die während ihrer Überwinterung in N-Deutschland und in den Niederlanden besendert wurden, flogen in Brutgebiete auf Novaja Semlja in N-Russland.

Die in Deutschland häufigste Ente, die **Stockente** (Abb. 41) , ist in fast ganz Europa Jahresvogel. Die deutschen Brutvögel ziehen nur kurze Strecken, vornehmlich westwärts als Ausweichen bei ungünstigen Witterungs-

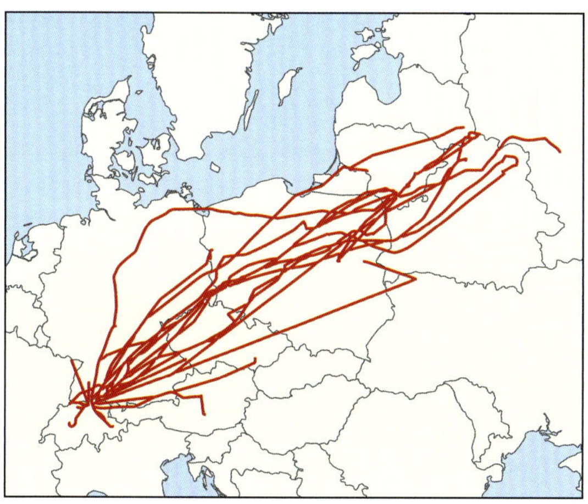

Abb. 42: Individuelle Zugwege von am Bodensee mit Satellitensendern ausgestatteten Stockenten (www.movebank.org: W. Fiedler).

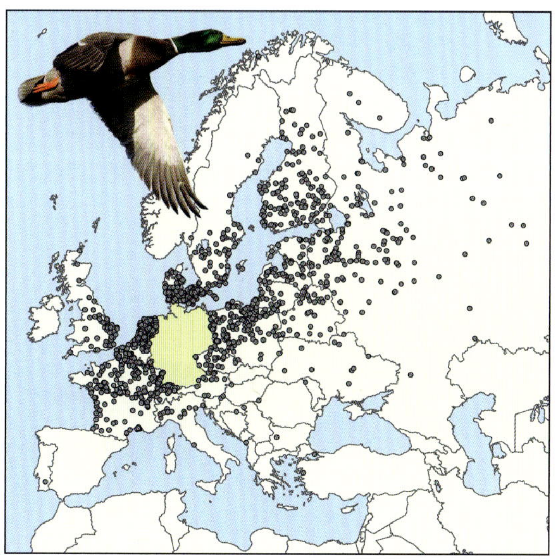

Abb. 41: Fundorte im Ausland von in Deutschland beringten Stockenten (aus Bairlein et al. 2014, Foto: M.Putze).

bedingungen im Winter in das benachbarte Ausland. Die Überwinterungsgebiete deutscher Brutvögel reichen bis S-Frankreich und England. Ab Ende Mai machen die Männchen einen Mauserzug. In die Winterquartiere ziehen sie ab August bis November. Der Frühjahrszug findet vor allem im März statt.

Viele, wenn nicht sogar die große Mehrzahl der Stockenten Deutschlands, verbleiben meist ganzjährig in ihren Brutgebieten. Allerdings zieht ein Teil weg und dabei zeigen sich Unterschiede in verschiedenen Regionen. So überwintern Stockenten aus NW-Deutschland in den Niederlanden, S-England und N-Frankreich, während Vögel aus dem NO-deutschen Flachland südlicher überwintern, zwischen SW-Deutschland und S-Frankreich. Weiter südlich sind die meisten Stockenten Standvögel.

Zu den Zugzeiten und zur Überwinterung kommen zahlreiche Stockenten aus Nord- und Osteuropa nach Deutschland, bis von der Kola-Halbinsel und aus dem westlichen Russland. Dies zeigen auch eindrucksvoll im Winter am Bodensee mit Sendern ausgestattete Vögel (Abb. 42). Sie hielten sich in der folgenden Brutzeit im Baltikum und in NO-Weißrussland auf.

Anders als die Stockente ist die **Spießente** (Abb. 43) ein ausgeprägter Zugvogel, dessen Winterquartier von Mitteleuropa bis in die afrikanische Sahelzone reicht. Als Brutvogel über weite Teile des nördlichen Eurasiens und Nordamerikas brütet sie in Deutschland in einem nur kleinen Bestand in N-Deutschland. Die Mehrzahl der Rast- und Wintervögel in Deutschland besucht die deutschen Küstengebiete und kommt im September-Oktober aus Skandinavien und NW-Russland, aber auch Vögel aus Island sind dabei. Hier rastende Vögel ziehen westwärts weiter in Wintergebiete in SW-Europa, NW-Afrika und vor allem in W-Afrika. Von in Deutschland beringten Spießenten gibt es aber auch Funde vom Kaspischen Meer.

Eine im Winter in Deutschland sehr häufige Ente ist die **Reiherente** (Abb. 44). Sie brütet von West- und Mitteleuropa nord- und ostwärts bis Ostsibirien. Während die Vögel Mitteleuropas nicht oder nur kurze Wege in Winterquartiere vor allem in den Niederlanden, Frankreich und der Schweiz ziehen, sind die nördlichen und östlichen Vögel ausgeprägte Langstreckenzieher. Sie kommen nach Mitteleuropa zwischen September und November aus Skandinavien, Finnland und ostwärts bis aus Mittelsibirien. Zwischen Februar und Mai ziehen sie dorthin zurück.

In Deutschland brütende Reiherenten, vor allem aus N-Deutschland, wandern im Herbst west- und südwestwärts und überwintern in weiten Teilen W-Europas, vor allem in den Niederlanden, Frankreich und der Schweiz, aber auch südwärts bis Portugal und Tunesien.

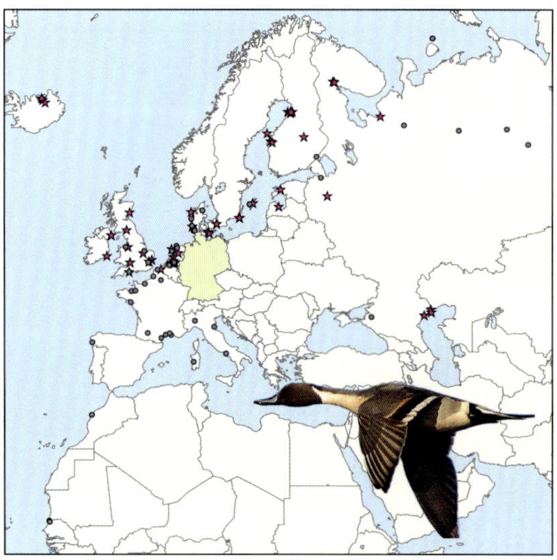

Abb. 43: Fundorte im Ausland von in Deutschland beringten (Punkte) und ausländische Beringungsorte von in Deutschland gefundenen (Sterne) Spießenten (aus Bairlein et al. 2014, Foto: J. Arlt).

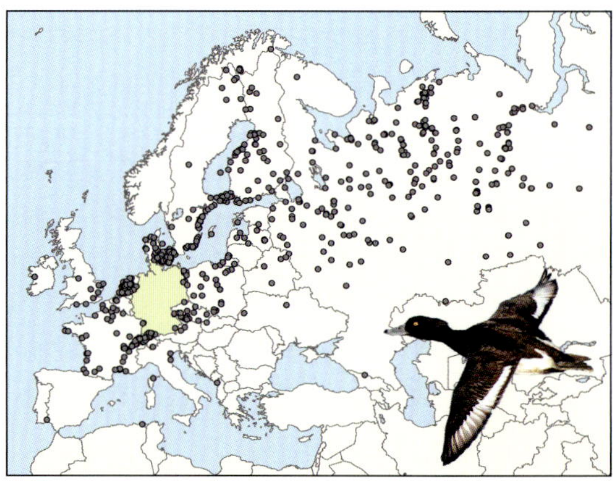

Abb. 44: Fundorte im Ausland von in Deutschland beringten Reiherenten (aus Bairlein et al. 2014, Foto: M. Grimm).

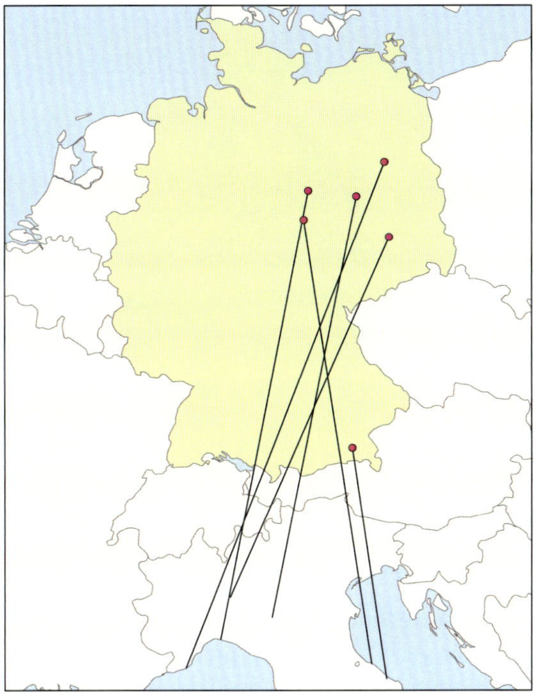

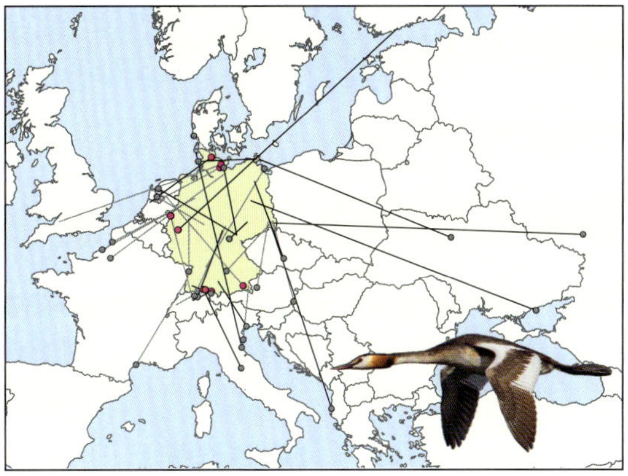

Abb. 46: Fernfunde (> 100 km) von Haubentauchern mit Bezug zu Deutschland. Punkte: Fundorte. Der Anfang der Linie markiert den Beringungsort (aus Bairlein et al. 2014, Foto: R. Martin).

← Abb. 45: Funde von in Italien beringten Wachteln in Deutschland (aus Bairlein et al. 2014)

Unter den Hühnervögeln Deutschlands ist das **Rebhuhn** ausgeprägter Standvogel, der seine enge Brutregion nur ganz gelegentlich und nur über sehr kurze Entfernungen verlässt. Dagegen ist die **Wachtel** (Abb. 45) ein obligatorischer Fernzieher, der vor allem in Afrika südlich der Sahara überwintert. Auch wenn aus dem Herbst keine Funde von in Deutschland beringten Wachteln vorliegen, spricht vieles dafür, dass sie auf einer südwestlichen Route ziehen. Funde von in Italien beringten Vögeln im April und Mai in Deutschland deuten an, dass Wachteln im Frühjahr Deutschland aus südlichen Richtungen anfliegen und dabei offenbar die Alpen überqueren. Damit zeigen Wachteln einen sog. Schleifenzug gegen den Uhrzeigersinn.

Ein gerade wegen seines Balzverhaltens auffälliger Brutvogel vieler Gewässer in Mitteleuropa ist der **Haubentaucher** (Abb. 46). Hier ist er weitgehend ganzjähriger Standvogel, der aber bei Vereisung der Gewässer Ausweichbewegungen macht, die ihn allerdings wenig gerichtet überwiegend in benachbarte klimatisch günstigere Gebiete führen.

Die hauptsächlichen Brutgebiete des **Kormorans** (Abb. 47) sind die Küstenregionen Mittel-, West- und Nordeuropas, doch gibt es auch zahlreiche Kolonien weiter im Binnenland. In Deutschland überwiegend als

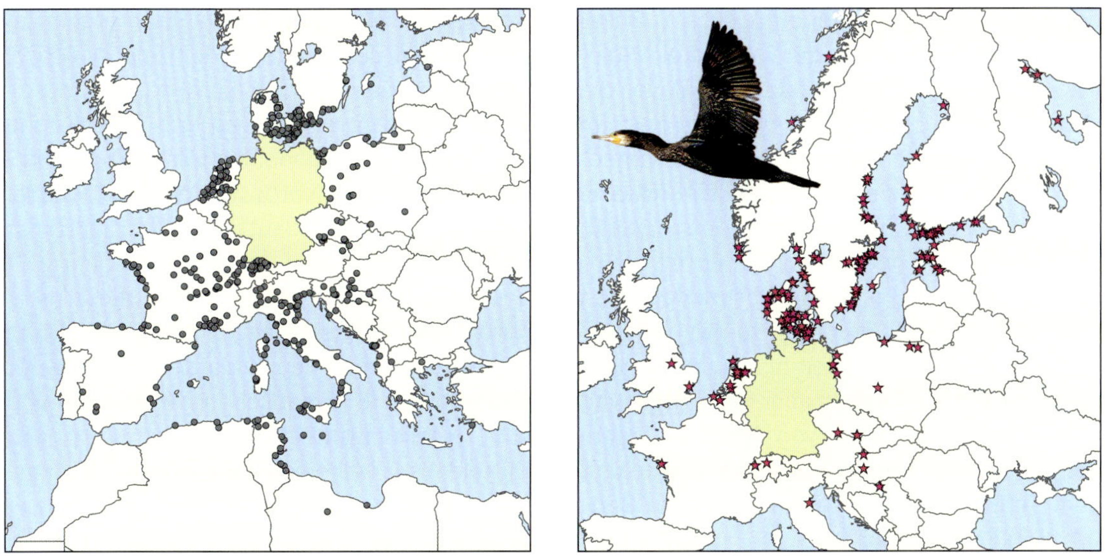

Abb. 47: Fundorte im Ausland von in Deutschland beringten (links) und ausländische Beringungsorte von in Deutschland gefundenen (rechts) Kormoranen (aus Bairlein et al. 2014, Foto: H.-J. Fünfstück).

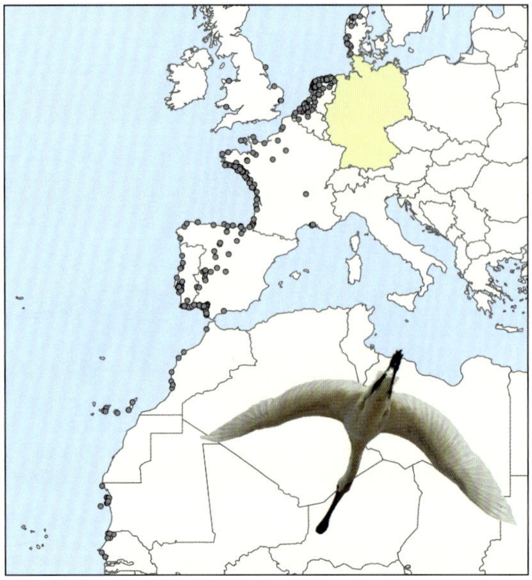

Abb. 48: Fundorte im Ausland von in Deutschland beringten Löfflern (aus Bairlein et al. 2014, Foto: H.-J. Fünfstück).

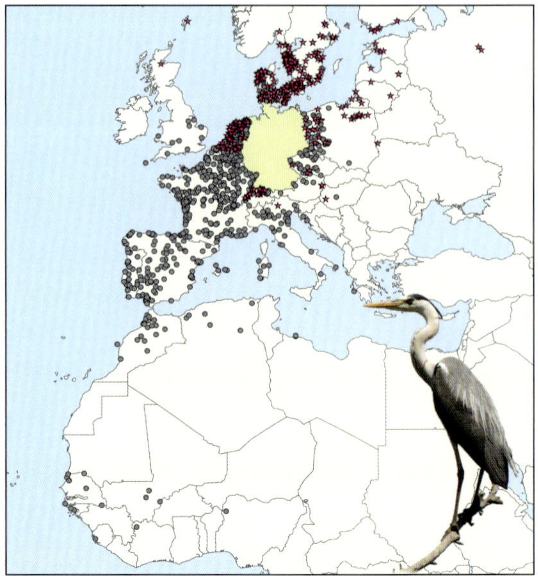

Abb. 49: Fundorte im Ausland von in Deutschland beringten (Punkte) und ausländische Beringungsorte von in Deutschland gefundenen (Sterne) Graureihern (aus Bairlein et al. 2014, Foto: H.-J. Fünfstück).

Nestlinge beringte Vögel verteilen sich im Winter über weite Teile Europas bis nach N-Afrika. Für die NO-deutschen Vögel zeigt sich in jüngster Zeit eine Verlagerung der Winterorte. Während von ihnen Winterfunde bis in die 1970er-Jahre vornehmlich aus dem Mittelmeerraum stammten, finden sich in NO-Deutschland erbrütete Vögel heute überwiegend im mitteleuropäischen Binnenland und an der südwestlichen Ostsee. Viele der im Winter bei uns vorkommenden Kormorane kommen im Herbst aus den Niederlanden, Dänemark, Schweden und Finnland.

Ein erst seit Mitte der 1990er-Jahre in Deutschland an der Nordseeküste brütender Vogel ist der **Löffler** (Abb. 48). Er ist Zugvogel, der vor allem im September in Überwinterungsgebiete nach SW-Europa und W-Afrika zieht, aus denen er im März wieder zurückkehrt. Dabei zieht er mit Ausnahme der Iberischen Halbinsel überwiegend sehr küstennah. Bevor die Vögel abziehen, halten sich viele zur Rast im deutschen und niederländischen Wattenmeer auf. Doch einige ziehen zunächst nordwärts nach Dänemark. Zu dieser Zeit kommen auch viele Löffler aus den Niederlanden ins deutsche Wattenmeer. Jungvögel verbringen ihren ersten Winter entlang des gesamten Zugweges von den Niederlanden bis zu den Kanarischen Inseln, die meisten aber in Portugal und S-Spanien. Winterfunde von Altvögeln dagegen verteilen sich zwischen der Bretagne und dem Senegal mit einer Häufung in der Banc d'Arguin in Mauretanien.

Der **Graureiher** (Abb. 49) ist in Mitteleuropa ein weit verbreitert Brutvogel mit einem sehr vielfältigen und flexiblen Zugverhalten, das vom ganzjährigen Standvogel bis zum nach Afrika ziehenden Langstreckenzieher reicht. Der Herbstzug in die Wintergebiete findet vornehmlich von Juli bis November statt, der Frühjahrszug in die Brutgebiete von Februar bis April.

Nach der Brutzeit streuen junge Graureiher zunächst in alle Himmelsrichtungen und können dabei in kurzer Zeit beachtliche Entfernungen zurücklegen. So wurde ein im Mai in seiner Geburtskolonie in Brandenburg beringter Jungvogel schon am 22.7. in Ungarn gefunden, 664 km davon entfernt. Ein anderer Jungvogel aus Brandenburg war am 9.8. bereits in Portugal (2321 km). Der eigentliche Herbstzug derer, die wegziehen, verläuft nach SW in Winterquartiere zwischen den Niederlanden und W-Afrika, wobei aber die meisten in Europa überwintern. Die in W-Afrika von Senegal und Sierra Leone bis W-Nigeria gefundenen Graureiher stammen alle aus dem Nordostdeutschen Tiefland. Gut die Hälfte der deutschen Graureiher ist aber Standvogel und verbleibt ganzjährig in und nahe der Brutgebiete, sofern diese nicht durch hohe Schneelagen und/oder Vereisung keine Ernährung mehr zulassen. In jüngerer Zeit günstigere klimatische Bedingungen und gute Ernährungsmöglichkeiten in West- und Mitteleuropa scheinen die Überwinterungsräume norddeutscher, dänischer und schwedischer Graureiher gerade nordwärts zu verschieben. Im Herbst erfolgt Zuzug von Vögeln aus Skandinavien, Finnland, dem Baltikum und W-Russland.

Der **Silberreiher** (Abb. 50) ist in Deutschland erst seit kurzem Brutvogel in Folge einer Erweiterung seines Brutareals nach N und W seit den 1980er-Jahren. Sein eigentliches Brutgebiet erstreckt sich von S-Europa ostwärts. Silberreiher treten in Deutschland besonders außerhalb der Brutzeit auf und sind im Winter an vielen Orten zu beobachten. Sie erreichen Deutschland aus verschiedenen Richtungen, aus W-Frankreich bis aus Ungarn.

Wie kaum eine andere heimische Vogelart ist der **Weißstorch** Sinnbild des Vogelzuges. Schon zu Beginn der wissenschaftlichen Vogelberingung wurden gerade Weißstörche beringt, die erste sensationelle Funde bis ins südliche Afrika erbrachten und schon bald zeigten, dass in SW-Deutschland brütende Weißstörche über einen südwestlichen Zugweg nach W-Afrika ziehen, während östliche Vögel über eine südöstliche Route bis ins südliche Afrika fliegen (Abb. 51). Weißstörche zeigen damit eine sog. **Zugscheide** zwischen West- und Ostziehern, die etwa vom niederländischen Ijsselmeer südostwärts zum Harz und von dort südwärts bis ins Allgäu verläuft. Beiderseits dieser Linie gibt es ein Zugscheidenmischgebiet, in dem gleichermaßen West- und Ostzieher vorkommen.

Dieses frühe Bild des Zuges des Weißstorchs hat sich durch unzählige Funde beringter Vögel bestätigt, wie neuerdings auch durch Satellitentelemetrie. Der Erforschung des Zuges des Weißstorchs kam zugute, dass schon früh Ringe eingesetzt wurden, die per Fernglas ablesbar sind. So waren es dann eben nicht nur die eher seltenen Totfunde beringter Vögel, sondern vor allem die zahlreichen Ablesungen beringter Vögel, die das Zugverhalten des Weißstorchs sehr detailliert darstellen.

Deutsche Weißstörche folgen überwiegend zwei Zugrouten, zum einen nach SW bis W-Afrika, zum anderen nach SO bis O- und S-Afrika (Abb. 52). Eine dritte, weniger beflogene Route führt über Italien nach Afrika. Einzelne Weißstörche hat es auf die Arabische Halbinsel und

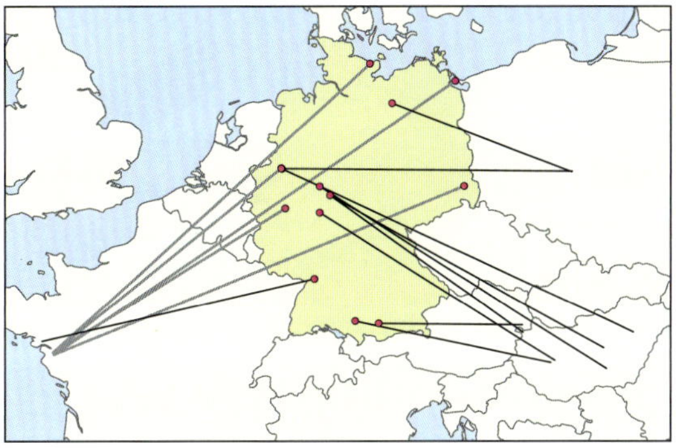

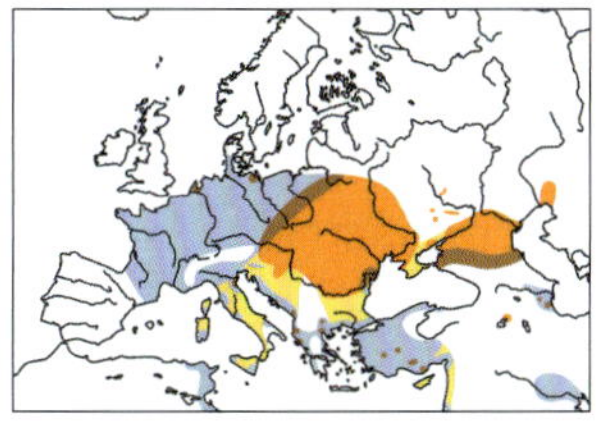

Abb. 50: Brutverbreitung (orange; oben) und Ringfunde (links) von Silberreihern in Deutschland (aus Bairlein et al. 2014).

bis nach S-Indien verschlagen. Als Gleitflieger vermeiden Störche die Überquerung von Meeresgebieten, sodass sie sich an den Meerengen Gibraltar und Bosporus konzentrieren.

Dieses aus den Ringfunden abgeleitete Bild des Zugverhaltens mitteleuropäischer Weißstörche wurde durch die Satellitentelemetrie zahlreicher Weißstörche bestätigt (Abb. 53, 55). Dabei zeigen die Zugrouten der telemetrierten Vögel eine sehr gute Übereinstimmung mit dem aus Ringfunden gewonnenen Bild. Anders als aus den Ringfunden ablesbar haben die Telemetriedaten allerdings ergeben, dass mehr Ostzieher als zuvor angenommen südlich der Sahara weit nach W, d. h. über W-Sudan und Tschad bis Kamerun und Nigeria, vordringen, sodass sich im zentralen Afrika die Winterareale von West- und Ostziehern überlappen. Weiterhin zeigte erst die Telemetrie, dass manche Individuen Jahr für Jahr unterschiedliche Winterquartiere aufsuchen, während andere immer wieder dieselben Wege nehmen und in dieselben Rastgebiete zurückkehren (Abb. 54) .

Abb. 51: Schon bald nach Einführung der Beringung zeigten sich beim Weißstorch sog. Zugscheiden (gestrichelte Linien), nicht nur in Mitteleuropa, sondern auch im Maghreb (NW-Afrika) und in Vorderasien (aus Schüz 1971).

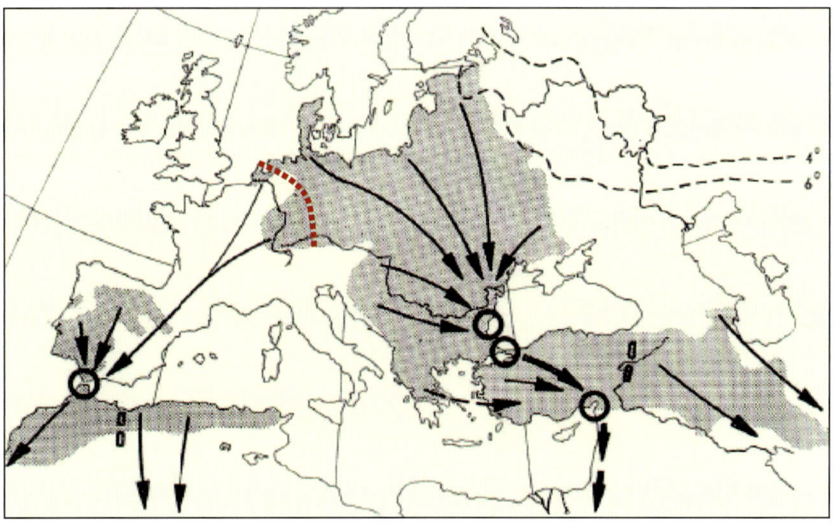

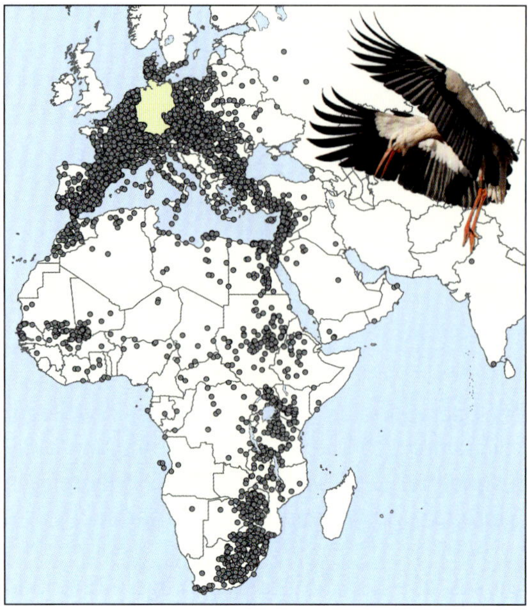

Abb. 52: Fundorte im Ausland von in Deutschland beringten Weißstörchen (Abb. aus Bairlein et al. 2014, Foto: G. Bachmeier).

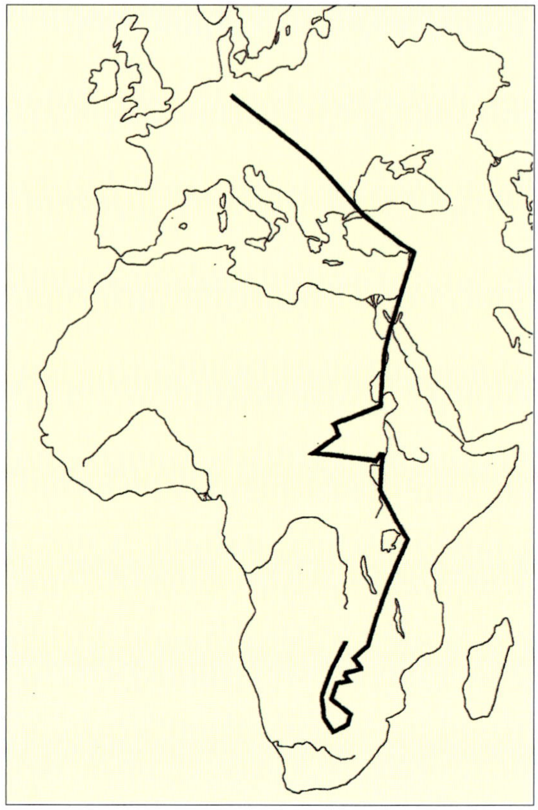

Abb. 53: 1993/94 konnte erstmals → ein Weißstorch per Satellit bis nach S-Afrika „verfolgt" werden (nach Berthold et al. 1995).

Die so zahlreichen Funde beringter Weißstörche lassen auch Veränderungen im Zugverhalten erkennen. Während Störche aus dem NW-deutschen Tiefland vor 1980 ganz überwiegend auf der Ostroute gefunden wurden und die meisten Vögel von Kenia bis Südafrika überwinterten, stammen nach 1990 nur noch wenige Funde aus O- und S-Afrika, deutlich mehr dagegen aus Spanien und S-Frankreich, vereinzelt aus NW- und W-Afrika. Gleichzeitig hat sich die Zugdistanz verringert, denn ein größerer Anteil der Westzieher überwintert nun in Spanien anstatt bis NW- oder W-Afrika zu ziehen. Das vermehrte Überwintern in Spanien und S-Frankreich wird auf dort günstige Ernährungsmöglichkeiten in Reisfeldern und auf Mülldeponien zurückgeführt. Auch in Deutschland sind Winterfunde nach 1990 häufiger geworden, was auf einen zunehmenden Anteil nicht mehr ziehender Vögel hinweist.

Im Frühjahr kehren die Weißstörche auf den gleichen Wegen, die sie im Herbst benutzt haben, nach Deutschland zurück, wobei aber im Frühjahr kein Zug über Italien stattfindet

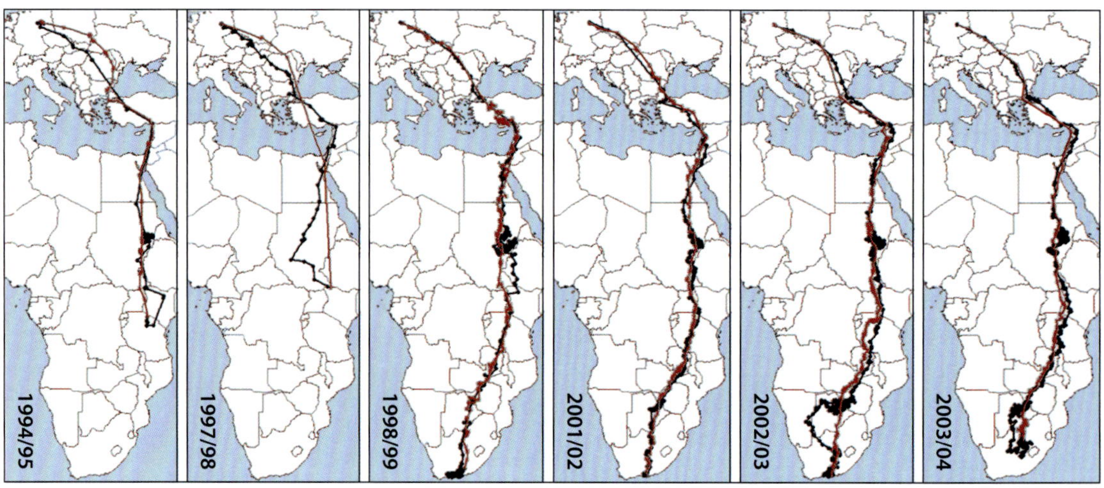


Abb. 54: Zugrouten eines einzelnen telemetrierten Weißstorchs über insgesamt neun Jahre, davon sechs hier dargestellt. Schwarze Linien: Herbstzug, rote Linien: Frühjahrszug. Dabei zeigt sich, dass Weißstörche nur geringe Winterquartiertreue zeigen und im Laufe von Jahren in verschiedenen Gebieten überwintern, wahrscheinlich als Folge des Nahrungsangebotes (nach Berthold et al. 2004).

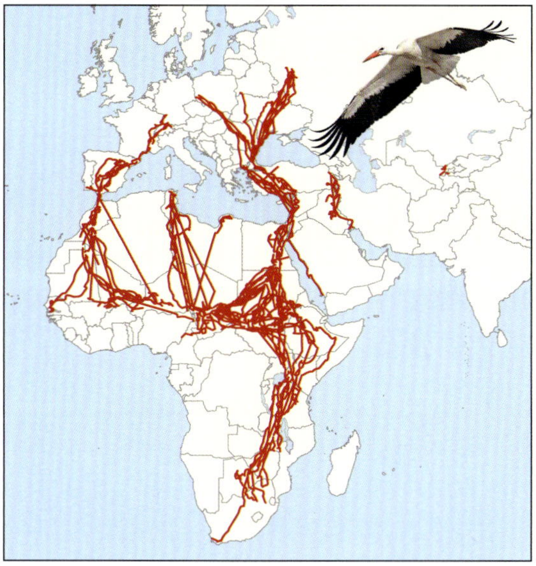

Abb. 55: Zugwege junger Weißstörche aus verschiedenen Brutpopulationen, die mit Sendern versehen waren (nach Flack et al. 2016, Foto: C. Moning).

und eine noch stärkere Konzentration auf die Meerengen zu beobachten ist. Dabei kehren viele Störche vor dem Erreichen der Geschlechtsreife im Alter von drei bis vier Jahren nicht in ihre Geburtsgebiete zurück. Die Ostzieher verbleiben teilweise in der gesamten Osthälfte Afrikas, die Westzieher vornehmlich in SW-Europa.

Weißstörche brüten von SW- und Mitteleuropa bis zum Baltikum bzw. zur Türkei, aber auch im Maghreb, in Zentralasien und in Südafrika. Die meisten Weißstörche sind ausgeprägte Zugvögel, die vor allem südlich der Sahara in Afrika überwintern, doch zeigen neue satellitentelemetrische Untersuchungen (Abb. 55), dass in Usbekistan brütende Weißstörche Standvögel sind und die Störche Armeniens nur eine vergleichsweise kurze Wanderung nach Mesopotamien machen. Russische Weißstörche dagegen ziehen zunächst nach SW, offensichtlich um das Schwarze Meer westlich zu umfliegen, und schwenken dann auf die Route der anderen Ostzieher über den Bosporus und den Nahen Osten ein. Während mittlerweile nicht wenige Weißstörche aus Mitteleuropa schon in Spanien überwintern, ziehen spanische Jungvögel in ein Überwinterungsgebiet in der zentralen nördlichen Sahelzone. Auch die tunesischen Weißstörche überwintern in der Sahelzone südlich der Sahara, doch wesentlich weiter östlich als die spanischen Vögel, wo auch viele Ostzieher überwintern.

Unter den in Deutschland brütenden **Greifvögeln** sind viele Standvögel, die ganzjährig an oder nahe an ihrem Brutort verbleiben, oder nur teilweise und dann meist nur kurze bis mittlere Strecken ziehen, besonders in kalten Wintern. Doch gibt es auch obligatorische Fernzieher. Zudem kommen nordische Greifvögel zur Überwinterung nach Deutschland, andere ziehen durch. Zu letzteren gehört der **Fischadler** (Abb. 56). Der Fischadler brütet auch in Deutschland mit seit den 1990er-Jahren zunehmendem Bestand, doch sein hauptsächliches Brutgebiet in Europa befindet sich nordöstlich davon in Skandinavien, Finnland und Russland. Diese Vögel treten in Deutschland hauptsächlich von August bis Oktober und von März bis April als Durchzügler auf. Die meisten europäischen Fischadler ziehen zum Überwintern ins tropische W-Afrika, nach NW-Afrika oder nach SW-Europa, vornehmlich in südwestlicher Richtung. Einige Vögel fliegen aber auch über das zentrale Mittelmeergebiet, wie Funde auf Sardinien, in S-Italien und in Griechenland belegen. Auch mit Satellitensendern ausgerüstete deutsche und schwedische Brutvögel zogen über das westliche oder zentrale Mittelmeergebiet nach Afrika (Abb. 57).

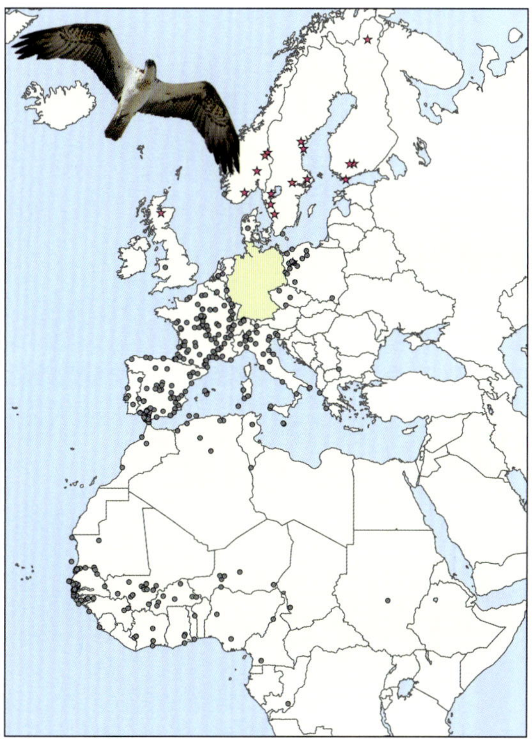

Abb. 56: Fundorte von in Deutschland beringten (Punkte) und ausländische Beringungsorte von in Deutschland gefundenen (Sterne) Fischadlern (aus Bairlein et al. 2014, Foto: H.-J. Fünfstück).

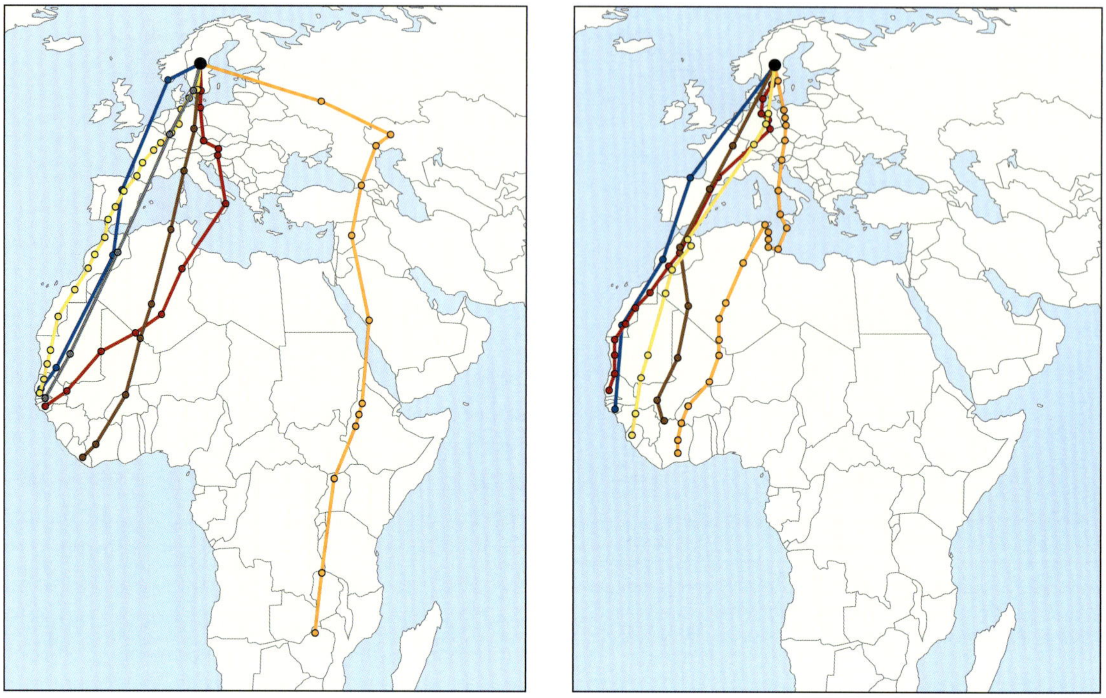

Abb. 57: Zugwege von weiblichen (links) und männlichen (rechts) Fischadlern aus Schweden, die mit Satellitensendern ausgerüstet waren (nach Hake et al. 2001).

Die Mehrzahl der heimischen Fischadler überwintert in W-Afrika zwischen Senegal und Nigeria. Dies zeigen auch satellitentelemetrische Studien. Von 28 mit Satellitensender ausgestatteten deutschen Brutvögeln überwinterten 26 in W-Afrika, nur zwei in Portugal. Dies bestätigen aber auch Ringfunde, wonach durchaus einzelne Fischadler bereits im Mittelmeergebiet, vor allem auf der Iberischen Halbinsel, überwintern.

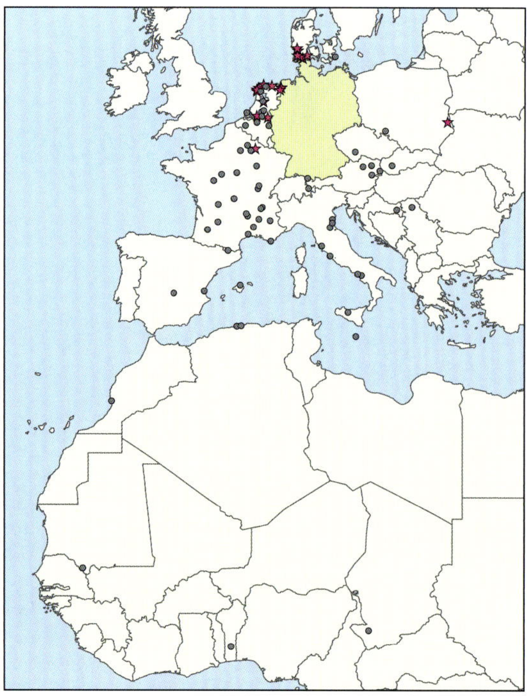

Abb. 58: Fundorte von in Deutschland beringten (Punkte) und ausländische Beringungsorte von in Deutschland gefundenen (Sterne) Wiesenweihen (aus Bairlein et al. 2014).

Ebenfalls überwiegend in W-Afrika überwintern die in Deutschland brütenden **Wiesenweihen** (Abb. 58, 59), auch wenn dies die Ringfunde nur teilweise zeigen, was auch auf den geringen Bestand in Deutschland brütender Wiesenweihen und somit nur wenige Beringungen zurückzuführen ist. Doch satellitentelemetrische Studien belegen die Überwinterung vor allem in W-Afrika. Die Wiesenweihe ist in allen Teilen ihres Brutgebietes ein obligater Zugvogel, der europäische Bestand zieht ins tropische Afrika, die östlichsten Populationen nach Pakistan und Indien. Wiesenweihen verlassen ihre Brutgebiete in Deutschland ab Juli und treffen im Frühjahr ab März, vor allem im April und Mai wieder ein.

Fernfunde von in Deutschland beringten Wiesenweihen zeigen einen von SW bis SO streuenden Zug, wobei norddeutsche Wiesenweihen sowohl nach SW als auch nach SO ziehen, Wiesenweihen aus O-Deutschland und S-Deutschland dagegen vornehmlich nach S bis SW. Einheimische Wiesenweihen ziehen den Ringfunden nach also breit gefächert zwischen Iberischer Halbinsel und Italien nach Afrika. Fünf Satellitensender tragende Wiesenweihen aus NW-Deutschland zogen alle über Spanien nach W-Afrika. Im Frühjahr fliegen Wiesenweihen überwiegend

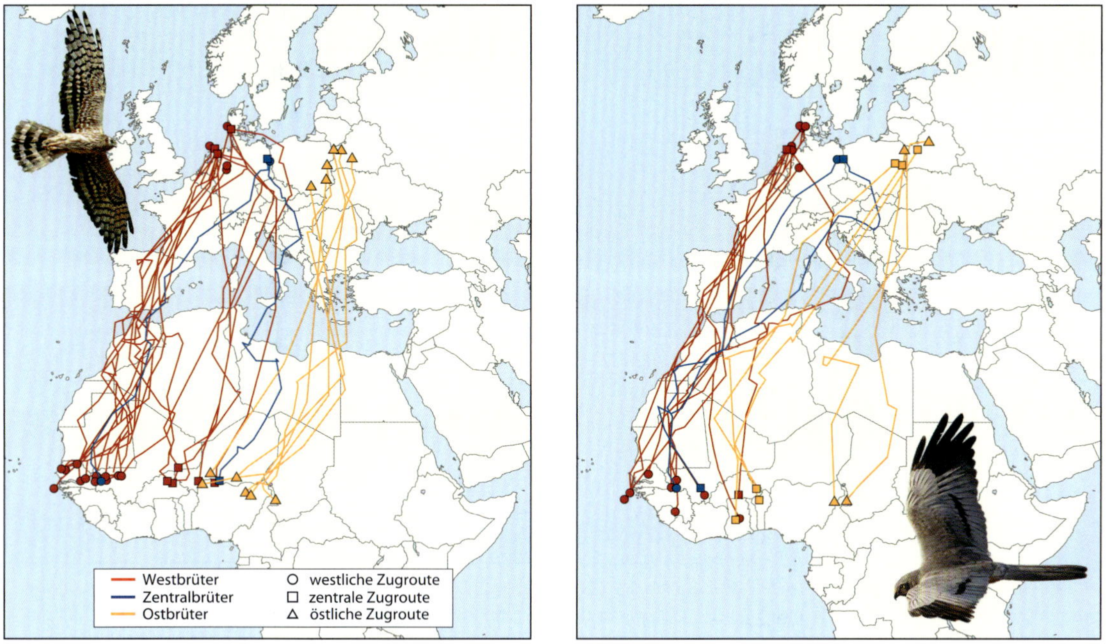


Abb. 59: Zugwege von mit Satellitensendern ausgestatteten Wiesenweihen aus unterschiedlichen Brutgebieten im Herbst (links) und Frühjahr (rechts) (nach Trierweiler et al 2014; Foto links: M. Grimm, Foto rechts: R. Mayer).

auf denselben Routen in die Brutgebiete zurück, auf denen sie auch im Herbst wandern.

Von den beiden in Deutschland brütenden Milanen ist der **Schwarzmilan** (Abb. 62) ausgeprägter Zugvogel, der in Afrika südlich der Sahara überwintert, wogegen der **Rotmilan** (Abb. 60, 61) lediglich bis auf die Iberische Halbinsel zieht, teilweise sogar in Mitteleuropa überwintert.

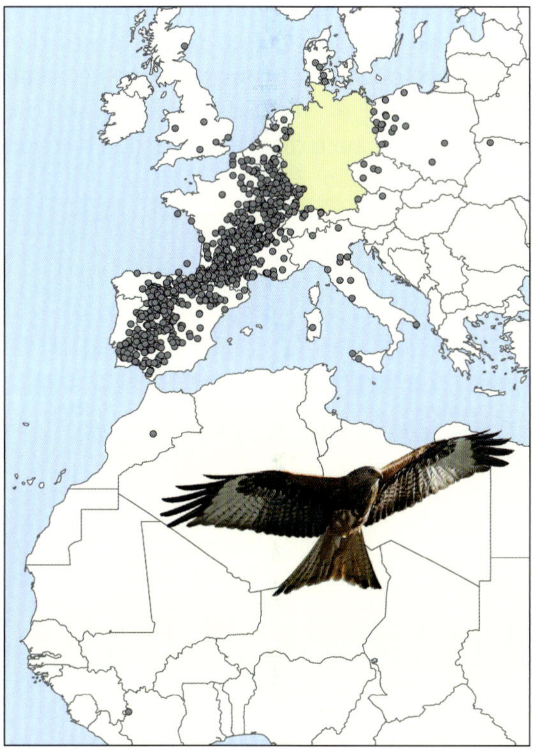

←← Abb. 60: Fundorte im Ausland von in Deutschland beringten Rotmilanen (aus Bairlein et al. 2014, Foto: H.-J. Fünfstück).

Die aus Deutschland wegziehenden Rotmilane ziehen in einem breiten SW-Band nach Spanien, wo die meisten deutschen Rotmilane überwintern. Nur wenige Vögel ziehen über die Alpen nach Italien. N-Afrika wird nur ausnahmsweise erreicht; der Fund eines deutschen Vogels in der Elfenbeinküste ist fraglich. Ringfunde wie per Telemetrie verfolgte Vögel zeigen, dass der Frühjahrszug auf denselben Routen verläuft wie der Herbstzug.

Im Gegensatz zum Rotmilan ist der **Schwarzmilan** ein Trans-Sahara-Zieher, der nur gelegentlich nördlich der Sahara überwintert. Das Mittelmeer wird zumeist über Spanien

← Abb. 61: Beispiele von Flugrouten telemetrierter Rotmilane aus Hessen (nach www.rotmilane.eu).

Abb. 62: Fundorte von in Deutschland beringten (Punkte) und ausländische Beringungsorte von in Deutschland gefundenen (Sterne) Schwarzmilanen (aus Bairlein et al. 2014, Foto: C. Moning).

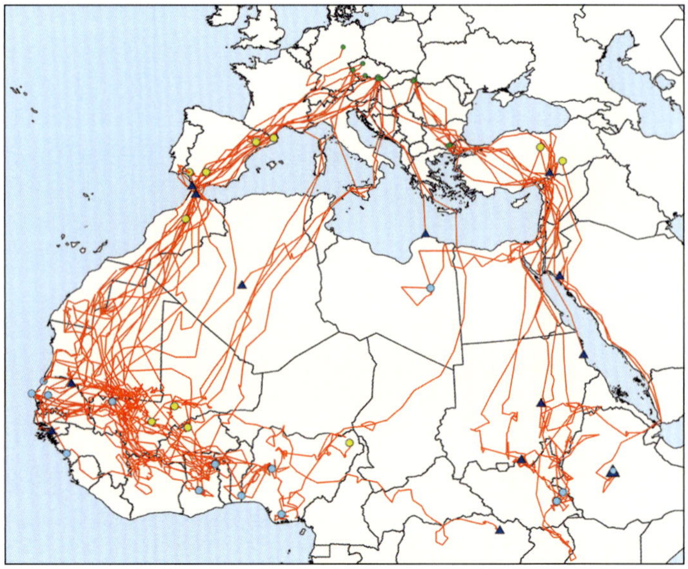

Abb. 63: Zugrouten individueller, im Nest mit Sendern ausgestatteter, junger Schwarzmilane. Grüne Punkte: Geburtsort, hellblaue Punkte: Aufenthalt am 31. Januar, gelbe Punkte: Aufenthalt am 30. Juni, dunkelblaue Dreiecke: Endpunkte der Routen (nach Ovčiariková et. al. 2020).

und Gibraltar umflogen, wenige Vögel wählen eine Route über Italien oder einen südöstlichen Weg nach Afrika (Abb. 63). Letzterer wird besonders von ostdeutschen Vögeln genommen, wogegen die Schwarzmilane aus W- und S-Deutschland ausschließlich die südwestliche Route nehmen.

Die meisten Funde deutscher Schwarzmilane im Winterquartier stammen aus W-Afrika zwischen Senegal und Kamerun, doch ein in Uganda zusammen mit einem auf dem Herbstzug auf dem Sinai gefundener Vogel zeigt Überwinterung auch in O-Afrika.

Die in Deutschland brütenden **Mäusebussarde** (Abb. 64, 65) weichen insbesondere in kalten Wintern nach W- und SW-Europa aus. Dabei zeigt sich ein breites Band von Wiederfunden nach SW bis SSW. Die Vögel aus dem NW-deutschen Tiefland ziehen vor allem in die Beneluxländer, solche aus W- und SW-deutschen Mittelgebirgen vornehmlich nach Zentral- und S-Frankreich. Vögel aus den ostdeutschen Mittelgebirgen und aus dem NO-deutschen Tiefland ziehen sogar bis zu den Pyrenäen, doch nur wenige deutsche Mäusebussarde erreichen Spanien. Sowohl die Pyrenäen wie auch die Alpen werden nur von

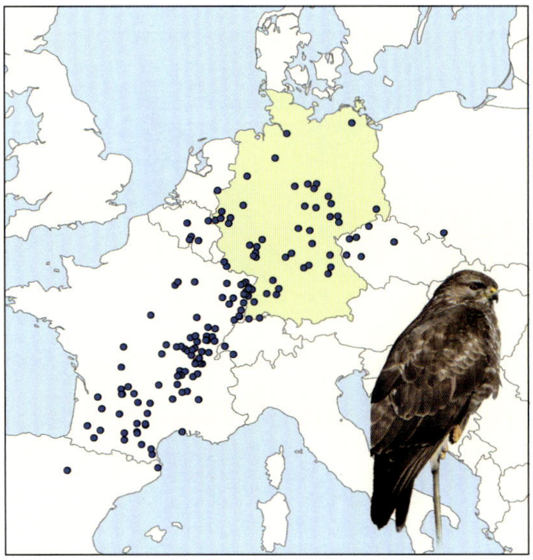

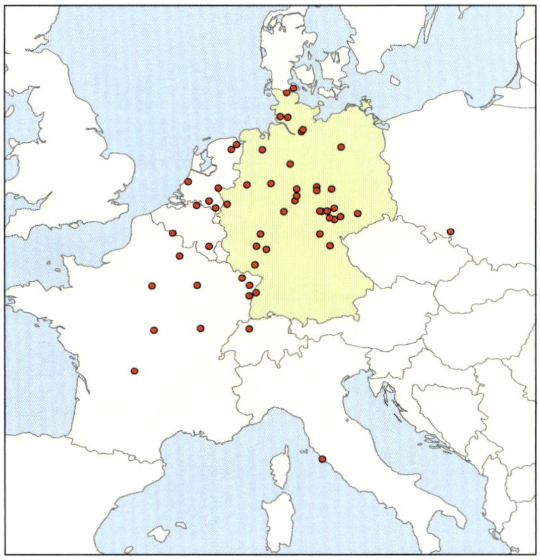

Abb. 64: Fundorte von in Deutschland beringten Mäusebussarden in kalten (links) und milden Wintern (rechts) (aus Bairlein et al. 2014, Foto: H.-J. Fünfstück).

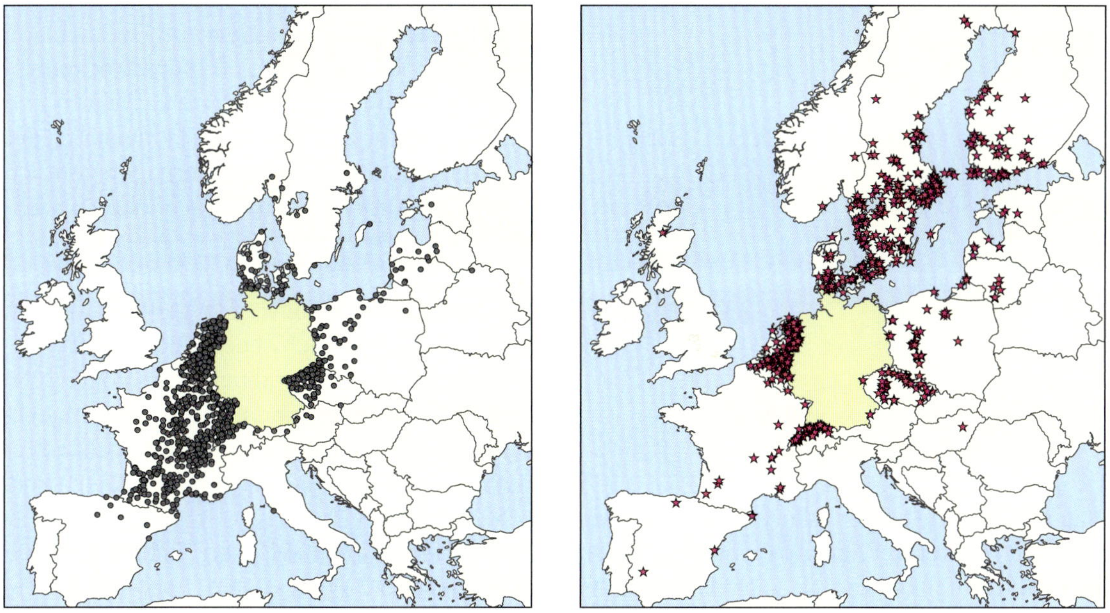

Abb. 65: Fundorte im Ausland von in Deutschland beringten Mäusebussarden (links) und ausländische Beringungsorte von in Deutschland gefundenen Mäusebussarden (rechts). (Abb. aus Bairlein et al. 2014)

wenigen Vögeln überquert. Das zeigen die abziehenden Mäusebussarde aus dem Alpenvorland deutlich, die die Alpen im N und W umfliegen. Aus dem nördlichen und nordöstlichen Europa liegen nur wenige Funde von in Deutschland beringten Mäusebussarden vor, doch von dort kommen zahlreiche Vögel nach Deutschland. Finnische, polnische und baltische Mäusebussarde überwintern vor allem im NO-deutschen Tiefland, tschechische Vögel gerade im Alpenvorland.

Anders als der Mäusebussard ist der **Wespenbussard** (Abb. 66) ein obligatorischer Zugvogel, der nur im Sommerhalbjahr zwischen Ende April und Oktober in Deutschland ist. Er überwintert in Afrika südlich der Sahara in feuchteren Baumsavannen und in den W-afrikanischen und äquatorialen Regenwaldgebieten. In Deutschland brütende Wespenbussarde wandern im Herbst nach S bis SW ab. Die Mehrzahl der Vögel zieht über Spanien und die Straße von Gibraltar nach Afrika weiter, doch einige auch über Italien und die zentralen Bereiche des Mittelmeers. Dabei zeigen Ringfunde sowie eine schwedische satellitentelemetrische Studie, dass junge Wespenbussarde vermehrt über den zentralen Mittelmeerraum, die Altvögel dagegen nahezu ausschließlich über die Straße von Gibraltar ziehen. Ab November treffen die Wespenbussarde in ihren W-afrikanischen Überwinterungsgebieten ein. Vereinzelt überwintern Wespenbussarde aber auch in N-Afrika und Spanien.

Ein in Deutschland nur im Winterhalbjahr zwischen Oktober und April auftretender Bussard ist der **Raufußbussard** (Abb. 67). Er brütet in den Tundren und der nördlichen Taiga und kommt insbesondere dann nach Mitteleuropa, wenn im Brutgebiet das Nahrungsangebot knapp ist und hohe Schneelagen herrschen. In solchen Wintern kann er dann „invasionsartig" in recht großer Zahl bis sogar in S-Deutschland auftreten, wogegen er in anderen Jahren weitgehend fehlt. Die in Deutschland vorkommenden Raufußbussarde stammen dabei vornehmlich aus Norwegen und Schweden, doch kommen auch Vögel aus N-Russland nach Deutschland. Viele

Abb. 66: Fundorte von in Deutschland beringten (Punkte) und ausländische Beringungsorte (Sterne) von in Deutschland gefundenen Wespenbussarden (aus Bairlein et al. 2014, Foto: H.-J. Fünfstück)

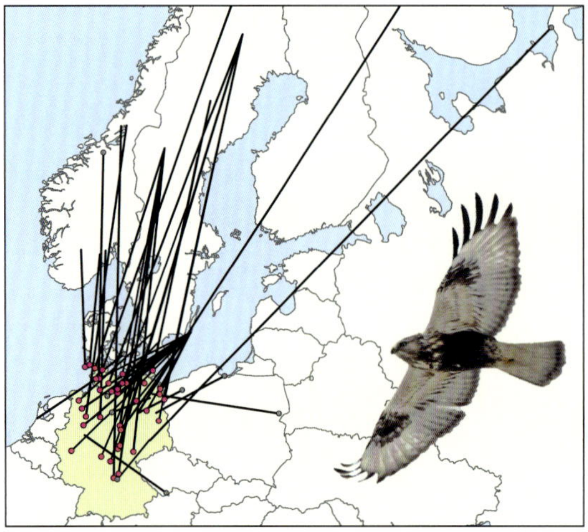

Abb. 67: Funde von im Ausland beringten und in Deutschland gefundenen sowie von in Deutschland im Winter beringten und im Ausland gefundenen Raufußbussarden (aus Bairlein et al. 2014, Foto: H.-J. Fünfstück).

Raufußbussarde zeigen Winterortstreue – sie kehren in späteren Wintern an ihren früheren Überwinterungsort zurück. Allerdings zeigen im Winter in Deutschland beringte Vögel, die in späteren Jahren im Winter in O-Polen und Tschechien gefunden wurden, dass manche Individuen auch in andere Teile des Winterareals der Art wechseln.

Unter den heimischen Falken ist der weit verbreitete und häufige **Turmfalke** (Abb. 68) weitgehend ganzjähriger Standvogel, der teilweise aber auch ausgedehnte Wanderungen unternimmt. Brutvögel N- und O-Europas sind überwiegend Zugvögel, die auch in Deutschland überwintern.

Die meisten der im Herbst aus Deutschland abwandernden Vögel sind Kurzstreckenzieher, die vor allem in den Beneluxstaaten und in Frankreich, aber auch in Tschechien, der Schweiz und Italien überwintern, gelegentlich auch in N-Afrika. Die hauptsächliche Zugrichtung deutscher Brutvögel im Herbst ist SW-S.

Zu den lokalen Standvögeln gesellen sich im Winter Vögel aus Schweden und Finnland sowie niederländische und belgische Vögel in N- und W-Deutschland und tschechische Vögel in S-Deutschland. Aus Polen und von noch weiter östlich überwintern nur wenige in Deutschland.

Unter den skandinavischen Turmfalken, die überwiegend Zugvögel sind, überwintern die nordschwedischen und finnischen Turmfalken weiter südlich als Vögel aus S-Schweden. Sie zeigen einen sog. **Übersprung-Zug**.

Entgegen ihres Namens sind auch die in Deutschland brütenden **Wanderfalken** (Abb. 69) ganz überwiegend Standvögel, die den Winter in oder nahe der Region, in der sie auch brüten, verbringen. Die wenigen abwandernden Vögel fliegen südwestlich in Überwinterungsgebiete zumeist in Frankreich, teilweise auch auf der Iberischen Halbinsel bis Portugal. Dabei überwintern die Jungvögel etwas weiter

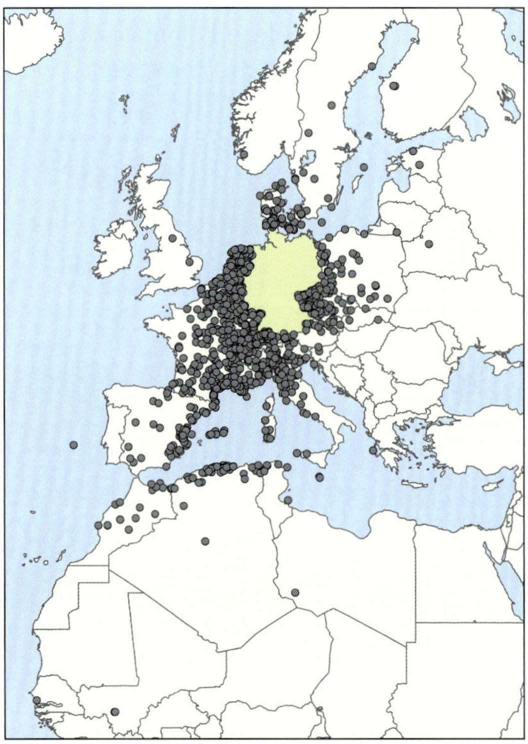

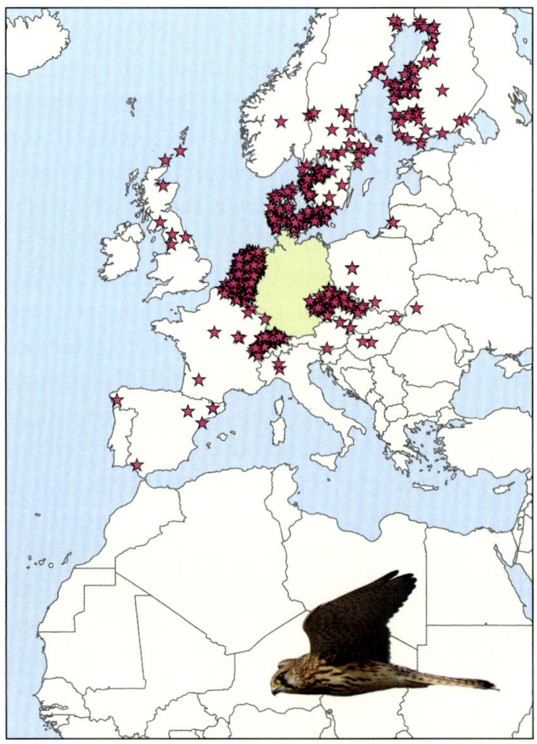

Abb. 68: Fundorte im Ausland von in Deutschland beringten (links) und Beringungsorte von in Deutschland gefundenen Turmfalken (rechts) ( aus Bairlein et al. 2014, Foto: H.-J. Fünfstück).

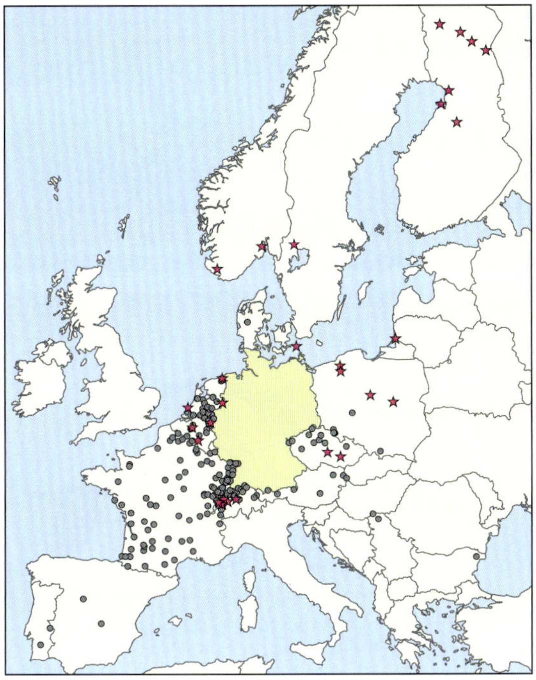

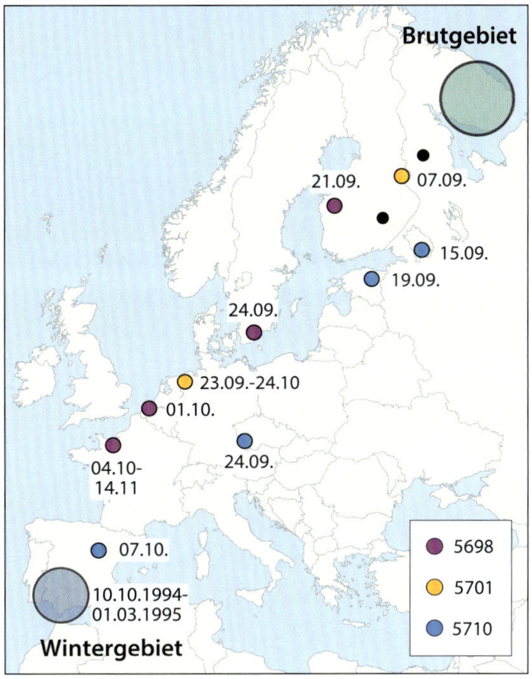


Abb. 69: Fundorte im Ausland von in Deutschland beringten (Punkte) und Beringungsorte von in Deutschland gefundenen Wanderfalken (Sterne) (aus Bairlein et al. 2014).

Abb. 70: Überwinterungsgebiete (Kreis) und Positionen während des Herbstzuges (Punkte) von drei zur Brutzeit auf der Kola-Halbinsel (Russland) mit Sendern bestückten Wanderfalken (nach Ganusevich et al. 2004).

vom Geburtsort entfernt als ältere Vögel. Im Herbst ziehen Wanderfalken aus Norwegen, Schweden und Finnland durch Deutschland in Überwinterungsgebiete in Frankreich und auf der Iberischen Halbinsel (Abb. 70). Einzelne überwintern aber auch in Deutschland.

Anders als Turmfalke und Wanderfalke ist der **Baumfalke** (Abb. 71) ein obligatorischer Zugvogel, der in Afrika südlich der Sahara überwintert.

Den Ringfunden nach wandern Baumfalken im Herbst aus Deutschland in Richtung SSW ab und erreichen vor allem in Italien und S-Frankreich das Mittelmeer. Auch Vögel aus Schweden und Finnland ziehen auf dieser Richtung über Deutschland hinweg nach Afrika wie Ringfunde, aber gerade auch die Satellitentelemetrie von Baumfalken, aus Südschweden zeigen (Abb. 72).

Für die Beschreibung des Zuges deutscher Vögel in Afrika liegen keine Ringfunde vor, doch zeigen telemetrierte Baumfalken aus dem Großraum Berlin, dass sie die Sahara wie

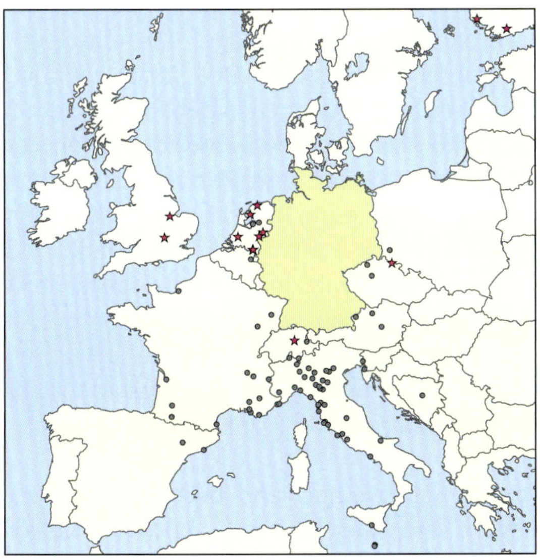

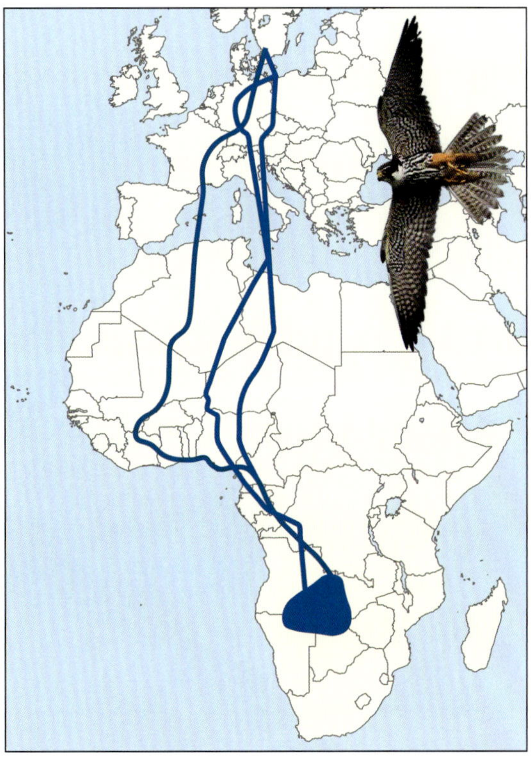

Abb. 71: Fundorte im Ausland von in Deutschland beringten (Punkte) und Beringungsorte von in Deutschland gefundenen Baumfalken (Sterne) (aus Bairlein et al. 2014).

Abb. 72: Zugwege von drei in Südschweden mit Sendern markierten Baumfalken im Herbst und Wintergebiet im südlichen Afrika (blaue Fläche) (nach Strandberg et al. 2009, Foto: H.-J. Fünfstück).

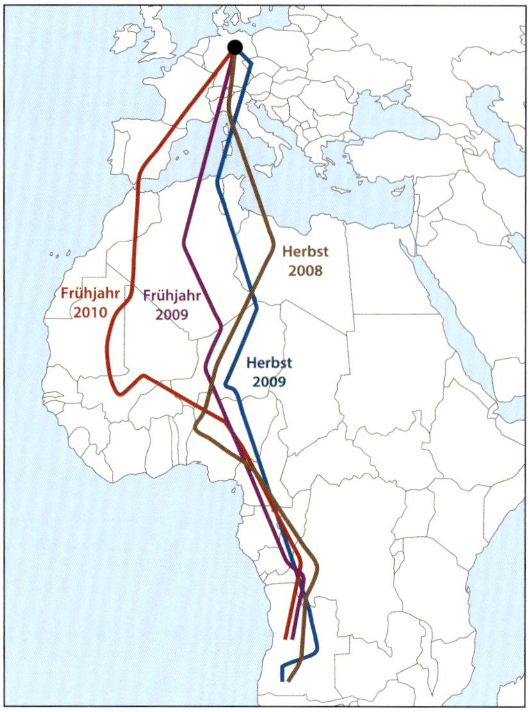


Abb. 73: Zugrouten im Herbst und Frühjahr eines adulten Baumfalken-Weibchens zwischen Herbst 2008 und Frühjahr 2010 (nach Meyburg et al. 2011).

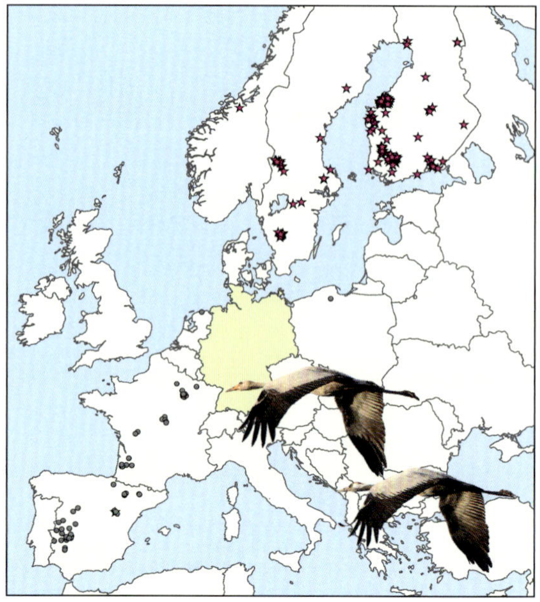

Abb. 74: Fundorte im Ausland von in Deutschland beringten (Punkte) und Beringungsorte im Ausland von in Deutschland gefundenen (Sterne) Kranichen (aus Bairlein et al. 2014, Foto: H.-J. Fünfstück).

den tropischen Regenwald überquerten und in Angola und Nachbarländern überwinterten. Bei einem adulten Weibchen konnten sogar zwei komplette Zugzyklen aufgezeichnet werden (Abb. 73). In beiden Jahren erfolgte ein Schleifenzug, bei dem die Sahara im Frühjahr bis zu 2000 km weiter westlich überquert wurde als auf dem Herbstzug.

Kraniche (Foto: F. Bairlein)

Ähnlich dem Weißstorch ist auch der **Kranich** (Abb. 74) ein Sinnbild für Vogelzug, und dies nicht, weil er Symbol eines bekannten Luftfahrunternehmens ist. Es sind die eindrucksvollen, keilförmigen Zugformationen und das zig-tausendfache Auftreten in Rastgebieten während des Zuges.

Der Herbstzug deutscher Kraniche verläuft auf einem recht schmalen Band über Frankreich nach Spanien. Ähnlich sind die weiteren Zugwege der Durchzügler aus Skandinavien und Finnland. In ihrer Herkunftsrichtung unterscheiden sich Durchzügler aber. Norwegische und schwedische Brutvögel ziehen zunächst in südlicher Richtung nach Rügen, während finnische Brutvögel über das Baltikum und Polen nach NO-Deutschland einfliegen. Dies zeigt sich auch in den Rastgebieten. Während sich in der Rügen-Bock-Region vor allem schwedische und norwegische Vögel aufhalten, sind es im Rhin-Havelluch dagegen besonders Vögel aus Finnland, Estland und Polen. Die Mehrzahl der Kraniche überwintert in Zentral-Spanien und dort größtenteils in der Extremadura, doch in den letzten Jahren überwintern immer mehr Vögel aus Mecklenburg-Vorpommern in Frankreich.

Von den in Deutschland brütenden Rallenvögeln seien hier Blässhuhn und Wachtelkönig vorgestellt.

Das **Blässhuhn** (Abb. 75) besiedelt fast die gesamte W-Paläarktis. In den meisten Gebieten ist die Art Standvogel oder Teilzieher, doch von O-Europa bis O-Asien ist sie obligatorischer Zugvogel mit Überwinterungsgebieten vom östlichen Mittelmeerraum bis SO-Asien.

In Deutschland sind Blässhühner an vielen Gewässern ganzjährig anzutreffen und wandern oft erst bei deren Vereisung ab. In O-Deutschland hat der Anteil der abziehenden Vögel in neuerer Zeit immer weiter abgenommen, vermutlich wegen einer langen Folge milder Winter.

Das Vorkommensgebiet in Deutschland brütender oder rastender Blässhühner umfasst große Teile Europas, von Finnland, S-Skandinavien und Schottland im Norden bis Marokko und Libyen im Süden, von W-Russland und der Ukraine im Osten bis SO-England und Spanien im Westen.

Die Verteilung der Funde beringter Vögel aus Deutschland im Winter zeigt regionale Unterschiede in Zugrichtung und zurückgelegter Distanz. Sofern nicht in der Nähe des Brutgebiets verweilend, ziehen Blässhühner aus dem NW-deutschen Tiefland in erster Linie südwestwärts und überwintern von den Niederlanden bis W-Frankreich, vereinzelt auch in England, Spanien und Italien. Bei Vögeln aus dem NO-deutschen Tiefland ziehen die Vögel aus dem Bereich der Ostseeküste ebenfalls in die Niederlande und nach W-Frankreich, wogegen Vögel aus dem ostdeutschen Binnenland in SSW bis SSO-Richtung in Überwinterungsgebiete in S-Frankreich, Italien und dem ehemaligen Jugoslawien und sogar N-Afrika ziehen. Ähnlich verhalten sich die Vögel der Östlichen Mittelgebirge, wogegen Blässhühner aus W-, SW- und S-Deutschland fast immer nur kurze Strecken zurücklegen und dann vor allem an den Seen im Alpenvorland überwintern. Einige Wiederfunde von Blässhühnern stammen auch aus dem Mittelmeerraum, was Ausweichen in kalten Wintern vermuten lässt. Den deutschen Wiederfunddaten nach gibt es beim Blässhuhn eine Zugscheide bei etwa 52–53° N.

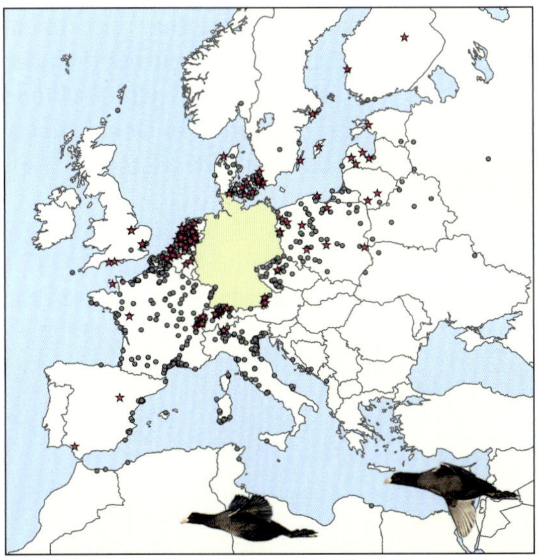

Abb. 75: Fundorte im Ausland von in Deutschland beringten (Punkte) und Beringungsorte im Ausland von in Deutschland gefundenen (Sterne) Blässhühnern (aus Bairlein et al. 2014, Foto: H.-J. Fünfstück).

Weiterhin zeigt sich, dass sich das Zugverhalten des Blässhuhns in den vergangenen Jahrzehnten verändert hat. Immer mehr ziehen nicht mehr und diejenigen, die noch ziehen, ziehen weniger weit. So zogen ostdeutsche Blässhühner in den 1960er- und 1970er-Jahren noch viel häufiger in den Mittelmeerraum als ab den 1980er-Jahren, zugleich erhöhte sich der Anteil von Vögeln, die nahe der Nordseeküste und an den Seen im Alpenvorland überwintern. Funde von im Ausland beringten und in Deutschland im Winter gefundenen Blässhühnern zeigen Zuzug vor allem aus den baltischen Staaten und Polen, während aus Skandinavien und Finnland offenbar nur wenige Blässhühner zum Überwintern nach Deutschland kommen.

Der **Wachtelkönig** (Abb. 76) brütet in Deutschland vor allem im Norddeutschen Tiefland, doch auch in anderen Landesteilen mit feuchtem Grünland. Aufgrund der sehr heimlichen Lebensweise wurde er nur wenig beringt und so liegen auch nur wenige Ringfunde zur Beschreibung seines Zugverhaltens vor. Sie zeigen, dass Wachtelkönige im Herbst von Mittel- und Nordeuropa aus vor allem nach S und SO abwandern und über den östlichen Mittelmeerraum ziehen, was auch drei im tschechischen Grenzgebiet zu Bayern mit Satellitensendern ausgestattete Individuen verdeutlichen, die im Herbst Eritrea und den Sudan erreichten. Die Überwinterungsgebiete des Wachtelkönigs befinden sich in Afrika süd-

Abb. 76: Funde von Wachtelkönigen mit Bezug zu Deutschland (aus Bairlein et al. 2014, Foto: C Moning). →

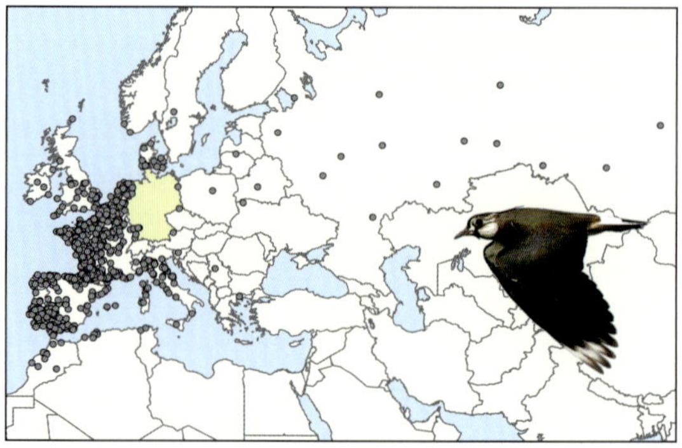

Abb. 77: Fundorte im Ausland von in Deutschland beringten Kiebitzen (aus Bairlein et al. 2014, Foto: M. Römhild). →→

lich des Äquators. Dazu passt der einzige Wiederfund eines Ringvogels, der auf Helgoland beringt wurde, im Winter in der DR Kongo. In dieser Region finden sich auch alle anderen Winterfunde europäischer Wachtelkönige, und damit westlich des aus faunistischen Daten angenommen hauptsächlichen Winterquartiers zwischen Kenia und Südafrika.

Als eine der Vogelarten der Kulturlandschaft, deren Brutbestände in Deutschland vor allem infolge der Intensivierungen in der Landwirtschaft massiv abgenommen haben, steht der **Kiebitz** (Abb. 77) im Fokus des Artenschutzes und dazu ist gerade auch sein Zugverhalten zu berücksichtigen.

Kiebitze brüten nicht nur in nahezu ganz Europa, sondern auch über Zentralasien hinweg bis zur russischen Pazifikküste. Zum Überwintern ziehen sie nach W- und S-Europa, N-Afrika, Nahost, N-Indien und China. In W- und SW-Europa ist die Art Teilzieher, auch in Deutschland können in milden Wintern bzw. bis zu Schnee- und Kälteeinbrüchen viele Kiebitze ausharren.

Beim Kiebitz setzt ein erster Abzug aus den Brutgebieten schon im Mai, also noch während der Brutzeit, ein. Dieser Frühwegzug geht im August in den Herbstzug über. Der Frühwegzug in Deutschland beringter Kiebitze führt überwiegend nach W und SW, d. h. die meisten Auslandsfunde stammen aus den Niederlanden und Frankreich. Viele Vögel verstreichen zu dieser Jahreszeit aber auch innerhalb von Deutschland. In den Monaten August bis November stammen die meisten Rückmeldungen aus N-Frankreich, teilweise aber auch aus Großbritannien, den Niederlanden und Spanien, aber nur selten aus Italien.

Das Überwinterungsgebiet deutscher Kiebitze reicht von den Niederlanden, England und Irland über Frankreich, Spanien und Italien bis NW-Afrika. Dabei gibt es hinsichtlich der Verteilung der Winterfunde Unterschiede zwischen Herkunftsregionen in Deutschland. Während Vögel aus dem NW-deutschen Tief-

Brachvögel (Foto: M. Schäf).

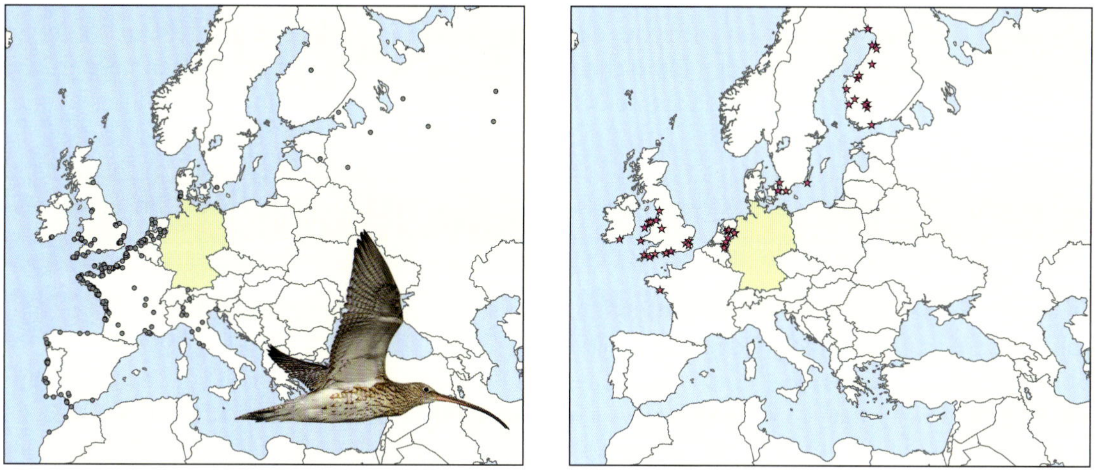

Abb. 78: Fundorte im Ausland von in Deutschland beringten (links) und Beringungsorte im Ausland von in Deutschland gefundenen (rechts) Brachvögeln (aus Bairlein et al. 2014, Foto: C. Moning).

land auch auf den Britischen Inseln und in den Niederlanden überwintern, erstreckt sich das Wintervorkommen der Vögel aus dem NO-deutschen Tiefland nordwärts nur bis N-Frankreich. Gleiches gilt für Vögel aus den SW-deutschen Mittelgebirgen, die wiederum, wie Kiebitze aus dem Alpenvorland, vermehrt in N-Italien überwintern. Zudem gelangen Vögel aus dem Alpenvorland häufiger nach NW-Afrika als diejenigen aus anderen Regionen. Je weiter nördlich und östlich Kiebitze in Deutschland brüten, desto weiter nördlich bzw. östlich überwintern sie. Allerdings verlagert sich derzeit das Überwinterungsgebiet sowohl deutscher als auch schwedischer Kiebitze als Folge der Klimaerwärmung nordwärts.

Auch die Brutbestände des **Brachvogels** (Abb. 78, 79) sind in Deutschland stark rückläufig und insbesondere im Binnenland ist er vielerorts als Brutvogel verschwunden.

Brachvögel brüten in der N-Hälfte Europas sowie in Sibirien ostwärts bis zum Baikalsee. Das Überwinterungsgebiet umfasst nahezu alle Küstenregionen Europas, südlich des Wattenmeers, Afrikas und S-Asiens. Auch als Durchzugs- und Wintergäste kommen Brachvögel in Deutschland vor.

In Deutschland brütende Brachvögel sind zumeist Kurzstreckenzieher. Obwohl einige Vögel im Herbst nach W ziehen und die Britischen Inseln erreichen, ist die Hauptzugrichtung SW. Die Brutvögel aus verschiedenen Teilen Deutschlands ziehen parallel zueinander ab, sodass norddeutsche Vögel

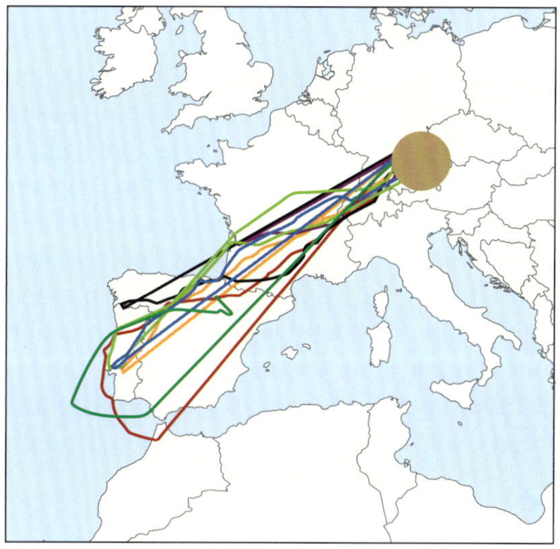

Abb. 79: Beispiele von Zugrouten von in Bayern zur Brutzeit mit Sendern markierten Brachvögeln. Dargestellt sind die Routen und Winterquartiere der im Jahr 2020 markierten Vögel (nach https://www.lbv.de/naturschutz/arten-schuetzen/voegel/grosser-brachvogel/telemetrie-grosser-brachvogel/archiv-2020).

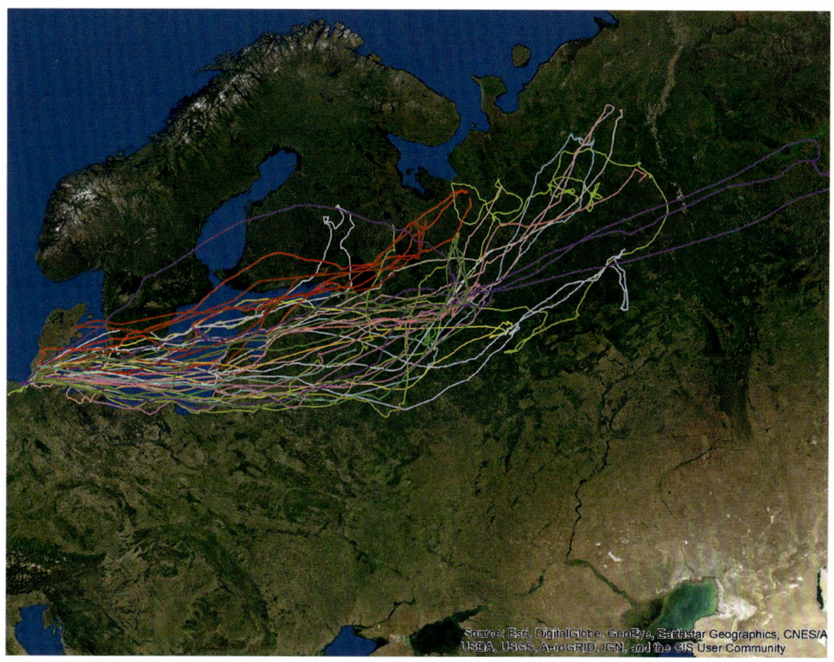

Abb. 80: Zugrouten von im Wattenmeer überwinternden Brachvögeln (nach Schwemmer et al. 2021).

vor allem aus Frankreich, süddeutsche dagegen fast ausnahmslos von der iberischen W-Küste und aus Marokko zurückgemeldet wurden.

NW-deutsche Brutvögel überwintern größtenteils an der französischen W-Küste und in S-England, SW-deutsche Vögel wurden im Winter in S-Spanien und Marokko gefunden. Mit Sendern markierte bayerische Brachvögel überwinterten zwischen der französichen Biskaya bis südwärts nach NW-Marokko. Auch aus dem NO-deutschen Tiefland und den westdeutschen Mittelgebirgen überwintern Brachvögel an der französischen W-Küste.

Die Überwinterungsgebiete in Frankreich und auf der Iberischen Halbinsel werden bereits ab März geräumt. Dabei wurde eine ganze Reihe von beringten Brachvögeln im Frühjahr von der französischen Mittelmeerküste und aus Italien gemeldet, obwohl es von dort keinen Hinweis auf Aufenthalte im Herbst und Winter gibt. Die meisten dieser Funde gehen auf süddeutsche Brutvögel zurück. Offensichtlich machen sie auf ihrem Rückzug aus ihren SW-europäischen Winterquartieren einen Schleifenzug.

Über die Herkunft von im Winter in Deutschland anzutreffenden Brachvögeln ist nur wenig bekannt. Einige Brutvögel aus dem westfälischen Münsterland wurden dort auch im Winter angetroffen, was zeigt, dass einige Brachvögel ganzjährig in ihrer Brutregion bleiben.

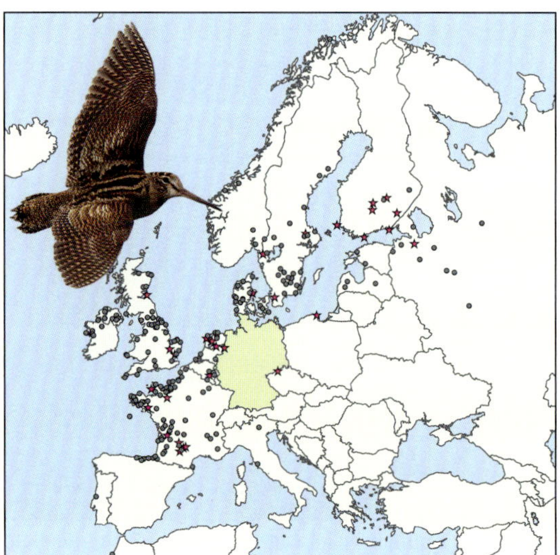

Abb. 81: Fundorte im Ausland von in Deutschland beringten (Punkte) und Beringungsorte im Ausland von in Deutschland gefundenen (Sterne) Waldschnepfen (aus Bairlein et al. 2014, Foto: M. Grimm).

Ringfunde von finnischen Vögeln im Winter im schleswig-holsteinischen Wattenmeer sowie Funde von im Wattenmeer im Winter beringten Vögeln zur Brutzeit in N-Russland verdeutlichen das Einzugsgebiet von in Deutschland überwinternden Brachvögeln. Im schleswigholsteinischen Wattenmeer überwinternde Brachvögel stammen überwiegend aus NW-russischen Brutgebieten (Abb. 80).

Obwohl versteckt lebend ist die **Waldschnepfe** (Abb. 81) doch auch recht „auffällig", da sie zur Zugzeit relativ häufig als Glasopfer gefunden wird. Waldschnepfen brüten in der mittleren Paläarktis zwischen W-Europa und der ostasiatischen Pazifikküste. In Deutschland ist die Waldschnepfe als Brutvogel in Wäldern weit verbreitet. Über das Überwinterungsgebiet deutscher Brutvögel ist wegen nur weniger Beringungen kaum etwas bekannt, doch Funde von in Deutschland zur Brutzeit beringter und im Winter in Frankreich und in Schottland geschossener Waldschnepfen umreißen das Überwinterungsgebiet deutscher Vögel. Ein Teil der deutschen Brutvögel verbleibt aber auch in der Nähe ihrer Brutgebiete.

Die große Mehrzahl der in Deutschland beringten und später wiedergefundenen Waldschnepfen stammt von Vögeln, die zu den Zugzeiten im Fanggarten des Instituts für Vogelforschung auf Helgoland beringt wurden. Sie sind vornehmlich schwedischer Herkunft. Norwegische Vögel wurden zu größeren Anteilen in Großbritannien gefunden, finnische vermehrt in Italien, wo deutsche Ringvögel nur ausnahmsweise gefunden wurden. Insgesamt erstreckt sich das Aufenthaltsgebiet der durch Deutschland ziehenden Waldschnepfen von W-Russland und S-Fennoskandien bis zu den Britischen Inseln und Frankreich. Die wichtigsten Überwinterungsgebiete sind Großbritannien und Frankreich. Der Herbstzug von Waldschnepfen verläuft überwiegend in südwestlicher Richtung, vor allem von Mitte Oktober bis Ende November. Der Frühjahrszug findet von Anfang März bis Anfang April statt. Dazwischen können Wintereinbrüche dazu führen, dass weiter nördlich ausharrende Vögel fluchtartige Wanderungen nach Deutschland machen.

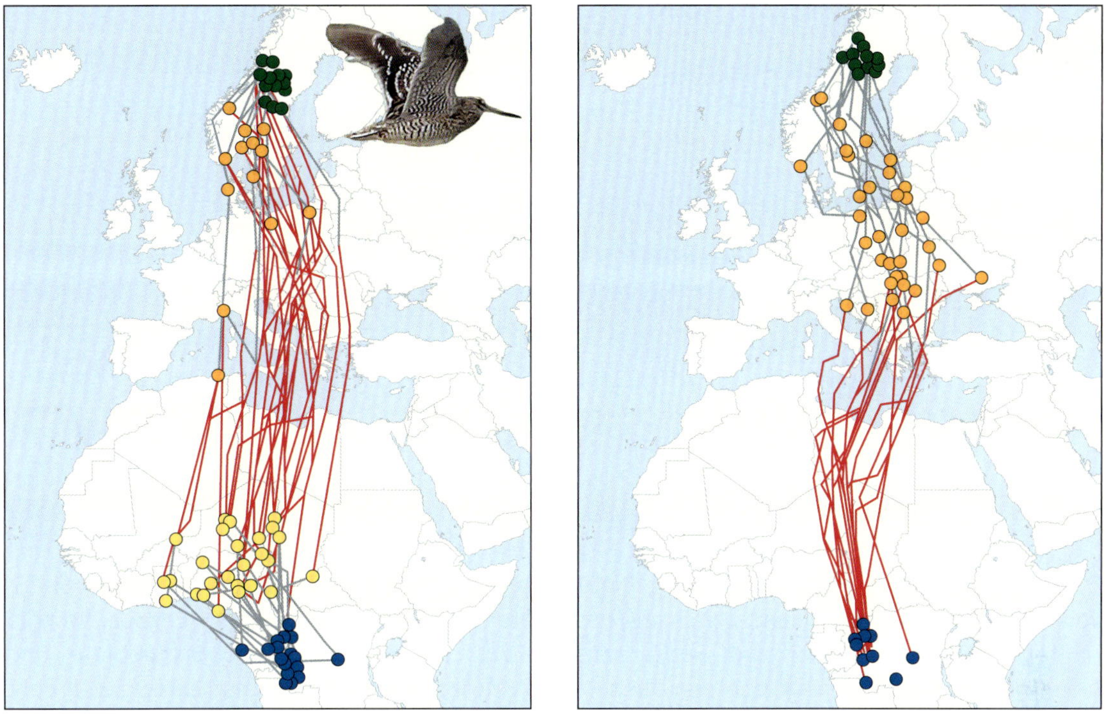

Abb. 82: Herbst- (links) und Frühjahrszug (rechts) von Doppelschnepfen, die an ihrem Brutplatz in Schweden (grüne Punkte) mit Geolokatoren ausgestattet wurden. Orange Punkte zeigen die Raststopps in Europa und N-Afrika, gelbe die südlich der Sahara, blaue die Winterorte. Die roten Linien zeigen die langen Nonstop-Flüge, die grauen kürzere Etappen (nach Lindström et al. 2016, Foto: R. Ertel).

Nur selten und in kleiner Zahl kann in Deutschland die in Skandinavien und vom Baltikum ostwärts bis Zentralsibirien brütende **Doppelschnepfe** (Abb. 82) beobachtet werden. Dies liegt an ihrem besonderen Zugverhalten. Denn Untersuchungen schwedischer Doppelschnepfen mittels Geolokatoren zeigen, dass sie auf dem Herbstzug in ein zentralafrikanisches Überwinterungsgebiet Mittel- und S-Europa und auch die Sahara ohne Zwischenstopp in einem durchschnittlich 64 Stunden andauernden Flug überfliegen. Erst nach Überquerung der Sahara legen sie eine Rast ein. Umgekehrt ist es auf dem Frühjahrszug. Dann ziehen sie aus ihrem afrikanischen Wintergebiet ohne Zwischenstopp bis SO-Europa, von wo aus es in kürzeren Etappen zurück in die Brutgebiete geht. Doch dieser Zug verläuft weiter östlich.

Eine der zu den Zugzeiten im Herbst und Frühjahr im Wattenmeer auffälligsten Arten ist der **Alpenstrandläufer** (Abb. 83). Die oftmals riesigen Trupps sind Sinnbild für die Bedeutung des Wattenmeers für arktische Zugvogelarten, die das Wattenmeer als Rastplatz auf ihren Wanderungen zwischen den arktischen Brut- und tropischen Wintergebieten nutzen.

Alpenstrandläufer brüten in der Arktis Eurasiens und Nordamerikas, in Europa reicht das Vorkommen südwärts bis Norddeutschland. Das deutsche Brutvorkommen des „südlichen" Alpenstrandläufers *Calidris alpina schinzii* steht mit nur noch wenigen Brutpaaren aber kurz vor dem Erlöschen.

Die Wiederfunde von in Deutschland als Gastvögel beringten Alpenstrandläufern erstrecken sich über ein sehr großes Gebiet, das von N-Sibirien bis W-Afrika und zum Persischen Golf reicht. Auch die Herkunft der Vögel ist vielfältig. Farbberingte Vögel, die im Wattenmeer abgelesen wurden, stammten aus einem Gebiet von N-Norwegen bis zur Jamal-Halbinsel in N-Sibirien. Ein auf der Insel Langwerder in der Ostsee kontrollierter Alpenstrandläufer wurde auf Spitzbergen beringt.

Von den N-europäischen und N-sibirischen Brutgebieten aus erreichen Alpenstrandläufer Deutschland auf drei Routen: entlang der norwegischen Atlantikküste, entlang der nördlichen Ostsee und entlang der östlichen Ostsee. Der weitere Herbstzug führt vorwiegend nach W und SW, sodass in erster Linie England und Frankreich, seltener auch die Iberische Halbinsel und NW-Afrika erreicht werden. Von der Ostsee und vom deutschen Binnenland aus fliegt ein Teil der Vögel südwärts nach Italien und Tunesien, während von der deutschen Nordsee aus nur ein Fund ins westliche Mittelmeer führt.

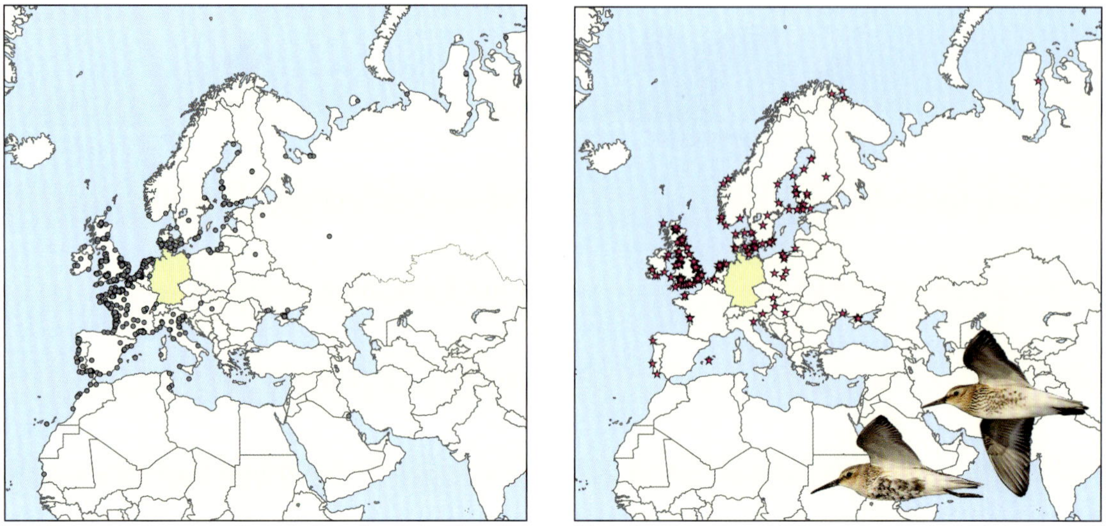

Abb. 83: Fundorte im Ausland von in Deutschland beringten (links) und Beringungsorte im Ausland von in Deutschland gefundenen (rechts) Alpenstrandläufern (aus Bairlein et al. 2014, Foto: C. Moning).

Die hauptsächlichen Überwinterunsgebiete von in Deutschland auf dem Durchzug beringten Alpenstrandläufern sind Großbritannien und Frankreich, gefolgt von den Niederlanden und Belgien. Die südlichsten Winterfunde stammen aus NW-Afrika. Doch auch in Deutschland überwintern Alpenstandläufer. Einige übersommern an den deutschen Küsten.

Im Vergleich zum Herbst mehr Funde von in Deutschland beringten Alpenstrandläufern in Italien sowie Frühjahrsfunde vom Schwarzen Meer zeigen, dass einige Alpenstrandläufer im Frühjahr weiter östlich wandern als im Herbst, also einen Schleifenzug durchführen.

Ein anderer Charaktervogel des Vogelzugs im Wattenmeer ist der **Knutt** (Abb. 84, 85). Seine Brutgebiete sind die hocharktischen Tundren N-Sibiriens und N-Nordamerikas, seine Winterquartiere die Küsten von S-Nordamerika, S-Amerika, W-Europa, W- und S-Afrika und Australien. Brutgebiete und Winterquartiere liegen also extrem weit voneinander entfernt, was den Knutt zu einem der besonders weit ziehenden Langstreckenzieher macht mit z. B. ca. 14.000 km von der Arktis an die Südspitze S-Amerikas.

In Europa treten zwei Unterarten auf: *Canutus c. islandica* aus Grönland und NO-Kanada sowie *C. c. canutus* von der sibirischen Taimyr-Halbinsel. Beide Unterarten nutzen das Wattenmeer als Rast- und Mausergebiet, in kleiner Zahl überwintern sie hier auch. Funde von in Deutschland beringten oder in Deutschland gefundenen Knutts reichen von NW-Grönland bis N-Sibirien und S-Afrika und spiegeln das weltumspannende Zugsystem des Knutts wieder.

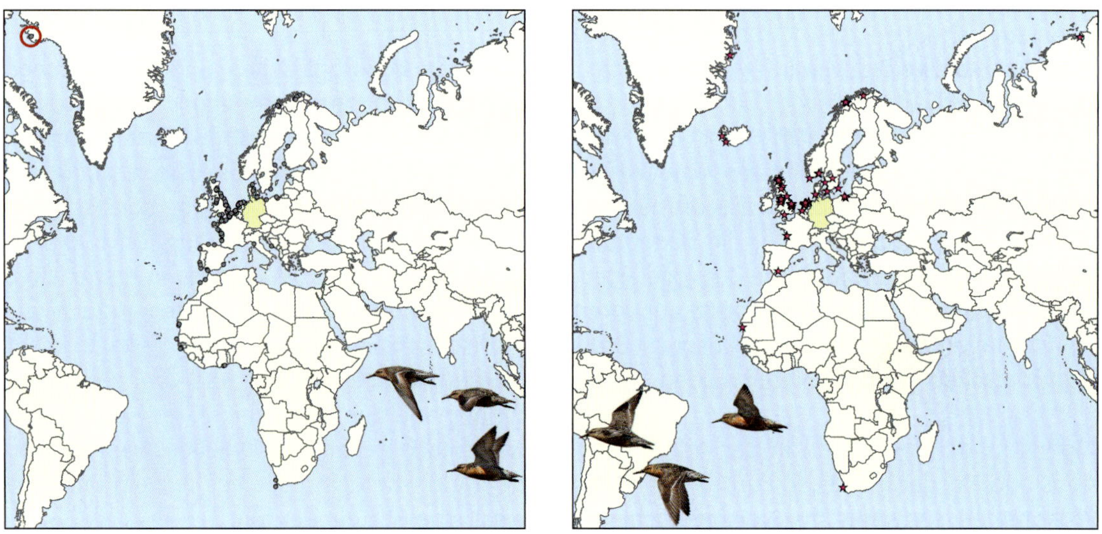

Abb. 84: Fundorte im Ausland von in Deutschland beringten (links) und Beringungsorte im Ausland von in Deutschland gefundenen (rechts) Knutts (aus Bairlein et al. 2014, Foto: C. Moning).

Vom Wattenmeer ziehen Knutts im Herbst weiter entweder nach W zu den Britischen Inseln oder nach SW zur französischen W-Küste und zur Iberischen Halbinsel. Nur ausnahmsweise gelangen im deutschen Wattenmeer beringte Knutts ans Mittelmeer. Im Winter halten sich in Deutschland beringte Knutts sowohl in W- und S-Afrika als auch in W-Europa (Wattenmeer bis W-Frankreich, Britische Inseln) auf, *C. c. canutus* in W- bis S-Afrika und *C. c. islandica* in W-Europa.

Auf dem Frühjahrszug in die arktischen Brutgebiete machen viele der in W-Afrika überwinternden Knutts Rast in W-Frankreich, besonders, wenn starker Gegenwind den sonst üblichen Direktflug aus W-Afrika ins Wattenmeer verhindert. Vom Wattenmeer geht es dann nach Anlage von Fettreserven direkt in die Arktis.

Als häufiger Brutvogel an den Küsten des N-Atlantiks und des N-Pazifiks brütet die **Trottellumme** (Abb. 86) in Deutschland nur auf Helgoland mit etwa 2500 Brutpaaren. Sie ist aber zahlreicher Wintergast in den deutschen Meeresgebieten, vor allem in der Nordsee, aber auch in der Ostsee.

Die Wiederfunde in Deutschland fast ausschließlich beim Verlassen des Brutfelsens („Lummensprung") auf Helgoland beringter junger Trottellummen reichen von Mittel-Norwegen und Schottland bis SW-Frankreich und bis ins Baltikum. Dabei spiegeln die Funde die wirkliche Verbreitung der Vögel nur bedingt wieder, da Trottellummen zumeist auf offener See leben, viele Funde aber durch am Strand angespülte Vögel zustande kommen. Anders als im ersten Lebensjahr überwintern ältere Vögel überwiegend in der Nähe ihres Brutplatzes; die Helgoländer Vögel vor allem in der Deutschen Bucht. Die vielen in der deutschen Nordsee überwinternden Trottellummen kommen größtenteils aus Schottland, wenige aus Norwegen und nur vereinzelte aus der Ostsee.

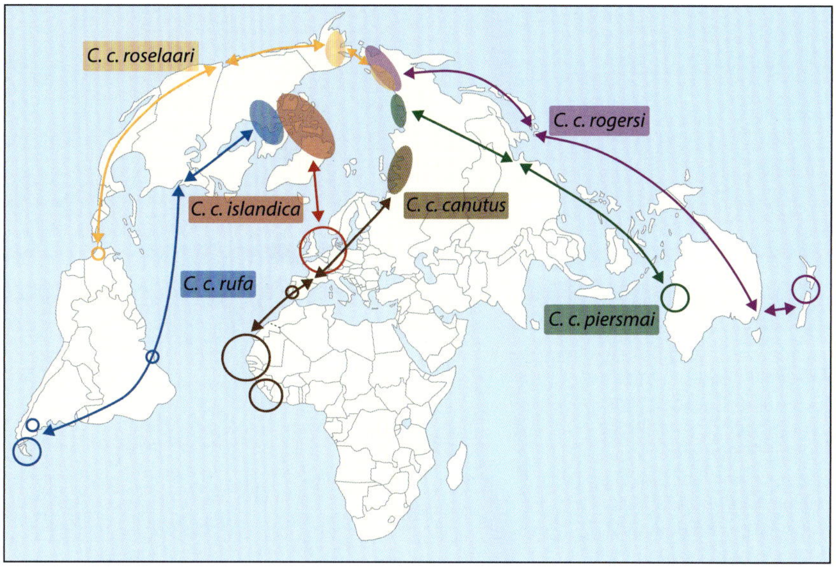


Abb. 85: Die globale Verbreitung des Knutts und seine verschiedenen Zugwege. Die farbigen Flächen zeigen die Brutgebiete der verschiedenen Unterarten, die farbig zugehörigen Kreise die Wintergebiete, die Linien schematisch die Zugwege (nach Buehler et al. 2009).

Knutts (Foto: C. Haass).

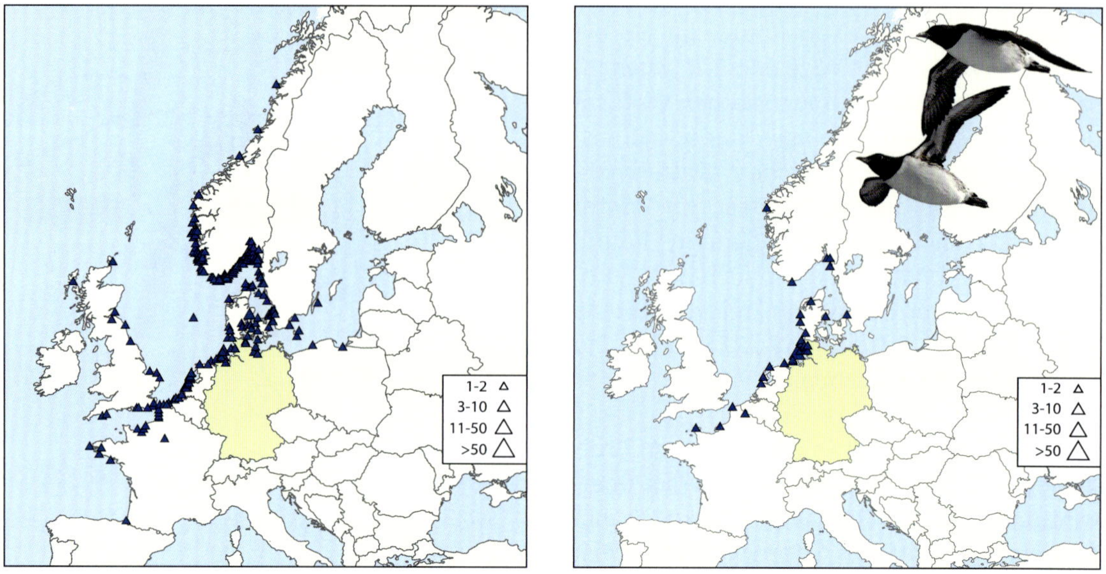


Abb. 86: Fundorte im Winter (Dezember – Februar) von auf Helgoland nicht flügge beringten Trottellummen im ersten Lebensjahr (links) und ab dem fünften Lebensjahr (rechts) (aus Bairlein et al. 2014, Foto: K. Franz).

Ganz unterschiedlich ist das Zugverhalten bei den heimischen Großmöwenarten Silbermöwe und Heringsmöwe. Während die Silbermöwe überwiegend Standvogel ist oder nur recht kurze Strecken zieht, überwintern die Heringsmöwen der deutschen Küsten in SW-Europa bis NW-Afrika.

Ringfunde von in Deutschland beringten oder in Deutschland gefundenen **Silbermöwen** (Abb. 87) reichen von Spitzbergen im Norden bis Oberitalien im Süden. Die Masse der Wiederfunde konzentriert sich aber auf das Gebiet von N-Frankreich bis zum Weißen Meer, bei nur relativ wenigen Funden von und zu den Britischen Inseln. Die Brutvögel der deutschen Nord- und Ostseeküste ziehen, sofern sie im Herbst überhaupt abwandern, überwiegend in ein Gebiet zwischen den Niederlanden und N-Frankreich, aber auch nach Dänemark und ins norddeutsche Binnenland südwärts bis etwa an die Mittelgebirge. Dies machen vor allem Jungvögel, wogegen sich Altvögel kaum vom Brutgebiet wegbewegen. Die Silbermöwen der Ostseeküste erreichen auch Schweden und Polen, dafür weniger die Niederlande und N-Frankreich. Zahlreiche Funde in Deutschland von in Dänemark, Schweden, Finnland, Estland und NW-Russland beringten Vögeln zeigen, dass während des Herbstzugs Zuzug vor allem aus NO stattfindet, bis von der Kola-Halbinsel, wogegen Silbermöwen aus den Niederlanden kaum und von den Britischen Inseln nicht zuwandern. Die britischen Vögel sind nahezu ausschließlich Standvögel oder streichen nur kurze Entfernungen umher.

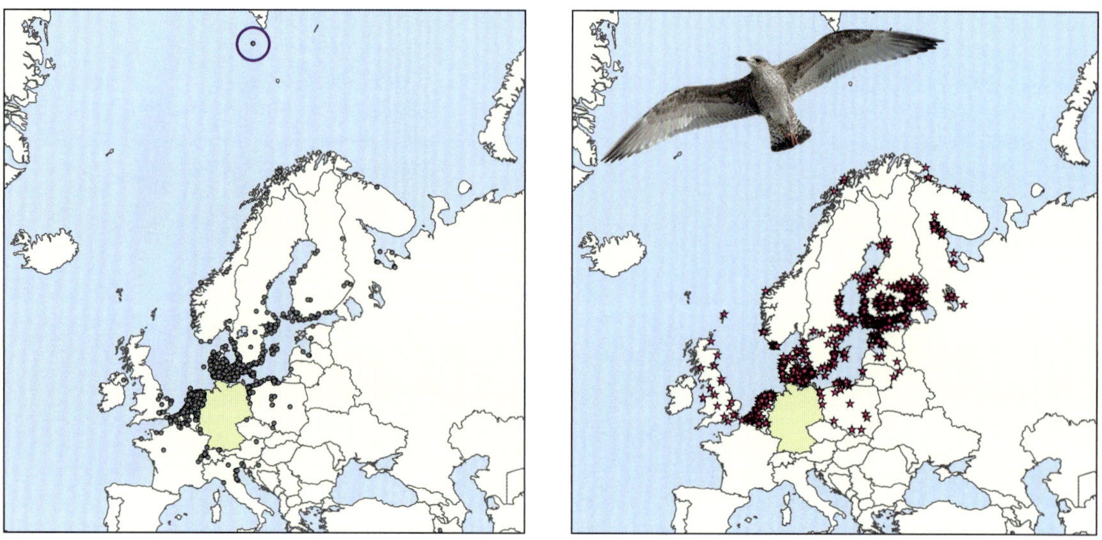

Abb. 87: Fundorte im Ausland von in Deutschland beringten (links) und Beringungsorte im Ausland von in Deutschland gefundenen (rechts) Silbermöwen. Der umkreiste Fundort südlich von Spitzbergen stammt von einer im Oktober auf Helgoland beringten Silbermöwe und zeigt, dass Silbermöwen von sehr weit nördlich nach Deutschland kommen (aus Bairlein et al. 2014, Foto: C. Moning).

Anders ist das Zugverhalten der **Heringsmöwe** (Abb. 88), die erst seit Mitte des 20. Jahrhunderts in Deutschland brütet, mittlerweile aber mit etwa 40.000 Brutpaaren insbesondere an der Nordseeküste recht zahlreich ist. Die Abwanderung aus den deutschen Brutgebieten erfolgt im Juli und August überwiegend in südwestlicher Richtung; ab Februar, vor allem aber im März und April, kehren die Brutvögel aus dem Winterquartier zurück. Dieses liegt entlang der Nordsee- und Atlantikküste von den Niederlanden bis Mauretanien und der spanischen Mittelmeerküste. Noch weiter östlich gibt es nur vereinzelte Funde in Algerien, Tunesien und Italien, die andeuten, dass nur ein kleiner Teil der norddeutschen Heringsmöwen südwärts über das Binnenland hinweg zieht.

Während die Ringfunde küstennahen Zug der Heringsmöwe andeuten, zeigen satellitentelemetrische Daten, dass Heringsmöwen auf ihrem Zug auch weite Strecken über das offene Meer ziehen (Abb. 89).

Zuwanderung von Heringsmöwen nach Deutschland erfolgt überwiegend von N und NO, wobei finnische Vögel besonders in O-Deutschland auftreten. Die finnischen Heringsmöwen gehören zur Unterart *Larus fuscus fuscus*, die in O-Afrika überwintert und so auf ihrem Zug O-Deutschland streift.

Während heimische Silber- und Heringsmöwen vor allem Brutvögel der Küsten sind, brütet die viel kleinere **Lachmöwe** (Abb. 90) auch im Binnenland in großen Kolonien. Vielerorts ist sie in Deutschland ganzjährig anzutreffen,

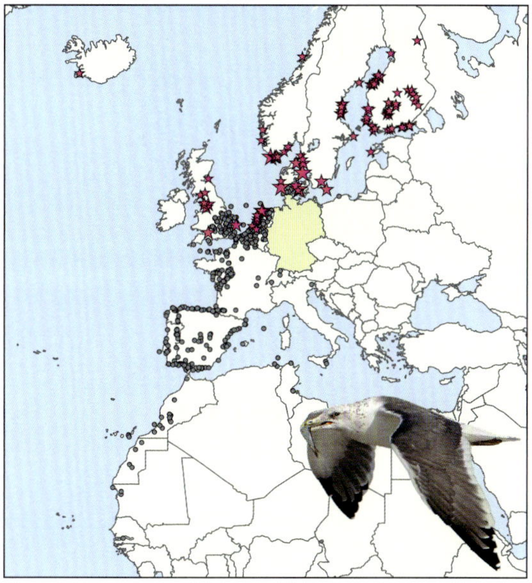

Abb. 88: Fundorte im Ausland von in Deutschland beringten (Punkte) und Beringungsorte im Ausland von in Deutschland gefundenen (Sterne) Heringsmöwen (aus Bairlein et al. 2014, Foto: H.-J. Fünfstück).

doch dabei handelt es sich auch um zahlreiche Wintergäste insbesondere aus dem NO. Viele heimische Lachmöwen sind Zugvögel, die vor allem an der Atlantikküste zwischen Großbritannien und SW-Europa und im Mittelmeerraum überwintern.

Der Abzug im Herbst, hauptsächlich von August bis Oktober, streut zwischen NW und S, wobei aber Vögel je nach Herkunftsregion unterschiedliche Schwerpunkte zeigen. So ziehen Vögel aus NW-Deutschland, von der Ostseeküste und den östlichen Mittelgebirgen größtenteils nach W und SW und erreichen dadurch vor allem den Bereich der südlichen Nordsee von Niedersachsen bis England, vielfach auch die französische Kanal- und Atlantikküste und in geringerem Umfang die Iberische Halbinsel. Auch Lachmöwen aus Sachsen und SW-Deutschland überwintern

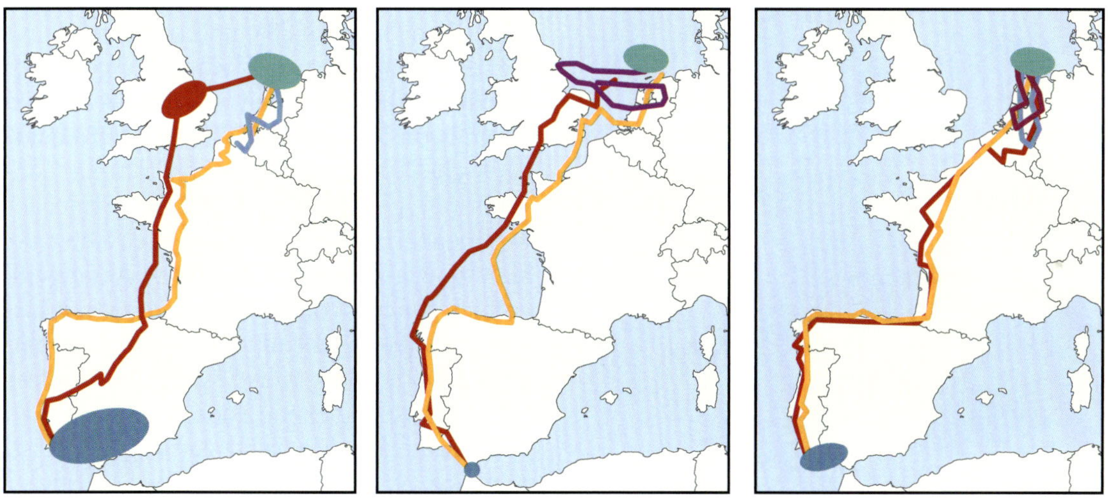

Abb. 89: Beispiele für Zugwege von in einer Brutkolonie in den Niederlanden mit Sendern markierten Heringsmöwen (grün: Bewegungsbereich zur Brutzeit; hellblau: Umherstreifen vor Beginn des Wegzugs; rot: Herbstzug; blau: Winterareal, orange: Frühjahrszug; pink: Umherstreifen nach dem Frühjahrszug (nach Klaassen et al. 2011).

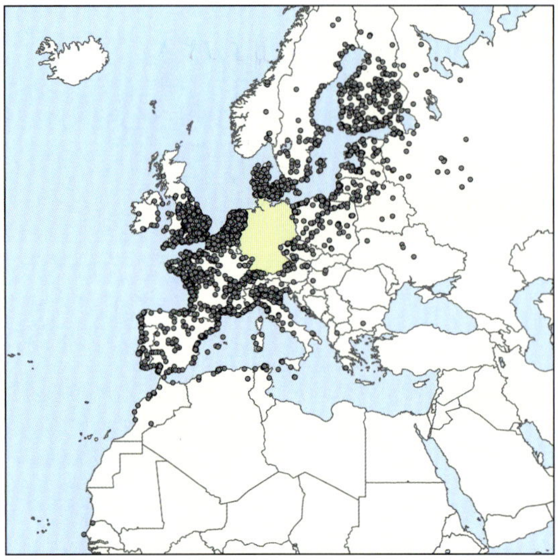

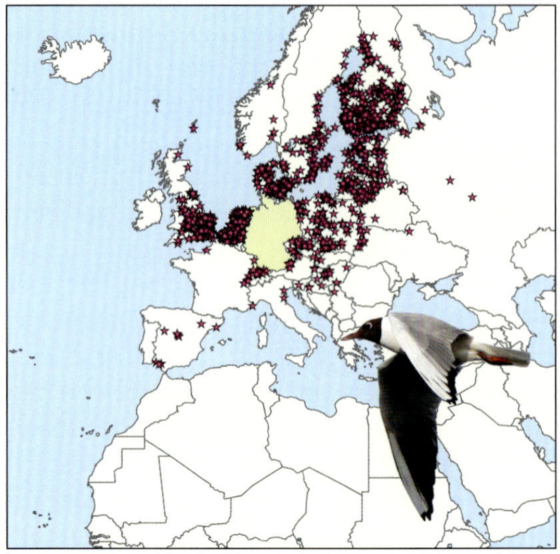

Abb. 90: Fundorte im Ausland von in Deutschland beringten (links) und Beringungsorte im Ausland von in Deutschland gefundenen (rechts) Lachmöwen (aus Bairlein et al. 2014, Foto: H.-J. Fünfstück).

dort, aber auch südwärts in Italien, weshalb ihre Zugwege stark zwischen NW und S streuen. Vögel aus dem Alpenvorland ziehen nur zu einem geringen Anteil nach NW; sie finden sich mehr als alle anderen im westlichen Mittelmeerraum.

Im Herbst nach Deutschland einfliegende und teilweise hier überwinternde Lachmöwen kommen vor allem aus Finnland, Dänemark und dem Baltikum, aber auch ostwärts bis aus der Ukraine und Ungarn. Britische Vögel sind dagegen im Winter kaum in Deutschland; sie sind überwiegend Standvögel und ziehen, wenn überhaupt, südwärts. Im norddeutschen Tiefland überwintern vor allem Vögel aus dem Ostseeraum und aus N-Deutschland selbst, weiter südlich in Deutschland vermehrt Lachmöwen aus dem Baltikum, Polen und Tschechien. Das Zugsystem der Lachmöwe ist also komplex und die Winterquartiere werden jeweils aus mehreren Richtungen angeflogen. Dabei spielen Flusssysteme und Meeresküsten eine wichtige Rolle als Leitlinien.

Abb. 91: Zugwege (Linien: grün: Herbst, rot: Frühjahr) und Wintergebiet (Fläche) von in den Niederlanden (Punkt) mit Geolokatoren markierten Küstenseeschwalben (nach Fijn et al. 2013, Foto: C. Moning).

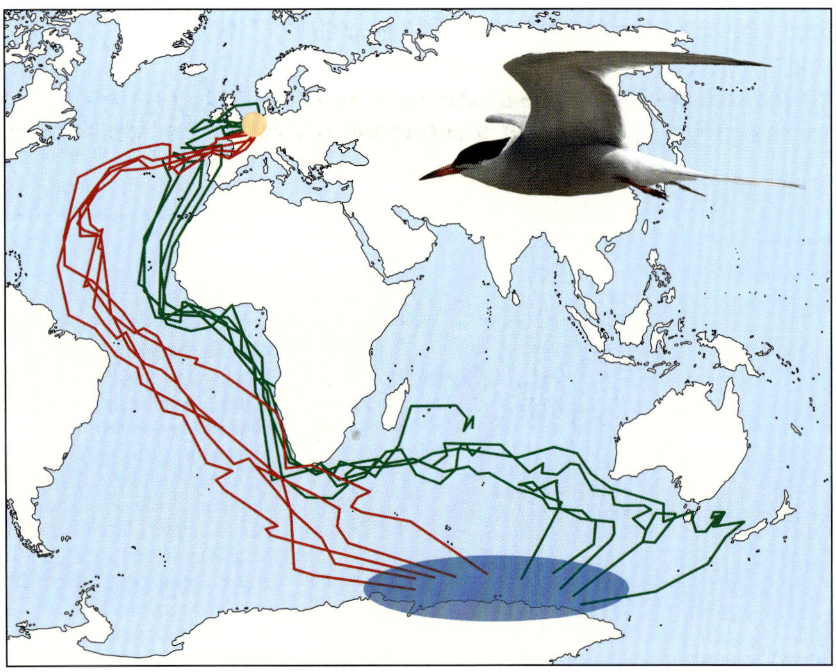

Alle in Deutschland brütenden Seeschwalbenarten sind Zugvögel, von denen aber die **Küstenseeschwalbe** (Abb. 93) besonders „herausragt“. Sie hat ihre Brutgebiete in der Arktis Europas, Asiens und Nordamerikas, brütet in Europa aber südwärts bis an die deutschen Küsten. Ihre Überwinterungsgebiete befinden sich auf der südlichen Südhalbkugel in der Sub-Antarktis am Rand der antarktischen Packeiszone zwischen dem 55. und 70. südlichen Breitengrad im Süden des Atlantischen und Indischen Ozeans, in der Weddell-See der Antarktis und vor der Antarktischen Halbinsel. Sie unternehmen damit die längsten bekannten Wanderungen aller Zugvögel überhaupt mit jährlichen Zugleistungen von bis zu 90.000 km, wie für niederländische Küstenseeschwalben mittels Geolokatoren gezeigt (Abb. 91). Die „Streckenweltmeisterin“ ist eine Küstenseeschwalbe, die ihre Brutkolonie in N-Holland Anfang Juli verließ, zunächst bis in die Gewässer bei Tasmanien zog und schließlich von Mitte November bis Mitte März in der östlichen Antarktis überwinterte, bevor sie Ende April wieder an ihren vorherigen Brutplatz zurückgekehrt ist. Ähnliche Leistungen zeigten auch NO-grön-

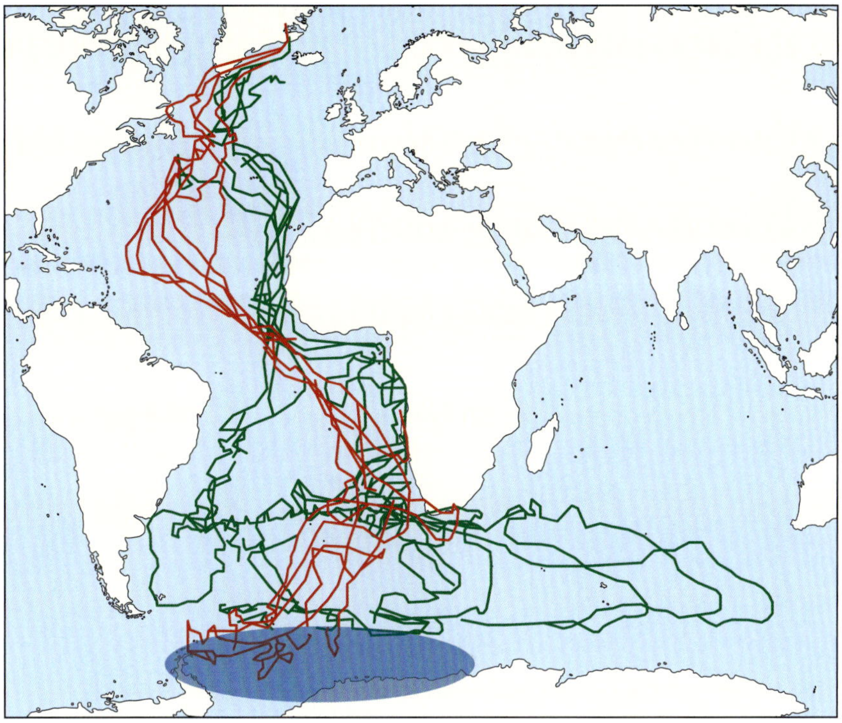

Abb. 92: Zugwege und Überwinterungsgebiet von in NO-Grönland mit Geolokatoren ausgestatteten Küstenseeschwalben. Grün: Herbstzug, rot: Frühjahrszug (nach Egevang et al. 2010).

Abb. 93: Fundorte im Ausland von in Deutschland beringten (Punkte) und Beringungsorte im Ausland von in Deutschland gefundenen (Sterne) Küstenseeschwalben (aus Bairlein et al. 2014).

ländische Küstenseeschwalben (Abb. 92). Sie zogen zunächst in ein Gebiet im nördlichen Atlantik, bevor es dann gen westafrikanische Küste ging. Von hier querten einige Vögel den Atlantik an der ostsüdamerikanischen Küste, während die Mehrzahl der afrikanischen Küste folgte. Alle überwinterten entlang und ostwärts der Antarktischen Halbinsel. Im Frühjahr ging es dann für alle Vögel zunächst Richtung südwestafrikanischer Küste und von dort weiter auf offener See zurück in die Brutkolonie. Auch alle anderen hochnordischen Küstenseeschwalben überwintern in der Antarktis.

Deutsche Brutvögel ziehen vorwiegend entlang der westeuropäischen und westafrikanischen Küste in Winterquartiere von W- bis S-Afrika. Viele Herbstfunde in Dänemark zeigen, dass ein Teil der an der deutschen Ostseeküste beringten Vögel zunächst in nördliche Richtungen abwandert, bevor der eigentliche SW-Zug einsetzt.

Wenn zwar nicht in die Antarktis, so zieht aber auch die **Flussseeschwalbe** (Abb. 94) sehr weite Strecken. Vor dem eigentlichen Herbstzug entlang der SW-europäischen und afrikanischen Atlantikküste in Wintergebiete bis S-Afrika unternehmen die Flussseeschwalben nachbrutzeitlichen Zwischenzug, auf dem Vögel, z. B. von der deutschen Nordseeküste, in fast alle Richtungen fliegen: ins norddeutsche Binnenland, in die westliche Ostsee und sogar ins polnische Binnenland oder auch westlich nach Großbritannien. Besonders zu Beginn des Herbstzuges im August ziehen auch Flussseeschwalben aus Schweden und S-Finnland entlang der deutschen Küsten.

Interessanterweise unterscheiden sich die Winterquartiere zwischen Brutvögeln der deutschen Ostsee und der deutschen Nordsee. Nahezu alle Winterfunde der Nordseevögel stammen aus W-Afrika zwischen dem Senegal und SW-Nigeria; nur ausnahmsweise wird von ihnen das südwestliche Afrika erreicht. Die Häufung von Funden vor den Küsten des Senegal und Ghanas könnte dadurch zustande kommen, dass dort Flussseeschwalben gezielt zu Nahrungszwecken oder um Ringe als Trophäen zu erbeuten, gefangen werden. Allerdings, auch mit Geolokatoren ausgestattete Flussseeschwalben einer Kolonie in Wilhelmshaven fanden sich ausschließlich an der westafrikanischen Küste (Abb. 95), sodass die Ringfunde doch überwiegend die wirkliche

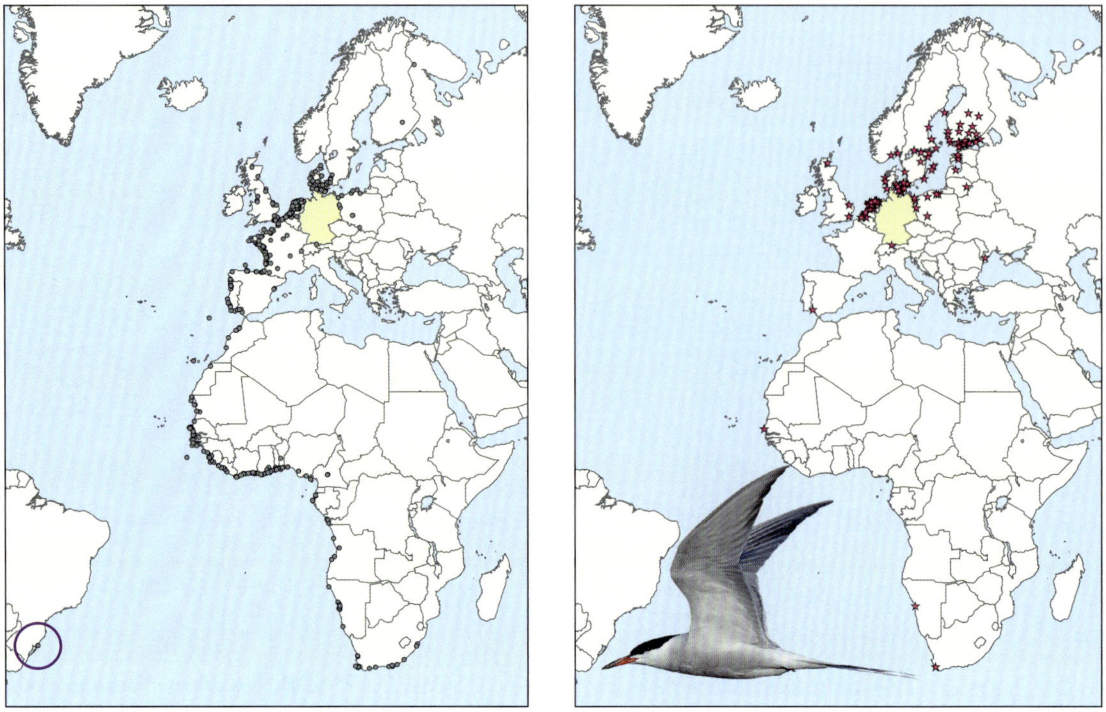

Abb. 94: Fundorte im Ausland von in Deutschland beringten (links) und Beringungsorte im Ausland von in Deutschland gefundenen (rechts) Flussseeschwalben. Der Kreis markiert den Fund einer auf Fehmarn beringten Flussseeschwalbe in S-Amerika und deutet an, dass gelegentlich der Atlantik überquert wird (aus Bairlein et al. 2014, Foto: H. Liebel).

Winterverbreitung darstellen. Auch Flussseeschwalben aus dem süddeutschen Binnenland sowie der Schweiz wurden bisher nur in westafrikanischen Winterquartieren gefunden. Die Flussseeschwalben der deutschen Ostsee und des nordostdeutschen Binnenlandes wurden dagegen vornehmlich weiter südlich zwischen Gabun und Südafrika gefunden; sie „überwandern" also die Vögel der Nordsee.

Ein Fund einer auf Fehmarn beringten Flussseeschwalbe ist besonders auffällig: Sie wurde als zwar bereits im Zerfall befindlicher Kadaver, aber noch so „frisch" an der Küste Brasiliens gefunden, dass vermutet werden darf, dass sich deutsche Flussseeschwalben auch viel weiter von W-Afrika wegbewegen, als die vielen Funde an der westafrikanischen Küste vermuten lassen.

Abb. 95: Winterverbreitung von neun in Wilhelmshaven (Kreis) mit Geolokatoren ausgestatteten Flussseeschwalben vor der westafrikanischen Küste (nach Becker et al. 2016, Foto: H. Liebel).

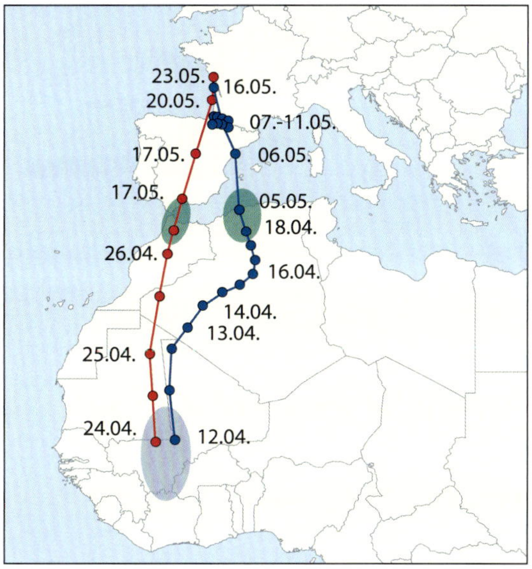


←← Abb. 96: Fundorte im Ausland von in Deutschland beringten Turteltauben (aus Bairlein et al. 2014, Foto: J. Ferdinand).

← Abb. 97: Frühjahrszug von zwei in Frankreich mit Geolokatoren ausgestatteten Turteltauben. Blaue Fläche: Überwinterungsgebiet, grüne Flachen: längere Rast (nach Eraud et al. 2013).

Unter den heimischen Tauben ist nur die **Turteltaube** (Abb. 96) obligatorischer Zugvogel und Fernzieher, der in den nördlichen Savannen Afrikas überwintert. Turteltauben aus dem westlichen Deutschland wurden auf dem Herbstzug vor allem aus Frankreich, Spanien und Portugal gemeldet, ziehen also überwiegend nach SW und weiter über NW-Afrika in die westafrikanischen Savannen, auch wenn von dort von deutschen Ringvögeln kein Fund vorliegt. Diese Wintergebiete westeuropäischer Turteltuben zeigen sich auch bei in W-Frankreich mit Geolokatoren ausgestatteten Turteltauben (Abb. 97). Sie überwinterten hauptsächlich in W-Mali. Auf ihrem Frühjahrszug rasteten sie für mehrere Wochen im östlichen Marokko und westlichen Algerien. Dagegen ziehen die Vögel aus dem östlichen Mitteleuropa, wie auch die aus Skandinavien, in südlicher bis südöstlicher Richtung ab und erreichen Afrika über Italien und SO-Europa.

Anders als die Turteltaube ist die **Ringeltaube** (Abb. 98) in Deutschland zum großen Teil Standvogel, insbesondere im klimatisch milderen NW-Deutschland, während NO-deutsche Ringeltauben eher Zugvögel sind. Für abziehende Ringeltauben zeigen die Ringfunde einen relativ schmalen, bis S-Spanien und Portugal reichenden Zugkorridor. Die meisten Funde stammen aus SW-Frankreich, während NW- und SO-Frankreich nicht berührt werden. Die vielen Funde in SW-Frankreich hängen aber auch mit der dort hohen Jagdaktivität zusammen. Ringeltauben aus dem östlichen Mitteleuropa ziehen verstärkt nach Italien, scheinen dabei aber die Alpen nicht zu überqueren, sondern umfliegen diese östlich. Zu den Zugzeiten von Ende September bis Anfang November sowie von März bis Mitte April erreichen nordeuropäische Brutvögel als Durchzügler und Wintergäste Deutschland.

Die Winterquartiere der heimischen **Kuckucke** (Abb. 99) befinden sich in Afrika südlich des Äquators, auch wenn von dort kein Fund eines in Deutschland beringten Vogels vorliegt. Eindrucksvoll bestätigt wurde dieses Wintergebiet von mit Satellitensendern ausgerüsteten Kuckucken aus Bayern (Abb. 100). Alle Vögel überwinterten im tro-

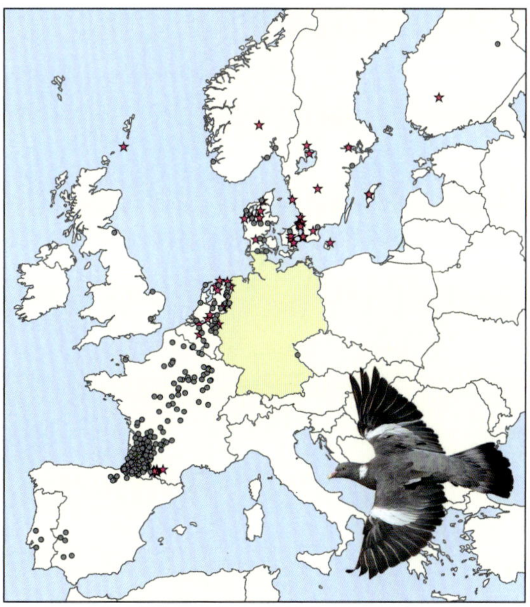

Abb. 98: Fundorte im Ausland von in Deutschland beringten (Punkte) und Beringungsorte im Ausland von in Deutschland gefundenen (Sterne) Ringeltauben (aus Bairlein et al. 2014, Foto: C. Moning).

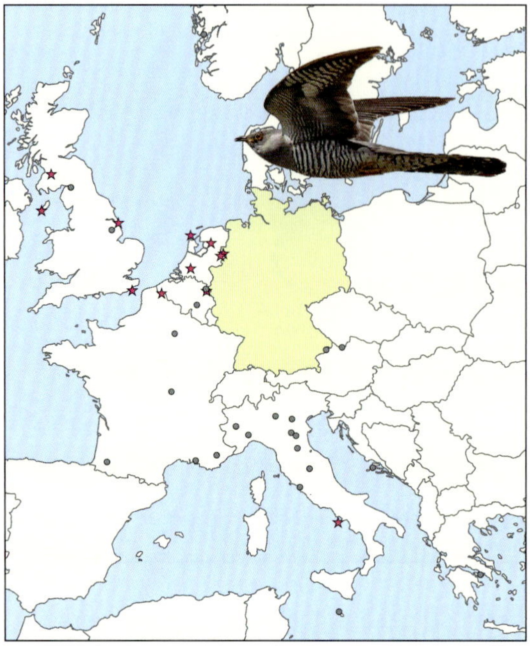

Abb. 99: Fundorte im Ausland von in Deutschland beringten (Punkte) und Beringungsorte im Ausland von in Deutschland gefundenen (Sterne) Kuckucken (aus Bairlein et al. 2014, Foto: C. Moning).

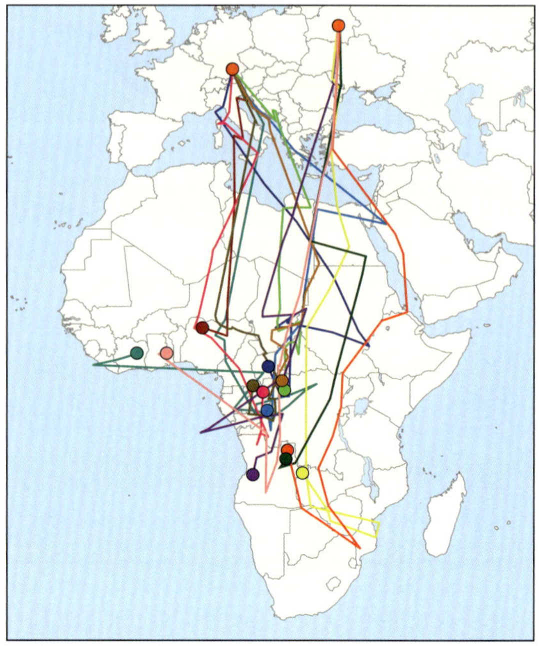

Abb. 100: Zugwege bayerischer und belarussischer Kuckucke, die mit Satellitensendern ausgerüstet waren (nach https://www.lbv.de/naturschutz/arten-schuetzen/voegel/kuckuck/tagebuch-der-bayerischen-sender-kuckucke).

pischen Afrika zwischen Kamerun und N-Angola. Ihre Routen führten sie über Italien, das Mittelmeer, die zentrale Sahara, Nigeria, den Tschad bzw. Sudan. Auch die meisten Fernfunde deutscher Kuckucke kommen aus Italien und zeigen den Zug nach S; nur wenige Vögel wurden südwestlich oder südöstlich von Deutschland gefunden. Funde von auf den Britischen Inseln beringten Kuckucken in Deutschland, vor allem aber dort mit Satellitensendern ausgestattete Vögel (Abb. 101) zeigen, dass auf dem Herbstzug Kuckucke von NW und W her nach Deutschland kommen. Dabei zeigt sich bei den britischen Vögeln eine Aufspaltung im weiteren Zugweg. Während die im südlichen Teil der Britischen Inseln markierten Vögel über eine südwestliche Route über SW-Europa, NW-Afrika und W-Afrika die tropischen Winterquartiere anflogen, folgten die aus dem nördlichen Teil kommenden Vögel ähnlich den bayerischen Vögeln einer südlichen Route in dieselben

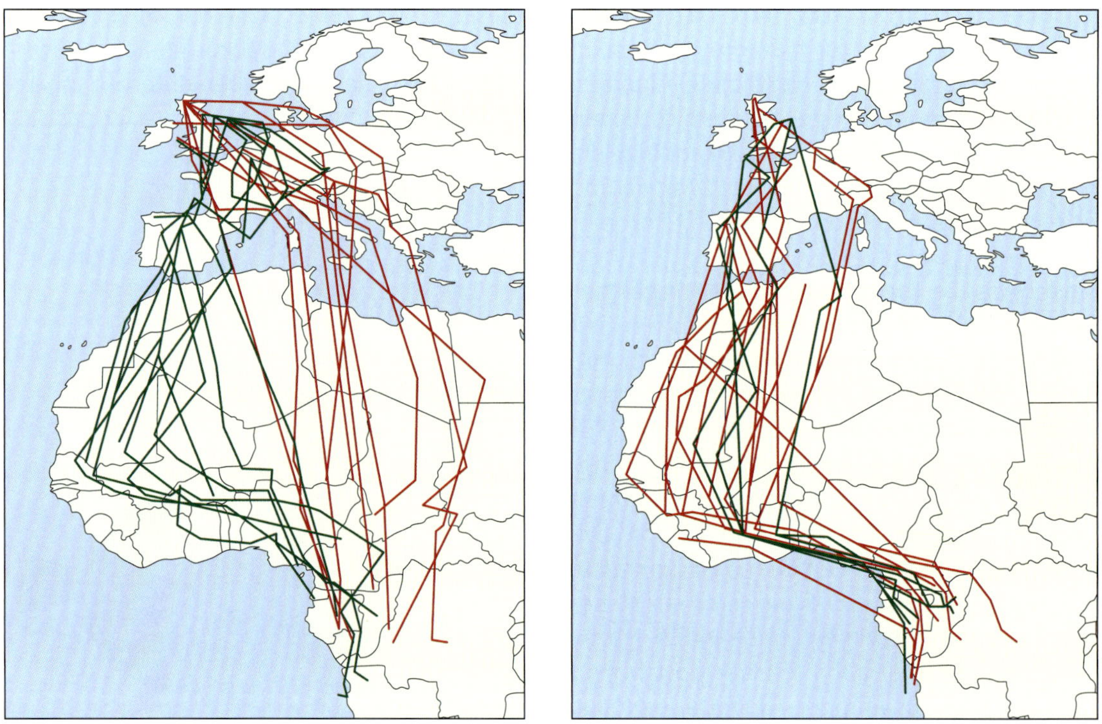

Abb. 101: Zugwege von in Großbritannien mit Satellitensendern ausgestatteten Kuckucken im Herbst (links) und Frühjahr (rechts). Grüne Linien: westliche Route im Herbst; rote Linien: östliche Herbst-Route (nach Hewson et al. 2016).

Überwinterungsgebiete. Auch telemetrierte Brutvögel aus O-Dänemark und S-Schweden zogen über eine über SO-Europa verlaufende Route; Vögel aus Belarus flogen nach S. N-schwedische Kuckucke (Abb. 102) ziehen im Herbst überwiegend über Finnland, O-Europa und das östliche Mittelmeer in Wintergebiete im zentralen Afrika. Auf dem Frühjahrszug machen die bayerischen, die nordbritischen wie die skandinavischen Kuckucke einen Schleifenzug im Uhrzeigersinn mit wesentlich weiter westlichen Routen als im Herbst.

Die in Deutschland brütenden Eulen sind weitgehend Standvögel, die nur gelegentlich oder sporadisch Wanderungen unternehmen. So ziehen bei der **Waldohreule** (Abb. 103) in Mitteleuropa nur einige Altvögel, aber ein großer Anteil der Jungvögel, wenn ihre hauptsächliche Nahrung, Kleinsäuger, knapp ist. Die Mehrzahl der deutschen Brutvögel überwintert also nah am Brutgebiet, teilweise südwestlich bis nach SW-Frankreich. Deutschland ist aber Durchzugs- und Überwinterungsgebiet von Waldohreulen aus dem südlichen Skandinavien und Finnland sowie aus den mittleren Breiten des europäischen Russlands. Sofern diese nicht in Deutschland überwintern, ziehen sie im Herbst südwest- wärts und westwärts weiter nach W-Europa.

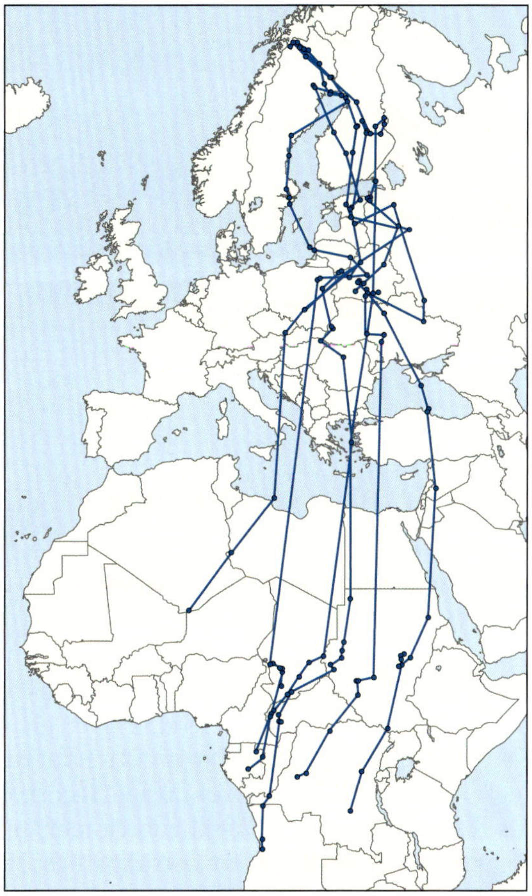

Abb. 102: Zugwege von in N-Schweden mit Satellitensendern ausgestatteten Kuckucken (nach Vega et al. 2016).

Die in Deutschland brütenden **Schleiereulen** (Abb. 104) sind weitgehend ganzjährig sesshaft. Wanderungen beschränken sich in der Regel auf „Zerstreuungswanderungen“ (**Dismigration**) von Jungvögeln im Herbst und auf Ausweichbewegungen in Wintern mit schlechtem Nahrungsangebot. Dabei gelangen deutsche Schleiereulen in viele Teile Europas, besonders viele Ringfunde gibt es aber nach SW. Dabei zeigen sich Unterschiede in den Abzugsrichtungen der Schleiereulen aus verschiedenen naturräumlichen Regionen Deutschlands (Abb. 105). Vögel aus dem nordostdeutschen Tiefland gelangen mehr gen Osten als Schleiereulen aus dem nordwestdeutschen Tiefland, und Vögel aus dem westlichen Mittelgebirgsraum fliegen häufiger nach N. Aber auch innerhalb der Regionen gibt es Unterschiede in der Wanderungstendenz, die durch das örtliche Nahrungsangebot und/oder regionale Klima

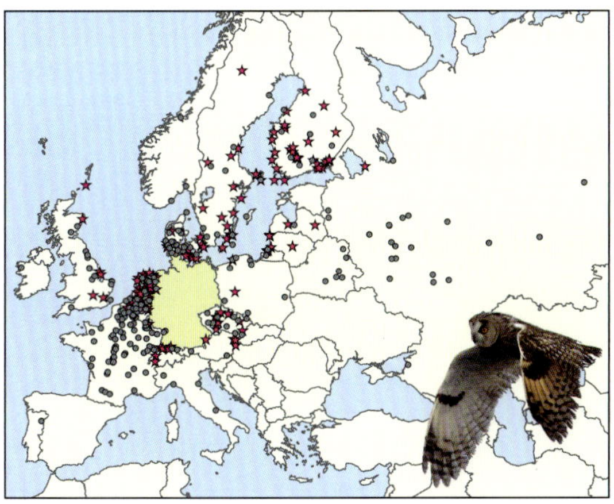

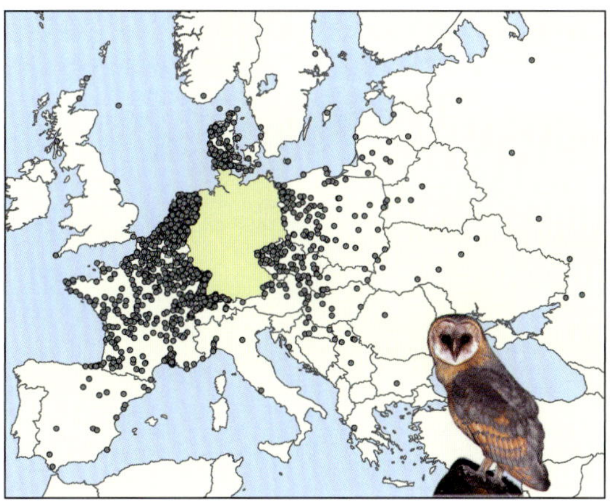

←← Abb. 103: Fundorte im Ausland von in Deutschland beringten (Punkte) und Beringungsorte im Ausland von in Deutschland gefundenen (Sterne) Waldohreulen (aus Bairlein et al. 2014, Foto: M. Putze).

← Abb. 104: Fundorte im Ausland von in Deutschland beringten Schleiereulen (aus Bairlein et al. 2014, Foto: M. Römhild).

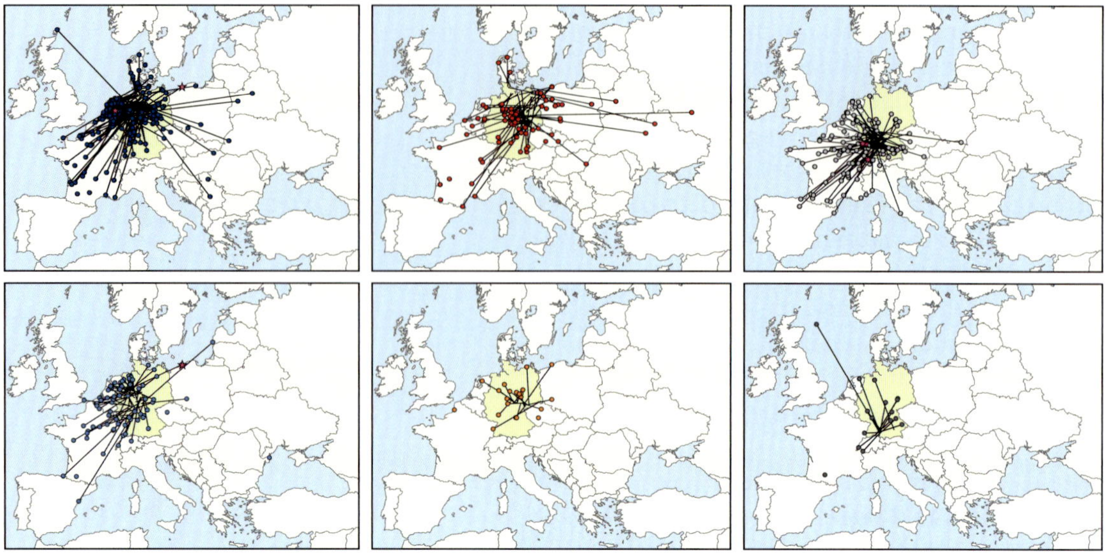

Abb. 105: Fundorte im Herbst und Winter von in den verschiedenen natürlichen Großräumen Deutschlands beringten Schleiereulen (aus Bairlein et al. 2014).

verursacht werden.

Wie die vielen Ringfunde zeigen, kann sich die Dismigration der Schleiereule über große Distanzen erstrecken. Die größte Strecke legte dabei ein im mittleren Niedersachsen als Nestling beringter Vogel zurück, der im folgenden Winter 2316 km ostsüdöstlich in S-Russland tot aufgefunden wurde. Eine andere als Nestling in Rheinland-Pfalz beringte Schleiereule wurde 1833 km entfernt an der S-Spitze Spaniens gefunden.

**Mauersegler** (Abb. 106) sind Langstreckenzieher, die vornehmlich in Äquatorialafrika überwintern. Der herbstliche Wegzug aus den Brutgebieten in Deutschland erfolgt SW oder SO; die Alpen scheinen dabei nicht überflogen zu werden, denn aus Italien gibt es kaum Funde von in Deutschland beringten Mauerseglern. Diese aus den Ringfunden ablesbaren Zugverhältnisse bestätigen sich in Untersuchungen mit Geolokatoren von Mauerseglern im Siegerland, in den Niederlanden und Schweden (Abb. 107-109) . Die deutschen und niederländischen Vögel folgten im Herbst einer SW-Route, die schwedischen zogen zunächst südwärts, um dann in der Mehrzahl auch auf eine SW-Route über S-Frankreich und Spanien einzuschwenken. Mit Ausnahme zweier

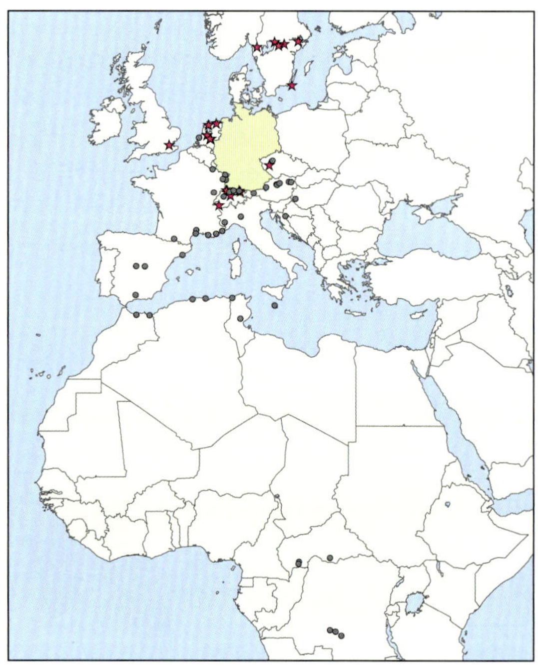

Abb. 106: Fundorte im Ausland von in Deutschland beringten (Punkte) und Beringungsorte im Ausland von in Deutschland gefundenen (Sterne) Mauerseglern (aus Bairlein et al. 2014, Foto: M. Römhild).

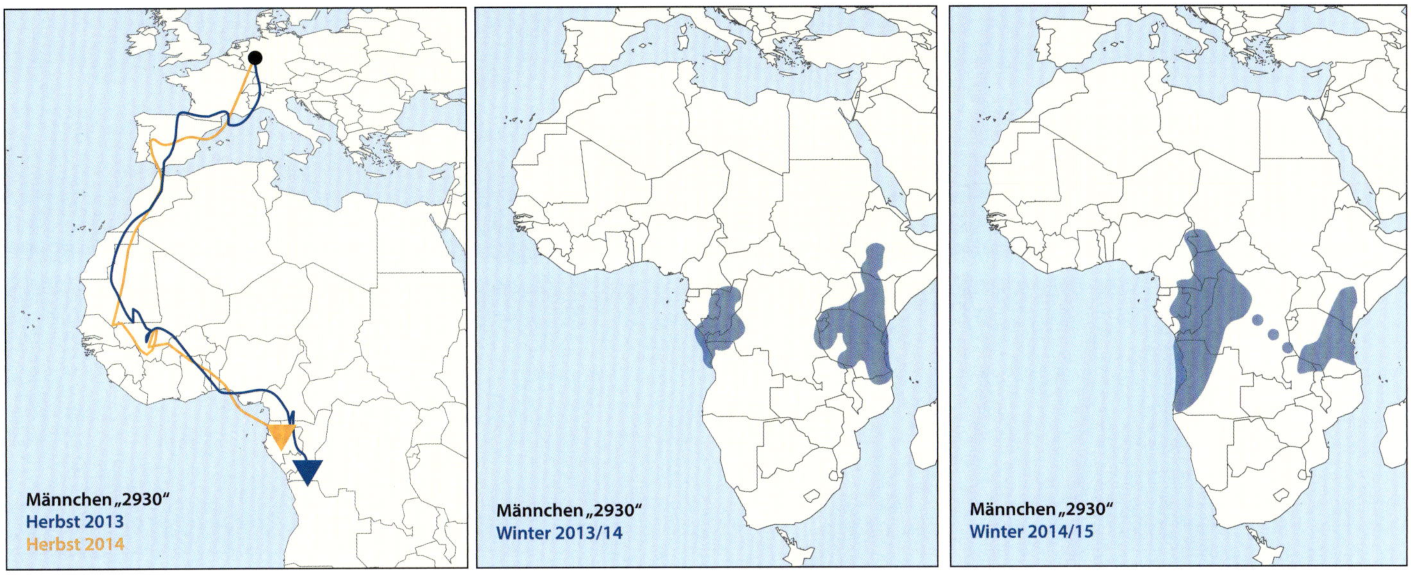


Abb. 107: Zugwege (links) und Wintergebiete (Mitte und rechts) von Mauersegler-Männchen Nr. 2930, das im Siegerland mit einem Geolokator markiert wurde und über zwei Jahre verfolgt werden konnte (nach Wellbrock et al. 2017).

schwedischer Vögel, die das zentrale Mittelmeer überflogen, zogen alle anderen weiter durch W-Afrika, legten eine längere stationäre Phase im Kongobecken ein, um schließlich in Zentral-, O- und SO-Afrika, mit Ausnahme der Trockengebiete, zu überwintern. Dabei können während der Überwinterung weite „Ausflüge" gemacht werden. So besuchten mehrere der Siegerländer Vögel Guinea und Liberia.

Ausgenommen bei Vereisung ihrer Gewässer sind die heimischen **Eisvögel** (Abb. 110) überwiegend ganzjährige Standvögel, insbesondere die Altvögel. Jungvögel neigen eher zu Wanderungen und können dabei schon im Juli das Mittelmeer erreichen: So war ein Anfang Juli in Hamburg beringter Jungvogel bereits 22 Tage später auf Malta. Aber auch einige Altvögel (meist Weibchen) ziehen nach der Brutzeit ab. Die Wiederfunde von in Deutschland zur Brutzeit beringten Eisvögeln im Winter zeigen allerdings, dass nur ein kleiner Teil der in Deutschland heimischen Eisvögel zu Fernwanderungen neigt. Die meisten Vögel wurden aus derselben naturräumlichen Region, in der sie beringt worden waren, zurückgemeldet. Die weitesten Wanderungen machen dabei Eisvögel aus dem nordostdeut-

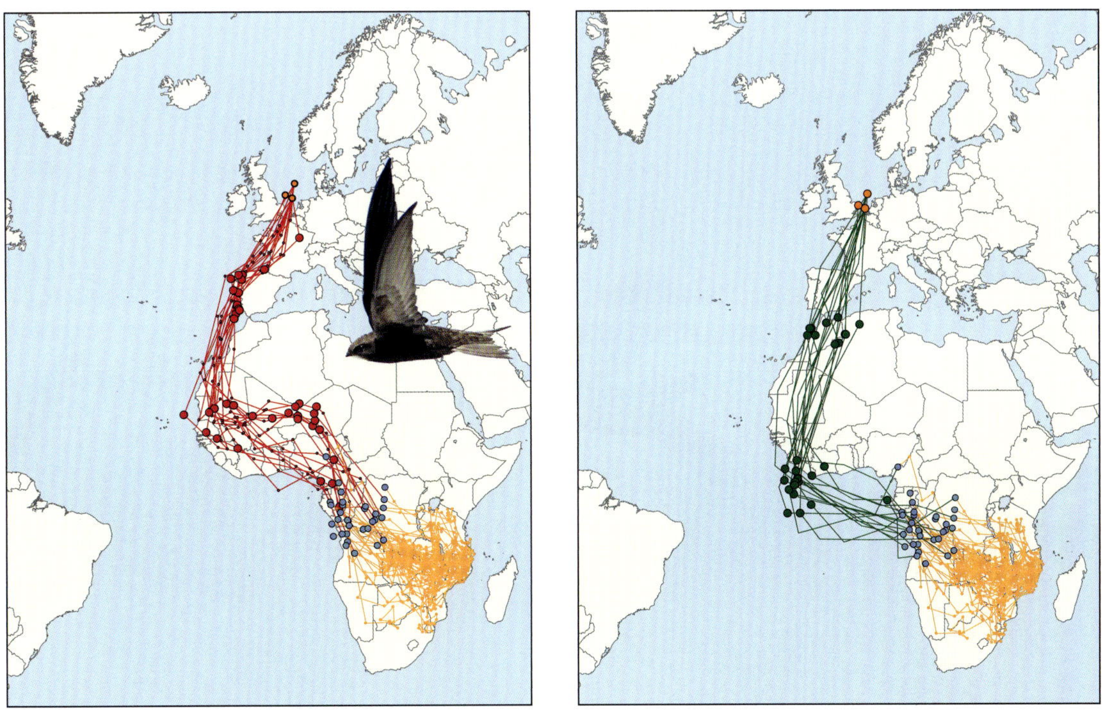

Abb. 108: Zugwege, Rastgebiete und Winterorte (orange) von 12 in den Niederlanden mit Geolokatoren ausgestatteten Mauerseglern. Links: Herbstzug: rechts: Frühjahrszug; rote und grüne Punkte: Rastgebiete im Herbst bzw. Frühjahr; blaue Punkte: längere „stationäre Phase" im Kongobecken (nach Klaassen et al. 2014, Foto: H.-J. Fünfstück).

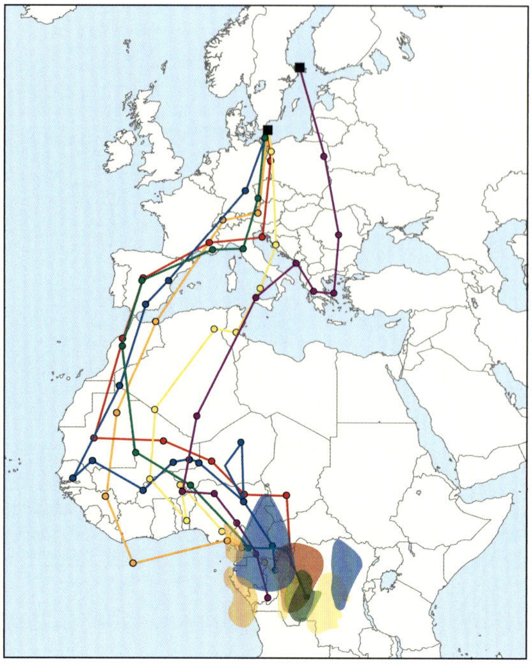

Abb. 109: Zugwege im Herbst (Linien) und Winterorte (Flächen) von sechs in Schweden mit Geolokatoren ausgerüsteten Mauerseglern. Die Farben markieren die verschiedenen Individuen. Drei Vögel (orange, blau, gelb) wechselten innerhalb des Winters ihren bevorzugten Überwinterungsbereich (nach Akesson et al. 2012).

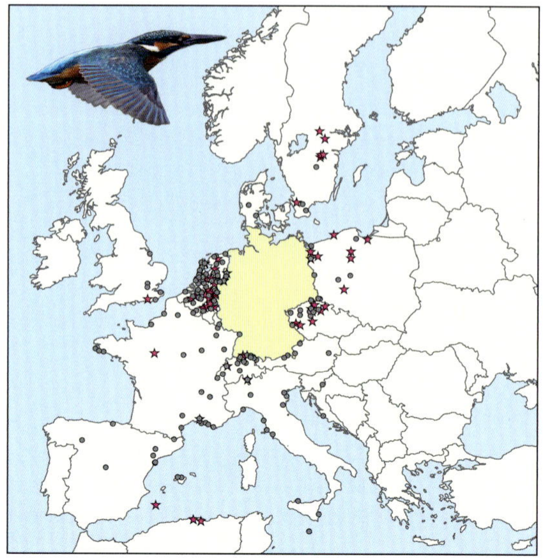

Abb. 110: Fundorte im Ausland von in Deutschland beringten (Punkte) und Beringungsorte im Ausland von in Deutschland gefundenen (Sterne) Eisvögeln (aus Bairlein et al. 2014, Foto: U. Speck).

schen Tiefland, die teilweise bis in den Mittelmeerraum fliegen.

Funde von im Ausland beringten Vögeln zeigen einen recht großen Einzugsbereich von in Deutschland vorkommenden Eisvögeln, von S-Schweden bis N-Afrika und von England bis Polen.

Erst seit Anfang der 1990er-Jahre in Deutschland, insbesondere in SW-Deutschland und in Sachsen-Anhalt etablierter Brutvogel ist der **Bienenfresser**. Folglich ist er bisher auch noch recht wenig beringt worden. Die vorliegenden Funde (Abb. 111) sowie Geolokation (Abb. 112) weisen ihn als SW-Zieher aus, der zwischen W-Afrika, wohin auch die spani-

Bienenfresser (Foto: A. Hofma

schen Bienenfresser ziehen, und dem westlichen Äquatorialafrika überwintert. Bulgarische Bienenfresser dagegen ziehen südwärts in ein Überwinterungsgebiet im südlichen Afrika. Auch tschechische Bienenfresser folgen einer östlichen Zugroute nach Afrika. Die Funde von in Italien beringten oder dort gefundenen Vögeln belegen eine Ansiedlung dort erbrüteter Vögel in Sachsen-Anhalt und möglicherweise einen Zug durch Italien.

Mit Ausnahme des **Wendehalses** (Abb. 113) sind die heimischen Spechte allesamt ausgeprägte Standvögel, die nur gelegentlich weiter als 50 km von ihren Brutplätzen abwandern. Der Wendehals dagegen ist ein

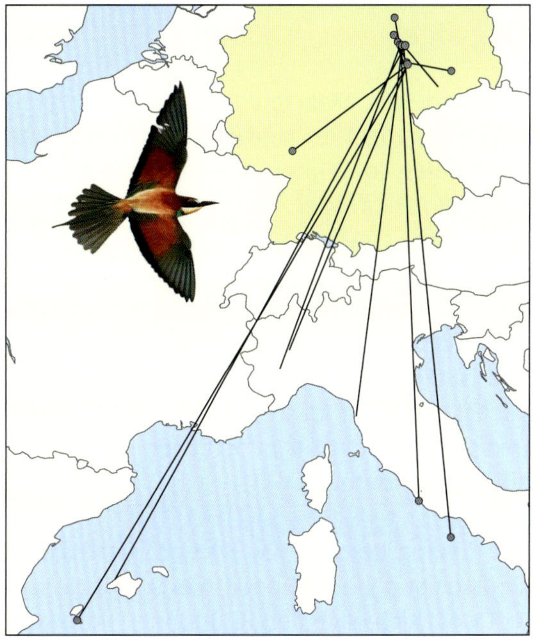

Abb. 111: Funde von Bienenfressern mit Bezug zu Deutschland (Beginn der Linie: Beringungsort; Punkt: Fundort) (aus Bairlein et al. 2014, Foto: C. Moning).

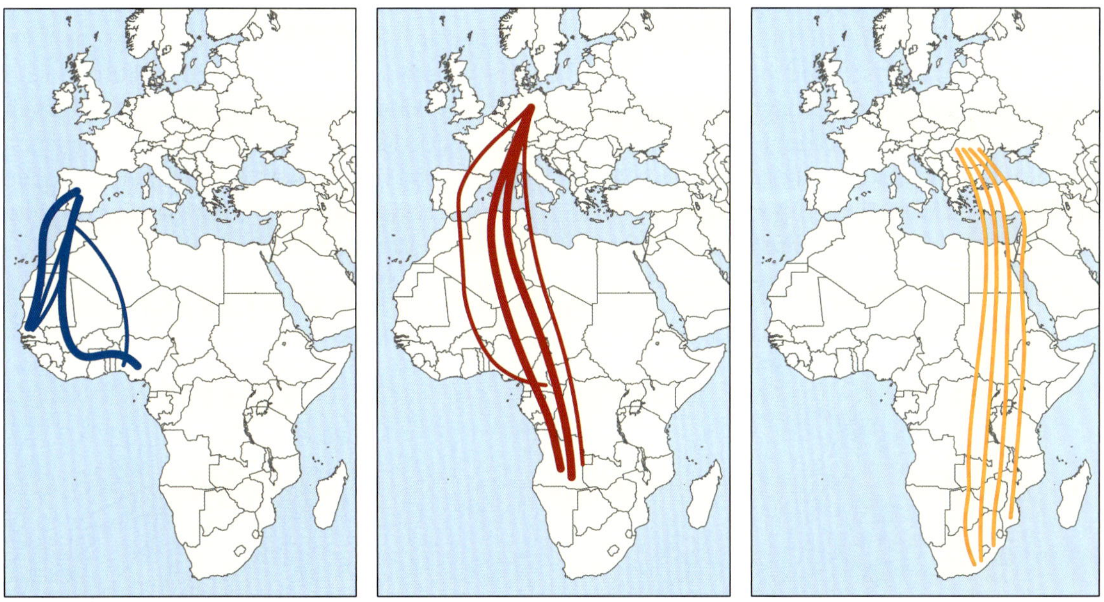

Abb. 112: Zugwege (schematisch) von in Portugal, Deutschland und Bulgarien mit Geolokatoren ausgestatteten Bienenfressern (nach Hahn et al. 2019).

Fernzieher, der wohl vor allem im westlichen Mittelmeerraum überwintert. Die frühere Annahme, dass mitteleuropäische Wendehälse in der Sahelzone Afrikas überwintern, ist weder durch Ringfunde noch durch mit Geolokatoren ausgestattete Vögel bestätigt. Letztere überwinterten auf der Iberischen Halbinsel und in NW-Afrika. In der Sahelzone überwinternde Wendehälse sind vor allem fennoskandische Vögel.

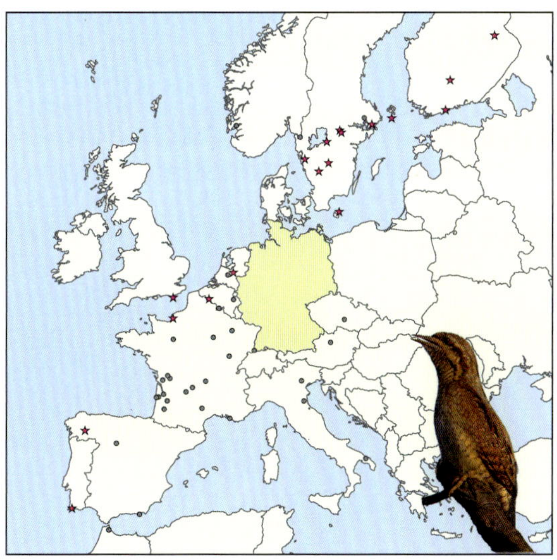

Abb. 113: Fundorte von in Deutschland beringten (Punkte) und ausländische Beringungsorte von in Deutschland gefundenen (Sterne) Wendehälsen (aus Bairlein et al. 2014, Foto: M. Schäf).

## Singvögel

Während die Mehrzahl der mitteleuropäischen Zugvögel im Herbst in südwestlichen Richtungen in Winterquartiere in SW-Europa, NW-Afrika oder W-Afrika zieht, ist der **Neuntöter** eine der wenigen Arten, die ausschließlich über eine südöstliche Route nach Afrika ziehen (Abb. 114). Sogar die Brutvögel aus NW-Spanien überwintern im östlichen und südlichen Afrika. Sie ziehen dazu zunächst nördlich des Mittelmeers ostwärts und schwenken dann im östlichen Mittelmeer auf eine S-Route ein.

Der Einzugsbereich von Neuntötern, die in Deutschland brüten oder hier durchziehen, erstreckt sich nach den Ringfunden vom südlichen Skandinavien über Italien und das östliche Mittelmeergebiet bis ins südliche Afrika. Funde von in Deutschland beringten Neuntötern konzentrieren sich jagdbedingt in der Ägäis, an der ägyptischen Mittelmeerküste und im Nahen Osten. Aber auch aus dem Wintergebiet im östlichen bis südlichen Afrika liegen relativ viele Ringfunde vor. Bereits im Oktober können Neuntöter aus Deutschland im zentralen Afrika sein. Die Masse der Neuntöter überwintert jedoch weiter südlich, wo sie mehrere Monate territorial sind und dorthin auch in Folgewintern zurückkehren.

Auf dem Frühjahrszug machen Neuntöter einen Schleifenzug entgegen des Uhrzeigersinns, der sie weiter östlich über die Arabische Halbinsel gen Norden führt, wie insbesondere Untersuchungen mit Geolokatoren zeigen (Abb. 115).

Von den in Deutschland brütenden Rabenvögeln, die allesamt weitgehend Standvögel sind oder nur kurze Distanzen wandern, soll hier nur die **Saatkrähe** (Abb. 116) näher vorgestellt werden. Ihr Brutareal reicht von den Britischen Inseln und der westeuropäischen Atlantikküste bis nach China. In W-Europa sind sie überwiegend Standvögel, weiter östlich zunehmend Zugvögel, und N- und NO-Europa werden im Winter weitgehend geräumt. Die Überwinterungsgebiete der Saatkrähe sind vor allem W-und Mitteleuropa.

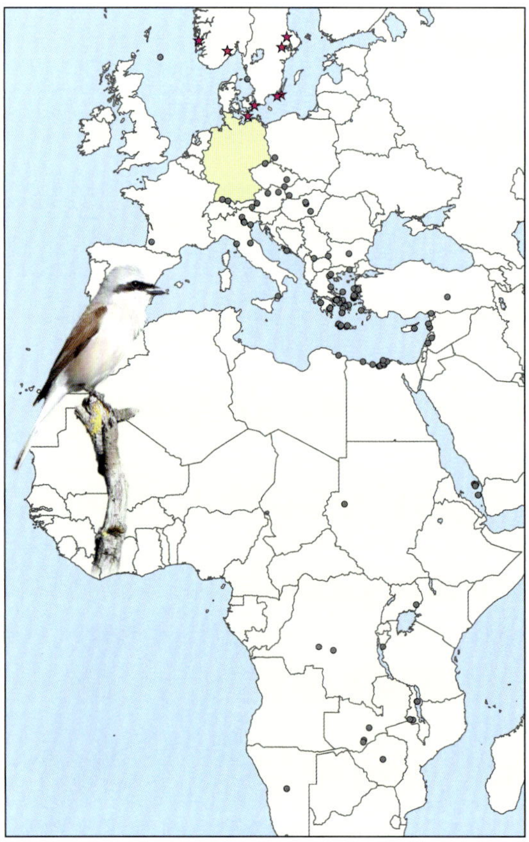

Abb. 114: Fundorte im Ausland von in Deutschland beringten (Punkte) und Beringungsorte im Ausland von in Deutschland gefundenen (Sterne) Neuntötern (aus Bairlein et al. 2014, Foto: H.-J. Fünfstück).

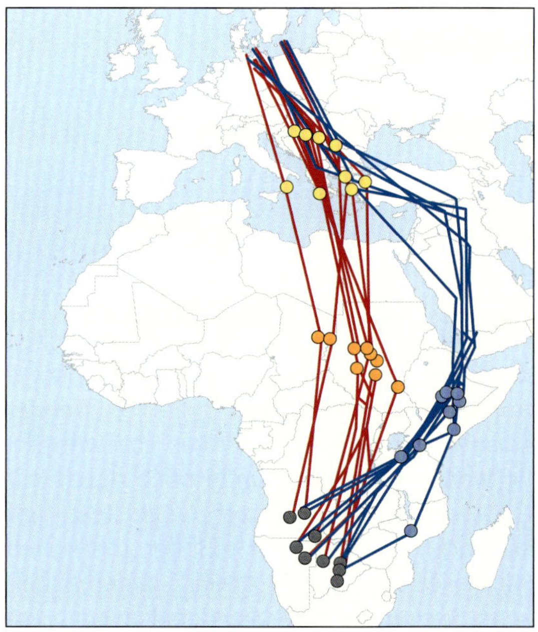

Abb. 115: Zugwege (Linien), Rastgebiete (farbige Punkte) und Überwinterungsorte (graue Punkte) von mit Geolokatoren ausgestatteten Neuntötern. Rote Linien: Herbstszug; blaue Linien: Frühjahrszug; gelbe Punkte: Rastgebiete im Herbst in SO-Europa; orange Punkte: Rastgebiete im Herbst in der nordöstlichen Sahel- und Savannenzone; blaue Punkte: Rastgebiete auf dem Frühjahrszug in O-Afrika (nach Tøttrup et al. 2012).

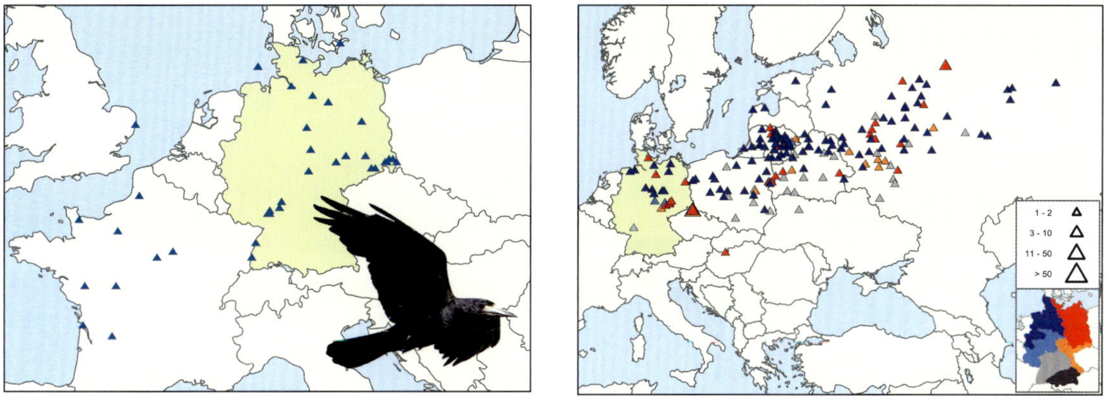


Abb. 116: Links: Fundorte im Winter (Dezember – Februar) von in Deutschland in den verschiedenen Naturräumen zur Brutzeit beringten Saatkrähen. Rechts: Fundorte zur Brutzeit von im Winter (Dezember – Februar) in den verschiedenen Naturräumen Deutschlands beringten Saatkrähen (aus Bairlein et al. 2014, Foto: H.-J. Fünfstück).

So finden sich von in Deutschland zur Brutzeit beringten Saatkrähen nur wenige außerhalb Deutschlands. In Deutschland im Winter beringte Vögel stammen überwiegend aus O-Europa. Der östlichste Fund eines in Deutschland im Winter beringten Vogels liegt an den O-Hängen des Urals. Die Saatkrähen aus O-Europa überwintern vor allem in den norddeutschen Tiefebenen, seltener weiter südlich, was wohl im Wesentlichen in der anderen Landschaftsstruktur begründet ist, denn überwinternde Saatkrähen bevorzugen großflächig offene Landschaften im Tiefland. Einerseits zeigen Saatkrähen Winterortstreue, doch vermutlich bestimmt durch lokal herrschende Witterungs- und Nahrungsbedingungen können Saatkrähen ihr Winterquartier auch sehr großräumig wechseln. So fanden sich im Winter in Deutschland beringte Saatkrähen in einem Folgewinter bis zu 2500 km weiter östlich in Russland, Belarus oder Litauen, oder bis über 900 km entfernt in Frankreich.

Die in Deutschland brütenden Meisenarten sind überwiegend Standvögel, die nur gelegentlich wandern, vor allem bei ungünstigen Nahrungsbedingungen in den Brutgebieten.

In solchen Jahren abwandernde **Blaumeisen** (Abb. 117) ziehen überwiegend in westliche und südwestliche Richtungen von den Niederlanden bis S-Frankreich. Dabei gibt es aber Unterschiede zwischen Vögeln verschiedener Herkunft. So ziehen Blaumeisen aus dem nördlichen Deutschland mehr westlich vor allem in die Beneluxstaaten und nach N-Frankreich, selten nach England, wogegen die Blaumeisen aus den südlichen Teilen Deutschlands zum größten Teil in mehr südlicher Richtung bis nach S-Frankreich, gelegentlich Spanien, sowie nach N-Italien ziehen. Bei Überwinterern in der Schweiz und in N-Italien handelt es sich nach den Ringfunden ausschließlich um Blaumeisen aus dem Alpenvorland. In Deutschland durchziehende Blaumeisen kommen vor allem aus dem Baltikum wie auch viele Blaumeisen von dort in Deutschland überwintern. Wintervögel können aber auch aus Skandinavien und Finnland stammen, insbesondere in sog. Evasionsjahren, wenn sehr viele Blaumeisen aus Nahrungsmangel ihre nördlichen Brutgebiete verlassen und nach Mitteleuropa kommen.

Die in Deutschland brütenden **Kohlmeisen** (Abb. 118) sind in der Regel Standvögel mit hoher Geburts- und Brutortstreue, die zum größten Teil auch im Winter nur lokale Funde ergeben. Ziehende Vögel aus allen Regionen Deutschlands überwintern in W-Europa zwischen den Niederlanden und S-Frankreich, wobei in den Niederlanden und Belgien vorwiegend norddeutsche Kohlmeisen überwintern, während die süddeutschen Vögel vor allem nach S- und SW-Frankreich ziehen, einige aber auch über die Alpen nach Italien.

Funde von in Deutschland zur Brutzeit als Nestlinge beringten Kohlmeisen in späteren

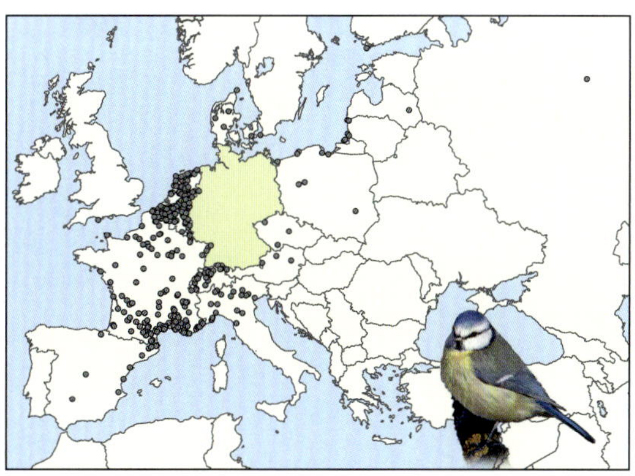

Abb. 117: Fundorte im Ausland von in Deutschland beringten Blaumeisen (aus Bairlein et al. 2014, Foto: H.-J. Fünfstück).

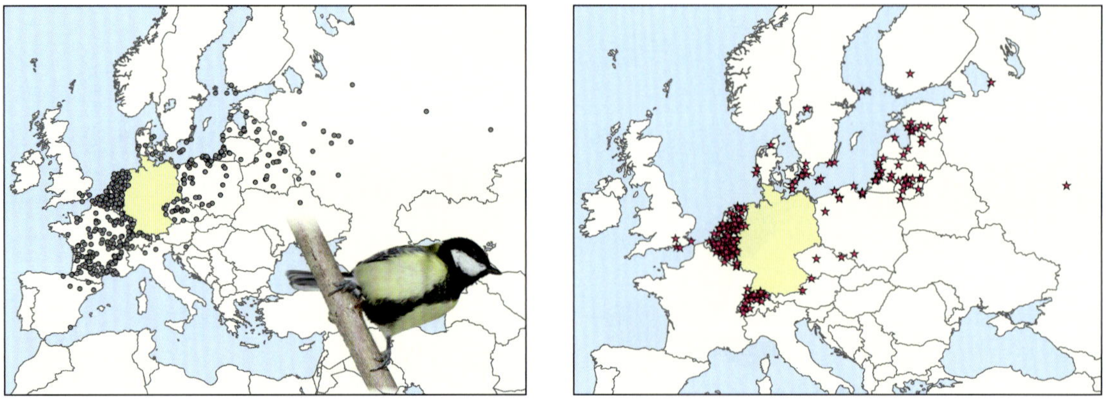

Abb. 118: Fundorte im Ausland von in Deutschland beringten (links) und Beringungsorte von in Deutschland gefundenen Kohlmeisen (rechts) (aus Bairlein et al. 2014, Foto: H.-J. Fünfstück).

Jahren in Fennoskandien, dem Baltikum und in Russland deuten an, dass sich in Deutschland erbrütete Kohlmeisen fernab ihres Geburtsortes ansiedeln können. Bei den Entfernungen, die ziehende Meisen zurücklegen, zeigen sich auffällige Veränderungen, die möglicherweise klimabedingt sind. Lagen die Winterfunde über 10 km vom Beringungsort von vor 1970 beringten Meisen noch zu 44 % über 500 km entfernt, war dies bei nach 1970 beringten Ziehern nur mehr bei 19 % der Fall.

Die überwältigende Mehrheit der herbstlichen Durchzügler erreicht Deutschland aus dem Baltikum, aber auch bis vom Ladogasee (Russland). Im Gegensatz dazu kommen skandinavische Kohlmeisen nur selten und spärlich nach Mitteleuropa. Möglicherweise ist hier die Ostsee eine kaum zu überquerende Barriere.

Kaum eine andere Art zeigt den Beginn des Frühlings besser an als die **Feldlerche** mit ihren auffälligen Singflügen. Feldlerchen sind

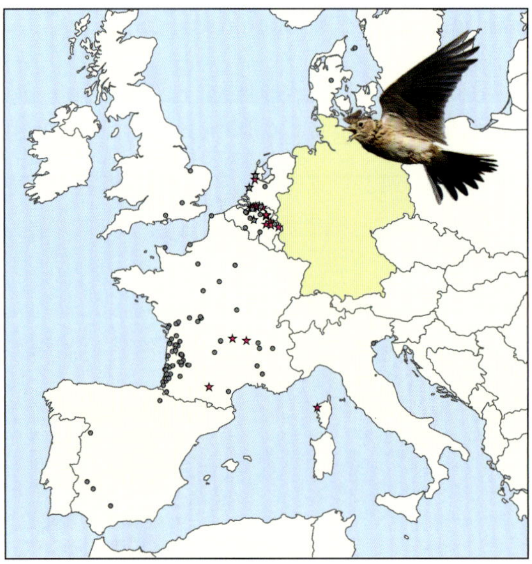

Abb. 119: Fundorte von in Deutschland beringten Feldlerchen konzentrieren sich in SW-Frankreich, liegen aber auch in Dänemark, den Niederlanden, Großbritannien, Spanien und Italien (aus Bairlein et al. 2014, Foto: H.-J. Fünfstück).

in der gesamten Paläarktis von N-Afrika und W-Europa bis nach Japan und nordwärts bis fast 70° N beheimatet. In Europa ist sie mit Ausnahme von Populationen im S und auf den Britischen Inseln hauptsächlich Zugvogel, der in S- und W-Europa bis N-Afrika überwintert. Funde von in Deutschland beringten Feldlerchen liegen vor allem aus W-Europa, aber auch aus Dänemark, Spanien und Italien vor (Abb. 119). Der hauptsächliche Herbstzug erfolgt nach SW. Die Überwinterungsgebiete in Deutschland brütender Feldlerchen erstrecken sich von S-England über Frankreich bis nach S-Spanien, vereinzelt überwintern Brutvögel aber auch lokal.

„Sind die Schwalben zurück, wird es Sommer." Die heimischen Schwalben sind allesamt „klassische" Zugvögel, die im tropischen Afrika überwintern.

Bereits Ende Juli verlassen **Rauchschwalben** ihre Brutgebiete und kehren ab März wieder zurück. Ringfunde von Rauchschwalben mit Bezug zu Deutschland streuen von Norwegen bis ins südliche Afrika (Abb. 120). Zur Brutzeit in Deutschland beringte Rauchschwalben ziehen im Herbst nach SW bis SO ab, die Mehrzahl erreicht Afrika über die Iberische Halbinsel oder Italien, wobei die Alpen wie das zentrale Mittelmeer überflogen werden. Das Hauptüberwinterungsgebiet in Afrika von in Deutschland zur Brutzeit beringten Rauchschwalben ist der Bereich des äquatorialen Regenwalds. Die südlichsten Winteraufenthalte liegen in Südafrika. Überwinterung findet aber auch in den westafrikanischen Savannen statt. In geringer Zahl verbleiben Rauchschwalben im Winter auch im Mittelmeergebiet, in Ausnahmefällen auch erfolgreich in Mitteleuropa.

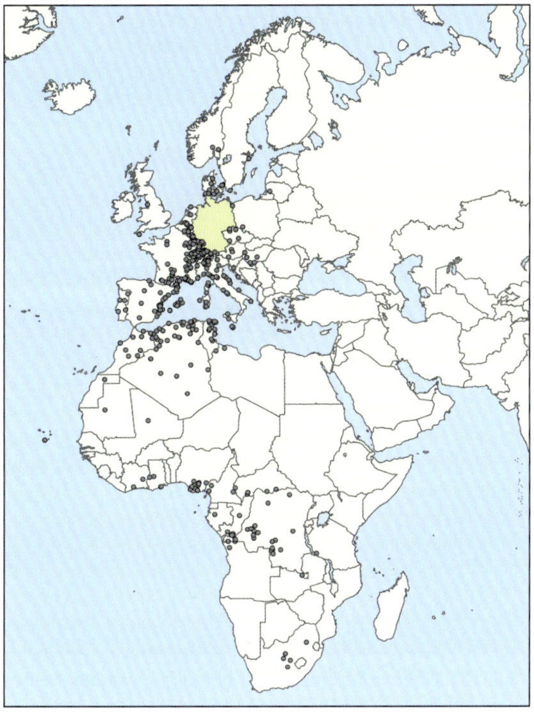

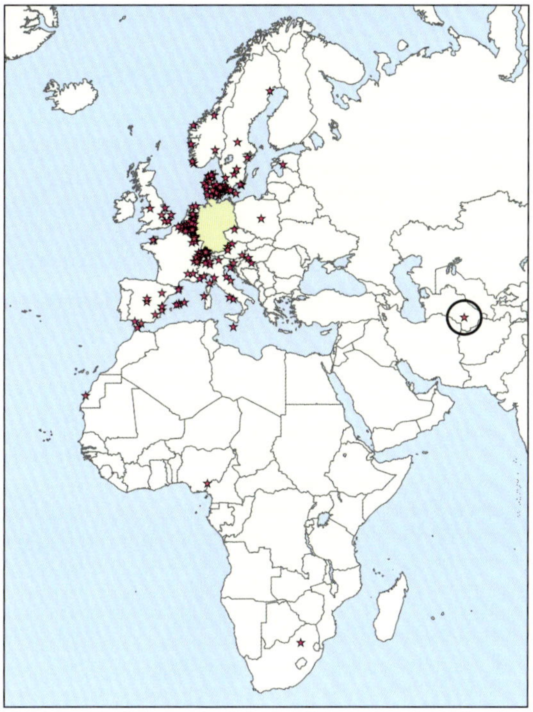

Abb. 120: Funde im Ausland von in Deutschland beringten (links) und ausländische Beringungsorte von in Deutschland gefundenen (rechts) Rauchschwalben (aus Bairlein et al. 2014).

Bemerkenswert ist der Wiederfang einer Rauchschwalbe im Mai in Bayern, die sieben Jahre vorher im Mai in Turkmenien beringt wurde. Sie deutet an, dass gelegentlich Rauchschwalben aus weit im Osten liegenden Brutgebieten nach Mitteleuropa ziehen können.

Während in Deutschland brütende Rauchschwalben überwiegend im tropischen Zentralafrika überwintern, zieht es die Mehrzahl der britischen Rauchschwalben nach S-Afrika (Abb. 121), ein Beispiel, wie unterschiedlich die Überwinterungsgebiete von Vögeln aus unterschiedlichen und gar nicht einmal so weit auseinanderliegenden Herkunftsregionen sein können. Auch im Tessin (Schweiz) und in Oberitalien mit Geolokatoren ausgerüstete Rauschwalben überwinterten überwiegend im zentralen Afrika (Abb. 122).

Rauchschwalbe (Foto: M. Schäf)

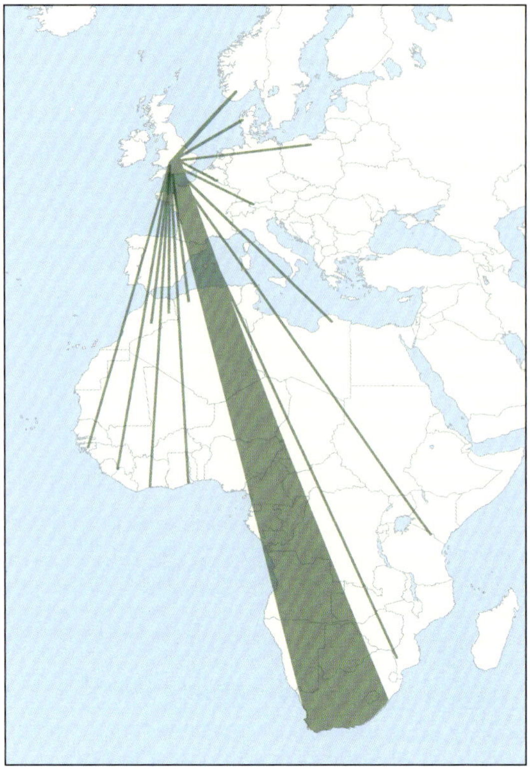

Abb. 121: Winterfunde von britischen Rauchschwalben streuen zwischen N-Europa, dem Mittelmeergebiet und W-Afrika bis S-Afrika, wobei die meisten britischen Rauchschwalben zur Überwinterung nach S-Afrika bis in die Kapprovinz ziehen (nach Wernham et al. 2000).

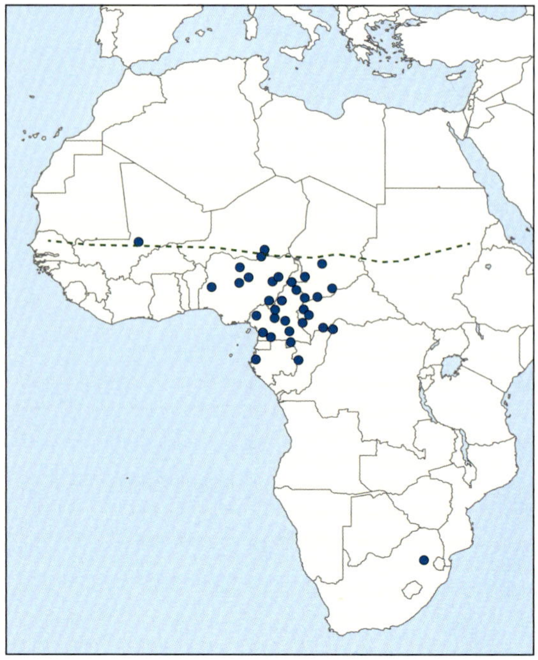

Abb. 122: Überwinterungsorte von Rauchschwalben-Männchen, die an ihren Brutplätzen im Tessin (Schweiz) und in Oberitalien mit Geolokatoren ausgestattet wurden (nach Liechti et al. 2014).

Das Zugverhalten der **Mehlschwalbe** (Abb. 123) ist dem der Rauchschwalbe sehr ähnlich. Auch sie zieht im Herbst vornehmlich südwestlich und südlich ins tropische Afrika. Zunehmend mehr Vögel überwintern in den letzten Jahren aber auch im Mittelmeerraum.

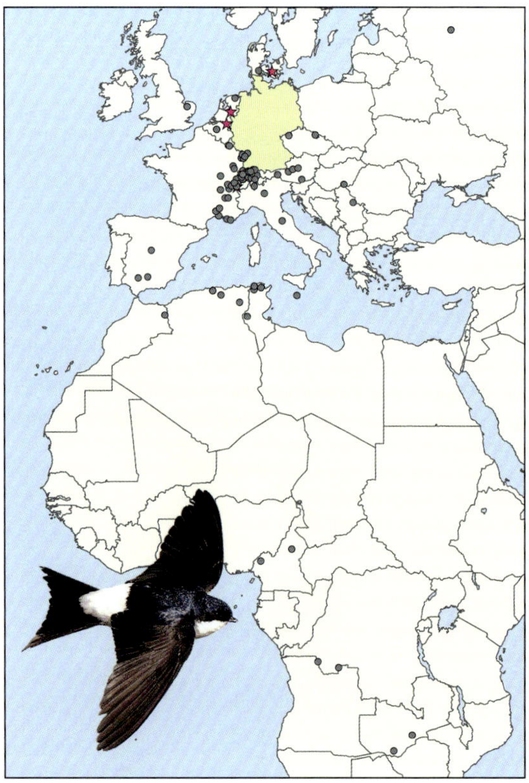

Abb. 123: Fundorte im Ausland von in Deutschland beringten (Punkte) und ausländische Beringungsorte von in Deutschland gefundenen (Sterne) Mehlschwalben (aus Bairlein et al. 2014, Foto: M. Römhild)

Das weitgehende Fehlen von Funden auf der Iberischen Halbinsel legt nahe, dass das zentrale Mittelmeer direkt überflogen wird, nachdem zunächst die Alpen westlich umflogen werden. Mehrere Funde von in Deutschland beringten Mehlschwalben im östlichen Österreich und in SO-Europa deuten eine alternative Route an, bei der die Alpen südöstlich umflogen werden. Allerdings gibt es den Ringfunden nach keine ausgesprochene Zugscheide innerhalb Deutschlands. Diese SO-Zieher dürften über die Balkanhalbinsel ins östliche N-Afrika und weiter nach O-Afrika ziehen, wie dies z. B. schwedische Mehlschwalben machen, doch gibt es dafür keine Belege durch Ringfunde.

Im Aussehen recht ähnlich, im Zugverhalten aber verschieden, sind **Fitis** und **Zilpzalp**. Der Fitis zieht zum Überwintern ins tropische Afrika, der Zilpzalp nach W- und SW-Europa.

Der **Fitis** (Abb. 124) brütet von W-Europa bis nach NO-Sibirien und überwintert im gesamten tropischen Afrika, ausgenommen die Wüsten im SW. Er ist damit der am weitesten verbreitete und vielleicht auch der häufigste paläarktische Singvogel, der in Afrika zu finden ist. Vereinzelt überwintert er aber auch im Mittelmeerraum.

Fitisse aus Deutschland ziehen nach den vorliegenden Ringfunden ausnahmslos nach SSW bis SW ab. Sie gelangen dabei über Frankreich und die Iberische Halbinsel nach NW-Afrika, von wo aus sie die Sahara überqueren, um in ihre Überwinterungsgebiete in den Savannenzonen W-Afrikas zu gelangen. Auch in Deutschland im Herbst durchziehende Fitisse, die vorwiegend aus S-Skandinavien stammen, nehmen überwiegend diese Richtung. Funde von in W-Norwegen und S-Schweden beringten Fitissen in N-Italien deuten an, dass einige Fitisse aus S-Skandinavien auch eine direkte Route über die Alpen und das Mittelmeer nach Afrika einschlagen. N-schwedische Fitisse der Unterart *acredula* ziehen dagegen auf einer südöstlichen Route über den östlichen Mittelmeerraum nach Zentral- und O-Afrika. Die Zugscheide in Skandinavien liegt bei etwa 62° N mit einem Mischgebiet zwischen 61° N und 63° N, aus dem beide Zugrichtungen möglich sind.

Eine Zugscheide trennt Vögel aus unterschiedlichen Regionen aber nicht ausnahmslos. So wurden in N-Schweden im August beringte Fitisse wenige Wochen später in Deutschland gefunden. Und ein im September an der niedersächsischen Nordseeküste beringter Fitis, vermutlich skandinavischer Herkunft, wurde etwa fünf Wochen später über 3000 km entfernt in Ägypten gefunden.

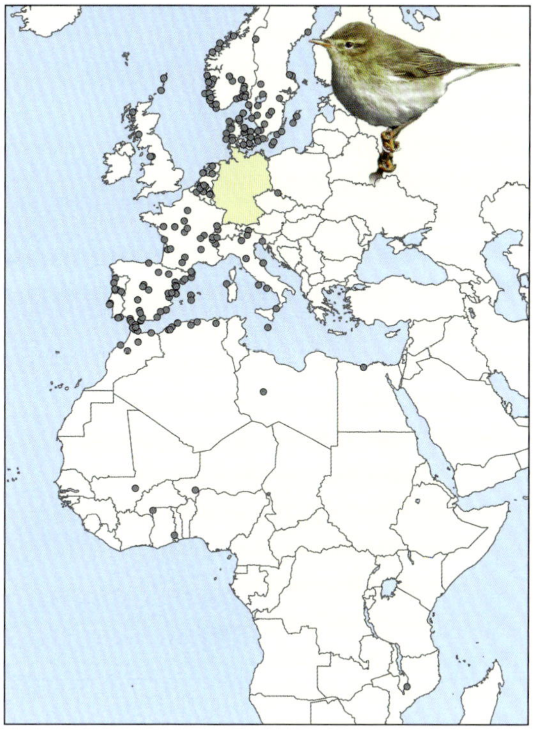

Abb. 124: Fundorte im Ausland von in Deutschland beringten Fitissen (aus Bairlein et al. 2014, Foto: I. Weiß).

Aus den Überwinterungsgebieten liegen aufgrund der geringen Wiederfund- und Meldewahrscheinlichkeit nur sehr wenige Ringfunde vor, doch eindrucksvoll bestätigt haben sich die unterschiedliche Überwinterungsgebiete durch Untersuchungen mit Stabilen Isotopen (Abb. 125), neuerdings auch durch den Einsatz von Geolokatoren (Abb. 126).

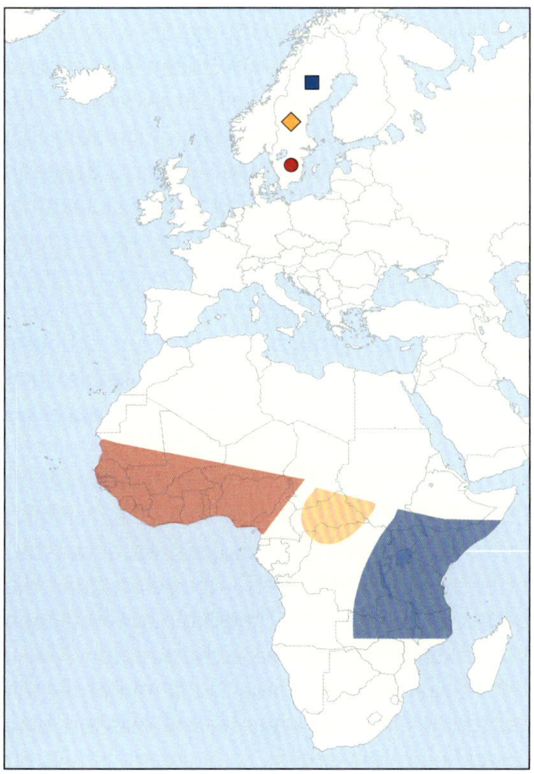

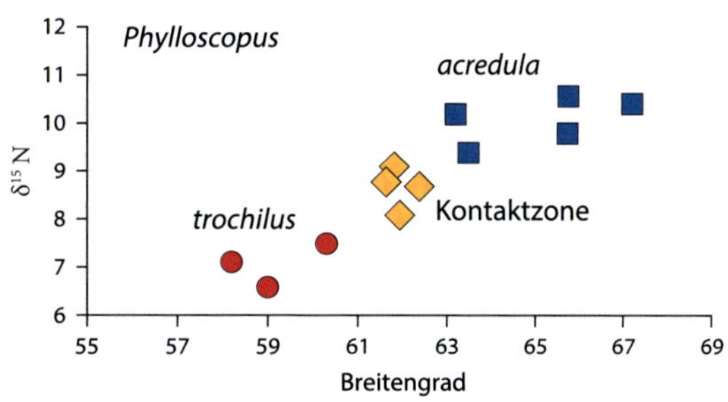


Abb. 125: Federn von Fitissen, die in S-Schweden zur Brutzeit gesammelt wurden (Unterart *trochilus*), zeigen eine andere Isotopen-Zusammensetzung als N-schwedische Fitisse der Unterart *acredula* (oben nach Chamberlain et al. 2000). Ursache hierfür ist, dass Fitisse im Winterquartier mausern und somit zur Brutzeit die Isotopenzusammensetzung der Region tragen, in der sie überwintert haben. Die unterschiedlichen Isotopensignaturen der Federn sind also nicht auf die verschiedenen Brutgebiete zurückzuführen, sondern das Ergebnis der unterschiedlichen Überwinterungsgebiete in Afrika (links nach Bensch et al. 1999).

Abb. 126: Zugwege von in Dänemark mit Geolokatoren bestückten Fitissen (nach Lerche-Jorgensen et al. 2017). →

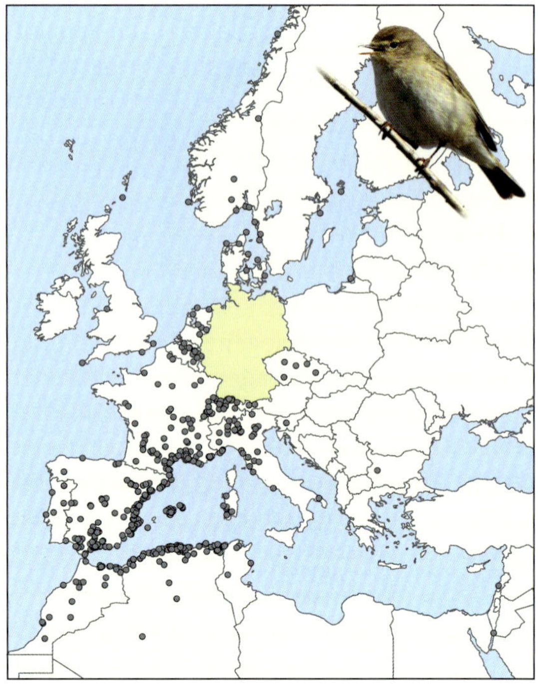

Abb. 127: Funde im Ausland von in Deutschland beringten Zilpzalpe (aus Bairlein et al. 2014, Foto: H.-J. Fünfstück). →→

Anders als die nahe verwandten Fitisse überwintern die in Deutschland brütenden **Zilpzalpe** nahezu ausnahmslos im westlichen Mittelmeergebiet mit Schwerpunkt im O und S der Iberischen Halbinsel (Abb. 127) oder verbleiben mittlerweile sogar in kleiner Zahl ganzjährig im Brutgebiet.

Funde von in Deutschland beringten Zilpzalpen konzentrieren sich an den Küsten des westlichen Mittelmeerraumes, eine größere Anzahl liegt auch aus Skandinavien, den Beneluxstaaten, der Schweiz und Tschechien vor, vereinzelt auch aus Großbritannien. Zilpzalpe aus W- und Mitteleuropa ziehen nach SW, während Vögel aus Brutgebieten östlich von etwa 13° O vornehmlich nach SO ziehen. So stammen Funde von in Deutschland zur Brutzeit beringten Zilpzalpen während des Herbstzugs in Tschechien, Slowenien und Bulgarien ausschließlich aus O-Deutschland, während die Funde von in W- und S-Deutschland beringten Vögeln zwischen SSW und SW liegen.

Alle heimischen Rohrsänger sind obligatorische Fernzieher, die in Afrika südlich der Sahara überwintern. Der **Teichrohrsänger** (Abb. 128) ist dabei SW-Zieher, der **Sumpfrohrsänger** (Abb. 130) SO-Zieher.

Der **Teichrohrsänger** ist in Deutschland ein weit verbreiteter Brutvogel, der auch in kleineren Röhrichtbeständen vorkommt, wenn diese nur dicht genug sind. Ab Ende Juli verlässt er seine hiesigen Brutgebiete, in die er vor allem in der ersten Maihälfte zurückkehrt.

Deutschland befindet sich westlich einer Zugscheide, die die europäischen Populationen des Teichrohrsängers in SW- und SO-Zieher teilt. Deshalb finden sich die Wiederfunde von in Deutschland beringten Teichrohrsängern überwiegend in SW-Richtung. So wurden auf der Halbinsel Mettnau am Bodensee beringte Teichrohrsänger ausschließlich in SW wiedergefunden. Am Neusiedlersee in Ostösterreich heimische Teichrohrsänger ziehen dagegen nach den vorliegenden Ringfunden ausnahmslos nach SO über das östliche Mittelmeergebiet und das Niltal in Überwinterungsgebiete zwischen Tschadsee und dem südlichen Afrika. Die Hauptüberwinterungsgebiete SW-ziehender Teichrohrsänger liegen im tropischen Westafrika. Winterfunde in Marokko, Algerien und Spanien deuten an, dass einzelne Teichrohrsänger auch im Mittelmeergebiet überwintern können. Von in O-Deutschland und Tschechien mit Geolokatoren ausgestatteten Teichrohrsängern überwinterten die deutschen Vögel ausschließlich im westlichen W-Afrika, während die tschechischen Vögel teilweise in W-Afrika, aber auch im nördlichen zentralen Afrika überwinterten, was auf eine Zugscheide im Bereich Tschechiens hindeutet

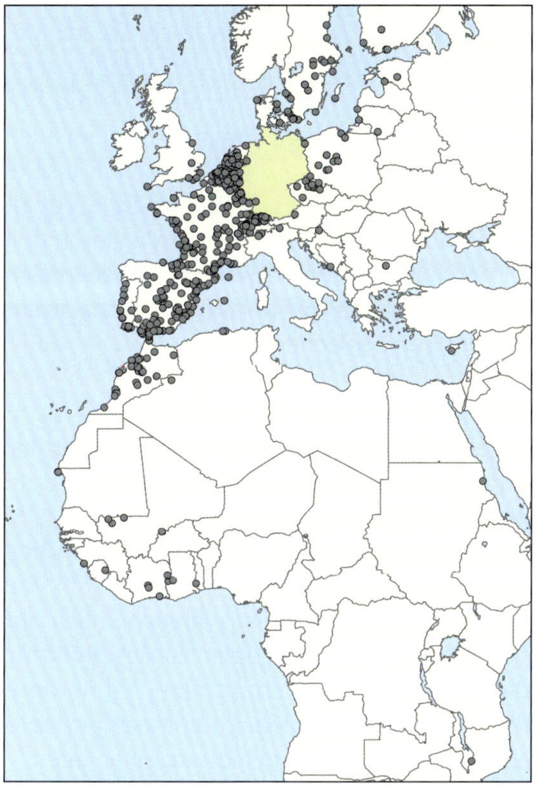

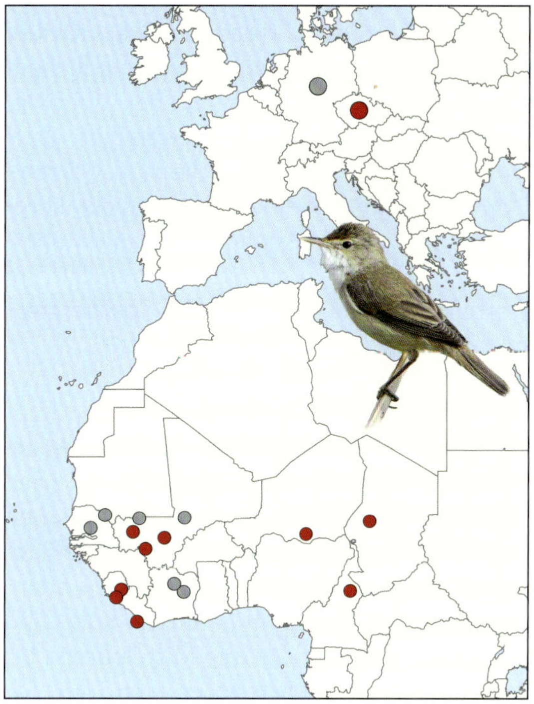

Abb. 129: Winterplätze von in O-Deutschland (grau) und in Tschechien (rot) mit Geolokatoren markierten Teichrohrsängern (nach Prochazka et al. 2018, Foto: H.-J. Fünfstück).

← Abb. 128: Funde im Ausland von in Deutschland beringten Teichrohrsängern (aus Bairlein et al. 2014).

(Abb. 129). Eine Analyse einer bulgarischen Brutpopulation mittels Stabiler Isotope ergab einen Anteil von 72 % SO-Zieher.

Anders als Teichrohrsänger ziehen die heimischen **Sumpfrohrsänger** über eine südöstliche Route in ihre ost- und südostafrikanischen Überwinterungsgebiete. Die Funde von in Deutschland beringten Sumpfrohrsängern sowie die Beringungsorte im Ausland von in Deutschland gefundenen Sumpfrohrsängern liegen nahezu alle auf einer Achse zwischen Belgien bzw. S-Skandinavien und dem Nahen Osten und Ägypten. Die Funde im westlichen Mittelmeerraum deuten an, dass gelegentlich auch nach SW gezogen wird. Allerdings ist hier zu berücksichtigen, dass auch Verwechslungen bzw. Fehlbestimmungen mit dem äußerlich sehr ähnlichen Teichrohrsänger vorkommen können.

Zwei in Deutschland zur Brutzeit beringte Sumpfrohrsänger waren bereits im November auf dem Durchzug in Ngulia, Kenia, kontrolliert worden. Sumpfrohrsänger verweilen nach dem Überqueren des Mittelmeers und der östlichen Sahara zunächst bis zu vier Monate nördlich des Äquators, vermutlich in SW-Äthiopien und SO-Sudan, bevor sie von Mitte November bis Mitte Dezember ins südliche Afrika weiterziehen. Das Überwinterungsgebiet liegt dann in SO-Afrika, auch wenn von dort kein Ringfund eines deutschen Vogels vorliegt.

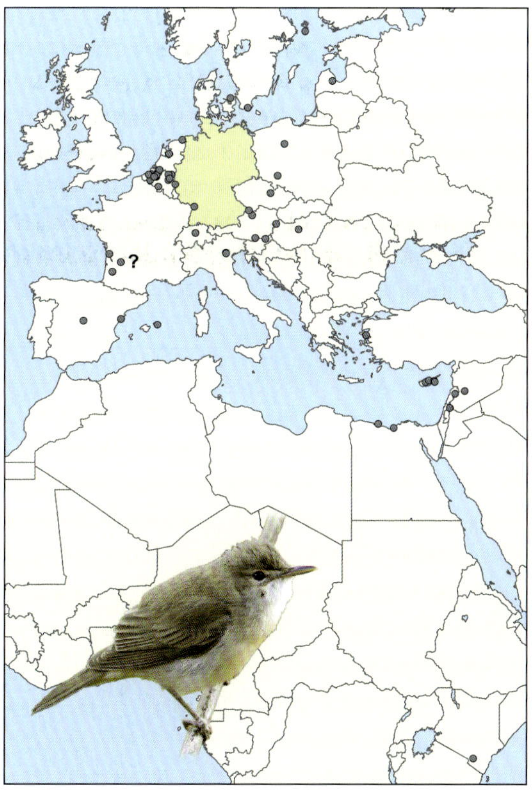

Abb. 130: Funde im Ausland von in Deutschland beringten Sumpfrohrsängern (aus Bairlein et al. 2014, Foto: H.-J. Fünfstück).

Alle in Deutschland brütenden **Grasmücken** sind Zugvögel, aber mit unterschiedlichem Zugverhalten. Mit Ausnahme der überwiegend im westlichen Mittelmeergebiet überwinternden Mönchsgrasmücke sind Garten-, Dorn-, Klapper- und Sperbergrasmücke Fernzieher, die in Afrika südlich der Sahara überwintern, Garten- und Dorngrasmücke im westlichen Afrika, Klapper- und Sperbergrasmücke dagegen im östlichen Afrika.

Die **Mönchsgrasmücke** brütet von den Kapverdischen Inseln im Süden, den Azoren im Westen quer durch Europa ostwärts bis nach W-Sibirien. Die verschiedenen Populationen zeigen das gesamte Spektrum möglichen Zugverhaltens, von Sesshaftigkeit auf den atlantischen Inseln, Teilzug in S-Europa, Kurz- und Mittelstreckenzug in W- und Mitteleuropa bis zu ausgeprägtem Langstrecken- und Trans-Sahara-Zug in N- und O-Europa (Abb. 131). Die Überwinterungsgebiete ziehender Mönchsgrasmücken reichen von den Britischen Inseln, W-Europa, dem gesamten Mittelmeerraum bis ins tropische Afrika bei den Langstreckenziehern. Zunehmend verbleiben aber Mönchsgrasmücken im Winter auch in Mitteleuropa, vereinzelt in Skandinavien.

Innerhalb Deutschlands verläuft bei etwa 12°O, also einer Linie etwa von München über Halle/Saale nach Rostock, eine Zugscheide, die ziehende Mönchsgrasmücken in westliche und in östliche Zugvögel trennt, doch zeigt sich das Zugverhalten von in Deutschland brütenden Mönchsgrasmücken recht komplex (Abb. 132). So ziehen in NW-Deutschland beringte Mönchsgrasmücken bis auf wenige Ausnahmen nach SW ab. Vögel aus SW-Deutschland und ostdeutsche Mönchsgrasmücken folgen dieser Route nur zum Teil, nicht wenige von ihnen ziehen auch nach W bis NW bis auf die Britischen Inseln. Dieser NW-Zug eines Teils S-mitteleuropäischer Mönchsgrasmücken hat sich erst in den letzten Jahrzehnten entwickelt und zeigt sich auch in der Zunahme der Winterbeobachtungen auf den Britischen Inseln.

Eine weitere Zugroute führt deutsche Brutvögel direkt nach S nach Italien und Afrika. Dabei zeigen Funde auf den Balearen, Sardinien und auf Malta sowie in Algerien, dass S-Zieher auch längere Strecken über das offene Meer zurücklegen. Die relativ hohe Zahl von Funden in S-Richtung ist wahrscheinlich auf skandinavische Durchzügler zurückzuführen, die im Herbst zu einem großen Teil in diese Richtung ziehen, was auch spätere Brutzeitfunde in Schweden und Norwegen belegen.

Südöstlicher Zug kommt den Ringfunden nach nur bei O-deutschen Mönchsgrasmücken vor. Dabei haben in den letzten Jahrzehnten die SO-Zieher im Osten Deutschlands abgenommen, was mutmaßlich klimabedingt ist.

Die Überwinterungsorte von zur Brutzeit in Deutschland anwesenden Mönchsgrasmücken liegen zum größten Teil in Spanien,

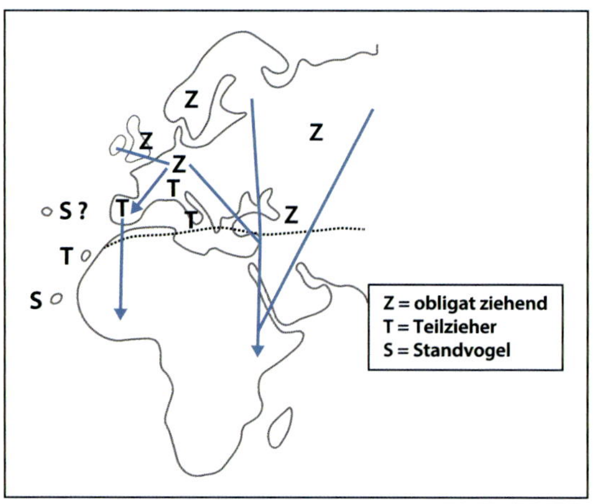


Abb. 131: Zugsystem der Mönchsgrasmücke. (nach Berthold 1999). →

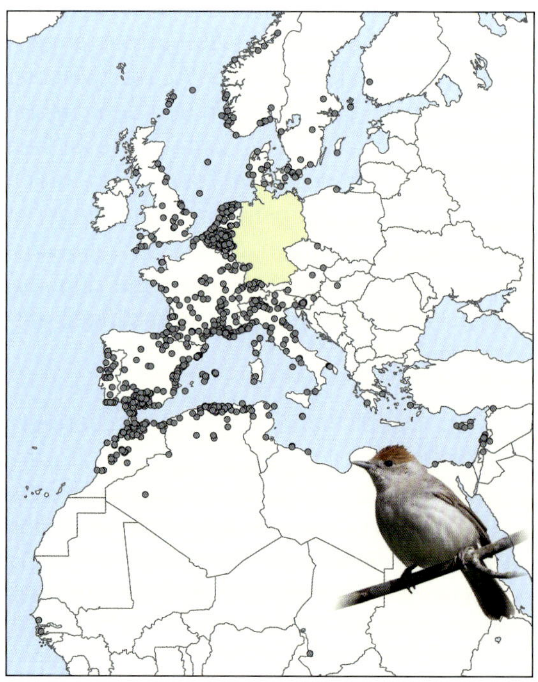

Abb. 132: Funde im Ausland von in Deutschland beringten Mönchsgrasmücken (aus Bairlein et al. 2014, Foto: H.-J. Fünfstück). →→

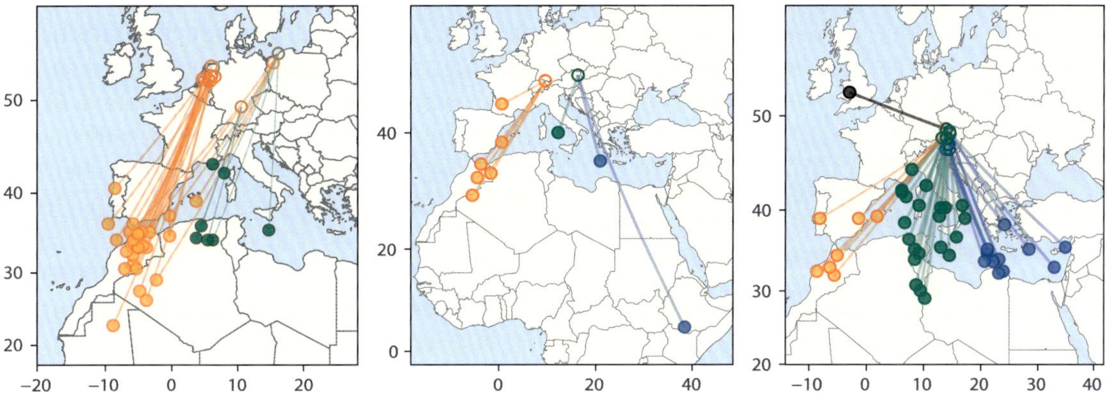


Abb. 133: Winterorte von in verschiedenen Brutgebieten in Europa mit Geolokatoren ausgestatteten Mönchsgrasmücken. Orange: SW-Zieher; grün: in bzw. über das zentrale Mittelmeer ziehend; blau: SO-Zieher; schwarz: NW-Zieher (nach Delmore et al. 2020).

Marokko und Algerien, in jüngster Zeit aber auch zunehmend nördlicher. Vögel, die im östlichen Mittelmeergebiet überwintern, stammen aus dem NO-deutschen Tiefland und den NO-deutschen Mittelgebirgen. Trans-Sahara-Zug deutscher Mönchsgrasmücken ist wohl selten und bisher lediglich durch einen Fund in Gambia belegt, im Gegensatz zu Vögeln aus Großbritannien und Schweden, die häufiger in W-Afrika südlich der Sahara überwintern.

Dieses Bild eines komplexen Zugsystems der Mönchsgrasmücke zeigt sich auch in jüngsten Untersuchungen mit Geolokatoren (Abb. 133). Während niederländische und SW-deutsche Mönchsgrasmücken überwiegend im westlichen Mittelmeerraum und in NW-Afrika überwinterten, zogen die N-polnischen Vögel ins zentrale Mittelmeer. Österreichische Mönchsgrasmücken aus Gebieten westlich bzw. östlich der Zugscheide zogen entweder SW oder SO bis nach O-Afrika. Die Mönchsgrasmücken aus Österreich im Bereich der Zugscheide zeigten einen breiten Fächer an Zugrichtungen zwischen SW und SO. Dabei ist die „Grenze“ zwischen SW- und SSO-Ziehern bei etwa 14° O recht scharf (Abb. 134). Im Winter in England mit Geolokatoren markierte Mönchsgrasmücken zogen an Brutplätze zwischen O-Spanien und S-Polen (Abb. 135).

Im Gegensatz zu den Mönchsgrasmücken sind die in Deutschland brütenden **Gartengrasmücken** (Abb. 136) alle Trans-Sahara-Zieher, die vor allem im tropischen W-Afrika überwintern. Der Wegzug aus den Brutgebieten beginnt im Juli, findet hauptsächlich aber zwischen Mitte August und Mitte September statt, wobei die Altvögel vor ihren Jungen ziehen. Obwohl die ersten Gartengrasmücken durchaus schon im März eintreffen können, finden der regelmäßige Einzug in die Brutgebiete und der Durchzug nordischer Populationen vor allem ab Mitte April statt.

Der Zug nach Afrika folgt überwiegend einer südwestlichen Richtung mit vielen Funden von in Deutschland zur Brutzeit beringten

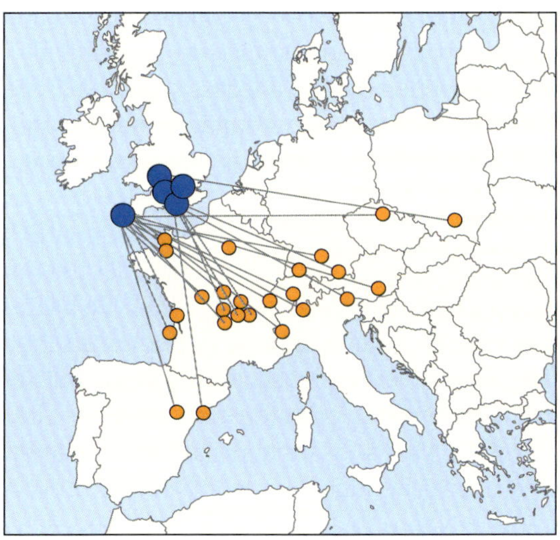

← Abb. 135: Brutzeitorte (orange) von im Winter in England (blau) mit Geolokatoren bestückten Mönchsgrasmücken (nach Delmore et al. 2020).

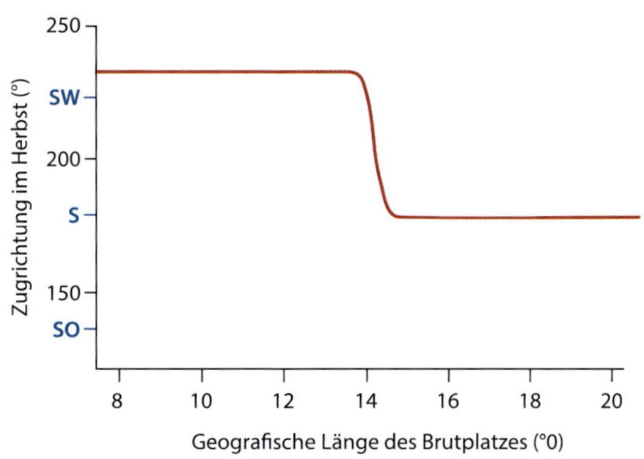


Abb. 134: Mittlere Zugrichtungen von mitteleuropäischen Mönchsgrasmücken in Abhängigkeit von der geografischen Länge des Markierungsortes. Bei etwa 14° O zeigt sich eine recht scharfe Zugscheide (nach Delmore et al. 2020).

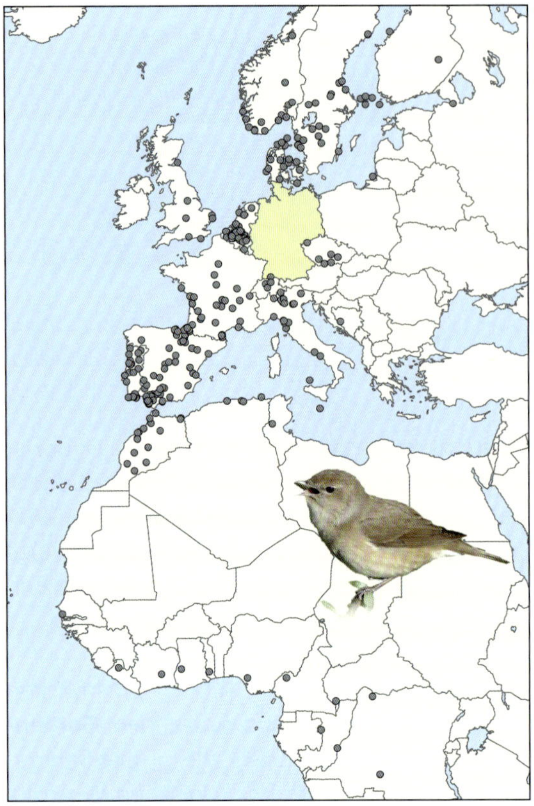

Abb. 136: Funde im Ausland von in Deutschland beringten Gartengrasmücken (aus Bairlein et al. 2014, Foto: H.-J. Fünfstück).

Gartengrasmücken in S-Frankreich, auf der Iberischen Halbinsel und in NW-Afrika. Auffällig ist die Häufung von Funden in Portugal. Sie zeigt, dass die Vögel zunächst sehr weit westlich ziehen, bevor sie dann einen **„Zugknick“** in südliche Richtungen nach Afrika machen. Der Fund einer Gartengrasmücke im Herbst auf Zypern könnte andeuten, dass ganz vereinzelt auch nach SO gezogen wird.

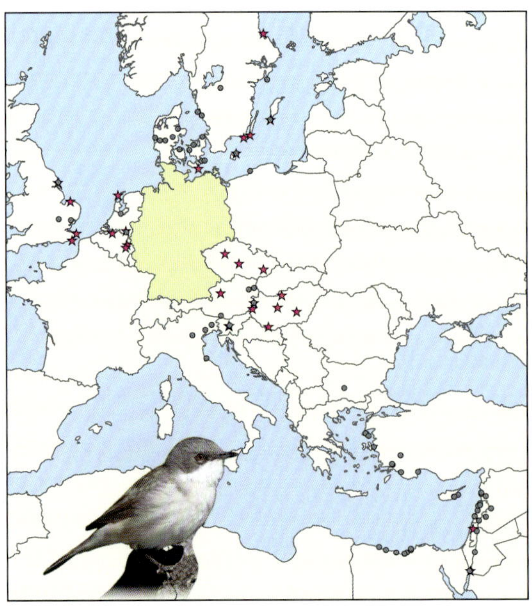

Abb. 137: Funde im Ausland von in Deutschland beringten (Punkte) und Beringungsorte im Ausland von in Deutschland gefundenen Klappergrasmücken (Sterne) (aus Bairlein et al. 2014, Foto: H.-J. Fünfstück).

Brutzeitfunde im Ausland von in Deutschland zur Zugzeit beringten Gartengrasmücken zeigen, dass Deutschland von Vögeln aus Skandinavien, Finnland und NW-Russland durchzogen wird. Direkte Herbstfunde solcher Vögel in N-Italien und Algerien deuten an, dass fennoskandische Gartengrasmücken auch direkt südwärts ziehen und hierbei die Alpen und das zentrale Mittelmeer überqueren.

Aus den afrikanischen Überwinterungsgebieten liegen Winterfunde deutscher Brutvögel nur aus Liberia, Nigeria und der Zentralafrikanischen Republik vor, doch zusammen mit Winterfunden von Herbst-Durchzüglern zwischen Senegal und der DR Kongo bestätigen sie, dass W- und N-europäische Gartengrasmücken im westlichen und zentralen Teil Afrikas überwintern. Die im östlichen und südlichen Afrika überwinternden Gartengrasmücken stammen aus weiter östlichen Populationen.

Viele Gartengrasmücken kehren im Frühjahr auf einem direkteren Zugweg über das zentrale Mittelmeer und Italien in die Brutgebiete zurück, machen also einen Schleifenzug.

Auch die **Klappergrasmücke** (Abb. 137) überwintert in Afrika, sie ist aber SO-Zieher und ihre Hauptüberwinterungsgebiete liegen in NO-Afrika. Die Funde von in Deutschland beringten Klappergrasmücken liegen auf einer südöstlichen Achse mit einer Konzentration im Nahen Osten, was aber auf die dortige Verfolgung zurückgeht. Funde von in England beringten oder dort gefundenen Klappergrasmücken zeigen, dass auch britische Vögel eine südöstliche Route nehmen. Funde von in Deutschland beringten Klappergrasmücken in Dänemark und Schweden deuten an, dass skandinavische Vögel auf ihrem Rückzug zunächst nach Mitteleuropa ziehen, um dann auf N zu schwenken.

Regelmäßig in meist kleiner, gelegentlich aber sehr großer Zahl erscheinen bei uns im Winter **Seidenschwänze** (Abb. 138). Sie brüten annähernd circumpolar in der nordischen Taigazone. Der Seidenschwanz ist ein Teilzieher, dessen Zugverhalten und Zugintensität mit dem Nahrungsangebot zusammenhängt. Bei ausreichendem Angebot seiner bevorzugten Nahrung, die Beeren der Eberesche,

Ziehende Seidenschwänze (Foto: H. J. Fünfstück)

verlässt nur ein kleiner Teil der Population die Brutgebiete und erreicht in Mitteleuropa N-Deutschland. Bei winterlicher Nahrungsknappheit kommt es dagegen zu spektakulären Evasionen der gesamten Population, die dann sogar das Mittelmeergebiet erreichen können und die bereits im Mittelalter Aufmerksamkeit erregten.

Die Ringfunde zeigen Herkunft aus N-Finnland und NW-Russland bis aus Sibirien, aber auch, dass in Deutschland durchziehende Seidenschwänze südwärts weiterziehen können nach SO-Frankreich, N-Italien und an die Adria, aber auch bis nach Sardinien. Dass solche Wanderungen auch noch mitten im Winter stattfinden können, zeigt ein Vogel, der im Januar in Mittelschweden beringt und eine Woche später über 900 km entfernt in Neubrandenburg tot aufgefunden wurde.

Kaum jemand wird dem kleinen, immer quirligen **Zaunkönig** zutrauen, dass er von Deutschland bis nach SW-Frankreich ziehen kann und bis aus W-Finnland nach Deutschland kommt (Abb. 139). Als Brutvogel kommt der Zaunkönig in ganz Europa vor, mit Ausnahme des hohen N. Er ist Teilzieher, der nur im N und in höheren Lagen seine Brutgebiete weitgehend räumt.

In Deutschland ist der Zaunkönig in den tieferen Lagen ganzjähriger Standvogel. Funde ziehender Zaunkönige aus Deutschland finden sich vor allem in W-Europa, ausnahmsweise sogar in Cornwall, Großbritannien, mit den südlichsten Nachweisen in S-Frankreich und

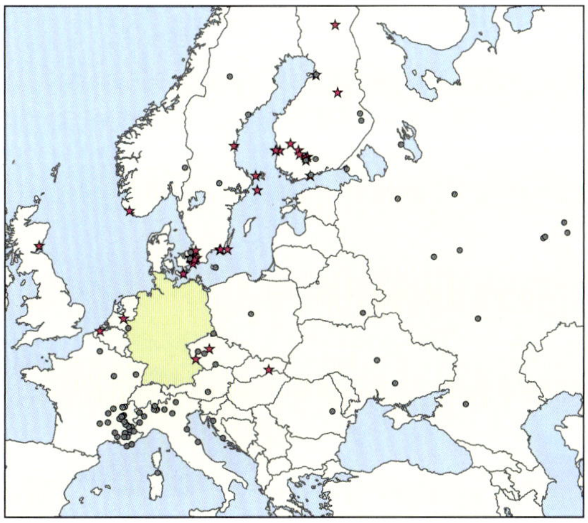

Abb. 138: Funde im Ausland von in Deutschland beringten (Punkte) und Beringungsorte im Ausland von in Deutschland gefundenen (Sterne) Seidenschwänzen (aus Bairlein et al. 2014).

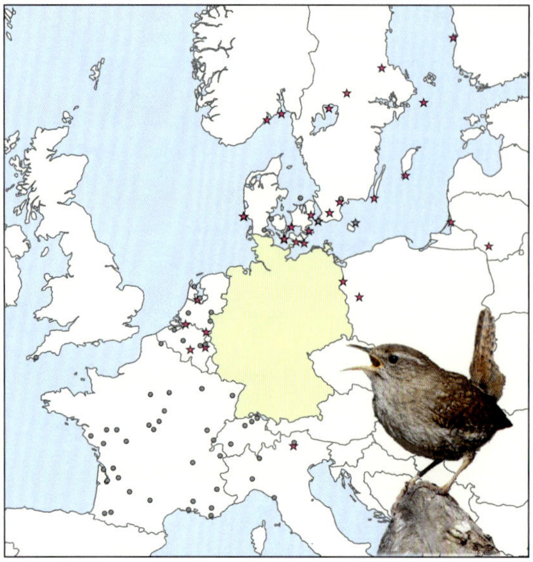

Abb. 139: Funde im Ausland von in Deutschland beringten (Punkte) und Beringungsorte im Ausland von in Deutschland gefundenen (Sterne) Zaunkönigen (aus Bairlein et al. 2014, Foto: H.-J. Fünfstück).

N-Italien. Durch- und Zuzügler stammen vor allem aus Skandinavien. Die meisten Winterfunde von deutschen Zaunkönigen stammen aus der Nähe ihrer Brutgebiete, Überwinterungen gibt es aber auch außerhalb Deutschlands. Dabei handelt es sich ausschließlich um Vögel aus der nördlichen Hälfte Deutschlands.

**Stare** waren nicht nur die ersten Vögel, die Hans Christian Mortensen beringte und so die wissenschaftliche Vogelberingung begründete, sie wurden seither in großer Zahl beringt und so liegen viele Funde vor, die das Zugverhalten detailliert zeigen.

Das Brutgebiet des Stars umfasst mit Ausnahme weiter Teile von Griechenland, Italien und Spanien/Portugal fast ganz Europa einschließlich Island. In N-Europa ist der Star weitgehend obligater Zugvogel, weiter südlich Teilzieher oder Standvogel. Wegziehende Stare überwintern südwärts bis N-Afrika.

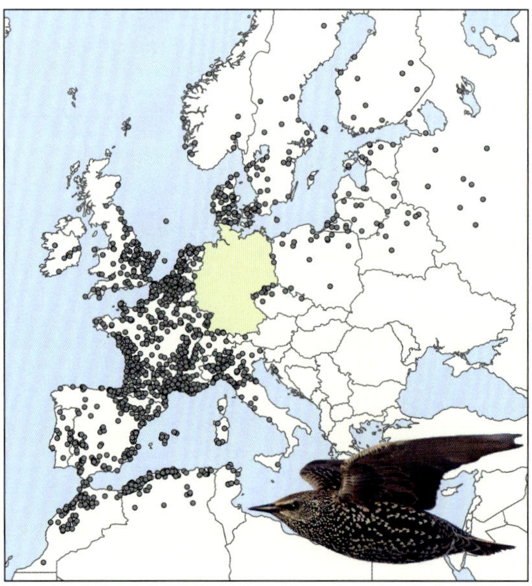

Abb. 140: Fundorte im Ausland von in Deutschland beringten Staren (aus Bairlein et al. 2014, Foto: R. Martin).

Vor dem eigentlichen Herbstzug ab August machen vor allem Jungvögel nördlicher Populationen des Stars von Mitte Juni bis Juli einen sog. **Zwischenzug**, der noch nicht in Richtung der Winterquartiere führen kann. So ziehen die Stare aus Dänemark, Schweden, Polen und dem Baltikum direkt nach dem Ausfliegen bzw. nach der Brut nach SSW bis W und kommen schon im Juni und Juli nach N-Deutschland, vor allem nach N-Mecklenburg-Vorpommern und Schleswig-Holstein.

Der eigentliche Herbstzug findet besonders im Oktober statt. Wetterfluchten ausharrender Vögel können während des gesamten Winters beobachtet werden.

In Deutschland beringte Stare wurden nahezu in ganz Europa gefunden (Abb. 140), mit einer deutlichen Häufung in W-Europa zwischen England und Spanien sowie in Italien und NW-Afrika, was vor allem auf Bejagung zurückgeht. Auffällig ist das Fehlen von Funden im südöstlichen Europa. Dies liegt daran, dass deutsche Brutvögel, wie auch N- und NO-europäische Stare, im Herbst hauptsächlich in westliche bis südwestliche Richtungen ziehen. Auch die SO-europäischen Stare folgen einer SW-Richtung.

Durch Mitteleuropa verläuft eine Zugscheide bei etwa 52°N (Abb. 142). So weisen die Abzugsrichtungen von Staren aus dem NW-deutschen und den nördlichen Teilen des NO-deutschen Tieflands überwiegend nach W, wogegen Stare aus südlicheren Landesteilen vornehmlich in südwestliche Richtungen ziehen. Stare aus den SW-deutschen Mittelgebirgen und dem Alpenvorland ziehen aber auch direkt über die Alpen nach S.

Diese unterschiedlichen Zugrichtungen spiegeln sich auch in der Verteilung im Winter wieder (Abb. 141). Die Mehrzahl der Stare aus dem NW-deutschen Tiefland überwintert an der deutschen Nordseeküste, in den Niederlanden, Belgien und auf den Britischen Inseln bis an die W-Küste Irlands. Entsprechend der Lage im Mischgebiet der Zugscheide wurden die Stare des NO-deutschen Tieflands weit gestreut zwischen England und NW-Afrika gefunden. Stare aus S-Deutschland dagegen überwintern hauptsächlich in S- und W-Frankreich, auf der Iberischen Halbinsel und in NW-Afrika, dort vor allem die Stare aus dem Alpenvorland. Sie ziehen auch nach Italien, was die Stare aus den nördlicheren Landesteilen nicht machen. Ein Teil der einheimischen Stare überwintert aber auch nahe der Brutplätze, vor allem in den mittleren Landesteilen.

Eine der häufigsten und bekanntesten Vogelarten Deutschlands ist die **Amsel**. Sie besiedelt nahezu das gesamte Europa. Im S und W des europäischen Verbreitungsgebietes ist sie vorwiegend Standvogel, sonst Teilzieher mit nach N und O zunehmendem Anteil von Ziehern, wobei aber auch im N des Verbreitungsgebietes einige Vögel ganzjährig überwintern können.

Obwohl bei uns weitgehend ganzjähriger Standvogel, sind in Deutschland beringte Amseln bis auf den Färöer Inseln, in N-Finnland, Algerien, Griechenland und im Baltikum gefunden worden (Abb. 143). Die Mehrzahl der aus Deutschland abziehenden Amseln zieht nach W- und SW-Europa, was generell den Hauptzugrichtungen N- und mitteleuropäischer Vögel entspricht. Vögel aus NW-Deutschland überwintern so auch auf den Britischen Inseln. Die Amseln O- und S-Deutschlands fliegen mehrheitlich nach S-Frankreich, einige auch weiter bis nach S-Spanien. Die Funde in N-Italien, auf den Balearen und in Algerien zeigen, dass Alpen wie Mittelmeer keine Hindernisse sind.

Durchzügler und auch Überwinterer in Deutschland kommen aus Fennoskandien von W-Norwegen bis S-Finnland, aber auch aus dem Baltikum. Amseln zeigen ein geschlechts- und altersabhängiges Zugverhalten. Zieher sind besonders die Erstjährigen und die Weibchen. So überwiegen bei Funden im Winter im Ausland die Weibchen, und sie ziehen dabei weiter als die Männchen. Auch das Geburtsdatum bestimmt bei Amseln, wie viele und wie weit sie ziehen. So ziehen in NW-Deutschland im April/Mai beringte junge Amseln vermehrt und weiter als im Juni bzw. Juli beringte Nestlinge (Abb. 144).

Bei Kälte- und Schneeeinbrüchen kann es auch bei den zunächst verbleibenden Amseln

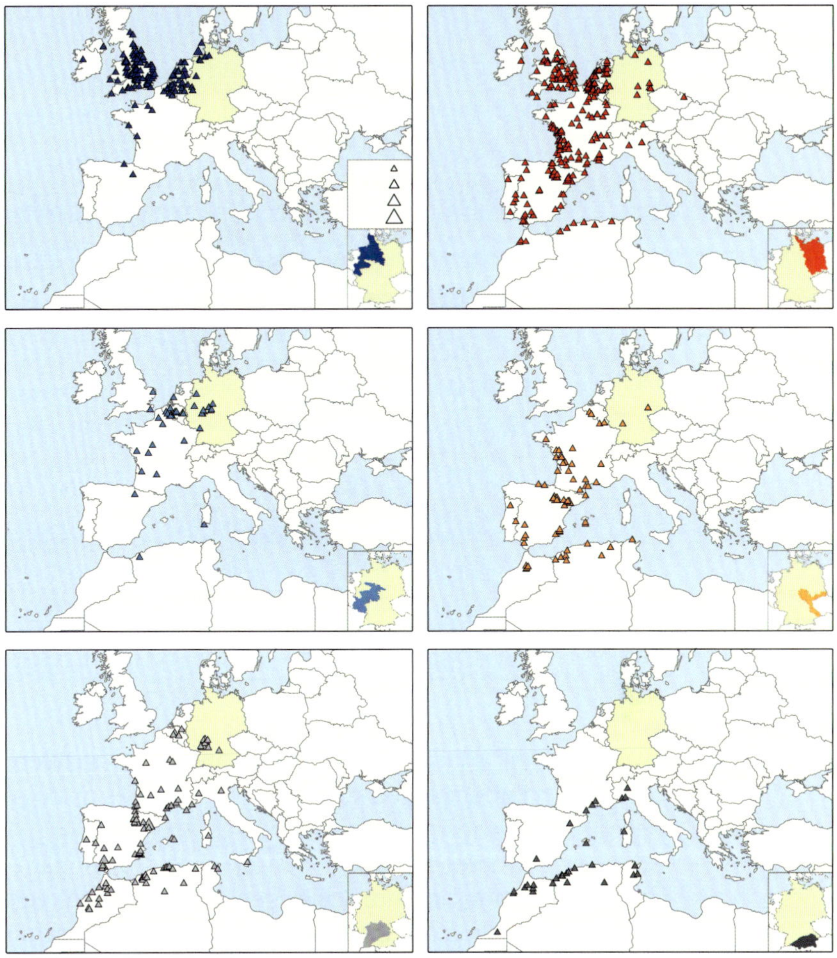

Abb. 141: Fundorte im Winter (Dezember – Januar) von in den verschiedenen naturräumlichen Regionen Deutschlands zur Brutzeit beringten Staren (aus Bairlein et al. 2014).

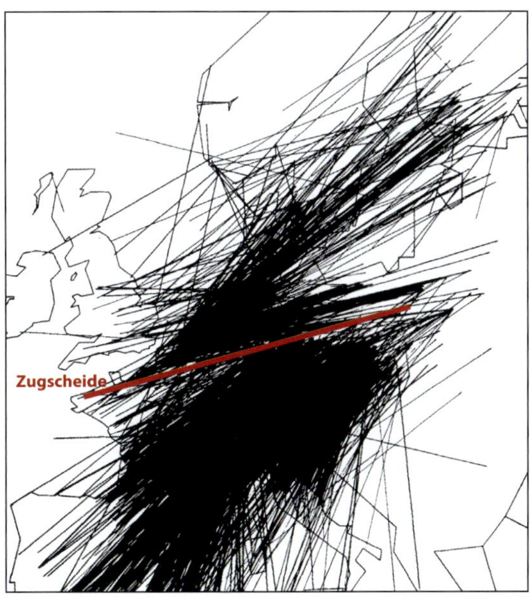


Abb. 142: Funde nestjung beringter Stare im ersten Herbst. Beringungs- und Fundort sind jeweils durch eine Linie verbunden. Dadurch zeigt sich die etwa zwischen NO-Polen und NW-Frankreich verlaufende Zugscheide (aus Fliege 1984).

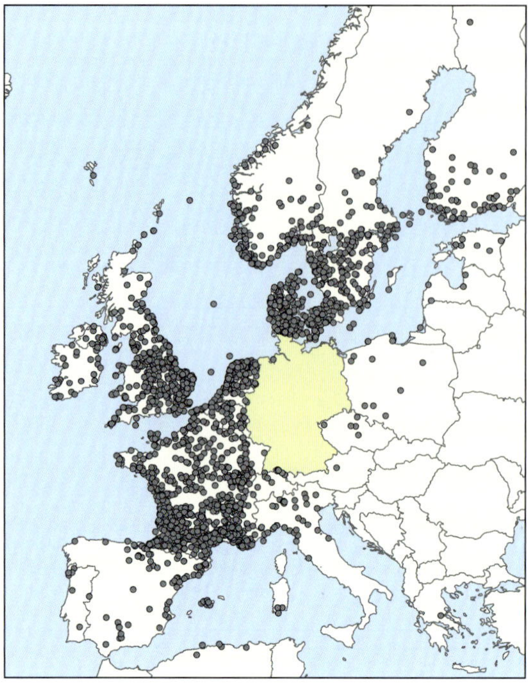

Abb. 143: Fundorte im Ausland von in Deutschland beringten Amseln (aus Bairlein et al. 2014).

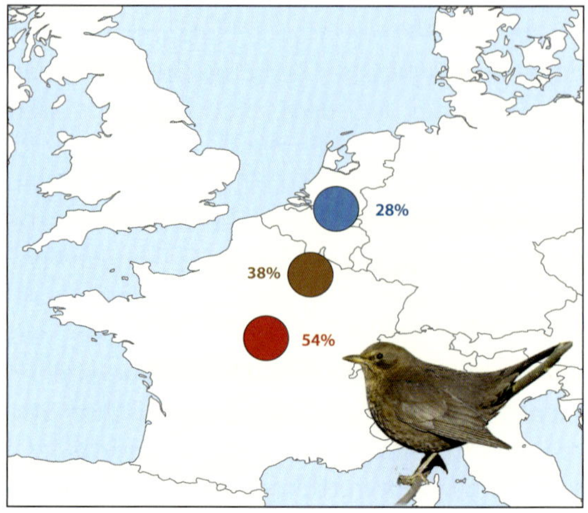


Abb. 144: Mittlere Überwinterungsorte (Kreise) im 1. Winter von in N-Deutschland nestjung beringten Amseln sowie Anteil Vögel, die mehr als 100 km gezogen waren (Zahlen), in Bezug zu ihrem Schlupfdatum. Rot: im April/Mai, braun: im Juni; blau: im Juli geschlüpft (nach Bairlein 2001, Foto: H.-J. Fünfstück).

zu „Fluchtwanderungen“ auch über größere Entfernungen kommen.

Während bei der Amsel viele Vögel ganzjährig in ihren hiesigen Brutgebieten verbleiben, verlassen die meisten **Singdrosseln** (Abb. 145) ab Ende August ihre Brutgebiete, vor allem in der ersten Oktoberhälfte. Die ersten Brutreviere werden bereits Ende Februar wiederbesetzt, der Haupteinzug ist in S-Deutschland im März, in N-Deutschland im April. Die vorherrschende Wegzugrichtung ist SW; die Hauptüberwinterungsgebiete deutscher Singdrosseln sind so S-Frankreich, die Iberische Halbinsel und NW-Afrika, z. T. auch Schweiz und Italien. In jüngerer Zeit nehmen Überwinterungen im Brutgebiet zu.

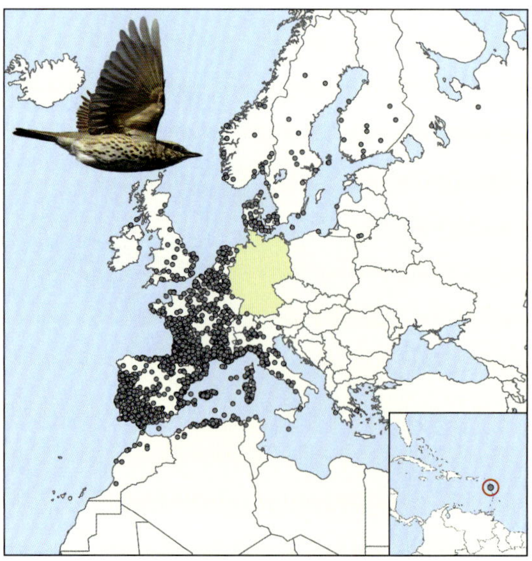

Abb. 145: Funde im Ausland von in Deutschland beringten Singdrosseln. Der mit einem Kreis in der eingefügten Karte markierte Fundort geht auf eine im Oktober in Hamburg beringte Singdrossel zurück, die zwei Jahre später am Strand von Guadeloupe gefunden wurde (aus Bairlein et al. 2014, Foto: M. Römhild).

Der **Trauerschnäpper** (Abb. 146) überwintert im tropischen W-Afrika und selbst die Populationen aus dem äußersten Osten des Brutgebiets ziehen über Mitteleuropa und die Iberische Halbinsel. Der herbstliche Wegzug beginnt bereits Mitte Juli, Höhepunkt ist Ende August bis Anfang September. Die Mehrzahl der Trauerschnäpper kehrt im April bis Mai an die Brutplätze zurück.

Der Herbstzug von in Deutschland zur Brutzeit beringten Trauerschnäppern erfolgt überwiegend SW, doch erreichen einige auch Großbritannien. Auffällig ist eine Häufung von Herbstfunden in Portugal, und die vergleichsweise vielen Funde an der Atlantikküste Marokkos und auf den Kanarischen Inseln zeigen, dass die Sahara auf dem Herbstzug nicht auf breiter Front überquert, sondern küstennah im W umflogen wird.

In Deutschland gefundene Trauerschnäpper wurden vor allem in Fennoskandien und im Baltikum beringt und zeigen die zentrale Rolle Deutschlands als Durchzugsgebiet der Art, da die meisten Trauerschnäpper aus dem Osten und Nordosten ihres Brutgebietes im Herbst ebenfalls über Mittel- und W-Europa nach W-Afrika ziehen.

Aus dem Wintergebiet südlich der Sahara gibt es nur wenige Ringfunde. Geolokatoren bestätigen aber die aus den Ringfunden und faunistischen Beobachtungen abgeleiteten Wintergebiete. So zogen in Finnland, Norwegen, auf den Britischen Inseln und in den Niederlanden markierte Vögel alle ins westliche W-Afrika (Abb. 147).

Trauerschnäpper machen einen sehr ausgeprägten **Schleifenzug** entgegen dem Uhrzeigersinn. Anders als beim Herbstzug liegen aus dem W der Iberischen Halbinsel im Frühjahr keine Funde vor, dagegen eine ganze Reihe aus Algerien, Tunesien, SO-Frankreich, Italien und in einem Fall sogar aus Griechenland. Besonders eindrucksvoll zeigt sich dieser Schleifenzug bei Funden von bei Braunschweig beringten Trauerschnäppern (Abb. 148). Dabei zeigt sich auch, dass der Einzug in die mitteleuropäischen Brutgebiete auf breiter Front von S über die Sahara und das Mittelmeer erfolgt, im Gegensatz zum Herbstzug, der auf einem schmalen Band stattfindet.

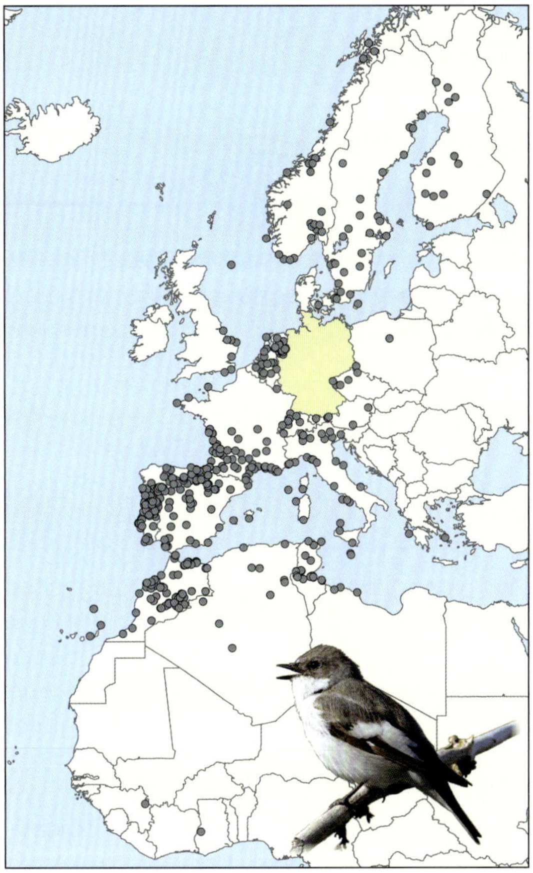

Abb. 146: Funde im Ausland von in Deutschland beringten Trauerschnäppern (aus Bairlein et al. 2014, Foto: H.-J. Fünfstück).

Einheimische **Rotkehlchen** überwintern zum großen Teil in der Nähe ihrer Brutgebiete, vor allem Vögel aus den westlichen und nordwestlichen Landesteilen. Weiter östlich und nördlich, aber auch in S-Deutschland, ist das Rotkehlchen Teilzieher mit nach N und O zunehmendem Anteil wandernder Vögel. So können ost und süddeutsche Rotkehlchen zum Überwintern bis nach Frankreich, auf die Iberische Halbinsel oder nach NW-Afrika wandern (Abb. 149). Deutschland wird aber von zahlreichen Rotkehlchen aus Skandinavien, Finnland und dem Baltikum bis NW-Russland durchwandert oder sie überwintern hier, was nicht nur die vielen Funde im Aus-

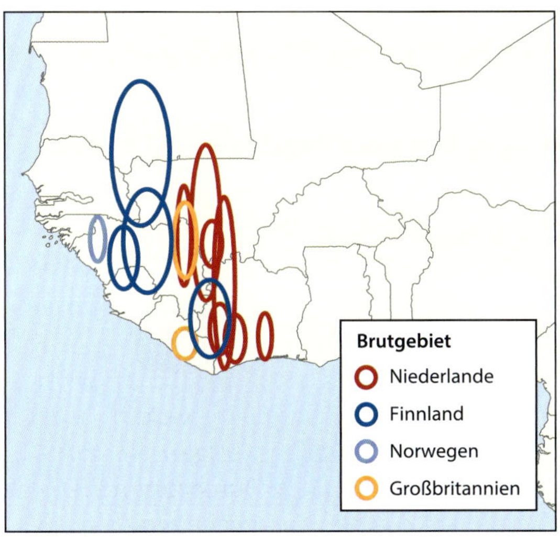


Abb. 147: Wintergebiete von in Finnland, Norwegen, Großbritannien und den Niederlanden mit Geolokatoren markierten Trauerschnäppern (nach Ouwehand et al. 2016).

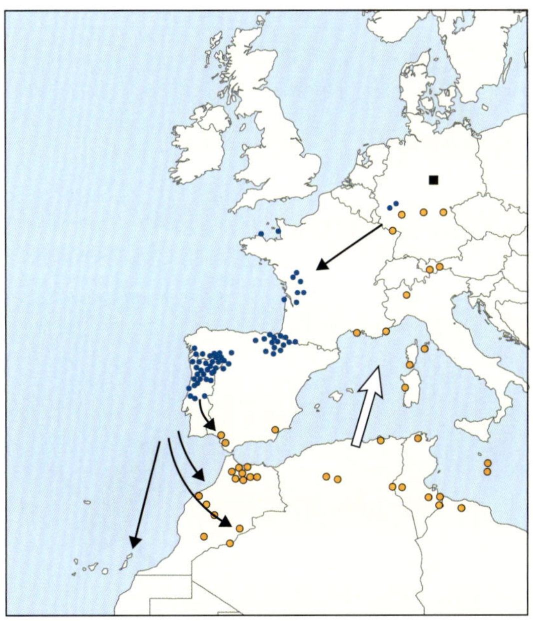

Abb. 148: „Schleifenzug“ von bei Braunschweig (schwarzes Quadrat) beringten Trauerschnäppern. Blaue Punkte: Funde im Herbst; gelbe Punkte: Funde im Frühjahr. Pfeile: mittlere Zugrichtungen (nach Winkel & Frantzen 1991 und Winkel & Hudde 1993 in Bairlein 2001).

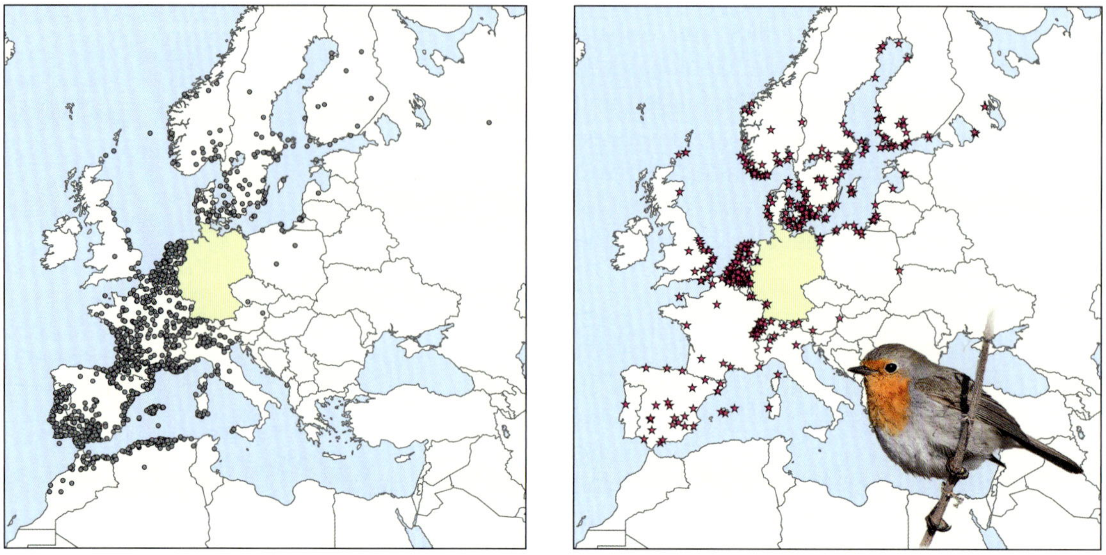

Abb. 149: Funde im Ausland von in Deutschland beringten (links) und ausländische Beringungsorte von in Deutschland gefundenen Rotkehlchen (rechts) (aus Bairlein et al. 2014, Foto: H.-J. Fünfstück).

land von in Deutschland zu den Zugzeiten beringten Rotkehlchen zeigen, sondern auch die Beringungsorte von bei uns gefundenen Vögeln. Die hauptsächliche Zugachse deutscher sowie in Deutschland durchziehender Rotkehlchen ist NO-SW.

Zur Brutzeit in Deutschland beringte **Nachtigallen** ziehen im Herbst nach SW und erreichen Afrika über die Iberische Halbinsel und Marokko (Abb. 150). Die Häufung von Funden in Portugal und das Fehlen von Funden in weiten Teilen Spaniens lässt annehmen, dass Nachtigallen, wie auch schon beim Trauerschnäpper gesehen, zunächst weit nach Westen ziehen, bevor sie einen Zugknick im äußersten SW-Europa machen, der sie dann in ihre Winterquartiere in W-Afrika führt. Aus den tropischen Überwinterungsgebieten liegen zwar von in Deutschland beringten Nachtigallen keine Funde vor, doch mit Geolokatoren ausgestattete Brutvögel aus O-Frankreich und N-Italien zogen ins tropische W-Afrika (Abb. 151), was annehmen lässt, dass dies auch für die in Deutschland brütenden Nachtigallen gilt.

Im Gegensatz zur SW-ziehenden Nachtigall ist der in Deutschland nur im N und NO brütende **Sprosser** ein SO-Zieher, der über das östliche Mittelmeergebiet ins tropische O- und SO-Afrika zieht, wobei es allerdings

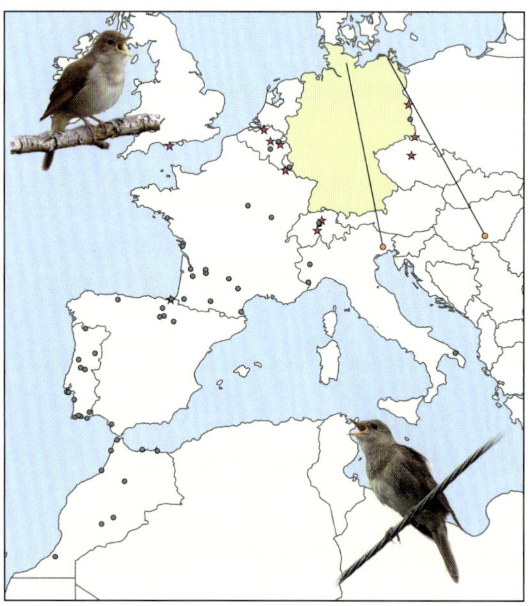

Abb. 150: Fundorte im Ausland von in Deutschland beringten (Punkte) und ausländische Beringungsorte von in Deutschland gefundenen (Sterne) Nachtigallen. Mit eingetragen sind die beiden einzigen Funde von in Deutschland beringten und auf dem Wegzug gefundenen Sprossern (Linien) (aus Bairlein et al. 2014, Foto: H.-J. Fünfstück).

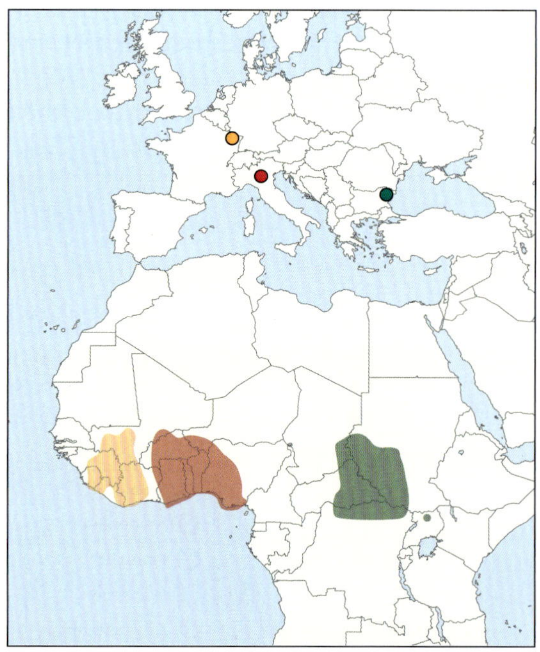

Abb. 151: Während mit Geolokatoren ausgestattete Nachtigallen aus O-Frankreich und N-Italien im tropischen W-Afrika überwinterten, liegen die Winterquartiere bulgarischer Nachtigallen weiter östlich in Zentralafrika. Punkte: Markierungsorte; Flächen: Winterareale (nach Hahn et al. 2014).

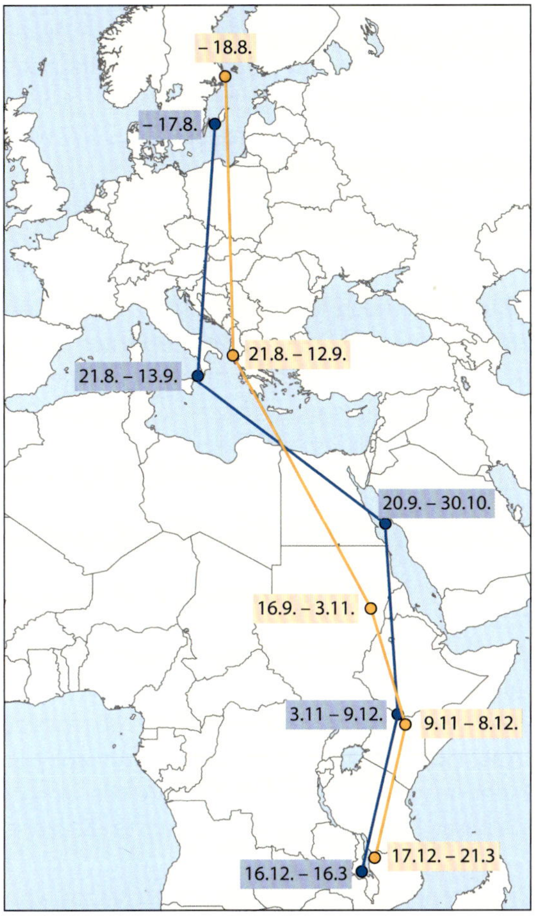


← Abb. 152: Zugwege von zwei in S-Schweden mit Geolokatoren markierten Sprossern. Punkte: längere Rast mit dortigen Aufenthaltszeiten (nach Stach et al. 2012).

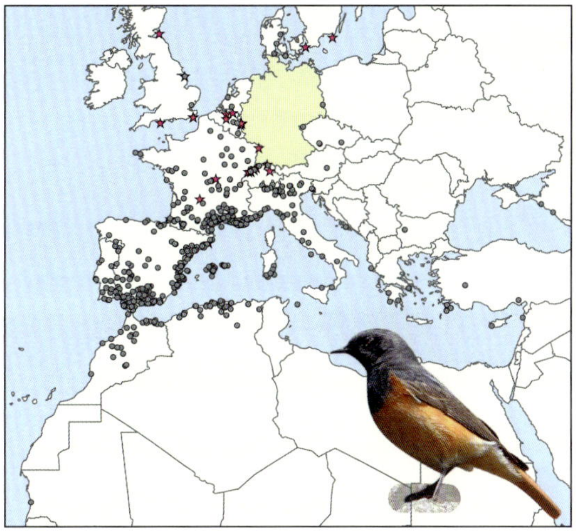

Abb. 153: Fundorte im Ausland von in Deutschland beringten (Punkte) und ausländische Beringungsorte von in Deutschland gefundenen (Sterne) Hausrotschwänzen (aus Bairlein et al. 2014, Foto: H.-J. Fünfstück).

aus Deutschland keine Ringfunde im Wintergebiet gibt. Geolokation von in S-Schweden markierten Sprossern bestätigen den Zug nach O-Afrika (Abb. 152).

Die Überwinterungsgebiete der meisten deutschen **Hausrotschwänze** (Abb. 153) sind W-Europa und das westliche Mittelmeergebiet, wobei es aber regionale Unterschiede gibt. So finden sich Vögel aus dem NW-deutschen Flachland vermehrt in NW-Frankreich, die Winterfunde aus dem östlichen Mittelmeerraum stammen nahezu alle aus dem NO-deutschen Flachland. Hausrotschwänze aus den SW-deutschen Mittelgebirgen wurden mehrfach im Winter in Marokko nachgewiesen, dort aber nie solche aus anderen Regionen Deutschlands. Die vielen Winterfunde im äußersten W der Iberischen Halbinsel stammen überwiegend von Vögeln, die in den NW-deutschen Mittelgebirgen beringt wurden. Der Fund eines in Deutschland als Jungvogel beringten Hausrotschwanzes in Mauretanien ist vermutlich eine Verwechslung mit dem Gartenrotschwanz, denn junge Rotschwänze sehen sich sehr ähnlich. Zunehmend mehr Hausrotschwänze überwintern mittlerweile auch in Deutschland.

Der Wegzug beginnt Mitte September, die meisten Hausrotschwänze verlassen ihre Brutplätze zwischen Oktober und November. Die ersten Rückkehrer treffen an den Brutplätzen im Februar ein, die Mehrzahl aber erst im März.

Die Mehrzahl der ziehenden Hausrotschwänze folgt einer südwestlichen Richtung, doch werden auch die Alpen und das Mittelmeer überflogen, wie Funde in N-Italien bzw. auf Sardinien und den Balearen zeigen. Vor allem mehr östlich brütende Vögel ziehen auch nach SO und erreichen dabei das östliche Mittelmeergebiet und die O-Küste des Schwarzen Meeres.

Im Gegensatz zum nur mittlere Strecken ziehenden Hausrotschwanz ist der **Gartenrotschwanz** ein Langstreckenzieher, der in den Savannen W- und Zentralafrikas überwintert. Seine hiesigen Brutgebiete verlässt er ab Juli, vor allem im September, und kehrt im April wieder zurück, die Männchen vor den Weibchen. Die Mehrzahl der in Deutschland brütenden oder hier durchziehenden Gartenrotschwänze zieht im Herbst südwestlich über Frankreich, die Iberische Halbinsel und Marokko (Abb. 154). Einige Gartenrotschwänze wählen aber auch einen mehr südlichen Weg über die Alpen und das zentrale Mittelmeer. Ganz selten wurden

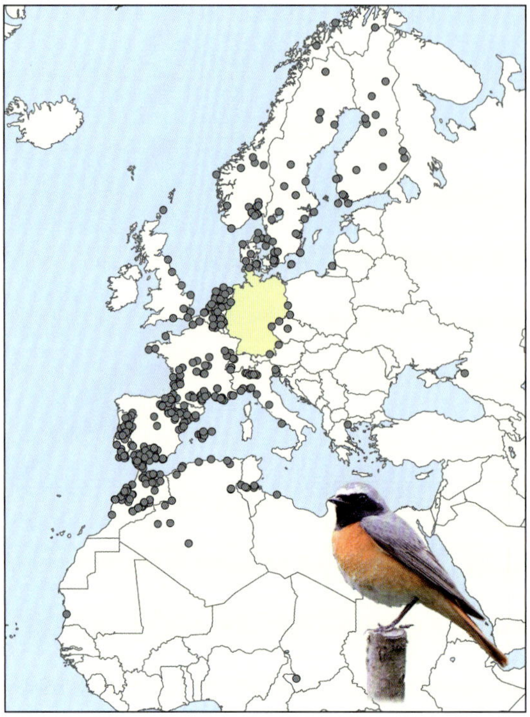

Abb. 154: Fundorte im Ausland von in Deutschland beringten Gartenrotschwänzen (aus Bairlein et al. 2014, Foto: H.-J. Fünfstück).

Gartenrotschwänze aus Deutschland weiter östlich gefunden. Funde im Winter nördlich der Sahara deuten auf einzelne Überwinterungen außerhalb des tropischen Winterquartiers hin. Der größte Teil europäischer Gartenrotschwänze überwintert im tropischen Afrika, wie auch Vögel mit Geolokatoren aus S-Schweden zeigen (Abb. 155).

Mehr Funde in Tunesien und Italien auf dem Frühjahrs- als auf dem Herbstzug lassen vermuten, dass ein Teil der in Mitteleuropa brütenden Gartenrotschwänze einen im Frühjahr mehr östlich liegenden Schleifenzug über das zentrale Mittelmeer macht. Doch der größte Teil der Gartenrotschwänze zieht aus SW wieder in die Brutgebiete ein, wie auch die mit Geolokatoren bestückten schwedischen Vögel zeigen.

Unter den auch in Deutschland brütenden Singvögeln zeigt der **Steinschmätzer** eines der vielfältigsten Zugsysteme. Das Brutgebiet des Steinschmätzers umfasst die gesamte Paläarktis nördlich von Marokko im SW bis in den äußersten NO Sibiriens und er brütet auch in Alaska, auf Island, Grönland und im NO Kanadas. Alle Populationen des Steinschmätzers sind Langstreckenzieher, die im tropischen Afrika überwintern. Steinschmätzer aus Alaska, die in O-Afrika überwintern, sind mit einem Zugweg von mehr als 14.000 km die Singvögel mit dem längsten Zugweg überhaupt (Abb. 156). Ein mit einem Geolokator auf der Baffin-Insel in der kanadischen Arktis ausgestatteter Steinschmätzer überquerte die etwa 3400 km lange Strecke über den Atlantik ohne Zwischenhalt, wie auch Steinschmätzer von der W-Küste Grönlands und von Island. Sie alle ziehen zunächst nach NW-Europa und von hier weiter in W-afrikanische Überwinterungsgebiete (Abb. 157). In Deutschland beringte Steinschmätzer (Abb. 158) ziehen über W- und SW-Europa sowie N-Afrika in W-afrikanische Überwinterungsgebiete, ebenso wie die Vögel

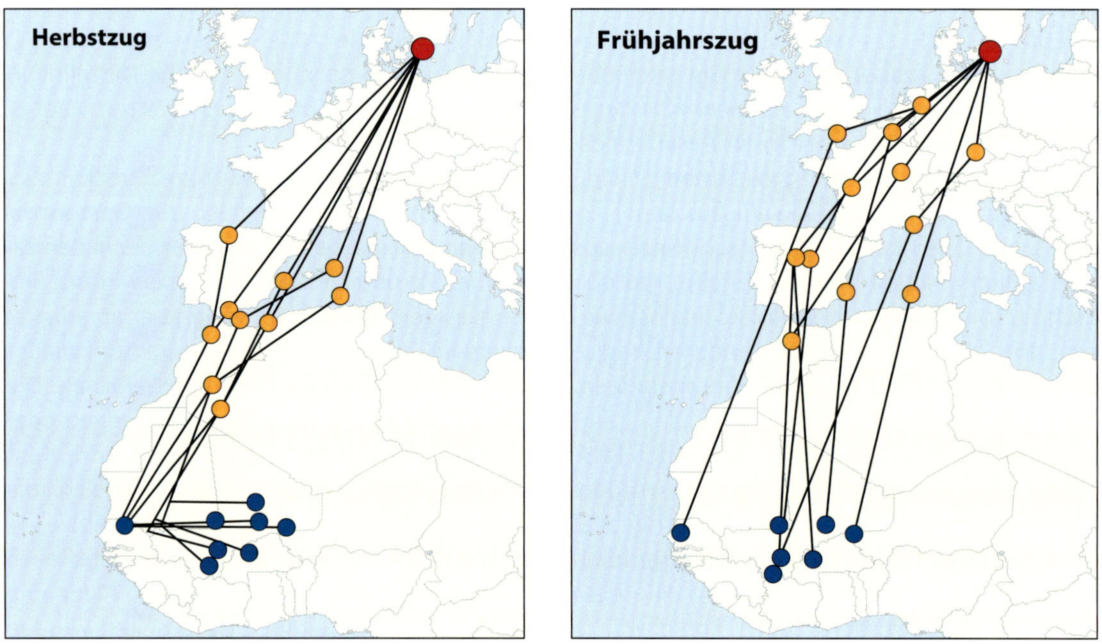



Abb. 155: Zugwege (Linien), Rastplätze (orange Punkte) und Winterorte (blaue Punkte) von in S-Schweden (roter Punkt) mit Geolokatoren markierten Gartenrotschwänzen (nach Kristensen et al. 2013).

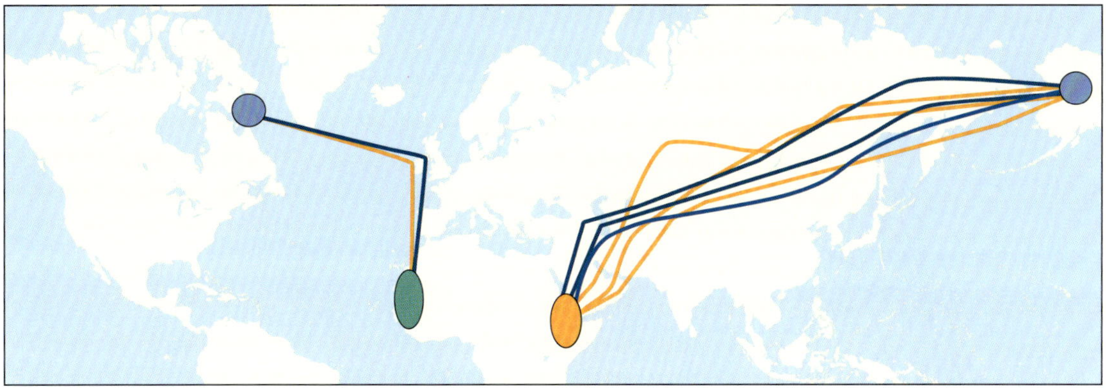

Abb. 156: Zugrouten und Winterorte von in Alaska bzw. auf der Baffin-Insel (NO Kanada) mit Geolokatoren ausgestatteten Steinschmätzern. Blaue Linien: Herbstzug; orange Linien: Frühjahrszug; Ellipsen: Winterareale (nach Bairlein et al. 2012).

Steinschmätzer (Foto: H. Schmaljohann)

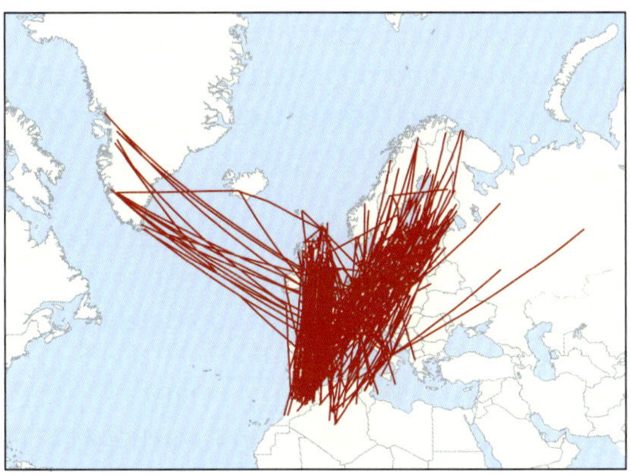

Abb. 157: Ringfunde von in Grönland und Europa beringten Steinschmätzern (Quelle: Datenbank der Union Europäischer Beringungszentralen EURING; Karte: O. Geiter).

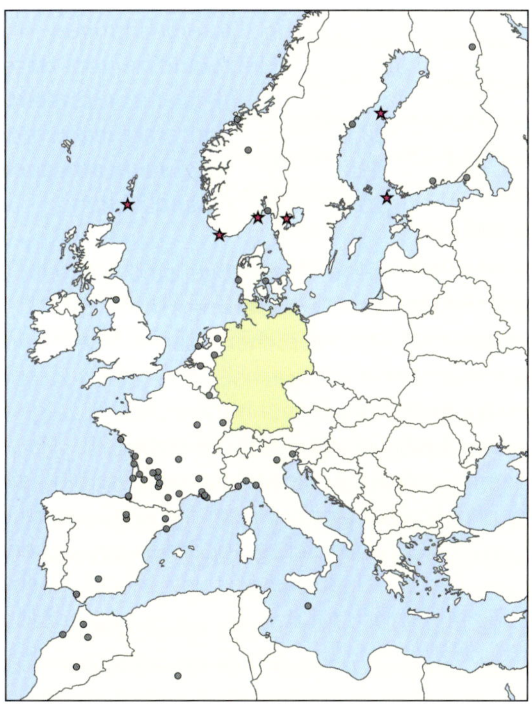

Abb. 158: Ringfunde von in Deutschland beringten (Punkte) und ausländische Beringungsorte von in Deutschland gefundenen (Sterne) Steinschmätzern (aus Bairlein et al. 2014).

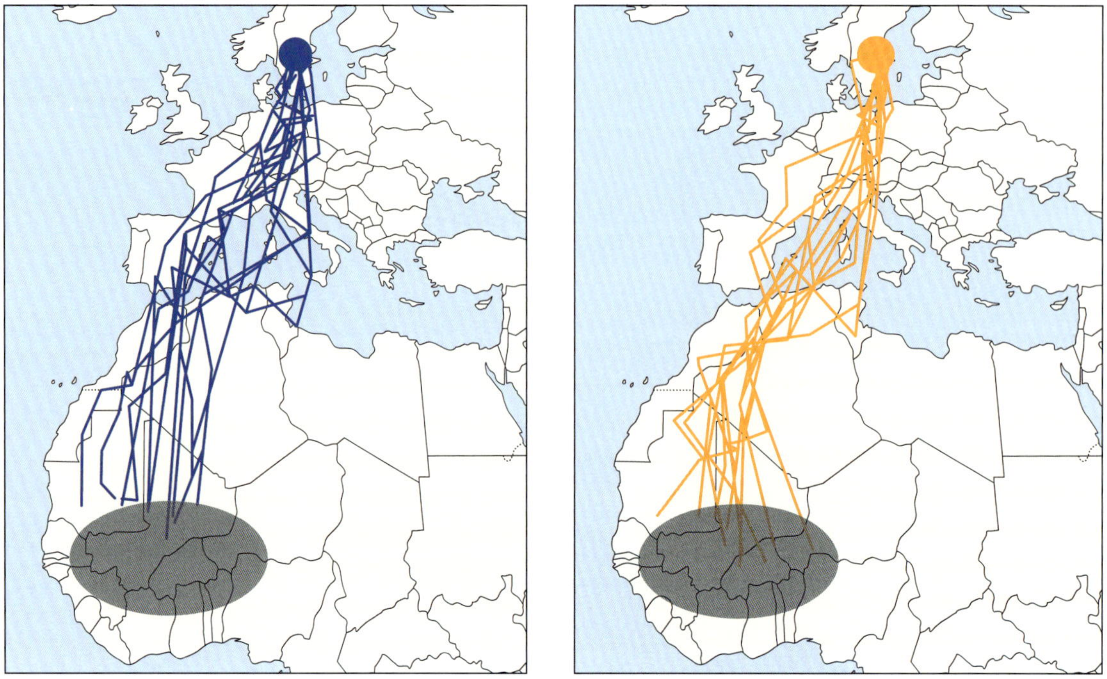

Abb. 159: Zugwege im Herbst (blau) und Frühjahr (orange) sowie Wintergebiet (grau) von in Mittel-Schweden mit Geolokatoren markierten Steinschmätzern (nach Arlt et al. 2015).

aus Skandinavien und NO-Europa. Zur Lage der Winterquartiere lieferten Ringfunde bisher keine Belege, doch Untersuchungen mit Geolokatoren haben diese Lücke geschlossen (Abb. 159). Sie zeigen, dass kanadische sowie west-, mittel- und nordeuropäische Steinschmätzer in der Sahelzone W-Afrikas überwintern.

Nach den Ringfunden umfasst das Einzugsgebiet durch Deutschland ziehender Steinschmätzer Fennoskandien und Großbritannien. Biometrische Untersuchungen an Steinschmätzern auf Helgoland zeigen, dass zudem auch Vögel der in Island, Grönland und O-Kanada brütenden Unterart *leucorhoa* sowohl auf dem Herbst- wie auch auf dem Frühjahrszug durch Deutschland ziehen.

Nahezu „perfekte“ Standvögel sind die heimischen **Haus-** und **Feldsperlinge** (Abb. 160, 161). Beide sind ausgesprochen standorttreu und machen kaum Ortswechsel, die über 100 km hinausgehen. Brutvögel höherer Lagen zeigen Vertikalwanderungen in die Tallagen. Mancherorts, wie auf Hiddensee, verlässt ein Teil der Haussperlinge im Winter die Insel. Die beiden in SO-Frankreich gefundenen Haussperlinge aus SW-Deutschland sowie die Beobachtung im Herbst auf dem Schweizer Alpenpass Col de Bretolet durchziehender Haussperlinge zeigen, dass Haussperlinge vereinzelt auch längere Wanderungen durchführen können, doch scheint es sich hierbei mehr um Zerstreuungswanderungen (Dismigration) als um „echten“ Zug, Pendelzug mit Rückwanderung in das Brutgebiet, zu handeln.

Etwas mehr als der Haussperling neigt der Feldsperling zu Wanderungen, insbesondere im N seines Brutgebietes. So treten Feldsperlinge regelmäßig westlich und südlich des Brutareals auf, dabei bis über 700 km entfernt z. B. in Frankreich und N-Italien, doch der Großteil heimischer Feldsperlinge ist sehr standorttreu und die meisten einheimischen Feldsperlinge verbringen die Wintermonate in der Nähe ihrer Brutgebiete.

Die meisten heimischen **Bachstelzen** (Abb. 162) verlassen ihre Brutgebiete ab August, wobei die Jungvögel zuerst ziehen. Ihre Überwinterungsgebiete liegen vor allem im S der Iberischen Halbinsel und in NW-Afrika. Ab Ende Februar kehren die ersten Bachstelzen in ihre Brutgebiete zurück. Neuerdings scheinen mehr Vögel als früher auch in Mitteleuropa zu überwintern. Hinweise, dass Bachstelzen aus Deutschland auch südlich der Sahara überwintern, gibt es nicht. Bei den in den Savannen südlich der Sahara und in O-Afrika sogar bis südlich des Äquators überwinternden Bachstelzen handelt es sich wohl um mehr nördliche und östliche Populationen.

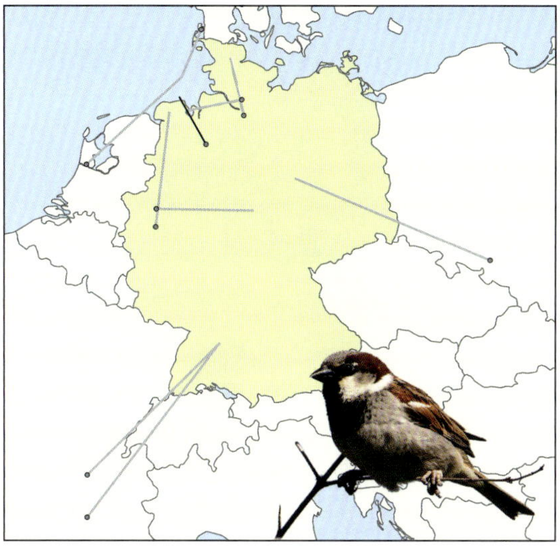

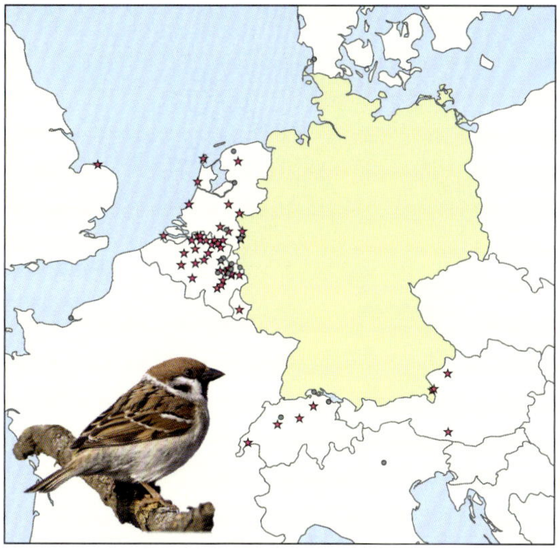

Abb. 160: Fernfunde (>100 km) von in Deutschland beringten Haussperlingen (aus Bairlein et al. 2014, Foto: H.-J. Fünfstück).

Abb. 161: Fundorte im Ausland von in Deutschland beringten (Punkte) und ausländische Beringungsorte von in Deutschland gefundenen (Sterne) Feldsperlingen (aus Bairlein et al. 2014, Foto: H.-J. Fünfstück).

Nördlich von Dänemark und in etwa im Weichselgebiet verläuft eine Zugscheide. Bachstelzen aus Fennoskandien sowie aus O-Europa ziehen überwiegend nach S bis SSO, weshalb aus diesen Regionen kaum Wiederfunde von in Deutschland beringten Bachstelzen vorliegen.

Mitteleuropäische Bachstelzen dagegen ziehen im Herbst in einem Breitfrontzug hauptsächlich nach SW, nur gelegentlich nach S.

Anders als die Bachstelze ist die **Schafstelze** (Abb. 163) ein Langstreckenzieher, der in Afrika südlich der Sahara überwintert, in geringer, seit Mitte der 1990er-Jahre aber zunehmender Zahl auch im Mittelmeergebiet. Ihre Brutgebiete in Deutschland verlässt sie ab Mitte Juli, vor allem zwischen Ende August und Mitte September; im Frühjahr kehren die ersten Schafstelzen ab Anfang März zurück.

Die meisten Funde von in Deutschland zur Brut- oder Zugzeit beringten Schafstelzen liegen auf dem Herbstzug aus südwestlichen Richtungen vor und konzentrieren sich in SW-Europa und in NW-Afrika. Sowohl in Deutschland brütende Schafstelzen als auch die hier durchziehenden Thunbergschafstelzen aus N- und O-Europa schlagen also im Wesentlichen die gleichen Richtungen ein.

Der häufigste Brutvogel Deutschlands, der **Buchfink**, brütet in ganz Europa mit Ausnahme des hohen Nordens. Die Brutgebiete im N werden in der Regel geräumt, wobei die Hauptüberwinterungsgebiete in W-, SW- und S-Europa liegen. Vor allem Männchen überwintern aber auch schon in geringer Zahl in Norwegen und Mittelschweden. Weibchen ziehen in der Regel weiter als Männchen. In Deutschland ist der Buchfink Teilzieher, teilweise wetterabhängig, und vor allem Männchen überwintern in großer Zahl in Deutschland.

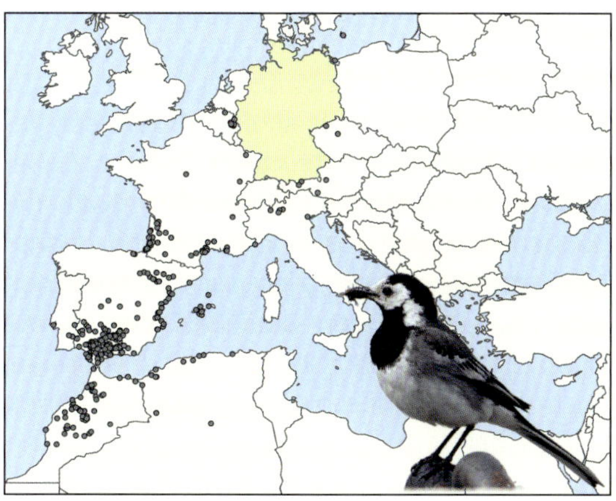

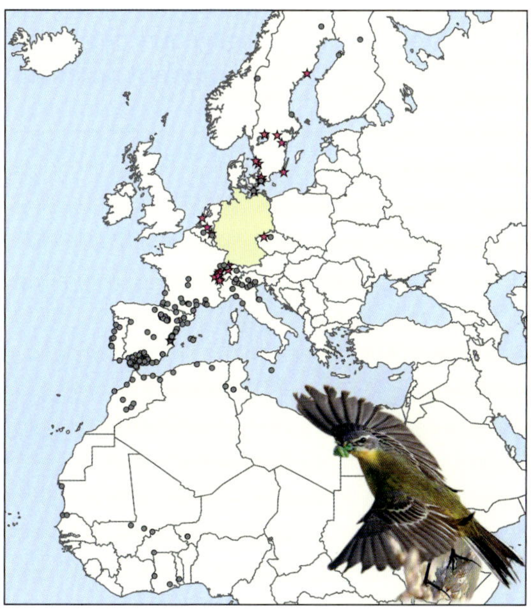

Abb. 162: Fundorte im Ausland von in Deutschland beringten Bachstelzen (aus Bairlein et al. 2014, Foto: H.-J. Fünfstück).

Abb. 163: Fundorte im Ausland von in Deutschland beringten (Punkte) und ausländische Beringungsorte von in Deutschland gefundenen (Sterne) Schafstelzen (aus Bairlein et al. 2014, Foto: J. Schneider).

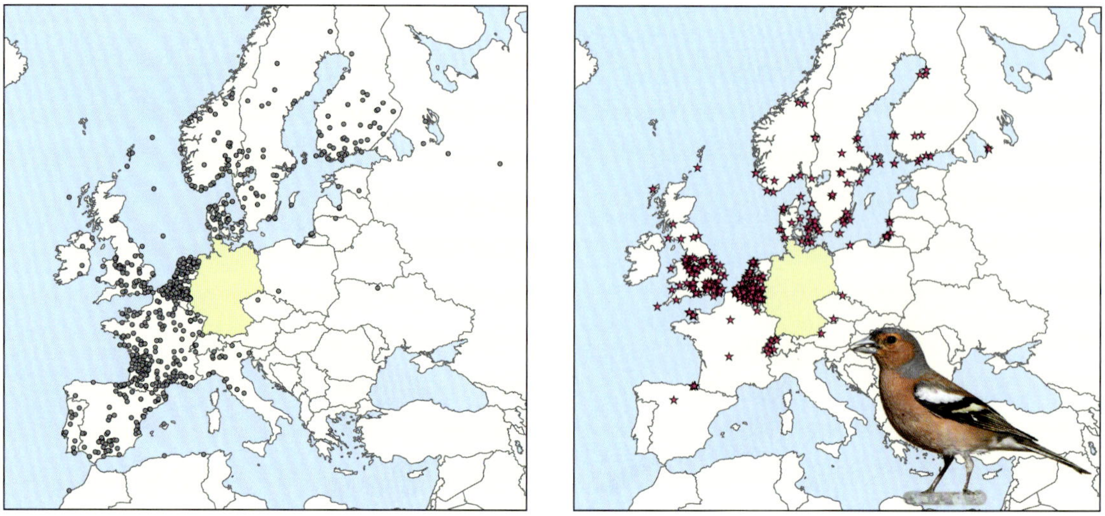

Abb. 164: Fundorte im Ausland von in Deutschland beringten (links) und ausländische Beringungsorte von in Deutschland gefundenen (rechts) Buchfinken (aus Bairlein et al. 2014, Foto: H.-J. Fünfstück).

Fundorte von in Deutschland beringten Vögeln streuen zwischen N-Skandinavien und NW-Afrika, Einzelfunde liegen aus NW-Russland und der Ukraine vor (Abb. 164). Der Zug zentral- und NO-europäischer Buchfinken verläuft überwiegend nach SW bis WNW, gelegentlich bis in den N der Britischen Inseln.

Im Herbst durch Deutschland ziehende Buchfinken kommen aus Fennoskandien, dem Baltikum und NW-Russland. Dabei zeigt sich, dass Vögel verschiedener Herkunft auf recht parallelen Zugwegen mit kaum Überlappung ziehen (Abb. 165).

Etwa 30 % der Funde von in Deutschland zur Brutzeit beringten Buchfinken finden sich im Winter weniger als 100 km vom Beringungsort entfernt; sie überwintern also recht lokal. Zugleich ziehen andere bis nach Marokko. Das Hauptüberwinterungsgebiet der Zieher ist Frankreich. Dabei überwintern norddeutsche Brutvögel weiter im N als Buchfinken aus weiter südlicheren Regionen. So stammen die Winternachweise in England, Belgien und N-Frankreich fast ausschließlich von Brutvögeln des norddeutschen Tieflandes, während in S-Frankreich, auf der Iberischen Halbinsel und in Marokko hauptsächlich Brutvögel aus südlicheren Regionen gefunden wurden.

Zu den lokal überwinternden einheimischen Buchfinken gesellen sich im Winter Brutvögel aus Fennoskandien und Russland, auch wenn die Mehrzahl der Brutvögel NO-Europas weiter im W und SW überwintert.

Der **Bergfink** brütet nicht in Deutschland, ist aber ein in manchen Jahren sehr auffälliger Durchzügler und Wintergast und kann in Gebieten mit ausgeprägter Buchenmast in Millionen auftreten. Seine Brutgebiete in den borealen Wäldern der Paläarktis räumt er in der Regel im Winter komplett, doch Intensität des Zuges, Lage der Überwinterungsgebiete sowie die regionalen Winterbestände sind stark von Wetterlage und Nahrungsverfügbarkeit abhängig. Sein Überwinterungsgebiet reicht von S-Skandinavien bis an das Mittelmeer, gelegentlich wird auch N-Afrika erreicht. Dabei verbleiben die Männchen weiter im N als die Weibchen. Funde von in Deutschland beringten Bergfinken konzentrieren sich im südlichen Skandinavien, in den Beneluxstaaten sowie jagdbedingt in SW-Frankreich und N-Italien, doch reichen Funde bis ins westliche Sibirien (Abb. 166).

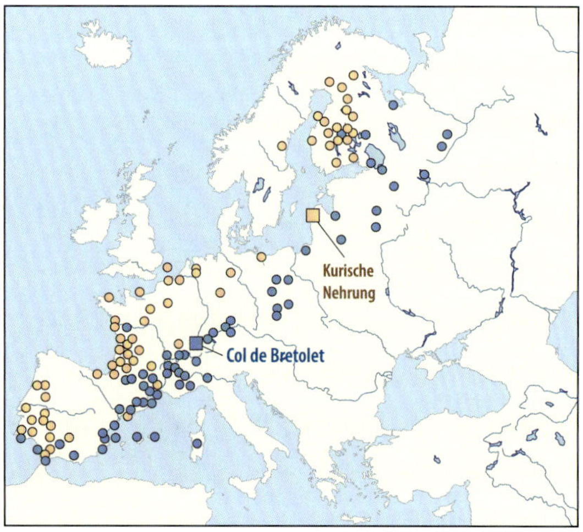


Abb. 165: Die Fundorte von während des Herbstzuges auf dem Schweizer Alpenpass Col de Bretolet (blaues Quadrat) bzw. in Rybachy auf der Kurischen Nehrung (oranges Quadrat) beringten Buchfinken zeigen, dass die Zugrouten der beiden „Populationen" nahezu parallel verlaufen und sich kaum überlappen (nach Zink & Bairlein 1996).

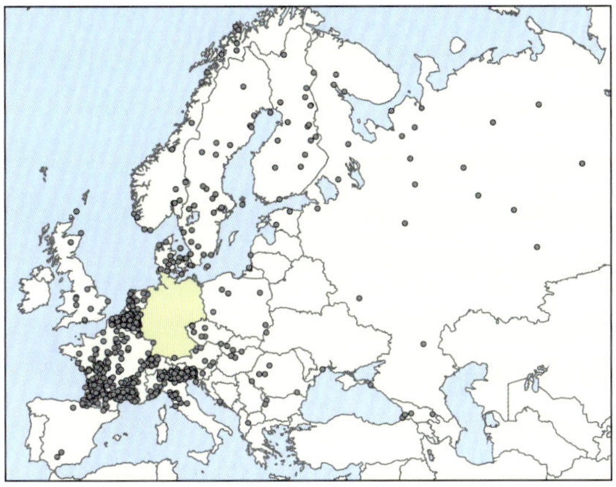

Abb. 166: Funde im Ausland von in Deutschland beringten Bergfinken (aus: Bairlein et al. 2014).

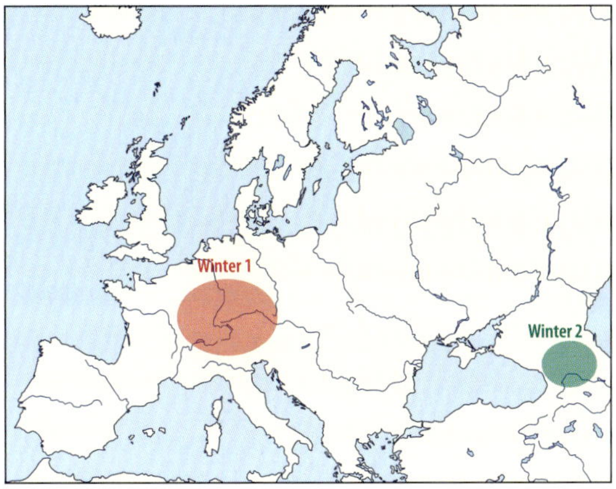


Abb. 167: Fernfunde von in Mitteleuropa (rot) im Winter beringten Bergfinken in einem späteren Winter (grün)(nach Zink & Bairlein 1996).

In Abhängigkeit von den jeweils herrschenden Wetter- und Nahrungsverhältnissen kann es zu ausgeprägtem Wechsel in den Winterquartieren kommen. So fanden sich im Winter in Deutschland beringte Bergfinken in einem späteren Winter im Kaukasus (Abb. 167). Doch auch entlang der regulären Zugachse skandinavischer Bergfinken kann es nahrungsbedingt Ortswechsel in unterschiedlichen Wintern geben, wie Funde von in Deutschland beringten Vögeln in einem späteren Winter in SW-Frankreich zeigen. Andererseits ist aber auch Winterortstreue über mehrere Jahre hinweg in Deutschland nachgewiesen. Das jährliche Zugverhalten ist also stark von Witterung und Nahrung bestimmt.

Auch der **Birkenzeisig** tritt in Deutschland bisweilen in großen Schwärmen auf. Dabei handelt es sich um den in Skandinavien bis NW-Russland brütenden „Taigabirkenzeisig“ (*Carduelis flammea flammea*), der insbesondere bei Nahrungsmangel invasionsartig nach Mitteleuropa kommt, meist Mitte September bis in den Dezember. Dabei können aus demselben Brutgebiet in verschiedenen

kenzeisige (Foto: R. Martin)

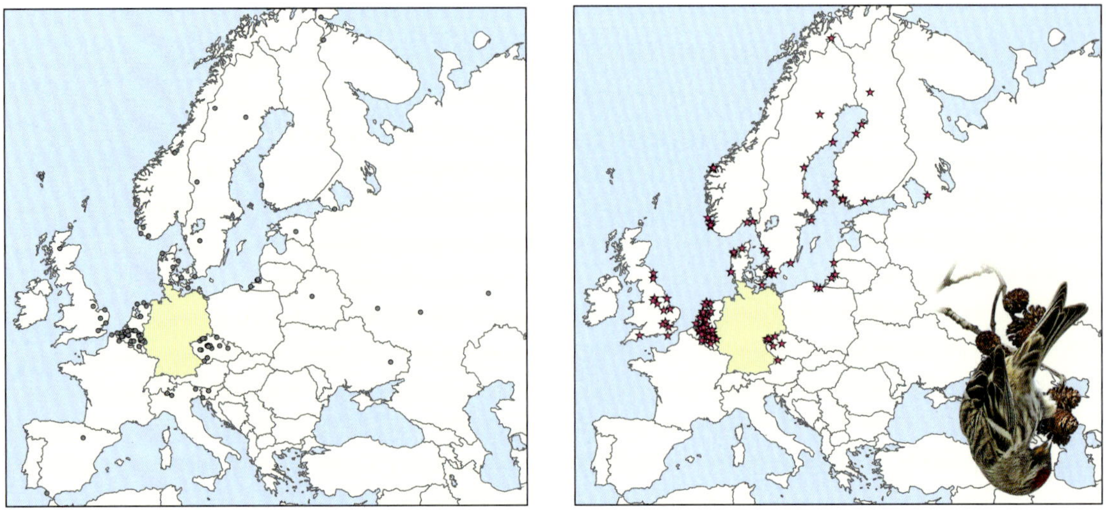

Abb. 168: Fundorte im Ausland von in Deutschland beringten (links) sowie ausländische Beringungsorte von in Deutschland gefundenen (rechts) Birkenzeisigen (aus Bairlein et al. 2014, Foto: H.-J. Fünfstück).

Invasionsjahren ganz unterschiedliche Ziele angeflogen werden. Der in Deutschland von den Alpen bis zur Nordseeküste brütende „Alpenbirkenzeisig" (*C. f. cabaret*) ist hier weitgehend Standvogel, der aber bei Nahrungsmangel ebenfalls evasionsartig abwandern kann. In den Alpen macht der Alpenbirkenzeisig Vertikalwanderungen zur Überwinterung in den Tallagen. Die Überwinterungsgebiete ziehender Individuen beider Unterarten sind Mittel- und O-Europa sowie das südliche Fennoskandien; das Mittelmeergebiet wird nur gelegentlich erreicht. Gelegentlich kommen auch Birkenzeisige aus Grönland (*C. f. rostrata*) und Island (*C. f. islandica*) nach Deutschland.

Funde von Birkenzeisigen mit Bezug zu Deutschland (Abb. 168) streuen zwischen dem äußersten N Fennoskandiens, den Färöer-Inseln und S-Spanien im W bis 50°O in Russland und umfassen somit Brut- und Überwinterungsgebiete des „Alpen"- wie des „Taigabirkenzeisigs".

Im Herbst ziehen Birkenzeisige aus verschiedenen Regionen nach und durch Deutschland. Ein Teil der nach Deutschland zuziehenden Birkenzeisige kommt aus Fennoskandien und dem Baltikum, andere von den Britischen Inseln. Die hauptsächliche Zugrichtung fennoskandischer „Taigabirkenzeisige" ist aber O bis SO und dabei können einzelne Vögel bis nach N-China gelangen.

Birkenzeisige zeigen eine hohe individuelle Flexibilität bei der Wahl ihrer Überwinterungsgebiete und können in verschiedenen Jahren über 2000 km voneinander entfernte Winterquartiere haben

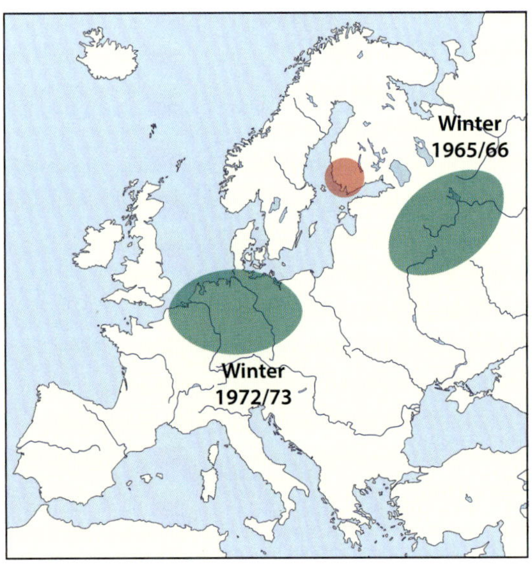


Abb. 169: Während in S-Finnland (rot) beringte Birkenzeisige im Winter 1965/66 südöstlich ihrer Brutgebiete gefunden wurden, kamen sie im Winter 1972/73 größtenteils nach Mitteleuropa (nach Zink & Bairlein 1996). →

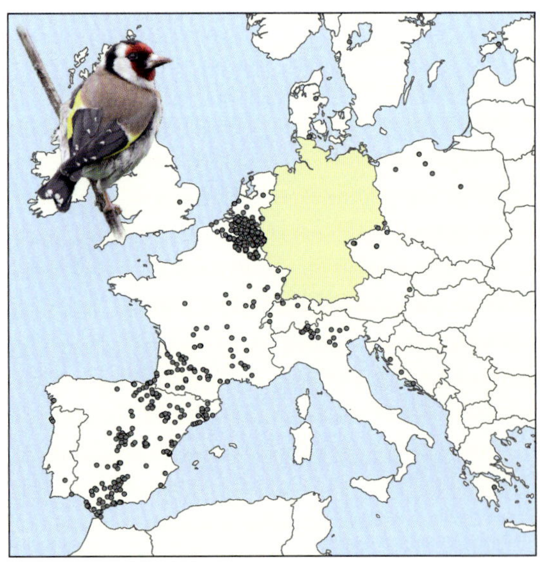

Abb. 170: Fundorte im Ausland von in Deutschland beringten Stieglitzen (aus Bairlein et al. 2014, Foto: H.-J. Fünfstück). →→

Stieglitze (Foto: G. Bachmeier)

(Abb. 169). So wurden drei der Funde in der Ukraine und in W-Russland, die weit südlich der nächsten Brutgebiete liegen, in einem früheren Winter in Deutschland beringt und ein im Dezember in NO-Brandenburg beringter Vogel befand sich sechs Jahre später ebenfalls im Dezember an der S-spanischen Atlantikküste. Richtung und Reichweite der Invasionen bzw. des Zuges und die Lage der Überwinterungsgebiete sind dabei wahrscheinlich von der Nahrungsverfügbarkeit abhängig. So überqueren „Alpenbirkenzeisige" der Britischen Inseln den Ärmelkanal in großer Zahl nur in Jahren mit dort geringer Birkenmast und erreichen in solchen Evasionsjahren Italien und S-Frankreich, während in guten Nahrungsjahren nur wenige britische Vögel nach Mitteleuropa ziehen.

In Deutschland brütende **Stieglitze** (Abb. 170) sind Teilzieher: ein Teil verbleibt in der Nähe des Brutplatzes, andere ziehen nach Belgien, S-Frankreich oder Spanien, möglicherweise vereinzelt auch nach Marokko, wie Funde in Gibraltar und der dort starke Durchzug von Stieglitzen vermuten lassen.

Stieglitze aus dem Alpenvorland schlagen jedoch auch den direkten Weg nach S ein und gelangen so nach N-Italien. Unklar bleibt aber, ob Vögel, die von Deutschland nach S ziehen, in Italien überwintern oder nach N-Afrika bzw. zur Iberischen Halbinsel weiterziehen. Auch wenn die hauptsächliche Wegzugrichtung heimischer Stieglitze SW ist, ziehen einige auch nach SO.

Ziehende Stieglitze verlassen ihre Brutplätze vor allem zwischen September und Ende Oktober, doch Wetterfluchten von in Deutschland überwinternden Vögeln sind während des ganzen Winters zu beobachten. Die Rückkehr in die Brutgebiete sowie der Durchzug nördlicher Vögel findet hauptsächlich in der zweiten Aprilhälfte statt.

Bei den beringten Stieglitzen, die im Winter in Deutschland gefunden wurden, handelt es sich ausnahmslos um mehr oder weniger regionale Überwinterer. Es liegen keine Winterfunde von im Ausland beringten Vögeln vor. Dies spricht dafür, dass nordische Brutvögel einen sog. Übersprungzug machen und weiter südlich überwintern als die Brutvögel in Deutschland.

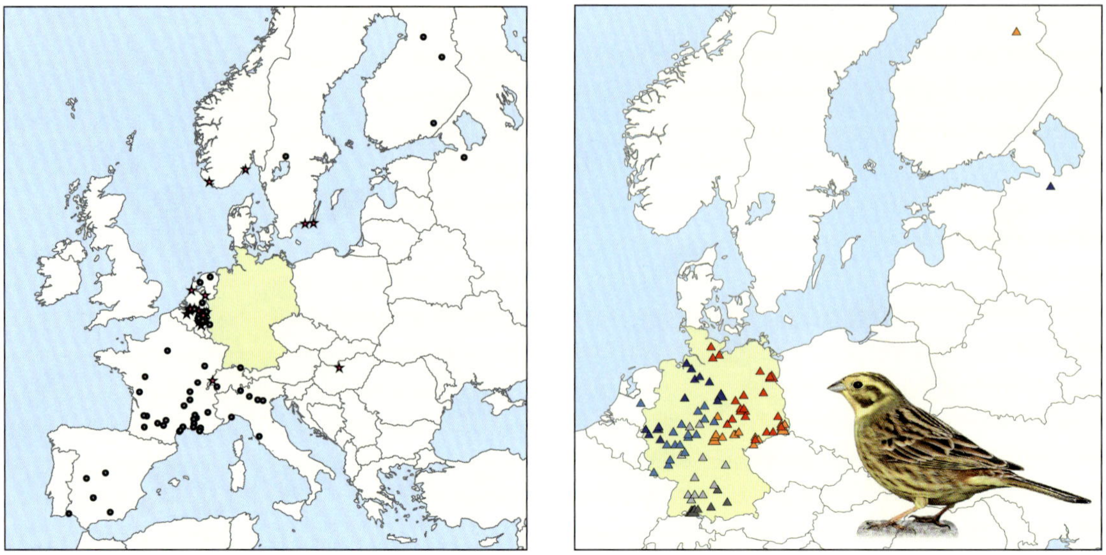

Abb. 171: Links: Fundorte im Ausland von in Deutschland beringten (Punkte) und ausländische Beringungsorte von in Deutschland gefundenen (Sterne) Goldammern. Rechts: Aufenthaltsorte zur Brutzeit von im Winter in den verschiedenen Naturräumen Deutschlands anwesenden Goldammern (aus Bairlein et al. 2014, Foto: H.-J. Fünfstück).

Die in Deutschland brütenden **Goldammern** sind größtenteils ganzjährige Standvögel. Ziehende Vögel fanden sich vor allem in Belgien und Frankreich, einige auch in Spanien und N-Italien (Abb. 171). Die Brutzeitfunde von in Deutschland im Winter beringten Goldammern in Finnland und NO-Russland zeigen, dass von dort Zuzug nach Deutschland stattfinden kann, obwohl ansonsten auch fennoskandische Goldammern weitgehend Standvögel sind und vereinzelt sogar am Polarkreis überwintern. Der weitaus größte Teil der Winterfunde in Deutschland stammt von den einheimischen Brutvögeln und zeigt die geringe Zugneigung der Goldammer. Ausnahmen sind je ein Vogel aus Finnland und NW-Russland.

nshühnchen
:o: H.-J. Fünfstück)

# Vogelzug – global

3

Vogelzug ist ein weltweites Schauspiel. Mindestens 40 % aller weltweiten Vogelarten machen in irgendeiner Weise größere Wanderungen. Auch wenn Vogelzug oftmals mit dem Zug aus nördlichen Brutgebieten in südliche Nicht-Brutgebiete gleichgesetzt wird, gibt es Vogelzug auf allen Kontinenten, zwischen Kontinenten und auch innerhalb der Tropen, in alle Himmelsrichtungen und über Entfernungen von wenigen Dutzend bis vielen Tausenden Kilometern, über Hochgebirge, Wüsten, Meere und Ozeane.

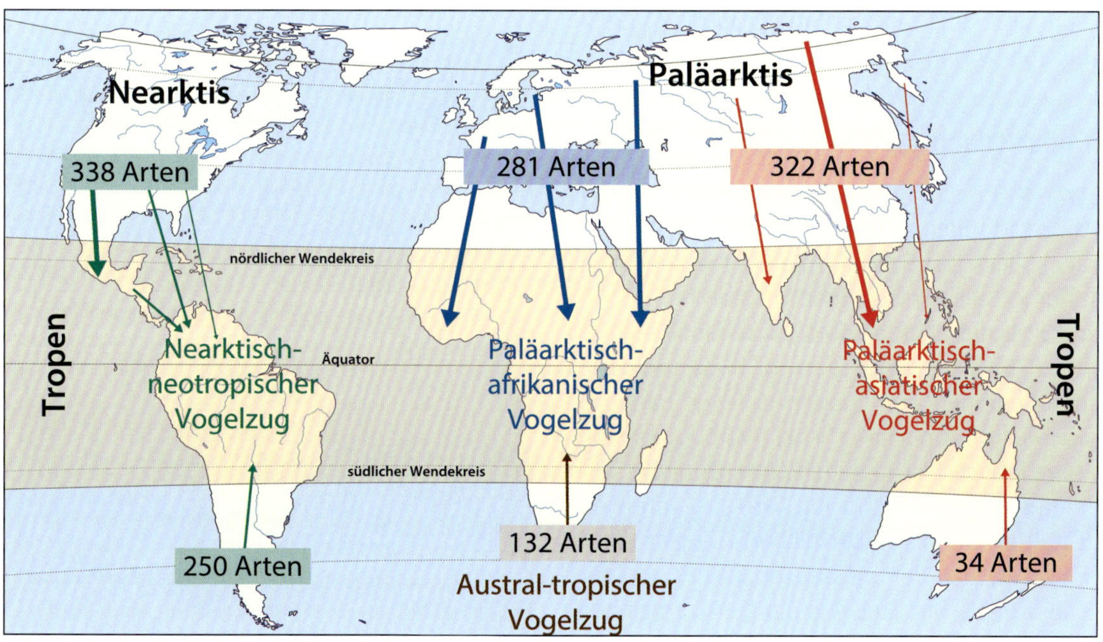


Abb. 172: Die hauptsächlichen Vogelzugsysteme in die Tropen (nach Bairlein 1998).

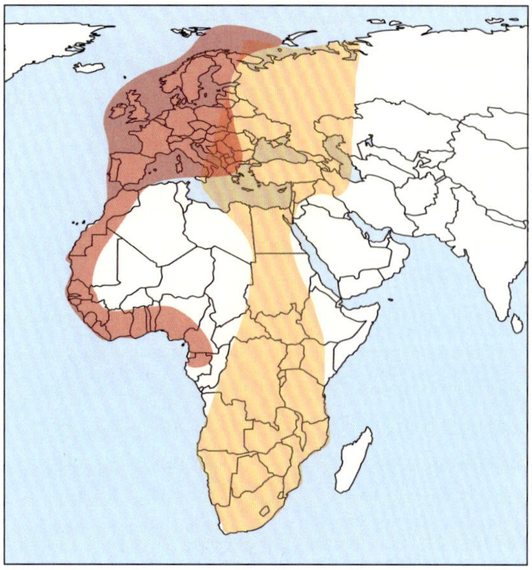

Abb. 173: Die beiden hauptsächlichen Zugkorridore zwischen Europa und Afrika (nach Bairlein 1994).

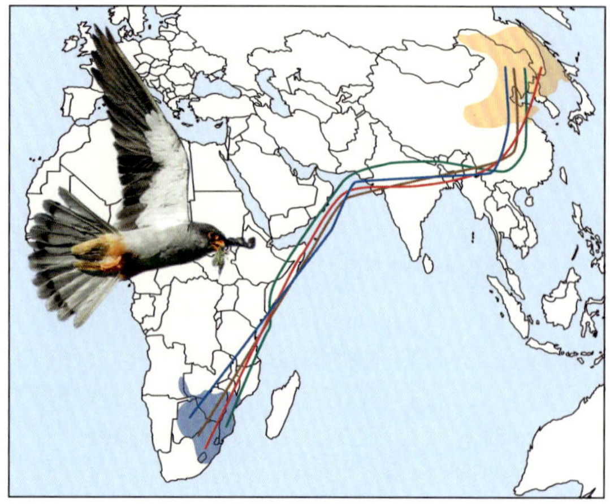

Abb. 174: Amurfalken ziehen aus ihrem NO-asiatischen Brutgebiet in Winterquartiere in SO-Afrika: Routen von mit Sendern markierten Vögeln (Karte nach https://de.wikipedia.org/wiki/Amurfalke#/media/Datei:Falco_amurensis_distr.png; Routen nach https://www.satellitetracking.eu/, Foto: M. Grimm

Allein in die tropischen Regionen ziehen alljährlich mehrere Milliarden von Zugvögeln (Abb. 172). Aus Europa ziehen etwa 2,5–3 Milliarden Kleinvögel ins tropische Afrika, hinzu kommen einige hundert Millionen Nicht-Singvögel, wie Greifvögel und Wasservögel. Besonders gut bekannt ist dabei der Zug von Brutvögeln der nördlichen gemäßigten Breiten, die aus Nordamerika (Nearktis) in die Tropen Mittel- und Südamerikas (Neotropis) ziehen oder aus der Paläarktis in Afrika überwintern. Weit weniger wissen wir über den Zug zentral- und ostpaläarktischer Zugvögel und vom Zug von Arten der südlich gemäßigten Zonen in die Tropen liegen nur wenige Daten vor. Bisher kaum untersucht ist der innertropische Vogelzug, aber zumindest in Afrika weit verbreitet.

## Paläarktisch-afrikanischer Vogelzug

Etwa 480 Brutvogelarten und Unterarten der Paläarktis überwintern in Afrika, die Mehrzahl südlich der Sahara. Allein 63 % der Arten stammen aus der westlichen Paläarktis (-45° O) und 32 % aus Brutgebieten zwischen 45–90° O (Abb. 173). Doch auch aus noch weiter östlichen Regionen ziehen noch 15 Arten nach Afrika, wie der Amurfalke (Abb. 174) oder ostsibirische Fitisse. Der räumliche und zeitliche Verlauf der Züge nach und von Afrika ist sehr vielgestaltig. Die hauptsächlichen „Zugstraßen" (**Flyways**) sind der „westeuropäische" und der „osteuropäische" Zugweg. Einige Arten ziehen auch von Indien nach Afrika, so der Jakobinerkuckuck (Abb. 175).

Eine Vielzahl von Wasser- und Watvögeln, die von Grönland bis N-Russland brüten, ziehen auf dem Ostatlantischen Zugweg zwischen ihren arktischen Brut- und südlichen Wintergebieten (Abb. 176). Dabei ist das Wattenmeer der südlichen Nordseeküste eine Drehscheibe des Zuges. Hier versammeln sich zu den Zugzeiten 10–12 Millionen Vögel, um zu rasten und Energie für den Weiterflug aufzubauen, sei es im Herbst gen S bis nach SW-Afrika, oder im Frühjahr in die nordischen Brutgebiete. Ein Beispiel ist die Pfuhlschnepfe, deren N-europäische Population in NW-Europa überwintert, die sibirische dagegen in W-Afrika (Abb. 177).

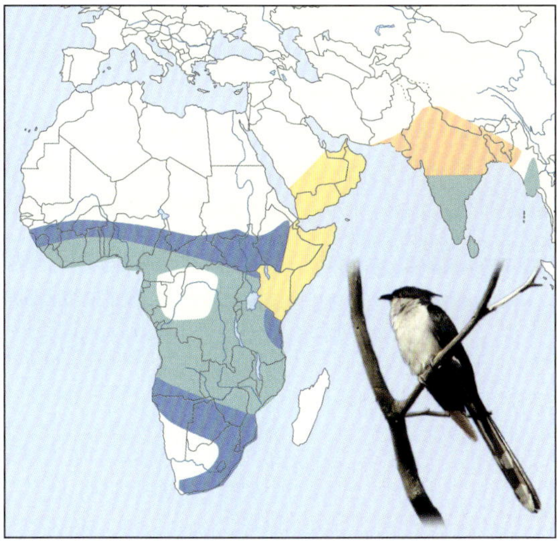

Abb. 175: Aus dem nördlichen und zentralen Indien zieht der Jakobinerkuckuck zum Überwintern nach Afrika (grün: ganzjährig vorkommend; orange: nur im Sommer anwesend; blau: Überwinterungsgebiete; gelb: Durchzugsgebiet) (Karte: https://en.wikipedia.org/wiki/Jacobin_cuckoo#/media/File:ClamatorJacobinusMap.svg, Foto: D. Macauley/wikimedia).

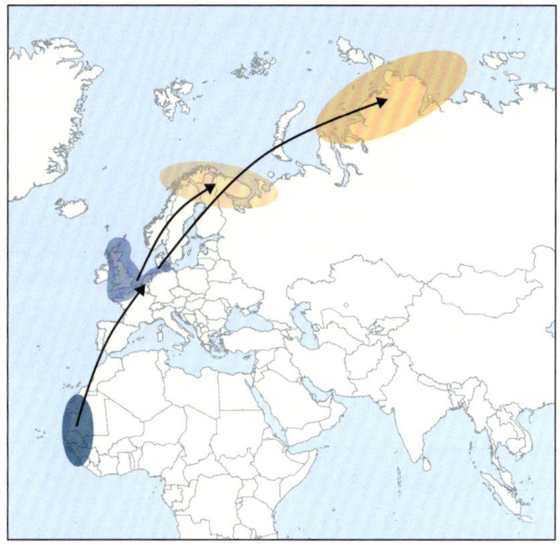

Abb. 177: Die Pfuhlschnepfe tritt im Wattenmeer in zwei Unterarten auf, *Limosa lapponica lapponica*, die im nördlichen Fennoskandien und NW-Russland brütet und im Wattenmeer und an den Küsten Englands überwintert, und *Limosa lapponica taymyrensis*, die ihre Brutgebiete vor allem auf der Taimyr-Halbinsel in N-Sibirien hat und hauptsächlich an der W-afrikanischen Küste überwintert. Letztere wird deshalb auch „afro-sibirische" Population genannt, erstere „europäische" Population. Der Zugweg der „europäischen" Population ist mit etwa 1500 km eher kurz, wogegen die „afro-sibirischen" Vögel insgesamt ca. 9500 km Strecke zwischen Brut- und Wintergebieten zurücklegen, die sie in zwei Etappen von jeweils 4500–5000 km nonstop bewältigen (nach Scheiffarth 2003).

## Paläarktisch-asiatischer Vogelzug

Ungleich weniger als über den Zug nach Afrika ist vom paläarktisch-asiatischen Vogelzug bekannt. Systematische Untersuchungen zum Vogelzug fehlen weitgehend. Denn anders als in Europa oder in N-Amerika hat sich bis heute, abgesehen von einigen lokalen Vorhaben, kein umfassendes System der wissenschaftlichen Vogelberingung etabliert. Zwei wesentliche „Zugstraßen" sind erkennbar: der zentrale, „indische" und der „ostasiatisch-aus-

Abb. 176: Ostatlantischer Zugweg

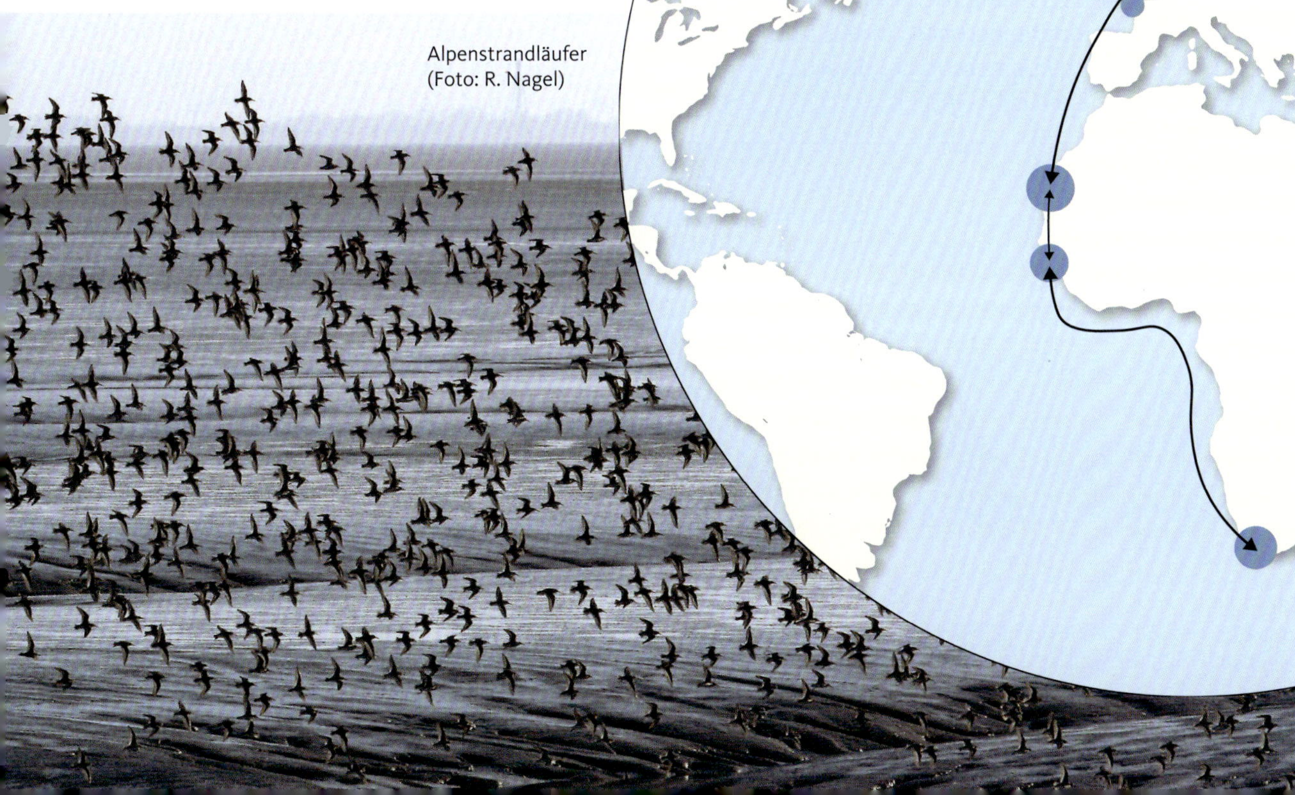

Alpenstrandläufer (Foto: R. Nagel)

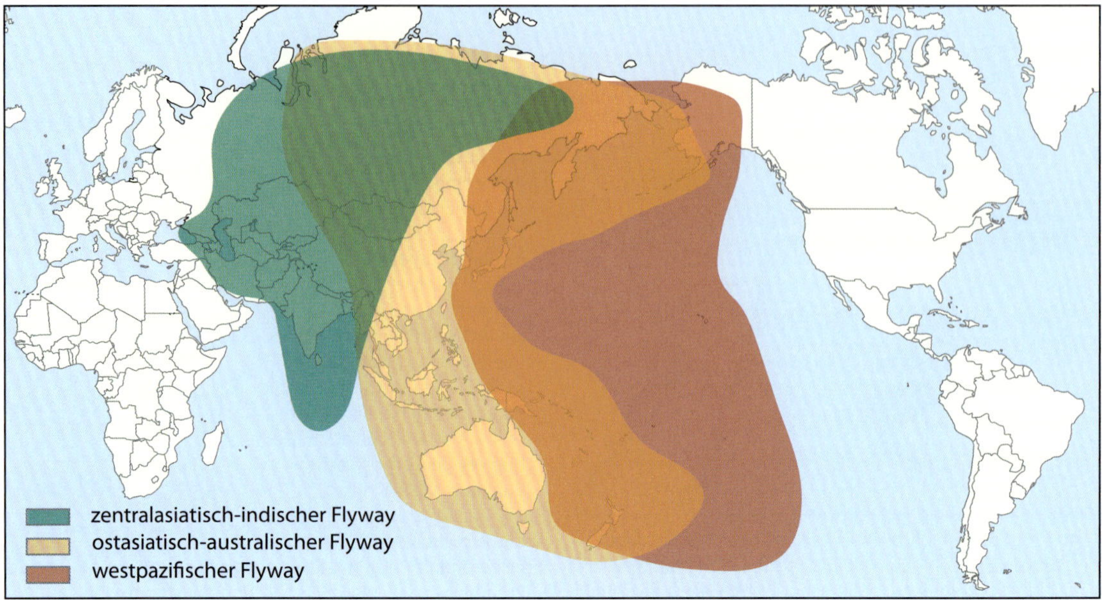


Abb. 178: Die hauptsächlichen Zugkorridore zwischen Paläarktis und S-Asien.

tralische“ Zugweg, der bis Neuseeland reicht (Abb. 178). Letzterer überlappt mit dem „westpazifischen Flyway“ vieler Wasser- und Watvögel. Auf der ostasiatisch-australischen Zugroute ziehen etwa 490 Arten, von denen etwa 400 Langstreckenzieher sind. Damit ist dieser „Flyway“ einer der w eltweit artenreichsten, doch ist er bisher sehr wenig systematisch untersucht, insbesondere was Singvögel angeht. Auf Hokkaido (Japan) mit Geolokatoren markierte Stejnegerschwarzkehlchen zogen zunächst westwärts aufs Festland und von dort zur Überwinterung nach S-China, Laos, Kambodscha, Thailand und Vietnam (Abb. 179). Japanische Rauchschwalben dagegen scheinen den Ringfunden nach direkt über das Meer zu den Philippinen und südwärts bis Indonesien zu ziehen (Abb. 180).

Den „indischen“ Zugweg benutzen insbesondere viele Wasser- und Watvögel Zentral-Sibiriens, wie Krickenten oder Kampfläufer (Abb. 181), aber auch Singvögel wie z. B. Braunkopfammern (Abb. 182).

Einzelne Arten ziehen sogar aus ihren europäischen Brutgebieten auf den indischen Subkontinent (z. B. Zwergschnäpper (Abb. 183), Weidenammer, Kappenammer oder Karmingimpel (Abb. 184)), der in N-Norwegen und Finnland brütende Wanderlaubsänger zieht sogar bis SO-Asien (Abb. 185).

Wie der Ostatlantische Zugweg ist auch der Ostasiatisch-australische Zugweg, in Kombination mit dem Westpazifischen Zugweg, einer der global bedeutendsten Zugkorridore

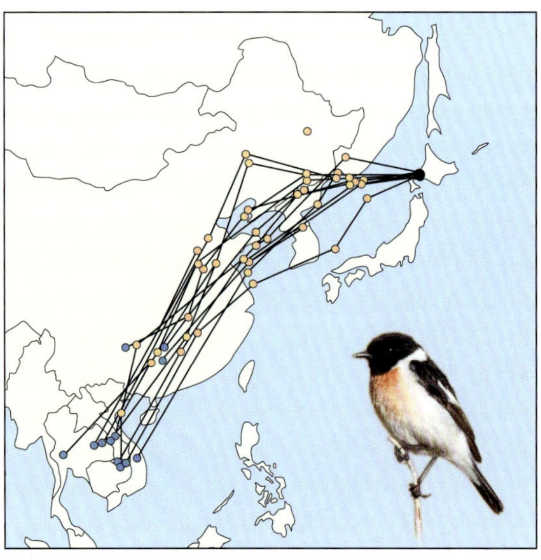

Abb. 179: Zugwege von zur Brutzeit auf Hokkaido (Japan) mit Geolokatoren markierten Stejnegerschwarzkehlchen. Orange Punkte: Rastplätze, blaue Punkte: Winterorte (nach Yamaura et al. 2017, Foto: T. Langenberg). →

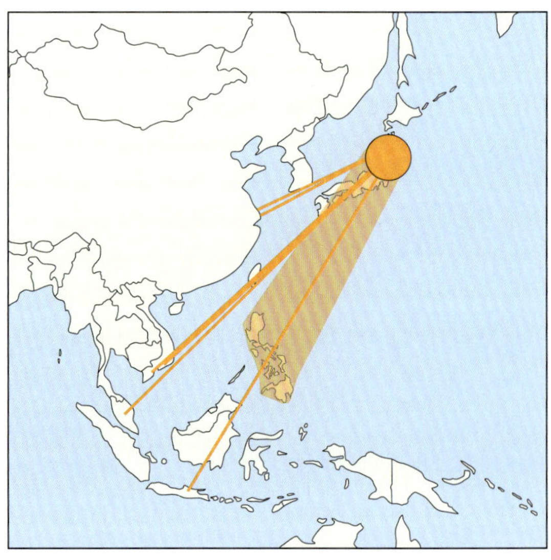

Abb. 180: Fernfunde von in Japan beringten Rauchschwalben. Die Mehrzahl japanischer Rauchschwalben zieht zu den Philippinen (nach Yamashina Institute for Ornithology 2002). →→

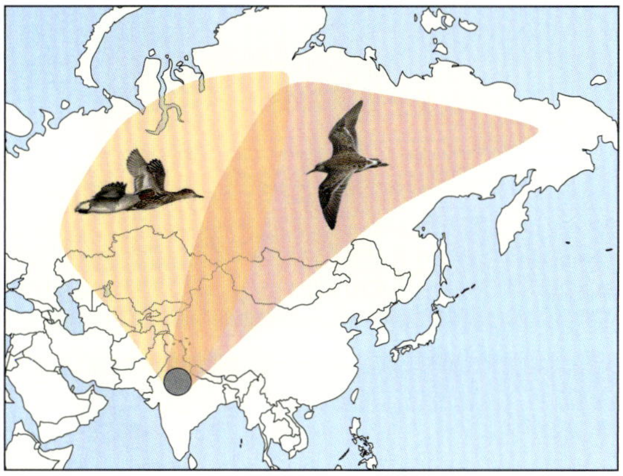

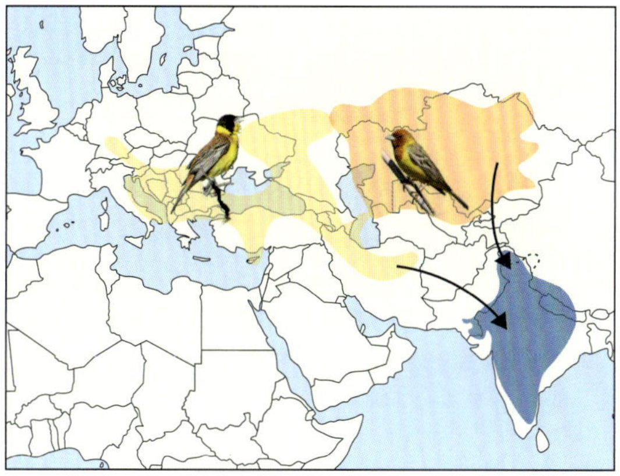

← ← Abb. 181: Fundregionen von in NW-Indien im Winter beringten Krickenten (Foto: A. Hofmann) und Kampfläufern (Foto: K. Franz) zeigen deren zentral- und nordostasiatische Brutherkunft (nach McClure 1976).

← Abb. 182:Kappenammern wie Braunkopfammern überwintern in Indien. Orange/gelb: Brutgebiete (Karte nach https://en.wikipedia.org/wiki/Black-headed_bunting#/media/File:EmberizaMap.svg, Foto: H.-J. Fünfstück).

für Wasser- und Watvogelarten, die in N-Asien und Alaska brüten und in SO-Asien und Australien und Neuseeland überwintern. Beispiele hierfür sind der Tundra-Goldregenpfeifer und die Pfuhlschnepfe (Abb. 186). Beide brüten in Alaska und ziehen im Spätsommer nonstop zum Überwintern bis nach Neuseeland. Der Rückzug im Frühjahr in die Brutgebiete in Alaska erfolgt mit Zwischenstopps weiter westlich über das Gelbe Meer, Japan und Kamtschatka. Berühmt geworden ist dabei „Pfuhlschnepfe E7". Sie war mit einem Satellitensender ausgestattet, der es ermöglichte, ihren Zugweg detailliert nachzuvollziehen (Abb. 187). Pfuhlschnepfen NO-Sibiriens dagegen ziehen zur Überwinterung an die NW-Küste Australiens (Abb. 188), nutzen aber ebenfalls die Wattgebiete des Gelben Meeres zur Rast.

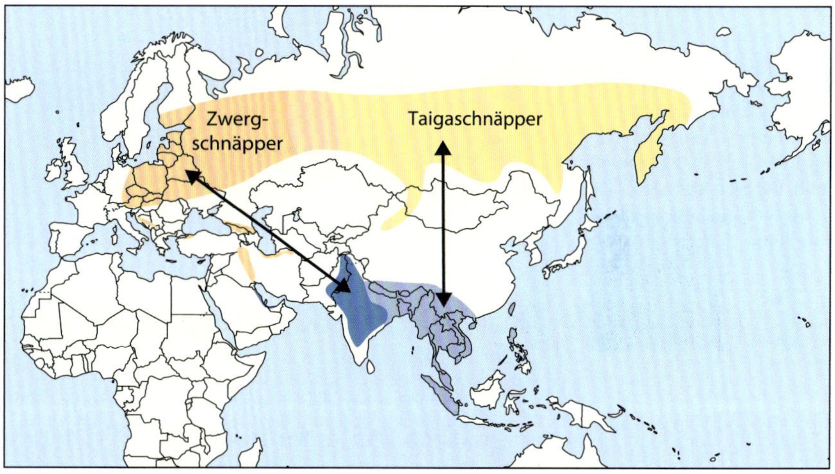


Abb. 183: Brut- und Winterverbreitung sowie, schematisch, die Zugwege von Zwergschnäpper und Taigaschnäpper (Karte nachhttps://de.wikipedia.org/wiki/Zwergschn%C3%A4pper#/media/Datei:Ficedula_parva_&_Ficedula_albicilla_distribution.png).

Abb. 184: Zugwege und Wintergebiete von drei in S-Schweden mit Geolokatoren markierten Karmingimpeln. Alle drei Vögel zeigten einen Schleifenzug mit im Frühjahr (gestrichelte Linien) weiter südlichen Routen als im Herbst (nach Stach et al. 2016).

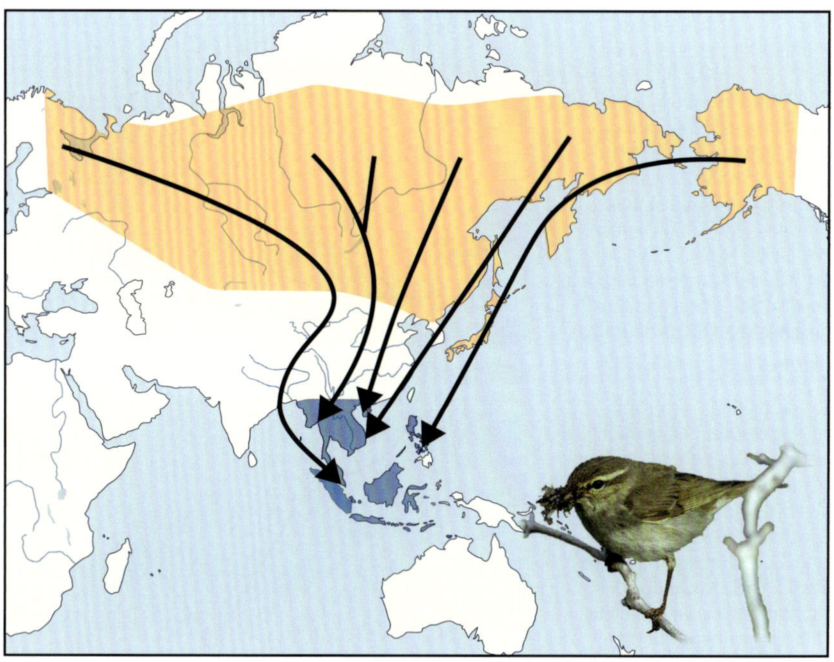

Abb. 185: Zugwege (schematisch) des Wanderlaubsängers (orange: Brutgebiet; blau: Überwinterungsgebiet) (nach Bruderer 2017, Foto: H.-J. Fünfstück).

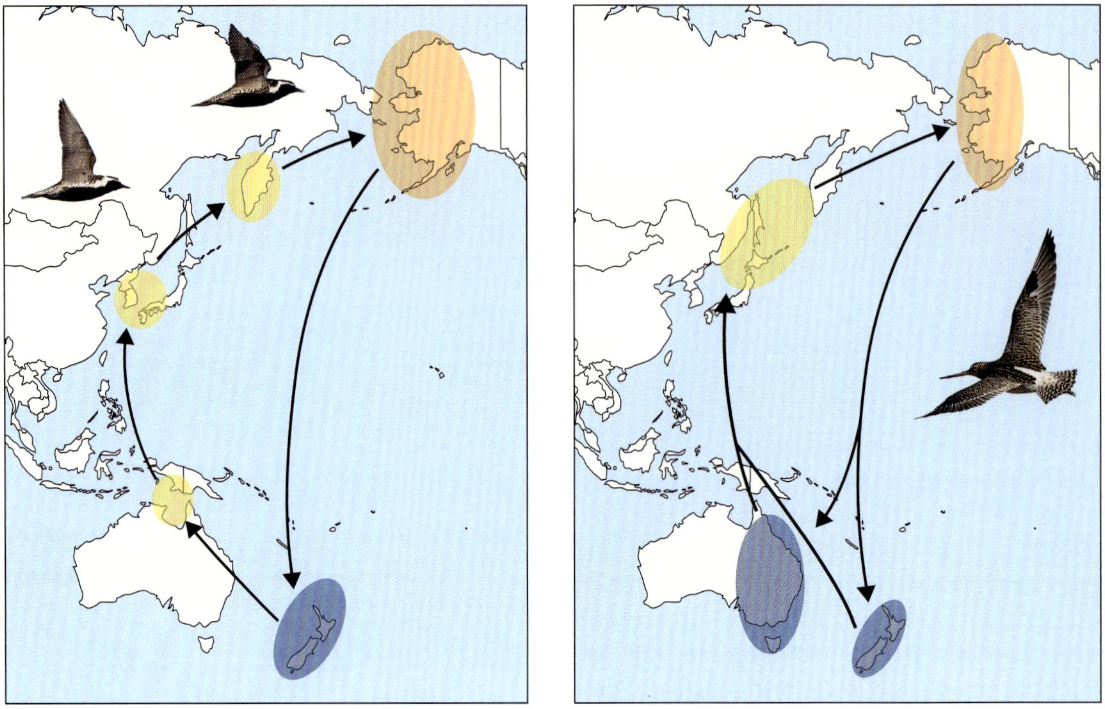

Abb. 186: Zugsysteme vom in Alaska brütenden Tundra-Goldregenpfeifer (links) und von Pfuhlschnepfen der Unterart *Limosa lapponica baueri* (rechts) im westlichen Pazifik. Orange: Brutgebiete; gelb: Rastgebiete; blau: Überwinterungsgebiete (Fotos: C. Moning).

## Nearktisch-neotropischer Vogelzug

Etwa 280 Arten der Nearktis verbringen den nördlichen Winter im tropischen Mittel- und Südamerika. Vier prinzipielle „Zugstraßen" sind auffällig (Abb. 189): der „atlantische" Zugweg, der „Mississippi-Zugweg", der „zentralamerikanische" und der „pazifische" Zugweg. Die Mehrzahl der nearktischen Zugvögel überwintert in Mittelamerika und im nördlichen Südamerika, wie die Grauwangen-Musendrossel (Abb. 190). Einige Arten erreichen aber auch das südliche Südamerika, wie der Prärieläufer (Abb. 191) oder der Rotaugenvireo (Abb. 192). Besonders erwähnenswert ist das Zugsystem des Streifenwaldsängers. Aus dem gesamten borealen Brutgebiet ziehen die Vögel zunächst im Herbst ostwärts an die NO-amerikanische Küste (Abb. 193).

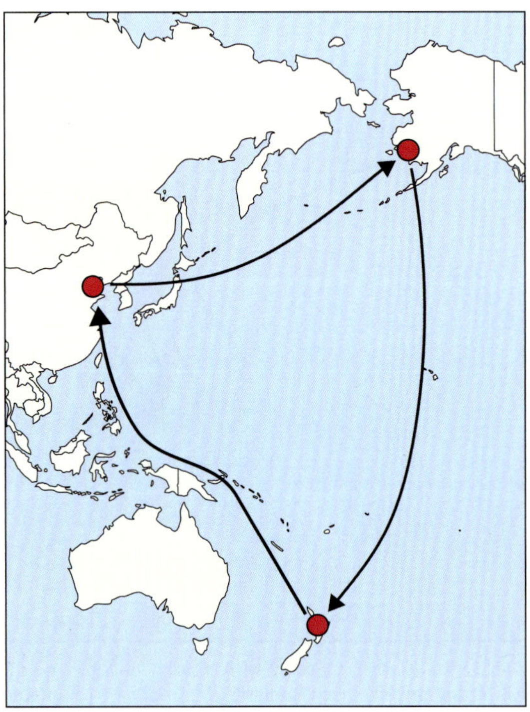

Abb. 187: Der „Rundflug" von Pfuhlschnepfen-Weibchen „E7". „E7" erhielt im Februar 2007 im Winterquartier an der N-Küste Neuseelands einen Sender implantiert. Am 17. März verließ sie Neuseeland und flog in einem einzigen Flug 10.270 km in das Gelbe Meer, wo sie am 24. März ankam. Hier verblieb sie bis zum 1. Mai und flog anschließend 6510 km erneut nonstop in gut viereinhalb Tagen nach Alaska, in ihr Brutgebiet. Ob sie erfolgreich gebrütet hat, ist nicht bekannt, doch am 30. August verließ sie das Yukon-Delta im W Alaskas und flog ununterbrochen 197 Stunden lang und 11.690 km quer über den Pazifik nach Neuseeland, in ihr vorheriges Wintergebiet. In diesem einen „Rundflug" legte sie insgesamt 29.280 km zurück (nach Battley et al. 2012).

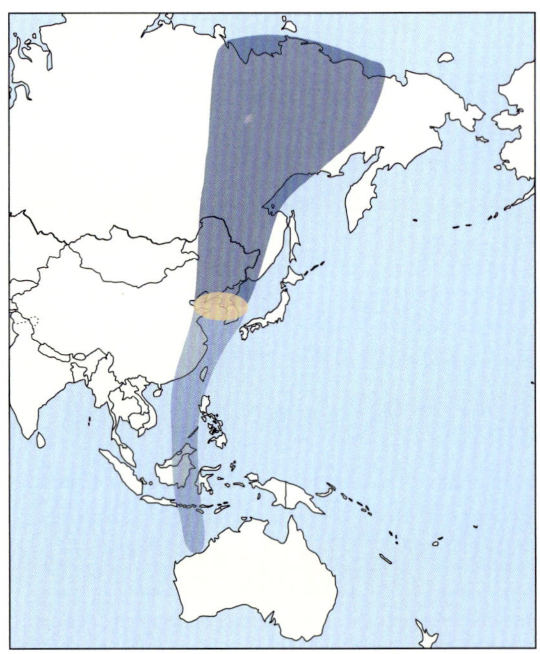

Abb. 188: Zugwege von mit Sendern markierten Pfuhlschnepfen aus NO-Sibirien. (Abb. nach Battley et al. 2012)

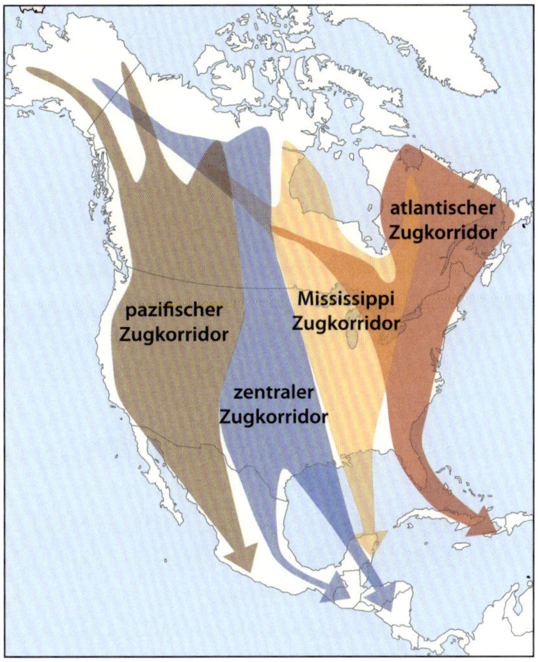


Abb. 189: Die vier hauptsächlichen Zugkorridore in Nordamerika.

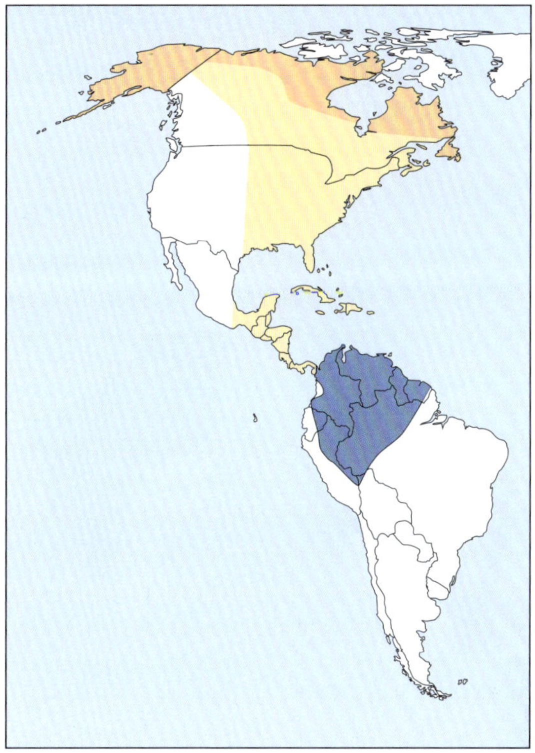

Abb. 190: Brut- (orange), Durchzugs- (gelb) und Winterverbreitung (blau) der Grauwangen-Musendrossel (Karte nachhttp://datazone.birdlife.org/species/factsheet/grey-cheeked-thrush-catharus-minimus.

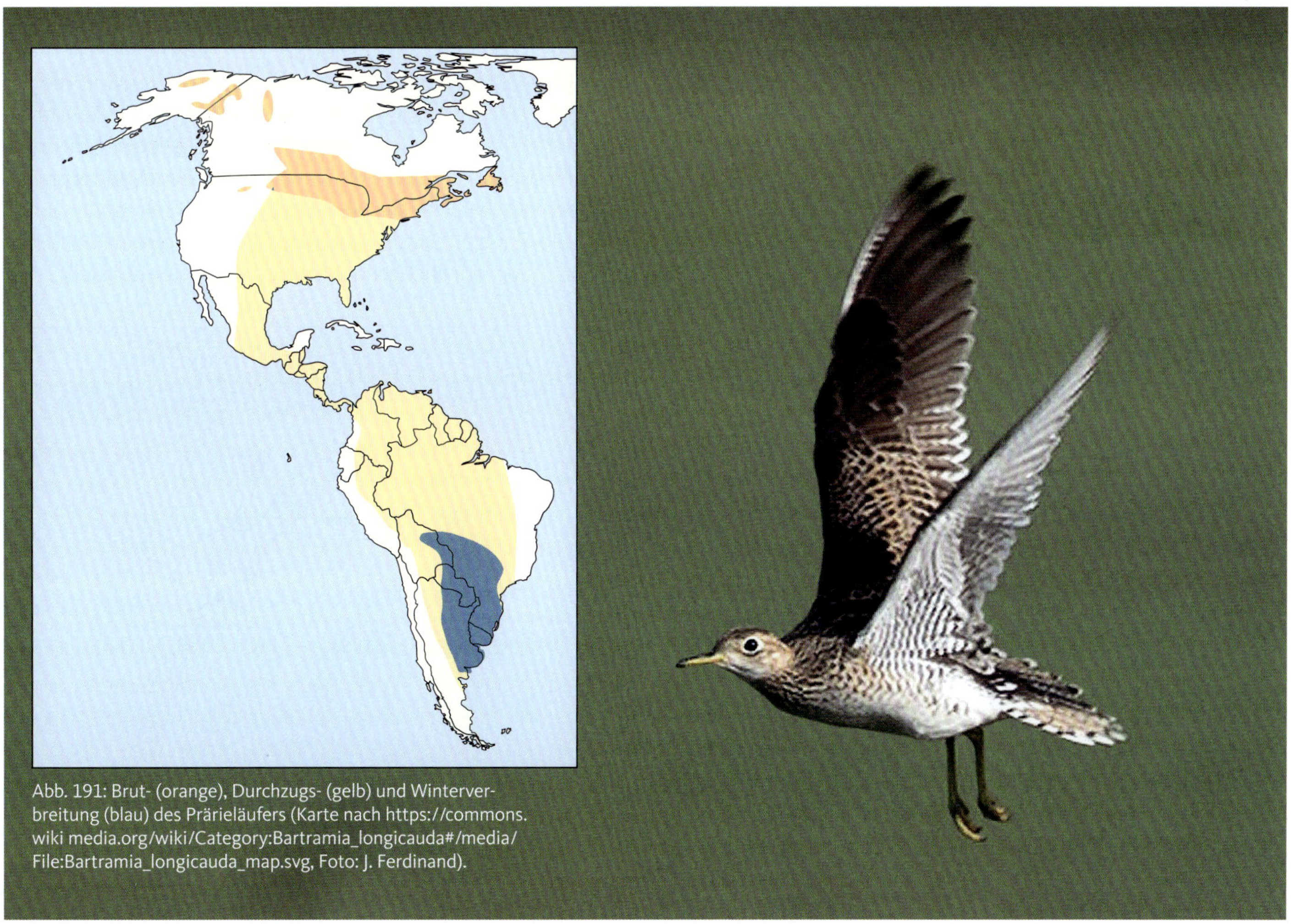

Abb. 191: Brut- (orange), Durchzugs- (gelb) und Winterverbreitung (blau) des Prärieläufers (Karte nach https://commons.wiki media.org/wiki/Category:Bartramia_longicauda#/media/File:Bartramia_longicauda_map.svg, Foto: J. Ferdinand).

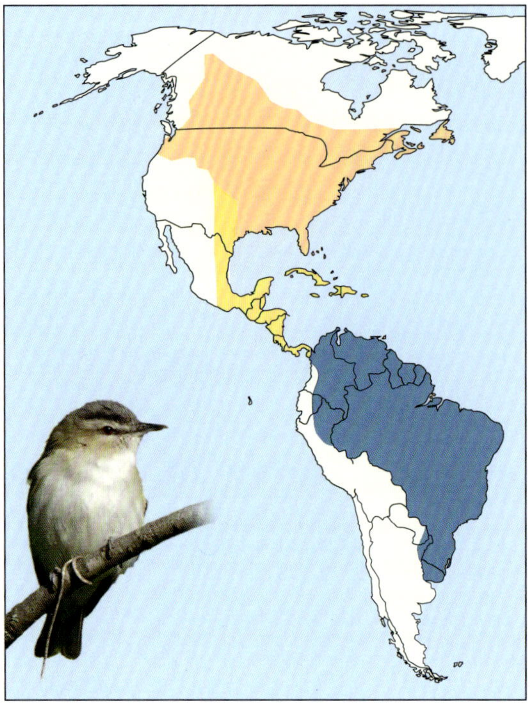

Abb. 192: Brut- (orange), Durchzugs- (gelb) und Winterverbreitung (blau) des Rotaugenvireos (Karte und Foto nach https://en.wikipedia.org/wiki/Red-eyed_vireo). →

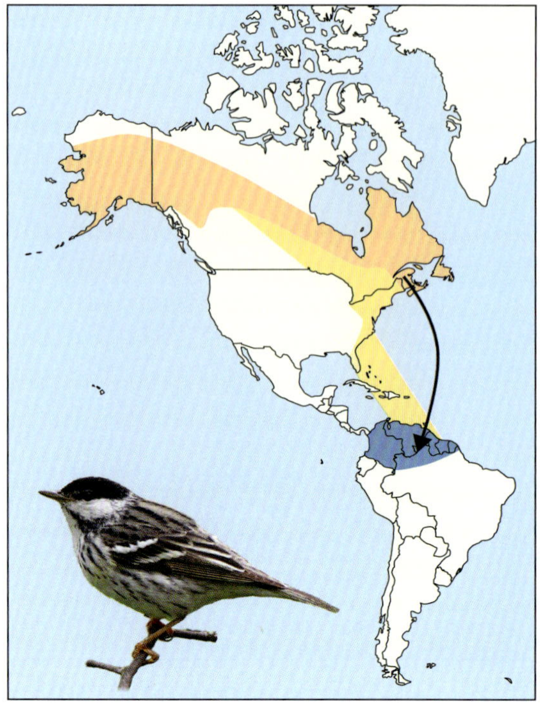

Abb. 193: Verbreitung und Zugwege (schematisch) des Streifenwaldsängers in N-Amerika (orange: Brutgebiet; blau: Überwinterungsgebiet; Pfeil: vermuteter Zugweg im Herbst; gelb: Durchzug im Frühjahr (Foto: Cephas/wikimedia). →→

Von dort fliegen sie auf den Atlantik hinaus, wo sie den südwärts gerichteten Höhenwind (**Jet-Stream**) aufsuchen, mit dem sie dann ihre Überwinterungsgebiete in den Großen Antillen und im nördlichen S-Amerika erreichen. Der Rückzug in die Brutgebiete erfolgt über die Karibischen Inseln und das ostamerikanische Festland. Dieser seit Jahrzehnten so angenommene herbstliche transatlantische Nonstop-Flug hat sich jüngst mittels Geolokatoren eindrucksvoll bestätigt (Abb. 194).

## Vogelzug der Südhemisphäre

Das Vogelzuggeschehen der südlichen Hemisphäre ist bisher nur sehr spärlich bekannt. In der australischen Region auffällig sind die regelmäßigen und ausgeprägten Züge zwischen Tasmanien und dem australischen Kontinent und einige intrakontinentale Wanderungen australischer Vögel; etwa 15 % aller Arten gelten als Zugvögel. Dabei werden auch die nördlichen tropischen Regionen erreicht.

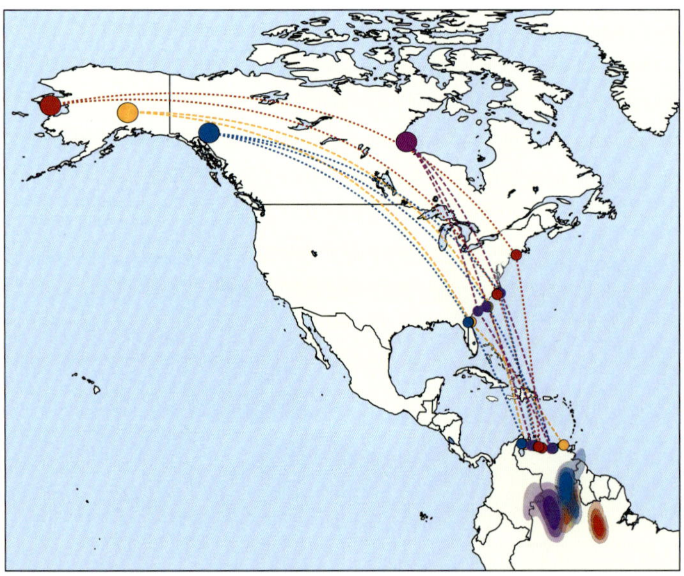

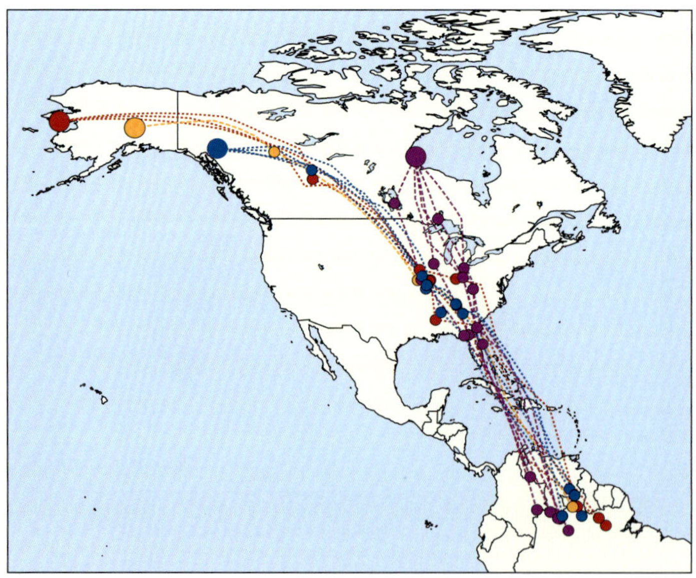

Abb. 194: Zugwege und Wintergebiete im nördlichen S-Amerika von an vier verschiedenen Brutplätzen in Alaska und Kanada (große Punkte) mit Geolokatoren ausgestatteten Streifenwaldsängern im Herbst (links) und im Frühjahr (rechts). Die kleineren Punkte zeigen längere Rastaufenthalte (nach DeLuca et al. 2019).

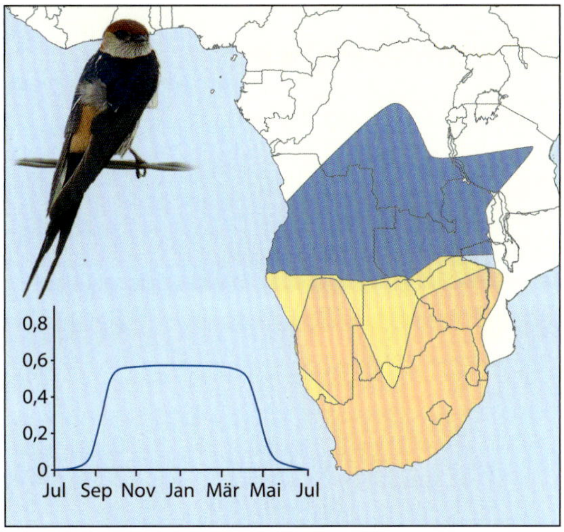


Abb. 195: Brutgebiet (orange), Durchzugsgebiet (gelb) und Nicht-Brutgebiet (blau) der Kapschwalbe sowie im Insert ihr jahreszeitliches Auftreten in S-Afrika (Karte nach http://datazone.birdlife.org/species/factsheet/greater-striped-swallow-cecropis-cucullata; Grafik nach Bussiere et al. 2015, Foto: B. C. Tørrissen/wikimedia).

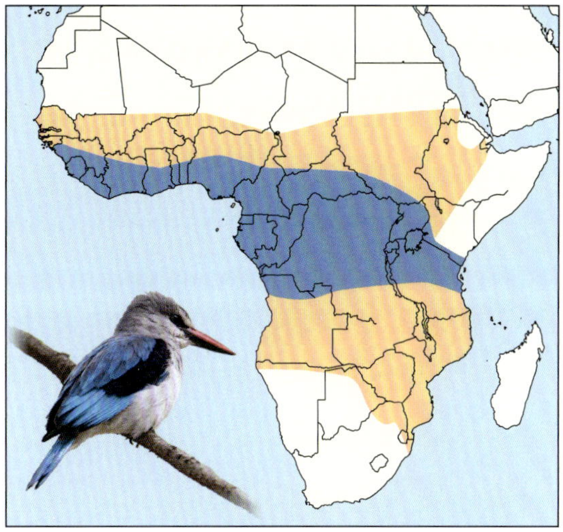

Abb. 196: Senegallieste brüten in der Regenzeit in den nördlichen und südlichen Savannen (orange). In der Trockenzeit wandern die nördlichen Populationen südwärts, die südlichen Populationen nordwärts in die Regenwälder am Äquator (blau) (Karte nach http://datazone.birdlife.org/species/factsheet/woodland-kingfisher-halcyon-senegalensis, Foto: H.-J. Fünfstück).

Beispiele sind der Graumantel-Brillenvogel, der aus Tasmanien und dem SO Australiens in großen Schwärmen im Spätsommer an der Küste entlang Richtung Norden zieht, oder der im NO Australiens vorkommende Grünscheitel-Bronzekuckuck, von dem man annimmt, dass er außerhalb der Brutzeit nach Neuguinea zieht. Auch innerhalb Neuseelands und zwischen Neuseeland und Australien findet Vogelzug statt.

In **Südafrika** sind etwa 13 % der Vögel Zugvögel mit meist nördlicher gelegenen Nichtbrutzeitarealen, wie die Kapschwalbe (Abb. 195); einige überqueren dabei auch den Äquator, wie der Senegalliest (Abb. 196).

In **Südamerika** gelten wenigstens 220 Arten als regelmäßige Zugvögel. 122 der insgesamt 141 Arten ziehender Singvögel brüten dabei in den südlichen gemäßigten Breiten (südlich des südlichen Wendekreises) und ziehen in Winterquartiere nördlich davon, in der Neotropis. Gegenüber nearktischen Zugvögeln sind die durchschnittlichen Zugstrecken bei diesen „südlichen“ Zugvögeln kürzer, erreichen aber immer noch durchschnittlich 9,2 Breitengrade, also etwa 1000 km. In Paraguay beträgt der Anteil solcher Zugvögel an der Landesavifauna 12 %, bei São Paulo 10 %. Etwa 2 % der Vögel Perus sind Zugvögel südlicher Herkunft. Mit 33 % aller südlichen Zugvögel Südamerikas stellen die Tyranniden die größte Gruppe. Innerhalb der Tyranniden beträgt der Anteil ziehender Arten 23 % (ein Beispiel ist der Gabelschwanz-Königstyrann, Abb. 197); bei den Hirundiniden sind etwa 50 % Zugvögel. Arten der offenen Landschaft

Abb. 197: Winterverbreitung (blau) von sechs bei Buenos Aires, Argentinien, mit Geolokatoren ausgestatteten Gabelschwanz-Königstyrannen (nach Jahn et al. 2013, Foto: C. J. Sharp/wikimedia).

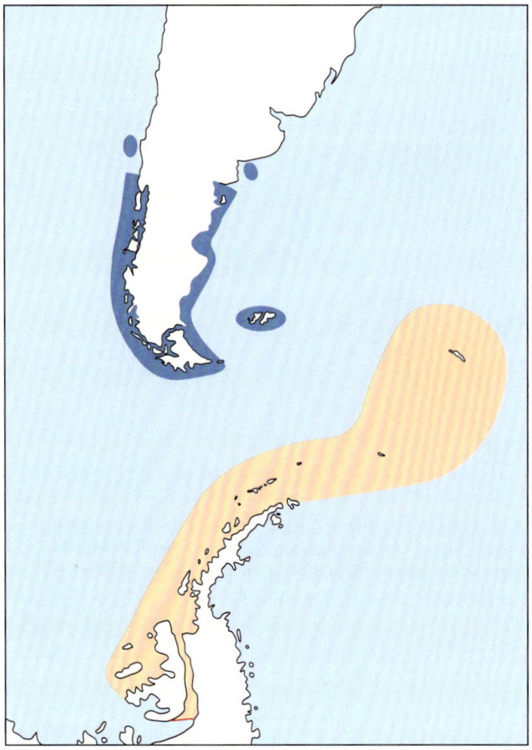

Abb. 198: Der Weißgesicht-Scheidenschnabel ist eine der wenigen regelmäßigen Zugvogelarten des Antarktischen Kontinents. Nach der Brutzeit zieht er zu den Falklandinseln und an die Südküsten Südamerikas (Karte nach Couve & Vidal 2003, Foto: F. Bairlein).

und offener Buschlandschaften stellen 42 % aller südlichen Zugvögel.

Kaum etwas bekannt ist zum Zugverhalten von Vogelarten der **Antarktis**. Pinguine, Kormorane oder Sturmvögel halten sich im südlichen Winter am Rande des Packeises und in eisfreien Gebieten oder auf der offenen See auf, Antipodenseeschwalbe (Antarktisseeschwalbe) und Weißgesicht-Scheidenschnabel (Abb. 198) sind dagegen regelmäßige Zugvögel, die den südlichen Winter auf den Falklandinseln und an der südamerikanischen Küste verbringen. Der einzige Singvogel der Antarktis, der nur auf Südgeorgien brütende Riesenpieper, scheint ganzjähriger Standvogel zu sein, wie auch die ebenso auf Südgeorgien endemische Spitzschwanzente.

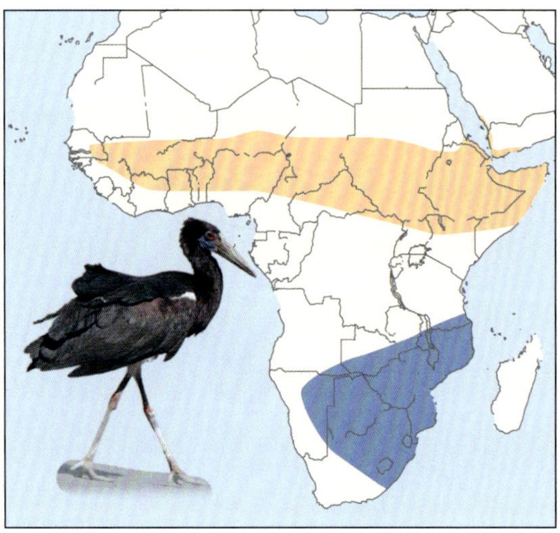

Abb. 199: Mit Beginn der nördlichen Trockenzeit ziehen Abdimstörche aus ihrem nördlichen Brutgebiet (orange) nach SO-Afrika (blau) (Karte nach https://de.wikipedia.org/wiki/Abdimstorch#/media/Datei:Ciconia_abdimii_distribution_map.png, Foto: H.-J. Fünfstück).

## Innertropischer Vogelzug

Vogelzug findet nicht nur in die Tropen statt. Auch innerhalb der tropischen Großregionen tritt Vogelzug tropischer Arten auf. 532 afrikanische Vogelarten und Unterarten vollziehen teilweise ausgeprägte Wanderungen innerhalb Afrikas, so der Abdimstorch (Abb. 199). Vier hauptsächliche Typen an innerafrikanischem Vogelzug sind beschrieben: Transäquatorialzug, Zug innerhalb der nördlichen bzw. südlichen Regionen und Zug zwischen den Inseln (vor allem Madagaskar) und dem Kontinent. Der Anteil innerafrikanisch ziehender, afrikanischer Vogelarten an den Landesavifaunen beträgt vielfach 10–15 % (Abb. 200). Besonders ausgeprägt ist er unter Savannenarten und Wasservögeln, wogegen Vögel der Regenwälder nahezu ausschließlich Standvögel sind (Abb. 200).

Die Wanderungen vieler afrikanischer Arten sind dabei besonders von den Regenzeiten bestimmt, die innerhalb Afrikas durch die Nord-Süd-Bewegung der **Innertropischen Konvergenzzone** (ITKZ) zwischen circa 20° N und 20° S jahreszeitlich stark variieren (Abb. 201). Während des europäischen Sommers wandert die ITKZ vom Äquator nordwärts bis an den Südrand der Sahara und erreicht im Juli ihre nördlichste Stellung. Anschließend bewegt sie sich wieder nach Süden, überquert den Äquator und erreicht ihren südlichsten Punkt im Januar. Da die ITKZ von Niederschlägen begleitet wird, fallen diese nördlich des Äquators vor allem im europäischen Sommer, im südlichen Afrika während unserer Wintermonate.

Aus den anderen Tropenregionen ist innertropischer Vogelzug bisher kaum beschrieben. Von 164 am Dalton-Pass, Philippinen, 16° N, gefangenen Arten waren 37 % innertropische Zugvögel.

## Globaler Vergleich

Vergleicht man die nördlichen Herkunftsregionen der Zugvögel mit ihren tropischen „Aufnahmegebieten“, so zeigen sich erhebliche Unterschiede im relativen Angebot an Landfläche. So treffen die Zugvögel Europas aus einem etwa 7,5 Mio km² großen Herkunftsgebiet auf insgesamt etwa 8 Mio km² Landfläche in Afrika südlich der Sahara. Den nearktischen Zugvögeln stehen dem etwa 16 Mio km² großen Herkunftsgebiet etwa 20 Mio km² Landfläche in der Neotropis (Mittel- und S-Amerika) gegenüber. Berücksichtigt man jedoch, dass etwa 50 % aller nearktischen (nordamerikanischen) Zugvögel in Mittelamerika und in der Karibik überwintern, so treffen diese Zugvögel gerade noch auf eine Fläche von etwa 2 Mio km². Ebenfalls gerade jeweils etwa 2 Mio km² große „Aufnahmegebiete“ des indischen Subkontinents und SO-Asiens stehen den jeweils etwa 4–5 Mio km² großen Herkunftsgebieten der zentralen und nordöstlichen Paläarktis gegenüber. Mit Ausnahme Afrikas kommt es also zu einer ganz erheblichen Konzentrierung. Folglich sind die durchschnittlich zu erwartenden Arthäufigkeiten (Tab. 1) und Zugvogelabundanzen in den einzelnen tropischen Regionen sehr verschieden. In allen vier Großregionen machen

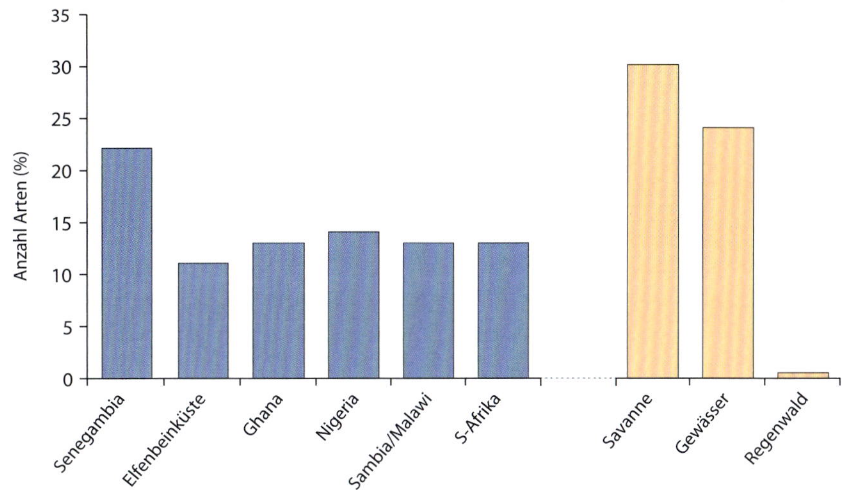


Abb. 200: Anteil innerafrikanischer Zugvögel an Landesavifaunen (blaue Säulen) und für Nigeria in verschiedenen Großlebensräumen (nach Bairlein 1996).

die Singvögel (Passeres) den größten Anteil aller nordischen Zugvögel aus (Tab. 2). Mit insgesamt 82 % bzw. 120 Arten sind sie jedoch in der Neotropis wesentlich zahlreicher als in Afrika, wo ihr Anteil nur 53 % bzw. 63 Arten beträgt. Dafür ist in Afrika und Asien der Anteil an Greifvögeln erheblich höher. Dies ist möglicherweise eine Folge der unterschiedlichen Großlebensräume in den verschiedenen Regionen. Die Tropengroßregionen unterscheiden sich nämlich in ihren Großlebensräumen. Während beispielsweise die Neotropis (zumindest ursprünglich) hauptsächlich bewaldet ist, machen in Afrika Trocken- und Halbtrockengebiete einen viel größeren Anteil der Landfläche aus.

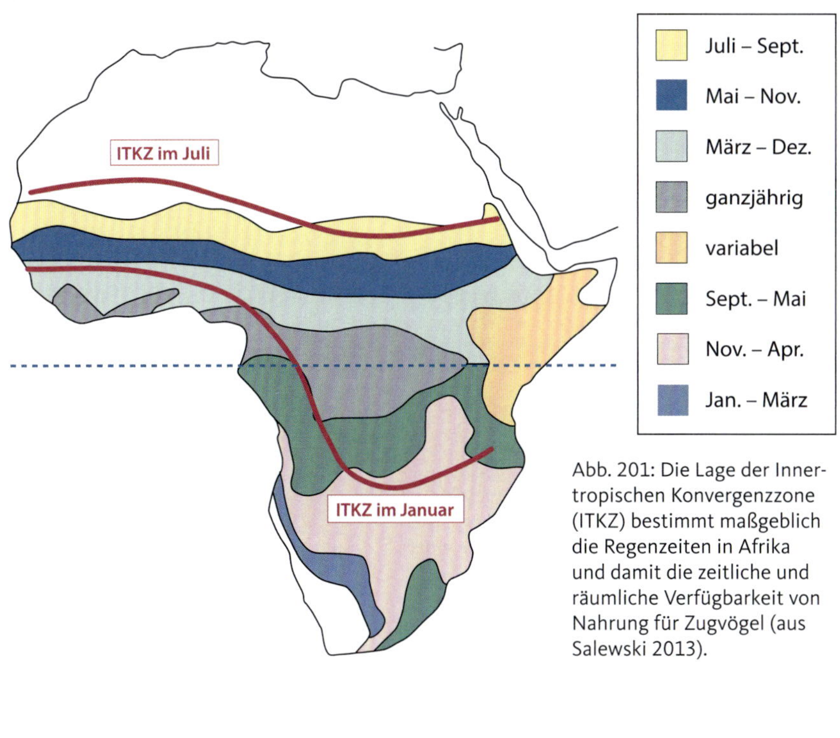


Abb. 201: Die Lage der Innertropischen Konvergenzzone (ITKZ) bestimmt maßgeblich die Regenzeiten in Afrika und damit die zeitliche und räumliche Verfügbarkeit von Nahrung für Zugvögel (aus Salewski 2013).

Tabelle 1: Größe der Landfläche und Anzahl der Zugvogelarten in den verschiedenen tropischen Großregionen (nach Karr 1980 aus Bairlein 1992).

| Region | Größe (Mio km²) | Anzahl Arten | Anzahl Zugvogelarten | Zugvogelarten (%) | Zugvögel (Arten/Mio km²) |
|---|---|---|---|---|---|
| SO-Asien | 2,1 | 1198 | 142 | 11,9 | 67,6 |
| Indien | 4 | 1200 | 115 | 9,6 | 28,8 |
| Afrika | 20 | 1481 | 118 | 8,0 | 5,9 |
| Neotropis | 20 | 3300 | 147 | 4,5 | 7,4 |

Tabelle 2: Relativer Anteil (%) taxonomischer Gruppen an der Gesamtzahl nordischer Zugvögel in den verschiedenen tropischen Großregionen (nach Karr 1980 aus Bairlein 1992).

| Region | Greifvögel | andere Nicht-Singvögel | „Zweigsänger" | andere Singvögel |
|---|---|---|---|---|
| SO-Asien | 20 | 5 | 15 | 59 |
| Indien | 14 | 13 | 23 | 50 |
| Afrika | 23 | 14 | 25 | 38 |
| Neotropis | 10 | 8 | 31 | 51 |

## Ozeanischer Vogelzug

Manche Meeresvögel machen ausgiebige ozeanische Wanderungen. Diese können Nahrungsflüge sein oder auch regelmäßiger Zug. Insbesondere viele Albatrosse der Südhemisphäre sind bekannt als ozeanische Wanderer; der Wanderalbatros trägt dies sogar im Artnamen. Er verbringt 90 % seines Lebens auf dem offenen Meer. Wanderalbatrosse schreiten frühestens in ihrem 6. Lebensjahr zur Brut, manche erst im Alter von 11–15 Jahren. Gebrütet wird nur jedes 2. Jahr. In ihrer Zeit auf dem Meer streifen sie weit umher (Abb. 202, 203), ohne dass dies aber Zug im eigentlichen Sinne ist, auch wenn sie als Altvögel immer wieder an ihren vorherigen Brutplatz zurückkehren. Ozeanischen Zug im eigentlichen Sinne machen Sepiasturmtaucher (Abb. 204) und Kurzschwanz-Sturmtaucher (Abb. 205). Während diese beiden Arten innerhalb eines ozeanischen Systems bleiben, dem atlantischen bzw. pazifischen, wie auch Dreizehenmöwen N-Europas, die aus dem Nordmeer vor der Atlantikküste Kanadas überwintern (Abb. 206), ziehen auf den Shetland-Inseln mit Geolokatoren markierte schottische Odinshühnchen zum Überwintern vom NO-Atlantik an die Pazifikküste NW-Südamerikas (Abb. 207).

Sehr wenig bekannt ist über Vogelzug im **Arktischen Ozean**, obwohl er mehr als 2 Millionen Vögel einschließt, vor allem Watvögel, Seeschwalben und Raubmöwen. Er erstreckt sich über etwa 4000 km zwischen der Taimyr-Halbinsel in N-Sibirien und der Beaufortsee in N-Amerika. Untersuchungen mit einem Zielfolgeradar vom Bord eines Eisbrechers aus zeigten einen ausgeprägten, überwiegend östlichen Vogelzug im Spätsommer mit Zugstrecken von bis zu 2600 km und 48 Stunden Flugzeit (Abb. 208).

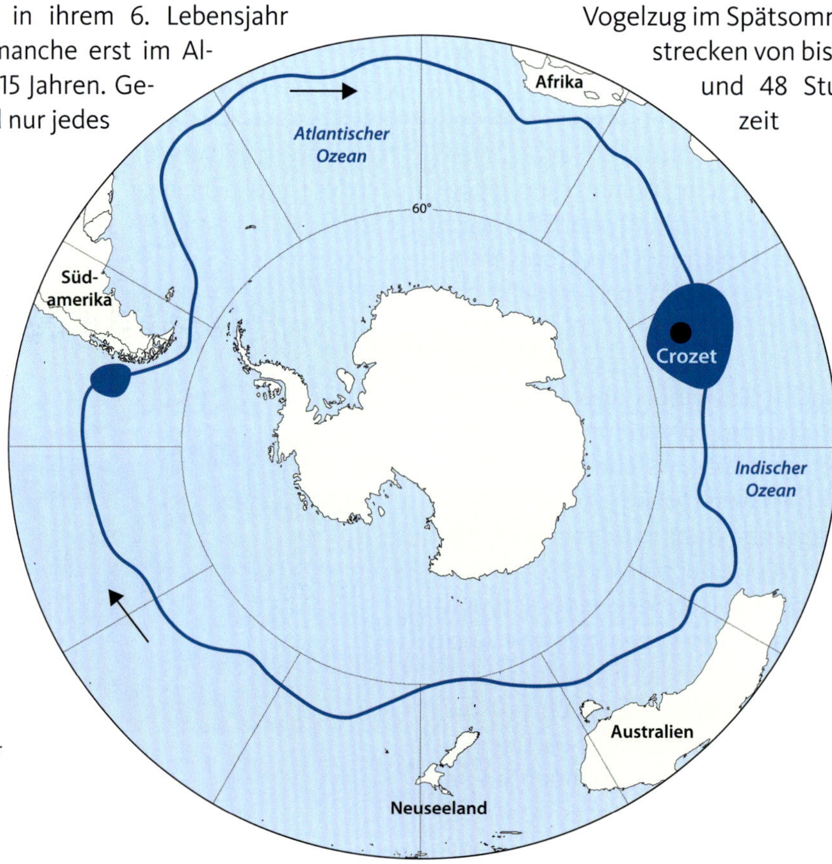


Abb. 202: Zirkum-polare Wanderroute eines immaturen, auf der Insel Crozet im südlichen Indischen Ozean mit einem Sender ausgestatteten Wanderalbatros-Weibchens. Zunächst (Januar – März 2007) hielt sie sich noch nahe der Brutkolonie auf, flog dann vor die Küste Chiles, wo sie sich von Mai – August befand, bevor sie im September 2007 nach Crozet zurückkehrte (nach Weimerskirch et al. 2014).

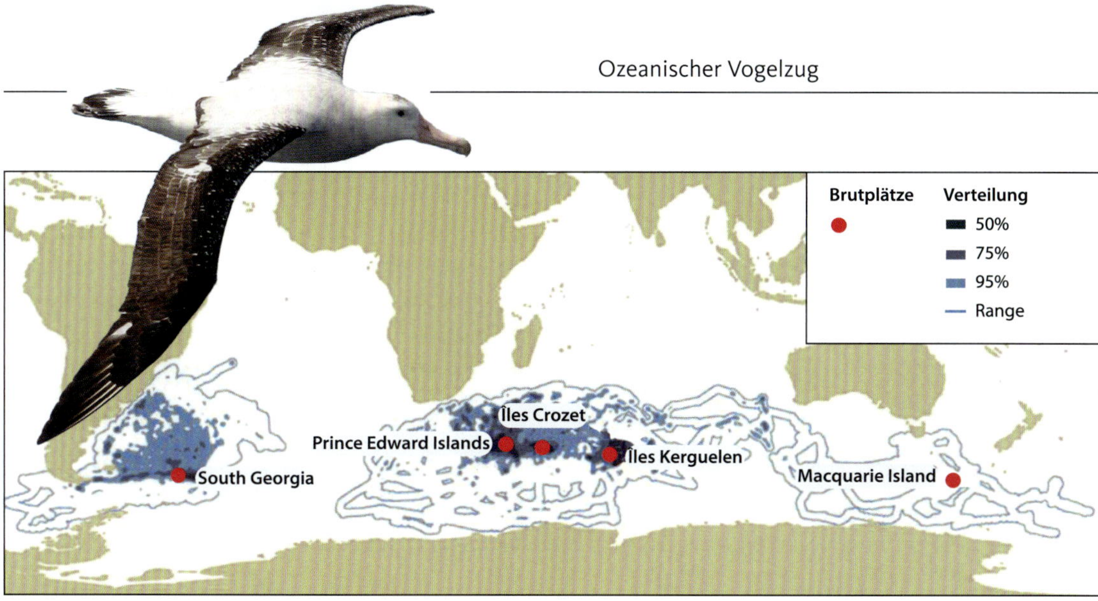


Abb. 203: Streifgebiete von an verschiedenen Brutplätzen mit Satellitensendern ausgestatteten Wanderalbatrossen (Abb. nach Agreement on the Conservation of Albatrosses and Petrels – www.acap.aq, Foto: S. Achtermann).

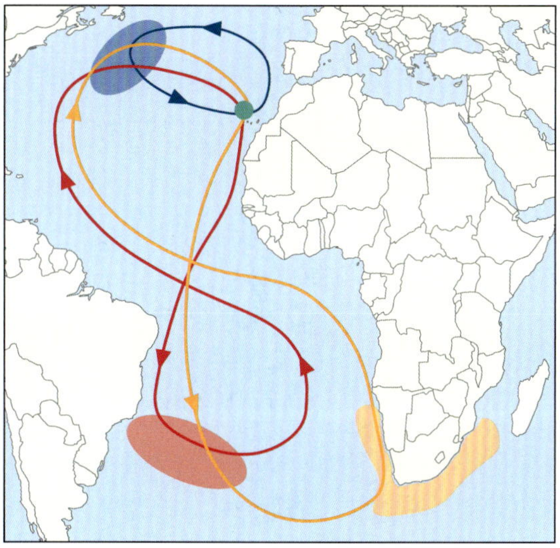

Abb. 204: Zugrouten und „Winter"-Aufenthaltsgebiete dreier auf Selvagem Grande (grüner Punkt) mit Geolokatoren ausgestatteter Sepiasturmtaucher. Sepiasturmtaucher brüten in verschiedenen Kolonien im Mittelmeergebiet und auf ostatlantischen Insel, mit der weltweit größten Kolonie mit etwa 80 % des Weltbestandes auf den Azoren (nach Dias et al. 2012).

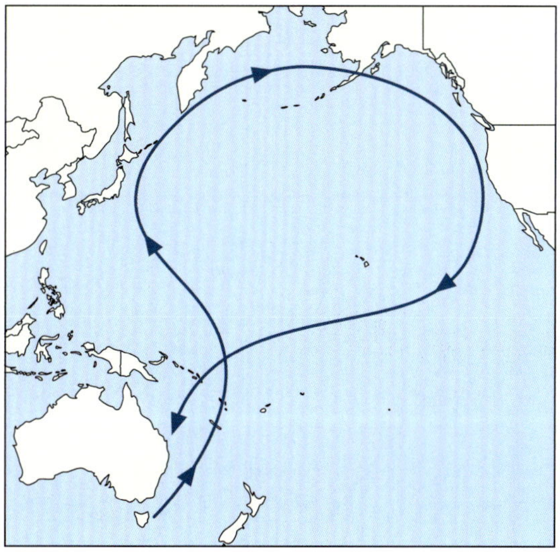

Abb. 205: Die an der S-Küste Australiens und auf Tasmanien brütenden Kurzschwanz-Sturmtaucher ziehen mit Beginn des südlichen Winters im April/Mai nordwärts nach Kamtschatka und in die Beringsee, wo sie teilweise schon sieben Wochen nach der Beringung im Brutgebiet ankommen. Im Juli/August ziehen sie an die nordamerikanische Westküste und kehren Ende September an die Brutplätze zurück (nach Schüz 1971).

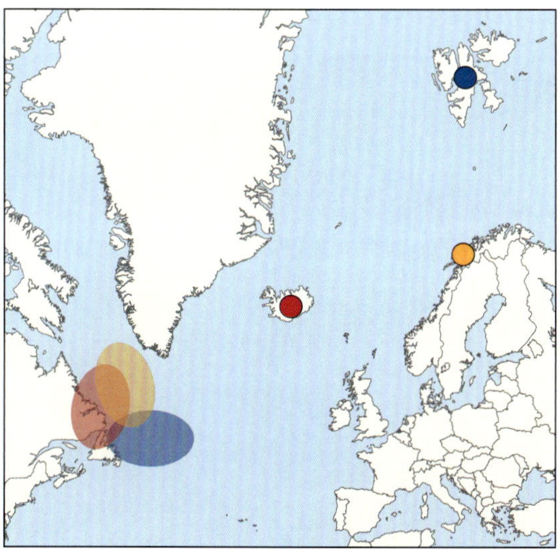

Abb. 206: Aufenthaltsgebiete im Winter von zur Brutzeit auf Spitzbergen (blau), in NW-Norwegen (orange) und auf Island (rot) mit Geolokatoren ausgestatteten Dreizehenmöwen (nach Frederiksen et al. 2011).

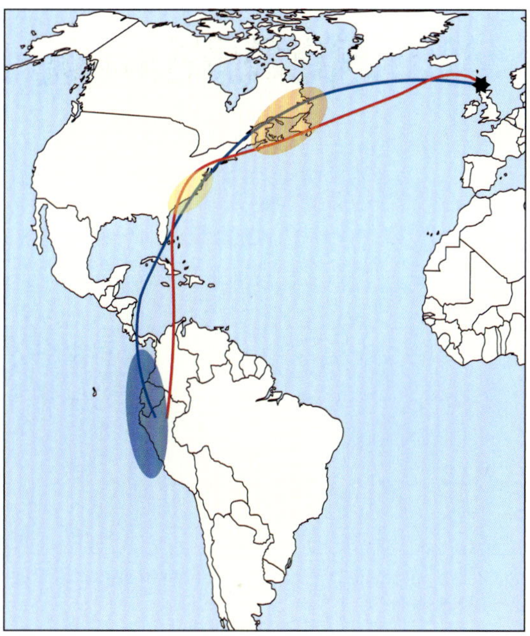

Abb. 207: Odinshühnchen, die auf den Shetlandinseln (Stern) mit Geolokatoren ausgerüstet wurden, zogen im Herbst zunächst an die Atlantikküste vor Kanada (orange), um schließlich an der NW-Küste S-Amerikas zu überwintern (blau). Im Frühjahr rasteten sie vor allem an der Ostküste der USA (gelb) (nach Smith et al. 2018).

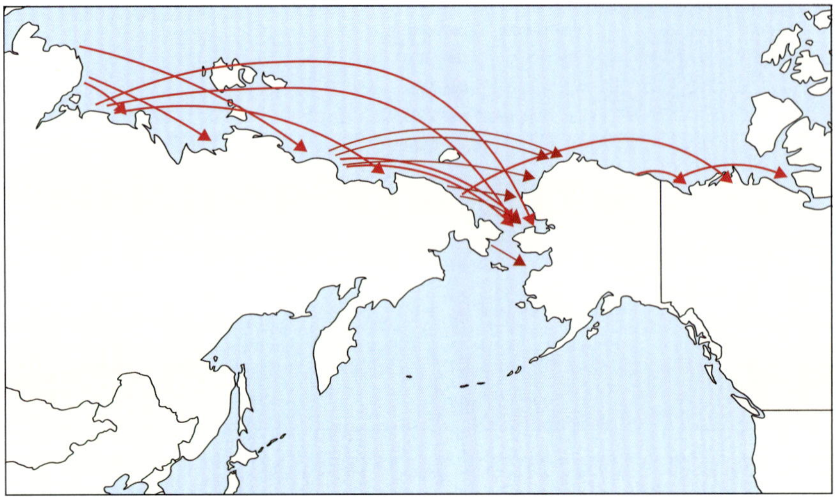

Abb. 208: Herbstlicher Vogelzug im Arktischen Ozean nach Radaruntersuchungen von einem Eisbrecher aus (nach Alerstam et al. 2007).

Nach ihrem Zug über den Arktischen Ozean setzt die Mehrzahl der Arten ihren Zug südwärts auf dem **Ostpazifischen Zugweg** fort, wie beispielsweise der Tundraschlammläufer (Abb. 209). Einige ziehen aber weiter ostwärts bis nach N- und NO-Kanada und von dort entlang der ostamerikanischen Küste nach S-Amerika, wie der Graubrust-Strandläufer (Abb. 210), oder schwenken auf den **Westpazifischen-australischen Zugweg** ein, wie der Spitzschwanz-Strandläufer (Abb. 211).

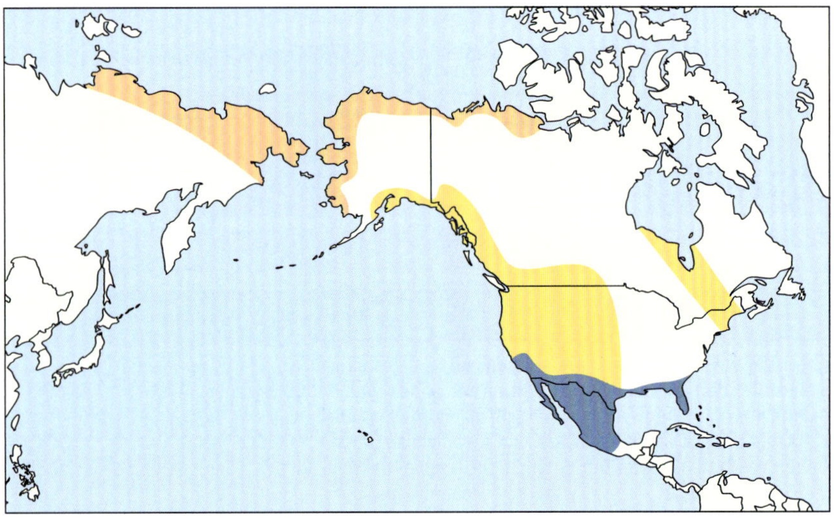

Abb. 209: Brut- (orange) und Wintergebiet (blau) sowie Durchzugsgebiet (gelb) des Tundraschlammläufers (Karte nach https://commons.wikimedia.org/wiki/Category:Limnodromus_scolopaceus?uselang=de#/media/File:Limnodromus_scolopaceus_map.svg).

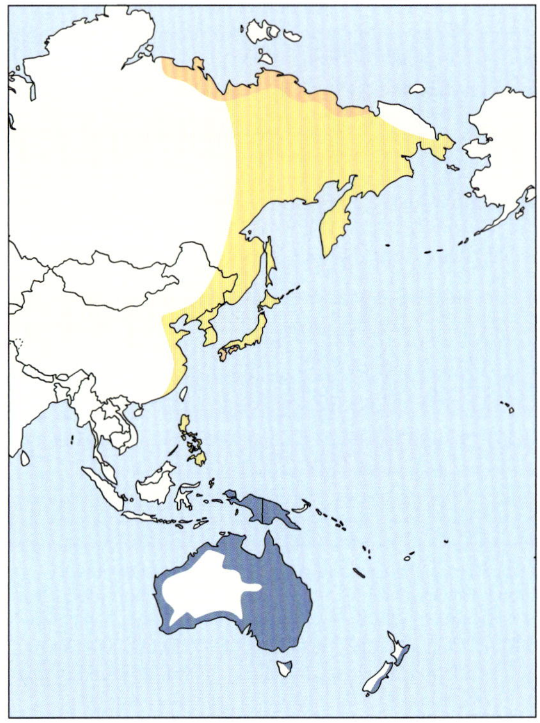

Abb. 211: Brut- (orange) und Wintergebiet (blau) sowie Durchzugsgebiet (gelb) des Spitzschwanz-Strandläufers (Karte nach https://www.wikiwand.com/en/Sharp-tailed_sandpiper).

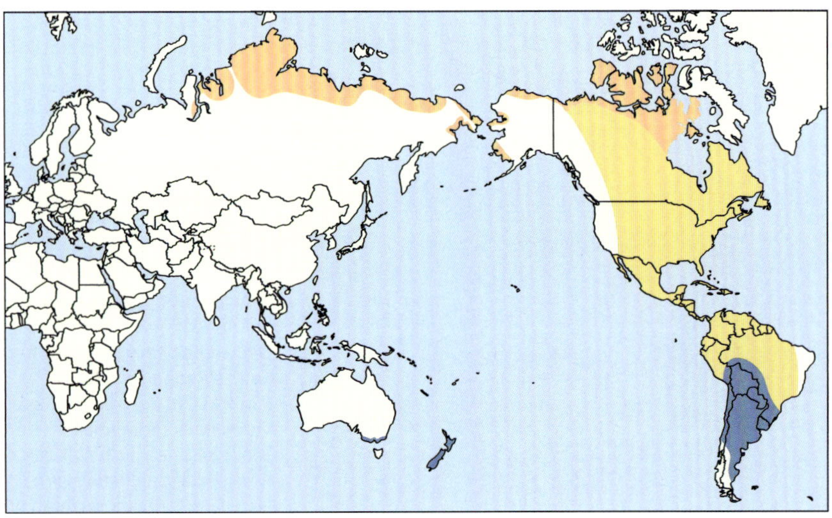

Abb. 210: Brut- (orange) und Wintergebiet (blau) sowie Durchzugsgebiet (gelb) des Graubrust-Strandläufers (Karte nach https://commons.wikimedia.org/wiki/File:Calidris_melanotos_map.svg, Foto: J. Dierschke).

Bergfinken (M. Schneider & C. Aistleitner/wikimedia)

# Formen des Vogelzugs 4

## Pendelzug – Schleifenzug

Vogelzug ist sehr vielfältig. „Klassisch" versteht man unter dem Begriff Vogelzug das in der Regel alljährliche Hin- und Herwandern zwischen einem sommerlichen Brutgebiet und einem Nicht-Brutgebiet, meist Winterquartier. Vogelzug in diesem Sinn ist also ein **Pendelzug**. Die Wege zwischen diesen verschiedenen Gebieten können beim Wegzug (bei uns im Herbst) aus den Brutgebieten und beim Rückzug (im Frühjahr) in die Brutgebiete identisch sein, oder unterschiedlich. Bei Letzterem spricht man dann von **Schleifenzug**. Dieser kann im und auch entgegen dem Uhrzeigersinn verlaufen. Bespiele für einen Schleifenzug entgegen dem Uhrzeigersinn sind Gartengrasmücke (Abb. 136) und Trauerschnäpper (Abb. 146), die im Herbst aus Mitteleuropa über S-Frankreich, Spanien und Marokko nach W-Afrika ziehen und so das Mittelmeer westlich überqueren, im Frühjahr dagegen eine direktere Route über das zentrale Mittelmeer einschlagen, also mehr östlich ziehen. Auch der Neuntöter macht

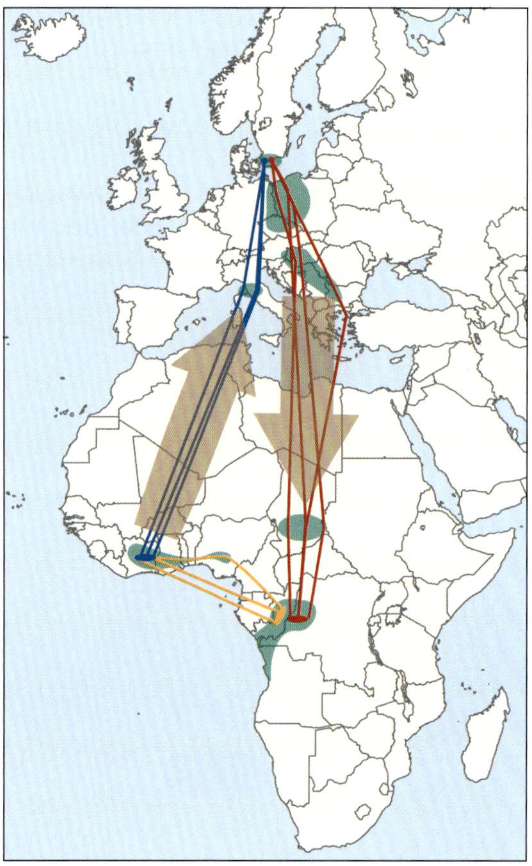

Abb. 212: Schleifenzug skandinavischer Kuckucke. Mit Satellitensender ausgestattete Kuckucke aus dem südlichen Skandinavien zogen in ein Wintergebiet im südwestlichen Zentralafrika. Im Frühjahr ging es zunächst in das südliche W-Afrika und von dort über die zentrale Sahara und Italien zurück in die Brutgebiete (nach Willemoes et al. 2014).

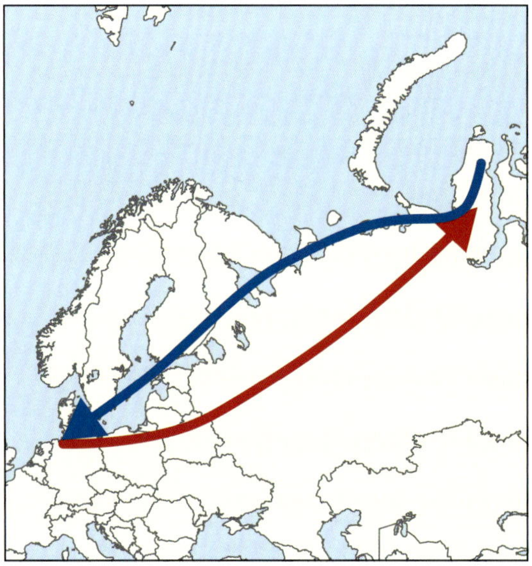

Abb. 213: Schleifenzug arktischer Blässgänse. Im Herbst folgen die Gänse von ihren sibirischen Brutplätzen in ihre Wintergebiete in Niedersachsen und den Niederlanden vornehmlich den Küsten des Nordmeeres und der Ostsee, im Frühjahr dagegen wandern sie weiter südlich und vermehrt durchs Binnenland zurück. Dabei folgen die Gänse der räumlichen und saisonalen Vegetationsentwicklung, sie surfen sozusagen auf einer sogenannten „Grünen Welle". (nach Kölzsch et al. 2019 und van Wijk et al. 2012).

im Frühjahr einen mehr östlichen Schleifenzug (Abb. 115). Sein herbstlicher Zugweg führt ihn über das östliche Mittelmeergebiet und weiter südwärts das Niltal hinauf bis in das südliche Afrika. Im Frühjahr kehrt er auf einer mehr östlichen Route über die Arabische Halbinsel und den mittleren Nahen Osten in seine europäischen Brutgebiete zurück. Umgekehrt machen es bayerische, schottische oder skandinavische Kuckucke (Abb. 212), die im Frühjahr weiter westlich ziehen als im Herbst, also Schleifenzug im Uhrzeigersinn.

Die Ursachen für Schleifenzug sind bisher ungenügend untersucht. Schleifenzug könnte meteorologische Gründe haben, z. B. vorherrschende Windrichtungen, oder auch in der Vegetationsentwicklung und damit in

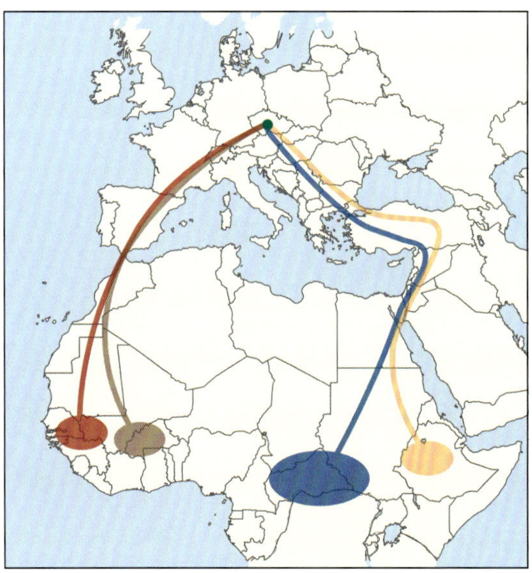

Abb. 214: Zugwege von etwas westlich von Prag in der Tschechischen Republik mit Satellitensendern ausgestatteten Schwarzstörchen. Aus ein und demselben Brutgebiet zogen die einen Vögel über eine westliche Route, die anderen über eine südöstliche Route in die afrikanischen Wintergebiete (nach Bobek et al. 2008).

Rastmöglichkeiten begründet sein. Ein Beispiel dafür ist der Zug von arktischen Blässgänsen (Abb. 213). Schleifenzug bei Arten, die im Herbst über SW-Europa nach W-Afrika, im Frühjahr dagegen nordwärts mehr östlich über das zentrale Mittelmeer ziehen, wie Gartengrasmücke oder Trauerschnäpper, könnte seine Ursache in dem auf dieser Route kürzeren Zugweg und damit einer rascheren Rückkehr in die Brutgebiete haben.

## Zugscheide

Ziehen benachbarte Populationen einer Art in deutlich unterschiedliche Richtungen, spricht man davon, dass sie von einer **Zugscheide** getrennt sind. Das wohl bekannteste Beispiel ist der Weißstorch (Abb. 51). Bei ihm ziehen Vögel aus dem westlichen Mittel- und Südeuropa über eine südwestliche Route in westafrikanische Überwinterungsgebiete, solche aus Brutgebieten östlich davon jedoch über eine südöstliche Zugroute nach Ost- bis Südafrika. In einem Mischgebiet (Übergangsgebiet zwischen beiden Formen), dem sog. Zugscheidenmischgebiet, – beim Weißstorch in etwa von Holland südöstlich bis an die Donau durch Mitteleuropa verlaufend – können bei verschiedenen Individuen beide Zugrouten gefunden werden. Ein weiteres Beispiel ist der Schwarzstorch (Abb. 214). Auch Mönchsgrasmücke (Abb. 131 und 134) oder Star (Abb. 142) weisen in Europa Zugscheiden auf. Während sie bei der Mönchsgrasmücke ebenfalls in etwa Nord-Süd verläuft, geht sie beim Star Ost-West durch das nördliche Mitteleuropa. Die Nord-Süd verlaufenden Zugscheiden bei Weißstorch und Mönchsgrasmücke werden mit einer „Barrierewirkung" von Alpen und Mittelmeer erklärt. Was die Zugscheide beim Star bestimmt, ist unklar.

## Breitfrontzug - Schmalfrontzug

Wandern Arten nahezu flächendeckend durch ihre Durchzugsgebiete, spricht man von **Breitfrontzug** (Abb. 4-4). Eine genauere Betrachtung dieser Wanderungen zeigt jedoch nicht selten, dass sich dahinter recht schmale Zugsektoren für bestimmte Populationen verbergen. Buchfinken gelten als Breitfront-

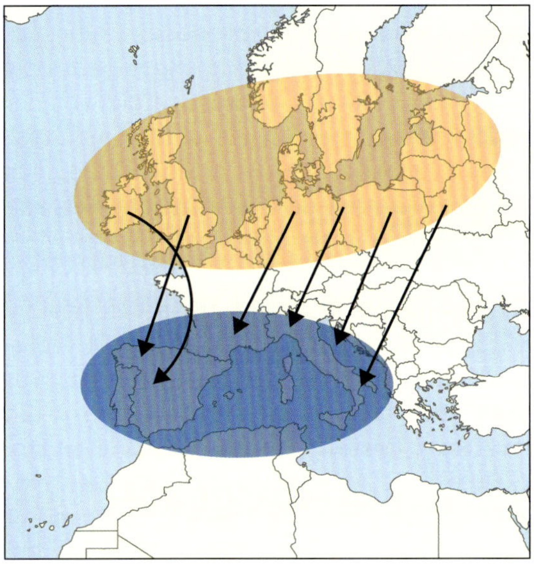

Abb. 215: Breitfrontzug einer Art setzt sich vielfach aus parallelen populationseigenen Zugsektoren zusammen, wie das Beispiel von Buchfinken zeigt, die auf der Kurischen Nehrung bzw. dem Schweizer Alpenpass Col de Bretolet beringt und anschließend gefunden wurden (s. Abb. 165).

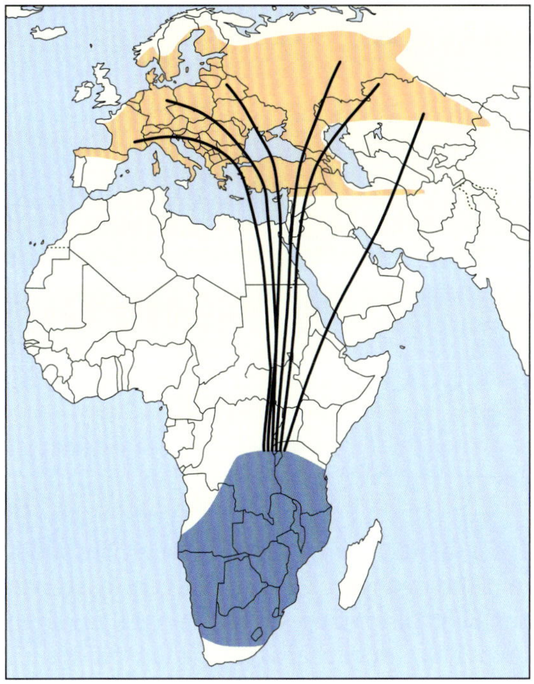

Abb. 216: Schmalfrontzug entsteht, wenn sich die Zugwege von Vögeln aus einem großen Brutverbreitungsgebiet trichterförmig verdichten, wie beim Neuntöter.

zieher, da sie z. B. im Herbst nahezu flächendeckend durch Europa wandern. Betrachtet man aber die Verteilung der Ringfunde von in Rybachy auf der Kurischen Nehrung und auf dem Schweizer Alpenpass Col de Bretolet im Herbst beringten Buchfinken (Abb. 165), zeigt sich jeweils ein recht schmaler Korridor mit nur wenig Überlappung. Der Breitfrontzug einer Art ist also vielfach eher ein paralleles Nebeneinander recht schmaler populationseigener Zugsektoren als ein flächiges breitgefächertes Durchwandern.

**Schmalfrontzug** (Abb. 216) ist insbesondere bei solchen Arten zu finden, die Leitlinien wie z. B. Küstenlinien oder Flüssen folgen, oder die Barrieren wie Gebirge oder Meere umfliegen. Gerade bei Letzteren kommt es dadurch zu teilweise enormen trichterförmigen Verdichtungen des Vogelzuges. Ein Paradebeispiel hierfür ist der Weißstorch. Als meist Segelflieger benötigt er Aufwinde, die überwiegend nur über Land entstehen, weshalb er das Mittelmeer umfliegen muss. Dadurch kommt es bei Gibraltar und am Bosporus zu großen Ansammlungen ziehender Vögel. Aber auch viele Greifvögel umfliegen auf diesen Routen das Mittelmeer oder verdichten sich an anderen Stellen mit kurzen Wegen über das Mittelmeer, wie an der Straße von Messina (Abb. 217).

Viele Greifvögel sowie Wasser- und Watvögel folgen geografischen **Leitlinien,** wie Küsten, großen Flüssen oder Gebirgen. So folgen viele arktische Watvögel, Möwen und Gänse dem Ostatlantischen Zugweg („Flyway“; Abb. 176). Im Herbst kommen sie aus ihren arktischen Brutgebieten trichterartig ins Wattenmeer der südlichen Nordsee, verbleiben hier für einige Wochen, um dann in Winterquartiere in W-Afrika bis SW-Afrika weiterzuziehen, manche in vielen kurzen, andere in wenigen Etappen und einige sogar in langen Nonstop-Flügen mit Zugstrecken von jeweils 4000–5000 km. Im Frühjahr folgen sie diesem Weg zurück in die nordischen Brutgebiete.

Abb. 217: Hauptsächliche Zugwege von Gleitfliegern (nach Newton 2008).

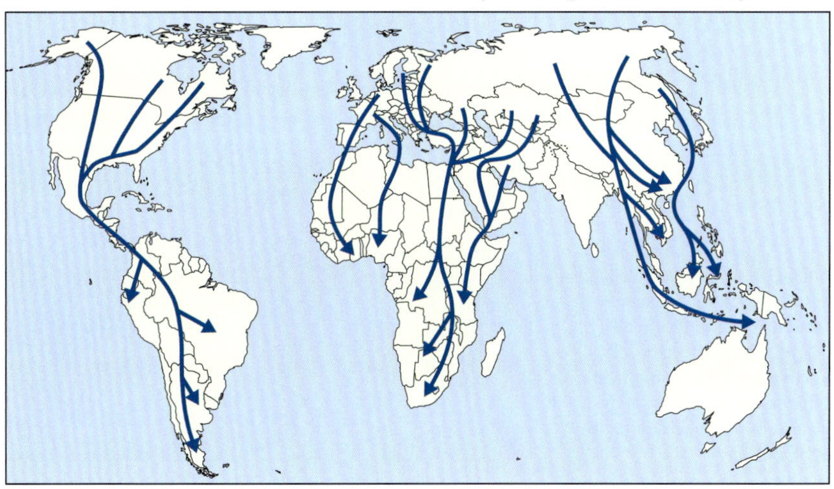

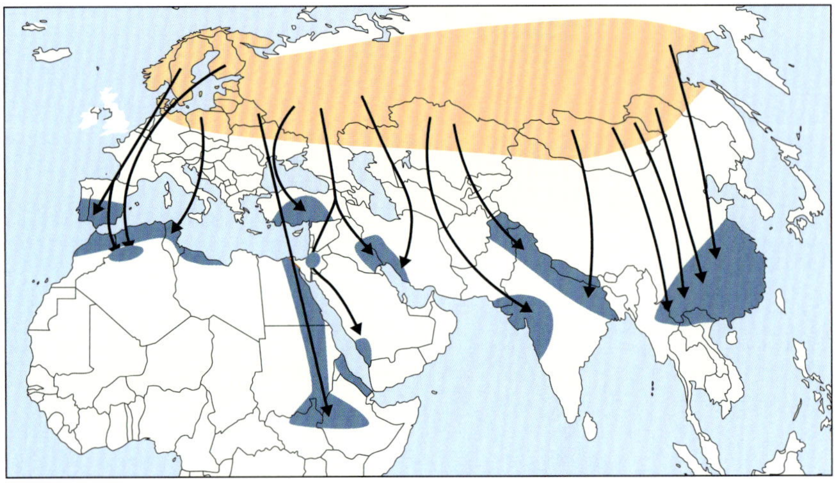

Abb. 218: Brutgebiet (orange) und Überwinterungsgebiete (blau) des Kranichs sowie wichtige Zugrouten (nach Bruderer 2017)

Nicht einfach mit Leitlinien oder besonderen Bedingungen für Gleitfliegen lässt sich der Schmalfrontzug von Kranichen erklären (Abb. 218). Möglicherweise haben die heutigen wenigen Zugrouten ihren Ursprung in einem ehemaligen Breitfrontzug, der sich durch veränderte Landschaftsbedingungen, wie beispielsweise Verlust von Rast- und/oder Überwinterungsplätzen, auf die heutigen Routen reduziert hat.

## Vertikalwanderung

Auch **vertikale Wanderungen** von Vogelarten der großen Gebirge sind regelmäßige saisonale Pendelzüge. Gut 1200 (gut 10 %) aller Vogelarten weltweit machen regelmäßige Vertikalwanderungen. Besonders häufig findet sich vertikaler Vogelzug in der Neotropis (44 % aller Vertikalwanderer), gefolgt von der Paläarktis und bei Vögeln der indo-malayischen Region (je 29 % der Arten). Ein deutlich geringerer Anteil der Arten macht Vertikalwanderungen in der nördlichen Neuen Welt (Nearktis) und in Afrika (je 16 %), weniger als 6 % sind es in der Australischen Region. Mit Ausnahme der Neotropis, wo die Mehrzahl der vertikalwandernden Arten frugivor bzw. nektarivor ist, sind die meisten Arten invertivor, fressen also Insekten und andere Gliedertiere (Abb. 219). Über alle Arten hinweg machen sie 42 % der vertikalwandernden Arten aus, gefolgt von Arten, die Früchte oder Nektar fressen (22 %), omnivoren Arten (15 %) und Fleischfressern (3 %). Die vertikal unterschiedliche saisonale Verfügbarkeit von Nahrung ist der wichtigste „Treiber" solcher Vertikalwanderungen. Doch auch die Vermeidung von Prädation kann eine Ursache für Vertikalwanderungen sein. So wandert in Costa Rica mehr als die Hälfte der vertikalwandernden Arten, um zur Brutzeit in höheren Lagen sicherere Brutplätze zu haben. Ein Beispiel bei uns ist der Bergpieper. Er brütet in den Hochlagen der Alpen. Im Herbst weichen Bergpieper in die Tallagen aus, um dann im folgenden April wieder die hochgelegenen Brutplätze aufzusuchen.

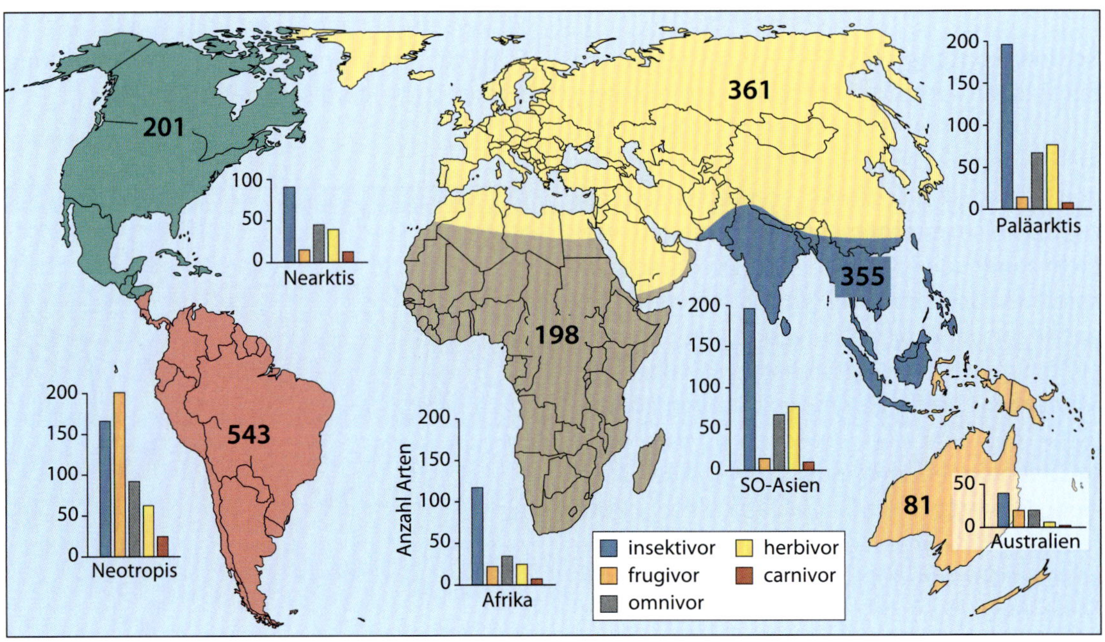


Abb. 219: Anzahl vertikalwandernder Arten in verschiedenen Regionen der Erde (Karte) und Auftreten von Vertikalwanderungen in verschiedenen Nahrungsgilden (Diagramme) (nach Barcante et al. 2017).

## Langstreckenzieher – Kurzstreckenzieher

Zugvögel werden häufig nach ihrer Zugstrecke in **Langstreckenzieher**, **Mittel-** und **Kurzstreckenzieher** eingeteilt. Aus europäischer Sicht werden vielfach Arten, die in Afrika südlich der Sahara überwintern, als Langstreckenzieher bezeichnet, solche, die innerhalb Europas verbleiben, dagegen als Kurzstreckenzieher, wenn sie nur wenige Hundert Kilometer ziehen, oder als Mittelstreckenzieher, wenn sie längere Zugwege haben. Dabei wird aber übersehen, dass beispielweise eine Rotdrossel, die aus dem nördlichen Skandinavien nach Spanien zieht, einen ähnlich langen Zugweg hat wie eine Gartengrasmücke aus S-Deutschland nach W-Afrika. Eine solche Einteilung in Langstrecken-, Mittelstrecken- oder Kurzstreckenzieher ist also eher subjektiv, hängt davon ab, für welche Region man sie betrachtet, die Übergänge sind fließend und Zugstrecken können sogar innerhalb einer Art sehr verschieden sein. So ziehen die skandinavischen Mönchsgrasmücken recht lange Strecken bis ins tropische Afrika, die aus dem südlichen Mitteleuropa dagegen nur wenige Hundert Kilometer ins westliche Mittelmeergebiet, und manche südfranzösischen Mönchsgrasmücken oder die der Kapverdischen Inseln sind sogar Standvögel, die das ganze Jahr im Brutgebiet verbleiben. Auch bei vielen anderen Arten sind das Zugverhalten und die Zugstrecke populationsspezifisch verschieden. Beim Star z. B. überwintern die baltischen Brutvögel auf den Britischen Inseln und in N-Frankreich, während die Vögel aus den mitteleuropäischen Brutgebieten von der Atlantikküste Frankreichs bis südwärts nach N-Afrika überwintern.

## Teilzieher

Die Mönchsgrasmücke ist auch ein Beispiel für Arten, die als **Teilzieher** bezeichnet werden, weil nördliche Populationen ziehen, die südlichen dagegen nicht. Der Begriff „Teilzieher" ist aber sehr vielschichtig und eine umfassende und einheitliche Definition schwierig. Grundsätzlich unterschieden werden kann aber zwischen fakultativem und obligatem Teilzug bzw. Teilzieherverhalten.

stende Stare auf dem Zug
to: H.-J. Fünfstück).

Von **fakultativem Teilzug** spricht man, wenn die Art oder Population oder ein Teil davon nicht alljährlich zieht, sondern nur fallweise, meist ausgelöst durch Nahrungsengpässe. Ein Beispiel sind die sog. Invasionsvögel, wie Bergfink, nordische Birkenzeisige, Seidenschwanz oder auch Schneeeule, die in Mitteleuropa nur dann und nicht selten sehr zahlreich erscheinen, wenn sie in ihren nordischen Brutgebieten einen Nahrungsmangel haben. Beim **obligaten Teilzug** dagegen zieht ein Teil der Art oder Population regelmäßig alljährlich, während der andere Teil dauerhaft sesshaft ist. Beispiele sind die vielen Arten, bei denen die nordischen Populationen ziehen, die südlichen dagegen ganzjährig Standvögel sind, aber auch mitteleuropäische Rotkelchen und Amseln oder südfranzösische Mönchsgrasmücken, bei denen innerhalb einer Population ein Teil alljährlich zieht, der andere aber ganzjährig im Brutgebiet verbleibt. Dass beide Lebensformen gleichzeitig nebeneinander in einer Population vorkommen, liegt daran, dass sich die Vor- und Nachteile der einen oder anderen Lebensform die Waage halten. Sind beispielsweise die Winter im Brutgebiet mild, überleben mehr Individuen der im Brutgebiet ganzjährig verbleibenden sesshaften Vögel. Im Frühjahr haben sie den Vorteil, dass sie Reviere früher besetzen, die besseren Reviere einnehmen und so früher und erfolgreicher brüten können als die später in die Population zurückkehrenden Zugvögel. In kalten Wintern dagegen erfahren die „zuhausegebliebenen" Standvögel eine hohe Sterblichkeit. Dadurch verbleiben weniger Vögel für die folgende Brutzeit, Reviere bleiben unbesetzt und die zurückkehrenden Zugvögel finden viele freie Ressourcen, wie gerade Nistplätze und Nahrung, vor.

Abb. 220: Differenzierter Zug bei einjährigen (links) und alten (rechts) Basstölpeln aus Schottland (Kreise; Punkte: Fundorte beringter Vögel) (nach Schüz 1971).

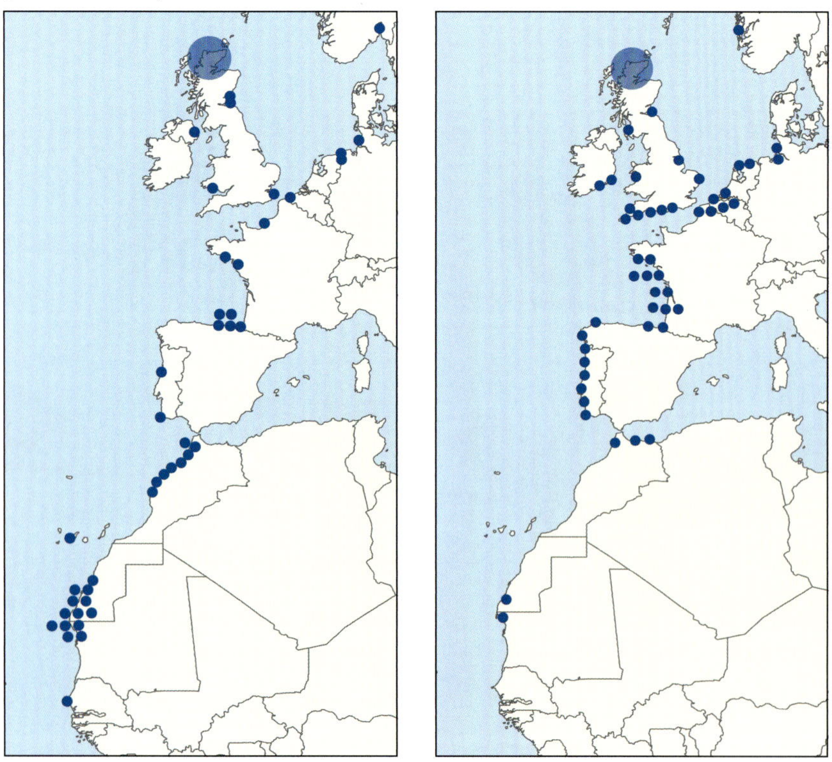

Neben dieser „Ankunftszeit-Hypothese" gibt es noch zwei weitere, die Teilzug zu erklären versuchen. Die „Körpergrößen-Hypothese" oder auch „Temperaturtoleranz-Hypothese" geht davon aus, dass größere Individuen gegenüber niedrigeren Temperaturen und gegenüber Futtermangel robuster sind als kleinere, weshalb die größeren an bzw. näher an ihren nördlichen Brutplätzen verweilen können als die kleineren, die in mildere und nahrungssicherere Gebiete ziehen müssen. Die „soziale Dominanzhypothese" nimmt an, dass dominante Individuen untergeordnete Artgenossen aus dem Brutgebiet oder brutgebietsnahen Überwinterungsgebieten verdrängen, wodurch diese veranlasst sind, weiter weg zu wandern. Die drei Hypothesen schließen sich aber nicht gegenseitig aus. So sind z. B. bei Vögeln die Männchen oft das größere Geschlecht und da sie die Revierverteidiger sind, ist es für sie von Vorteil, früh an den Brutplätzen zu sein. Sie sind oftmals aber auch größer als die Weibchen, sodass sie besser mit widrigen Wetterbedingungen zurechtkommen. Sie sind auch sozial dominanter gegenüber den Weibchen. Somit haben die Männchen bessere Voraussetzungen, sesshaft zu sein, die Weibchen dagegen wandern in mildere und weiter entfernte Breiten ab.

## Differenziertes Zugverhalten

Konkurrenz bzw. Vermeidung von Konkurrenz ist vielfach auch die Ursache für sog. differenziertes Zugverhalten, das bei vielen Arten zu beobachten ist. Differenziertes Zugverhalten ist, wenn innerhalb einer Art Unterschiede im Zugverhalten zwischen distinkten Gruppen von Individuen, z. B. den Geschlechtern und/oder Altersgruppen bestehen. Diese Unterschiede können unterschiedliche Zugwege, verschiedene Winterquartiere, verschiedene Zugzeiten oder unterschiedliche Zuggeschwindigkeiten sein und sind in der Vogelwelt recht weit verbreitet.

So ziehen bei schottischen Basstölpeln die Jungvögel zum Überwintern bis an die Westküste Afrikas, wohingegen die Altvögel überwiegend die europäische Atlantikküste aufsuchen (Abb. 220). Altersabhängiges Zugverhalten zeigen auch Flussseeschwalben (Abb. 221). Von an der deutschen Nordseeküste als Jungvögel beringten Flussseeschwalben verblieben in ihrem ersten Sommer nach dem Geburtsjahr die meisten noch in ihren W-afrikanischen Überwinterungsgebieten. Im nächsten Sommer kehrten schon etwa 40 % in ihr Geburtsgebiet zurück und im dritten Jahr schon fast alle. Flussseeschwalben schreiten meist erst ab dem 3. Lebensjahr zur Brut.

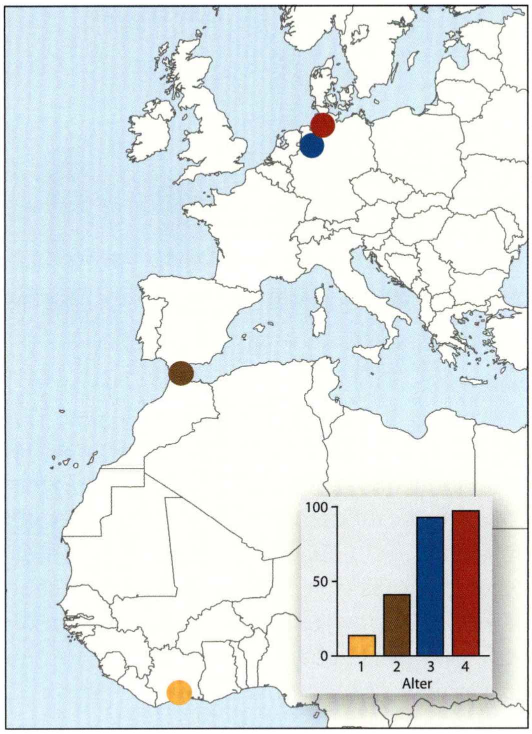


Abb. 221: Differenzierter Zug bei Flussseeschwalben. Im ersten Lebensjahr verbleiben die meisten Flussseeschwalben noch in Afrika. Erst mit zunehmendem Alter wandern sie ins Brutgebiet. Punkte: mittlere Fundorte; Säulen: Anteil (%) Funde im Geburtsgebiet in den ersten vier Jahren (nach Bairlein 2001).

Von auf Helgoland brütenden Bluthänflingen überwintern die Weibchen weiter südlich als die Männchen. Geschlechterabhängig unterschiedliche Überwinterung finden wir auch beim Buchfinken (Abb. 222) oder der Tafelente, wo jeweils die Männchen näher am Brutgebiet überwintern als die Weibchen (223).

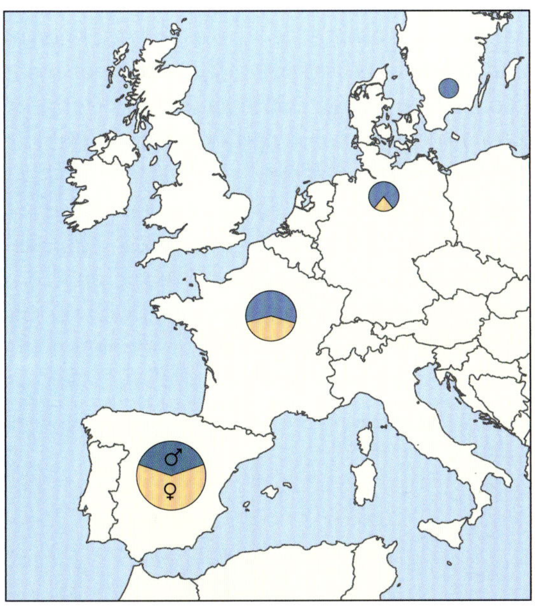


Abb. 222: Differenzierter Zug der Geschlechter beim Buchfinken. Während im Norden nur wenige und ausschließlich Männchen überwintern, nimmt die Anzahl überwinternder Vögel und der Anteil von Weibchen gen SW zu (nach Bruderer 2017).

Auch der Schlüpfzeitpunkt kann unterschiedliches Zugverhalten zur Folge haben. So ziehen auf Helgoland im April-Mai geschlüpfte Amseln weiter weg als später geborene Amseln. Von im Juli geschlüpften Vögeln zogen nur 26 % weiter als 100 km, von im April/Mai geschlüpften waren es dagegen 54 % (Abb. 144).

Ein gut untersuchtes Beispiel für differenziertes Zugverhalten ist die Amsel. In einem Untersuchungsgebiet bei Radolfzell am Bodensee waren etwa 42 % der Amseln ganzjährige Standvögel, die anderen verbachten den Winter vor allem in Frankreich. Bei den Männchen zogen vor allem die erstjährigen Jungvögel ab, bei den Weibchen ergab sich kein Unterschied zwischen Alt- und Jungvögeln. Unter den abziehenden Vögeln war der Jung-

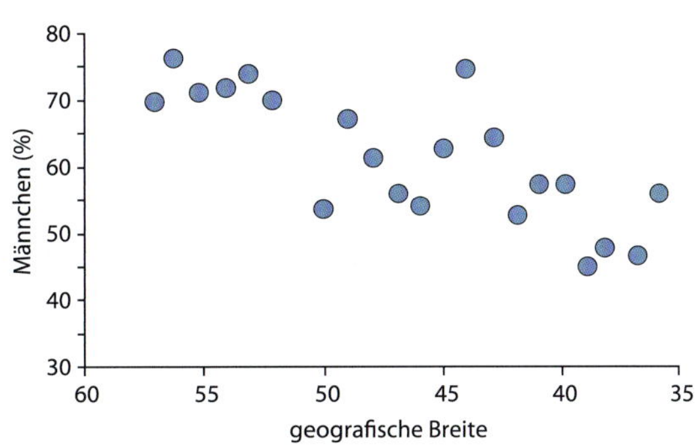


Abb. 223: Je weiter nördlich Tafelenten überwintern, desto höher ist der Männchen-Anteil (nach Carbone & Owen 1995).

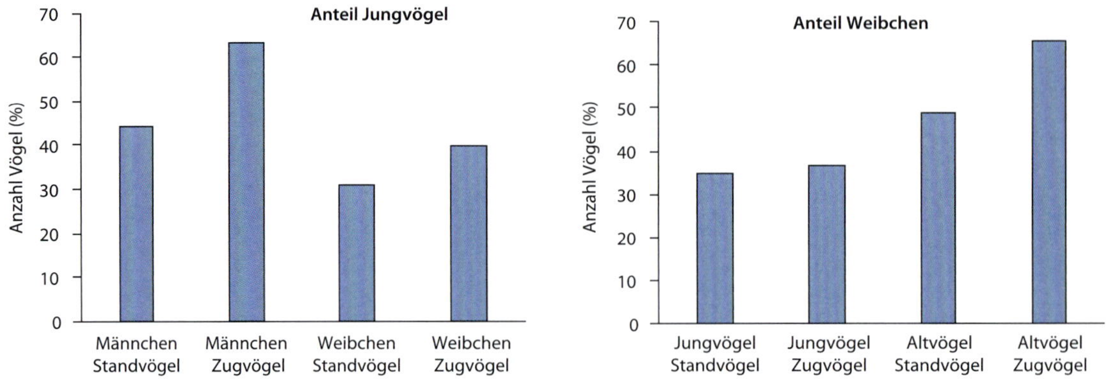


Abb. 224: Differenziertes Zugverhalten in einer südwestdeutschen Population der Amsel. Links: Anteil abgezogener Jungvögel, rechts: Anteil abgezogener Weibchen in den verschiedenen Gruppen unterschiedlichen Zugverhaltens und Alters (nach Schwabl 1983).

vogelanteil bei den Weibchen niedriger als bei den Männchen (Abb. 224). Von den Altvögeln zogen insbesondere die Weibchen weg, bei den Jungvögeln dagegen gab es keine Unterschiede im Geschlechterverhältnis zwischen Stand- und Zugvögeln. Mit zunehmendem Alter nahm die Zugbereitschaft der Männchen ab, weniger so bei den Weibchen.

Geschlechts- oder altersbedingt, unterschiedliche Winterquartiere sind vornehmlich bei Kurz- und Mittelstreckenziehern zu finden, kaum jedoch bei Arten, die in Afrika südlich der Sahara überwintern. Dennoch kann sich auch bei solchen Arten das Zugverhalten der Geschlechter und von Altersgruppen unterscheiden.

### Protandrie – Männchen vor Weibchen am Brutplatz

Wohl am bekanntesten und am häufigsten beschrieben ist dabei das frühere Eintreffen der Männchen im Brutgebiet, die sog. **Protandrie** (aus dem Griechischen *protos* „der erste“ und *andros* „Mann“). Bereits Charles Darwin (1809–1882) hat sich Gedanken zur Protandrie gemacht und sah den Konkurrenzkampf unter Männchen als Hauptursache für den protandrischen Heimzug der Vögel. Mittlerweile ist Protandrie vielfach beschrieben. Bei vielen Arten, so auch dem Gartenrotschwanz, ziehen die Männchen auf Helgoland im Frühjahr früher durch als die Weibchen, und oftmals auch die Altvögel vor den Jungvögeln (Abb. 225).

Ursachen für Protandrie können sein, dass Männchen näher an den Brutplätzen überwintern und so kürzere Zugwege haben, dass Männchen vom selben Winterquartier früher aufbrechen oder dass sie rascher ziehen mit unterwegs seltenerer oder kürzerer Rast (Abb. 226).

Bei Gartenrotschwanz oder Steinschmätzer finden wir für Männchen früheren Durchzug auf Helgoland und frühere Rückkehr ins Brutgebiet, die Zugwege oder die Überwinterungsgebiete in Afrika von Männchen und Weibchen unterscheiden sich aber nicht (Abb. 227 und 228). Somit kann die Entfernung zum Brutplatz nicht den früheren Durchzug auf Helgoland erklären.

Eine Studie mittels Licht-Dunkel-Geolokation an in Europa brütenden Steinschmätzern ergab, dass die Männchen nicht rascher als die Weibchen zogen, vielmehr verließen die

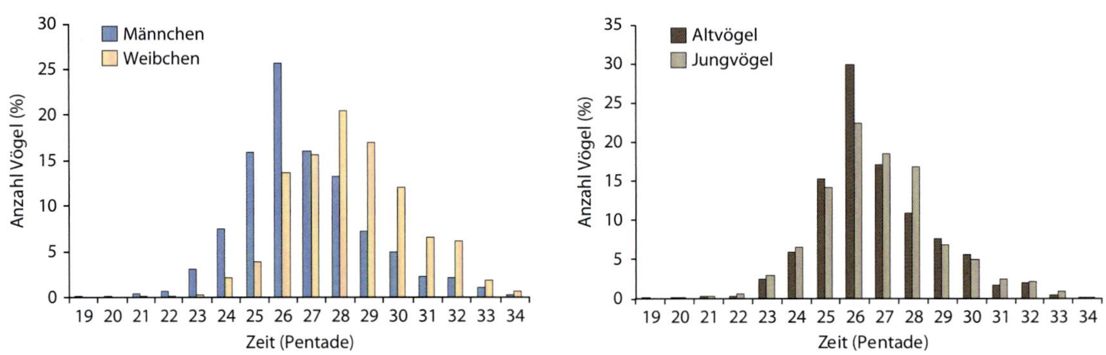


Abb. 225: Differenziertes Zugverhalten von Gartenrotschwänzen. Zeitliches Auftreten auf Helgoland im Frühjahr in Abhängigkeit von Geschlecht (links) und Alter (rechts) (nach Bairlein & Hüppop 2020).

Männchen ihre afrikanischen Wintergebiete um etwa 11 Tage früher als die Weibchen. Zudem zeigte sich, dass Steinschmätzer der Unterart *leucorha*, die auf Island, Grönland und in NO-Kanada brütet, ausgeprägter protandrisch sind als die in Europa brütende Nominatform *oenanthe*. *Leucorhoa*-Männchen haben längere und spitzere Flügel, wodurch ihre Fluggeschwindigkeit höher ist, und zudem rasteten sie kürzer, so dass ihre Zuggeschwindigkeit höher war als die der *leucrohoa*-Weibchen. Die Mechanismen, die zu Protandrie führen, können also sogar innerhalb einer Art unterschiedlich sein.

Was den früheren Aufbruch aus dem Wintergebiet ausmacht, ist unbekannt, doch scheinen die Vögel dafür eine angeborene Disposition (Grundbereitschaft) zu haben. Bei unter kontrollierten Bedingungen in Käfigen gehaltenen Steinschmätzern setzte das Zugverhalten im Frühjahr bei den Männchen früher ein als bei den Weibchen (Abb. 229). Auch bei gekäfigten Gartenrotschwänzen wurden die Männchen im Frühjahr etwa einen Monat früher zugaktiv als die Weibchen. Damit scheint der frühere Aufbruch von Männchen aus den Überwinterungsgebieten erheblich angeborenermaßen (genetisch) vorbestimmt zu sein.

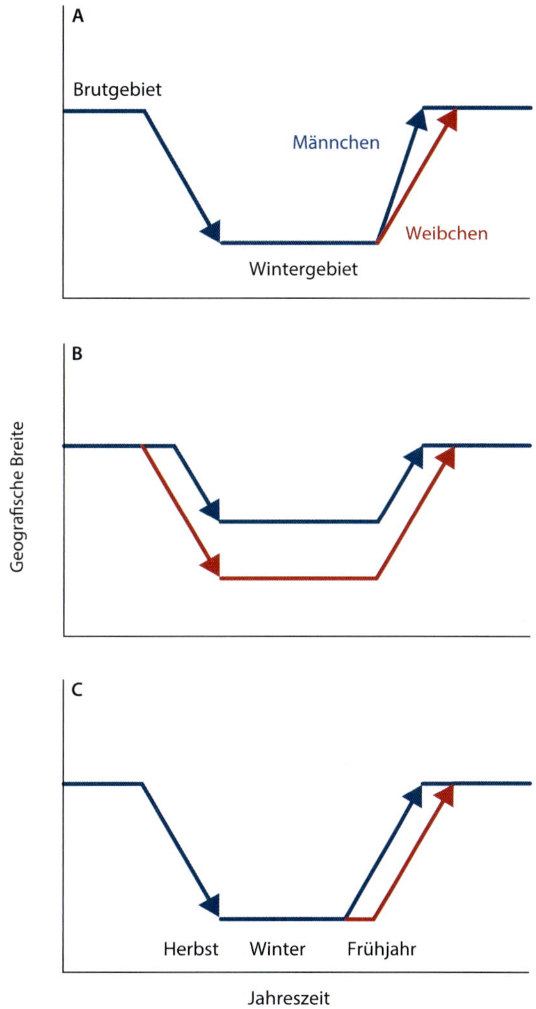


Abb. 226: Mögliche Verhaltensmechanismen für Protandrie. (A) Männchen ziehen im Frühjahr rascher mit unterwegs seltenerer oder kürzerer Rast; (B) Männchen überwintern näher an den Brutplätzen und haben so kürzere Zugwege; (C) Männchen brechen vom selben Winterquartier früher auf (nach Coppack & Pulido 2009).

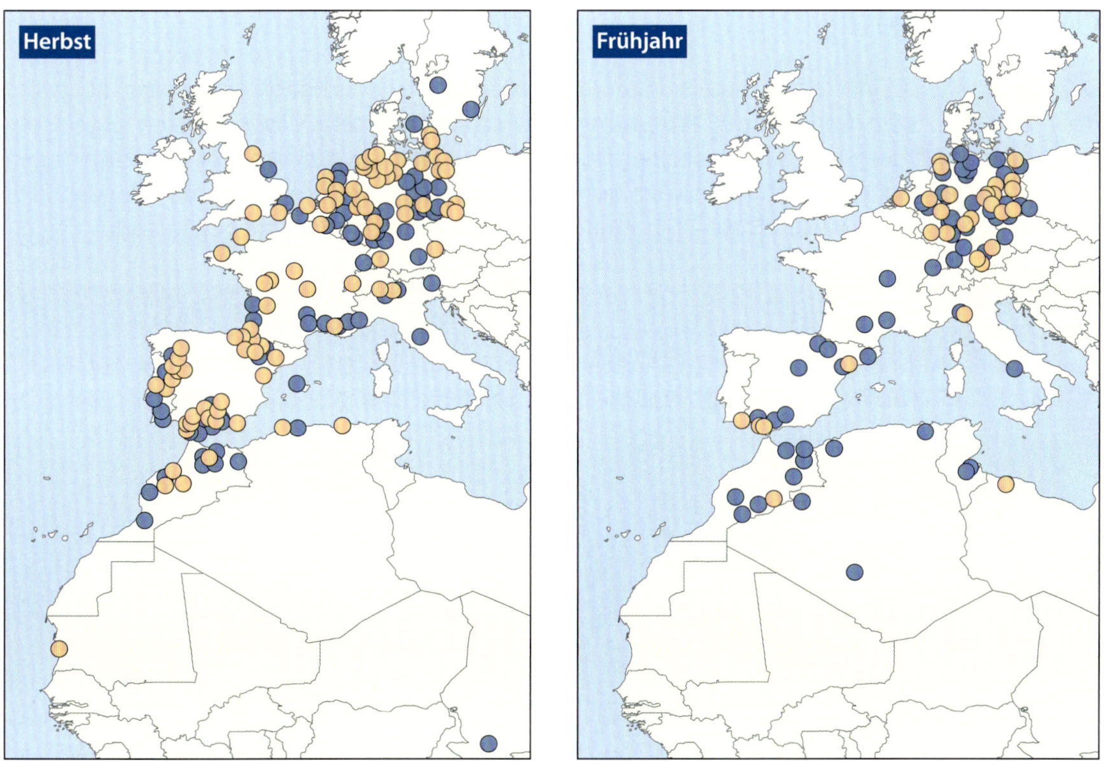


Abb. 227: Geografische Verteilung von Funden mit mehr als 100 km Distanz zwischen Fund- und Beringungsort im Herbst (September-November) und Frühjahr (März-April) von in Deutschland beringten Gartenrotschwänzen nach Geschlecht (blau: Männchen; orange: Weibchen) (nach Bairlein & Hüppop 2020).

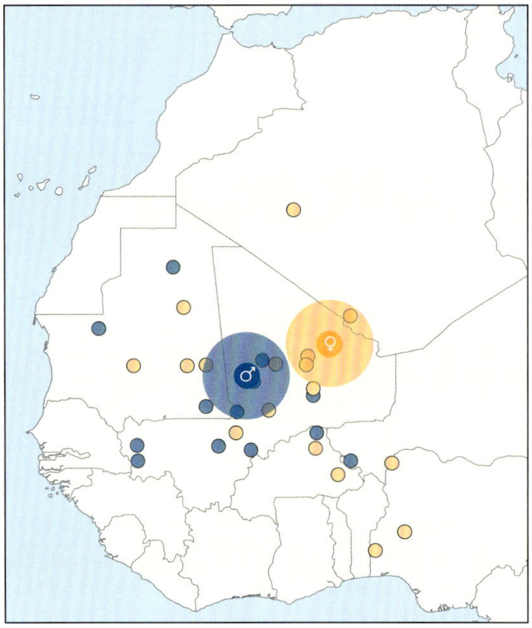


Abb. 228: Winterorte von einzelnen Weibchen (orange Punkte) und Männchen (blaue Punkte) von Steinschmätzern, die an Brutplätzen in Europa mit Geolokatoren markiert wurden sowie die Mittelpunkte (Kreise) ihrer Winterverbreitung (nach Schmaljohann et al. 2015).

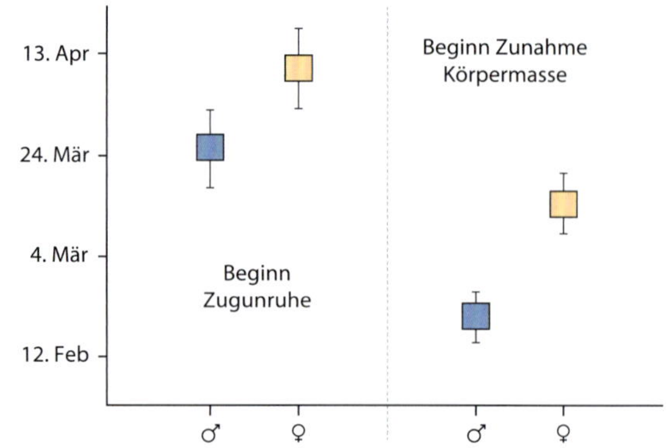


Abb. 229: Beginn von Zugunruhe und Fettdeposition von gekäfigten Steinschmätzern im Frühjahr. Blau: Männchen, orange: Weibchen (nach Maggini & Bairlein 2012).

Differenziertes Zugverhalten beim Abzug aus den Brutgebieten im Herbst ist hingegen insgesamt sehr viel weniger ausgeprägt, kommt aber dennoch vor. So ziehen auf Helgoland bei acht von 14 Arten, bei denen die Geschlechter im Herbst unterschieden werden konnten, die Weibchen vor den Männchen durch, so bei der Rohrammer um etwa eine Woche (Abb. 230), bei der Mönchsgrasmücke die Männchen geringfügig vor den Weibchen und bei fünf Arten unterschieden sich die Durchzugstermine im Herbst nicht.

Dabei gibt es einen interessanten Zusammenhang zwischen dem Ausmaß der Protandrie im Frühjahr und dem Ausmaß dieser herbstlichen **Protogynie** (dem früheren Zug von Weibchen; griechisch *gynos* „Frau"). Für neun auf Helgoland durchziehende Arten zeigt sich, dass je größer der Zeitvorsprung der Männchen im Frühjahr ist, umso deutlicher ausgeprägt ist der zeitlich frühere Abzug der Weibchen im Herbst (Abb. 231). Diese Protogynie ist möglicherweise eine zugzeitliche Anpassung der Weibchen an potenziell weitere Zugstrecken. Die längere Verweildauer der Männchen im Herbst könnte wiederum mit der Ausprägung von Territorialität und sozialer Dominanz zusammenhängen sowie dem Auskunden von neuen oder besseren Brutrevieren für das nächste Jahr.

Der **evolutive Vorteil** der Protandrie wird vor allem darin gesehen, dass die Männchen durch frühere Ankunft und frühere Revieretablierung ihre Verpaarungs- und Fortpflanzungschancen erhöhen. Dies mag auch die Ursache dafür sein, dass bei vielen Vogelarten im Frühjahr die Altvögel vor den Einjährigen ziehen. Eine weitere Annahme ist, dass Protandrie die Partnersuche begünstigt.

Abb. 230: Durchzug von Rohrammern auf Helgoland (mittlere Anzahl je 5-Tagesperiode von 1961–2000 gefangener Vögel). Blaue Linie: Männchen, orange Linie: Weibchen (nach Hüppop & Hüppop 2004, Foto: H.-J. Fünfstück).

Weit weniger klar sind die adaptiven Ursachen für unterschiedliche Wintergebiete von Alt- und Jungvögeln. Hier wird vor allem die „Konkurrenzvermeidungshypothese“ bzw. „Dominanz-Hypothese“ diskutiert, die bei Arten mit intraspezifischen Unterschieden in der Körpergröße den leichteren Vögeln (Weibchen bzw. Jungvögeln) das (Über)Leben erleichtert, wenn sie nicht zusammen mit den schwereren Männchen bzw. Altvögeln überwintern müssen. Auch sind größere und erfahrenere Individuen dominanter.

Es gibt aber auch einen Zusammenhang mit der Mauser, ein Aspekt, der bisher nur vergleichsweise wenig untersucht ist. In einer Studie an ostasiatischen Singvögeln zogen im Herbst bei etwa der Hälfte der 25 untersuchten Arten die Jungvögel vor den Altvögeln ab. Dabei zeigte sich ein enger Zusammenhang zur Mauser und zur Zugdistanz. Bei Arten, die weniger weit ziehen und bei denen die Altvögel nach dem Brutgeschäft eine komplette Mauser machen, zogen die Altvögel nach den erstjährigen Jungvögeln ab, die vor dem herbstlichen Abzug nur eine Teilmauser durchführen. Bei Arten, die längere Zugwege vor sich haben, war dies umgekehrt; bei ihnen zogen zunächst die Altvögel ab.

Die Folgen differenzierten Zugverhaltens von Männchen und Weibchen sowie von Alt- und Jungvögeln bzw. seine adaptive Bedeutung sind kaum untersucht. Bei den bei Radolfzell am Bodensee untersuchten Amseln begannen die sesshaften Männchen im Frühjahr mit ihrem Reviergesang und ihrer Revierverteidigung früher als die Zugvögel. Das Zugverhalten beeinflusste auch die Zusammensetzung der Brutpaare (Abb. 232). Bei etwa ¾ der Brutpaare waren ein oder beide Partner Standvögel. Reine Zugvogelpaare machten nur 10 % aller Brutpaare aus. Dabei war der Anteil an sesshaften Amseln bei den Männchen, gleichgültig wie alt sie waren, viel höher als der der Weibchen (Abb. 232). Paare, bei denen das Männchen nicht im Brutgebiet überwintert hatte, begannen später mit dem Brüten als Paare, bei denen das Männchen im Brutgebiet überwintert hatte. Schließlich war der Bruterfolg bei Paaren, bei denen das Männchen ein Standvogel war, höher als bei Paaren mit einem Zugvogel als Männchen (Abb. 232).

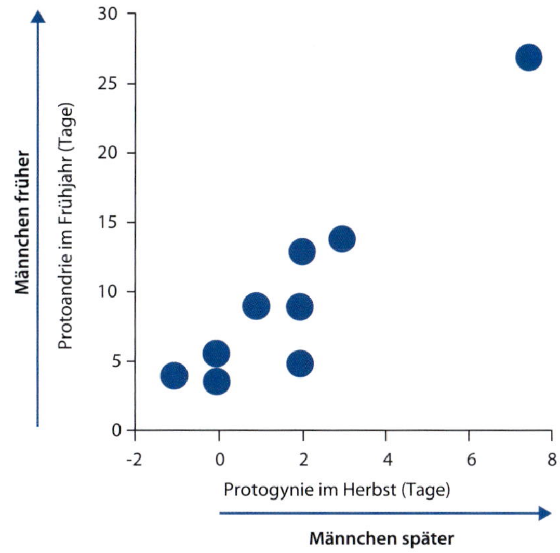


Abb. 231: Zusammenhang zwischen auf Helgoland gemessenen, mittleren Zeitdifferenzen im Durchzug von Männchen und Weibchen bei neun Singvogelarten im Frühjahr (y-Achse) und im Herbst (x-Achse) (nach Coppack 2010).

Auch bei teilziehenden schottischen Kormoranen zeigten sich deutliche Unterschiede in der Brutbiologie zwischen sesshaften und zie-

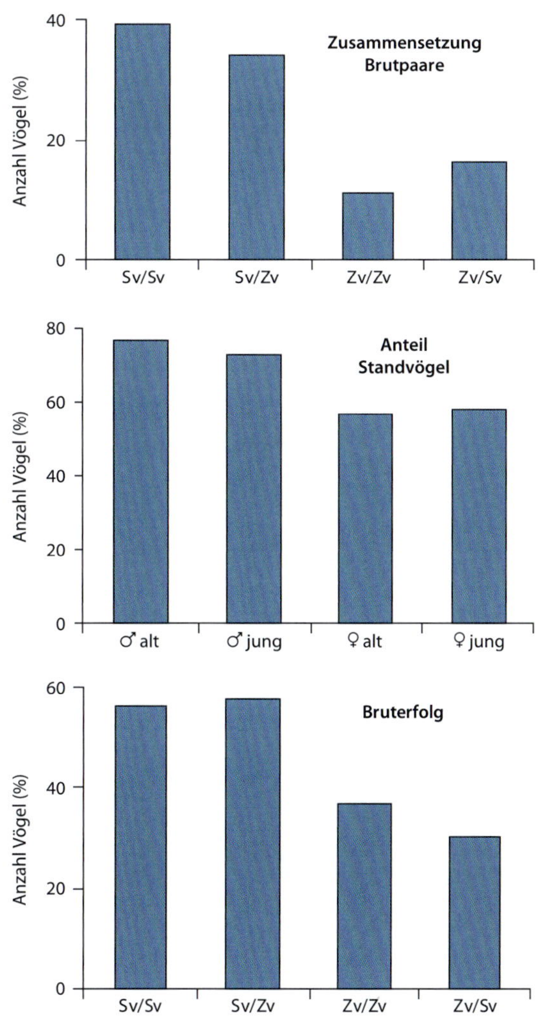


Abb. 232: Differenziertes Zugverhalten und seine Konsequenzen in einer südwestdeutschen Population der Amsel. Oben: Zusammensetzung der Brutpaare: Sv/Sv: Männchen wie Weibchen waren Standvögel; Sv/Zv: Männchen Standvogel, Weibchen Zugvogel; Zv/Zv: beide Partner Zugvögel; Zv/Sv: Männchen Zugvogel, Weibchen Standvogel. Mitte: Anteil Standvögel in Abhängigkeit von Alter und Geschlecht. Unten: Bruterfolg in Abhängigkeit von der Zusammensetzung der Paare (nach Schwabl 1983).

henden Vögeln (Abb. 233). Paare, bei denen beide Partner Standvögel waren, brüteten 12 Tage früher als Zugvogelpaare und ihr Bruterfolg war um durchschnittlich 0,7 Küken je Paar höher als bei reinen Zugvogelpaaren. Das Verpaarungsverhalten an sich war aber nicht verschieden. Stand- und Zugvögel verpaarten sich zufällig, doch immer, wenn ein Standvogel beteiligt war, wurde früher und erfolgreicher gebrütet als bei reinen Zugvogelpaaren.

Noch weniger erforscht sind die Konsequenz unterschiedlicher Wintergebiete. Löffler, die in den Niederlanden brüten, überwintern zum einen an der portugiesischen Küste, zum anderen an der westafrikanischen Küste, die einen etwa 2000 km, die anderen 4500 km von ihrem Brutplatz entfernt. Die vor der westafrikanischen Küste überwinternden Langstreckenzieher brüteten später, insbesondere die Männchen, und zogen Küken mit schlechterer Körperkondition auf als die Kurzstreckenzieher bei aber ähnlichem Schlüpferfolg (Abb. 233). Die später in der Saison und mit geringerer Körperkondition flüggen Küken überlebten mit geringerer Wahrscheinlichkeit bis zum Erwachsenenalter. Somit rekrutierten die Langstreckenzieher, insbesondere die Männchen, weniger Nachkommen in die Brutpopulation als Kurzstreckenzieher.

Innerhalb einer Art (innerartlich) können sich also Stand- und Zugvögel bzw. Kurz- und Langstreckenzieher in ihrer biologischen Fitness unterscheiden, mit höherer Fitness bei den Standvögeln. Dass dennoch beide Strategien nebeneinander bestehen können, liegt daran, dass dies in anderen Jahren anders sein kann und dann die Zugvögel Vorteile haben. Es liegt also ein sog. **balancierter Polymorphismus** der Winterstrategien vor, der durch unterschiedliche jährliche Produktivität und Mortalität von Stand- und Zugvögeln aufrechterhalten wird.

## Übersprung (/Bocksprung)zug

Insbesondere bei teilziehenden Arten finden wir oftmals sog. **Übersprungzug**. Beim Übersprungzug oder auch „leap-frog"- bzw. Bocksprungzug ziehen Populationen einer Art über andere hinweg in weiter entfernte Wintergebiete. Bei Mönchsgrasmücken ziehen die skandinavischen Vögel bis nach W-Afrika, die mitteleuropäischen dagegen nur bis ins westliche Mittelmeergebiet und die südlichen

Abb. 233: Konsequenzen unterschiedlichen Zugverhaltens bei Kormoranen und Löfflern (nach Gilroy 2017).

Vögel nur wenige Hundert Kilometer bzw. verbleiben als Standvögel sogar ganzjährig im Brutgebiet. Ein anderes Beispiel ist die Pfuhlschnepfe. Sie ist ein häufiger Durchzieher im Wattenmeer. Dabei gibt es zwei Formen (Unterarten), die sich in Größe, Herkunft und Zugverhalten unterscheiden (Abb. 177): Zum einen die etwas größeren Pfuhlschnepfen, die fast das ganze Jahr über im Wattenmeer anzutreffen sind. Sie brüten im nördlichen Fennoskandien und um das Weiße Meer bis zur Kanin-Halbinsel und verbringen den Winter in Europa. Diese Gruppe wird als europäische Population oder auch als Unterart *Limosa lapponica lapponica* bezeichnet. Ihre Zugstrecke zwischen Brut- und Überwinterungsgebieten ist mit ca. 1.500 km eher kurz. Zum anderen zieht durchs Wattenmeer eine Gruppe kleinerer Pfuhlschnepfen, die sich nur kurze Zeit im Frühjahr und Herbst im Wattenmeer aufhalten. Sie brüten im nördlichen zentralen Sibirien, hauptsächlich auf der Taimyrhalbinsel, und überwintern an der Küste W- bis S-Afrikas. Diese Gruppe wird als afro-sibirische Population oder auch als Unterart *Limosa lapponica taymyrensis* bezeichnet. Ihre Zugstrecke beträgt etwa 4.500–5.000 km, die die Vögel in zwei Etappen im Nonstop-Flug zurücklegen.

Als Ursache für Übersprungzug wird angenommen, dass durch verschiedene Überwinterungsgebiete innerartliche Konkurrenz vermieden wird und dies den „Nachteil" eines längeren und weiteren Zuges ausgleicht. Dies wurde an isländischen Uferschnepfen untersucht (Abb. 234). Auf Island brütende Uferschnepfen überwintern zwischen Irland/England und Portugal, mit Zugdistanzen zwischen ca. 1200–3000 km. Ungeachtet dieser sehr unterschiedlichen Zugdistanzen unterschieden sich die Körpermassen der Vögel zwischen den unterschiedlichen Überwinterungsorten nicht und die weiter entfernt in S-Frankreich und Portugal überwinternden Vögel kamen im Frühjahr sogar eher nach Island zurück als die in Großbritannien überwinternden Vögel, wodurch sich Vorteile für den nachfolgenden Bruterfolg ergeben. Weiter weg zu überwintern kann also durchaus sehr vorteilhaft sein.

## Kettenzug

Anders als beim Übersprungzug ziehen beim sog. **Kettenzug** die südlichen Populationen in weiter entfernte Wintergebiete als die nördlichen Populationen (Abb. 235). Ein Beispiel ist der Mauersegler (Abb. 236): Die Mauersegler aus Finnland und Schweden überwintern in Afrika mehrheitlich nördlich des Äquators, die Mauersegler aus Großbritannien, Mitteleuropa und S-Europa dagegen südlich des Äquators. Zudem ziehen die nördlichen Populationen später aus ihren Brutgebieten ab als die übrigen Populationen (Abb. 237).

## Invasionszieher

Insbesondere bei nordischen Arten ziehen in manchen Jahren sehr viele Vögel südwärts, in anderen Jahren dagegen nur wenige bis keine. Sie treten dann in z. B. Mitteleuropa spo-

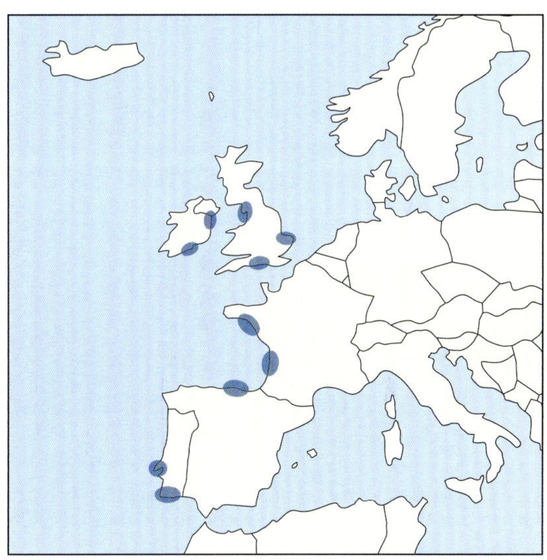

Abb. 234: Winterquartiere auf Island brütender Uferschnepfen (nach Alves et al. 2012, Foto: H-J. Fünfstück).

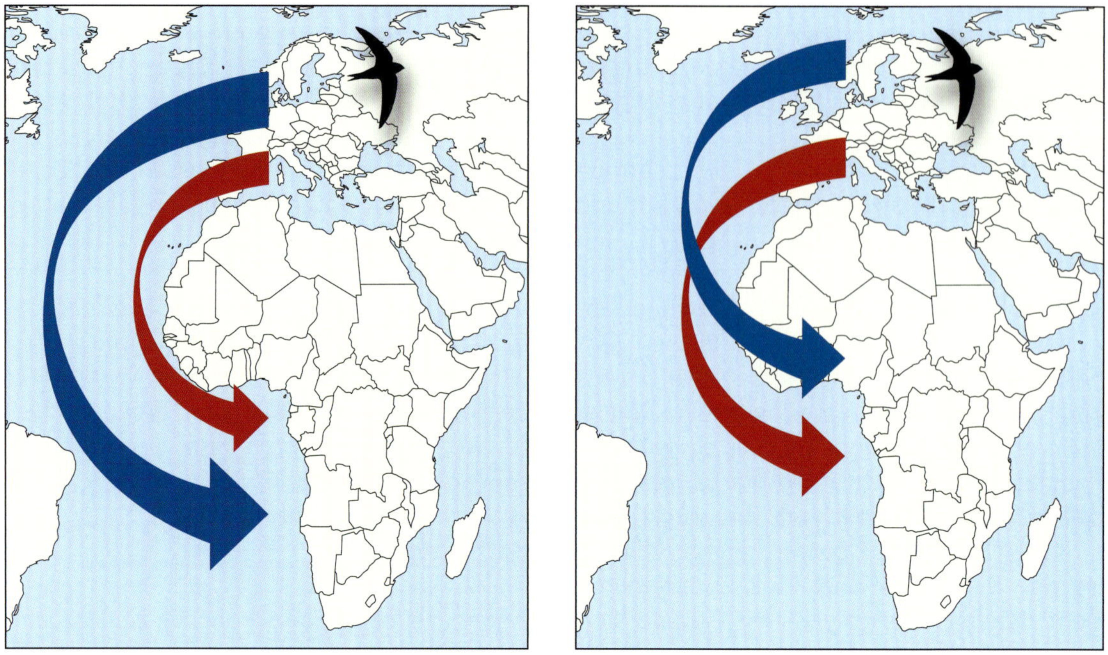

Abb. 235: Beim Übersprungzug (links) ziehen die nördlichen Brutpopulationen über die südlichen hinweg, beim Kettenzug (rechts) dagegen überwintern die nördlichen Populationen auch nördlicher als die südlicheren Populationen.

radisch „invasionsartig“ in teilweise sehr großer Zahl auf, weshalb sie als **Invasionsvögel** bezeichnet werden. In Wirklichkeit ist es aber eine nicht alljährliche, unregelmäßige, sporadische Abwanderung, eine Evasion, aus dem nordischen Brutgebiet bei Nahrungsmangel und zugleich hoher Populationsdichte. Ihre Züge entsprechen einem fakultativen Teilzug, doch weil sie dabei oftmals massenhaft auftreten, hat sich für sie der Begriff „Invasionsvögel“ bzw. Invasionszug etabliert.

Ein spektakuläres Beispiel ist das immer wieder mal vorkommende Massenauftreten von Bergfinken mit um die Millionen Vögel umfassenden Schwärmen in Mitteleuropa. Andere Beispiele sind Fichtenkreuzschnabel (Abb. 238), Seidenschwanz, sibirischer Tannenhäher, Schneeeule (Abb. 239) oder Raufußbussard. Typische Invasionsvögel sind boreale körner- und samenfressende Arten, die von Jahr zu Jahr stark schwankenden Samen- und Fruchtangebot abhängen, aber auch Eulen und ähnliche karnivore Arten, die mit dem zyklischen Auftreten ihrer Beute, z. B. Lemmingen, zusammenhängen.

Solche **Evasionen** führen meist in südlichere Invasionsgebiete, doch nicht immer in dasselbe Zielgebiet. Ringfunde von in S-Finnland

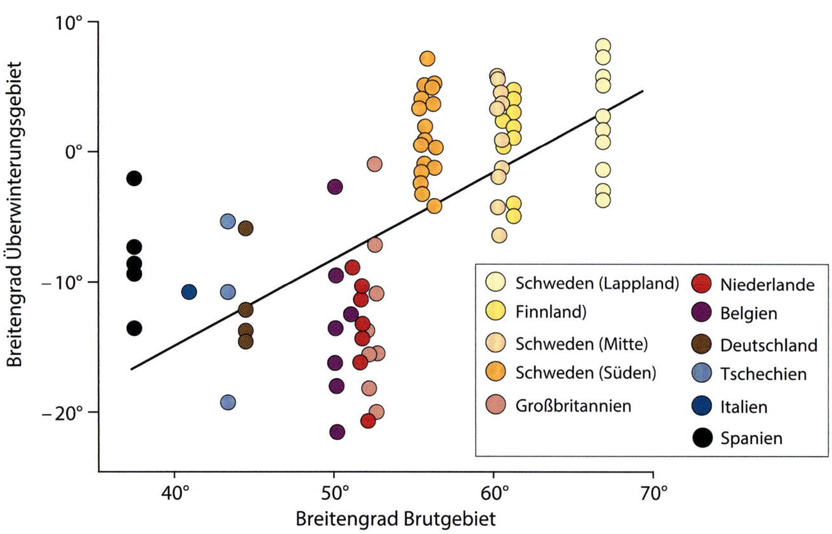


Abb. 236: Kettenzug beim Mauersegler: Zusammenhang zwischen geografischer Breite des Winter- und Brutgebietes für Mauersegler unterschiedlicher Brutgebiete (nach Åkesson et al. 2020).

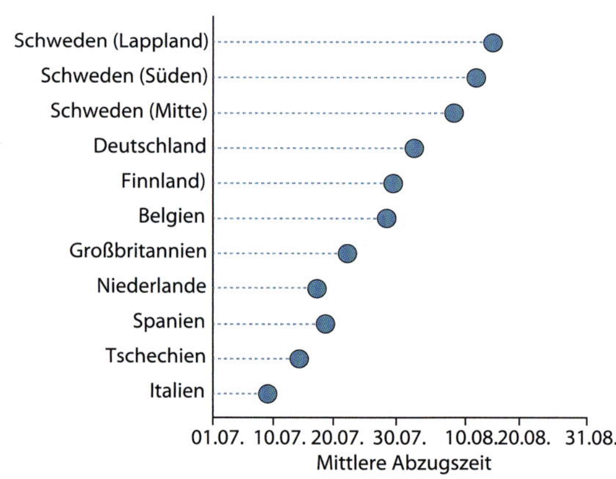


Abb. 237: Mittlere Abzugszeiten des Mauerseglers aus dem Brutgebiet verschiedener Populationen in Europa (nach Åkesson et al. 2020).

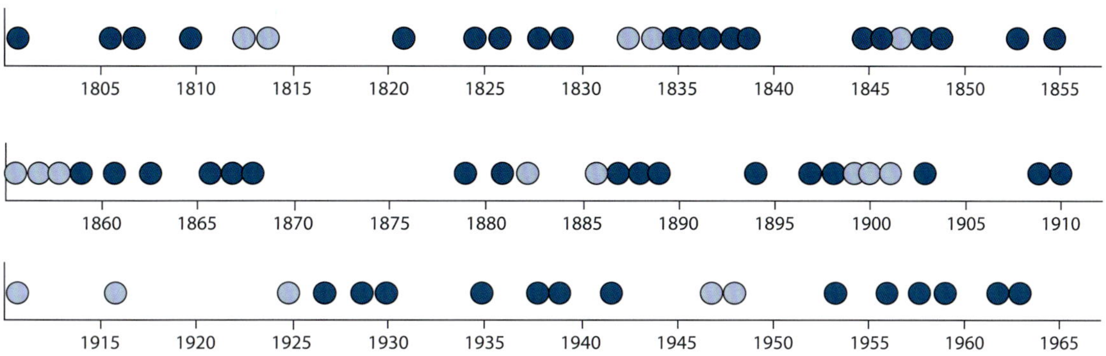


Abb. 238: Jährliches Auftreten von Fichtenkreuzschnäbeln in Mitteleuropa zwischen 1800 und 1965. Die dunklen Kreise kennzeichnen starke Invasionsjahre, die hellen schwache. In Jahren ohne Kreis fanden keine Einflüge statt (nach Schüz 1971).

im Herbst beringten Birkenzeisigen zeigen, dass die Vögel im Invasionswinter 1965/1966 vornehmlich ins westliche Russland gezogen sind, im Winter 1972/73 dagegen überwiegend nach Mitteleuropa (Abb. 169).

Zudem zeigen Ringfunde, dass die früher oftmals geäußerte Vermutung, dass es sich bei solchen Evasionen um Abwanderungen ohne Rückkehr handeln würde, nicht zwingend zutrifft. So fanden sich nicht wenige in einem Winter in Mitteleuropa beringte Bergfinken in einem folgenden Winter weit entfernt in einem anderen Überwinterungsgebiet (Abb. 167). Da es keinerlei Hinweise gibt, dass diese Vögel in Mitteleuropa übersommert haben, dürften sie nach einem ersten Aufenthalt im mitteleuropäischen Wintergebiet in ihre nordischen Brutgebiete zurückgekehrt und in einem Folgewinter dann nach Südosten gezogen sein. Auch von Seidenschwänzen ist belegt, dass sie nach einer Evasion in ihre Brutgebiete zurückkehren.

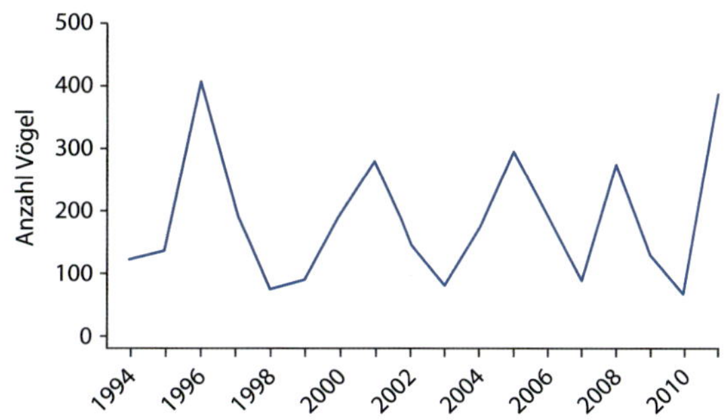


Abb. 239: Jährliches Auftreten von Schneeeulen im Winter im gemäßigten Nordamerika (nach Robillard et al. 2016).

Ausgenommen wenige Arten wie Bergfink und Birkenzeisig, wo es ausreichend Funde beringter Vögel gibt, um etwas über die Herkunft von Invasionen zu sagen, weiß man meist kaum etwas über die Herkunft eingeflogener Vögel. Dies gilt besonders für zurückliegende Invasionen, von denen es keine Ringfunde gibt. Hier hilft die Methode der Analyse von Stabilen Isotopen von Federn. Die Isotopenzusammensetzung von Federn spiegelt nämlich wider, wo diese Federn gewachsen sind. Diese Methode haben britische Forscher

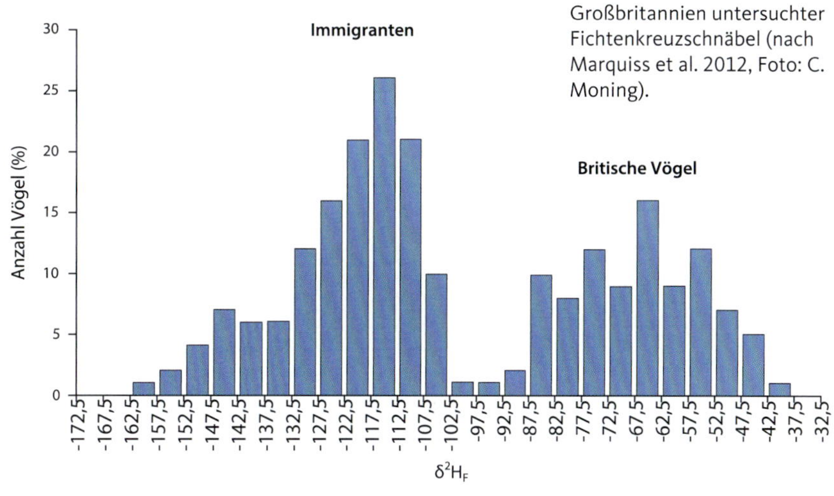


Abb. 240: Isotopenkonzentration von Federn in Großbritannien untersuchter Fichtenkreuzschnäbel (nach Marquiss et al. 2012, Foto: C. Moning).

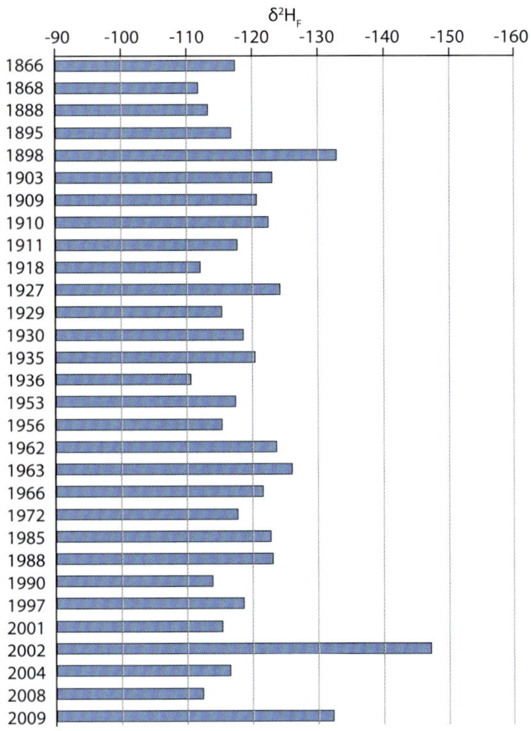


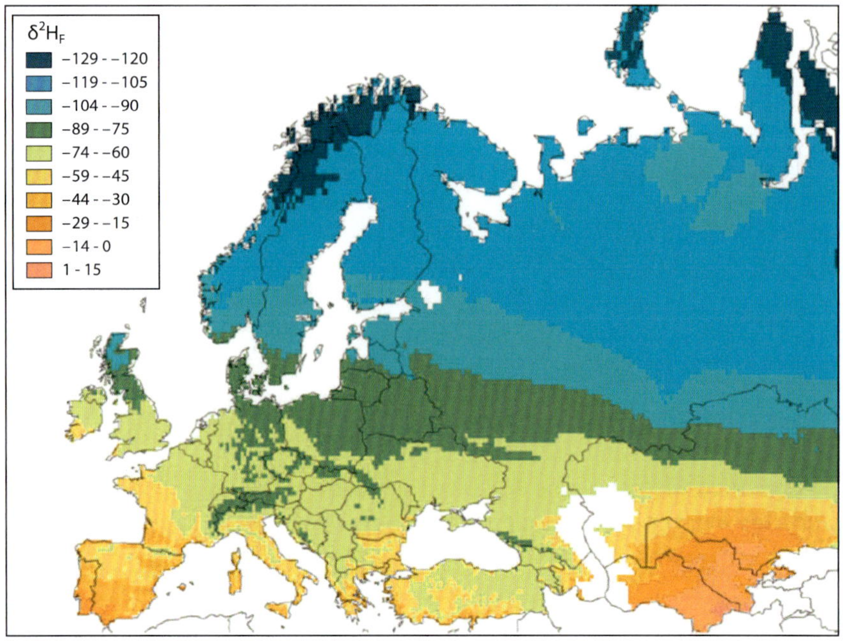


Abb. 241: Links: Durchschnittliche Isotopenkonzentration von Federn von Fichtenkreuzschnäbeln in Großbritannien in verschiedenen Invasionswintern zwischen 1886 und 2009. Rechts: Wasserstoffisotopenkonzentration in Europa und W-Asien. Je negativer die Isotopenwerte sind, desto weiter entfernt waren die Herkunftsgebiete (nach Marquiss et al. 2012).

angewandt, um die Herkunft von Fichtenkreuzschnäbeln aufzuklären. Für insgesamt 30 Invasionen von Fichtenkreuzschnäbeln, die zwischen 1886 und 2009 nach Großbritannien, auf die Färöer-Inseln und nach Island erfolgten, lagen Federproben aus Sammlungen vor oder wurden in jüngerer Zeit dafür gezielt gesammelt. Zudem haben sie von britischen Brutvögeln Federn gesammelt. Dabei zeigt sich, dass die Federn der Invasionsvögel sehr viel negativere Wasserstoffisotopenkonzentrationen aufwiesen als die britischer Kreuzschnäbel (Abb. 240). Ferner zeigten sich Unterschiede in der durchschnittlichen Isotopenkonzentration in verschiedenen Invasionswintern (Abb. 241). In 17 der 30 Jahre wiesen die Federn Isotopenkonzentrationen von höher als -120 ‰ auf, die auf eine Herkunft aus einem Gebiet zwischen dem nördlichen Skandinavien und NW-Russland schließen lassen. In solchen Jahren trafen die Vögel recht früh, im Juni und Juli, ein. In 10 der 30 Invasionswintern lagen die Isotopenkonzentrationen zwischen -120 und -130 ‰. Diese Vögel kamen aus dem nördlichen Russland östlich von etwa Archangelsk (40° O) und sie erreichten Großbritannien hauptsächlich zwischen Ende Juni und Anfang September. In drei der Invasionswinter – 1898, 2002 und 2009 – waren die Isotopenwerte noch niedriger und die Vögel kamen durchschnittlich sehr spät an, Ende Juli, im August und im September. Sie dürften ihren Ursprung in Sibirien östlich des Urals gehabt haben. Es zeigt sich also, dass nach Europa einfliegende Invasionsvögel aus einem großen geografischen Raum stammen können, dass in verschiedenen Jahren Einflüge aus unterschiedlichen Gebieten erfolgen und dass weiter entfernt brütende Vögel später eintreffen (Abb. 242).

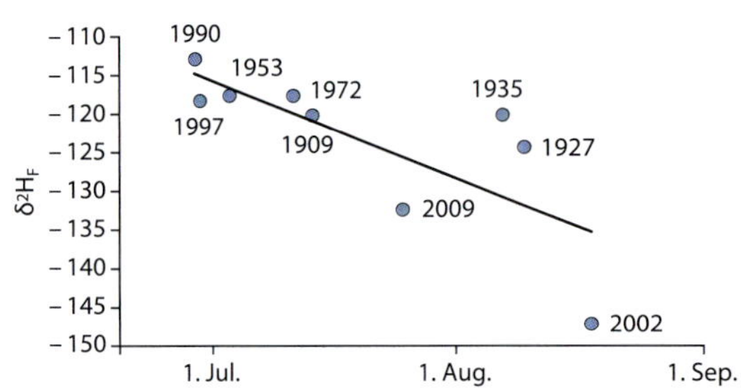


Abb. 242: Je später Fichtenkreuzschnäbel in Großbritannien in Invasionsjahren auftraten, umso niedriger ist die durchschnittliche Isotopenkonzentrationen ihrer Federn und umso weiter östlich aus Russland stammten sie (nach Marquiss et al. 2012).

## Dismigration

Andere Formen sporadischer Wanderungen sind Flucht-, Ausweich- und Folgewanderungen sowie Nomadisieren, oft zusammengefasst als **Dismigration**. Auch diese Wanderungen erfolgen nicht alljährlich, sind, anders als bei Invasionsvögeln, meist ungerichtet und vielfach besonders von der regionalen Verfügbarkeit von Nahrung oder den regionalen Brutbedingungen bestimmt. Schleiereulen beispielsweise verlassen ihre Brutgebiete eigentlich nur, wenn hohe Schneelagen den Zugang zu Mäusen, ihrer Hauptbeute, verhindern oder wenn es generell kaum Mäuse gibt. In solchen Wintern weichen sie in die nächstgelegenen klimatisch günstigeren Gebiete aus, z. B. aus ihren Brutgebieten in Oberfranken an den unteren Main, in das Neckarbecken oder die Oberrheinebene (Abb. 243).

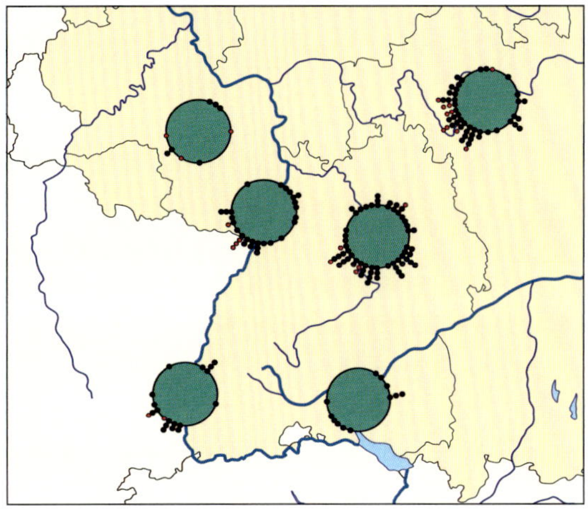

Abb. 243: Verteilung der Richtungen zwischen Beringungs- und Fundort von Fernfunden (>100 km) nestjung beringter Schleiereulen in verschiedenen Populationen S-Deutschlands (nach Bairlein 1985).

**Nomadisieren** findet sich besonders bei Vogelarten in Trockengebieten mit ihren sehr unregelmäßigen Niederschlägen und hier gerade bei Wasservögeln. Ein „extremes" Beispiel ist der in den Trockengebieten Australiens lebende Schlammstelzer. Seine bevorzugten Lebensräume sind große, flache Salzseen im Landesinneren und an der Küste des südlichen Australiens, aber auch temporäre Salzseen, Salinen, Lagunen oder Salzpfannen. Sein Wanderverhalten ist ganz von den unvorhersehbaren Bedingungen des australischen Inneren bestimmt (Abb. 244). Wo immer nach plötzlichen Regenfällen große Flachwasserseen entstehen, erscheint er und brütet dann in großen Kolonien. Woher die Schlammstelzer „wissen", wo gerade solche Seen entstehen, ist unbekannt. Trocknen die Seen aus, wandern sie an die Küsten. Bei diesen nomadischen Wanderungen werden große Strecken zurückgelegt, wie sich durch mit Satellitensendern ausgestattete Vögel zeigte. So flogen zwei Vögel von der Küste zwischen 1000–2000 km ins Inland zu einem dort neu entstandenen See, 12 andere wanderten zwischen 360 und 1300 km ab und zwei weitere flogen zu einem neu entstandenen See in W-Australien, einer davon mehr als 2200 km durch die Gibson-Wüste im Inneren Australiens in nur 2,5 Tagen, der andere 1500 km in sechs Tagen (Abb. 245).

Nicht von Niederschlägen, sondern von ihrer Nahrung bestimmt, ist das Nomadisieren von Fichtenkreuzschnäbeln. Fichtenkreuzschnäbel ernähren sich ganzjährig überwiegend von Fichtensamen. Fichtensamen stehen aber nicht alljährlich in großer Zahl zur Verfügung, da Fichten nicht jährlich fruchten. Bleiben in

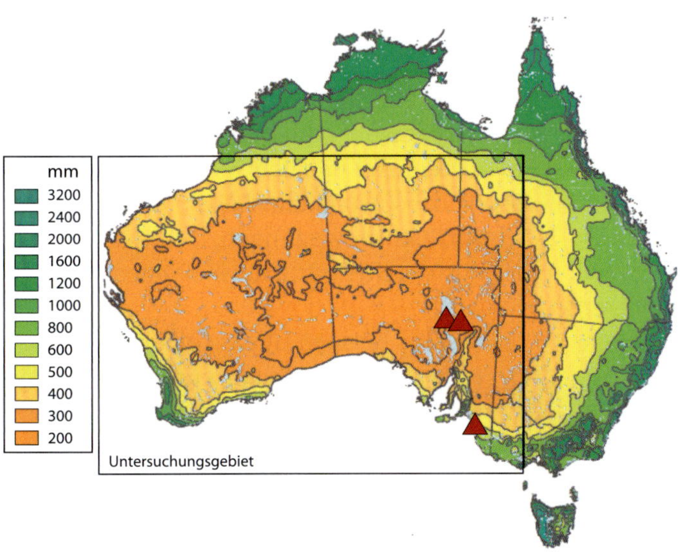


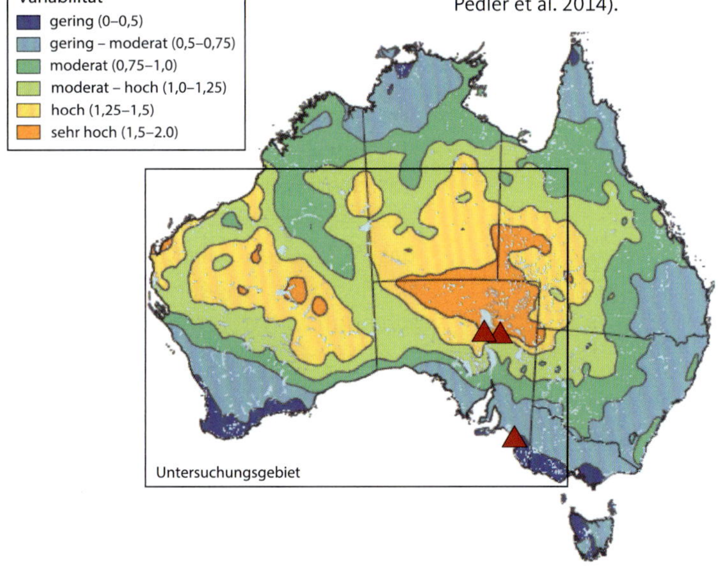


Abb. 244: Durchschnittliche jährliche Regenmengen Australiens für die Jahre 1961–1990 (links) und deren Variabilität für die Zeit 1900–2003 (rechts). Die beiden Karten verdeutlichen die trockenen und sehr variablen Bedingungen im Inland im Gegensatz zur Küste. Die Dreiecke geben an, wo Schlammstelzer mit Sendern markiert worden sind (nach Pedler et al. 2014).

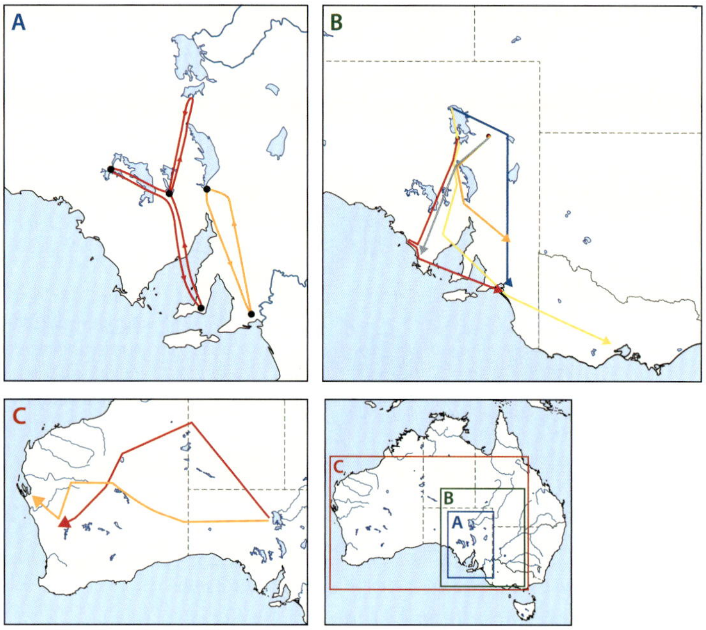

Abb. 245: Nomadische Wanderungen von Schlammstelzern in Australien. Die Vögel wurden an zwei Inlandstandorten sowie an der Küste besendert. Die einzelnen Vögel sind in verschiedenen Farben gezeigt. (A) Lange Inlandsflüge nach dortigem Regen; (B) Flüge aus dem Inland zurück an die Küste; (C) Lange Flüge von S- nach W-Australien (nach Pedler et al. 2014, Foto: wikimedia).

einem Gebiet Fichtensamen aus, wandern die Kreuzschnäbel ab und suchen woanders nach Nahrung. So brüten sie in verschiedenen Jahren auch an weit auseinanderliegenden Orten. Wanderrichtung und -entfernung sind von Wanderung zu Wanderung sehr verschieden, in Abhängigkeit vom Angebot an Fichtensamen.

## Mauserzug

Bei manchen Vogelarten, wie Schwänen, Gänsen und Enten, fallen während der Mauser die Schwungfedern gleichzeitig vollständig aus; sie machen eine sog. „Vollmauser". Sie sind damit während ihrer Großgefiedermauser vorübergehend flugunfähig. Zur Mauser suchen sie deshalb spezielle Plätze auf, an denen sie ausreichend Nahrung und Schutz finden, sie machen einen sog. Mauserzug. Mauserzug erfolgt in vielen Fällen nicht schon in Richtung der späteren Überwinterungsgebiete. Viele Mauserzüge gehen nordwärts. Als Gründe für das Aufsuchen von Mauserplätzen in hohen Breiten wird angenommen, dass die Vögel hier durch die zu dieser Zeit noch längeren Tage mehr Zeit für Nahrungsaufnahme haben, aber auch ein saisonal höheres Nahrungsangebot. Das sicherlich bekannteste Beispiel in Europa ist die Brandgans (Abb. 246), doch machen viele Enten, Säger, Gänse, See- und Lappentaucher, Alken oder manche Rallen ebenfalls solche Mauserzüge.

Brandgänse sind während ihrer Vollmauser im August für etwa einen Monat flugunfähig. Vorher versammeln sich nahezu alle NW- und N-europäischen Brandgänse und sogar Brandgänse aus dem Mittelmeergebiet, so aus der Camargue in S-Frankreich, im Wattenmeer vor der Elbmündung, wo sie auf den bei Niedrigwasser frei liegenden großen Schlick- und Sandbänken den nötigen Schutz und in den Flachwasserbereichen ausreichend Nahrung finden. Während der Hauptmauserzeit im August finden sich hier bis zu 10.000 Brandgänse. Die ersten Vögel sind die noch nicht geschlechtsreifen Vögel. Sie kommen schon im Juni, der Einzug der Brutvögel beginnt 2–3 Wochen später. Dabei ziehen die Vögel von ihren Brutplätzen meist direkt übers Binnenland in die südliche Nordsee. Die ersten vermauserten Vögel verlassen ab Mitte August das Mausergebiet, einige kehren dann bereits in ihre Brutgebiete zurück, andere verteilen sich im Wattenmeer und überwintern dort. Bei Vereisung der Küstenbereiche kommt es dann zu **Winterfluchtbewegungen**, die sie oft entlang der Küste weiter nach Süden bringen.

Ein anderes Beispiel ist die Kolbenente. Bis zu 40 % der zentral-/südwesteuropäischen Flyway-Population mit mehr als 10.000 Vögeln aus Spanien mausert an den Ismaninger Teichen nordöstlich von München. Ein anderer mitteleuropäischer Mauserplatz der Kolbenente ist der Bodensee.

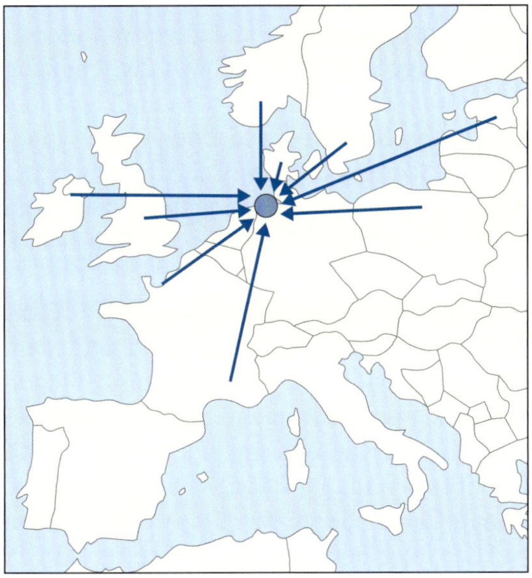

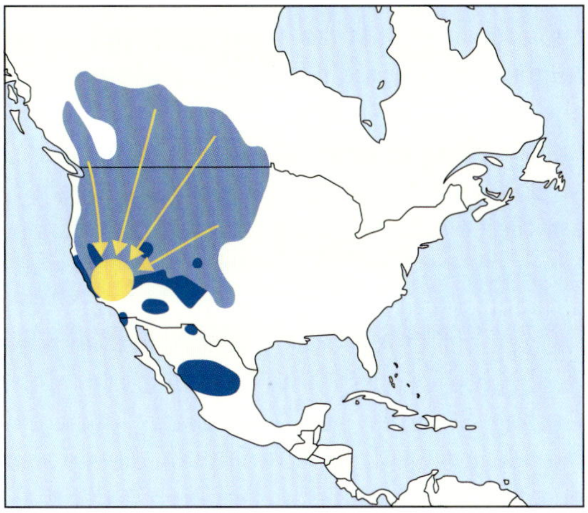

← Abb. 246: Nahezu alle nordeuropäischen Brandgänse und auch welche aus dem Mittelmeergebiet versammeln sich zur Mauser in den Flachwassergebieten des Wattenmeers vor der Elbmündung.

Abb. 247: Bis zu 750.000 Schwarzhalstaucher aus dem gesamten nordamerikanischen Brutgebiet versammeln sich zur Mauser am Mono Lake in Kalifornien. Hellblau: Brutgebiet; dunkelblau: Wintergebiet; gelber Punkt: Mono Lake.

Den wohl weltweit beeindruckendsten Mauserzug sehen wir bei Schwarzhalstauchern N-Amerikas (Abb. 247). Ab Ende Juli versammeln sich die Schwarzhalstaucher N-Amerikas, Alt- wie Jungvögel, zu Hunderttausenden zur Mauser am Mono Lake in Kalifornien, einem Salzsee, der um diese Zeit mit dem Salzkrebs *Artemia* einen Überfluss an Nahrung aufweist. Nach der Mauser und mit dem Zusammenbruch der *Artemia*-Bestände Ende November verlassen die Schwarzhalstaucher den See und ziehen in ihre Wintergebiete.

Nicht nur aufgrund des Gefiederwechsels zeitweise flugunfähige Arten suchen bestimmte Mauserplätze auf. Gründe dafür können die Vermeidung von Konkurrenz, geringerer Feinddruck oder die Verfügbarkeit von Nahrung sein, doch sind viele Mauserzüge daraufhin nur wenig untersucht und so die Gründe meist unbekannt. Dies gilt auch für den Mauserzug des Sumpfrohrsängers (Abb. 248). Alle Sumpfrohrsänger Europas ziehen über eine südöstliche Route über NO-Afrika in südafrikanische Überwinterungs-

Mausernde Brandgänse (Foto: N. Kempf)

gebiete. In NO-Afrika treffen sie bereits im August ein, im südlichen Afrika kommen sie aber erst viel später, im November, an. Grund hierfür ist, dass sie in NO-Afrika, insbesondere wohl im äthiopischen Hochland verweilen, um hier einen Teil ihrer Mauser zu machen. Die vollständige Mauser erfolgt in den südafrikanischen Wintergebieten. Die lange Verweilzeit in NO-Afrika wird unterstützt von der Beobachtung, dass Sumpfrohrsänger in ihrem Gesang Stimmen von Vogelarten imitieren, die nur in NO-Afrika vorkommen, die sie also nur dort während dieses längeren Aufenthaltes „gelernt" haben können.

## Zwischenzug

Mauserzug ist eine Form von Zwischenzug. Manche Zugvogelarten streifen nach der Brutzeit weit umher, bevor sie im eigentlichen Sinne in ihre meist südlichen Winterquartiere ziehen. Bei einigen Arten ist dies ein regelmäßiger, gerichteter Zwischenzug in ein vorübergehendes Zwischenruhegebiet. Zwischenzug ist ein Sammelbegriff für Zugbewegungen, die in die Zeit vor dem Wegzug fallen und nicht sogleich ins Überwinterungsgebiet führen. Ein bekanntes Beispiel ist der Star. Oft finden wir Zwischenzug bei nördlichen Populationen und, wie bei Schweizer Staren, insbesondere bei Jungvögeln. So ziehen Schweizer Stare zunächst nach Norden in die Küstengebiete zwischen der Normandie und den Niederlanden, ihre eigentlichen Winterquartiere sind im westlichen Mittelmeerraum (Abb. 249). Stare aus Dänemark, Schweden, Polen und dem Baltikum ziehen gleich nach dem Ausfliegen bzw. nach der Brut nach SSW bis W. Sie gelangen dabei bereits im Juni und Juli nach N-Deutschland. Hier konzentrieren sich die Wiederfunde beringter Stare auffällig im Norden Mecklenburg-Vorpommerns und in Schleswig-Holstein. Die aus N-Europa und dem Ostseeraum in Deutschland eintreffenden Stare verhalten sich somit ähnlich wie Stare aus denselben Regionen auf dem eigentlichen Herbstzug im September-November. Der Zwischenzug des Stars ist vor allem von Mitte Juni bis Juli zu beobachten und endet mit dem Einsetzen der beim Star schon im ersten Jahr stattfindenden Vollmauser. Der eigentliche Herbstzug beginnt im August. Nachbrutzeitlichen Zwischenzug macht auch die Flussseeschwalbe. So finden sich an der deutschen Nordseeküste als noch nicht flügge beringte Flussseeschwalben bald nach der Beringung in fast allen

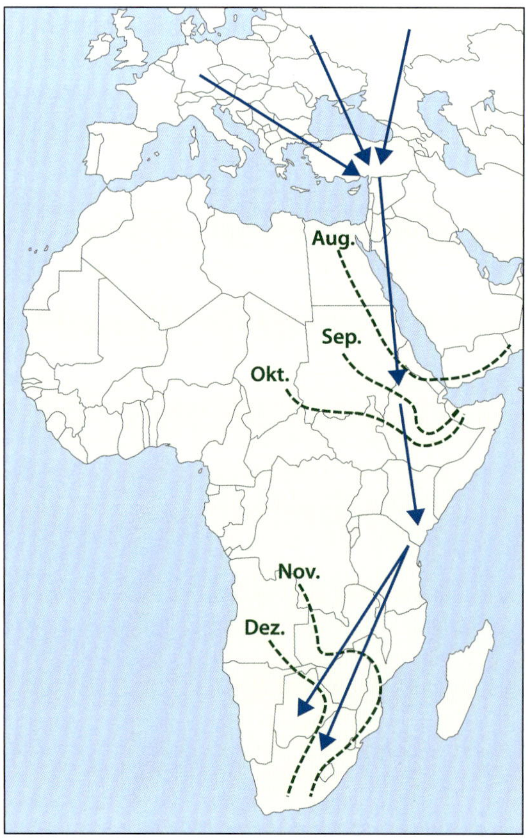


Abb. 248: Auf ihrem Weg von Europa in südafrikanische Wintergebiete verweilen Sumpfrohrsänger für 2–4 Monate in NO-Afrika, um dort zu mausern (nach Dowsett-Lemaire & Dowsett 1987 sowie Pearson 1990).

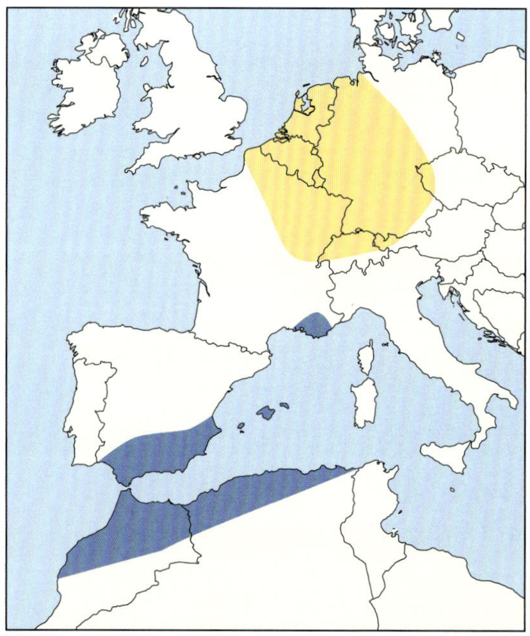

Abb. 249: Zwischenzug Schweizer Stare. Gelb: Zwischenzuggebiet; blau: Winterquartiere (nach Bruderer 2017).

Richtungen, im norddeutschen Binnenland, an der westlichen Ostsee und sogar im polnischen Binnenland, aber auch in Großbritannien.

Zwischenzug ist möglicherweise sehr viel häufiger als wir bisher annehmen. Gerade durch den Einsatz von Telemetrie lassen sich solche Bewegungen heute erst erkennen, wo uns Ringfunde bisher zu wenig Einblick gegeben haben.

## Umkehrzug

Bei im Frühjahr früh aus ihren südwesteuropäischen Wintergebieten zurückkehrenden Arten, wie Kiebitz, Feldlerche oder auch Schwalben, kommt es immer wieder zu auffälligen Rückwanderungen, zu sog. Umkehrzug. Ursache hierfür sind meist spätwinterliche Kaltlufteinbrüche, die die Vögel veranlassen, ein Stück weit in ihre Herkunftsrichtungen zurückzuziehen, bis sie wieder erträglichere Bedingungen vorfinden. Umkehrzug findet man aber auch im Herbst, insbesondere an Küsten (Abb. 250). Das Ausmaß an Umkehrzug variiert zwischen Arten, ist bei Jungvögeln höher als bei Altvögeln, und bei bedecktem Himmel sowie in der 2. Nachthälfte wird häufiger in die „falsche" Richtung gezogen als bei guter Sicht und in der 1. Nachthälfte (Abb. 251).

Wesentliche Ursache für Umkehrzug von Landvögeln gerade an Küsten ist, dass in Rastgebieten an Küsten das Nahrungsangebot gering und zugleich die Dichte an Beutegreifern sowie der Konkurrenzdruck hoch sein können. Treffen Vögel mit zu geringen Energiereserven für den Weiterflug auf die Küste, kehren sie ins Binnenland um, wo die Wahrscheinlichkeit, einen nahrungsreichen Rastplatz zu finden, höher ist.

Helgoland ist Rastplatz für Steinschmätzer der Unterart *leucorhoa* auf dem Weg in ihre Brutgebiete auf Island, Grönland und in NW-Kanada im Frühjahr. Von hier aus erreichen sie ihre Brutgebiete im Direktflug nur mit ausreichend hohen Fettreserven, weshalb sie auf Helgoland zum „Auftanken" rasten. Deshalb wurde erwartet, dass diese

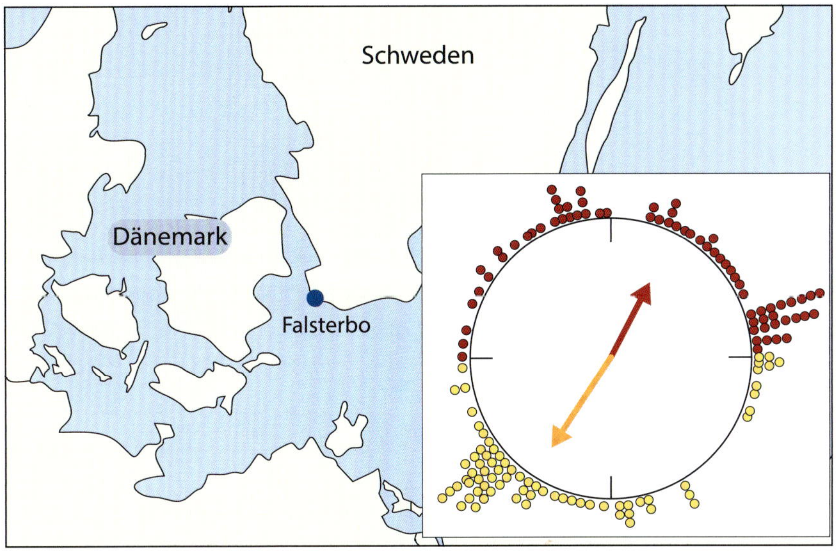


Abb. 250: Umkehrzug im Herbst an der Vogelbeobachtungsstation Falsterbo in SW-Schweden. Das Kreisdiagramm zeigt die Verteilung von Funden sowie deren mittlere Richtung (innere Pfeile) von in Falsterbo beringten Vögeln, die innerhalb von 10 Tagen nach der Beringung und in mindestens 5 km Entfernung gefunden wurden. Gelbe Punkte: Funde in Zugrichtung; dunkelrote Punkte: Umkehrzug (Zug entgegen der „normalen" herbstlichen Zugrichtung) (nach Nilsson & Sjöberg 2016).

Vögel die Insel erst und nur dann wieder verlassen, wenn sie ausreichend zugenommen haben. Um dies zu beobachten, wurden Steinschmätzer mit Miniatursendern ausgestattet und ihr Abzugsverhalten untersucht. Dabei zeigte sich, dass nur 11 der insgesamt 30 Vögel die Insel in der erwarteten Zugrichtung Nordwest zu ihren Brutgebieten hin verließen; 13 verließen die Insel in umgekehrter, südlicher bis östlicher Richtung (Abb. 252). Hintergrund ist, dass alle diese in umgekehrter Richtung abgeflogenen Vögel zu wenig „Treibstoff" hatten, um die Reise Richtung Brutgebiete anzutreten. Zwar waren auch unter den nach NW abziehenden

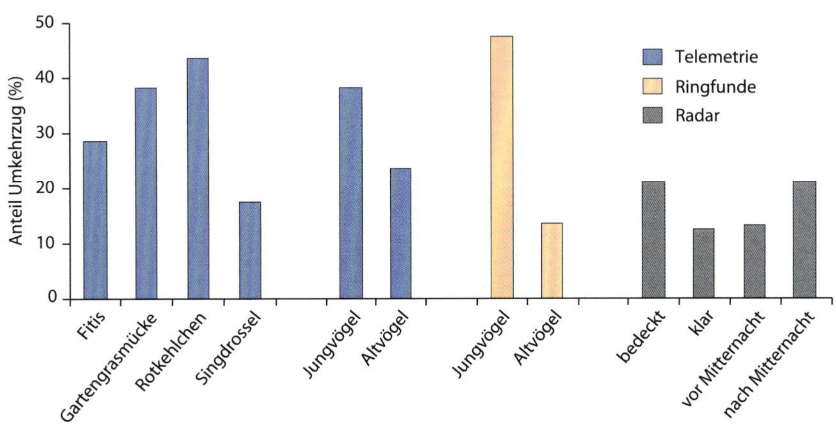


Abb. 251: Umkehrzug im Herbst an der Vogelbeobachtungsstation Falsterbo in SW-Schweden mittels Telemetrie (blaue Säulen), nach Ringfunden (orange) und nach Radardaten (grau) (nach Nilsson & Sjöberg 2016).

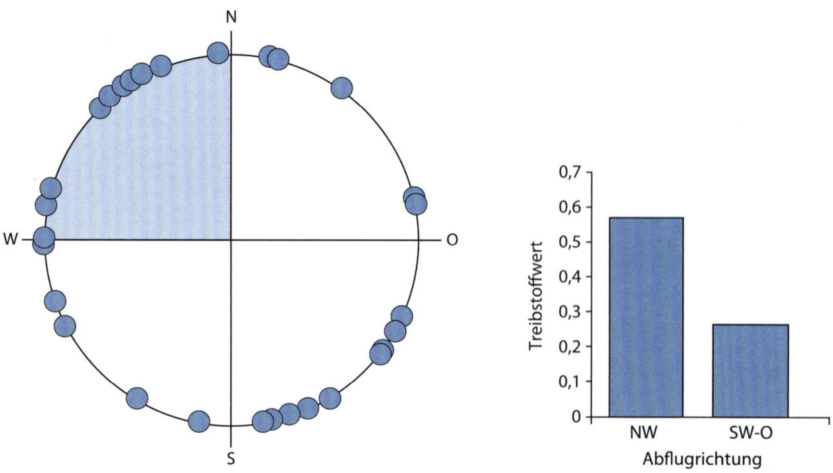


Abb. 252: Links: Verteilung der Abzugsrichtung (Punkte auf dem Kreis) von mit Kleinstsendern markierten Steinschmätzern der nach Island, Grönland und NO-Kanada ziehenden Unterart *leucorhoa* auf Helgoland im Frühjahr. Das markierte Segment zeigt die Vögel, die in Richtung ihrer nordwestlichen Brutgebiete aufgebrochen sind. Rechts: Treibstoffwert der von Helgoland abgeflogenen Vögel. Die nicht in Zugrichtung abgeflogenen Vögel hatten sehr viel niedrigere Treibstoffvorräte als die in Zugrichtung abgezogenen Steinschmätzer (nach Schmaljohann & Naef-Dänzer 2011).

Vögeln welche mit geringeren Treibstoffwerten, doch sie zogen nur ab, wenn günstige Rückenwinde in Zugrichtung herrschten. Der Umkehrzug von Helgoland zurück in nahegelegene Rastgebiete am Festland ist also von der Körperkondition bestimmt. Mit dieser Umkehr erhöhen sie die Wahrscheinlichkeit, einen günstigen Rastplatz zu finden, wenn am vorherigen ein „Auftanken“ nicht ausreichend möglich ist.

Zudem flogen die Vögel in guter Kondition früh in der Nacht in Richtung ihrer Brutgebiete ab, während die Vögel mit geringer Treibstoffbeladung und/oder die Vögel, die bei schlechten Wetterbedingungen abflogen, die ganze Nacht über in Richtung nahegelegener Festlandgebiete abzogen. Diese Gebiete werden auch bei späterem Aufbruch in der Nacht erreicht, wogegen für den Zug in die fernen Brutgebiete früh aufgebrochen werden muss. Die Vögel haben also offensichtlich eine angeborene Fähigkeit, durch die gemeinsame Berücksichtigung interner (Körperkondition) und externer (Windunterstützung) Informationen ihren Zugablauf zu gestalten.

Temporärer Umkehrzug ist also vornehmlich ein adaptives Verhalten, das Zugvögeln vor ökologischen Barrieren ermöglicht, geeignete Nahrungsplätze zum Auftanken zu finden. Andere Gründe für Umkehrzug sind Orientierungsfehler, Auswirkungen der Winddrift und Reaktionen auf ungeeignetes Wetter.

### Historisch bedingte Umwege

Manche Vogelarten machen riesige Umwege von ihren Brutgebieten in entfernte Wintergebiete, ohne dass deren „Sinnhaftigkeit“ sogleich ins Auge springt. Zahlreiche Vogelarten der Iberischen Halbinsel überwintern im westlichen oder zentralen tropischen Afrika. Nicht jedoch der Neuntöter. Er zieht von seinen Brutplätzen in Spanien und Portugal oder S-Frankreich im Herbst zunächst über den nördlichen Mittelmeerraum ostwärts, um von dort südwärts auf den Zugweg der anderen europäischen Neuntöter einzuschwenken und weiter in Überwinterungsgebiete im südlichen Afrika zu ziehen (s. Abb. 216). Als Ursache für diesen „paradoxen“ Zugweg nimmt man an, dass die Neuntöter während der Eiszeit in Refugien im östlichen Mittelmeer und in Vorderasien zurückgedrängt waren. Nach der Eiszeit haben sich die Neuntöter von den Refugien aus sukzessive nach West-, Mittel- und Nordeuropa ausgebreitet, bis nach Nordspanien. In Umkehr dieser Ausbreitung folgen sie noch heute diesen historisch bedingten Routen.

Auch das extreme Zugsystem des Steinschmätzers (Abb. 253) dürfte seinen Ursprung in eiszeitlichen Rückzugsgebieten

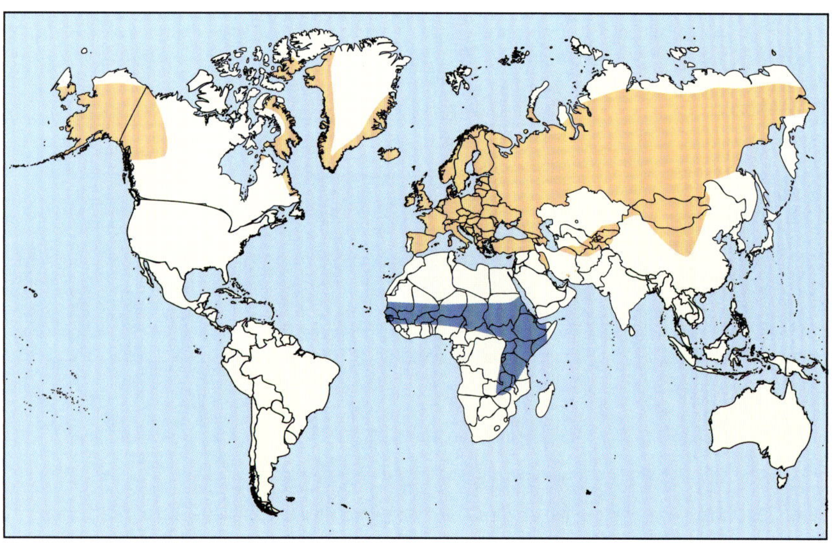

Abb. 253: Brut- (orange) und Wintergebiet (blau) des Steinschmätzers (nach Cramp 1988).

haben. Diese werden in Vorderasien vermutet, von wo aus die Steinschmätzer dann einerseits Europa und weiter nordwestwärts sogar Island, Grönland und den Nordosten Kanadas erreicht haben, andererseits quer durch Asien auch Alaska. Ähnliches wird auch für den Fitis angenommen, bei dem die nordost-sibirischen Vögel ebenso wie alle anderen Fitisse des riesigen eurasiatischen Brutgebietes im tropischen Afrika überwintern (Abb. 254). Dass es nicht daran liegt, dass für Arten wie den Fitis in S-Asien keine Überwinterung möglich wäre, zeigt das Beispiel des vielerorts gemeinsam mit dem Fitis vorkommenden Wanderlaubsängers. Der Wanderlaubsänger überwintert in SO-Asien (s. Abb. 185).

Auch für Eleonorenfalken werden historische Gründe als Ursache für den Zug aus ihren Brutgebieten in NW-Afrika und im Mittelmeergebiet nach Madagaskar angenommen.

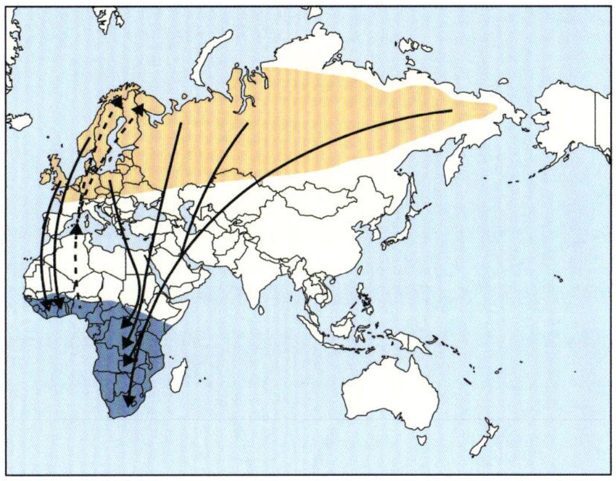

Abb. 254: Zugwege (schematisch) des Fitis. Orange: Brutgebiet; blau: Überwinterungsgebiet (nach Bruderer 2017).

Die frühere Vermutung, dass die Eleonorenfalken, ähnlich dem Neuntöter, zunächst in das östliche Mittelmeer und dann weiter nach Madagaskar ziehen, hat sich allerdings in neuen satellitentelemetrischen Untersuchungen nicht bestätigt. Vielmehr ziehen die Eleonorenfalken quer über den afrikanischen Kontinent (Abb. 255).

Abb. 255: Entgegen der früheren Annahme, dass Eleonorenfalken NW-Afrikas und des Mittelmeergebietes östlich über das Mittelmeer und über das Rote Meer nach Madagaskar ziehen (gepunktete Linie), zeigt die Satellitentelemetrie, dass sie quer über den afrikanischen Kontinent ziehen (nach Walter 1979 und Mellone et al. 2013, Foto: M. Grimm).

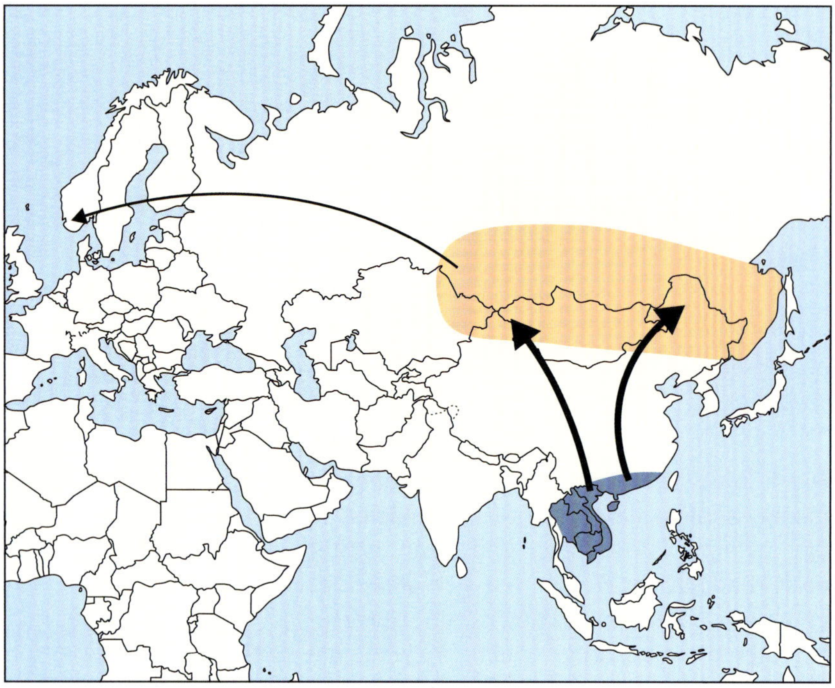

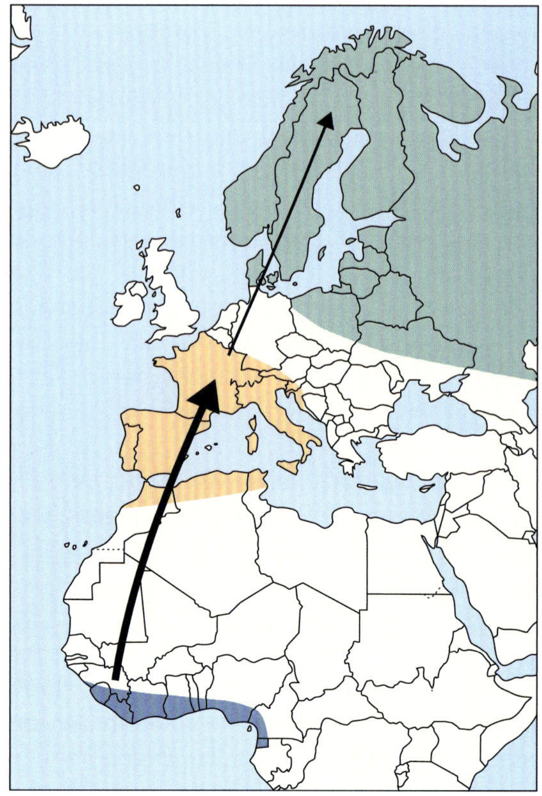

Abb. 256: Das gelegentliche Auftreten von ostasiatischen Goldhähnchen-Laubsängern in Europa (links) sowie die Nachweise von Orpheusspöttern in N-Europa (rechts) werden als über das normale Zugende hinausgehendes „Überschießen" des Zugweges im Frühjahr gesehen (nach Thorup 2004).

## „Irrgäste"

Gelegentlich, aber immer wieder, treten in Europa Arten aus fernen Brutgebieten in Sibirien oder gar aus Nordamerika auf. Aus Nordamerika kommen solche „Irrgäste" wie Rotaugenvireo oder Streifenwaldsänger meist als Folge von anhaltend starken Westwinden; die Vögel werden quasi „verweht". Bei Irrgästen aus Ostasien dagegen wird vermutet, dass es ein „Überschießen" der Zugrichtung ist (Abb. 256), ähnlich, wie es auch bei anderen Zugvögeln zu beobachten ist. So gibt es einzelne Nachweise des Orpheusspötters bis ins nördliche Skandinavien (Abb. 256), Zwergschnäpper auf Island oder Gartengrasmücken auf Spitzbergen. Die Anzahl der in NW Europa beobachteten Irrgäste asiatischer Herkunft ist streng korreliert mit der umgekehrten normalen Zugrichtung dieser Arten, ebenso mit der Zugdistanz der Art (Abb. 257). Die Entfernung zwischen Europa und Brutgebiet spielte dagegen kaum eine Rolle, ebenso die Körpergröße. Dies lässt schließen, dass die genetisch determinierte Zugaktivität dafür verantwortlich ist, ob eine Art Europa überhaupt erreicht. Das Auftreten von ostasiatischen Irrgästen beruht demnach eher auf Fehlern im Zugablauf, denn in schlechten Wetterbedingungen während des Zuges.

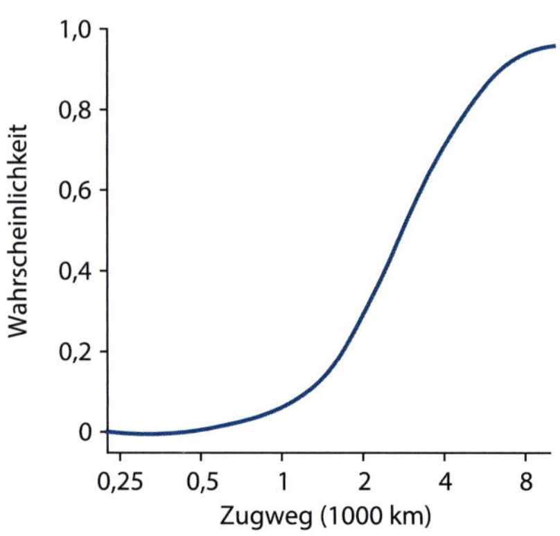


Abb. 257: Je länger der „normale" Zugweg einer ostasiatischen Zugvogelart ist, desto höher ist die Wahrscheinlichkeit, dass sie in Europa als Irrgast auftritt (nach Pfeifer et al. 2007).

Ziehende Kraniche
(Foto: T. Krumenacker)

# Muster des Vogelzugs

# 5

## Zugzeiten – Zugbeginn

Zugzeiten sind artspezifisch und auch innerhalb einer Art sind sie in verschiedenen Gebieten und oft auch zwischen Altersklassen und den Geschlechtern unterschiedlich. Zugzeiten lassen sich am besten an Orten beobachten, wo die Art selbst nicht oder nur in geringer Zahl brütet, aber zahlreich durchzieht. So sind auf Helgoland bei vielen Arten klare Durchzugsmuster zu sehen, da hier nur wenige Landvogelarten regelmäßig brüten (Abb. 258). Abgesehen von vereinzelten Beobachtungen zwischen Juni und August beginnt der Herbstzug der Singdrossel Anfang September, hat seinen Höhepunkt zwischen Ende September und Mitte Oktober und klingt bis Ende November aus. Der Frühjahrszug der Singdrossel auf Helgoland ist weniger ausgeprägt als der Herbstzug, beginnt Ende Februar, hat seinen Höhepunkt Ende März/Anfang April und ist Mitte Mai weitgehend vorbei. Der in Afrika südlich der Sahara überwinternde Fitis dagegen erscheint im Frühjahr später als die nur mittlere Strecken ziehende Singdrossel, nämlich erst ab Mitte April, sein Durchzug gipfelt in der ersten Mai-Hälfte und ist Mitte Juni weitgehend abgeschlossen mit wenigen Vögeln bis Ende Juni.

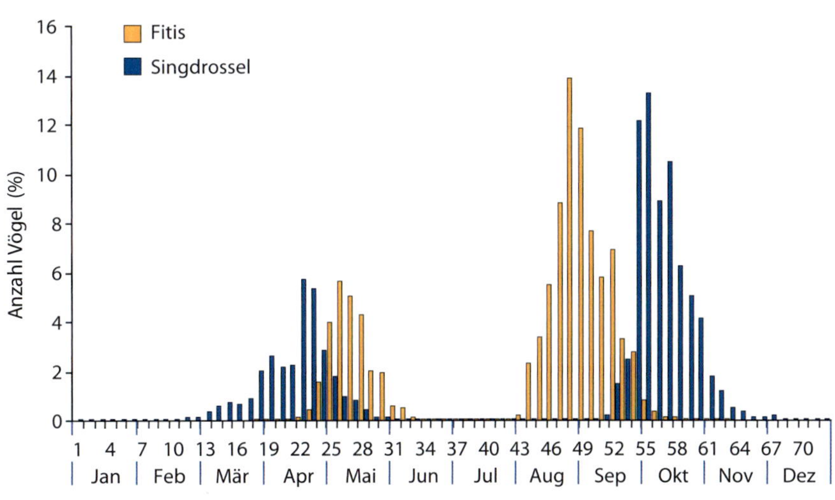


Abb. 258: Jahreszeitliches Auftreten von Singdrosseln, einer nur mittlere Strecken ziehenden Art und Fitis, einem Trans-Saharazieher auf Helgoland (nach Dierschke et al. 2011).

Der Herbstzug startet Ende Juli/Anfang August, hat seinen Höhepunkt zur Monatswende August/September und ist Mitte Oktober weitgehend abgeschlossen.

Aber auch im Binnenland lässt sich Vogelzug an exponierten Orten sehr gut erfassen und so die Zugzeiten feststellen. So treten die ersten ziehenden Feldlerchen in Baden-Württemberg bereits Ende Januar auf, ihr Zughöhepunkt ist Ende Februar/Anfang März und bereits Ende März ist der Zug weitgehend abgeschlossen (Abb. 259). Ziehende Pirole dagegen können ab Mitte April beobachtet werden, ziehen vor allem aber Ende April/Anfang Mai; Ende Mai ist ihr Durchzug beendet. Bereits Mitte Juli begeben sich die ersten Pirole in Baden-Württemberg schon wieder auf den Zug in die Winterquartiere, die meisten werden jedoch ziehend im August beobachtet. Ende September ist ihr Zug weitgehend vorüber. Dann erst startet hier der Zug der Feldlerchen, sein Höhepunkt ist Ende Oktober, bis Mitte November klingt er aus.

Zugzeiten werden vielfach mit dem sog. **Medianwert** beschrieben. Er gibt an, wann jeweils die Hälfte der Vögel im Frühjahr bzw. Herbst durchgezogen ist. Für ziehende Feldlerchen in Baden-Württemberg ist dies beim Frühjahrszug der 3. März, für den Pirol dagegen erst der 11. Mai (Abb. 259). Bereits am 14. August ist die Hälfte der Pirole gezogen, bei der Feldlerche dagegen erst am 26. Oktober. Medianwerte werden auch deshalb gern zur Beschreibung des Zugverhaltens verwendet, weil sie das mittlere Zugverhalten vieler Individuen abbilden und so weniger von Zufälligkeiten bestimmt sind, als dies bei Erst- oder Letztbeobachtungen der Fall ist.

Mit online-Plattformen wie www.ornitho.de oder https://eurobirdportal.org lassen sich Zugbeginn und Zugverlauf gleichsam in Echtzeit verfolgen und jahrweise analysieren (Abb. 260).

Mit Medianwerten des Zuges lassen sich auch die Zugzeiten vieler Arten gut vergleichen. So zeigt sich für 92 Arten, die während ihres Zuges an der Beobachtungsstation Randecker Maar auf der Schwäbischen Alb erfasst wurden, eine zeitliche Staffelung des mittleren herbstlichen Durchzuges zwischen dem 23. Juli mit Mauersegler und Berglaubsänger und 17. November mit Birkenzeisig und Schneeammer (Abb. 261). Dabei sieht man auch, dass die in Afrika südlich der Sahara überwinternden Langstreckenzieher nahezu allesamt wesentlich früher ziehen,

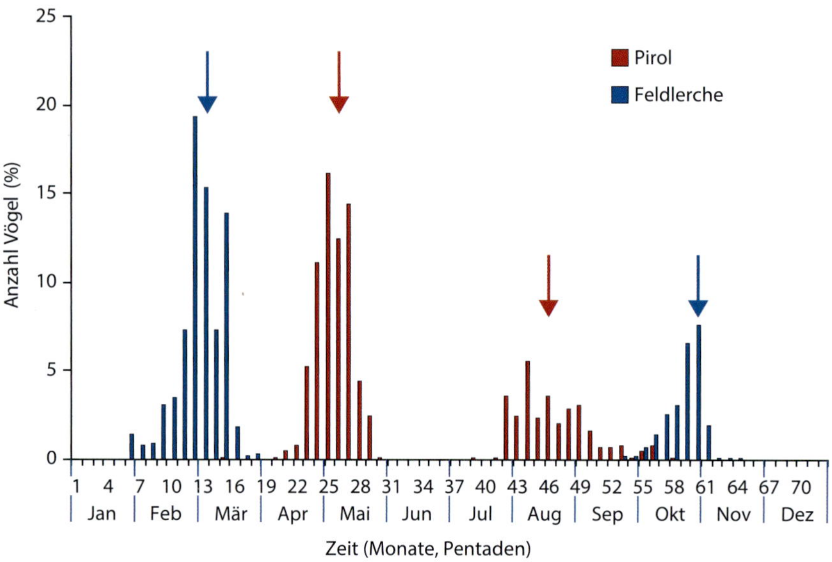


Abb. 259: Jahreszeitliches Auftreten ziehender Feldlerchen (blau) und Pirole (rot) in Baden-Württemberg. Die Pfeile geben den Median an, das Datum an dem jeweils die Hälfte der Vögel im Frühjahr bzw. Herbst durchgezogen ist. Säulen: Pentadensummen (nach Hölzinger 1997 und 1999).

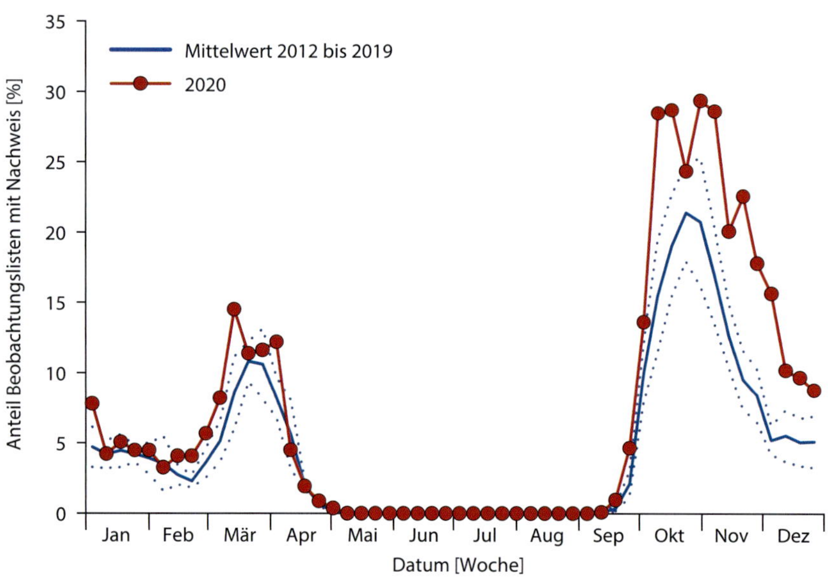


Abb. 260: Jahreszeitliches Auftreten von Rotdrosseln in Deutschland nach Daten von www.ornitho.de. Die gepunkteten Linien beschreiben die Streuung um den Mittelwert (nach Falke 2/2021)

im Mittel am 31. August, als die in Europa verbleibenden Kurz- und Mittelstreckenzieher mit im Mittel erst am 8. Oktober.

Eine schon lange Tradition haben **Zählungen von Wasservögeln**. Deshalb haben wir gerade von ihnen ein sehr gutes Wissen über ihre Zugzeiten und auch Überwinterungszeiten. Ein Beispiel ist die Spießente am Bodensee. Spießenten brüten in Europa vornehmlich im Nordosten mit vereinzelten Brutvorkommen in Mitteleuropa und auf den Britischen Inseln. Ihre Überwinterungsgebiete erstrecken sich von NW-Europa bis ins tropische Afrika (Abb. 262). Der Bodensee ist eines der wichtigsten Überwinterungsgebiete in Mitteleuropa. Die ersten Spießenten kommen Ende August an den Bodensee, die letzten verlassen ihn Ende April (Abb. 262). Die höheren Zahlen anwesender Spießenten im September/Oktober bzw. Februar/März deuten auf Durchzug hin, die hohen Zahlen im Mittwinter auf kältebedingte Zuwanderung aus anderen Überwinterungsgebieten.

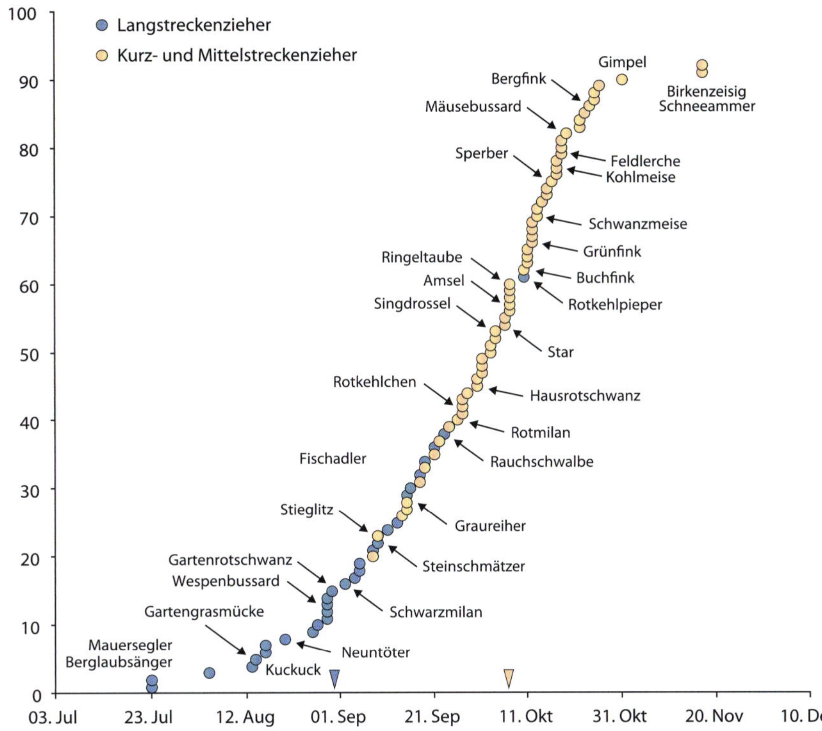


Abb. 261: Mittelwerte (Mediane) von 92 im Herbst beim Durchzug am Randecker Maar erfassten Arten. Im Mittel (Dreiecke) zogen die nach Afrika ziehenden Langstreckenzieher (blau) am 31. August über das Randecker Maar, die in Europa verbleibenden Kurz- und Mittelstreckenzieher (orange) am 8. Oktober (nach Gatter 2000 bzw. Gatter 1991).

Fang- bzw. Beobachtungsmuster beschreiben das zeitliche Zugverhalten der Art bzw. Population an einem bestimmten Ort, lassen in der Regel aber keine Aussage zum individuellen Zugbeginn eines Vogels zu. Dies hat sich mit Einführung der Telemetrie geändert. Mit ihr lässt sich der individuelle Zugbeginn und der weitere Zugablauf recht genau verfolgen (Abb. 263).

Aber auch aus Ringfunden lässt sich der Zugbeginn ableiten, wenn zwar nicht auf individueller Ebene. (Abb. 264). Junge Weißstörche bleiben zunächst noch im engeren Bereich um den Geburtsort; nur gelegentlich fliegen sie weiter und ungerichtet weg. Erst in einem Alter von etwa 85 Tagen beginnen die jungen Störche, größere Ortsbewegungen auszuführen. Eine Vorzugsrichtung bildet sich allmählich aus, die mit zunehmendem Alter deutlicher wird und dann echten Wegzug erkennen lässt, da sie signifikant in die Zugrichtung weist. Abweichungen von dieser Richtung sind dann nicht mehr zu beobachten. Junge, im Juni beringte Weißstörche beginnen also etwa von der 12.-15. Lebenswoche an zu ziehen.

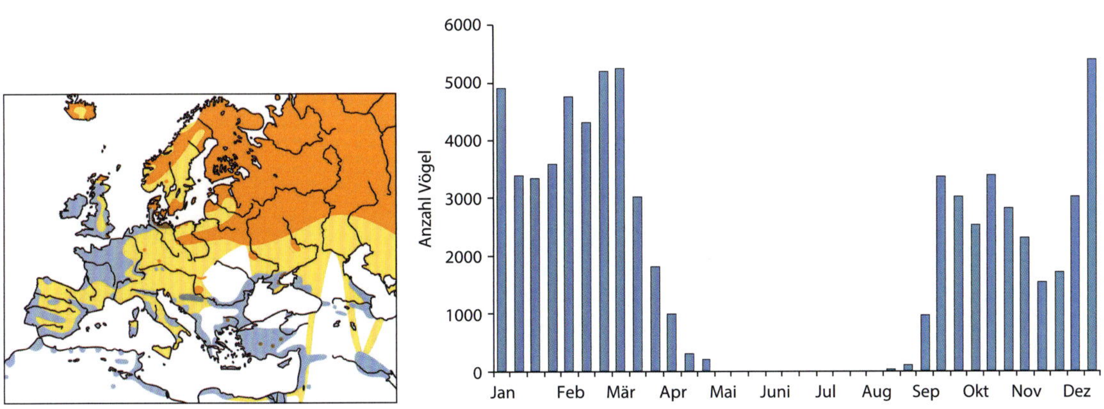


Abb. 262: Links: Brutverbreitung (orange), Durchzugsgebiete (gelb) und Wintergebiete (blau) sowie (rechts) jahreszeitliches Auftreten von Spießenten am Bodensee (nach Hölzinger & Bauer 2018).

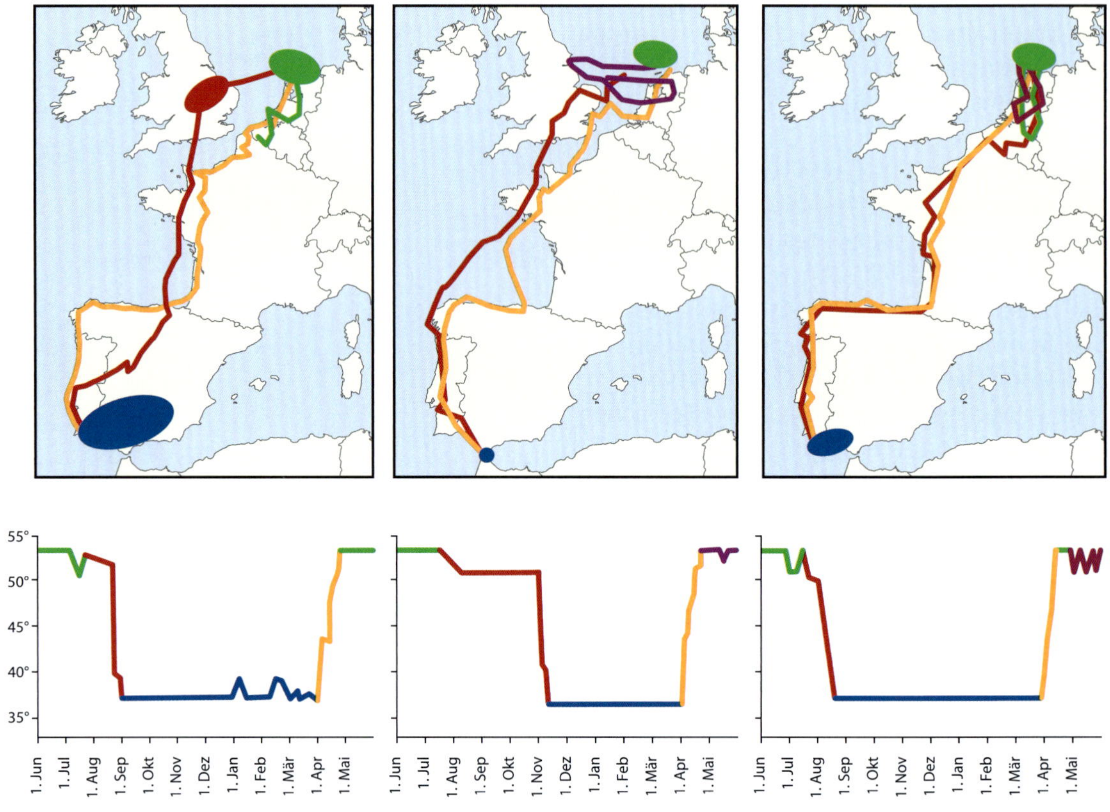


Abb. 263: Zugverlauf von drei Heringsmöwen, die in einer Brutkolonie in den Niederlanden besendert worden sind. Vor dem eigentlichen Herbstzug (rot) machte die Hälfte der 14 mit Sendern markierten Vögel Ausflüge in die nähere Umgebung, die in Dauer und Entfernung über die Flüge zur Nahrungssuche während der Brutzeit (grün) hinausgingen. Der eigentliche Herbstzug (rot) der einzelnen Vögel startete zwischen 21. Juni und 5. August, im Mittel am 14 Juli. Einige Vögel (im Beispiel hier Nr. 1 und 2) entfernten sich dabei zunächst noch nicht sehr weit vom Brutplatz, andere (Nr. 3) dagegen zogen zügig ins Wintergebiet (blau). Dort trafen sie zwischen 22. Juli und 22. Dezember ein, im Mittel am 5. Oktober. Ein Vogel zog in nur 8 Tagen in sein Überwinterungsgebiet, ein anderer nahm sich 175 Tage Zeit. Im Mittel waren sie im Herbst 83 Tage unterwegs. Im Überwinterungsgebiet waren die meisten Vögel recht stationär, einzelne (s. Nr. 1) machten aber auch dort weitere Ausflüge. Die Überwinterungsgebiete verließen die Heringsmöwen im Mittel am 25. März (1. März – 13. April). Der Frühjahrszug (orange) verlief sehr zügig mit im Mittel gerade 23 Reisetagen (6–43 Tage). Wiederum etwa die Hälfte der Vögel verblieb am Ende des Frühjahrzuges nicht gleich am Brutplatz, sondern machte noch nachzugzeitliche Ausflüge (violett) (nach Klaassen et al. 2011).

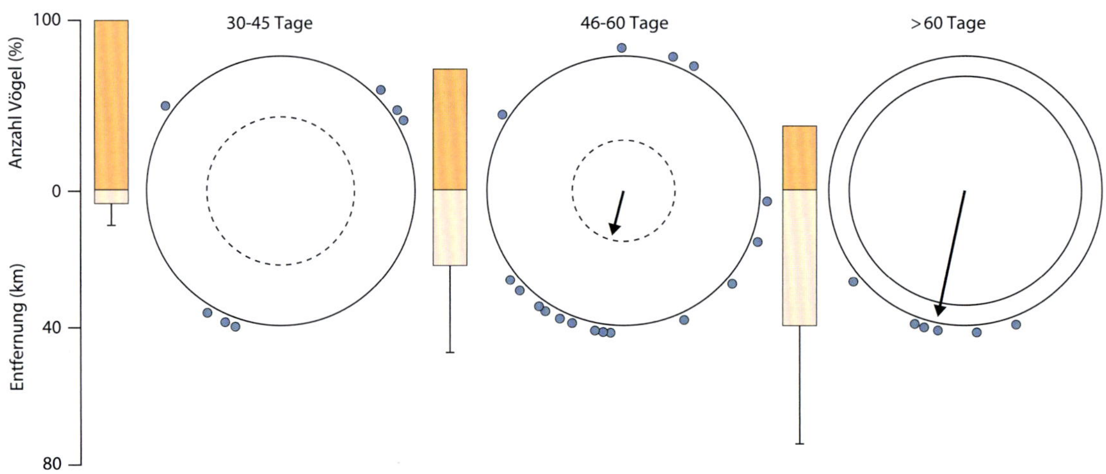


Abb. 264: Fundrichtungen (Punkte auf Kreis) mit mittlerer Vorzugsrichtung (innere Pfeile), Anteil Funde unter 50 km (dunkle Säulen) sowie mittlere Entfernungen vom Geburtsort (helle Säulen mit Standardabweichung) von jungen Weißstörchen in Abhängigkeit von deren Alter nach Beringung. Die inneren Kreise geben das Signifikanzniveau an, gepunktet: 10 % Signifikanz; durchgezogen: 1 % Signifikanz (aus Bairlein 1979).

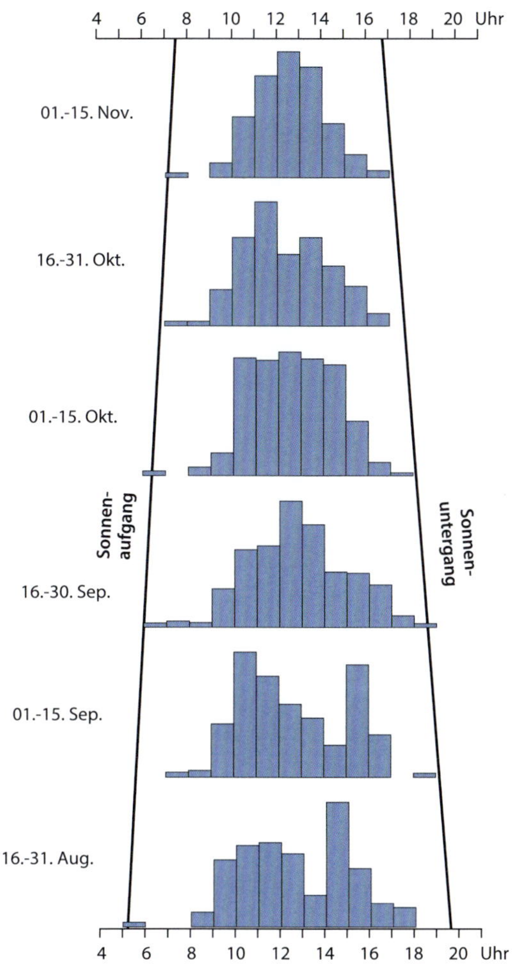


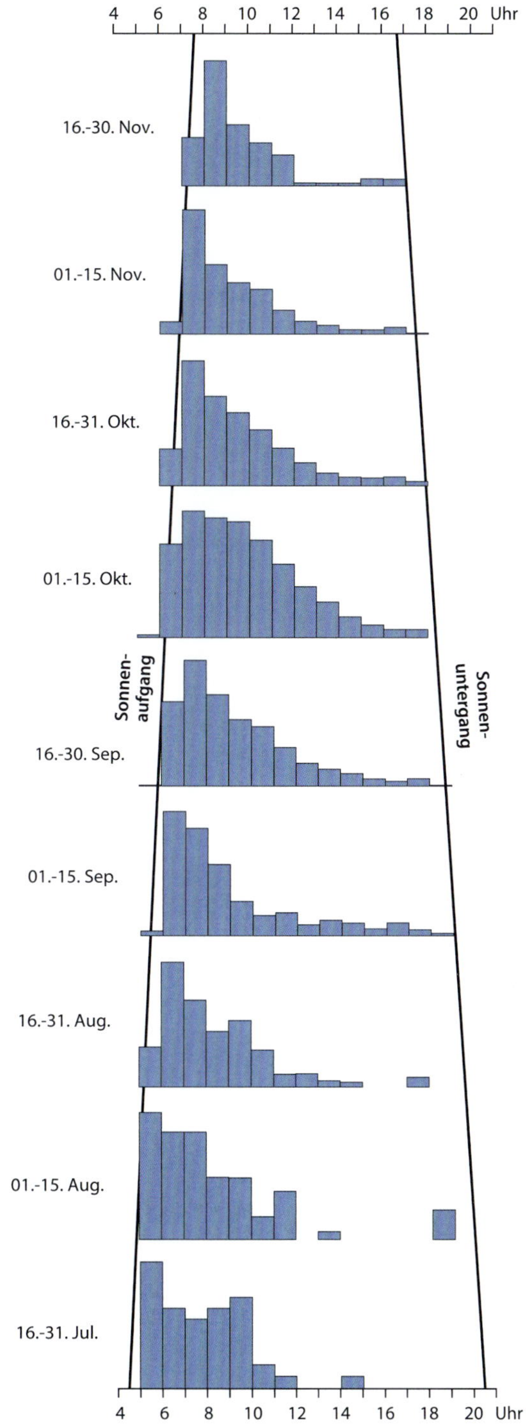


Abb. 265: Tageszeitlicher Durchzug von Mäusebussard (links) und Buchfink (rechts) am Randecker Maar im Herbst (nach Gatter 2000).

## Tageszeitlicher Zugbeginn

Während der jahreszeitliche Zugbeginn recht einfach zu ermitteln ist und er folglich für viele Arten und an verschiedenen Orten recht gut bekannt ist, gibt es zum tageszeitlichen Zugbeginn recht wenig. Dies hat sich allerdings jüngst mit dem Einsatz von Telemetrie geändert. Vor der Telemetrie waren es in erster Linie **Planbeobachtungen** zum tageszeitlichen Zugablauf von bei Tag ziehenden Arten. Ein Beispiel sind die standardisierten Zugbeobachtungen am Randecker Maar auf der Schwäbischen Alb (Abb. 265). Mäusebussarde ziehen dort den gesamten Herbst über überwiegend um die Mittagszeit, Buchfinken dagegen zu Beginn der Zugzeit nahezu ausschließlich nur am Vormittag mit höchsten Werten gleich nach Sonnenaufgang, während später im Jahr bis in den Nachmittag hinein gezogen wird.

Abb. 266: Fangstation Col de Bretolet in den Walliser Alpen (Schweiz) (Foto: M. Thoma).

Eine seltene Möglichkeit, den tageszeitlichen Zugverlauf zu untersuchen, bietet sich auf dem Schweizer Alpenpass Col de Bretolet. Dort stehen während des Herbstzuges Tag wie Nacht **Fangnetze** (Abb. 266). So lässt sich nicht nur ermitteln, ob eine Art bei Tag oder bei Nacht zieht, sondern gerade, wann in der Nacht gezogen wird. Gartenrotschwanz und Steinschmätzer sind in allen Herbstmonaten Nachtzieher (Abb. 267). Der Steinschmätzer hat dabei seinen Zughöhepunkt um Mitternacht, der Gartenrotschwanz dagegen erst mit Sonnenaufgang. Hausrotschwänze und Amseln dagegen ziehen auf dem Col de Bretolet nach Sonnenaufgang bzw. mit dem morgendlichen Hellwerden (Abb. 268). Einzelne Amseln ziehen aber auch nachts.

Eine andere Möglichkeit, den tageszeitlichen Zug zu untersuchen, bietet der Einsatz von **Radar**geräten. Zwar lassen sich damit in der Regel keine Arten unterscheiden, doch die tageszeitliche Zugintensität insgesamt kann sehr gut aufgelöst werden. Über einer Oase in der mauretanischen Wüste fand der intensivste Zug in der ersten Nachthälfte statt, tagsüber zogen nur wenige Vögel (Abb. 269).

Einen völlig neuartigen Einblick in den tageszeitlichen Zugbeginn brachte die **Radiotelemetrie**, da es nun möglich wurde, Vögel individuell zu verfolgen. Von in Rybachy auf der Kurischen Nehrung im Herbst mit Kleinstsendern markierten Rotkehlchen zogen die ersten nach etwa einer Stunde nach Sonnenuntergang ab, nahezu 50 % innerhalb der ersten 5 Stunden, doch auch noch spät in der 2. Nachthälfte erfolge Abzug, sogar noch während der morgendlichen Dämmerung (Abb. 270). Ein bestimmtes Zeitfenster für den nächtlichen Aufbruch zum Zug zeigte sich hier also nicht. Dies war auch im Frühjahr so, es gab keine Unterschiede in der Abzugszeit zwischen klarem Himmel und bedeckten Bedingungen und auch nicht zwischen Herbst und Frühjahr. Ebenso zeigte sich keine Abhängigkeit von der Fettmenge. Je länger die Vögel aber schon rasteten, umso früher flogen sie in der Nacht ab.

Mit einem automatischen Radiotelemetriesystem wird das Abzugsverhalten von Vögeln auf Helgoland untersucht (s. Abb. 18). Dieses ermöglicht nicht nur die exakte Erfassung des Zeitpunkts des Abzuges, sondern auch der Abzugsrichtung. Besonderes Interesse galt dem Abzugsverhalten von Steinschmätzern.

Auf Helgoland rasten gleichzeitig zwei Unterarten des Steinschmätzers, die auf Island, Grönland oder in Nordost-Kanada brütende „grönländische“ Unterart *leucorhoa* und die Nominatform *oenanthe*. Sie unterscheiden sich in ihrem Zugverhalten. Während im Frühjahr *oenanthe* von Helgoland aus nur noch eine relativ kurze Strecke zu skandinavischen Brutgebieten zurücklegt, steht vor *leucorhoa* eine mit 1000–2500 km viel längere Zugroute in Brutgebiete, einschließlich der Überquerung des Nordatlantiks. Beim Verlassen von Helgoland im Herbst jedoch haben beide Unterarten dieselbe Zugstrecke in ihre Überwinterungsgebiete im westlichen Afrika vor sich. Allerdings zeigte sich, dass sich die Aufbruchszeiten weder zwischen den Jahreszeiten noch zwischen den beiden Unterarten unterscheiden. Aber anders als die Rotkehlchen in Rybachy verließen Steinschmätzer Helgoland innerhalb eines recht engen Zeitfensters nach Sonnenuntergang (Abb. 271). Die ersten Vögel verließen Helgoland schon acht Minuten nach Sonnenuntergang, bereits nach 101 Minuten nach Sonnenuntergang war die Hälfte der Steinschmätzer zu ihrem nächtlichen Zug aufgebrochen, nach

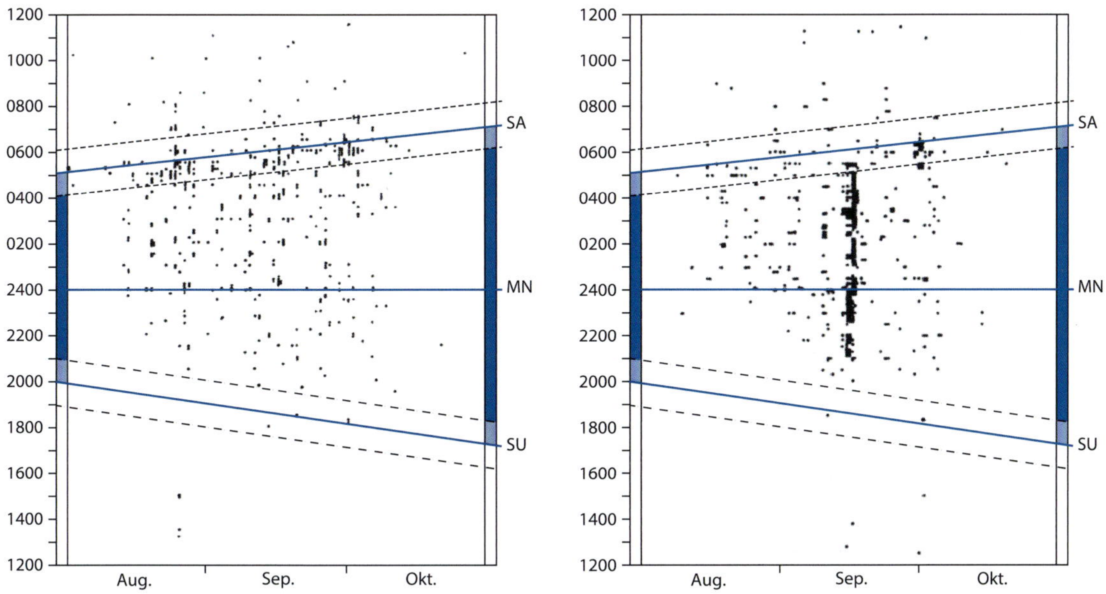


Abb. 267: Jahres- und tageszeitliche Verteilung von Fängen von Gartenrotschwänzen (links) und Steinschmätzern (rechts) auf dem Col de Bretolet im Herbst. Die vertikalen dunklen Balken geben die Nachtzeit an, die hellen Bereiche die Dämmerungszeiten. Zudem ist der jahreszeitliche Verlauf von Sonnenaufgang (SA), Sonnenuntergang (SU) und Mitternacht (MN) markiert (nach Dorka 1966).

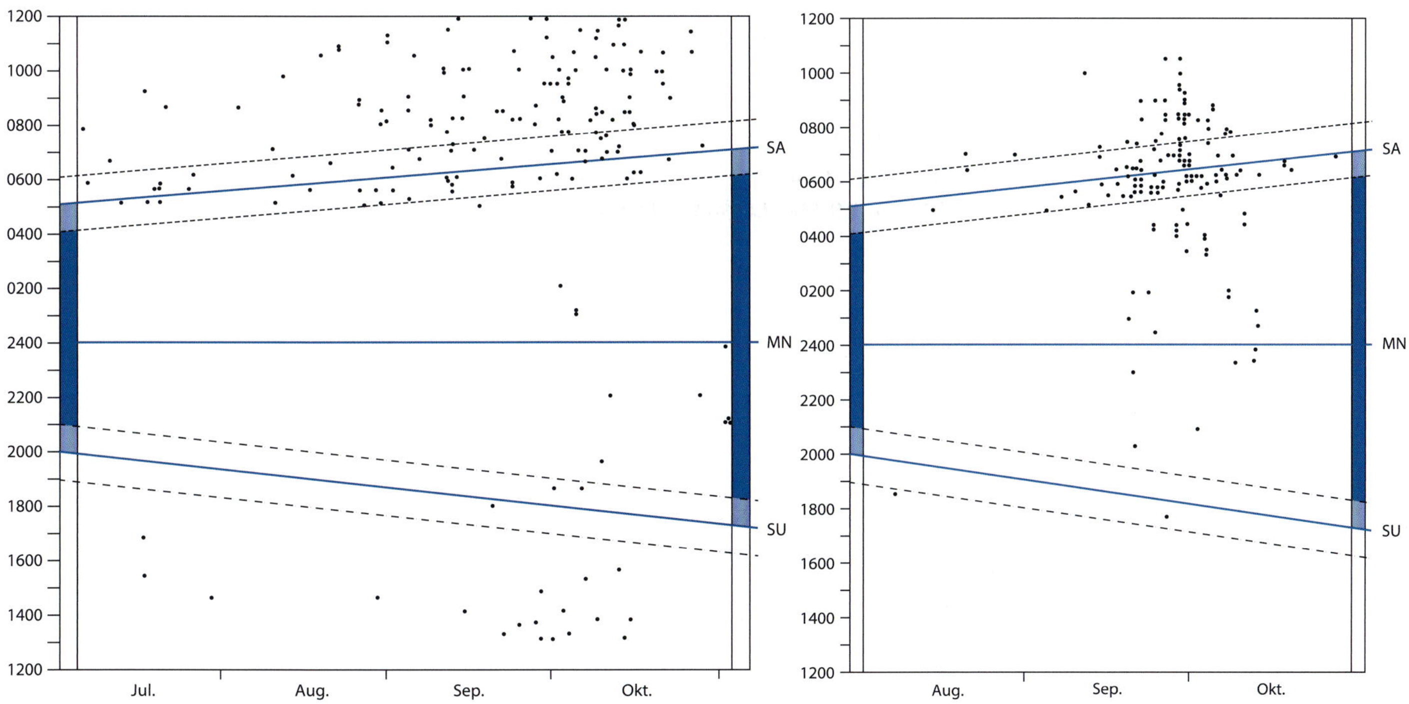


Abb. 268: Jahres- und tageszeitliche Verteilung von Fängen von Hausrotschwänzen (links) und Amseln (rechts) auf dem Col de Bretolet im Herbst (nach Dorka 1966).

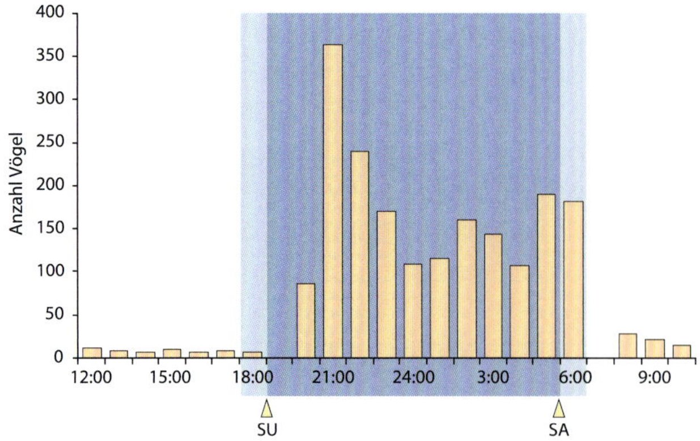


Abb. 269: Mittels Radar erfasste tageszeitliche Zugaktivität im Herbst über einer Oase in der Mauretanischen Wüste (nach Schmaljohann et al. 2007).

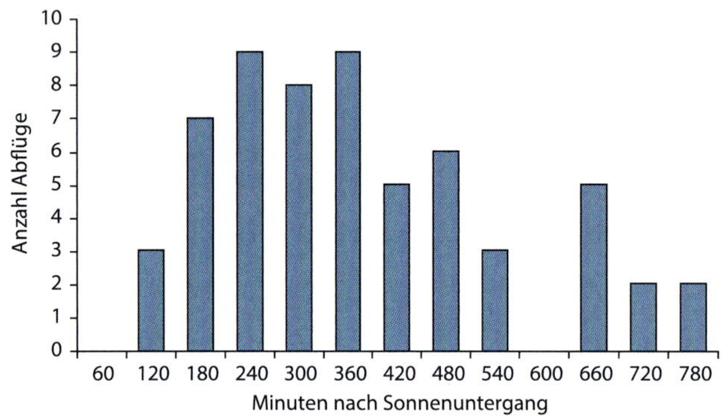


Abb. 270: Nächtliche Abzugszeiten im Herbst von telemetrierten Rotkehlchen von der Station Rybachy auf der Kurischen Nehrung (nach Bolshakov et al. 2007).

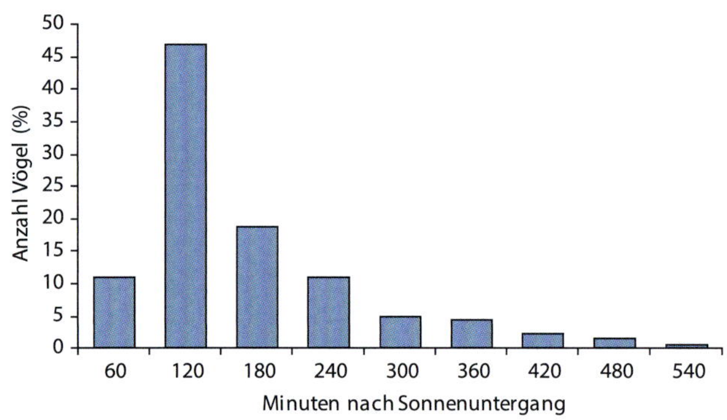


Abb. 271: Nächtliche Abzugszeiten von Steinschmätzern von Helgoland im Frühjahr (nach Müller et al. 2018).

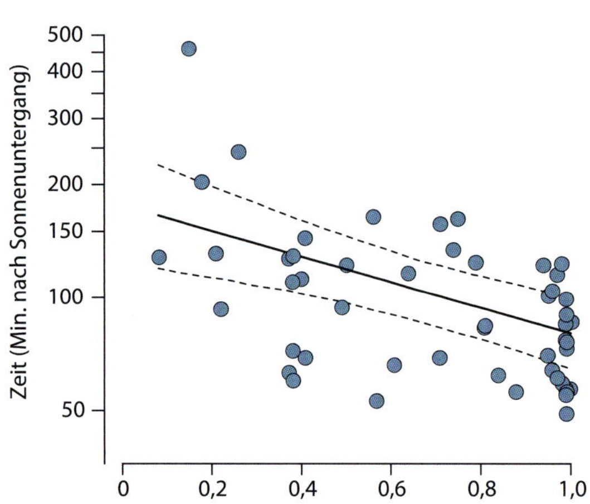


Abb. 272: Abflugzeit von Steinschmätzern von Helgoland im Frühjahr in Abhängigkeit von der Abflugrichtung. Vögel, die in Richtung Zugziel aufbrachen (1,0 auf der x-Achse), flogen früher ab als die Vögel, die in andere Richtungen abflogen (nach Müller et al. 2018).

drei Stunden mehr als 76 %. Steinschmätzer, die im Frühjahr Helgoland in Richtung ihres Zugzieles verließen, brachen früh in der Nacht auf, während Vögel, die in andere Richtungen abflogen, später starteten (Abb. 272). Im Herbst zeigten sich zudem Unterschiede zwischen Jung- und Altvögeln. Die erfahrenen Altvögel brachen überwiegend in den ersten beiden Stunden, im Mittel 79 Minuten, nach Sonnenuntergang auf, die erstmals ziehenden Jungvögel dagegen mit im Mittel 128 Minuten erst deutlich später (Abb. 273).

Ähnlich dem Steinschmätzer auf Helgoland brechen auch die meisten anderen Arten, zu denen radiotelemetrische Untersuchungen vorliegen, recht bald nach Sonnenuntergang zu ihrem nächtlichen Zug auf, im Mittel meist innerhalb der ersten 2–3 Stunden mit einer Tendenz, dass die nach Afrika ziehenden Fernzieher früher aufbrechen als die Arten, die in Europa überwintern (Abb. 274).

## Tagzug – Nachtzug

Nur wenige wandernde Vogelarten ziehen ausschließlich bei Tag, die Mehrzahl der Arten zieht nachts. Reine Tagzieher sind all die Arten, die auf thermische Aufwinde für ihren Segelflug angewiesen sind, wie z. B. der Weißstorch und die großen Greifvogelarten. Viele Tagzieher finden sich auch unter den nur kurze Strecken ziehenden Kleinvögeln, wie Finken, Ammern, teilweise Lerchen, Piepern und Stelzen. Die große Mehrheit der Vögel zieht dagegen nachts. Warum ansonsten tagaktive Vögel nachts ziehen, kann verschiedene Ursachen haben. Nachtzug ergibt sich gleichsam zwangsläufig für all die Landvögel, die als Fernzieher große Barrieren, wie vor allem Meere, teilweise Wüsten, zu überfliegen haben. Da sie, anders als Meeresvögel, nicht auf dem Wasser rasten können, bleibt ihnen nur, den Zug in der Nacht fortzusetzen, auch wenn sie dazu am Tag gestartet sind. Für die Mehrzahl der nachts ziehenden Arten ist dies aber nicht bedeutsam. Für viele Nachtzieher dürfte der Vorteil des Nachtzuges darin liegen, dass sie damit ihren Zugablauf beschleunigen. So können sie tagsüber der Nahrungssuche nachgehen, nachts wird dann gezogen. Gerade zur Zugzeit benötigen Zugvögel viel

Energie und haben dadurch eine erheblich erhöhte Nahrungsaufnahme, die viel Zeit in Anspruch nimmt. Die tagsüber verbleibende Zeit reicht dann allein nicht mehr für die Bewältigung ihrer langen Züge. Nachts zu ziehen, hat darüber hinaus den Vorteil, dass die atmosphärischen Bedingungen zum Fliegen günstiger sind als tagsüber. Die Luft ist nachts weniger turbulent, Windgeschwindigkeiten sind oftmals geringer und weniger variabel, und die Luft ist kühler und damit dichter als tagsüber, was Fliegen ebenfalls erleichtert. Die nachts kühlere Luft erleichtert zudem die Temperaturregulation des Körpers. Fliegen erzeugt sehr viel Muskelwärme, die vom Vogel abgeführt werden muss, um nicht zu überhitzen. Dies fällt in der nachts in der Regel kühleren Luft leichter als in wärmerer Luft am Tag.

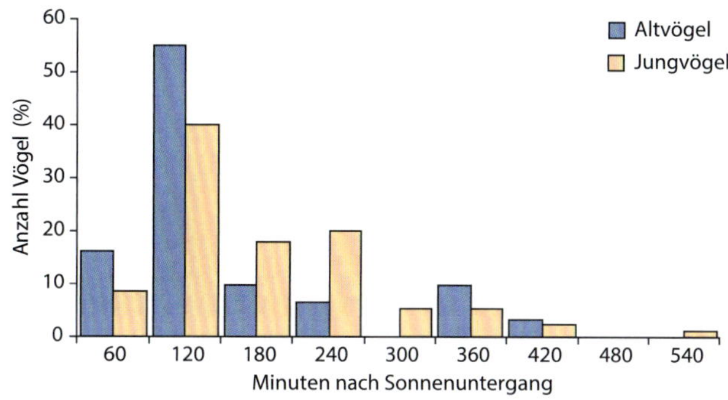


Abb. 273: Abflugzeiten von alten (n = 31) und jungen (n = 95) Steinschmätzern von Helgoland im Herbst (nach Schmaljohann et al. 2018).

Die „Vorteile" des Nachtzuges sind evident. Dennoch fehlen quantitative Studien weitgehend. Dazu zählt auch die Frage, ob solche Vögel durch ihren Nachtzug nicht in ein Schlafdefizit geraten bzw. wie sie mit einem möglichen Schlafdefizit umgehen (s. Kapitel 9).

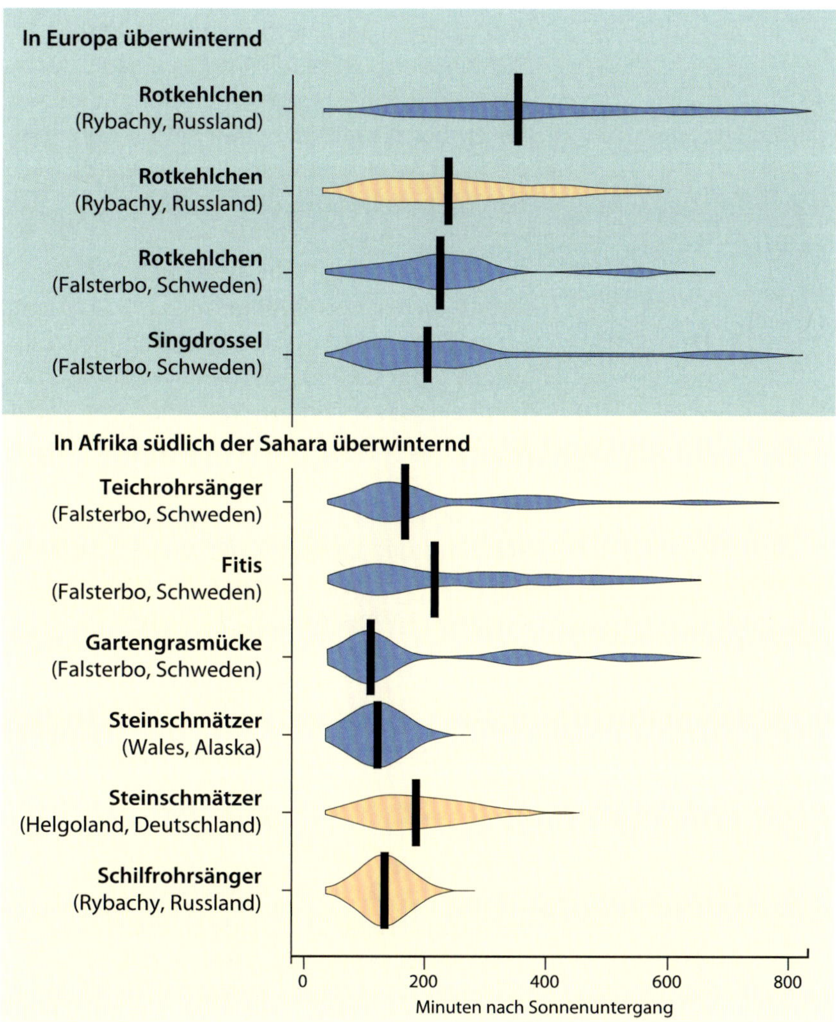


Abb. 274: Beginn des nächtlichen Zuges bei verschiedenen Singvogelarten. Die vertikalen Balken geben an, wann 50 % der Vögel ihren Zug begonnen hatten, die Flächen die Verteilung der Zugbeginne (blau: Herbstzug; orange: Frühjahrszug (nach Müller et al. 2016).

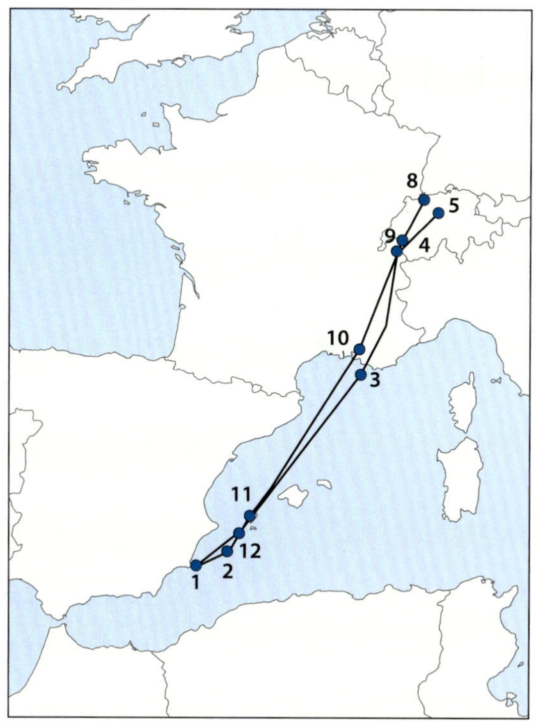


Abb. 275: Monatliche mittlere Fundorte von in der Schweiz nestjung beringten Staren. Die Zahlen an den Punkten zeigen den Monat, die Linien verbinden die mittleren Fundorte, beschreiben aber nicht den eigentlichen Zugweg. Im Juni bis August waren die Stare im Mittel noch an bzw. nahe an ihren Geburtsorten. Danach setzte ihr Wegzug nach SW ein, denn ihr mittlerer Fundort im September liegt bereits deutlich südwestlich. Der hauptsächliche Wegzug war dann im Oktober/November mit weit nach SW vorgerückten mittleren Fundorten. Die mittleren Fundorte im Dezember und Januar beschreiben das Überwinterungsgebiet, aus dem im Februar der Rückzug beginnt. Bereits im März sind die Stare schon wieder in S-Frankeich, im Mai im Geburtsgebiet (nach Fliege 1988).

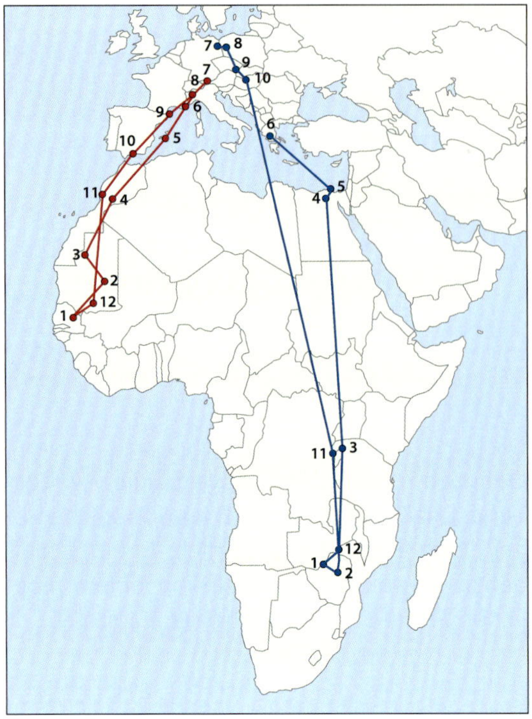

Abb. 276: Monatliche mittlere Fundorte von in Deutschland nestjung beringten Weißstörchen (rot: West-Störche; blau: Ost-Störche) (nach Bairlein 1992).

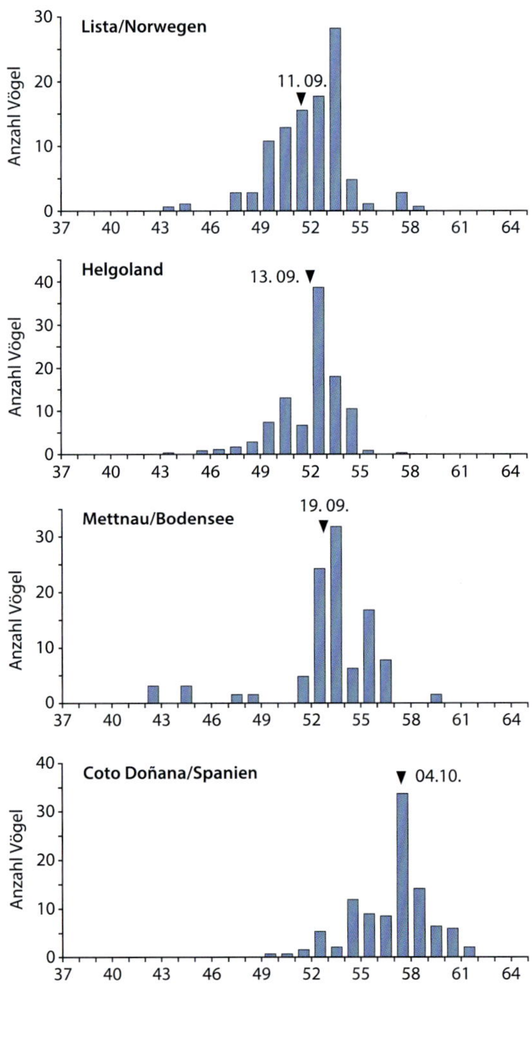


Abb. 277: Jahreszeitliches Auftreten (mit Medianwerten) des Gartenrotschwanzes an vier ausgewählten Beringungsstationen entlang seines südwestlichen Zugweges (x-Achse: Jahrespentade) (nach Bairlein 2004).

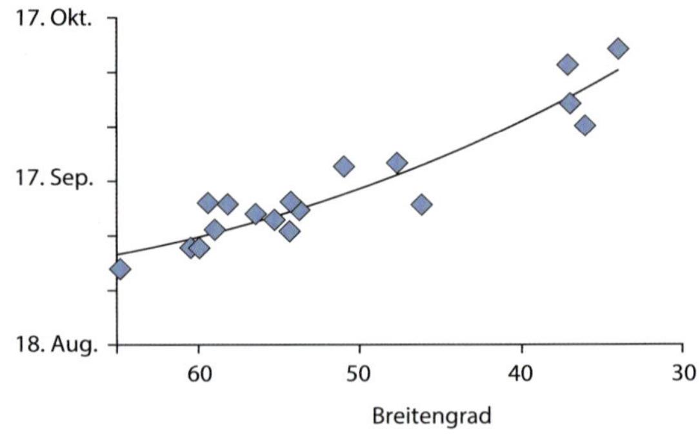


Abb. 278: Mittlerer Durchzug (Medianwerte) des Gartenrotschwanzes an insgesamt 18 Stationen zwischen Nord und Südeuropa (nach Bairlein 2004).

## Räumlich-zeitlicher Zugverlauf

Der räumlich-zeitliche Zugablauf bzw. Zugfortschritt lässt sich besonders gut bei besenderten oder mit Geolokatoren ausgestatteten Vögeln beschreiben. Doch auch Ringfunde können zur Beschreibung des zeitlichen Zugablaufs herangezogen werden. Liegen viele Ringfunde vor, lassen sich die mittleren Fundorte z. B. monatsweise analysieren und so der mittlere Zugfortschritt darstellen (Abb. 275 und 276).

Der zeitliche Zugablauf kann auch über einen Vergleich der **Medianwerte** des Durchzuges an verschiedenen Stationen entlang des Zugweges abgeschätzt werden. Voraussetzung ist aber, dass an diesen Stationen der Vogelzug mit derselben Methode erfasst wird.

Zwischen 1994 und 1996 war es mit Unterstützung der Europäischen Forschungskommission (European Science Foundation ESF) möglich, an mehr als 30 Fangstationen zwi-

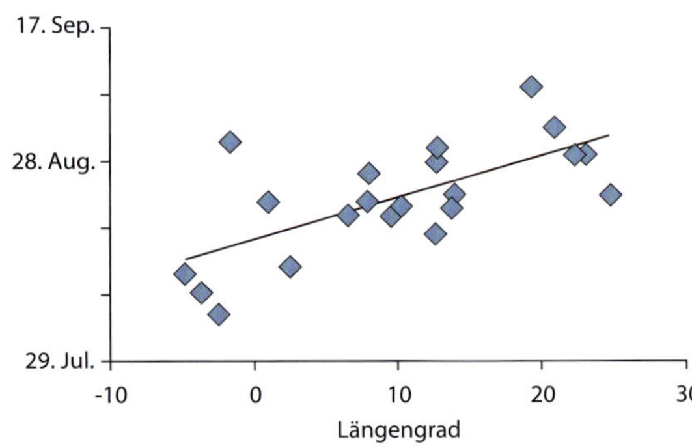


Abb. 279: Mittlerer Durchzug (Medianwerte) des Fitis im Herbst an insgesamt 21 Stationen zwischen W- und O-Europa. In W-Europa ziehen Fitisse im Mittel früher als in O-Europa (nach Bairlein 2004).

Ziehende Kormorane
(Foto: T. Krumenacker)

schen Fennoskandien und W-Afrika mit standardisierter Methode den Vogelzug von Kleinvögeln zu untersuchen. Damit zeigt sich, wie der Zug einer Art entlang des Zugweges fortschreitet. So ziehen beim Gartenrotschwanz die nördlichen Brutpopulationen früher ab als weiter südliche Populationen (Abb. 277 und 278) oder beim Fitis die östlichen Populationen später als die westlichen (Abb. 279).

## Zuggeschwindigkeit

Bei den meisten Vogelarten ist Zug eine Abfolge von Flugphasen und Rastphasen. Deshalb gibt es verschiedene Möglichkeiten, „Geschwindigkeit“ beim Zug zu beschreiben. Betrachtet man die gesamte Zeit, die für die gesamte Strecke benötigt wird, spricht man von der „**Reisegeschwindigkeit**“. Sie errechnet sich in km/Tag unter Einschluss der gesamten Strecke und der gesamten Zeit.

Bezieht man nur die Tage ein, an denen tatsächlich geflogen/gezogen wurde, spricht man von „**Zuggeschwindigkeit**“. Die „**Fluggeschwindigkeit**“ dagegen beschreibt die Geschwindigkeit des fliegenden Vogels in km/Stunde (km/h) über Grund, also relativ zum Boden. Diese „Fluggeschwindigkeit“ schließt den Einfluss des Windes mit ein. Von der Fluggeschwindigkeit zu unterscheiden ist die „**Eigengeschwindigkeit**“ des Vogels selbst. Sie beschreibt die Eigenleistung des Vogels ohne jeglichen Einfluss des Windes und wird ebenfalls in km/h angegeben. Die „Eigengeschwindigkeit“ ist damit ein errechnetes Maß. Vom Boden aus misst man über Sichtbeobachtung des fliegenden Vogels oder mittels Radar die Fluggeschwindigkeit. Um die „Eigengeschwindigkeit“ zu bestimmen, benötigt man noch die Windrichtung und die Windgeschwindigkeit. Daraus lässt sich dann durch Vektorberechnung die „Eigengeschwindigkeit“ bestimmen (Abb. 280).

Mit Radar im nördlichen Vorland der Schwäbischen Alb gemessene Fluggeschwindigkeiten streuen weit; die daraus errechneten „Eigengeschwindigkeiten“ viel weniger und liegen mehrheitlich bei etwa 40–50 km/h (Abb. 281).

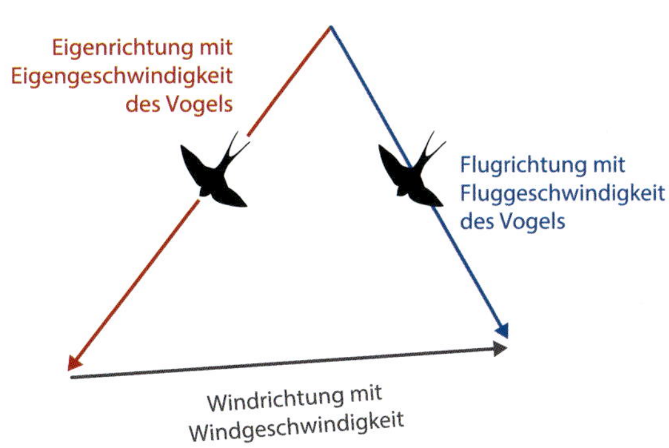


Abb. 280: Der mit südwestlicher Eigenrichtung fliegende Vogel wird durch westlichen Wind verdriftet und zieht so nach SO. Seine Körperachse weist nach wie vor nach SW.

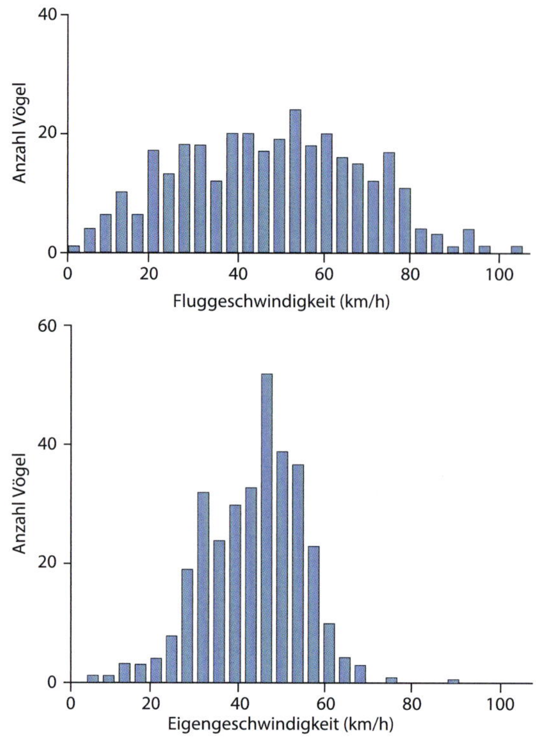


Abb. 281: Mit Radar erfasste Fluggeschwindigkeiten und daraus berechnete Eigengeschwindigkeiten von bei Nacht ziehenden Vögeln im nördlichen Vorland der Schwäbischen Alb (nach B. Bruderer in Gatter 2000).

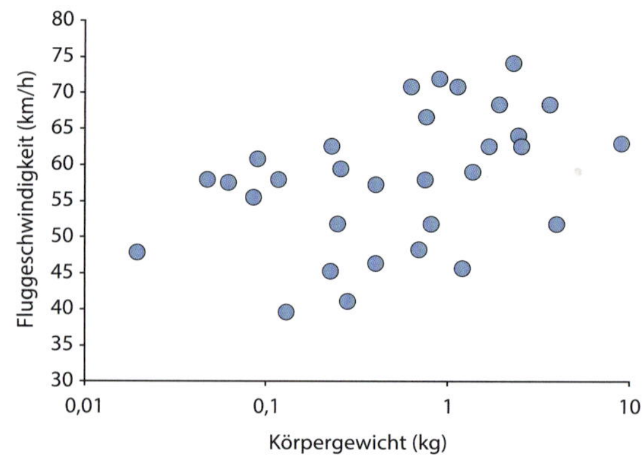


Abb. 282: Die Fluggeschwindigkeit einer Art ist abhängig von ihrem Körpergewicht (nach Pennycuick et al. 2013).

Dies entspricht auch in etwa der optimalen theoretischen Geschwindigkeit ziehender Kleinvögel von etwa 45 km/h, mit der mit minimalem Energieaufwand maximale Reichweite erzielt wird. Wasservögel haben mit 50–80 km/h höhere Eigengeschwindigkeiten.

Sicht- wie Radarmessungen von Fluggeschwindigkeiten sind lokale Momentaufnahmen. Sind Vögel mit Sendern ausgestattet und fliegen sie ohne Rast lange Strecken, lassen sich auch länger anhaltende Fluggeschwindigkeiten bestimmen. So flog die Pfuhlschnepfe E7 die 11.600 km nonstop von Alaska nach Neuseeland (s. Abb. 187) in 197 Stunden und somit mit einer mittleren anhaltenden Fluggeschwindigkeit von 59 km/h. Auf ihrem Rückweg nach Alaska flog sie zunächst 10.150 km mit im Mittel 57 km/h nach Korea, von dort mit im Mittel 50 km/h die verbleibenden 7200 km nach Alaska. Noch schneller unterwegs war ein Knutt, der in einem einzigen Nonstopflug von 60 Stunden Dauer vom Brutplatz auf der nordostkanadischen Ellesmere Insel 4000 km zur holländischen Insel Terschelling zog, mit durchschnittlich 67 km/h. Besenderte Heringsmöwen flogen durchschnittlich 38,6 km/h schnell, gelegentlich bis zu 70 km/h.

Betrachtet man die Fluggeschwindigkeit vieler verschiedener Arten, zeigt sich eine Abhängigkeit der mittleren Fluggeschwindigkeit vom Körpergewicht der Art (Abb. 282). Im Mittel am schnellsten fliegen die großen Wasservögel, am langsamsten die Singvögel, aber auch die relativ großen Greifvogelarten.

Für die Bestimmung von „Reisegeschwindigkeit“ und „Zuggeschwindigkeit“ gibt es verschiedene Möglichkeiten: aus Ringfunden, aus dem Vergleich mittlerer Durchzugstermine an verschiedenen Fangstationen entlang des Zugweges und, besonders präzise, von mit Sendern und Fahrtenschreibern ausgestatteten Vögeln.

Aus Ringfunden, bei denen zwischen Beringung und Fund mindestens 10 Tage lagen, ergaben sich für verschiedene Arten Reisegeschwindigkeiten von 21–263 km/Tag. Dabei waren Limikolen mit durchschnittlich 79 km/Tag zügiger unterwegs als Singvögel (27–75 km/Tag). Bei Letzteren zeigt sich eine Abhängigkeit vom Zugziel (Abb. 283). Im tropischen Afrika überwinternde Arten haben deutlich höhere mittlere Reisegeschwindigkeiten als Arten, die innerhalb Europas überwintern. Die im Mittel geringsten Reisegeschwindigkeiten zeigen die Invasionsarten. Zudem sind gerade unter den

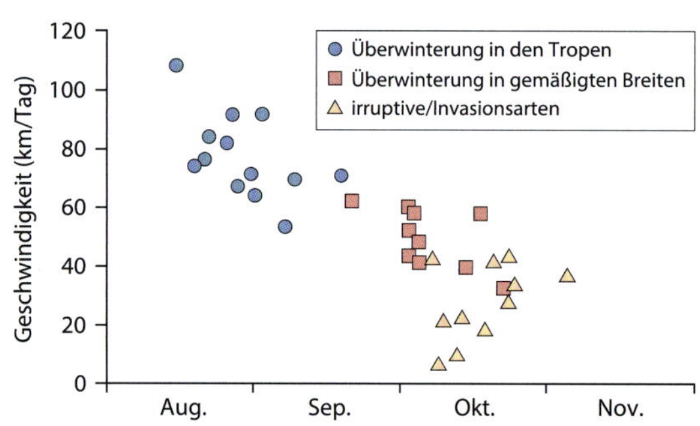


Abb. 283: Reisegeschwindigkeit von Singvögeln in Abhängigkeit vom Zugziel und vom herbstlichen Zugbeginn. Vögel, die in die Tropen ziehen, reisen rascher, und je später eine Art zieht, umso geringer ist ihre durchschnittliche Reisegeschwindigkeit, ausgenommen bei den Invasionsvögeln (nach Alerstam & Lindström 1990).

im tropischen Afrika überwinternden Arten die früh im Herbst abziehenden Arten rascher unterwegs als später ziehende Arten, was wohl mit ihrer längeren Zugdistanz zu tun hat, denn mit zunehmender Zugdistanz wird rascher gezogen (Abb. 284). Weiterhin sind Nachtzieher mit durchschnittlich 79 km/h schneller unterwegs als Tagzieher (58 km/h), was ebenfalls gerade durch die nahezu ausschließlich nächtlich ziehenden Fernzieher bedingt ist. Altvögel ziehen durchschnittlich schneller als erstmals ziehende Jungvögel (57 versus 46 km/h).

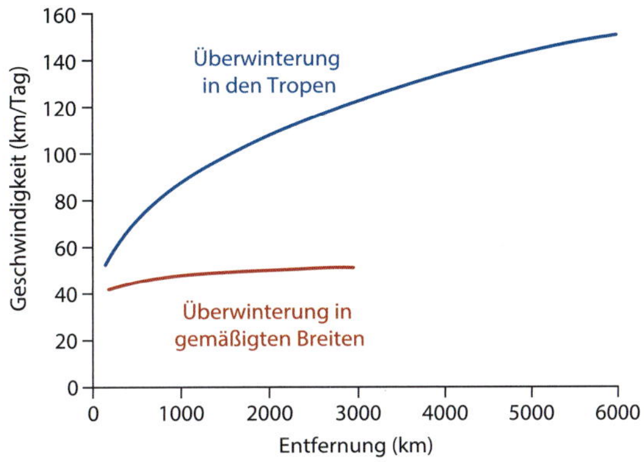


Abb. 284: Je länger die Reise ist, umso schneller wird gezogen, besonders bei den Langstreckenziehern mit Winterquartieren in den Tropen (nach Alerstam 2003).

Solch hohe Reisegeschwindigkeiten kommen dadurch zustande, dass hier die Zeit für Rasten keine Rolle spielt. Denn ansonsten ist Vogelzug eine Abfolge von Fliegen und Rasten und die Rastdauern bestimmen die mittlere Zuggeschwindigkeit ganz besonders.

Im Mittel schreitet der Vogelzug also recht langsam voran, doch in einzelnen Fällen können teilweise enorme Zuggeschwindigkeiten erreicht werden. So war eine in Nordrhein-Westfalen beringte Heckenbraunelle bereits 7 Tage später in Portugal erlegt worden, was eine mittlere Reisegeschwindigkeit von 293 km/Tag ausmacht, ein Fitis aus Finnland war 47 Tage später in S-Afrika (218 km/Tag) oder eine in Hessen beringte Rauchschwalbe nach 36 Tagen in Tansania (188 km/Tag). Britische Rauchschwalben benötigen für ihre Reise nach S-Afrika 10 Wochen, was einer durchschnittlichen Reisegeschwindigkeit von 150 km/Tag entspricht. Der Frühjahrszug zurück nach Großbritannien erfolgt mit etwa 300 km/Tag wesentlich rascher.

Eine andere Möglichkeit, die mittlere Reisegeschwindigkeit einer Art zu ermitteln, ist der Vergleich der mittleren Durchzugstermine an Fangstationen entlang des Zugweges. So ergibt sich beispielsweise beim Gartenrotschwanz (s. Abb. 278) zwischen N- und S-Europa ein mittlerer Zugfortschritt von 95 km/Tag, sehr ähnlich dem Wert für im tropischen Afrika überwinternde Singvögel. Für entlang des osteuropäisch-afrikanischen Zugweges nach Ostafrika ziehende Arten zeigt eine Analyse der mittleren Durchzugstermine an verschiedenen Stationen, dass die mittlere Reisegeschwindigkeit sowohl im Herbst als auch im Frühjahr in Europa und durch die Wüste höher ist als in NO-Afrika und besonders in O-Afrika und dass der Frühjahrszug durchschnittlich rascher erfolgt als der Herbstzug (Abb. 285).

Über kürzere Zeiträume gibt es noch extremere Zugleistungen. Eine in Schleswig-Holstein beringte Singdrossel war bereits einen Tag später 1291 km entfernt in W-Frankreich geschossen worden, eine ebenfalls in Schleswig-Holstein beringte Zwergseeschwalbe ist am nächsten Tag 1280 km entfernt in SW-Frankreich gefunden worden, eine in Estland beringte Lachmöwe einen Tag später in Schleswig-Holstein (977 km), ein bei Düsseldorf beringter Hausrotschwanz einen Tag später 904 km entfernt in W-Frankreich, ein bei Hamburg beringter Erlenzeisig am nächsten Tag in Oberitalien (845 km), ein in Niedersachsen beringtes Blässhuhn am nächsten Tag in N-Frankreich geschossen worden, eine auf Helgoland beringte Mönchsgrasmücke wurde am nächsten Tag in S-Norwegen (544 km) von einem Beringer wiedergefangen, ebenso wie ein ebenfalls auf Helgoland beringter Trauerschnäpper einen Tag später 515 km entfernt in NO-England.

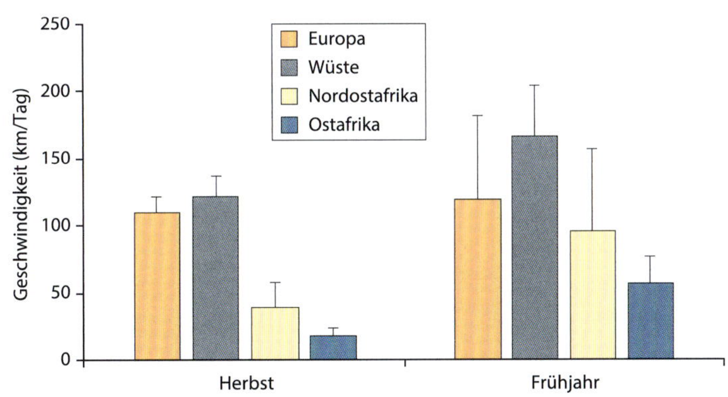


Abb. 285: Mittlere Reisegeschwindigkeiten (mit Standardabweichung) im Herbst und Frühjahr von 11 im tropischen Afrika überwinternden Arten auf dem osteuropäisch-afrikanischen Zugweg in verschiedenen geografischen Sektoren des Zuges (nach Yohannes et al. 2009).

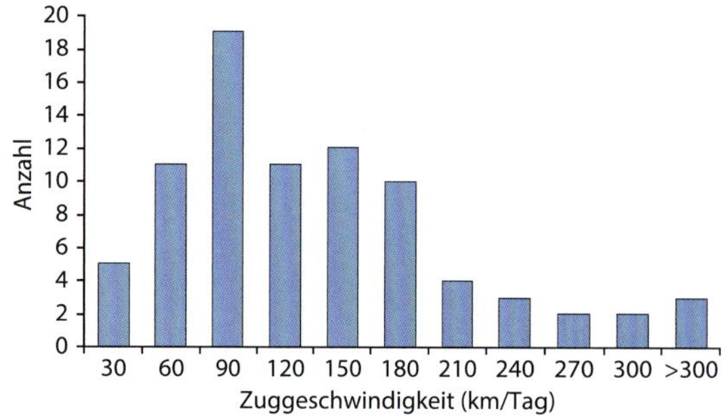


Abb. 286: Reisegeschwindigkeiten telemetrierter Wasservögel, Greifvögel und anderer Gleitflieger (nach Newton 2008).

Während Vergleiche von mittleren Durchzugsdaten, aber auch Ringfunde, zwar durchschnittliche Reisegeschwindigkeiten ganz gut abbilden, liefern Telemetriedaten auch recht genaue, individuelle Zuggeschwindigkeiten. Dies gilt insbesondere für größere Vogelarten, die GPS-Datenlogger tragen können. Für nach dem ARGOS-Dopplerprinzip arbeitende Satellitensender bei kleineren Arten ist zu berücksichtigen, dass deren Ladezeiten (Ruhezeiten des Senders) bisweilen keine tägliche Position liefern.

Reisegeschwindigkeiten telemetrierter Wasservögel, Greifvögel und anderer Gleitflieger streuten zwischen 11 km/Tag (eine Streifengans zwischen Tibet und Indien) und 812 **km**/Tag bei einer Ringelgans auf ihrem Weg von Dänemark nach Grönland (Abb. 286). Die Mehrzahl der Reisegeschwindigkeiten liegt zwischen 60 und 180 km/Tag. Über alle Arten hinweg zeigt sich kein genereller Unterschied in der mittleren Reisegeschwindigkeit zwischen Herbst- und Frühjahrszug. Heringsmöwen jedoch waren im Frühjahr schneller unterwegs als im Herbst (98 km/Tag versus 44 km/Tag). Dies war aber die Folge von im Frühjahr weniger Rastzeiten, denn die mittleren Zuggeschwindigkeiten an Tagen, an denen gezogen wurde, waren nicht verschieden (175 km/h versus 177 km/h). Auch beim Kiebitzregenpfeifer war die Reisegeschwindigkeit vom Wattenmeer in ihre nordsibirischen Brutgebiete mit 480 km/Tag wesentlich höher als in umgekehrter Richtung im Herbst (120 km/Tag). Im Herbst rasteten sie an 31 Tagen, im Frühjahr dagegen an nur 7 Tagen.

Wie das Beispiel des Fischadlers zeigt (Abb. 287), können die Zugabläufe und Reisegeschwindigkeiten zwischen Individuen erheblich streuen, nur 108 km/Tag beim langsamsten bis 431 km/Tag beim schnellsten Vogel. Dabei sind es auch hier wieder in erster Linie die unterschiedlich langen Rastzeiten, die diese unterschiedlichen Reisegeschwindigkeiten ausmachen. Während der schnellste Vogel ohne jegliche Rast in gerade einmal 14 Tagen von Schweden nach Guinea-Bissau zog, ließ sich der langsamste Vogel für seine Reise von Schweden nach Mozambique 81 Tage Zeit und rastete an 44 Tagen. Mit Ausnahme des schnellsten Vogels waren die Zuggeschwindigkeiten an den Flugtagen mit 216–273 km/Tag recht ähnlich. Allerdings waren diese beim Zug über die Sahara im Mittel höher als in Europa und nach Überquerung der Wüste

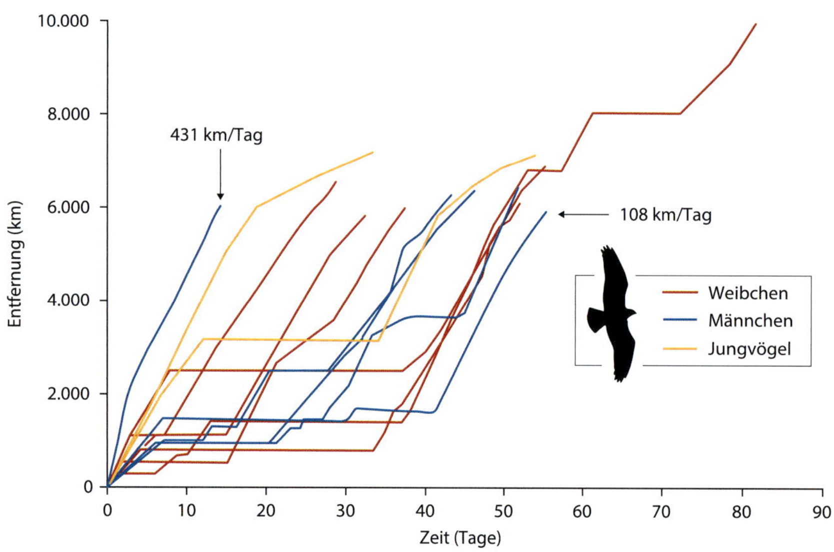

Abb. 287: Zugverlauf von 13 mit Sendern ausgestatteten Fischadlern zwischen Skandinavien und Afrika. Die Pfeile markieren den schnellsten und den langsamsten Zug (nach Alerstam 2003, Foto: H.-J. Fünfstück).

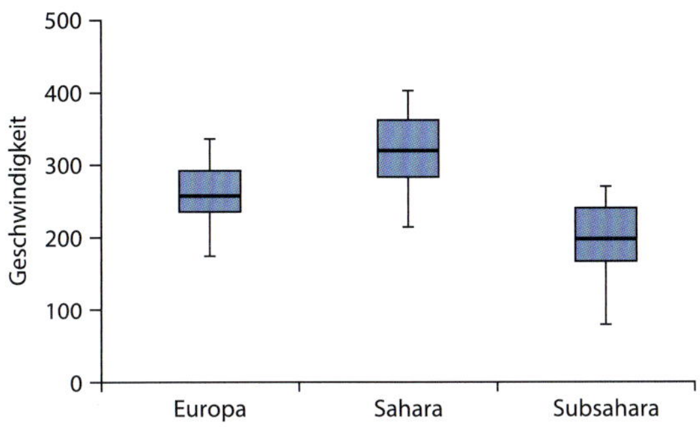


Abb. 288: Mittlere Zuggeschwindigkeiten von Fischadlern in verschiedenen Regionen während des Herbstzuges (nach Alerstam 2003).

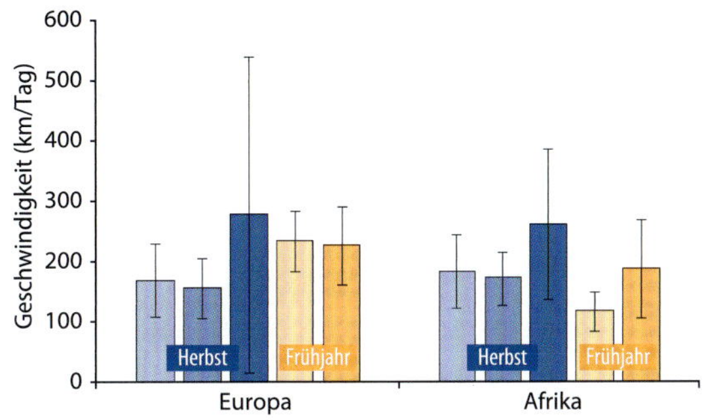


Abb. 289: Mittlere Reisegeschwindigkeiten (mit Standardabweichung) von Wiesenweihen entlang verschiedener Zugwege im Herbst (blaue Säulen) und Frühjahr (orange Säulen). Hellblau: Zugweg über Spanien, mittelblau: Italien, dunkelblau: Griechenland; Hellorange: Zugweg über Spanien, dunkelorange: Italien/Griechenland (nach Trierweiler et al. 2014).

(Abb. 288). Auch bei der Wiesenweihe zeigen sich unterschiedliche Reisegeschwindigkeiten in verschiedenen Regionen des Zugweges und entlang verschiedener Routen (Abb. 289). Die osteuropäischen Wiesenweihen zogen rascher als die westeuropäischen, vermutlich bedingt durch die größeren Strecken über das zentrale Mittelmeer.

Nicht nur die Zuggeschwindigkeiten können regional verschieden sein, sondern auch die Fluggeschwindigkeiten. Besenderte Wespenbussarde flogen in verschiedenen Segmenten ihres Zugweges unterschiedlich schnell, insbesondere bei der Überquerung der Sahara, und im Frühjahr insgesamt etwas schneller als im Herbst (Abb. 290).

Eine Auswertung von 64 Studien mit zusammen 401 individuellen Zügen zeigt, dass einige Artgruppen im Herbst, die anderen im Frühjahr schneller unterwegs sind (Abb. 291). Dabei ergab sich kein Einfluss von der geografischen Breite des Brutgebietes, der Zugstrategie, der Zugdistanz, des Flugstils, des Körpergewichtes oder des Geschlechtes auf die saisonalen Unterschiede der mittleren Zuggeschwindigkeit. Vielmehr war diese bestimmt von den jeweiligen Rastdauern.

Wiesenweihen sind beim Zug überwiegend Segelflieger, nutzen aber zu etwa 10 % der Flugzeit auch Schlagflug, was sie zum Überqueren auch größerer Strecken übers Meer befähigt.

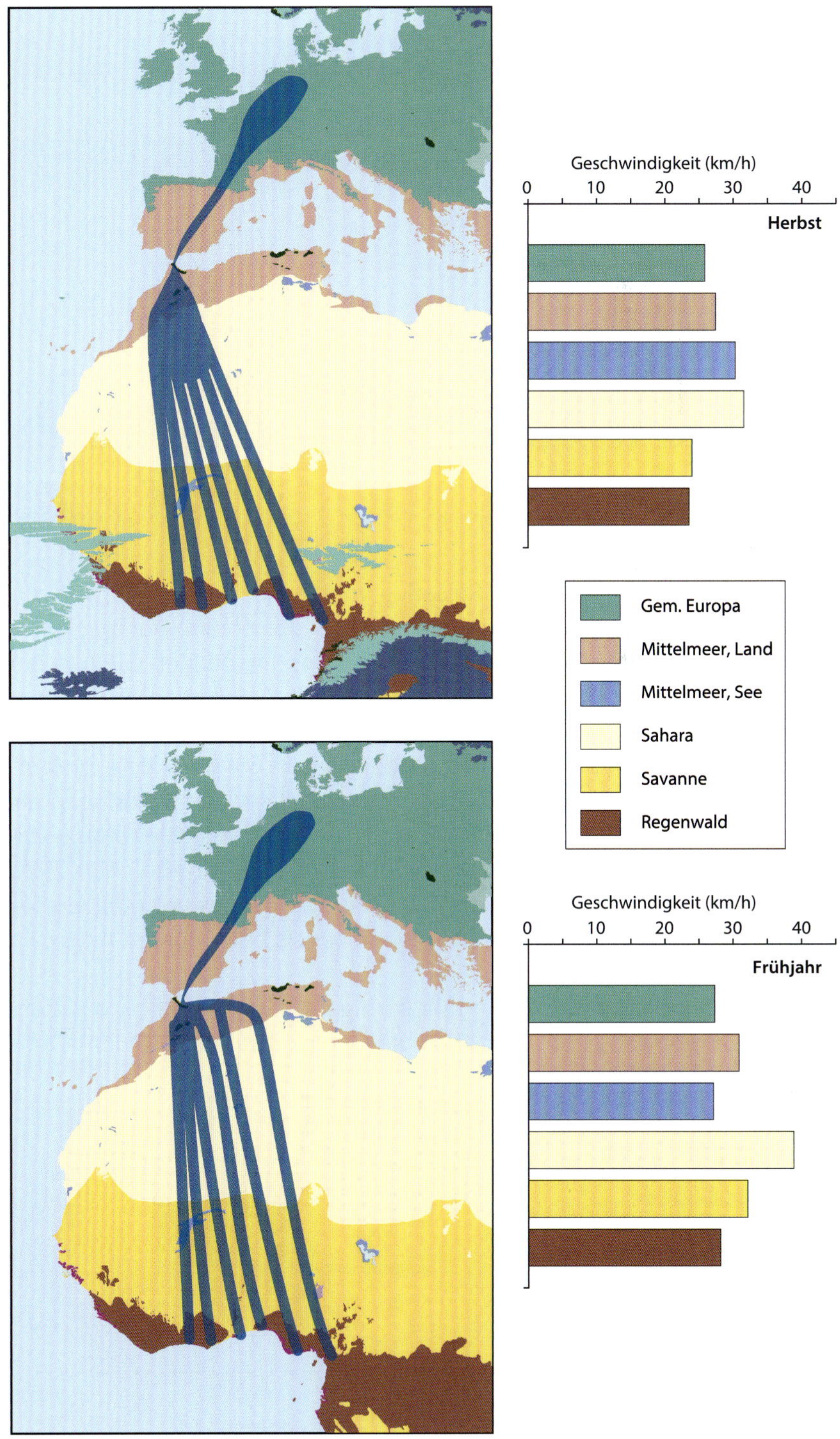


Abb. 290: Fluggeschwindigkeiten von mit Sendern ausgestatteten Wespenbussarden im Herbst (oben) und Frühjahr (unten) während verschiedener Abschnitte ihres Zuges (schematisch) von Mitteleuropa nach W-Afrika (nach Vansteelant et al. 2015).

Wiesenweihe mit Sender (Foto: H. Hut)

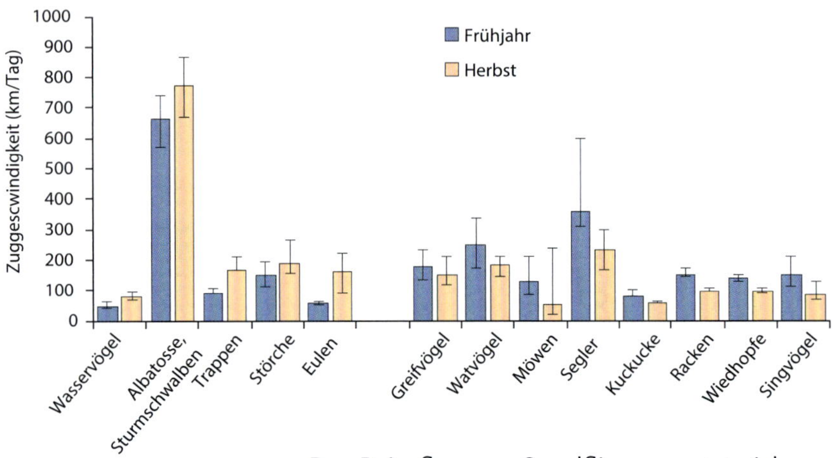


Abb. 291: Mittlere (mediane) Zuggeschwindigkeiten im Frühjahr und Herbst von telemetrierten Vögeln. Die Streumaße geben das 25 %- bzw. 75 % Quantil an (nach Schmaljohann 2018).

Der Reiseflug von Segelfliegern setzt sich zusammen aus dem kreisenden Aufsteigen in Thermik und dem anschließenden Gleiten. Bei segelfliegenden Greifvögeln macht das Kreisen je nach Art 21–40 % der Flugzeit aus, das anschließende Gleiten 35–63 %. Die gesamte Zuggeschwindigkeit ist damit geringer, als es die Messung während der Gleitphase, die Gleitgeschwindigkeit, vermittelt (Abb. 292). Zudem sind Gleit- wie Zuggeschwindigkeit bei großen Arten höher als bei kleineren Arten.

Zwar mit geringerer Genauigkeit, so liefert aber auch die Geolokalisation mit Licht-Dunkel-Loggern Einblicke in Zugverläufe und somit auch für Kleinvögel, die keine GPS- oder ARGOS-Sender tragen können. In Alaska mit Geologgern ausgestattete Steinschmätzer zogen zunächst in west-südwestlicher Richtung mit Entfernungen von 400–4900 km ohne einen Zwischenstopp von mehr als 2 Tagen (Abb. 293). Bis ans Kaspische Meer legten sie 5–6 Rastpausen mit durchschnittlich 4,5 Tagen Dauer ein. Nach durchschnittlich 24 Tagen Rast am Kaspischen Meer überquerten sie die Arabische Wüste und erreichten ihr ostafrikanisches Überwinterungsgebiet nach insgesamt 3 Monaten und einer gesamten Zugstrecke von im Mittel 14.575 km. Auf dem Frühjahrszug folgten die Vögel ähnlichen Routen wie im Herbst, legten aber weniger Zwischenstopps ein und keine längere Rast am Kaspischen Meer. So war der Frühjahrszug mit durchschnittlich 257 km/Tag wesentlich rascher als der Herbstzug mit 160 km/Tag. Auch war die nächtliche Zuggeschwindigkeit zwischen Raststopps im Frühjahr mit 454 km/Nacht höher als im Herbst (329 km/Nacht).

Der Zug der Steinschmätzer aus Alaska war zu beiden Jahreszeiten etwa doppelt so rasch wie

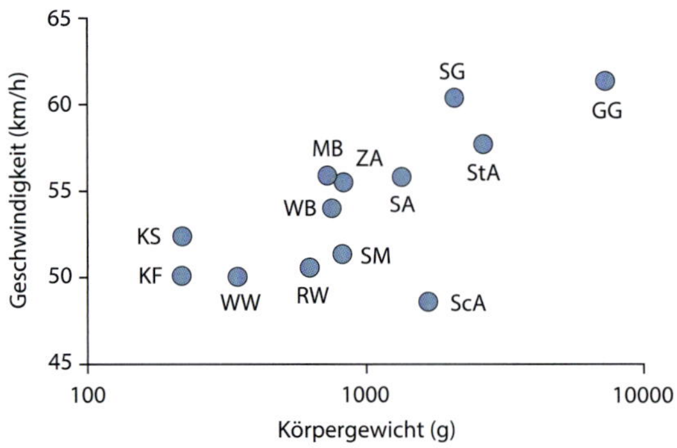


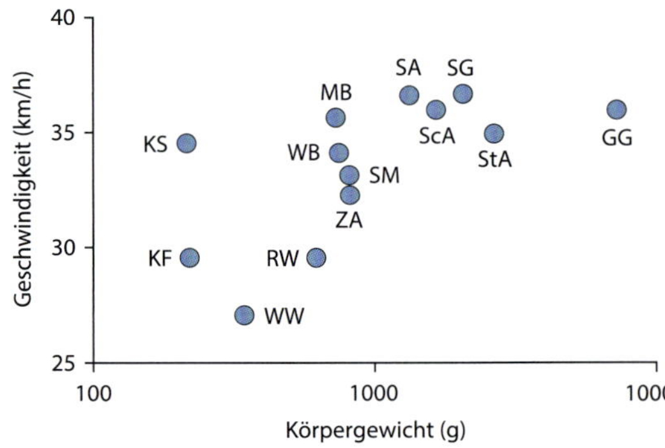


Abb. 292: Gleitgeschwindigkeit (links) und Zuggeschwindigkeit (rechts) von segelfliegenden Greifvögeln ohne Windunterstützung. Kürzel der Arten: GG: Gänsegeier; KF: kleine Falken; KS: Kurzfangsperber; MB: Mäusebussard; RW: Rohrweihe; SA: Schreiadler; ScA: Schlangenadler; StA: Steppenadler; SG: Schmutzgeier; SM: Schwarzmilan; WB: Wespenbussard; WW: Wiesenweihe; ZA: Zwergadler (nach Newton 2008).

von Vögeln aus Rheinland-Pfalz in ihre westafrikanischen Überwinterungsgebiete bzw. von dort zurück (Herbst: 88 km/Tag; Frühjahr: 126 km/Tag). Auch schweizerische Wiedehopfe reisten im Herbst weniger rasch (81 km/Tag) als im Frühjahr (122 km/Tag).

Die wesentlich höhere Reisegeschwindigkeit der Steinschmätzer Alaskas im Vergleich zu den SW-deutschen Steinschmätzern oder den Wiedehopfen hat mit ihrem sehr viel längeren Zugweg zu tun.

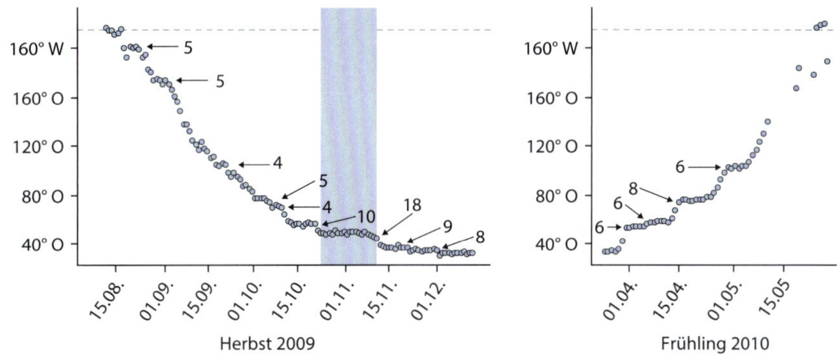


Abb. 293: Zugverlauf eines in Alaska mit einem Geologger ausgestatteten Steinschmätzers im Herbst (links) und Frühjahr (rechts). Dargestellt ist die tägliche Position des Vogels im Verlauf seiner Reise von bzw. nach Alaska. Die Pfeile mit den Zahlen markieren längere Rastphasen und die Rastdauer in Tagen, die unterlegte Phase eine lange Rast am Kaspischen Meer vor Überquerung der Arabischen Wüste. Im Frühjahr zog der Vogel für 7 Tage nördlich von 70° N in Dauerlicht, sodass aus dieser Zeit keine Positionen vorliegen (aus Schmaljohann et al. 2012).

## Zughöhen

Vor der Einführung von Radargeräten zur Beobachtung des Vogelzuges war über Zughöhen nur wenig bekannt. Über den Himalaya ziehende Streifengänse und andere Arten, die in Zentralasien und Sibirien brüten, wurden regelmäßig über Pässen in 4000 bis 6000 m ü. M. (über dem Meer; auch mNN) beobachtet, teilweise sogar bis auf 9000 m Höhe. Über dem N-Atlantik zwischen Island und Irland wurde eine Gruppe von Schwänen aus dem Flugzeug heraus in 8200 m Höhe beobachtet.

Einen mehr systematischen Einblick in Zughöhen lieferten für bei Tag ziehende Arten die Planbeobachtungen am Randecker Maar am Nordrand der Schwäbischen Alb. Hier zogen über alle Arten hinweg betrachtet 58 % der Vögel unterhalb 50 m über Boden (ü. B.), 94 % unterhalb 200 m ü. B. und nur 0,4 % über 500 m ü. B. (Abb. 294). Insbesondere die kleinen Singvögel überqueren das Randecker Maar sehr niedrig. Allerdings gibt es Unterschiede zwischen auch nah verwandten Arten. So ziehen Mehlschwalben deutlich höher als Rauchschwalben und Buchfinken höher als die anderen Finkenvögel. Am höchsten zogen Greifvögel wie der Mäusebussard.

So interessante Einblicke solche direkten Sichtbeobachtungen auch geben, gerade auf Artniveau, so können sie doch in größeren Höhen ziehende Vögel und dort insbesondere kleinere Arten Vögel übersehen.

Abhilfe brachte der Einsatz von Radargeräten. Mit Radar lässt sich die Höhenverteilung ziehender Vögel bis in große Höhen quantitativ und am Tag wie in der Nacht gut darstellen. Allerdings sind mit dem Radar die einzelnen Arten nicht oder nur bedingt zu unterscheiden, sodass mögliche Unterschiede in der Zughöhe von verschiedenen Arten mit dieser Methode kaum untersucht werden können.

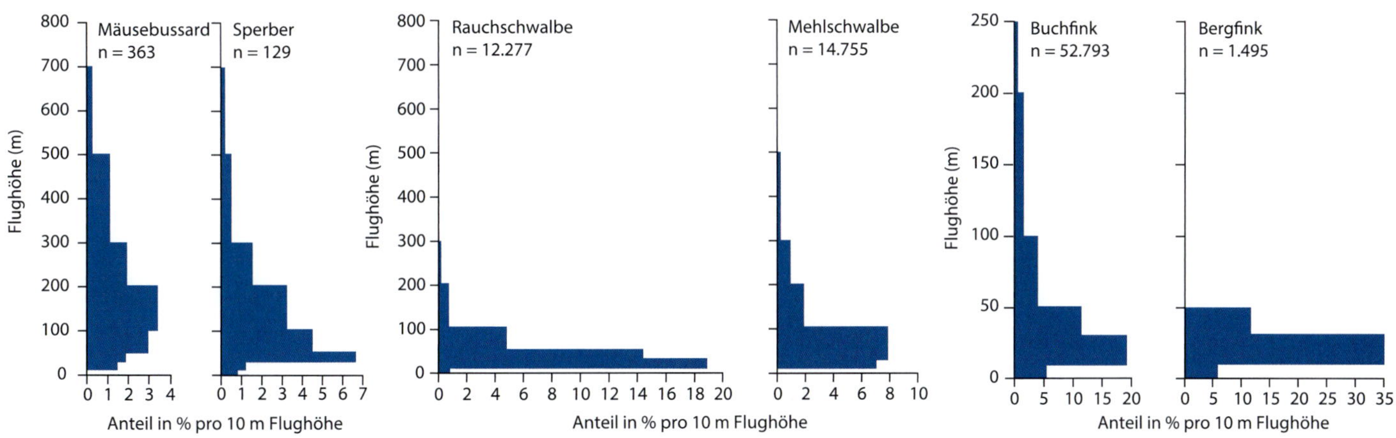


Abb. 294: Flughöhen verschiedener Arten am Randecker Maar (nach Gatter 2000).

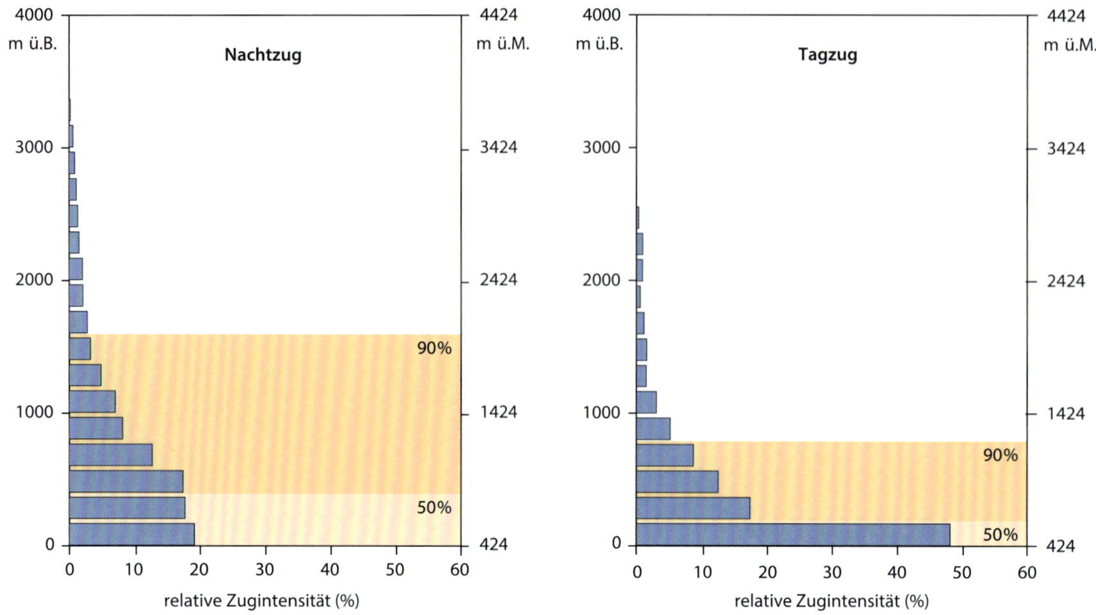


Abb. 295: Mit Radar gemessene Zughöhen während des Herbstzuges am westlichen Bodensee (424 m ü. M.) bei Nacht (links) und am Tag (rechts). Die farbigen Flächen zeigen die 50 % bzw. 90 % der Flughöhen. Die rechte y-Achse zeigt die Flughöhe über Meer (mNN) (nach Bruderer 2017).

Radaruntersuchungen zur Höhe des Vogelzuges in verschiedenen Regionen zeigen, dass in Mitteleuropa außerhalb von Gebirgen Vogelzug meist in Höhen unter 600 m ü. B. stattfindet, wobei der Tagzug (mit Ausnahme der Thermikflieger) meist niedriger erfolgt als der Nachtzug (Abb. 295). Beim Tagzug fliegen 40–50 % der Vögel unter 200 m ü. B. und 90 % unter 800 m. Beim Nachtzug sind es dagegen nur 20–25 % in den untersten 200 m ü. B. und die 90 %-Grenze liegt bei 1500–2000 m ü. B. Nur wenige Vögel ziehen höher bis maximal 4000 m ü. B. Bei einer Meereshöhe des Beobachtungsortes von gut 400 m ergibt sich eine maximale Zughöhe von mehr als 4000 m ü. M. Auch an der Küste fliegen die meisten Vögel sehr niedrig (Abb. 296), über der See die Mehrzahl sogar unter 100 m ü. M. (Abb. 297).

Wesentlich höher fliegen die Vögel über Gebirgen. Über dem St. Gotthard-Pass (2140 m ü. M.) in den Schweizer Alpen erfolgt der Nachtzug vornehmlich zwischen 600 und 1200 m ü. B, somit in 2740–3340 m ü. M. (Abb. 298). Der Tagzug spielt sich dagegen zu 90 % unterhalb 1000 m ü. B. ab. Noch höher über Boden

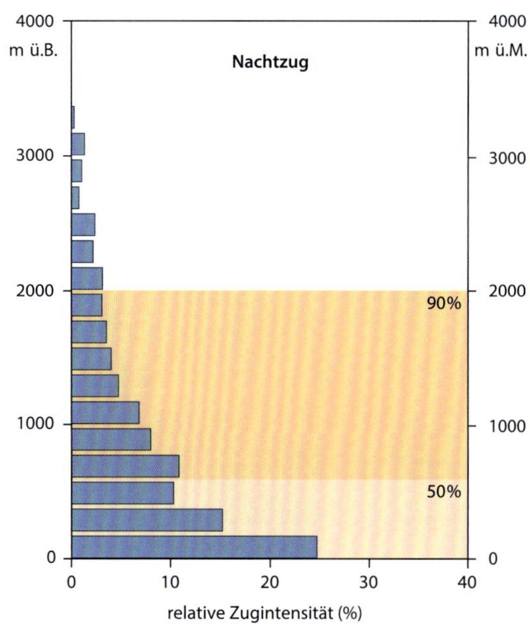


Abb. 296: Mit Radar gemessene Zughöhen bei Nacht während des Herbstzuges auf Fehmarn (0 m ü. M.) (nach Bruderer et al. 2018).

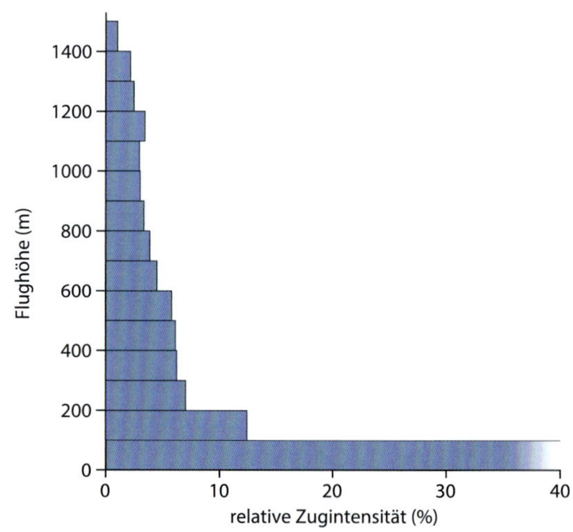


Abb. 297: Flughöhen über der südlichen Nordsee. Der Anteil unter 100 m Höhe fliegender Vögel ist unterschätzt, da in diesem Bereich Reflexionen der Wasseroberfläche die Vogel-Echos des Radars stören können (nach Hüppop et al. 2006).

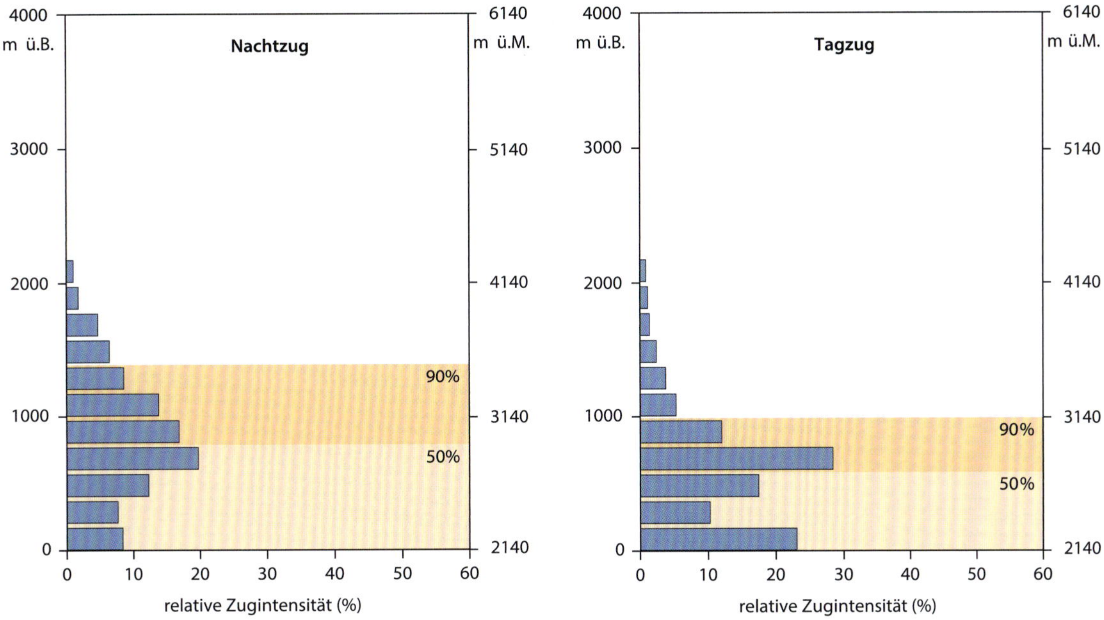


Abb. 298: Mit Radar gemessene Zughöhen während des Herbstzuges über dem St. Gotthard-Pass in den Schweizer Alpen (2140 m ü. M.) bei Nacht (links) und am Tag (rechts) (nach Bruderer 2017).

wird beim Frühjahrszug über der Sahara geflogen (Abb. 299). Die 50 %-Grenze liegt bei über 2000 m ü. B. bzw. 2400 m ü. M., und noch 10 % der Vögel flogen über 3600 m ü. B. (4000 m ü. M.). Im Herbst dagegen erfolgt der Nachtzug in ähnlichen Flughöhen wie in Mitteleuropa. Ursache für die größeren Flughöhen im Frühjahr ist, dass die Vögel in diesen Höhen von günstigen Rückwindbedingungen profitieren. Zwischen Flughöhe und der Höhe solch förderlicher Windbedingungen besteht nämlich ein enger Zusammenhang (Abb. 300). Das Aufsuchen und Ausnutzen förderlicher Winde ist auch die Ursache für die großen Flughöhen über der Karibik (Abb. 301). Verschiedene nordamerikanische Zugvögel, die in der Karibik und im Norden Südamerikas überwintern, so der Streifenwaldsänger (s. Abb. 194), verlassen im Herbst die amerikanische NO-Küste ostwärts, steigen über dem Atlantik hoch auf, um mit dort herrschenden südlichen Höhenwinden (Jet-Streams) gen S-Amerika zu fliegen.

Neue Einblicke in die Entscheidung eines Vogels, in welcher Höhe er am besten zieht, liefern Sender, die mit einem **Höhenmesser**

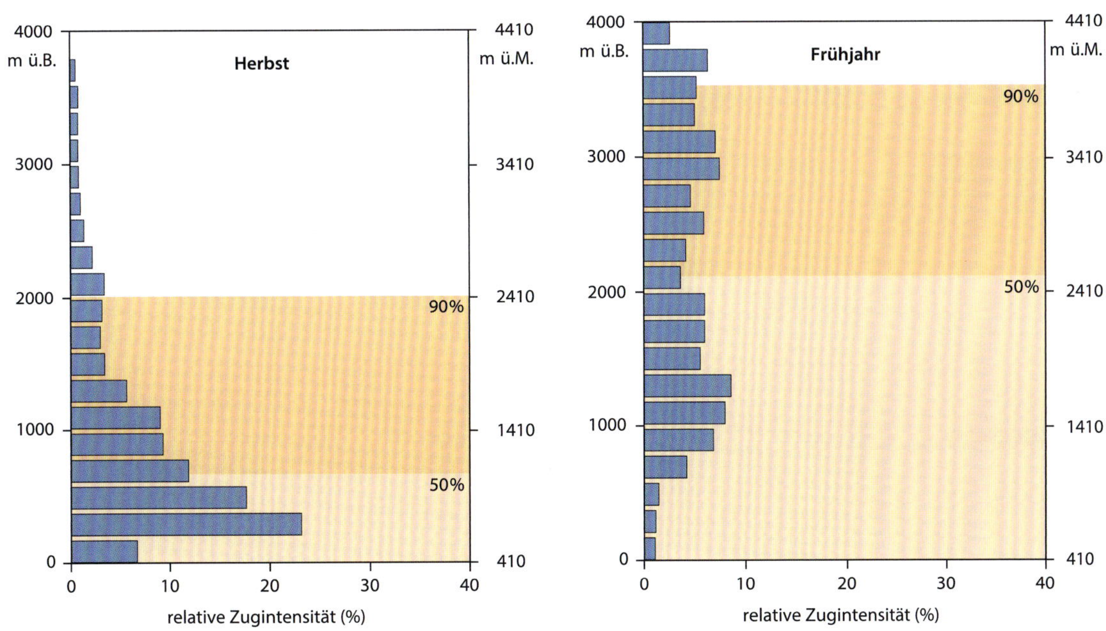


Abb. 299: Mit Radar gemessene Zughöhen bei Nacht über der mauretanischen Wüste (410 m ü. M.) im Herbst (links) und Frühjahr (rechts) (nach Bruderer et al. 2018).

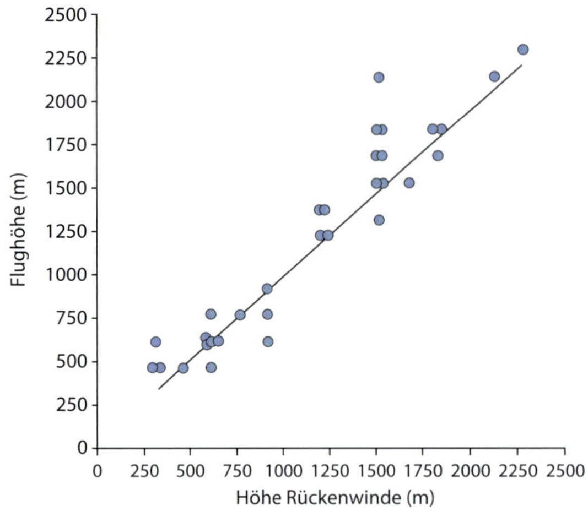


Abb. 300: Zusammenhang zwischen der mit Radar festgestellten Flughöhe im SW der USA im Herbst und der Höhe vorherrschender Rückenwinde (nach Newton 2008).

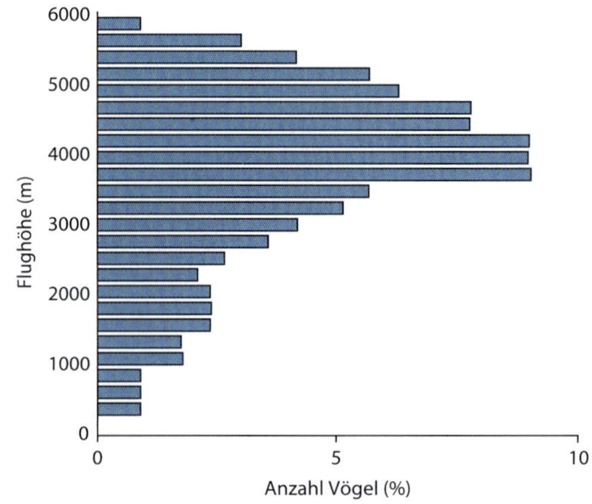


Abb. 301: Flughöhen beim Herbstzug über Antigua, Karibik (nach Williams et al. 1977).

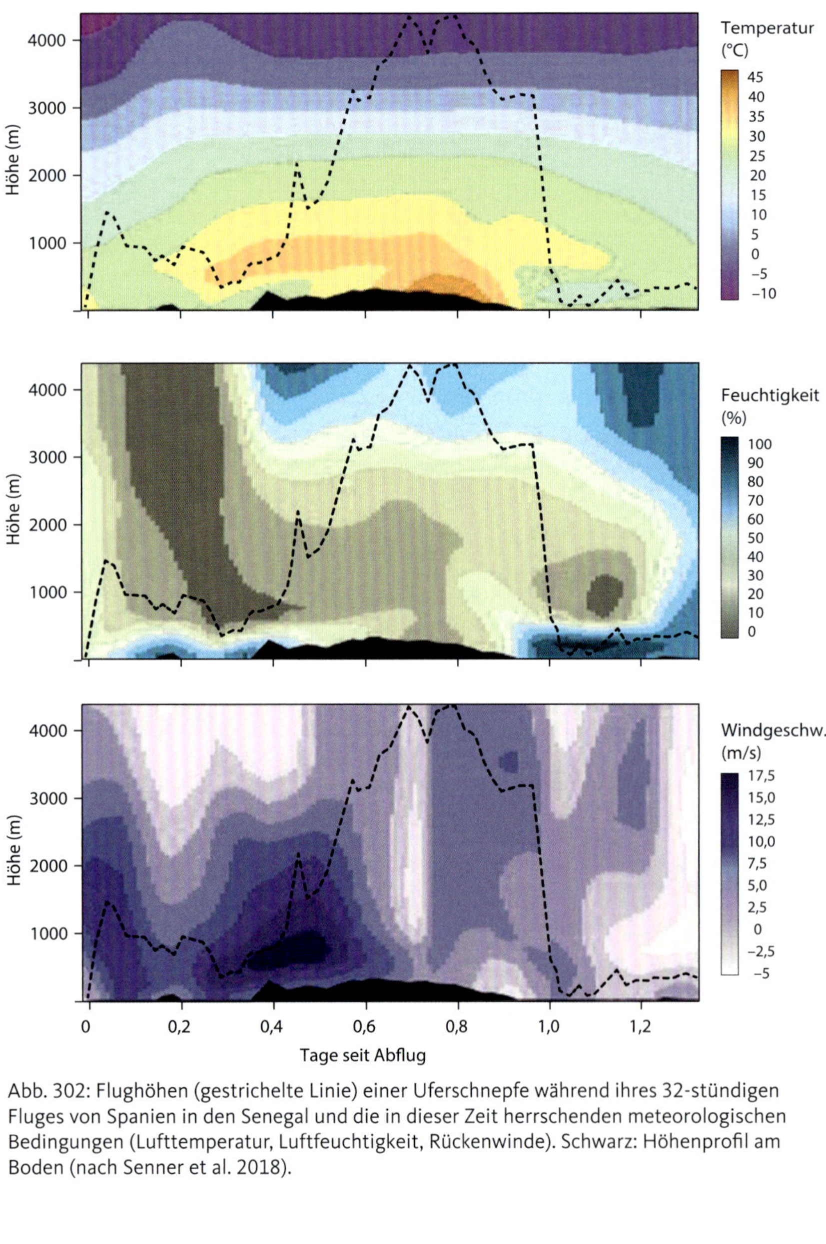


Abb. 302: Flughöhen (gestrichelte Linie) einer Uferschnepfe während ihres 32-stündigen Fluges von Spanien in den Senegal und die in dieser Zeit herrschenden meteorologischen Bedingungen (Lufttemperatur, Luftfeuchtigkeit, Rückenwinde). Schwarz: Höhenprofil am Boden (nach Senner et al. 2018).

ausgestattet sind. In den Niederlanden mit solchen Sendern ausgestattete Uferschnepfen zogen auf ihrem Weg von den Niederlanden nach W-Afrika in recht großer Höhe, obwohl sie auf ihrem Weg keine topografischen Barrieren zu überwinden hatten (Abb. 302). 21 % aller Reiseflüge erfolgten in Höhen von über 5000 m ü. M., maximal bis fast 6000 m ü. M. Ursache hierfür ist, dass die Vögel damit hohe Lufttemperaturen in niedrigeren Höhen vermeiden und zudem in diesen Höhen zunehmende Windunterstützung erfahren.

Untersuchungen an mit Höhenmessern ausgestatteten Zwergmusendrosseln bei ihrem Zug über den mittleren Westen der USA ergaben ferner, dass die individuellen Flughöhen und Flugmuster (Höhenprofile des Fluges) sehr verschieden sein können. Während einige Vögel durchschnittlich recht tief flogen, wählten andere große Höhen bis maximal 2745 m ü. B. (Abb. 303). Dabei zeigten sie sehr unterschiedliche Höhenprofile ihrer Flüge und in nicht wenigen Fällen kam es zu ausgeprägten kurzfristigen Änderungen der Flughöhen (Abb. 304). Diese Höhenänderungen könnten die Folge der herrschenden atmosphärischen Bedingungen sein oder auch Reaktionen auf z. B. anthropogene Störungen, wie Lichtquellen.

Besenderte Heringsmöwen flogen sowohl beim Herbst- wie beim Frühjahrszug überwiegend sehr niedrig über Grund (Abb. 305), wurden aber bei Flügen über der Sahara per Radar auch in 3500 m ü. M. beobachtet.

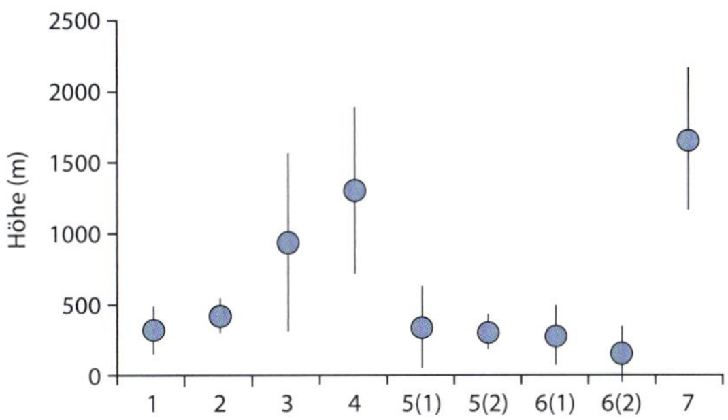


Abb. 303: Mittlere Flughöhen (mit Standardabweichung) von sieben (Nr. 1–7) besenderten Zwergmusendrosseln bei neun Flügen über dem mittleren Westen der USA (nach Bowlin et al. 2015).

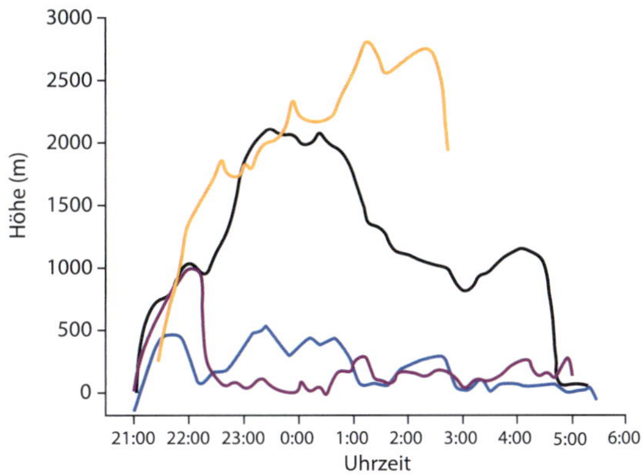


Abb. 304: Beispiele von Flughöhenprofilen von Zwergmusendrosseln über dem mittleren Westen der USA (nach Bowlin et al. 2015).

## Geografisches Vorkommen von Vogelzug

Vogelzug ist dort besonders häufig, wo die saisonalen Unterschiede in den Lebensbedingungen, z. B. Nahrung, besonders deutlich sind, sei es zwischen Sommer und Winter oder zwischen Regen- und Trockenzeiten.

Grundsätzlich ist der Anteil an Zugvögeln in hohen Breiten höher als in niedrigeren Breiten. Abb. 306 zeigt die Situation für Europa. In den

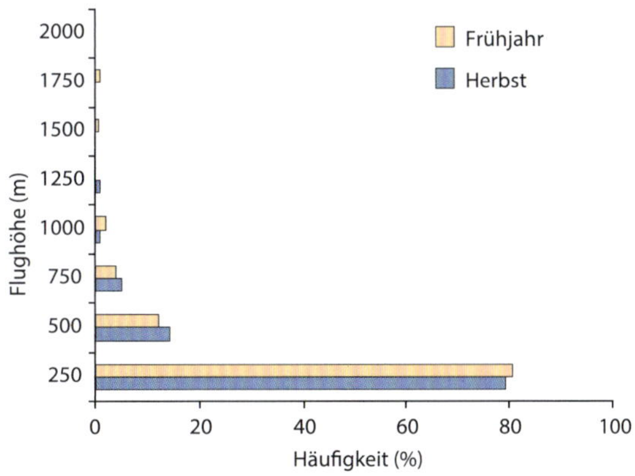


Abb. 305: Flughöhen ziehender Heringsmöwen (nach Klaassen et al. 2011).

Ringelgänse (Foto: R. Martin)

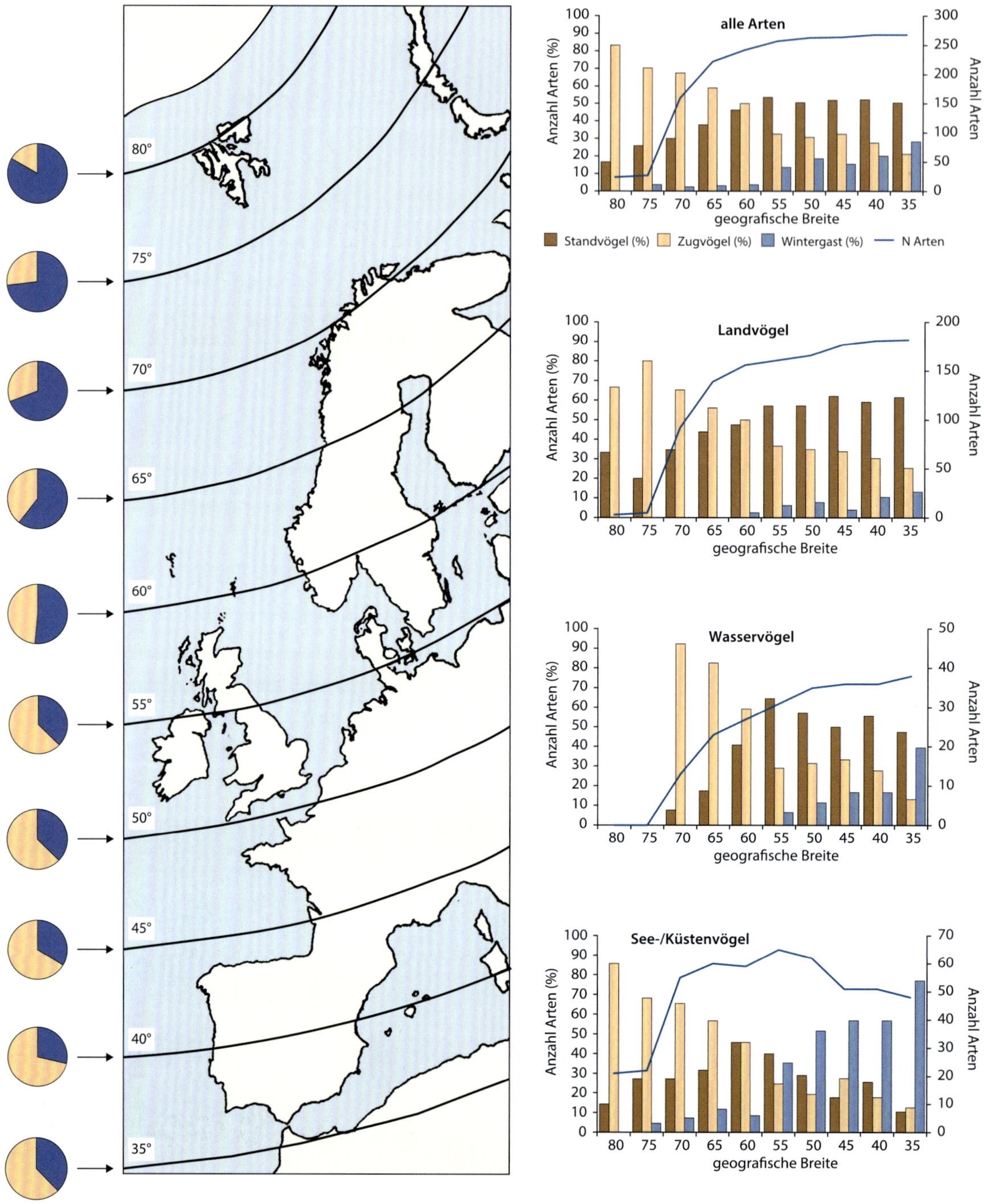


Abb. 306: Links: Anteil Zugvögel (blau) an der lokalen Brutvogelwelt in Abhängigkeit von der geografischen Breite. Rechts: Anzahl Arten (Linien) und Anteile (Säulen) an Zugvögeln (nur im Sommer anwesend), Überwinterungsgästen (nur im Winter anwesend) und ganzjährigen Standvögeln nach Breitengraden in Europa. Wasservögel kommen in den beiden nördlichsten geografischen Gruppen nicht vor (nach Newton & Dale 1996).

nördlichsten Regionen sind die allermeisten Arten Zugvögel; nur sehr wenige Arten überwintern dort. Gen Süden nimmt der Anteil an Zugvögeln ab, der der ganzjährigen Standvögel zu, ebenso der Anteil der Arten, die im südlichen Europa ausschließlich als Wintergäste auftreten, hier aber nicht brüten. Insbesondere ist dies der Fall bei See-/Küstenvögeln.

Diese geografischen Unterschiede sind in erster Linie Folge der klimatischen Bedingungen in den verschiedenen Regionen, die ein Überwintern im Norden nur den Arten erlauben, die dafür besondere Anpassungsstrategien in Physiologie und Verhalten entwickelt haben. Weidenmeisen beispielsweise, die auch im nördlichsten Skandinavien überwintern kön-

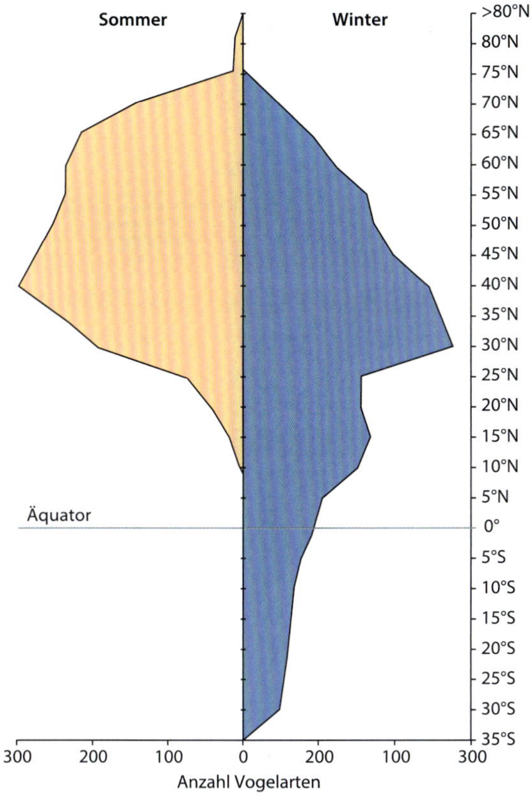


Abb. 307: Geografische Verschiebung zwischen Sommer- und Winterverbreitung von in Europa brütenden Vogelarten (nach Newton 1995).

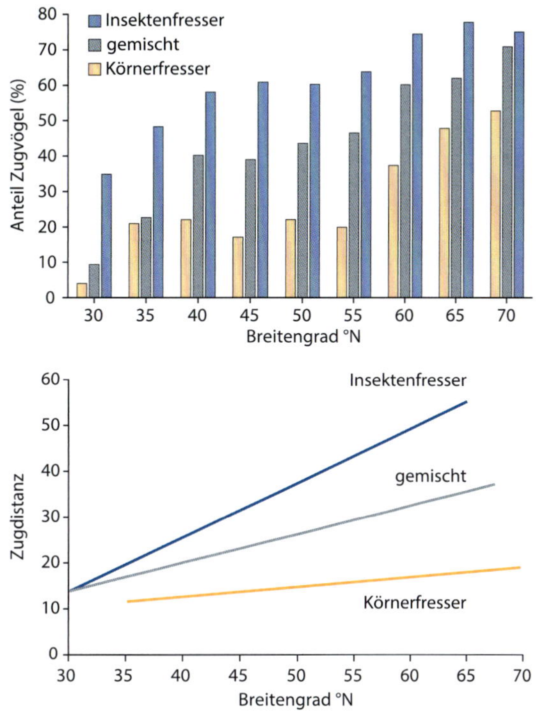


Abb. 308: Anteil Zugvögel (oben) und mittlere Zugdistanz (unten) in Abhängigkeit von der geografischen Breite des Brutgebietes sowie der Ernährungsweise (nach Newton 1995).

Stare (Foto: H.-J. Fünfstück)

nen, legen Nahrungsvorräte für den Winter an und in kalten Winternächten reduzieren sie ihre Körpertemperatur und senken damit ihren Stoffwechsel, wodurch sie Energie sparen, um so bei begrenzter Nahrungsmenge erfolgreich zu überleben.

Vogelzug aus nördlichen in südlichere Breiten führt zu einer Verschiebung in der Verbreitung der Arten zwischen Sommer, wenn die Vögel in ihren nördlicheren Brutgebieten sind, und Winter (Abb. 307). Neben diesen allgemeinen geografischen Verschiebungen zeigt sich eine Abhängigkeit des Zugverhaltens von der Nahrung (Abb. 308). So ist in allen Regionen der Anteil von Zugvögeln unter den Insektenfressern am höchsten, gefolgt von den Arten, die sich gemischt ernähren, und bei den Körnerfressern ist er am geringsten. Zudem ziehen die Insektenfresser weiter als die beiden anderen Ernährungsgruppen. Viele Insektenfresser überwintern im tropischen Afrika, manche ziehen bis ins südliche Afrika. Hauptsächliche Ursache für die saisonalen Verschiebungen ist also die Verfügbarkeit von Nahrung. Während in mehr nördlichen Gebieten im Winter Insekten kaum zur Verfügung stehen, finden Körnerfresser hier vielfach auch im Winter noch Nahrung.

ende Schwarzstörche
): T. Krumenacker)

# Steuerung des Vogelzugs 6

Junge Gänse oder Kraniche folgen ihren Eltern. Doch woher wissen beispielsweise eine im Herbst erstmals ziehende Gartengrasmücke, die, wie die Mehrzahl unserer Zugvögel, nachts allein ohne elterliche Führung zieht, oder ein junger Kuckuck, der seine leiblichen Eltern nicht einmal kennt, wann es Zeit ist, auf Reise zu gehen, wohin er zu ziehen hat und wie er dies bewerkstelligen soll.

Solche Fragen sind durch Untersuchungen im Freiland nicht zu beantworten, doch manche Zugvögel lassen sich gut in Gefangenschaft halten und zeigen dort ihr arttypisches Zugverhalten. So können wir Grundlagen des Vogelzugs sogar mit Vögeln in Gefangenschaft aufklären.

Für den geregelten Ablauf des Vogelzuges sind drei Anpassungsleistungen entscheidend:

- Zugvögel müssen über geeignete Mechanismen verfügen, die ihnen eine **zeitliche Orientierung** gestatten. Sie benötigen insbesondere Mechanismen, die den zeitgerechten Aufbruch, die **Zugauslösung**, aber auch seine termingerechte Beendigung gewährleisten.
- Sie müssen darüber hinaus über Mechanismen zur adäquaten **räumlichen Orientierung** verfügen, die es ihnen ermöglichen, ihre artspezifischen Zugwege zu finden.
- Zugvögel müssen über eine Reihe von **physiologischen und morphologischen Anpassungen** verfügen, die ihnen diese Zugleistungen ermöglichen.

Prinzipiell können all diese Mechanismen rein exogen, d. h. von äußeren Faktoren bestimmt, rein endogen, d. h. aus dem Inneren des Vogels kommend, oder auch in einer Kombination aus beidem gesteuert sein.

## Zugauslösung

### Umweltfaktoren

Lange Zeit herrschte die Annahme, dass Vogelzug vor allem das Ergebnis unmittelbar wirksamer Umweltfaktoren (exogene Fak-

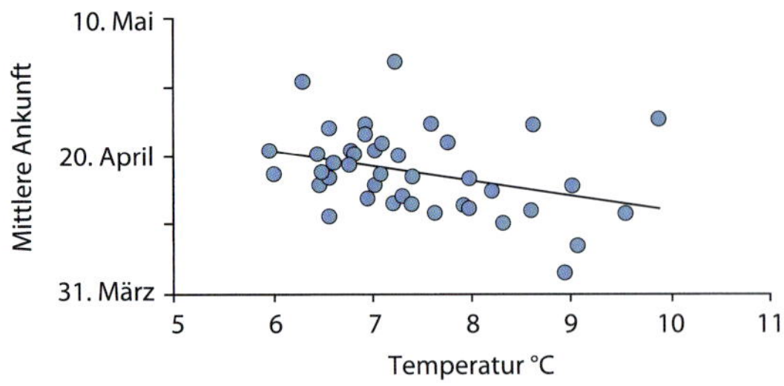


Abb. 309: Zusammenhang zwischen der mittleren, lokalen Temperatur im Frühjahr und dem mittleren Jährlichen Durchzug von Rotkehlchen im Frühjahr auf Helgoland (nach Hüppop & Hüppop 2002).

toren) sei. Und in der Tat belegen zahlreiche Freilandbeobachtungen bei vielen Arten einen engen Zusammenhang zwischen aktuellen Umweltsituationen und dem Auftreten und dem Ausmaß von Zugbewegungen.

Oft beschrieben ist die **Winterflucht** mancher Arten. Hierunter versteht man Zugbewegungen, die durch das Auftreten von Kaltfronten oder durch Schneefall ausgelöst werden. Typische Beispiele hierfür sind der Mäusebussard, Eichelhäher oder auch manche Finkenarten, z. B. Buchfink. So zogen im Eriskircher Ried bei Friedrichshafen am Bodensee am 20.12.1981 mehr als 1000 Mäusebussarde durch, nachdem am Vortag nach einem Temperatursturz in S-Deutschland Neuschnee gefallen war.

Auffällig ist auch das massenhafte Ankommen von Zugvögeln bei Warmlufteinbrüchen in Mitteleuropa im Frühjahr. Kiebitze können so z. B. in Mittelfrankreich ausharren, um dann bei günstiger Witterung von dort rasch in ihre mitteleuropäischen Brutgebiete einzuwandern.

Zudem ist für viele Arten beschrieben, dass ihr Abzug aus den Brutgebieten oder ihre Rückkehr im Frühjahr abhängig sind von der lokalen Witterung. Bei anhaltend günstigen Bedingungen im Herbst können manche Vogelarten ihren Wegzug „hinausschieben". Bei manchen Arten besteht für die Ankunft eine enge Beziehung zur aktuellen Umgebungstemperatur. So ziehen Rotkehlchen auf Helgoland im Frühjahr auf ihrem Weg nach Skandinavien umso früher durch, je höher die lokale Temperatur ist (Abb. 309).

Aktueller Nahrungsmangel ist insbesondere bei sporadisch wandernden Arten der primäre Auslöser für ihre Wanderungen. Seidenschwänze verlassen ihre arktischen Brutplätze dann, wenn dort ein akuter Mangel an Ebereschen besteht. Ähnliches gilt für Kreuzschnäbel, die nur bei einem Mangel an Kiefern- oder Fichtensamen aus ihren Brutgebieten abwandern, oder für Schneeeulen, für die ein enger Zusammenhang zwischen Invasionsneigung und dem Angebot an Lemmingen, ihrer hauptsächlichen Beute in der Arktis, gezeigt ist (Abb. 310). Auch die invasionsartigen Wanderungen von z. B. Erlenzeisigen oder Kohlmeisen stehen mit dem aktuellen Nahrungsangebot in Verbindung. Auf der Fangstation Falsterbo in SW-Schweden zogen dann viele Erlenzeisige durch, wenn in ihren mittelschwedischen Brutgebieten das Angebot an Nahrung, Birkensamen, gering war (Abb. 311). Auf Helgoland zeigt sich ein enger Zusammenhang zwischen dem in manchen Jahren invasionsartigen Durchzug von Kohlmeisen und dem Ausmaß der Buchenmast (dem Angebot an Bucheckern) in S-Schweden im Jahr davor (Abb. 312). Dies lässt schließen, dass nach einem Herbst mit Buchenmast die Meisen zunächst gut „durch den Winter kommen", damit im folgenden Jahr hohe Brutdichten haben und diese hohe Dichte dann die Meisen im Herbst zu Abwanderungen zwingt. Der negative Zusammenhang mit der Buchenmast im aktuellen Jahr zeigt hingegen, dass offensichtlich weniger Meisen wandern, wenn das Nahrungsangebot zur Zugzeit besser als gewöhnlich ist. Ein gesicherter Zusammenhang zur Wintertemperatur bestand nicht; entscheidend ist also das Nahrungsangebot. Auch dürfte die beschriebene Schnee-

Abb. 310: Jährliche Häufigkeit von Lemmingen bei Churchill an der Hudson Bay, Kanada (Kurve) und Auftreten südwestlich ziehender Schneeeulen in Neu-England, USA (nach Schüz 1971).

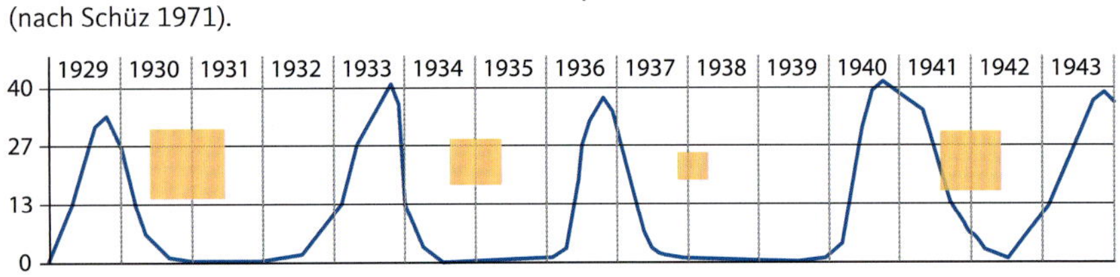


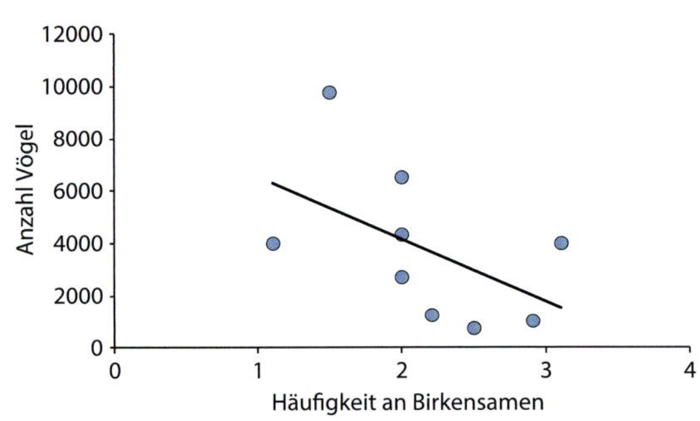


Abb. 311: Durchzug von Erlenzeisigen in S-Schweden in Abhängigkeit vom Angebot an Birkensamen (1: wenige Samen; 3: sehr viele Samen) in diesem Jahr in Mittelschweden (nach Svärdson 1957).

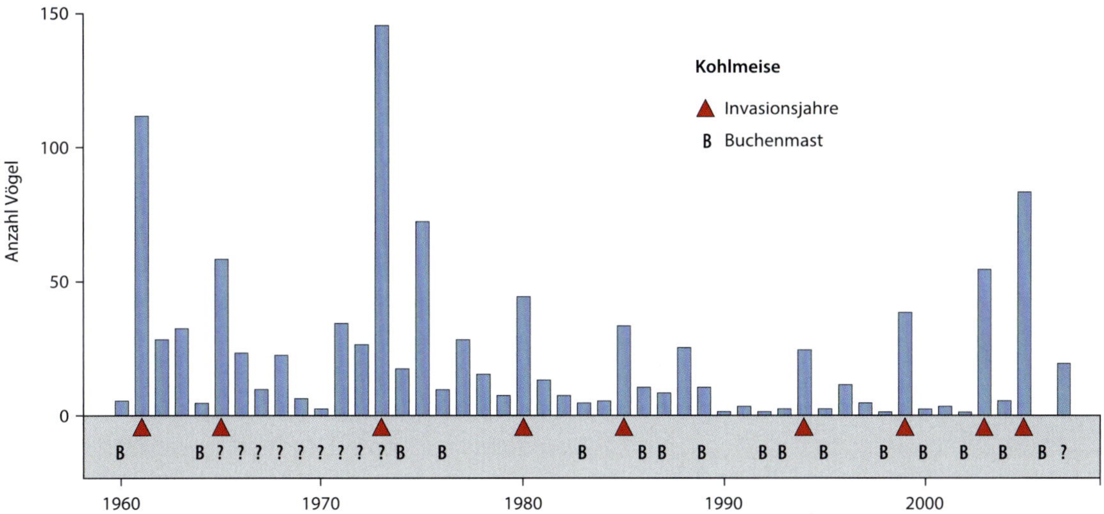


Abb. 312: Anzahl im Fanggarten auf Helgoland während des Herbstzuges gefangener Kohlmeisen. Die Dreiecke markieren Invasionsjahre, „B“ Buchenmastjahre in S-Schweden. „?“ keine Angaben zur Buchenmast (nach Hüppop & Bairlein 2008).

flucht bei z. B. Mäusebussarden ihre Ursache mehr im Nahrungsmangel haben als in der niedrigen Temperatur selbst.

Fasst man die Beobachtungen zu den vielfältigen Beziehungen zwischen Vogelzug und Witterungs- oder Nahrungsfaktoren zusammen, zeigt sich, dass diese Faktoren vornehmlich nur bei den Arten Zugverhalten mitbestimmen oder auslösen, die als wenig ausgeprägte Zugvögel recht kurze Zugwege haben. Sie kehren meist früh in ihre Brutgebiete zurück und verweilen hier sehr lange, um dann vielfach wirklich erst bei Eintreten einer „Notsituation“ zu ihrer Wanderung aufzubrechen.

## Innere, endogene Faktoren

Ganz anders ist dies jedoch bei den sog. ausgeprägten, langstreckenziehenden Zugvögeln, den Zugvögeln im klassischen Sinn. Sie verlassen ihre Brutgebiete mitten im Sommer, wenn dort noch ausgezeichnete Umweltbedingungen herrschen. Sumpfrohrsänger, Fitisse oder Gartengrasmücken z. B. ziehen aus ihren mitteleuropäischen Brutgebieten bereits ab Ende Juli ab, bereits Mitte August haben schon mehr als 50 % der Individuen dieser Arten ihre Brutgebiete verlassen und befinden sich auf dem Zug in ihre afrikanischen Winterareale. Umgekehrt verlassen sie ihre tropischen Wintergebiete trotz dort weitgehender Konstanz der Umweltbedingungen so rechtzeitig und präzise, dass sie in ihre Brutgebiete alljährlich zu nahezu dem gleichen Termin zurückkehren. Gartengrasmücken z. B. trafen bei Bonn im 38-jährigen Mittel am 1. Mai ein mit einer nur ganz geringen (Standard-Abweichung von lediglich 5 Tagen. In Baden-Württemberg trafen Rauschwalben im 50-jährigen Mittel (1947–1996) am 19. März ± 6,7 Tage ein. Eine solche Präzision bei solchen langstreckenziehenden Arten führte sogar dazu, dass man sie als „Kalendervögel“ bezeichnete.

Als möglicher Auslöser für diesen präzisen Zugablauf wurde die jahreszeitliche Schwankung in der **Tageslänge**, die **Photoperiode**, vermutet (Abb. 313). Sie ist der einzige Umweltfaktor mit einer hohen Präzision. So stellte man sich vor, dass die abnehmende Tageslänge im Sommer und Herbst den Zug gen Süden auslöst, die zunehmende Tageslänge im Frühjahr dagegen den Zug gen Norden. Infrage gestellt wurde diese Annahme durch die Beobachtung, dass nicht wenige Vogelarten in der Nähe des Äquators überwintern, wo jahreszeitliche Veränderungen in der Tageslänge kaum eine Rolle spielen. Hier ist die

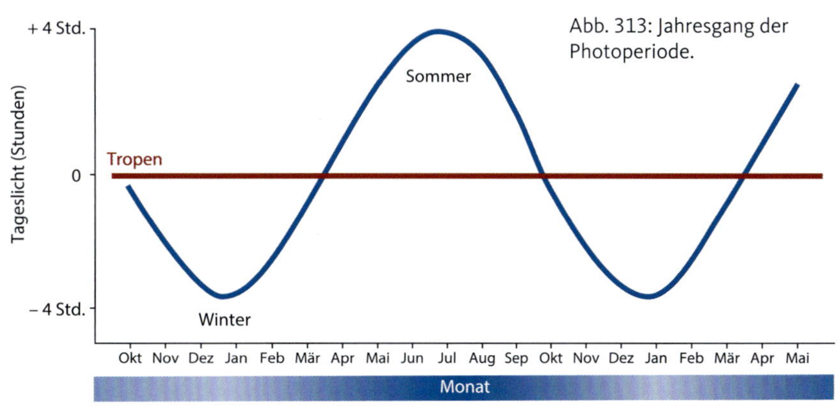


Abb. 313: Jahresgang der Photoperiode.

Tageslänge das ganze Jahr über nahezu konstant. Dennoch aber kehren auch äquatornah überwinternde Zugvögel alljährlich mit sehr hoher Präzision in ihre Brutgebiete zurück. Schon bald kam deshalb die Vermutung auf, dass ein vom Vogel ausgehender innerer, endogener Mechanismus an dieser Zugauslösung und der Zugsteuerung beteiligt sein muss. Inzwischen ist hierfür auch der experimentelle Beweis geführt.

## Zugunruhe

Zugute kam diesen Untersuchungen, dass sich manche dieser Zugvögel sehr gut unter kontrollierten Bedingungen im Labor halten lassen und auch im Käfig ihr dem Freilandverhalten entsprechendes Zugverhalten zeigen. Im Käfig gehaltene Grasmücken, Laubsänger oder Steinschmätzer sind nur zu den Zeiten

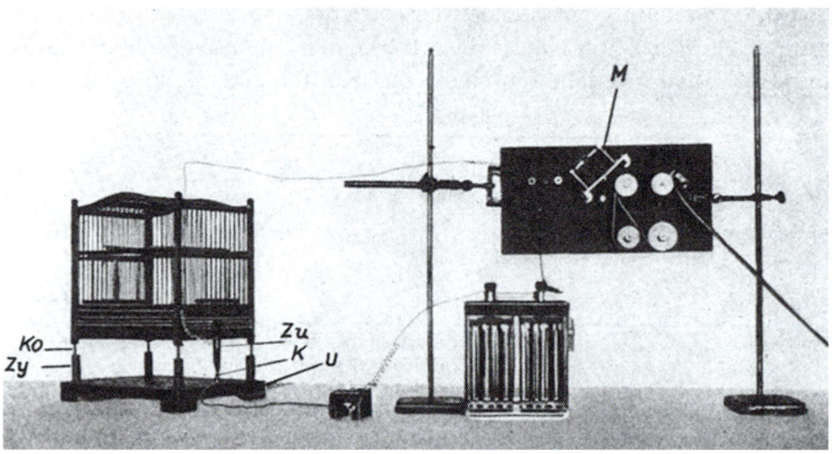


Abb. 314: Die von H. O. Wagner verwendete Anlage zur Registrierung des Vogelzugverhaltens von Vögeln im Käfig (aus Wagner 1930).

Abb. 315: Steinschmätzer in einem Registrierkäfig. Die Zugunruhe wird automatisch über ein an der Käfigwand befestigtes bewegungssensitives Mikrofon erfasst. Jede Bewegung des Vogels erzeugt einen Impuls, der im Empfangsgerät aufgezeichnet wird (Foto: C. Eikenaar).

nachts aktiv, als Ausdruck ihrer nächtlichen Zugweise, wenn sie auch im Freiland nachts ziehen würden. Nur zu ihren arttypischen Zugzeiten zeigen sie im Käfig diese sog. nächtliche **Zugunruhe**. Auch ist es bei entsprechender Erfahrung möglich, Nestlinge dieser Arten ohne große Schwierigkeiten mit der Hand aufzuziehen. Damit war es möglich, diese Arten so frühzeitig (im Alter von wenigen Tagen nach dem Schlupf) ihrer natürlichen Umwelt zu entnehmen, dass sie dort noch keine Zugerfahrung sammeln und auch nichts von ihren Eltern erlernen konnten, und die am Zugverhalten beteiligten Prozesse dann experimentell zu untersuchen, bei kontrollierter Tageslänge, Umgebungstemperatur, Luftfeuchtigkeit etc.

Diese Zugunruhe war schon frühen Vogelhaltern aufgefallen, so Johann Andreas Naumann (1744–1826). Nauman schloss sogar aus der saisonalen Dauer dieser nächtlichen Aktivität auf die Zugweglänge. Mit Beginn der experimentellen Vogelzugforschung hat man dies dann systematisch genutzt, um Vogelzugverhalten in Gefangenschaft zu untersuchen (Abb. 314 und 315).

Zugunruhe, die Aktivität gekäfigter Vögel zur Zugzeit, drückt sich vornehmlich als „**Flügelschwirren**", als hochfrequentes Flügelschlagen mit geringer Amplitude im Sitzen, aus, daneben auch in Hüpfen, Klettern, Flattern und Fliegen, außer auf Sitzstangen auch am Käfigboden und an den Käfigwänden. Aufgezeichnet werden kann diese Aktivität durch verschiedene Techniken, wie Video, elektrisch gelagerte Sitzstangen oder auch Mikrofone.

Die nächtliche Zugunruhe (Beispiele s. Abb. 316) hält über einige Wochen an – die Zeit, in der der Vogel im Freiland in sein Zielgebiet, z. B. nach Afrika, ziehen würde. Anschließend ist der Vogel für einige Wochen nachts wieder inaktiv, bevor im Frühjahr die nächtliche Zugunruhe wiederkehrt und dem Vogel den Aufbruch zum Heimzug bestimmt. Der erstmals ziehende junge Vogel verfügt also über eine innere Uhr und ein inneres „Wissen", einen sogenannten inneren **Jahreskalender**, der ihn zeitlich richtig in entsprechende Zugdisposition (Zugwilligkeit) bringt

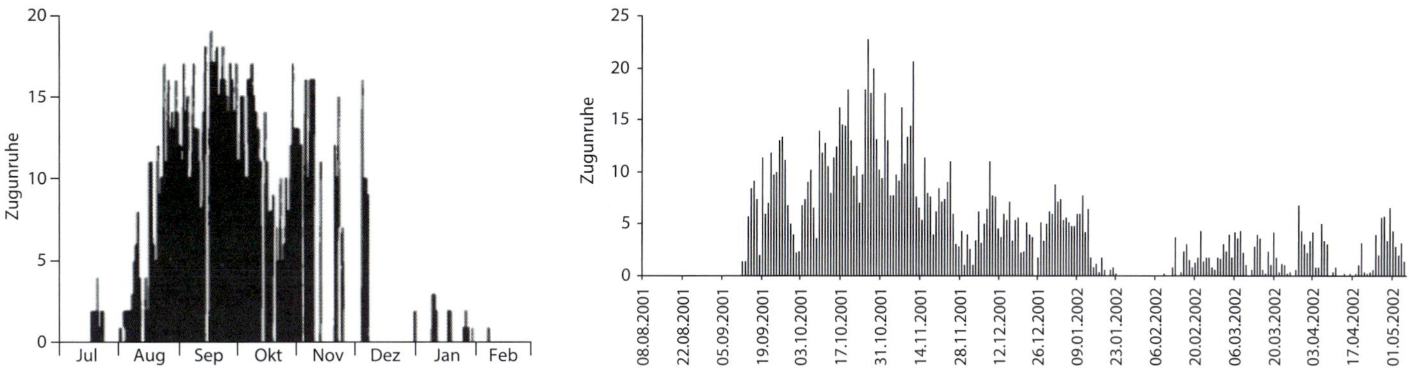

Abb. 316: Zwei Beispiele individueller Zugunruhemuster. Links: Gartengrasmücke (aus Berthold 1978), rechts: Steinschmätzer (F. Bairlein, unveröff.).

und sicherstellt, dass er zum richtigen Zeitpunkt zu seinem Zug aufbricht und ihn auch zeitgemäß beendet. Die Zugunruhe ist also ein Spiegelbild des Verhaltens im Freiland. (Abb. 317).

Hält man solche Zugvögel über eine längere Zeit in kontrollierter Umgebung (gleichbleibender Licht-Dunkel-Wechsel, konstante Temperatur, gleiche Nahrung) im Labor, zeigen sie ein auffällig rhythmisches, zyklisches Auftreten wichtiger Verhaltenskomponenten und physiologischer Reaktionen (Abb. 318): Sie mausern ganz regelmäßig nur zu ganz bestimmten Zeiten, sind nur zu bestimmten Zeiten nächtlich aktiv (zugunruhig) und zeigen auch nur zu bestimmten Zeiten eine ausgeprägte Veränderung ihrer Körpermasse, die sog. zugzeitliche Fettdeposition (Näheres hierzu s. u.). Erklären lässt sich dies damit, dass diese Vögel über eine **innere Uhr**, einen inneren Jahreskalender, verfügen, der ihnen diesen zeitlichen Ablauf bestimmt.

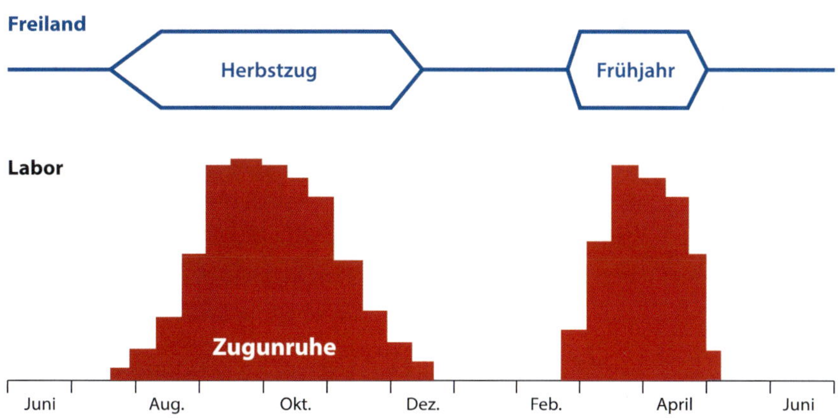

Abb. 317: Schematische Darstellung des Zugverhaltens von Gartengrasmücken im Freiland und im Labor.

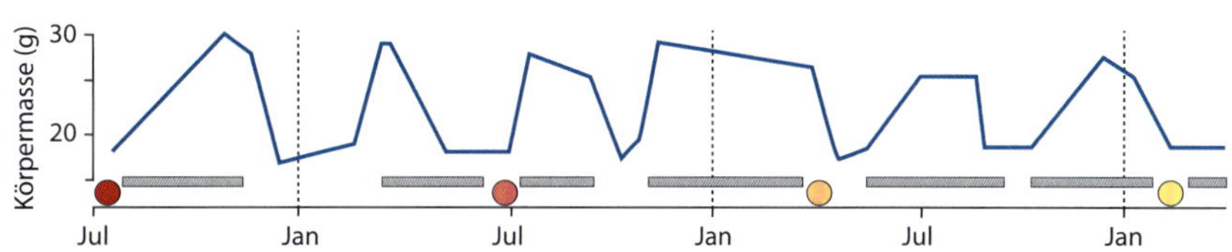

Abb. 318: Jährliche (circannuale) Rhythmik der Zugunruhe (Balken) und des Körpergewichtes (Kurve) sowie Beginn der sommerlichen Kleingefiedermauser (Punkte) von Gartengrasmücken, die bei konstanter Temperatur und konstanter Photoperiode für 33 Monate gehalten wurden (nach Berthold et al. 1972).

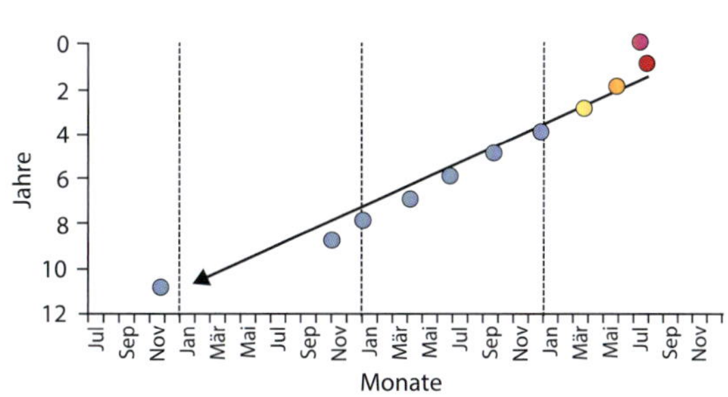

Abb. 319: Jährlicher Mauserbeginn einer Gartengrasmücke, die über 12 Jahre in konstanten Bedingungen gehalten wurde. Die farbigen Punkte markieren die ersten vier Jahre der Abb. 318 Über die Jahre erfolgte die Mauser kalendarisch immer früher, sie „lief frei" durch das Kalenderjahr (nach Gwinner 1986, Foto: M. Schäf).

Charakteristisches Merkmal solcher inneren biologischen Uhren ist, dass sie unter konstanten Laborbedingungen in ihrer Periodenlänge etwas vom natürlichen Jahr abweichen, dass sie nur sog. „circa“-Uhren sind: Während im Freiland unter natürlichen Bedingungen ein jährlich saisonales Ereignis immer nach etwa 12 Monaten wiederkehrt, ist die Periodenlänge der hier betrachteten **endogenen circannualen Periodik** mit nur etwa 10 Monaten kürzer. Dies hat zur Folge, dass die jeweils vom Vogel subjektiv „jährlich“ nachfolgenden Ereignisse gegenüber dem natürlichen Jahr immer früher erscheinen, dass sie durch unser natürliches Kalenderjahr „freilaufen“ (Abb. 319). Dieses **„Freilaufen“** ist zugleich Beweis für die Existenz solcher endogener biologischer Uhren. Es zeigt, dass keine unkontrollierten äußeren (exogenen) Faktoren beteiligt sind, sondern die Periodizität vom Organismus selbst erzeugt wird.

Das Abweichen einer solchen inneren Uhr von der äußeren Jahresrhythmik erfordert aber Faktoren, die diese innere Uhr in Einklang mit der Umwelt bringen, sie erfordern sog. **Zeitgeber**. Der wichtigste Zeitgeber hierfür ist die Photoperiode.

Hält man Gartengrasmücken in ihrem natürlichen Tag oder in einem künstlichen Tag mit kontinuierlich gleicher Tageslänge (Photoperiode), zeigen sie zeitlich richtig zweimal jährlich, im Herbst und Frühjahr, ihre artspezifische Zugunruhe (Abb. 320). Wie dabei die Rhythmik auch unter kontinuierlich gleicher Tageslänge zeigt, braucht es für das rhythmische Auftreten von Zugaktivität selbst keinen Impuls durch die Tageslänge. Drängt man, experimentell, in ein Kalenderjahr nun zwei vollständige „jährliche“ Photoperiodezyklen, folgt auch die Zugunruhe diesen veränderten Photoperiodebedingungen und erscheint nun in einem Kalenderjahr doppelt. Damit ist eindrucksvoll gezeigt, dass zwar für das Auftreten von Zugunruhe (und übrigens auch der Mauser) ein Tageslängenzyklus nicht erforderlich ist, dass ihre endogene Rhythmik aber über die Photoperiode mit den natürlichen Jahreszeiten synchronisiert wird.

Zahlreiche Zugvogelarten verfügen über eine solche endogene **circannuale Uhr**, die sie zeitlich richtig in entsprechende Zugdisposition (Zugwilligkeit) bringt. Solche Zugvögel haben damit ein angeborenes Programm, das sicherstellt, dass sie zum richtigen Zeitpunkt zu ihrem Zug aufbrechen und ihn auch zeitgemäß beenden.

Die enge Beziehung zwischen dem Beginn der Zugunruhe im Käfig und dem Beginn des herbstlichen Wegzuges von Vögeln im Freiland (Abb. 321) verdeutlicht, dass die Zugunruhe im Käfig das Freilandverhalten tatsächlich wiederspiegelt.

## Zugdistanz

Wie schon von J. A. Naumann vermutet, spiegelt sich in der Zugunruhe tatsächlich die im Freiland zurückzulegende Zugdistanz wieder: Arten mit verschiedenen Zugweglängen unterscheiden sich in der im Käfig mess-

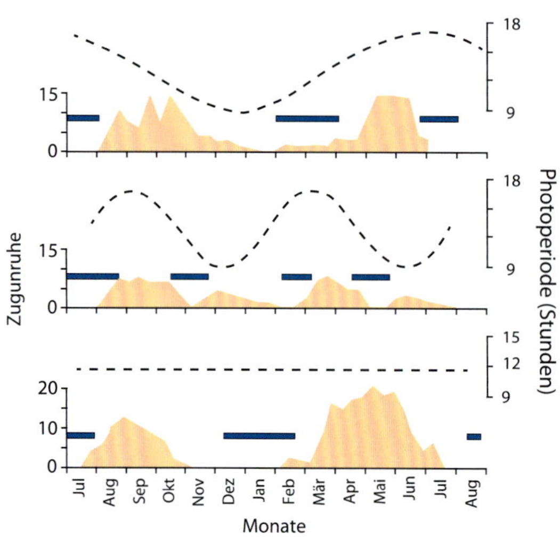


Abb. 320: Nächtliche Zugunruhe (Flächen) und Mauser (Balken) von Gartengrasmücken bei unterschiedlichen photoperiodischen Bedingen (gestrichelte Kurven). Oben: Der künstliche photoperiodische Zyklus simuliert die natürlichen Veränderungen an einem Ort 40° N; Mitte: der photoperiodische Zyklus wurde auf 6 Monate komprimiert und im Kalenderjahr zweimal simuliert; unten: konstante Photoperiode mit 12 Stunden Hellzeit und 12 Stunden Dunkelzeit (nach Gwinner 1986).

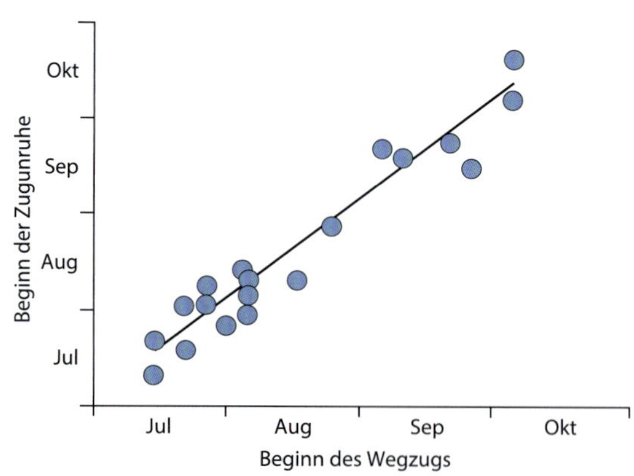


Abb. 321: Beziehung zwischen Beginn der Zugunruhe im Käfig und Beginn des Wegzuges freilebender Vögel für 19 Arten bzw. Populationen (nach Berthold 1990).

baren Menge an Zugunruhe. Die Menge an Zugunruhe, die vom Vogel in einer Zugzeit produziert wird, gibt ihm die Entfernung an, die er zurückzulegen hat. So zeigen die europäischen Grasmücken entsprechend ihrer unterschiedlichen Zugweglängen (ermittelt aus mittlerer Distanz zwischen Brutgebiet und Winterverbreitung) ganz unterschiedliche Zugunruhemuster (Abb. 322). Arten, die nur sehr kurze Strecken ziehen, wie die auf Sardinien vorkommende Sardengrasmücke, zeigen sehr wenig Zugunruhe, unsere heimische Mönchsgrasmücke, die in Spanien überwintert, erheblich mehr entsprechend ihres weiteren Zugweges, aber nur halb so viel wie die doppelt so weit nach Westafrika ziehende Gartengrasmücke. Zwischen Zugweglänge und Gesamtmenge an im Käfig produzierter nächtlicher Zugunruhe besteht also ein enger Zusammenhang (Abb. 323), als Ausdruck des artspezifisch angeborenen Zugverhaltens.

„Aus dem Rahmen" fällt die Sperbergrasmücke, die bei einer Zugweglänge von etwa 6000 km nur etwa halb so viel nächtliche Zugunruhe zeigt wie erwartet. Ursache hierfür dürfte sein, dass Sperbergrasmücken, sobald sie auf ihrem südöstlichen Zugweg Ägypten erreicht haben, vermehrt auch bei Tag ziehen und sich diese Aktivität nicht in der im Labor nur bei Nacht gemessenen Unruhe darstellt.

Wie exakt dabei diese Zugunruhemuster das Freilandverhalten wiederspiegeln, zeigt das Beispiel des Sumpfrohrsängers. Sumpfrohrsänger verlassen die europäischen Brutgebiete schon ab Mitte Juli. Ihr südöstlicher Zugweg führt sie zunächst in den Sudan und nach Äthiopien, wo sie einige Zeit verweilen, um erst nach 2–4 Monaten in ihre südafrikanischen Überwinterungsgebiete weiterzuziehen. Ganz entsprechend zeigt sich ihr Laborverhalten (Abb. 324): Nach einem frühen, anfänglichen Gipfel in der Menge an produzierter nächtlicher Zugunruhe ist die Zugunruhemenge in den folgenden Wochen deutlich niedriger, um dann später nochmals anzusteigen.

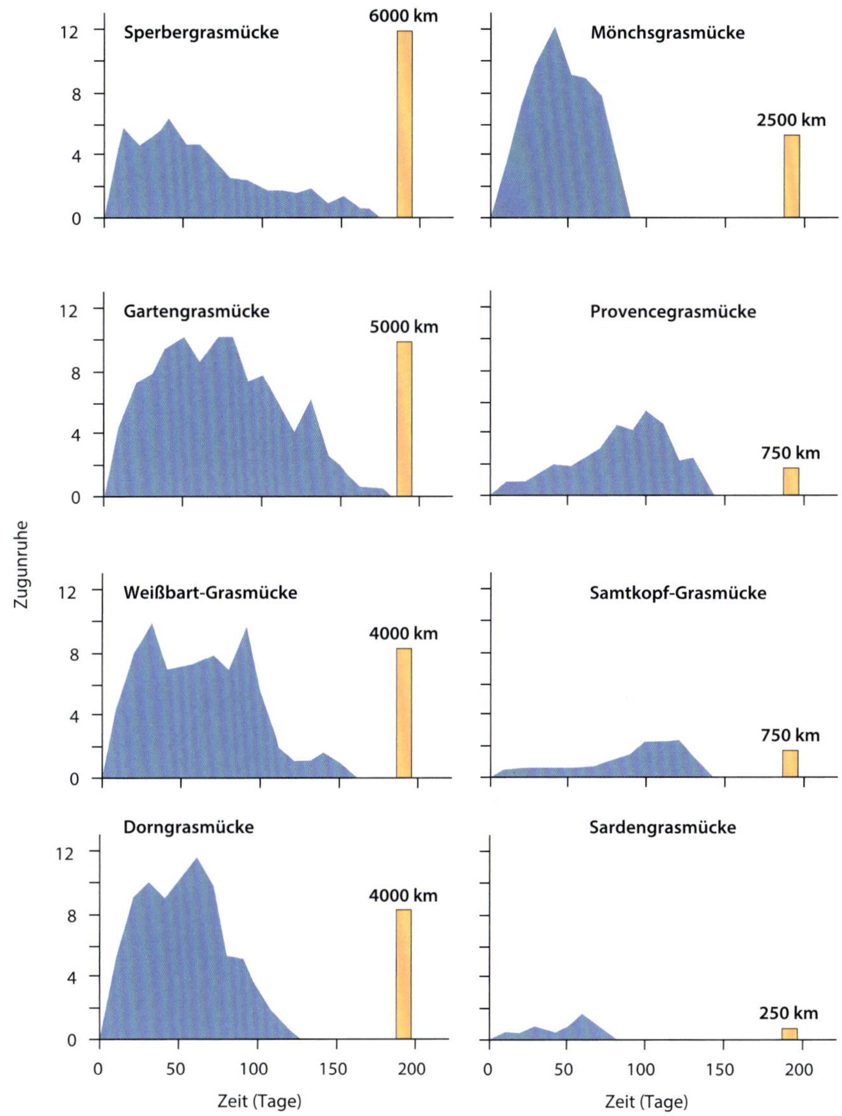


Abb. 322: Zusammenhang zwischen Zugunruhe (Flächen) und Zugstrecke (Säulen) von acht europäischen Grasmückenarten während des ersten Wegzugs (nach Gwinner 1986).

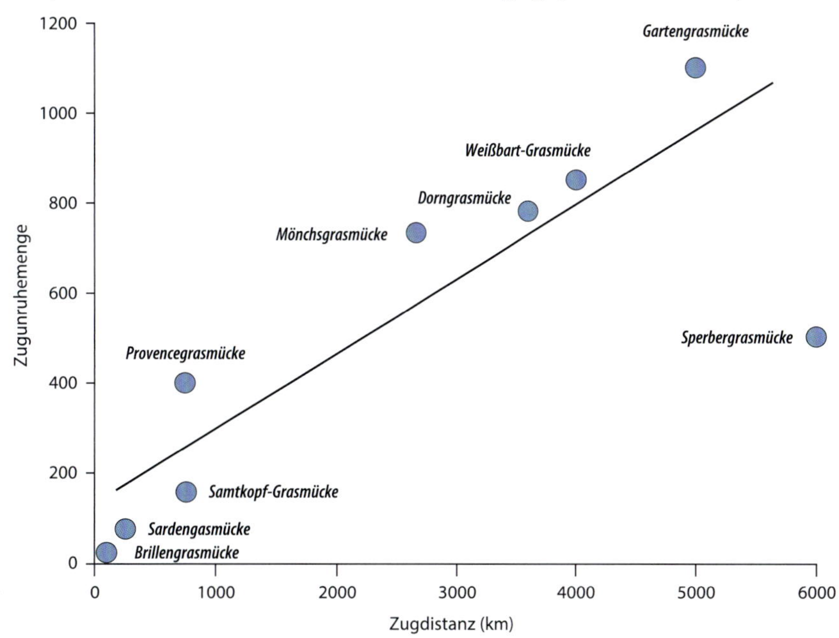


Abb. 323: Zusammenhang zwischen im Käfig produzierter nächtlicher Zugunruhemenge und Zugdistanz im Freiland bei neun europäischen Grasmückenarten (nach Berthold 1996). →

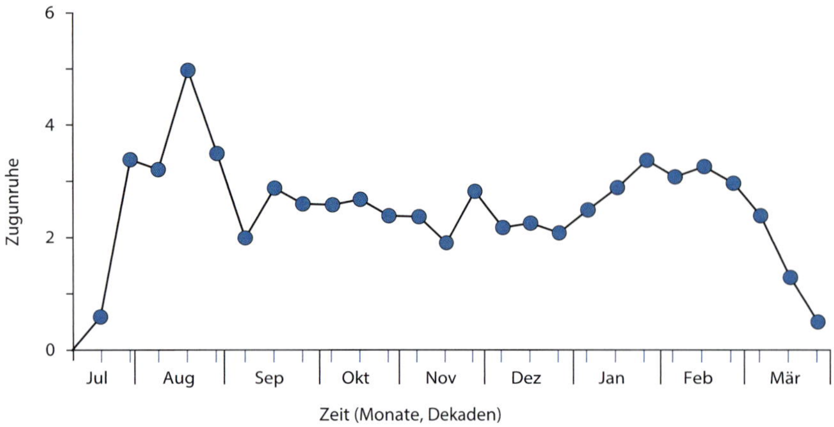

Abb. 324: Zugunruhemuster des Sumpfrohrsängers (nach Berthold & Leisler 1980, Foto: No-longer-here/Pixabay).

Die Menge an im Käfig produzierter Zugunruhe ist nun nicht nur artspezifisch verschieden, sondern auch innerhalb einer Art **populationsspezifisch** verschieden, entsprechend dem unterschiedlichen Zugverhalten der verschiedenen Populationen.

Mönchsgrasmücken besiedeln nahezu ganz Europa und brüten südwärts bis zu den Kapverdischen Inseln vor der W-afrikanischen Küste. Mönchsgrasmücken aus verschiedenen Brutgebieten zeigen ein ganz unterschiedliches Zugverhalten (s. Abb. 131). Dieses populationsspezifisch verschiedene Zugverhalten drückt sich auch in den Zugunruhemustern aus (Abb. 325): Finnische und S-deutsche Mönchsgrasmücken produzieren über eine lange Zeit viel nächtliche Zugunruhe, entsprechend ihres ausgeprägten Zugverhaltens und ihrer langen Zugstrecken. Weit weniger Zugunruhe, und über eine kürzere Zeit, ist bei S-französischen oder kanarischen Mönchsgrasmücken zu sehen.

Auch Steinschmätzer aus Alaska zeigen etwa doppelt so viel Zugunruhe wie isländische Steinschmätzer (Abb. 326). Die Zugstrecke der Vögel aus Alaska beträgt etwa 15.000 km, die der isländischen Vögel dagegen „nur" 7000 km.

Zugunruhe wurde vor allem an nächtlich ziehenden Arten untersucht, wo sie recht eindeutig zu messen ist, denn nächtlich ziehende Arten sind im Käfig eben nur aktiv, wenn sie im Freiland nachts ziehen würden. Doch auch **Tagzieher** produzieren Zugunruhe. Jedoch ist die Messung der Zugunruhe bei Tagziehern komplexer, da die übliche Tagesaktivität für z. B. Nahrungsaufnahme zu berücksichtigen ist. Eine Möglichkeit ist, das Muster der Tagesaktivität während der Zugzeit mit dem außerhalb der Zugzeit zu vergleichen. Bei jungen Rohrammern (Abb. 327) stieg der morgendliche Aktivitätsgipfel mit Beginn der artspezifischen herbstlichen Zugzeit in der 15.

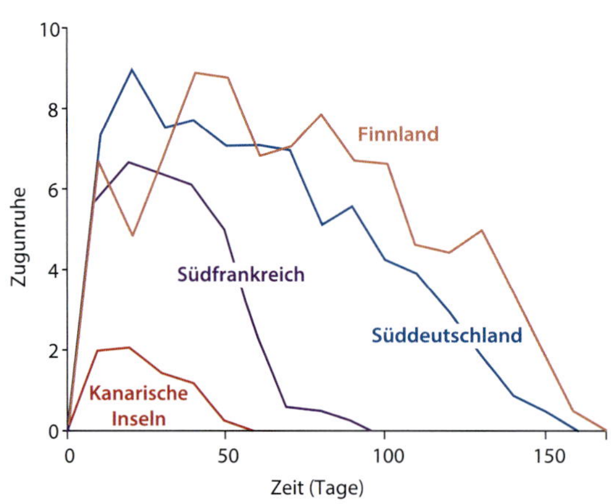


Abb. 325: Zugunruhemuster von Mönchsgrasmücken aus verschiedenen Brutgebieten. Alle Muster wurden auf den Beginn der Zugunruhe normiert, um sie besser vergleichen zu können (nach Berthold & Querner 1981).

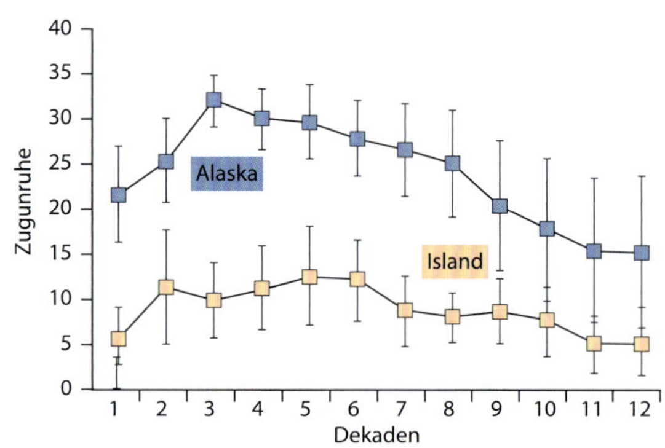


Abb. 326: Zugunruhemuster von handaufgezogenen Steinschmätzern aus Alaska und Island während ihrer ersten Herbstzugperiode. (1-12: Dekaden: Isländische Vögel: 5. September - 31. Dezember; Vögel aus Alaska: 16. August - 13. Dezember) (nach Bulte & Bairlein 2013).

Lebenswoche stark an, war mit Beendigung der Zugzeit in der 28. Lebenswoche wieder niedrig und erhöhte sich wieder stark in der 31. Lebenswoche, mit Beginn des Heimzuges. Diese im Käfig erhöhte Aktivität fällt mit der Tageszeit zusammen, in der Rohrammern im Freiland hauptsächlich ziehen. Demnach entwickeln ziehende SW-deutsche Rohrammern in konstanten Bedingungen zu den artspezifischen Zugzeiten vermehrte Aktivität. Sie tritt zu den Zugzeiten spontan auf, wird also endogen produziert. Gleichzeitig untersuchte Goldammern, die nicht ziehen, zeigten diese Aktivitätsänderungen nicht.

Da viele Tagzieher die Nahrungssuche mit dem Zug verbinden, lässt sich nicht eindeutig schließen, dass diese erhöhte Aktivität auch tatsächlich Zugunruhe ist oder lediglich diese zu den Zugzeiten erhöhte Nahrungsaufnahme abbildet. Um dies zu klären und die endogenen Grundlagen des Zugverhaltens bei Tagziehern untersuchen zu können, muss Fressaktivität von Zugaktivität getrennt werden. Dies ist mit einem entsprechenden Erfassungssystem möglich (Abb. 328). Junge, von Hand aufgezogene Bluthänflinge zeigten in konstanten photoperiodischen Bedingungen im Labor dann signifikant erhöhte Tagaktivität, Körpermasse und Fressaktivität, wenn freilebende Vögel ihren herbstlichen Zug machen (Abb. 329). Nächtliche Aktivität wurde nicht beobachtet. Tagsüber ziehende Kurz- und Mittelstreckenzieher verfügen also über eine ähnliche endogene Kontrolle ihres Zugverhaltens, wie sie von Nachtziehern vielfach beschrieben ist. Im Vergleich zu nachts ziehenden Langstreckenziehern war die saisonale Zunahme der Körpermasse aber moderat, was wohl den kürzeren Zugweg wie auch die Tatsache widerspiegelt, dass Bluthänflinge in einer Serie von kürzeren Zugetappen ziehen, mit vielfältigen Möglichkeiten zum Rasten und Fressen unterwegs.

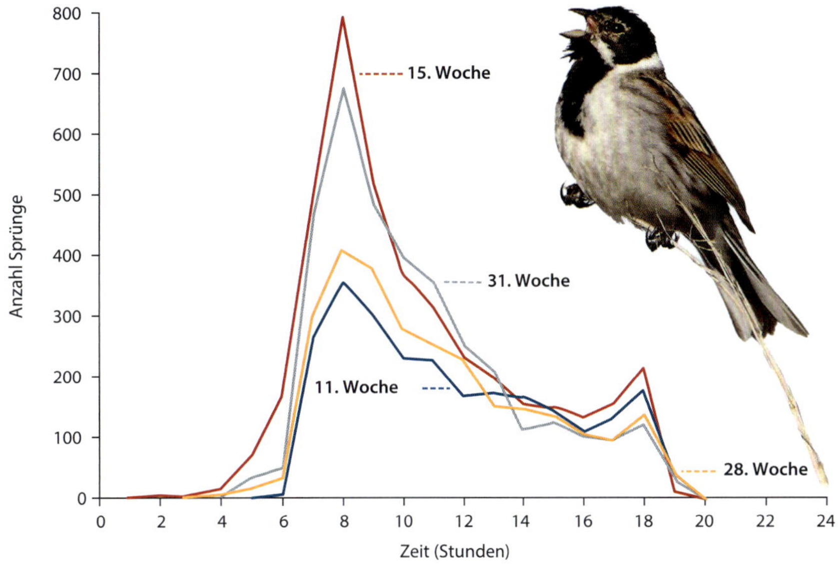


Abb. 327: Tageszeitliche Aktivitätsmuster von in konstanten Bedingungen gehaltenen jungen Rohrammern in verschiedenen Lebenswochen (nach Berthold 1978).

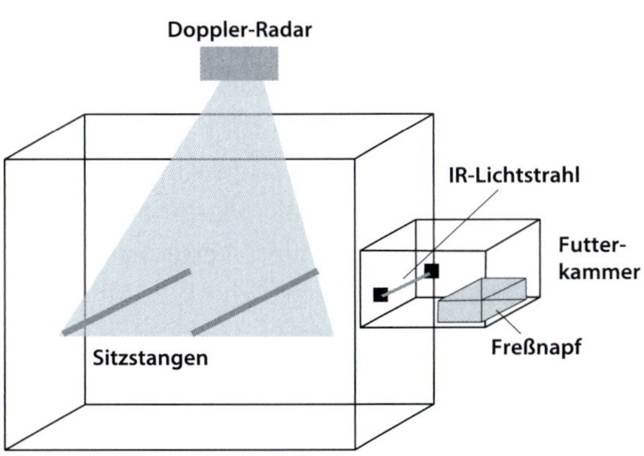


Abb. 328: Registriersystem für die Messung der Zugaktivität von Bluthänflingen ( aus Stey et al. 2017).

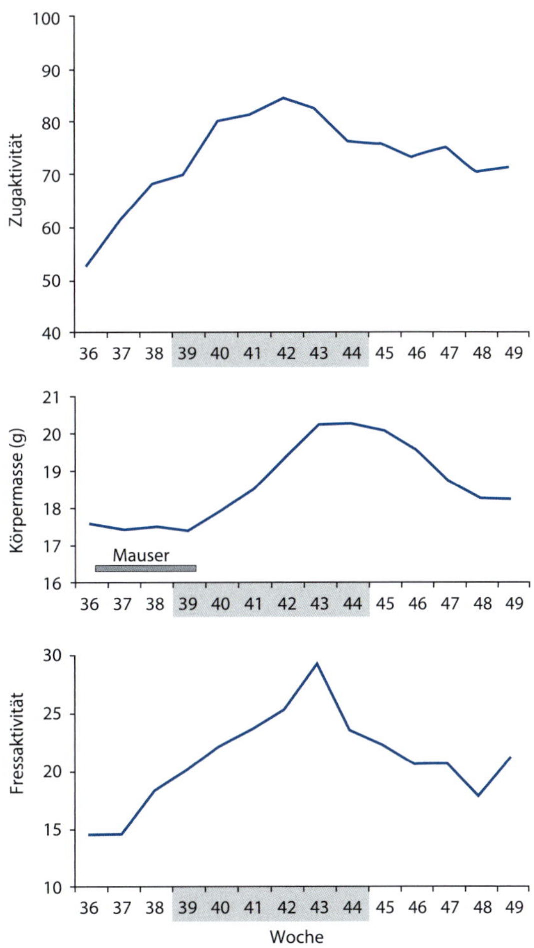


Abb. 329: Tageszeitliche Zugaktivität (oben), Körpermasse (Mitte) und Fressaktivität (unten) von jungen, handaufgezogenen Bluthänflingen unter konstanten Bedingungen im Herbst (36. Kalenderwoche: Beginn am 1. September). Die grau hinterlegten Wochen geben die Zeit an, in der in SW-Deutschland 90 % der Bluthänflinge im Herbst durchzogen (nach Stey et al. 2017).

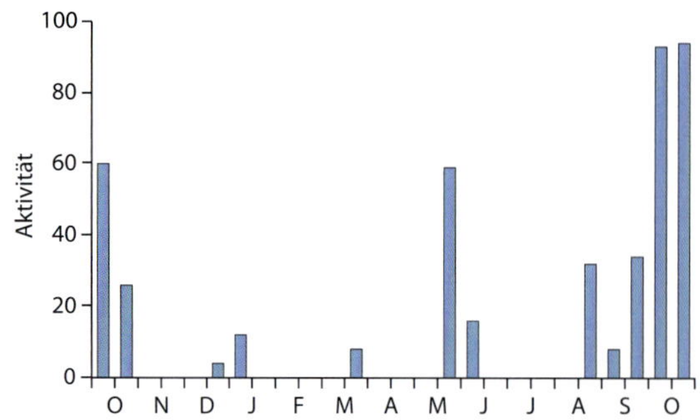


Abb. 330: Über die monatliche mittlere Aktivität hinausgehende Aktivität zweier in einer Voliere gehaltenen Wespenbussarde (nach Stolz 2009).

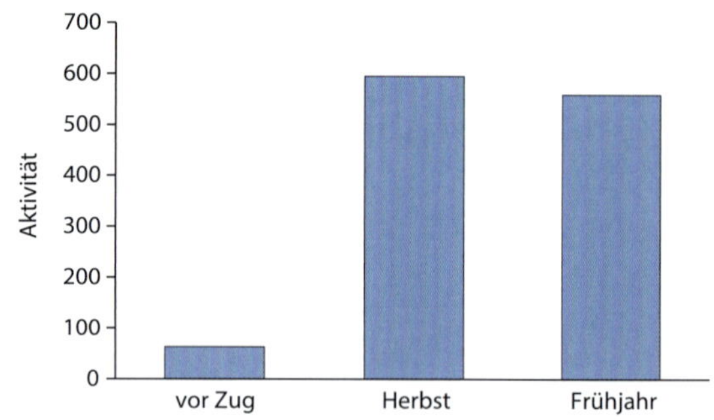


Abb. 331: Tageszeitliche Zugaktivität von jungen Schwanzmeisen unter konstanten Bedingungen in Gefangenschaft (nach Babushkina & Bojarinova 2011).

Zugunruhe wurde bisher nahezu ausschließlich an kleinen Singvögeln untersucht, da sie vergleichsweise einfach zu halten sind. Doch auch Großvögel scheinen Zugunruhe zu produzieren. Zwei in Volieren gehaltene Wespenbussarde zeigten auffällige, deutlich über den monatlichen Mittelwert hinausgehende Aktivität im September/Oktober (Abb. 330), ihrer arttypischen Hauptzugzeit in Mitteleuropa. Dabei führten sie Flügelschläge im Sitzen aus, was möglicherweise dem „Schwirrflug" zugunruhiger Singvögel entspricht. Dieses Verhalten und der regelmäßige, periodische Anstieg der Aktivität in der Voliere zu den Zugzeiten wird als Zugaktivität (Zugunruhe) gedeutet. Inwieweit auch die erhöhte Aktivität im Mai ebenfalls Zugaktivität ist, ist unklar. Aber immerhin findet im Mai die hauptsächliche Rückkehr in die Brutgebiete statt.

Endogene Zugunruhe findet sich auch bei innertropischen Zugvögeln. Für sie war bisher angenommen worden, dass ihre Züge in erster Linie durch Umweltfaktoren wie Regenzeiten und damit saisonale Schwankungen in der Verfügbarkeit von Nahrung getrieben sind. Untersuchungen an Gelbflankenvireos in Panama haben aber gezeigt, dass auch sie über eine endogene Rhythmik des Beginns ihrer Zugaktivität verfügen. Gelbflankenvireos sind Nachtzieher und ziehen im August-September aus Mittelamerika ins obere Amazonasbecken in S-Amerika. Handaufgezogene, unter konstanten Licht- und Futterbedingungen gehaltene Gelbflankenvireos begannen spontan im Mittel am 31. August zugunruhig zu werden. Anders als angenommen, ist für ihren Zugbeginn also weder eine saisonale Änderung der Photoperiode noch des Nahrungsangebotes notwendig, um sie in Zugstimmung zu bringen.

Auch fakultative Teilzieher zeigen Zugunruhe. Nordeuropäische Schwanzmeisen sind fakultative Eruptionszieher, die aus ihren Brutgebieten nicht alljährlich abwandern. Wie auch bei anderen Evasionswanderern sind die wesentlichen Ursachen hierfür Nahrungsknappheit und hohe Populationsdichte im Brutgebiet. Doch zeigen sie auch spontan erhöhte Tagesaktivität zu den potenziellen Zugzeiten. Handaufgezogene und unter konstanten Bedingungen gehaltene Schwanzmeisen waren zu ihren potenziellen Zugzeiten im Herbst und Frühjahr erheblich aktiver als vor der Zugzeit (Abb. 331). Auch für nordamerikanische Fichtenkreuzschnäbel und Fichtenzeisige ist Zugunruhe beschrieben.

Schließlich zeigen auch Standvögel nächtliche Zugunruhe. Bei Schwarzkehlchen waren die Muster der nächtlichen Zugunruhe bei Vögeln aus Kenia, die ganzjährig Standvögel sind, nicht verschieden von denen der mitteleuropäischen Mittelstreckenzieher oder der sibirischen Langstreckenzieher. Die afrikanischen Schwarzkehlchen haben sich vor mindestens einer Million Jahren von den nördlichen Schwarzkehlchen abgespaltet, ihre grundsätzliche Zugbereitschaft aber erhalten. Diese Beobachtung zusammen mit der, dass auch tropische Vogelarten und fakultative Wanderer Zugunruhe produzieren, lässt schließen, dass die Zugunruhe ein sehr altes und grundsätzliches Merkmal ist, das möglicherweise sogar allen Vogelarten inne ist und das dann zur Ausprägung kommt und aktiviert wird, wenn es die Umstände erfordern, um z. B. auf Umweltveränderungen zu reagieren.

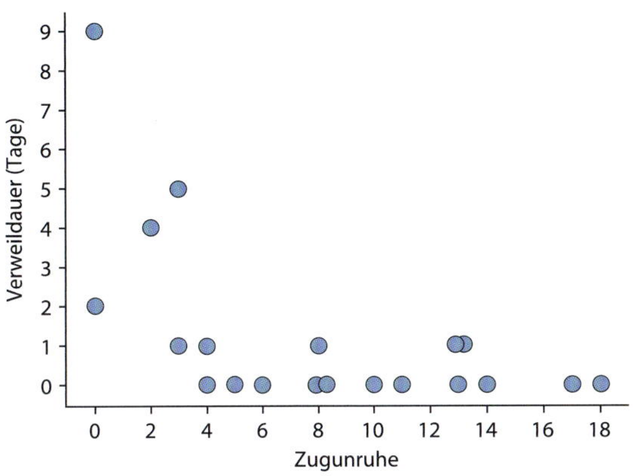


Abb. 332: Zusammenhang zwischen Verweildauer und Zugunruhe von Steinschmätzern während ihrer Rast im Frühjahr auf Helgoland (nach Eikenaar et al. 2014).

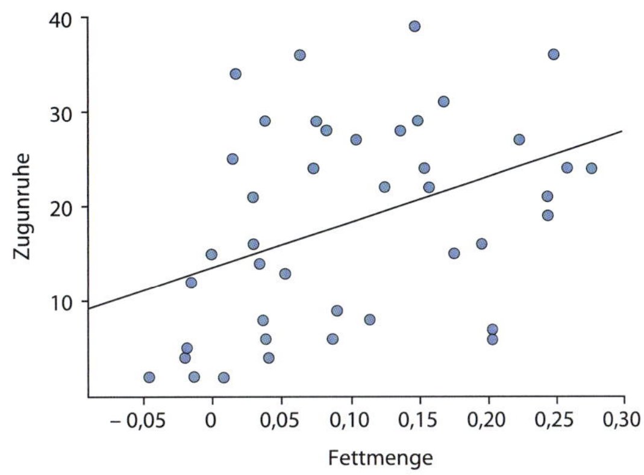


Abb. 333: Zusammenhang zwischen Zugunruhe und Fettmenge von Steinschmätzern während ihrer Rast im Herbst auf Helgoland (negative Werte: relativ zum Mittelwert aller Vögel geringerer Fettgehalt; positive Werte: relativ zum Mittelwert höherer Fettgehalt (nach Eikenaar & Schläfke 2013).

Die Zugunruhe bildet nicht nur die art- und populationsspezifische zeitliche Steuerung des Vogelzuges sowie Zugweglängen ab, sie beschreibt auch das **individuelle Verhalten**. Während ihrer Rast auf Helgoland kurzfristig vorübergehend gekäfigte Steinschmätzer zogen nach ihrer Freilassung unmittelbar in der nächstfolgenden Nacht ab, wenn sie die Nacht vorher im Käfig sehr viel Zugunruhe gezeigt haben. Vögel mit wenig Zugunruhe dagegen verweilten auf der Insel (Abb. 332). Zudem zeigt sich ein enger Zusammenhang zwischen der Menge an Zugunruhe und der Fettmenge (Abb. 333). Sogar der nächtliche Aufbruch zum Zug spiegelt sich in der Zugunruhe wieder (Abb. 334). Ebenso wie die realen Abzüge von der Insel Helgoland begannen die meisten der gekäfigten Steinschmätzer ihre Zugunruhe in den ersten beiden Stunden nach Sonnenuntergang, und fette Steinschmätzer waren früher in der Nacht zugunruhig als magere Vögel, Ausdruck ihrer hohen Zugbereitschaft (Abb. 335). Die Zugunruhe beschreibt also in der Tat die Motivation des einzelnen Vogels zu wandern.

## Angeboren und vererbbar

Dass diese unterschiedlichen Zugunruhemengen und -muster tatsächlich genetisch fixiert, d.h. angeboren sind, ist durch umfangreiche Züchtungsexperimente gezeigt.

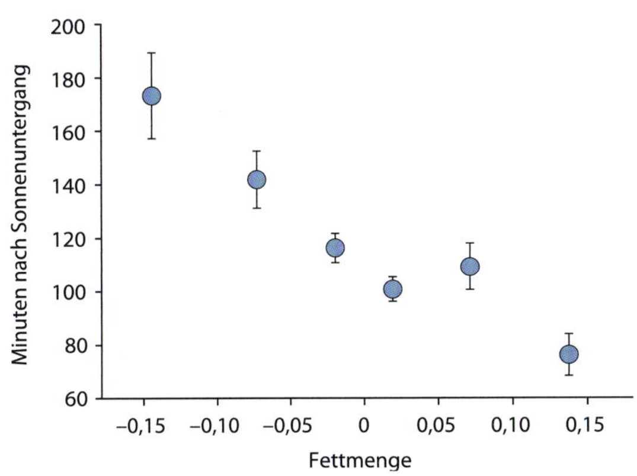


Abb. 335: Beginn der nächtlichen Zugunruhe (Mittelwert mit Standardfehler) von Steinschmätzern in Abhängigkeit von ihrem Fettgehalt (negative Werte: relativ zum Mittelwert aller Vögel geringerer Fettgehalt; positive Werte: relativ zum Mittelwert höherer Fettgehalt) (nach Eikenaar et al. 2016).

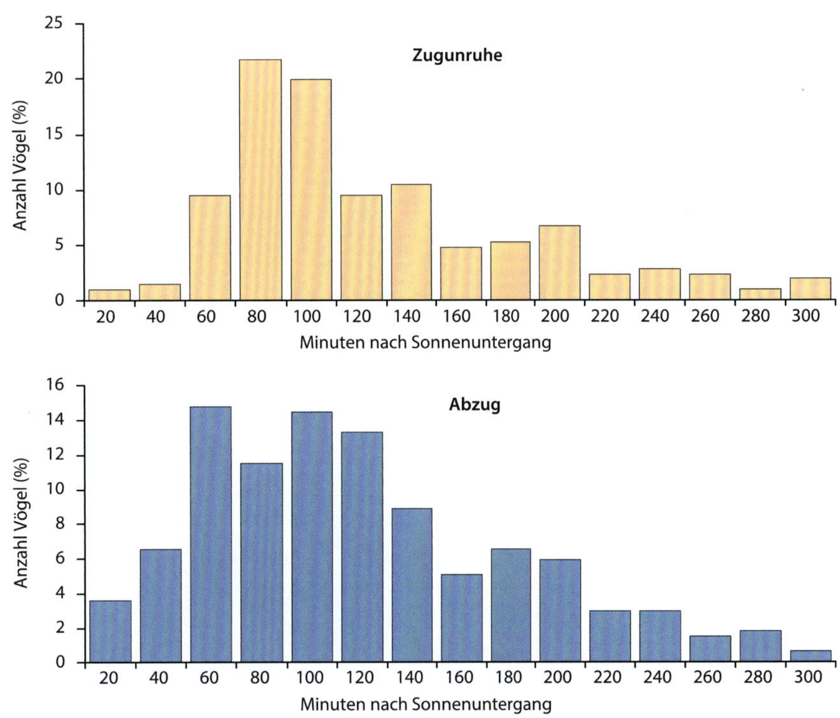


Abb. 334: Beginn der nächtlichen Zugunruhe gekäfigter Steinschmätzer (oben; nach Eikenaar et al. 2016) und Abzug telemetrierter Steinschmätzer von Helgoland (unten; nach Müller et al. 2018).

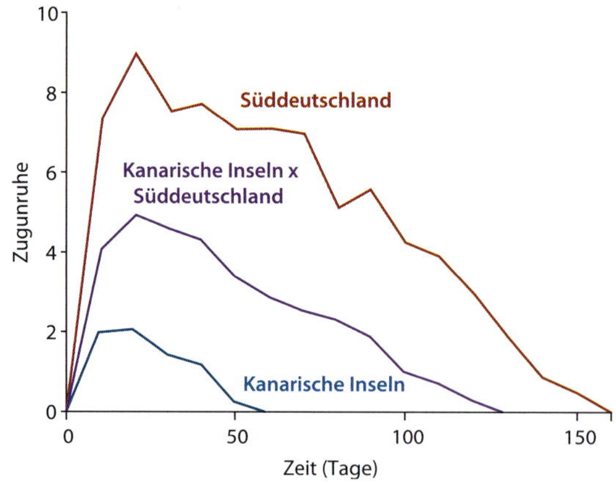


Abb. 336: Die Zugaktivität (Zugunruhe) von Hybriden aus Mischbruten mit Mönchsgrasmückeneltern aus S-Deutschland und den Kanarischen Inseln ist intermediär zu den Zugaktivitäten der Elternpopulationen (nach Berthold & Querner 1981).

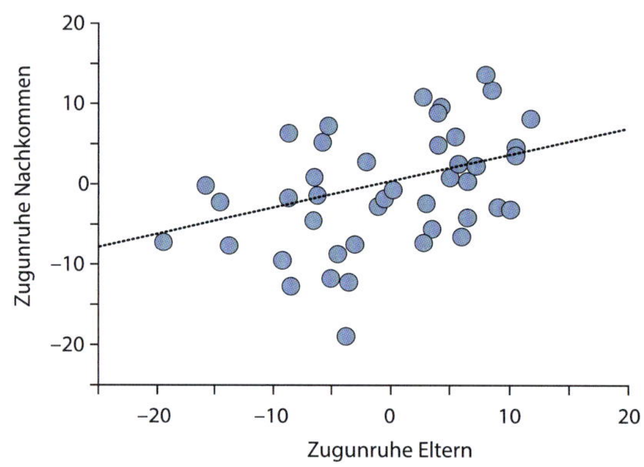


Abb. 337: Zusammenhang zwischen dem mittleren Beginn der Zugunruhe (relativ zum Mittelwert aller Vögel) im Herbst bei Eltern und ihren Nachkommen bei der Mönchsgrasmücke. Der enge Zusammenhang weist auf eine hohe Vererblichkeit dieses Verhaltens hin (nach Pulido & Berthold 2003).

Mischlinge von Mönchsgrasmücken von Eltern aus S-Deutschland und von den Kanarischen Inseln produzieren exakt ein intermediäres Zugunruhemuster mit intermediärer Menge an Zugunruhe (Abb. 336). Dabei besteht ein enger Zusammenhang zwischen dem Verhalten der Eltern und dem der Nachkommen (Abb. 337), es besteht eine hohe Vererblichkeit.

Sogar in eine nichtziehende Population lässt sich „Zug" einkreuzen. Mönchsgrasmücken von den Kapverdischen Inseln sind Standvögel und zeigen keine nächtliche Zugunruhe. Wurden sie mit Vögeln aus S-Deutschland gekreuzt, zeigten die Nachkommen ausgeprägtes Zugverhalten. Auch bei Steinschmätzern und Rotkehlchen ist die Vererblichkeit der Zugunruhe durch Züchtungsexperimente belegt.

Der strenge art- und populationsspezifische Zusammenhang zwischen Zugweglänge und Zugunruhemenge, die Vererblichkeit sowie die Beobachtung, dass die individuelle Menge an Zugunruhe die Motivation zu ziehen bestimmt, zeigen, dass die erstmals ziehenden, noch unerfahrenen Jungvögel über ein endogenes, angeborenes und vererbbares Zugzeitprogramm verfügen, mit dem sie gleichsam automatisch ihre Winterquartiere erreichen: Sie brauchen nach ihrem Aufbruch nur so lange zu fliegen, wie ihnen über ihr endogenes Zugzeitprogramm vorgegeben ist, und würden so exakt ihr Ziel erreichen. Sie bräuchten jetzt nur noch Informationen darüber, wo dieses Ziel ist und auf welchem Weg sie es finden können.

Schwanzmeise (Foto: M.

Kampfläufer (Foto: T. Krumenacker)

# Räumliche Orientierung 7

Heimische Kuckucke überwintern in Zentral-, Ost- und Südafrika. Aufgezogen von beispielsweise Heckenbraunellen, die vielfach nicht einmal ziehen, findet der junge Kuckuck dennoch seinen Weg nach Afrika und wieder zurück, wie viele andere Zugvögel auch, die als Jungvögel ohne jegliche elterliche Anleitung oder Anleitung durch andere erfahrene Vögel alleine auf ihre erste Reise in ein unbekanntes Ziel gehen. Schon allein diese Beobachtung lässt darauf schließen, dass sie über ein eigenes Wissen über den Zugweg verfügen müssen, und wie sie diesen finden.

## Orientierungsleistungen

Zugvögel verfügen grundsätzlich über zwei verschiedene Orientierungsleistungen: eine **Richtungs**- oder **Kompassorientierung** und eine **Zielorientierung** oder **Navigation**. Der Unterschied ist eindrucksvoll an Staren gezeigt (Abb. 338). Baltische Stare ziehen im Herbst durch Norddeutschland und die Niederlande in Wintergebiete in Südengland und Nordfrankreich. Der holländische Forscher A. C. Perdeck hat solche im Herbst durch Holland ziehende Stare gefangen, per Flugzeug in die Schweiz verfrachtet und dort beringt freigelassen. Jungvögel, die zum ersten Mal auf ihrem Herbstzug waren und damit das Zielgebiet noch nicht kannten, wurden in den Monaten nach der Auflassung zwischen Südfrankreich und Portugal wiedergefunden, wogegen Altvögel vornehmlich in Richtung auf ihr nordfranzösisch/englisches Winterquartier gefunden wurden. Die unerfahrenen Jungvögel zogen also nach der Verfrachtung in etwa parallel in der Richtung weiter, wie sie auch durch Holland weitergezogen wären. Sie besitzen nur eine Information über die Zugrichtung, nicht jedoch über die Lage des eigentlichen Zielgebietes. Ihre Orientierung

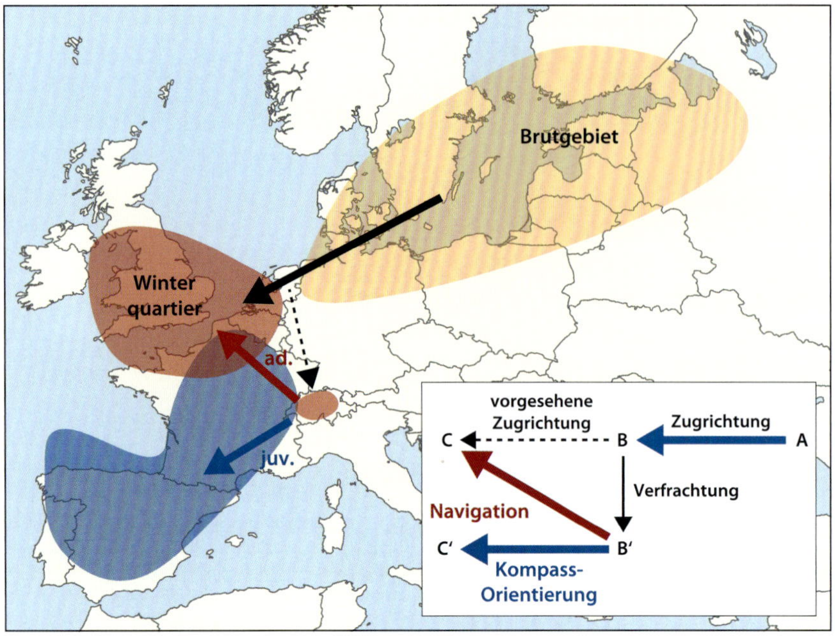


Abb. 338: Oben: Brutgebiet und Winterquartier von in Holland durchziehenden Staren sowie die Verteilung von Wiederfunden von Staren, die auf ihrem Herbstzug im Oktober/November in Holland gefangen und in der Schweiz beringt aufgelassen worden waren. Während die Altstare (ad) vom Versetzungsort ihrem eigentlichen Winterquartier zustrebten, bewegten sich die Jungstare (juv) ungefähr parallel zu der ihnen gemäßen Zugrichtung nach SW. Unten: schematische Wiedergabe. Ein nach einer Verfrachtung parallel weiterziehender Vogel folgt nur seiner inneren Richtungsinformation und arbeitet nur nach Kompass. Kompensiert ein verfrachteter Vogel die Verfrachtung und erreicht das vorgesehene Ziel, so handelt es sich um echte Navigation (nach Perdeck 1958).

ist damit eine reine Richtungsorientierung (**Kompassorientierung**). Die Altvögel dagegen navigierten in Richtung auf das ihnen schon aus dem Vorwinter bekannte Winterquartier. Sie hatten eine „Karte" im Kopf. Diese Art der Orientierung ist die **Zielorientierung**. Sie erfordert die Fähigkeit zur **Navigation**.

Auch bei ebenfalls von den Niederlanden während des Herbstzuges in die Schweiz verfrachteten Krickenten setzten die Jungvögel ihren Zug in südwestliche Richtung fort, während die adulten Krickenten in Richtung Nordwesten in ihre normalen Winterquartiere flogen. In späteren Jahren kehrten die adulten Vögel in ihr normales Verbreitungsgebiet zurück, während die verfrachteten Jungvögel weiterhin ihre neuen Winterquartiere aufsuchten. Ebenso setzten junge Sperber, die aus ihrem ersten herbstlichen Durchzug von der Insel Helgoland südöstlich nach Schlesien verfrachteten wurden, ihren Zug nach Südwesten fort, parallel zur normalen Zugroute der nicht-verfrachteten Vögel, wogegen die gleichermaßen verfrachteten Altvögel nach Nordwesten in Richtung der Überwinterungsgebiete der über Helgoland ziehenden Sperber zogen.

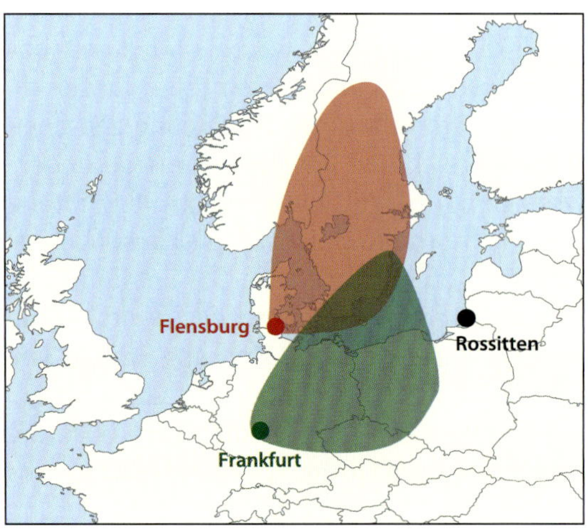


Abb. 339: Brutgebiete im Jahr nach der Freilassung von Nebelkrähen, die von der Kurischen Nehrung nach Flensburg bzw. Frankfurt a. M. verfrachtet wurden (nach Rüppell 1944).

Junge Nebelkrähen, die von der Kurischen Nehrung westwärts nach Schleswig-Holstein verfrachtet und dort beringt aufgelassen worden sind, siedelten sich in der folgenden Brutzeit in etwa parallelversetzt in Dänemark und S-Schweden an, solche, die nach Frankfurt a. M. verfrachtet wurden, in Mitteleuropa (Abb. 339). Daraus darf geschlossen werden, dass sie ein angeborenes Wissen um ihre Zugrichtung und Zugstrecke im Frühjahr haben, nicht aber ihr populationsspezifisches Brut-(Geburts-)gebiet kennen.

Diese Verfrachtungen zeigen, dass junge unerfahrene Zugvögel **ererbte Richtungsinformationen** nutzen, während erwachsene Vögel in der Lage sind, echte **Navigation** in Richtung eines bekannten Ziels durchzuführen. Sie schließen jedoch nicht ganz aus, dass auch andere Faktoren, gerade soziale, eine Rolle bei der Richtungswahl der Jungvögel gespielt haben könnten.

Stare ziehen normalerweise in Schwärmen. Daher könnten sich die verfrachteten Jungstare den einheimischen Schweizer Staren angeschlossen haben, von denen bekannt ist, dass sie in Spanien überwintern.

Dass soziale Faktoren tatsächlich eine Rolle spielen können, zeigten Verfrachtungen von Weißstörchen aus Ostpreußen nach Westdeutschland. Weißstörche aus Osteuropa ziehen in S- bis SO-Richtung in ostafrikanische

Wintergebiete. Wurden junge Weißstörche aus Ostpreußen nach W-Europa verfrachtet und dort aufgelassen, ohne dass sie Kontakt zu den nach SW ziehenden „Weststörchen“ hatten, verteilten sich ihre Ringfunde nahezu parallelversetzt zu ihrer üblichen südöstlichen Zugrichtung (Abb. 340). Anders dagegen war dies, wenn solche östlichen Jungvögel im Kontakt zu „Weststörchen“ aufgelassen wurden. Sie folgten diesen „Weststörchen“ in deren SW-Richtung und nicht ihrer populationseigenen Zugrichtung.

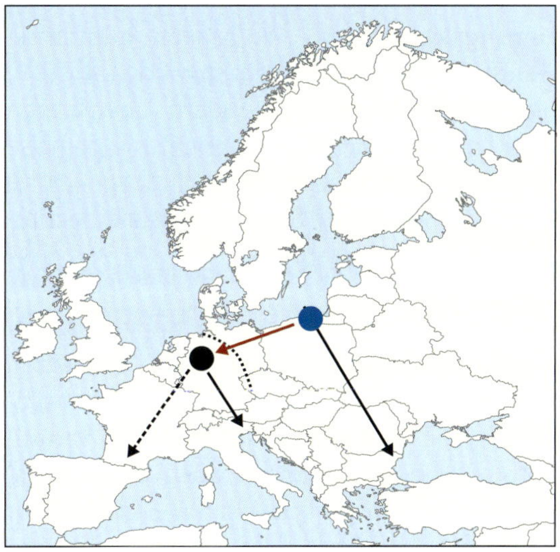

Abb. 340: Weißstörche aus Ostpreußen folgen auf dem Wegzug einer SSO Richtung. Ostpreußische junge Weißstörche, die nach Verfrachtung westlich der Zugscheide (Strichlinie in Mitteleuropa) freigelassen wurden, ohne dem Einfluss von Störchen aus diesem Gebiet ausgesetzt zu sein, behielten die ihnen eigene SO Zugrichtung bei (durchgezogener Pfeil). Ostpreußische Jungstörche, die westlich der Zugseheide so frühzeitig freigelassen wurden, dass sie unter dem Einfluss der nach Südwest ziehenden Störche kamen, folgten diesen nach SW (gestrichelter Pfeil) (nach Schüz 1971).

Ein weiteres Beispiel sind die im Norden Skandinaviens brütenden Zwerggänse. Sie überwintern üblicherweise in SO-Europa. Nach erheblichen Bestandsverlusten unter der Brutpopulation entschloss man sich zu einer Wiedereinbürgerung von Zwerggänsen in N-Schweden. Hierzu wurden junge Zwerggänse freilebenden Weißwangengänsen zur Aufzucht unterschoben. Während der nächsten Zugzeit folgten nun die jungen Zwerggänse den Zieheltern in deren (normales) Winterquartier nach Holland. Im Frühling kehrten diese Zwerggänse dann in ihre Aufzuchtheimat zurück. Ihr nächster selbständiger Herbstzug führte sie nun aber nicht in ihre arttypischen Wintergebiete in SO-Europa, sondern wiederum in die holländischen Winterquartiere, die sie auf ihrem ersten „geleiteten“ Zug kennenlernten.

Die Rolle von sozialen Faktoren zeigte sich eindrucksvoll auch in einem Experiment mit Stockenten. In Großbritannien sind Stockenten ganzjährig Standvögel. Im Versuch wurden Eier britischer Stockenten nach Finnland und Ostpreußen verbracht, dort ausgebrütet und die Jungenten anschließend vor Beginn des Herbstzuges in den jeweils lokalen ziehenden Populationen der dortigen Stockenten ausgesetzt. Die aus den britischen Eiern geschlüpften Stockenten zogen mit der lokalen Population ab und folgten dieser in deren Winterquartiere nach Dänemark, N-Deutschland und Holland.

Sozialer Kontakt kann also ein wichtiger Faktor in der Steuerung des räumlich-zeitlichen Zugablaufs sein und modifizierend auf das angeborene Zugprogramm einwirken. All diese Experimente zeigen aber, dass erstmals ziehende Jungvögel über eine ererbte Zugrichtung verfügen und dieser folgen, wenn sie alleine ziehen.

Diese angeborene Kenntnis der Zugrichtung ist auch an gekäfigten Grasmücken gezeigt.

Werden Zugvögel in Gefangenschaft während ihrer Zugphasen in Rundkäfige, sog. **Orien-**

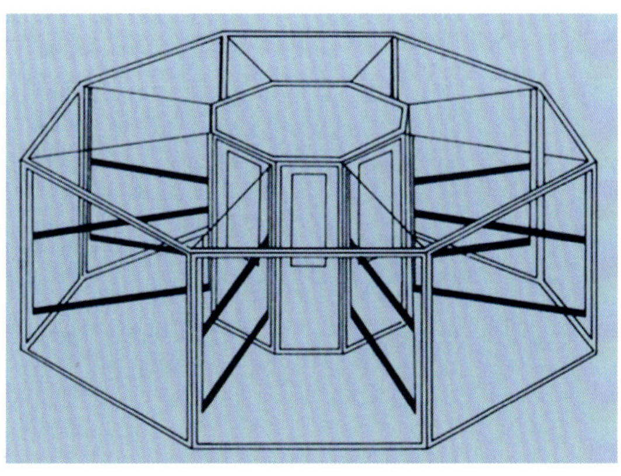

Abb. 341: Orientierungskäfige. Links: Orientierungskäfig nach Emlen & Emlen (1966). Ein zugunruhiger Vogel versucht, den Trichter in Zugrichtung zu verlassen und hinterlässt dabei Kratzspuren. Rechts: Rundkäfig mit elektrisch gelagerten Sitzstangen (nach Merkel & Fromme 1958).

**tierungskäfige** (Abb. 341) gesetzt, hüpfen sie während ihrer nächtlichen Zugaktivität i. d. R. nicht wahllos umher, sondern bevorzugen ihrer saisonalen Freilandzugrichtung gemäße Sektoren. So können ihre spontan gewählte Zugrichtung und die Faktoren, die sie bestimmen, untersucht werden.

Gartengrasmücken, wie viele andere Vogelarten oder Populationen auch, vollziehen auf ihrem Zug in die Winterquartiere ausgeprägte Richtungsänderungen. Viele mitteleuropäische Singvögel, so auch Gartengrasmücken, ziehen zunächst in SW-Richtung zur Iberischen Halbinsel. Um zu ihren afrikanischen Winterquartieren zu gelangen, müssen sie ihre Richtung auf S bis SO ändern. Wurden junge Gartengrasmücken, die noch niemals selbst gezogen waren, in Gefangenschaft während ihrer Zugunruhephasen in Orientierungskäfigen auf ihre spontan gewählte Zugrichtung untersucht, wählten sie im Verlauf ihres ersten Lebensjahres immer die Zugrichtung, die ihrem Freilandzug entsprach (Abb. 342). Zu Beginn des herbstlichen Wegzuges im August und September hielten sie sich im südwestlichen Sektor des Rundkäfigs auf, entsprechend ihrer Zugrichtung im Freiland von Deutschland nach Spanien. Im Oktober und November, wenn sie im Freiland von Spanien nach W-Afrika weiterziehen, wählten sie den südlichen bis südöstlichen Sektor. Wurden die Vögel erneut im Frühjahr getestet, wenn sie aus Afrika direkt nordwärts nach Europa zurückziehen, hielten sie sich im nördlichen Sektor des Käfigs auf. Ohne jegliche Information aus dem Freiland zeigten diese Vögel also genau die Richtungswahl, die sie für ihren erfolgreichen Zug im Freiland benötigen. Ihre Richtungswahl ist, einschließlich der erforderlichen Richtungsänderungen, angeboren. Die Richtungsänderung wird ausschließlich von ihrem inneren Zeitprogramm bestimmt.

Anders ist dies bei Trauerschnäppern. Sie benötigen einen äußeren Trigger, um ihre angeborene Richtung zu ändern. Wurden junge Trauerschnäpper während ihrs Herbstzuges in Frankfurt a. M. getestet, orientierten sie sich im Rundkäfig von August bis Mitte Oktober nach SW, ihrer Herbstzugrichtung aus Mitteleuropa entsprechend. Dieselben Vögel zwischen Mitte Oktober und Mitte November getestet, wenn sie im Freiland SW-Europa erreichen und ihre Richtung von SW nach S-SO ändern, waren dagegen desorientiert (Abb. 343). Wurde den Trauerschnäppern die Änderung des Magnetfeldes simuliert, wie sie es während ihres Zuges erfahren, zeigten sie ihre arttypischen Zugrichtungen einschließlich der Richtungsänderung zur richtigen Zeit. Trauerschnäpper verfügen also ebenfalls über ein inneres Wissen um die Zugrichtung einschließlich Rich-

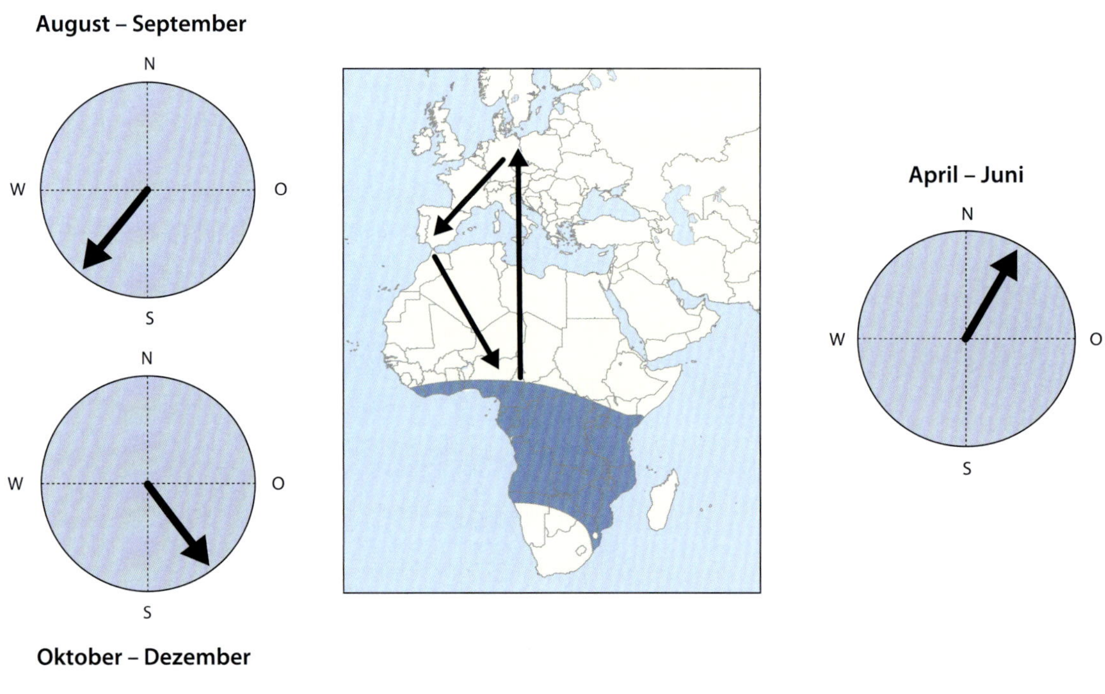


Abb. 342: Die spontane Richtungswahl von Gartengrasmücken im Orientierungskäfig (Richtungspfeile in den Kreisdiagrammen) entspricht der saisonalen Richtungswahl freilebender Artgenossen (inneres Bild) (nach Gwinner 1986).

tungsänderungen, doch anders als die Gartengrasmücken benötigen junge Trauerschnäpper zusätzlich zu ihrem angeborenen inneren Zeitprogramm und ihrer angeborenen Richtung die magnetische Information der Region, in der die Richtungsänderung stattfindet, um ihre artspezifische Zugroute einzuschlagen.

Dass diese Richtungsinformation tatsächlich angeboren ist und vererbt wird, haben Untersuchungen an Mönchsgrasmücken gezeigt. Mönchsgrasmücken haben in Mitteleuropa eine sog. Zugscheide (s. Abb. 131). Vögel, die in Südwestdeutschland brüten, ziehen über eine südwestliche Route in Wintergebiete im westlichen Mittelmeergebiet. Brutvögel Ostösterreichs dagegen ziehen südostwärts nach Nordostafrika. Während die Vögel aus S-Deutschland im Orientierungskäfig zu jeder Zeit während ihrer Herbstzugphase eine südwestliche Richtung wählten, war dies bei Vögeln aus Österreich anders (Abb. 344). Sie „zogen" zunächst in SO-Richtung, um anschließend, zeitgemäß, ihre Richtung auf S zu

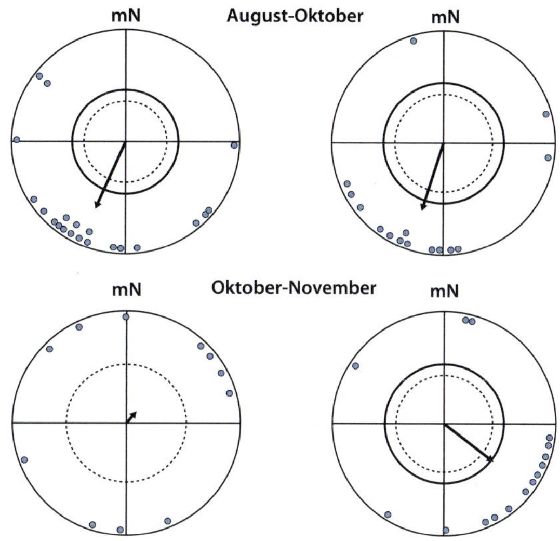


Abb. 343: Richtungswahl von jungen Trauerschnäppern während verschiedener Zeiten ihrer Herbstzugzeit, die unter den magnetischen Bedingungen von Frankfurt a. M. (links) bzw. in Bedingungen getestet wurden, welche die Veränderungen des lokalen Magnetfeldes entlang ihrer Route im Freiland von Mitteleuropa nach NW-Afrika simulierten (rechts). Überschreiten die mittleren Richtungspfeile die inneren Kreise, sind die Vögel signifikant orientiert (nach Wiltschko & Wiltschko 2003).

ändern. Ließ man nun südwestdeutsche und ostösterreichische Vögel in Gefangenschaft miteinander brüten, zeigten die Mischlingsnachkommen eine südliche Richtungsbevorzugung, waren also intermediär zwischen den Richtungen ihrer jeweiligen Eltern (Abb. 345).

Diese Züchtungsexperimente belegen ein-

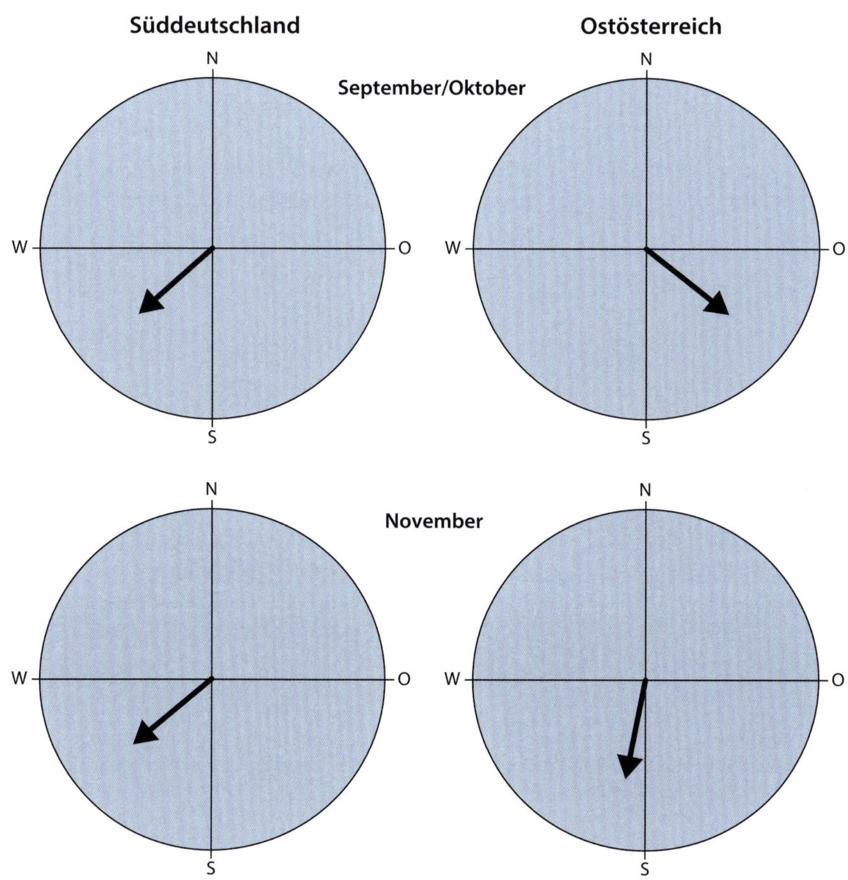


Abb. 344: Richtungswahl von Mönchsgrasmücken im Orientierungskäfig zu verschiedenen Phasen des Herbstzuges. Links: Vögel aus Süddeutschland, rechts: Vögel aus Ost-Österreich (nach Helbig 1991).

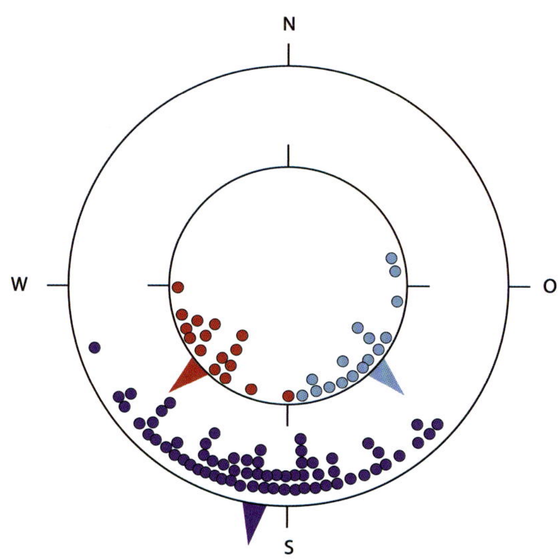


Abb. 345: Zugrichtungen von jungen Mönchsgrasmücken im Orientierungskäfig. Der innere Kreis zeigt die Zugrichtungen im Oktober von Vögeln aus Südwestdeutschland (rot) und aus Ostösterreich (blau), der äußere Kreis von Nachkommen aus Kreuzbruten beider Populationen. Die Dreiecke beschreiben jeweils die mittlere Richtungswahl (nach Helbig 1991).

drucksvoll die **genetische Grundlage** des Richtungsverhaltens. Dabei zeigt ein Kreuzungsexperiment zwischen ziehenden süddeutschen und nichtziehenden Mönchsgrasmücken der Kapverdischen Inseln, dass sich in die von den Nichtziehern abstammende Nachkommensgeneration nicht nur Zugaktivität „einkreuzen“ lässt, sondern auch Orientierungsverhalten. Die Nachkommen zeigten im Käfig Richtungspräferenzen, die denen freilebender süddeutscher Mönchsgrasmücken entsprechen.

Zusammenfassen lassen sich diese Untersuchungen der Richtungs- und Zeitorientierung in der sog. **Vektoren-Navigations-Hypothese**: Danach wandert ein unerfahrener, erstmals ziehender Jungvogel solange in einer angeborenen Zugrichtung (Vektor), bis ein endogenes Zugzeitzeitprogramm abgelaufen ist. Jungvögel können damit ohne jegliche Zusatzinformation gleichsam „automatisch“ in ihr arttypisches Überwinterungsgebiet gelangen. Im Alter kann dieses Verhalten durch bereits gesammelte Erfahrung während eines früheren Zuges überlagert sein. Altvögel können sich an ihr Überwinterungsgebiet „erinnern“ und es gezielt aufsuchen. Zudem kann, bei sozialen Arten, das Zugverhalten auch von Jungvögeln durch das Verhalten von Artgenossen beeinflusst sein.

## Mechanismen der Richtungsorientierung

Ungeachtet der angeborenen Richtungsinformation benötigt jeder ziehende Vogel Mechanismen, die ihm die Richtungswahl ermöglichen.

Manche Zugvögel, insbesondere Tagzieher, wie Wasservögel, Greifvögel, Störche und Kraniche, lassen sich durch Landmarken wie Küstenlinien, Gebirgszüge oder große Flusssysteme leiten. Viele Küstenvögel wandern entlang der Küsten. Ein in Nordamerika bekannter „flyway“ für Zugvögel ist entlang des Missouri-Mississippi-Stromsystems, wo alljährlich Millionen von Zugvögeln zum Golf von Mexiko ziehen. Auch dem Nil-Tal in NO-Afrika kommt eine große Bedeutung als Leitlinie des Vogelzuges zu. In welchem Umfang sich Zugvögel aber wirklich visuell nach Landmarken orientieren, ist jedoch unklar. Möglicherweise spielt die visuelle Orientierung nach Landmarken während des eigentlichen Zuges noch weit weg vom Zielgebiet kaum eine Rolle. Bei zum Schlag zurückkehrenden Brieftauben erfolgt eine Orientierung nach Landmarken nur in unmittelbarer Nähe des Heimatschlags. Orientierung nach Landmarken ist also wohl gerade im sog. Nahfeld wichtig (Abb. 346). So ist vorstellbar, dass viele Zugvögel mit anderen Mechanismen („Kompasse“, s. u.) grob in ihre Brutgebiete zurückgeführt werden. Hier könn-

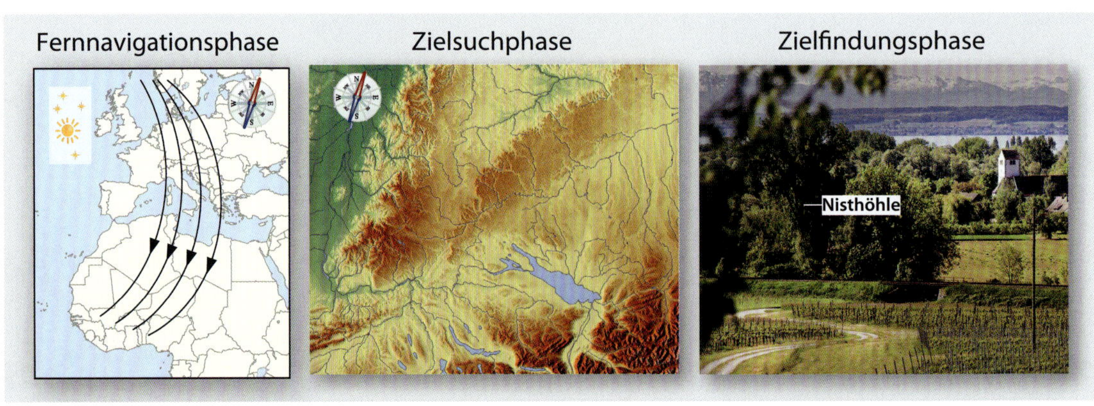


Abb. 346: Die drei verschiedenen Phasen einer Langstrecken-Navigationsaufgabe und Beispiele für die typischerweise verwendeten Hinweise. In der Fernnavigationsphase sind himmlische und magnetische Kompass- und Kartenangaben sehr wichtig und Landmarken, wie z. B. Küstenlinien, können als physische Beschränkungen dienen. Während der Zielsuchphase sind Kompasse in der Regel immer noch wichtig und regionale Kartenhinweise wie olfaktorische und visuelle Landmarken, olfaktorische Gradienten, starke magnetische Anomalien und Geräuschkulissen werden wichtig. Während der Zielfindungsphase werden spezifische Hinweise innerhalb des Lebensraums, wie ein Höhleneingang, ein bestimmter Baum oder ein Gewässer benötigt, um z. B. eine Nisthöhle oder einen Schlafplatz zu finden (nach Mouritsen 2018).

te dann eine Feinorientierung nach Faktoren in der Landschaft oder sogar der unmittelbar früheren Nestumgebung eine Rolle spielen. Damit könnte erklärt werden, mit welch hoher Präzision viele Vögel gerade an den Ort ihrer früheren Brut zurückkehren.

Grundlage für diese Feinorientierung könnte eine sog. **Mosaikkarte** sein (Abb. 347), bei der z. B. die Lage des Nestes, eines Ruheplatzes oder eines Nahrungsortes zueinander richtungsmäßig bekannt sind, und die der Vogel dann in ihrer relativen Lage zueinander für seine Richtungswahl benutzen kann.

Die primäre Orientierung während des Zuges erfolgt mit Hilfe sog. „biologischer Kompasse". Ein **„biologischer Kompass"** ist ein Mechanismus, der einem Lebewesen ermöglicht, mit Hilfe externer Bezugsysteme eine konstante Richtung einzuhalten. Die drei wichtigsten Kompasse der Zugvögel sind Sonnen-, Sternen- und Magnetkompass.

## Sonnenkompass

Die Fähigkeit, die Sonne als Richtungsinformation, als Kompass, zu benutzen, hat erstmals G. Kramer für Stare gezeigt. Ein in einem Rundkäfig (Abb. 348) gehaltener Star zeigte unter klarem Himmel eine eindeutige, dem arttypischen Freilandverhalten gemäße Richtungswahl (Abb. 349). Unter bedecktem Himmel dagegen war diese Orientierung nicht möglich. Wurde in einem Spiegelversuch der Einfallswinkel der Sonne verändert, änderten auch die Stare im Richtungskäfig analog ihre Richtungswahl. Sie folgten in ihrer subjektiven Richtungswahl dem geänderten Sonnenstand. Zudem war die Richtungswahl der Stare unabhängig von der Tageszeit. Die Orientierung der Vögel nach der Sonne erfolgt dabei nicht nach der tageszeitlichen Höhe des Sonnenstandes, sondern nach dem Azimut, dem auf den Horizont projizierten Sonnenwinkel (Abb. 350). Es handelt sich hier also um einen **Sonnen-Azimut-Kompass**.

Um einen solchen Sonnenkompass benutzen zu können, ist eine Zeitmessung erforderlich, die die scheinbare Tagesbewegung der Sonne um die Erde verrechnet. Diese „Sonnenbewegung" beträgt 15° je Stunde. Zusammen mit einer „Uhr" lässt sich die Himmelsichtung leicht bestimmen. So ist z. B. um 9 Uhr Süden 45° rechts von der Sonne, oder um z. B. 15 Uhr 45° links von der Sonne (Abb. 351). Damit sich also ein Vogel nach dem Sonnenstand richtig orientieren kann, benötigt er eine „innere Uhr", mit der der Vogel die Sonnenwanderung verrechnen kann, um so den Winkelbetrag zu bestimmen, um den die Sonne je Stunde ihre Position ändert.

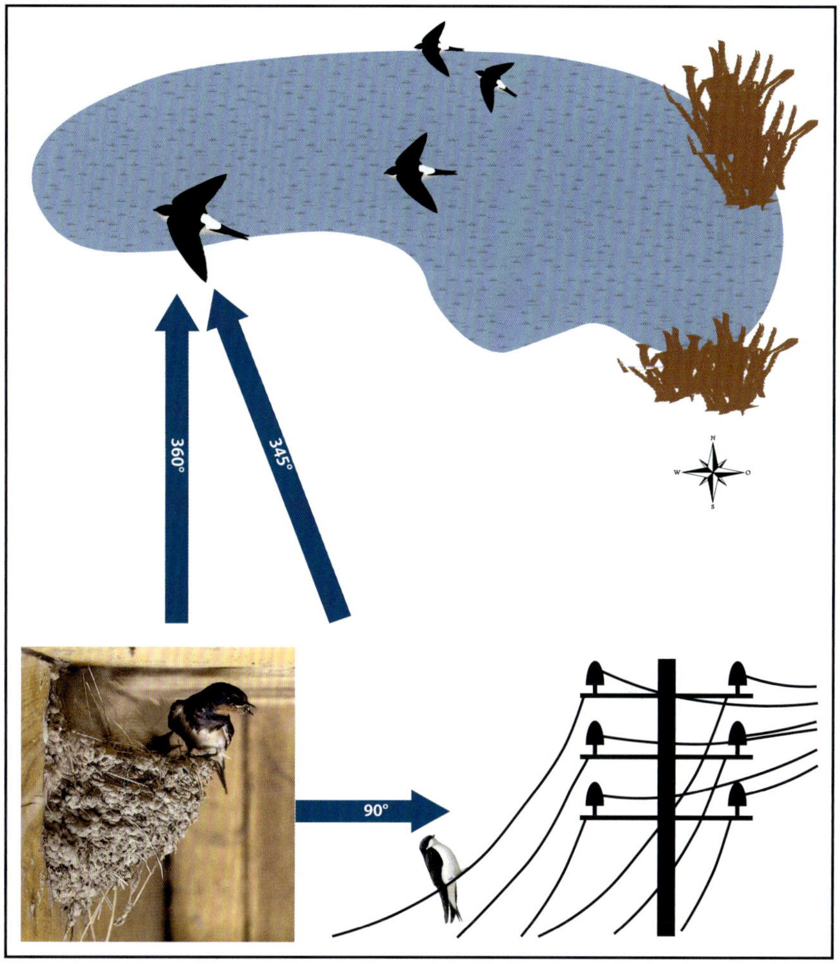


Abb. 347: Orientierung nach Landmarken (nach Wiltschko & Wiltschko 1979).

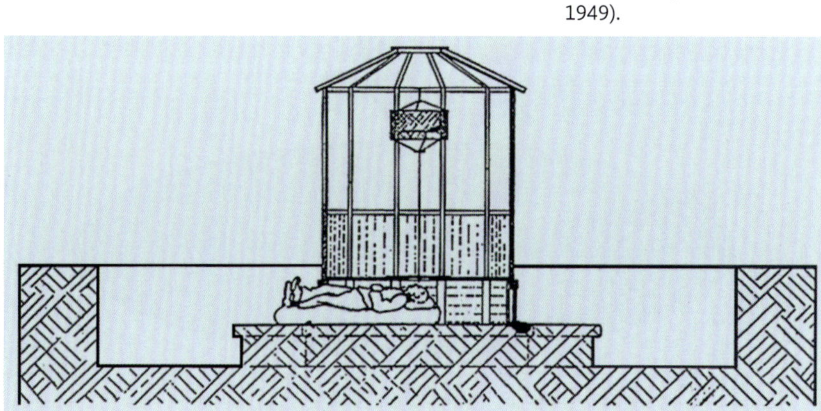

Abb. 348: Gustav Kramers Pavillon zur Beobachtung des Orientierungsverhaltens von ziehenden Staren am ehemaligen Wilhelmshavener Max-Planck-Institut. Der Beobachter lag unter einem Bretterboden und hatte über eine kleine Bodenluke Sicht auf den Käfig (aus Kramer 1949).

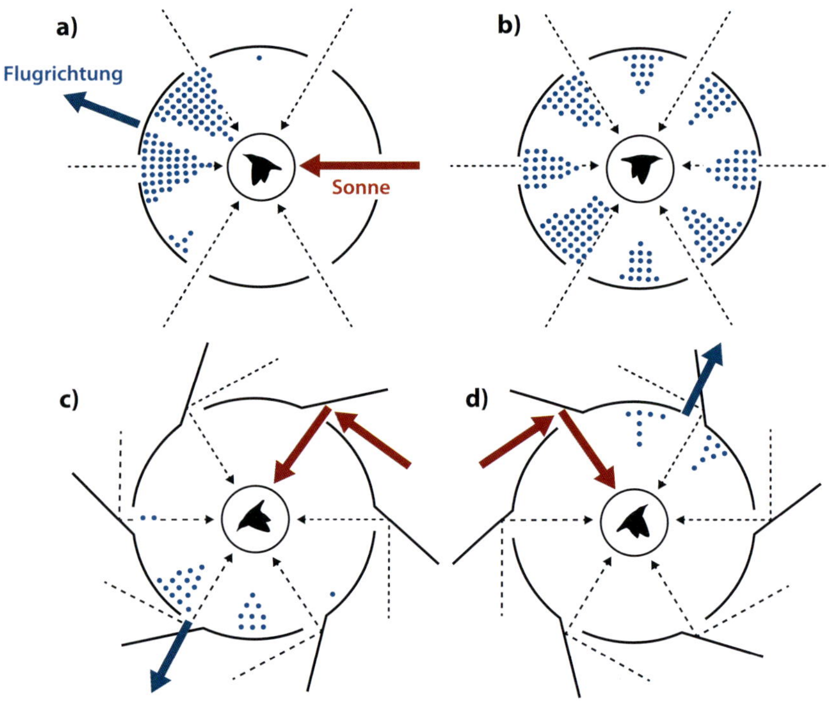

Abb. 349: Richtungswahl eines im Rundkäfig unter klarem Himmel (a), unter bedecktem Himmel (b) und wenn die Einfallsrichtung der Sonne (rot) mit Spiegeln um 90° gegen (c) und im (d) Uhrzeigersinn verändert wurde. Jeder Punkt symbolisiert die mittlere Richtung des Vogels in einem 15-Sekunden-Intervall. Die mittlere Gesamtrichtung ist durch den blauen Pfeil angezeigt (nach Schüz 1971, Foto: P. Baum/Unsplash).

Nachgewiesen wurde diese tageszeitliche innere Uhr wiederum an Staren, aber auch Brieftauben. Stare wurden zunächst dressiert, im Süden Futter zu erhalten. In der normalen Situation wählten die Stare erwartungsgemäß z. B. um 9 Uhr den Napf, der sich 45° rechts von der Sonne befand, bzw. um 15 Uhr den Napf bei 45° links von der Sonne (Abb. 352). Im Folgenden wurde nun die innere Uhr der Stare „verstellt", indem sie in einem künstlichen Tag gehalten wurden, der gegenüber dem natürlichen Tag um 6 Stunden verspätet war, d. h. Lichtbeginn bzw. Lichtende waren erst 6 Stunden nach Beginn bzw. nach Ende des natürlichen Tages. Hieraus ließ sich folgendes erwarten: Wenn eine solche innere Uhr vorhanden ist und durch den künstlichen Tag verstellt wurde, sollte ein so „verstellter" Vogel um z. B. 15 Uhr wirklicher (natürlicher) Ortszeit (WOZ) den Winkel wählen, der seiner subjektiven, künstlichen Zeit (KOZ) von 9 Uhr entspricht. Gegenüber der normalen Situation sollte er also den Napf wählen, der sich 45° rechts von der Sonne, also nun im W befindet. „W" ist für ihn jetzt subjektiv „S". Die Versuchsvögel „folgten" dieser Erwartungshaltung (Abb. 352). Somit war die Existenz einer inneren **biologischen Tagesuhr** für diese Vögel als Grundlage ihrer Orientierung mit einem Sonnenkompass nachgewiesen. Mit Hilfe der Sonne und ihrer inneren Uhr können tagziehende Vogelarten ihre Zugrichtungen bestimmen.

Abb. 350: Tagzieher orientieren sich nicht an der Höhe des Sonnenstandes (gelb), sondern am Azimut, den auf den Horizont projizierten Sonnenwinkel (aus Mouritsen & Bairlein 2018).

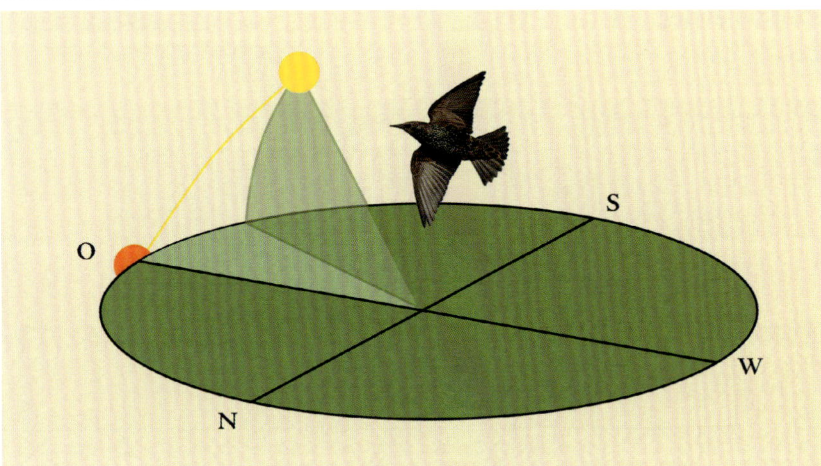


Die Fähigkeit, sich anhand der Sonne zu orientieren, wird in einer frühen **Prägungsphase** erlernt und mit der inneren Uhr des Vogels synchronisiert. Dieses Lernen findet bei Brieftauben spontan etwa im dritten Lebensmonat statt, dann, wenn die jungen Tauben beginnen, ihre Ausflüge um den Schlag

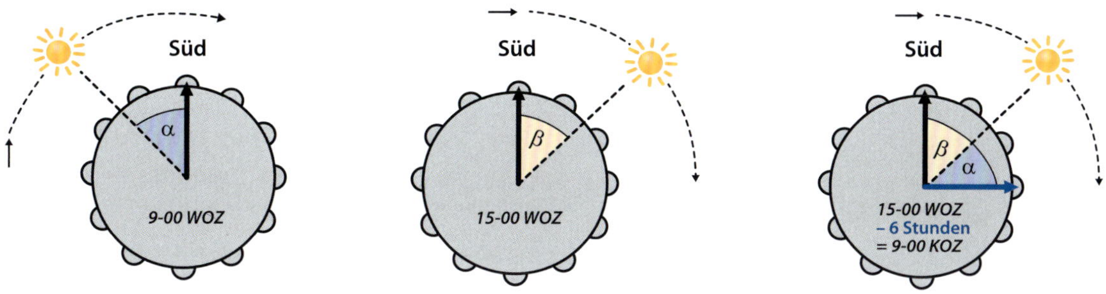


Abb. 351: Sonnenstand im natürlichen Tag um 9 Uhr bzw. 15 Uhr (wirkliche Ortszeit WOZ) und in Bezug zu einem um 6 Stunden verspäteten Tag (künstliche Ortszeit KOZ). Schwarze Pfeile: Dressurrichtung, Blauer Pfeil: erwartete Orientierung im „verstellten" Tag (nach Schüz 1971).

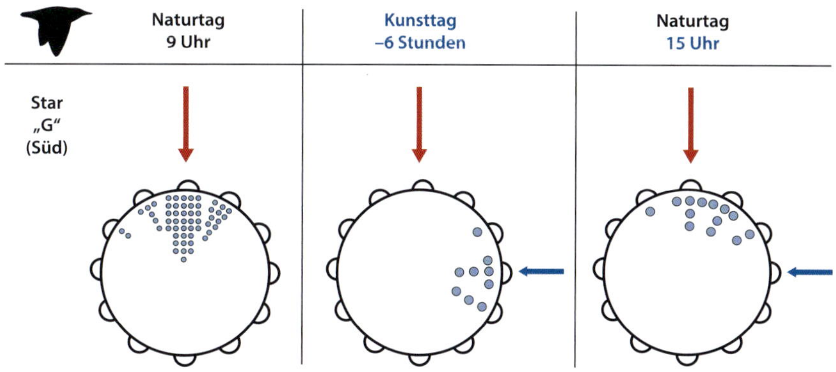


Abb. 352: Änderung der Richtungswahl eines Stars, der im natürlichen Tag darauf trainiert war, im Süden nach Futter zu suchen (links), nach „Verspäten" seiner inneren Uhr um 6 Stunden (Mitte) und nachdem er wieder im Naturtag gehalten wurde (rechts) (nach Schüz 1971).

auszudehnen. Dabei hängt der genaue Zeitpunkt weniger vom absoluten Alter ab als vielmehr von der Flugerfahrung der Tauben. Zudem zeigte sich, dass junge Brieftauben nicht ohne weiteres in der Lage waren, am Nachmittag gewonnene Sonnen-Erfahrung sinngemäß auf den Vormittag zu übertragen. Zumindest Tauben müssen also große Teile der Sonnenbahn zu verschiedenen Tageszeiten beobachten können, um einen jederzeit funktionsfähigen Sonnenkompass aufzubauen. Wie dies bei „echten" Zugvögeln ist, ist unbekannt.

Es ist anzunehmen, dass der Sonnenkompass nur im relativen Nahbereich während der stationären Phasen im Brutgebiet und im Wintergebiet eine große Rolle spielt, nicht jedoch beim Vogelzug im eigentlichen Sinn. Denn der Sonnenkompass ist von der Jahreszeit und der geografischen Breite abhängig, müsste deshalb ständig den Ortsveränderungen angepasst werden, und beim Ost-Westzug müsste zudem ständig die innere Uhr nachgestellt werden. Dies alles macht ihn für die Fernorientierung über Tausende von Kilometern weitgehend ungeeignet.

Dennoch spielen Sonnenfaktoren auch für sie eine Rolle. Nachtzieher, die bereits in der Abenddämmerung aufbrechen, nutzen nämlich die Richtung der untergehenden Sonne, um anhand der Richtung der verschwindenden Sonne täglich ihren magnetischen Kompass zu kalibrieren. Dazu brauchen sie aber keine direkte Sicht der Sonne; sie nutzen das **Polarisationsmuster** des Himmels bei Sonnenuntergang. Entscheidend für die Orientierung der Nachtzieher sind aber der Sternenkompass und der Magnetkompass. Letzterer spielt aber auch bei Tagziehern eine Rolle. Tagzieher ziehen nämlich auch bei stark bedecktem Himmel ohne Sicht auf die Sonne, dennoch sind sie gut orientiert. Unter solchen Bedingungen nutzen sie den Magnetkompass.

Viele Vogelarten, insbesondere Kleinvögel, ziehen alleine während der Nacht. Für solche Nachtzieher sind zwei Kompasssysteme entscheidend, mit denen sie ihre Zugrichtung bestimmen können: der Sternenkompass und der Magnetkompass.

## Sternenkompass

Hinweise für die Existenz eines Sternenkompasses ergaben sich aus zahlreichen Radardaten zum Vogelzug. Während unter klarem Himmel die Richtungswahl von auf dem Radarschirm erkennbaren, ziehenden Vögeln sehr präzise ist, ist das Orientierungsvermögen bei bedecktem Himmel und bei Vögeln, die unterhalb der Wolkendecke ziehen, deutlich geringer.

Experimentell nachgewiesen ist die Verwendung eines Sternenkompasses unter anderem bei nordamerikanischen Indigofinken. In einem Planetarium verhielten sich die Vögel unter einem künstlichen, aber natürlich ausgerichteten Sternenhimmel wie unter dem

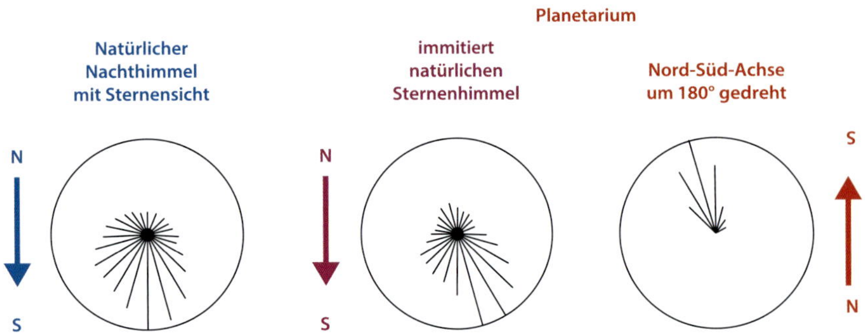


Abb. 353: Richtungswahl von drei Indigofinken während des Herbstzuges. Links: unter natürlichem Nachthimmel mit Sternensicht; Mitte: unter einem Planetariumshimmel, der den natürlichen Sternenhimmel imitierte; rechts: unter einem Planetariumshimmel, dessen N-S-Achse um 180° gedreht wurde (nach Emlen 1967).

klaren Sternenhimmel in der Natur. Wurde nun der künstliche Himmel um 180° gedreht, änderte sich in entsprechender Weise auch die Richtungswahl der Vögel im Emlen-Käfig (Abb. 353).

Anders als beim Sonnenkompass verrechnen die Vögel beim Sternenkompass aber nicht die relativen Wanderungen der Gestirne, sondern deren feste Lagebeziehungen zueinander (Abb. 354). Ähnlich wie die Lage des Polarsterns leicht aus der 5-fachen Verlängerung des Abstandes der beiden hinteren Sterne des Großen Wagens gefunden und so die Nordrichtung bestimmt werden kann, benutzen auch Vögel die Gestirne unabhängig von ihrer aktuellen Lage am Himmel. Entscheidend ist der Rotationsmittelpunkt (Polarstern). Die experimentelle Reduktion des komplexen Sternenhimmels auf nur noch wenige, sich bewegende Lichtpunkte ist jungen Gartengrasmücken ausreichend, um nach diesem Rotationsmittelpunkt ihre Wanderrichtung zu wählen. Herbstlicher Wegzug bedeutet für sie „weg vom Rotationsmittelpunkt“, d. h. südwärts, Zug im Frühjahr dagegen „hin zum Rotationsmittelpunkt“, d. h. nordwärts. „Wirklicher“ Himmel ist nicht notwendig; den Vögeln reichen wenige Sterne.

Der Sternenkompass muss während einer sensiblen Phase in der **Jugendentwicklung**, vor der ersten Wanderung, erlernt werden. Indigofinken und Trauerschnäpper waren nicht in der Lage, sich unter einem künstlichen Himmel zu orientieren, wenn sie diesen erst mit Beginn der arttypischen Zugzeit zum ersten Mal sahen. Sahen sie einen solchen rotierenden Sternenhimmel jedoch rechtzeitig vor Zugbeginn und für mehr als eine Woche während ihrer Jugendentwicklung, orientierten sie sich richtig. Nachdem sie den Rotationsmittelpunkt identifiziert haben, prägen sie sich die Sternenkonstellationen ein, und brauchen danach nicht mehr die Rotation der Sterne zu sehen.

Wie lange Jungvögel für diesen Lernprozess benötigen, wurde an jungen, noch unerfahrenen, handaufgezogenen Rotkehlchen getestet. Dazu wurden sie für drei Wochen, eine Woche oder nur eine Nacht einem künstlichen, rotierenden Sternenmuster ausgesetzt. Lediglich die Vögel, die diesen Sternenhimmel für drei Wochen erfuhren, konnten sich während des anschließenden Herbstzuges entsprechend orientieren.

Eine Orientierung nach den Sternen ist für eine Reihe von Nachtziehern im Freiland wie im Labor gezeigt. Somit dürfte der Sternenkompass ein weit verbreiteter Orientierungsmechanismus bei nachts ziehenden Zugvögeln sein, der zum Aufsuchen und Einhalten der Zugrichtung dient. Da er die Richtungen aus der Konfiguration der Sternbilder und ihrer Beziehung zueinander nutzt, wirken sich die Änderungen der geografischen Breite, die mit dem Zug verbunden sind, wenig aus, solange die Vögel noch bekannte Sternbilder sehen. Im Verlauf des Zuges müssen sie allerdings zunehmend im Süden neu erscheinende Sterne eineichen, um sie zu nutzen. Dies ist in Experimenten auch gezeigt. Der Sternenkompass ist damit für die Orientierung auf dem Zug hervorragend geeignet, denn er ist frei von den Eigenschaften, die den Sonnenkompass für diese Aufgabe weitgehend unbrauchbar machen.

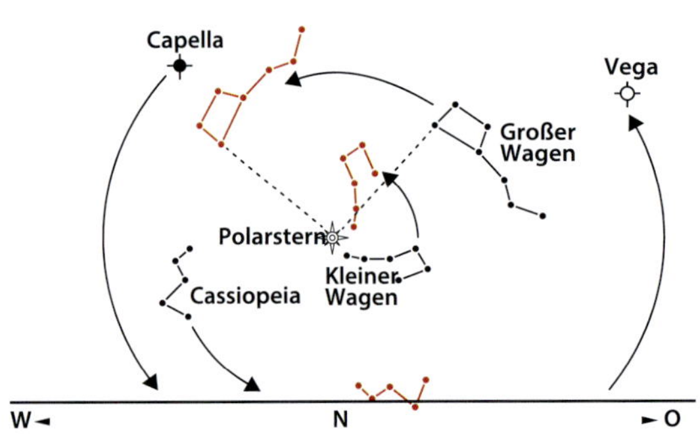


Abb. 354: Blick auf den nördlichen Himmel im Frühjahr; Standpunkt 30° N; schwarze Symbole: Standort der Gestirne am frühen Abend; rote Symbole: 6 Stunden später. Die Peillinie „Großer Wagen“-Polarstern ist gestrichelt eingetragen (nach Wiltschko & Wiltschko 1988).

## Magnetkompass

Zugvögeln wandern aber auch nachts unter bedeckten Himmel, so dass sie sich ohne die Information des Sternenhimmels orientieren müssen. Dazu nutzen die Vögel ihren **Magnetsinn** (s. u.) und orientieren sich am Erdmagnetfeld. Die Erde stellt einen riesigen Magneten dar (Abb. 355). Das magnetische Feld der Erde durchdringt und umgibt diese. Es ist bestimmt von seinen Polen, magnetischen Feldlinien und seiner Intensität (**Feldstärke**). Die Feldstärke nimmt von etwa 60.000 nT an den magnetischen Polen zum magnetischen Äquator hin auf etwa 26.000 nT ab. Die magnetischen Feldlinien verlassen die Erdoberfläche nahe des geografischen Südpols und treffen wieder auf sie nahe des geografischen Nordpols. Dazwischen nehmen die Feldlinien ganz unterschiedliche Winkel zur Erdoberfläche ein (**Inklination**). Jeder Ort der Erde ist somit durch seine Feldstärke sowie die Richtung des Feldlinienverlaufs und seinem Inklinationswinkel charakterisiert.

Der Nachweis, dass das Erdmagnetfeld die Orientierung von Zugvögeln beeinflusst, wurde zuerst an Rotkehlchen erbracht. Rotkehlchen, die im Herbst oder Frühjahr in einem Holzhaus in Orientierungskäfigen untersucht wurden, zeigten ihre jahreszeitlich adäquate Zugrichtung, d. h. gen SW im Herbst und gen N im Frühjahr (Abb. 357). In einer Stahlkammer hingegen, wo das natürliche Erdmagnetfeld weitgehend abgeschirmt war, oder in einem durch sog. Helmholtz-Spulen (Abb. 356) „ausgeschalteten" Feld waren die Vögel desorientiert. Wurden die Rotkehlchen in einem künstlichen Magnetfeld untersucht, bei dem die Lage der magnetischen Pole gegenüber dem natürlichen Feld verschoben war, folgten die Vögel in ihrer jeweiligen Richtungswahl im Orientierungskäfig der jeweiligen Drehung des künstlichen Magnetfeldes. Dies bedeutet, dass diese Zugvögel in der Lage sind, das Erdmagnetfeld wahrzunehmen und es für die Einhaltung ihrer Zugrichtung als Bezugsystem zu benutzen. Ein solcher Magnetkompass ist inzwischen für zahlreiche Arten nachgewiesen.

Allerdings arbeitet der Magnetkompass der Vögel anders als unser technischer Kompass. Die Vögel benutzen das Erdmagnetfeld für ihre Orientierung nicht, wie ein technischer Kompass, über seine Polarität, sondern sie nutzen den Verlauf der Feldlinien und ihre Neigung im Raum relativ zur Erdoberfläche, die **Inklination**. Solch ein Inklinationskompass unterscheidet damit nicht zwischen magnetischem Nord- und Südpol, sondern zwischen **„polwärts"** und **„äquatorwärts"**. „Nord" ist somit in unseren Breiten dort, wo die Feldlinienachsen nach unten zeigen mit einem spitzen Winkel zur Schwerkraft. Umgekehrt ist es auf der Südhalbkugel, wo dieser Winkel größer als 90° ist. Am magnetischen Äquator funktioniert der Inklinationskompass allerdings nicht, da hier die Feldlinien waagrecht verlaufen.

Weiterhin spielt die **Intensität** des Magnetfeldes eine Rolle. Der Magnetkompass der Vögel funktioniert nur innerhalb eines engen Fensters um die lokale Feldstärke. Rotkehlchen, die in Frankfurt a. M. bei

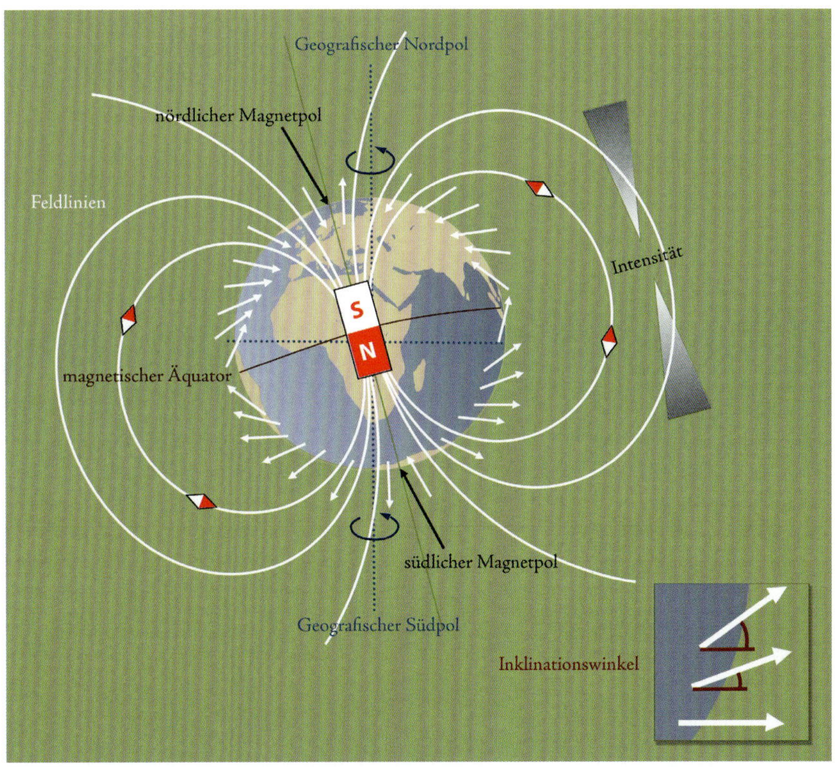


Abb. 355: Magnetfeld der Erde. Zugvögel orientieren sich an der Inklination, der Neigung der Feldlinien relativ zur Erdoberfläche und ihrer Richtung. Der geografische Äquator ist als durchgezogene Linie, der magnetische Äquator als Punktlinie, die magnetischen Pole sind als Sterne eingetragen. Die Pfeile geben Winkel und Richtung der Magnetfeldlinien (Inklination) an. Auf der südlichen Halbkugel verlassen die Feldlinien die Erdoberfläche, auf der nördlichen Halbkugel dringen sie wieder ein (Grafik: R. Lottmann nach Mouritsen 2015).

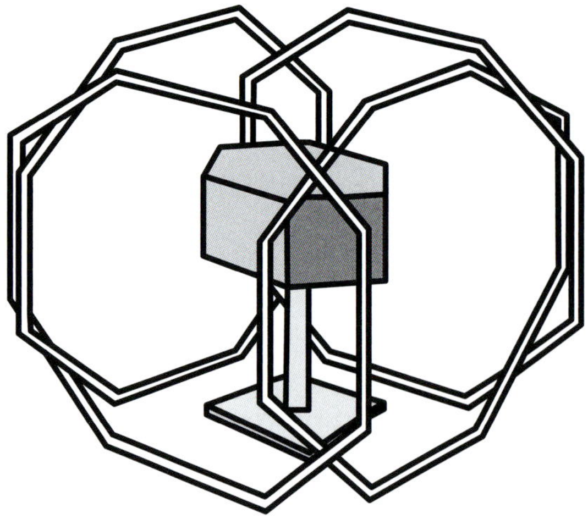

Abb. 356: Für Untersuchungen der Orientierung von Zugvögeln nach dem Magnetfeld der Erde ist der Orientierungskäfig von Helmholtz-Spulen umgeben, mit deren Hilfe die magnetischen Eigenschaften verändert werden können (nach Wiltschko 1968).

46.000 nT, der natürlichen Feldstärke von Frankfurt a. M., gehalten wurden, waren desorientiert, wenn das Magnetfeld um mehr als 25 % abgeschwächt oder verstärkt wurde. Wurden die Vögel für mehrere Tage in dem anderen Magnetfeld gehalten, waren sie aber auch bei diesen Feldstärken in der Lage, sich wieder richtig zu orientieren. Der Funktionsbereich des Magnetkompasses der Vögel scheint sich also flexibel an den jeweiligen Aufenthaltsort anzupassen. Allerdings scheint dies bei Rotkehlchen kein „kontinuierlicher“ Prozess zu sein, denn Rotkehlchen, die nach Überführung und Anpassung an ein geändertes Magnetfeld zwar in diesem wieder orientiert waren, waren es nicht bei dazwischenliegenden Feldstärken. Diese Anpassung an lokale Magnetfeldbedingungen mag die Ursache dafür sein, dass Rotkehlchen und viele andere Vogelarten während ihrer Wanderungen wiederholt mehrtägige Rastphasen einlegen. Feldstärke und Inklination lassen sie den Ort bestimmen, an dem sie sich gerade aufhalten. Somit können auch über den Äquator hinwegziehende Arten, wie Gartengrasmücke und Trauerschnäpper, einen solchen Magnetkompass einsetzen. Arten, die lange Nonstop-Flüge ohne Zwischenhalte machen, scheinen solche Anpassungsphasen nicht zu benötigen, sondern passen ihre Magnetfeldwahrnehmung kontinuierlich an.

## Magnetsinn – Wahrnehmung des Erdmagnetfeldes

Die für die Zugorientierung entscheidende Wahrnehmung magnetischer Kompassinformationen geschieht im Auge. Die ersten Hinweise dafür kamen von Orientierungsversuchen an Rotkehlchen. Wurden Rotkehlchen im Orientierungskäfig in blauem und grünem Licht getestet, waren sie orientiert, in gelbem und rotem Licht dagegen desorientiert (Abb. 358). Ein weiterer Hinweis, dass die Augen an der Wahrnehmung des Magnetfeldes beteiligt sind, zeigte sich in Experimenten, in den Rotkehlchen die Augen verbunden wurden (Abb. 359). Rotkehlchen, die nur mit dem linken Auge sehen konnten, weil ihnen das rechte abgedeckt war, konnten sich im Magnetfeld nicht orientieren, wogegen mit nur

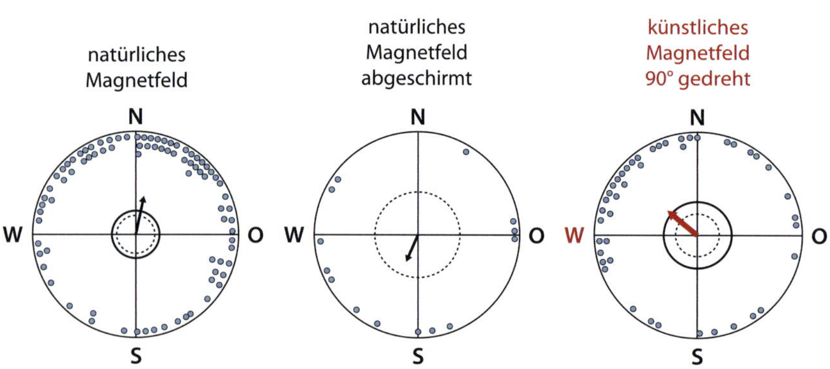

Abb. 357: Richtungswahl von Rotkehlchen während des Frühjahrszuges. Links: Versuche in einem Holzhaus mit natürlichem Magnetfeld; Mitte: in einer Stahlkammer mit abgeschirmtem natürlichen Magnetfeld; rechts: in einem künstlichen Magnetfeld, dessen Richtung um 90° gedreht wurde. Die Dreiecke geben die mittlere Richtungsbevorzugung eines einzelnen Vogels über eine Versuchsnacht an, die Pfeile beschreiben die mittlere Richtungswahl aller Versuchsvögel, die inneren Kreise statistische Signifikanzschranken (nach Wiltschko 1968, Foto: Oldiefan/Pixabay).

dem rechten Auge die Orientierung normal war. All diese Beobachtungen zeigen, dass die Wahrnehmung des Magnetfeldes für die Richtungsorientierung im Auge stattfindet.

Zur Erklärung, wie die Magnetwahrnehmung im Auge geschehen könnte, wurde zunächst ein theoretisches Modell entwickelt. In Zellen der Netzhaut muss ein Molekül vorhanden sein, das **„Radikal-Paare"** (ungepaarte Elektronen) bildet, wenn es von kurzwelligem Licht erregt wird. Die sog. Spins der ungepaarten Elektronen kommen dann in zwei verschiedenen Quantenzuständen vor (Abb. 360). Je nachdem, wie das Molekül relativ zum Erdmagnetfeld angeordnet ist, kommen diese Quantenzustände mit unterschiedlicher Wahrscheinlichkeit vor. Da diese Moleküle innerhalb der halbkugelförmigen Retina in unterschiedlichen Ausrichtungen vorkommen, entsteht eine Art Muster, das wie ein visueller Eindruck des Magnetfeldes verstanden werden kann und dem Vogel Kompassinformationen zur Verfügung stellen könnte. Solche Moleküle, die als quantenchemische Magnetdetektoren fungieren könnten, wurden schließlich tatsächlich in der Retina im Auge von Zugvögeln gefunden, die so genannten **Cryptochrome**. Sie bilden Radikale und sind magnetisch sensitiv.

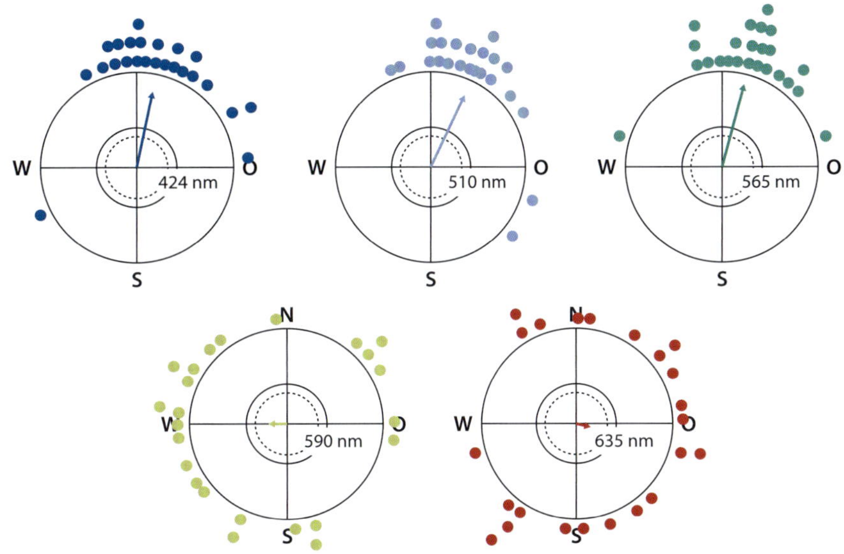


Abb. 358: Orientierung von Rotkehlchen im Frühjahr bei monochromatischem Licht verschiedener Wellenlängen (s. Zahl an innerem Kreis) (nach Wiltschko & Wiltschko 2002).

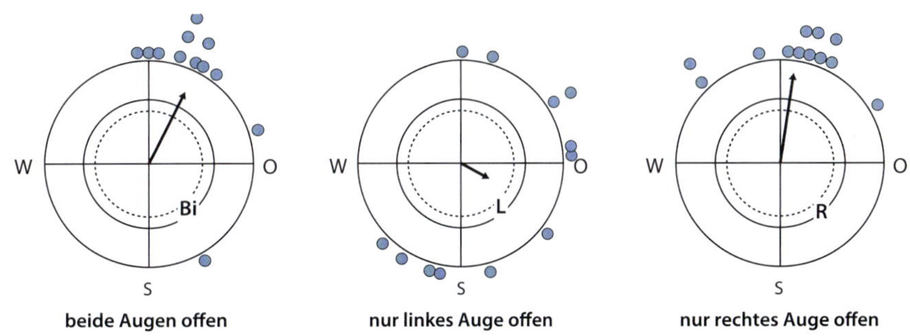


Abb. 359: Orientierung von Rotkehlchen im Frühjahr in monochromatisch grünem Licht, wenn beide Augen geöffnet waren (links), nur mit dem linken Auge sehend (Mitte) bzw. nur mit dem rechten Auge sehend (rechts) (nach Wiltschko et al. 2002).

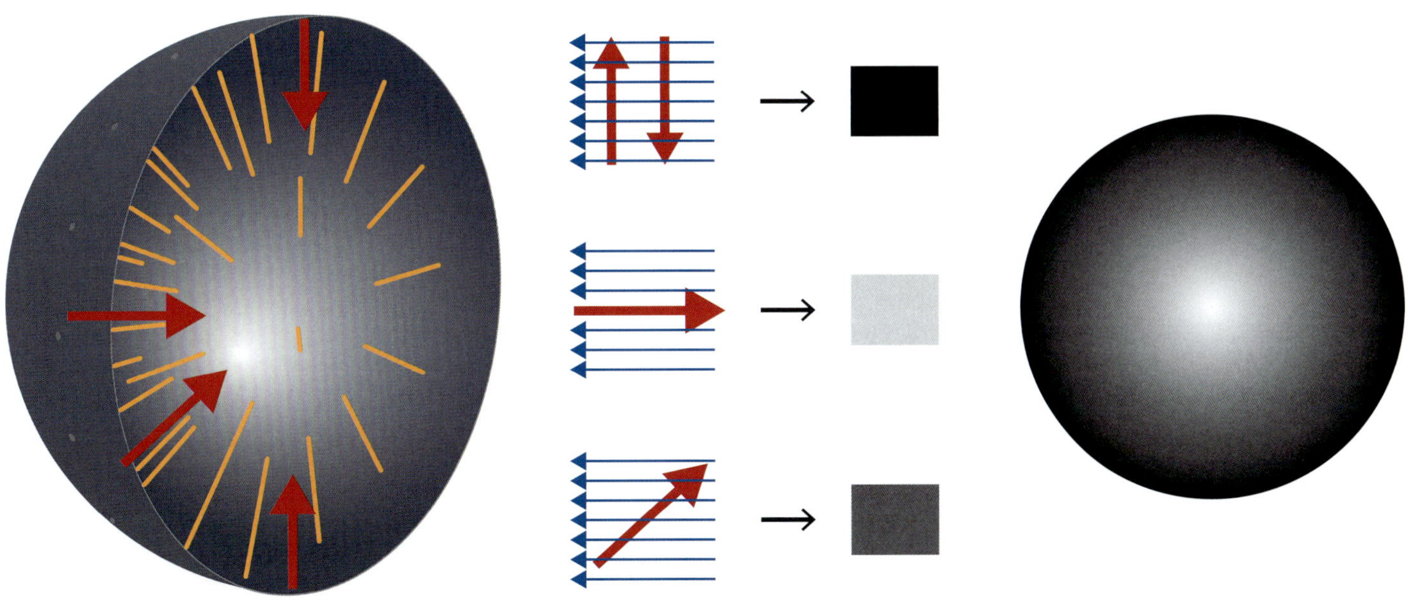

Abb. 360: Vorstellung, wie Vögel magnetische Information in ein visuelles Bild umwandeln. Links: 3D-Darstellung der Halbkugel eines Augapfels. Die roten Stifte stellen die Ausrichtung der Cryptochrome dar, die alle auf das Zentrum des Augapfels zeigen. Würde ein Vogel in die Richtung der Magnetfeldlinien schauen, könnte er ein ähnliches Muster sehen wie das rechts abgebildete, da die Lichtempfindlichkeit eines oder mehrerer Cryptochrome von ihrer Orientierung relativ zur Achse der Magnetfeldlinien (graue Pfeile) abhängt (nach Mouritsen 2015).

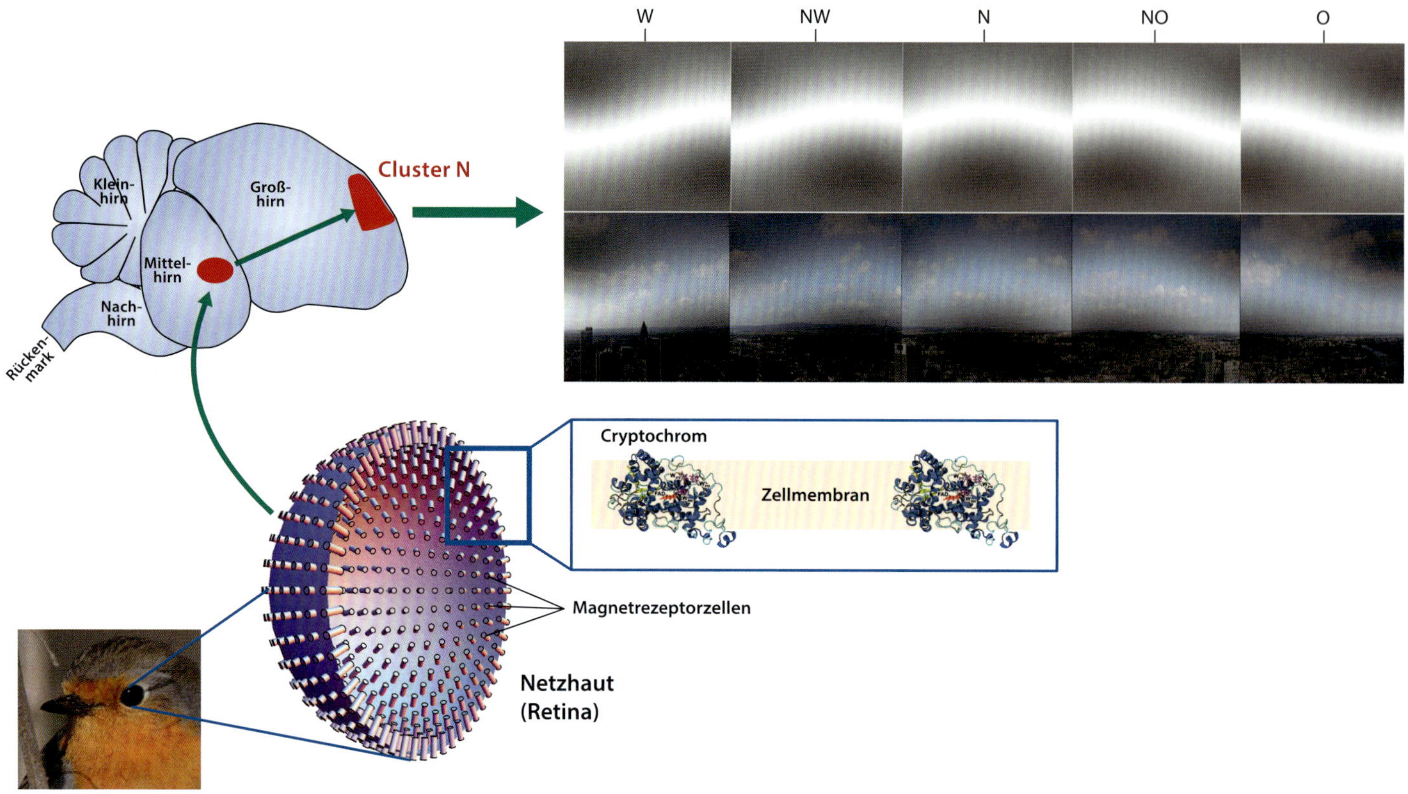


Abb. 361: Derzeitige Vorstellung zur lichtabhängigen Wahrnehmung des Magnetfeldes bei Vögeln. Die Referenzrichtung, die das Erdmagnetfeld liefert, wird in den Augen der Vögel erkannt, wo Cryptochrom-Proteine in der Zellmembran die wahrscheinlichsten lichtabhängigen magnetischen Sensormoleküle sind. Es wird angenommen, dass die Lichtabsorption langlebige Radikalpaare in den Cryptochromen der Netzhaut erzeugt, deren Reaktionsausbeute von der Orientierung des Moleküls relativ zum Erdmagnetfeld bestimmt wird. Durch Bindung der Cryptochrome an die äußeren Segmente der Photorezeptoren entsteht eine geordnete Struktur. Die lichtabhängige Magnetkompassinformation wird von der Netzhaut über den Sehnerv zum visuellen Thalamus im Mittelhirn und von dort zum Cluster N im Vorderhirn geleitet. Aufgrund der unterschiedlichen Reaktionsausbeuten in verschiedenen Teilen der Netzhaut entsteht ein visuelles Bild der Kompassrichtung (oben rechts: „Magnetsicht" eines Zugvogels in 200 m Flughöhe über Frankfurt am Main. Oben: das Magnetfeldmuster allein; unten: „reale" Sicht als Kombination aus Magnetfeldinformation und visueller Information) (nach Mouritsen 2015 und Solov'yov et al. 2010; „Magnetsicht" mit Genehmigung des Verlages).

Zudem zeigte sich, dass die cryptochromhaltigen Zellen der Netzhaut von Zugvögeln hohe neuronale Aktivität zeigen, wenn ein nachtziehender Zugvogel sich mit Hilfe seines magnetischen Kompasses orientiert. Noch wichtiger: es konnte gezeigt werden, dass, wenn sich ein Vogel magnetisch orientiert, ein bestimmter kleiner Bereich im Sehzentrum im Gehirn, das Cluster N (Abb. 361) hoch aktiv wird. Funktioniert dieser kleine Gehirnbereich nicht, können nachtziehende Singvögel immer noch ihren Sternen- und Sonnenkompass nutzen, aber ihr magnetischer Kompass funktioniert nicht mehr. Die magnetische Information wird also im visuellen Bereich im Gehirn verarbeitet. Nachts ziehende Singvögel nehmen die magnetischen Feldlinien als einen visuellen Eindruck wahr (Abb. 361). Darüber hinaus haben eine Reihe von Experimenten gezeigt, dass von Menschen generierte elektromagnetische Felder im Megahertzbereich den Magnetkompass von Zugvögeln funktionsuntüchtig machen. Diese Ergebnisse zeigen, dass der Magnetkompass der Vögel auf einem **quantenphysikalischen Mechanismus** basiert.

## Konflikte – Wenn es nicht zusammenpasst

Erdmagnetfeld und Himmelsrotation der Gestirne sind die wichtigsten Referenzsysteme, mit denen sich nächtlich ziehende Vögel orientieren und so eine angeborene Information über die Zugrichtung in eine aktuelle Richtungswahl umsetzen.

Obwohl gezeigt worden ist, dass im Experiment Vögel sich ausschließlich und unabhängig nach dem einen oder anderen dieser Bezugsysteme richtig orientieren können, zeigen zahlreiche Versuche, dass die Richtungsorientierung ziehender Vögel wohl eher ein multifaktorielles System ist, in dem die einzelnen Faktoren in einer Art plastischer Hierarchie wirksam werden (Abb. 362).

Während der realen Wanderung nehmen Zugvögel also nicht wahllos den einen oder anderen Kompass. Vielmehr scheinen alle zur Verfügung stehenden Orientierungsmechanismen in ein komplexes System integriert und regelmäßig neu aufeinander abgestimmt zu werden. Fällt ein Mechanismus aus, können die anderen sofort übernehmen. So zeigt sich bei im Labor durchgeführten sog. **Konfliktversuchen**, bei denen z. B. das simulierte Magnetfeld andere Richtungsinformation als die Sterne liefert, dass die Vögel situationsbedingt wählen.

Wurden Rotkehlchen, Dorngrasmücken, Weißbartgrasmücken oder Gartengrasmücken unter den natürlichen Sternen in einem gedrehten Magnetfeld getestet, wählten sie trotz Sicht auf die Sterne ihre Zugrichtung entsprechend der geänderten magnetischen Richtung (Abb. 363). Sie folgten also dem experimentell veränderten Magnetfeld und nicht den Sternen. Der Magnetkompass erwies sich als der dominante Mechanismus.

Dass die Sterne ihre Bedeutung aber nicht völlig verloren hatten, zeigte sich in einem teilweise kompensierten Magnetfeld. Die Versuchsvögel tendierten jeweils in die Richtungen, die sie in den Versuchen davor nach dem Magnetkompass eingeschlagen hatten. Die Vögel, die zunächst im gedrehten Magnetfeld getestet worden waren, behielten auch ohne aktuelle magnetische Information die geänderte Richtung bei (Abb. 363). Das spricht dafür, dass die Versuchsvögel ihren Sternkompass nach dem experimentell gedrehten Magnetfeld neu geeicht hatten.

Richtungsinformation vom Magnetfeld kann auch über **Sonnenuntergangsfaktoren** wie dem Himmelspolarisationsmuster dominieren. Heckenbraunellen folgten der Drehung des Magnetfeldes trotz gleichbleibender Sicht auf die untergehende Sonne (Abb. 364). Auch in einem Versuch mit freifliegenden, telemetrierten Steinschmätzern auf Helgoland (Abb. 365) folgten die Vögel der magnetischen Information und nicht einem um 90° veränderten Polarisationsmuster. In anderen Untersuchungen konnte allerdings eine Dominanz von Sonnenuntergangsfaktoren über die magnetische Information gefunden werden, was dafür spricht, dass das Wechselspiel zwischen den verschiedenen Informationen bei verschiedenen Arten verschieden sein kann oder zwischen Herbst- und Frühjahrszug.

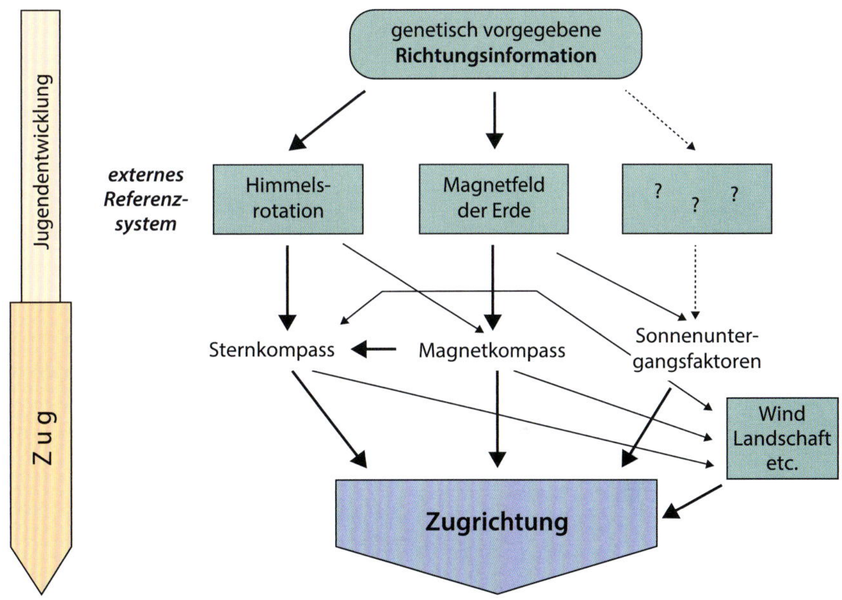


Abb. 362: Beziehungen zwischen den einzelnen Orientierungsfaktoren und Orientierungsmechanismen. Mit dünnen Pfeilen und gestrichelt sowie mit Fragezeichen sind solche Beziehungen und Faktoren gekennzeichnet, die noch wenig bekannt sind (nach Wiltschko & Wiltschko 1988).

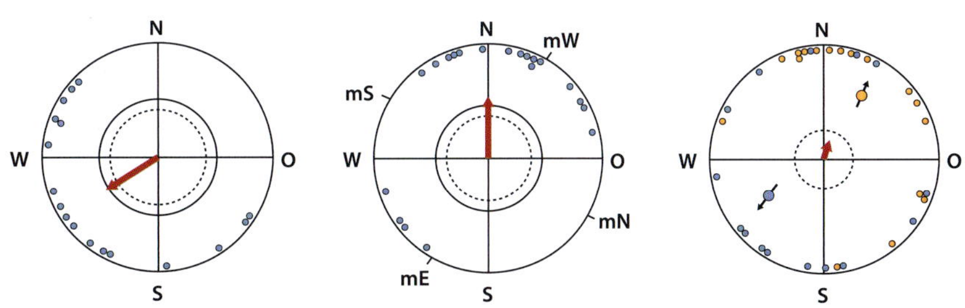


Abb. 363: Orientierung (Pfeile) von Gartengrasmücken während des Herbstzugs unter dem natürlichen Himmel mit Sternsicht. Links: im lokalen Erdmagnetfeld; Mitte: in einem Magnetfeld gleicher Feldstärke, dessen Nordrichtung um 120° nach geografisch OSO gedreht war. Rechts: in einem teilkompensierten Magnetfeld, das den Vögeln keine Richtungsinformation mehr gab. Die blauen Punkte geben die Richtungswahlen der Vögel an, die vorher im lokalen Erdmagnetfeld getestet wurden, die orangen Punkte die der Vögel, die im gedrehten Magnetfeld getestet wurden. Die kleinen Pfeile mit dem jeweiligen farbigen Symbol zeigen die Mittelrichtung der entsprechenden Gruppe (nach Wiltschko & Wiltschko 1975).

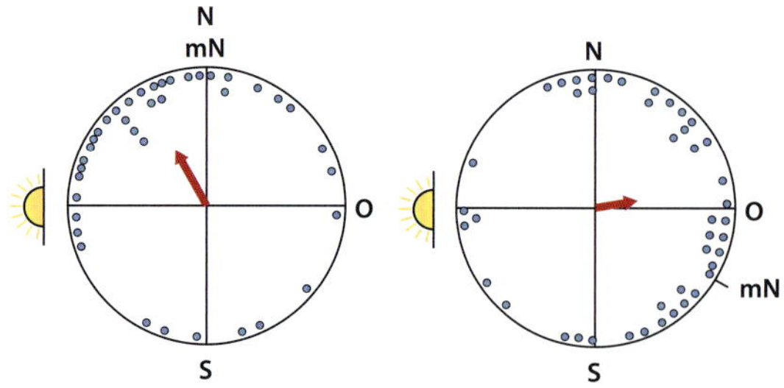


Abb. 364: Orientierung von auf dem Zug gefangenen Heckenbraunellen während des Frühjahrszugs zur Zeit des Sonnenuntergangs unter dem natürlichen Himmel. Links: im lokalen Erdmagnetfeld; rechts: in einem um 120° nach OSO gedrehten Magnetfeld gleicher Feldstärke (nach Bingman & Wiltschko 1988).

Viele Arten überqueren auf ihren Wanderungen den **magnetischen Äquator**. Allerdings steht ihnen dabei der Magnetkompass nicht zur Verfügung, da am magnetischen Äquator die Feldlinien des Erdmagnetfeldes parallel zur Erdoberfläche verlaufen und so keine Richtungsinformation liefern. Eine Annahme ist, dass die Vögel dafür ihren Sternenkompass nutzen. Da ihnen aber die neuen Sternkonstellationen bei ihrem ersten Wegzug noch nicht bekannt sind, verweilen sie zunächst nördlich vom magnetischen Äquator, wo sie noch ausreichend Information vom Magnetfeld haben. Von hier aus sehen sie aber dann bereits die südlichen Gestirne und können mit ihrem Magnetkompass die neue Sternkonstellation eichen, womit sie dann in der Lage sind, den magnetischen Äquator erfolgreich zu überqueren. Alternativ könnten die Vögel bei ihrer Annäherung an den magnetischen Äquator den südlichen Sternhimmel auch schrittweise „erlernen", oder sie nutzen ihren Sonnenkompass oder gar Landmarken.

Hinweise für ein Zusammenspiel der Kompassmechanismen liefert auch ein Freilandversuch mit nordamerikanischen Drosseln. Diese wurden im Frühsommer auf ihrer Nordwärtswanderung in kanadische Brutgebiete im US-Bundesstaat Illinois untersucht (Abb. 366). Nach dem Fang wurden die Vögel in Käfige gesetzt, von denen aus sie den Sonnenuntergang beobachten konnten, die aber von Magnetspulen umgegeben waren, mit denen das Magnetfeld verändert werden konnte. Damit wurde der Nordpol künstlich nach Osten verschoben, wodurch sich für die Vögel eine „Konfliktsituation" aus Sonnenuntergangspunkt und Magnetinformation ergab. Nach dieser Manipulation wurden die Vögel mit einem Radiosender ausgerüstet frei gelassen. Die meist noch in derselben Nacht weiterziehenden Vögel wurden auf ihrer Wanderung mittels Peilung aus einem Auto heraus über mehr als 1000 km weit verfolgt. Dabei zeigte sich, dass die Vögel in der ersten Versuchsnacht nach Westen anstatt nach Norden flogen, in der zweiten Nacht aber kehrten sie wieder zu ihrer ursprünglichen Zugrichtung zurück. Offensichtlich wird der Magnetkompass unter natürlichen Bedingungen kurz vor Abflug am Abend anhand der Richtung des Sonnenuntergangs im Westen neu geeicht. Die „Fehleichung" im manipulierten Magnetfeld hat dazu geführt, dass die Vögel eine Nacht lang das natürliche Magnetfeld falsch interpretierten, bis sie beim nächsten Sonnenuntergang ihren Kompass wieder richtig „einnorden" konnten. Da die Sonne immer ungefähr im Westen untergeht, auf der Nordhalbkugel ebenso wie am Äquator oder auf der Südhalbkugel, bleibt der Magnetinklinationskompass der Zugvögel weltweit funktionstüchtig. Dies verhindert auch, dass die magnetische Missweisung – die Abweichung

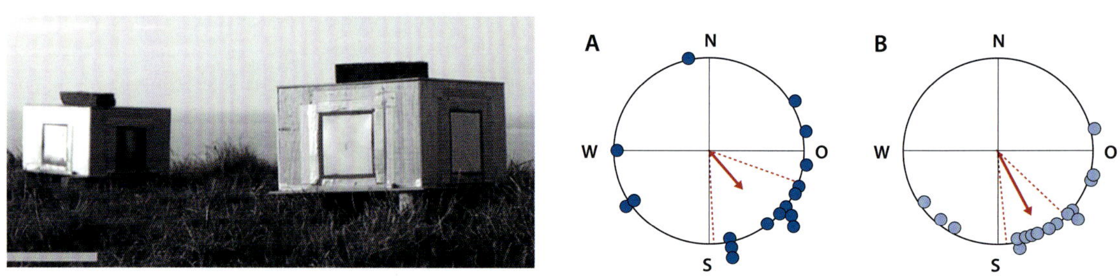


Abb. 365: Mit Sendern ausgestattete Steinschmätzer, die vor ihrem Abflug im Herbst von Helgoland entweder freie Sicht auf die untergehende Sonne hatten oder die ein um 90° gegenüber der natürlichen Situation gedrehtes Polarisationsmuster sahen, unterschieden sich in ihrer Abflugrichtung von Helgoland nicht. Links: Versuchsaufbau auf dem Helgoländer Oberland, rechts: mittlere Abflugrichtungen der Vögel mit natürlicher Sicht (A) und der manipulierten Vögel (B). Sowohl die Versuchs- wie auch die Kontrollvögel flogen in süd-südöstlicher Richtung ab (nach Schmaljohann et al. 2013, Foto: H. Schmaljohann).

des magnetischen Nordpols vom geografischen Nordpol – die Vögel in die Irre führt.

Insgesamt sprechen die Versuche zur Reaktion auf Konfliktsituationen dafür, dass die Vögel bestrebt sind, einen Widerspruch zwischen verschiedenen Orientierungsfaktoren zu vermeiden. Sie passen die verschiedenen Mechanismen aneinander an und stellen so eine neue, in der gegebenen Situation widerspruchsfreie Beziehung zwischen ihnen her. Dabei erweist sich normalerweise das Magnetfeld als dominierende Informationsquelle, dem die Richtungsbedeutung der Sterne, der Sonne und der Sonnenuntergangsfaktoren angeglichen wird. Dies bringt die verschiedenen Kompassmechanismen erneut in Einklang, so dass die Vögel wieder übereinstimmende Richtungsinformation aus ihnen ableiten können.

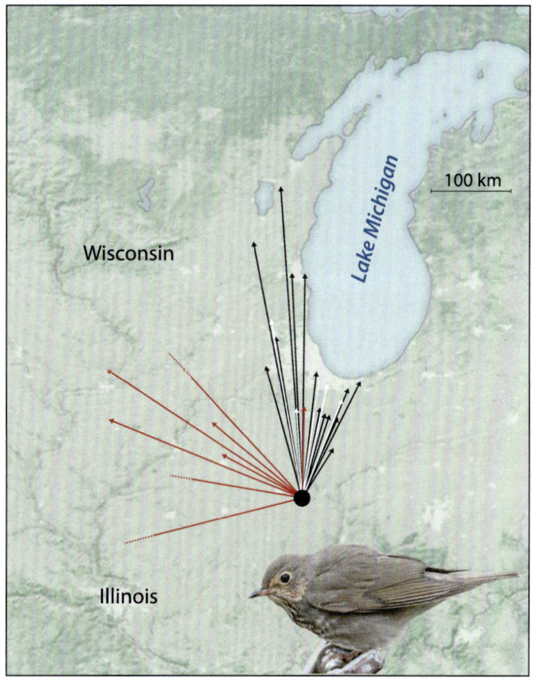


Abb. 366: Zugrichtungen telemetrierter Grauwangen-Musendrosseln beim Herbstzug von Illinois, USA, aus. Schwarze Pfeile: nicht manipulierte Vögel; rot: Flüge von Vögeln, die vor dem Start ein um 80° Ost gedrehtes Magnetfeld erfahren hatten; weiße Pfeile: Routen von Vögeln, die nicht in der nächstfolgenden Nacht nach der magnetischen Manipulation weiterzogen, sondern erst 1–6 Tage später (nach Cochran et al. 2004, Foto: T. Langenberg).

## Karte – Navigation

Mit Hilfe der genannten Kompasse orientieren sich die Zugvögel, um in das für sie beim ersten Wegzug unbekannte Winterquartier zu finden. Von dort kehren viele von ihnen punktgenau in ihr vorheriges Geburtsgebiet zurück oder im folgenden Winter wieder exakt an den Ort, an dem sie im Winter vorher waren.

Dafür reicht die einfache Richtungsorientierung nicht aus; vielmehr brauchen die Vögel dazu eine Karte, mit deren Hilfe sie navigieren. Zugvögel verfügen daher also grundsätzlich über zwei verschiedene Orientierungsleistungen: eine Richtungs- oder Kompassorientierung und eine Zielorientierung oder Navigation.

Der Unterschied ist eindrucksvoll an den baltischen Staren gezeigt, die in ihrem Herbstzug von den Niederlanden in die Schweiz verfrachtet wurden (s. Abb. 338).

Voraussetzung für erfolgreiche Zielorientierung ist eine sog. Navigationskarte: Neben der Information über eine einzuhaltende Richtung benötigen navigierende Vögel eine Karte, mit deren Hilfe sie die Richtung ihrer Navigation bestimmen können (**Karte-Kompass-Konzept**).

Zwei Möglichkeiten sind denkbar: Vögel könnten auf der Basis einer Mosaikkarte navigieren, die in der Art einer topographischen Karte über charakteristische Eigenschaften der Landschaft informiert (s. o. Orientierung nach Landmarken), navigieren.

Sie könnten aber auch auf der Grundlage einer **Gradientenkarte** navigieren, d. h. unter Nutzung von Umweltinformationen, die natürliche Gradienten ausbilden. Für eine eindeutige Navigation sind mindestens zwei solcher Gradienten erforderlich, die sich zu einer bidirektionalen Gradientenkarte vereinen lassen (Abb. 367). Für Zugvögel ist vorstellbar, dass sie aus großer Entfernung über eine Gradientenkarte navigieren, später dann, einmal in die Nähe ihres Zielgebietes zurückgekehrt, eine Mosaikkarte benutzen, die sie dann ex-

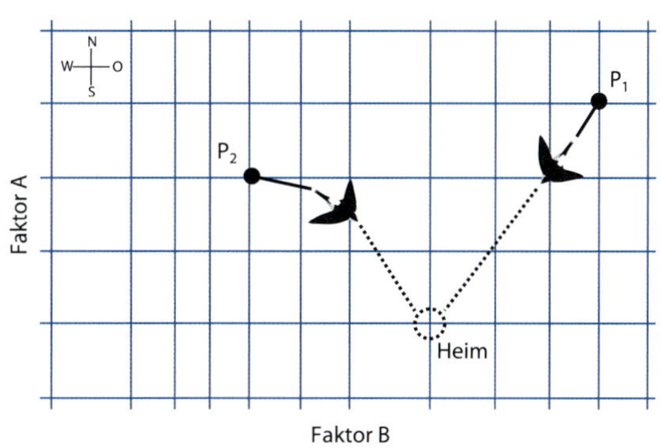


Abb. 367: Beispiel einer Navigationskarte mit Gradienten zweier Faktoren A und B. In einem solchen Gradientennetz kann der Vogel seine aktuelle Position und seine Heimrichtung feststellen (nach Wiltschko & Wiltschko 1979).

akt an z. B. den vorjährigen Brutplatz zurückkehren lässt. Welche Faktoren solche Navigationskarten ausmachen, ist noch weitgehend unbekannt.

Diskutiert werden **Landmarken** oder auch **Gerüche** der Zielregion, die am Geburtsort oder beim ersten Aufenthalt im Wintergebiet wahrgenommen, erlernt, werden. Bei den meisten Zugvögeln dürften Landmarken und Gerüche eher eine Rolle bei der Navigation über kurze Distanzen spielen, auch wenn bei manchen Seevögeln bekannt ist, dass sie Gerüche auch über hunderte von Kilometern für die Navigation nutzen können.

Junge Heringsmöwen, die vor Beginn des Herbstzuges von Finnland nach Helgoland verfrachtet wurden, kompensierten die Versetzung in den meisten Fällen und schwenkten spätestens im Mittelmeerraum auf die „normale" Route aus Finnland nach O-Afrika ein, wenn sie unbehandelt waren oder wenn der trigeminale Nerv (s. u.) unterbrochen wurde, nicht aber, wenn der olfaktorische Nerv (Geruchsnerv) unterbrochen war (Abb. 368). Heringsmöwen benutzen offensichtlich ihren Geruchssinn, um zu navigieren. Welche „Gerüche" sie dabei nutzen, ist allerdings unbekannt.

Dies ist anders bei über sehr große Distanzen navigierenden Hochseevögeln, wie Albatrossen und Sturmtauchern. Für sie ist bekannt, dass sie sich mit dem vom Phytoplankton ins Wasser abgegebenen Dimethylsulfid eine **kognitive Karte**, eine **„Geruchslandschaft"** erstellen, nach der sie navigieren. Corysturmtaucher von einer Brutkolonie auf den Azoren wurden 800 km ostwärts verfrachtet und dort mit Sendern bestückt aufgelassen. Einer Gruppe wurde am Kopf ein Magnet angebracht, der die Wahrnehmung des Erdmagnetfeldes verhindert hat, einer zweiten Gruppe wurde chemisch der Geruchssinn vorübergehend blockiert (sie waren danach anosmisch), eine dritte Gruppe diente als unmanipulierte Kontrolle. Die Vögel der Kontrollgruppe wie

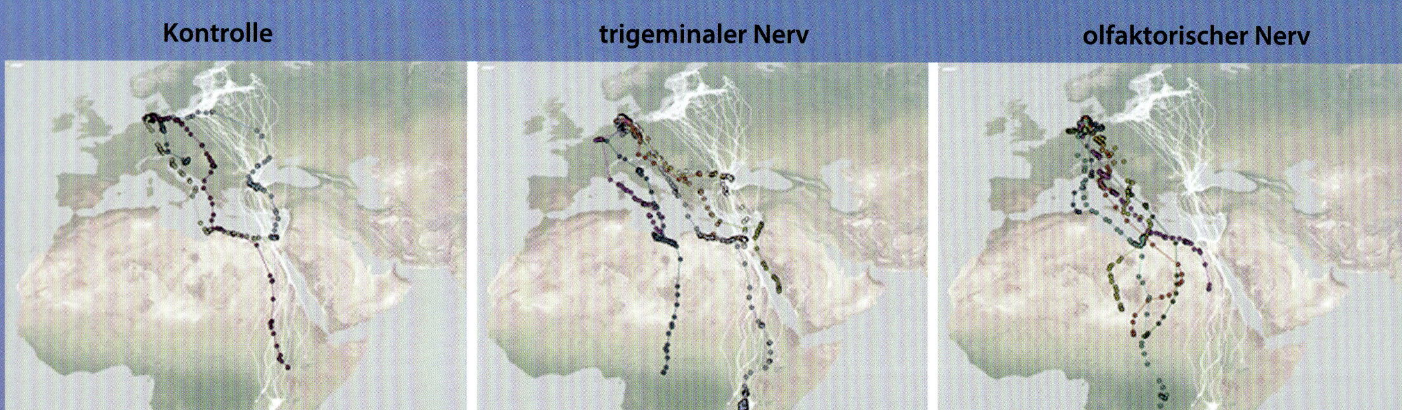


Abb. 368: Flugrouten von Heringsmöwen, die vor Beginn des Herbstzuges von Finnland nach Helgoland verfrachtet wurden (farbige Linien). Links: unbehandelte Vögel, Mitte: trigeminaler Nerv unterbrochen, rechts: olfaktorischer Nerv unterbrochen. Weiße Spuren: normale Zugrouten nicht-verfrachteter Vögel von Finnland nach O-Afrika (nach Wikelski et al. 2015, Foto: M. Schäf).

die Vögel mit Magneten kehrten zur Brutkolonie auf den Azoren zurück, wogegen die anosmischen Vögel in ihrer Orientierung und Zielfindung stark beeinträchtigt waren. Dies zeigt, dass Seevögel den Geruchssinn nicht nur nutzen, um ihre Nahrung zu finden, sondern auch, um über große Entfernungen über den Ozean zu navigieren.

Auch Singvögel können olfaktorisch navigieren. Während des Herbstzuges durch New Jerseys, USA, wurden alte und junge Katzenspottdrosseln gefangen, mit Radiosendern markiert und vor dem Auflassen unterschiedlich manipuliert. Je einer Gruppe von Alt- und Jungvögeln wurde der Geruchssinn vorübergehend ausgeschaltet, je einer anderen der Magnetsinn, jeweils eine dritte Gruppe diente als unbehandelte Kontrollgruppe. Von den Altvögeln flogen die anosmischen Vögel nach ihrer Freilassung in einer anderen Richtung ab als intakte Vögel oder Vögel, dessen Magnetsinn ausgeschaltet war (Abb. 369). Bei jungen, erstmals ziehenden Katzenspottdrosseln unterschieden sich die Abflugrichtungen der drei Gruppen dagegen nicht. Dies zeigt, dass Altvögel während ihrer früheren Züge Geruchsinformation gesammelt haben, die sie später für Navigation einsetzen, was erstmals ziehenden Jungvögel noch nicht möglich ist. Bei adulten Staren kehrten unbehandelte Vögel zu 29 % in der folgenden Brutzeit in die Brutkolonie zurück, anosmische Vögeln dagegen nur zu 7,5 %.

Vögel sind also durchaus zu **olfaktorischer Navigation** fähig. Da aber Geruch nur eine Richtungsinformation liefert und in der Regel keine Karteninformation für ein bestimmtes Ziel, zudem ein erstmals allein ziehender Vogel keine Vorkenntnisse über das Geruchsmuster an seinem ersten Wanderziel haben kann, darf angenommen werden, dass olfaktorische Navigation nur bei erfahrenen Vögeln und vornehmlich für die Heimfindephase im Nahfeld von Bedeutung ist. Für die Fernnavigation von kleinen Singvögeln sind olfaktorische Faktoren wohl unbedeutend. Hier kommt aber wieder das Erdmagnetfeld ins Spiel. Denn neben dem Magnetsinn zur Richtungsorientierung im Auge haben Vögel einen **2. Magnetsinn**, der im Schnabel des Vogels lokalisiert ist und Informationen über den sogenannten ophthalmischen Ast des Trigeminalen Nervs an das Gehirn sendet (Abb. 370). In dem Gehirnbereich, in dem der Nerv endet, gibt es mehrere hundert Nervenzellen, die magnetische Informationen verarbeiten.

Zwar spielt der **trigeminale Magnetsinn** keine Rolle für die Richtungsorientierung, denn auch bei vorübergehender Ausschaltung der Nerven bleiben die Vögel im Käfig richtungsorientiert, sie liefern aber die Information für eine magnetische Karte zur Navigation. Brieftauben, die trainiert waren, ein bestimmtes

Abb. 369: Abzugsrichtungen von telemetrierten adulten Katzenspottdrosseln während des Herbstzuges durch New Jersey, USA. Blauer Pfeil: unmanipulierte Kontrollvögel; roter Pfeil: Vögel mit ausgeschaltetem Magnetsinn; oranger Pfeil: Vögel mit ausgeschaltetem Geruchssinn (anosmische Vögel) (nach Holland et al. 2009, Foto: P. Bouchard/Unsplash).

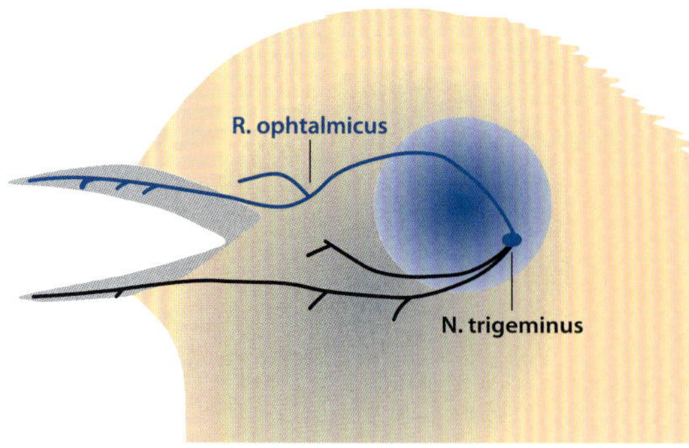


Abb. 370: Lage (schematisch) des trigeminalen Nervs und seiner drei Zweige im Kopf eines Vogels (nach Mouritsen 2012).

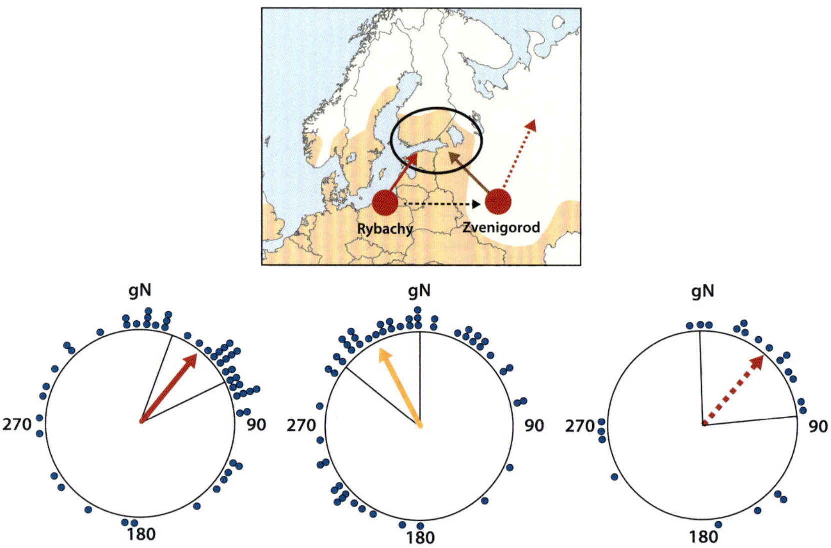


Abb. 371: Teichrohrsänger, die in Rybachy auf der Kurischen Nehrung im Frühjahr durchziehen, sind auf dem Weg nach NO (roter Pfeil) in ihr Brutgebiet (Kreis: das aus Ringfunden bekannte Brutgebiet der in Rybachy durchziehenden Teichrohrsänger). Im Orientierungskäfig getestet, orientieren sie sich entsprechend (links). Wurden diese Vögel um 1000 km ostwärts nach außerhalb ihres Brutareals (orange Fläche) verfrachtet, orientierten sie sich im Rundkäfig nach NW, auf ihr eigentliches Zielgebiet hin (Mitte). Bei vorübergehend durchtrenntem trigeminalem Nerv orientierten sich die verfrachteten Vögel nach NO (rechts). Sie „folgten" damit ihrer Kompassrichtung, waren aber nicht in der Lage, die Versetzung zu kompensieren, d. h. zum Zielgebiet hin zu navigieren. Navigation, d. h. das „gezielte" Aufsuchen eines Zielgebietes, benötigt also einen intakten trigeminalen Nerv. (Schwarze Linien um die Pfeile: 95 % Vertrauensbereich um die Mittelrichtung) (nach Kishkinev et al. 2013).

Magnetfeld zu erkennen, konnten diese Aufgabe nicht mehr lösen, wenn der Nerv im Oberschnabel nicht intakt war. Teichrohrsänger ohne intakten Nerv konnten eine West-Ost-Versetzung während ihres Frühjahrszuges nicht kompensieren im Gegensatz zu Vögeln mit intaktem Nerv (Abb. 371).

Was diesen trigeminalen Magnetsinn ausmacht, ist derzeit noch recht spekulativ. Diskutiert werden vor allem zwei Hypothesen (Abb. 372).

Neben Orientierung und Navigation mit Hilfe von Sonne, Sternen, Erdmagnetfeld und Gerüchen, werden auch **Luftdruck**unterschiede, **Infraschall**, **polarisiertes Licht** oder anderen geophysikalischen Größen als Navigationshilfen diskutiert, experimentelle Belege dafür stehen aber aus.

## Synthese

Zusammenfassend wird deutlich, dass ziehende Vögel eine Vielzahl von Möglichkeiten haben, ihre optische und magnetische Umwelt für ihre Orientierungsleistung zu benutzen. Primäre und sekundäre Faktoren wirken zusammen, um so das Orientierungssystem dieser Vögel auch unter wechselnden Umweltbedingungen (z. B. bedeckter Himmel, etc.) zu stabilisieren und sie weniger anfällig gegenüber Störungen und falschen Richtungsentscheidungen zu machen.

Abb. 372: Schematische Darstellung der Hypothesen zum Vorkommen eisenhaltiger Partikel im Oberschnabel von Vögeln. Im einen Fall (oben) wird angenommen, dass der Schnabel von Vögeln an sechs verschiedenen Stellen Ansammlungen von Dendriten (Nervenzellendigungen) enthält, die eisenreiche Strukturen beherbergen, die das Erdmagnetfeld wahrnehmen und diese Informationen an das Gehirn weiterleiten können. Im anderen Fall (unten) wird vermutet, dass Makrophagen (Immunzellen) Eisengranula (Siderosome) enthalten, die diffus im Oberschnabel verteilt sind (nach Mouritsen 2012).

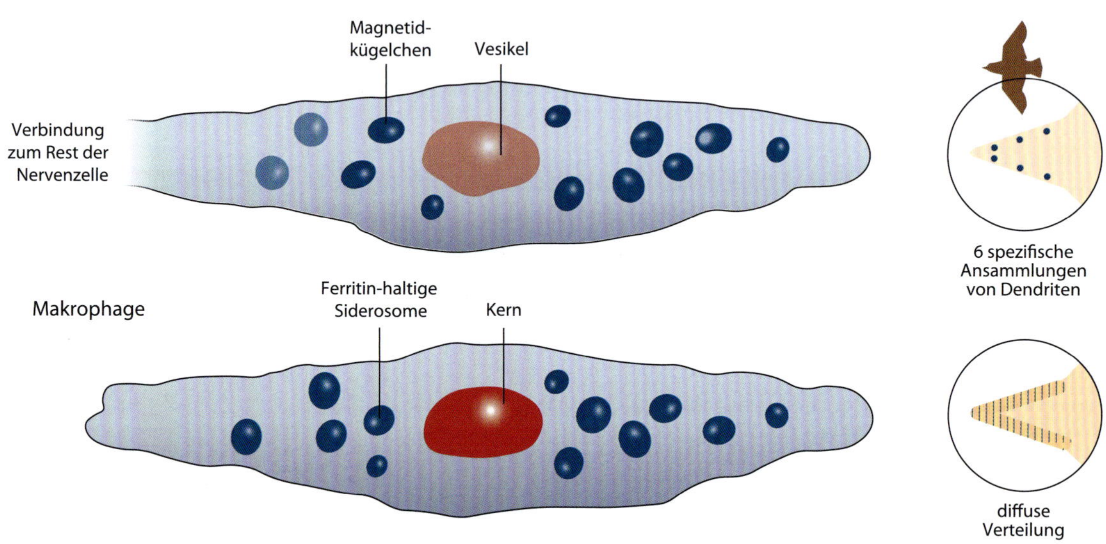

Für Zugvögel wird angenommen, dass sie wohl die meiste Zeit ihrer Reise nach den ihnen angeborenen Richtungen und einem angeborenen Zeitprogramm fliegen, und so in jedem Fall ungefähr in die Nähe ihres Zielgebietes geleitet werden. Erfahrene Vögel, die ihre Wanderroute bereits kennen, könnten dann auf ein Navigationssystem umschalten, das ihnen das Auffinden eines spezifischen Ortes ermöglicht, an dem sie sich auch schon im Jahr zuvor aufhielten.

Angeborene Richtungsinformation, die Fähigkeit, Sonne, Sterne und das Erdmagnetfeld als verlässliche Kompasse zu benutzen, und eine erlernte Karte im Kopf, sind die Merkmale, die es Zugvögeln ermöglichen, ihre oftmals tausende von Kilometer langen und über Ozeane und Wüsten führenden Wanderungen zielgenau zu bewältigen.

Die Grundprinzipien dieser Orientierungs- und Navigationsleistungen sind inzwischen recht gut bekannt, fußen aber vielfach auf Untersuchungen im Labor. Zukünftig wird es darauf ankommen zu verstehen, in wie weit diese Erkenntnisse tatsächlich auf den freien Zug wild lebender Zugvögel übertragen werden können und wie die vielfältigen Umweltreize, die wild lebenden Zugvögeln beim Navigieren in freier Natur zur Verfügung stehen, zusammenspielen. Die neuen technischen Möglichkeiten, Vögel im Freiflug mit Fahrtenschreibern und Datenloggern sehr genau zu untersuchen, eröffnen hier völlig neue Ansätze.

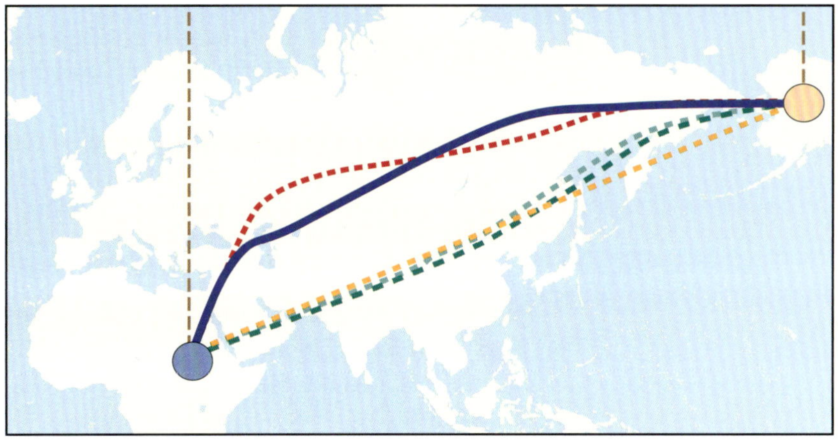

Abb. 373: Mittlere Zugroute von drei Steinschmätzern aus Alaska nach und von O-Afrika (blaue Linie) sowie mögliche Orientierungskompasskurse (gestrichelte Linien). Braun: Kurs entlang des Großkreis (kürzeste Verbindung zweier Orte auf der Erdkugel); orange: Kurs entlang der Loxodrome (Kurve konstanten Kurses); dunkelgrün: Kurs mit konstantem magnetischen Kurs; hellgrün: Kurs mit konstantem magnetischen Kurs mit täglicher Neukalibrierung; rot: magnetoklinischer Kurs (Kurs mit konstanter magnetischer Inklination) (nach Schmaljohann et al. 2012).

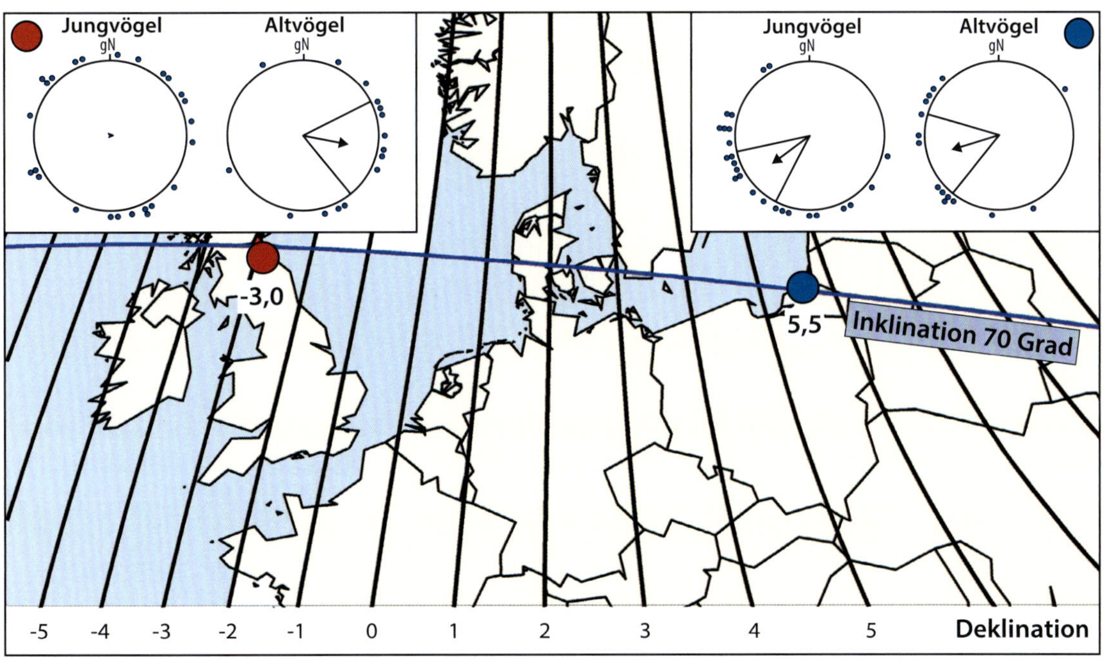


Abb. 374: Orientierung im Rundkäfig von virtuell von der Kurischen Nehrung nach Schottland „versetzten“ Teichrohrsängern. Auf der Kurischen Nehrung orientierten sich Alt- wie Jungvögel entsprechend ihrer herbstliche Zugrichtung westwärts. Nach der virtuellen Verfrachtung orientierten sich die Altvögel zurück Richtung Kurische Nehrung, die Jungvögel dagegen waren desorientiert. Da im simulierten Magnetfeld lediglich die Deklination verändert war (Zahl am Ort), nicht aber Inklination und Feldstärke, ist gezeigt, dass die adulten Teichrohrsänger die Deklination wahrnehmen und nutzen können (nach Chernetsov et al. 2017).

So kann z.B. für den gesamten Zugweg und Zugverlauf geprüft werden, welcher Orientierungsstrategie gefolgt wird. Steinschmätzer beispielsweise folgten auf ihren Routen zwischen Alaska und O-Afrika nicht dem kürzesten Weg (entlang des Großkreises zwischen Alaska und O-Afrika), sondern weitgehend einem Kurs mit konstanter magnetische Inklination (**magnetoklinischer Kurs**; Abb. 373). Einem solchen Kurs folgten auch ostsibirische Fitisse auf ihrem Weg nach SO-Afrika.

In wie weit bei einem solchen Ost-Westzug auch die **Deklination** des Magnetfeldes, die Abweichung zwischen magnetisch Nord und geografisch Nord, eine Rolle spielt, ist unklar. Während adulte Teichrohrsänger, die man in einer entsprechenden Versuchseinrichtung virtuell von der Kurischen Nehrung nach Schottland „verfrachtet" hatte, indem man bei gleicher Intensität und Inklination des Magnetfeldes den Deklinationswinkel für Schottland simulierte, diese Versetzung über die geänderte Deklination wahrnahmen und sich im Rundkäfig Richtung Kurische Nehrung orientierten (Abb. 374), taten dies Rotkehlchen und Gartengrasmücken, die unter denselben Bedingungen getestet wurden, nicht. Sie orientierten sich auch unter der simulierten schottischen Deklination westwärts. Diese Ergebnisse zeigen einerseits, dass Vögel die Deklination durchaus zur Navigation nutzen können, andererseits, dass verschiedene Arten ihre Kompasssysteme in unterschiedlicher Weise einsetzen.

Waldrappe (Foto: M. Schäf)

# Energetik des Vogelzugs 8

## Schlagflug – Gleit(Segel)flug

Die energetischen Kosten für den Zug sind immens, insbesondere bei Arten, die im Schlagflug unterwegs sind, die also nahezu ständig mit ihren Flügeln schlagen müssen. Diese Kosten zu ermitteln, ist jedoch nicht einfach.

Sie können allerdings aus den grundlegenden Prinzipen der Aerodynamik abgeleitet, bei im Windkanal fliegenden Vögeln gemessen, über den Gewichtsverlust beim Flug bestimmt, aus telemetrischen Messungen der Herzschlagrate im Flug abgeleitet oder mit der sog. Methode des „doppelt markierten Wassers" (Double Labelled Water; DLW) bestimmt werden.

Grundsätzlich zeigt die Flugleistung (Flugkosten) bei Arten mit Schlagflug (Ruderflug) einen U-förmigen Zusammenhang mit der Fluggeschwindigkeit (Abb. 375). Zuerst muss der Vogel genügend Auftrieb erzeugen, um überhaupt abzuheben. Mit zunehmender Fluggeschwindigkeit nimmt dann dieser Aufwand ab, dafür nimmt die Leistung zur Überwindung des Luftwiderstandes zu. Da der Luftwiderstand mit dem Quadrat der Geschwindigkeit zunimmt, steigt diese Leistung sehr stark an.

Aus dieser Leistungskurve lassen sich zwei wichtige Geschwindigkeiten ableiten: die Geschwindigkeit minimaler Leistung (vmp; mp = „minimal power") und die Geschwindigkeit größter Reichweite (vmr; „maximal range"). Bei vmp ist der Energieaufwand pro Zeiteinheit (Pmin) minimal, bei vmr ist der Energieaufwand (Pmr) pro geflogener Distanz mini-

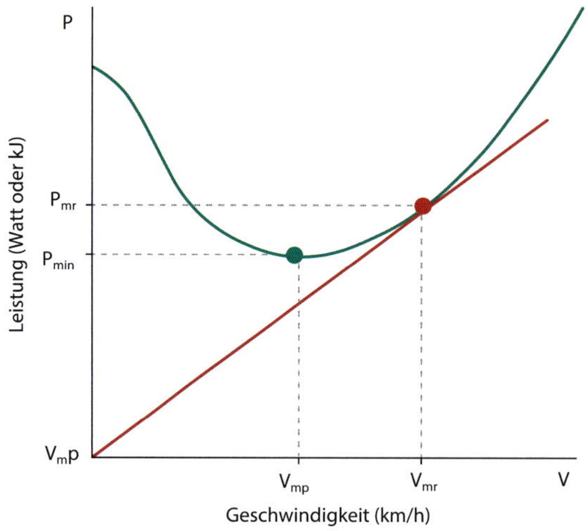


Abb. 375: Zusammenhang zwischen Flugleistung (P) und Fluggeschwindigkeit (v). Die rote Linie ist die Tangente an der Kurve durch den Nullpunkt zur Bestimmung der Fluggeschwindigkeit größter Reichweite vmr und die dafür notwendige Leistung Pmr (nach Pennycuick 1972).

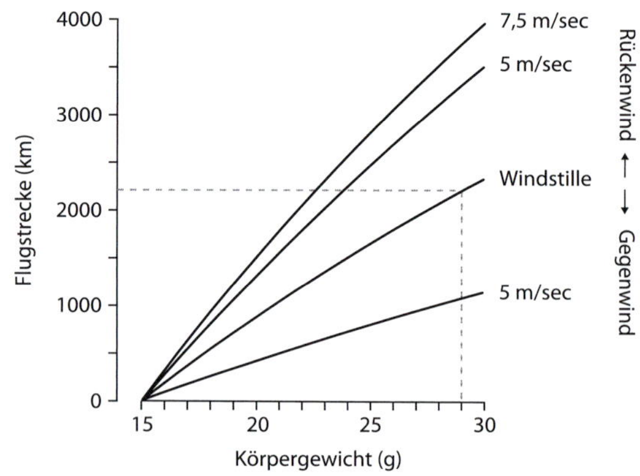


Abb. 376: Reichweite von Gartengrasmücken in Abhängigkeit von Treibstoffmenge und Windbedingungen (nach Bairlein 1987).

miert. Vmr ist somit die günstigste Geschwindigkeit für den Streckenflug (Zug), bei der mit einer gegebenen Energiemenge (Treibstoff) maximal weit gezogen werden kann. Die Treibstoffmengen bestimmen also, wie lang damit theoretisch geflogen (gezogen) werden kann (Abb. 376).

Zunächst haben aerodynamische Modelle unsere Vorstellung von der Leistung im Flug bestimmt. Direkte Messungen der Leistung (Energieverbrauch) im Flug wurden möglich, indem Vögel trainiert wurden, in einem Windkanal zu fliegen. Damit ließen sich nicht nur die Erwartungen aus den aerodynamischen Modellen überprüfen, sie zeigten erstmals auch, dass die Leistung (Energieverbrauch) im Flug mit zunehmender Flugdauer abnimmt (Abb. 377).

Auch bei im Freiflug mittels „doppelt markiertem Wasser" untersuchten Waldrappen war die Leistung im Flug zu Beginn der Flüge höher als bei längerer Flugdauer (Abb. 378). Eine Ursache für diesen Unterschied ist, dass bei kurzen Flügen die Zeitanteile von Start und Landung relativ erhöht sind und gerade für den Start sehr viel Energie benötigt wird.

Möglich wurde diese Studie durch die Anwendung der **Methode des „doppelt markierten Wassers"** (oder auch „Schwere Wasser"-Methode genannt), mit der die Stoffwechselrate sich frei bewegender Tiere untersucht werden kann, sofern es gelingt, sie zu fangen und wieder zu fangen (Abb. 379).

Für die Untersuchungen an den frei-fliegenden Waldrappen konnte ein Ansiedlungsprojekt in Österreich genutzt werden. Der

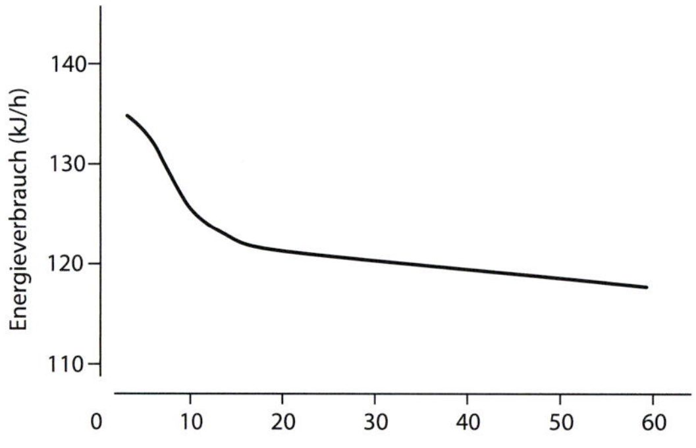


Abb. 377: Energieverbrauch von Brieftauben im Flug im Windkanal (nach Rothe et al. 1987).

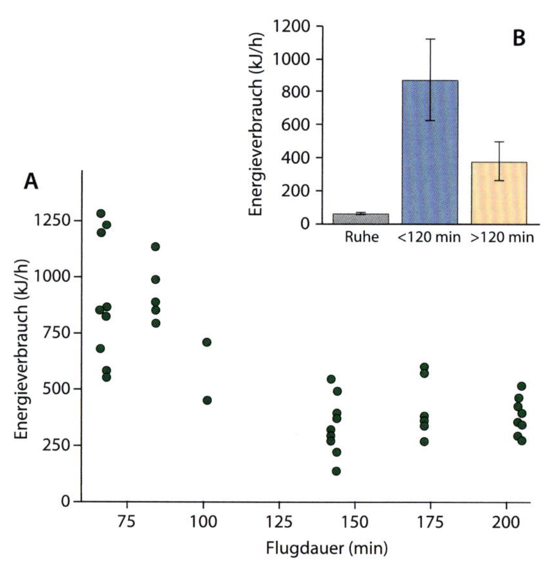


Abb. 378: Energieverbrauch im Flug von freifliegenden Waldrappen in Abhängigkeit von der Flugdauer; B: Mittlerer Energieverbrauch (mit Standardabweichung) von Waldrappen in Ruhe und bei Flügen kürzer bzw. länger als 2 Stunden (nach Bairlein et al. 2015).

Abb. 380: Waldrappe folgen dem Fluggerät.
(Foto: F. Bairlein; Foto links: M. Schäf)

Waldrapp ist in Europa bereits Ende des Mittelalters ausgerottet worden. Heute gibt es in der freien Natur nur noch wenige Paare in Marokko und Syrien. Er gehört damit zu den weltweit in ihrem Bestand sehr gefährdeten Vogelarten. In einem Artenschutzprojekt in Österreich werden deshalb Waldrappe in Zoos erbrütet, um sie an geeigneten Plätzen wieder heimisch zu machen. Allerdings ist der Waldrapp ein Zugvogel, da er bei uns im Winter keine Nahrung (vornehmlich Insekten, Spinnen, Schnecken, Würmer) findet. Junge Waldrappe erlernen ihren zukünftigen Zugweg, indem sie ihren Eltern in das arteigene Winterquartier folgen. Bei den in den Zoos geborenen jungen Waldrappen ist dies nicht möglich, da ihre Eltern selbst schon nicht mehr gezogen sind. Deshalb werden diese jungen Waldrappe an ein Leichtflugzeug gewöhnt und mit diesem in ein geeignetes Winterquartier in der Toskana in Italien „geführt“ (Abb. 380). So erlernen sie ihren Zugweg, um zukünftig eigenständig ziehen zu können. So soll eine frei lebende ziehende Population aufgebaut werden. Die zu leitenden jungen Waldrappe werden von „Zieheltern“ mit der Hand aufgezogen und sind ihnen gegenüber zahm. Dies ermöglichte, den Vögeln kurz vor dem Start „schweres Wasser“ zu applizieren und eine Blutprobe zu entnehmen sowie eine weitere Blutprobe gleich nach dem Landen.

Gegenüber dem Ruhestoffwechsel war der Energieverbrauch der Waldrappe im Flug bei kurzen Flügen von weniger als 2 Stunden Dauer etwa 14 x höher, bei langen Flügen nur etwa 6 x. Längeres Fliegen im Streckenflug ist

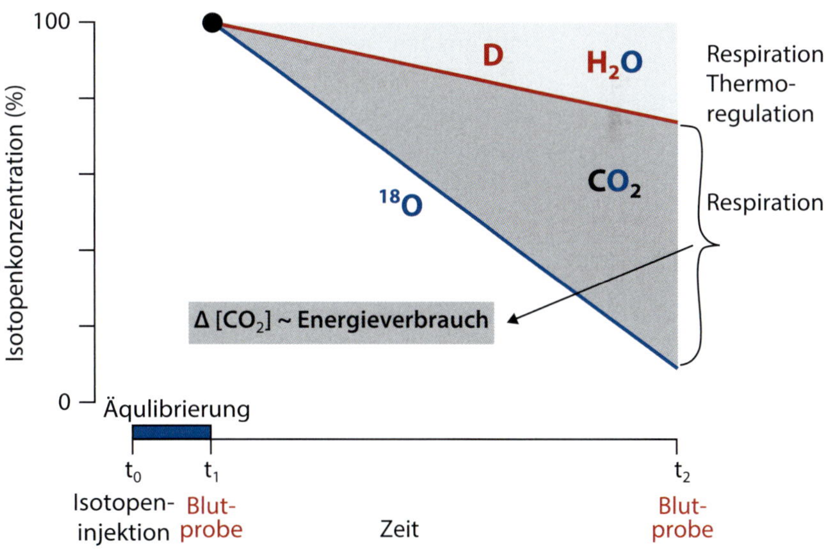


Abb. 379: Prinzip der Messung der Stoffwechselrate mit der Methode des „Doppelt markierten Wassers“ $D_2{}^{18}O$. Einem Vogel wird beim Erstfang eine bestimmte Dosis $D_2{}^{18}O$ injiziert. Nach einer Zeit der Äqulibrierung, in der sich dieses markierte Wasser gleichmäßig im Körper des Vogels verteilen kann, wird eine erste Blutprobe entnommen. Anschließend wird der Vogel freigelassen. Beim Wiederfang nach z. B. einem Tag wird eine weitere Blutprobe genommen. Aus der relativen Konzentrationsabnahme der beiden Isotopen (D bzw. $^{18}O$) aus dem markierten Wasser zwischen den beiden Blutentnahmen lässt sich die Stoffwechselrate bestimmen. Grundlage dafür ist, dass Deuterium (D) den Körper nur über abgegebenes Wasser verlassen kann, $^{18}O$ dagegen sowohl über Wasserabgabe als über das ausgeatmete Kohlendioxid ($CO_2$). Dadurch ist die Konzentrationsabnahme von $^{18}O$ relativ stärker ist als die von D. Die Differenz zwischen der Konzentrationsabnahme an D und $^{18}O$ ist damit proportional der Menge an produziertem und abgegebenem $CO_2$. Die Menge an $CO_2$ ist ein Maß für die Stoffwechselrate über die Zeit zwischen den beiden Blutentnahmen.

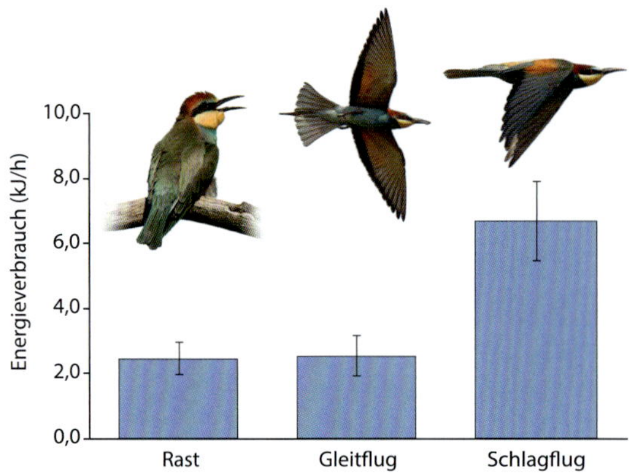


Abb. 381: Energieverbrauch (Mittelwert mit Standardabweichung) von Bienenfressern in Rast und im Flug. Die Vögel waren mit einem telemetrischen Pulsmesser ausgestattet, der die Herzschlagrate kontinuierlich aufzeichnete. Durch Kalibration der Herzschlagrate mit dem über den Sauerstoffverbrauch gemessenen Energieverbrauch konnte der Energieverbrauch in den verschiedenen Phasen ermittelt werden (nach Sapir et al. 2010).

also je Zeiteinheit wesentlich weniger energieaufwändig („preiswerter"), als man vorher aus Studien mit nur kurzen Flügen oder aus aerodynamischen Modellen angenommen hat.

Bei ziehenden Zwergmusendrosseln Nordamerikas, die im Freiflug ebenfalls mit der „schweren Wasser"-Methode untersucht wurden, zeigte sich eine im Flug gegenüber dem Ruhestoffwechsel um etwa 5-fach höhere Stoffwechselrate. Bei sehr effizienten Fliegern mit langen spitzen Flügeln ist der Energieverbrauch im Schlagflug gegenüber Ruhe sogar noch weniger erhöht, beim Bienenfresser nur um den Faktor 2,7 (Abb. 381). Im Gleitflug ohne Flügelschlag war der Energieverbrauch der Bienenfresser nicht höher als in Ruhe. Bienenfresser sind damit nicht nur sehr effiziente Schlagflieger, sie gleiten auch sehr energiearm. Für andere Gleitflieger, wie Silbermöwe oder Wanderalbatros, waren im Gleiten die Energieverbräuche 1,9 bis 2,4-mal höher als in Ruhe.

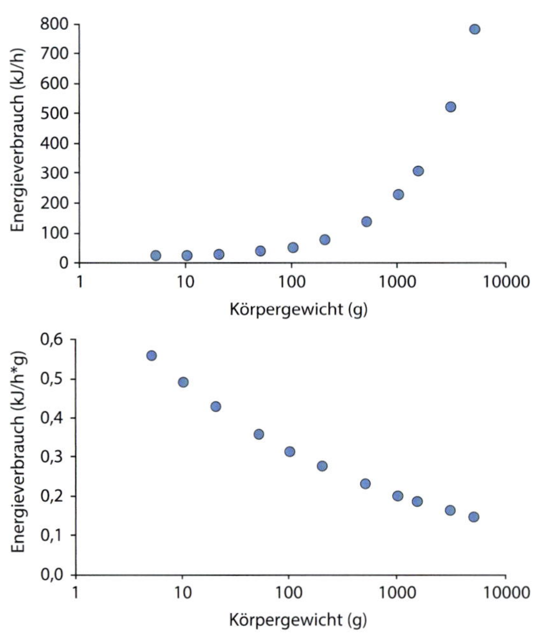


Abb. 382: Zusammenhang zwischen Energieverbrauch im Schlagflug und Körpergewicht. Oben: für den Vogel; unten: je Gramm Körpergewicht (nach Norberg 1996).

Der Energieverbrauch im Flug ist abhängig von der Windsituation, im Gegenwind höher, mit Rückenwind geringer, und er steigt mit dem Körpergewicht (Abb. 382). Dabei ist der massenspezifische Energieverbrauch, also der Energieverbrauch je 1 Gramm Körpermasse, bei kleinen Vögeln höher als bei großen (Abb. 382).

## Keilflug

Vogelzug für die meisten Arten erfolgt einzeln, bei manchen Arten in kleinen Trupps, und vielfach nachts, also für uns in der Regel nicht auffällig oder sichtbar. „Sinnbild" des Vogelzugs sind deshalb oftmals die keilförmigen Flugformationen. Wir finden sie bei vielen größeren Arten, die im Schlagflug fliegen, wie Schwäne, Gänse, Enten, Flamingos, Pelikane, Kormorane, Reiher und Kraniche, aber auch manche Watvogelarten wie Brachvogel und Pfuhlschnepfe sowie Möwen wie Silber- und Lachmöwe. Die Keile sind dabei unterschiedlich groß, manchmal bestehen sie nur aus weniger als 20 Vögeln, gerade bei Gänsen aber auch aus mehreren hundert Tieren.

Lange wurde darüber spekuliert, warum Vögel in Keilformationen fliegen. Mittlerweile ist gezeigt, dass dies vor allem energetische Gründe hat. Dies ließ schon die Beobachtung vermuten, dass sich die Vögel an der Spitze der Formation regelmäßig abwechseln, ein Hinweis darauf, dass der an der Spitze fliegende Vogel stärker beansprucht ist, die Nachfolgenden dagegen entlastet. Aerodynamische Untersuchungen von Keilformationen haben dies bestätigt. Gegenüber dem Einzelflug beträgt die Leistungsersparnis für den einzelnen Vogel im Verbandsflug im Mittel etwa 18 %, „optimal" sogar bis zu 50 %. Im Verbandsflug fördert die vom Vorflieger erzeugte Luftströmung den nachfolgenden Vogel. Beim Verbandsflug fliegt nämlich mit Ausnahme des an der Spitze fliegenden Vogels jeder Flügel in dem Aufwind aller übrigen, wodurch sich die Leistungsersparnis ergibt. Die Leistungsersparnis für den einzelnen Vogel variiert aber in Abhängigkeit von z. B. Verbandsgröße und -form sowie dem seitlichen Abstand zum Nachbarn.

Diese aus aerodynamischen Modellierungen abgeleitete Leistungsersparnis ist mittlerweile auch durch Untersuchungen an freifliegenden Vögeln bestätigt. Waldrappe wurden mit speziellen GPS-Messgeräten ausgestattet, die die Position jedes Vogels auf dem Zug bis auf 30 Zentimeter genau erfassten. Zudem wurde mit einem Beschleunigungssensor der Flügelschlag des einzelnen Vogels aufgezeichnet. Dabei zeigte sich, dass sich die Vögel regelmäßig abwechselten und ihre Position und ihren Flügelschlag exakt aufeinander abstimmten. Zudem wurde deutlich, dass der Zeitanteil eines Vogels an der Spitze der Formation streng korreliert mit dem Zeitanteil, in dem er selbst davon profitieren kann, im Gefolge eines anderen Individuums zu fliegen, und dass sich kein Vogel davor „drückte“, selbst an der Spitze zu fliegen. Wie im aerodynamischen Modell betrug die Leistungsersparnis der freifliegenden Vögel 10–18 % der Flugkosten im Einzelflug.

Während bei den Waldrappen die Führungsposition an der Keilspitze ständig wechselte, war dies bei Blässgänsen, die in Familiengruppen unterwegs waren anders. Bei ihnen führten nahezu ausschließlich die Elternvögel, in gut $^2/_3$ der Fälle der Vater. Es wird vermutet, dass dies etwas mit Fürsorge der Eltern gegenüber ihren Jungvögeln zu tun hat, oder, dass die Jungvögel so für ihr späteres Zugverhalten lernen.

## Fett macht fit

Um diese Flugleistungen vollbringen zu können, brauchen die Vögel Energie. Insbesondere solche Arten, die große ökologische Barrieren wie, Hochgebirge, Meere und Wüsten, überwinden, benötigen ausreichend große Energiereserven. Nur wenige Arten, z. B. Seeschwalben, Segler und Schwalben, können Nahrung aufnehmen, ohne den Zug nennenswert zu unterbrechen. Die Mehrzahl der Arten muss jedoch die für den Zug benötigte Energie vor einer Flugetappe „auftanken“.

Blässgänse im Keilflug (Foto: H-J. Fünfstück)

Hauptsächlicher Energieträger für den Vogelzug ist Fett. Fette sind neben den Kohlenhydraten (Zucker, Stärke und Glykogen) die wichtigsten Energiespeicher der Zellen. Der physiologische Brennwert liegt mit 37 kJ/g Fett mehr als doppelt so hoch wie bei Kohlenhydraten und Proteinen (je 17 kJ/g). Fett liefert also pro Gewichtseinheit sehr viel mehr Energie als die anderen Speicherformen.

Fett enthält zudem kaum strukturelles Wasser, kann damit „trocken“ gespeichert werden, im Gegensatz zu Proteinen, die viel Wasser enthalten, so dass je Gramm gespeichertem Protein nur relativ wenig Energie gespeichert werden kann. Fett liefert zugleich bei der „Verbrennung“ (chemischen Umwandlung in Energie) sog. „metabolisches Wasser“ und zwar etwa 1 g Wasser je 1 g Fett.

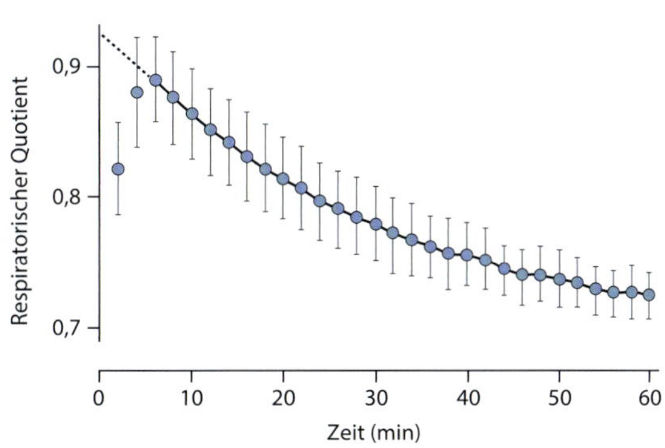


Abb. 383: Respiratorischer Quotient von Brieftauben während des Fluges im Windkanal (nach Rothe et al. 1987).

Dass Fett in der Tat der Treibstoff für den Flug ist, zeigen Stoffwechseluntersuchungen an fliegenden Brieftauben im Windkanal. Über den Vergleich von veratmetem Sauerstoff zu erzeugtem Kohlendioxid lässt sich der sog. **Respiratorische Quotient** (RQ) bilden. Er zeigt an, welcher Energieträger „verbrannt" wurde. Für Fett ist der RQ 0,7, für Kohlenhydrate 1,0. Kurz nach dem Start ist der RQ der Tauben etwa 0,9 (Abb. 383); es werden überwiegend Kohlenhydrate verbraucht. Anschließend erniedrigt sich der RQ und nach einer Stunde Flugzeit beträgt er ungefähr 0,7. Nun wird also weitgehend Fett verbrannt. Bei nordamerikanischen Wanderdrosseln erfolgte die Umstellung von Kohlenhydrat- auf Fettstoffwechsel nach etwa 20 Minuten nach Flugbeginn.

Auch blutphysiologische Daten zeigen die Verwendung von Fett als Treibstoff im Flug. Bei auf dem Schweizer Alpenpass Col de Bretolet nachts im Zug gefangenen Trauerschnäppern und Gartengrasmücken waren die Fettabbau anzeigenden Blutparameter Triglyceride, Freie Fettsäuren und Hydroxybutyrat (HBA) höher als bei rastenden Vögeln (Abb. 384). Harnsäure als Anzeiger von Proteinabbau war dagegen im Flug nur geringfügig höher als bei der Rast und Blutzucker (Glucose) im Flug geringer als bei der Rast. Vögel im aktiven Flug nutzen also primär Fett als Treibstoff, Eiweiß dagegen nur zu einem geringen Anteil.

Ähnliches zeigte sich auch bei den zugbegleiteten Waldrappen. Sie hatten unmittelbar nach dem Flug höhere Blutwerte für Freie Fettsäuren, Glyceride (stammen aus dem Abbau der Fette) und HBA als beim Start, dagegen nur geringfügig erhöhte Harnsäure. Kurz nach dem Landen erniedrigt waren die Triglyceride und der Blutzucker, erhöht dagegen die Laktatwerte. Dies zeigt, dass die Waldrappe, wie schon für die Tauben im Windkanal gesehen, zunächst beim Start ihre Zucker(Glycogen)reserven nutzen. Kohlenhydrate stellen Energie rasch zur Verfügung und liefern so die Energie für den Flugbeginn. Da die Kohlenhydratreserven aber begrenzt sind, wird auf die Verbrennung von Fett „umgeschaltet", sichtbar durch den Anstieg bei den Fettabbau anzeigenden Parametern Freie Fettsäuren, Glyceride und HBA und durch die nach dem Flug erniedrigten Triglyceride. Die beim Landen geringfügig erhöhten Harnsäurewerte sind Zeichen dafür, dass im Flug teilweise auch Eiweiße abgebaut werden. Auch bei im Windkanal untersuchten Wanderdrosseln waren die Blutglyceride, HBA und Harnsäure nach dem Flug erhöht, Blutzucker und Blutfette reduziert, ebenso bei frisch gelandeten Uferschnepfen Freie Fettsäuren, HBA und Glyceride sowie Harnsäure.

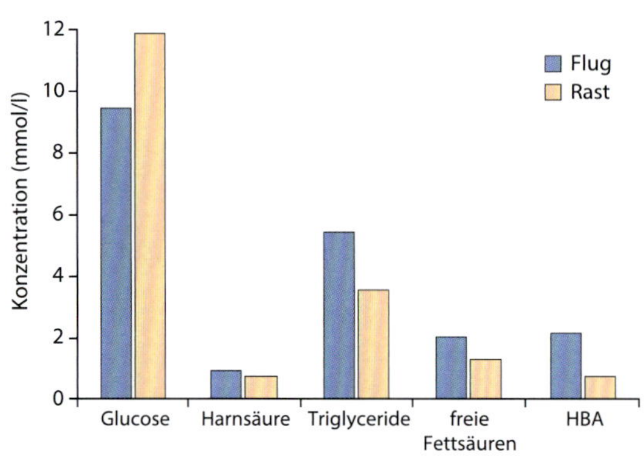


Abb. 384: Blutparameter von Gartengrasmücken, die auf dem Schweizer Alpenpass Col de Bretolet nachts aus dem aktiven Flug gefangen wurden (nach Jenni-Eiermann & Jenni 1991).

Für die physiologische Verwertung von Fett ist nämlich ein gewisser Proteinanteil nötig. Deshalb werden in gewissem Umfang auch Proteine gespeichert oder im Flug werden Organe reduziert, die für den Flug selbst nicht erforderlich sind (s. Kap. 9). Im längeren Flug stellt sich ein Verhältnis zwischen dem Verbrauch von Fett und Protein von etwa 95 % Fett zu 5 % Protein ein.

## Zugzeitliche Fettdeposition

Fett ist also der entscheidende Treibstoff für den Vogel, da er nicht nur Energie, sondern auch Wasser liefert. Fett wird deshalb vor dem Zug in teilweise großen Depots eingelagert.

Ohne entsprechende Fettreserven sind lange Flüge nicht möglich. Die vom Vogel vor Aufbruch zu einem Flug deponierte Fettmenge bestimmt die Flugdauer und somit die Flugdistanz. Der Zugerfolg ist maßgeblich vom Erfolg einer ausreichenden Fettdeposition abhängig. Eine der auffälligsten Anpassungen an das Zugverhalten vieler Arten ist deshalb ein ausgeprägtes jahreszeitliches, zugzeitliches Fettwerden, die sog. zugzeitliche Fettdeposition. Manche Arten legen nur jeweils kleine Fettdepots an, die entlang einer Serie von Rastplätzen („Tankstellen") immer wieder aufgefrischt werden. Andere Arten dagegen speichern gewaltige Mengen an Fett, die bis zu 50 % ihrer gesamten Körpermasse ausmachen können.

Die zugzeitliche Deposition von Treibstoff zeigt sich in vielen Studien am Körpergewicht.

Gartengrasmücken beispielsweise wiegen vor dem Herbstzug oder im afrikanischen Ruhegebiet meist zwischen 16 und 18 g. Zur Zugzeit hingegen, sowohl im Herbst wie Frühjahr, können Körpermassen von bis zu 34 g erreicht werden, in etwa eine Verdoppelung der Ausgangsmasse. Bei der Gartengrasmücke und anderen nach W-Afrika ziehenden Arten erfolgt dieses Auftanken vornehmlich unmittelbar vor der Durchquerung der Sahara, im Herbst in SW-Spanien und NW-Afrika, für den Rückzug im Frühjahr in der Sahelzone (Abb. 385). Dabei erfolgt der Gewichtszuwachs sehr rasch mit täglichen Raten der Gewichtszunahme von mehr als 10 % des fettfreien Körpergewichtes (Abb. 386). So können Gartengrasmücken von etwa 15 g Körpergewicht in einem guten Rastgebiet bis zu 1,8 g je Tag an Körpermasse aufbauen.

Durchschnittlich liegen die zugzeitlichen Maximalkörpermassen von Gartengrasmücken um etwa 80 % über den Normalwerten außerhalb der Zugzeiten. Für viele Langstreckenzieher macht die zugzeitliche Depotfettbildung etwa 35–50 % ihrer zugzeitlichen Körpermasse aus. Kleinere Arten weisen durchschnittlich relativ größere Fettdepots auf als große Arten, und die Rate der Depotfettbildung ist bei kleineren Arten höher als bei großen (Abb. 387). Geringe bis mittlere Mengen an Speicherfett für den folgenden Zug bilden Kurz- bis Mittelstreckenzieher. Bei ihnen sind durchschnittlich weniger als 20 % der Körpermasse zur Zugzeit Fett.

Bei Langstreckenziehern zeigt sich zudem, dass Vögel, die weitere Barrieren vor sich haben, mehr Fett anlagern. Bei Rauchschwalben im Herbst sind die mittleren Körpergewichte und Fettwerte bei Vögeln, die über Italien und das zentrale Mittelmeer nach Afrika ziehen, höher als bei Vögeln, die über die Iberische Halbinsel ziehen (Abb. 388). Dabei sind die Gewichte und Fettwerte der über Italien ziehenden Vögeln sogar höher als es aus aerodynamischen Vorhersagen für den Zug über Mittelmeer und Sahara notwendig wäre. Grund hierfür dürfte sein, dass die über Italien ziehenden Vögel eine längere Strecke über Meer fliegen als die über Spanien ziehenden und über dem Meer die Wetterbedingungen

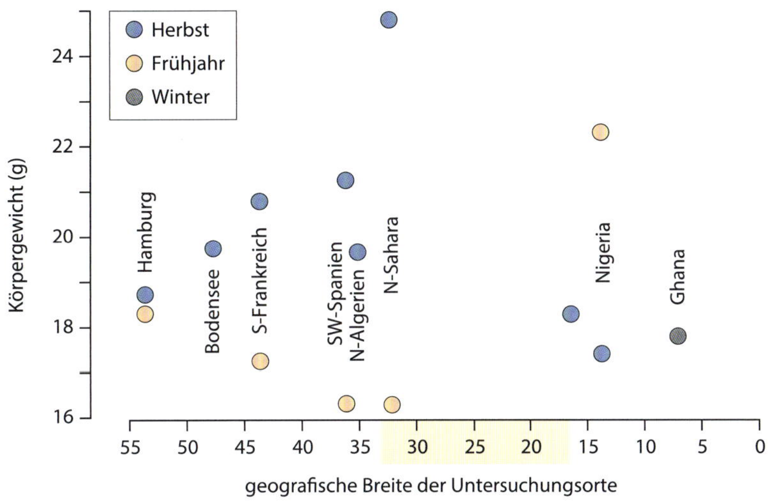


Abb. 385: Mittlere Körpergewichte von Gartengrasmücken an verschiedenen Orten im Zugverlauf. Schattierter Bereich: Ausdehnung der Sahara (nach Bairlein 1991).

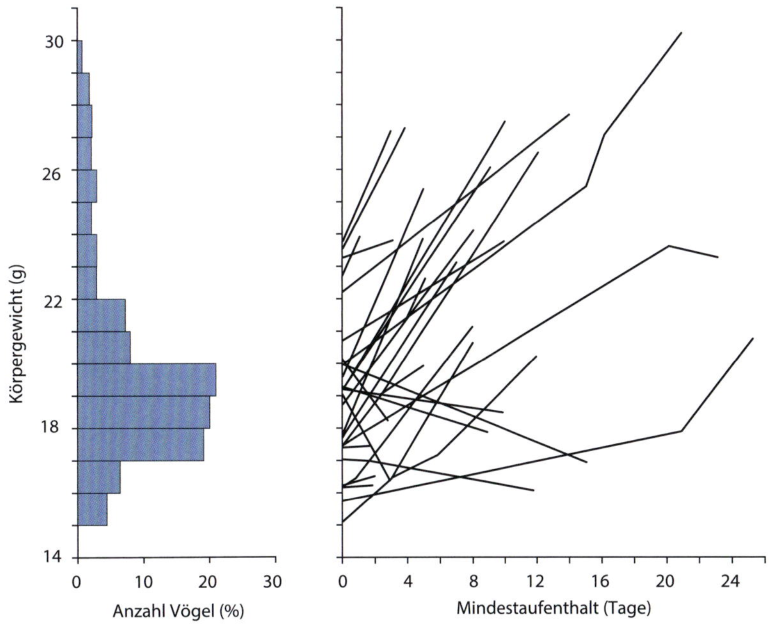


Abb. 386: Körpergewichte von Gartengrasmücken während des Herbstzuges in NW-Algerien. Links: Häufigkeitsverteilung der Körpergewichte beim Erstfang; rechts: individuelle Gewichtsveränderungen von Wiederfängen (nach Bairlein 1987).

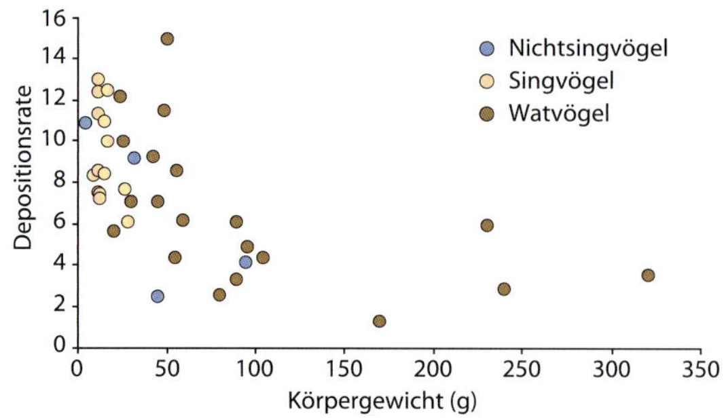


Abb. 387: Maximal tägliche Gewichtszunahme („Tankrate“; in % des fettfreien Körpergewichtes) in Abhängigkeit vom Körpergewicht (nach Lindström 2003).

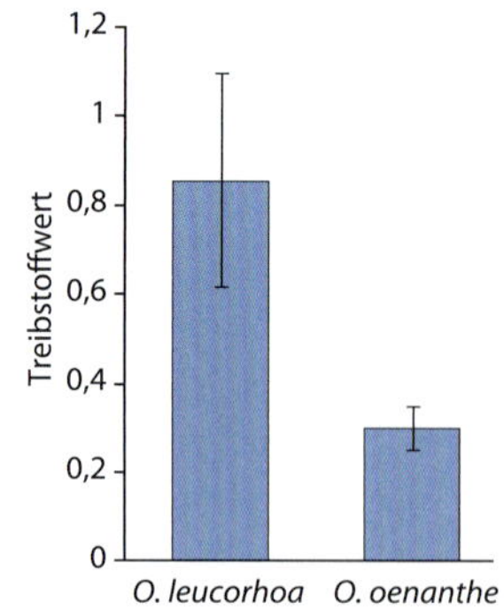


Abb. 389: Mittlere Treibstoffwerte (mit Standardabweichung) von Steinschmätzern im Frühjahr auf Helgoland beim Abflug (nach Dierschke et al. 2005).

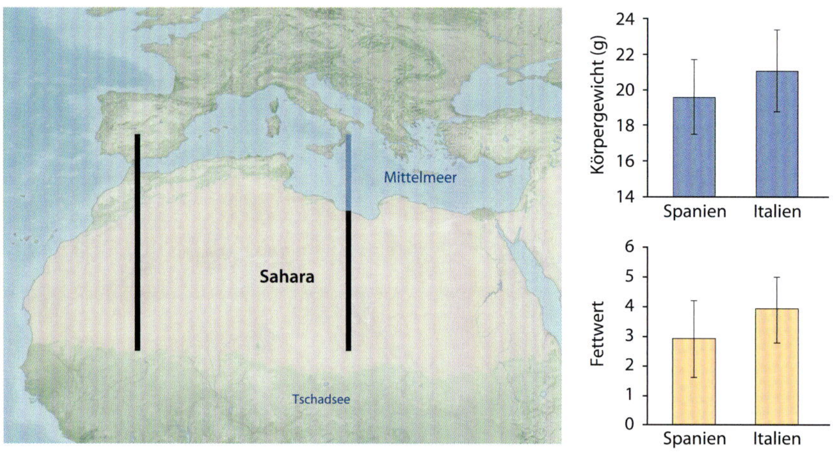


Abb. 388: Körpergewichte und Fettwerte (Mittelwerte ± Standardabweichungen) von Rauchschwalben während des Herbstzuges in Spanien und Italien. Linien in der Karte: mittlere Zugdistanz, blau: Distanz über Mittelmeer (nach Rubolini et al. 2002).

für den Zug weniger vorherzusehen und ungünstiger sind und mehr Energie kosten.

Bei im Frühjahr von Helgoland abziehenden Steinschmätzern lagern die Vögel der Unterart *leucorhoa*, die mindestens bis Island und dabei über den N-Atlantik ziehen, wesentlich mehr Treibstoff an als die Vögel der Unterart *oenanthe*, die „nur“ nach Skandinavien ziehen (Abb. 389).

Diese Gewichtszunahme ist überwiegend auf die Bildung umfangreicher, unmittelbar unter der Haut (subcutan) angelegter **Fettpolster** zurückzuführen (Abb. 390). Die Anlage der Fettpolster direkt unter der durchsichtigen Oberhaut erlaubt es einem besonders bei Kleinvögeln, den Fettzustand eines Vogels in

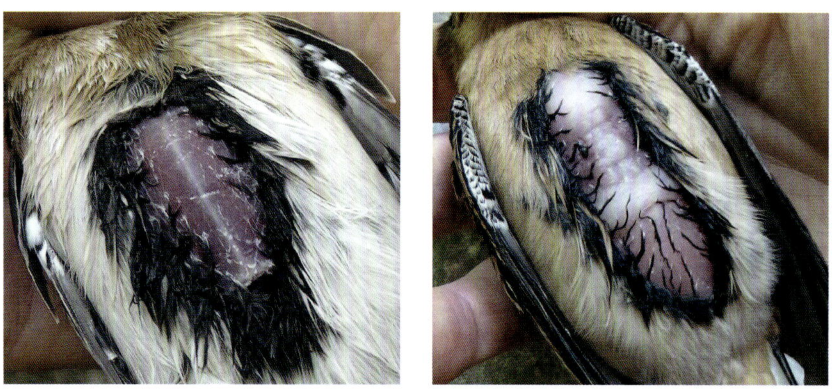

Abb. 390: Normalgewichtiger (links) und fetter (rechts) Steinschmätzer (Foto: F. Bairlein).

Blässgänse mit moderaten (Abdominalindex 3) und großen Fettreserven (API 6; Foto: H. Kruckenberg)

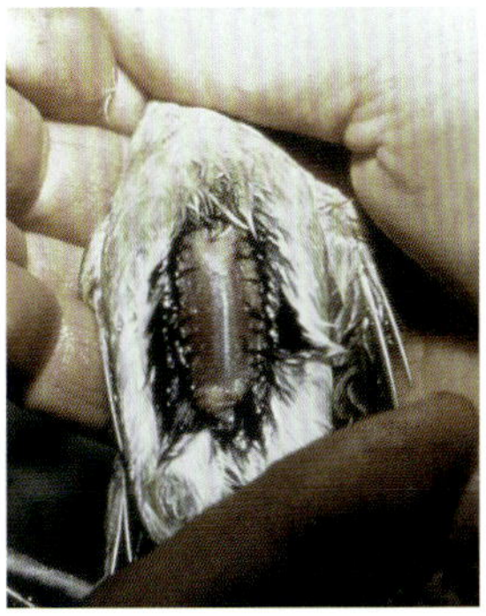

Magere Gartengrasmücke.
Foto: F. Bairlein

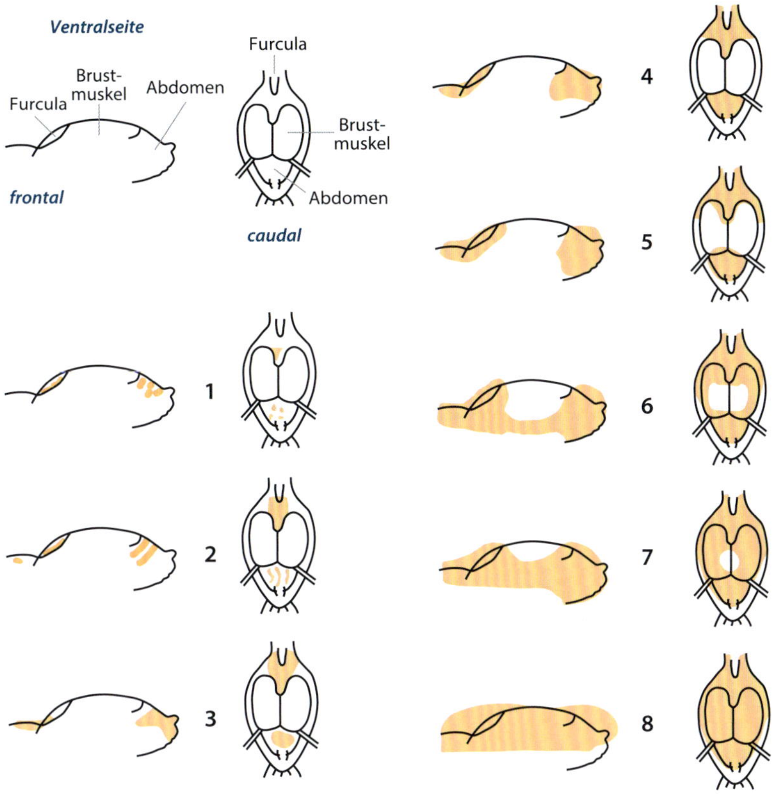


Abb. 391: Fettklassen (Fettscores) von Kleinvögeln. Fett = gerasterte Flächen, F = Furcula; B = Brustmuskel, A = Abdomen (nach Kaiser 1987 und Bairlein 1994).

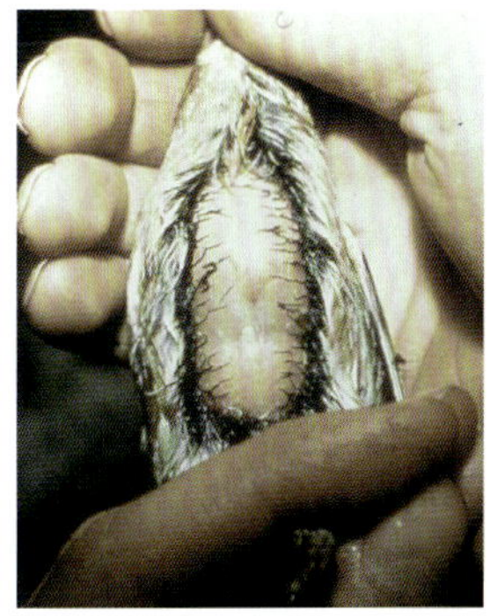

Fette Gartengrasmücke.
Foto: F. Bairlein

der Hand von außen recht leicht abzuschätzen, ohne ihn dafür verletzen oder gar töten zu müssen (Abb. 391). Aus der Differenz der mittleren Körpergewichte für die einzelnen **Fettklassen** lässt sich der Fettgehalt des Vogels grob ermitteln (Abb. 392). Bei Gänsen hat sich die Ermittlung des sog. **Abdominalindex** bewährt (Abb. 393). Über seine Beziehung zum Körpergewicht ergibt sich auch hier die Fettmenge und daraus der Energievorrat (Abb. 394).

So sehr sich die Ermittlung von Fettscores und Abdominalindexwerten für Abschätzungen zum Energiezustand ziehender Vögel bewährt haben, liefern sie doch keine exakten Werte des Fettgehaltes, sondern sind Annäherungen an die wirklichen Fettmengen, die einem Vogel für seinen Zug zur Verfügung stehen. Für die Ermittlung des wirklichen Fettgehaltes war es früher erforderlich, Vögel zu töten und ihre Fettmenge chemisch zu extrahieren. Dies ist heute nicht mehr notwendig, da mittlerweile auch für Kleinvögel sog. **Ganzkörperscanner** zur Verfügung stehen, mit denen die Körperzusammensetzung (Fettmasse, fettfreie Masse, Wassergehalt) lebender Vögel nicht-invasiv, präzise und sehr schnell gemessen werden (Abb. 395). Dabei zeigte sich z. B. an Steinschmätzern, dass die Gewichtszunahme der Vögel nahezu ausschließlich eine Zunahme im Fettgehalt ist, die fettfreie Masse dagegen sich mit dem Körpergewicht nicht ändert (Abb. 396).

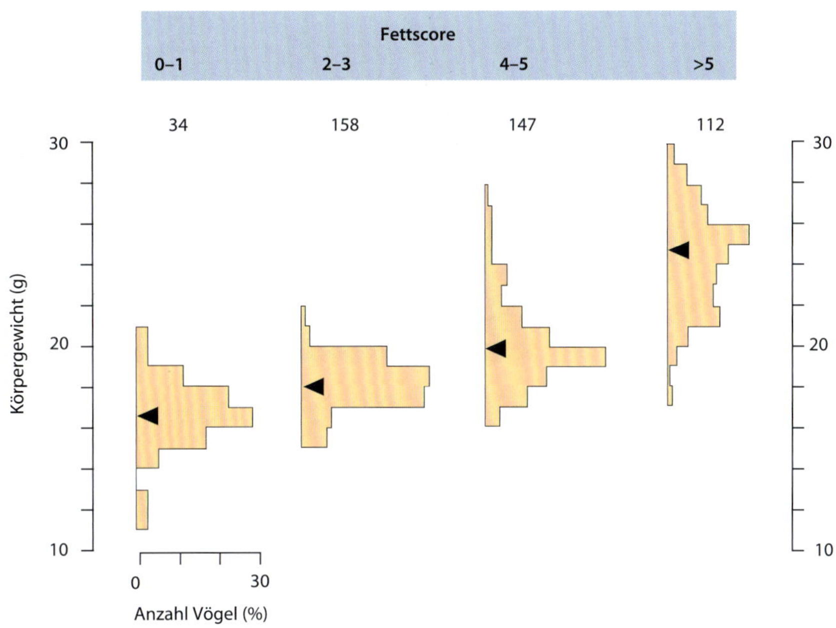


Abb. 392: Zusammenhang zwischen Fettscore und Körpergewicht bei Gartengrasmücken während des Herbstzuges. Die Zahlen über den Häufigkeitsverteilungen geben die Stichprobengrößen an, die Dreiecke zeigen die Mittelwerte (nach Bairlein 1987).

Abb. 393: Abdominalindex bei Gänsen zur Abschätzung ihrer Fettreserven. Dabei wird am freilebenden Vogel registriert, wie weit sich das Abdomen vorwölbt (nach Madsen & Klaassen 2006).

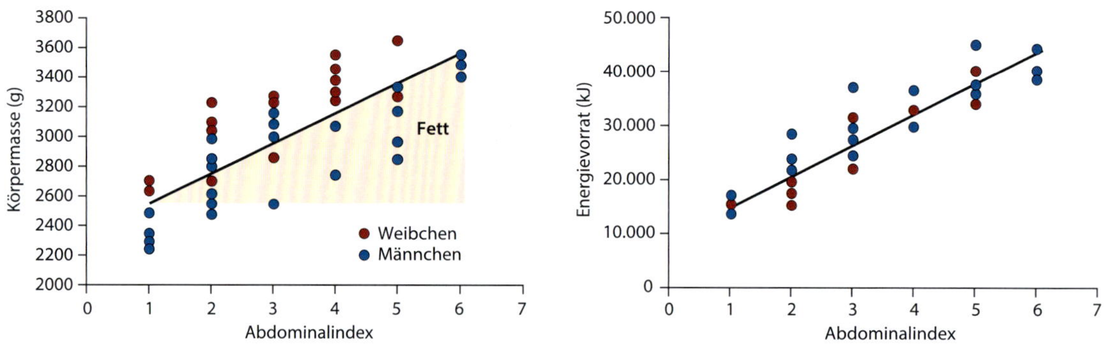


Abb. 394: Links: Beziehung zwischen Körpermasse und Abdominalindex bei Kurzschnabelgänsen und daraus abgeleitete Energievorräte (rechts) (nach Madsen & Klaassen 2006).

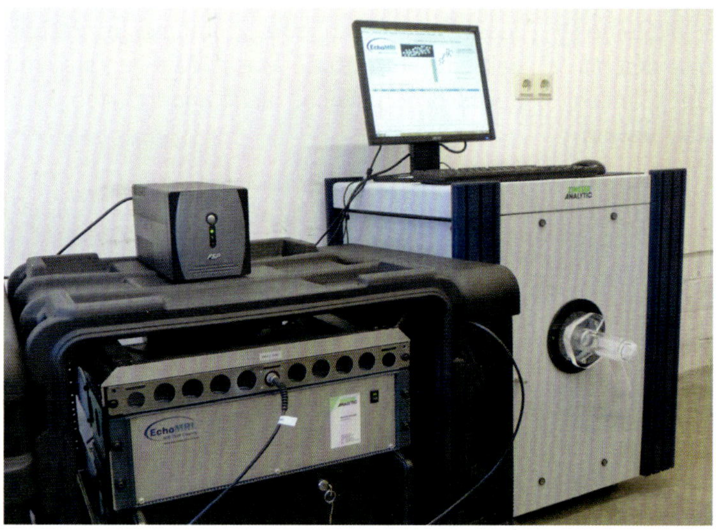

Abb. 395: Ganzkörperscanner EchoMRI™, bestehend aus dem Messgerät mit eingeschobener Messröhre (rechts) und einem Rechner (links). Mittels quantitativer Magnetresonanztechnologie (QMR) kann die Körperzusammensetzung (Fettmasse, fettfreie Masse, Wassergehalt) lebender Vögel nicht-invasiv, präzise und sehr schnell gemessen werden. Der Scanner benötigt gerade einmal 30–90 Sekunden für eine Messung, und die Vögel müssen nicht sediert werden. Sie befinden sich lediglich kurzfristig in einer luftdurchfluteten Plexiglasröhre, vergleichbar einer Wägung bei der Beringung (Foto: F. Bairlein).

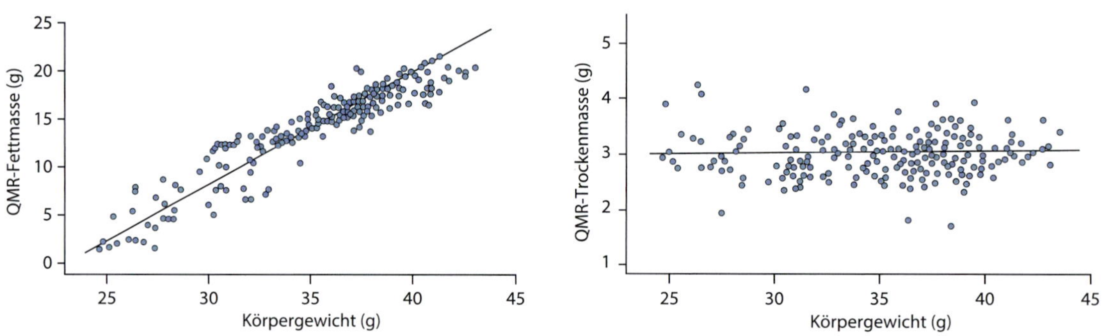


Abb. 396: Zusammenhang zwischen der über die QMR bestimmten Fettmenge (links) und der fettfreien Trockenmasse (rechts) und dem Körpergewicht von Steinschmätzern (nach Kelsey & Bairlein 2019).

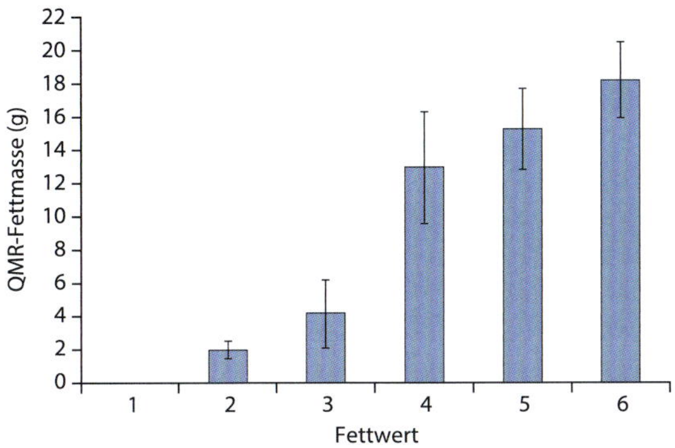


Abb. 397: Zusammenhang zwischen mittlerer (± Standardabweichung) QMR-bestimmter Fettmasse und sichtbarem Fettwert bei Steinschmätzern (nach Bairlein & Kelsey 2018).

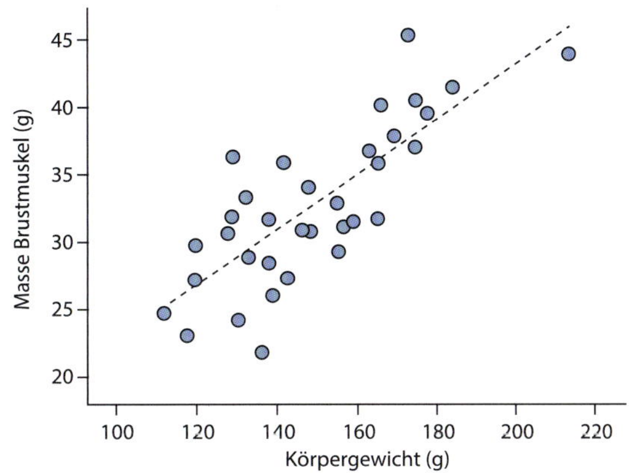


Abb. 398: Zusammenhang zwischen der Masse an Brustmuskel und dem Köpergewicht bei Knutts (nach Dietz et al. 1999).

Die zugzeitliche Körpermassenzunahme der Steinschmätzer ist also ganz überwiegend auf Depotfettbildung zurückzuführen. Zudem korreliert die QMR-bestimmte Fettmasse mit dem aus dem Fettscore geschätzten Fettwert (Abb. 397). Der sichtbare Fettscore ist also tatsächlich ein guter Indikator für den tatsächlichen Fettgehalt eines Vogels.

## Proteine

Wie bereits erwähnt, werden während des Fluges auch Eiweiße (Proteine) benötigt, weniger für den Energiegewinn als vielmehr für Stoffwechselvorgänge, die Aufrechterhaltung von für im Flug benötigte Organe und Enzymfunktionen sowie für die Regulation des Wasserhaushaltes. Deshalb deponieren einige Arten auch in erheblichem Umfang Proteine, so gerade viele arktische Limikolen wie der Knutt und die Pfuhlschnepfe. Bei ihnen können bis zu 50 % der zugzeitlichen Massenzunahme auf die Deposition von Proteinen zurückgehen. Ein großer Teil dieser Proteindeposition erfolgt in den Flugmuskeln (**Muskelhypertrophie**); die Muskeln nehmen an Masse zu (Abb. 398). Am Ende langer Flüge können die Eiweißreserven aufgebraucht sein, was sich dann in z. T. erheblich reduzierten Muskeln zeigen kann, einschließlich der Flugmuskeln. Mit Hilfe eines dem Fettscore entsprechenden „**Muskelscore**" lassen sich diese Veränderungen am lebenden Vogel feststellen und beurteilen (Abb. 399).

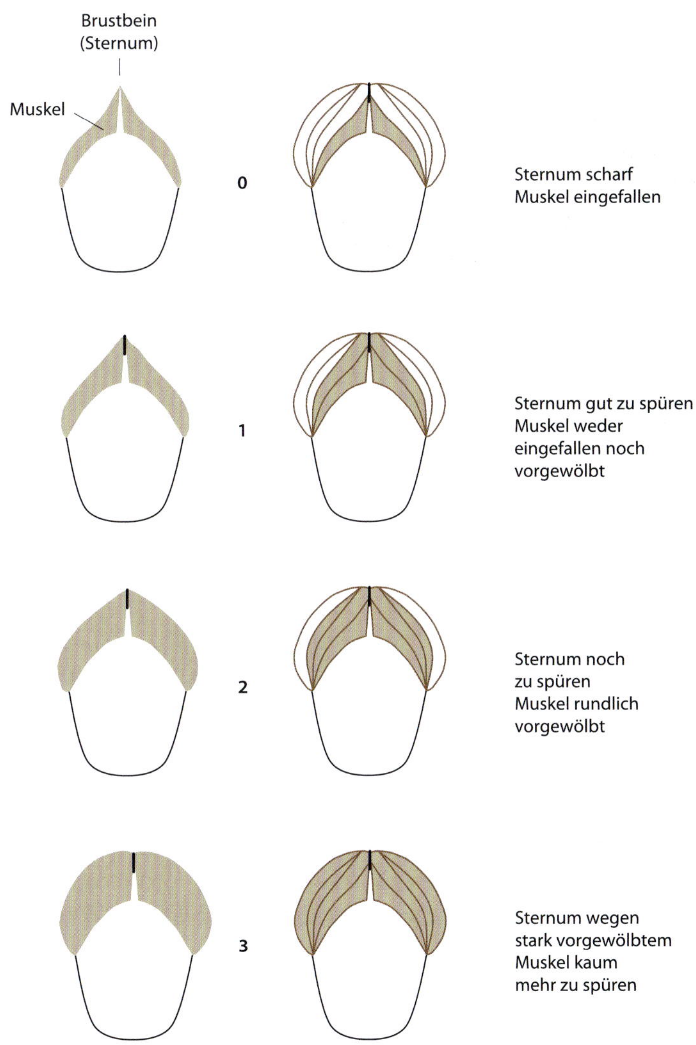


Abb. 399: Muskelscore. Die rechten Sketche zeigen die Veränderungen des Muskels zwischen den verschiedenen Klassen (Muskel: schattierte Flächen, Veränderungen: weiße Flächen) (nach Bairlein 1994).

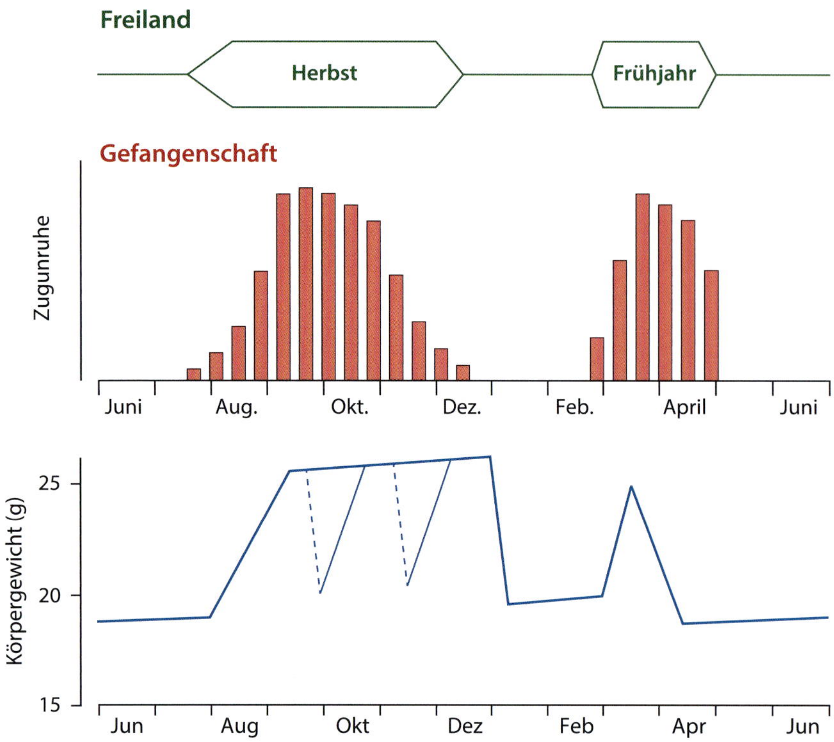


Abb. 400: Schematische Darstellung des Zugverhaltens von Gartengrasmücken im Freiland und unter kontrollierter Haltung. In Gefangenschaft zeigen Gartengrasmücken nächtliche Zugaktivität und ausgeprägte saisonale Gewichtsänderungen infolge Fettdeposition dann, wenn sie im Freiland ziehen würden. Nach experimentellem, vorübergehendem Nahrungsentzug und dadurch bedingter Gewichtsabnahme kehren die Vögel bei wieder ausreichend Futter unmittelbar und mit ähnlichem Zuwachs auf ihren jahreszeitlichen „Sollwert" des Körpergewichtes zurück, solange der endogene Zugstatus besteht.

## Mechanismen des Fettwerdens

Bei bis zu mehr als 10 % täglicher Gewichtszunahme (Fettdeposition) stellt sich die Frage, wie diese Vögel es schaffen, in so kurzer Zeit so fett zu werden. Grundlage für die zugzeitliche Fettdeposition ist eine angeborene Disposition. Auch gekäfigte Zugvögel werden unter konstanten Haltungsbedingungen dann fett, wenn sie im Freiland ziehen würden (Abb. 400). Arten, die natürlicherweise früh ziehen, werden auch in Gefangenschaft in einem früheren Alter zugfett als spät ziehende Arten, und solche, die lange Strecken ziehen, werden fetter als Kurz- oder Mittelstreckenzieher. Somit verfügen solche Zugvögel über ein angeborenes Programm, das ihnen den Zeitpunkt zugzeitlicher Depotfettbildung und deren Ausmaß unabhängig von äußeren Faktoren bestimmt. Damit können auch die Mechanismen und Strategien der Fettdeposition, die Ansprüche verschiedener Arten und die Voraussetzungen für erfolgreiche Fettdeposition untersucht werden, wie es mit Freilanduntersuchungen allein nicht möglich wäre.

Diese endogene Disposition zum Fettwerden ist populationsspezifisch und vererbbar. Das Ausmaß an zugzeitlicher Fettanlagerung war bei von Hand aufgezogenen und anschließend in konstanten Bedingungen gehaltenen Steinschmätzern unterschiedlich, je nach Herkunft.

Isländische Vögel wurden in Gefangenschaft schwerer als die norwegischen und deutschen Vögel, die sich kaum unterschieden, und die Vögel aus Marokko zeigten die niedrigste zugzeitliche Körpergewichtszunahme. Zudem waren die isländischen Vögel über einen längeren Zeitraum schwer als die norwegischen und deutschen Vögel und diese länger als die marokkanischen Steinschmätzer. Beides spiegelt die unterschiedlichen Zugabläufe und Distanzen der verschiedenen Populationen wider. Während die Vögel von Island einen sehr weiten Weg ins afrikanische Winterquartier und dabei beim Wegzug im Herbst zunächst einen Nonstop-Flug von mindestens 1000 km über den Nordatlantik haben, ziehen die Steinschmätzer aus Norwegen mit Ausnahme eines anfänglichen Fluges von maximal 500 km über die Nordsee weitgehend über Land, wie die Vögel aus Deutschland, die sowohl eine gegenüber den Vögeln aus Island und Norwegen erheblich kürzere Distanz zurücklegen und zudem keine anfängliche Meeresüberquerung zu bewerkstelligen haben. Die Vögel aus Marokko schließlich, die der Unterart *seebohmi* angehören, wandern insgesamt nur etwa 1500 km. Insbesondere die anfängliche Meeresüberquerung der isländischen Vögel dürfte also für die gefundenen Unterschiede im Ausmaß der Fettdeposition verantwortlich sein. Überraschenderweise zeigten Steinschmätzer aus Alaska, obwohl diese etwa 15.000 km Zugweglänge haben, nur etwa halb so viel Fettdeposition wie Vögel aus Island (Abb. 401). Die Menge ihrer Zugunruhe entsprach dagegen der Erwartung, mit etwa doppelter Menge Zugunruhe der Vögel aus Alaska gegenüber denen aus Island.

Nicht die Zugweglänge bestimmt also beim Steinschmätzer das unterschiedliche Ausmaß

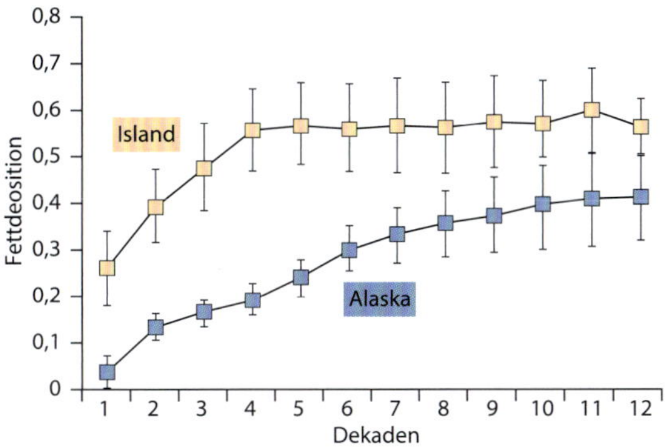


Abb. 401: Fettdeposition (je Mittelwert ± 95 % Vertrauensbereich) von handaufgezogenen Steinschmätzern aus Island und Alaska während ihrer ersten Herbstzugperiode (1–12: Dekaden: Isländische Vögel: 5. September bis 31. Dezember; Vögel aus Alaska: 16. August bis 13. Dezember). Der Wert für die Fettdeposition beschreibt, um wie viel schwerer die Vögel gegenüber ihrem fettfreien Körpergewicht sind, z. B. 0,5 = 50 % schwerer (nach Bulte & Bairlein 2013).

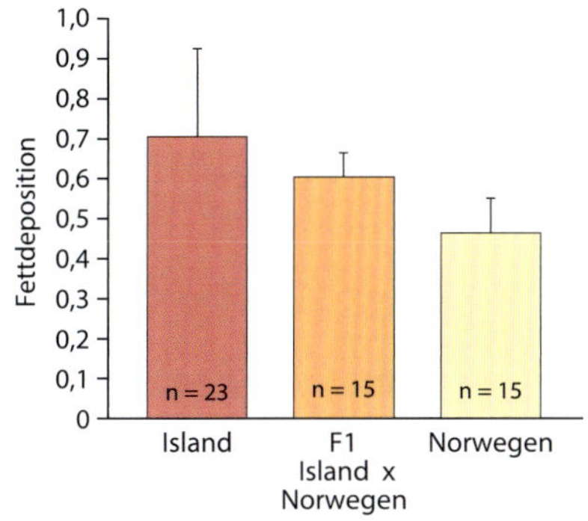


Abb. 402: Zugzeitliche Fettdeposition (mittlere maximale Fettmenge ± Standardabweichung) während der Herbstzugperiode von Steinschmätzern aus Island und Norwegen sowie von Hybriden der Kreuzung isländischer und norwegischer Vögel (nach Maggini et al. 2017; ergänzt).

endogen disponierter Fettdeposition, sondern die **Zugstrategie** bzw. ob weitgehend über Land gezogen wird mit grundsätzlich zahlreichen Möglichkeiten zum Rasten und wieder Auftanken während der Zwischenrast, oder Meere nonstop überquert werden müssen.

Die genetische Verankerung des populationsspezifischen Ausmaßes an Fettdeposition und ihre Vererblichkeit ließen sich in Kreuzungsexperimenten mit Vögeln verschiedener Brutpopulationen unter kontrollierten Brutbedingungen zeigen. Die Nachkommen von Mischpaaren aus isländischen und norwegischen Elternvögeln haben eine intermediäre zugzeitliche Fettdeposition im Vergleich zu denen ihrer jeweiligen Eltern (Abb. 402). Der zugzeitlichen Fettdeposition liegt also eine populationsspezifische, endogene, vererbliche Disposition zugrunde.

In der Freilandsituation kann erfolgreich nur dann gezogen werden, wenn vor dem Aufbruch zum Zug eine ausreichende Fettdeposition möglich war. Das Ausmaß der Fettdeposition ist entscheidend abhängig vom jeweiligen Nahrungsangebot im Rastgebiet. Damit ist das aktuelle Nahrungsangebot eines Rastgebietes ein entscheidender exogener Steuerungsfaktor des räumlich-zeitlichen Zugablaufs im Freiland, der das angeborene Zugprogramm erheblich modifizieren kann.

Unter der Annahme, dass Selektion solche Individuen begünstigt, die möglichst rasch ziehen und so z. B. vor anderen Konkurrenten am Zielort eintreffen, sollte ein hoher Selektionsdruck auf möglichst rascher Depotfettbildung liegen. Somit sollte ein Zugvogel unmittelbar dann weiterziehen, wenn er die notwendigen Fettreserven für seinen Zug erreicht hat, oder er sollte in ein anderes alternatives Rastgebiet zu weiterer Depotfettbildung dann wechseln, wenn das aktuelle Nahrungsangebot zu gering ist, um ihm (noch) eine entsprechende Fettdepositionsrate zu ermöglichen.

In einem nordalgerischen Rastgebiet frisch gefangene und gekäfigte Gartengrasmücken waren nur dann in der nächstfolgenden Nacht zugaktiv, wenn sie über ausreichende Fettvorräte verfügten (Abb. 403). Auch schwedische Rotkehlchen waren nur dann zugmotiviert und brachen nach experimenteller Freilassung zum Zug auf, wenn sie ausreichend fett waren. An Gartengrasmücken, Grauschnäppern und Steinschmätzern ist zudem im Labor gezeigt, dass nach einer durch vorübergehenden Futterentzug erzwungenen „Zugunterbrechung“

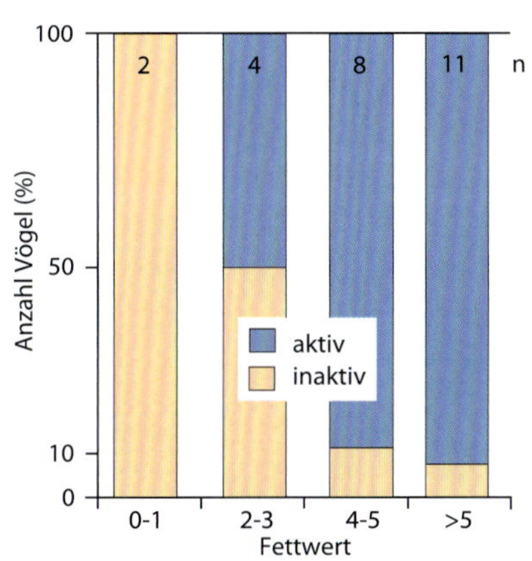


Abb. 403: Zugaktivität von nach dem Erstfang während des Herbstzuges in N-Algerien vorübergehend gekäfigten Gartengrasmücken mit unterschiedlichen Fettmengen (nach Bairlein 1987).

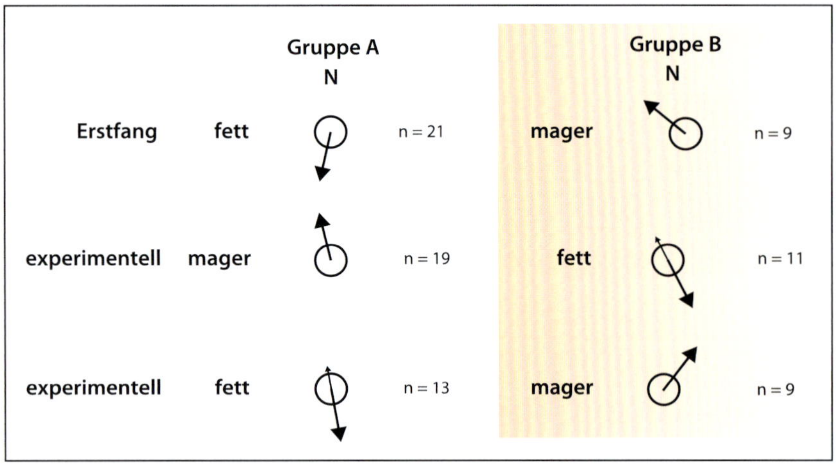


Abb. 404: Zusammenhang zwischen Fettdepot und Orientierung im Rundkäfig von Rotaugenvireos während des Herbstzuges. Im Freiland frisch gefangene fette Vögel orientierten sich zeitgemäß gen Süden (Gruppe A), magere Vögel dagegen NW, was an der Nordküste des Golfes von Mexiko Flug ins Inland bedeutet. Wurden die fetten Vögel durch Futterentzug abgemagert, orientierten sie sich NNW (B). Umgekehrt orientierten sich die vorher mageren Vögel der Gruppe B südwärts, nachdem sie im Käfig zugenommen hatten. Erhielten die experimentell abgemagerten Vögel erneut *ad libitum* Futter, nahmen sie wieder zu und orientierten sich wieder zeitgemäß gen Süden, während die vorher fetten Vögel aus Gruppe B nach Gewichtsverlust durch Futterentzug nun wieder nordwärts „zogen" (nach Sandberg 2003).

mit anschließend wieder normaler Fütterung nächtliche Zugunruhe dann wieder einsetzte, wenn die Vögel erneut zugenommen hatten.

Dabei zeigen Untersuchungen an Steinschmätzern, Gartenrotschwänzen, Gartengrasmücken und Rotkehlchen, die während ihres Durchzuges im Herbst auf Helgoland vorübergehend gekäftigt wurden, dass die Vögel mit erzwungener Gewichtsabnahme bei anschließender Vollfütterung zunächst ihre Zugunruhe einstellten, nach Wiederzunahme aber wieder zugunruhig wurden.

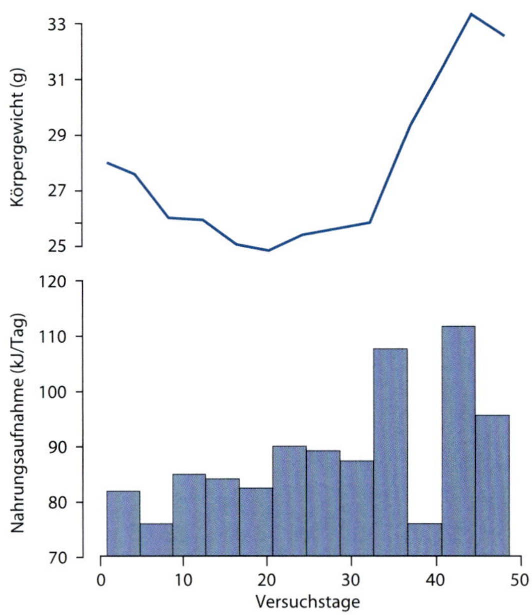

Abb. 405: Nahrungsaufnahme und Körpergewicht einer gekäfigten Dachsammer während des Frühjahrszuges (nach King 1961, Foto: K. Franz).

All diese Ergebnisse zeigen, dass die Vögel über einen gewissen „inneren" Schwellenwert an „Fettsein" verfügen, nach dem sie sich entscheiden zu rasten (keine Zugunruhe) oder weiterzuziehen (Zugunruhe).

Auch die Zugrichtung ist von der angelagerten Fettmenge bestimmt. An der Küste des Golfes von Mexiko im Herbst gefangene und im Rundkäfig auf ihre Zugrichtung getestete Rotaugenvireos orientierten sich zeitgemäß „richtig", wogegen sich magere Vögel entgegengesetzt orientierten (Abb. 404). Dies ist vermutlich dadurch bedingt, dass sie den Rastplatz an der Küste als nicht gut einschätzen, wenn sie keine ausreichende Fettdeposition erreichen können, und ins Binnenland zurückfliegen. Auch auf Helgoland flogen im Frühjahr Steinschmätzer in die „falsche" Richtung ab, wenn sie nicht ausreichend fett waren, wogegen die fetten Vögel in Richtung ihrer Brutgebiete abflogen.

## Fettwerden durch mehr Appetit

Nur wenig wissen wir über die täglich notwendige Energieaufnahme für die Fettdeposition. Austernfischer benötigen bei einem Gewicht von 540 g 46 kJ für einen Zuwachs an Körpermasse von 1 g. Bei Gartengrasmücken sind es 39 kJ/g Körpermassenänderung.

Ausgehend von Untersuchungen an nordamerikanischen Ammern im Frühjahr kam man zu der Annahme, dass dieses Fettwerden nur darauf zurückzuführen ist, dass diese Vögel zur Zugzeit einfach entsprechend mehr fressen (Abb. 405). Diese zugzeitliche **Hyperphagie** reicht von 20 % mehr gegenüber außerhalb der Zugzeit bei der nordamerikanischen Dachsammer bis zu 40 % mehr bei der Ringelgans.

Hyperphagie allein erklärt die zugzeitliche Körpergewichtszunahme bei Dachsammer, Weißkehlammer und Ortolan, nicht aber bei Dorn- und Gartengrasmücke, Rotkehlchen oder Schafstelze.

Für Körnerfresser ist dieses Mehrfressen (Hyperphagie) also durchaus günstig. Ihre Nahrung ist vielfach lokal sehr häufig, so dass eine verstärkte Nahrungsaufnahme kaum einen zusätzlichen Aufwand für z. B. die Nahrungssuche erfordert. Anders ist dies bei Arten, die sich von wenig häufiger oder beweglicher Beute ernähren, wie Insektenfresser. Hier resultiert eine verstärkte Nahrungsaufnahme zwangsläufig in einer ebenfalls erheblich verstärkten Nahrungssuche und somit in zusätzlichen Kosten dafür, insbesondere Flugkosten und Prädationsrisiko. Für solche Arten wäre (zusätzlich) eine verbesserte Verwertung (Ausnutzung) der aufgenommenen Nahrung sehr vorteilhaft.

Ein experimenteller Beleg hierfür wurde an Gartengrasmücken erbracht. Erhielten gekäfigte Gartengrasmücken fortgesetzt ein in seiner Zusammensetzung konstantes Futter, so fraßen sie während der zugzeitlichen Fettdeposition nicht nur um etwa 40 % mehr davon (Abb. 406), sondern sie verbesserten zu dieser Zeit auch die Verwertung des aufgenommenen Futters. Insgesamt führten Hyperphagie und verbesserte Ausnutzung zu einer während der zugzeitlichen Depotfettbildung um etwa 60 % gesteigerten Nettofutteraufnahme (Futteraufnahme abzüglich der Menge an unverdaut ausgeschiedener Nahrung), verglichen zur Vorzugzeit oder der „winterlichen" Ruhe. Durch erhöhte Assimilationseffizienz erhöhten sie die Aufnahme metabolisierbarer Nahrung um 20 %.

Eine solche Erhöhung der Verwertungseffizienz ist für viele Arten aus ökonomischen

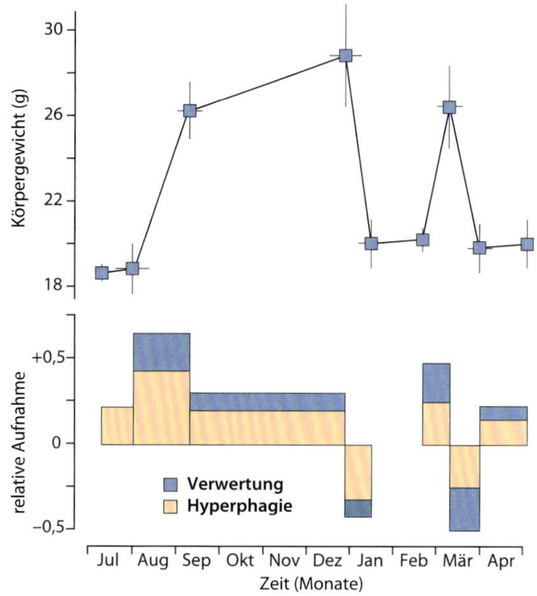


Abb. 406: Jahresgang des Körpergewichts und der Nahrungsaufnahme von Gartengrasmücken unter konstanten Haltungsbedingungen. Die Nahrungsaufnahme ist in relativen Veränderungen im Vergleich zur „Winterphase" dargestellt. Die orangen Säulen beschreiben die Zunahme in der Menge an gefressenem Futter (Hyperphagie), die blauen zeigen die Erhöhung der Netto-Futteraufnahme durch verbesserte Verwertung der aufgenommenen Nahrung (nach Bairlein 1985).

Gründen sehr vorteilhaft, da so der Aufwand für die „teure" Nahrungssuche reduziert und damit der Gewinn für die Depotfettbildung maximiert werden kann. Insbesondere ist zur Zugzeit die Verwertung der über die Nahrung aufgenommenen Lipide und Proteine erhöht. Die physiologischen Mechanismen, die einer solchen Veränderung der Effizienz in der Ausnutzung der Nahrung zugrunde liegen, sind noch nicht vollständig geklärt. Es zeigte sich aber, dass Gartengrasmücken während ihrer zugzeitlichen Fettdeposition einen um etwa 25 % schwereren Dünndarm haben, vermutlich, weil dieser verlängert ist, wie bei Gänsen während ihrer Frühjahrsfettdeposition. Da die Nahrungsfette über den Dünndarm aufgenommen werden, könnte dies die verbesserte Auswertung (Aufnahme) gerade der Lipide erklären. Zudem sind bei Gartengrasmücken zu Beginn der Fettbildung die Blutcholesterinwerte erhöht, was möglicherweise mit der für die Verdauung benötigten Gallensäuren zu tun hat. Bei Staren und Bachstelzen ist während der zugzeitlichen Fettdeposition die Aktivität von Enzymen für den Fettaufbau in der Leber erhöht. Weiterhin senken Gartengrasmücken zur Zeit der Depotfettbildung ihren nächtlichen Ruhestoffwechsel um etwa 25 % ab. Dadurch verbrauchen sie während der Nacht weniger der am Tag vorher aufgenommenen Energie für ihren Erhaltungsstoffwechsel, wodurch sie den Nettogewinn für die Speicherung von Fett erhöhen.

Interessant ist, dass diese Ergebnisse an in konstanten Bedingungen gehaltenen Vögeln gewonnen werden konnten. Damit darf angenommen werden, dass diese jahreszeitliche physiologische Anpassung an die zugzeitliche Depotfettbildung einer endogenen Kontrolle unterliegt, die sicherstellt, dass solche Zugvögel unabhängig von Außenfaktoren rechtzeitig in eine entsprechende physiologische Disposition für zugzeitliches Fettwerden gelangen.

## Fettwerden durch Futterwahl

Gesteigerte tägliche Nahrungsaufnahme zusammen mit verbesserter Verwertung der aufgenommenen Nahrung sind die wichtigsten Mechanismen für zugzeitliche Fettdeposition. Eine weitere wichtige Anpassung an die zugzeitliche Fettdeposition ist bei vielen Arten eine Umstellung in ihrer Ernährung. Viele Zugvögel zeigen gerade zur Zugzeit eine stark veränderte Ernährung.

Abb. 407: Frugivorie von Kleinvögeln während ihrer herbstlichen Rast am Bodensee. Dargestellt ist der Anteil an Kotproben, die Beerenanteile enthielten (nach Brensing 1977).

Gänse beispielsweise wählen besonders die proteinreichen Gräser und Kräuter. Durch Mittel-Texas ziehende Limikolen fraßen neben animalischer Kost gerade auch Sämereien und erreichten in einem solchen samenreichen Rastgebiet eine bessere Fettdeposition als in Rastgebieten an der Küste, wo zwar auch viel animalische Nahrung vorhanden war, Sämereien aber fehlten. Auch Buchfinken ändern ihre Nahrungswahl von Insekten zur Brutzeit auf vermehrt Sämereien zur Zugzeit.

Besonders auffällig ist diese jahreszeitliche Veränderung in der Ernährung bei vielen Singvögeln. Gartengrasmücken beispielsweise ernähren sich zur Brutzeit vornehmlich von Insekten und anderen Arthropoden. Zur herbstlichen Wegzugzeit dagegen fressen sie in besonderem Maße Beeren und andere fleischigen Früchte (z.B. Schwarzen Holunder u. v. a. m.). Auch andere, bekanntermaßen „insektivore" Arten weisen z.T. erhebliche vegetabilische Reste in Nahrungsproben zur Zugzeit auf (Abb. 407). Gerade in Rastgebieten des Mittelmeerraumes ernähren sie sich nahezu ausschließlich von solchen Beeren und Früchten (z.B. Pistazien, Brombeeren, Feigen). Insbesondere in den herbstlichen Rastgebieten am Mittelmeer, aber auch vor dem Rückzug im tropischen Afrika, spielen Beeren und Früchte eine große Rolle in der Ernährung von Zugvögeln.

Viele Arten sind dann überwiegend fruchtfressend (**frugivor**), so z.B. die Gartengrasmücke, was sich sogar in ihrem italienischen Namen ausdrückt: *beccafico* = Feigenfresser. Gartengrasmücken und ähnliche Arten sind in Rastgebieten am Mittelmeer durchschnittlich etwa

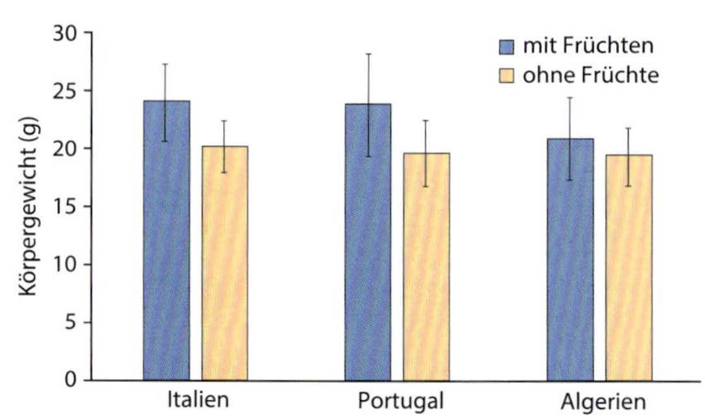


Abb. 408: Mittlere Körpergewichte (mit Standardabweichung) von Gartengrasmücken in verschiedenen Rastgebieten am Mittelmeer mit (blau) bzw. ohne (orange) Fruchtangebot (nach: Italien: Baccetti et al. 1985, Portugal: Thomas 1979, Algerien: Bairlein 1991).

20 % schwerer (Abb. 408) und zeigen eine raschere Fettdeposition in Rastgebieten, an denen sie neben einem reichen Insektenangebot auch Beeren und Früchte haben, im Vergleich zu solchen, in denen zwar ein ebenso reiches Insektenangebot vorhanden ist, aber Früchte fehlen. Bei Budapest im Herbst an Schwarzem Holunder gefangene Durchzügler von Gartengrasmücken waren wesentlich schwerer und zeigten eine ausgeprägtere Fettdeposition als anderenorts. Auch Rotkehlchen zeigten in Gebieten mit fettreichen Vegetabilien eine ausgeprägtere Fettdeposition im Frühjahr als in anderen Gebieten. Zudem besteht ein interessanter Zusammenhang zwischen dem Nahrungsangebot eines solchen (mediterranen) Rastgebietes und der Häufigkeit von durchziehenden Vögeln. In einem südwestspanischen Rastgebiet im Nationalpark Coto de Donana waren Gartengrasmücken, Laubsänger und andere Arten dann häufig, wenn es dort ein gutes Angebot an lipidreichen (Pistazien, Oliven) oder sehr kohlenhydratreichen (Feigen) Beeren und Früchten gab. In Jahren mit geringem Angebot an diesen Früchten blieben diese Zugvögel aus. Auch in einem nordamerikanischen Rastgebiet nahmen nur die Arten während der herbstlichen Rast zu, die viele Früchte fraßen, wogegen Arten mit einem geringen Fruchtanteil in ihrer Nahrung sogar abnahmen.

Früchtefressen (**Frugivorie**) spielt also offensichtlich eine große Rolle bei der zugzeitlichen Fettdeposition mancher Zugvögel. Dennoch war die Bedeutung dieser Frugivorie für die zugzeitliche Fettdeposition lange Zeit umstritten. Man nahm an, dass Früchtefressen bei diesen Arten eher etwas mit „Naschen" zu tun habe, als von großer Bedeutung für das Fettwerden sei. Das vermehrte Fressen von Beeren wurde vielfach damit erklärt, dass mit dem abnehmenden Angebot an Insekten im Spätsommer und Herbst auf die dann zahlreich verfügbaren Beeren als Ersatznahrung ausgewichen wird, d. h. dass diese Beeren also nur deshalb gefressen werden, weil sie reichlich im Angebot sind und die Insektennahrung zurückgeht. Zweifelsohne ist die Aufnahme von solchen Beeren davon abhängig, dass sie auch verfügbar sind. Dennoch ist es nicht allein die Verfügbarkeit, die diese saisonale Frugivorie erklärt.

Echte Feige (Foto: Wikimedia Commons)

Mönchsgrasmücke an Schwarzem Holunder (Foto: M. Höfer)

Fürchte des Faulbaums (Foto: F. Bairlein)

Eine Reihe von Untersuchungen zeigt, dass das Ausmaß an Frugivorie sowie artspezifische „Vorlieben" für bestimmte Früchte und Beeren unabhängig von deren jeweiligem Angebot variierten. So wählten auf Helgoland im Spätsommer/Herbst rastende Gartengrasmücken bei gleichbleibendem Angebot an Brombeeren und Beeren des Schwarzen Holunders zunächst die Brombeeren, später dagegen vornehmlich den Schwarzen Holunder. Wei-

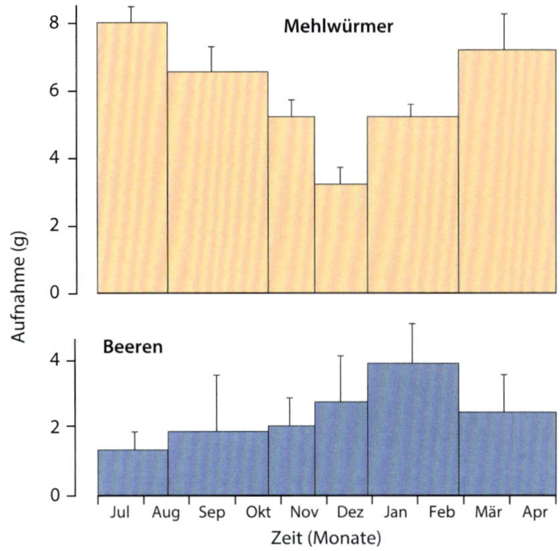


Abb. 409: Jahreszeitliche Änderung der Nahrungswahl gekäfigter Gartengrasmücken bei zu allen Zeiten gleichbleibenden *ad libitum* Nahrungsangebot (nach Berthold 1976).

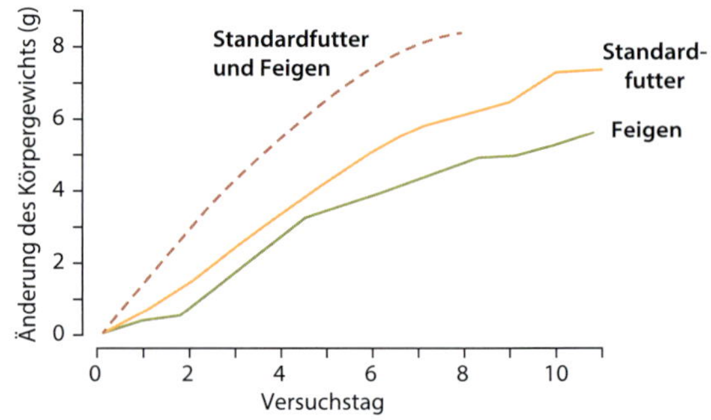


Abb. 410: Mit einer Mischkost aus Feigen und Standardinsektenfutter steigern Gartengrasmücken ihre zugzeitliche Depotfettbildung (nach Bairlein & Simons 1995).

terhin zeigen sich bei gleichem Angebot an Beeren in einem Gebiet vielfach ausgeprägte artspezifische Unterschiede in der Beerenwahl, die sich nicht allein mit deren „Verfügbarkeit" erklären lassen.

Eine jahreszeitliche Präferenz für Früchte zeigte sich auch in Gefangenschaft. Erhielten gekäfigte Garten- und Mönchsgrasmücken fortwährend ein immer gleichbleibendes Futter aus Mehlwürmern, getrockneten Insekten und Beeren, zeigten sie ein spontanes, jahreszeitlich unterschiedliches Interesse an Insekten und Beeren (Abb. 409), trotz der jahreszeitlich unveränderten, gleichmäßig guten Verfügbarkeit der verschiedenen Futterkomponenten.

Weiterhin wählten gekäfigte Gartengrasmücken aus einer Palette verschiedener, gleich häufig angebotener Beeren nur ganz bestimmte Beeren aus. Besonders gern fressen sie dabei von den Beeren des Schwarzen Holunders. Diese unterschiedliche Präferenz lässt sich auch nicht mit unterschiedlicher Verfügbarkeit erklären.

Ursache für den jahreszeitlichen Wechsel zwischen Insektennahrung und Beeren und die artspezifische Nahrungswahl ist somit wohl eher eine endogen kontrollierte jahreszeitlich unterschiedliche Präferenz gegenüber tierischer und vegetabilischer Nahrung als nur der Verfügbarkeit geschuldet. Ähnliche Ergebnisse liegen von einigen nordamerikanischen Singvögeln vor.

Auch in Gefangenschaft steigerten Gartengrasmücken, die zusätzlich zu einer Insektennahrung Beeren und Früchte erhielten, ihre Depotfettbildung gegenüber Vögeln, die nur Insektennahrung gefressen haben (Abb. 410). Allerdings gilt dies nur für bestimmte Beeren und Früchte. Während beispielsweise Schwarzer Holunder, Heckenkirsche und Feige eine Depotfettbildung gestatten oder sie sogar erhöhen, gelingt dies mit anderen, z. B. Faulbaum oder Roter Holunder, nicht (Abb. 411).

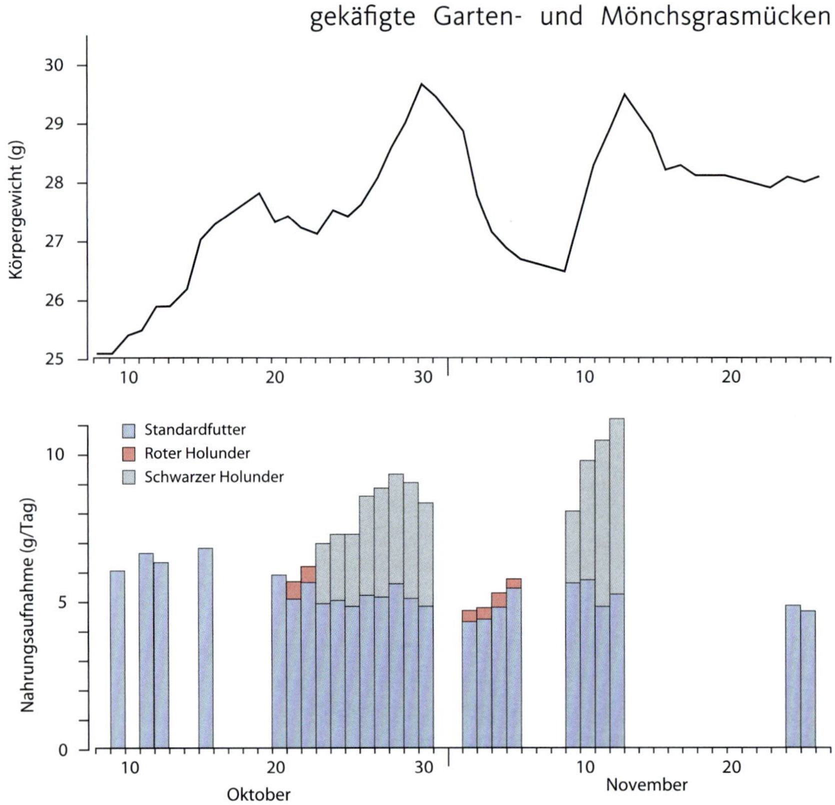


Abb. 411: Körpergewichtsentwicklung und Futteraufnahme während der Herbstzugphase von gekäfigten Gartengrasmücken, die entweder *ad libitum* nur „Standardfutter" erhielten oder zusätzlich *ad libitum* Beeren des Schwarzen bzw. Roten Holunders. Bei zusätzlich Schwarzem Holunder fraßen die Vögel viel davon, reduzierten die Aufnahme an Standardfutter und nahmen an Gewicht zu. Bei Rotem Holunder dagegen nahmen sie jeweils stark ab, fraßen kaum Beeren und verminderten sogar die Aufnahme an Standardfutter (nach Bairlein 1990).

Mit diesen Früchten können sie nicht einmal ihr Gewicht halten und nehmen bei ausschließlicher Fruchtnahrung in kurzer Zeit stark ab.

Fettdeposition mit Früchten scheint aber paradox. Beeren und Früchte gelten allgemein als energie- und nährstoffarm, sie sind vergleichsweise sehr wasserreich und Fruchtdiäten spielen bekanntermaßen in der menschlichen Diätetik eine große Rolle als Reduktionsdiäten zur Kontrolle von Übergewicht.

Aufgeklärt werden konnte dieses „Paradox" in Untersuchungen mit einem künstlichen Futter. Dieses entsprach in seiner Grundzusammensetzung und in seinem Nährwert natürlicher Nahrung, erlaubte aber durch Einwaage eine andere Nährstoffzusammensetzung, ohne dass sich dabei die äußere Gestalt oder die Farbe des Futters änderten. Damit ließen sich dann Untersuchungen zu den Faktoren machen, die die Nahrungswahl von Vögeln bestimmen, ohne dass diese durch Farbe, Größe oder Form der Nahrung beeinflusst ist.

Werden Gartengrasmücken mit zwei Futtermischungen gefüttert, die in sich in ihrem relativen Fett- oder Proteingehalt unterscheiden, wählen sie immer das Futter mit dem jeweils höheren Nährstoffgehalt, es sei denn, beide Mischungen haben jeweils recht hohe Gehalte (Abb. 412). Dabei sind sie in der Lage, auch sehr geringe Unterschiede im Nährstoffgehalt zu unterscheiden, und sie wählen das jeweils an diesem Nährstoff reichere Futter. So können sie zwei Futtermischungen voneinander unterscheiden, deren Proteingehalt sich gerade einmal um 2,5 % unterscheidet. Hier darf vermutet werden, dass nur dann die proteinreichere Nahrung bevorzugt wird, wenn bei insgesamt geringem Proteinangebot die Gefahr einer Mangelernährung besteht. Dass es sich dabei tatsächlich um eine Selektion nach dem Gehalt an Nährstoffen handelt, und nicht nur von dem unterschiedlichen Energiegehalt der Alternativfutter bedingt ist, zeigt sich in Experimenten mit in ihrem jeweiligen Energiegehalt identischem Futter, besonders in den Wahlsituationen, in denen der Energiegehalt der präferierten Futtermischungen sogar geringer war.

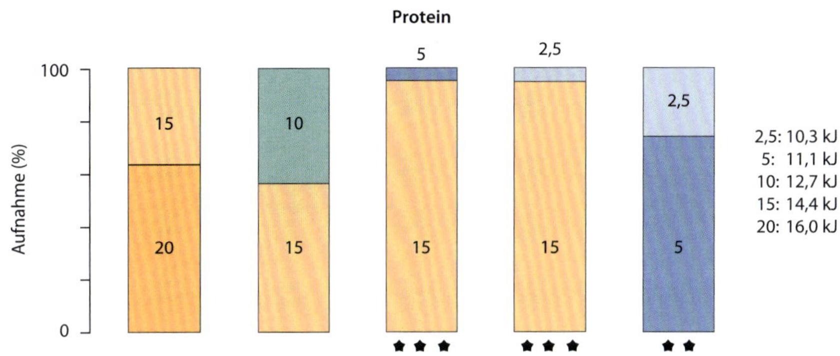


Abb. 412: Relative Aufnahme von verschiedenen Protein-Wahlfuttermischungen. Die Zahlen in den Säulen geben den relativen Proteingehalt der Nasssubstanz an, bei konstantem Gehalt an Fett, Zuckern und Wasser. Sterne unter den Säulen kennzeichnen signifikante Unterschiede in der Wahl (* $p < 0{,}05$; ** $p < 0{,}01$; *** $p < 0{,}001$). Zudem ist der Energiegehalt der einzelnen Futtermischungen angegeben (rechte Zahlenreihe) (nach Bairlein 1990).

Diese Fähigkeit ist besonders wichtig bei Fruchtnahrung. Beeren und Früchte haben vielfach geringe Fett- oder Proteingehalte. Umso wichtiger ist es für die Vögel, solche Beeren und Früchte zu wählen, die nährstoffreicher sind als andere. So vermeiden sie Mangelernährung. Dies wird auch noch dadurch sichergestellt, dass sie bei Beeren- und Früchtenahrung bzw. bei künstlichem Futter, das der Nährstoffzusammensetzung natürlicher Beeren und Früchte entspricht, erheb-

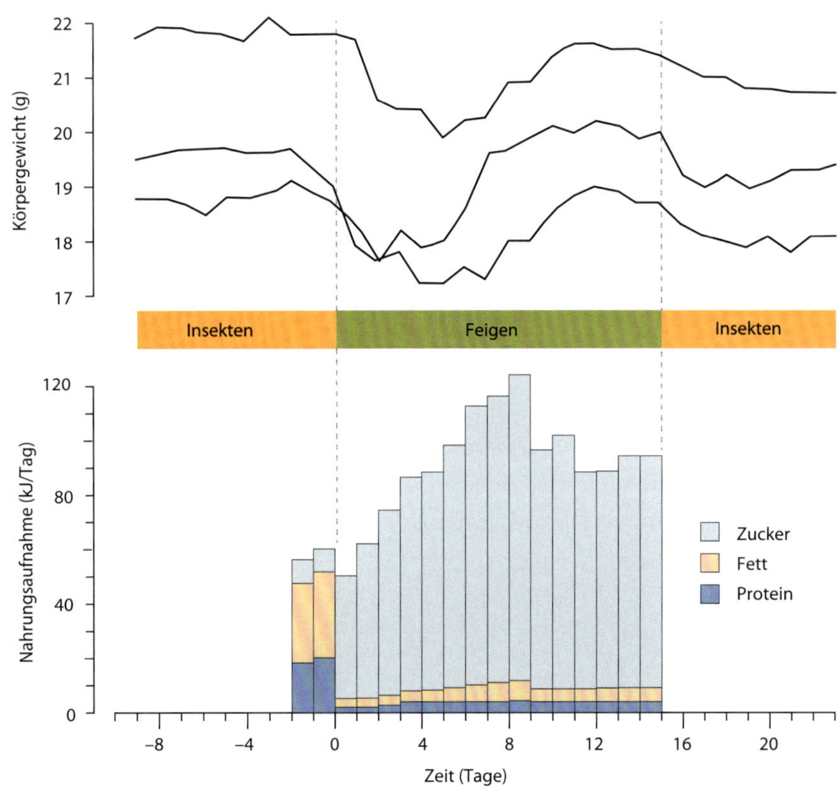


Abb. 413: Körpergewicht von drei repräsentativen Gartengrasmücken (oben) und mittlere Nahrungsaufnahme (unten) bei ausschließlicher Fütterung mit Feigen (nach Bairlein 1991).

lich mehr fressen als bei tierischer Nahrung, die durchschnittlich höhere Protein- und Fettgehalte hat (Abb. 413).

Weiterhin zeigt sich, dass die Vögel während dieser Phase intensiver Frugivorie einen verminderten täglichen Eiweißbedarf haben. Darüber hinaus senken Gartengrasmücken ihren nächtlichen Ruhestoffwechsel, wenn sie ausschließlich Beeren und Fürchte oder künstliche Nahrung mit sehr geringem Proteingehalt fressen. Umgekehrt ist ihr Ruhestoffwechsel stark erhöht, wenn sie mit sehr proteinreicher Nahrung gefüttert werden.

## Die Rolle der Fette

Unter den Nährstoffen spielen die Fette für den Stoffwechsel im Langstreckenflug eine herausragende Rolle. Einige der in freier Wildbahn aufgenommenen Früchte sind reich an Fetten, und in mediterranen Rastplätzen fällt die Zugzeit vieler fruchtfressender Zugvögel mit dem Vorkommen von lipidreichen Früchten zusammen. Diese Bevorzugung von fettreicher Nahrung zeigen auch Wahlversuche mit Gartengrasmücken. Erhielten Gartengrasmücken Futter unterschiedlicher Fettgehalte, wählten sie grundsätzlich das fettreichere Futter, auch wenn die alternativen Futtermischungen denselben Energiegehalt hatten. Selbst recht geringe Unterschiede im Lipidgehalt der Futtermischungen wurden erkannt. Dies ist von besonderem Interesse für fruchtfressende Arten, da sie damit in der Lage sind, die fettreichsten Früchte auszuwählen, unabhängig von ihrem generell niedrigen Fettgehalt. Darüber hinaus zeigt sich, dass bei Verzehr von fettarmer Nahrung die Verwertung der in der Nahrung enthaltenen Fette gesteigert ist. Ähnliches wurde an nordamerikanischen Wanderdrosseln gezeigt.

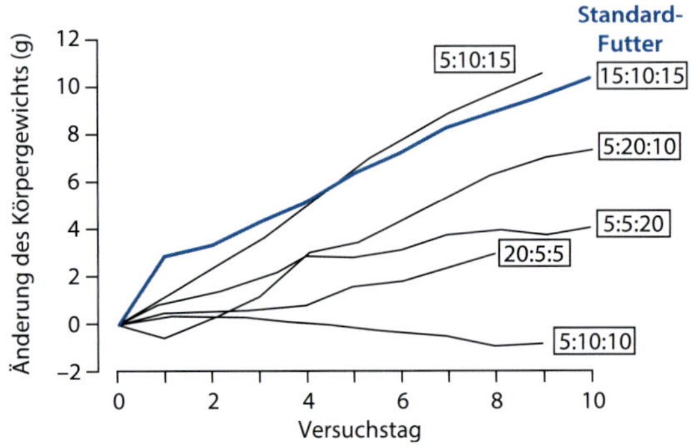


Abb. 414: Entwicklung des Körpergewichtes von Gartengrasmücken während ihrer herbstlichen Fettdepositionsphase, die mit Futter unterschiedlicher Nährstoffzusammensetzung (Zahlen in den Kästchen) gefüttert wurden. Kästchen: 1. Ziffer: Proteingehalt in %, 2. Ziffer: % Fett, 3. Ziffer: % Zucker (nach Bairlein 1998).

Die besondere Rolle der Nahrungsfette für die Depotfettbildung zeigte sich auch in Fütterungsversuchen, in denen Gartengrasmücken ein synthetisches Futter bekamen, das in seiner Nährstoffzusammensetzung vielfältig variiert werden konnte. Die verschiedenen Nährstoffzusammensetzungen hatten ganz unterschiedliche tägliche Gewichtszunahmen zur Folge (Abb. 414). Die tägliche Fettdeposition war am höchsten bei einem Futter, das einen relativ niedrigeren Eiweißgehalt bei gleichzeitig erhöhtem Fettgehalt hatte. Der geringe Proteingehalt stimuliert die Nahrungsaufnahme, um den täglichen Eiweißbedarf zu decken. Diese so gesteigerte Nahrungsaufnahme führt zu einer gesteigerten Aufnahme von Fett und so zur erhöhten Fettdeposition. Proteinreiche Nahrung dagegen erniedrigt die tägliche Nahrungsaufnahme, da schon mit weniger Futter der tägliche Eiweißbedarf gedeckt ist. Folglich kommt es bei eiweißreicher Nahrung zu einer geringeren Fettaufnahme und folglich zu einer geringeren Rate der Fettdeposition. Die beim Fressen von proteinarmer Nahrung wie Beeren und Früchte gesteigerte Futteraufnahme in Kombination mit gesteigerter Effizienz der Nahrungsverwertung und abgesenktem Ruhestoffwechsel scheinen die wesentlichen Mechanismen zu sein, die die gesteigerte Fettdeposition bei Beerennahrung erklären.

## Fett ist nicht gleich Fett

Die jahreszeitliche Bevorzugung von Beeren und Früchten gegenüber animalischer Kost, die unterschiedlichen Gewichtsentwicklungen bei verschiedenen Beeren und die Präferenz für bestimmte Beeren und Früchte lassen sich weder mit einem unterschiedlichen Gehalt an Nährstoffen der verschiedenen Beeren noch mit deren Farbe, Aussehen, Größe, Energiegehalt oder Profitabilität erklären. Hier müssen andere Eigenschaften der Beeren beteiligt sein.

Im Gegensatz zu vielen anderen tierischen Fetten besteht „Zugfett“ der Gartengrasmücken und ähnlicher Arten vornehmlich aus relativ langkettigen ungesättigten Fettsäuren, insbesondere aus Ölsäure (C18:1) und Linolsäure (C18:2), die zusammen etwa 61% aller Fettsäuren im Depotfett von zum Beispiel Gartengrasmücken ausmachen. Ungesättigten Fettsäuren scheinen, wenn sie für den Flugstoffwechsel erforderlich sind, leichter mobilisierbar zu sein. Diese Fettsäuren kommen nun vor allem in pflanzlichen Fetten vor, so auch in vielen der von Zugvögeln bevorzugten Beeren und Früchte. Die Linolsäure ist dabei für Tiere sogar eine sog. Essentielle Fettsäure, die sie nicht selbst aus anderen Nährstoffen herstellen können, sondern über ihre Nahrung aufnehmen müssen.

Gartengrasmücken sind in der Lage, die spezifische Fettsäurequalität ihrer Nahrung zu erkennen und danach eine Nahrungswahl vorzunehmen. Füttert man Gartengrasmücken mit zwei Futtermischungen, die in ihrem Gesamtfettgehalt identisch sind, sich aber im Anteil an ungesättigten Fettsäuren unterscheiden, so wählen sie die Mischung mit dem höheren Anteil an langkettigen ungesättigten Fettsäuren. Füttert man sie nur mit Futter, das diese Fettsäuren nicht enthält, sind sie nicht in der Lage, Zugfett aufzubauen (Abb. 415). Das zugzeitliche Fressen von Beeren und Früchten bei diesen Zugvögeln scheint also eine besondere Anpassung an die Bildung von Treibstofffett einer ganz bestimmten Qualität zu sein.

Früchte sind oft reich an Zuckern, und die erhöhte Nahrungsaufnahme bei Fruchtnahrung führt zwangsläufig dazu, dass sehr viel Zucker aufgenommen wird. Dennoch scheint der Zuckergehalt nicht von großer Bedeutung für die Fettdeposition zu sein. Weder förderte Futter mit hohem Zuckergehalt bei Gartengrasmücken die Depotfettbildung, noch behinderte ein geringes Zuckerangebot die Fettdeposition. Dennoch ist zuckerreiche Nahrung für Zugvögel nicht völlig unbedeutend. Schilfrohrsänger beispielsweise bevorzugen auf ihrem Herbstzug Rastgebiete, die reich an Schilfblattläusen sind. Als Grund hierfür wird der hohe Zuckergehalt der Blattläuse vermutet. Auch Grasmücken fressen während ihrer Rast gern Blattläuse. Auf Inseln im Mittelmeer während ihres Frühjahrszuges rastende Grasmücken trinken gleich nach ihrer Lan-

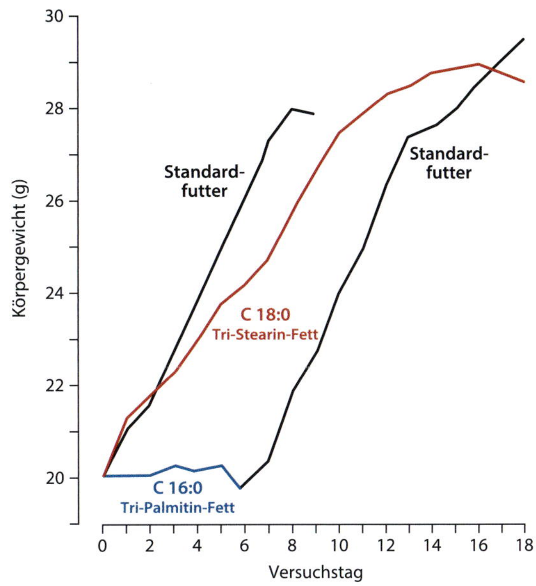


Abb. 415: Gewichtsentwicklung von Gartengrasmücken, die Futter unterschiedlicher Fettsäurezusammensetzung erhielten (nach Bairlein & Gwinner 1994).

dung Nektar, vermutlich, weil ihnen Nektar nach einem langen Flug kurzfristig und recht leicht viel Energie zur Verfügung stellt. Denn gegenüber Fett oder Eiweiß wird Zucker sehr rasch resorbiert.

Die Umstellung mancher Zugvögel auf vegetabilische Ernährung ist aus ökonomischen Gesichtspunkten sehr vorteilhaft, da durch sie der Aufwand für die tägliche Nahrungssuche erheblich reduziert werden kann. Vegetabilien sind meist lokal sehr häufig und können so ohne großen Aufwand für die Nahrungssuche ausgebeutet werden. Zudem erweisen sich die von den Vögeln präferierten Beeren und Früchte als qualitativ hochwertige Nahrung, ja scheinen sich sogar begünstigend auf die Rate der Depotfettbildung auszuwirken. Früchte und Beeren sind weiterhin aufgrund ihres oftmals geringen Fasergehaltes relativ leicht aufzuschließen. Darüber hinaus sind die Vögel offensichtlich in der Lage, die spezifische Nährstoffqualität ihrer Nahrung zu erkennen und dann besonders die „lohnendsten" Beeren und Früchte zu wählen. Zudem befinden sich solche Zugvögel, endogen disponiert, in einer physiologischen Phase erhöhter resorptiver Kapazität mit einer verbesserten Verwertung der aufgenommenen Nahrung. Die Aufnahme von Vegetabilien reduziert somit den Bedarf an animalischer Kost und damit die „höheren" Kosten, diese erst zu erbeuten. Damit bleibt mehr „überschüssige" Energie für den raschen Aufbau der Fettdepots.

Dorngrasmücke frisst Nektar und Pollen vom Riesenfenchel (Foto: B. D'Amicis).

Andererseits gibt es zahlreiche Arten, die während der Zugzeit keine Früchte oder Beeren fressen und dennoch ausgeprägte Fettdeposition zeigen. Knutts beispielweise wiegen außerhalb der Zugperioden durchschnittlich etwa 120 g, kurz vor Abflug in die Wintergebiete aber mit 220–250 g etwa doppelt so viel, überwiegend durch Fettdeposition, und dies geschieht innerhalb von 3 bis 4 Wochen. Dazu fressen Knutts große Mengen Muscheln und Schnecken, vor allem die Baltische Plattmuschel. Sie hat eine vergleichsweise dünne Schale, und deshalb braucht es auch nur kleinere Muskelmägen, um die Schale zu knacken und an die verdauliche Substanz zu gelangen, als dies z. B. für die hartschaligen Herzmuscheln notwendig wäre. Allerdings sind auch diese Muskelmägen zur Zugzeit größer und schwerer als zur Brutzeit, wo insbesondere Arthropoden gefressen werden. Bei diesen Knutts ändern sich also ihre inneren Organe je nach den saisonalen Bedürfnissen im Einklang mit den natürlichen ökologischen Verhältnissen, und zwar reversibel in beide Richtungen. Für die zugzeitlich erforderliche Fettdeposition werden die Organe des Verdauungssystems, insbesondere der Muskelmagen, vergrößert, um die notwendigen Höchstleistungen in der Verdauung erbringen zu können. Da nun solche größeren Organe aber mehr Energie im Unterhalt kosten, werden sie kurz vor dem Aufbruch zum Zug bzw. spätestens ab Beginn des Fluges wieder zurück gebaut. Zum einen sparen die Vögel dadurch die Kosten, diese Organe aufrechtzuerhalten, zum anderen Gewicht. Auch Pfuhlschnepfen in Alaska reduzieren ihre Magenmasse, bevor sie zu ihrem Zug über den Pazifik aufbrechen. Der Organrückbau setzt Proteine und Kohlenhydrate frei, die zur Fettverbrennung, zum Aufrechterhalten der für den Flug wichtigen Organe und zu einem kleinen Teil auch zur Aufrechterhaltung des Wasserhaushalts benötigt werden. Gleichzeitig zur Fetteinlagerung wird auch Flugmuskulatur aufgebaut. Die wird zum einen für den langen Flug gebraucht, aber auch schon am Rastplatz. Dann nämlich, wenn die Knutts zum Beispiel dem Angriff eines Wanderfalken ausweichen müssen. Je schwerer sie sind, desto mehr (Muskel-)Kraft müssen sie für ihre Fluchtmanöver aufwenden.

Auch das Treibstofffett nicht-frugivorer Arten enthält hohe Anteile langkettiger ungesättigter Fettsäuren und auch der essentiellen Linolsäure. Sie kann aufgenommen werden, indem entweder zur Zugzeit bevorzugt tierische Nahrung gefressen wird, die reich an diesen Fettsäuren ist, wie beispielsweise phytophage Insekten, oder die Linolsäure wird aus den aufgenommenen Nahrungsfetten im Dünndarm selektiv resorbiert.

Zugzeitliche Hyperphagie, zugzeitlich bessere Verwertung der aufgenommenen Nahrung und zugzeitliche Umstellung in der Nahrungswahl sind die vornehmlichen Mechanismen, wie Zugvögel ihre Depotfettbildung erreichen. Darüber hinaus verändern aber auch einige Arten ihr tägliches Verhaltensinventar. Steinwälzer und Sanderlinge verbrachten während der Fettdeposition mehr Zeit mit Fressen als zu anderen Zeiten.

tenseeschwalben
o: M. Schäf)

# Physiologische und morphologische Anpassungen 9

Nahezu 200 Stunden Nonstop-Flug von Alaska nach Neuseeland (Pfuhlschnepfe) oder 100 Stunden Nonstop von NO-Kanada über den N-Atlantik nach W-Europa (Steinschmätzer) benötigen nicht nur viel Treibstoff, es stellen sich auch Fragen, wie die Flugmuskeln physiologisch so ausdauernde Leistungen bewerkstelligen, wie es um den Wasserbedarf besteht, wie sie es schaffen, in großen Höhen zu fliegen, ob die Vögel während des Fliegens schlafen, welche besonderen Anpassungen die Organe aufweisen und welche speziellen hormonellen und morphologischen Anpassung Zugvögel haben.

## Ausdauernde Flugmuskeln

Fettdeposition, bei manchen Arten auch Proteindeposition und bei längeren Flügen „sparsamerer" Energieverbrauch sind Schlüsselanpassungen für ausgedehnte Flüge während des Zuges. Hinzu kommen weitere Veränderungen im Stoffwechsel. In den Flugmuskeln von Bergstrandläufern wurde ein fettsäurebindendes Protein in sehr viel höherer Konzentration gefunden als vorher von Wirbeltieren bekannt. Es wird vermutet, dass es die Bereitstellung der Fettsäuren aus dem Fettdepot an die Flugmuskeln begünstigt. Weiterhin wurde an Teichrohrsängern beobachtet, dass die aerobe Kapazität, also die Sauerstoffaufnahmefähigkeit, der Muskeln während der Zugzeit erhöht ist. Dies erfolgt einerseits durch erhöhte Aktivität der daran im Stoffwechsel beteiligten Enzyme, wie beispielsweise Citrat-Synthase, andererseits durch Veränderungen in den Muskelfasern mit zur Zugzeit einem höheren Anteil sog. Oxidativer

Fasern. Diese sind reich an Myoglobin, das für den intramuskulären Sauerstofftransport verantwortlich ist, sind auf Dauerleistung ausgelegt und ermüden langsamer. Alles in allem bedeuten diese Anpassungen, dass der Flugmuskel überwiegend im aeroben Bereich arbeiten kann. Bei starker Belastung und damit nicht mehr vollständig ausreichender Sauerstoffversorgung der Muskeln kommt es aber auch zu anaerobem Stoffwechsel und es entsteht Lactat (Milchsäure). So sind beispielsweise die Lactatwerte im Blut von zur Zugzeit gefangenen Teichrohrsängern höher als zur Brutzeit, und die Blutlactatwerte der zugbegleiteten, frei fliegenden Waldrappen sind beim Landen erhöht. Allerdings zeigen sie keine Abhängigkeit von der Flugdauer; es kommt zu keiner Anreicherung von Lactat. Eine Anreicherung würde den Muskel ermüden lassen. Grund hierfür dürfte sein, dass im Flug auch die Aktivität der Lactatdehydrogenase erhöht ist. Die Lactatdehydrogenase baut das Lactat ab und vermeidet so eine leistungsschädliche Muskelazidose, die den Muskel ermüden ließe. Nach einem Tag Rast entsprachen die Werte wieder denen vor dem Flug; die Vögel haben sich also rasch erholt. Die Blutwerte der Freien Fettsäuren und des Blutzuckers waren dagegen höher als vorher, was auf erneuten Treibstoffaufbau („Auftanken“) schließen lässt.

Bei Säugetieren einschließlich Menschen ist bekannt, dass anstrengende körperliche Belastung Muskelschäden verursacht. Bei Zugvögeln scheint dies in nur sehr viel geringerem Ausmaß der Fall zu sein. Nach einem langen Flug frisch gelandete Bergstrandläufer und Pfuhlschnepfen hatten nur geringfügig höhere Blutwerte des Enzyms Creatinkinase als rastende Vögeln. Creatinkinase ist ein wichtiges Enzym im Energiestoffwechsel der Muskelzellen und ist im Blut dann hoch, wenn Muskelzellen geschädigt werden. Bei den zugbegleiteten Waldrappen waren die Creatinkinase-Werte gleich nach dem Flug nicht höher als beim Start. Beides lässt darauf schließen, dass es bei Zugvögeln zu keinen maßgeblichen Muskelschädigungen im Streckenflug kommt, möglicherweise aufgrund besonderer biochemischer und physiologischer Anpassungen.

Lange Flüge sind gewaltige Stoffwechselleistungen. Diese führen zur vermehrten Bildung von sog. reaktiven Sauerstoffverbindungen. Reichern sie sich in den Muskelzellen an, kann dies zu sog. **oxidativem Stress**, zu Schädigung der Muskelzellen und dadurch Ermüdung führen. Bei auf dem Schweizer Alpenpass Col de Bretolet nachts aus dem Zug heraus gefangenen Rotkehlchen waren Blutmarker für Oxidativen Stress signifikant höher als bei rastenden Vögel und umso höher, je geringer der Muskelwert war. Dies deutet darauf hin, dass ziehende Vögel tatsächlich oxidativen Stress erfahren, insbesondere Vögel, die ihre Energiereserven weitgehend aufgebraucht haben. Zugleich aber waren bei den ziehenden Rotkehlchen Enzyme erhöht, die gegen oxidativen Stress wirken. Auch bei ziehenden Amseln, Steinschmätzern und Gartengrasmücken war die sog. Anti-oxidative Kapazität, also die Fähigkeit, der schädlichen Wirkung von reaktiven Sauerstoffverbindungen entgegen zu wirken, erhöht. Diese Ergebnisse deuten an, dass Zugvögel Mechanismen entwickelt haben, die den durch die hohe Stoffwechselrate bedingten, schädlichen reaktiven Sauerstoffverbindungen entgegenwirken und so lange Flüge ermöglichen. Bei den zugbegleiteten Walrappen waren die Blutmarker für möglichen oxidativen Stress auch nach langen Flügen nicht höher als beim Start.

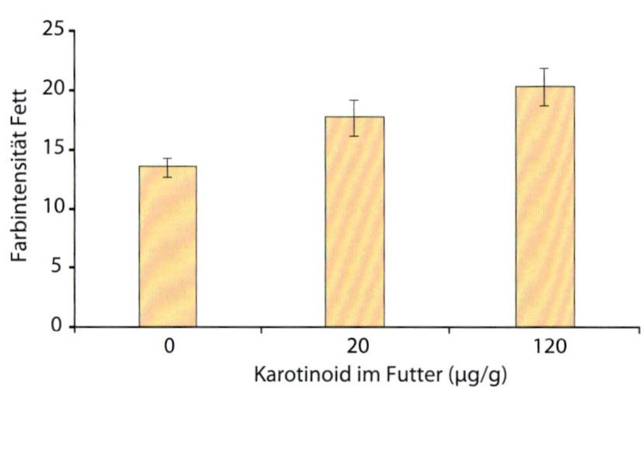


Abb. 416: Je mehr Karotinoide im Futter waren, desto intensiver orange war das Depotfett von Gartengrasmücken gefärbt (nach Metzger & Bairlein 2011).

Neben solchen intrinsischen Mechanismen könnte, zumindest bei zur Zugzeit Fruchtfressern, auch die Aufnahme von Karotinoiden eine „schützende“ Rolle spielen. **Karotinoide** sind für ihre anti-oxidative Wirkung bekannt, können aber vom Vogel selbst nicht produziert, sondern müssen aufgenommen werden. Gartengrasmücken, die während ihrer Fettdeposition Futter erhielten, das Karotinoide enthielt, bauten diese in ihrem Fett ein, sichtbar an einem deutlich mehr gelb-orange gefärbten Fettdepot (Abb. 416). Es darf angenommen werden, dass diese Karotinoide beim Abbau des Fettes freigesetzt werden, ihre anti-oxidative Wirkung entfalten, „oxidativen Stress" reduzieren und so lange Flüge ermöglichen.

## Wasserhaushalt

Fett als primärer Energieträger, „sparsamer" Energieverbrauch, sehr leistungsfähige Muskelfasern und besondere biochemische Anpassungen im Stoffwechsel sind die Faktoren, die extrem lange Flüge bei Zugvögeln ermöglichen. Doch wie steht es mit dem Wasserhaushalt beim Fliegen und warum müssen diese Vögel während ihrer langen Flüge nicht trinken?

Muskelarbeit erzeugt Wärme. Der Wirkungsgrad der Flugmuskulatur beträgt etwa 25%, d.h. nur etwa ein Viertel der im Fett vorhandenen Energie wird für die Muskelarbeit genutzt, 75% sind „Abwärme" und müssen abgeführt werden, damit der Vogel nicht überhitzt. Zudem ist der am Tag fliegende Vogel auch einem Wärmeeintrag durch Sonnen- und Wärmestrahlung ausgesetzt.

Sichtbar ist diese thermische Belastung in einem Anstieg der Körpertemperatur im Flug. So nimmt bei im Windkanal fliegenden Tauben die Körpertemperatur von in Ruhe etwa 40 °C auf bis zu 43 °C im Flug zu. Die Wärme aus dem Stoffwechsel kann durch Radiation (Wärmestrahlung), durch Konvektion (Wärmeaufladung der umgebenden Luft) oder durch Wasser abgegeben werden. Letzteres geht nur über den Wasserdampf der ausgeatmeten Luft, da Vögel nicht schwitzen können. Wärmeabgabe über Konvektion ist sichtbar am fliegenden Vogel. Viele, so auch Tauben, lassen bei hohen Umgebungstemperaturen ihre Beine baumeln, bei niedrigen Temperaturen sind sie dagegen eingezogen (Abb. 417).

Da die Beine stark durchblutet sind, wirken die herausgestreckten Beine wie ein Kühler, über den konvektiv Wärme abgeführt wird. Dies funktioniert allerdings nur bei vergleichsweise niedrigen Umgebungstemperaturen. Bei höheren Temperaturen wird die Wärmeabgabe durch Wasserabgabe, die sog. **evaporative Wärmeabgabe**, immer wichtiger, und bei hohen Temperaturen ist sie die überwiegende bis einzige Wärmeabgabe (Abb. 418). Je Gramm Wasser können 2,4 kJ Wärme abgeführt werden. Fliegen in warmer Luft geht also mit einem zunehmenden Verlust an Körperwasser für die Thermoregulation einher. Dieser Wasserverlust wird aber bei Fett als Treibstoff teilweise kompensiert, da Fett beim Verbrennen im Stoffwechsel sog. Oxidationswasser erzeugt, und zwar 1,06 g je Gramm verbrauchtem Fett. Mit diesem Oxidationswasser können also je Gramm Fett etwa 2,5 kJ Wärme abgeführt werden, somit etwa 9 % der gesamten Abwärme bei Verwendung von Fett als Treibstoff. Solange die Vögel fett sind und bei Umgebungstemperaturen fliegen, die niedrig genug sind, dass das oxidative Wasser für die Wärmeregulation ausreicht, ist der Wasserhaushalt des Vogels in Balance; er „trocknet" nicht aus. Bei

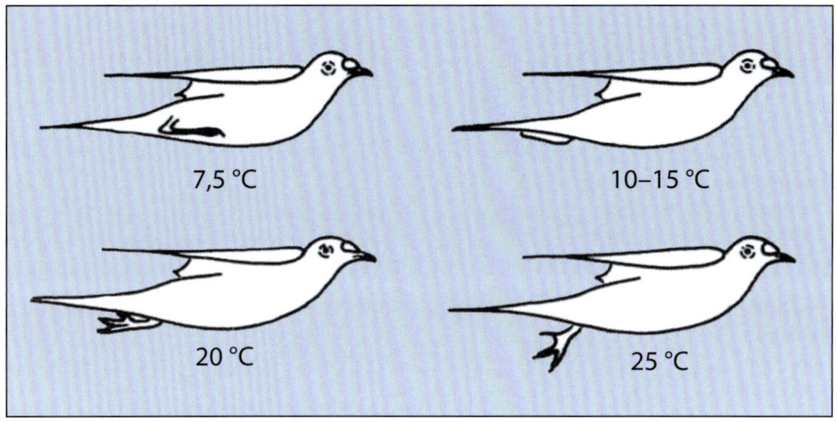


Abb. 417: Haltung der Beine bei Tauben im Flug bei verschiedenen Umgebungstemperaturen (aus Nachtigall 1987).

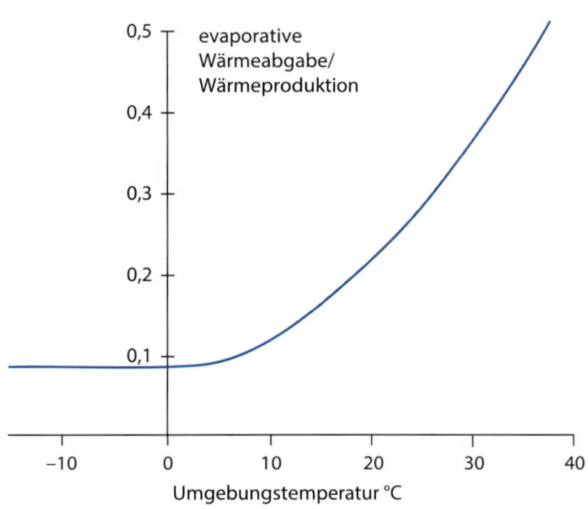


Abb. 418: Zusammenhang zwischen dem Anteil der evaporativen Wärmeabgabe an der Gesamtwärmeabgabe im Flug und der Umgebungstemperatur (nach Nachtigall 1987).

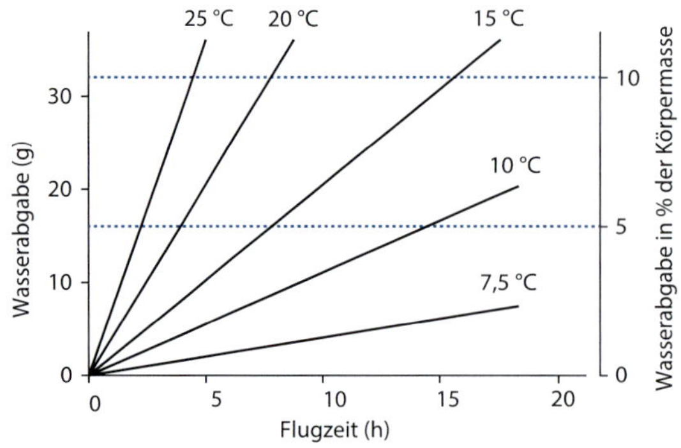


Abb. 419: Abhängigkeit der Flugzeit von Brieftauben vom absoluten und relativen Wasserverlust bei unterschiedlichen Umgebungstemperaturen. Die gepunkteten Linien kennzeichnen Austrocknungstoleranzen. Auch bei einer Austrocknungstoleranz von 10 % sind lange Flüge bei über 15 °C Umgebungstemperatur kaum möglich (nach Nachtigall 1987).

höheren Umgebungstemperaturen dagegen muss zusätzlich zum Oxidationswasser Körperwasser genutzt werden, so dass sich für den fliegenden Vogel ein zunehmendes Wasserdefizit ergibt; er trocknet zunehmend aus. Auch wenn es bei ziehenden Vögeln Hinweise auf eine Austrocknungstoleranz von bis zu 10 % des Körpergewichtes gibt (beim Menschen führt ein Wasserverlust (eine Dehydration) von 5 % des Körpergewichtes bereits zu erheblichen Beeinträchtigungen), begrenzt die notwendige Thermoregulation die mögliche Flugzeit und Flugstrecke (Abb. 419). Langstreckenflüge ohne Wasseraufnahme, ohne Trinken, sind deshalb nur bei niedrigen Umgebungstemperaturen und mit Fett als Treibstoff möglich.

Allerdings zeigen jüngere Studien, dass „echte“ Zugvögel auch bei erheblich höheren Umgebungstemperaturen ziehen können. So zogen über der westlichen Sahara im Herbst mehr als 60 % der per Radar erfassten Singvögel unterhalb 1000 m ü. G. und damit bei mit durchschnittlich etwa 30 °C Lufttemperatur und 27 % relativer Luftfeuchte erheblich wärmeren und trockenere Bedingungen als erwartet. Ihr Wasserverlust war nur etwa halb so hoch, wie aus bisherigen Modellberechnungen erwartet.

Dabei scheint neben vor allem Fett als innerer Wasserlieferant auch Protein als innere „Wasserquelle“ eine Rolle zu spielen. Im Windkanal bei 18 °C fliegende Zwergmusendrosseln nahmen bei niedriger Luftfeuchtigkeit mehr ab als bei hoher Luftfeuchtigkeit. Dies war aber nicht eine Folge davon, dass sie mehr Fett verbrauchten, sondern dass bei niedriger Luftfeuchtigkeit mehr Proteine genutzt wurden, sichtbar durch eine deutliche stärkere Abnahme der fettfreien Körpermasse. Beim Abbau von Proteinen entsteht ebenfalls metabolisches Wasser, so dass angenommen wird, dass dieser Proteinabbau die Wasserbilanz bei langen Flügen begünstigt.

Streifengänse überfliegen den Himalaya (Foto: T. Abbas/iStockphoto).

## Zug in großer Höhe

Niedrige Umgebungstemperaturen für lange Flüge finden die Vögel nachts und in größerer Flughöhe. Aber auch insbesondere über Gebirgen wird in großen Flughöhen gezogen, z. B. bis über 4500 m ü. M. über den Schweizer Alpen oder gar bis 9000 m ü. M. über dem Himalaya.

Mit zunehmender Meereshöhe nehmen sowohl die Temperatur wie der Sauerstoffpartialdruck ab. Die Temperatur verringert sich um 6°, der Sauerstoffdruck um etwa 10 % je 1000 Höhenmeter. So beträgt der Sauerstoffdruck in 5500 m ü. M. nur mehr 50 % des Wertes auf Meereshöhe; es steht also nur 50 % des Sauerstoffangebotes in Meereshöhe zur Verfügung, auf 9000 m sogar nur noch etwa 30 %. Die Temperatur ist in 5500 m ü. M. um 33° niedriger, auf 9000 m ü. M. um 54° niedriger. Fliegen in großen Höhen bedeutet Höchstleistung bei erniedrigtem Sauerstoff und in teilweise sehr niedrigen Temperaturen. Niedrige Temperaturen sind dabei nicht das Problem, sie erleichtern sogar die Wärmeregulation (s. o.). Dem geringen Sauerstoffangebot begegnen die Vögel mit einem außerordentlich effizienten Atmungssystem sowie einer Kaskade von verschiedenen **Hämoglobinen** (Hämoglobin = Blutfarbstoff in den roten Blutkörperchen, der den Sauerstoff bindet und diesen so im Blutkreislauf transportiert) mit unterschiedlichen, abgestuften Sauerstoffaffinitäten. Diese Kaskade erlaubt eine rasche Anpassung an wechselnde Sauerstoffpartialdrücke mit dem Höher- bzw. Niedersteigen in verschiedene Flughöhen während des Zuges. Zudem haben Vögel eine hohe Toleranz gegenüber **Hypokapnie**, einem verringerten Kohlenstoffdioxidpartialdruck im arteriellen Blut durch Hyperventilation, eine bessere Versorgung des Gehirns mit Sauerstoff, sowie eine hohe Leistungsfähigkeit ihres Herz-Kreislaufsystems.

## Schlafen

Schlafen im „klassischen" Sinn ist bei langen Flügen im Schlagflug nicht möglich. Zudem ziehen sehr viele Zugvögel ohnehin nachts. Wie steht es da mit dem Schlafen? Inwieweit kommen nachts ziehende Vögel und Vögel bei Langstreckenflügen möglicherweise in ein Schlafdefizit? Ist Rasten ggf. nicht nur zum Auftanken erforderlich, sondern auch zum Schlafen?

Grundsätzlich scheint fehlender Schlaf für Zugvögel kein Problem zu sein. Untersuchungen an Dachsammern zeigen keine negativen Anzeichen nach langem Schlafentzug während der Zugzeit, wohl aber außerhalb der Zugzeit. Weiterhin gibt es Hinweise, dass Arten, die lange Strecken fliegen, einen sog. **hemisphärischen Schlaf** machen, also nur jeweils mit einer Hirnhälfte schlafen, während die andere wach bleibt. Auf den Galapagos-Inseln brütende Bindenfregattvögel wurden vor ihren bis zu 3000 km und bis zu 10 Tage dauernden Nonstop-Nahrungsflügen mit Datenrekordern ausgestattet, die Gehirnaktivitäten aufzeichneten. Dabei zeigte sich, dass die Vögel zu den Hellzeiten des Tages wach waren, in der Nacht aber Schlafperioden mit nur einer Gehirnhälfte von bis zu mehrere Minuten einlegten. Allerdings schliefen sie während ihrer Nahrungsflüge mit insgesamt nur 0,7 Stunden/Tag sehr viel weniger als sie an Land schlafend verbrachten (knapp 13 Stunden/Tag). Auch nachts im Käfig zugunruhige Steinschmätzer legten wiederholt kurze Schlafphasen ein. Zugvögel scheinen also die Fähigkeit zu haben, im Flug zu schlafen. Inwieweit sie es aber wirklich machen, ist derzeit unbekannt. Der Anteil von Schlaf im Flug ist aber offensichtlich gering, weshalb ein Schlafdefizit durchaus möglich ist, das durch regelmäßige mehrtägige Rast oder auch kurze, intensive Tagschlafphasen (Tagschlafepisoden) ausgeglichen wird. So zeigen Zwergmusendrosseln nur zur Zugzeit regelmäßig kurze, etwa 12 Sekunden dauernde Tagschlafepisoden. Beobachtungen an Singvögeln, Watvögeln und Gänsen in Rastgebieten nach einem langen Flug deuten an, dass sie zunächst ein unmittelbares so hohes Schlafbedürfnis haben, dass sie erst einmal schlafen, bevor sie dann der Nahrungssuche nachgehen.

Offensichtlich haben die nachts ziehenden Vögel Mechanismen entwickelt, massive Schlafdefizite während des Zuges zu vermeiden, sei es durch die Fähigkeit, während des Zuges mit weniger Schlaf auszukommen, durch hemisphärischen Schlaf, durch intensive „Nickerchen“ während der Tagesrast oder mehrtägige Rastphasen mit „normalem“ Schlaf bei Nacht.

## Organveränderungen

Neben den schon im vorherigen Kapitel vorgestellten saisonalen Veränderungen im Verdauungstrakt zur Begünstigung der Depotfettbildung bzw. ihrem Rückbau vor dem Aufbruch zum Zug wurden auch eine Reihe anderer Organveränderungen in Zusammenhang mit langen Flügen gefunden. Bei Gartengrasmücken waren auch z. B. das Herz, die Leber oder die Beinmuskeln nach einem Flug im Frühjahr über die Sahara von 2400 km um bis zu 57 % (Leber) leichter als beim Start in N-Äthiopien (Abb. 420). Insgesamt trugen diese Organänderungen zu 37 % der Abnahme in der fettfreien Körpermasse der Gartengrasmücken bei. Auch beim Anadyrknutt waren die Brustmuskeln, Herz, Leber, Nieren sowie die Salzdrüsen, aber auch die Haut um bis zu 30 % beim Ankommen an der Küste Chinas, nach einem 5400 km langen Nonstop-Flug, leichter als beim Abflug in NW-Australien. Beim Bergstrandläufer dagegen waren Organe wie Leber, Niere, Herz, Magen, Verdauungstrakt während des Zuges in einem Rastgebiet in British Kolumbien (Kanada) um 10–100 % schwerer als im Winterquartier in Panama. Der Unterschied zu Gartengrasmücke und Anadyrknutt erklärt sich aus den unterschiedlichen Zugstrategien. Während Gartengrasmücken und Anayrknutt jeweils lange Nonstop-Flüge über eine ökologische Barriere (Wüste bzw. Meer) haben, ziehen Bergstrandläufer in kurzen Etappen. Für Gartengrasmücke und Anadyrknutt ergibt sich aus der Gewichtseinsparnis durch die Organreduktion eine Minderung der Flugkosten, bei der Gartengrasmücke von gut 20 %. Teilweise ist die Organreduktion vielleicht auch eine „letzte“ Energiereserve bei abgebauten Fettreserven. Allerdings bedeutet der Organabbau, dass in Rastgebieten zunächst erst wieder die Organe aufgebaut werden müssen, um erneut Fettdeposition machen zu können und sich auf eine nächste Etappe vorzubereiten. Offensichtlich wird dies aber zugunsten der Fähigkeit, eine weite ökologische Barriere überwinden zu müssen, in Kauf genommen. Anders dagegen bei den in kurzen Etappen ziehenden Bergstrandläufern. Für sie besteht nicht die Notwendigkeit, lange Nonstop-Flüge durch Reduktion der Transportkosten optimieren zu müssen. Für sie kommt es darauf an, in ihren vielen Rastgebieten jeweils sofort in der Lage zu sein, effizient zu fressen, um die Rastdauern zu verkürzen.

Vogelzug erfordert eine Vielzahl von kognitiven Leistungen wie Orientierung und Navigation, das Zurechtfinden in neuartigen Lebensräumen mit unbekannten Nahrungsbedingungen oder das Zusammentreffen mit neuen Arten. Insofern stellt sich die Frage, welche Konsequenzen dies für die **Gehirngröße** von Zugvögeln hat. Erwartet wurde, dass Zugvögel größere Gehirne haben als Standvögel. Verschiedene Untersuchungen zeigen dagegen recht einheitlich, dass Arten mit langen Zugstrecken kleinere Gehirne haben als Kurzstreckenzieher und Standvögel (Abb. 421). Zur Erklärung werden vor allem zwei Hypothesen diskutiert. (1) Die Gehirngröße ist aus energetischen Gründen kleiner, um die Transportkosten bei langen Flügen zu reduzieren. (2) Die

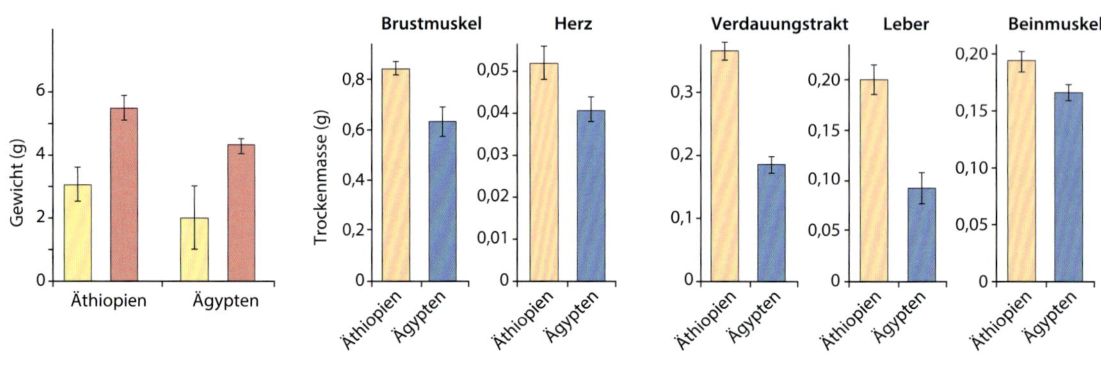


Abb. 420: Fettfreies Körpergewicht und Fettmasse (links) sowie Organgewichte (Trockenmasse) von Gartengrasmücken vor (NO Äthiopien) und nach (N Ägypten) Überquerung der Sahara im Frühjahr (nach Biebach & Bauchinger 2003).

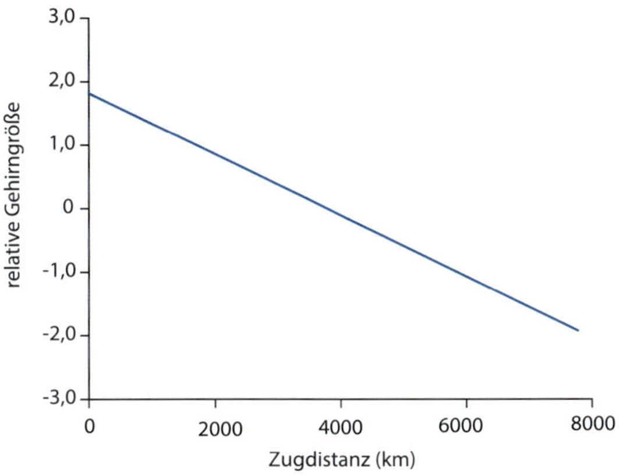


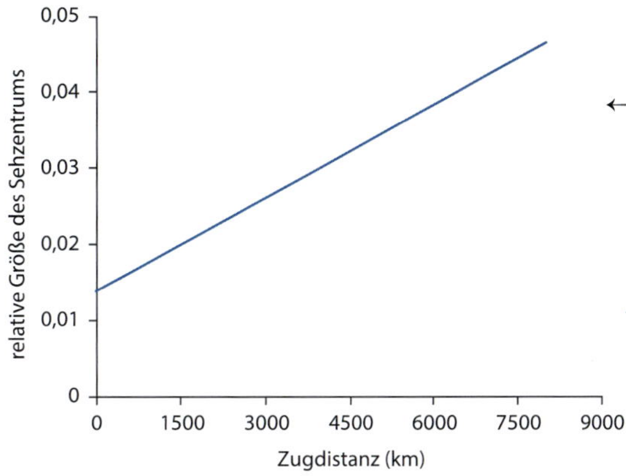


←← Abb. 421: Zusammenhang zwischen relativer Gehirngröße und Zugdistanz bei Rohrsängern und Spöttern (nach Winkler et al. 2004).

← Abb. 422: Zusammenhang zwischen der relativen Größe des Sehzentrums (Okzipitallappen) und der Zugdistanz bei 152 Arten aus 61 Familien (nach Vincze 2015).

Gehirngröße ist bei Standvögeln und Kurzstreckenziehern größer, weil sie harscheren Lebensbedingungen, wie z. B. witterungsbedingter Nahrungsknappheit, ausgesetzt sind und deshalb flexibler reagieren können müssen. Folglich müssten Vögel mit kleinen Gehirnen ziehen, um ihre geringere Verhaltensflexibilität zu kompensieren. Interessant ist, dass zwar die Gehirne als Ganzes bei Zugvögeln kleiner sind als bei Standvögeln, manche Gehirnbereiche aber bei Zugvögeln größer als bei Standvögeln. So ist der für das Sehen „verantwortliche" Okzipitallappen (das sog. **Sehzentrum**) im Großhirn bei Zugvögeln größer als bei Standvögeln (Abb. 422). Die Zunahme der Größe des Sehzentrums mit zunehmender Zugdistanz deutet darauf hin, dass gerade visuelle Signale beim Zug eine sehr wichtige Rolle spielen. Orientierung und Navigation mit Hilfe der Sonne, Sterne oder von Landmarken und das Zurechtkommen in neuen Lebensräumen mit unterschiedlichen Prädationsdrücken benötigen eine gut entwickelte Verarbeitung der visuellen Informationen, was die Evolution eines größeren Sehzentrums bei Zugvögeln bedingt haben dürfte.

Neben solchen Unterschieden in Gehirngrößen von Zug- und Standvögeln finden sich auch Unterschiede in der Menge an Nervenzellen. So hat die ziehende Unterart der Dachsammer (*Zonotrichia leucophrys gambelli*) in ihrem rechten Hippocampus, einem Teil des Großhirns, signifikant mehr Nervenzellen als die nicht-ziehende Unterart *Z. l. nuttalli*. Dieser Teil des Hippocampus ist vor allem an der räumlichen Fernorientierung beteiligt, während der linke Hippocampus mehr die lokale räumliche Information verarbeitet.

## Hormone

Hormone sind Botenstoffe des Körpers, die meist in speziellen Organen, den endokrinen Drüsen, gebildet werden und in anderen Organen spezifische Wirkungen oder Regulationen auslösen. Hormone haben vielfach aber nicht nur eine Wirkung, weshalb es oftmals nicht einfach ist, ihre Rolle für spezifische Vorgänge, wie beispielsweise der Steuerung von Vogelzug, zu verstehen. Wohl deshalb ist die Rolle von Hormonen im Vogelzug vergleichsweise wenig untersucht.

Das in Zusammenhang mit Vogelzug am häufigsten untersuchte Hormon ist **Corticosteron**. Corticosteron ist ein Hormon der Nebennierenrinde und an verschiedenen Stoffwechselvorgängen beteiligt, insbesondere am Kohlenhydratstoffwechsel. Corticosteron gilt als Anzeiger für Stress, da es gerade in Stresssituationen, beispielsweise bei einem Kaltlufteinbruch im Sommer, als sog. „Notfallhormon", ausgeschüttet wird und die kurzfristige Bereitstellung von Energie (Kohlenhydraten) bewirkt sowie Aktivität, z. B. Nahrungssuche oder Flucht, stimuliert. Erhöhte Corticosteronwerte im Blut beim Landen oder nach langen Flügen (Abb. 423) wurden deshalb als Ergebnis des langen, „anstrengenden" Fluges gesehen. Dass diese erhöhten Werte tatsächlich als „Notfallreaktion" auf zu Ende gehende Energievorräte zu sehen sind, zeigt der Vergleich mit Corticosteronwerten von Vögeln, die auf dem Schweizer Alpenpass Col de Bretolet aus ihrem aktiven Flug heraus untersucht wurden (Abb. 424). Sie hatten keine erhöhten Corticosteronwerte gegenüber rastenden Vögeln. Es ist also nicht der Flug an sich, der hohe Corticosteronwerte bedingt,

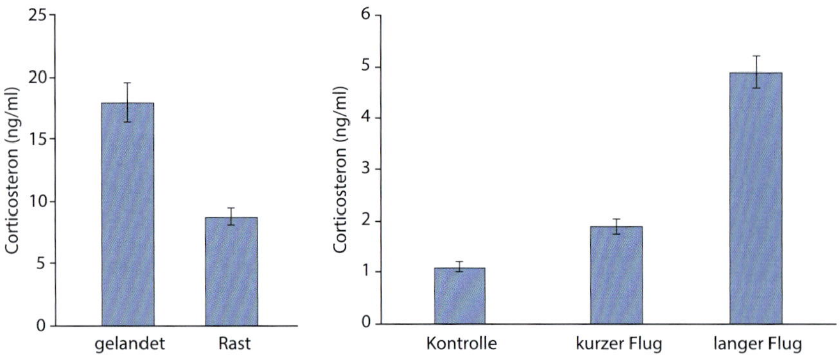


Abb. 423: Corticosteronwerte (Mittelwerte, Standardabweichung) im Blut von Pfuhlschnepfen (links), die gleich nach dem Landen nach ihrem 4500 km Flug von W-Afrika nach Holland untersucht wurden, im Vergleich zu rastenden Vögeln (nach Landys-Ciannelli *et al.* 2002) und von Brieftauben (rechts) nach kurzen Flügen von 100 m und nach langen Flügen von mehr als 180 km im Vergleich zu einer Kontrollgruppe, die zwar ebenfalls vom Schlag weg transportiert wurde, aber nicht geflogen ist (nach Haase et al. 1986).

vielmehr sind diese nur dann nach dem Flug erhöht, wenn die Vögel an die Grenzen ihrer Energievorräte kommen.

Außerhalb dieser „Stresssituation" spielt Corticosteron aber beim Zug eine maßgebliche Rolle in der Vorbereitung auf einen Flug. Pfuhlschnepfen haben höhere Corticosteronwerte, kurz bevor sie zu ihrem nächsten Flug aufbrechen, und bei gekäfigten Gartengrasmücken, Knutts oder nordamerikanischen Dachs- und Winterammern oder Rotaugenvireos geht die nächtliche Zugunruhe einher mit erhöhten Corticosteronwerten. Aus diesen Beobachtungen durfte geschlossen werden, dass es einen Zusammenhang zwischen Corticosteron und Zugaktivität gibt.

Experimentell gezeigt ist dies an Steinschmätzern, die auf Helgoland rasten. Die Treibstoffvorräte von Vögeln mit höheren Corticosteronwerten sind höher als von Vögeln mit geringen Corticosteronwerten (Abb. 425). Dabei ist dies aber nicht bedingt durch eine höhere tägliche Depositionsrate, ganz im Gegenteil, mit zunehmenden Corticosteronwerten ist die tägliche Depositionsrate sogar niedriger (Abb. 426). Die höheren Treibstoffmengen sind also nicht höher, weil die Vögel mit höheren Corticosteronwerten intensiver fressen würden. Sie sind höher, weil die Vögel mit solchen Treibstoffwerten kurz vor dem Abflug stehen. Dies zeigt ich auch darin, dass Steinschmätzer, die abzogen, höhere Corticosteronwerte aufwiesen als die, die verblieben (Abb. 427). Weiterhin verweilten Steinschmätzer mit höheren Corticosteronwerten kürzer (Abb. 428) und zogen früher in der Nacht ab (Abb. 429) als Vögel mit geringeren Corticosteronwerten. Auch die Zugunruhe von vorübergehend gekäfigten Steinschmätzern war bei Vögeln mit hohen Corticosteronwerten höher als bei niedrigen Corticosteronwerten (Abb. 430). Dies alles zeigt, dass Corticosteron maßgeblich an der Steuerung von Zugaktivität beteiligt ist, indem es den Vogel für seinen Flug vorbereitet. Corticosteron ist für den Zugvogel also mehr als ein Anzeiger von Stress, es ist ein **„Bereitschaftshormon"**, das ihn in die entsprechende Zugfähigkeit bringt.

Corticosteron scheint auch eine Rolle in der Zugorientierung zu spielen. Rotaugenvireos, die während ihres Herbstzuges am Golf von Mexiko in Rundkäfigen getestet wurden, orientieren sich artgemäß SW, wenn sie hohe Corticosteronwerte aufwiesen, dagegen NNW bei niedrigen Corticosteronwerten (Abb. 431). Sie waren offensichtlich noch nicht

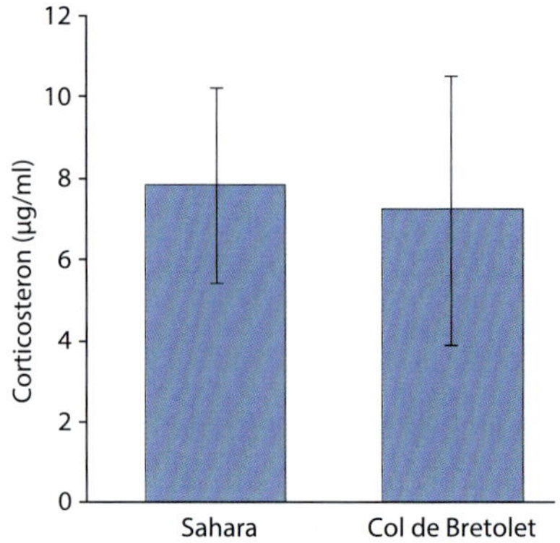


Abb. 424: Corticosteronwerte (Mittelwerte, Standardabweichung) von Gartengrasmücken während der Rast in einer Oase der Sahara und von nachts aus dem Zug heraus gefangenen Nachtziehern auf dem Schweizer Alpenpass Col de Bretolet (nach Schwabl et al. 1991 und Gwinner et al. 1992).

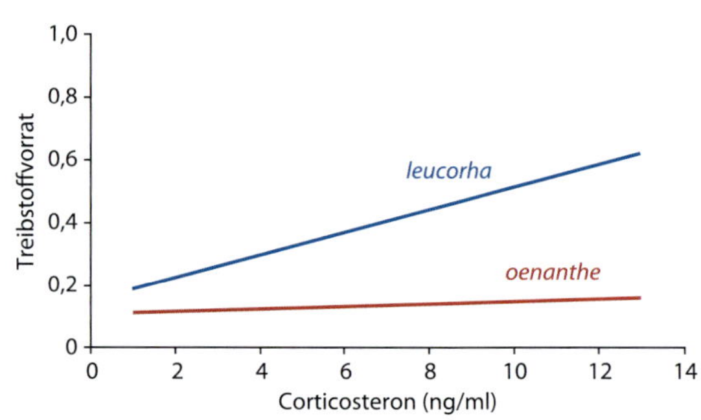


Abb. 425: Treibstoffvorrat von Steinschmätzern auf Helgoland im Frühjahr in Abhängigkeit von ihrem Corticosteronwert. Der Zusammenhang ist ausgeprägter bei der nach Island, Grönland und NO-Kanada ziehenden Unterart *leucorhoa;* sie steht vor einem langen Flug über den N-Atlantik. Die Unterart *oenanthe* dagegen zieht von Helgoland nur noch eine vergleichsweise kurze Strecke nach Skandinavien. (nach Eikenaar et al. 2013)

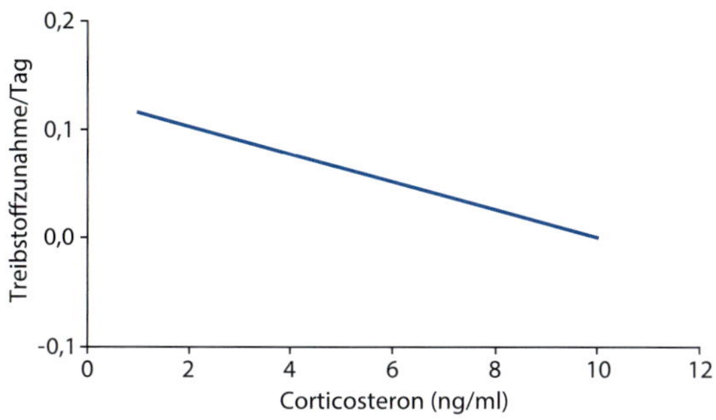


Abb. 426: Tägliche Rate der Treibstoffdeposition von Steinschmätzern auf Helgoland in Abhängigkeit von ihrem Corticosteronwert (nach Eikenaar et al. 2013).

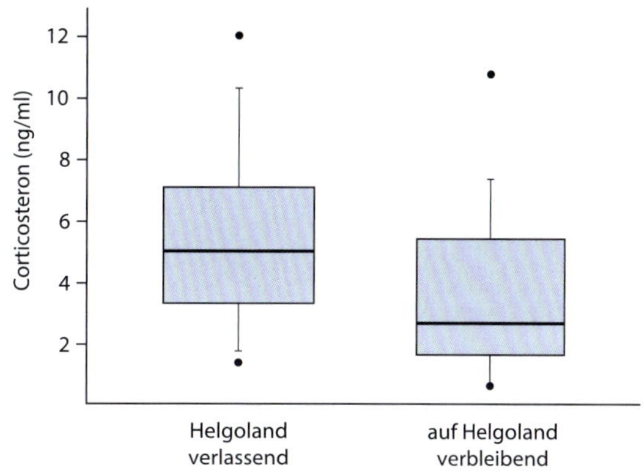


Abb. 427: Corticosteronwerte (Mediane) von Steinschmätzern, die Helgoland verließen oder länger verweilten. (nach Eikenaar et al. 2017)

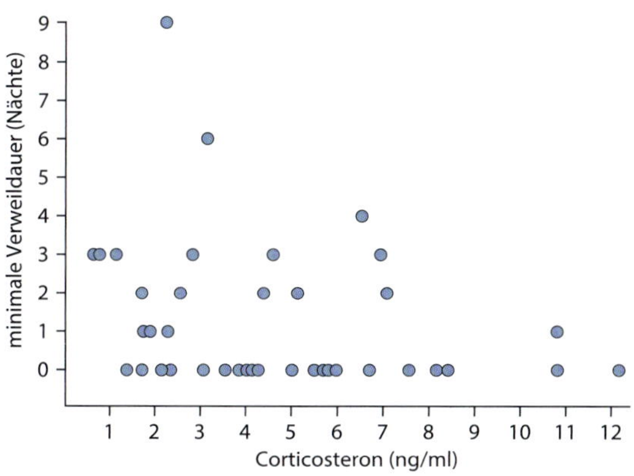


Abb. 428: Minimale Verweildauer von Steinschmätzern auf Helgoland in Abhängigkeit von ihrem Corticosteronwert (nach Eikenaar et al. 2017).

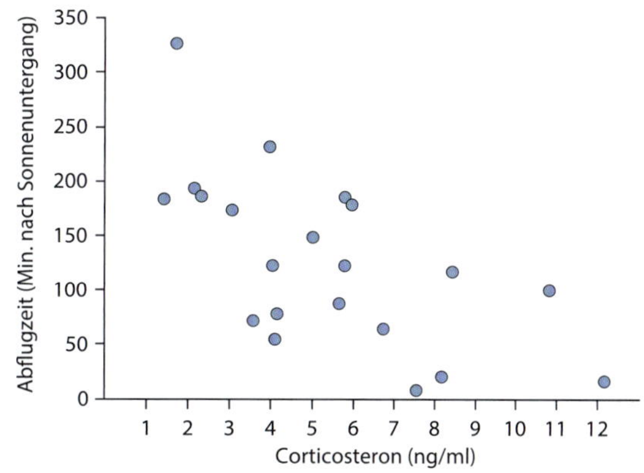


Abb. 429: Nächtliche Abzugszeit von Steinschmätzer von Helgoland in Abhängigkeit von ihrem Corticosteronwert (nach Eikenaar et al. 2017).

bereit für ihren Zug über den Golf von Mexiko, denn auch ihre Zugaktivität war signifikant geringer.

Schon früh, in den 1920er-Jahren, galt die Aufmerksamkeit der Frage, inwieweit an der Fortpflanzung beteiligte Hormone das Zugverhalten beeinflussen. Wurden nordamerikanische Winterammern und Amerikakrähen kastriert, folgten sie im Frühjahr nach Auflassung nicht ihrer artspezifischen Zugrichtung, im Herbstzug dagegen schon. Daraus schloss man, dass an der Fortpflanzung beteiligte Hormone, insbesondere das **Testosteron**, nur im Frühjahr, wenn die Brutzeit ansteht, an der Steuerung von Vogelzug beteiligt sind. Später bestätigte sich dies durch eine Reihe weiterer Untersuchungen. So sind kastrierte Dachsammern im Frühjahr nicht in der Lage, zugzeitlich zuzunehmen, während im Herbst ihre zugzeitliche Körpergewichtsentwicklung unbeeinflusst ist (Abb. 432). Testosteron ist gerade am Aufbau von Muskelmasse und Fettspeichern beteiligt. Zudem war bei den kastrierten Vögeln im Frühjahr die nächtliche Zugunruhe unterdrückt. Erhielten die kastrierten Vögel künstlich Testosteron, nahmen sie auch im Frühjahr zu und zeigten Zugunruhe. Testosteron hat also eine Wirkung beim Frühjahrszug und stimuliert sowohl den Aufbau von Depotfett wie Zugaktivität, nicht jedoch beim Herbstzug.

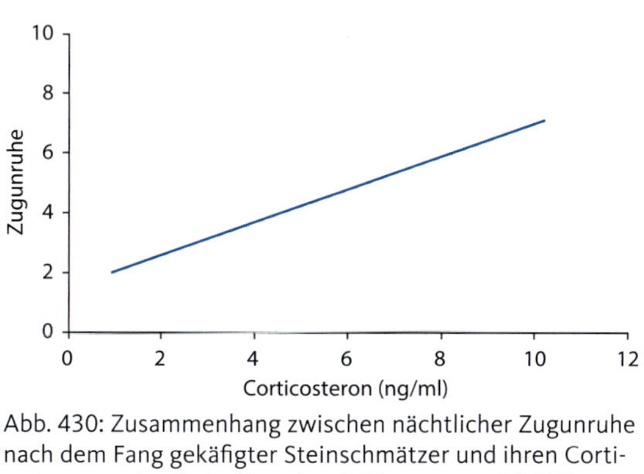


Abb. 430: Zusammenhang zwischen nächtlicher Zugunruhe nach dem Fang gekäfigter Steinschmätzer und ihren Corticosteronwerten beim Fang (nach Eikenaar et al. 2013).

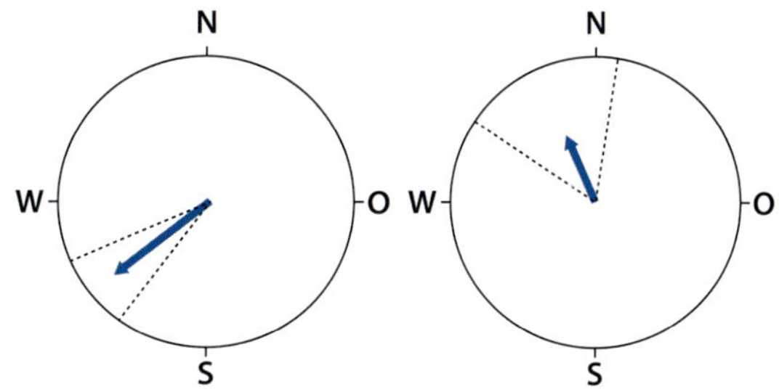


Abb. 431: Orientierung von Rotaugenvireos im Richtungskäfig im Herbst mit hohen (links) gegenüber niedrigen (rechts) Corticosteronwerten (nach Löhmus et al. 2003).

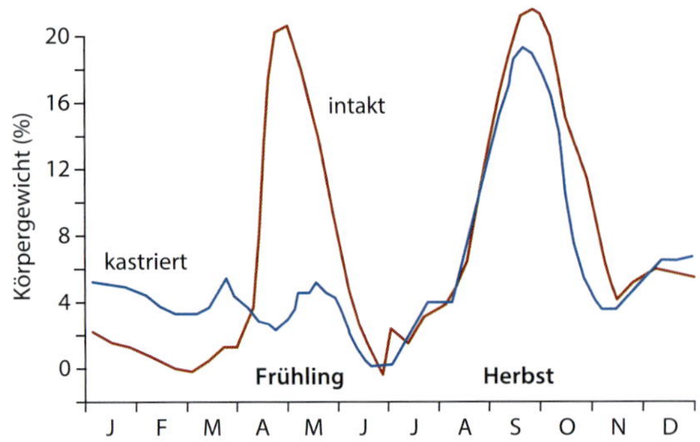


Abb. 432: Körpergewichte von Dachsammer-Männchen, die kastriert wurden, im Vergleich zu unbehandelten Vögeln (nach Wingfield et al. 1990).

Bei gekäfigten Katzenspottdrosseln beschleunigte eine künstliche Gabe von Testosteron den Beginn der nächtlichen Zugunruhe der Männchen um zwei Wochen, und im Freiland hatten Rotschwanz-Waldsänger, die im Frühjahr früh am Brutplatz eintrafen, höhere Testosteronwerte als später zurückkehrende Vögel (Abb. 433).

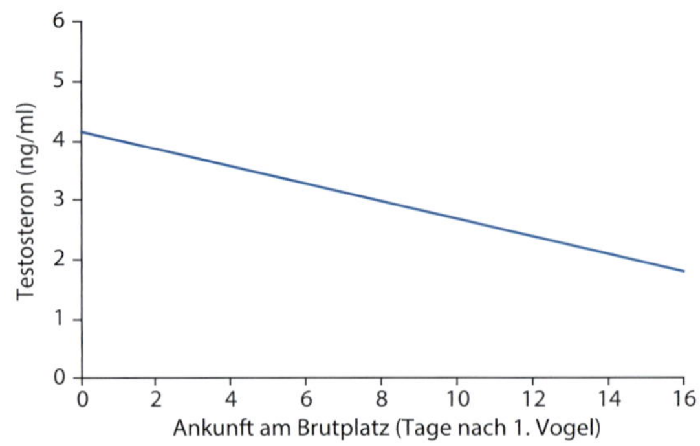


Abb. 433: Ankunft von nordamerikanischen Rotschwanz-Waldsängern am Brutplatz in Abhängigkeit vom Testosteronwert (nach Tonra et al. 2011).

Rotschwanz-Waldsänger (Foto: D. Jarvis/wikimedia)

Für den Stoffwechsel wichtige Hormone sind die der **Schilddrüse**, insbesondere die **Thyronine** (Triiodthyronin (T3) und Tetraiodthyronin (T4, Thyroxin)). Die Injektion einer die Schilddrüse stimulierenden Substanz erhöhte die nächtliche Zugunruhe von Rotkehlchen, wogegen eine die Schilddrüsenaktivität blockierende Substanz die Zugunruhe unterdrückte. Bei Braunkopfammern führte die Entfernung der Schilddrüse zu einer Unterdrückung der Zugaktivität (Abb. 434), die Injektion von T3 oder T4 löste diese Unterdrückung auf. Auch bei der zugzeitlichen Depotfettbildung spielen Thyronine eine Rolle. Wurden Braunkopfammern die Schilddrüsen entnommen, nahmen sie an Körpergewicht stark ab (Abb. 435). Erhielten die operierten Vögel T3 bzw. T4, nahmen sie wieder zu, wenn auch weniger als die intakten Vögel. Bei Bergfinken und Buchfinken erhöhte die Gabe von

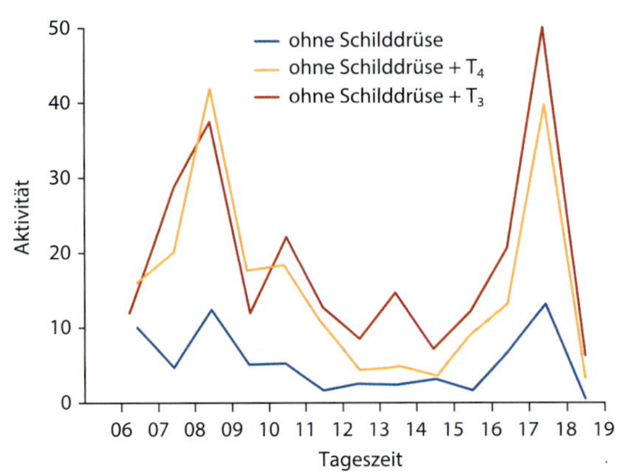


Abb. 434: Tageszeitliche Aktivität von Braunkopfammern, denen die Schilddrüse entfernt worden war (blau), und von Vögel ohne Schilddrüse, welchen die Schilddrüsenhormone T3 bzw. T4 injiziert wurden (nach Pathak & Chandola 1982).

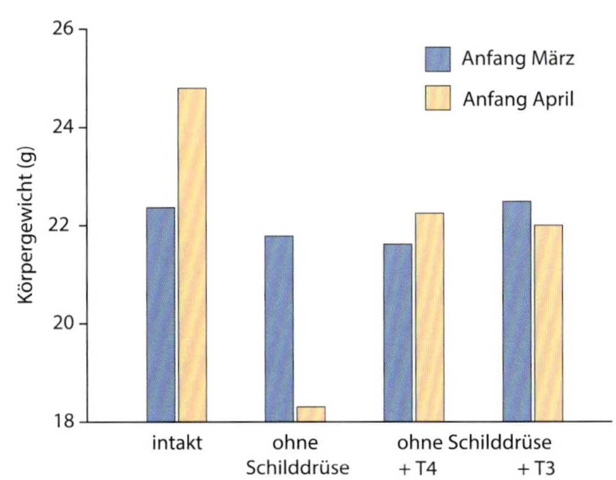


Abb. 435: Körpergewichte von Braunkopfammern vor Beginn der Zugzeit im März (blaue Säulen) und zur Zugzeit im April (orange Säulen), denen die Schilddrüse entfernt war bzw. die als operierte Vögel die Schilddrüsenhormone T3 bzw. T4 erhielten im Vergleich zu intakten Vögeln (nach Pathak & Chandola 1982).

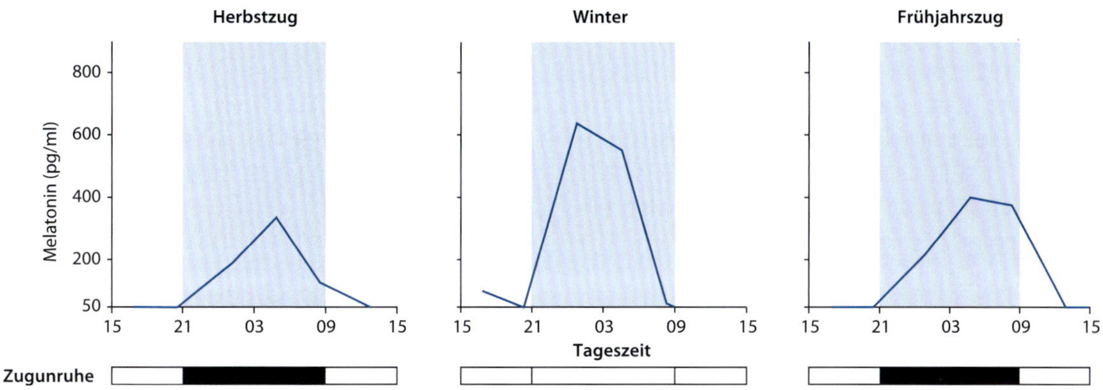


Abb. 436: Tageszeitlicher Verlauf der Melatoninkonzentration im Blut von bei konstanten Bedingungen gehaltenen Gartengrasmücken während ihrer Herbstzugzeit, im Winter und zur Frühjahrszugzeit. Hellblau hinterlegte Bereiche: Nacht. Im Herbst und Frühjahr waren die Vögel nachts zugaktiv (schwarze Balken) (nach Gwinner 1996).

Thyroxin die tägliche Futteraufnahme und als Folge davon die zugzeitliche Fettdeposition. Eine Rolle von Schildrüsenhormonen bei der Steuerung von Zugverhalten und physiologischen Vorgängen beim Vogelzug ist also evident, doch sind Ergebnisse auch widersprüchlich. Insbesondere aber fehlen Untersuchungen zur Rolle der Thyronine an ausgeprägten Langstreckenziehern.

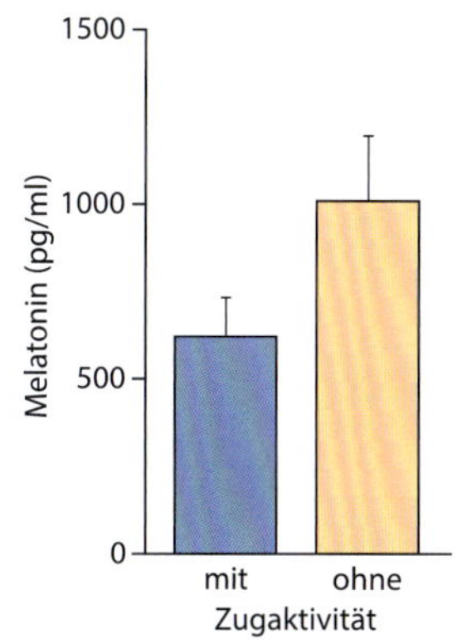


Abb. 437: Maximale Melatoninwerte (Mittelwert, Standardfehler) von gekäfigten Mönchsgrasmücken in Nächten mit bzw. ohne Zugaktivität (nach Fusani & Gwinner 2005).

Für Vögel, die außerhalb der Zugzeit tagaktiv sind, aber nachts ziehen, bedeutet nächtlicher Zug eine massive Umstellung ihrer tageszeitlichen, circadianen Organisation. Die Mechanismen, die die nächtliche Aktivität ansonsten tagaktiver Vögel kontrollieren, sind unbekannt, doch scheint es einen Zusammenhang mit dem circadianen System zu geben. Das tagesrhythmische Verhalten von Vögeln ist vor allem kontrolliert von **Melatonin**, dem Hormon des Pinealorgans (Zirbeldrüse). Melatonin zeigt einen ausgeprägten Tagesrhythmus mit hohen Werten in der Nacht und sehr niedrigen am Tag. Die Konzentration von Melatonin (nachts: viel, tags: wenig) und die Dauer des erhöhten Melatonin-Spiegels mit langer zeitlicher Ausprägung in den langen Winternächten und kurzer Ausprägung in den kurzen Sommernächten informiert den Vogel über die Tageszeit (Tag, Nacht) und die Jahreszeit und ist somit ein Zeitgeber für Stoffwechselvorgänge und Verhalten. Seine Rolle im Zugverhalten ist aber nur wenig untersucht. Bei Garten- und Mönchsgrasmücken war die tageszeitliche Rhythmik des Melatonins während und außerhalb der Zugzeiten grundsätzlich sehr ähnlich, doch waren die nächtlichen Maxima zu den Zugzeiten mit Zugunruhe niedriger als außerhalb der Zugzeiten (Abb. 436) und in Nächten mit Zugaktivität niedriger als in Nächten ohne Zugaktivität (Abb. 437).

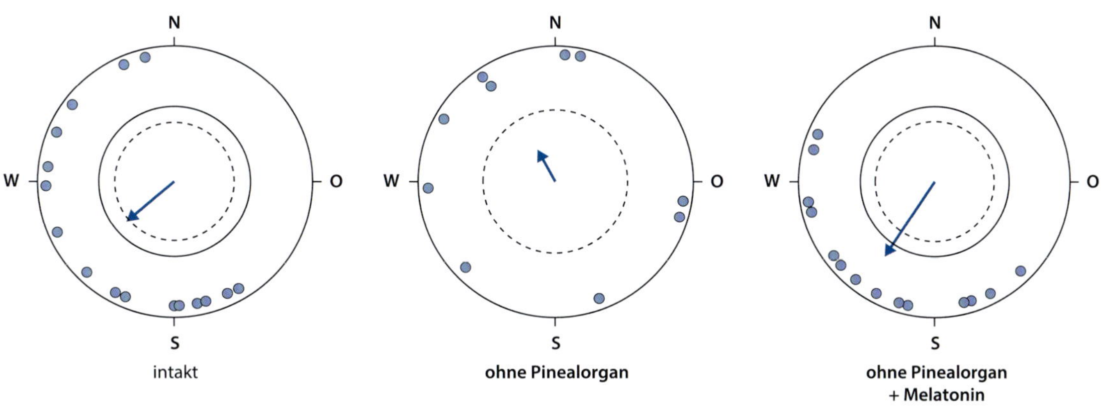


Abb. 438: Richtungsorientierung von jungen Trauerschnäppern während des Herbstzugs, denen das Pinealorgan entfernt worden war bzw. von Vögeln ohne Pinealorgan, denen Melatonin injiziert wurde im Vergleich zu intakten Vögeln (nach Schneider et al. 1994).

Wurde den Vögeln durch vorübergehendes Fasten mit anschließender *ad libitum* Futtergabe eine Rast simuliert, stoppten sie ihre Zugunruhe, und die maximalen Melatoninspiegel im Blut stiegen stark an. Zwischen Zugaktivität und Melatonin besteht also ein funktionaler Zusammenhang, auch wenn die Mechanismen noch unbekannt sind.

Melatonin hat aber nicht nur einen Effekt auf die Zugunruhe, es ist offensichtlich auch an der Zugorientierung beteiligt. Junge Trauerschnäpper waren während ihrer ersten Wegzugzeit im Herbst in Rundkäfigen desorientiert, wenn ihnen das Pinealorgan fehlte, wogegen sich Vögel ohne Pinealorgan artgerecht orientierten, wenn ihnen Melatonin injiziert wurde (Abb. 438). Möglicherweise brauchen die Vögel das jahreszeitliche Signal des Melatonins, um sich orientieren zu können.

## Anpassungen im Körperbau

Neben physiologischen Anpassungen an die Herausforderungen ihres Zugverhaltens haben Zugvögel auch einige anatomisch-**morphologische Anpassungen**. Dabei sind Anpassungen im Flügelbau besonders bedeutsam, denn der Flügelbau beeinflusst die

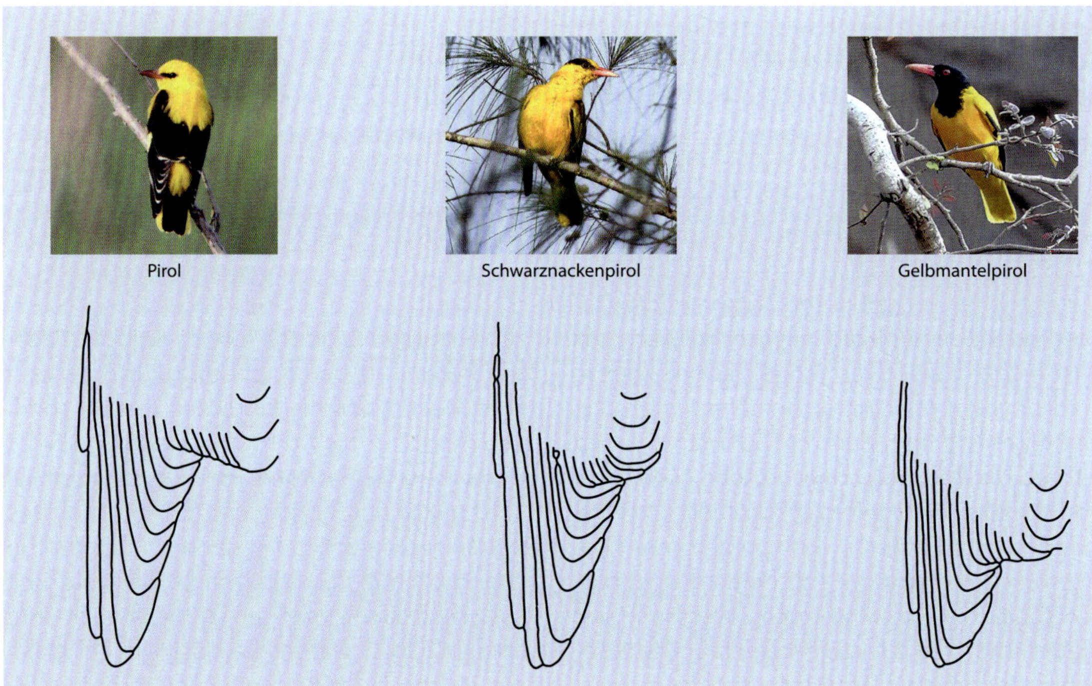


Abb. 439: Standvögel wie der Gelbmantelpirol Indiens (rechts) haben mehr runde Flügel, Langstreckenzieher, wie der heimische Pirol (links) relativ lange und spitze Flügel; dazwischen reiht sich der in Ostasien brütende und in SO-Asien überwinternde Schwarznackenpirol als Mittelstreckenzieher ein (aus Schüz 1971).

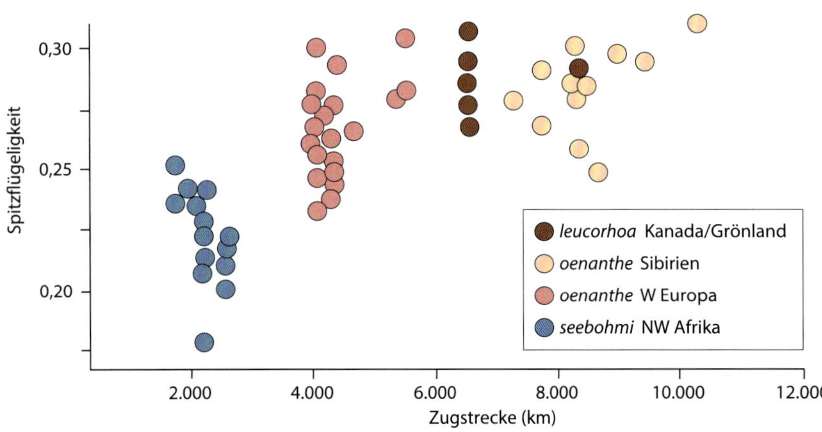


Abb. 440: Zusammenhang zwischen Flügelspitzigkeit und Zugstrecke bei verschiedenen Unterarten bzw. Populationen des Steinschmätzers *O. oenanthe*. (nach Förschler & Bairlein 2011).

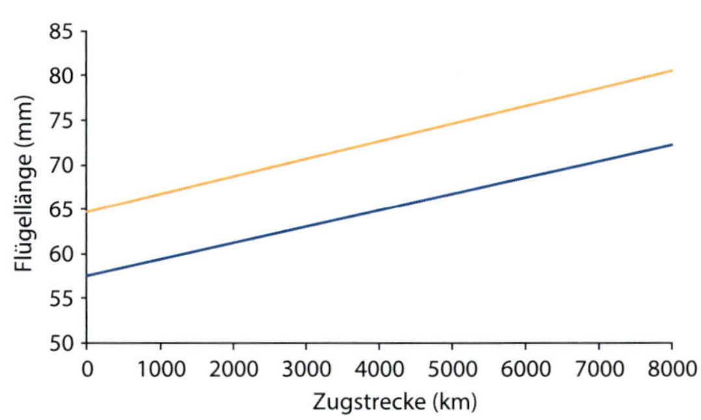


Abb. 441: Zusammenhang zwischen der auf die Körpergröße standardisierten Flügellänge mit der Zugstrecke bei weltweit 45 Rohrsängerarten (orange) und 27 Arten der Gruppe der Schwirle (blau). Für beide Artengruppen zusammen nimmt die relative Flügellänge um durchschnittlich 2,7 % je 1000 km zu (nach Nowakowski et al. 2014).

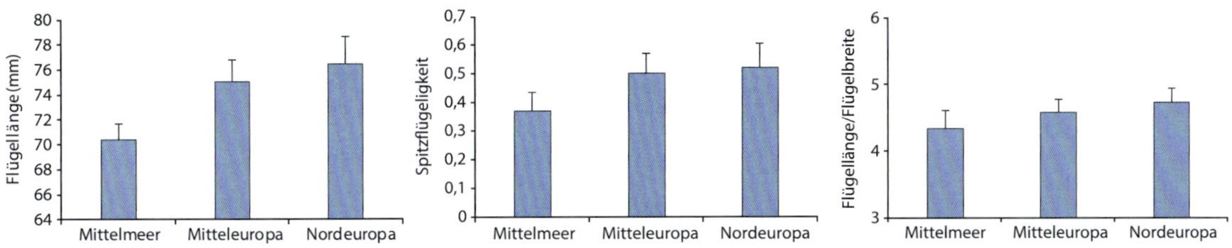


Abb. 442: Flügellänge, Spitzflügeligkeit und das Verhältnis von Flügellänge zu Flügelbreite des gestreckten Flügels bei Mönchsgrasmücken aus verschiedenen Gebieten mit unterschiedlichem Zugverhalten (jeweils Mittelwerte, Standardabweichung) (nach Fiedler 2005).

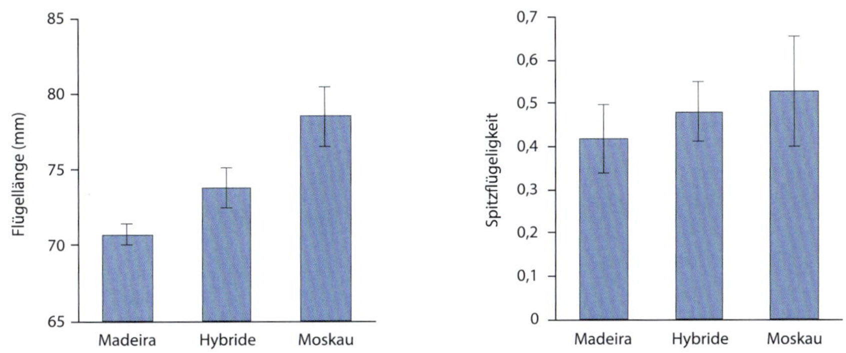


Abb. 443: Flügellänge und Spitzflügeligkeit von Hybriden aus Mischbruten von Mönchsgrasmücken von Madeira und Moskau sind intermediär zu den Maßen der Elternpopulationen (jeweils Mittelwerte, Standardabweichung) (nach Fiedler 2005).

aerodynamischen Eigenschaften und damit die Energiekosten für das Fliegen. Zugvögel, die im Schlagflug fliegen, haben durchschnittlich relativ längere und vor allem spitzere Flügel als Standvögel (Abb. 439), und die Spitzflügeligkeit nimmt mit der Zugweglänge zu (Abb. 440). Auch bei Rohrsängern und Schwirlen nimmt die Flügellänge mit der Zugstrecke zu (Abb. 441). Relativ längere und spitzere Flügel erlauben einen schnelleren Flug als rundere Flügel, da mit einer Zunahme der Spitzflügeligkeit die Eigengeschwindigkeit zu- und der Luftwiderstand abnimmt.

Mönchsgrasmücken aus dem Mittelmeer, die weitgehend Standvögel sind oder nur kurze Strecken ziehen, haben kürze, weniger spitze und breitere Flügel als Vögel aus Mitteleuropa, die ins westliche Mittelmeergebiet ziehen oder nordeuropäische Vögel mit ihren weiteren Zugwegen ins Mittelmeergebiet bis nach W-Afrika (Abb. 442). Dabei sind diese zugwegabhängigen Flügelmaße genetisch bestimmt und vererbbar, wie Kreuzungen zwischen Eltern von Madeira, wo Mönchsgrasmücken Standvögel sind, und aus Moskau, wo Mönchsgrasmücken Langstreckenzieher sind, zeigen (Abb. 443).

Zudem spielt eine Rolle, ob die Vögel große ökologische Barrieren zu überwinden haben. Auf Helgoland durchziehende Steinschmätzer der Unterart *leucorhoa*, die den N-Atlantik überfliegen müssen, haben spitzere Flügel als die der Unterart *oenanthe*, die überwiegend aus Skandinavien stammen.

In einer teilziehenden Amselpopulation in SW-Deutschland zeigten sich allerdings keine Unterschiede in der Spitzflügeligkeit zwischen den Standvögeln und den Ziehern (Abb. 444). Da süddeutsche Amseln aber nicht weit ziehen, scheint bei ihnen kein Selektionsdruck auf Spitzflügeligkeit der ziehenden Vögel zu bestehen. Vielmehr ist anzunehmen, dass andere Faktoren, vor allem die Manövrierfähigkeit, entscheidender sind. Denn relativ lange,

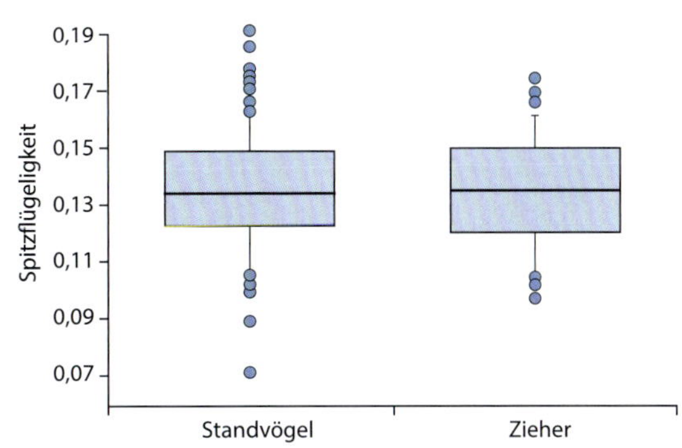


Abb. 444: Spitzflügeligkeit von Standvögeln und Ziehern in einer teilziehenden, SW-deutschen Amsel-Population (nach Fudickar & Partecke 2012).

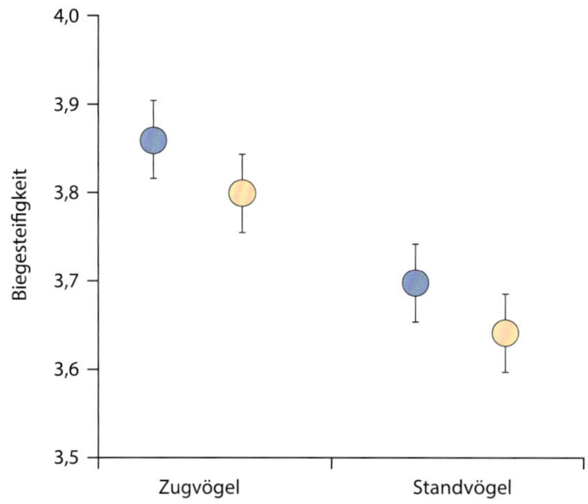


Abb. 445: Biegesteifigkeit (Mittelwert, Standardfehler) der Flügelfedern (Handschwingen) von Zug- und Standvögeln bei Mönchsgrasmücken. Blau: Altvögel, orange: Jungvögel (nach De la Hera et al. 2010).

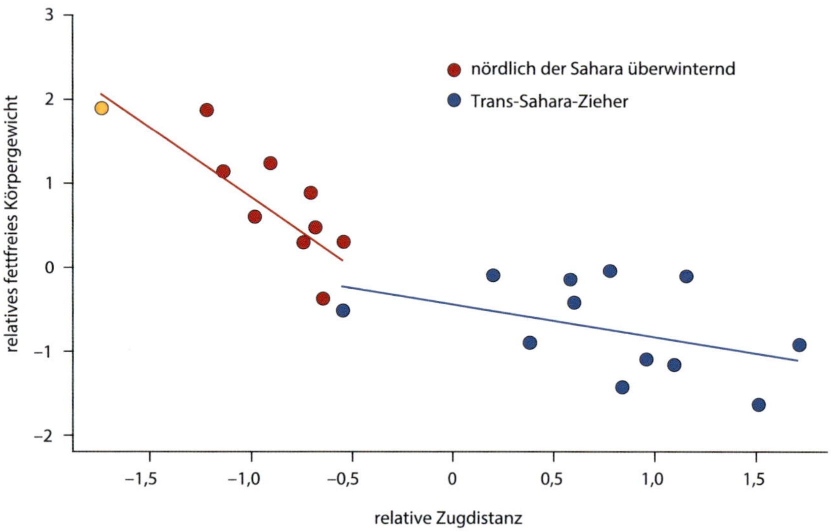


Abb. 446: Zusammenhang zwischen dem mittleren normierten, relativen fettfreien Körpergewicht und der relativen Zugdistanz bei 22 auf Helgoland durchziehenden Arten. Die Trans-Sahara-Zieher haben durchschnittlich eine sehr viel niedrigere fettfreie Körpermasse als der Standvogel Haussperling (oranger Punkt) und Kurz- und Mittelstreckerzieher, die nördlich der Sahara überwintern (nach Kelsey et al. 2021).

spitze Flügel begünstigen zwar den Streckenflug, erschweren aber die Manövrierfähigkeit in dichten Lebensräumen.

Zugvögel und Standvögel unterscheiden sich nicht nur in Flügelmaßen und Flügelform, sondern auch in der Federqualität bzw. den mechanischen Eigenschaften ihrer Federn. Bei Mönchsgrasmücken sind die Federn von Ziehern biegefester als von Nicht-Ziehern (Abb. 445), wobei die Biegesteifigkeit bei den Jungvögeln jeweils etwas geringer ist als bei den Altvögeln. Welche Bedeutung eine höhere Biegesteifigkeit der Federn hat, ist spekulativ, doch könnten biegesteifere Federn die Übertragung aerodynamischer Kräfte auf die Muskulatur erleichtern und so effizienteren und damit energiesparsameren Flug ermöglichen. Die geringere Biegesteifigkeit der Federn von Jungvögeln dürfte mit der insgesamt geringeren Qualität ihrer Federn zusammenhängen.

Insbesondere Zugweglänge und ökologische Barrieren haben also die natürliche Selektion von areodynamischen Merkmalen geformt, um die energetischen Kosten für die langen Flüge zu reduzieren. Eine jüngste Studie zeigt, dass dazu bei Trans-Sahara-Ziehern auch die fettfreie Körpermasse reduziert ist (Abb. 446). Damit sind nicht nur die zu transportierende Masse und somit die Transportkosten geringer, zugleich haben die Trans-Sahara-Zieher dadurch die Möglichkeit, relativ mehr Fett anzulegen, ohne zu schwer zu werden.

Rastgebiet in Marokko
(Foto: F. Bairlein)

# Ohne Rast kein erfolgreicher Zug

# 10

Mit Ausnahme weniger Arten, die schon gleich von ihrem Brutgebiet nonstop in ihr Winterquartier ziehen, wie Pfuhlschnepfen aus Alaska nach Neuseeland oder Doppelschnepfen aus Skandinavien nach Ostafrika, besteht die Wanderung in der Regel aus einer Abfolge von Flugphasen und Rastphasen. Haben Vögel unterwegs viele Möglichkeiten zu rasten, legen sie mehrere Rastphasen ein, sind Rastgebiete seltener, z. B. geeignete Gewässer bei Wasservögeln, sehen wir weniger Rastphasen, und bei Arten, die auf sehr spezielle Lebensräume angewiesen sind, wie z. B. Wattflächen, kann es auch nur ein einziger Raststopp sein (Abb. 447). Über Satellit verfolgte Kiebitzregenpfeifer legten auf ihrem durchschnittlich 81 Tage dauernden Frühjahrszug aus den Wintergebieten in die Brutgebiete in N-Sibirien durchschnittlich sieben Raststopps mit insgesamt durchschnittlich 77 Tage Rastdauer ein. Sie verbrachten also etwa 95 % ihrer Zugzeit rastend. Ebenfalls per Satellit verfolgte Heringsmöwen verbrachten auf ihrem Herbstzug von den Niederlanden nach S-Spanien 85 % ihrer Zugzeit rastend. Für Kleinvögel, die lediglich mit den in ihrer zeitlichen Auflösung weniger genauen Hell-Dunkel-Lichtloggern ausgestattet werden können, liegen folglich weniger detaillierte Daten vor, doch auch sie lassen unter günstigen Umständen eine Abschätzung zu. Ein Beispiel: Steinschmätzer legten auf ihrem 91 Tage langen Weg im Herbst von Alaska nach Ostafrika durchschnittlich 5 Rastphasen (von mehr als zwei Tage Dauer, weil kürzere Rastdauern mittels Hell-Dunkel-Geolokation nicht oder nur schlecht erfassbar sind) mit im Mittel 4,5 Tagen Dauer sowie eine längere Rast am Kas-

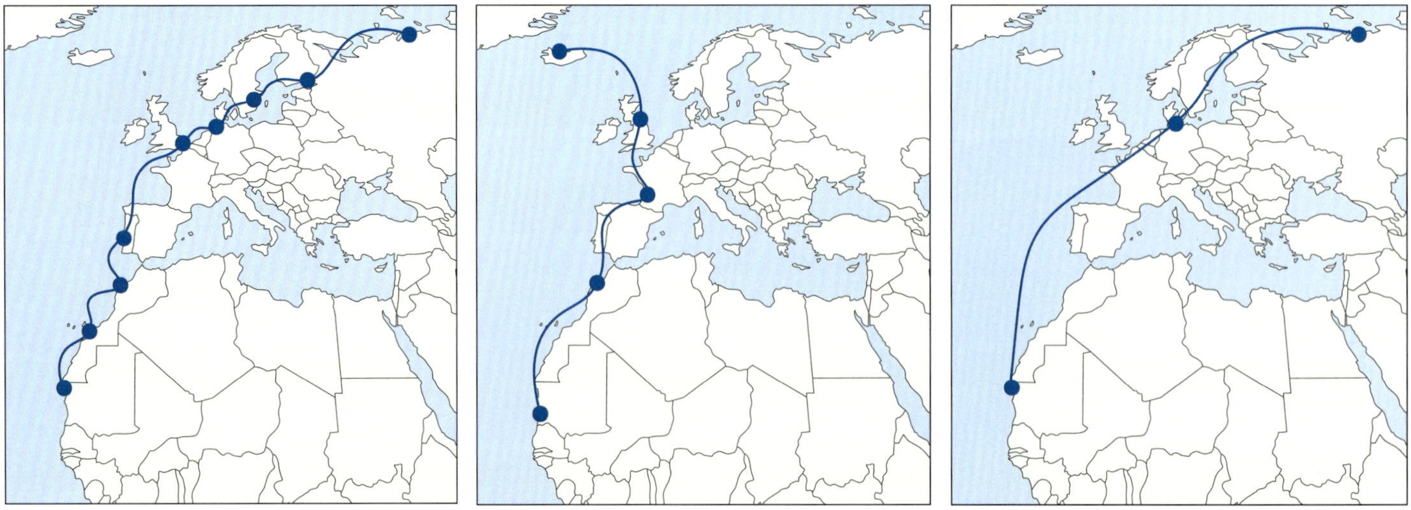

Abb. 447: Zwischen vielen kurzen Zugetappen mit dazwischen immer wieder längeren Rastphasen, wenigen Etappen oder gar nur einer einzigen Rast bzw. Nonstop-Zug über große Strecken ohne jegliche Rast (z. B. Pfuhlschnepfen über den Pazifik von Alaska nach Neuseeland oder Steinschmätzer von NO-Kanada über den N-Atlantik nach W-Europa) gibt es vielfältige Zugstrategien (nach Piersma 1987).

pischen Meer mit durchschnittlich 24 Tagen ein (Abb. 448), insgesamt also im Mittel 46,5 Tage Rast. Als typische Nachtzieher ziehen Steinschmätzer nur nachts und rasten am Tag. Wären sie in den 44,5 „Flugtagen" jede Nacht gezogen und hätten am Tag gerastet, ergibt sich eine zusätzliche Rastzeit von 534 Stunden (bei einer für diese grobe Abschätzung angenommenen Nachtlänge von 12 Stunden), insgesamt also eine Rastdauer von etwa 75 % der gesamten Zugdauer. Da angenommen werden darf, dass nicht jede Nacht gezogen wird, ist dieser Rastanteil in der realen Situation noch höher. Die Wanderung bei Vögeln besteht also zu einem sehr großen Zeitanteil aus Rasten. Um Vogelzug als Ganzes zu verstehen, braucht es deshalb gerade ein besseres Verständnis der Rastökologie.

Erfolgreicher Zug hängt bei den meisten Arten vom Vorhandensein geeigneter Rastgebiete ab, in denen sie ihre Fettdeposition vornehmen. Dabei ist entscheidend zu wissen, wo sich die Rastgebiete befinden, in welchem Abstand Rastplätze vorhanden sein müssen und wie viel Reservefett die einzelne Art für ihre Zugetappen benötigt. Dies ist gerade deshalb so wichtig, weil in einer zunehmend veränderten Landschaft geeignete Rastplätze knapp werden.

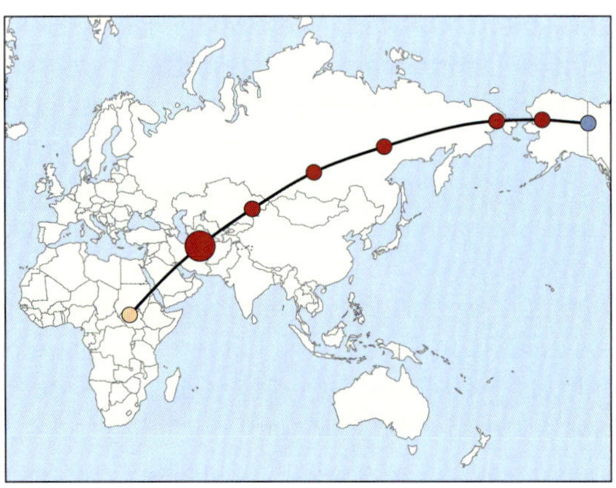

Abb. 448: Schematische Darstellung des Herbstzuges von Steinschmätzern zwischen Alaska und O-Afrika. Kleine Kreise: Rastdauern von 2 bis 6 Tagen (die jeweilige Position auf der Karte zeigt nicht die reale mittlere Position der Rastgebiete); großer Kreis: Rast am Kaspischen Meer. Die Verbindungslinien zwischen den „Rastgebieten" beschreiben nicht den realen Zugweg (für die realen Zugwege s. Abb. 160) (nach Bairlein et al. 2012).

Viele arktische Limikolen verbringen den nördlichen Winter in Afrika. Für sie ist das Wattenmeer der südlichen Nordsee eine einzigartige Drehscheibe ihres Zuges; etwa 8–10 Millionen Vögel benutzen es alljährlich auf ihren Wanderungen als Rastplatz, um sich hier im Herbst auf den Zug nach Afrika oder im Frühjahr auf den Rückzug in die arktischen Brutgebiete vorzubereiten. Wie der Weg im Einzelnen zurückgelegt wird, ist jedoch von Art zu Art verschieden. Arten, die zwischen ihrem afrikanischen Überwinterungsgebiet und dem Wattenmeer viele Stopps einlegen, benötigen für ihre kurzen Flugetappen jeweils nur recht wenig Treibstoff, dafür aber viele verschiedene Rastplätze entlang der Wanderroute. Ganz anderes ist dies dagegen bei Arten, die riesige Strecken in einem einzigen Flug überwinden, oder durch Gebiete ziehen, in denen eine Rast mit erneuter Nahrungsaufnahme nicht möglich ist. Für sie besteht die Notwendigkeit zu einer ausgeprägten Fettdeposition und sie müssen sich auf die Existenz der wenigen oder sogar des einzigen dafür erforderlichen Rastplatzes verlassen (Abb. 449). Die Kenntnis der Zugstrategie einer Art oder sogar Population ist also für die Festlegung von Schutzstrategien unverzichtbar. Die für solche Flüge deponierte Treibstoffmenge ist dabei recht präzise bemessen. Ist ein „eingeplanter" Rastplatz nicht mehr vorhanden, oder so verändert, dass eine weitere Fettdeposition kaum mehr möglich ist, dann haben solche Arten meist keine Möglichkeiten, auf andere Gebiete auszuweichen. In solchen Fällen, aber auch wenn die Voraussetzungen für eine ausreichende Fettdeposition nicht gegeben sind, sind der weitere Zug oder sogar der spätere Bruterfolg gefährdet. Für arktische Limikolen und Gänse ist gezeigt, dass die Bedingungen im Rastgebiet nicht nur über den Zugerfolg entscheiden, sondern auch den folgenden Bruterfolg mitbestimmen können. Individuen, die im Frühjahr ihre südlichen Rastgebiete untergewichtig verlassen (müssen), haben einen geringeren Bruterfolg als normalgewichtige Tiere (Abb. 450). Limikolen des Ostasiatischen Zugweges haben zwischen 1993 und 2012 umso stärker in ihren Beständen abgenommen, je mehr sie auf die Rast an den Küsten des Gelben Meeres angewiesen sind (Abb. 451). Die Fläche der Rastgebiete am Gelben Meer ist in den letzten Jahrzehnten um mehr als 65 % geschrumpft.

Für die Mehrzahl der Singvögel ist wenig bekannt, wo sie rasten und ihre Fettanlagerung machen. Gartengrasmücken ziehen, wie viele andere Arten, aus Mitteleuropa nach Westafrika, aus Osteuropa dagegen nach Ostafrika. Bei den über die südwestliche Route ziehenden Gartengrasmücken erfolgt die hauptsächliche

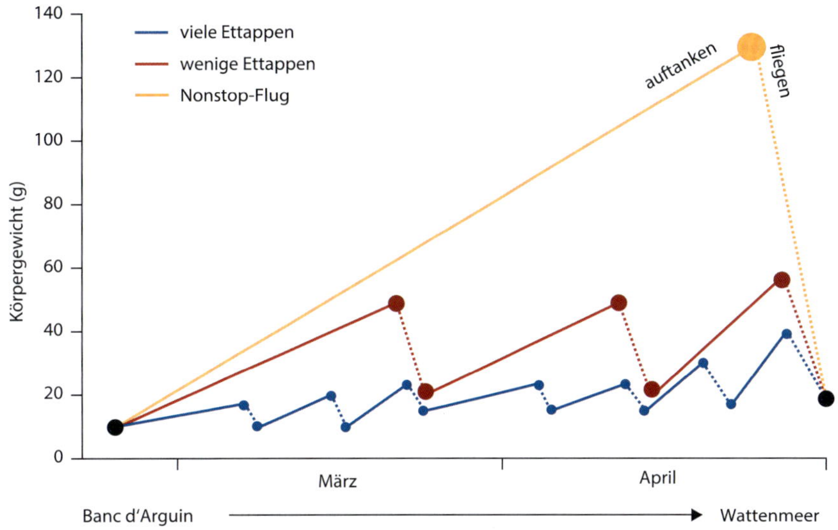


Abb. 449: Je nach „Zugstrategie" werden für die einzelnen Flugphasen (gepunktete Linien) und für den gesamten Zug unterschiedliche Treibstoffmengen (gefüllte Kreise) benötigt (nach Piersma 1987).

Fettdeposition im Herbst in Nordwestafrika, unmittelbar vor der Durchquerung der Sahara (s. Abb. 385). Anders ist dies bei Gartengrasmücken auf der östlichen Route. Sie erreichen die notwendige Depotfettbildung im Herbst bereits nördlich des Mittelmeeres. Ursache hierfür ist, dass in Nordwestafrika vor dem Nordrand der Sahara im Maghreb adäquate Rastplätze vorhanden sind, in einem breiten Gürtel mediterraner Vegetation in Nordalgerien und Nordmarokko. Im Osten hingegen reicht die Wüste direkt bis an den Südrand des Mittelmeeres und somit sind dort keine Möglichkeiten zur Fettanlagerung gegeben. Folglich müssen diese Vögel bereits nördlich des Mittelmeeres entsprechend auftanken. Umgekehrt ist es im Frühjahr. Hier hat einerseits der erste maßgebliche Depotfettaufbau vor dem Südrand der Sahara zu erfolgen. Allerdings benötigen diese Vögel auch nach

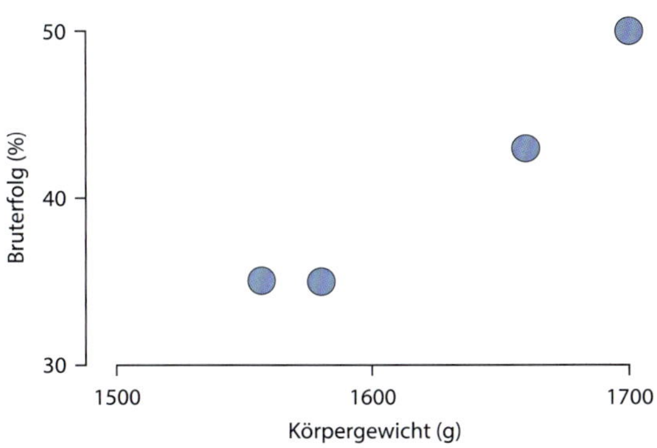


Abb. 450: Der Bruterfolg von Ringelgänsen ist entscheidend von ihrem Abfluggewicht aus dem Rastgebiet bestimmt (nach Ebbinge 1989).

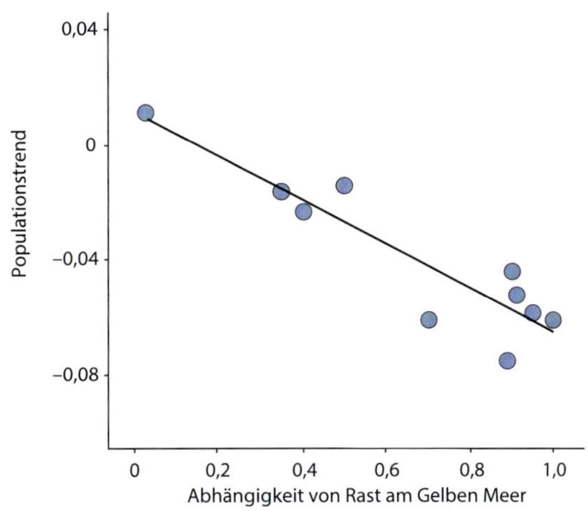


Abb. 451: Zusammenhang zwischen der Bestandsveränderung von 10 Watvogelarten von 1993 bis 2012 und ihrer Abhängigkeit von Rastmöglichkeiten am Gelben Meer (nach Studds et al. 2017).

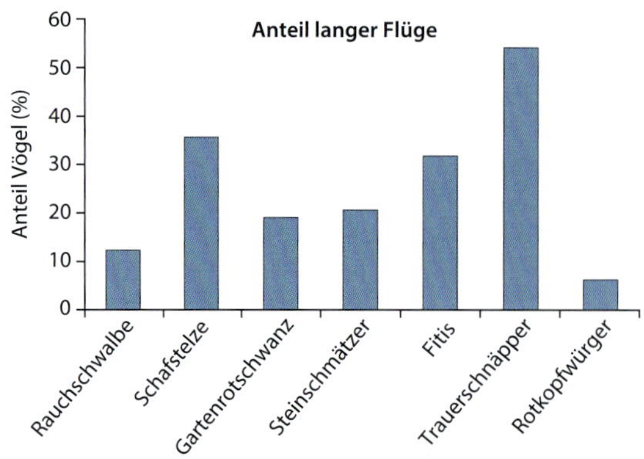


Abb. 452: Anteil Vögel verschiedener Arten in einer Oase in S-Marokko, die mit ihren nach der Durchquerung der Sahara noch vorhandenen Fettreserven noch mindestens 600 km (in etwa die Entfernung nach S-Spanien) hätten fliegen können (nach Maggini & Bairlein 2011).

Überwindung der Sahara die Möglichkeit, ihre verbrauchten Fettreserven wieder aufzufüllen. Untersuchungen in einer Oase in Südmarokko am Nordrand der Sahara zeigen, dass die überwiegende Mehrzahl der dort im Frühjahr rastenden Kleinvögel ohne erneutes „Auftanken" nicht in der Lage wäre, erfolgreich in die Brutgebiete zu ziehen (Abb. 452). Dies gilt nicht nur für Singvögel. Auch Wiesenweihen legen nach der Durchquerung der Sahara in Ostmarokko einen mehrwöchigen Zwischenstopp ein, bei dem sie sich auf den Weiterzug in die nördlichen Brutgebiete vorbereiten.

Spätestens vor Aufbruch über eine ökologische Barriere muss also entsprechend aufgetankt werden, wobei es je nach Zugstrategie Unterschiede in der räumlich-zeitlichen Organisation des Fettwerdens gibt (Abb. 453). So können Arten sukzessive unterwegs kumulativ Fett aufbauen, oder zunächst bis an den Rand der Barriere mit nur jeweils so viel Fett ziehen, wie sie für die nächste Flugphase benötigen, um erst kurz vor Aufbruch zur Überquerung der Barriere die dafür erforderliche Fettdeposition zu machen.

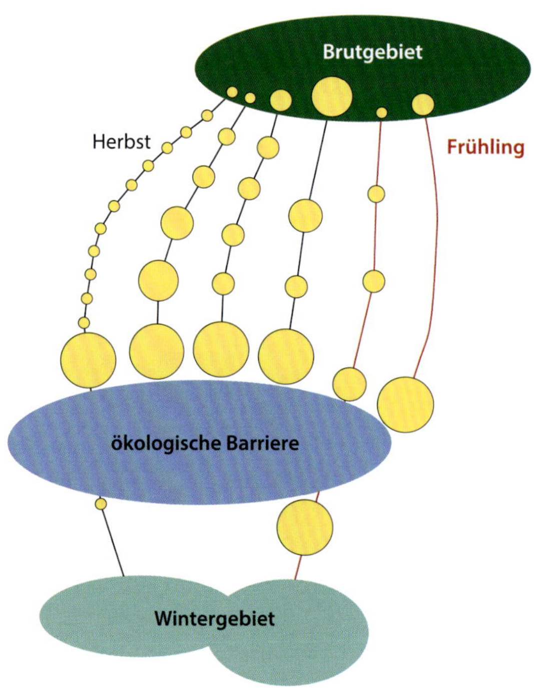


Abb. 453: Unterschiedliche „Strategien" zugzeitlicher Fettdeposition von Singvögeln, die auf ihrem Weg eine ökologische Barriere wie Wüsten oder Meere zu überwinden haben (schematisch). Die unterschiedlich großen gelben Kreise symbolisieren das Ausmaß der Fettdeposition entlang des Zugweges.

Ein wichtiges Ziel einer ökologischen Vogelzugforschung ist deshalb, den räumlichen und zeitlichen Verlauf der Depotfettbildung frei lebender Zugvögel zu erarbeiten und die erforderlichen „Tankstellen" zu identifizieren. Dieses Ziel ist aber nur mit internationaler Zusammenarbeit zu erreichen. Dies wurde durch ein von der *European Science Foundation* unterstütztes Verbundvorhaben möglich, an dem mehr als 50 Forschungsstationen in 17 Ländern Europas und Nord- und Westafrikas teilnahmen. Dabei zeigte sich, dass für viele Arten die wichtigsten Rastgebiete während des Herbstzuges nicht in Europa sondern im nordwestlichen Afrika liegen, und dass Arten, die auf Schilfgebiete angewiesen sind, wie die Rohrsänger, mit insgesamt mehr Fettvorräten ziehen als Arten, die Gebüsche und Wälder bevorzugen und somit unterwegs eher „Tankstellen" finden als die auf Röhrichte angewiesenen Arten, deren Lebensräume vielerorts spärlicher sind. Weiterhin zeigte sich, dass die rastenden Vögel nur in solchen Gebieten an Gewicht zunahmen, die groß genug waren und somit ein ausreichendes Futterangebot aufwiesen (Abb. 454).

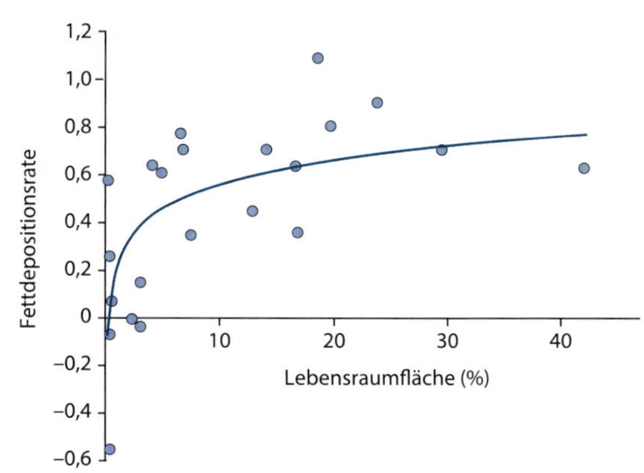


Abb. 454: Zusammenhang zwischen stündlicher Fettdepositionsrate beim Fitis und Größe des verfügbaren Lebensraums (Anteil geeigneter Lebensraum innerhalb eines 5 km-Radius). Gute Fettdeposition wird nur erreicht, wenn genügend Lebensraum vorhanden ist. Kleine, isolierte Rastgebiete ermöglichen keine Fettdeposition (nach Ktitorov et al. 2008).

## Wo muss ich rasten?

Für erstmals ziehende Jungvögel stellt sich die Frage, wo die Rastplätze liegen, an denen sie ihre für die erfolgreiche Überwindung einer ökologischen Barriere entscheidenden Fettvorräte anlagern können. Mehrere Untersuchungen sprechen dafür, dass sie die geografische Lage der Rastgebiete endogen „wissen" und dass sie diese mit Hilfe des **Erdmagnetfeldes** erkennen.

Junge schwedische Sprosser, die zu Beginn ihrer arttypischen Zugzeit (Anfang August) in einem künstlichen Magnetfeld gehalten wurden, das ihnen zunächst den Zugweg von S-Schweden nach N-Ägypten und dann einen Aufenthalt im Magnetfeld N-Ägyptens simulierte, nahmen deutlich mehr an Gewicht zu als die jungen Sprosser, die diese gesamte Zeit über in einem S-schwedischen Magnetfeld verblieben (32 % gegenüber 19 % ihres Ausgangsgewichts; Abb. 455). Dieser Unterschied zeigte sich jedoch nicht mehr, wenn Sprosser etwa zwei Wochen später getestet wurden. Dies spricht dafür, dass die Vögel ein internes Zeitprogramm berücksichtigen, das ihnen „sagt", ob sie früh oder spät in der Zugzeit sind. Frühe Vögel scheinen sich mit ihrer Fettdeposition Zeit zu lassen und bauen ihre Treibstoffmengen sukzessive auf und richten sich dabei nach dem jeweiligen Ort (Fortschritt) entlang ihres Zugweges, den sie über das Erdmagnetfeld erkennen. Für späte Vögel dagegen scheint es wichtig, sich bereits früher, damit im Herbst weiter nördlich, Treibstoff anzulegen, um so rascher mit weniger Zwischenstopps zu wandern und so ihre „Verspätung" aufzuholen. Gestützt wird diese Annahme von der Beobachtung, dass oftmals später im Herbst ziehende Vögel schwerer (fetter) sind als früher ziehende (Abb. 456).

Steinschmätzer, denen man den magnetischen Fortschritt ihres Zugweges im Herbst simulierte, zeigten, anders als die Sprosser, keine gesteigerte Fettdeposition. Dies lässt sich damit erklären, dass Steinschmätzer auf ihrem Weg von Europa nach W-Afrika deutlich weniger ausgeprägte ökologische Barrieren ohne Möglichkeiten der Rast und des „Nachtankens" überqueren als die Sprosser auf ihrer östlichen Route. Steinschmätzer

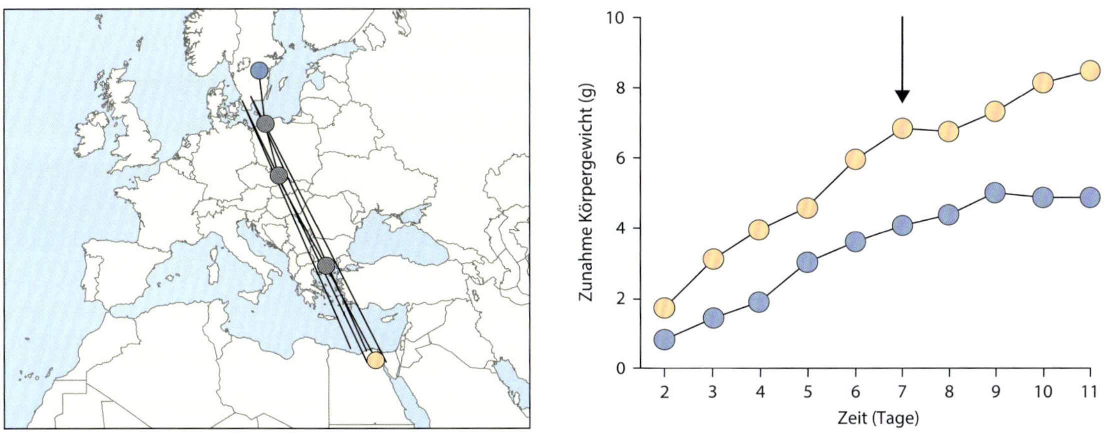


Abb. 455: Gewichtsentwicklung von jungen schwedischen Sprossern, die im natürlichen Magnetfeld S-Schwedens gehalten wurden (blaue Punkte) bzw. denen ihr magnetischer Zugfortschritt zwischen S-Schweden und N-Ägypten in 4 Schritten simuliert wurde (links) und die ab dem 7. Tag in dem Magnetfeld N-Ägyptens gehalten wurden (orange Punkte) (nach Fransson et al. 2001 und Kullberg et al. 2002).

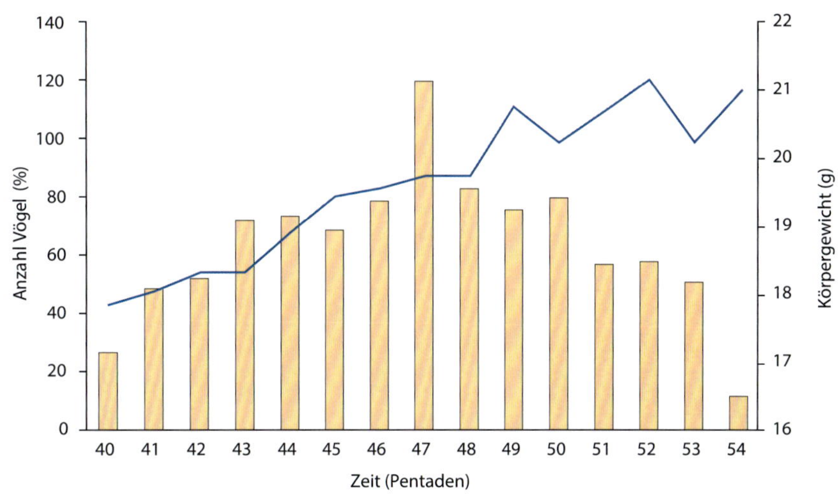


Abb. 456: Durchzug (Säulen) und mittlere Körpergewichte (Linie) von Gartengrasmücken im Herbst auf der Mettnau-Halbinsel im westlichen Bodensee (nach Bairlein 1998).

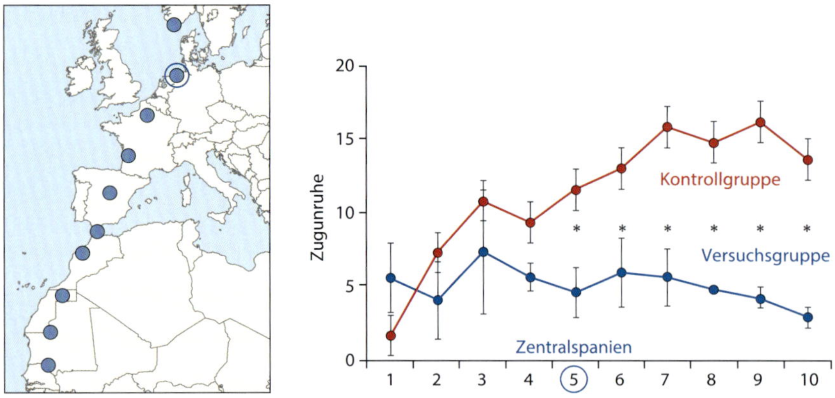


Abb. 457: Nächtliche Zugunruhe von Steinschmätzern aus Norwegen, die im natürlichen Magnetfeld Wilhelmshavens (Kontrollgruppe, rote Punkte) bzw. in einem künstlichen Magnetfeld gehalten wurden, das den „magnetischen Fortschritt" ihres Zuges von Norwegen (Position 1) nach W-Afrika (Position 10) in 3-Tages-Schritten simulierte (Versuchsgruppe, blaue Punkte). Die Sterne geben an, dass die jeweiligen Zugunruhen der beiden Gruppe statistisch verschieden sind (nach Bulte et al. 2017).

fressen nämlich auf ihrem Zug durch die Sahara, wogegen die Sprosser, wie viele andere Trans-Sahara-Zieher, diese Möglichkeiten der Nahrungsaufnahme in der Sahara nicht haben. Für die Steinschmätzer scheint die Wüste also im Gegensatz zum Sprosser ein weniger bedeutsames Hindernis darzustellen. Auch überqueren die Steinschmätzer aus Norwegen im Herbst das Mittelmeer im äußersten Westen, wo der Weg übers Meer sehr viel kürzer ist als für die Sprosser, die das viel breitere östliche Mittelmeer überfliegen. Die norwegischen Steinschmätzer sind also nicht mit der Notwendigkeit von langen, anhaltenden Flügen konfrontiert und sind daher nicht so sehr von einem bestimmten Rastgebiet und einer geografischen Feinabstimmung abhängig, wie dies bei Arten wie dem Sprosser notwendig ist.

Abb. 458: Ein diesjähriger Alaska-Steinschmätzer auf einer mit Mehlwürmern gefüllten Schale, unter der sich eine Waage befindet. Mithilfe der individuellen Farbringkombination kann das Körpergewicht bei jedem Besuch und so dessen Entwicklung über die gesamte Rast bestimmt werden (Foto: H. Schmaljohann).

Bei den Steinschmätzern zeigte sich aber ein deutlicher Effekt der magnetischen Simulation in ihrer nächtlichen Zugunruhe (Abb. 457). Je näher sie magnetisch ihrem Zielort kamen, umso geringer war die verbleibende Zugunruhemenge, entsprechend der simulierten Verkürzung ihres restlichen Zugweges, wogegen die Vögel, die „stationär" in einem nördlichen Magnetfeld gehalten wurden, die Zugunruhemenge zeigten, die sie für die gesamte Zugstrecke benötigen. Dies zeigt nicht nur, dass die Vögel über das Erdmagnetfeld ihren jeweiligen Aufenthaltsort erkennen, sondern auch, dass sie ein angeborenes räumlich-zeitliches Programm in ihrer Zugunruhe haben, mit dem sie ihre Zugunruhe ortsspezifisch justieren.

## Rastverhalten – Fallbeispiel Steinschmätzer

Während der Rast ist ein Zugvogel zwei wichtigen Entscheidungen ausgesetzt: „Wann ziehe ich ab" und „in welche Richtung ziehe ich ab?"

Dabei stellt sich die Frage nach den Faktoren, welche die Rast oder die Zugrichtung beeinflussen. Wichtige Faktoren sind das Wetter, der Prädationsdruck, die innerartliche Konkurrenz, die Körperkondition des Vogels, die Zugstrategie sowie das Zugziel, da sich die Zugvögel je nach Distanz und zu überquerendem Terrain unterschiedlich auf die Flüge vorbereiten müssen. Das Rastverhalten einer Art im Freiland quantitativ zu untersuchen, ist deshalb oftmals schwierig.

Als für die Untersuchung des Rastverhaltens und der Rastökologie besonders geeignete Art zeigt sich der Steinschmätzer. Steinschmätzer haben eines der weitesten natürlichen Verbreitungsgebiete aller Singvogelarten und ein sehr vielseitiges Zugsystem. Ihr Brutgebiet erstreckt sich von Ostkanada über Grönland und Skandinavien bis nach Sibirien und Westalaska. Die Überwinterungsgebiete aller Brutpopulationen liegen in Afrika südlich der Sahara. Sowohl die Vögel der Unterart *leucorhoa*, deren Brutgebiete in Kanada, auf Grönland und Island liegen, und die meisten europäischen Populationen der Nominatform *oenanthe* überwintern in Westafrika. Die sibirischen und alaskanischen Vögel überwintern hingegen in Ostafrika. Damit finden wir innerhalb einer Art sehr unterschiedliche Zugsysteme. So müssen die grönländischen/kanadischen Vögel den Nordatlantik überqueren, während die kontinentaleuropäischen/asiatischen und die Vögel aus Alaska weitgehend über Land ziehen. In Folge der unterschiedlichen Zugwege und dem Vorhandensein bzw. Fehlen von großen ökologischen Barrieren unterscheiden sich die Zugstrategien der verschiedenen Brutpopulationen deutlich voneinander.

Vorteilhaft für die Untersuchung der Zugstrategien ist auch, dass sich für *oenanthe* und *leucorhoa* Vögel die Zugwege und Überwinterungsgebiete teilweise überlappen. So kommen sie sowohl beim Herbst- wie beim Frühjahrszug gemeinsam auf Helgoland vor. Dies erlaubt die Untersuchung der beiden Unterarten unter gleichen ökologischen Bedingungen im selben Rastgebiet.

Zudem bietet der Steinschmätzer auch noch eine Reihe weiterer Vorteile. Als Offenlandvogel ist er relativ einfach zu beobachten. Außerdem kann das Verhalten quantitativ gut erfasst werden, insbesondere die Nahrungssuche und -aufnahme, da Steinschmätzer sich vornehmlich von am Boden lebenden Wirbellosen ernähren. So kann auch das Nahrungsspektrum vergleichsweise gut bestimmt werden. Ebenso lassen sich bei einer Offenlandart die lokalen Prädationsverhältnisse recht gut feststellen. Zudem können Steinschmätzer recht einfach und in großer Zahl gefangen werden. Weiterhin können individuell mit Farbringen markierte Steinschmätzer gut im Freiland abgelesen werden. Darüber hinaus lassen sich Steinschmätzer mit Mehlwürmern anfüttern und gewöhnen sich schnell an elektronische Waagen (Abb. 458; 459), wodurch wiederholte Wägungen der über Farbberingung individuell bekannten Vögel ohne den sonst erforderlichen Wiederfang möglich sind. Zudem sind sie groß genug, um mit Telemetrie-Sendern bestückt werden zu können (Abb. 460). All dies erlaubt, dass das Rastplatzverhalten von Steinschmätzern vergleichsweise gut untersucht werden kann.

Dabei hat sich die Insel Helgoland aufgrund ihrer Lage in der deutschen Nordsee, gut 50 km vom nächsten Festland entfernt, als ein hervorragender Untersuchungsort gezeigt. Von Helgoland abziehende Vögel haben ihren Zug tatsächlich fortgesetzt, da sich die nächsten Rastplätze in mindestens 50 km Entfernung befinden. Zudem erlaubt die geringe

Abb. 459: Drei Steinschmätzer und ein Blaukehlchen an einem Mehlwurm-Futterplatz in Alaska (Foto: H. Schmaljohann).

Abb. 460: Ein diesjähriger Steinschmätzer der *leucorhoa*-Unterart, die auf Island und Grönland sowie im östlichen Kanada brütet. Auf dem Rücken befindet sich ein kleiner, nur 0,8 Gramm leichter Radiotelemetrie-Sender. Die Signalleistung des Senders ist dabei so stark, dass zum einen der genaue Abzugszeitpunkt und zum anderen die Abzugsrichtung für die ersten 15 km von Helgoland bestimmt werden können. Der Radiotelemetrie-Sender wurde von der Schweizerischen Vogelwarte und der Fachhochschule Burgdorf (Schweiz) hergestellt. Die elastischen Schlaufen werden um die Beine gelegt (Fotos: H. Schmaljohann).

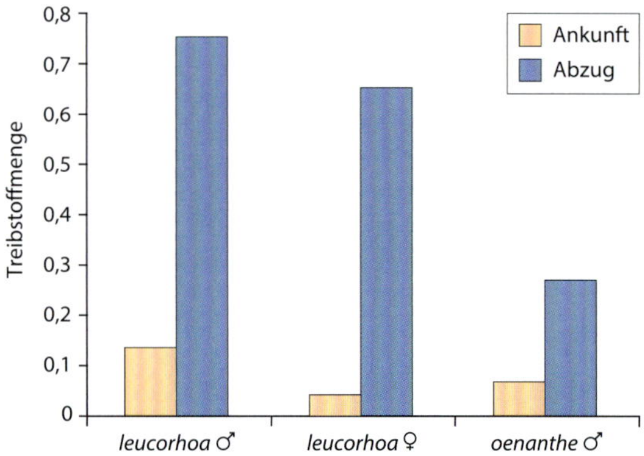


Abb. 461: Mittlere Treibstoffmengen bei Steinschmätzern im Frühjahr auf Helgoland bei Ankunft (helle Säulen) und bei Abzug (dunkle Säulen) (nach Dierschke et al. 2005).

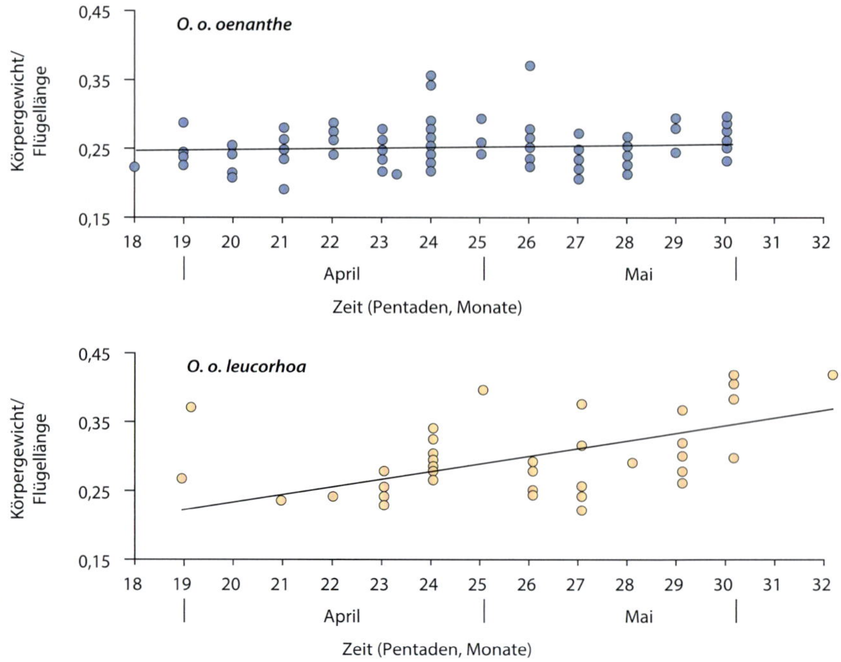


Abb. 462: Relative, auf die Flügellänge umgerechnete Körpergewichte von Steinschmätzern im Frühjahr auf Helgoland (unveröff.). →

Größe Helgolands, dass farbberingte Steinschmätzer eine hohe Wahrscheinlichkeit (bis zu 83 %) haben, wiederbeobachtet zu werden, und dass mit einem Radiosender ausgestattete Vögel vergleichsweise leicht verfolgt werden können. Weiterhin kann die Anzahl von auf Helgoland rastenden Steinschmätzern innerhalb von Tagen stark wechseln, so dass an einem Tag nur wenige, am nächsten bis zu 500 Vögel auf der Insel sind. So entstehen unterschiedliche Konkurrenzsituationen. Auch Greifvögel nutzen Helgoland zur Rast; besonders durch ein unterschiedlich häufiges Auftreten an Sperbern erfahren Steinschmätzer wechselnde Prädationsrisiken.

Steinschmätzer erreichen Helgoland im Frühjahr mit recht wenig Treibstoff, verlassen die Insel aber mit vergleichsweise viel Fett (Abb. 461). Bei *leucorhoa* sind später im Frühjahr durchziehende Vögel schwerer als früher ziehende, nicht so bei der Nominatform *oenanthe* (Abb. 462). Die meisten Vögel verweilen nur 1–2 Tage (Abb. 463) und die Verweildauer ist später in der Zugzeit kürzer (Abb. 464), was andeutet, dass die späteren Vögel in „größerer Eile“ sind, ihre nördlichen Brutplätze zu erreichen. Die rastenden Vögel nehmen an Gewicht zu (Abb. 465), sie füllen ihre Treibstoffvorräte auf. Dabei sind die Abzugsgewichte bei den mindestens bis nach Island ziehenden *leucorhoa* höher als bei den „nur“ noch nach Skandinavien ziehenden *oenanthe*.

Da es viel Energie braucht, um lange Stecken zu fliegen, entscheidet die Energiemenge da-

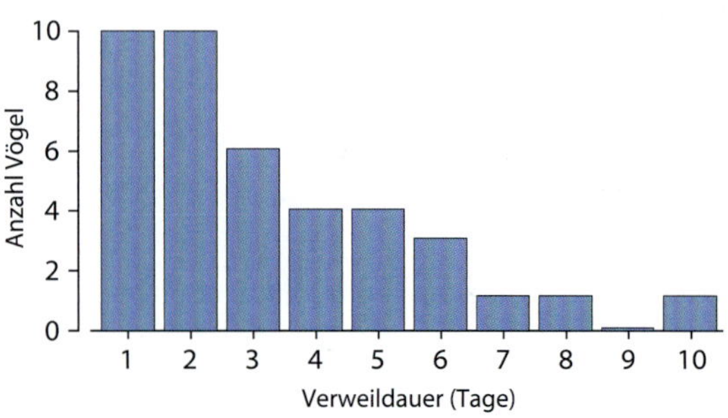


Abb. 463: Verweildauern von Steinschmätzer auf Helgoland (nach Schmaljohann & Dierschke 2005 und Schmaljohann & Eikenaar 2017).

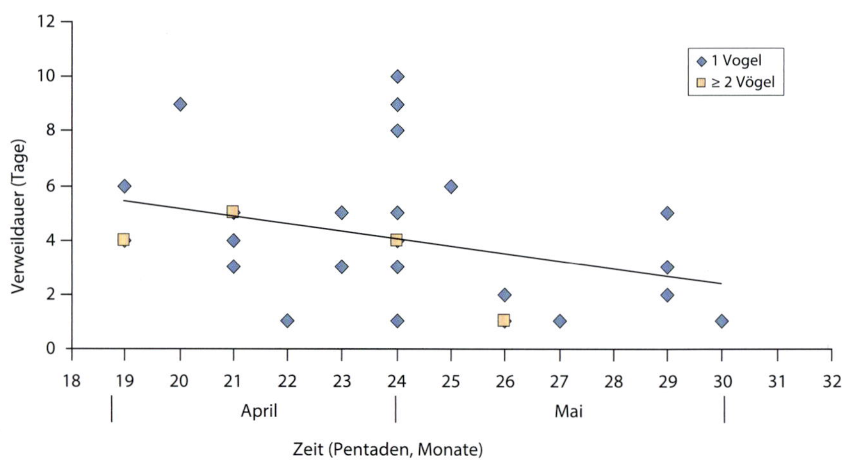


Abb. 464: Verweildauern von Steinschmätzern im Frühjahr auf Helgoland (unveröff.). →

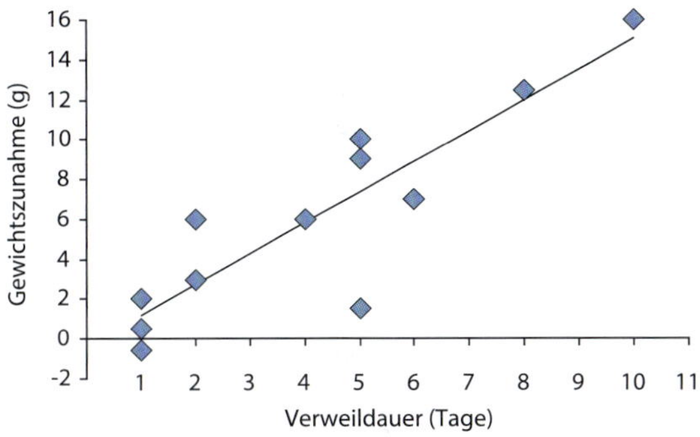


Abb. 465: Gewichtszunahme im Frühjahr auf Helgoland rastender Steinschmätzer (nach Dierschke & Delingat 2001).

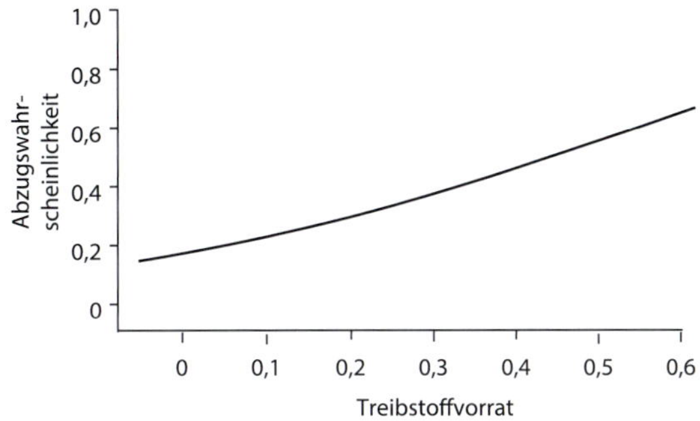


Abb. 466: Wahrscheinlichkeit des Abzuges von Steinschmätzern von Helgoland in Abhängigkeit von ihrem abendlichen Treibstoffvorrat (nach Schmaljohann & Eikenaar 2017).

rüber, ob ein Vogel abfliegt und wie weit er ohne Einfluss von Wind ziehen kann. Entsprechend ist die Wahrscheinlichkeit abzuziehen, von dem Treibstoffvorrat am Abend abhängig (Abb. 466).

Sehr große Fettreserven (mehr als 60 % des mageren Körpergewichts bei Steinschmätzern) ermöglichen Flugstrecken von über 2000 km, während magere Vögel nur sehr kurze Strecken fliegen können. Daher muss ein abziehender Vogel „wissen", ob die angelagerte Energiemenge ausreicht, um das nächste Zugziel sicher zu erreichen. Dafür muss nicht nur die Dauer der nächsten Flugetappe abgeschätzt werden, sondern es müssen auch noch ausreichend Energiereserven „eingeplant" werden, sodass auch bei ungünstigen Winden das Ziel erreicht wird. Das stellt besonders für die auf Island und Grönland brütenden *leucorhoa*-Steinschmätzer eine besondere Aufgabe dar, weil sie große Meeresbereiche auf dem Weg zu den Brutgebieten überfliegen müssen. Eine weitere Schwierigkeit ist es, die am nächsten Rastplatz vorhandene Nahrungsgrundlage abzuschätzen. Gerade die Ankunft in der Tundra sollte daher so angepasst werden, dass entweder dort schon ausreichend viel Nahrung vorhanden ist oder die Vögel mit so großen Energiereserven ankommen, dass sie eine mögliche Futterknappheit für einen bestimmten Zeitraum tolerieren können.

Dies alles zeigt sich darin, dass die *leucorhoa*-Steinschmätzer Helgoland im Frühjahr mit größeren Energiemengen verlassen als die *oenanthe*-Vögel, die eben „nur" nach Skandinavien weiterziehen und keine weiten Strecken über das Meer zurücklegen. Die meisten *oenanthe*-Steinschmätzer verlassen Helgoland mit relativ niedrigen Energiemengen, die nur einige hundert Flugkilometer ermöglichen und ausreichen, die nächsten Brutgebiete, zumindest aber einen nächsten Rastplatz zu erreichen. Der geringe Bedarf an Energie für die nächste Zugstrecke führt folglich zu recht kurzen Rastzeiten der *oenanthe*-Steinschmätzer auf Helgoland. Die *leucorhoa*-Steinschmätzer hingegen passen ihr Rastplatzverhalten den Vorbereitungen für einen Langstreckenflug an. Sie fressen intensiver (Abb. 467) und verteidigen gute Nahrungsterritorien (s. u.), wodurch eine hohe Energieanlagerungsrate erreicht wird und zusammen mit längeren Rastdauern zu sehr großen Abzugsenergiereserven führt.

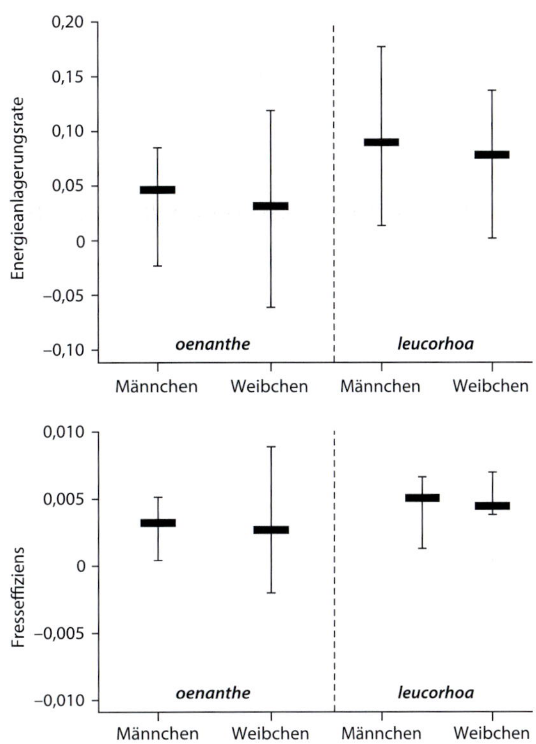


Abb. 467: Tägliche Energieanlagerungsrate (oben) und Fresseffizienz von Steinschmätzern auf Helgoland (nach Corman et al. 2014).

## Zeit – Energie – Prädationsvermeidung: die optimale Strategie

Natürliche Selektion ist ein Prozess der Optimierung und dies gilt auch für den zeitlichen und räumlichen Verlauf des Vogelzuges. Die optimale Vorgehensweise eines Zugvogels, um sein Ziel in der angemessenen Zeit zu erreichen, unterscheidet sich je nach den Anforderungen, die auf den Vogel einwirken. So kann es wichtig sein, möglichst rasch an das Ziel zu gelangen, möglichst „preiswert", also mit so wenig Energie wie möglich, oder möglichst sicher, also Prädationsrisiko zu vermeiden.

„**Zeitminimierer**" versuchen, die für den Zug benötigte Zeit so gering wie möglich zu halten. Sie maximieren also die durchschnittliche Zuggeschwindigkeit über die gesamte Zugstrecke. Da die Vögel mehr Zeit für die Rast als für den Flug benötigen und die Energieanlagerungsrate bei der Rast niedriger ist als der Energieverbrauch während des Fliegens, ist die Zugdauer zu einem großen Anteil von der Energieanlagerungsrate an einem Rastplatz abhängig. Je mehr Energie ein Rastvogel pro Zeiteinheit anlagern kann, desto schneller erreicht er die für den Weiterzug benötigte Energie (Abb. 468). Kann also ein Zugvogel an einem Rastplatz schneller als andere ausreichend große Energiereserven anlagern, die eine lange oder sogar mehrere Flugstrecken kurz hintereinander ermöglichen, so verringert sich für diesen Vogel die gesamte Zugdauer. Zugvögel, die eine hohe Energieanlagerungsrate erfahren, haben also eine kurze Zugdauer und damit eine hohe durchschnittliche Zuggeschwindigkeit. Daher sollten Zeitminimierer einen Rastplatz verlassen, wenn sie niedrige Energieanlagerungsraten erfahren. Denn dies bedeutet, dass sie langsam unterwegs sind, also eine niedrige durchschnittliche Zuggeschwindigkeit erfahren. Können sie jedoch schnell viel Energie aufnehmen, so sollten sie lange verweilen und erst mit einer großen Energiereserve abziehen. Die Abzugsentscheidung bei Zeitminimierern ist also abhängig von der Energieanlagerungsrate. Daraus ergibt sich für Zeitminimierer schließlich die charakteristische positive Abhängigkeit des Abzugsgewichtes von der Energieanlagerungsrate.

Sind die energetischen Flugkosten die bedeutendsten energetischen Kosten während des gesamten Zuges, dann sollten Zugvögel diese energetischen Flugkosten so niedrig wie möglich halten. Da die energetischen Flugkosten von der zu transportierenden Masse abhängen, sollten „**Energieminimierer**" nur mit der für das Erreichen des nächsten Rastortes nötigen Energiemenge abziehen. Ein Zugvogel optimiert so die pro Zeiteinheit verbrauchte Energie auf ein Minimum. Daher sollten Energieminimierer mit einem bestimmten, von der Energieanlagerungsrate unabhängigen Energievorrat den Rastplatz verlassen (Abb. 468).

Für den Steinschmätzer zeigt sich, dass sich die *leucorha*-Vögel im Frühjahr als „Zeitminimierer", verhalten, die *oenanthe*-Vögel hingegen als „Energieminimierer" (Abb. 468).

Dabei unterscheiden sich bei *leucorhoa* Weibchen und Männchen. Bei den Männchen ist die Minimierung der Zugzeit deutlicher ausgeprägt als bei den Weibchen. Männchen scheinen damit schneller und riskanter als die Weibchen zu ziehen. Dieser geschlechtsspezifische Unterschied in der Zugstrategie könnte der entscheidende Mechanismus sein, der erklärt, warum die Männchen vor den Weibchen in den Brutgebieten ankommen.

Eine intensive Energieanlagerung, wie sie bei Zeitminimierern unter günstigen Rastbedingungen vorhergesagt wird, geht aufgrund der stark ansteigenden Körpermasse mit einer verminderten Flugagilität einher. Dies erhöht das **Prädationsrisiko** immens, da die Vögel Angreifern schlechter ausweichen bzw. fliehen können. Vögel, die das Prädationsrisiko minimieren, sollten daher bei einem hohen Prädationsdruck und unabhängig von der erfahrenen Energieanlagerungsrate abziehen.

Die Rolle von Prädation zeigt sich auch bei den auf Helgoland rastenden Steinschmätzern; sie beeinflusst die tägliche Gewichtszunahme, nicht aber die Abflugwahrscheinlichkeit. An Tagen mit vielen rastenden Greifvögeln auf Helgoland, also bei hohem Prädationsdruck, zogen die Steinschmätzer in der folgenden Nacht nicht häufiger ab als nach Tagen mit wenig Prädationsdruck. Allerdings war ihre tägliche Fettdeposition beeinflusst (Abb. 10-23). Bei einer Zunahme des Prädationsdruckes legten sie weniger Fett an. Dies ergibt sich dadurch, dass Steinschmätzer zur Feindvermeidung bewegungslos verharren. Dieses „freezing" kann bis zu 30 Minuten andauern und reduziert die Zeit für die Nahrungsaufnahme.

Nicht nur Prädatoren, sondern besonders auch arteigene **Konkurrenten** haben einen Einfluss auf die Abzugsentscheidung, da häufiges Aggressionsverhalten als dichteabhängiger Regulationsmechanismus die Rastplatzbedingungen verschlechtert. So ziehen Steinschmätzer vermehrt von Helgoland ab, wenn der innerartliche Konkurrenzdruck hoch ist. Hoher Konkurrenzdruck wirkt sich jedoch nicht auf alle Individuen gleich aus. Die Abzugsentscheidung hängt vom „Sozialstatus" des Vogels ab. Von den in innerartlichen Auseinandersetzungen unterlegenen Steinschmätzern zogen 56 % in der folgenden Nacht ab, während dominante Vögel nur in 13 % der Fälle abzogen; 87 % von diesen verweilten noch mindestens einen weiteren Tag. Die Dominanzstruktur wird dabei weder durch das Geschlecht noch die Unterart beeinflusst, denn meist gewinnt der Angreifer die Auseinandersetzung. Interessanterweise scheint aber der soziale Status keinen großen Einfluss auf die Körperkondition der Vögel zu haben, da dominante sowie subdominante Steinschmätzer sehr ähnliche Energieanlagerungsraten zeigen (14 bzw. 9 % des fettfreien Körpergewichts pro Tag). In einem Fütterungsexperiment mit Mehlwürmern verteidigten dominante Vögel zwar erfolgreich die Mehlwurm-Futterstellen, doch fraßen die Subdominanten in kurzer Zeit signifikant mehr der angebotenen Mehlwürmer als die dominanten Vögel, wenn diese in Auseinandersetzungen mit anderen Vögeln verwickelt oder abwesend waren. Daher konnten beide Gruppen gleich viel Energie anlagern.

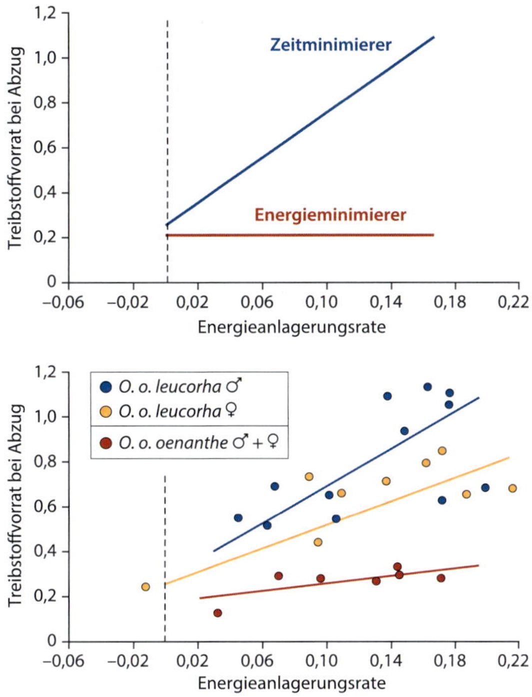


Abb. 468: Theoretischer (oben) und bei Steinschmätzern im Frühjahr auf Helgoland beobachteter (unten) Zusammenhang zwischen täglicher Energieanlagerungsrate und Treibstoffvorrat beim Abzug (oben: nach Alerstam & Lindström 1990; unten: nach Dierschke et al. 2005 und Delingat et al. 2006).

## Die Nahrung macht's

Erfolgreiches Auftanken von Treibstoff für den Weiterflug von einem Rastplatz benötigt Nahrung und so bestimmt die Verfügbarkeit von Nahrung, ob und wie „gut" ein Rastplatz bzw. ein Lebensraum für Zugvögel ist. Für Steinschmätzer gibt es auf Helgoland als Nahrungshabitate Grasland und Strände. Dabei ist das Grasland eher nahrungsarm, die Strände sind dagegen sehr nahrungsreich, insbesondere durch das teilweise massenhafte Auftreten von Tangfliegen und deren Larven (Abb. 470). Der Helgoland umgebende, größtenteils unter Wasser liegende Felssockel ist stellenweise dicht mit Braunalgen bewachsen. Aus dem Untergrund gerissene Pflanzen werden an den Strand gespült, was in besonders starkem Ausmaß bei Stürmen geschieht. Am Strand finden sich dann gelegentlich großflächige, manchmal meterhohe Tanghaufen, oft sind es aber nur schmale Streifen. Im diesem Tanganwurf leben die Tangfliegen, und ihre gelblich weiße Larven treten bisweilen in riesigen Mengen auf, die sich dort von den Bakterien ernähren, die das angespülte Pflanzenmaterial zersetzen. In getrocknetem Tang oder einfach im Sand finden sich zusätzlich noch verpuppte Larven.

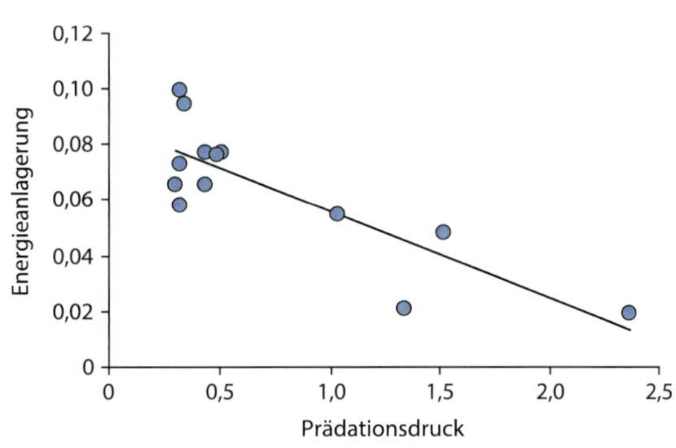


Abb. 469: Die Energieanlagerungsrate (relative Zunahme pro Tag gegenüber fettfreiem Körpergewicht) über die gesamte Rastdauer korreliert negativ mit dem jeweiligen durchschnittlich erfahrenen Prädationsdruck der Steinschmätzer (nach Schmaljohann & Dierschke 2005).

Abb. 470: Tangfliegen-Larven (Foto: O. Hüppop).

Fliegen, Puparien und Larven sind insgesamt in solch ungeheurer Zahl am Strand vorhanden, dass sie eine ausgesprochen häufige und energiereiche Nahrung darstellen. Viele auf Helgoland rastende Zugvogelarten fressen davon, besonders auch die Steinschmätzer.

Am Strand kommen Steinschmätzer in sehr viel höherer Dichte vor als im Grasland (Abb. 471). Tangfliegenlarven werden von den Steinschmätzern mit einer Rate von bis zu mehr als drei Larven/Minute aufgepickt. Dabei zeigen sich Unterschiede zwischen den beiden Unterarten. Die nach Skandinavien ziehenden Vögel der Unterart *oenanthe* nahmen pro Minute im Mittel 1,3 Beuteobjekte auf, die nach Island und Grönland ziehenden Vögel der Unterart *leucorhoa* dagegen mit 2,7 Individuen/min etwa doppelt so viele. Darin spiegelt sich der unterschiedliche Nahrungsbedarf wider. Während die skandinavischen Steinschmätzer bei der Rast auf Helgoland ihr Brutgebiet schon fast erreicht haben bzw. weitere Zwischenstopps in der Nähe möglich sind, haben die isländischen/grönländischen Vögel noch bis zu 4000 km vor sich. Demzufolge verlassen die skandinavischen Vögel Helgoland mit vergleichsweise geringen Fettvorräten, während die bis nach Grönland fliegenden Vögel umfangreiche Fettreserven benötigen. Um diese anzulegen, ist das reichhaltige Angebot von Fliegen und Larven an den Stränden ideal. Zeitbudgets haben ergeben, dass die Nahrungssuche im Frühjahr stets etwa neun Stunden dauerte, also nur etwas mehr als die Hälfte der Tageslichtperiode genutzt wurde. Offensichtlich erreichen die

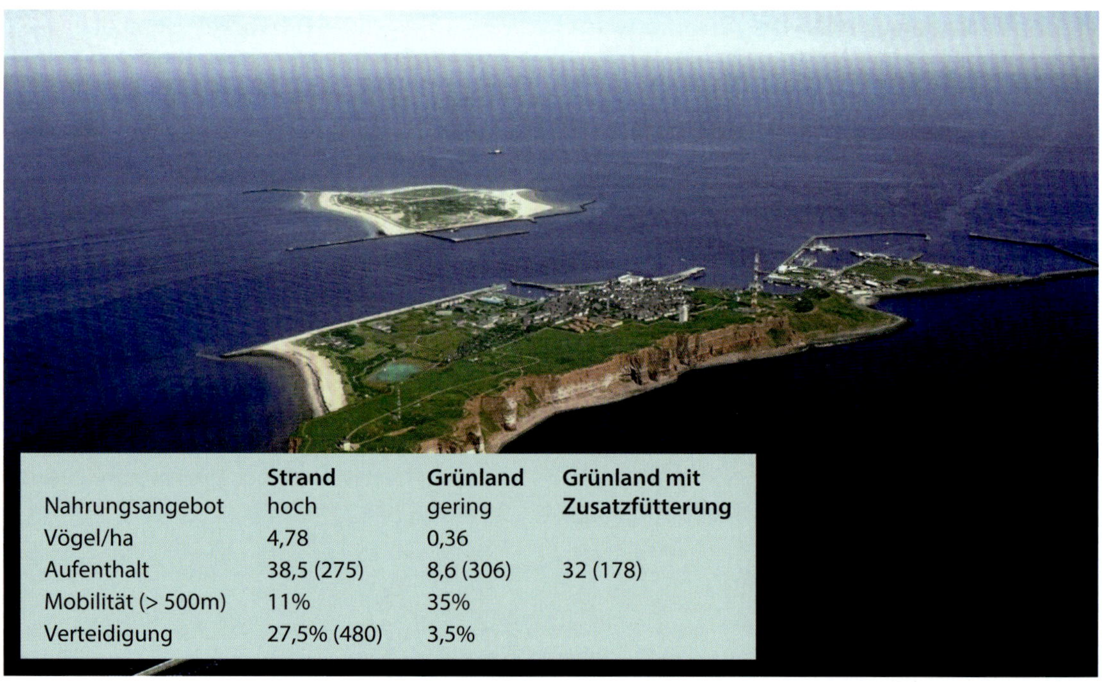

| | Strand | Grünland | Grünland mit Zusatzfütterung |
|---|---|---|---|
| Nahrungsangebot | hoch | gering | |
| Vögel/ha | 4,78 | 0,36 | |
| Aufenthalt | 38,5 (275) | 8,6 (306) | 32 (178) |
| Mobilität (> 500m) | 11% | 35% | |
| Verteidigung | 27,5% (480) | 3,5% | |

Abb. 471: Auf Helgoland rasten Steinschmätzer in viel höherer Dichte an dem an Tangfliegen nahrungsreichen Strand, viel weniger auf dem nahrungsärmeren grasigen Oberland. Hier verweilen auch nur wenige, wogegen am Strand ein viel höherer Anteil verweilt. Am Strand verteidigen die Steinschmätzer Reviere und sind dabei recht standorttreu; die Vögel auf dem Oberland hingegen streifen weit umher und sind nur wenig aggressiv. Dass diese Unterschiede im Verhalten der Steinschmätzer zwischen Strand und Oberland auf das unterschiedliche Nahrungsangebot zurückzuführen sind, zeigt sich darin, dass die Vögel auch vermehrt auf dem Oberland verweilten, wenn sie dort gefüttert wurden (nach Delingat & Dierschke 2000 und Dierschke & Delingat 2001).

Steinschmätzer an Helgolands Stränden eine physiologische Grenze ihrer Nahrungsaufnahme, d.h. noch mehr Fressen geht nicht mehr, weil der Stoffwechsel keine weitere Steigerung mehr zulässt. Deutlich wird dies auch in der Gewichtsentwicklung von mehrfach gefangenen und gewogenen Individuen, die durchschnittlich 1,7–1,8 g/Tag zunahmen, maximal mögliche Werte für Vögel dieser Größe.

Anders als in den Grünlandhabitaten der Insel werden im Tanganwurf von vielen Steinschmätzern temporäre, bis zu 250 m² große Nahrungsreviere gegen Artgenossen und kleinere Singvögel verteidigt. Durch Farbberingung konnte nachgewiesen werden, dass diejenigen Steinschmätzer, die dadurch aus den günstigen Strandbereichen ferngehalten werden und in Grünlandhabitaten geringere Raten der Nahrungsaufnahme hatten, viel kürzer rasteten und die Insel schon bald wieder verließen. Wurden dagegen den Steinschmätzer im Grünland an Futterstellen Mehlwürmer angeboten, verblieben die Vögel auch dort so häufig und so lange wie am Strand.

## Wetter und Rast

Die Abzugsentscheidung von einem Rastplatz ist aber nicht nur vom Energievorrat oder dem Prädationsdruck bestimmt; auch das Wetter spielt eine Rolle.

Generell ziehen Steinschmätzer bei günstigen meteorologischen Bedingungen, d.h. bei guten Sichtbedingungen und Rückenwinden. Allerdings hängt die Abzugsentscheidung auch stark vom Zugziel ab. Auf dem Frühjahrszug verlassen Steinschmätzer der isländischen/grönländischen Unterart *leucorhoa* Helgoland nur bei geringer Bewölkung, womit eine gute Orientierungsmöglichkeit sowie eine niedrige Niederschlagswahrscheinlichkeit einhergehen, und bei Rückenwinden, die sie in die Richtung ihrer Brutgebiete tragen. Die hohe Selektivität günstiger Zugbedingungen ist für die *leucorhoa*-Vögel von besonderer Bedeutung, wenn sie auf direktem Weg in ihre Brutgebiete fliegen und dabei einige hundert bis tausend Kilometer nonstop über die offene Nordsee und den N-Atlantik fliegen. Eine solche Reise bei starken Gegenwinden und/oder einer hohen Regenwahrscheinlichkeit anzutreten, wäre sehr riskant. Die skandinavischen Brutvögel hingegen, die Helgoland in Richtungen zwischen Ost und Nord verlassen, zeigen keine so hohe Sensitivität für günstige meteorologische Bedingungen, da sie a) nur eine relative kleine ökologische Barriere überqueren müssen, b) im Falle einer Wetterverschlechterung überall auf dem Festland landen können und c) ihre Brutgebiete teilweise nur einige Flugstunden entfernt liegen. Die biologische Bedeutung dieser beiden exogenen Faktoren (Wind und Bewölkung), die den Abzug auslösen oder hemmen, hängt also stark von dem Zugziel und dem zu überquerenden Terrain (ökologische Barriere) ab.

Dass die Abzugsentscheidung der Vögel individuell erfolgt, zeigen auch Experimente, in denen gefangenen Steinschmätzern mit Windmaschinen Rücken- oder Gegenwinde simuliert wurden. Bei starken Gegenwinden waren sie nachts kaum zugaktiv, bei Rückenwinden dagegen zunehmend mehr (Abb. 472).

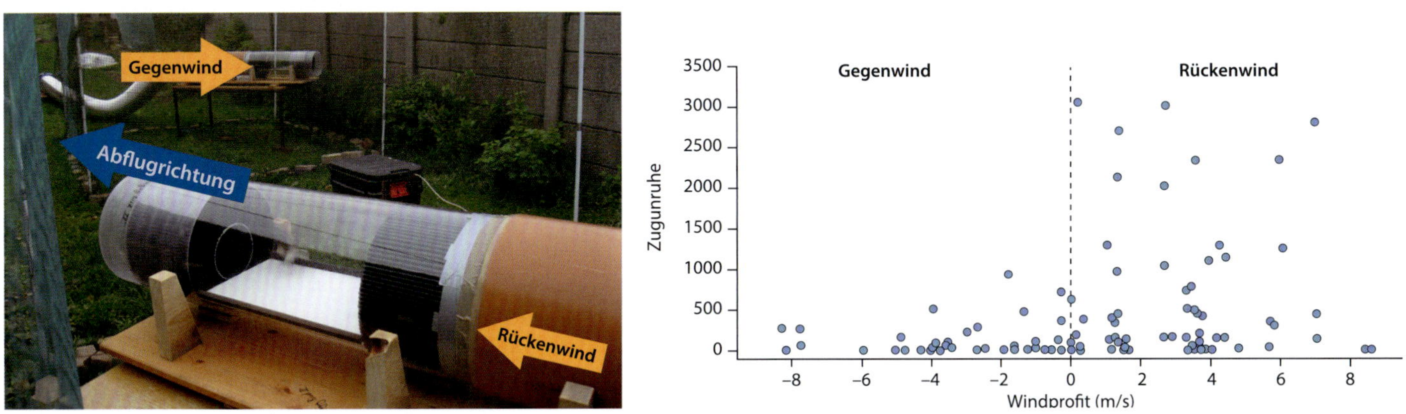


Abb. 472: Wurden Steinschmätzern im Frühjahr mit „Windmaschinen" Rücken- bzw. Gegenwinde simuliert (links; Foto: C. Eikenaar), zeigte ihre nächtliche Zugunruhe einen engen Zusammenhang zum „Windprofit", also, ob und wie stark Gegen- bzw. Rückenwind waren (rechts; nach Eikenaar & Schmaljohann 2015).

Während des Fliegens können Vögel abschätzen, ob sie unter Rücken- oder Gegenwindbedingungen fliegen. Doch woher bekommen die Zugvögel vor ihrem Abzug Informationen über die Windrichtung und -stärke? Radiotelemetrische Untersuchungen auf Helgoland zeigen, dass mehr als die Hälfte der untersuchten Steinschmätzer nachts vor dem eigentlichen Abzug aufflog, einige Minuten lang in der Luft verweilte und dann wieder an denselben oder einen weiter entfernten Ort auf der Insel zurückkehrte. Man kann davon ausgehen, dass die Vögel aus eigener Motivation aufflogen und nicht durch Prädatoren (Katzen, Eulen) aufgeschreckt wurden, da die Steinschmätzer nach diesen Flügen zum Teil wieder an denselben Ort zurückkehrten. Die Zeitspanne von solchen explorativen Flügen bis zum eigentlichen Abzug variierte von wenigen Minuten bis hin zu etwa zwei Stunden. Die Vermutung liegt nahe, dass sich die Steinschmätzer auf diese Weise über die meteorologischen Bedingungen (v.a. Windstärke und -richtung) vor dem Abzug informieren. Zwar zeigten Steinschmätzer auch in einigen Nächten vor dem Abzug solche explorativen Flüge, es konnte jedoch bislang nicht gezeigt werden, ob ungünstige meteorologische Bedingungen, die isolierte Lage Helgolands in der Nordsee oder aber andere Gründe die Vögel von einem Abzug abhielten. Wenn diese explorativen Flüge ein generelles Verhalten nachts ziehender Singvögel sind, könnte dies klären, wie Zugvögel ihre Abzugsentscheidung mit günstigen meteorologischen Bedingungen abstimmen.

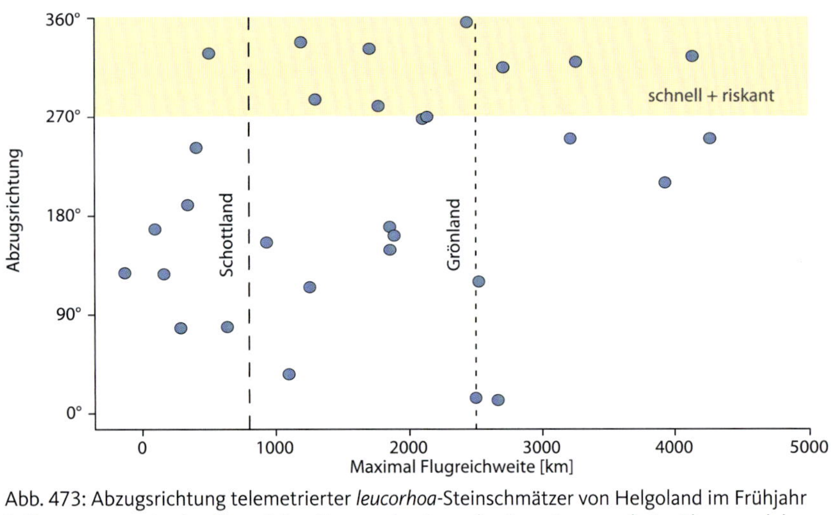


Abb. 473: Abzugsrichtung telemetrierter *leucorhoa*-Steinschmätzer von Helgoland im Frühjahr in Bezug zur maximalen Flugreichweite, errechnet aus der Energiemenge beim Abzug und den aktuellen Windverhältnissen abgeschätzt. Der gelbe Bereich umfasst die Richtungen, in denen die *leucorhoa*-Steinschmätzer zwar eine lange Strecke über das Meer (riskant) fliegen müssen, aber recht schnell ihre Brutgebiete erreichen (nach Schmaljohann & Naef-Daenzer 2011).

## Abzugsentscheidung

Die Entscheidung, einen Rastplatz wieder zu verlassen, hängt eng damit zusammen, warum ein Vogel seine letzte Flugetappe beendete und welche Bedingungen der Vogel während der Rast erfuhr.

Zugvögel, die nicht die Notwendigkeit haben, Energie aufzutanken, werden bei nächster Gelegenheit weiterziehen, wobei schlechte Wetterbedingungen den Abzug verzögern. Bei Vögeln, die zum eigentlichen Rasten, also zur Energieaufnahme, die vorherige Flugetappe beendeten, scheint die Energiemenge in Kombination mit günstigen Windbedingungen die Abzugsentscheidung zu beeinflussen. Dies ist besonders ausgeprägt bei Vögeln, die eine ökologische Barriere überqueren müssen. So ziehen die „skandinavischen" *oenanthe*-Steinschmätzer mit weniger Fettreserven und unter ungünstigeren Wetterbedingungen im Frühjahr von Helgoland ab als die Vögel der *leucorhoa*-Unterart, die 1700 bis 4000 Kilometer über die Nordsee bzw. den Nordatlantik fliegen müssen, um ihre Brutgebiete auf Island, Grönland sowie im östlichen Kanada zu erreichen (Abb. 473). Dabei zogen Vögel mit großen Energiereserven vermehrt in nordwestliche Richtung, während „schwache" Vögel und solche mit ungünstigen Windbedingungen für eine Nordsee-Überquerung die Insel in südliche und östliche Richtungen verließen (Abb. 473). Dies deutet darauf hin, dass die Vögel ohne große Energiereserven und ohne Windunterstützung die ökologische Barriere umfliegen, um zunächst woanders „aufzutanken". Basierend auf ihren Erfahrungen ist so die Wahrscheinlichkeit größer, einen günstigen Rastplatz zu finden, als wenn sie weiter in die Richtung des Zugziels fliegen würden. Finden sie einen geeigneten Rastplatz zum Energieanlagern, so wird erst von dort der Sprung über den Atlantik gemacht.

Abzugsrichtung und Energiereserve beim Abzug, welche die mögliche Flugdauer bestimmt, ergeben zusammen den so genannten **„Flugvektor"** (Richtung und Flugdauer). Ist dieser Flugvektor lang und in die Richtung der Brutgebiete ausgerichtet, so ist ein frühes Abziehen vom Rastplatz sinnvoll.

Vor dem Abzug kalibrieren nachts ziehende Zugvögel ihre Kompass-Systeme. Die dafür benötigten Polarisationsmuster sehen sie am besten während der Dämmerungsphase. Auf dem Frühjahrszug zogen Steinschmätzer beider Unterarten deutlich nach dem Ende der Bürgerlichen Dämmerung von Helgoland ab; der späteste Abzug erfolgte 5,5 Stunden nach Sonnenuntergang (s. Kap. 4). Die *leucorhoa*-Steinschmätzer starteten ihren Abzug dabei früher als die *oenanthe*-Steinschmätzer (Abb. 474). Steinschmätzer in einem Rastgebiet an der Beringstraße in Alaska brachen relativ zur Nachtlänge gesehen früher in der Nacht auf als die Vögel im Frühjahr auf Helgoland. Da der Zug zu den Brutgebieten schneller erfolgt als der zu den Winterquartieren, würde man erwarten, dass die Zugvögel im Frühjahr einen höheren Zeitdruck erfahren als im Herbst und daher auch früher in der Nacht abziehen. Die Alaska-Steinschmätzer müssen jedoch einen deutlich längeren Zugweg meistern (circa 14.500 km) als die auf Helgoland durchziehenden *oenanthe*- (4000–6000 km) und *leucorhoa*-Steinschmätzer (6000–8000 km). Für Nachtzieher bestimmt die Länge der Nacht die potenzielle Flugdauer. Durch einen frühen Aufbruch in der Nacht werden also die mögliche Flugdauer und damit die Flugstrecke maximiert. Eine frühe nächtliche Startzeit scheint für die Alaska-Steinschmätzer daher auch im Herbst nötig, um durchschnittlich 330 km pro Nacht fliegen zu können.

Wahrscheinlich ist die Abzugszeit innerhalb der Nacht endogen gesteuert und unterscheidet sich zwischen den verschiedenen Populationen des Steinschmätzers je nach Zugdistanz. Zudem ist die Abzugszeit in der Nacht von den deponierten Energievorräten bestimmt. Je höher diese sind, je früher in der Nacht ziehen die Steinschmätzer ab (s. Abb. 334). Man geht davon aus, dass eine hohe Energiereserve gleichzusetzen ist mit einer hohen Motivation zum Wandern. Durch ein frühes Abziehen in der Nacht optimiert ein Nachtzieher seine Flugstrecke. Magere Vögel, die ein Rastgebiet verlassen, haben eine geringere Motivation zum Ziehen und werden aufgrund der fehlenden Energiereserven nur relativ kurz fliegen. Bei diesen Vögeln spielt die Abzugszeit innerhalb der Nacht keine bedeutende Rolle, da sie auch bei einem späten Abzug in der Nacht ihr

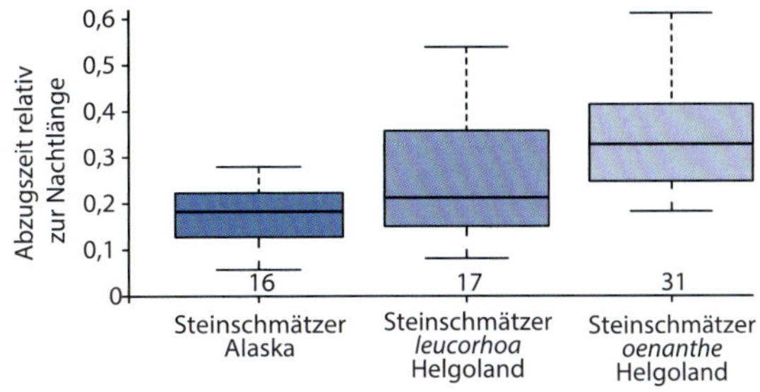


Abb. 474: Abzugszeiten relativ zur Nachtlänge für Steinschmätzer während des Herbstzuges in Alaska und während des Frühjahrzuges auf Helgoland getrennt für *leucorhoa*- und *oenanthe*-Steinschmätzer. Die Abzugszeiten sind als Boxplot dargestellt. Der Median wird als dicke Linie dargestellt, die Box um den Median enthält 50 % der jeweiligen Daten, die „Antennen" beschreiben die minimalen und maximalen Werte. Die Zahl unter den Boxen gibt den Stichprobenumfang an. Die *oenanthe*-Steinschmätzer ziehen in der Nacht signifikant später ab als die anderen beiden Gruppen (aus Schmaljohann 2013).

nächstes Ziel, nämlich einen „in der Nähe gelegenen" Rastplatz, erreichen können.

Fassen wir das Bisherige zum Rastverhalten zusammen, zeigt sich, dass Rastverhalten und Rastplatzökologie nicht rein stationär gesehen werden dürfen. Vielmehr ist es ein dynamisches System, das es dem rastenden Vogel ermöglicht, flexibel auf die lokalen Umstände zu reagieren und so seine Rast als Teil seiner gesamten Zugstrategie zu optimieren. Der Vogel bewegt sich dabei mehr in einer erweiterten **Rastlandschaft** als an einem spezifischen Rastplatz (Abb. 475).

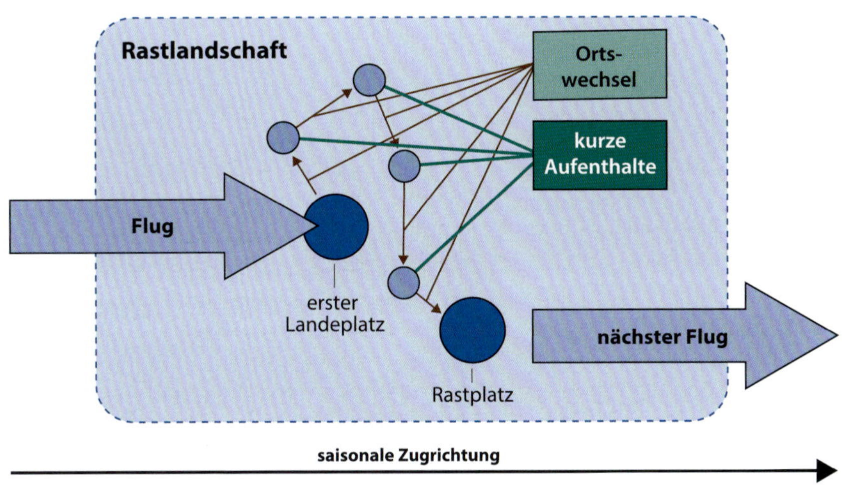


Abb. 475: Schematische Darstellung einer Rastlandschaft. Nach einem Flug landet der Vogel. Erfüllt dieser Platz die ökologischen Anforderungen für eine erfolgreiche Rast, insbesondere erfolgreiche Treibstoffdeposition (Nahrung, geringes Prädationsrisiko, geringe Konkurrenz), verbleibt der Vogel solange, bis sein Abfluggewicht für die nächste Etappe erreicht ist. Passen die Anforderungen nicht, sucht er in der relativen Nachbarschaft, bis er einen Platz mit allen Voraussetzungen gefunden hat, wobei diese Suche nicht in Zugrichtung sein muss, und nimmt nach erfolgreicher Rast erst von dort seinen Zug wieder auf (nach Schmaljohann & Eikenaar 2017).

## Habitatwahl im Rastgebiet

Wie am Beispiel der Steinschmätzer auf Helgoland gesehen, ist die Wahl des „richtigen" Rastlebensraums für den Erfolg der Rast sehr entscheidend. Doch wie finden Zugvögel, die während ihres ersten Zuges an einen für sie neuen Rastplatz kommen, darin das für sie passende artspezifische Habitat? Explorativ suchen, also auszuprobieren, ist mit Kosten verbunden, die es aber gerade bei der Rast zu minimieren gilt, um möglichst effizient, „optimal" Treibstoff anlagern zu können. Dieser „Konflikt" dürfte der treibende Selektionsdruck gewesen sein, der eine endogene Disposition für die artspezifische Habitatwahl herausgebildet hat.

Habitat ist dabei der Lebensraum einer Art; das Habitat ist damit bestimmt von der Summe der abiotischen und biotischen Eigenschaften des Ortes für die betrachtete Art. Im Gegensatz dazu, wenn auch oft synonym verwendet, ist der Begriff **Biotop** zu verstehen, der die Lebensraumeigenschaften für eine Gemeinschaft verschiedener Arten, eine Biozönose, beschreibt.

Ganz allgemein ist die Habitatwahl bestimmt von den Eigenschaften des Ortes, den Strukturen für z.B. Nestanlage, Singplätze, Nahrungssuche und Schutz, dem Nahrungsangebot, den anderen Organismen, die in Konkurrenz um eine Habitatnutzung treten können, und auch von den anatomisch-morphologischen Eigenschaften der Individuen selbst.

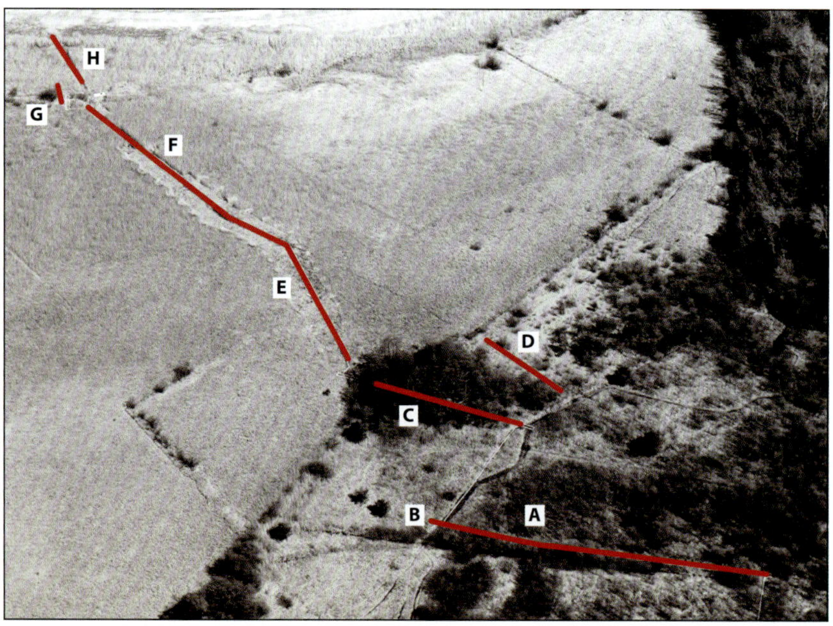


Abb. 476: Luftbild der Fangstation „Mettnau" im Bodensee mit ihren verschiedenen Biotopen. A: geschlossene Gebüschzone aus vorwiegend Faulbaum; B: aufgelockerter Übergangsbereich zu C: mit vorwiegend Faulbaum; C: Erlenbruchwald; D: lockere, grasdurchwachsene Gebüschzone mit „Savannencharakter"; E: Pfeifengras-Seggenzone; F: mittelhohes Schilf, nicht ständig im Wasser; G: Gebüsche auf dem natürlichen Strandwall des Bodensees; H: hohes Schilf an der Wasserkante. Linien: Standorte der insgesamt 52 Netze von je 6 m Länge (Aufnahme: G. Sokolowski; freigegeben vom Regierungspräsidium Freiburg; aus Bairlein 1981).

Rastende Zugvögel sind nicht gleichmäßig über die einzelnen Lebensräume verteilt, sondern zeigen ausgeprägte Lebensraumpräferenzen. Dies verdeutlicht eine Analyse von durchziehenden Kleinvögeln auf der Mettnau-Halbinsel im Bodensee. Dort wurden über viele Jahren während des Herbstzuges regelmäßig und in standardisierter Form rastende Kleinvögel mit Netzen gefangen, die in verschiedenen Lebensräumen aufgestellt waren (Abb. 476). Die gefangenen Kleinvögel der 40 untersuchten Arten verteilten sich nicht gleichmäßig auf die Netze. Vielmehr traten die einzelnen Arten nur in ganz bestimmten Netzabschnitten auf (Abb. 477), mit einer hohen artspezifischen Stetigkeit von Jahr zu Jahr in nahezu immer ähnlicher Weise. Bei der Klappergrasmücke fingen sich bis zu 30 % der jährlichen Fänglinge in nur einem, 6 m langen Netz innerhalb einer lockeren trockenen Zone mit einzelnen Weiden, Kiefern und einem Grasunterwuchs, ganz ähnlich einer „Savanne" (Abb. 478).

Ein interessantes Beispiel ist die Blaumeise. Während der Zugzeit finden wir sie gerade auch in der Schilfzone. Dieses Habitat unterscheidet sich grundlegend vom Habitat zur Brutzeit, wo Blaumeisen die verschiedensten Wälder und Gehölze besiedeln. Dabei wandern die Blaumeisen mit fortschreitender Zugzeit im Herbst vermehrt in die Schilfflächen ein. Dies konnte in Illmitz am Neusiedler See in Österreich gezeigt werden, wo parallel zur Mettnau-Halbinsel ebenfalls rastende Kleinvögel während des Herbstzuges untersucht wurden. Dort standen die Netze in nur zwei verschiedenen Lebensräumen, zum einen in einem kleinen Wäldchen, zum anderen innerhalb des riesigen Schilfgürtels des Sees. Früh im Herbst wurden dort die Blaumeisen vor allem in dem Wäldchen gefangen, später dagegen nahezu ausschließlich nur noch in der Schilfzone (Abb. 479). Es darf vermutet werden, dass es gerade das Nahrungsangebot ist, das die Blaumeisen zum Einwandern in die

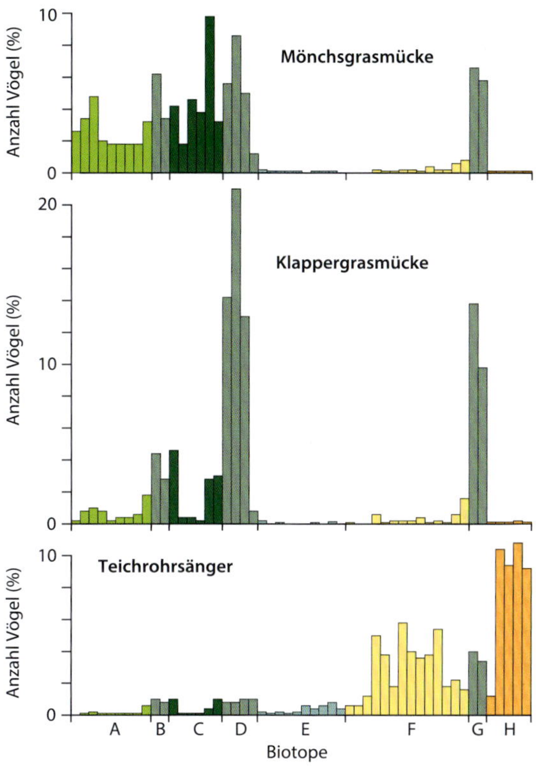


Abb. 477: Verteilung der Fänglinge von im Herbst auf der Mettnau-Halbinsel im Bodensee rastenden Kleinvögeln. Säulen: Häufigkeit in den einzelnen Netzen in den verschiedenen Biotopen (A–H). Grün: Gebüsche, gelb: landseitiges Schilf; orange: Uferschilf (nach Bairlein 1981).

Schilfbereiche bewegte. In dem sich zunehmend über den Herbst entlaubenden Wäldchen wird das Angebot an Insekten rasch schlechter. Schilf dagegen stellt den Blaumeisen dann eine wesentlich bessere Nahrungsgrundlage zur Verfügung, da gerade viele Insekten in den Schilfhalmen überwintern, bzw. dorthin zur Überwinterung einwandern.

Solche jahreszeitlichen Verschiebungen in der Habitatwahl zeigen auch andere Arten. Mönchsgrasmücken auf der Mettnau wandern mit zunehmender Durchzugzeit immer mehr in die dichte Faulbaumzone ein, und Zilpzalpe werden später im Jahr zu einem nicht unerheblichen Anteil auch im Schilf gefangen. Wiederum kann hierfür das jeweilige Nahrungsangebot verantwortlich gemacht werden. Mönchsgrasmücken fressen zur herbstlichen Zugzeit sehr gern die Beeren des Faulbaumes. Diese sind in einer dichten Faulbaumzone länger reichlich verfügbar als außerhalb, wo die mehr einzeln stehenden Büsche eher abgeerntet sind. Beim Zilpzalp ist es, wie bei den Blaumeisen, die bessere

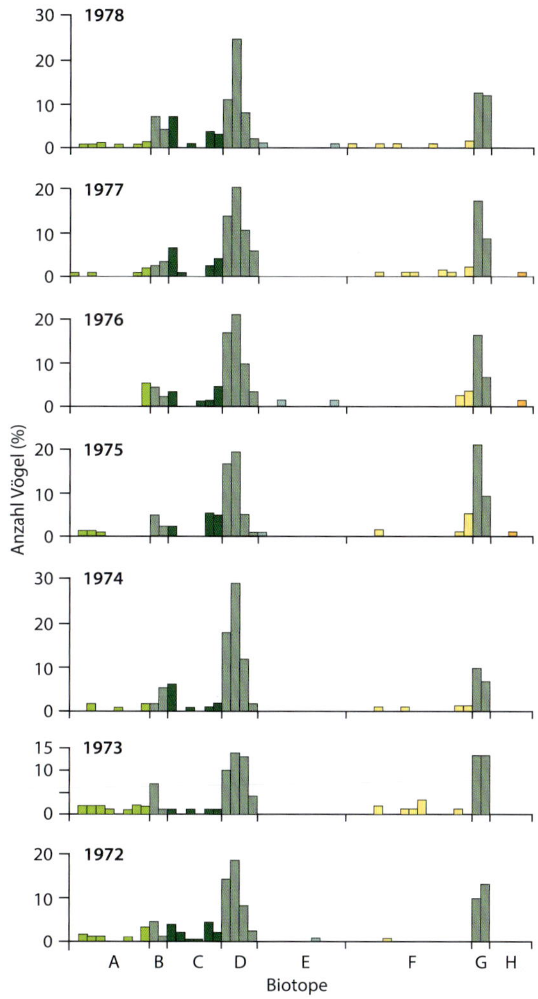


Abb. 478: Jährliche Fangmuster von Klappergrasmücken auf der Halbinsel Mettnau im Bodensee. A–H: die verschiedenen Biotope (nach Bairlein 1981).

Verfügbarkeit an Kleininsekten. Nicht wenige Insekten machen im Herbst im Schilf noch einmal eine Vermehrung durch, z. B. Schilfblattläuse, wodurch das Insektenangebot im Schilf gegenüber der Gebüschzone wesentlich höher ist.

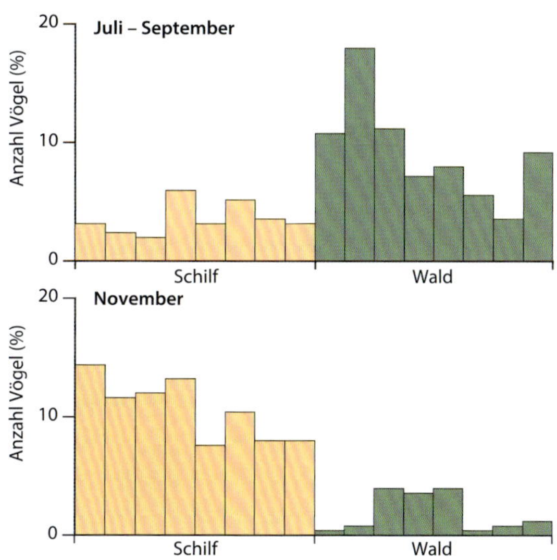


Abb. 479: Saisonale Unterschiede in der Verteilung der Fänglinge von im Herbst rastenden Blaumeisen am Neusiedler See. Orange: Schilf; grün: Wäldchen (nach Bairlein 1981).

## Ist Rasthabitatwahl angeboren?

Die hohe Artspezifität, aber auch die jahreszeitliche Änderungen in der Habitatwahl, vor allem aber die sehr hohe Formkonstanz der Fangmuster von Jahr zu Jahr (Abb. 478), obwohl jedes Jahr 70–90 % der gefangenen Vögel Jungvögel auf ihrem ersten Wegzug sind, die zuvor mit diesem Rastgebiet keine Erfahrung sammeln konnten, lässt schließen, dass die Habitatwahl dieser Zugvögel in einem hohen Maß angeboren ist. Insbesondere gilt dies für die Arten, die während ihrer Rast im Durchzugsgebiet von ihrem Geburtshabitat sehr abweichende Habitate nutzen (z. B. Blaumeisen). Allerdings spielt auch Erfahrung eine bedeutsame Rolle, denn bei den meisten der auf der Mettnau untersuchten Arten zeigten die Jungvögel eine variablere Habitatwahl als die erfahrenen Altvögel, deren Fangmuster wesentlich präziser sind.

## Rastgebietstreue – Einkehr an bekanntem Ort

Für die Mehrzahl der Zugvögel sind Rastplätze für einen erfolgreichen Zug unverzichtbar. Da stellt sich die Frage, inwieweit Vögel in späteren Zugperioden an ihnen bekannte Rastplätze zurückkehren, um mit schon vorhandener Ortskenntnis Rastvorteile auszunutzen. Zugvögel kehren zwar durchaus an vorherige Rastplätze zurück, doch gibt es dabei große Unterschiede zwischen verschiedenen „Typen“ von Vögeln mit durchschnittlich sehr geringen Rückkehrraten wie bei Singvögeln und wesentlich höherer Rate bei langlebigen und großen Arten.

Auf Helgoland wurden von nahezu 85.000 Erstfängen von überwiegend Singvögeln, die von 1989 bis 2000 während ihrer Rast auf Heim- und Wegzug beringt wurden, nur sieben in einer späteren Zugperiode wiedergefangen, je Art 0–0,08 %. Als Gründe dafür werden gesehen, dass Landvögel auf Helgoland meist eher zufällig zur Rast einfallen und dass sie meistens nur kurz verweilen, u. a., weil für die meisten Arten die Ernährungsmöglichkeiten gering sind sowie durch die große Zahl rastender Vögel oft hohe Vogeldichten und daraus folgend Nahrungskonkurrenz herrschen. Anders ist dies für Arten, für die Helgoland günstige Rastmöglichkeiten bietet. So kehrten von farbberingten Meerstrandläufern bei den Altvögeln 75–88 %, von den Jungvögeln 50–70 % im Folgejahr nach Helgoland zurück. Für sie werden die spezifischen Ansprüche an ihr Nahrungshabitat durch das Felslitoral Helgolands erfüllt; teilweise waren es aber auch überwinternde Vögel.

Singvögel haben aber auch abseits von Helgoland generell sehr geringe Rückkehrraten in vorherige Rastplätze. In einem europaweiten Netzwerk von Fangstationen betrugen die Rückkehrraten meist zwischen 0 und 4 % (maximal etwa 15 %) und in einem Rastgebiete in Portugal über fünf Jahre 0–1,2 %.

Ähnlich den Meerstrandläufern auf Helgoland sind Rückkehrraten aber höher bei Arten mit spezifischen Habitatansprüchen oder bei Arten, für die Rastgebiete spärlicher sind, wie beispielsweise für Wasservögel. Von während der Rast im schleswig-holsteinischen Wattenmeer farbberingten Pfuhlschnepfen der afro-sibirischen Unterart *taymyrensis* kehrten im nächstfolgenden Frühjahr 58 % zurück und noch nach fünf Jahren 16 % (Abb. 480). Für sie ist das Wattenmeer der einzig verfügbare Rastplatz auf dem Weg von W-Afrika nach N-Sibirien. Auch auf Island rastende Sanderlinge kehrten zu 65 % im Folgejahr an den Rastplatz zurück. Mit 88 % noch höher war die Rückkehrrate an isländische Rastplätze im Frühjahr von in Grönland brütenden Blässgänsen. Dies lässt schließen, dass nahezu alle überlebenden Blässgänse an ihren vorjährigen Rastplatz zurückkehren, möglicherweise, weil es auf Island für sie keine anderen passenden Rastplätze gibt. In N-Norwegen rastende Weißwangengänse kehrten zu 52 % zurück.

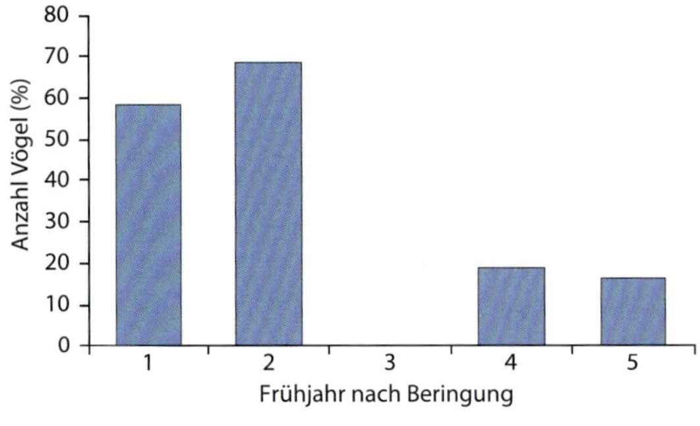


Abb. 480: Rückkehrraten von insgesamt 115 im Frühjahr im Wattenmeer von Sylt farbberingten Pfuhlschnepfen (nach Scheiffarth 2001).

Weißstorch
(Foto: T. Krumenacker)

# Ökologische Barrieren: Alpen – Mittelmeer – Sahara

# 11

Für Zugvögel sind ökologische Barrieren Regionen entlang ihres Zugwegs, in denen es kaum oder keine Möglichkeiten zum Auffüllen ihrer Energievorräte oder zum Rasten generell gibt. Letzteres gilt für Landvögel, die Meere überwinden, wie Pfuhlschnepfen von Alaska nach Neuseeland, Steinschmätzer von NO-Kanada nach W-Europa oder Streifenwaldsänger von NO-Amerika über den W-Atlantik nach S-Amerika, aber auch für viele europäische Arten, die in Afrika überwintern und dabei das Mittelmeer überqueren. Ebenso haben Knutts oder Ringelgänse, die auf ihrem Weg von N-Kanada nach W-Europa das Inlandeis Grönlands überfliegen, keinerlei Rastmöglichkeiten. Eingeschränkte Rastmöglichkeiten gibt es für Wasservögel, die Wüsten überwinden müssen, aber auch für viele Singvögel bieten Wüsten kaum Ernährungsmöglichkeiten. Gebirgszüge sind weitere Hindernisse, da auch sie oftmals nur wenige Rastmöglichkeiten haben.

Einige Vogelarten umfliegen derartige ökologischen Hindernisse, während andere spezifische Anpassungen besitzen, die es ihnen ermöglichen, diese Hindernisse nonstop zu überfliegen. Dies ist besonders bei der Überquerung von Meeren und Ozeanen oder des Inlandeises Grönlands notwendig. Wieder andere vermögen es, die unwirtlichen Bedingungen der ökologischen Barrieren zumindest kurzfristig zu ertragen.

## Abzugsrichtungen aus Mitteleuropa

Für Singvögel ergibt sich aus Ringfunden, dass die überwiegende Mehrzahl der Arten Mitteleuropa entweder auf einer südwestlichen

| ↙ | ↘ | ↙ ↘ | ↘ ↙ | ↙ ↘ |
|---|---|---|---|---|
| 45 | 10 | 13 | 3 | 16 |

Abb. 481: Anfangsrichtung (schematisch: Pfeile) des herbstlichen Wegzuges der mitteleuropäischen Singvogelarten. Erklärung: von links: Anfangsrichtung westlich von S; östlich von S; zwischen SW und SO; Trichterzug ins mittlere Mittelmeergebiet; Arten mit Zugscheide, die Populationen in SW bzw. SO-Zieher trennt (nach Bairlein 1985).

oder südöstlichen Route verlässt (Abb. 481), ein Hinweis darauf, dass sie die Alpen und wohl auch das Mittelmeer westlich bzw. östlich umfliegen. Auch viele größere Arten folgen dieser Strategie, insbesondere die Segelflieger, die Thermik benötigen und deshalb keine langen Strecken über hohe Gebirge und das Meer ziehen können.

## Alpen

Funde von zur Brutzeit oder auf dem Zug im Herbst in S-Deutschland beringten Vögeln noch in derselben Zugsaison oder im ersten Winter nach der Beringung in Oberitalien, Fangergebnisse auf Beringungsstationen in den Alpen oder auch Totfunde von Zugvögeln in größer Höhe inmitten der Alpen zeigen, dass die Alpen von Zugvögeln überflogen werden. In welchem Umfang dies geschieht, ob also möglicherweise nicht doch die Mehrzahl die Alpen vermeidet und umfliegt, war bis zur Einführung der Radarornithologie und hier besonders den Untersuchungen der Schweizerischen Vogelwarte unklar. Mittlerweile zeigt sich, dass etwa 25–30 % der Zugvögel im Herbst die Alpen überqueren, die Mehrheit allerdings nordwestlich an den Alpen vorbeizieht. So weisen die Zugrichtungen nach Radaruntersuchungen im nördlichen Alpenvorland mehrheitlich nach SW (Abb. 482), ebenso die Beobachtungen nachts ziehender Vogel vor der Mondscheibe, das sog. „Moon-watching“ (Abb. 483). Allerdings zeigt sich dabei ein Unterschied zwischen Vögeln, die recht flach fliegen (unter 1000 m ü. B.) und denen, die hoch (über 1500 m ü. B.) fliegen. Während die vergleichsweise flach über Grund fliegenden Vögel die Alpen überwiegend südwestlich umfliegen bzw. den Tälern folgen, ziehen die hoch fliegenden Vögel ohne auffällige Richtungsänderungen über die Alpen hinweg (Abb. 484). Es wurde angenommen, dass diese hoch fliegenden Vögel von weiter her kommen, von NO- und N-Europa, und deshalb schon länger in größeren Höhen fliegen, als diejenigen, die ihre Wanderung mehr nahe der Alpen beginnen und daher noch nicht genügend an Höhe gewonnen haben, so dass sie den Bergen eher ausweichen.

Bestätigt hat sich diese Annahme durch Fangergebnisse auf dem Schweizer Alpenpass Col

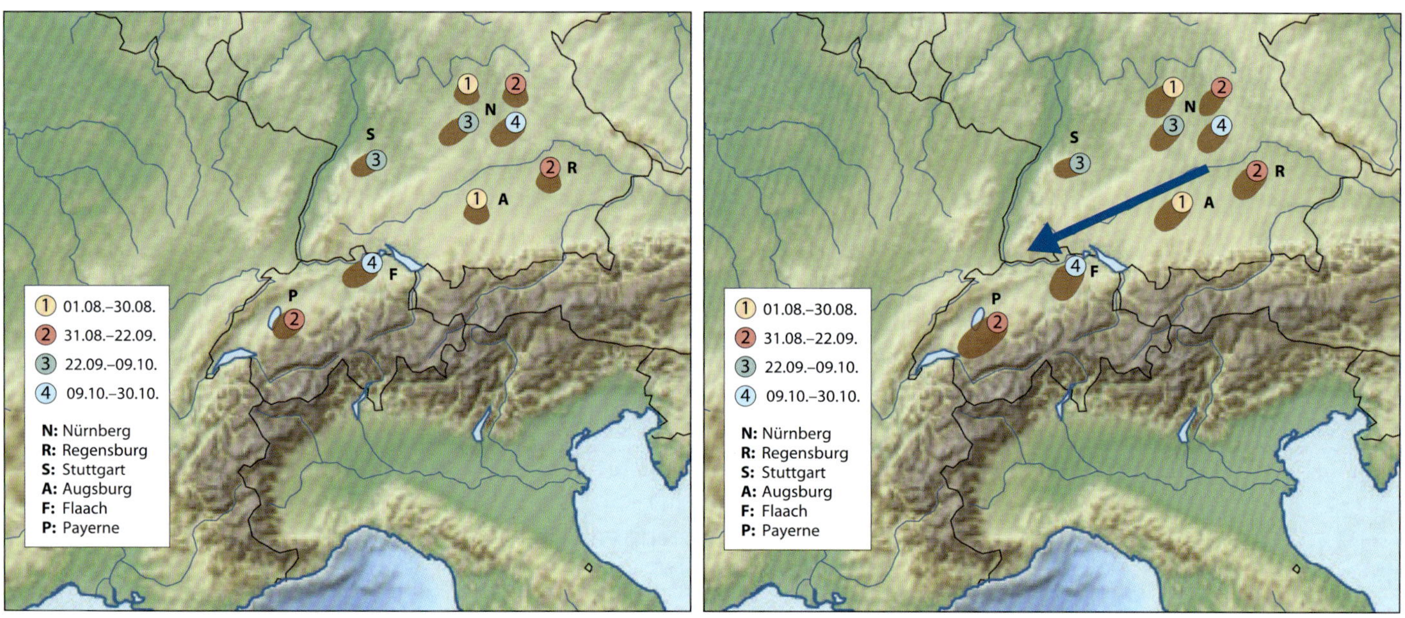


Abb. 482: Mit Radar beobachtete Zugrichtungen (links) und unter Berücksichtigung des Windes berechnete „Eigenrichtungen“ (rechts) im nördlichen Alpenvorland während des Herbstzuges. Pfeil: Hauptzugrichtung (nach Bruderer 2020).

Trauerschnäpper (Foto: M. Schäf)

Abb. 483: Vor dem Mond beobachtete Zugrichtungen während des Herbstzuges (nach Liechti et al. 1996).

de Bretolet, wo durch die besondere Lage der Fangstation auf einem Pass nachts ziehende Vögel aus dem Zug heraus gefangen werden können (s. Kap. 5). Dort wird seit 1954 für wissenschaftliche Fragen Vogelfang betrieben. Jährlich werden auf dem Col de Bretolet 10.000–20.000 Vögel von mehr als 100 Arten beringt, viele alljährlich regelmäßig und zahlreich, was zeigt, dass Zugvögel diesen Pass und damit die Alpen durchaus regelmäßig überziehen, sogar Limikolen. Bei manchen Arten, wie dem Trauerschnäpper, zeigen sich dabei innerhalb der Nacht zwei Auftretensgipfel, ein erster in der ersten Nachthälfte, ein zweiter spät in der zweiten Nachthälfte (Abb. 485). Da Nachtzieher überwiegend bald

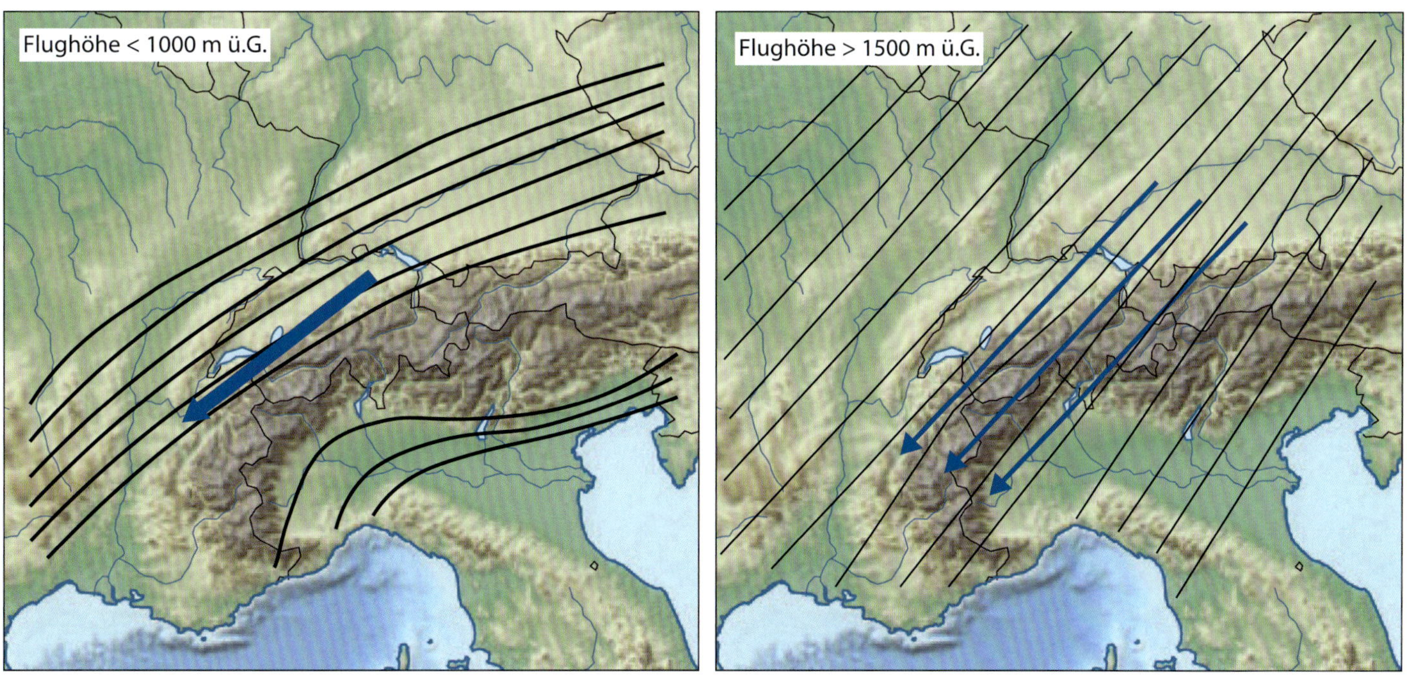


Abb. 484: Mit Radar beobachtete Zugrichtung (Linien; schematisch) während des Herbstzuges von Vögeln, die flach (links) bzw. hoch (rechts) über dem Grund flogen. Die Dicke der Linien gibt die Zugintensität wieder. Pfeile: Hauptzugrichtungen (nach Bruderer 1986).

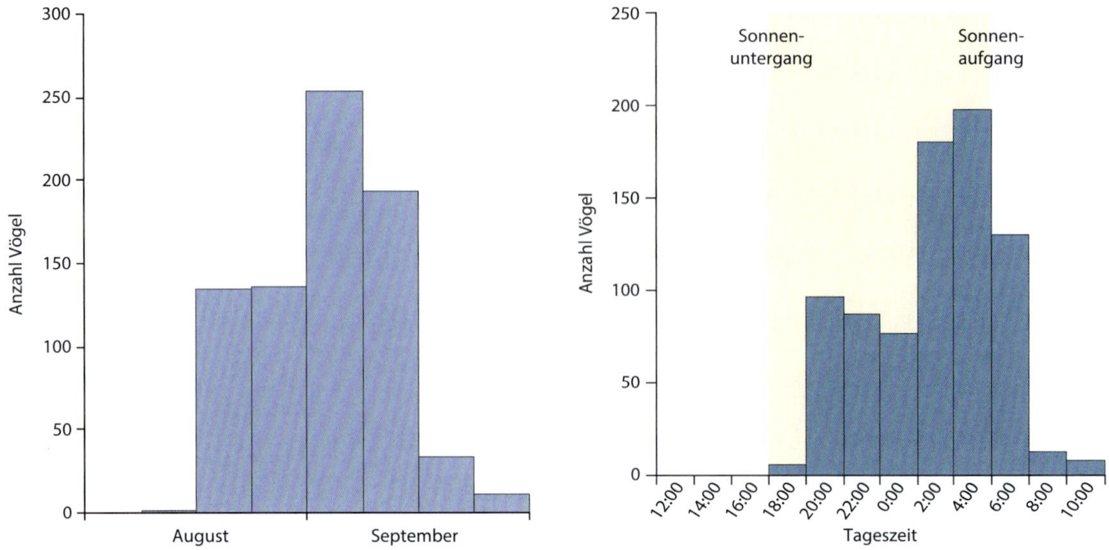


Abb. 485: Jahres- (links) und tageszeitlicher (rechts) Durchzug von Trauerschnäppern auf dem Schweizer Alpenpass Col de Bretolet (nach Dorka 1966).

nach Sonnenuntergang zu ihrem Zug aufbrechen, ergibt sich der erste Gipfel durch die Vögel, die recht kurz vorher am Abend am Fuß der Alpen aufgebrochen sind und deshalb früher erscheinen, der zweite dagegen durch die Vögel, die von weiter nördlich herkommen und somit später durchziehen.

Auch jahreszeitlich sehen wir eine Differenzierung der Durchzügler am Col de Bretolet. Während die früh durchziehenden Gartengrasmücken recht kurze Flügel haben, sind die späteren Vögel langflügeliger (Abb. 486). Die kürzeren Flügellängen deuten auf mitteleuropäische Herkunft hin, die langen Flügellängen dagegen sind charakteristisch für nordeuropäische Vögel. Unterstützt wird diese Schlussfolgerung durch Ringfunde (Abb. 487). Spät im Jahr in der Schweiz gefundene Gartengrasmücken waren nördlicher Herkunft, früh im Herbst gefundene Vögel dagegen waren aus der Nähe. Weiterhin ergibt sich aus den

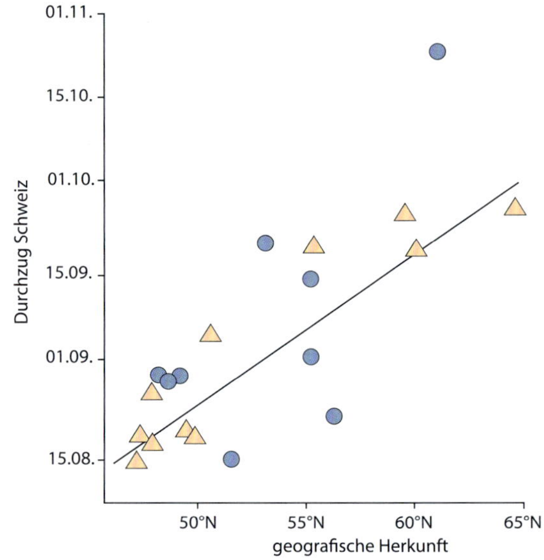


Abb. 487: Zusammenhang zwischen Fund- bzw. Beringungstermin beringter Gartengrasmücken und ihrer geografischen Herkunft. Punkte: Vögel in der Schweiz gefunden, Dreiecke: Vögel in der Schweiz beringt und nördlich der Schweiz gefunden (nach Jenni & Jenni-Eiermann 1987).

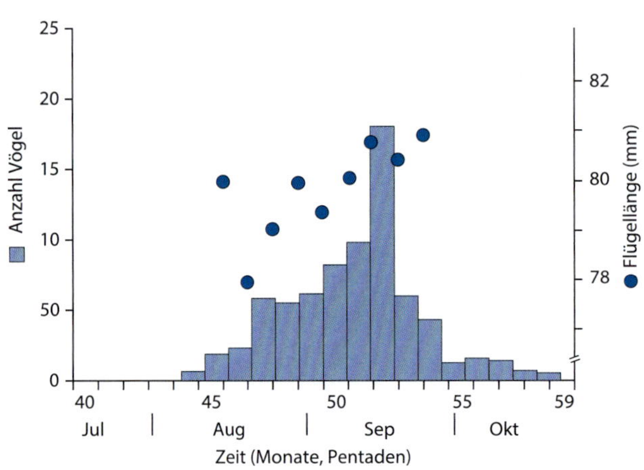


Abb. 486: Herbstlicher Durchzug und mittlere Flügellängen von Gartengrasmücken auf dem Schweizer Alpenpass Col de Bretolet (nach Jenni & Jenni-Eiermann 1987).

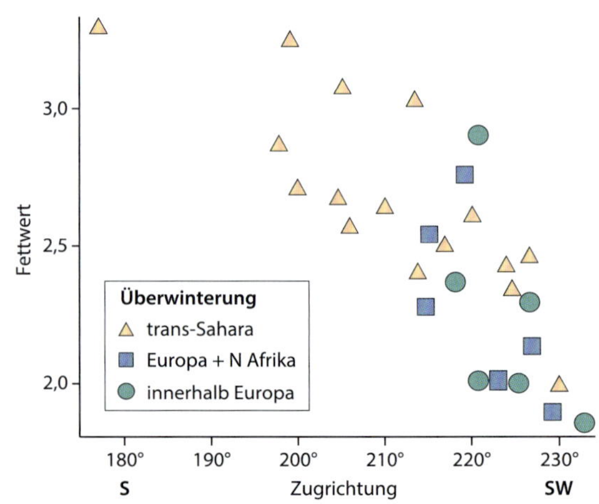


Abb. 488: Zusammenhang zwischen mittlerem Fettwert verschiedener durch die Schweiz ziehender Arten und ihrer Zugrichtung (nach Bruderer & Jenni 1990).

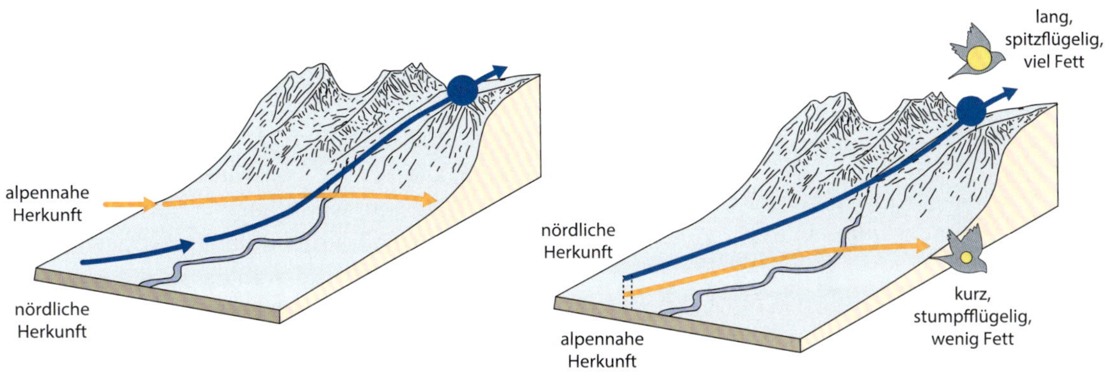


Abb. 489: Schematische Darstellung von Zugrichtung und Zugeigenschaften von durch die Schweizer Alpen ziehenden Kleinvögeln. Blauer Punkt: Alpenpass, oranger Punkt in Vogelsilhouette: Fettwert (nach Bruderer 2020).

Ringfunden, dass Vögel mit mehr südlicher Zugrichtung die fetteren Trans-Sahara-Zieher sind, während die mehr westwärts ziehenden Kurz- und Mittelstreckenzieher geringere Fettwerte haben (Abb. 488). Daraus lässt sich das in Abb. 489 schematisch dargestellte Bild ableiten: langflügelige, fette Vögel nördlicher Herkunft überziehen die Schweizer Alpen, wogegen die mehr Alpen-nah herstammenden, kurzflügeligeren Vögel mit geringeren Fettwerten entlang der Alpen ziehen.

In den **Ostalpen** scheint es diese Differenzierung nicht zu geben. Die Zugrichtungen nach Radar- wie Mondbeobachtungen unterscheiden sich nicht zwischen Voralpenraum und den zentralen Ostalpen (Abb. 490 und 491). Auch die Zugintensitäten sind sowohl beim Tag- wie beim Nachtzug innerhalb und außerhalb der Ostalpen sehr ähnlich.

Aus allem zeichnet sich ab, dass die Westalpen von Zugvögeln mehrheitlich umflogen, die Ostalpen dagegen eher überflogen werden.

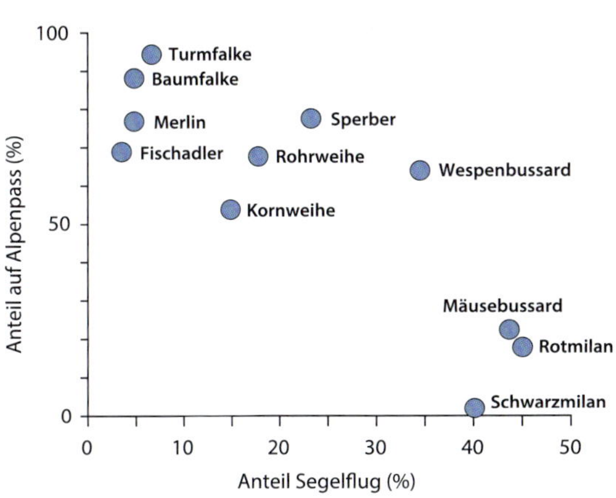


Abb. 492: Anteil von Greifvögeln, die während des Herbstzuges ziehend auf zwei Schweizer Alpenpässen mit Radar beobachtet wurden im Vergleich zur Zugintensität im Alpenvorland (nach Bruderer & Jenni 1990).

Auch Greifvögel überqueren die Alpen. Arten mit einem hohen Maß an Segelflug ziehen über die Alpen jedoch zu einem sehr viel geringeren Anteil als Arten, die im Schlagflug fliegen (Abb. 492). Für Segelflieger bieten die inneren Alpen weniger verlässliche Thermikbedingungen.

Abb. 490: Zugrichtungen des Tagzuges in den zentralen Ostalpen sowie im nördlichen Vorland (nach BirdLife Österreich 2016).

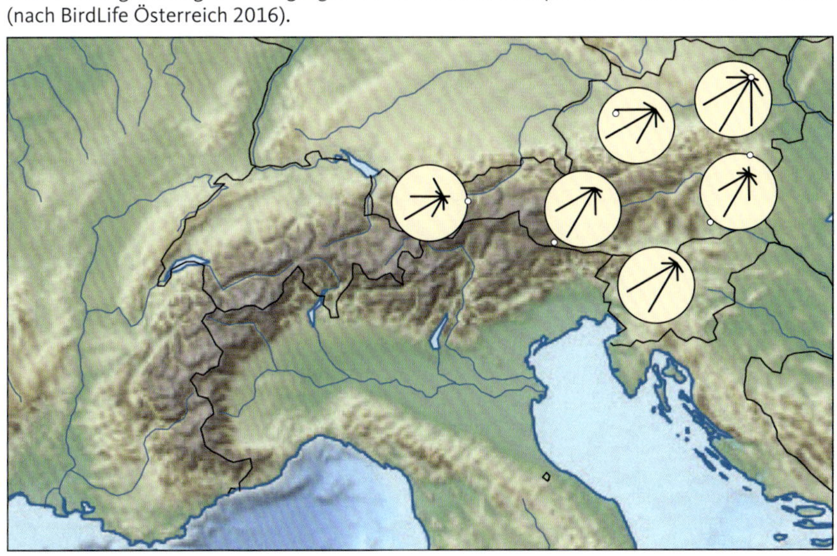

Abb. 491: Zugrichtungen des Nachtzuges in den zentralen Ostalpen sowie im nördlichen und östlichen Vorland (nach Rössler & Schauer 2014).

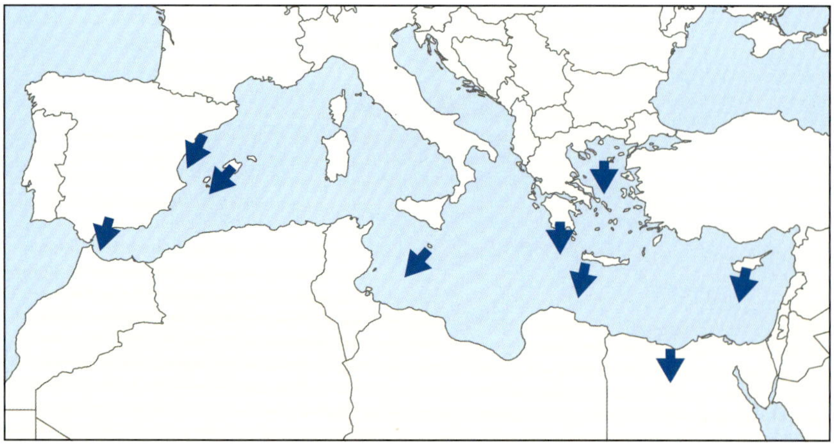

Abb. 493: Vorherrschende Richtungen des nächtlichen Vogelzuges im Herbst nach Radar- und Mondbeobachtungen (nach Bruderer 2017).

## Mittelmeer

Auf Thermik angewiesene Arten umfliegen das Mittelmeer. An den Meerengen von Gibraltar und Bosporus sowie auch entlang der Ostküste des Mittelmeers in Israel kommt es deshalb zu enormen Konzentrationen von Zugvögeln. So ziehen beispielsweise im Herbst etwa eine Viertelmillion Greifvögel und bis zu 50.000 Weißstörche über Gibraltar nach Afrika, am Bosporus queren allein mehr als 800.000 Wespenbussarde, mehr als 400.000 Falkenbussarde oder mehr als 500.000 Weißstörche. Für Israel schätzt man etwa 2 Millionen durchziehende Segelflieger je Zugzeit. Daneben gibt es für Segelflieger aus Mitteleuropa noch den Weg über Italien, die Straße von Messina und Sizilien nach Tunesien, wenn auch in sehr viel geringerem Ausmaß. Auch viele Kleinvögel meiden das Mittelmeer und wählen so die kürzeren Wege über offenes Wasser. So zeigen Radaruntersuchungen und Mondbeobachtungen, dass der nächtliche Vogelzug im Herbst in Spanien vorwiegend südwestlich gerichtet ist (Abb. 493). Bei Vögeln, die Mallorca überziehen, ist der Zug dagegen südlicher gerichtet, geht also übers offene Meer. Auch bei Malaga zogen die Vögel zu Beginn ihres nächtlichen Zuges südlich aufs Meer hinaus. Auf Malta flogen sie überwiegend in SSW-Richtung. In der nördlichen Ägäis und auf dem Peloponnes herrschen südliche Richtungen vor, ebenso südlich von Kreta. Nächtlicher Zug im Herbst geht hier offensichtlich überwiegend übers offene Meer, was auch Mondbeobachtungen an der Ägyptischen Mittelmeerküste sowie Radarbeobachtungen auf Zypern zeigen, wo ebenfalls südliche Richtungen vorherrschen.

Während im Herbst viele Arten das Mittelmeer umfliegen, scheint dies im Frühjahr anders. Insbesondere viele mitteleuropäische Singvögel, so Trauerschnäpper oder Gartengrasmücken, ziehen im Frühjahr auf einer mehr über das zentrale Mittelmeer gehenden Route zurück in ihre Brutgebiete. Besonders

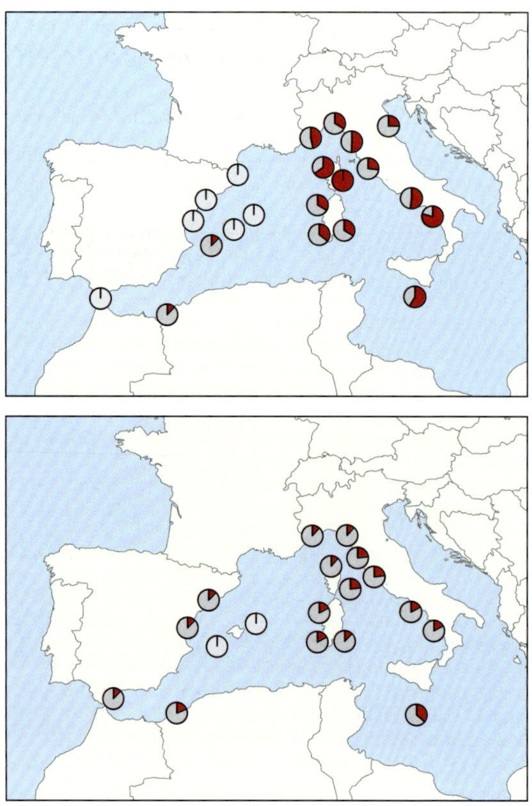

Abb. 494: Relative Anteile (farbig) von Waldlaubsänger (oben) und Gartengrasmücke (unten) auf verschiedenen Fangstationen im Mittelmeerraum im Frühjahr (nach Pilastro et al. 1998 und Grattarola et al. 1999).

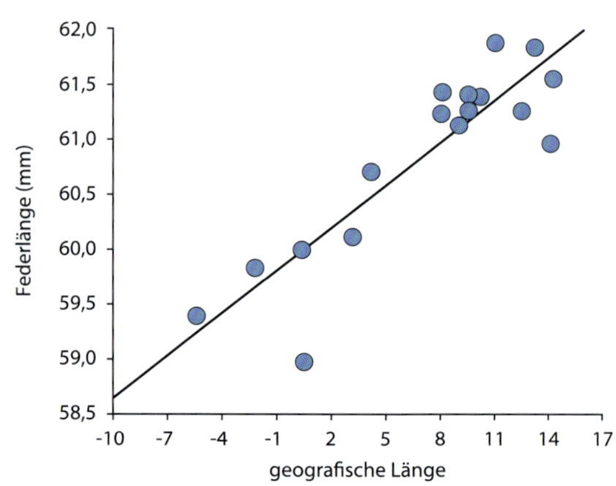


Abb. 495: Mittlere Federlänge (als Maß für die Flügellänge) von auf verschiedenen Stationen im Mittelmeerraum während des Frühjahrszugs gefangenen Gartengrasmücken in Bezug zur geografischer Länge der Fangstation (nach Grattarola et al. 1999).

Abb. 496: Die Sahara ist für viele im tropischen Afrika überwinternde Arten eine 2000–3000 km weite ökologische Barriere (Foto: F. Bairlein).

eindrucksvoll zeigt dies das Auftreten der Arten im Frühjahr auf den Fangstationen des „*Progetto Piccole Isole*", ein über das gesamte Mittelmeergebiet gespanntes Netzwerkes an Stationen. Waldlaubsänger oder Gartengrasmücken sind im Frühjahr auf den Stationen des zentralen Mittelmeeres sehr viel häufiger als auf den westlichen Stationen (Abb. 494). Dabei sind die Flügellängen bei Gartengrasmücken im zentralen Mittelmeergebiet größer als weiter westlich (Abb. 495), was zeigt, dass durch das zentrale Mittelmeergebiet die weiter nördlich brütenden Populationen ziehen, die durchschnittlich längere Flügel haben als südliche Populationen.

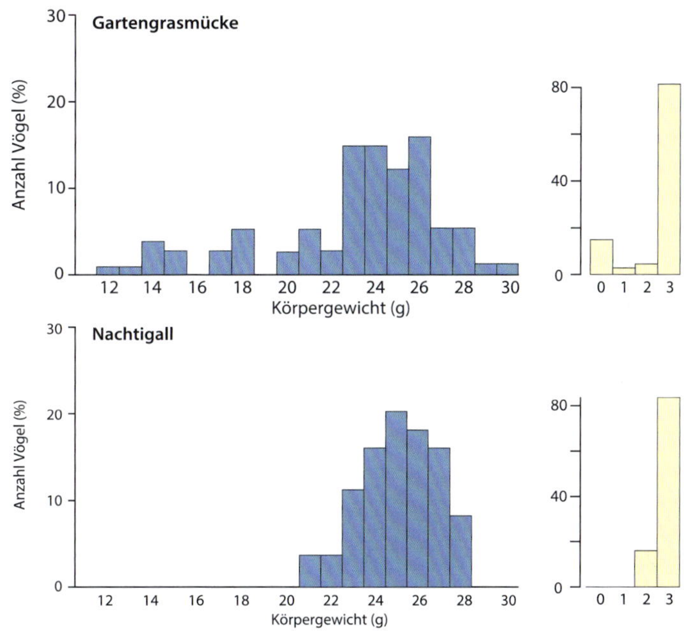


Abb. 497: Körpergewichte und Fettwerte von Gartengrasmücken und Nachtigallen in einer Oase in Zentral-Algerien im Herbst (nach Bairlein 1985).

## Sahara

Etwa 200 europäische Vogelarten überwintern in Afrika südlich der Sahara, die Mehrzahl der mitteleuropäischen Fernwanderer in Westafrika. Viele von ihnen haben zweimal jährlich auf ihren Wanderungen die Sahara zu überwinden, die sich ihnen als 2000–3000 km breite Barriere in den Weg stellt. Schätzungsweise ziehen etwa 2,5 Milliarden Zugvögel jeden Herbst durch bzw. über die Sahara.

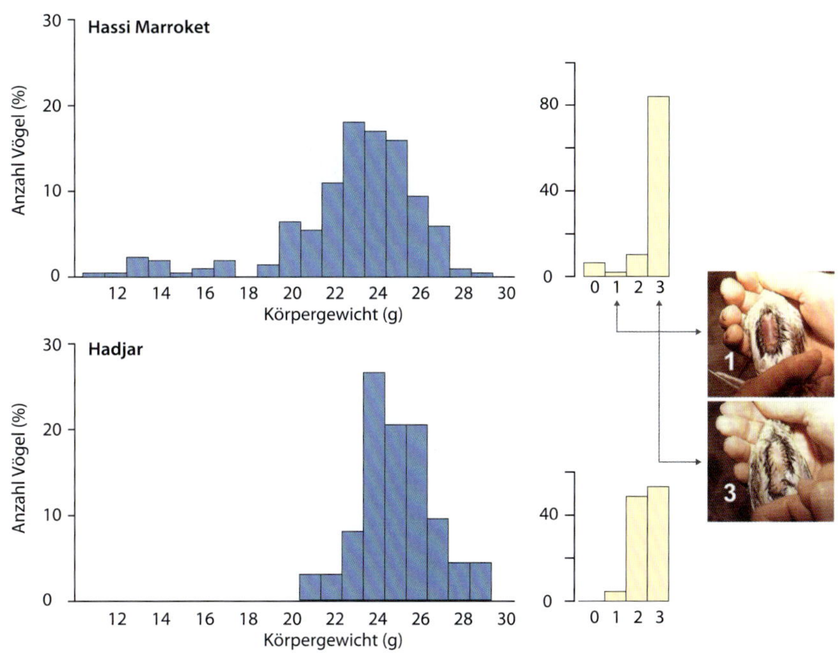


Abb. 498: Körpergewichte und Fettwerte von Gartengrasmücken in einer großen (oben) und in einer sehr kleinen (unten) Oase der zentralen Sahara (nach Bairlein 1987).

Die Vorstellung vom Vogelzug ins tropische Afrika war von der Annahme geprägt, dass die Sahara eine für Zugvögel völlig unwirtliche Gegend sei – ohne Schatten, Nahrung, Wasser und damit ohne jegliche Rastmöglichkeiten (Abb. 496). Deshalb wurde allgemein die Vorstellung akzeptiert, dass Zugvögel diese „ökologische Barriere" Sahara in einem langen Nonstop-Flug überqueren und dazu, wenigstens teilweise, im Herbst schon nördlich des Mittelmeeres aufbrechen. Nähere Untersuchungen in neuerer Zeit in Algerien,

Abb. 499: Verweildauern von Schafstelzen während des Herbstzuges in einer Oase in der Ägyptischen Wüste. Die weit überwiegende Zahl rastete nur einen Tag (nach Biebach et al. 1986). →

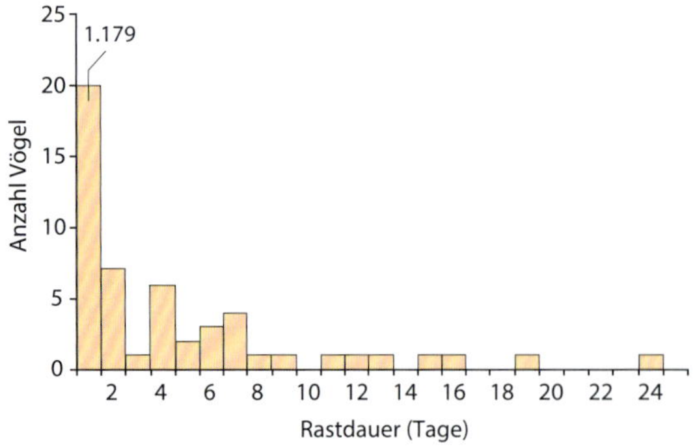


Abb. 500: Körpergewichte von Schafstelzen beim Erstfang in einer Oase in der Ägyptischen Wüste, die entweder nur einmal (orange Säulen) oder später wiedergefangen wurden (blaue Säulen) (nach Biebach et al. 1986). →→

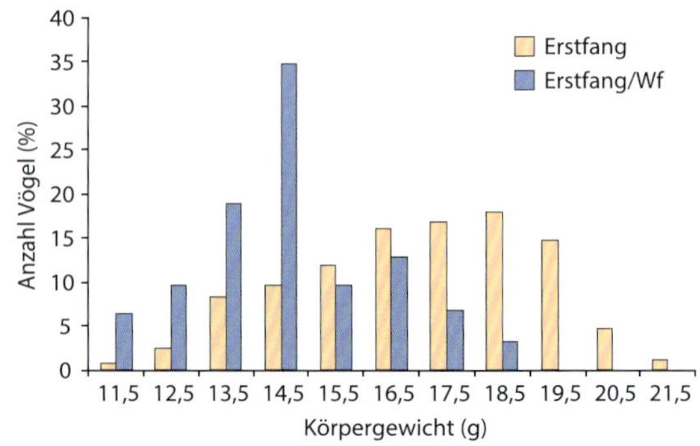


Ägypten und Mauretanien zeigen aber, dass viele Zugvögel die Sahara nicht überfliegen, sondern in Etappen durchqueren, mit Zug bei Nacht und Rast bei Tag.

Anders als vorher angenommen zeigte sich bei diesen Untersuchungen, dass in der Wüste angetroffene Zugvögel der verschiedensten Arten überwiegend „spicke fett“ waren (Abb. 497), insbesondere in sehr kleinen Oasen mit nur wenig Vegetation (Abb. 498). Diese fetten Vögel landeten in der Morgendämmerung oder während des frühen Vormittags, rasteten anschließend meist inaktiv ohne Nahrungsaufnahme im Schatten von Vegetation und sogar Felsen und setzten am Abend ihren Zug fort. Nur ein sehr geringer Anteil von ihnen rastete mehrere Tage (Abb. 499), und diese waren alle recht mager (Abb. 500).

Im Gegensatz zu den fetten Vögeln waren sie während ihrer Rast aktiv auf Nahrungssuche und viele nahmen während ihrer Rast wieder an Gewicht und Fett zu (Abb. 501). Sie setzten erst dann ihren Zug fort, wenn sie entsprechend wieder an Fett aufgetankt hatten (Abb. 502). Dies zeigte sich auch an kurzfristig nach dem Erstfang gekäfigten Vögeln. Schwere (fette) Vögel zeigten den Tag über keinerlei Aktivität und gingen auch nicht an das angebotene Futter und Wasser, in der folgenden Nacht aber waren sie zugunruhig, als Ausdruck ihres Weiterziehens. Leichte (magere) Vögel dagegen waren tagsüber aktiv und fraßen vom Futter. Einige nahmen dabei schon so zu, dass sie ebenfalls in der folgenden Nacht zugunruhig waren. Vögel, die nicht ausreichend zugenommen hatten, waren dagegen nachts inaktiv.

Die Felsspalten der Gebirge sind beliebte Ruheplätze für Zugvögel in der Sahara (Foto: F. Bairlein).

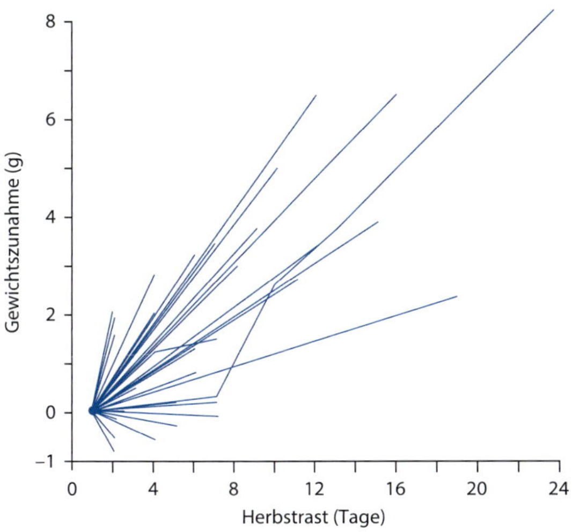


Abb. 501: Körpergewichtszunahme individueller Schafstelzen während ihrer herbstlichen Rast in einer Oase in der Ägyptischen Wüste (nach Biebach et al. 1986).

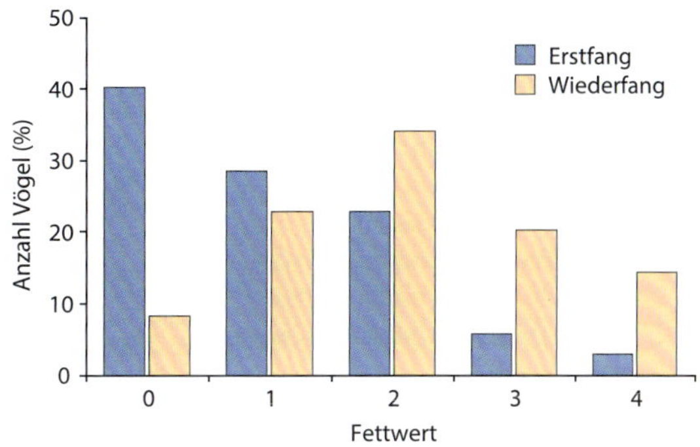


Abb. 502: Fettwerte beim Erstfang und beim Wiederfang während des Herbstzuges in einer ägyptischen Oase rastender Schafstelzen (nach Biebach et al. 1986).

Mit diesen Daten ergibt sich heute ein neues Bild vom Trans-Sahara-Zug vieler Zugvögel (Abb. 503). Viele von ihnen landen nach einer Zugnacht in der Sahara. Als Rastplätze dienen Oasen, vor allem aber auch die zahlreichen Gebirge und Felsregionen. Die rastenden Vögel benötigen nämlich nur Schatten. Da die meisten noch ausreichend fett sind, brauchen sie nicht erneut auftanken. Sie warten einfach die heißen Tagesstunden inaktiv im Schatten ab, wo sie Energie und Wasser sparen. In der nächstfolgenden Nacht setzen sie dann ihren Zug fort. Der Durchzug solcher Vögel erfolgt damit sehr rasch und auch unauffällig. Anders verhalten sich dagegen die Individuen, die landen und nicht mehr über ausreichend Fett für einen Weiterzug verfügen. Landen solche mageren Vögel an Plätzen ohne ausreichendes Nahrungsangebot, sind sie nicht mehr in der Lage, ihren Zug erfolgreich fortzusetzen. Allerdings zeigte sich, dass diese mageren Vögel noch vor dem Landen die „Qualität" eines Rastplatzes einschätzen und ihren Rastplatz

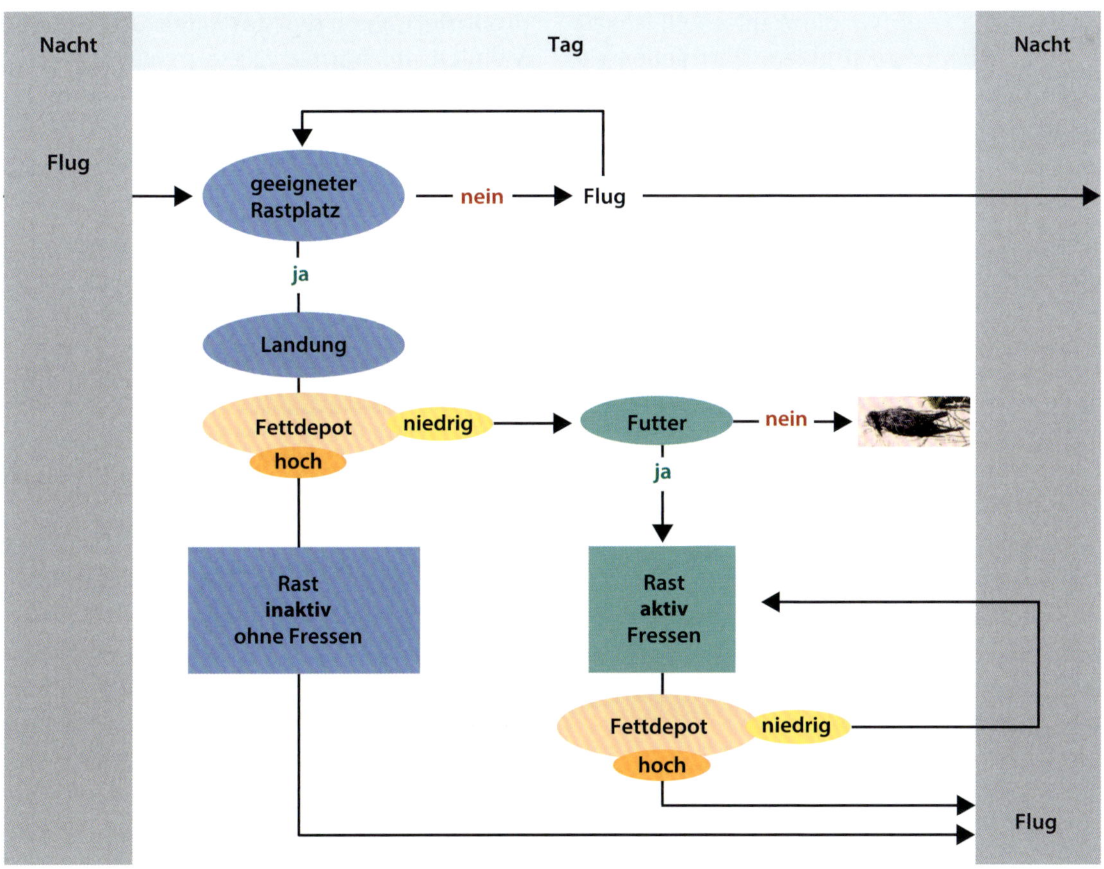


Abb. 503: Schema, wie sich nach Untersuchungen der letzten Jahre der Trans-Sahara-Zug heute darstellt (nach Biebach et al. 1986).

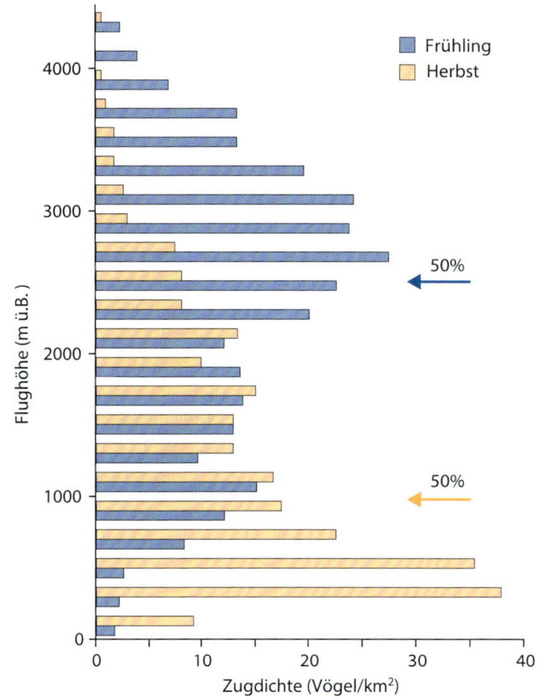


Abb. 504: Mit Radar beobachtete Flughöhen von Zugvögeln über der Mauretanischen Sahara. Im Herbst ziehen 50 % der Vögel unterhalb 1000 m ü. B., im Frühjahr jedoch zu 50 % oberhalb 2500 m ü. B. (nach Liechti & Schmaljohann 2007).

danach wählen. Wie sie dies machen, wissen wir noch nicht; vermutlich können sie an der Menge an Vegetation abschätzen, ob es darin genügend Nahrung gibt. Sie landen nämlich normalerweise nur in den größeren, vegetationsreichen Oasen, wo die Wahrscheinlichkeit hoch ist, Nahrung zu finden. Dort gehen sie dann tagsüber auch intensiv der Nahrungssuche nach. Konnten sie den Tag über ausreichend auftanken, setzen sie ebenfalls schon in der nächsten Nacht ihren Zug fort. Genügt dagegen die Fettdeposition eines Tages nicht für eine weitere Etappe, verweilen sie so lange im Rastgebiet, bis sie wieder ausreichend fett sind.

Dieser überwiegend bei Nacht stattfindende Zug über der Sahara zeigt sich auch bei Radaruntersuchungen in Mauretanien (s. Abb. 269). Im Herbst wie im Frühjahr zogen die allermeisten Vögel bei Nacht und landeten nach Sonnenaufgang bzw. starteten kurz vor Sonnenuntergang. Im Frühjahr zogen allerdings mehr Vögel als im Herbst und mehr auch bei Tag. Zudem flogen die Vögel im Frühjahr deutlich höher als im Herbst (Abb. 504). Im Frühjahr nutzen die Vögel den in großer Höhe aus südlichen Richtungen wehenden Antipassatwind, im Herbst dagegen den in niedrigeren Höhen vorherrschenden nordöstlichen Passatwind.

Diese unterstützenden Winde sind ein ganz entscheidender Faktor beim Trans-Sahara-Zug. Ein anderer sind die Temperaturbedingungen. Wie bereits in Kapitel 9 dargestellt, verbraucht ein fliegender Vogel nicht nur große Mengen Energie in Form von Fett, er produziert durch die Muskelleistung enorme Mengen an Wärme. Diese muss abgeführt werden, um eine bedrohliche Erhöhung der Körpertemperatur zu vermeiden. Zudem ist der am Tag fliegende Vogel auch einem Wärmeeintrag durch direkte Sonnen- und

Unbewohnte Oase in der algerischen Sahara (Foto: F. Bairlein).

Wärmestrahlung ausgesetzt. Vögel können solche Wärme nur durch Wasserabgabe aus dem Körper abführen, ähnlich unserem Schwitzen. Steht kein Trinkwasser zur Verfügung, ist die einzige interne Wasserquelle sogenanntes Oxidationswasser, das beim chemischen Abbau der Fette, teilweise auch von Eiweißen entsteht. Mit seinem Fettpolster hat ein Zugvogel also nicht nur die für den Flug benötigte Energie an Bord, sondern gleichzeitig seine „Wasserflasche" dabei. Mit diesem Oxidationswasser können aber nur etwa 10 % der Extrawärme abgeführt werden. Die Abgabe der restlichen Wärmemenge erfolgt auf Kosten des Körperwassergehaltes. Dies bedeutet für den fliegenden Vogel zunehmende Austrocknung des Körpers. Da auch Vögel nur ein gewisses Ausmaß an Austrocknung schadlos überstehen können (Kap. 9), ist die potenzielle Flugdauer bzw. Flugstrecke von der Umgebungstemperatur abhängig. Langstreckenflüge sind bei hohen Außentemperaturen nicht möglich, da sie zu einem gefährlichen Austrocknen des Vogels führen würden, auch wenn Radaruntersuchungen in der mauretanischen Wüste annehmen lassen, dass die Vögel bei höheren Umgebungstemperaturen fliegen können, als bisher angenommen.

Für einen Zugvogel über der Wüste gibt es nur zwei Alternativen. Er kann eine Flughöhe wählen, in der es kühler ist. Beim Zug über der Sahara in großen Höhen sind die Vögel aber oft Gegenwinden ausgesetzt (Abb. 505). Diesen müssen sie aus energetischen Gründen „nach unten" ausweichen, denn Fliegen gegen den Wind kostet zu viel Energie (Abb. 506). In geringerer Flughöhe haben die Vögel dann zwar Rückenwind, dort ist es aber für langes Fliegen zu heiß (Abb. 505). Diesen Konflikt lösen viele Zugvögel damit, dass sie bei in der Höhe ungünstigen Winden nur in den kühleren Nachtstunden ziehen und tagsüber im Schatten rasten, wodurch eine insgesamt ausgeglichene Wasserbilanz möglich ist. Voraussetzung für erfolgreichen Zug ist in jedem Fall, dass solche Vögel über vor allem ausreichend Fett verfügen, das sie sich in Rastgebieten vor der Wüste bzw. grundsätzlich vor ökologischen Barrieren anfressen können müssen.

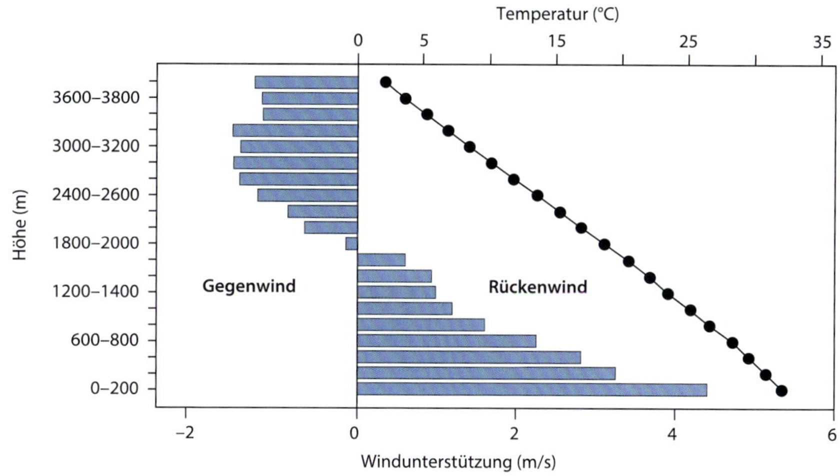


Abb. 505: Mittlere Windrichtung (Balken) und Lufttemperatur (Punkte) um Mitternacht während des Herbstzuges über der mauretanischen Wüste (nach Schmaljohann et al. 2008).

Weder die früher ausschließlich postulierte Nonstop-Überflughypothese, noch die Annahme eines mehr etappenweisen Durchzuges durch die Wüste mit regelmäßigen Stopps schließen sich als Zugstrategien gegenseitig aus. Vielmehr können beide auftreten, je nach den herrschenden Temperatur- und Windbedingungen.

Die Abzugsrichtungen aus Mitteleuropa, vor allem aber die über Radar- und Mondbeobachtungen festgestellten Zugrichtungen und Zugintensitäten im Mittelmeergebiet lassen

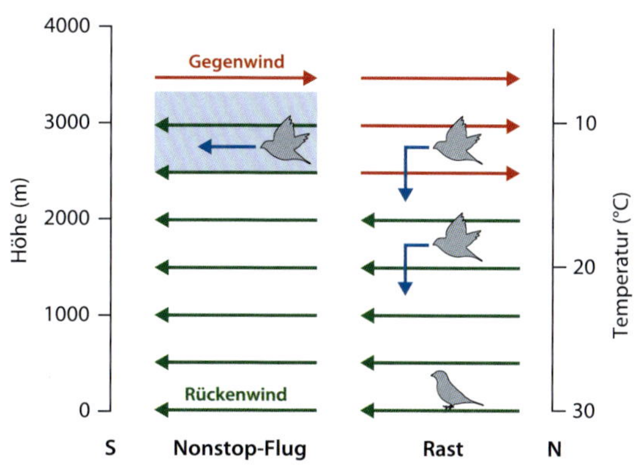


Abb. 506: Einfluss von Wind (grün: unterstützender Rückenwind; rot: Gegenwind) und Umgebungstemperatur auf die Zugstrategie von durch die Sahara ziehenden Vögeln. Treffen fördernde Windbedingungen und für die Thermoregulation im Flug günstige Umgebungstemperaturen zusammen, kann ein Vogel die Barriere nonstop überziehen. Trifft der Vogel in für die Thermoregulation günstigen Umgebungstemperaturen in großer Höhe auf Gegenwind, bleibt ihm aus energetischen Gründen nur, seine Flughöhe zu verringern, um so Rückenwinde zu erfahren. Bei geringeren Flughöhen ist jedoch die Umgebungstemperatur für anhaltenden Streckenflug zu hoch. Dem Vogel bleibt so nur die Rast bei Tag und Weiterflug in der kühleren Nacht (nach Biebach 1990).

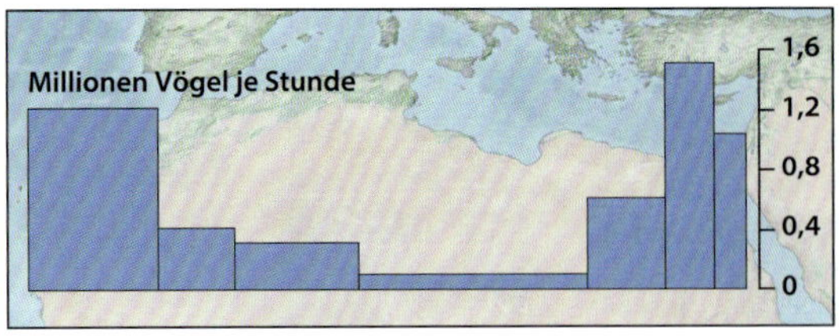


Abb. 507: Intensität des nächtlichen Vogelzuges (Millionen Vögel je Stunde) im Herbst über der Sahara in verschiedenen Zugkorridoren, geschätzt aus Radar- und Mondbeobachtungen im Mittelmeerraum (nach Bruderer 2017).

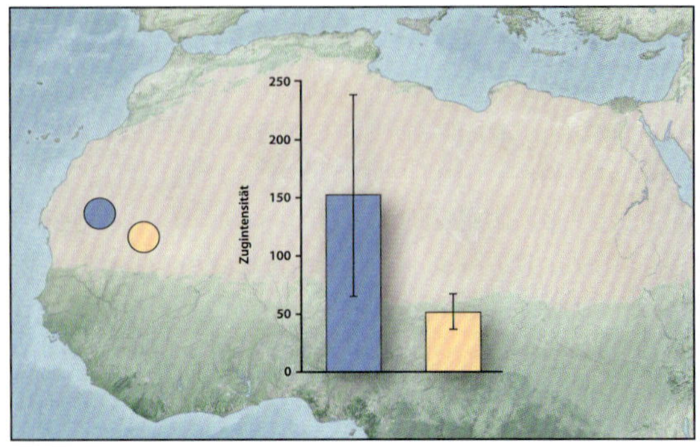


Abb. 508: Mittlere Zugintensität des nächtlichen Vogelzuges im Herbst über der Mauretanischen Sahara (nach Schmaljohann et al. 2007). →

verschiedene Zugkorridore mit unterschiedlichen Zugintensitäten des nächtlichen Vogelzuges im Herbst über der Sahara annehmen. Demnach erfolgt hauptsächlicher Vogelzug im Westen und im Osten der Sahara, wogegen die zentralen Bereiche im Herbst nur in geringen Anzahlen durchzogen werden (Abb. 507). Für die westliche Sahara bestätigt sich dies auch in Radarmessungen des nächtlichen Vogelzuges in Mauretanien in unterschiedlichen Entfernungen von der Atlantikküste. Die Zugintensität weiter östlich in der Wüste war deutlich niedriger als weiter westlich (Abb. 508).

Diese „**Zugkorridore**" durch die Sahara mögen ihre Ursache auch in der vegetationsgeschichtlichen Entwicklung Nordwestafrikas seit dem letzten Klimapessimum vor etwa 10.000 Jahren, also für die Zeit, in der wir die Entstehung des heutigen Vogelzuges annehmen dürfen. Noch vor etwa 5500 Jahren, in der neolithischen Feuchtzeit, wies die westliche Sahara wesentlich günstigere, d. h. feuchtere ökologische Bedingungen mit einem hohen Bedeckungsgrad durch Pflanzen auf als heute. Nur wenige Kerngebiete waren extrem pflanzenarm und hatten einen hohen Anteil an Trockenpflanzen. Weite Bereiche gerade der zentralen Sahara vom Atlas-Gebirge im NW bis zum Hoggar-Gebirge wiesen eine weit höhere Pflanzenbedeckung auf als heute. Die westliche Sahara glich damals einer Grassavanne. Die Südgrenze der Sahara war noch vor 5500 Jahren gegenüber heute um etwa 300 km weiter nördlich. Noch während des Mittelalters war der Südrand der heutigen Sahara erheblich feuchter. Die mit Ende des letzten Klimaoptimums (vor 4500–3700 Jahren) einsetzende Desertifikation (Wüstenbildung) dürfte von den ariden Kerngebieten ausgegangen sein und hat wohl erst relativ spät den Bereich Atlas-Hoggar erreicht, der auch heute noch einen gewissen floristischen Korridor darstellt. Angesichts dieser floristischen Entwicklung der westlichen Sahara scheint ein enger Zusammenhang mit der Ausbildung von Zugwegen nicht ausgeschlossen.

Da zudem für viele Singvögel als Rastplätze alle Orte in Frage kommen, die nur wenigstens ausreichend Schatten aufweisen, also zum einen vor allem Orte mit Vegetation (Oasen, vegetationsreiche Trockentäler, Grasbüschel, u. a.) und zum anderen die Gebirge mit ihren zahlreichen Felsspalten und -nischen, zeigt sich die Sahara für Zugvögel bei weitem nicht so unwirtlich, wie allgemein angenommen. Als für Zugvögel ungeeignete Gebiete bleiben dann nur große Teile der Libyschen Wüste und der zentrale Teil der westlichen Sahara (Tanezrouft, Dijuf). Die anderen Bereiche der Sahara weisen dagegen weitaus günstigere Bedingungen auf, insbesondere die atlantische Sahara und eine zentrale Reihe von Oasen, Trockentälern und Gebirgen — vom Hohen Atlas aus südöstlich verlaufend — sowie das Niltal.

Uferschwalben (Foto: V. Salewski)

# Zugvögel im Winterquartier

# 12

Mit zu den am wenigsten bekannten Aspekten des Vogelzuges gehört die Ökologie der Arten in ihren Überwinterungsgebieten. Welche Lebensräume und Habitate werden im Winterquartier genutzt? Wie werden diese genutzt? Wie kommen Zugvögel mit den ganz anderen ökologischen Bedingungen zurecht? Welche Interaktionen bestehen zwischen Zugvögeln und residenten Arten?

## Zugvögel unter tropischer Sonne

Eine der wichtigsten Fragen zur Überwinterungsökologie paläarktischer Zugvögel ist, wie diese in ihren Überwinterungsgebieten Ressourcen mit afrikanischen Arten teilen und inwieweit Konkurrenz zwischen den beiden Gruppen eine Rolle bei der Evolution rezenter Vogelgemeinschaften spielt.

Im tropischen Afrika finden sich die meisten europäischen Zugvögel in den Savannen und nur wenige Arten dringen in den tropischen Regenwald ein (Abb. 509). Maßgeblich bestimmt ist die Verteilung von Zugvögeln in Afrika durch die dortigen Niederschlagsverhältnisse, dem Wechsel von Trocken- und Regenzeiten. Ihre räumliche Verteilung und zeitliche Abfolge sind durch die Nord-Süd-Bewegung der innertropischen Konvergenzzone (ITKZ) zwischen circa 20° N und 20° S bestimmt (s. Abb. 201). Während des europäischen Sommers wandert die ITKZ vom Äquator nordwärts bis an den Südrand der

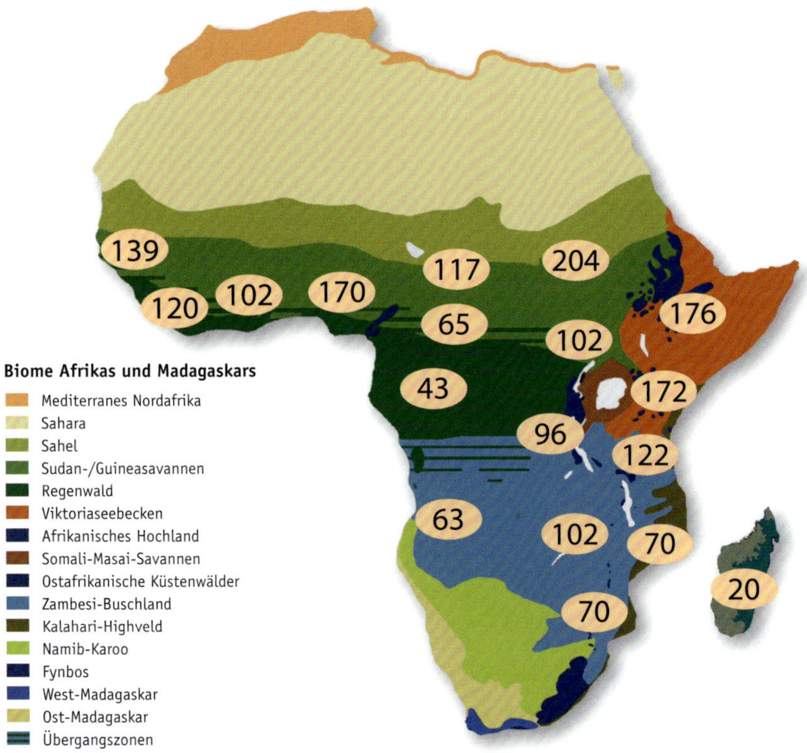


Abb. 509: Die paläarktischen Zugvögel sind nicht gleichmäßig über Afrika verteilt. Sie überwintern vornehmlich in den nördlichen und südöstlichen Savannen (nach Salewski 2013).

Sahara und erreicht im Juli ihre nördlichste Stellung. Anschließend bewegt sie sich wieder nach Süden, überquert den Äquator, und erreicht ihren südlichsten Punkt im Januar. Da die ITKZ von Niederschlägen begleitet wird, fallen diese nördlich des Äquators vor allem im europäischen Sommer, im südlichen Afrika während unserer Wintermonate. Mit zunehmender Entfernung vom Äquator beginnt dabei die Regenzeit später, dauert kürzer an und es fallen weniger Niederschläge. Diese Verhältnisse haben eine enorme Bedeutung für die Überwinterungsökologie europäischer Zugvögel. Sie erreichen nach der Saharaüberquerung im Herbst Savannen, die gerade den Höhepunkt der Regenzeit hinter sich haben. Die Entwicklung der Vegetation und die Menge der zur Verfügung stehenden Insektennahrung haben ihr Maximum erreicht. Mit der schnell fortschreitenden Trockenzeit ändern sich diese Verhältnisse jedoch bald. Südlich des Äquators hingegen werden ankommende Zugvögel im europäischen Herbst auf trockene Habitate treffen. Die Regenzeit setzt erst ab Oktober ein, wodurch die Nahrungsverfügbarkeit erst mitten im europäischen Winter ihr Maximum erreicht.

Viele Zugvogelarten unternehmen im Laufe des europäischen Winters ausgedehnte Wanderungen zwischen verschiedenen Gebieten innerhalb Afrikas. In Westafrika verweilt ein großer Teil der ankommenden Vögel zunächst in der Sahelzone unmittelbar südlich der Sahara. Manche Arten wie Gartenrotschwanz und Dorngrasmücke verbringen hier ihren gesamten Afrikaaufenthalt, andere, wie Nachtigall, Drosselrohrsänger, Gartengrasmücke oder Fitis, folgen den sich nach Süden verlagernden Niederschlägen, die meisten von ihnen bleiben aber nördlich des Äquators.

Ein Beispiel ist auch die Wiesenweihe. Europäische Wiesenweihen überwintern bevorzugt in der Sahel- und Sahel-Sudan-Zone, zwischen etwa 10° N und 17° N (Abb. 511). Zunächst verbleiben sie in der Sahelzone, die nach der vorherigen Regenzeit noch reich an Vegetation und Nahrung ist. Wiesenweihen ernähren sich im Winterquartier wie im Brutgebiet sehr opportunistisch. Das Nahrungsspektrum beinhaltet Kleinsäuger, Kleinvögel, Reptilien und Insekten, hierbei größtenteils ortsgebundene Heuschrecken. Heuschrecken benötigen grüne Vegetation als Nahrungsgrundlage. Die Weihen rasten im Herbst nach der Energie-zehrenden Überquerung der Sahara zunächst so weit nördlich wie möglich, im ersten grünen Vegetationsgürtel südlich der Sahara. Mit Fortschreiten der Trockenzeit

Abb. 510: Die höchsten Dichten paläarktischer Zugvögel finden sich in den Savannen der Sahelzone (Foto: V. Salewski).

ziehen sie weiter nach Süden, den lokalen, ortsgebundenen Heuschreckenvorkommen folgend (Abb. 512). Während des Winters ziehen die Weihen somit nicht, wie früher vermutet, von West nach Ost Wanderheuschreckenschwärmen folgend, sondern vielmehr von Nord nach Süd, einem „grünen Gürtel" folgend, der sich im Laufe des Winters nach Süden verschiebt, von der Sahel- in die Sahel-Sudan-Zone. Ortsgebundene Heuschreckenarten sind eine wesentlich verlässlichere Nahrungsgrundlage als Wanderheuschrecken, die nur alle paar Jahre in Massen auftreten.

Noch ausgeprägter als in W-Afrika ist dieser Ortswechsel im Winterquartier bei den Vögeln, die über das Niltal oder über die Arabische Halbinsel ins östliche Afrika fliegen. Nach Ankunft in den nördlichen Savannen verbleiben sie zunächst für zwei bis drei Monate in dieser Region und nutzen das reichliche Nahrungsangebot nach der Regenzeit. Teilweise mausern sie dort auch. Im November und Dezember beginnen sie von Neuem, sich Fett für eine lange Reise anzufressen. In einer zweiten Zugetappe fliegen sie nämlich bis ins südliche Afrika, wo die Regenzeit jetzt gerade beginnt und günstige Bedingungen zum Überwintern schafft. Der Sprosser legt beim Zug vom nördlichen ins südliche Afrika sogar noch einen mehrwöchigen Zwischenaufenthalt in Kenia ein.

Aber nicht nur in den stark von den Niederschlägen bestimmten Savannen finden wir Wechsel der Winterquartiere. Auch in der Regenwaldzone des zentralen Afrikas überwinternde Mauersegler wechseln teilweise ihre Wintergebiete, vermutlich getrieben von unterschiedlichen Dichten an Fluginsekten.

Die Bevorzugung offenerer Habitate durch Zugvögel könnte seine Ursache darin haben, dass die Regenwälder bereits so dicht von heimischen Arten besetzt sind, dass für temporäre Zuwanderer keine freien Ressourcen verfügbar sind. Andererseits scheint die morphologische Ausstattung von Zugvögeln die Besiedlung offener Habitate zu begünstigen. Der durchschnittliche Zugvogel ist kleiner, hat einen relativ kürzeren Schnabel und einen relativ längeren und spitzeren Flügel und ist

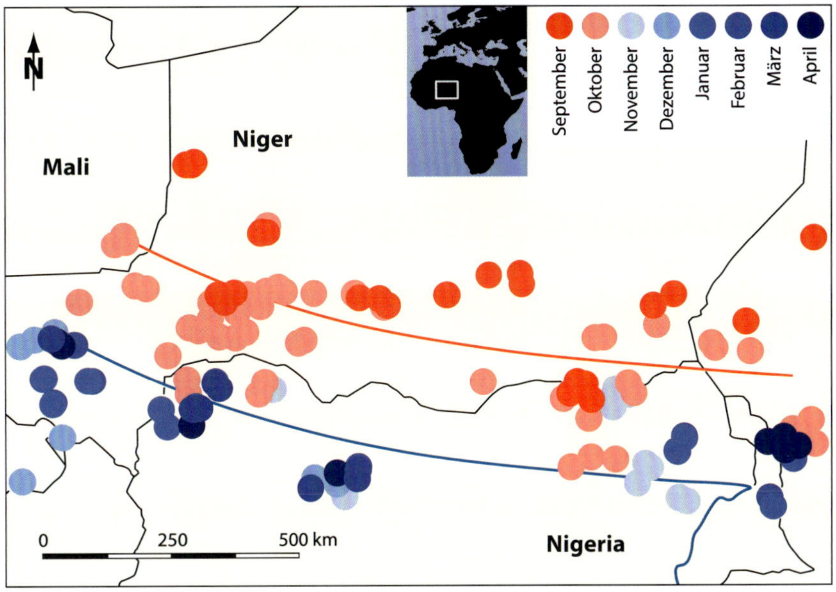


Abb. 511: Bewegungen von Wiesenweihen im Winterquartier nach der Hypothese des „grünen Gürtels". Die Kreise stellen Satellitenpeilungen in den verschiedenen Monaten dar. Die rote Linie kennzeichnet den Schwerpunkt der Verteilung im ersten Teil der Trockenzeit (September und Oktober), die blaue Linie den im zweiten Teil der Tro ckenzeit (November bis April) (aus Trierweiler et al. 2009).

Abb. 512: In der Sahel- und Savannenzone N-Afrikas häufige Heuschrecke *Ornithacris cavroisi* (Foto: W. C. Mullie).

morphologisch einheitlicher als sein tropisches Äquivalent. Lange, spitze Flügel bringen für den Langstreckenzug energetische Vorteile, sind aber ungeeignet, um sich in dichten Habitaten zu bewegen. Insofern sind offene Lebensräume für Zugvögel die günstigeren Habitate. Eine weitere Hypothese besagt, dass die meisten Zugvögel „Nischenfolger" sind: Sie nutzen in Afrika ähnliche Habitate wie in den Brutgebieten. Da viele von ihnen in offenen Habitaten brüten, finden sie sich auch in solchen im Überwinterungsgebiet.

Zugvögel fliegen während ihrer Habitatnutzung mehr, sind bei ihrer Nahrungssuche schneller und haben eine höhere Nahrungsaufnahmerate als vergleichbare tropische Arten. Diese höhere Beweglichkeit mag auch erklären, warum Zugvögel bei der Exploration nur saisonal verfügbarer Ressourcen erfolgreicher sind als residente Arten. Viele Überwinterer sind Opportunisten und nutzen gerade Nahrungsquellen, die nur kurzfristig vorhanden sind.

Im Comoe-Nationalpark in der nordöstlichen Elfenbeinküste mit einem Mosaik an Busch-/Baumsavannen, darin eingestreuten Inselwäldern von unterschiedlicher Ausdehnung sowie Galeriewald entlang des Comoé Flusses wurden die beiden Zugvogelarten Fitis und Trauerschnäpper häufiger im Inselwald angetroffen als in der offeneren Busch-/Baumsavanne oder im dichteren Galeriewald. Im Gegensatz zu einheimischen Arten mit ähnlichen ökologischen Ansprüchen wie Fitis und Trauerschnäpper waren die Zugvögel die beiden einzigen Arten, die regelmäßig in allen drei untersuchten Habitattypen zu finden waren, während die einheimischen Arten jeweils nur zwei Habitattypen nutzten. Weiterhin zeigte sich, dass Trauerschnäpper im Inselwald Territorien ausbildeten, die sie innerhalb einer Wintersaison bis zu sechs Monate und in bis zu vier aufeinander folgenden Wintern besetzten. Dieses Territorialverhalten war in der Savanne und im Galeriewald viel weniger ausgeprägt und einzelne Individuen aus der Savanne versuchten, Territorien im Inselwald zu übernehmen, wenn diese frei wurden. Fitisse dagegen zeigten kein Territorialverhalten, sondern waren häufig in artreinen oder gemischten Schwärmen anzutreffen.

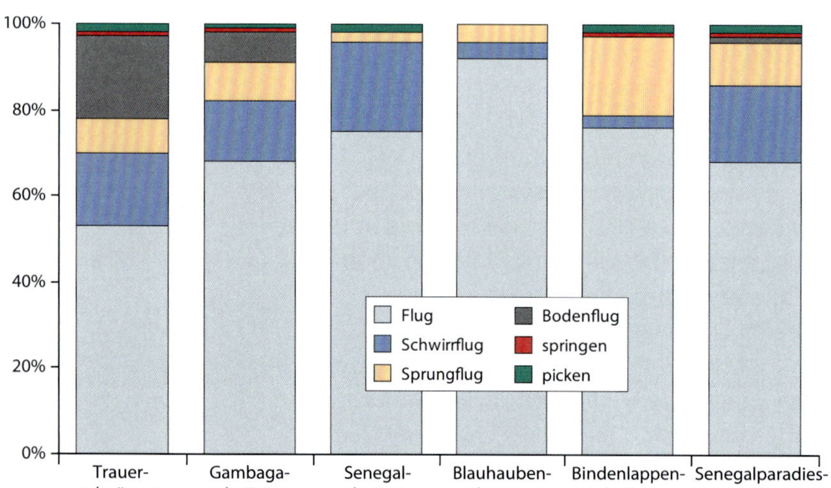


Abb. 513: Der Trauerschnäpper nutzt eine hohe Zahl von Nahrungsaufnahmetechniken und ist in ihrer Anwendung vielfältiger als afrikanische Schnäpperarten, mit denen er den Lebensraum teilt. Der Trauerschnäpper ist dadurch weniger spezialisiert und es steht ihm wahrscheinlich vielfältigere Nahrung zur Verfügung (aus Salewski 2013).

Weder beim Fitis noch beim Trauerschnäpper fand die Nahrungssuche generell in offenerem Habitat statt als bei den einheimischen Arten. So wurden Fitisse häufiger in zentralen Bereichen der Baumkronen auf der Nahrungssuche beobachtet als die ökologisch ähnliche Graukappeneremomela, die Nahrung mehr in den Randbereichen der Kronen suchte. Dabei scheint es eine gewisse „Konkurrenz“ zwischen beiden Arten zu geben. Graukappeneremomela hielten sich bei Abwesenheit von Fitissen mehr im Inneren der Vegetation als in deren Randbereichen auf. Allerdings waren direkte Attacken nur selten zu beobachten. Vielmehr könnte es die unterschiedliche Körpergröße der beiden Arten sein, die diese unterschiedlichen Aufenthaltsorte bestimmt. Verglichen mit ähnlichen residenten Arten zeigten Fitisse und Trauerschnäpper die größere Vielfalt an Techniken der Nahrungsaufnahme (Abb. 513) und sie nutzten mehr Substrate.

Damit bestätigen diese Untersuchungen in der Elfenbeinküste nicht, dass Zugvögel generell offenere Habitate nutzen. Bisherige Untersuchungen zur Habitatnutzung paläarktischer Zugvögel in Afrika beschrieben nur, wo diese beobachtet wurden. Das Beispiel des Trauerschnäppers in der Elfenbeinküste zeigt, dass Vorsicht geboten ist und dass kaum generalisierende Angaben über das Verhalten von paläarktischen Zugvögeln in ihren afrikanischen Überwinterungsgebieten hinsichtlich Habitatwahl und Nahrungsökologie gemacht werden können. Verschiedene Arten haben unterschiedliche Habitatansprüche, Habitate unterliegen jahreszeitlichen Wechseln und ähnliche Habitate in verschiedenen Regionen bieten unterschiedliche Ressourcen. Zudem gibt es innerhalb der Habitate unterschiedliche Mikrohabitate, die von Zug- wie Standvögeln unterschiedlich genutzt werden. So unterscheiden sich europäische Pirole in ihrer Habitatwahl in Zimbabwe nicht signifikant von den afrikanischen Arten Goldpirol und Maskenpirol im Hinblick auf Baumdichte und Kronenschluss in ihren Nahrungshabitaten, jedoch aber in ihrer Mikrohabitatwahl (Abb. 514). Während sich die afrikanischen Pirole mehr im Inneren von Baumkronen und durchschnittlich in niedrigeren Bäumen aufhalten, nutzt der europäische Pirol mehr die äußeren Kronenbereiche hoher Bäume.

In Ruanda wurden die europäischen Pirole und innerafrikanisch ziehende Pirole mehr in „freien, intermediären“ Habitaten beobachtet, die von den dort residenten afrikanischen Pirolarten nicht besiedelt werden. So fand sich der Maskenpirol mehr in Trockensavannen, während der Bergpirol mehr in feuchten Bergwäldern vorkommt. Im südlichen Afrika kommen Neuntöter in eher dichterer Vegetation vor als der Fiskalwürger. Artspezifische Wechsel bei der Habitatwahl im Überwinterungsgebiet wurden bei paläarktischen Grasmücken und Rohrsängern festgestellt. In Westafrika fanden sich die höchsten Zugvogeldichten in der Sahelzone in dichter Baumsavanne und nicht in Halbwüsten und anthropogen gelichteter Baumsavanne. Auch Dorngrasmücken halten sich häufiger in der Baumsavanne als in offenem Ackerland oder Halbwüsten auf. Obwohl sich die höchsten Dichten und Anteile paläarktischer Zugvögel in offeneren Habitaten oder saisonalen Savannen finden, kann dies nicht verallgemeinert werden. Ein zusätzliches Problem dabei ist, dass nicht alle Merkmale, die als charakteristisch für ein Zugvogelhabitat angesehen wurden, miteinander korrelieren. An der Elfenbeinküste war z.B. das „offenste“ Habitat nicht das strukturell diverseste und auch nicht das mit den größten saisonalen Strukturwechseln.

## Konkurrenz

Nischentrennung, d.h. Unterschiede in der Nutzung von Ressourcen, wie Lebensraum oder Nahrung, und Verhaltensunterschiede, wie z.B. die Art und Weise der Nahrungssuche oder Revierverhalten sind dabei die zentralen Mechanismen für ein Miteinander (Koexistenz). Hinzu kommt aber auch direkte Konkurrenz. So sind in Kenia überwinternde Isabellsteinschmätzer, Steinschmätzer und Nonnensteinschmätzer unterschiedlich aggressiv zueinander und Männchen und Weibchen verteidigen getrennte Reviere gegen gleich- wie andersgeschlechtliche Artgenossen. Isabellschmätzer griffen signifikant häufiger die beiden anderen Arten an als sie selbst angegriffen wurden. Umgekehrt war es beim

Abb. 514: Nutzung der Baumkronen durch gemeinsam im afrikanischen Wintergebiet des Europäischen Pirols vorkommende Pirole (nach Baumann 2001).

Nonnensteinschmätzer; beim Steinschmätzer dagegen bestand kein Unterschied. Die einheimischen afrikanischen Steinschmätzerarten waren bei zwischenartlichen Konflikten stets dominant über die Zugvögel.

Mögliche Konkurrenz wird auch diskutiert als Auslöser **innerafrikanischen Vogelzugs**. So scheint eine Reihe afrikanischer Arten bei

Ockerbrust-Steinschmätzer
(Foto: V. Pohjonen/wikimedia)

der Ankunft von ökologisch ähnlichen Zugvögeln geografisch auszuweichen und wieder zum Ausgangsort zurückzukehren, wenn die Zugvögel abziehen. Beispiele für diesen innerafrikanischen Vogelzug wären z. B. der südwärts gerichtete Zug des Ockerbrust-Steinschmätzers in W-Afrika bei der Ankunft des paläarktischen Steinschmätzers (Abb. 515) oder der Wegzug von Erdsteinschmätzer und Gelbbrust-Feinsänger bei der Ankunft paläarktischer Zugvögel in Kenia sowie der innerafrikanische Zug mancher Greifvogelarten. Dieses Verhaltens könnte als Ausweichbewegung afrikanischer Arten zur Vermeidung von Konkurrenz bzw. als Resultat der Konkurrenz mit Zugvögeln interpretiert werden. Ankunft und Abzug fallen jedoch auch mit dem Beginn bzw. dem Ende der Regenzeit zusammen, was die Phänologie innerafrikanisch ziehender Arten wesentlich beeinflusst. So sind von 134 insektivoren Arten, die in der Savanne Nigerias brüten, 36 Arten (27 %) „Trockenzeit-Brüter", 98 Arten (73 %) „Regenzeit-Brüter". Unter den zur Trockenzeit brütenden Arten machen nur 9 (25 %) innerafrikanischen Vogelzug, dagegen unter den zur Regenzeit brütenden Arten 41 (42 %). Insgesamt zeigt sich kein Zusammenhang zwischen dem Anteil an Zugvögel in einer Avifauna und der Häufigkeit von innerafrikanischem Vogelzug (Abb. 516).

Konkurrenz wurde lange Zeit als wesentlich treibende Kraft der Ökologie von Arten und die Dynamik von Vogelgemeinschaften, so auch derer im Überwinterungsgebiet von

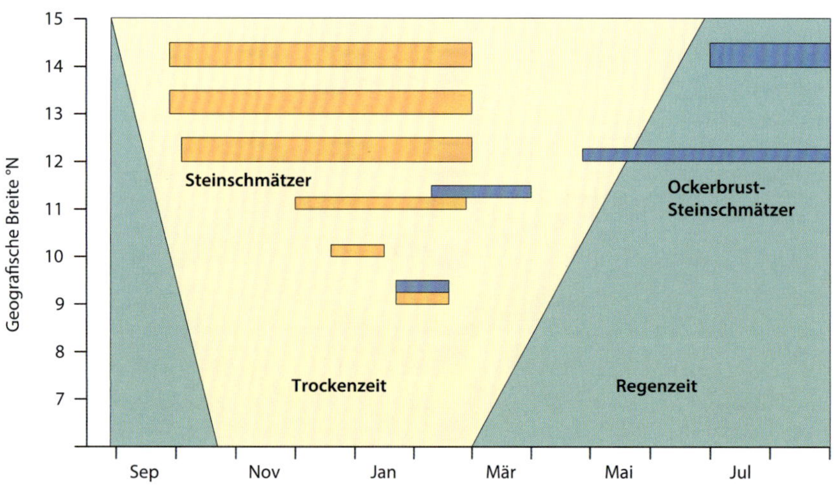


Abb. 515: Auftreten des paläarktischen Steinschmätzers (orange Balken) und des afrikanischen Ockerbrust-Steinschmätzers (blaue Balken) in verschiedenen Regionen Nigerias. Die Dicke der Balken gibt die relative Häufigkeit der beiden Arten an (nach Jones 1985).

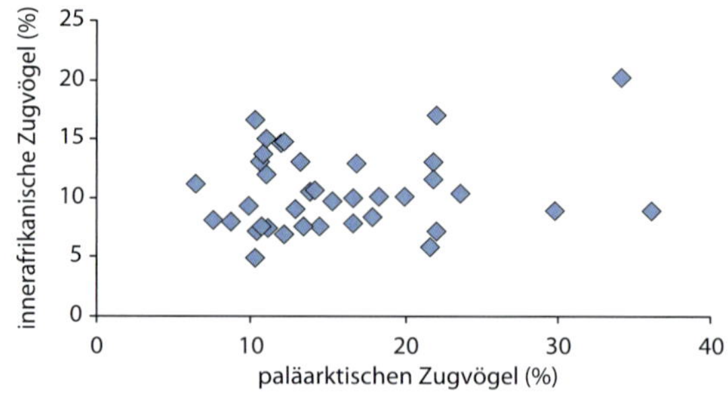


Abb. 516: Zusammenhang zwischen dem Anteil von paläarktischen Zugvögeln in Landesavifaunen Afrikas und dem Auftreten von innerafrikanischem Vogelzug (nach Bairlein 1998).

Zugvögeln, angenommen. Die neueren Untersuchungen in Überwinterungsgebieten zeigen aber, dass Konkurrenz nicht mehr als der einzig mögliche Grund für die räumliche Verteilung von Zugvögeln und einheimischen Arten in Afrika gesehen werden darf. Vielmehr gibt es vielfältige andere Formen des Miteinanders, die direkte „Kämpfe" zwischen Zug- und lokalen Standvögeln vermeiden und die Zugvögel zu einem integralen Bestandteil afrotropischer Vogelgemeinschaften machen.

## „Moreaus Paradox"

Die hohe Dichte von überwinternden Zugvögeln in den Trockensavannen Afrikas, zudem die Beobachtung, dass Millionen von Zugvögeln sich unmittelbar vor dem Frühjahrszug in der Sahelzone die nötigen Fettreserven zum Überqueren der Wüste anlegen, wenn dort am Ende der Trockenzeit die Nahrung am spärlichsten sein sollte, wirkt wie ein Widerspruch. Dieser als „Moreaus Paradox" bezeichnete Widerspruch ist aber nur ein scheinbarer. Denn gerade in der trockensten Jahreszeit stehen einige in der Sahelzone weitverbreitete Baum- und Buscharten in voller Blüte. Das daraus resultierende Überangebot an Nektar lockt Insekten an, die wiederum den Vögeln als Nahrung dienen (Abb. 517). Relativ neu ist allerdings die Beobachtung, dass viele Vögel regelmäßig den Nektar selbst trinken. Dabei sind es nur wenige Baum- und Straucharten, die von den Zugvögeln genutzt werden. Von 183 untersuchten Baum- und Straucharten wurden 65 % überhaupt nicht von insektivoren Zugvögeln genutzt, und auch von den restlichen nur wenige besonders häufig (Abb. 518). Die viel genutzten Arten sind über-

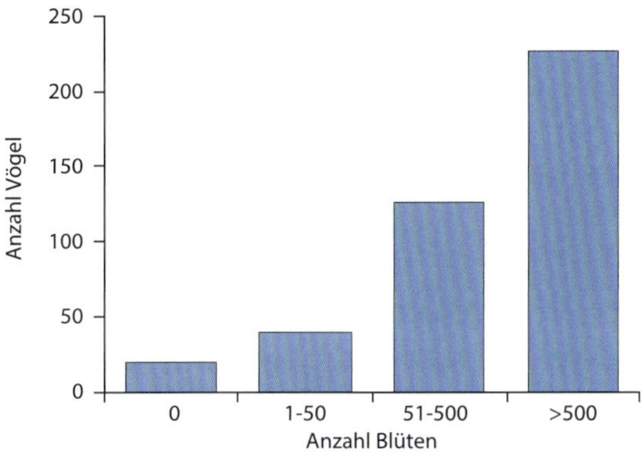


Abb. 517: Zusammenhang zwischen Dichte an Zugvögeln in Akazienbäumen in der Sahelzone und deren Blütenreichtum (nach Zwarts & Bijlsma 2015).

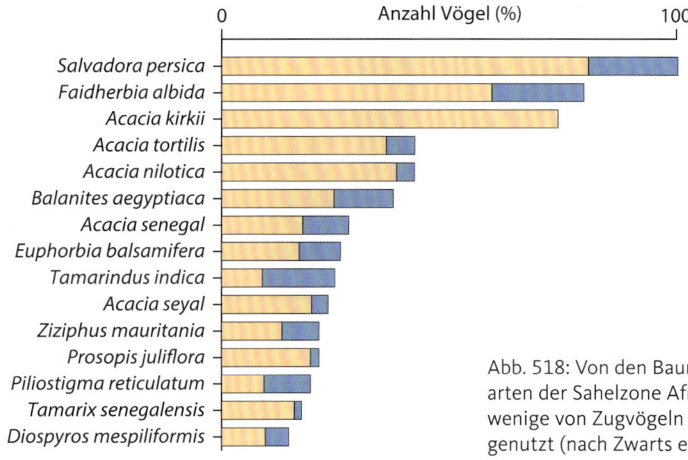


Abb. 518: Von den Baum- und Straucharten der Sahelzone Afrikas werden nur wenige von Zugvögeln (orange) stark genutzt (nach Zwarts et al. 2015).

wiegend Arten mit Dornen, und darin wird die besondere Bedeutung für insektivore Vögel gesehen. Dornige Sträucher und Bäume haben für Insekten vergleichsweise leichter verdauliche Blätter und werden so von vielen blattfressenden Insekten genutzt. Diese wiederum sind Nahrung für die Vögel. Neben den dornigen Arten kommt dem am Südrand der Sahara weitverbreiteten Salzbusch *Salvadora persica* (Abb. 519) eine große Bedeutung zu. Zur Zeit des beginnenden Abzuges aus Afrika trägt er Beeren, die vor allem bei Grasmücken eine große Rolle beim Aufbau von Fettreserven spielen (Abb. 520).

Abb. 519: Die Beeren des Salzbusches *Salvadora persica* sind eine wichtige Nahrung für Zugvögel in der Sahel-Zone (Foto: F. Bairlein).

## Mönchsgrasmücken und Rotkelchen in Spanien

Viele Zugvögel aus Mittel- und Nordeuropa überwintern auf der Iberischen Halbinsel, gleichzeitig gibt es hier lokale Standvögel. So stellt sich auch hier die Frage, wie sich Zugvögel in die schon vorhandenen Vogelartengemeinschaften einfügen. Allerdings gibt es nur recht wenige Untersuchungen, die sich dieser Frage widmeten.

In einem Überwinterungsgebiet in S-Spanien fanden sich die Altvögel überwinternder Mönchsgrasmücken sowohl im Wald wie in

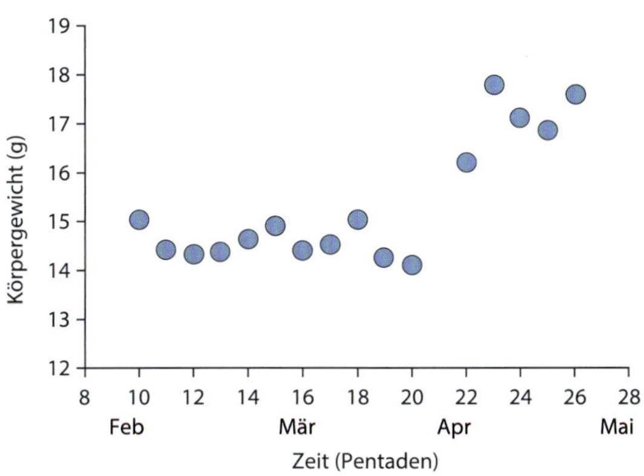


Abb. 520: Mittlere Körpergewichte von Dorngrasmücken am Tschadsee (Nigeria) im Frühjahr (nach Ottosson et al. 2002).

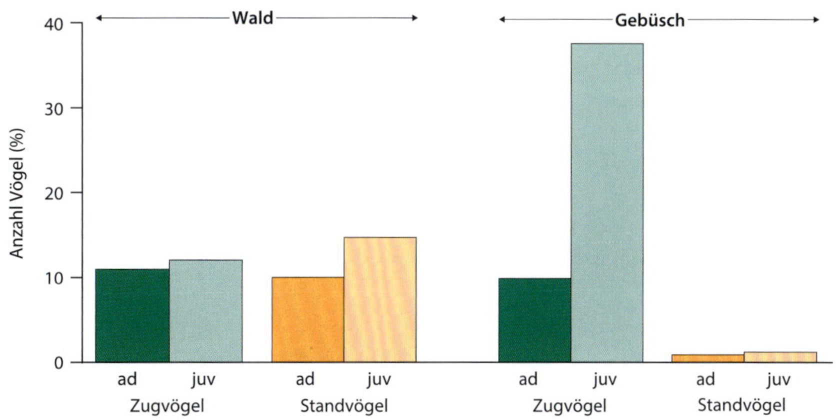


Abb. 521: Verteilung von Altvögeln (ad) und Jungvögeln (juv) von überwinternden und residenten Mönchsgrasmücken in Spanien (nach Perez-Tris & Telleria 2002).

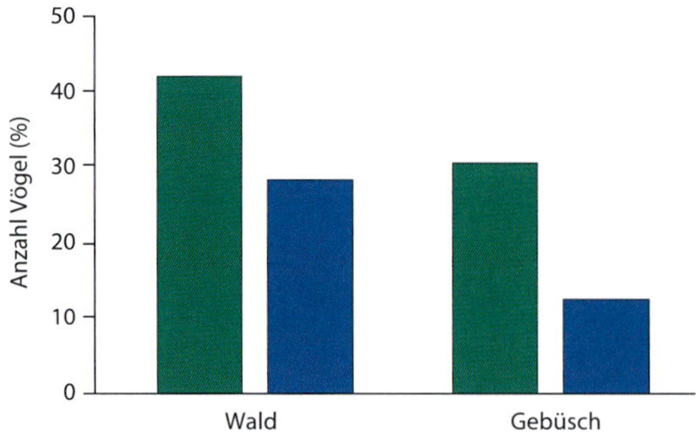


Abb. 522: Verteilung von in Portugal überwinternden Altvögeln (grün) und Männchen (blau) beim Rotkehlchen (nach Catry et al. 2004).

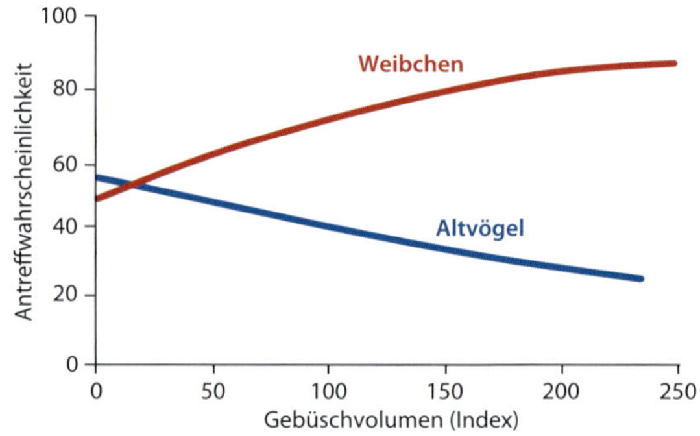


Abb. 523: Die Antreffwahrscheinlichkeit für in Portugal überwinternde Altvögel und Weibchen des Rotkehlchens hängt vom Gebüschvolumen ab (nach Catry et al. 2004).

Gebüschen, Jungvögel dagegen überwiegend in Gebüschen (Abb. 521). Die ortsansässigen, heimischen Mönchsgrasmücken besiedelten nahezu ausschließlich den Wald. Die heimischen Mönchsgrasmücken sind größer als die Zugvögel, die im Wald überwinternden Altvögel größer als die in Gebüschen. Dies spricht dafür, dass die größeren und damit in Auseinandersetzungen dominanten Vögel, die heimischen und die Männchen unter den Zugvögeln, die offensichtlich besseren Waldlebensräume besiedeln, und die „schwächeren" Vögel auf die Gebüsche ausweichen.

Auch bei in Portugal überwinternden Rotkehlchen sind die Altvögel und die Männchen mehrheitlich im Wald zu finden, weniger in Gebüschen (Abb. 522). Mit zunehmendem Gebüschanteil nimmt die Antreffwahrscheinlichkeit für Altvögel ab, die für Weibchen zu (Abb. 523). Zudem zeigte sich, dass die im Wald überwinternden Rotkehlchen in besserer körperliche Kondition waren als die in Gebüschen überwinternden Vögel.

Diese Ergebnisse unterstützen die Hypothese, dass Dominanz eine wichtige Rolle in der Nischensegregation von residenten und überwinternden Vögeln spielt. So wird sichergestellt, dass ein Nebeneinander möglich ist, auch wenn Zugvögel die heimischen Vogelgemeinschaften temporär „überfluten".

## Arktische Singvögel im Wattenmeer

Ohrenlerche, Schneeammer und Berghänfling sind arktische Wintergäste im Wattenmeer, wo sie in manchmal großen gemeinsamen, gemischten Schwärmen mit hunderten von Vögeln beobachtet werden können.

Skandinavische Ohrenlerchen überwintern überwiegend entlang der südlichen Nordseeküste, die nordwestrussische Brutpopulation

Ohrenlerche (Foto: H.-J. Fünfstück)

Schneeammer (Foto: H.-J. Fünfstück)

Berghänfling (Foto: C. Moning)

dagegen im ostdeutschen und osteuropäischen Binnenland. Das Gros der an der südlichen Nordseeküste überwinternden Schneeammern stammt aus Island, doch überwintern hier auch skandinavische und ostgrönländische Vögel. Skandinavische Berghänflinge ziehen über die westliche Ostsee ins ost- und mitteleuropäische Binnenland oder entlang der Nordseeküste ins Wattenmeer und einige südwestlich angrenzende Gebiete. Mindestens 53 % der Ohrenlerchen und 47 % der Berghänflinge Skandinaviens überwintern an der dänisch-deutsch-niederländischen Wattenmeer-Küste, und machen die Wattenmeerregion zu dem wichtigsten Überwinterungsgebiet für sie. Weiterhin häufiger Wintergast in den Salzwiesen des Wattenmeeres ist auch der Strandpieper, in viel geringeren Beständen auch Feldlerche, Wiesenpieper, Stieglitz, Sporn- und Rohrammer. Diese Arten lassen sich grob in zwei Gemeinschaften zusammenfassen: In Habitaten mit Vegetation der unteren Salzwiese finden sich vor allem Ohrenlerche, Schneeammer, Strandpieper und Berghänfling, von denen die ersten beiden verstärkt auch die Spülsäume nutzen. In der hochwüchsigen oberen Salzwiese rasten Feldlerche, Strand- und Wiesenpieper, Sporn- und Rohrammer, Berghänfling und Stieglitz. Der Berghänfling ist den ganzen Winter in der unteren Salzwiese anzutreffen, im Frühjahr und Herbst jedoch zusätzlich in der hohen Salzwiese. Eingedeichte Flächen weisen – solange sie noch Salzwiesen aufweisen – noch hohe Bestände von Ohrenlerchen und Berghänflingen auf, Strandpieper und Schneeammern nutzen diese dagegen kaum.

Wesentliche Ursache für diesen Winteraufenthalt am Wattenmeer ist das in den Salzwiesen bzw. in den Spülsäumen am Deich reiche Nahrungsangebot. Ohrenlerchen ernähren sich überwiegend von Samen von Queller, Sode, Melde, Salzmelde und weiterer kleiner Gräser. Insektivore Nahrung spielt vor allem in nahrungsarmen Perioden eine Rolle, wird aber auch am Mittwinter aufgenommen. Die Nahrung der Schneeammer ist der der Ohrenlerche ähnlich, umfasst zusätzlich aber Dreizack. Berghänflinge nehmen dagegen fast ausschließlich Samen von Queller und Sode auf. Ein Vergleich des Nahrungsangebots mit der gefressenen Nahrung zeigte eine deutliche Bevorzugung der genannten Pflanzensamen. Viele Salzpflanzensamen, besonders die bevorzugten, weisen einen hohen Energiegehalt auf. Darüber hinaus sind sie klein, haben eine nicht so stabile Schale und sind damit ohne großen Bearbeitungsaufwand zu fressen. Besonders große Samen und solche mit einer langen Bearbeitungszeit werden aber gemieden. Errechnet man über die erfasste Zeit der Nahrungsaufnahme, über Pickraten sowie die Zusammensetzung und den Energiegehalt der Nahrung die aufgenommene Energie pro Tag, so zeigt sich, dass das Wattenmeer mit seinem reichhaltigen Angebot an Salzpflanzensamen ein hervorragendes Überwinterungshabitat für körnerfressende Vogelarten darstellt. Trotz der guten Nahrungsgrundlage

Links: Spülsaum. Reichhaltiges Angebot an Sämereien für am Wattenmeer überwinternde Kleinvögel (Foto: J. Dierschke).
Mitte: Strandaster. Die Samen sind wichtige Nahrung für am Wattenmeer überwinternde Ohrenlerchen, Schneeammern und Berghänflinge (Foto: M. Gaida/pixabay).
Rechts: Die Samen des Quellers sind die Hauptnahrung für in den Salzwiesen des Wattenmeeres überwinternder Berghänflinge (Foto: M. Buschmann/wikimedia).

müssen Ohrenlerchen, Schneeammern und Berghänflinge an den kurzen Wintertagen den ganzen Tag über fressen, um die langen Nächte und Tage mit schlechter Nahrungsverfügbarkeit (z. B. bei Schnee) zu überleben. Dafür legen alle drei Arten auch **Winterfett** an.

Die drei Vogelarten suchen regelmäßig innerhalb eines Trupps nach den Samen. Trotzdem bevorzugen sie im Wattenmeer verschiedene Lebensräume. Ohrenlerchen fressen überwiegend in den Spülsäumen. Daher findet man sie vor allem am Deich, aber auch in den Salzwiesen selbst, sofern diese offene Stellen aufweisen, auf denen die Samen gut zu entdecken sind. In die höheren Salzwiesen wechseln sie nur, wenn die Spülsäume von Schnee bedeckt sind. Berghänflinge fressen die Samen dagegen besonders gerne direkt von den in der Salzwiese vorkommenden Pflanzen. Wenn sie ab Mitte Oktober das Wattenmeer erreichen, tragen die Strandastern oft noch ihre Samen, die von den Vögeln gefressen werden. Die Hauptnahrung des Berghänflings ist aber der Queller. Vor allem der im Watt wachsende Queller behält einen großen Teil der Samen auch im Winter an der Pflanze.

Völlig anders ernährt sich der Strandpieper. Er ist Insektenfresser und ernährt sich vor allem vom Salzwiesenfloh, einem winzigen Krebs, der an den Prielrändern unbeweideter Salzwiesen im Überfluss vorkommt. Die aus Großbritannien und Nordeuropa am Wattenmeer überwinternden Strandpieper finden sich deshalb fast ausschließlich in natürlichen, unbeweideten und mit Prielen durchzogenen Salzwiesen, insbesondere dort, wo die Portulak-Keilmelde, auf die der Salzwiesenfloh spezialisiert ist, buschig wächst, Überhänge bildet und so unbewachsene Schlammbereiche überdeckt. Mehr noch als Ohrenlerche, Berghänfling und Schneeammer ist der Strandpieper damit an Küstenlebensräume gebunden, im Binnenland wird er nur ausnahmsweise festgestellt.

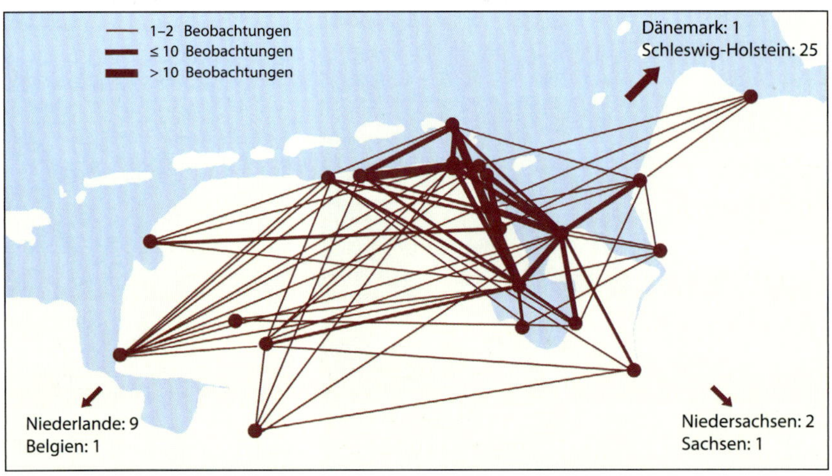


Abb. 524: Ortswechsel des Berghänflings innerhalb eines Winters zwischen verschiedenen Fangstationen. Berghänflinge sind im Überwinterungsgebiet sehr mobil (nach Dierschke 2001).

Schneeammern, Berghänflinge und Ohrenlerchen zeigen unterschiedliche Überwinterungsstrategien. Zum Strandpieper ist dazu nichts bekannt. Schneeammern und Berghänflinge streichen im Überwinterungsgebiet weiter umher als Ohrenlerchen, die sehr ortsfest sind. Bei Westerhever an der schleswig-holsteinischen Westküste überwinternde Ohrenlerchen hielten sich den gesamten Winter über auf gerade einmal gut zwei Kilometer Strandabschnitt auf. Hierher kehren sie auch in den folgenden Wintern immer wieder zurück, sie sind also sehr ortstreu. So kehrten von 42 im Bereich von Westerhever farbberingten Ohrenlerchen fast die Hälfte (19 Vögel) im Folgewinter an ihren vorjährigen Überwinterungsort zurück.

Schneeammern dagegen patrouillieren in einem wesentlich größeren Bereich und können innerhalb weniger Stunden in bis zu 10 km auseinanderliegenden Gebieten festgestellt werden. Nur selten kehren Schneeammern an ihren vorjährigen Überwinterungsplatz zurück.

Berghänflinge nehmen eine Mittelstellung zwischen Ohrenlerchen und Schneeammern ein. In einem groß angelegten Farbberingungsprogramm wurden 4,5 % der im selben Winter wiedergefangenen Vögel in über 200 km Entfernung nachgewiesen, und es konnten sogar 26 Wechsel zwischen dem niedersächsischen Wattenmeer und dem ostdeutschen Winterbestand festgestellt werden (Abb. 524). Die meisten Berghänflinge kehren jeden Winter in ihr letztjähriges Überwinterungsgebiet zurück; manche wurden aber auch im nächsten Winter in mehreren 100 km Entfernung angetroffen.

Ohrenlerchen finden offensichtlich in den Salzwiesen des Wattenmeeres und in den Spülsäumen ein für die Überwinterung ausreichendes und verlässliches Nahrungsangebot vor. Die Herbststürme führen alljährlich zu höheren Fluten, die große Mengen an Samenkörnern im Spülsaum ablagern. Eine Ohrenlerche kann sich also weitgehend darauf verlassen, an solchen Plätzen zu verbleiben und sie auch im nächsten Winter wieder aufzusuchen. Vom Berghänfling gibt es sowohl ortstreue als auch nomadisierende Individuen. Größere Quellerbestände, wie sie Berghänflinge bevorzugen, sind im Wattenmeer weit verbreitet. Allerdings kommen sie innerhalb eines Gebietes wohl nicht in einer Menge vor, die für die gesamte Überwinterung ausreichend ist. Um ihren Nahrungsbedarf zu decken, müssen die Vögel ein größeres Einzugsgebiet nutzen. Die Schneeammer lebt dagegen vermutlich überwiegend nomadisch. Insbesondere an den Sandstränden werden immer wieder Samen vom Sand zugedeckt und neue Sandrippel mit Samenaggregationen entstehen. In einem so dynamischen Lebensraum erscheint ein Nomadisieren sinnvoll.

## Überwinternde arktische Gänse

NW-Europa ist das Überwinterungsgebiet vieler arktischer Gänse. Nachdem die Bestände insbesondere durch Zerstörung der natürlichen, traditionellen Rastgebiete (Moore, Salzwiesen, Niederungen) und direkte Verfolgung auf dem Zug und in den Brutgebieten bis Mitte des 20. Jh. stark eingebrochen waren, erholten sie sich seither aufgrund internationaler Schutzmaßnahmen, der Einrichtung von spezifischen Schutzgebieten für überwinternde Gänse sowie geringerer Wintersterblichkeit wegen milderen Winter und Intensivierung der Landwirtschaft (Abb. 525). Heute sind die großen Gänsetrupps an z. B. der Unterelbe oder in Ostfriesland ein eindrucksvolles Schauspiel.

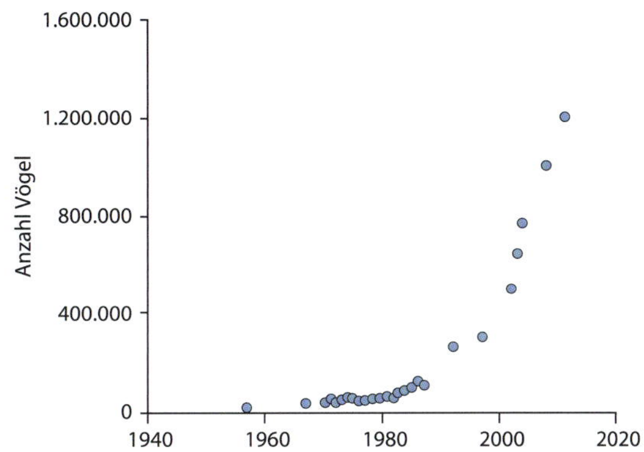


Abb. 525: Bestandsentwicklung der im Bereich der südlichen Nordsee überwinternden Weißwangengans der russisch/NW-europäischen Population (nach Fox & Madsen 2017).

Als Pflanzenfresser ernähren sich Gänse vor allem auf Grünländern, aber auch auf landwirtschaftlichen Saaten, und als vergleichsweise schlechte „Futterverwerter“ brauchen sie viel Nahrung. Dabei profitieren sie von der Intensivierung der Landwirtschaft mit ihrem hochwertigen Nahrungsangebot. Zu-

Überwinternde Weißwangen- und Ringelgänse (Foto: H. Kruckenberg)

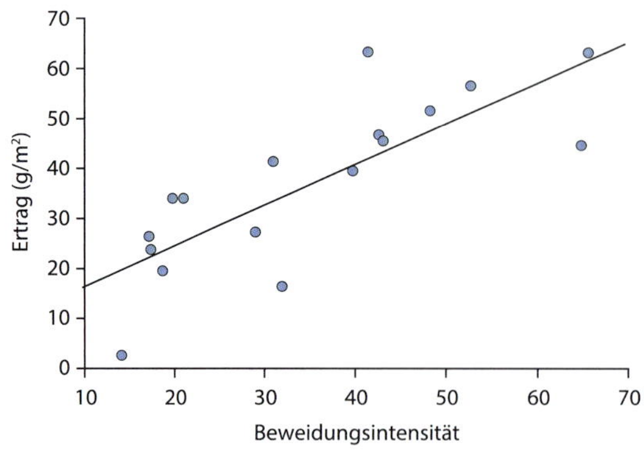


Abb. 526: Ertrag an Gras (Trockenmasse) beim ersten Schnitt im April in Abhängigkeit von der Beweidungsintensität durch Ringelgänse, ausgedrückt als Anzahl Kotröllchen/m² (nach Percival & Houston 1992).

dem haben die Gänse vor allem seit 1970 ihre natürlichen Lebensräume zunehmend verlassen, ihre artspezifische Nahrungshabitatspezialisierung weitgehend aufgegeben und sich verstärkt auf die Nutzung von Grünland und Äckern umgestellt. Dies führt zu einer deutlichen Zunahme der Nutzung landwirtschaftlicher Flächen durch weidende Gänse. Wo die Gänse sich stark konzentrieren und bis lange ins Frühjahr bleiben, kann es zu sog. „Fraßschäden“ (Minderung des Ernteertrages) auf landwirtschaftlichen Flächen kommen. Dies ist insbesondere dort der Fall, wo aufgrund von Grünlandverlusten und Störungen ruhige Nahrungsflächen beschränkt vorhanden und die Gänse so gezwungen sind, auf weniger Fläche länger zu verweilen und intensiver zu fressen, als sie es unter normalen Umständen täten. Denn natürlicherweise folgen die Gänse einem Weidezyklus. So fressen Blässgänse in den Grünländern am Dollart von Tag zu Tag immer weiter vom Schlafplatz entfernt. Nach 2 bis 3 Wochen beginnen sie wieder von vorn, und dieser Zyklus wiederholt sich mehrere Male in einer Wintersaison. Haben die Gänse die Möglichkeit, ihrer natürlichen „Weidewirtschaft“ zu folgen, kann ihre Anwesenheit sogar das Graswachstum und die Grasernte fördern, da sie mit ihrem Kot die Flächen auch düngen (Abb. 526).

Eindrucksvoll gezeigt ist diese "Weidewirtschaft" der Gänse an Ringelgänsen in Salzwiesen des Wattenmeeres. In den natürlichen Salzwiesen des Wattenmeers fressen Ringelgänse intensiv Andelrasen und Strandwegerich. Dabei wechselten Ringelgänse regelmäßig zwischen verschiedenen Nahrungsplätzen (Abb. 527). Erst nach durchschnittlich 4,7 Tagen kehrten sie an einen früheren Fressplatz zurück. Zwischenzeitlich waren dort wieder durchschnittlich 2,8 g/m² Biomasse an Strandwegerich zugewachsen, von der die Gänse etwa 2 g abweiden, bevor sie diesen Weideplatz wieder verlassen. Offensichtlich beweiden die Gänse diese Pflanzen natürlicherweise so, dass es zu keiner Überweidung kommt. Freilandbeobachtungen zeigten, dass die Gänse immer nur einen Teil des Wegerichs abfressen, etwa 35 % des zwischenzeitlichen Zuwachses. Der Grund hierfür wurde deutlich in einem Experiment. Wegerich, der regelmäßig experimentell beschnitten wurde, entwickelte sich immer dann besonders gut, wenn etwa 40 % der zugewachsenen Biomasse abgezwickt wurden (Abb. 528). Und dieser zuwachsende Teil hatte den höchsten Proteinanteil; zudem verlängerte das Beschneiden wie auch Abfraß die Periode hohen Proteingehaltes in den Wegerichsprossen. Hieraus wird deutlich, dass diese Gänse ihre Fraßpflanzen so beweiden können, dass sie den besten Gewinn davon haben. Dies beinhaltet auch, dass die Gänse der Fraßpflanze Zeit zum Zuwachs geben müssen, der Grund, weshalb die Gänse ihre Weideplätze regelmäßig wechseln.

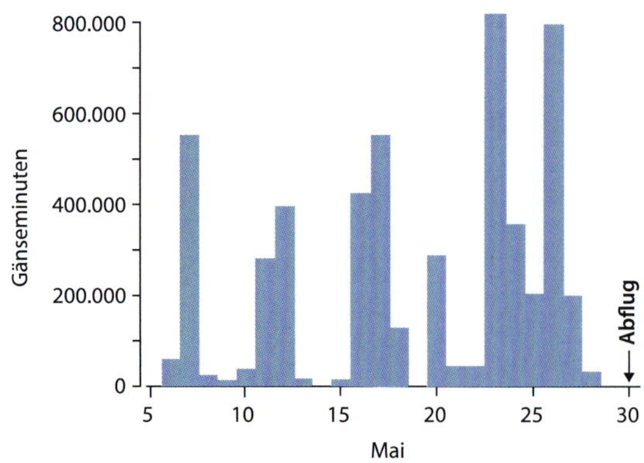


Abb. 527: Anwesenheit von Ringelgänsen auf einer Salzwiese im Mai (nach Drent 1980).

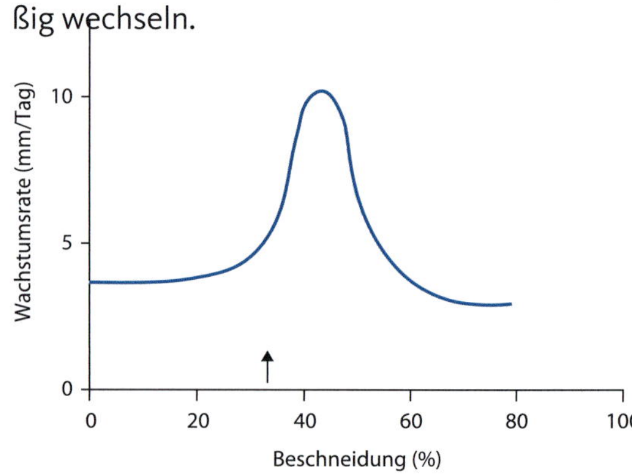


Abb. 528: Experimentelles Beschneiden von Strandwegerich um etwa 30–50 % führt zu einem verstärkten Wachstum der Wegerich-Sprossen. Pfeil: Durchschnittliches Abfressen durch die Gänse (nach Drent 1980).

## Überwinternde Tauchenten am Bodensee

Begrenzender Faktor für Vorkommen und Häufigkeit von Zugvögeln im Überwinterungsgebiet ist in der Regel das verfügbare Nahrungsangebot. Eindrucksvoll sichtbar ist dies an am Bodensee überwinternden tauchenden Wasservögeln. Im Jahr 1966 wurde am Bodensee zum ersten Mal die Wandermuschel *Dreisena polymorpha* nachgewiesen.

Die Wandermuschel (Zebramuschel) ist im Laufe des 19. Jahrhunderts aus der Gegend des Kaspischen und Schwarzen Meeres nach Mitteleuropa eingewandert, hat den Bodensee aber erst 1966 erreicht. Sie hat eine Länge von 26–40 mm und eine Breite von 17–20 mm. Sie ist sehr vermehrungsfreudig und hatte bereits zwei Jahre nach ihrem ersten Erscheinen im Bodensee große Uferbereiche mit bis zu 10.000 Muscheln/m$^2$ besiedelt. In Folge dieses neuen Nahrungsangebotes nahmen die Bestände an muschelfressenden Wasservögeln um das 3- bis 6-fache zu (Abb. 529) und machten den Bodensee zu einem der wichtigsten Überwinterungsgebiete für Wasservögel in Mitteleuropa mit zwischen September und April täglich durchschnittlich mehr als 150.000 Vögeln, 80 % davon Muschelfresser.

Wandermuschel (Foto: Lamiot/wikimedia)

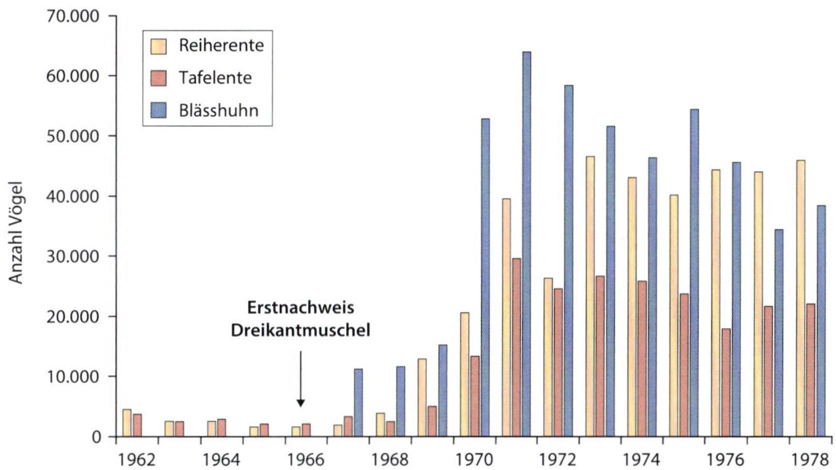


Abb. 529: Bestandsentwicklung von Reiherente, Tafelente und Blässhuhn am Bodensee im Januar in den ersten Jahren nach dem Erstnachweis der Wandermuschel im Bodensee (Daten für Reiherente und Tafelente aus Hölzinger & Bauer 2018, für Blässhuhn aus Hölzinger & Boschert 2001).

Wasservogeltrupp mit Reiherenten und Tafelenten (Foto: S. Trösch)

## Ortstreue im Wintergebiet

Wie am Beispiel von Ohrenlerchen, Schneeammern und Berghänflingen gesehen, kann ein Vogel verschiedene Strategien für eine erfolgreiche Überwinterung verfolgen: Er kann sich den ganzen Winter über und auch in folgenden Wintern im selben Gebiet aufhalten. Er kann aber auch in einem sehr großen Gebiet nomadisieren. Eine hohe Ortstreue hat den Vorteil, dass ein Vogel oder ein Vogeltrupp sein Aufenthaltsgebiet gut kennt, schnell die besten Stellen zur Nahrungssuche findet und so gut durch den Winter kommt. Ortstreue setzt allerdings ein den ganzen Winter über ausreichendes und über verschiedene Winter verlässliches Nahrungsangebot voraus. Ein Umherstreifen hat dagegen den Vorteil, dass immer die Chance besteht, ein Gebiet mit noch besseren Nahrungsressourcen zu finden. Gleichzeitig ermöglicht diese Strategie, lückenhaft vorhandene Lebensräume optimal zu nutzen.

Im Como Nationalpark in der nördlichen Elfenbeinküste erscheinen Trauerschnäpper im September und besetzen Reviere. Diese werden gegen Artgenossen in teilweise stundenlangen Kämpfen verteidigt. Den Rekord stellte ein farbberingter Trauerschnäpper auf, der sich mindestens 188 Tage in einem knapp einen Hektar großen Territorium aufhielt. Auch Sumpfrohrsänger, Braunkehlchen, Neuntöter oder Dorngrasmücke überwintern in Afrika in relativ kleinen Territorien. Ein einmal besetztes Revier wird oft auch in den folgenden Wintern wieder aufgesucht. Eine Schafstelze wurde in Nigeria in sieben aufeinanderfolgenden Wintern am gleichen Ort nachgewiesen. Bei Trauerschnäpper und Neuntöter hielten sich einzelne Individuen in bis zu vier Wintern im selben Territorium auf.

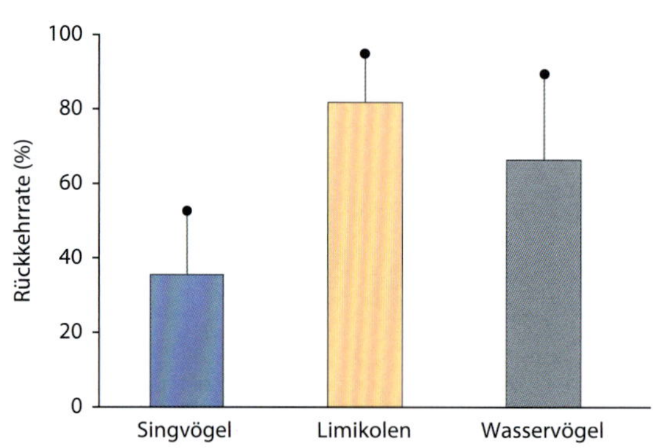


Abb. 530: Durchschnittliche (Säulen) und maximale (Punkte) Rückkehrraten an den vorjährigen Überwinterungsort in verschiedenen Vogelgruppen (nach Newton 2008).

Ortstreue zum Überwinterungsgebiet wurde auch bei einigen Limikolenarten und Greifvögeln durch Satellitentelemetrie nachgewiesen. Eine erfolgreiche Überwinterung an einem Ort macht es wahrscheinlich, dass die Bedingungen auch in späteren Jahren wieder günstig sein werden. Ortstreue reduziert somit die Kosten der Suche nach einem geeigneten Winterquartier.

Das gegenteilige Verhalten zur Besetzung eines Reviers stellt das ungerichtete Umherziehen in Schwärmen dar. Der Fitis tritt in W-Afrika meist in größeren Gruppen und oft zusammen mit afrikanischen Arten auf. Aggressionen sind in diesen Schwärmen selten zu beobachten. Die Vorteile des Schwarmverhaltens liegen auf der Hand: Viele Augen sehen mehr als zwei. Das betrifft nicht nur Beutegreifer, sondern auch Nahrungsressourcen, wenn diese nicht gleichmäßig verteilt sind.

Durchschnittlich kehren Singvögel weniger zu ihrem vorjährigen Überwinterungsort zurück als Limikolen oder Wasservögel (Abb. 530), und Altvögel und Männchen häufiger als Jungvögel und Weibchen. Beim Vergleich der verschiedenen Vogelgruppen, aber auch von Alt- und Jungvögeln, muss man allerdings berücksichtigen, dass die jährlichen Überlebensraten verschieden sind, aber nur selten „verrechnet" werden. So beträgt beispielsweise die Überlebensrate vieler Singvögel nach dem 1. Lebensjahr etwa 50 %. Eine Rückkehrrate von durchschnittlich 35 % bedeutet, dass etwa 70 % der Überlebenden zurückkehren. Ähnlich bei z. B. Gänsen, wo Rückkehrraten von bis zu 90 % bedeuten, dass nahezu alle Überlebenden an ihren vorjährigen Überwinterungsort zurückkehrten.

# Wind – Wetter – Klimawandel

# 13

Wetter ist der augenblickliche Zustand von Wetterelementen wie Temperatur, Luftdruck, Wind, Strahlung, Luftfeuchtigkeit, Bewölkung und Niederschlag zu einer bestimmten Zeit an einem bestimmten Ort. Witterung ist das Wetter über einen längeren Zeitraum, von einigen Tagen bis Wochen. Klima schließlich bestimmt sich aus den durchschnittlichen Verhältnissen von Wetter und Witterung über einen Zeitraum von mehreren Jahrzehnten.

Zusammenhänge zwischen Witterungsbedingungen und Vogelzug sind komplex und wohl deshalb vergleichsweise wenig systematisch untersucht. Am besten bekannt ist der Einfluss von **Wind**. Gegenwind behindert Vogelzug, Rückenwinde erleichtern und fördern Vogelzug bzw. lassen ihn teilweise auch erst zu. So sind Nonstop-trans-Sahara-Flüge nur möglich bei fördernden Rückenwinden, ebenso der Zug von Pfuhlschnepfen aus Alaska nach Neuseeland oder der Zug von Streifenwaldsängern im Herbst von NO-Nordamerika in die Karibik. Auch Steinschmätzer, die von Kanada nonstop nach W-Europa ziehen, sind auf förderliche Rückenwindbedingungen angewiesen (Abb. 531). Ohne Rückenwinde ist die Überquerung auch bei einem Fettvorrat vom Doppelten ihres fettfreien Körpergewichtes nicht möglich. Auch für Steinschmätzer auf Island zeigt sich, dass sie die Insel im Herbst erst bei fördernden Rückenwinden verlassen. Nach erfolgter Fettdeposition brechen sie zum Zug erst mit Auftreten von nordwestlichen Rückenwinden auf (Abb. 532), so wie die von Helgoland nach Island, Grönland und Kanada ziehenden *leucorhoa*-Steinschmätzer die Insel im

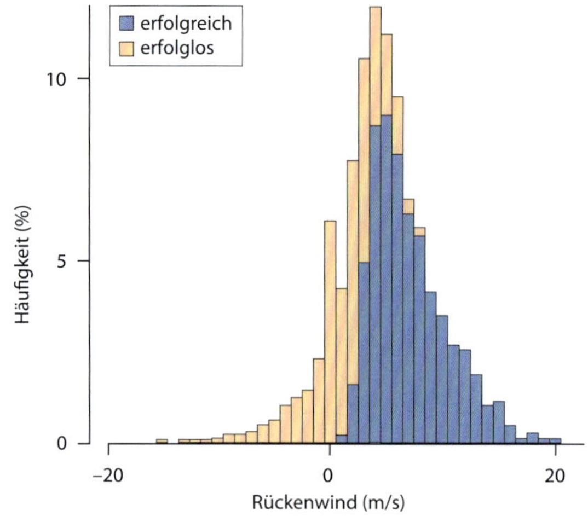


Abb. 531: Häufigkeitsverteilung von Rückenwindbedingungen (Windgeschwindigkeit) im Herbst über dem Nordatlantik und bei welchen Windgeschwindigkeiten Steinschmätzer mit einem Fettgehalt des Doppelten ihres fettfreien Gewichtes den N-Atlantik erfolgreich überqueren können (nach Bulte et al. 2014).

Frühjahr in Richtung auf ihre Brutgebiete nur verlassen, wenn sie entweder fett genug sind oder bei Rückenwinden.

Weiterhin zeigen Radaruntersuchungen einen engen Zusammenhang zwischen Wind und der Zugintensität. Bei günstigen (Rücken)Windbedingungen ziehen wesentlich mehr Vögel als bei Gegenwind (Abb. 533). Dabei scheinen die Vögel aber weniger den kontinuierlichen Gradienten der windunterstützenden Komponente zu berücksichtigen als „nur“ die Tatsache, ob günstig oder nichtgünstig.

Ebenso richtet sich die bevorzugte Flughöhe nach dem Wind. Radaruntersuchungen über N-Amerika ergaben, dass hauptsächlicher Vogelzug dort stattfindet, wo entsprechende Rückenwindbedingungen gegeben sind (Abb. 534). Auch Radaruntersuchungen von Tagzug im Frühjahr an der Straße von Medina zeigten, dass die verschiedenen Arten wie Wespenbussard, Schwarzmilan, Mauersegler oder auch die Schwalben in Höhen mit förderlichen Rückenwinden zogen, dabei aber nicht die Höhe wählten, bei der die besten Rückenwindbedingungen herrschten. Offensichtlich steigen die Vögel nur bis zu einem „ersten Optimum“ an Rückenwindunterstützung auf und durchsuchen nicht die gesamte Luftschicht nach noch besseren Bedingungen, vermutlich, weil dies zusätzliche Energie kosten würde, der „Gewinn“ dagegen aber nicht hoch genug ist.

Unbestritten ist, dass die Mehrheit der Zugvögel für ihren Start zur nächsten Flugetappe starke Gegenwinde meidet. Einmal in der Luft, wählen sie ihre Flughöhe entsprechend den vorherrschenden Windenbedingungen, d. h. sie suchen sich unter den gegebenen Bedingungen die relativ günstigsten Höhenbereiche aus. Für manche extremen Langstreckenflüge über Meere und Wüsten sind günstige Rückenwinde eine notwendige Voraussetzung für den erfolgreichen Zug. Auch wenn also viele Studien zeigen, dass Wind Vogelzug beeinflusst, indem Windbedingungen den Aufbruch zum Zug, die Entscheidung zum Abflug von einem Rastgebiet oder auch den Streckenflug bestimmen können, gibt es auch Untersuchungen, die keine Effekte von Wind auf die Wahrscheinlichkeit, dass Vögel weiterziehen, wie z. B. beim skandinavischen Fischadler. Einige Studien fanden, dass die Vögel sogar unter Gegenwind aufgebrochen sind. Ursache für diese Diskre-

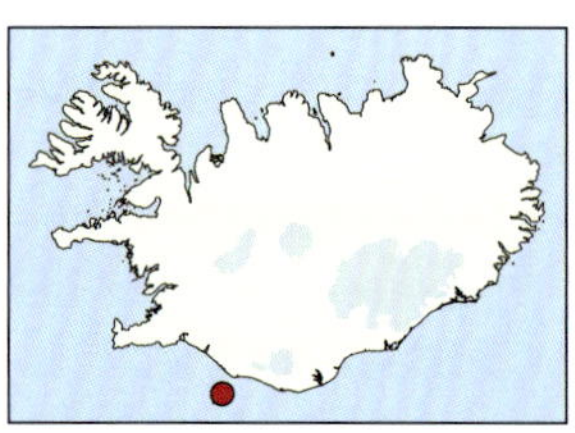

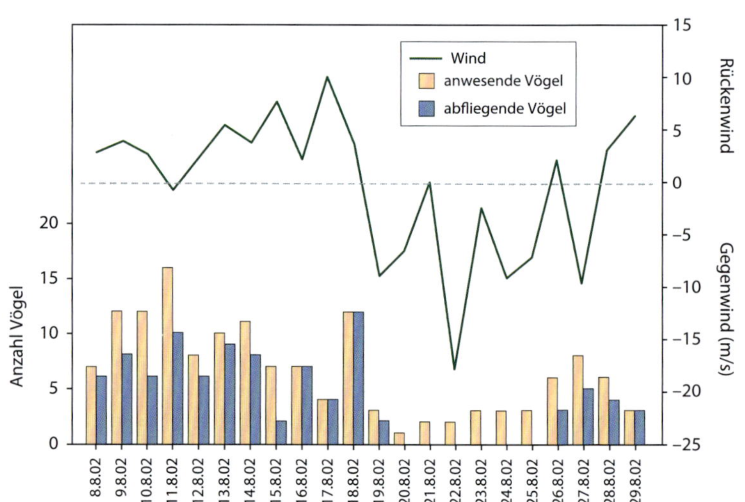


Abb. 532: Während des Herbstzuges am Tag auf der südlich von Island gelegenen Insel Heimaey (links) anwesende, farbmarkierte und davon in der Nacht abgezogene Steinschmätzer sowie die Windbedingungen. Steinschmätzer waren auf Heimaey nur zahlreich und zogen ab bei günstigen Rückenwinden, bei Gegenwinden dagegen waren kaum Steinschmätzer anwesend und keiner zog ab (nach Delingat et al. 2008).

panz mag sein, dass die jeweils untersuchten Arten unterschiedliche Zugstrategien haben, dass es Unterschiede in der Rolle von Wind zwischen Tag- und Nachtzug und/oder zwischen Herbst- und Frühjahrszug gibt oder aber auch, dass bei den Untersuchungen möglicherweise insgesamt zu schwache Winde untersucht wurden und so Effekte nicht entdeckt werden konnten, da bei starken Winden ohnehin kaum Zug stattfindet. Anhaltende Phasen von harschen Wetterbedingungen können Vögel veranlassen aufzubrechen, auch wenn die Bedingungen nicht gut sind. Schließlich mag in Gebieten mit sehr beständigen Windbedingungen, wie in den Passatwindzonen der Tropen bzw. Subtropen, die Entscheidung zum Zug unbeeinflusst vom Wind sein.

Einmal in der Luft haben Vögel das Problem, dass sie bei Seitenwinden, die sie verdriften, d. h. von der Zugrichtung abbringen, in den Wind fliegen müssen, um diese **Drift** zu kompensieren und in Richtung ihres Zugziels ziehen zu können. Sind die Windbedingungen stabil und damit gut vorhersehbar, kompensieren die Vögel die Drift vollständig. Bei variablen Windbedingungen müssen sie aber flexibel, „angepasst" reagieren. Zudem zeigt sich, dass sie zu Beginn der Reise Drift eher tolerieren, je näher sie aber an ihr Ziel kommen, umso mehr müssen sie die Drift ausgleichen. Zudem zeigt sich, dass sie Drift bei starken Seitenwinden in großer Flughöhe tolerieren, die sie dann bei geringeren Windstärken in niedrigeren Flughöhen wieder kompensieren. Zudem ist das Ausmaß von Drift- und Driftkompensation von den Windbedingungen auf den verschiedenen Zugrouten bestimmt. Auch zeigt sich, dass die Kompensation von seitlicher Winddrift zumindest bei einzelnen Arten altersabhängig, d. h. beeinflusst von ihrer Erfahrung ist. So lassen sich Jungvögel stärker vom Wind verdriften als Altvögel. Grund hierfür dürfte sein, dass Jungvögel bei ihrem ersten Zug das Ziel ja noch nicht kennen und somit unfähig sind, Drift zu erkennen und zu kompensieren, im Gegensatz zu den Altvögeln, die aufgrund ihrer Vorerfahrung das Ziel kennen und so navigieren können.

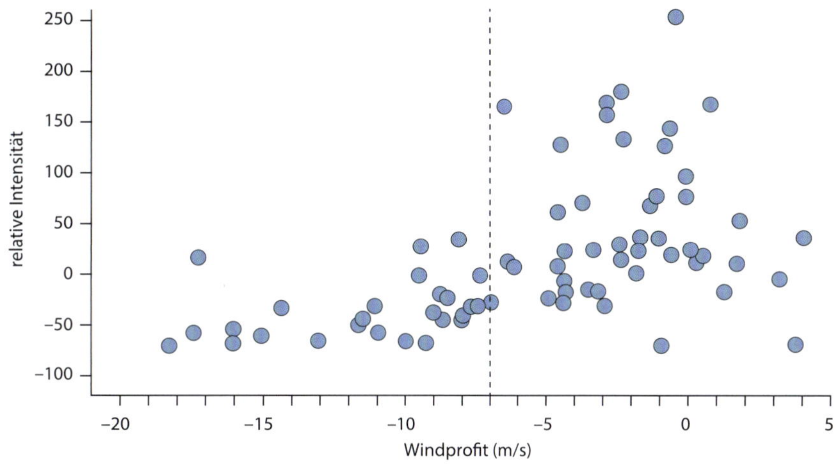


Abb. 533: Relative Intensität des Herbstzuges über S-Deutschland, erfasst mit Radar, in Abhängigkeit von den Windbedingungen. Die senkrechte Linie trennt gute (rechts der Linie) und schlechte (links der Linie) Zugbedingungen. Starke Gegenwinde (stark negative Windprofit-Werte) hemmen Vogelzug, moderate Gegenwinde haben dagegen kaum einen Einfluss (nach Erni et al. 2002).

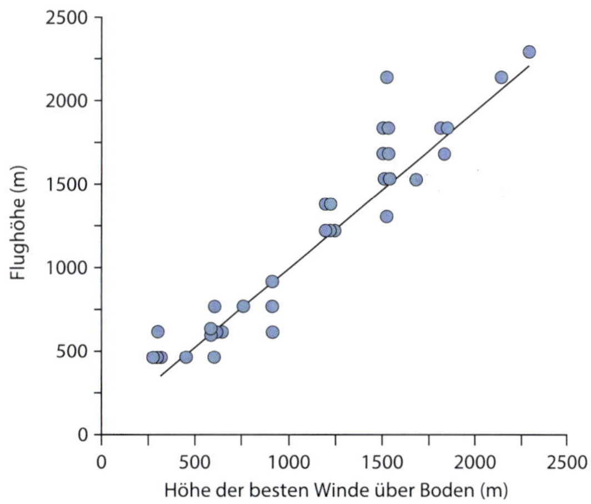


Abb. 534: Zusammenhang zwischen Windbedingungen und Flughöhe nachts ziehender Vögel (nach Gauthreaux 1991 in Newton 2008).

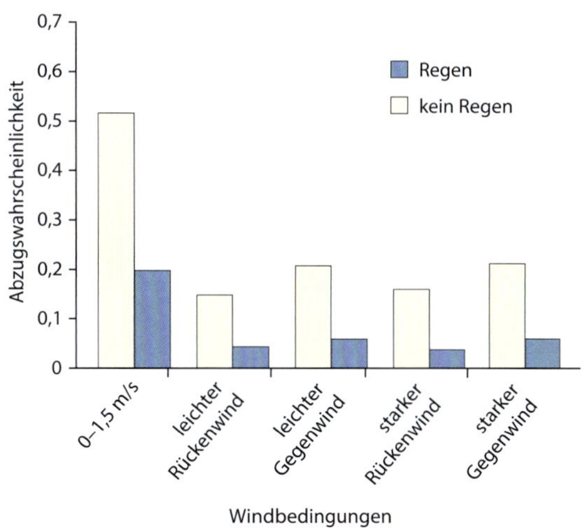


Abb. 535: Einfluss von Regen und Wind auf die mittlere Abzugswahrscheinlichkeit von Rotkehlchen in einem Rastgebiet in der Schweiz im Herbst (nach Schaub et al. 2004).

Neben dem Wind haben **Niederschläge** den größten Einfluss auf das Zugverhalten. So verlassen Rotkehlchen bei Regen ein Rastgebiet mit sehr viel geringerer Wahrscheinlichkeit, als wenn es nicht regnet (Abb. 535). Zu-

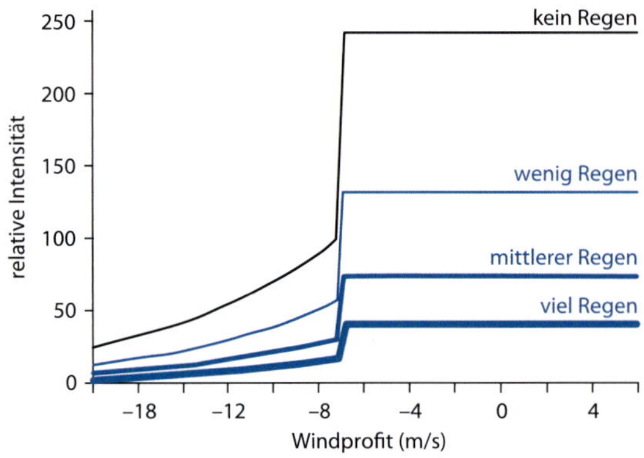


Abb. 536: Intensität des nächtlichen Vogelzuges über S-Deutschland in Abhängigkeit von Wind und Regen. Regnet es die gesamte Nacht über (viel Regen), findet auch bei sehr günstigen Winden kaum Vogelzug statt (nach Erni et al. 2002).

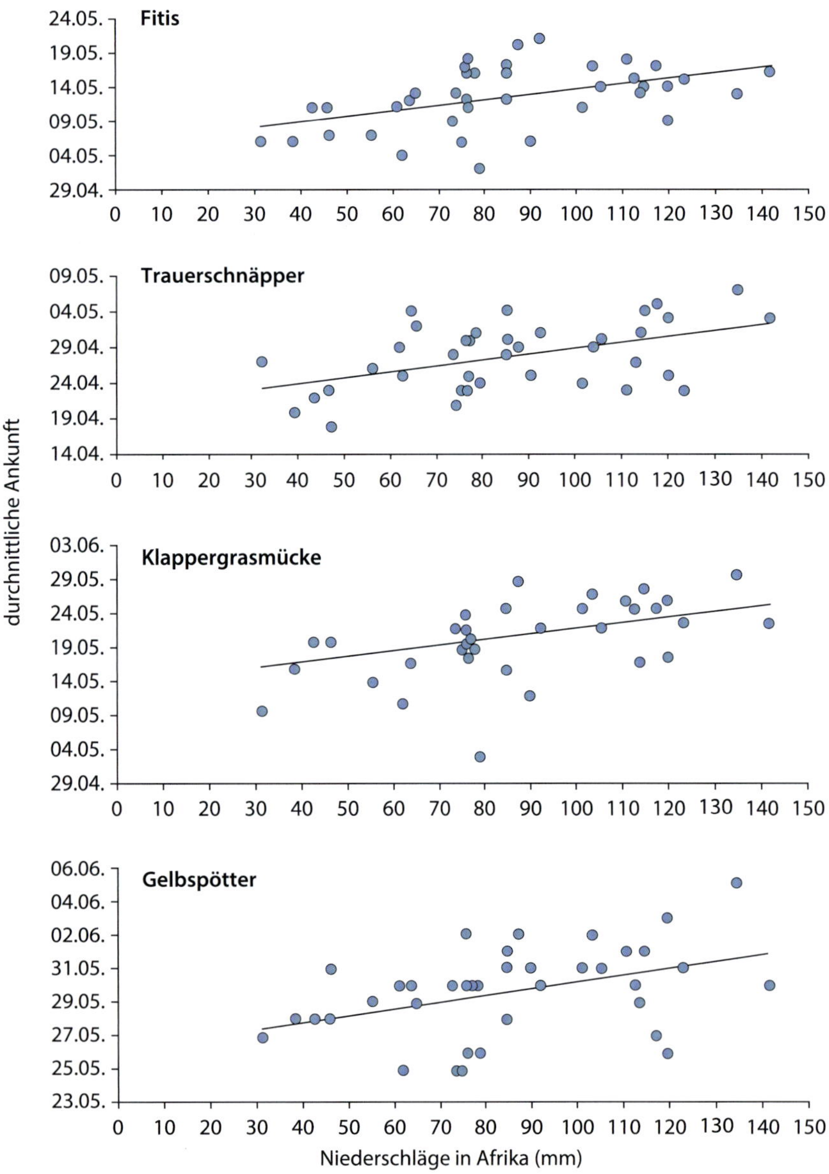


Abb. 537: Zusammenhang zwischen durchschnittlicher Ankunft von Zugvögeln in Rybachy, Kurische Nehrung, in den Jahren 1959–2002 und den Niederschlägen in Afrika (2,5° N) im Februar (nach Sokolov & Kosarev 2003).

dem zeigen Radaruntersuchungen während des Herbstzuges in S-Deutschland, dass die Intensität des nächtlichen Zuges bei Regen sehr viel niedriger ist als in Nächten ohne Niederschlag (Abb. 536). Regen beeinträchtigen die Sicht und damit die Orientierung an visuellen Marken, wie Landmarken oder Sterne. Niederschläge beeinträchtigen auch den Flug an sich und möglicherweise die Thermoregulation. Die Niederschlagsverhältnisse scheinen aber auch Zug auszulösen. So zeigt sich ein enger Zusammenhang zwischen den Ankunftszeiten von Trans-Sahara-Ziehern in Rybachy auf der Kurischen Nehrung und den Niederschlägen im Februar in Afrika nördlich des Äquators (Abb. 537). In regenreichen Frühjahren trafen die Vögel in Rybachy später ein als in trockenen Jahren. Der eigentliche Auslöser dürfte das Nahrungsangebot in den nördlichen afrikanischen Savannen sein. In regenarmen und folglich nahrungsarmen Jahren in den nördlichen Savannen Afrikas verlassen die Vögel diese Gebiete eher als bei reichem Nahrungsangebot.

Die Bedeutung von **Himmelssicht** zeigt sich in Untersuchungen zum Rastverhalten von Steinschmätzern im Frühjahr auf Helgoland. Bei stark bedecktem Himmel ziehen kaum Vögel ab; der Anteil rastender Steinschmätzer ist dann höher, insbesondere bei *leucorhoa*, die für ihren langen Flug über den N-Atlantik offensichtlich auf bessere Sicht und damit gute Orientierungsmöglichkeiten angewiesen sind als die nach Skandinavien ziehenden *oenanthe*-Vögel (Abb. 538). Treffen schlechte Sichtbedingungen mit ungünstigen

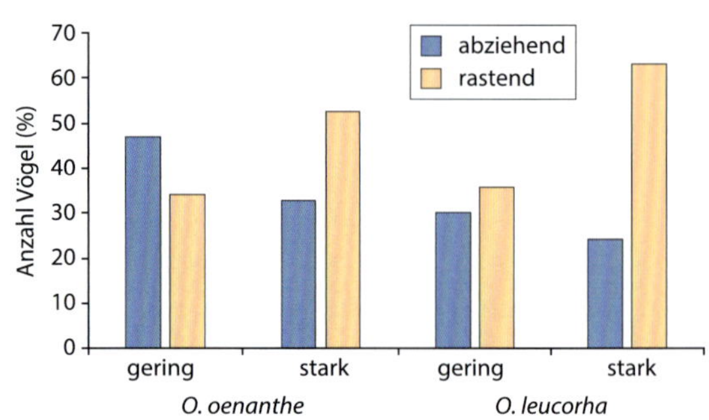


Abb. 538: Abziehen bzw. Rasten bei Steinschmätzern auf Helgoland in Abhängigkeit von der Himmelsbedeckung. Gering: weniger als 2/8 des Himmels bedeckt; stark: mehr als 7/8 bedeckt (nach Dierschke & Delingat 2001).

Winden zusammen, ziehen *leucorhoa*-Steinschmätzer kaum ab, die *oenanthe*-Vögel sind davon dagegen kaum beeinflusst (Abb. 539). Die Bedeutung von Witterungsfaktoren für die Entscheidung, von einem Rastplatz abzufliegen, ist also offensichtlich von der verbleibenden Zugstrecke und der Zugstrategie mitbestimmt.

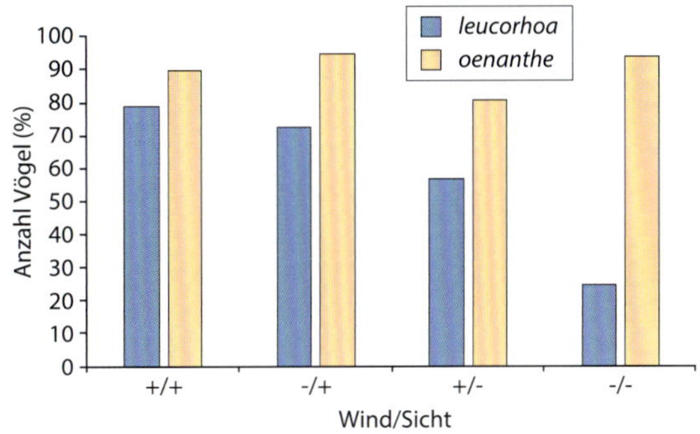


Abb. 539: Anteil von Helgoland abziehenden Steinschmätzern in Abhängigkeit von Wind und Himmelssicht. +/+: Rückenwind bei weniger als 2/8 Himmelsbedeckung; -/+: Gegenwind bei weniger als 2/8 Himmelsbedeckung; +/-: Rückenwind bei mehr als 7/8 Himmelsbedeckung; -/-: Gegenwind und mehr als 7/8 Himmelsbedeckung (nach Dierschke & Delingat 2001).

In wie weit die **Umgebungstemperatur** Vogelzug direkt beeinflusst, ist wenig bekannt, zugleich aber auch sehr komplex, denn die aktuelle Temperatur muss immer im Kontext zu Jahreszeit und Region gesehen werden. So sind beispielweise 12 °C im März in Mitteleuropa eine relativ hohe Temperatur, im Juli oder August dagegen vergleichsweise niedrige. Auch sind z. B. 20 °C in Mitteleuropa recht warme Bedingungen, im afrikanischen Überwinterungsgebiet dagegen eher kühle. Dass die Umgebungstemperatur aber eine Rolle spielen kann, zeigt sich bei Steinschmätzern, die von Alaska nach O-Afrika ziehen (Abb. 540). Ihre durchschnittliche Reisegeschwindigkeit ist bei hohen Temperaturen geringer als bei niedrigen. Zu Beginn des Herbstzuges brachen die Vögel bei geringeren Umgebungstemperaturen und geringem Luftdruck auf und zogen lange Strecken. So vermeiden sie hohe Kosten für Thermoregulation bei kühlen Bedingungen; mit den langen Etappen steigt zugleich die Wahrscheinlichkeit, weiter im Südwesten wärmere Bedingungen anzutreffen und Regenfronten zu vermeiden.

Allerdings muss offenbleiben, ob es neben der möglichen direkten Wirkung der Temperatur auf den Vogel nicht doch eher eine indirekte über die Verfügbarkeit von Nahrung ist, die die Vögel zum Weiterzug veranlasst, da z. B. Insekten und andere Gliedertiere bei kühlen Bedingungen entweder noch gar nicht vorhanden oder weniger aktiv sind. Ähnlich könnte auch der Zusammenhang zwischen Frühjahrstemperaturen und der Ankunft der Zugvögel zu sehen sein (Abb. 541).

Auf dem Frühjahrszug der Steinschmätzer von O-Afrika nach Alaska spielt auch der **Luftdruck** am Rastplatz eine Rolle. Sie verlassen einen Rastplatz und ziehen mit größerer Wahrscheinlichkeit weiter, wenn der Luftdruck hoch ist (Abb. 542).

In Israel verließen Bienenfresser im Frühjahr ihre Rastgebiete bei fallendem Luftdruck. Ob dies direkte Reaktionen auf den Luftdruck an sich sind oder auf die durch Drucksysteme bedingten Winde zurückgeht, ist dabei nicht zu klären. Denn bestimmte Großwetterlagen korrelieren mit mehr oder weniger Vogelzug. So finden wir im Frühjahr häufig dann verstärkten Vogelzug, wenn Hochdruckgebiete über Mitteleuropa abziehen und Tiefdruckgebiete aufziehen. Dann treten an deren Vorderfront warme Südwinde auf, und mit ihnen kommen die Vögel. So korrelieren die mittleren Durchzugstermine von Trauerschnäpper, Gartenrotschwanz und Fitis im Frühjahr auf

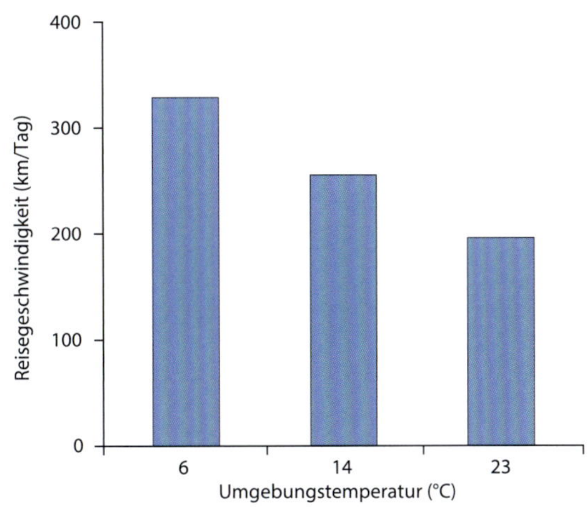


Abb. 540: Durchschnittliche Reisegeschwindigkeiten von Steinschmätzern auf ihrem Weg von Alaska nach O-Afrika in Abhängigkeit von der Umgebungstemperatur (nach Schmaljohann et al. 2017).

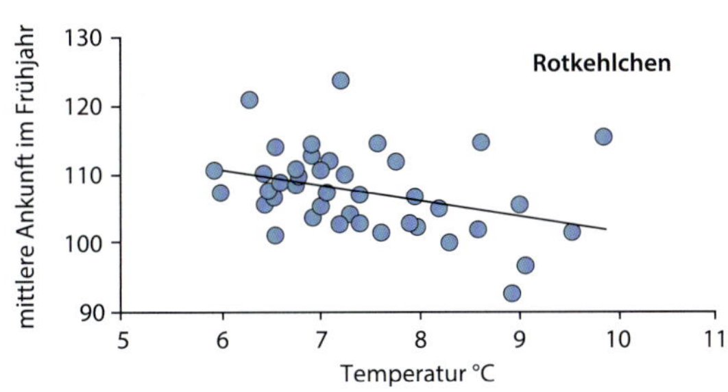


Abb. 541: Zusammenhang zwischen mittlerem Durchzugstermin von Rotkehlchen im Frühjahr auf Helgoland und der mittleren Frühjahrstemperatur in N-Deutschland (y-Achse: Tag des Jahres ab 1. Januar) (nach Hüppop & Hüppop 2003).

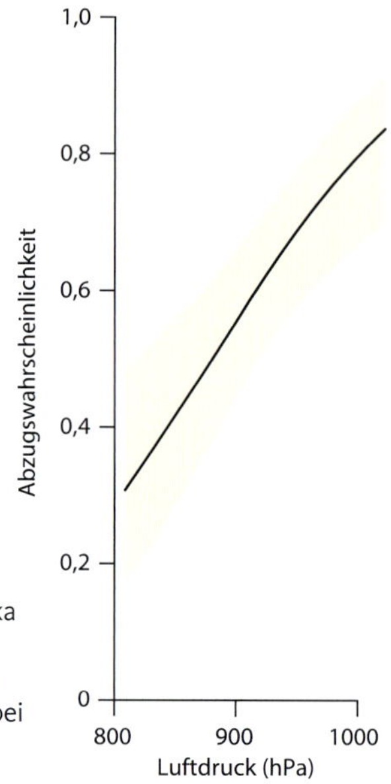


Abb. 542: Steinschmätzer, die im Frühjahr von O-Afrika nach Alaska ziehen, verlassen ihre Rastgebiete bei hohem Luftdruck eher als bei niedrigem Luftdruck (nach Schmaljohann et al. 2017).

Helgoland mit dem Auftreten eines Hochdruckgebietes über SW-Europa und NW-Afrika im März (Abb. 543). Unter solchen Hochdruckbedingungen über SW-Europa ziehen die Vögel auf Helgoland früher durch. Umgekehrt ist es im Herbst. Hier finden wir verstärkten Vogelzug beim Einsetzen von kalten nördlichen Winden als Folge des Abzuges eines Tiefdruckgebietes und Aufziehen eines Hochdruckgebietes mit fallenden Temperaturen und zunehmend klarerem Himmel. In Jahren mit einem Hochdruckgebiet über W- bzw. NW-Europa im August/September ziehen Schafstelzen, Gartengrasmücken und Braunkehlchen auf Helgoland früher durch als in anderen Jahren.

In Israel korreliert die Ankunft der Gleitflieger Weißstorch, Wespenbussard, Kurzfangsperber und Schreiadler im Herbst eng mit den meteorologischen Verhältnissen im Brutgebiet, insbesondere mit fallendem Luftdruck. Fallender Luftdruck signalisiert das Aufziehen eines Tiefdruckgebietes mit zunehmender Luftfeuchtigkeit, Bewölkung, stärkeren Winden und so sich für Gleitflieger verschlechternden Bedingungen, die zum Abzug verleiten.

Ob die Vögel dabei den fallenden bzw. steigenden Luftdruck wahrnehmen oder auf die Windsituation reagieren, lässt sich aus diesen Beziehungen nicht schließen. Grundsätzlich sind Vögel mit ihrem sog. Paratympanischen Organ (Vitalisches Organ) im Innenohr in der Lage, Luftdruck wahrzunehmen.

Aufgrund der vielfältigen Beziehungen zwischen den verschiedenen Witterungsfaktoren ist die Betrachtung des jeweils einzelnen Faktors schwierig. Zudem ist kaum einzuschätzen, wo dieses Faktoren Wirkung haben. Dies kann bei Zugvögeln nah am jeweiligen Durchzugsort sein, wie beispielsweise beim Rotkehlchen die Abhängigkeit des Durchzugs

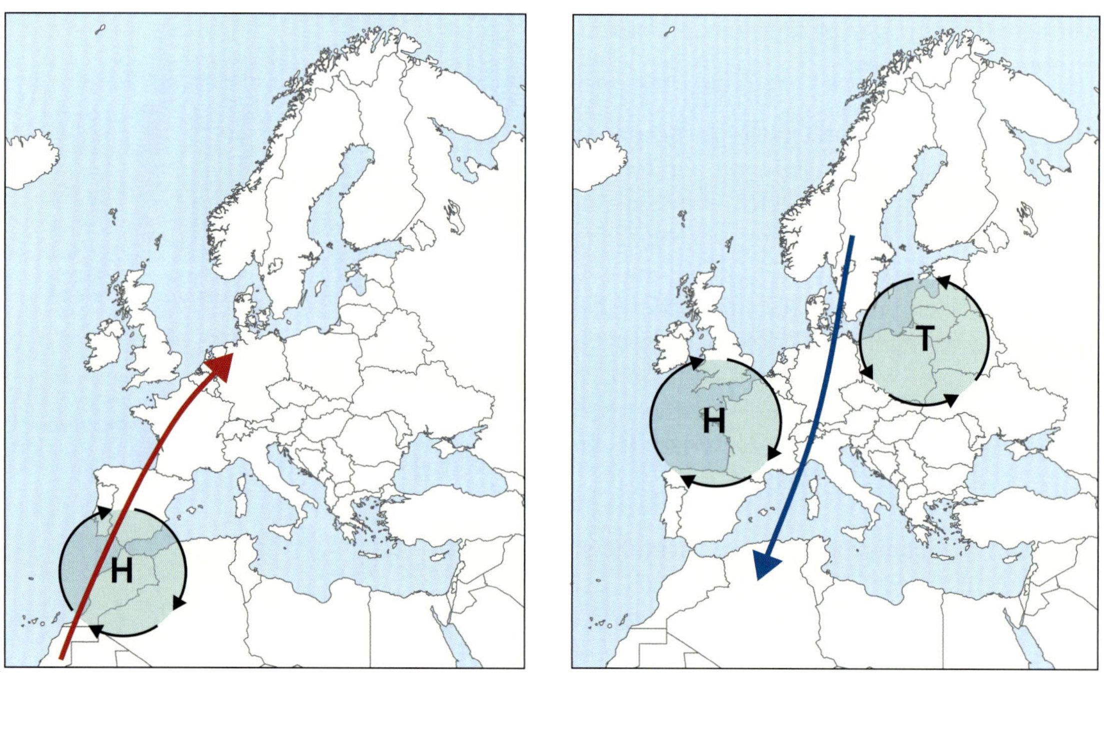


Abb. 543: Bei einem Hochdruckgebiet im März über NW-Afrika/SW-Europa kommen Zugvögel auf Helgoland mit einer südwestlichen Warmfront (rot) früher an, bei einem Hochdruckgebiet im August/September über NW-/W-Europa ziehen sie mit einer nordwestlichen Kaltfront (blau) früher ab (nach Heyen 1998).

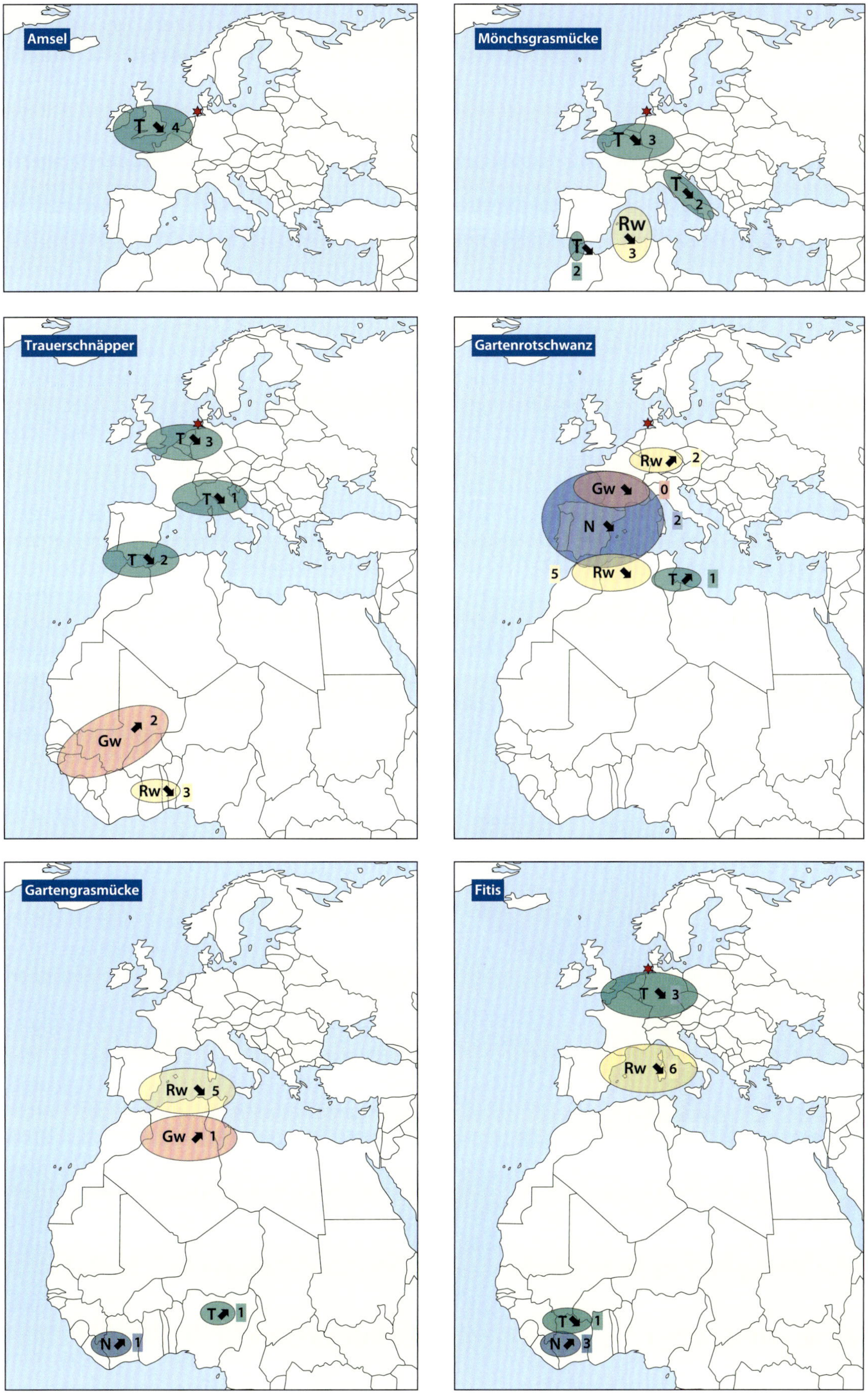


Abb. 544: Zusammenhang zwischen Witterungsfaktoren in den Überwinterungsregionen und Durchzugsgebieten von zwei Kurz- bzw. Mittelstreckenziehern (Amsel, Mönchsgrasmücke) und vier Trans-Sahara-Ziehern und ihrem mittleren Durchzug im Frühjahr auf Helgoland (Stern). T: Temperatur, Rw: Rückenwinde, Gw: Gegenwinde, N: Niederschlag. Die Pfeile geben an, ob sich durch diesen Faktor der mittlere Durchzug auf Helgoland verfrüht (Pfeil nach unten) bzw. verspätet hat (Pfeil nach oben), die Zahlen daneben um wie viele Tage (nach Haest et al. 2018 und 2020).

im Frühjahr auf Helgoland von der regionalen Frühjahrstemperatur zeigt (s. Abb. 541) oder auch weit entfernt. Ein anderer Ansatz ist deshalb, die Witterungsfaktoren gemeinsam und gleichzeitig und über die gesamte Zugstrecke und Zugzeit in geeigneten mathematischen Verfahren zu behandeln, die diese Interkorrelationen der Faktoren und die räumliche und zeitliche Variation der Faktoren berücksichtigen.

Mit einem solchen Ansatz zeigt sich, dass der mittlere Durchzug im Frühjahr auf Helgoland in von Art zu Art ganz unterschiedlicher Weise von der Witterung im Überwinterungs- und/oder Durchzugsgebiet bestimmt ist. Dazu wurden die Durchzugsdaten über einen Zeitraum von 55 Jahren (1960–2014) mit den täglichen Temperatur-, Niederschlags- und Winddaten über ganz Westeuropa und Nord- und Westafrika verglichen (Abb. 544).

Der Durchzug von Amseln ist maßgeblich von den Temperaturen im englischen Wintergebiet bestimmt. Nach dort milden Wintern ziehen die Amseln auf Helgoland früher durch als nach kalten Wintern. Der Durchzug der Mönchsgrasmücke dagegen ist von den Temperaturen auf der Iberischen Halbinsel und in Italien sowie von den südlichen Winden (Rückenwindbedingungen) über dem westlichen Mittelmeer und von den Temperaturen im westlichen Mitteleuropa bestimmt. Auch beim Trauerschnäpper sind es vornehmlich die Temperaturen im Mittelmeerraum, aber auch Rückenwinde in W-Afrika, die den Durchzug im Frühjahr auf Helgoland erklären. Rückenwinde zur Zeit des Durchzuges im Mittelmeergebiet bestimmen auch maßgeblich den Durchzug auf Helgoland von Gartenrotschwanz, Gartengrasmücke und Fitis; beim Gartenrotschwanz zudem die Niederschläge in SW-Europa.

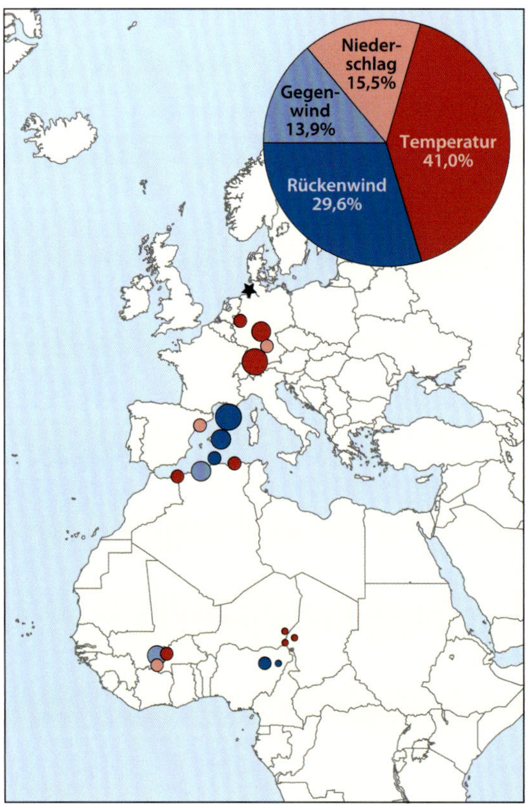


Abb. 545: Vergleich der relativen Bedeutung der einzelnen Wetterfaktoren im afrikanischen Überwinterungsgebiet und entlang der Zugwege auf die Variation des jährlichen Durchzugs von Trans-Sahara-Ziehern im Frühjahr auf Helgoland (Stern). Den größten Effekt hat die Temperatur, insbesondere in Mitteleuropa, gefolgt von Rückenwinden im Mittelmeergebiet, wogegen Gegenwinde und Niederschlag insgesamt nur eine untergeordnete Rolle spielen (nach Haest et al. 2020).

Dabei stimmen diese räumlichen Beziehungen zwischen der Witterung in den verschiedenen Regionen und dem Durchzug auf Helgoland gut mit der Verteilung der Ringfunde der entsprechenden Arten überein. Dies lässt schließen, dass die gefundenen Zusammenhänge zwischen den dortigen Witterungsfaktoren und dem Durchzug auf Helgoland einen kausalen Hintergrund haben. Insgesamt erklären die Wettervariablen in den Überwinterungs- und Rastgebieten bis zu 77 % der jährlichen Variabilität des Frühjahrsdurchzugs bei den Kurz- und Mittelstreckenziehern und bis zu 80 % bei den Trans-Sahara-Ziehern. Die Phänologie des Frühjahrszuges auf Helgoland wird also stark vom Wetter in den Überwinterungs- und Rastgebieten bestimmt, wobei die einzelnen Faktoren an verschiedenen Orten und unterschiedlich wirken. Insgesamt tragen erhöhte Frühlingstemperaturen am meisten zu der über den 55-jährigen Untersuchungszeitraum beobachteten Verfrühung der Durchzugstermine auf Helgoland bei, doch auch die Windverhältnisse über NW-Afrika und im Mittelmeerraum mit zunehmend günstigeren Rückenwindbedingungen spielen eine große Rolle (Abb. 545). Diese Ergebnisse zeigen zudem, dass auch Langstreckenzieher in ihrem realen Zug stark von Witterungsfaktoren bestimmt sein können, auch wenn sie ansonsten einem endogenen Zugprogramm unterliegen.

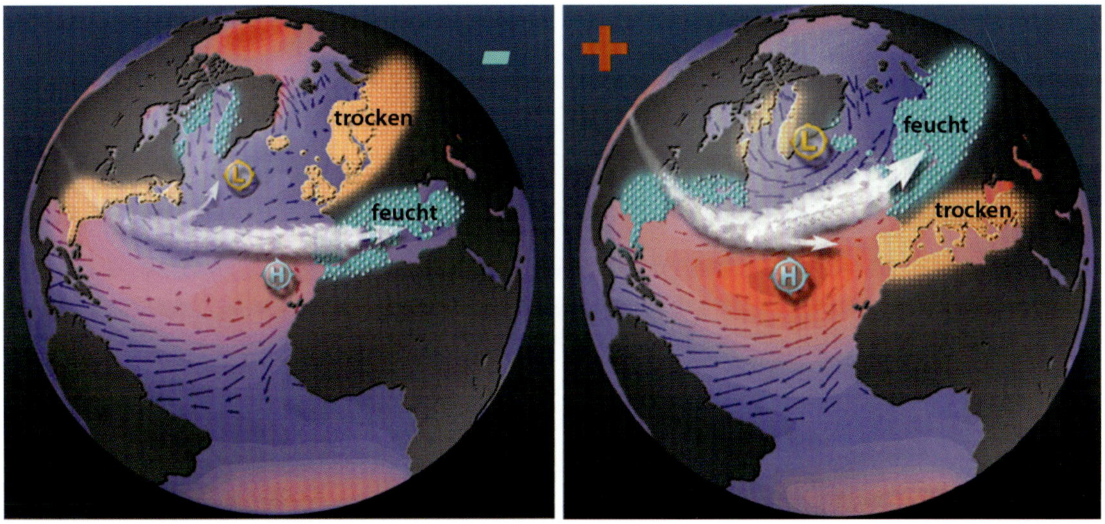


Abb. 546: Veranschaulichung der unterschiedlichen Zustände der Nordatlantischen Oszillation und ihrer Konsequenzen auf die Wetterverhältnisse in Europa.

Das großräumige Witterungsgeschehen Europas ist maßgeblich beeinflusst von der sog. **Nordatlantischen Oszillation** (NAO). Sie ist eine mehrjährige Schwankung des Drucksystems zwischen einem Islandtief und dem Azorenhoch und beeinflusst entscheidend Wetter und Witterung in West-, Nord- und Mitteleuropa (Abb. 546). Der **NAO-Index** (NAOI) ist ein Maß für die monatliche mittlere Differenz zwischen dem Luftdruck bei den Azoren und bei Island und charakterisiert die meteorologische Situation eines Monats. In den Winter- und ersten Frühjahrsmonaten ist die NAO durch die stärksten Schwankungen gekennzeichnet, da die Atmosphäre dann am dynamischsten ist. Der über die Monate Dezember bis März gemittelte Wert, der Winter-NAOI, gibt Aufschluss über die generelle meteorologische Situation im Winter und im zeitigen Frühjahr und ist gut geeignet zur Untersuchung großräumiger Zusammenhänge ökologischer Phänomene mit Wetter und Witterung. Ein negativer Winter-NAOI (geringe Luftdruck-Differenz) bedingt relativ schwache westliche Winde und beschreibt einen größeren Einfluss des kontinentalen Winter-Hochdruckgebietes mit folglich niedrigen Temperaturen und geringen Niederschlägen in West-, Nord- und Mitteleuropa. Ein positiver NAOI (hohe Luftdruck-Differenz) dagegen geht einher mit relativ starken westlichen Winden mit milden Temperaturen und höheren Niederschlägen in West-, Nord- und Mitteleuropa bei zugleich trockeneren Bedingungen im westlichen Mittelmeergebiet.

Der NAO-Index ändert sich zeitlich stark, mit kurzfristigen Schwankungen im Bereich einiger Tage, mit den Jahreszeiten, mit mehrjährigen Perioden von 2–5 Jahren und periodischen Schwankungen mit einem Rhythmus von 12–15 Jahren (Abb. 547).

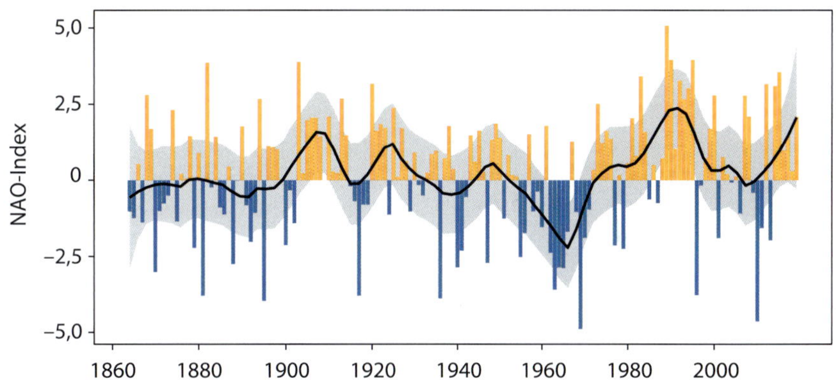


Abb. 547: Veränderungen des Winter-NAO-Index in den vergangenen 155 Jahren (Quelle: https://upload.wikimedia.org/wikipedia/commons/7/7b/NAO_hurrell_winter_de.svg).

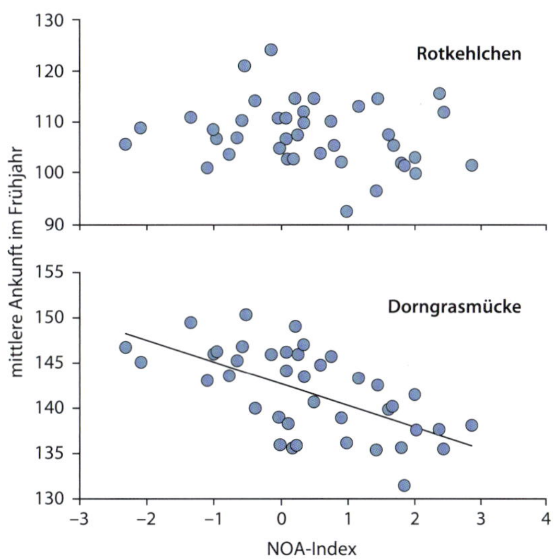


Abb. 548: Zusammenhang zwischen mittlerem Durchzug von Rotkehlchen (oben) als Vertreter der Kurz-/Mittelstreckenzieher und Dorngrasmücke, stellvertretend für die Langstreckenzieher, im Frühjahr auf Helgoland von 1960–2000 und dem Winter-NAO-Index (y-Achse: Tag des Jahres ab 1. Januar) (nach Hüppop & Hüppop 2003).

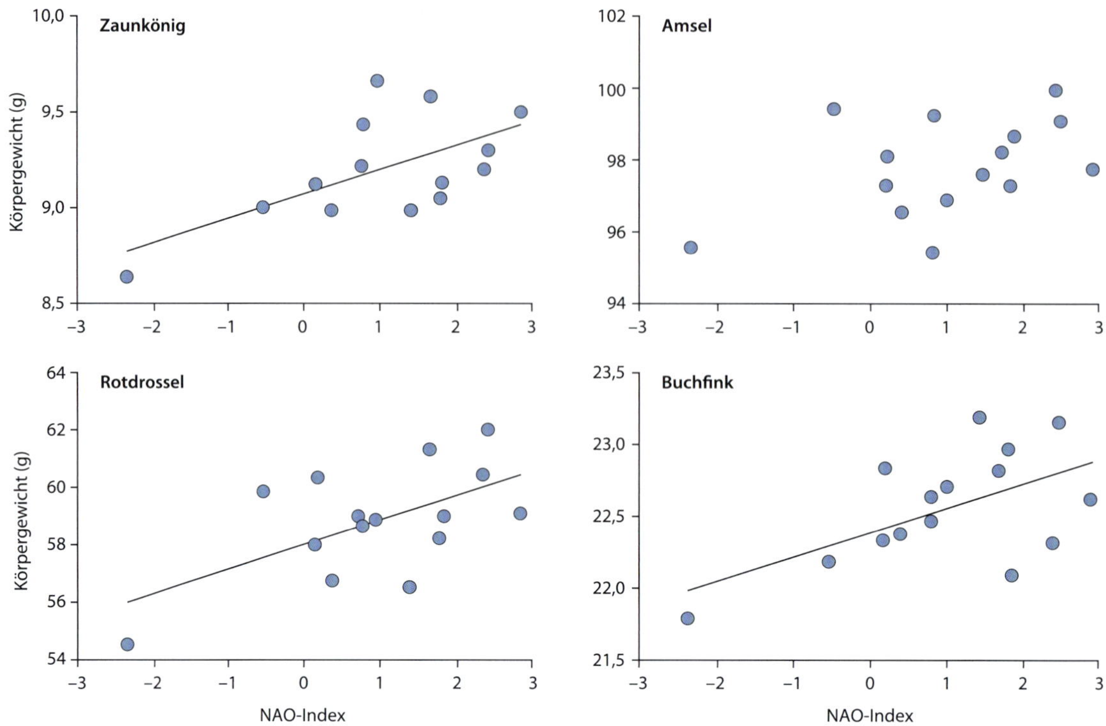


Abb. 549: Zusammenhang zwischen durchschnittlichem Körpergewicht beim Durchzug im Frühjahr auf Helgoland und dem Index der Nordatlantischen Oszillation (nach Bairlein & Hüppop 2004).

Der NAOI hat Auswirkungen auf den Vogelzug. Oft gezeigt ist sein Einfluss auf die Ankunft der Zugvögel im Frühjahr. So ist der Durchzug von z. B. Dorngrasmücken auf Helgoland im Frühjahr bei mehr positiven NAOI früher als bei negativen NAOI (Abb. 548). Ursache dafür dürften die bei positiven NAOI stärkeren Westwinde sein, mit denen die nordwärts ziehenden Vögel rascher vorankommen. Es könnten aber auch die durch die dann milderen Temperaturen besseren Nahrungsbedingungen in den Rastgebieten sein, die eine raschere Depotfettbildung und damit kürzere Rastdauern bedingen. So sind in positiven NAOI-Jahren auf Helgoland im Frühjahr durchziehende Vögel durchschnittlich schwerer als in anderen Jahren (Abb. 549). Offensichtlich beschleunigen bessere Nahrungsbedingungen den Heimzug und bestimmen so die heute frühere Ankunft zahlreicher Zugvögel in Mittel- und Nordeuropa.

Dorngrasmücke (Foto: M. Schäf)

Keinen signifikanten Effekt hat der NAOI bei Rotkehlchen. Bei ihnen war es die regionale Temperatur in N-Deutschland, die die Frühjahrsankunft auf Helgoland maßgeblich beeinflusste (s. Abb. 541), die ihrerseits keinen signifikanten Effekt auf die Dorngrasmücke hatte. Diese Unterschiede deuten an, dass die Kurz- und Mittelstreckenzieher eher von den lokalen Temperaturen bestimmt sind, die Fernzieher dagegen mehr vom NAO-Index, der großräumigen Witterungslage (Abb. 550). Allerdings sind auch die Temperaturen mit von der NAO bestimmt und die Wirkung der NAO auf das Wetter ist regional verschieden. Letzteres dürfte der Grund sein, dass auch manche Kurz- und Mittelstreckenzieher auf den NAOI reagieren, wie die Heckenbraunelle (Abb. 551).

Während die Veränderung der NAO in Europa mit einer Verfrühung der Ankunft zusammenhängt, kann sie in Afrika und im Mittelmeerraum einen gegenteiligen Effekt haben und zunächst zu einer Verzögerung des Zuges führen: Ein hoher Winter-NAO-Index, der in West-, Mittel- und Nordeuropa ein wärmeres und feuchteres Winterklima verursacht, geht im Mittelmeerraum und in NW-Afrika mit trockeneren Bedingungen im Winter und Frühjahr und damit verminderter Produktivität der Vegetation einher. Dies ist auch für die Sahel-Zone südlich der Sahara gezeigt. Als Folge davon kommen Rauchschwalben in Italien nach ungünstigen Überwinterungsbedingungen in Afrika später an als in feuchteren Zeiten im Überwinterungsgebiet. Auch die Ankunft von in Afrika überwinternden Zugvögeln im westlichen mediterranen Durchzugsgebiet ist in Jahren mit höheren Temperaturen und weniger Niederschlag in Afrika später. Diese regionalen Unterschiede in der Wirkung der NAO sowie Unterschiede zwischen Arten mit verschiedenen Zugstrategien dürften die Gründe sein, dass in anderen Studien keine Effekte des NAO auf das Vogelzuggeschehen gefunden wurden. Von 65 in einer Metaanalyse betrachteten Untersuchungen fanden sich in etwa der Hälfte (30) keine Zusammenhänge zwischen Zugzeiten im Frühjahr und der Nordatlantischen Oszillation.

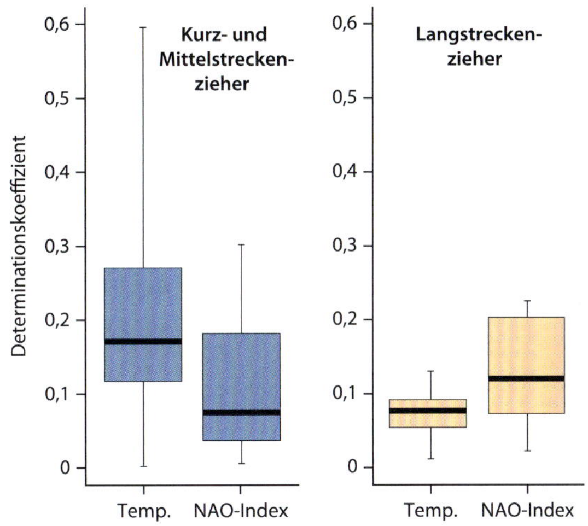


Abb. 550: Der Durchzug von Kurz- und Mittelstreckenziehern (12 Arten) im Frühjahr auf Helgoland ist in stärkerem Maße von den regionalen Frühjahrstemperaturen als vom NAO-Index bestimmt; bei den Langstreckenziehern (10 Arten) ist es umgekehrt. Die Boxplots zeigen den Median (Balken), die Quartile (Kasten) und die Extreme der Korrelationskoeffizienten zwischen Durchzugstermin und Temperatur bzw. NAOI für den Zeitraum 1960–2008 (nach Hüppop & Hüppop 2011).

Die bei ungünstigen Bedingungen im afrikanischen Überwinterungsgebiet spätere Ankunft von Langstreckenziehern beim Durchzug im westlichen Mittelmeergebiet deutet darauf hin, dass die Witterung (vor allem der Niederschlag) in den afrikanischen Überwinterungsgebieten vor Beginn des Heimzugs einen stärkeren Einfluss als das Klima in ihren potenziellen Rast- und Brutgebieten hat. Vermutlich führt ein unter ungünstigen klimatischen Bedingungen niedriges Nahrungsangebot im Überwinterungsgebiet, mit direktem Einfluss auf die Bildung von Zugfettreserven für den Heimzug, zu einem späteren Beginn des Heimzugs. Trotz des möglicherweise verzögerten Aufbruchs in den Überwinterungsgebieten und zunächst verspäteten Durchzugs in Südeuropa zeigen viele Zugvögel dennoch ein hohes Ausmaß an Verfrühung in Mittel- und Nordeuropa (s. u.). Daher ist anzunehmen, dass die zunehmend günstigeren Bedingungen erst über West-, Mittel- und Nordeuropa im Verlauf des Zugwegs die zunehmend ungünstigeren Überwinterungsbedingungen überwiegen und somit in der Bilanz zu einer Verfrühung führen.

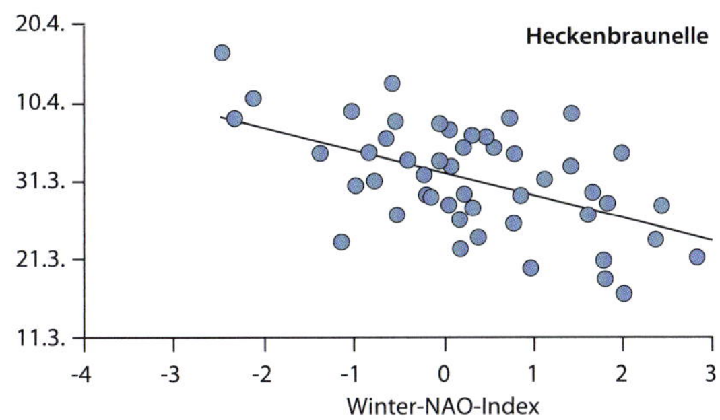


Abb. 551: Zusammenhang zwischen mittlerem Durchzug von Heckenbraunellen im Frühjahr auf Helgoland von 1960 bis 2007 und dem Winter-NAO-Index (nach Hüppop et al. 2008).

## Wetter und das endogene Zugprogramm

Zahlreich sind die Belege, dass das aktuelle Wetter Zugentscheidungen und den Zugablauf beeinflusst. Zugleich verfügen Zugvögel über ein angeborenes, endogenes Programm, das ihnen den zeitlichen und räumlichen Zugablauf vorbestimmt. Wie passt dieses zusammen? Wie sind die endogenen Zugzeit-Programme mit dem durch beträchtliche Intensitätsschwankungen gekennzeichneten Zugablauf im Freiland in Einklang zu bringen?

Betrachtet man dazu die individuellen Zugunruhe-Muster von in kontrollierten Bedingungen gehaltenen Garten- und Mönchsgrasmücken, sieht man, dass die nächtliche Zugunruhe in Intensität und Muster durch unregelmäßige Wechsel von Zugaktivitätsschüben und Pausen charakterisiert ist (Abb. 552). Dies lässt schließen, dass die Vögel endogen auf variable Umweltbedingungen und darauf eingestellt sind, dass es ungünstige Umweltbedingungen für Ziehen geben kann. So könnten bei günstigen Bedingungen endogene Zugaktivitätsschübe unmittelbar zum Ziehen führen, bei ungünstigen Bedingungen dagegen aufgeschoben und auf nachfolgend bessere Bedingungen ausgerichtet werden. Diese Ausrichtung könnte ohne Änderung der insgesamt endogen produzierten Zugunruhemenge und damit ohne Störung endogener Zugzeit-Programme erfolgen. Dies zeigen auch Untersuchungen, die Gartengrasmücken experimentell schlechtes Wetter simulierten. In den 22 Nächten, in denen die Versuchsgruppe Schlechtwetterbedingungen erfuhr, war die nächtliche Zugunruhe der Versuchsgruppe nahezu vollständig unterdrückt. Über die gesamte Zugzeit hinweg entwickelten die Versuchsvögel in etwa dem Ausfall der Versuchsnächte entsprechend weniger Zugunruhe als die Kontrollvögel. Somit kompensierten die Versuchsvögel den Ausfall der Nächte ohne Zugaktivität nicht. Das endogene Zugzeit-Programm ist offensichtlich „robust“, mit Zugausfällen umzugehen, um

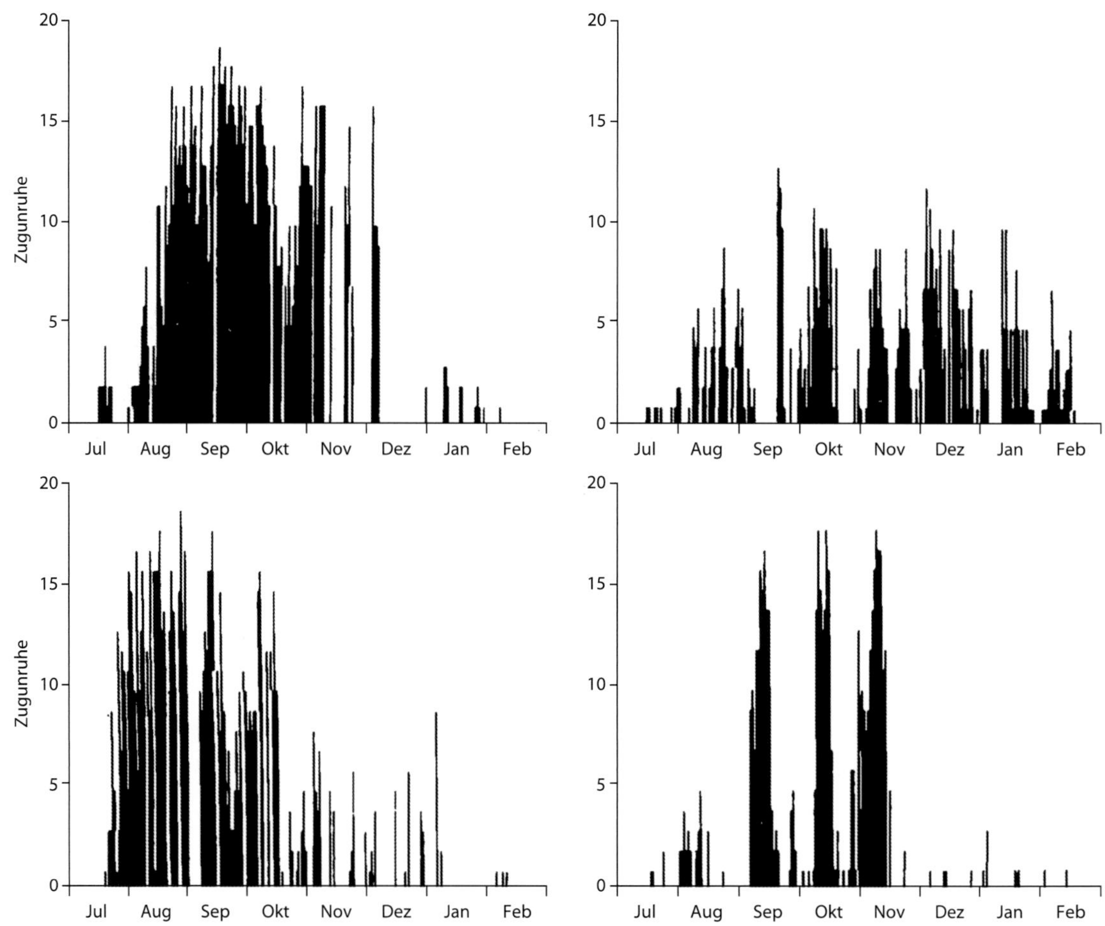


Abb. 552: Vier individuelle Zugunruhe-Muster von unter kontrollierten Bedingungen gehaltenen Gartengrasmücken während ihrer ersten Wegzugperiode (nach Berthold 1978).

Baumpieper
(Foto: R. Martin)

trotz Ausfälle einzelner Zugnächte das artspezifische Winterquartier zu erreichen. Bei der relativ großen Nord-Süd-Erstreckung des Winterquartiers im Vergleich zu der des Brutgebiets und dem im Normalfall als sehr gering anzusetzenden Einfluss zughemmender Wetterfaktoren ist wahrscheinlich, dass das artspezifische Winterquartier auf dem ersten Wegzug im Wesentlichen auf der Basis endogener Zugzeit- und Richtungsprogramme sicher erreicht werden kann.

## Klimawandel

Das Klima befindet sich derzeit in einem Wandel. In den letzten Jahrzehnten sind vor allem die Winter- und Frühjahrstemperaturen gestiegen, und der phänologische Frühling, das heißt die Vegetationsentwicklung, setzt immer zeitiger ein. Damit sind auch die Ressourcen für Zugvögel in ihren Überwinterungs-, Rast- und Brutgebieten immer früher im Jahr verfügbar. Mit der verlängerten Vegetationsperiode verschieben sich zudem die Verbreitungsgebiete von Tieren und Pflanzen immer weiter polwärts.

Klimawandel kann sich auf ganz verschiedene Aspekte des Vogelzugs auswirken. Besonders auffällig sind Veränderungen von Zugzeiten und von Einflüssen auf Kondition und Bruterfolg sowie Verlagerungen von Durchzugs- und Überwinterungsgebieten. Auch eine Zunahme der Zuggeschwindigkeiten in Mittel- und Westeuropa ist wahrscheinlich, möglicherweise unterstützt durch im Zuge des Klimawandels günstiger gewordenen Windbedingungen (s. o.).

Voraussetzung für die Frage nach möglichen Auswirkungen des Klimawandels auf Organismen sind lange Datenreihen kontinuierlicher Beobachtung, denn nur so können kurz- bis mittelfristige, natürliche Schwankungen von den langfristigen, klimabedingten Einwirkungen getrennt werden. Von Vögeln liegen mit die längsten Datenreihen vor, weshalb die Belege zahlreich sind, dass sich der derzeitige Klimawandel bereits auf die Vogelwelt auswirkt.

### Verfrühungen in der Ankunft im Frühjahr

Die wohl auffälligste Veränderung im Zugverhalten von Vögeln ist ihre heute frühere Rückkehr aus den Überwinterungsgebieten als in früheren Jahrzehnten.

Eine Übersicht zu 222 europäischen Arten zeigt, dass heute 172 Arten (77 %) früher in ihre Brutgebiete zurückkehren als früher, wobei dieser Trend bei 58 Arten (26 %) sogar signifikant ist. Die durchschnittliche Verfrühung beträgt 0,37 Tage/Jahr. Die übrigen 50 Arten (23 %) kommen heute später zurück, 11 (5 %) signifikant. Der Anteil an Arten mit Verfrühung variiert mit 37,5–100 % stark zwi-

Abb. 553: Eine der drei Trichterreusen zum Fang von rastenden Kleinvögeln im Helgoländer Fanggarten (Foto: K. Hüppop).

schen verschiedenen Gebieten, wie übrigens auch die Entwicklung der Winter- und Frühjahrstemperaturen. Eine andere Studie mit 41 Datenreihen mit jeweils mehr als 10 Jahren Laufzeit aus den Jahren 1951–2000 fand eine durchschnittliche Verfrühung des Heimzugs in dieser Zeit von 3,7 ± 0,70 Tage je 10 Jahre.

Ein eindrucksvolles Beispiel bieten die langfristigen Durchzugsdaten auf der Insel Helgoland. Dort betreibt das Institut für Vogelforschung „Vogelwarte Helgoland" bereits seit 1911 und standardisiert seit 1960 den „Fanggarten" (Abb. 553). Hier werden unter konstanten Bedingungen täglich ganzjährig durchziehende Kleinvögel mit Reusen gefangen. Dabei kommt der Analyse langfristiger Veränderungen besonders zugute, dass auf Helgoland nur ganz wenige Landvögel brüten. Die allermeisten Fänglinge sind also Durchzügler, und damit können die Zugzeiten im Frühjahr und Herbst alljährlich recht genau und sehr viel robuster bestimmt werden, als dies mit Daten zu Erstankünften möglich ist. Diese sind z. B. witterungsbedingt sehr viel variabler, aber auch von der Beobachtungsintensität abhängig.

Innerhalb der letzten 50 Jahre hat sich auf Helgoland der Durchzug im Frühjahr bei 20 von 23 Arten mit genügend guter Datenlage um bis zu 19 Tage (im Mittel 10 Tage) verfrüht (Beispiele Abb. 554). Lediglich bei drei Arten gab es keine Veränderungen. Kurz- und Mittelstreckenzieher, die in Europa überwintern, sind dabei gleichermaßen verfrüht wie Langstreckenzieher, die in Afrika südlich der Sahara überwintern (Abb. 555). Letztere treffen nur später ein (Abb. 556). Auch gibt es keine Unterschiede zwischen Männchen und Weibchen.

Die Langzeitdaten von Helgoland sind ein besonders eindrucksvolles Beispiel für Verän-

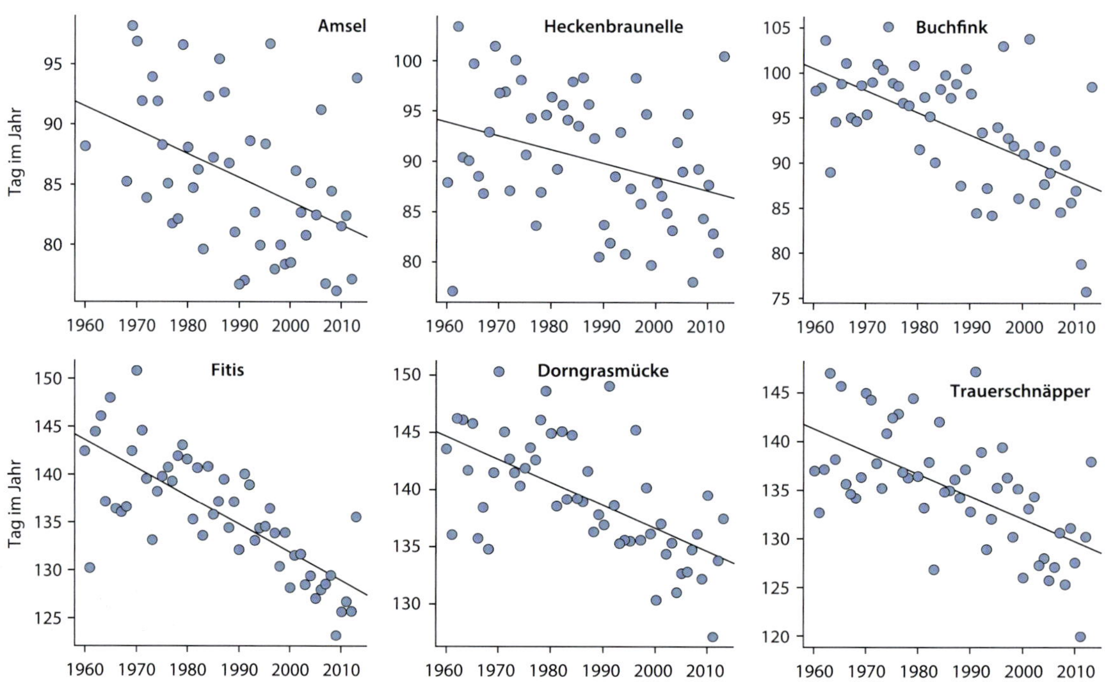


Abb. 554: Veränderung des mittleren jährlichen Durchzugs im Frühjahr auf Helgoland von drei Kurz- und Mittelstreckenziehern (oben) und drei Langstreckenziehern (unten) (y-Achse: Tag seit dem 1. Januar) (nach Hüppop & Hüppop 2003, ergänzt).

derungen in der Heimzugphänologie. Inzwischen wurden auch von vielen anderen Orten unzählige Datenreihen analysiert, wenn auch meist auf den statistisch weniger robusten Erstbeobachtungsdaten fußend.

Für ein zwischen 1962 und 2002 mehrmals wöchentlich begangenes Untersuchungsgebiet in Bayern (Lech-Donau-Winkel) zeigen sich bei 35 von 48 Arten mit auswertbaren Daten Veränderungen im Datum der Erstbeobachtung von mehr als einem Tag je 10 Jahre, davon bei 32 dieser 35 Arten eine Verfrühung (Abb. 557, 558). Arten, die innerhalb Europas überwintern (Kurz- und Mittelstreckenzieher), unterschieden sich nicht von denen, die ins tropische Afrika ziehen (Langstreckenzieher). Auch Nicht-Singvögel und Singvögel unterschieden sich nicht, ebenso keinen Unterschied machte es, wovon sich die Arten ernähren. Die mittleren Veränderungen reichen von Verfrühungen um bis zu acht Tagen in 10 Jahren beim Flussregenpfeifer bis zu Verspätungen von 3,3 Tagen/Jahrzehnt bei Baumpieper und Flussseeschwalbe.

Diese und viele andere Daten belegen ohne jeden Zweifel bei den meisten Arten über weite Bereiche Europas, aber auch für viele andere Teile der Erde, einen eindeutigen Trend zu früherer Ankunft aus den Überwinterungsgebieten.

Hauptsächliche Ursache für diese kontinuierliche Verfrühung ist die großräumige Witterungssituation im Winter und Frühjahr und deren Veränderung in den letzten Jahrzehnten. Anhand einer sehr großen Zahl von Untersuchungen konnte gezeigt werden, dass eurasische Vogelarten um im Mittel 2,5–3,3 Tage pro Erwärmung um 1 °C früher ankommen. Allerdings werden die Heimzugzeiten wen iger vom lokalen Wetter im Brutgebiet, als eher vom großräumigeren Wetter auf dem Weg dorthin bestimmt (s. o.). Sowohl in Europa als auch in Nordamerika kommen Zugvögel nämlich in ihren zunehmend wärmeren Brutgebieten nicht früher an, wenn die Temperaturen entlang der Zugstrecke nicht zu- oder vielleicht sogar abgenommen haben. Dieses Phänomen kann auch im Verlauf der Zugzeit beobachtet werden: In Südfinnland kommen die ersten Trauerschnäpper aufgrund gestiegener Temperaturen im Winter und zu Beginn ihrer Zugzeit entlang der Heimzugroute von Südwesten nach Nordosten verfrüht in ihren Brutgebieten an. Die letzten Individuen zeigen jedoch keine Verfrühung, da sich die späteren Frühjahrstemperaturen nicht verändert haben (Abb. 559).

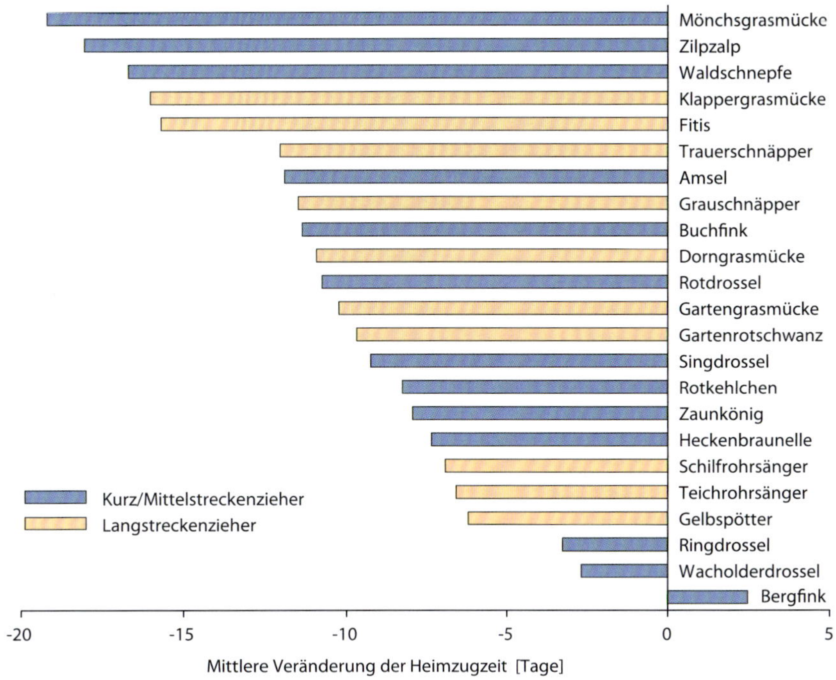


Abb. 555: Veränderung des mittleren Durchzugs im Frühjahr bei 23 Arten auf Helgoland in den letzten 50 Jahren. Einige nordeuropäische Mönchsgrasmücken und Zilpzalpe sind als Langstreckenzieher einzustufen, die südlich der Sahara überwintern (nach Hüppop & Hüppop 2013).

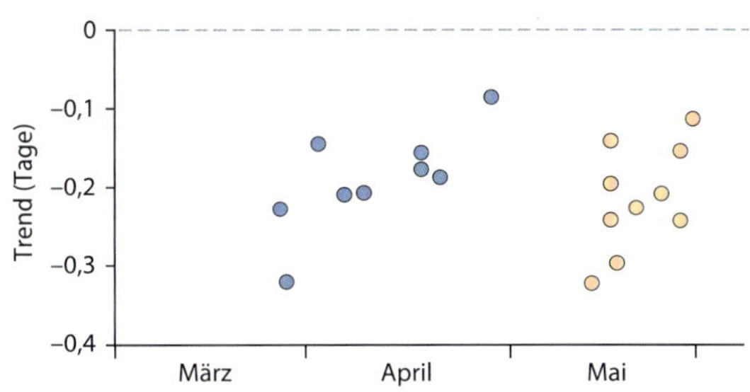


Abb. 556: Veränderungen des mittleren Durchzugs im Frühjahr auf Helgoland zwischen 1960 und 2008 für Kurz- und Mittelstreckenzieher (blau) und Langstreckenzieher (orange) in Bezug zu ihrem mittleren Durchzugstermin (nach Hüoppo & Hüppop 2011).

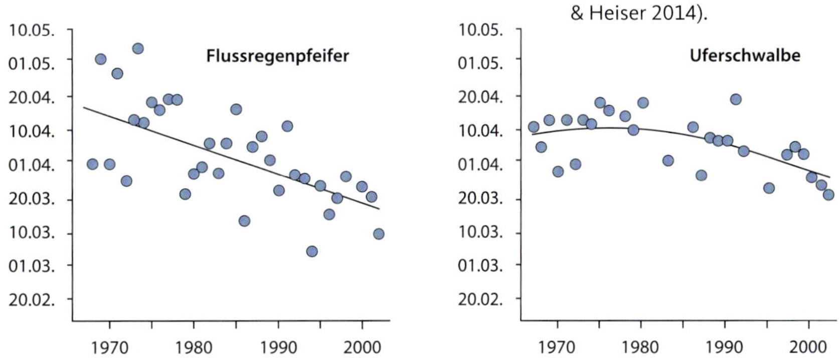


Abb. 557: Veränderung der jährlichen Erstbeobachtung von Flussregenpfeifer und Uferschwalbe im Lech-Donau-Winkel, Bayern, zwischen 1967 und 2002 (nach Bairlein & Heiser 2014).

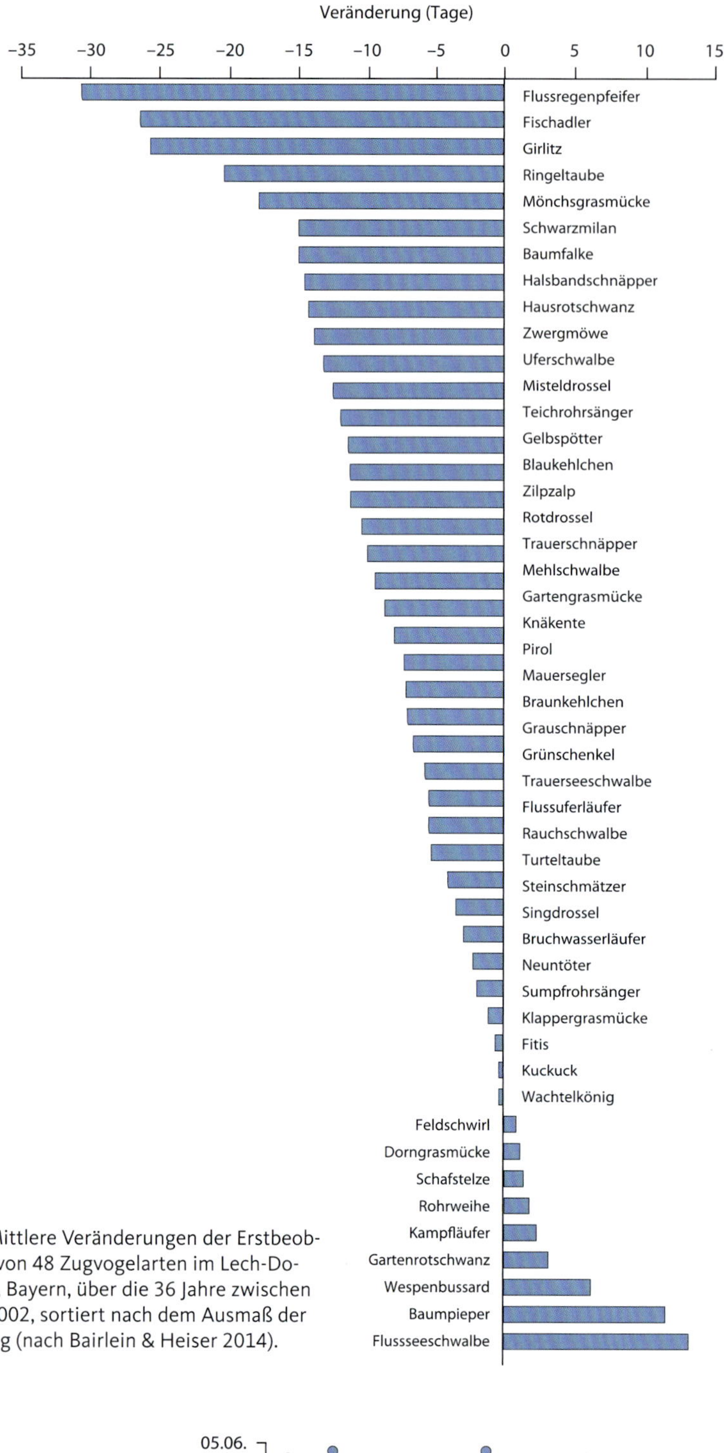


Abb. 558: Mittlere Veränderungen der Erstbeobachtungen von 48 Zugvogelarten im Lech-Donau-Winkel, Bayern, über die 36 Jahre zwischen 1967 und 2002, sortiert nach dem Ausmaß der Veränderung (nach Bairlein & Heiser 2014).

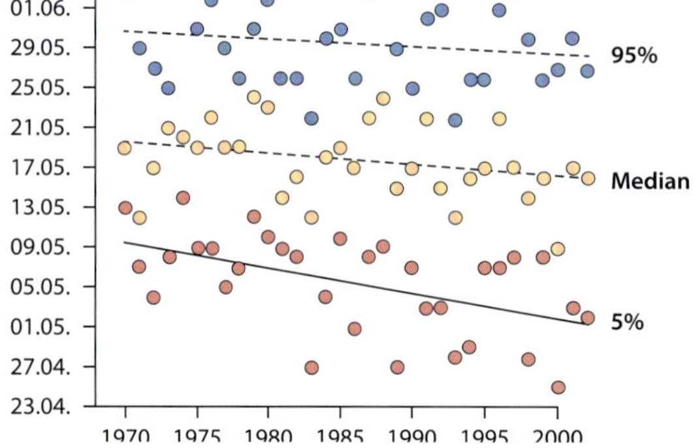


Abb. 559: Jährliche Ankunft von Trauerschnäppern im Frühjahr in S-Finnland für verschiedene Kohorten von Ankömmlingen. Nur bei den ersten 5 % der Ankömmlinge zeigt sich eine signifikante Verfrühung ihrer Ankunft (nach Ahola et al. 2004).

## Veränderungen in den Wegzugzeiten

Sehr viel weniger Information liegt über Veränderungen des herbstlichen Wegzugs vor, und diese sind weit weniger einheitlich und weniger eindeutig als beim Frühjahrszug. Zwar haben sich die Temperaturen auch im Sommer und im Herbst erhöht, allerdings längst nicht so stark wie im Winter und im Frühjahr. Entsprechend hat sich die Wegzugzeit bei den meisten Arten nur wenig verändert (Abb. 560), und die wenigen signifikanten Verfrühungen und Verspätungen halten sich beispielsweise auf Helgoland die Waage (Abb. 561). Auch auf der Kurischen Nehrung an der baltischen Ostseeküste und auf der Kola-Halbinsel im Nord en Russlands halten sich langfristig Verspätungen und Verfrühungen des Wegzugs die Waage.

Für über 43 Jahre auf dem Schweizer Alpenpass Col de Bretolet untersuchte Zugvogelarten ergibt sich eine herbstliche Verspätung im Durchzug bei den Trans-Sahara-Ziehern, einen früherer Wegzug bei den Arten, die nördlich der Sahara in N-Afrika und in S-Europa überwintern. Verfrühungen des Wegzugs wurden auch auf den Britischen Inseln beobachtet. Diese Verfrühungen wurden als Folge einer verfrühten Ankunft im Brutgebiet und damit einer Verfrühung aller Aktivitäten im Jahresverlauf interpretiert. Da eine Verfrühung der Ankunft im Brutgebiet auch ein entsprechend früheres Legen zur Folge hat, könnte man erwarten, dass dies durch die relativ enge zeitliche Koppelung des Brutgeschäftes mit anschließender Mauser bis hin zum Beginn des Wegzugs zu einer Verfrühung des Wegzugs führt. Andererseits wird diskutiert, dass insbesondere die Langstreckenzieher unter dem Selektionsdruck stehen, so früh wie möglich vor der Trockenzeit im Winterquartier anzukommen, denn durch die frühere Ankunft seien sie in der Lage, auch früher wieder wegzuziehen und so dem durch die Klimaveränderung zunehmenden Engpass in den Durchzugsgebieten zuvorzukommen. Da bei Singvögeln vor allem die „innere Uhr" (im Zusammenspiel mit der Tageslänge) den Wegzug auslöst und der Beginn des Wegzugs eng mit dem Ende der Jugendmauser zusammenhängt, könnte man tatsächlich erwarten, dass frühe Ankunft auch frühe Abreise nach sich zieht. Im Gegensatz zu dieser Hypothese zeigt sich allerdings an mitteleuropäischen Beringungs- und Beobachtungsstationen in Oberbayern, am Randecker Maar, am Bodensee und auf Helgoland neben einer großen Variabilität bei der Mehrzahl der untersuchten Arten eher ein Trend zur Verspätung über die letzten Jahrzehnte. Auch innerhalb einer Art gibt es Variation. So zeigen beim Fitis auf der Mettnau-Halbinsel im Bodensee nur die späteren Durchzügler eine Tendenz zur Verspätung, während die ersten 50 % alljährlich zu in etwa der gleichen Zeit durchziehen (Abb. 562). Zudem belegen die Helgoländer Daten, dass der Wegzugmittelwert der untersuchten Arten nicht vom vorhergehenden Heimzugmittelwert abhängt.

Die Zusammenhänge der phänologischen Veränderungen von Zugvögeln im Herbst mit Witterung und Klima sind also nicht so klar wie im Frühjahr. Auch die Zusammenhänge der Großwetterlagenschwankungen mit Temperatur und Niederschlag sind im Sommer deutlich geringer als im Winter. Generell haben jedoch zyklonale (Tiefdruck) Südwestlagen im Sommer, die zu einer wärmeren Witterung passen, zum Ende des letzten Jahrhunderts hin deutlich an Häufigkeit zugenommen, und antizyklonale Nordwestlagen, die zu einer kälteren Witterung passen würden, sind im Lauf des Jahrhunderts im Sommer deutlich seltener geworden. Entsprechend der Verfrühung des Frühjahrszugs im Zuge der Klimaerwärmung könnte eine Zunahme der Wegzugtemperaturen mit möglicherweise verändertem Nahrungsangebot auch in den Brutgebieten eine Verspätung des Wegzugs erklären. Ein weiterer Unterschied zum Frühjahrszug dürfte sein, dass die Anforderungen an den Zug im Herbst andere sind als im Frühjahr. In der Regel haben Vögel auf dem Wegzug mehr Zeit. Sie können gutes Zugwetter abwarten und auf dem Zug länger dort verweilen, wo genügend Nahrung vorhanden ist.

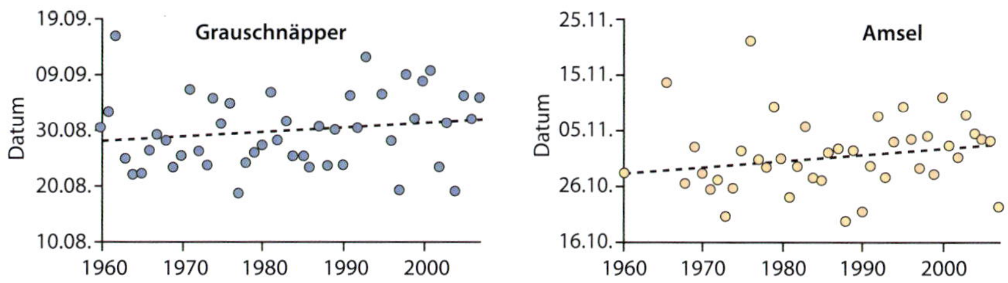


Abb. 560: Veränderungen der mittleren Wegzugzeit von Grauschnäpper als Beispiel eines Langstreckenziehers und Amsel (Kurz-/Mittelstreckenzieher) auf Helgoland von 1960–2007. Bei beiden Arten besteht ein Trend zu verspätetem Durchzug, der aber nicht signifikant ist (nach Hüppop et al. 2008).

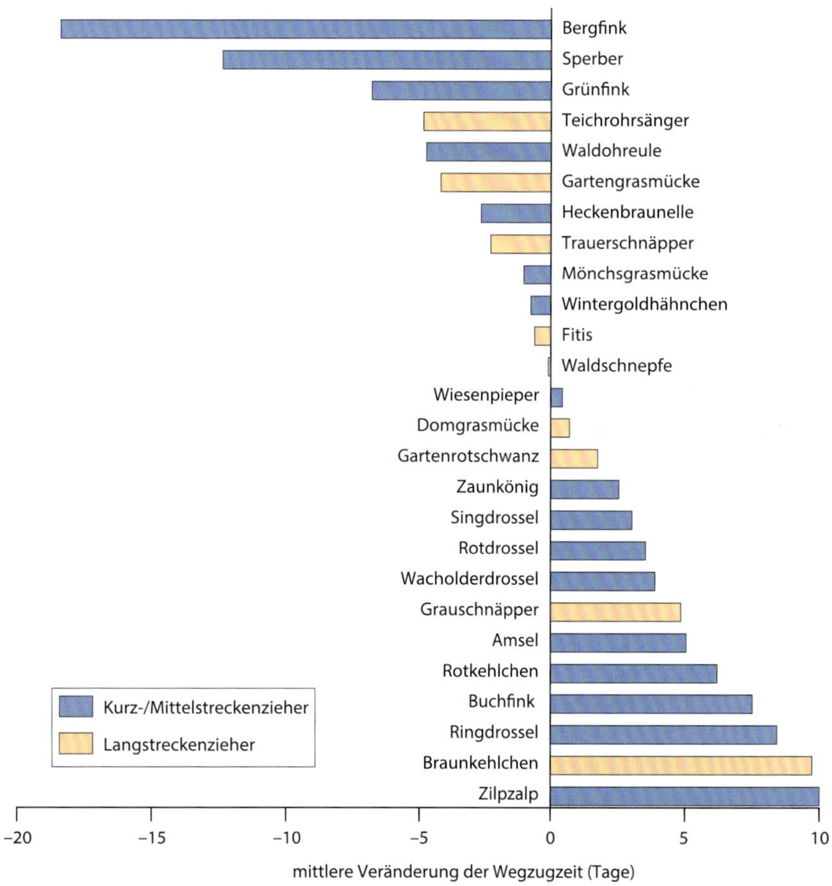


Abb. 561: Veränderung des mittleren Durchzugs im Herbst bei 26 Arten auf Helgoland in den letzten 50 Jahren. Einige nordeuropäische Mönchsgrasmücken und Zilpzalpe sind als Langstreckenzieher einzustufen, die südlich der Sahara überwintern (nach Hüppop & Hüppop 2011).

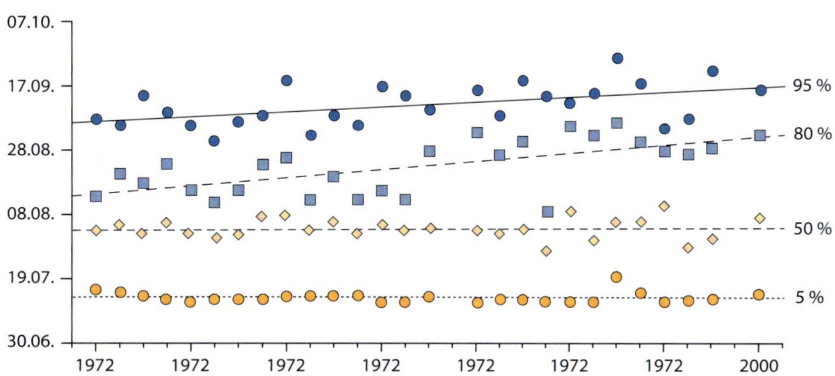


Abb. 562: Jährlicher Durchzug des Fitis im Herbst auf der Mettnau-Halbinsel im Bodensee, getrennt nach verschiedenen „Kohorten" (Zahlen rechts): die ersten 5 %, 50 %, 80 % und 95 % der je Jahr gefangenen Vögel (nach Fiedler 2003).

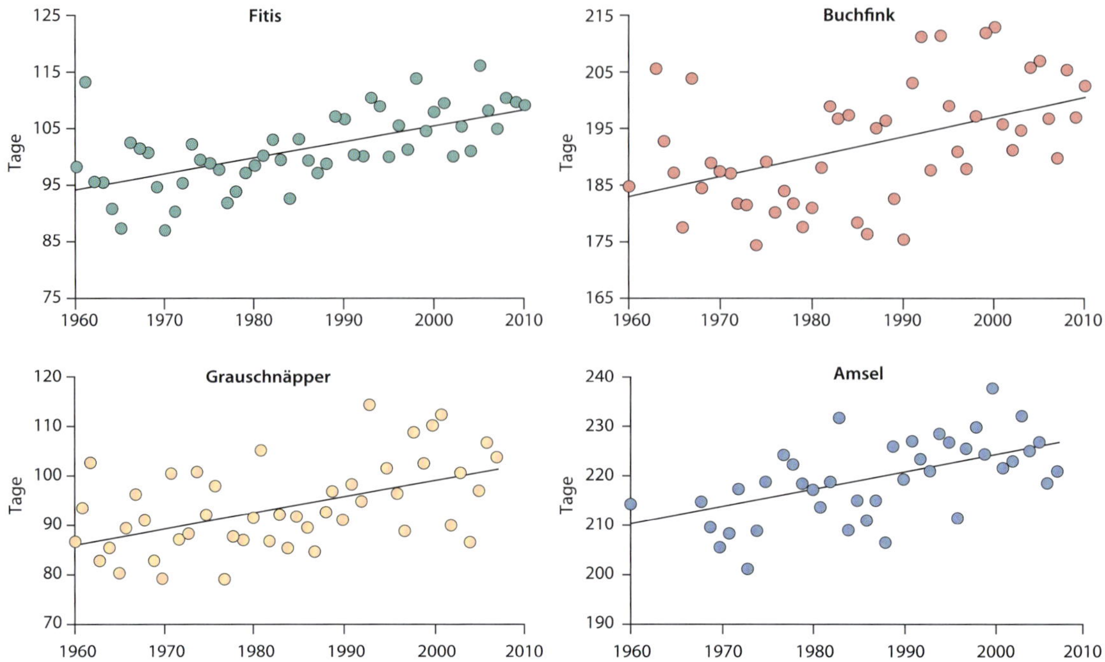


Abb. 563: Verlängerung des Aufenthaltes in den Brutgebieten bei Fitis und Grauschnäpper (Langstreckenzieher) sowie Buchfink und Amsel (Kurz-/Mittelstreckenzieher) auf Helgoland von 1960 bis 2007 (nach Hüppop & Hüppop 2005, ergänzt).

## Frühe Rückkehr – später Abzug: Konsequenzen der veränderten Zugzeiten

Eine Verfrühung im Frühjahr führt bei gleichbleibendem herbstlichen Wegzug, erst recht aber bei einer herbstlichen Verspätung, zwangsläufig zu einer Verlängerung des Aufenthaltes der Vögel in ihren Brutgebieten.

Grauschnäpper (Foto: M. Schäf)

Nach Fängen auf Helgoland verlängerte sich diese Zeitspanne bei 20 Arten im Mittel um 10,3 Tage in 47 Jahren bzw. um 2,2 Tage pro Jahrzehnt, bei einigen Arten, wie Amsel, Singdrossel, Zilpzalp oder Grauschnäpper, um mehr als zwei Wochen (Abb. 563). Dabei unterscheiden sich Kurz- und Mittelstreckenzieher nicht von den Langstreckenziehern. Eine solche Verlängerung kann bei Arten, die in der Anzahl in einer Saison getätigter Bruten flexibel auf Witterungs- und Nahrungsfaktoren reagieren, dazu führen, dass zukünftig mehr Bruten pro Saison erfolgen können. Für Arten mit nur einer Brut kann der Zeitgewinn zumindest mehr Ersatzbruten ermöglichen. Eine derartige Erhöhung des Bruterfolgs in Zusammenhang mit der Verlängerung des Aufenthaltes im Brutgebiet im Zuge der Klimaerwärmung belegt die Zunahme des Jungvogelanteils auf dem Wegzug in den letzten Jahrzehnten auf Helgoland bei 12 von 16 Arten mit ausreichend Daten und bei denen Alt- und Jungvögel im Herbst unterschieden werden können. Andererseits hat zum Beispiel bei Meisen die Zahl der Zweitbruten abgenommen, und auch die Brutperiode einiger Trans-Sahara-Zieher ist entgegen der Erwartung nicht länger geworden.

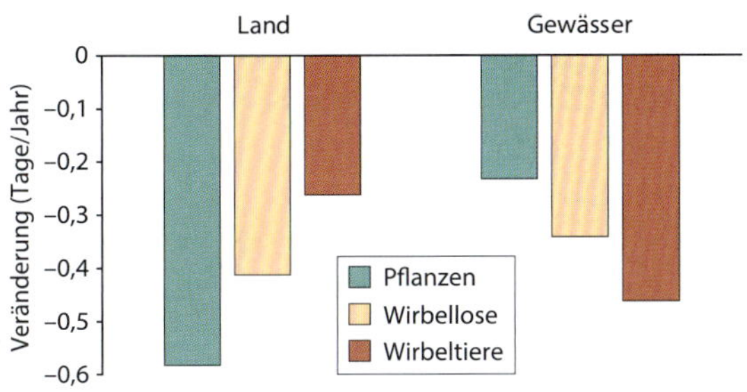


Abb. 564: Veränderungen der Phänologie von Pflanzen, wirbellosen Tieren und Wirbeltieren, inkl. Vögel, im Frühjahr in Großbritannien zwischen 1976 und 2005 in Landlebensräumen und an Gewässern (nach Thackeray et al. 2010).

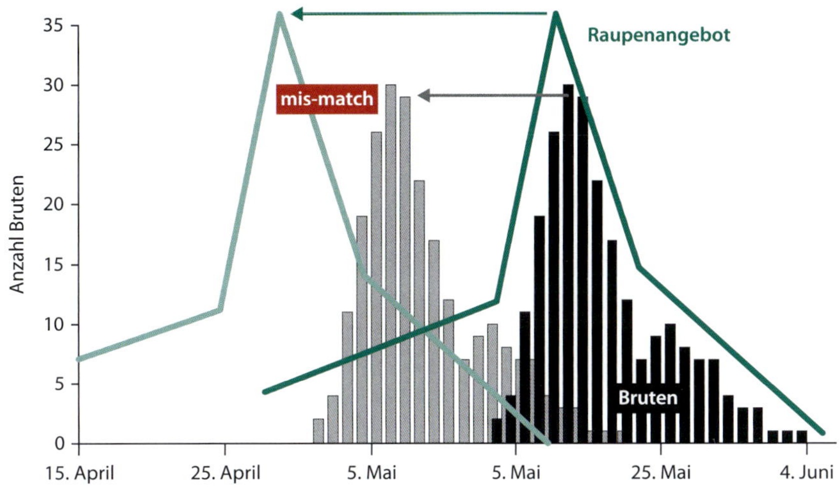


Abb. 565: Schematische Darstellung des „Mis-matches“ zwischen Nahrungsbedarf und Nahrungsverfügbarkeit.

## Zeitliche Entkopplung („trophischer Mis-match“)

Pflanzen, wirbellose Tiere (Insekten, Spinnen oder Würmer) und Wirbeltiere reagieren auf Klimawandel (vor allem die Temperaturerhöhung) unterschiedlich. Pflanzen und Wirbellose sind in ihrer Entwicklung mehr von der Umgebungstemperatur abhängig als die Wirbeltiere. Folglich ist ihre Reaktion auf den Klimawandel anders. In Landlebensräumen (terrestrischen Lebensräumen) reagieren Pflanzen in ihrem zeitlichen Erscheinen, ihrer Phänologie, mehr auf den Klimawandel als Wirbellose und diese wiederum stärker als Wirbeltiere (Abb. 564) – Vögel reagieren also träger als ihre Beute. An Gewässern ist es umgekehrt. Hier verzögert das im Frühjahr noch kalte Wasser die Entwicklung der Vegetation und der Wirbellosen, so dass die Vögel hier relativ zu ihrer Nahrung zu früh dran sind. Abseits von Gewässern ist der Austrieb von Apfelbäumen oder der Austrieb der Eiche im Frühjahr stärker verfrüht als das Auftreten von Insekten, und am wenigsten verfrüht ist die Ankunft der Zugvögel und ihre nachfolgende Brut. Dadurch entsteht ein sogenannter **ökologischer „Mis-match“** zwischen dem Bedarf der Vögel an Futter, gerade für die Aufzucht der Jungen, und dem Futterangebot. Trotz der Verfrühung ihrer Heimzugzeiten kommen daher wohl manche Vogelarten zu spät und verpassen so das beste Beuteangebot für die Aufzucht ihrer Jungen (Abb. 565).

Zwischen Ankunft und Legebeginn besteht nämlich ein enger Zusammenhang (Abb. 566). Früheres Ankommen bedingt somit einen früheren Legebeginn und früheren Schlupftermin (Abb. 567). Auch Arten, die nicht früher aus ihren Überwinterungsgebieten zurückkehren, haben in den letzten Jahrzehnten ihren Legebeginn verfrüht. So verfrühten in Großbritannien viele Arten ihren Legebeginn

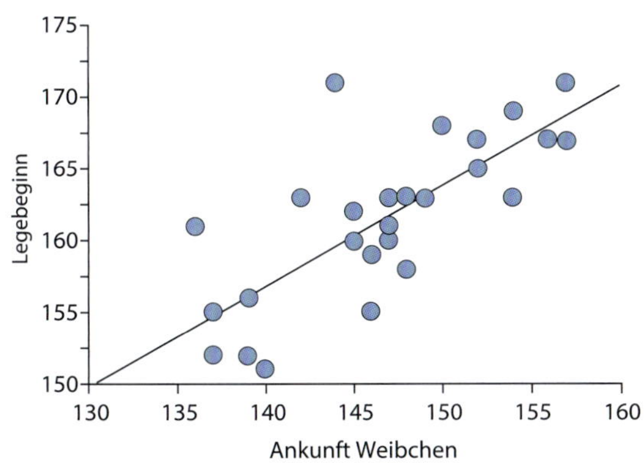


Abb. 566: Zusammenhang zwischen Legebeginn und Ankunft des Weibchens im Brutgebiet (jeweils Tag des Jahres) beim nordamerikanischen Rotschwanz-Waldsänger (nach Smith & Moore 2003).

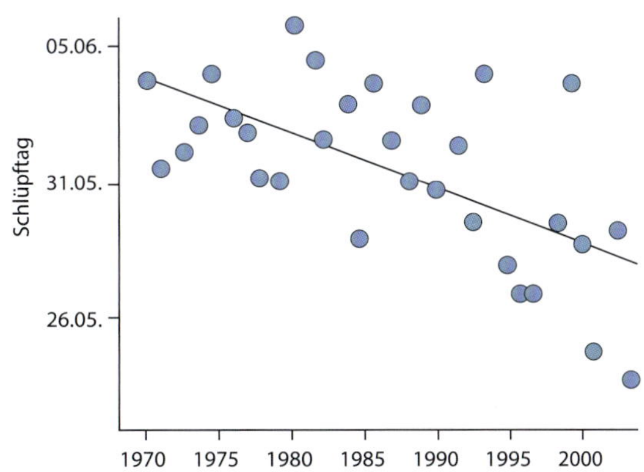


Abb. 567: Veränderung der mittleren Schlupftermine beim Trauerschnäpper in einem Untersuchungsgebiet bei Braunschweig (nach Bairlein & Winkel 2001, ergänzt).

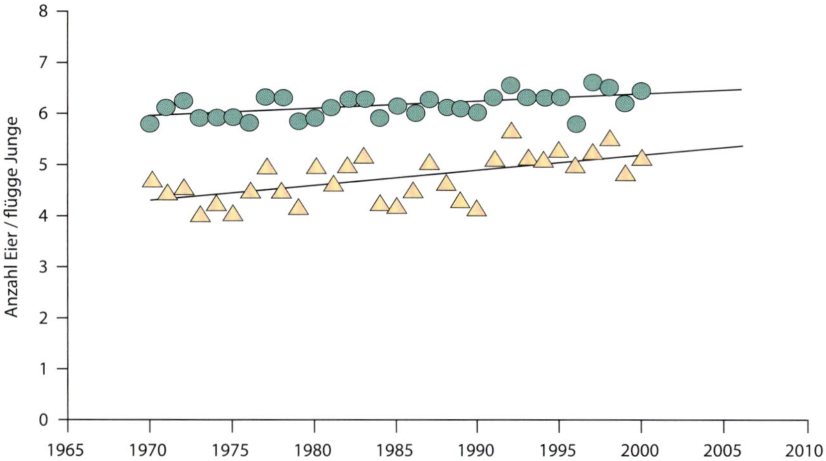


Abb. 568: Mittlere jährliche Gelegegröße (Punkte) und Anzahl ausgeflogener Jungvögel (Dreiecke) beim Trauerschnäpper in einem norddeutschen Untersuchungsgebiet (nach Bairlein & Winkel 2001; ergänzt).

über 25 Jahre um 4 bis 17 Tage, durchschnittlich 9 Tage. Dabei sind Wasservögel in gleicher Weise betroffen wie Insektenfressende Singvögel und Körnerfresser, ungeachtet ob Standvogel oder Zugvogel.

Trotz dieser Verfrühung können viele Arten, so auch der Trauerschnäpper, mit ihrem Brutgeschäft relativ zu spät sein, da die Insektenraupen, die Nahrung für die Jungen, noch stärker verfrüht sind. Die Insekten sind also schon da, wenn die Trauerschnäpper noch gar keine Jungen im Nest haben. Die Folge ist, dass in Trauerschnäpperpopulationen z.B. in den Niederlanden, in denen dieser „Mis-match“ besonders ausgeprägt war, die Brutbestände um bis zu 90 % abgenommen haben.

Gibt es einen solchen „Mis-match“ nicht, sind also Brutgeschäft und Nahrungsangebot „in Phase“, kann früheres Eintreffen und früheres Brüten den Bruterfolg sogar steigern (Abb. 568).

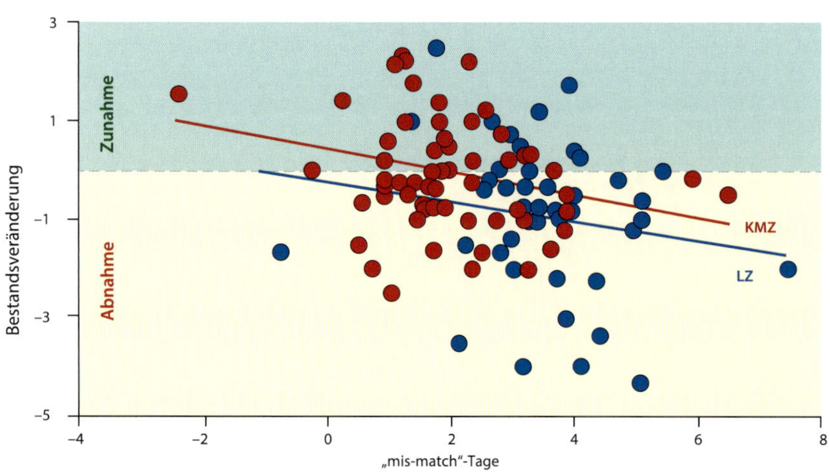


Abb. 569: Zusammenhang zwischen den Bestandsentwicklungen von 117 Vogelarten Europas zwischen 1990 und 2000 und dem Ausmaß des „Mis-match“ zwischen Brutzeit und Nahrungsangebot. Rot: Kurz-/Mittelstreckenzieher (KMZ); blau: Langstreckenzieher (LZ) (nach Saino et al. 2011).

Dieser Zusammenhang zwischen „Mis-match“ und Bestandsentwicklung bestätigt sich auch in einer Analyse, bei der 117 europäische Zugvogelarten berücksichtigt wurden. Von diesen 117 Arten gab es sowohl Daten zur langfristigen Bestandsveränderung wie zum Ausmaß des „Mis-match“. Arten mit ausgeprägtem „Mis-match“ haben stärker abgenommen als Arten mit geringem oder keinem „Mis-match“ (Abb. 569 ) und Langstreckenzieher in gleicher Weise wie Kurz- und Mittelstreckenzieher.

## Nicht mehr ausreichende Nahrungsqualität („energetischer Mis-match“)

Durchschnittlich mildere Winter in den letzten Jahrzehnten scheinen eine Rolle bei den jüngsten Rückgängen im Wattenmeer überwinternder Eiderenten zu spielen. Allein im niedersächsischen Wattenmeer hat sich der Winterbestand an Eiderenten in den letzten Jahrzehnten halbiert. Als wichtige Ursache dafür wird diskutiert, dass die milderen Wintertemperaturen dazu führen, dass die Miesmuscheln, die wichtigste Winternahrung der Eiderenten, einen höheren Anteil ihres Weichkörpers selbst verbrauchen, da sie als ektotherme Organismen bei den höheren Wassertemperaturen einen höheren Eigen-Energieverbrauch haben, aber bei diesen Temperaturen immer noch nicht ausreichend Nahrung aufnehmen. Dadurch reduziert sich der für die Eiderenten verdaubare Fleischanteil bei gleichbleibender Schalengröße. So entsteht für die Eiderenten ein Missverhältnis zwischen aufnehmbarer Energie und der Energie, die für Fressen und Aufschluss dieser „schlechteren“ Muscheln aufzubringen ist. Da nun die Eiderenten nicht mehr Muscheln fressen können, als in ihren Magen passen, hat dies zur Folge, dass die Eiderenten trotz eigentlich mengenmäßig guten Muschelangebotes und gefüllter Mägen verhungern. Mildere Winter dürften ganz allgemein die trophischen Beziehungen im Wattenmeer beeinträchtigen mit vielfältigen Folgen auch für Zugvögel.

## Räumlich-zeitlicher „Mis-match"

Die meisten Zugvögel sind für erfolgreichen Zug auf eine räumlich-zeitliche Abfolge von Rastmöglichkeiten angewiesen. Damit können regionale Unterschiede im Ausmaß des Klimawandels den Zugablauf beeinträchtigen. Viele arktische Zugvögel, so die Gänse, sind für einen erfolgreichen Zug in die Brutgebiete und für dort erfolgreiches Brüten von den Ernährungsbedingungen im mitteleuropäischen Winterquartier und in oftmals nur einem einzigen Rastgebiet abhängig. Dabei ziehen die Gänse gleichsam auf einer „grünen Welle" (Abb. 570). Sie verlassen die Wintergebiete in NW-Europa nach entsprechendem „Auftanken" so, dass sie in ihren baltischen Rastgebieten eintreffen, wenn dort das Maximum an Futter zur Verfügung steht. Damit erneuern sie ihre Energievorräte und ziehen, sobald diese erreicht sind, in ihre arktischen Brutgebiete, dort so eintreffend, dass sie erfolgreich brüten können, d. h. dass sie so rechtzeitig mit der Brut beginnen können, dass ihre Jungen dann schlüpfen, wenn in der Arktis optimales Futterangebot herrscht. Durch die zunehmend milderen Winter und Frühjahre beginnt das Pflanzenwachstum im Winterquartier heute aber erheblich früher, und die Gänse ziehen deshalb aus den Überwinterungsgebieten früher ab als noch vor einigen Jahrzehnten. Am Weißen Meer ist die Temperaturerhöhung zu dieser Jahreszeit aber weniger ausgeprägt, in Sibirien noch nahezu überhaupt nicht. Dies bedeutet für die Gänse, dass sie am Weißen Meer und erst recht in Sibirien eintreffen, wenn es dort noch kaum etwas oder nichts zu fressen gibt. Damit können sie nicht erfolgreich brüten und es ist zu erwarten, dass sich dies auf die Bestände auswirken wird.

Umgekehrt stellt sich die Situation für die auf Spitzbergen brütenden hellbäuchigen Ringelgänse dar; sie sind mit ihrem Brutgeschäft zu spät. Die Ringelgänse von Spitzbergen überwintern vor allem an der Nordseeküste in Dänemark. Im späten Frühjahr sammeln sich 50–75 % der gesamten Population in einem Rastgebiet in Westjütland, von wo aus sie nach entsprechender Fettdeposition in einem einzigen Nonstop-Flug nach Spitzbergen fliegen. Während auf Spitzbergen die Frühsom-

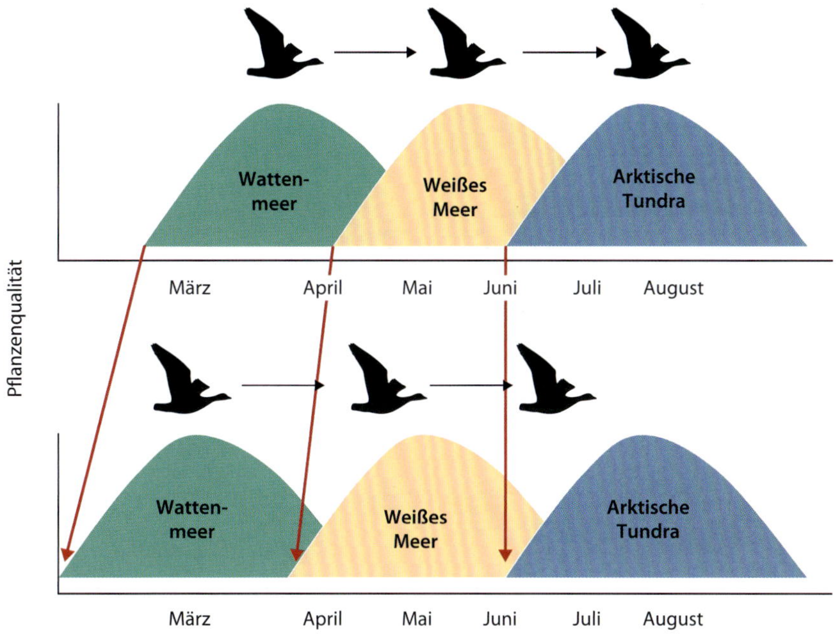


Abb. 570: „Grüne Welle" im Frühjahr ziehender arktischer Gänse und Konsequenz von regional unterschiedlich ausgeprägtem Klimawandel.

mertemperaturen in den letzten Jahren ansteigen, sind sie im dänischen Rastgebiet unverändert. Entsprechend verlassen die Gänse den Rastplatz auch nicht früher. Auf Spitzbergen führen die gestiegenen Temperaturen zu einem früheren Vegetationswachstum. Gemessen daran, kommen die Gänse relativ zu spät mit der Folge, dass ihr Brutgeschäft nicht mehr zur besten Zeit des Pflanzenwachstums stattfindet und ihr Bruterfolg deshalb seit Jahren sinkt (Abb. 571).

## Änderungen von Zugwegen und Verbreitung

Abgesehen von phänologischen Veränderungen sind andere Veränderungen im Zugverhalten im Zusammenhang mit dem Klimawandel bisher vergleichsweise wenig untersucht.

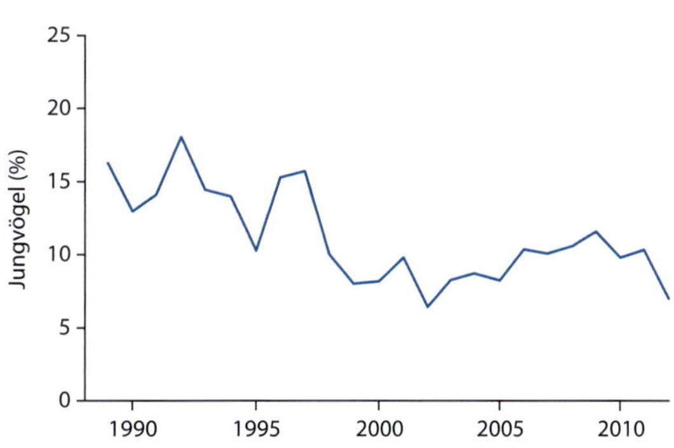


Abb. 571: Bruterfolg (Anteil Jungvögel im Herbst) von Ringelgänsen auf Spitzbergen. (Abb. nach Kuhlmann Clausen & Clausen 2013)

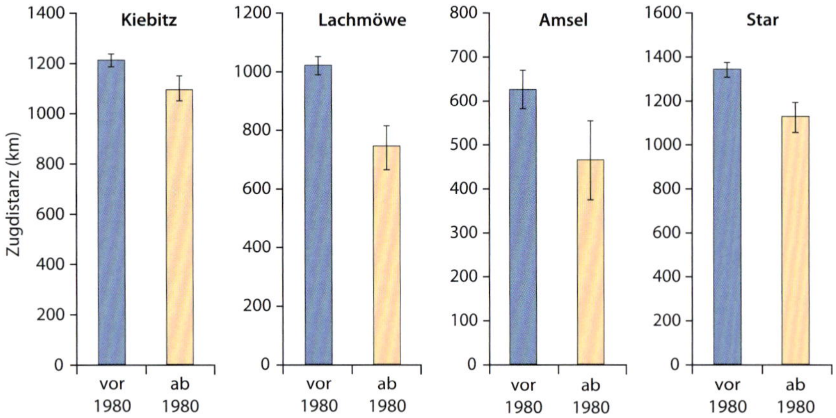


Abb. 572: Mittlere Fundentfernungen (mit Standardfehlern) vor und nach 1980 von Kiebitzen, Lachmöwen, Amseln und Staren, die zur Brutzeit in Deutschland beringt und im Winter wiedergefunden wurden. Die Unterschiede zwischen den Perioden sind bei allen vier Arten statistisch signifikant (aus Bairlein et al. 2014).

Viele Kurz- und Mittelstreckenzieher ziehen heute nicht mehr so weit wie früher. Nach Zählungen in Nordamerika verschoben sich die Überwinterungsgebiete von mehr als 250 Arten um einen halben bis anderthalb Kilometer pro Jahr nach Norden. Wiederfunde beringter Vögel ergeben Verschiebungen in derselben Größenordnung für Europa.

Eine Analyse der Wiederfunde im Winterhalbjahr von beringten Vögeln von 30 deutschen Brutvogelarten zeigte bei 13 Arten eine **Verkürzung der Zugwege** (Abb. 572), bei 11 Arten eine Nordverschiebung des mittleren Überwinterungs-Breitengrades und bei 9 Arten eine Zunahme der Winterfunde im Umkreis von unter 100 km um die Brutgebiete. Auch bei britischen Vögeln ergab eine Ringfundanalyse, dass 27 von 66 Brutvogelarten zunehmend nördlicher überwintern, bei 11 anderen Arten dagegen die mittleren Breitengrade ihrer Winterfunde heute weiter im Süden liegen. Von 24 zur Brutzeit in den Niederlanden beringten Arten verringerten zwischen 1932 und 2004 12 ihre Zugdistanzen signifikant, wobei Arten trockener, offener Lebensräume stärker verkürzten als Arten der Feuchtgebiete. Waldvogelarten liegen dazwischen. Diese Verkürzungen korrelieren eng mit den Wintertemperaturen, fallen also in milden Wintern stärker aus.

Diese Studien und Befunde aus zahlreichen anderen Regionen zeigen, dass diese Zugwegänderungen oder die Verschiebung der Lage des Winterquartiers auf eine Reduzierung des Zugverhaltens zurückgehen. Dass Zugwegverkürzungen maßgeblich durch die klimabedingt milderen Winter der letzten Jahrzehnte bestimmt sind, verdeutlicht die Verteilung der Funde von in Deutschland zur Brutzeit beringten Mäusebussarden (Abb. 573). In milden Wintern verlassen nur wenige Mäusebussard Deutschland, in kalten Wintern dagegen viele.

Neben Verkürzung von Zugwegen **überwintern** ehemals typische Zugvögel wie Zilpzalp, Mönchsgrasmücke, Singdrossel und Heckenbraunelle zunehmend in den Brutgebieten. Arten, die südlich der Sahara überwintern, können ihre Zugstrecken wegen dieser großen ökologischen Barriere natürlich nicht schrittweise verkürzen. Sie müssten vielmehr einen großen Sprung wagen, um dann nörd-

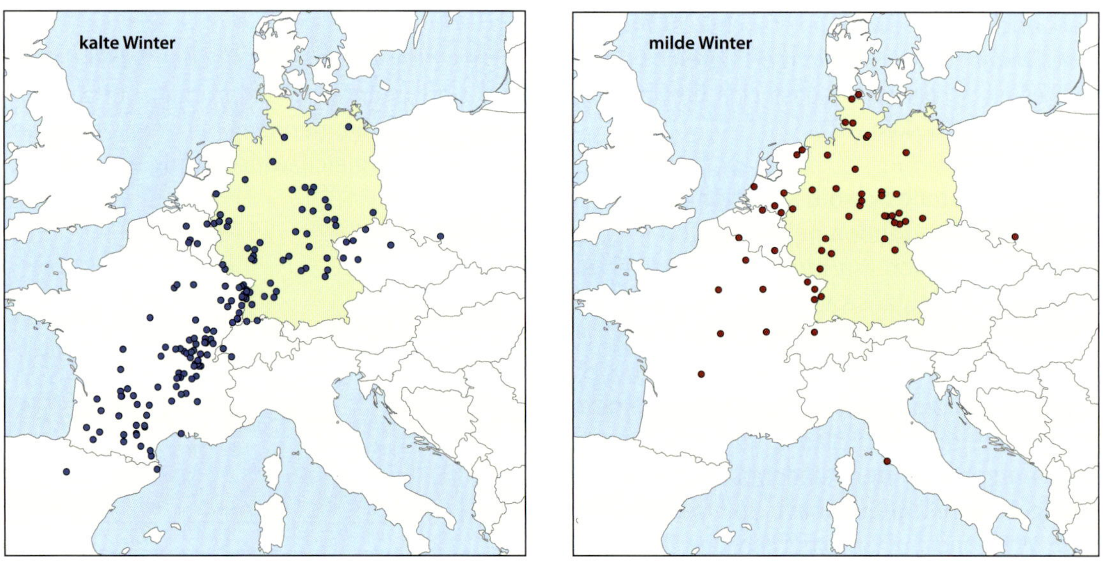


Abb. 573: Aufenthaltsorte (Ringfunde) im Winter (Dezember-Februar) von in Deutschland zur Brutzeit beringten Mäusebussarden in kalten (links) und milden Wintern (unveröff.).

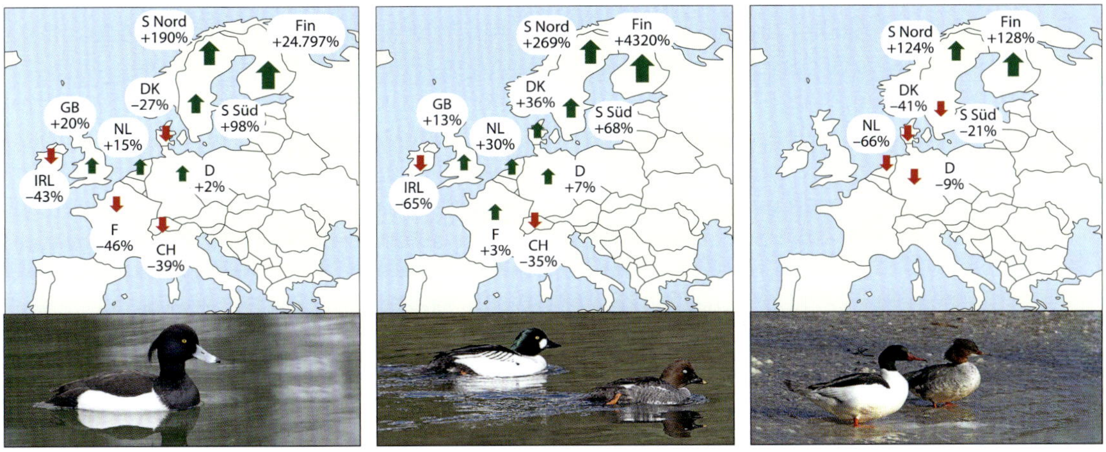


Abb. 574: Bestandsentwicklung überwinternder Reiherenten, Schellenten und Gänsesäger zwischen 1980–82 und 2008–10 in verschiedenen Regionen Nord- und Westeuropas. Deutlich zu erkennen ist, dass den starken Zunahmen im Norden Abnahmen im Westen und Südwesten gegenüberstehen. Der Schwerpunkt der Mittwinterverbreitung hat sich nach Nordosten verlagert. Grün: Zunahme, rot: Abnahme. Zahlen: relative Bestandsveränderung zwischen 1980/82 und 2008/10. (nach Lehikoinen et al. 2013, Fotos: H.-J. Fünfstück).

lich der Sahara im Mittelmeerraum zu überwintern, also auf einen Schlag vom Lang- zum Mittelstreckenzieher werden. Tatsächlich überwintern in jüngerer Zeit vor allem Rauch- und Mehlschwalben, aber auch einzelne Trauerschnäpper und Gartenrotschwänze schon im Mittelmeerraum.

Mehr nördliche Überwinterungsgebiete heute im Vergleich zu früher sind auch der Grund für vermeintliche Rückgänge vieler in Mitteleuropa überwinternder Wasservögel. Während in N-Schweden und Finnland in der Vergangenheit Wasservögel kaum überwintern konnten, da die Gewässer monatelange vereist waren, sind es bei den heute milderen Bedingungen sehr viel mehr. In anderen Teilen Europas nehmen dafür die Mittwinterbestände ab (Abb. 574).

Neben zunehmender Aufgabe von Zugverhalten und Zugwegverkürzungen finden sich auch klimabedingte **Zugwegverlängerungen**. Dies betrifft Arten, die sich aufgrund des Klimawandels aus südlicheren Brutgebieten in nördlichere Breiten ausbreiten, zugleich aber ihr angestammtes Wintergebiet aufrechterhalten. Für sie verlängern sich die Zugwege. Ein Beispiel ist der Bienenfresser. Er hat sein Brutgebiet in den letzten Jahrzehnten stark nordwärts erweitert und brütet heute auch überall in Deutschland, wo es in den 1990er-Jahren noch nur wenige Brutpaare gab. Die Brutvögel Mitteleuropas fliegen aber ebenso in die Wintergebiete südlich der Sahara, wie dies die Bienenfresser aus dem Mittelmeerraum tun. Dies entspricht einer Zugwegverlängerung für die nördlichen Brutvögel von ein- bis zweitausend Kilometern. Ähnliches gilt für den Stelzenläufer, der seine Brutverbreitungsgrenze in Frankreich, der Ukraine und Russland deutlich nordwärts verschoben hat, aber regelmäßig offenbar immer noch nur südlich des 40. Breitengrades überwintert. Auch die heute vom Osten nach Europa vordringenden Zitronenstelzen ziehen wie ihre Artgenossen in den ursprünglichen Brutgebieten in Winterquartiere in Indien und Südostasien.

Auch die aufgrund des Klimawandels erwartete Nordost-Ausdehnung bzw. Nordost-Verschiebung der Brutverbreitung vieler europäischer Arten wird mit Zugwegverlängerungen einhergehen, insbesondere für die Trans-Sahara-Zieher.

Wo ein Vogel dauerhaft siedeln kann, hängt u.a. entscheidend von seiner Stoffwechselleistung und der Fähigkeit ab, seine Körpertemperatur zu regulieren. Bei 45 % der Landvogelarten und der Arten der Binnengewässer bestehen besonders enge Beziehungen zwischen ihrer Verbreitung und den Temperaturbedingungen im Sommer. Somit ist davon auszugehen, dass der Klimawandel auch Konsequenzen für die **Verbreitung** dieser Arten haben wird.

Bei vielen Arten nördlicher Breiten zeigt sich bereits eine **nordwärts gerichtete Ausbreitung**. In Ausbreitung nach Zentraleuropa sind derzeit beispielsweise neben Bienenfresser Schwarzkopfmöwe oder Silberreiher. Während also einige Arten eine Verlagerung und/oder Erweiterung ihres bisherigen Brutgebietes erfahren werden, wird es bei anderen zu einer Kontraktion ihrer bisherigen Verbreitung kommen. Dies betrifft insbesondere arktische und hoch montane Arten, aber auch Arten der borealen und subalpinen Wälder. Im Zuge des fortschreitenden Klimawandels zeigt eine Modellierung der geografischen Verbreitung der Brutvögel Europas, dass sich die potenziellen geografischen Vorkommen um bis zu mehr als 1000 km verlagern könnten. Es wird zudem erwartet, dass insbesondere Arten mit eingeschränkter Verbreitung und auf besondere Lebensräume spezialisierte Arten erhebliche Kontraktionen in der Brutverbreitung erfahren werden.

Besonders betroffen dürften Zugvögel sein, da bei diesen sowohl Brutgebiete und Winterquartiere als auch Rastgebiete beeinflusst werden. Für die 426 betrachteten europäischen Brutvogelarten ergibt sich im Mittel eine Reduktion ihrer Brutverbreitung von etwa 19 % und eine Reduktion der Vogelartenzahl von etwa 9 %. Für 29 Arten beträgt die erwartete Reduktion der Brutverbreitung in Europa sogar mehr als 90 %. Eine umfassende Modellierung zeigt, dass es allein aufgrund der im Zuge des Klimawandels geänderten Temperatur- und Niederschlagsverhältnisse zu einer erheblichen Verschiebung der derzeitigen Brutvorkommen und des Schwerpunkts der Vogelartenvielfalt in Europa nach Nordosten kommen könnte. Für alle Arten, die nicht zugleich ihre Wintergebiete nordwärts verschieben (können), führt dies zwangsläufig zu einer Verlängerung ihrer Zugstrecken.

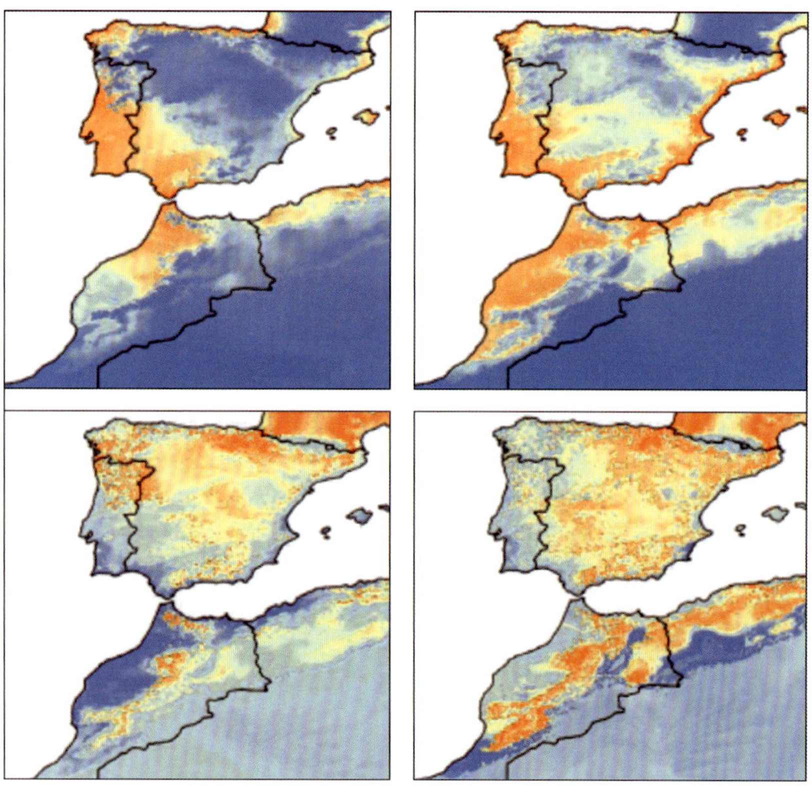

Abb. 575: Oben: Aktuelle Verbreitung von für überwinternde Wiesenpieper und Zilpzalpe geeigneten Lebensräumen (rot: sehr geeignet; gelb: mittelmäßig geeignet; blau: ungeeignet). Unten: Veränderung der Eignung 2050–2070 gegenüber heute (blau: abnehmende Eignung; gelb-rot: zunehmende Eignung) (nach Telleria et al. 2016).

Andererseits verbessern die milderen Bedingungen für viele Arten die Situation in den Überwinterungsgebieten. So wird erwartet, dass sich auf der Iberischen Halbinsel und in NW-Afrika der für eine Überwinterung für Wiesenpieper und Zilpzalp geeignete Lebensraum aufgrund der Temperaturerhöhung auf den Hochebenen erheblich erweitert, in den Niederungen aber durch die nachlassenden Niederschläge verringert (Abb. 575).

Für in Afrika überwinternde paläarktische Singvögel wird dagegen erwartet, dass sich aufgrund des dortigen Klimawandels für 37 der 64 untersuchten Arten die Wintergebiete bis zum Jahr 2100 verringern werden, bei 16 davon um mehr als 50 %. Besonders betroffen sind Arten, die im östlichen und südlichen Afrika überwintern, wogegen sich die Bedingungen in den nördlichen Savannen und in der Sahelzone verbessern. Für im westlichen Afrika überwinternde Arten wird erwartet, dass sie ihre Wintergebiete mehr ostwärts verschieben.

Für europäische Rauchschwalben sind solche Arealverschiebungen im afrikanischen Wintergebiet schon heute gezeigt (Abb. 576). Während in SW-Europa beringte Rauchschwalben ihr Wintergebiet nahe am Äquator über die Zeit nur geringfügig (35 km/10 Jahren) nordwärts verändert haben, zeigt

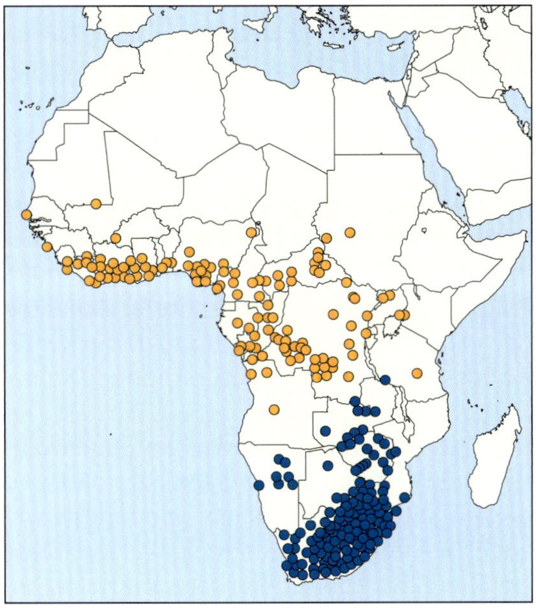

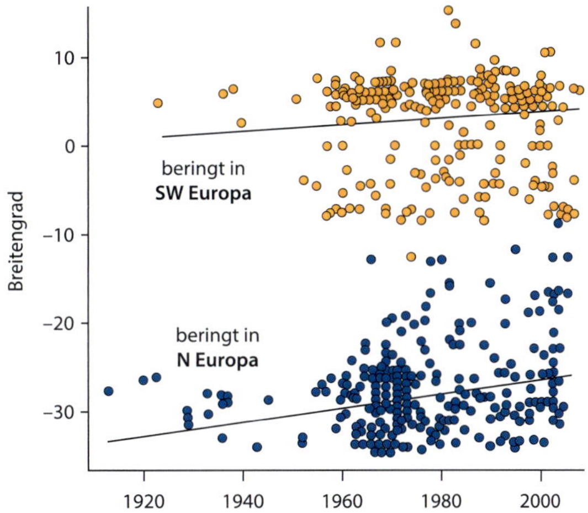


Abb. 576: Links: Verteilung der Funde von in Europa beringten Rauchschwalben im Winter in Afrika (links) und deren Veränderungen über die Zeit (rechts). Orange: in SW-Europa beringt; blau: in N-Europa beringt (nach Ambrosini et al. 2011).

sich bei den im südlichen Afrika überwinternden, nordeuropäischen Rauchschwalben mit 89 km in 10 Jahren eine deutliche Verschiebung ihres Wintergebietes nach Norden.

So sehr also der Klimawandel schon sichtbare Veränderungen im Zugverhalten von Vögeln zeigt, so ist er aber nicht der einzige Faktor und andere – in der Regel durch den Menschen verursachte Änderungen – können die Klimaeffekte überlagern. So ist beispielsweise die Verkürzung der Zugwege litauischer Blässhühner um rund 1000 Kilometer durch das Vorhandensein im Winter eisfreier, warmer Kraftwerk-Speicherseen erklärbar und neue Überwinterungsplätze des Kranichs in Westfrankreich konnten sich durch Intensivierung des dortigen Anbaus von Wintergerste bilden. In Deutschland sind die zunehmenden Überwinterungen von Kranichen durch den verstärkten Maisanbau begünstigt. Auch die Entstehung eines neuen Überwinterungsgebietes mitteleuropäischer Mönchsgrasmücken in Großbritannien ist wohl wesentlich stärker auf das große Angebot geeigneter Fütterungen in Großbritannien als auf Effekte des Klimawandels zurückzuführen. Andererseits können mildere Winter die genannten neuen Verhaltensstrategien durchaus auch unterstützen und in vielen Fällen wird eine klare Trennung zwischen Klimaeffekten und Auswirkungen anderer Umweltänderungen gar nicht möglich sein.

## Klima(wandel) und Körpergröße

Lebhaft diskutiert ist derzeit die Frage, inwieweit der Klimawandel, und hier insbesondere die steigenden Temperaturen, die Körpergröße verringert. Dahinter steckt die als **Bergmann'sche Regel** bekannte Beobachtung, dass endotherme Tiere, so neben den Säugetieren die Vögel, in wärmeren Regionen kleiner sind als in kalten, da in kalten Regionen ein bei größeren Körpern günstigeres Verhältnis von Körperoberfläche zu Körpervolumen die Thermoregulation erleichtert. Deshalb wird ganz allgemein erwartet, dass als Folge der klimawandelbedingten Zunahme der mittleren Umgebungstemperaturen die Körpergröße abnimmt. Die dazu bisher vorliegenden Untersuchungen sind aber nicht einheitlich. Während einige solche Verringerungen fanden, waren diese in anderen nicht zu erkennen oder Arten nahmen mit zunehmender Temperatur sogar zu. In einer australischen Studie an 82 Vogelarten über 50 Jahre zeigten sich sowohl Verringerungen der Körpergröße, insbesondere bei Arten der gemäßigten Zone, keine Veränderungen und Zunahme bei Arten der heißen Regionen Australiens. Auch bei auf der Mettnau-Halbinsel im Bodensee im Herbst gefangenen Durchzüglern zeigte sich kein einheitliches Muster der Veränderung in der Körpergröße bzw. in Körpermaßen, ebenso nicht in einem über 120 Jahre reichenden Datensatz (1889–2010) von in S-Deutschland

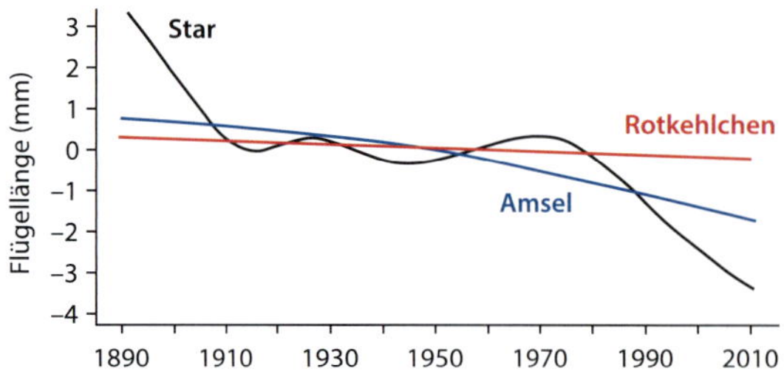


Abb. 577: Veränderungen der Flügellänge (Abweichung vom langjährigen Mittelwert) bei Amsel, Star und Rotkehlchen in S-Deutschland über 120 Jahre (nach Salewski et al. 2014).

gesammelten Vögeln von 11 Arten. Ein universelles Bild zeigt sich also nicht. Dennoch ist es interessant, einige Einzelbeispiele näher zu betrachten.

So nahm bei den S-deutschen Vögeln die Flügellänge bei einigen Arten signifikant und deutlich ab, bei anderen dagegen nicht (Abb. 577). Da die Flügellänge eng mit der Fähigkeit zu Streckenflügen korreliert (s. Kapitel 9), dürfte diese Verkürzung Ausdruck des abnehmenden Zugverhaltens und abnehmender Zugstrecken sein. Amsel und Star sind heute in der Tat in S-Deutschland weniger ausgeprägte Zieher als in früheren Zeiten.

Nicht zu dieser Annahme scheinen Ergebnisse aus Mittelengland zu passen, wo die mittleren Flügellängen von z. B. Amsel und Rohrammer über die letzten Jahrzehnte zugenommen haben (Abb. 578). Doch dies

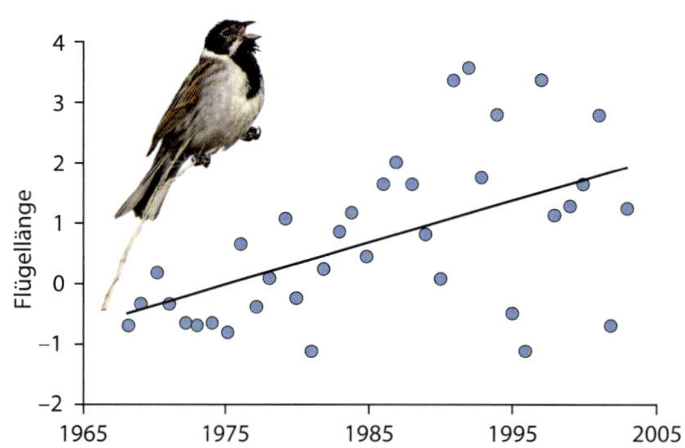


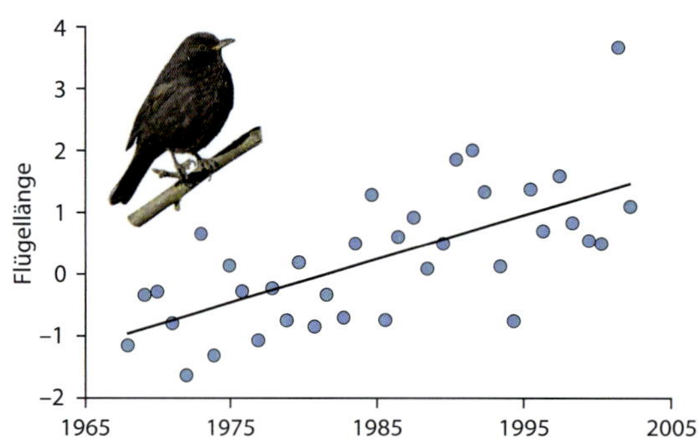


Abb. 578: Veränderungen der Flügellänge (Abweichung vom langjährigen Mittelwert) über die Zeit bei Rohrammern und Amseln in Mittelengland (nach Yom-Tov et al. 2006, Fotos: H.-J. Fünfstück).

drückt nicht ihr geändertes Zugverhalten aus, denn beide Arten sind dort ganzjährige Standvögel. Vielmehr wird dies als Ergebnis der sog. **Allen'schen Regel** gesehen. Sie besagt nämlich, dass bei endothermen Tieren die relative Länge der Körperanhänge (Extremitäten, Schwanz, Ohren) in kalten Klimazonen geringer ist als in wärmeren Gebieten. Folglich würde die beobachtete Zunahme der Flügellänge eine Reaktion auf die klimawandelbedingte Temperaturerhöhung sein.

Die Zusammenhänge zwischen Klimawandel und Körpergröße sind also komplex und derzeit sowohl kausal kaum verstanden wie auch in ihrer Konsequenz spekulativ. Dass sie allerdings von großer Relevanz sein können, zeigt das Beispiel von in der sibirischen Arktis brütenden Knutts.

Kaum eine andere Region ist derzeit so massiv vom Klimawandel betroffen, wie die Arktis. Sie erwärmt sich derzeit mehr als die restliche Welt. Die Folge ist das Auftauen von **Permafrost**-(Dauerfrost-)böden, was das Vordringen von Gehölzen begünstigt und auch die Nahrungssituation für dort brütende Vogelarten verändert.

Junge Knutts ernähren sich in der Tundra vorwiegend von Insektenlarven und anderen Arthropoden. Durch die Erwärmung erscheinen die Insekten früher, das Brüten der Knutts hat sich aber nicht in gleichem Maß verfrüht, weshalb es, ähnlich der oben beschriebenen Situation beim Trauerschnäpper, zu einem „Mis-match" zwischen Nahrungsangebot und Nahrungsbedarf seitens der Knutts kommt. Die Folge davon ist, dass in warmen Jahren mit früher Schneeschmelze, die jungen Knutts schlechtere Ernährungsmöglichkeiten haben, noch verstärkt dadurch, dass in solchen „frühen" Jahren die Insekten kleiner sind, und durch immer wieder auftretende Kaltlufteinbrüche und Bodenfrost viele Insektenlarven sterben. Dieser relative Nahrungsmangel führt dazu, dass in warmen Jahren die Jungvögel kleiner sind und auch kürzere Schnäbel haben als in den kühleren Jahren (Abb. 579). Dies wiederum hat Konsequenzen für ihre Überlebensfähigkeit im W-afrikanischen Überwinterungsgebiet. Dort fressen Knutts nämlich bevorzugt nährstoffreiche Muscheln, die 30–40 mm tief im Boden leben und von den Knutts mit ihrem Schnabel erstochert werden. Mit ihren nach warmen Jahren im Brutgebiet kürzeren Schnäbeln können die jungen Knutts diese Muscheln aber nicht mehr ausreichend erreichen. Vielmehr weichen sie auf minderwertige Nahrung wie sogar die Stengel von Seegräsern aus. Dies hat zur Folge, dass ihre Überlebensrate in Jahren mit früher Schneeschmelze gering ist (Abb. 579).

Auf Island dagegen fanden sich für Uferschnepfen solche Zusammenhänge nicht. Hier sind junge Uferschnepfen in Jahren früher Ankunft größer als in Jahren später Ankunft (Abb. 580). Offensichtlich ist hier das Brutgeschäft „in Phase“ mit dem Nahrungsangebot.

## Kurz-/Mittelstreckenzieher versus Langstreckenzieher?

Generell wird angenommen, dass mögliche Nachteile durch die Klimaveränderung die Langstreckenzieher stärker treffen als die Kurz- und Mittelstreckenzieher, da letztere aufgrund ihrer näheren Überwinterung eher auf Veränderungen in ihren Brutgebieten reagieren können als die Langstreckenzieher, die zudem stärker endogen kontrolliert sind. Die Beobachtung, dass auf Helgoland über die Jahre der Anteil von Fernziehern abnimmt, der von Kurz- und Mittelstreckenziehern dagegen zunimmt (Abb. 581), könnte darauf hindeuten – ebenso, dass es in Europa gerade die Langstreckenzieher, die südlich der Sahara überwintern, sind, aber

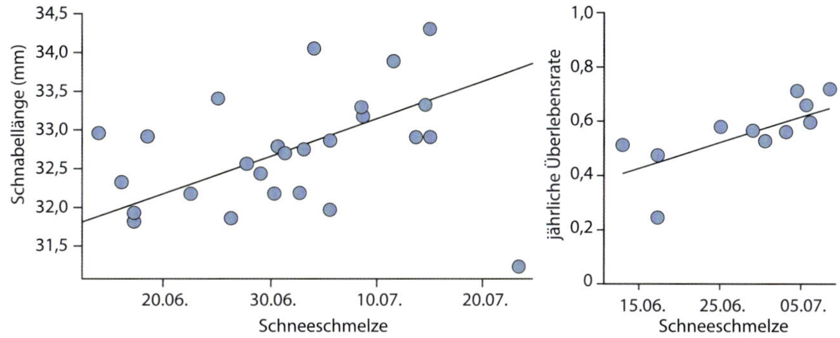


Abb. 579: Links: Schnabellänge junger Knutts, gemessen in einem Rastgebiet an der polnischen Ostseeküste während des Herbstzuges, in Abhängigkeit vom Zeitpunkt der Schneeschmelze in der Arktis. In warmen Jahren mit früher Schneeschmelze erscheinen die jungen Knutts mit kürzeren Schnäbeln als in Jahren mit später Schneeschmelze. Rechts: Jährliche Überlebensrate junger Knutts in Abhängigkeit vom Zeitpunkt der Schneeschmelze in der Arktis (nach van Gils et al 2016).

auch Langstreckenzieher Nordamerikas, die in den letzten Jahrzehnten stärker abnahmen als Kurz- und Mittelstreckenzieher oder Standvögel (s. Kapitel 14).

Die Zunahme des Jungvogelanteils auch bei Langstreckenziehern auf dem Wegzug auf Helgoland impliziert zunächst, dass auch sie von der Klimaveränderung profitieren können. Möglicherweise werden mit der erhöhten Nachwuchsrate aber nur die negativen Auswirkungen der Klimaveränderung auf die Langstreckenzieher abgemildert und die Abnahme der Populationsgrößen wäre ohne diesen Kompensationsmechanismus noch weitaus stärker als bisher beobachtet. Dass diese Bestandsveränderungen der Langstreckenzieher mehr durch andere Faktoren als durch den Klimawandel direkt getrieben sind, lässt sich auch daraus vermuten, dass sich die Langstreckenzieher sowohl auf Helgoland wie in Bayern sich in ihrem langfristigen Ankunftsverhalten nicht von den Kurz- und Mittelstreckenziehern unterscheiden (s. o.).

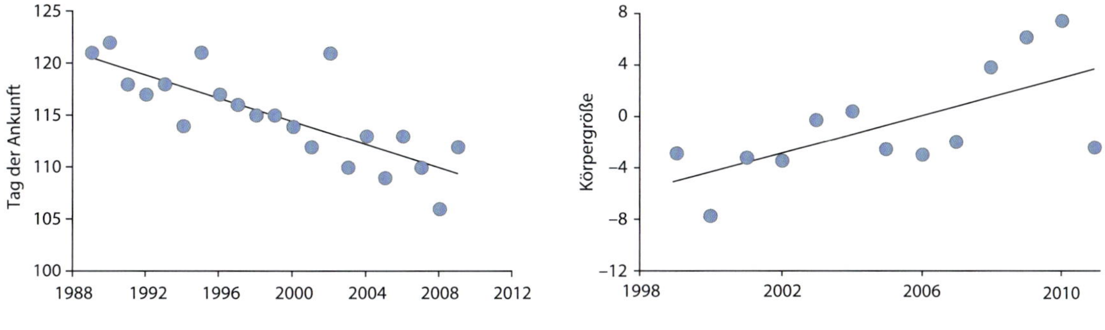


Abb. 580: Mittlere Ankunft von Uferschnepfen auf Island (links) und mittlere Körpergröße (relativ zum Mittelwert aller Vögel) junger Uferschnepfen (y-Achse: Tag nach 1. Januar) (nach Gill et al. 2014).

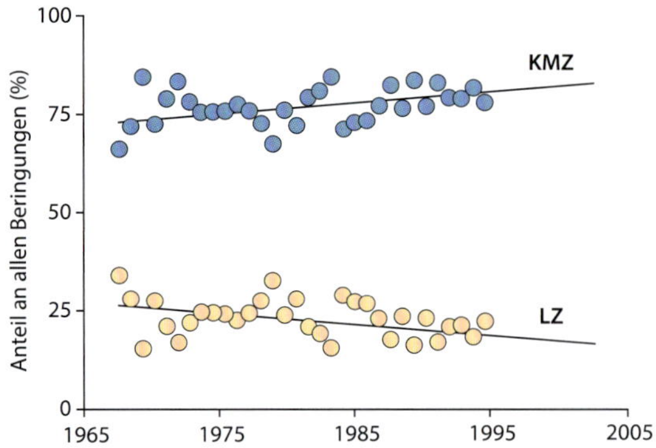


Abb. 581: Verhältnis von im Fanggarten auf Helgoland während des Frühjahrszuges gefangenen Kurz-/Mittelstreckenziehern (KMZ) zu Langstreckenziehern (LZ) (nach Hüppop & Hüppop 2011).

Die Vorteile und Nachteile der Klimaveränderung sind meist nicht eindeutig zu differenzieren. Zudem entfalten sie ihre Wirkung in nicht quantifizierbarem Ausmaß in verschiedenen Jahreszeiten und in ganz unterschiedlichen Regionen. Dadurch ist es schwierig, die Veränderung von Populationsgrößen im Zuge der Klimaveränderung zuverlässig zu interpretieren.

Vorhersagen für die weitere Veränderung von Vogelzugphänomenen und Zugvogelpopulationen sind auch deshalb kaum möglich, weil die zukünftige Veränderung des Klimas aufgrund der hohen Komplexität und kaum bekannter Rückkopplungen des Systems viele Möglichkeiten zulässt. Für die weitere Entwicklung der Bestände der Zugvögel wird es darauf ankommen, ob Zugvögel, insbesondere die Langstreckenzieher, auch in Zukunft genügend flexibel und anpassungsfähig sein werden.

Eine Singdrossel, verendet an einer Leimrute in der Provence. (Foto: Komitee gegen den Vogelmord e.V.)

# Gefährdung und Schutz von Zugvögeln

# 14

Vogelzug als Lebensform ist grundsätzlich nicht „gefährlicher“ als andere Lebensformen – sonst hätte sich Vogelzug als Lebensform nicht als sog. **Evolutionsstabile Strategie** entwickelt –, lediglich die „Herausforderungen“ sind andere. Während ein Standvogel ganzjährig in einem ihm mehr oder weniger vertrauten Raum lebt, ist der Zugvogel während seiner Reisen vielfältigen, immer wieder neuen Situationen und „Gefahren“ ausgesetzt. Sehen wir uns darüber hinaus aktuelle Bestandsentwicklungen in der Vogelwelt an, zeigt sich nahezu durchweg, dass Zugvögel durchschnittlich stärker gefährdet sind und abnehmen als Standvögel (Abb. 582, 583) und Arten, die innerhalb Europas bleiben, durchschnittlich weniger abnehmen als die in Afrika südlich der Sahara überwinternden Langstreckenzieher (Abb. 584). Dies zeigt, dass Zugvögel und hier gerade die Fernzieher zusätzlichen Gefährdungsfaktoren entlang ihrer Zugwege und in ihren Überwinterungsgebieten ausgesetzt sind.

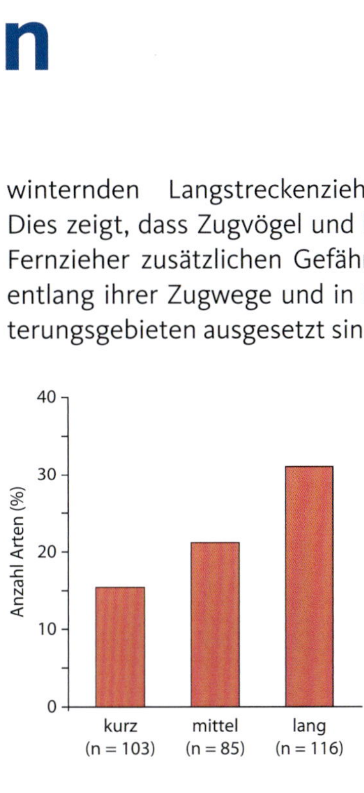


Abb. 582: Anteil gefährdeter Arten, Unterarten und biogeografischer Populationen, die in der „Roten Liste wandernder Vogelarten“ stehen, mit Bezug zur Zugstrategie. Linke Säule: Kurzstreckenzieher; mittlere Säule: Mittelstreckenzieher; rechte Säulen: Langstreckenzieher. Zahlen in Klammern: Anzahl Arten (nach Bauer 2013).

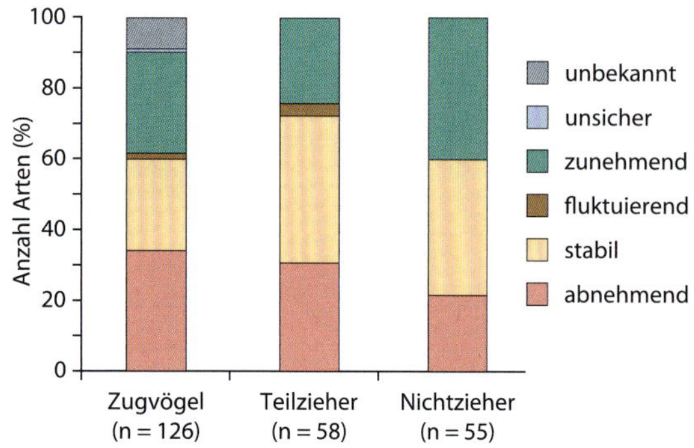


Abb. 583: Bestandsentwicklungen der Brutvogelarten Deutschlands zwischen 2004 und 2016, sortiert nach ihrem Zugverhalten. Zahlen in Klammern: Anzahl Arten (Dachverband Deutscher Avifaunisten, pers. Mitt.).

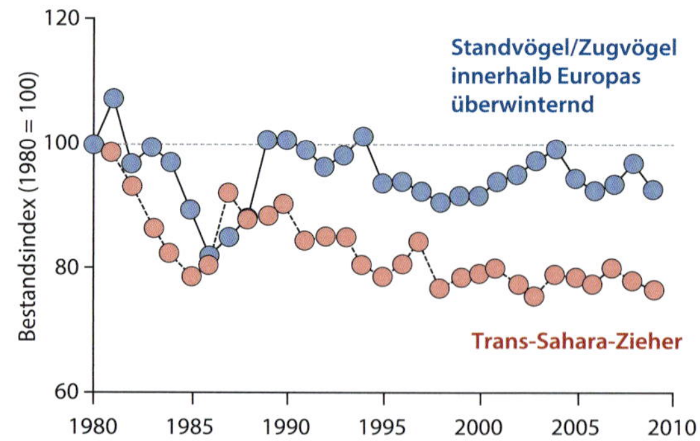


Abb. 584: Bestandsveränderungen europäischer Vögel nach Zugtypen (nach Vickery et al. 2013).

## Verfolgung

Häufig wird menschliche Verfolgung, vor allem illegale und hier insbesondere im Mittelmeergebiet, als große und wichtige Gefährdung für ziehende Arten gesehen. Insbesondere vor 1980, vor dem Inkrafttreten der *Europäischen Vogelschutzrichtlinie* war die Verfolgung von Zugvögeln im Mittelmeergebiet, aber auch in anderen Ländern Europas, weit verbreitet und intensiv. Auch wenn nach 1980 die Intensität in vielen Ländern abgenommen hat (Abb. 585) finden auch heute noch legale wie vor allem aber illegale Jagd und illegaler Fang von Zugvögeln statt. Für in Deutschland beringte Greifvögel und Drosseln ist die direkte menschliche Verfolgung in S-Europa nach wie vor der wichtigste Fundumstand tot gefundener Vögel (Abb. 586). Dies zeigen auch die Ergebnisse für in Deutschland nach 1980 beringte und mit bekanntem Fundumstand gemeldete Totfunde von Seeschwalben, Möwen und Limikolen entlang ihres Zugweges von Deutschland bis südwärts nach Westafrika. 78 % der Funde wurden als „geschossen" oder „absichtlich gefangen und getötet" gemeldet. Auch wenn diese Zahl die wirklichen Todesursachen nicht vollständig widerspiegelt, da auf natürliche Weise gestorbene Vögel, z. B. durch Prädation, Krankheit, Schwäche, Verletzung oder Witterung, nur schwer gefunden werden, so verdeutlicht sie aber doch, dass auch heute noch Verfolgung entlang der Zugwege weit verbreitet ist.

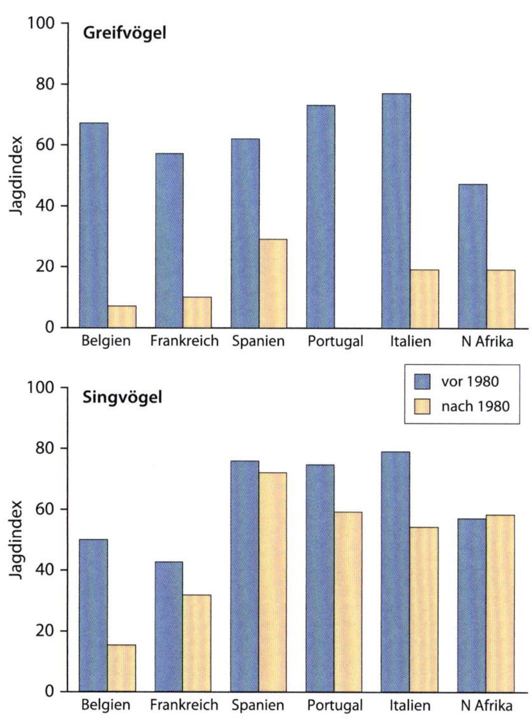


Abb. 585: Intensität der Jagd auf Zugvögel in verschiedenen Ländern Europas und in N-Afrika vor (blaue Säulen) und nach (orange Säulen) 1980 (nach McCulloch et al. 1991).

Eine jüngste Studie von *BirdLife International* schätzt, dass im Mittelmeergebiet jährlich 11–36 Millionen Zugvögel durch illegale Jagd und illegalen Fang zu Tode kommen. Schwerpunkte sind der zentrale und östliche Mittelmeerraum (Abb. 587), wo allein in Italien und Ägypten alljährlich jeweils mehr als 5 Millionen Vögel getötet werden, gefolgt von Zypern und Libanon mit jeweils über einer Million, insgesamt in dieser Region schätzungsweise 25 Millionen Vögel. Am meisten gefangen und getötet werden Haussperling (4,72 Millionen je Jahr), Buchfink (2,88), Mönchsgrasmücke (1,79), Wachtel (1,65) und Singdrossel (1,25). Fünf weitere Arten, darunter Feldlerche und Turteltaube, werden zu je mehr als 500.000 Vögeln getötet. Aber auch weltweit gefährdete Arten sind zu einem erheblichen Anteil ihrer europäischen Populationen darunter, so Moorente (8,5 % des europäischen Bestands), Brachvogel (2,7 %) und Rotmilan (1,6 %).

Neben diesen illegalen Verfolgungen werden viele Zugvogelarten in vielen Ländern aber auch legal entnommen. Eine jüngste Auswertung zur legalen Vogeljagd in Europa schätzt die Zahl jährlich geschossener Vögel auf 53 Millionen, darunter beispielsweise mindestens 500.000 Krickenten, 100.000 Kiebitze, 1,4 Millionen Turteltauben, etwa 900.000 Feldlerchen und nahezu 5 Millionen Singdrosseln. Eine andere Studie schätzt die Zahl innerhalb der EU geschossener Turteltauben auf mindestens 1,4–2,2 Millionen Vögel.

Diese Zahlen lassen langfristig erhebliche Auswirkungen auf die Bestände erwarten, doch bedauerlicherweise fehlen belastbare Studien, die die Größenordnung dieser Auswirkungen mittels populationsdynamischer Modelle prüfen. Was anhaltende Verfolgung bewirken kann, zeigt aber das Beispiel der Weidenammer. Sie zieht zwar nicht durch das Mittelmeergebiet, wird aber zur Zugzeit in China massiv verfolgt und dort zu Abertausenden auf den Vogelmärkten angeboten. Ehemals weit verbreitet und häufig sind ihre Bestände zwischen 1980 und 2013 um 84 % zurückgegangen und man muss mit ihrem Aussterben rechnen, wenn diese Verfolgung nicht bald gestoppt wird. Auch bei mitteleuropäischen Ortolanen ist, bei fortgesetzter Verfolgung in SW-Frankreich mit in jedem Herbst geschätzt 15.000–30.000 getöteten Ortolanen, das Ausstreben der west-, mittel und nordeuropäischen Bestände zu befürchten. Bei der Turteltaube, deren deutsche Brutbestände zwischen 1992 und 2016 um etwa 85 % abgenommen haben, die europäischen zwischen 1980 und 2014 um 79 %, ist die jagdliche Verfolgung in vor allem Frankreich und NW-Afrika mit die wichtigste Ursache für diesen Rückgang.

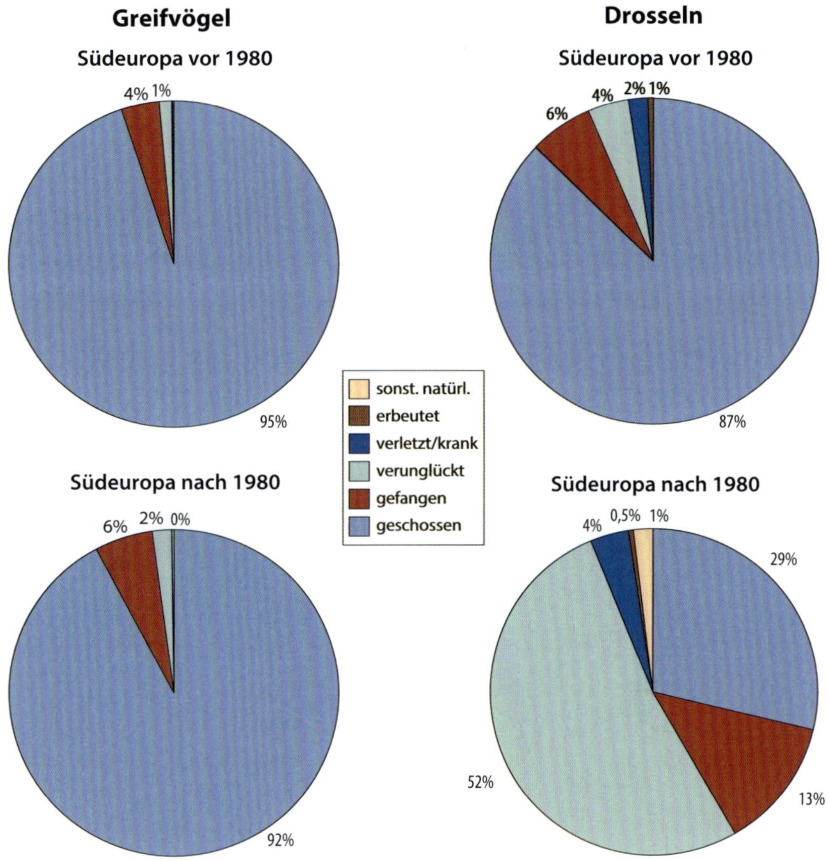


Abb. 586: Todesursachen (Fundumstände) von in Deutschland beringten Greifvögeln und Drosseln in S-Europa vor und nach 1980 (nach Bairlein et al. 2014).

Dass menschliche Verfolgung auch eine sehr häufige Vogelart tatsächlich zum Aussterben bringen kann, zeigt das Beispiel der Wandertaube Nordamerikas. Noch zu Beginn des 19. Jahrhunderts gab es von ihr drei bis fünf

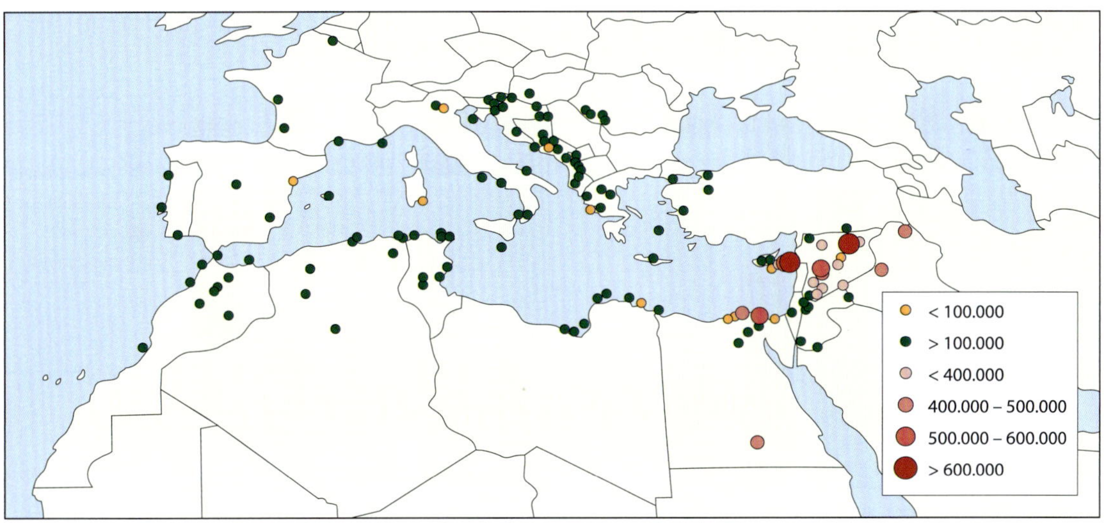


Abb. 587: Ausmaß der jährlichen illegalen Verfolgung und Tötung von Zugvögeln im Mittelmeergebiet (nach Brochet et al. 2016).

Abb. 588: Jagd auf Wandertauben im US-Bundesstaat Louisiana (zeitgenössische Darstellung aus den 1870er Jahren (Illustration: Smith Bennett/wikimedia.

Milliarden Vögel mit teils riesigen Kolonien im östlichen Nordamerika. Massive Jagd auf Wandertauben als „Billigfleisch" führte zu ihrem Aussterben Anfang des 20. Jahrhunderts (Abb. 588). Die letzte wildlebende Wandertaube wurde im Jahr 1900 geschossen; 1914 verstarb die letzte noch lebende Wandertaube, Martha, im Zoo von Cincinnati, USA. Ohne Zweifel war es die massive Verfolgung, die zu ihrem Aussterben beigetragen hat, doch scheinen zum Schluss auch Lebensraumfaktoren beteiligt gewesen zu sein, die kein erfolgreiches Brüten mehr erlaubten.

Verfolgung erfahren Zugvögel aber nicht nur in den Durchzugsgebieten, sondern auch in den Überwinterungsgebieten, so Flussseeschwalben an der Küste Westafrikas, Rauchschwalben an zentralafrikanischen Schlafplätzen, Weißstörche in Afrika (Abb. 589), vor allem im Sudan und in Mali, Turteltauben im Senegal und in Mali oder Knäkenten in Ostafrika. Von der westafrikanischen Küste gemeldete Funde beringter Seeschwalben und Möwen gehen zu 91 % auf direkte menschliche Verfolgung zurück. Dort ist es stellenweise „Sport", Seeschwalben auf dem Meer zu fangen.

In diesen Zusammenhang sind auch die Stellnetze der Fischerei an z. B. der Ostseeküste als Verlustursache zu nennen, die durch zwar (meist) unbeabsichtigten, aber unkontrolliert anhaltenden Fang zu einer erheblichen Mortalität bei Meeresenten sowie See- und Lappentauchern beitragen und inzwischen zum Beispiel bei der Eisente zu einem global schlechten Erhaltungszustand geführt haben. Aber auch Arten wie Sterntaucher, Bergente und Trottellumme können durch Beifänge gefährdet sein.

Weidenammer, Ortolan wie Wandertaube machen deutlich, dass Verfolgung, illegal wie legal, zu massiven Bestandseinbrüchen führen kann. Deshalb darf es keine Zweifel geben: diese unsäglichen Verfolgungen von Zugvögeln, gleichgültig ob illegal oder legal, gerade im Mittelmeerraum, aber auch anderswo, müssen eingestellt werden.

## Beeinträchtigung und Verlust von Lebensraum

Bei aller Notwendigkeit, die illegale Verfolgung von Zugvögeln gerade im Mittelmeerraum anzugehen, für viele bei uns in ihren

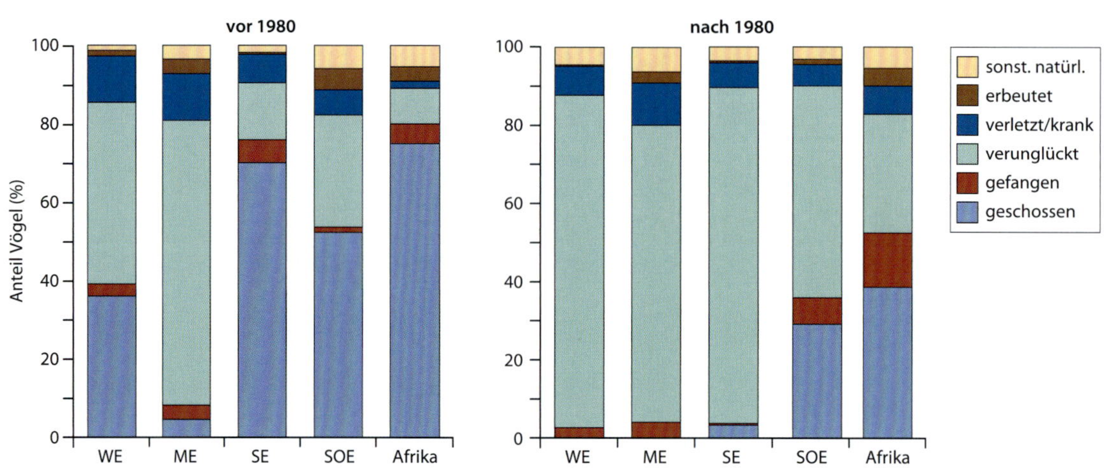


Abb. 589: Todesursachen von in Deutschland beringten Weißstörchen in verschiedenen Fundregionen vor und nach 1980 (WE = W-Europa; ME = Mitteleuropa; SE = S-Europa; SOE = SO-Europa) (nach Bairlein et al. 2014).

Beständen abnehmende Trans-Sahara-Zieher ist sie wohl nicht die primäre Ursache für die Rückgänge. Denn die Mehrzahl von ihnen zieht gar nicht durch die Region der Massenverfolgung im östlichen Mittelmeer. Vielmehr gelangen sie in ihre westafrikanischen Überwinterungsgebiete über das westliche Mittelmeer, wo die Verfolgung heutzutage weniger intensiv ist. Den Fokus von Maßnahmen ganz auf die „Bekämpfung" der Massenverfolgung im östlichen Mittelmeer zu legen, birgt die Gefahr, dass wir maßgebliche Ursachen der Bestandsrückgänge nicht oder zu spät erkennen.

Eine jüngste Analyse der „Roten Listen" der IUCN hat ergeben, dass die wichtigsten „Treiber" des Biodiversitätsverlustes auf unserem Globus die Überinanspruchnahme von natürlichen Lebensräumen und die Landwirtschaft sind. Dies gilt gerade für unsere in Afrika überwinternden Langstreckenzieher, denn für Zugvögel können sich Lebensraumverlust und Lebensraumnutzung in ihrer Wirkung verstärken, da Zugvögel solchen Veränderungen an vielen Orten während ihres Zuges ausgesetzt sind, und es vielfältige sog. **Carry-over-Effekte** zwischen Rast-, Überwinterungs- und Brutgebieten gibt.

Schon bei den in der jüngeren Vergangenheit ersten massiven Bestandseinbrüchen vieler in Afrika südlich der Sahara überwinternden Arten Ende der 1960er Jahre zeigte sich ein enger Zusammenhang zwischen den ökologischen Verhältnissen im Überwinterungsgebiet und der Bestandentwicklung in den europäischen Brutgebieten. So nahmen Dorngrasmücken (Abb. 590) oder Gartenrotschwänze (Abb. 591) sowie auch Purpurreiher bei uns dann ab, wenn in der **Sahelzone** Westafrikas der Regen ausblieb, wogegen in regenreichen Jahren in der Sahelzone die Brutbestände in Europa stabil waren oder sogar zunahmen (Abb. 592).

Dies ist darauf zurückzuführen, dass in regenarmen Wintern die Überlebensrate der dort überwinternden Vögel mangels Nahrungsangebot sehr gering ist, also nur wenige zurückkehren (Abb. 593, 595).

Doch es sind nicht nur diese unmittelbaren Auswirkungen auf die Überlebensrate, auch das nachfolgende Brutgeschäft ist davon be-

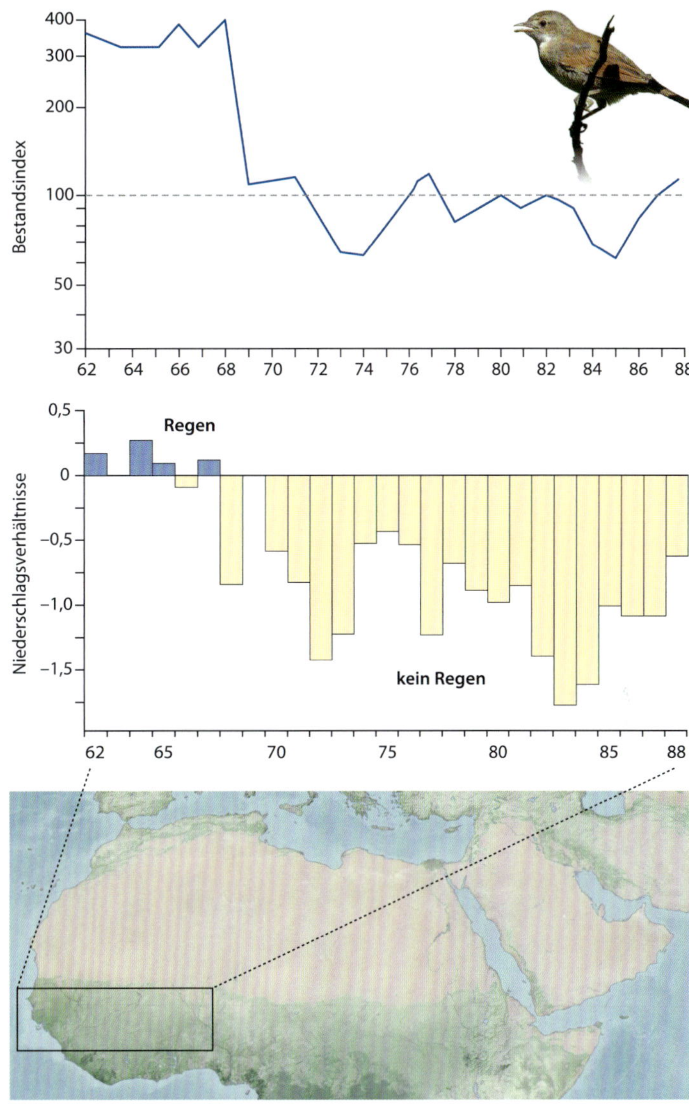


Abb. 590: Bestandsentwicklung der Dorngrasmücke in Großbritannien zwischen 1962 und 1988 (oben) sowie die Niederschlagsverhältnisse (Mitte; jährliche Abweichung vom langjährigen Mittelwert) im Überwinterungsgebiet in W-Afrika (unten) (nach Marchant et al. 1990, Foto: J. Ferdinand).

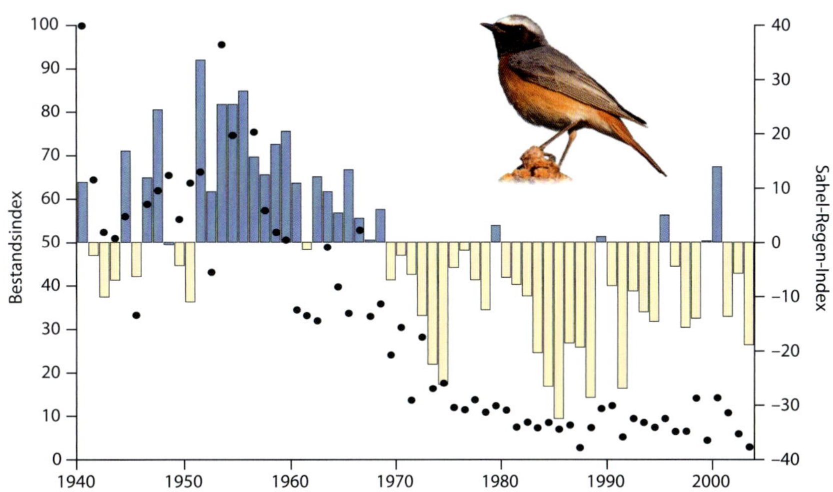


Abb. 591: Jährlicher Bestand von in der Schweiz, in Deutschland und den Niederlanden brütenden Gartenrotschwänzen (Punkte) und jährlicher Niederschlag (Abweichung vom langjährigen Mittel) im Überwinterungsgebiet in der Sahelzone (Säulen) (nach Zwarts et al. 2009, Foto: M. Schäf).

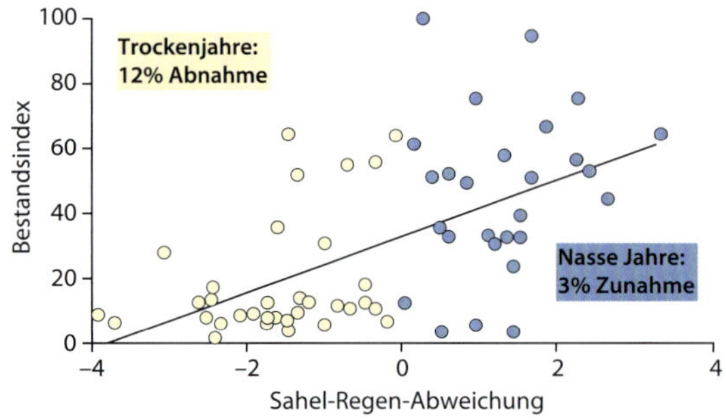


Abb. 592: Zusammenhang zwischen der Bestandsentwicklung von in der Schweiz, Deutschland und den Niederlanden brütenden Gartenrotschwänzen und den Niederschlägen (Abweichung vom langjährigen Mittel) im Überwinterungsgebiet in der Sahelzone. Nach trockenen Jahren (orange) im Überwinterungsgebiet haben die Brutbestände in Europa abgenommen, nach feuchten Jahren (blau) waren sie konstant oder haben sogar leicht zugenommen (nach Zwarts et al. 2009).

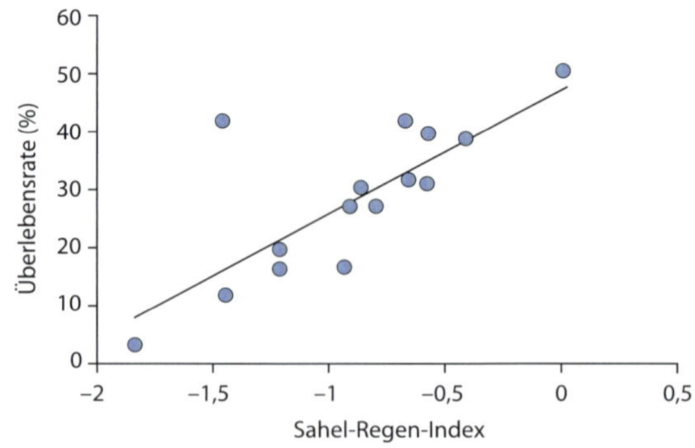


Abb. 593: Zusammenhang zwischen der jährlichen Überlebensrate von Schilfrohrsängern in Großbritannien und den Niederschlägen (Abweichung vom langjährigen Mittel) in der Sahelzone im Winter vorher (nach Peach et al. 1991).

eintrачtigt. So ist die mittlere Gelegegröße von Rauschwalben in Italien nach regenreichen Jahren mit folglich viel grüner Vegetation und damit gutem Insektenangebot in der Sahelzone größer als in vegetationsarmen Jahren (Abb. 594). Bei Weißstörchen ist der Anteil erfolgreich brütender Paare und der Bruterfolg nach in der Sahelzone regenreichen Wintern sehr viel höher als nach regenarmen Wintern (Abb. 595). Offensichtlich fressen sich die Vögel bereits dort Energiereserven an, die nicht nur den erfolgreichen Rückzug ermöglichen, sondern auch zu einem guten Bruterfolg im Brutgebiet beitragen. Auch der Bruterfolg arktischer Gänse und mancher arktischen Limikolen ist davon abhängig, dass sie sich bereits in den Überwinterungsgebieten oder in Rastgebieten während des Zuges die erforderlichen Körperreserven für die nachfolgende Brut anlegen können.

Diese Zusammenhänge zwischen Bestandsentwicklungen von Zugvögeln in den europäischen Brutgebieten und den Niederschlagsverhältnissen in der Sahelzone sind vielfach dokumentiert. In den letzten zwei Jahrzehnten fällt nun aber in der Sahelzone wieder mehr Regen als besonders in den 1960er bis 1980er Jahren,

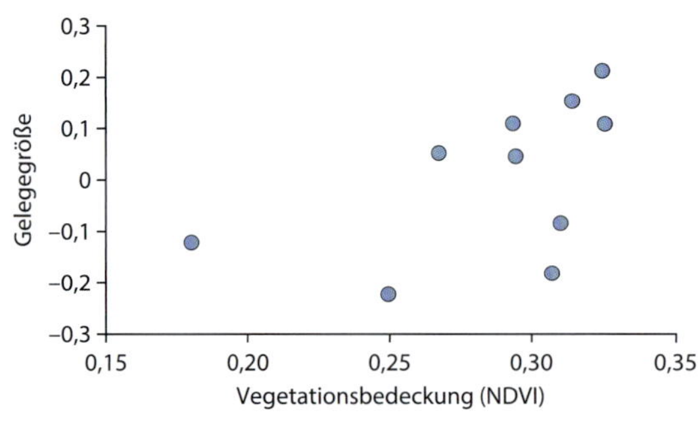


Abb. 594: Zusammenhang zwischen durchschnittlicher Gelegegröße (Abweichung vom langjährigen Mittel) von Rauchschwalben in Italien und der Vegetationsbedeckung (gemessen als NDVI, „Normalized Difference Vegetation Index“; „normierter differenzierter Vegetationsindex“) im afrikanischen Überwinterungsgebiet (nach Saino et al. 2004).

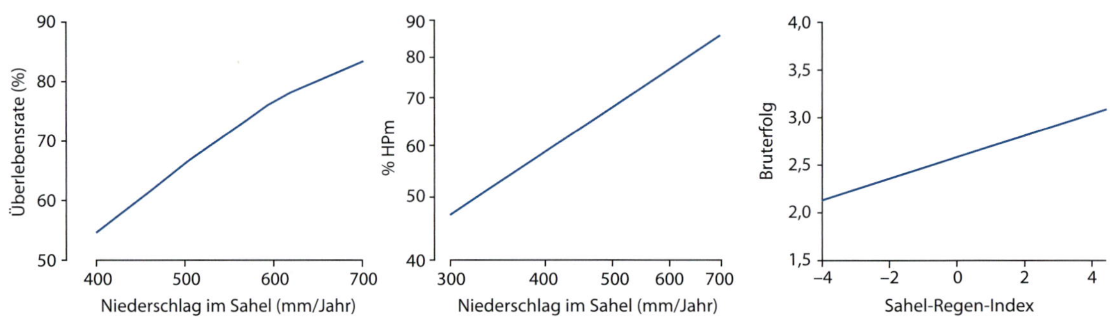


Abb. 595: Zusammenhang zwischen jährlicher Überlebensrate, dem Anteil erfolgreicher Nester sowie dem Bruterfolg von Weißstörchen und den Niederschlägen (beim Bruterfolg als Abweichung vom langjährigen Mittel) in der Sahelzone im vorausgehenden Winter (nach Kanyamibwa et al. 1993 und Bairlein & Henneberg 2000, ergänzt).

dennoch setzen sich die Bestandsrückgänge vieler Zugvögel fort. Offensichtlich ist es doch nicht der Regen (allein), der hier eine Rolle spielt. Jüngste Untersuchungen zeigen, dass es der massive Umbruch in der Landnutzung ist, der diese Regionen derzeit bestimmt, vor allem Landverbrauch und Intensivierung der Landwirtschaft. So hat die Landwirtschaft in Subsahara-Afrika zwischen 1975 und 2000 um 57 % zugenommen (Abb. 596), auf Kosten der natürlichen Vegetation. Nahezu fünf Millionen Hektar an Wald- und Gebüschen gingen je Jahr verloren, wobei die Sahelzone und die nördliche Savannenzone besonders betroffen sind – die Regionen, in denen die Mehrzahl unserer trans-Sahara ziehenden Zugvögel überwintert. Hier gingen 36 % der natürlichen Lebensräume verloren. Dabei ist es nach Zahlen der Welternährungsbehörde FAO (Food and Agriculture Organization) einerseits die direkte Inanspruchnahme von natürlichen Flächen für die **Landwirtschaft** (Abb. 597), zum anderen führt eine enorme Zunahme an Schafen und Ziegen in vielen Teilen der Region zu massiver Überweidung der restlichen natürlichen bzw. naturnahen Lebensräume. Hinzu kommt eine starke Intensivierung der Landwirtschaft mit hohem Einsatz an Kunstdünger und Pestiziden. Diese Veränderungen gehen nicht „spurlos" an unseren Zugvögeln vorüber.

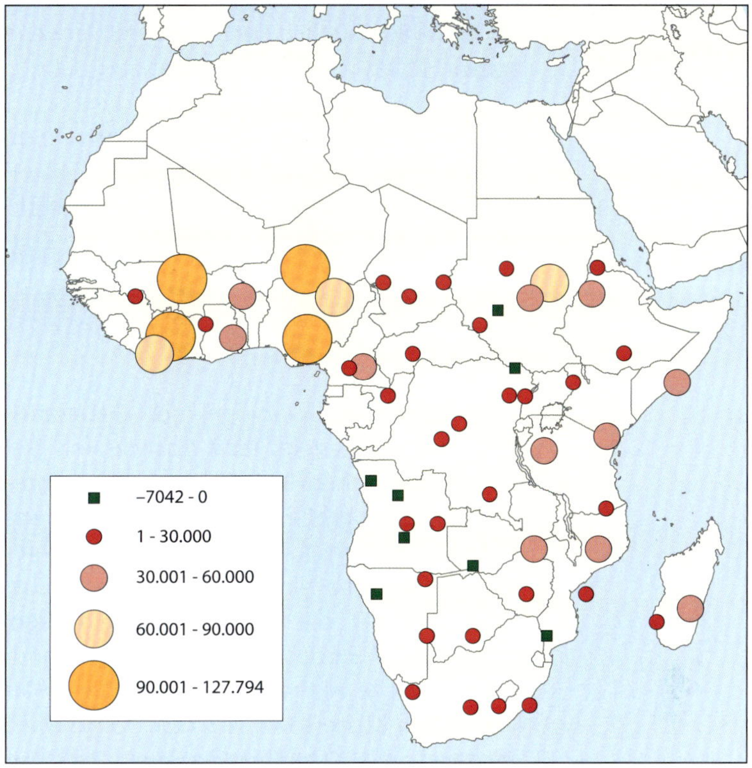


Abb. 596: Zunahme der landwirtschaftlichen Nutzfläche in Afrika zwischen 1975 und 2000 in km² (nach Brink & Eva 2009).

Eine Analyse der Bestandsentwicklungen von 26 paläarktisch-afrikanischen Zugvogelarten in Großbritannien ergab, dass das Überwinterungshabitat der am meisten bestimmende Faktor für die Brutpopulationsentwicklung ist, und dass die Arten besonders stark abnahmen, die entweder offene Baumsavannen oder waldähnliche Lebensräume benötigen. Eine andere Studie von vier Waldvogelarten zeigte, dass ihre Populationsentwicklungen in England nicht durch die Waldstruktur im Brutgebiet, sondern durch Veränderungen in den Lebensräumen außerhalb der Brutzeit bestimmt sind. Die afrikanischen Wintergebiete vieler unserer Zugvögel sind derzeit massiven ökologischen Veränderungen ausgesetzt, die auch nicht durch gegenüber den 1970er und 1980er Jahren wieder vermehrte Regenfälle in der Sahelzone „aufgefangen" werden.

Doch nicht nur die Savannenlebensräume sind massiv von vermehrter Landnutzung betroffen, es sind auch die Waldlebensräume. So sind etwa 80 % der ursprünglichen Primär-

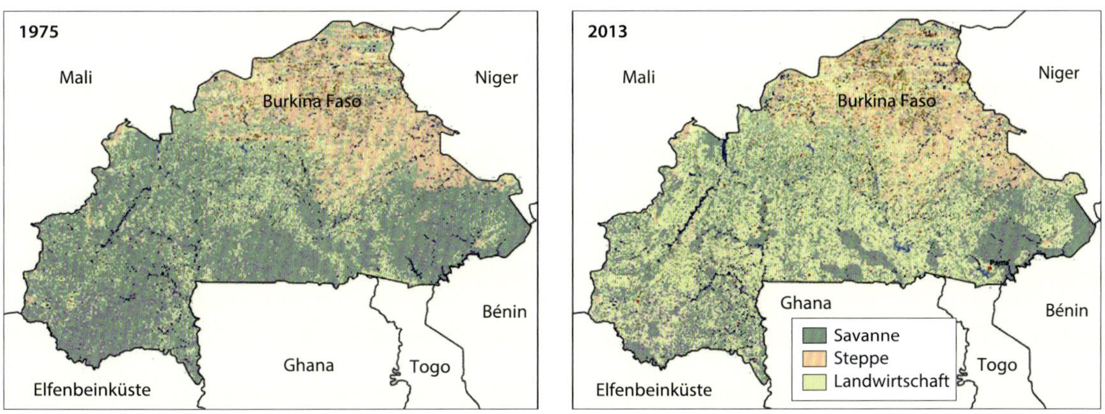


Abb. 597: Lebensraumverlust durch Landnutzung am Beispiel der Veränderungen der Vegetationsbedeckung von Burkina Faso zwischen 1975 und 2013. 1975 wiesen noch große Teile des Landes natürliche Savanne auf (grün); 2013 ist sie durch landwirtschaftlicher Nutzung weitgehend verschwunden (nach CILSS 2016).

wälder Afrikas südlich der Sahara mittlerweile landwirtschaftlich beeinträchtigt.

Massive Habitatveränderungen bestimmen auch die Lebensräume rund um das Mittelmeer. Dadurch haben sich die Lebensumstände für dort rastende und überwinternde Zugvögel verändert, doch die Auswirkungen auf die Bestände unserer Zugvögel sind bisher kaum untersucht.

Für Wasser- und Watvögel des Ostatlantischen Zugweges zeigt eine Analyse von Gefährdungsursachen in Rast- und Überwinterungsgebieten große regionale Unterschiede (Abb. 598). Während in W-Europa vornehmlich landwirtschaftliche Einträge und häusliche Abwässer die Rastgebiete gefährden, sind es in SW-Europa zusätzlich direkte landwirtschaftliche Aktivitäten und an der W-afrikanischen Küste sowie am Golf von Guinea **Fischerei** und **Urbanisation**, aber auch **Intensivierung der Landwirtschaft** in den küstennahen Gebieten, die vielerorts naturnahe Lebensräume vernichtet, und **Vermüllung**.

Lebensraumverluste und -veränderungen für wandernde Arten sind auch bei uns sehr relevant. Der Verlust von **Salzwiesen** am Wattenmeer ist mit großer Wahrscheinlichkeit verantwortlich für den Rückgang der fennoskandischen Brutbestände von Ohrenlerchen, Schneeammern und Berghänflingen. Gerade von Schneeammer und Berghänflingen überwintern etwa 50 % des gesamten fennoskandischen Brutbestandes am Wattenmeer. Durch Eindeichungen insbesondere in der zweiten Hälfte des 20. Jahrhunderts gingen große Flächen an Überwinterungslebensräumen für diese Arten verloren.

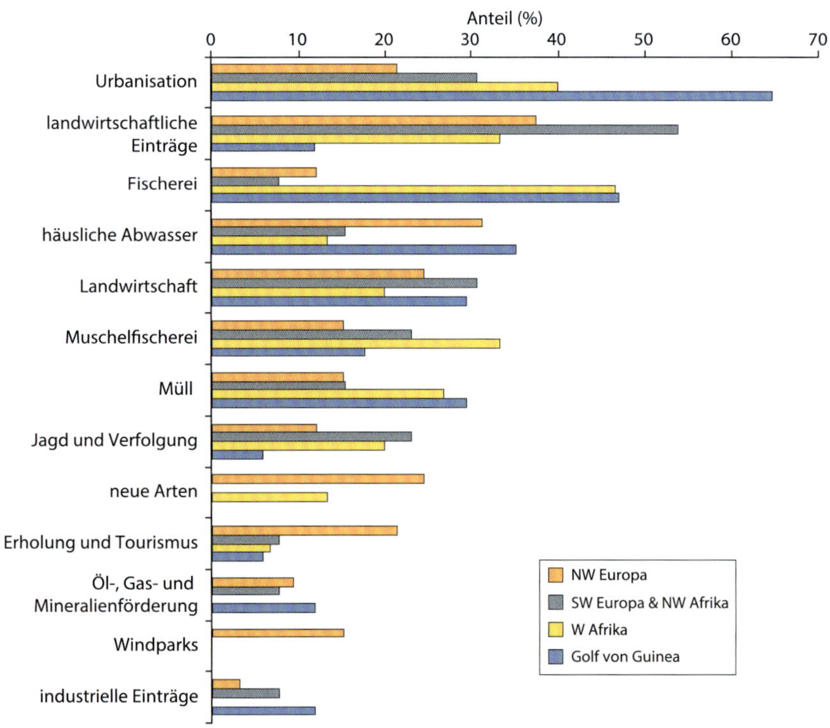


Abb. 598: Gefährdungsfaktoren für Wasser- und Watvögel in Rast- und Überwinterungsgebieten entlang des Ostatlantischen Zugweges (nach van Roomen et al. 2018).

Für viele bei uns durchziehende oder überwinternde Zugvögel dürfte auch das Verschwinden von herbstlichen und winterlichen Stoppelfeldern eine Rolle spielen, da so Nahrungsräume verloren gegangen sind. Die weitgehende Umstellung auf im Spätsommer/Herbst eingesätes Wintergetreide sowie die heute fast flächendeckende Nutzung aller landwirtschaftlichen Flächen führt zu einem Mangel an nahrungsreichen Stoppelbrachen während der Herbst- und Wintermonate. Gleichzeitig vermindert sich durch verbesserte Erntetechniken das Angebot an Samen und Körnern als wichtige Nahrungsgrundlage für viele Offenlandarten wie Lerchen und Ammern. Dies kann zu eingeschränkter Fettdeposition oder erhöhter Wintermortalität führen. Letzteres gilt selbstverständlich auch für die Standvögel. Zunehmende Wintersaat bedingt für Zugvögel aber auch, dass im Frühjahr durch schon recht hoch gewachsene Strukturen kaum mehr Rastflächen zur Nahrungssuche zur Verfügung stehen.

**Überfischung**, **Windparks** sowie **Tourismus** und **Freizeitaktivitäten** schränken die Lebensräume von Zugvögeln ebenfalls ein. So führt bei Vögeln der Binnengewässer die menschliche Freizeitnutzung dazu, dass Rast-, Mauser- und Wintervögel vom Nahrungsangebot her eigentlich geeignete Gebiete nicht mehr in ausreichendem Maße nutzen können. Der zunehmende Erholungsdruck und die Nutzung der Flächen in ehemals störungsfreien Zeiten durch modernes Equipment führt zu einem Ausschluss vor allem der störungsempfindlichen Arten und zu einer größeren Zahl kräftezehrender Ausweichflüge unter den Gastvögeln mit Folgen für ihren Energiehaushalt.

## Klimawandel

Unmittelbare Auswirkungen des Klimawandels auf die Vogelbestände ergeben sich mittel- und langfristig durch den schon oben angesprochenen zeitlichen und räumlichen mis-match zwischen Nahrungsverfügbarkeit und Bedarf der Vögel, der gerade den Bruterfolg mindern kann. Über diesen funktionalen, trophischen Zusammenhang sind Auswirkungen des Klimawandels auf Vogelbestände grundsätzlich gegeben. Aktuell viel bedeutsamer dürfte sich der Klimawandel für Zugvögel aber über die durch ihn bedingten Veränderungen in den Lebensräumen auswirken. Im Winter geringere bzw. jahreszeitlich relativ zum Durchzug der Zugvögel verspätete Niederschläge in NW-Afrika beeinträchtigen oder verzögern die Vegetationsentwicklung und damit die Entwicklungsmöglichkeiten für z. B. Insekten, so dass die rastenden Zugvögel, aber auch die dort überwinternden Zugvögel nicht mehr ausreichend Nahrung für das für den Weiterzug in die europäischen Brutgebiete erforderliche „Auftanken“ vorfinden. Zunehmend geringere Niederschläge bei gleichzeitig steigenden Temperaturen in südlichen Durchzugsgebieten und Überwinterungsgebieten werden also die Rastbedingungen für Zugvögel zunehmend beeinträchtigen.

Hinzu kommt, dass zumindest in weiten Teilen Europas viele Arten heute nur noch kleine Flecken geeigneter Brut-, Rast- und Winterhabitate vorfinden. Wenn eine Verschiebung dieser Gebiete aus klimatischen Gründen erfolgt, ist längst nicht gesagt, dass an den entsprechenden Stellen dann auch geeignete Habitate zur Verfügung stehen.

Eine globale Analyse der zukünftigen Verbreitungsareale von Zugvögeln Mitte des 21. Jahrhunderts erbrachte für 85 % der Arten eine Reduktion des Brutzeitareals, für 65 % eine des Winterareals, wobei für die Arten der Paläarktis eher eine Reduktion der Winterareale wahrscheinlich ist, für nearktische Arten dagegen eher eine Reduktion der Brutzeitareale. Für Arten der westlichen Paläarktis und der Nearktis wird eine Verlängerung der Zugwege um bis zu etwa 1000 km erwartet, für Arten der östlichen Paläarktis dagegen eine Verkürzung um etwa 500 km.

„Mis-match“ und mögliche Veränderungen der Brutzeit- und/oder Überwinterungsareale lassen grundsätzlich verschlechternde und ggf. sogar bestandsgefährdende Auswirkungen des Klimawandels erwarten. Dennoch ist der Anteil des Klimawandels an den aktuellen Bestandsveränderungen gerade der Trans-Sahara-Zieher bisher gering und eher spekulativ.

## Kollisionen, Pestizide, Störungen

Neben vor allem dem Verlust an Lebensraum und direkter menschlicher Verfolgung sind Kollisionen mit menschlichen Bauwerken einschließlich Windenergieanlagen, direkte und indirekte Störungen und Pestizide auch für Zugvögel außerhalb ihrer Brutgebiete nennenswerte Gefährdungsfaktoren, auch wenn ihre Wirkung insgesamt kaum einzuschätzen ist.

**Kollisionen** und Vogelschlag an Fenstern, Glasfassaden, beleuchteten Bauwerken, Stromleitungen, Windenergieanlagen (WEA) und anderen anthropogenen Strukturen sind hinlänglich bekannt. In den USA wurden die jährlichen Vogelverluste durch Anflüge an Glasflächen, Gebäude, Freileitungen sowie Türme und Masten auf jährlich etwa 1,1 Milliarden Vögel geschätzt. In welchem Ausmaß dies Zugvögel betrifft, ist unklar, da diese Schätzungen ein ganzes Jahr betreffen. Allerdings stammen 90 % der am „Posttower“ in Bonn verunglückten Vögeln aus der Zugzeit, und an Hochhäusern in San Francisco, Cleveland und New York City, alle USA, wurden die meisten Kollisionsopfer zu den Zugzeiten im Herbst und Frühjahr registriert. Deshalb ist anzunehmen, dass Kollisionen und Vogelschlag Zugvögel durchaus in besonderem Maße betreffen können. Seit langem bekannt sind die teilweise massenhaften Verluste während der Zugzeit an Leuchttürmen. Auch bei Freileitungen ist anzunehmen, dass sie Zugvögel besonders gefährden, da diese keine Ortserfahrung mit den Leitungen haben und diese zudem für sie bei Start und Landung in der Dämmerung kaum sichtbar sind.

Für Windparks darf vermutet werden, dass sie Zugvögel über dem Flachland kaum beeinträchtigen, da sowohl Tag- wie Nachtzug so hoch über Grund stattfinden, dass sie durch die Anlagen kaum betroffen sind. Dies ist anders bei Windenergieanlagen auf Bergrücken. Bergrücken werden meist sehr bodennah überflogen. So zogen 80 % aller am Randecker Maar (Schwäbische Alb) zwischen 1989 und 1995 registrierter Vögel in Höhen unter 100 m über Grund und damit im „Schlagbereich" moderner Windenergieanlagen. Ähnliches gilt über der offenen See, wo bis zu 60 % der nächtlichen Zugbewegungen gerade bei schlechter Sicht unter 200 m über See erfolgen und damit im „Schlagbereich" der Rotoren.

Einen Hinweis auf die „Gefahr", die von Windenergieanlagen für ziehende Arten ausgeht, geben die Fundumstände von Greifvögeln in S-Europa (s. Abb. 586). Nach 1980 wurde ein großer Teil als „verunglückt" gemeldet. Gerade an „Flaschenhälsen" des Vogelzuges wie in SW-Spanien, am Bosporus oder im Nahen Osten sind deshalb Windenergieanlagen sehr kritisch zu sehen.

**Pestizide**, in der Umwelt toxische oder auch andere Substanzen können Vögel gefährden, möglicherweise Zugvögel sogar stärker als Standvögel, da Zugvögel gerade in ihren Rast- und Überwinterungsgebieten höheren Konzentrationen und/oder anderen Stoffen ausgesetzt sein können. Diese können sie dort akkumulieren mit negativen Auswirkungen auf nachfolgende Brutfähigkeit und Bruterfolg. Ein besonderer „Konflikt" ergibt sich hier beim Reisanbau. Reisfelder sind insbesondere im Mittelmeergebiet, aber auch in W-Afrika wichtige Ersatzflächen für verlorene natürliche Feuchtgebiete, die Wasservögeln Lebensräume bieten. Gleichzeitig werden im Reisanbau aber massiv Pestizide eingesetzt, die zu erheblichen Belastungen von z. B. Fischen führen und somit von den sich in Reisfeldern ernährenden Zugvögeln aufgenommen und angereichert werden können.

Heuschrecken, nicht nur die Wanderheuschrecken, sind in den afrikanischen Winterquartieren für viele Zugvögel eine äußerst wichtige Nahrung. Ihre intensive Bekämpfung mit Insektiziden wird als mitverantwortlich gesehen für den Rückgang in Afrika südlich der Sahara überwinternder Zugvögel, sei es durch vor allem früher direkt toxische Wirkung der verwendeten Insektizide auf die Vögel oder, und vermutlich wesentlich bedeutsamer, durch den Verlust von Nahrung.

Kiebitze in einem Windpark in Brandenburg (Foto: C. Gelpke)

Für ziehende Meeresvögel kann **Ölverschmutzung** ein Sterblichkeitsfaktor sein. So zeigt eine Ringfundanalyse Helgoländer Trottellummen, dass ein erheblicher Anteil (14,7 %) verölt gefunden wurde mit einem Maximum in den 1980er Jahren. Die meisten Ölopfer wurden dabei entlang der Schifffahrtsstraßen in der südlichen Nordsee gefunden. In diesen Gebieten überwintern auch viele nordische Meeresenten.

**Störungen** durch Land- und Fortwirtschaft, Jagd, Industrie, Straßenverkehr, Tourismus oder Freizeitaktivitäten sind für alle Vögel allgegenwärtig, für Zugvögel aber möglicherweise besonders relevant, da sich Zugvögel bei ihren oftmals sehr kurzen Rastdauern während des Zuges nicht an Störungen „gewöhnen" können.

Störungen in Aufenthaltsgebieten wandernder Vogelarten betreffen zum einen einige Wiesenvogelarten, die durch anthropogene Nutzungen von wichtigen Nahrungs- und Rastplätzen ferngehalten werden, vornehmlich aber Wasservogelarten, die zum Teil vollständig von geeigneten Wasserflächen „ausgesperrt" werden. Am augenscheinlichsten ist dies zu beobachten bei den Mauser- und Rastansammlungen einiger Enten- und Seetaucherarten. Am Bodensee sind zum Beispiel einige der nahrungsreichsten Gewässerteile nicht durch Enten nutzbar, weil der intensive Freizeit-, Bade- und Schiffsbetrieb die Vögel von diesen Flächen vertreibt. Angelfischerei gehört zu den wesentlichen Störungsquellen für an Wasser gebundene Vogelarten, insbesondere, wo an Ufern fließender oder auch stehender Gewässer Lebensraum für rastende Zugvögel oftmals nur in schmalen Streifen verfügbar ist.

Ölbohrungen, Störungen durch Wassersport, Schifffahrt und Fischereifahrzeuge können Mauser-, Überwinterungs- und Nahrungsräume von ziehenden und/oder überwinternden Seetauchern und Meeresenten einengen, so wie in den ausgedehnten Grünlandbereichen Norddeutschlands wichtige Nahrungsgebiete von rastenden oder überwinternden Gänsen, Enten und Limikolen durch vor allem Windkraftanlagen beeinträchtigt werden. Arktische Gänse, beispielsweise, vermeiden während ihrer Überwinterung die Nähe von Windenergieanlagen, wodurch sich ihre Nahrungsräume verringern.

Für Zugvögel bisher möglicherweise unterschätzte Gefährdungsfaktoren sind **Elektrosmog** und nächtliche **Lichtverschmutzung**. Viele, wenn nicht alle, nächtlich wandernden Vögel orientieren sich am Magnetfeld der Erde und sind damit auf einen intakten Magnetsinn angewiesen (s. Kapitel 7). Untersuchungen an gekäfigten Rotkehlchen zeigen, dass die Orientierung am Erdmagnetfeld durch elektrische Störung beeinträchtigt ist, wie sie Zugvögel durch den allgegenwärtigen Elektrosmog erfahren. Insofern könnte Elektrosmog die Orientierungs- und damit Zugfähigkeit von Vögeln beeinträchtigen. Auffällig ist, dass besonders die Langstreckenzieher abnehmen, die aufgrund ihrer langen Zugstrecken besonders auf präzise Orientierung während des Zuges angewiesen sind.

Der Magnetsinn für die Orientierung der Zugvögel ist im Auge lokalisiert und von der Wellenlänge des Lichtes abhängig ist. Deshalb ist nicht auszuschließen, dass die zunehmende und sich verändernde nächtliche Lichtverschmutzung eine Auswirkung auf das Orientierungsvermögen nächtlicher Zugvögel hat. Schon bekannt ist, dass die Lichtverschmutzung die Habitatwahl von rastenden Zugvögeln und ihr nächtliches Flugverhalten beeinträchtigt. So änderten etwa 70 % der am „Post-Tower" in Bonn zur Zugzeit nachts beobachteten Vögel ihre Zugrichtung oder kehrten sogar um. Ähnliches konnte an beleuchteten Gewächshäusern beobachtet werden, wo ebenfalls etwa 70 % der nachts vorbeikommenden Vögel durch das Licht in ihrem Zugverhalten irritiert wurden. Während der jährlichen „Tribute-in-Light" Installation in New York zur Erinnerung an den „11. September" werden Zugvögel nicht nur massiv angelockt, sie verändern auch ihre Zuggeschwindigkeit im Bereich von bis zu 2,5 km um die Lichtinstallation. Zudem kann es an nächtliche Lichtquellen zu tödlichen Kollisionen kommen. So verunglückten zwischen Oktober 2006 und November 2007 etwa 20 % der durch die Beleuchtung des Bonner „Post-Towers" angelockten Vögel tödlich.

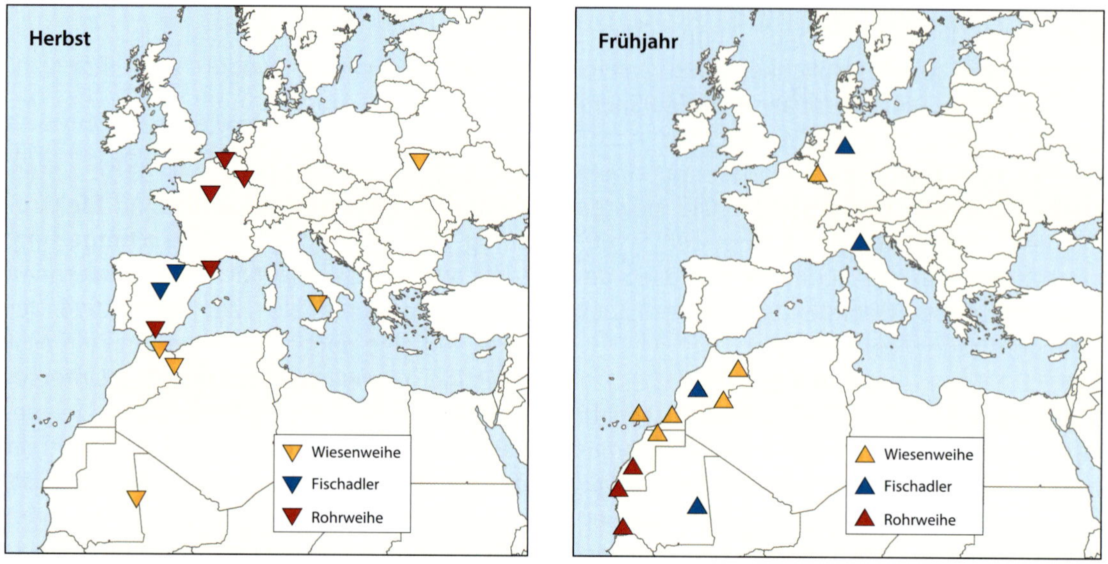


Abb. 599: Orte des Todes während des Herbst- und Frühjahrszuges von mit Sendern markierten Rohr- und Wiesenweihen sowie Fischadlern (nach Klaassen et al. 2014).

## Wer stirbt wann und wo?

Das Beispiel sehr unterschiedlichen Ausmaßes an Verfolgung im Mittelmeerraum verdeutlicht, wie wichtig es ist zu wissen, wo welche Art auf dem Zugweg zu Tode kommt.

Eine Quelle sind die Fundumstände beringter Vögel, eine andere ist die moderne Sendertechnologie, die ermitteln lässt, wo ein besenderter Vogel verstorben ist, aber ebenso, wer überlebt, wodurch auch Aussagen zu Sterblichkeits- bzw. Überlebensraten möglich sind. So zeigt sich für Rohrweihen, dass sie überwiegend während des Herbstzuges in Frankreich zu Tode kamen, die Wiesenweihen dagegen vor allem im Frühjahr in NW-Afrika (Abb. 599).

Britische Kuckucke, die über eine westliche Route im Herbst nach Afrika ziehen, haben eine geringere Überlebensrate als Vögel, die eine Ostroute wählen (Abb. 600). Bei jungen Weißstörchen, die in ihrem ersten Lebensjahr in Europa überwinterten, überlebten 6 von 6 Vögeln das 1. Lebensjahr, bei denen die nach Afrika gezogen sind, nur 13 von 48 Vögeln.

Auch bei niederländischen Löfflern war die Sterblichkeit bei den in Mauretanien über-

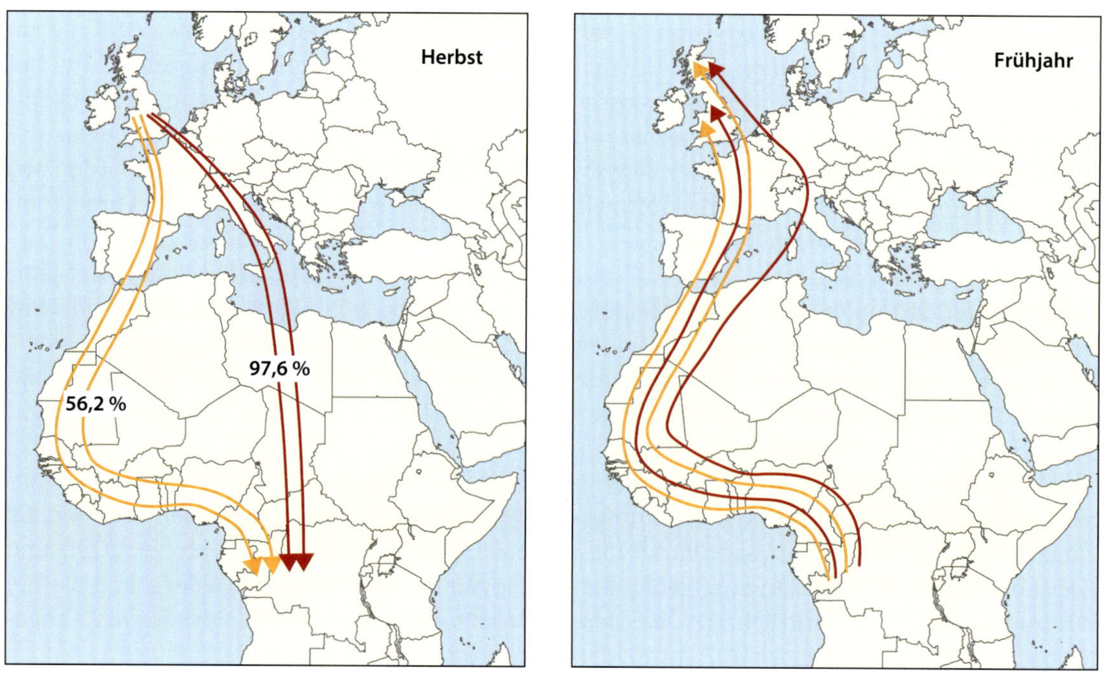


Abb. 600: Britische Kuckucke, die im Herbst auf der Ostroute in ihre afrikanischen Überwinterungsgebiete ziehen, haben eine mit 97,6 % höhere Überlebensrate als die Vögel der Westroute mit nur 56,2 %. Im Frühjahr unterscheiden sich die Zugwege nicht. Die Unterschiede in der Überlebensrate sind also durch verschiedene Bedingungen während des Herbstzuges bestimmt (nach Hewson et al. 2016).

winternden Vögeln höher als bei Vögeln, die den Winter auf der Iberischen Halbinsel oder in Frankreich verbrachten (Abb. 601), wobei für alle die Sterblichkeit während des Frühjahrzuges höher war als zu den anderen Zeiten, besonders hoch aber für die in Mauretanien überwinternden. Während also bei Weißstorch und Löffler die weiter entfernt überwinternden Vögel eine höhere Mortalität hatten, war dies bei isländischen Uferschnepfen umgekehrt (Abb. 602). Hier war die jährliche Sterblichkeitsrate bei den in England überwinternden Vögeln höher als bei in Portugal überwinternden Uferschnepfen. Da auch die in Irland überwinternden Uferschnepfen eine den portugisischen Überwinterern ähnliche, geringere Sterblichkeit zeigen wie die an der englischen Ostküste überwinternden Uferschenpfen, ist anzunehmen, dass es die raueren Winterbedingungen an der englischen Nordseeküste sind, die diesen Unterschied ausmachen, und nicht die Zugweglänge.

Anders als bei den niederländischen Löffler fand sich bei nordamerikanischen Blaurücken-Waldsängern die höchste Sterblichkeit im Jahresverlauf zu beiden Zugzeiten, wogegen im Sommer im Brutgebiet in New Hampshire wie im Winter in Jamaika die Sterblichkeit jeweils sehr gering war (Abb. 603). Insgesamt erfolgten mehr als 85 % der jährlichen Sterblichkeit während der Zugzeiten. Bei Schweizer Rauchschwalben zeigte sich dagegen nur ein geringfügiger Unterschied in der Sterblichkeit zwischen Zugzeiten und den stationären Phasen im Sommer und im Winter und keine Unterschiede in der Sterblichkeit zwischen Altvögeln und Jungvögeln außerhalb der Brutzeit (je etwa 50 % Sterblichkeit). Lediglich in den ersten drei Wochen nach dem Ausfliegen war die Mortalität der Jungvögel stark erhöht. Anders als bei den Rauchschwalben war die Sterblichkeit junger schwedischer Fischadler, Wespenbussarde, Rohrweihen und Baumfalken während der Zugzeiten mit je etwa 30 % allein während der Überquerungen der Sahara wesentlich höher als von Altvögeln mit für beide Zugzeiten zusammen nur 2 %. Bei längerlebigen Arten scheint also die Erfahrung eine große Rolle zu spielen.

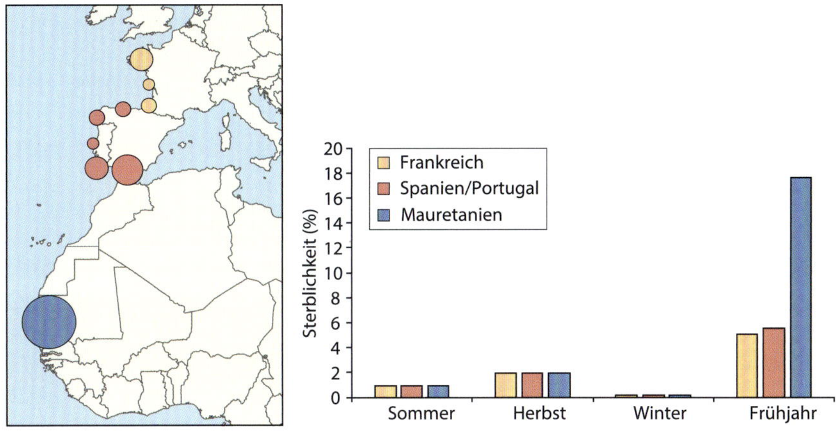


Abb. 601: Sterblichkeit niederländischer Löffler im Jahresverlauf und in Abhängigkeit von ihrer Überwinterungsregion (nach Lok et al. 2015).

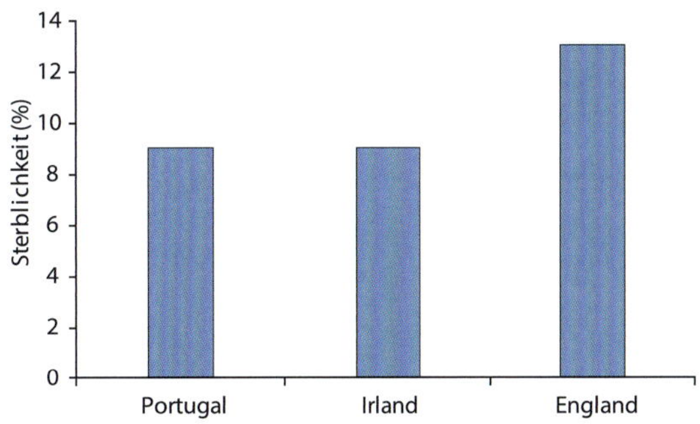


Abb. 602: Sterblichkeit von isländischen Uferschnepfen in Abhängigkeit von ihrer Überwinterungsregion (nach Alves et al. 2013).

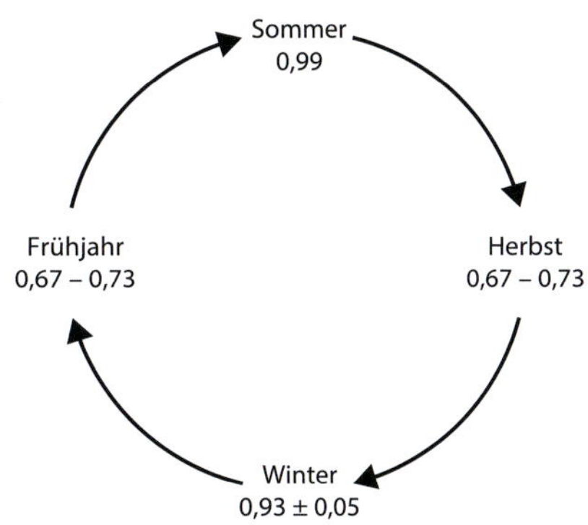


Abb. 603: Überlebensrate von Blaurücken-Waldsängern im Jahresverlauf (nach Sillet & Holmes 2002).

## Schutzmaßnahmen

Zugvögel zu schützen ist komplex, denn Zugvögel können allein durch nationale oder auch übernationale Gesetze und Verordnungen, die nicht den gesamten Zugweg umspannen, nicht vollständig geschützt werden. Es braucht internationale Regelwerke und diese müssen auch umgesetzt werden.

Zugvögel zu schützen ist aber auch komplex, weil sie ggf. Schutz an mehreren bis vielen Orten benötigen und oftmals sehr unterschiedliche Ansprüche haben, aber auch durch unterschiedliche Faktoren betroffen sind.

Ramsar-Schutzgebiet Gülper See in Brandenburg (Foto: C. Moning).

Ist direkte menschliche Verfolgung, legal wie illegal, als Rückgangsursache identifiziert, ist der Schutz davor grundsätzlich vergleichsweise recht einfach, da entsprechende Verbote erlassen werden könnten. Vergleichsweise einfach ist auch der Schutz von Arten mit sehr spezifischen Lebensraumansprüchen, wie viele Wasser- und Watvögel, Binnenland wie Küste, deren Lebensräume leicht identifizierbar sind, die sich in diesen Lebensräumen konzentrieren und damit durch spezifische Schutzgebiete geschützt werden können. Anders und sehr viel komplexer und somit schwieriger dagegen ist der Schutz von all den Arten, die als „Landvögel" weniger konzentriert in sehr spezifischen Habitaten vorkommen als vielmehr eine vielfältige „Landschaft" benötigen.

Diese Komplexität spiegelt sich auch in den **internationalen Konventionen** zum Schutz von Zugvögeln wider.

Das erste internationale Vogelschutz-Übereinkommen überhaupt war die sogenannte **Ramsar-Konvention** (https://www.ramsar.org/) zum Schutz von Feuchtgebieten, die als Lebensraum für Wasser- und Watvögel dienen und von internationaler Bedeutung für den Schutz von ziehenden Vogelarten sind, die in Feuchtgebieten leben. Die Ramsar-Konvention wurde bereits im Jahr 1971 in der iranischen Stadt Ramsar verabschiedet und wurde mittlerweile von nahezu 170 Ländern weltweit unterzeichnet. Weltweit wurden bisher über 2.000 Flächen als Ramsar-Schutzgebiete ausgewiesen. Deutschland ist seit 1976 Mitglied und hat bisher 35 Gebiete ausgewiesen (https://www.bfn.de/themen/internationaler-naturschutz/abkommen-und-programme/steckbriefe-natura2000/ramsar/ramsargebiete.html). Die kleinste dieser Flächen, die Bayerische Wildalm, umfasst lediglich 7 ha, das größte Ramsar-Gebiet Deutschlands ist das Schleswig-Holsteinische Wattenmeer mit 454.988 ha. Seit 2015 ist das gesamte niederländisch-deutsch-dänische Wattenmeer mit einer Größe von 1,2 Mio. ha das größte grenzüberschreitende Ramsar-Gebiet weltweit. Ramsar-Gebiete sind Feuchtgebiete internationaler Bedeutung, die regelmäßig mehr als 1 % der Individuen einer Wasser- und Watvogelpopulation oder -art beherbergen. Dieser Konvention liegt der Gedanke zugrunde, dass, wenn je Population oder Art 50 Gebiete als Feuchtgebiete internationaler Bedeutung geschützt werden, die Hälfte der jeweiligen Population diesem Schutzregime unterliegt und so erhalten werden kann.

Seit 1979 ist die **EU-Vogelschutzrichtlinie** (https://www.bfn.de/themen/artenschutz/regelungen/vogelschutzrichtlinie.html) das zentrale rechtliche Vogelschutzinstrument innerhalb der Europäischen Union und in all ihren Mitgliedsstaaten. Sie regelt – und fordert – die Ausweisung von Europäischen Vogelschutzgebieten als gewichtigen Teil der Gebietskulisse von Natura 2000. Natura 2000 ist ein EU-weites Netz von Schutzgebieten zur Erhaltung gefährdeter oder typischer Lebensräume und Arten. Es setzt sich zusammen aus den Schutzgebieten der Vogelschutzrichtlinie (Richtlinie 2009/147/EG) und den Schutzgebieten der Fauna-Flora-Habitat-(FFH)-Richtlinie (Richtlinie 92/43/EWG). Mit derzeit über 27.000 Schutzgebieten auf fast 20 % der Fläche der EU ist Natura 2000 das größte grenzüberschreitende, koordinierte Schutzgebietsnetz weltweit.

Zugvögel spielen im Schutzregime der Vogelschutzrichtlinie eine herausgehobene Rolle, denn sie werden mit den Arten, für die die höchste Schutzbedürftigkeit besteht (im Anhang I der Richtlinie definiert), auf eine Stufe gestellt. So sind die zahlen- und flächenmäßig geeignetsten Gebiete für die regelmäßig auftretenden Zugvogelarten als Vogelschutzgebiete zu sichern. Außerhalb der EU dagegen erfahren Zugvögel oft nur unzureichenden Schutz, ausgenommen in einzelnen Ländern wie zum Beispiel der Schweiz und Norwegen.

Das für Zugvögel bedeutendste internationale Abkommen ist das **Übereinkommen zur Erhaltung wandernder wild lebender Tierarten** (Convention on the Conservation of Migratory Species of WildAnimals; https://www.cms.int). Das Übereinkommen wurde auf Initiative Deutschlands ins Leben gerufen und seine Schlussakte 1979 in Bonn unterzeichnet, weshalb sie als „**Bonner Konvention**" bezeichnet wird. Es wird vom Umweltprogramm der Vereinten Nationen (United Nations Environment Programme, UNEP) getragen. Mit Stand vom April 2020 haben sich 130 Vertragsparteien (129 Länder und die EU) zur Bonner Konvention verpflichtet mit dem Ziel, gefährdete wandernde Arten gezielt gemeinsam zu schützen. Innerhalb der Bonner Konvention gibt es in ihrer inhaltlichen Ausrichtung mehr spezialisierte Abkommen. Dies sind einerseits völkerrechtlich verbindliche Abkommen, die sog. Agreements, zum anderen völkerrechtlich nicht bindende Abkommen, sog. „MoUs" (Memoranda of Understanding). Hinzu kommen noch sog. Aktionspläne für einzelne Arten (International Single Species Action Plan, ISSAP) oder Gruppen von Arten, die ebenfalls völkerrechtlich nicht bindend sind, in denen sich aber Staaten gemeinsam für den Schutz wandernden Arten einsetzen. Für ziehende Wasser- und Watvögel gibt es das **Afrikanisch-Eurasische Wasservogelabkommen** (African–Eurasian Migratory Waterbird Agreement, AEWA, unterzeichnet 1998). In diesem Abkommen werden alle Enten, Gänse, Schwäne, Watvögel, Möwen oder Seeschwalben behandelt. Im AEWA-Abkommen werden Arten-Aktionspläne für einzelnen Arten oder Artengruppen entwickelt und mit konkreten Schutzmaßnahmen

Feuchtgebiet im Parc Natural dels Aiguamolls de l'Empordà, Spanien (Foto: Gordito1869/ wikimedia)

unterlegt sowie konkrete Handlungsaufträge für die einzelnen Staaten entwickelt.

Für ziehende Greifvögel bedeutsam ist das **Memorandum zur Erhaltung von Greifvögeln und Eulen in Afrika und Eurasien** (African–Eurasian Memorandum of Understanding on Birds of Prey). Der internationale Schutz des Seggenrohrsängers ist ebenfalls in einem MoU verankert.

Während Wat- und Wasservögel, die Greifvögel und einzelne andere Zugvogelarten bereits im Fokus der Bonner Konvention waren, bestand eine große Lücke im Schutz von Vogelarten durch internationale Konventionen im Hinblick auf Landvögel, die in Europa und Asien brüten und den Winter in Afrika verbringen. Diese Lücke zum Schutz einer großen Zahl an Zugvogelarten, wie Kuckuck, Turteltaube, Rauchschwalbe, Dorngrasmücke, Gartenrotschwanz und Co., ist nun aber seit 2014 mit dem „**Aktionsplan Landvögel**" (African-Eurasian Migratory Landbirds Action Plan AEMLAP; https://www.cms.int/en/document/african-eurasian-migratory-landbirds-action-plan-aemlap) geschlossen. AEMLAP ist gleichsam das Pendant zu AEWA, auch wenn er, anders als ein Abkommen, völkerrechtlich nicht bindend ist. Dennoch haben sich die Vertragsstaaten verpflichtet, den Schutz von wandernden Landvogelarten voranzubringen.

Dem AEMLAP für Eurasien und Afrika vergleichbar ist die seit 1990 in der neuen Welt bestehende „Partner in Flight"-Initiative (PIF; https://partnersinflight.org/about/). Sie ist ebenfalls entstanden aus der Sorge um die überproportionalen Rückgänge wandernder Landvogelarten. Sie hat vor allem Arten im Fokus, die aus N-Amerika nach Mittel- und S-Amerika ziehen. PIF hat das besondere Ziel, öffentliche und private Organisationen in den Amerikas zusammenzubringen und ihre Schutzbestrebungen zu koordinieren, um so bestmöglichen Schutz der Zugvögel überall in ihren Jahreslebensräumen zu erreichen.

Spezifisch auf den weltweiten Schutz der Wattenmeer-Zugvögel ausgerichtet ist die **Wadden Sea Flyway Initiative** (WSFI; https://www.waddensea-worldheritage.org/de/brutv%C3%B6gel-und-wandernde-vogelarten), die 2015 aus der Aufnahme des Wattenmeeres in die UNESCO-Liste des Welterbes hervorgegangen ist. Die WSFI ist beim Gemeinsamen Wattenmeersekretariat (CWSS) der Wattenmeeranrainerstaaten in Wilhelmshaven angesiedelt und hat zum Ziel, die Gesamtheit der Schutzaspekte entlang des ganzen Zugweges der Vögel von den Brutgebieten in der Arktis bis zu den entferntesten Überwinterungsgebieten im südlichen Afrika übergreifend zu betrachten und Maßnahmen zur Verbesserung der Schutzsituation überall auf den Weg zu bringen, um den spezifischen Anforderungen der

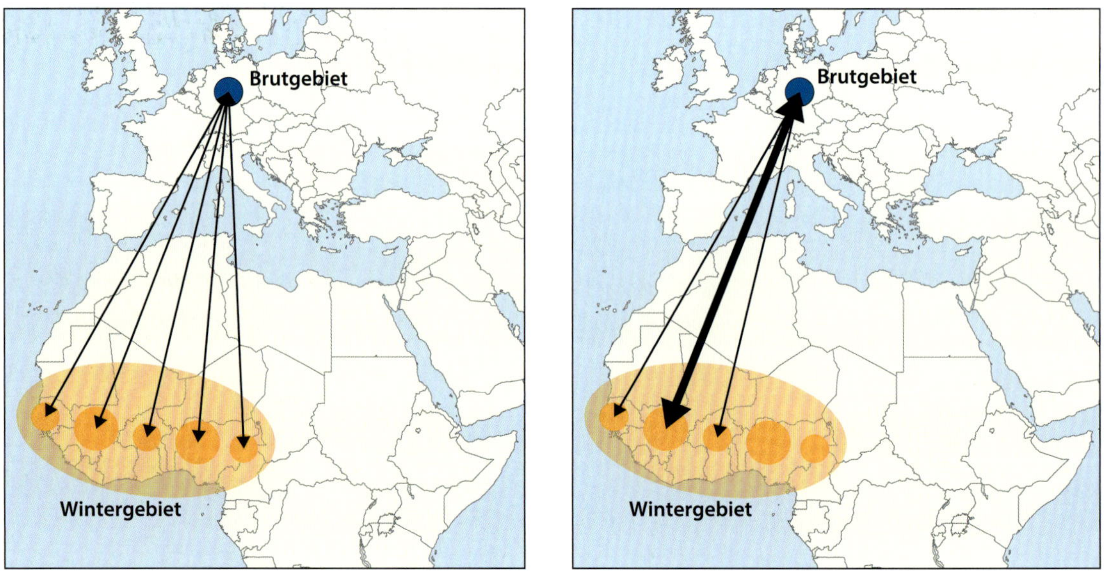


Abb. 604: Schematische Darstellung von Konnektivität zwischen Brutgebiet und Überwinterungsgebiet. Links: schwache; rechts: starke Konnektivität.

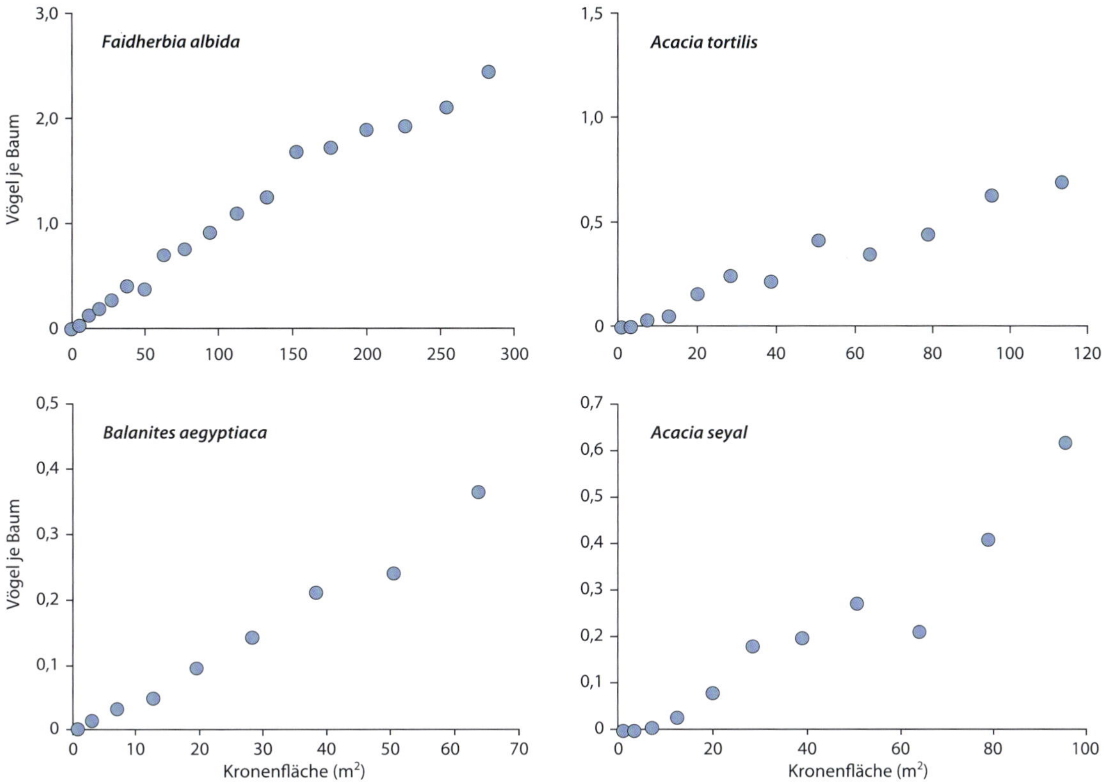


Abb. 605: Zusammenhang zwischen Vogeldichte je Baum und Kronengröße bei vier Baumarten der Sahelzone (nach Zwarts & Bijlsma 2015).

Wattenmeer-Zugvögel gerecht zu werden. Dabei spielen neben den ökologischen Belangen gerade auch Maßnahmen zum sog. **„capacity building"** eine Rolle. Damit sollen die Menschen entlang des gesamten Zugweges, vor allem aber in Afrika, mitgenommen und ausgebildet werden, selbst vor Ort Monitoringvorhaben durchzuführen und das gemeinsame Erbe zu erhalten und zu schützen.

Ohne solche internationalen Abkommen, Vereinbarungen und Initiativen wird Zugvogelschutz nicht vollständig gelingen. Voraussetzung für den Schutz von Zugvögeln ist

Kleinbäuerliche Nutzung der Savanne in Burkina Faso (Foto: F. Bairlein)

Abb. 606: Hülsenfrüchte des Anabaums (Foto: B. Dupont/wikimedia).

aber, dass sie in ihren Brutgebieten den zum Erhalt der Bestände erforderlichen Bruterfolg erzielen. Deshalb ist es unverzichtbar, ihre Lebensräume in den Brutgebieten zu bewahren. Für viele Zugvögel liegt die Hauptursache für den Rückgang nach wie vor in der Entwertung oder Vernichtung von Lebensräumen in den Brutgebieten. Zugvogelschutz ruht auf drei Säulen, den Brutgebieten, den Durchzugsgebieten und den Überwinterungsgebieten. Nur wenn es gelingt, ihre Lebensgrundlagen überall in diesen Gebieten zu sichern, wird es gelingen, den derzeitigen Rückgang vieler Zugvogelarten aufzuhalten.

Eine wichtige Voraussetzung dafür ist es, die sog. **Konnektivität** zwischen Brutgebiet, Rast- und Überwinterungsgebiet zu kennen (Abb. 604). Denn je nachdem, ob eine Art mehrere verschiedene Rastgebiete und/oder Winterquartiere nutzt, oder gar nur jeweils eines, erfordert es unterschiedliche Schutzstrategien. Moderne Tracking-Verfahren für Zugvögel schaffen die Möglichkeiten, diese räumliche und zeitliche Konnektivität aufzuklären. Daneben braucht es aber auch besseres Wissen um die funktionale Konnektivität, um die **Carry-over Effekte** zwischen z. B. Überwinterung und späterem Brüten.

## Schutz im Wintergebiet – ein Beispiel

Viele Trans-Sahara-Zieher überwintern in den Trockengebieten südlich der Sahara oder verweilen hier zur Rast auf dem Weg in und von ihren weiter südlich gelegenen Winterquartieren. Zugleich ist dies eine Region massiven Landschaftswandels durch menschliche Landnutzung (s. o.) mit vielfältigen Auswirkungen auf die Brutbestände von Zugvogelarten.

Studien in der Sahelzone Westafrikas zeigen, dass Zugvögel aus der Vielzahl der Gehölzarten nur etwa 35 % intensiv nutzen. Dabei beherbergen die von den Vögeln genutzten Gehölze umso mehr Zugvögel, je ausgeprägter die Baumkronen sind (Abb. 605). Doch diese Bäume werden oft als Feuerholz „beerntet", sogar gefällt oder von Ziegen stark beweidet. Die Folge ist, dass die Kronen dieser Bäume als Lebensraum für Zugvögel, aber auch für die heimische Fauna zunehmend verloren gehen. Folglich muss es Ziel sein, den Verlust dieser Gehölze zu reduzieren. Wo immer möglich, sollten auch Neupflanzungen der entsprechenden Gehölze vorgesehen werden. Dies kann nur in enger Zusammenarbeit mit der lokalen Bevölkerung und unter Berücksichtigung sozio-ökonomischer Belange und als ganzheitlich vermittelter Ansatz erfolgreich sein. Und es ist möglich: Der Anabaum ist eine in den Trockengebieten Afrikas weit verbreitete Baumart mit ausladender Krone und sehr bedeutend für Zugvögel. Er hat aber darüber hinaus vielfache Vorteile für die lokale Bevölkerung: Er trägt seine Blätter zur Trockenzeit und als Schmetterlingsblütler fixiert und reichert er Stickstoff im Boden an. Dies und die in der Regenzeit abfallenden Blätter düngen unter ihm angebaute Nutzpflanzen, deren Ernteerträge dadurch unter der Krone bis dreifach höher sind gegenüber kronenfreien Anbaus. Seine Blätter und Hülsenfrüchte (Abb. 606) dienen als eiweißreiches Viehfutter und Nahrungsmittel für die Bevölkerung in Notzeiten. Der Erhalt bzw. die Wiederherstellung von Anabaum-geprägten Landschaften fördert also nicht nur die Biodiversität und Zugvögel, er dient gerade auch dem Wohlbefinden der lokalen Bevölkerung. Nur wenn es gelingt, weitere solche Synergien aufzuzeigen und zu vermitteln, werden wir dem massiven Lebensraumverlust in den afrikanischen Winterquartieren unserer Zugvögel entgegenwirken können. Dazu benötigt es besonders aber auch Aufklärung und Ausbildung der lokalen Bevölkerung. Verschiedene Projekte in W-Afrika zeigen, dass es geht, wenn wir es nur wollen.

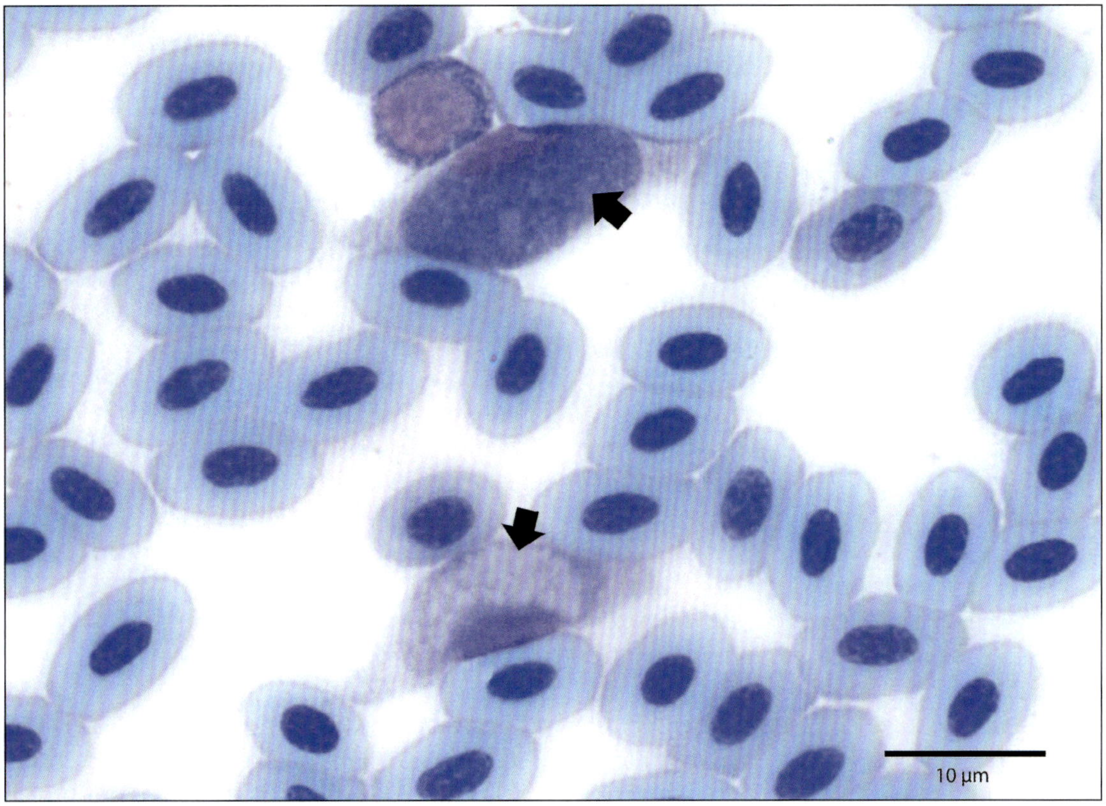


Vogel-Malaria-Erreger *Leucocytozoon* (Pfeile) in Roten Blutkörperchen (Foto: S. Musa)

# Zugvögel – Parasiten – Infektionskrankheiten

# 15

Zugvögel verbinden Kontinente und entfernte Regionen. Vögel können Überträger von humanen Erkrankungen sein und so ist die Rolle von Zugvögeln bei der weltweiten Verbreitung von **Zoonosen** schon oft diskutiert worden, jüngst insbesondere bei der Verbreitung von West-Nil-Virus und Aviärer Influenza („Vogelgrippe").

Weltweit gelten mehr als 800 aller für den Menschen relevanten Infektionskrankheiten als zoonotisch, d. h. Tiere sind das Reservoir, von dem sie auf den Menschen übertragen werden können. 13 % der von Vektoren übertragenen humanen Erreger befinden sich derzeit in Ausbreitung; 75 % von diesen sind zoonotischen Ursprungs. Zoonotische Infektionskrankheiten machen 58 % der menschlichen Erkrankungen aus, sie sind global gesehen viel stärker auf bestimmte Regionen konzentriert als humanspezifische Pathogene und sie kommen überproportional häufig in tropischen Regionen vor. Zugvögel, die ihre Winterquartiere in den Tropen haben, stehen deshalb im Besonderen im Fokus als mögliche Überträger von Zoonosen. Welche Rolle Zugvögel in der Verbreitung von Infektionskrankheiten für Mensch und Tiere haben können und inwieweit die globale Klimaerwärmung hierbei eine zusätzliche Bedeutung hat, ist bisher nur recht wenig bekannt.

In Deutschland sind gut 20 humane Infektionskrankheiten endemisch, die von Schildzecken, Stechmücken oder Nagern übertragen werden. In neuerer Zeit finden zunehmend auch Wildvögel bei der Suche nach den potentiellen Reservoiren von Zoonosen mit humanpathogener Relevanz Beachtung. So sind nachweislich bei mindestens fünf Erregern Vögel als Wirte für ihre Vermehrung bekannt. Darüber hinaus gibt es einige mit Vögeln assoziierte Krankheitserreger, die, wenngleich sie nicht humanpathogen sind, in der Geflügelhaltung mit ihren sehr hohen Individuenzahlen und -dichten erheblichen wirtschaftlichen Schaden verursachen können. Nicht zuletzt kommt auch der Verbreitung von Krankheiten innerhalb der Bestände von Wildvögeln und ihrer Bedeutung für Bestandsänderungen eine wachsende Rolle zu.

Krankheitserreger beeinträchtigen bei Wildvögeln die Überlebensrate, die physische Kondition und den Bruterfolg und sie können zu Änderungen im Verhalten und bei für den Lebenslauf wichtigen Entscheidungen führen. Insgesamt sind über das Ausmaß von Krankheiten und die Folgen chronischer Infektion bei Vögeln im Freiland jedoch erst wenig bekannt.

Vögel können nicht nur die Erreger selbst, sondern auch die Vektoren von Krankheiten über weite Distanzen verfrachten. Häufig erzeugt erst der Mensch durch Massentierhaltung hochpathogene Stämme oder führt unbewusst Pathogene, Vektoren oder Wirte in Regionen ein, in denen sie ursprünglich nicht vorkamen und deshalb keine Möglichkeit für eine gemeinsame Ko-Evolution hatten. Auf Grund klimatischer Veränderungen könnten sich in den kommenden Jahren geografische Vorkommen und Wanderwege vieler Wirtsvogelarten weiter verändern, Vektoren und Pathogene werden ebenso mit Arealveränderungen reagieren, was insgesamt neue Kontaktzonen von potentiellen Wirten und Zoonosen nach sich zieht. So ist die Ausbreitung von Erregern in bisher natürlicherweise pathogen-arme Regionen (z.B. arktische Tundra) möglich, mit möglicherweise fatalen Auswirkungen. Zugvögel können also eine Rolle bei der Verbreitung humanpathogener Infektionskrankheiten spielen. Ihre wirkliche Rolle ist derzeit aber wenig bekannt und sehr spekulativ. Ihre Rolle dürfte aber insgesamt gesehen bei uns recht gering sein – auch, weil viele Zugvögel in trockenen Lebensräumen mit dort geringem Pathogenvorkommen und somit geringem Infektionsrisiko überwintern.

Das Einschleppungsrisiko mit einer Übertragung auf den Menschen gilt besonders hoch bei pathogenen Viren, die an Zugvögel assoziiert sind und auf dem Zug mit Vektoren Kontakte haben, die im Siedlungsgebiet heimisch sind. Dies gilt für von Vektoren übertragene pathogene Viren wie z.B. das Sindbis-, das Usutu- und das West-Nil-Virus. Viren zeichnen sich durch extrem hohe Mutationsraten und das Potential zu horizontalem Gentransfer aus, was ihnen den Sprung auf neue Wirtsarten erleichtert.

## West-Nil-Virus

Das West-Nil-Virus (WNV) ist ein Flavivirus. Die Zoonose hat ihr Reservoir in diversen Vogelarten, Vektoren sind vor allem ornithophile Stechmücken aus der Gattung *Culex*, außerdem spielen auch Schildzecken (Ixodidae) und andere Blut saugende Ektoparasiten eine Rolle. Eine infizierte Mücke steckt einen Vogel an und dieser wiederum überträgt das WNV auf weitere Mücken, die das Virus auch auf andere Tiere und den Menschen übertragen können. Beim Menschen verläuft eine WNV-Infektion meist symptomlos, etwa 20 % der Infizierten entwickeln grippeähnliche fieberhafte Symptome. Infizierte Vögel weisen meist keine klinischen Symptome auf. Doch 1997 wurde in Israel eine aggressivere Variante des Erregers gefunden, die bei infizierten Vögeln neurologisch auffällige Zeichen von Enzephalitis und Paralyse auslöst.

Das Virus taucht in Europa vor allem saisonal in warmen Monaten auf, weil hohe Temperaturen einen positiven Einfluss auf die Virusvermehrung in den Mücken haben. Typische Ausbruchsgegenden sind vor allem Wanderrouten von Zugvögeln, wodurch das Virus auch in nördlichere Regionen gelangen kann, wo es dann vor allem im Sommer von Stechmücken übertragen wird. Das Virus ist über Afrika, Südeuropa und den mittleren Osten bis weit nach Asien verbreitet und hat in jüngerer Zeit Nordamerika erreicht.

Der erste Nachweis des Virus erfolgte 1937 bei einer Frau aus Uganda. In den fünfziger Jahren des vorigen Jahrhunderts kam es in Israel im Zuge einer Epidemie zu Todesfällen. 1960 wurde das WNV erstmals bei Zugvögeln in Frankreich festgestellt. In den Jahren 1996 bis 2000 erfolgten diverse Ausbrüche in Südeuropa und im Nahen Osten (Abb. 607). Dabei wurde von einzelnen Todesfällen bei Menschen berichtet. In den vergangenen Jahren wurden vermehrt Infektionen bei Menschen, Pferden und Vögeln in süd- und südwesteuropäischen Ländern nachgewiesen. Auch wenn WNV in Europa alljährlich regional auftritt, hat es sich bisher nicht flächig etabliert (Abb. 608), sondern wurde bzw. wird vermutlich jeweils aufs Neue von Zugvögeln eingeschleppt. Allerdings darf vermutet werden, dass die mit der Klimaveränderung verbundenen milderen Winter und feuchten, heißen Sommer und stärker und häufiger werdenden Überflutungsereignisse, die eine Massenvermehrung der Vektoren ermöglichen, räumlich begrenzte Ausbrüche auch in Mitteleuropa zunehmend wahrscheinlicher werden lassen. In einer groß angelegten Studie an 3400 Vögeln aus 87 Arten wurde je nach Vogelart eine Antikörperprävalenz von 0 bis 20 % festgestellt. Lediglich in 5 der 87 Arten konnten Antikörper nachgewiesen werden, bei drei von ihnen handelt es sich dabei um stark an Feuchtgebiete gebundene Arten (Weißstorch, Fischadler und Höckerschwan), was die höhere Vektorendichte in diesen Habitaten widerspiegelt. Weiterhin wurde festgestellt, dass die Prävalenz von Antikörpern im Blut von großen Vogelarten höher lag als in dem von kleineren Arten und dass sie in Mitteleuropa bei Jungvögeln deutlich niedriger war als bei Altvögeln. Letzteres legt nahe, dass sich das WNV in Deutschland noch nicht etabliert hat und die Antikörper durch eine transovarielle Übertragung in das Blut der Jungvögel gelangen. Wichtig ist, dass bei keinem der 3400 untersuchten Vögel die Isolation des Virus gelang, was ebenfalls darauf hinweist, dass die Infektion der Vögel mit dem Virus lediglich im Winterquartier oder in Rastgebieten auf dem Zug erfolgte. In einer anderen Studie zeigt sich, dass nach einer experimentellen Infektion mit WNV eine Übertragungswahrscheinlichkeit des Virus von Vögeln auf Mücken lediglich in den ersten vier Tagen nach Infektion hoch ist, was die Wahrscheinlichkeit für ein massives Einschleppen des Virus durch Zugvögel nach Mitteleuropa erniedrigt. Die geringe Virulenz und Letalität des Virus bei afrikanischen wie europäischen Vogelarten ebenso wie auch bei Menschen aus diesen Regionen deuten darauf hin, dass die Entwicklung der Beziehungen zwischen Virus und Wirten über einen längeren Zeitraum mit der daraus resultierenden Möglichkeit der Ko-Adaptation erfolgte.

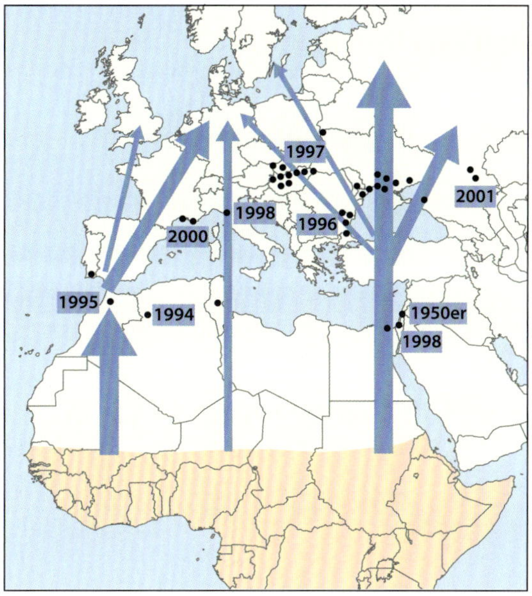


Abb. 607: Ausbruchsgebiete des West-Nil-Virus (Punkte) in Europa, Nordafrika und im Nahen Osten sowie die hauptsächlichen Zugwege europäischer Zugvögel auf dem Frühjahrszug (Pfeile) aus afro-tropischen Winterquartieren (orange) (nach Bairlein & Metzger 2008).

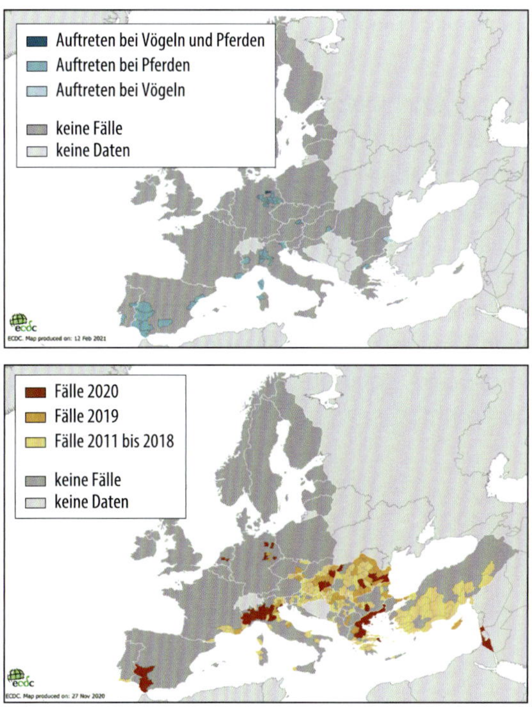


Abb. 608: Auftreten von West-Nil-Virus-Infektionen bei Vögeln und Pferden (oben) und Menschen (unten) in Europa im Jahr 2020 (nach European Centre for Disease Prevention and Control; https://www.ecdc.europa.eu/sites/default/files/images/WNF_Animal_Historical2020.png, https://www.ecdc.europa.eu/en/publications-data/west-nile-virus-europe-2020-human-cases-compared-previous-seasons-updated-26).

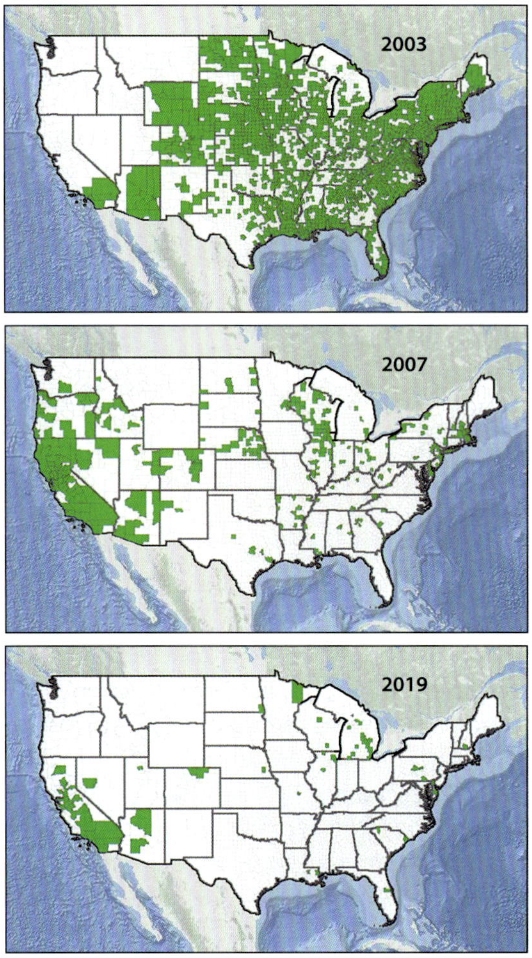


Abb. 609: Nach dem ersten Auftreten des West-Nil-Virus im August 1999 im Zoo von New York hat sich das Virus rasch über den nordamerikanischen Kontinent ausgebreitet und schon 2007 die Westküste erreicht. Mittlerweile ist das jährliche Ausbruchsgeschehen meist nur noch regional. (nach: https://wwwn.cdc.gov/arbonet/Maps/ADB_Diseases_Map/index.html).

Ein zur Alten Welt stark kontrastierendes Bild, das einen Eindruck davon vermittelt, was passieren kann, wenn Zoonosen neue Regionen erreichen, zeigt sich auf dem Nordamerikanischen Kontinent. Hier kam es im Jahr 1999 ausgehend vom New Yorker Zoo zum Ausbruch einer Epidemie. Wie das Virus, das fast identisch mit einem Stamm aus Israel war, in die USA gelangte, ist unklar. Dafür in Frage kommen sowohl infizierte Menschen wie

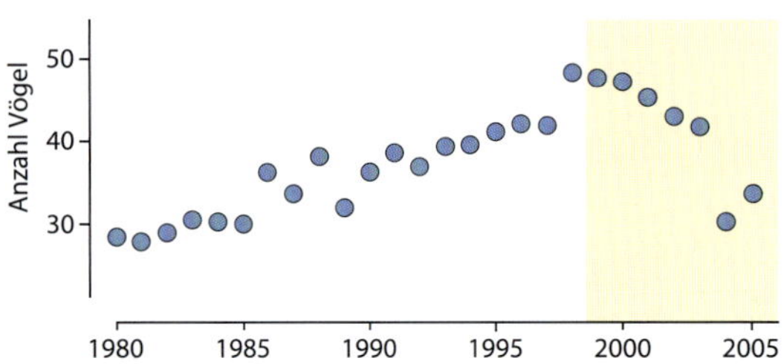


Abb. 610: Bestandsentwicklung (mittlere Zahl Vögel je Brutvogelerfassung) für den NW der USA zwischen 1980 und 2005. Der hinterlegte Bereich gibt an, seit wann WNV in der Region vorkommt (nach LaDeau et al. 2007).

auch Haus- oder Zootiere oder im Flugzeug mitgereiste infektiöse Mücken. Da es keinerlei transatlantische Zugwege von Vögeln aus dem Nahen Osten an die Ostküste Nordamerikas gibt, das erste Auftreten in New York auch nicht in eine Zugperiode fiel, erscheint die Einführung auf einem Zugvogel als extrem unwahrscheinlich. Erste Opfer in den USA waren Amerikakrähen. In wenigen Jahren hat sich das Virus vermutlich mit in Amerika heimischen Zugvögeln über weite Teile Nordamerikas und bis in die Karibik ausgebreitet (Abb. 609). Aufgrund fehlender Ko-Evolution kam es in der Vogelwelt bei vielen weiteren Arten zu einer hohen Mortalität. Speziell auf Vogelgemeinschaften in anthropogen überformten Habitaten, in denen beispielsweise künstliche Bewässerung hohe Stechmückenpopulationen zur Folge hat, hat WNV in N-Amerika einen starken Einfluss auf Vogelbestände (Abb. 610). Auch Menschen fielen dem Virus zum Opfer. WNV gilt inzwischen als fest in Amerika etabliert, ist aber in der Fläche nicht mehr so verbreitet, sondern tritt überwiegend nur noch lokal auf, vermutlich weil mittlerweile eine Adaptation an das Vorkommen von WNV stattgefunden hat.

## Usutu-Virus

Das Usutu-Virus (USUV) ist wie das WNV ein durch Stechmücken übertragenes Flavivirus, als Wirte gelten Vögel verschiedener Arten. Bei Vögeln ist eine USUV-Infektion oft tödlich, beim Menschen meist symptomfrei oder mit geringen grippeähnlichen Beschwerden, schwere Krankheitsverläufe sind selten.

Außerhalb Afrikas wurde das Virus zum ersten Mal 2001 in Österreich festgestellt, wo es in Wien in der Zeit zwischen Juli und September zu einer Epidemie mit hohen Mortalitätsraten in der dortigen Population der Amsel kam. Allerdings zeigen retrospektive Studien aus Italien, dass das Virus mit hoher Wahrscheinlichkeit erstmals 1996 oder sogar früher in Europa aufgetreten ist. Wie das Virus nach Wien gelangte, lässt sich nicht eindeutig belegen, ein Eintrag auf Zugvögeln kann jedoch nicht ausgeschlossen werden. Nachträglich konnte nachgewiesen werden, dass das Virus bereits im Jahr 2000 in Amseln in Wien vorkam, wenngleich aus diesem Jahr kein auffälliges Amselsterben bekannt geworden war. Eine Persistenz des Virus in überwinternden Stechmückenweibchen wird angenommen. Auch wurden fast alle tot gefundenen Amseln aus Gebieten, in denen im Vorjahr ein Amselsterben stattgefunden hatte, auch im Folgejahr positiv getestet. Auffällig ist, dass neben Amseln kaum andere Vogelarten betroffen scheinen. Neben Österreich sind für Mitteleuropa bisher vier USUV-Ausbrüche dokumentiert (2005–2006 in Ungarn, 2006–2009 in der Schweiz, 2006–2008 in Italien und seit 2011 in Deutschland), die zu regional und zeitlich begrenzten, teilweise auch massivem Vogelsterben vorrangig bei Amseln führten. So ergaben Daten der „Stunde der Wintervögel“ des Naturschutzbundes Deutschland (NABU) für den Winter 2011/12 in dem von USUV im Sommer 2011 besonders heimgesuchten Gebiet der Oberrheinebene zwischen Mannheim/Ludwigshafen im Süden und Worms im Norden nur 0,75–1 Amseln pro Garten und damit deutlich weniger Vögel als der bundesweite Durchschnitt von 2,76 Amseln/Garten sowie der weiteren Umgebung der Oberrheinebene mit 1,5–3 Amseln/Garten. Auch 2012 hielt dieses regional massive Amselsterben an. Mittlerweile ist USUV nahezu überall in Deutschland nachgewiesen (Abb. 611).

Wie schon für WNV fällt die Prävalenz auch bei USUV in die Sommermonate. Es fällt auf, dass das Virus überwiegend auf Standvögel lethal wirkt. In den Epidemiegebieten tot gefundene Vögel anderer Arten wurden auf USUV fast immer negativ getestet. Eine umfassende Untersuchung an unterschiedlichen Vogelarten in Großbritannien in den Jahren 2001/02 ergab bei einigen Arten teilweise hohe Prävalenzen von Antikörpern, wenngleich die Suche nach dem Virus selbst negativ blieb.

## Aviäre Influenza („Vogelgrippe“, Geflügelpest)

Keine Zoonose rückte in den letzten Jahren weltweit stärker in das Interesse der Öffentlichkeit und wurde bezüglich ihres Gefahrenpotentials und ihrer Ausbreitungsmechanis-

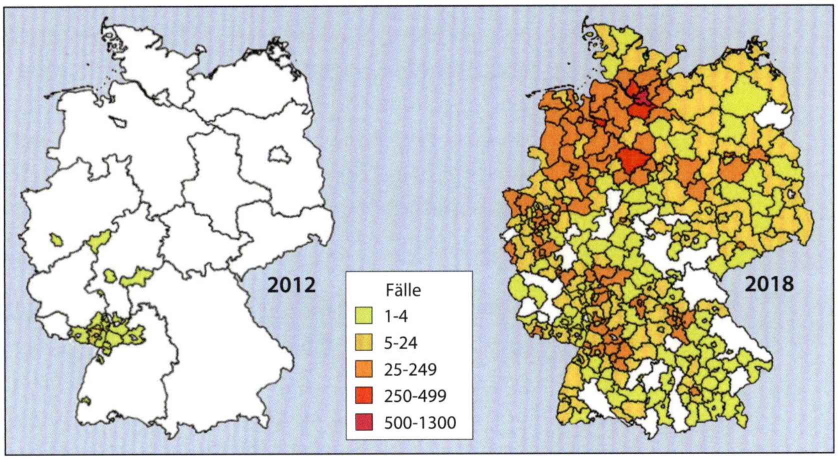


Abb. 611: Nach dem ersten Nachweis des USUTU-Virus in Deutschland im Jahr 2010 und einem in 2011 und 2012 vor allem auf die nördliche Oberrheinebene begrenzten Vorkommen ist das USUTU-Virus mittlerweile nahezu überall in Deutschland nachgewiesen (Karte: Bernhard-Nocht-Institut für Tropenmedizin; https://www.nabu.de/tiere-und-pflanzen/voegel/gefaehrdungen/krankheiten/usutu/26311.html.

men kontroverser diskutiert als die Aviäre Influenza (AI). Sie ist eine durch Viren hervorgerufene Tierseuche, von der insbesondere Geflügel und wildlebende Wasservögel betroffen sein können. Bei einer Infektion mit den aggressiveren Virusstämmen führt sie meist zum Tod der infizierten Vögel. Einige Varianten der Geflügelpest-Viren sind in Einzelfällen auf Menschen und andere Wirbeltiere übertragbar. Der AI-Erreger ist ein Subtyp der Influenza-A-Viren, von denen seit langem bekannt ist, dass sie ihr natürliches Reservoir als schwach pathogene Influenza-Stämme (LPAI) in Wildvögeln haben. Die meisten der unterschiedlichen Subtypen wurden in verschiedenen Wasservogelarten nachgewiesen, in denen sie in der Regel asymptomatisch bleiben. Mehrere Untersuchungen in wilden Wasservogelgemeinschaften zeigten zum Teil hohe Antikörperprävalenzen gegen einen oder auch mehrere dieser Subtypen. Über die Inkubationszeiten und die Pathogenität für die Vögel sowie über die Reservoire der einzelnen LPAI-Stämme ist nach wie vor wenig bekannt. Grundsätzlich scheinen Wasservögel sowie See- und Küstenvögel auch an manchen hochpathogenen AIV (HPAIV) weniger anfällig zu erkranken. Als Zugvögel können sie so Vektoren sein und AIV entlang ihrer Zugwege verbreiten. Inwieweit jeweils Zugvögel Einträger der in jüngerer Zeit wiederholt beobachteten Ausbrüche von AI sind oder AIV sich mittlerweile auch in W-Europa etabliert hat, lässt sich nicht zweifelsfrei klären. Allerdings wird heute nicht mehr davon ausgegangen, dass ein einzelner infizierter Zugvogel das Virus über lange Strecken trägt und so das Virus aus z. B. südostasiatischen Ausbruchsgebieten direkt nach Europa bringt. Dazu passen auch in vielen Fällen die Ausbruchsereignisse weder zeitlich noch räumlich zum unmittelbaren Zugablauf und Zugverhalten. Vielmehr dürfte es eine räumlich und zeitlich schrittweise Kaskade der Weitergabe sein, eine staffettenartige Übertragung und Ausbreitung aufgrund der Überlappung von Brutgebieten und Zugrouten.

Manche Wildvögel können also Verbreiter von auch HPAIV sein, zugleich aber auch „Opfer", wenn beispielsweise aufgrund mangelnder hygienischer Bedingungen oder der Verwendung von Geflügelkot als Dünger in der Landwirtschaft HPAI-Erreger ins Freie gelangen, wo sie in der Lage sind, Wildvögel zu infizieren. Solche HPAI-Ausbruchsereignisse werden in der Regel dadurch erkannt, dass es zu erhöhter Mortalität bis zu Massensterben bei bestimmten Wasservogelarten kommt. Allerdings ist über die Prävalenz von AIV, ihre Infektiosität, Inkubationszeit sowie Pathogenität und Mortalität von gerade HPAIV auf Wildvogelarten und die Persistenz des Virus in einzelnen Vogelarten im Freiland wenig bekannt. Darüber hinaus ist unklar, wie lange ein Vogel Virus-Ausscheider bleibt und inwieweit er eventuell in der Lage ist, trotz einer Infektion mit HPAIV auf dem Zug noch weite Strecken zurückzulegen. Mit Sicherheit wirken auf den Krankheitsverlauf neben der Artzugehörigkeit diverse Umweltparameter wie Dichte der Population und Nahrungsverfügbarkeit aber auch intrinsische Faktoren wie einerseits Immunstress oder andererseits eine Teilimmunisierung aufgrund vorheriger Exposition zu LPAI-Stämmen.

Abb. 612: Schafstelze mit *Hyalomma*-Zecken aus dem afrikanischen Winterquartier (Foto: B. Metzger).

Ob und inwiefern eine Klimaveränderung die Ausbreitung von HPAI begünstigt, ist kaum abschätzbar, wenngleich beispielsweise die Zunahme von extremen Wetterereignissen bei Vögeln vermehrt physiologischen und damit auch Immunstress auslösen kann, was sie auch für AI-Viren anfälliger werden ließe. Allerdings reduziert sich bei höheren Temperaturen und zunehmender Trockenheit die Überlebenswahrscheinlichkeit des Virus außerhalb des Körpers. Zudem dürften mildere Winter die Fälle reduzieren, in denen es auf Grund von anhaltenden Eislagen zu einer Verdichtung von Wasservögeln an wenigen „Eislöchern" kommt, so wie dies im Februar 2006 auf Rügen der Fall war.

## „Riesenzecke" Hyalomma

Neben vielen weiteren auf Vögel als Wirte beschränkten Virosen gibt es auch noch eine ganze Reihe derzeit recht seltener viraler Zoonosen mit humanpathogener Relevanz, die ihre Reservoire in Zugvogelpopulationen haben. Zu diesen zählen z. B. das Sindbis- und das Bahig-Virus sowie das Hämorrhagische Omsk- und Krim-Kongo-Fieber. Sie alle besitzen theoretisch das Potential, sich im Zuge des Klimawandels aus ihren momentan räumlich begrenzten Endemiegebieten mit Zugvögeln auszubreiten.

Das Krim-Kongo-Hämorrhagische-Fieber (CCHF-)Virus ist hierfür ein Beispiel. Aufgrund hoher Mortalitätsraten beim Menschen und vermehrten Epidemien in jüngerer Zeit z. B. in der Türkei, ist diese Zoonose von steigendem humanmedizinischem Interesse. Hauptvektor von CCHF ist die Schildzecke *Hyalomma marginatum* (Ixodidae). *H. marginatum* ist endemisch in Afrika, im Mittleren Osten und in Südeuropa, sie hat mittlerweile aber auch Deutschland erreicht, höchstwahrscheinlich eingetragen von Vögeln auf dem Heimzug. Zahlreiche Vogelarten sind

Wirte der immaturen Stadien von *H. marginatum*. Als sogenannte Zweiwirte-Zecke bleibt die Larve bei der Häutung zur Nymphe auf demselben Wirt festgeheftet, wodurch sich die Zeit auf dem ersten Wirt verlängert. Dadurch können Langstreckenzieher die Zecken auf dem Heimzug im Frühjahr über weite Distanzen aus ihren afrikanischen Winterquartieren und Rastgebieten nach Europa transportieren. Von mehr als 2000 auf der italienischen Insel Ventotene während des Frühjahrszuges untersuchten Durchzüglern fanden sich auf etwa 5 % *H. marginatum* mit einer Dichte von durchschnittlich 1,9 Zecken je infiziertem Vogel, wobei ausschließlich Fernzieher befallen waren. Auf der Ostseeinsel Greifswalder Oie zeigte sich eine Prävalenz von 4,9 % mit einer mittleren Dichte von 3,7 Zecken je infiziertem Vogel. Besonders hohe Prävalenzen hatten Baumpieper und Gartenrotschwanz mit je 16 %, gefolgt von Braunkehlchen und Gelbspötter mit je 11 % und Schafstelze (Abb. 612) und Schilfrohrsänger mit je 9 %. Damit zeigt sich, dass diese Zecke im Frühjahr sehr viel häufiger und in viel größerer Zahl auf Zugvögeln nach Mitteleuropa gelangt, als bisher angenommen. Gerade am Boden oder in Bodennähe nach Nahrung suchende Vogelarten zeichneten sich durch hohe Prävalenzen aus. Ein hoher Anteil an Larven und unvollständig gesogenen Nymphen in Italien zeigt, dass die Mehrzahl der Zecken bis nach Mitteleuropa weiter transportiert wird. In Zukunft gilt es herauszufinden, ob die eingeschleppten Zecken aufgrund der Klimaerwärmung in Deutschland heimisch werden und feste Bestände etablieren. Im Gegensatz zum heimischen Holzbock ist *Hyalomma* eine xenotherme Zeckenart, die mit fortschreitender Klimaerwärmung eine Etablierung auch in Mitteleuropa in naher Zukunft möglich erscheinen lässt. Die ersten Alttiere wurden in Deutschland bereits gefunden, nordwärts bis Schleswig-Holstein. Es ist also nicht unwahrscheinlich, dass sich *Hyalomma* im Zuge des Klimawandels in den wärmeren Regionen Ost- und Süddeutschlands etabliert. Die derzeitige Nordgrenze der Verbreitung von *Hyalomma* in Osteuropa liegt bei etwa 50° N. In Russland breitet sie sich nordwestwärts aus.

## Vogel-Malaria

Wenngleich unter den Protozoen wegen einer weitgehenden Wirtsspezialisierung auf bestimmte Tiergruppen eine Übertragung vom Vogel auf den Menschen in der Regel nicht anzunehmen ist, kommt beispielsweise der Vogel-Malaria (Aviären Malaria) im Verständnis der Ausbreitungs- und Etablierungsmechanismen von Zoonosen durch Zugvögel aus mehreren Gründen eine Schlüsselrolle zu. In diversen phylogenetischen Linien von Aviärer Malaria (*Haemoproteus, Plasmodium*) in Zugvögeln hat sich mehrfach unabhängig die Eigenschaft entwickelt, nicht nur während einer bestimmten Jahreszeit, sondern das ganze Jahr über in ihren Wirten infektiös zu sein, was ihnen eine gewaltige Ausweitung ihres Areals ermöglichte und damit einen evolutiven Vorteil verschaffte. So finden sich höhere Prävalenzen von Blutprotozoen in nördlicher verbreiteten Wildvögeln und im Gebirge und in borealen Habitaten. Dies wird mit dem dort häufigeren Vorkommen von Kriebelmücken (Simuliiden) erklärt. Bei spanischen Greifvögeln war die Prävalenz von *Haematozoa* in Waldarten höher als in Vögeln der offenen Landschaft. Im kontinentalen Bereich spielt also der Großlebensraum eine wichtige Rolle im Vorkommen von Vektoren, die ihrerseits die Prävalenz von Parasiten bestimmen. Dies gilt auch für das Vorkommen von Parasiten auf Inseln. Auf Hawaii hat das unfreiwillige Einschleppen von gebietsfremden Vogel-Malaria-Spezies in die heimische, autochthone Avifauna, die vormals keine Malaria kannte, dramatische Konsequenzen. Mit vom Menschen eingeführten Vogelarten auf die Inseln gebracht, sprangen die Parasiten mittels vorhandener Vektoren in kurzer Zeit auf etliche heimische Arten über, die wegen fehlender Möglichkeit zur Ko-Adaptation keinerlei Resistenzen aufwiesen und in vielen Fällen extrem zurückgingen oder gar ausstarben.

Darüber hinaus gibt es einen Zusammenhang zwischen der Körpergröße (Körpermasse) der Vögel und Prävalenz von Blutprotozoen. Die Körpermasse erklärte allein 20 % der Variation in der Parasitenprävalenz. Ursache dafür könnte sein, dass größere Vögel mehr Kohlendioxid ($CO_2$) abgeben, ein

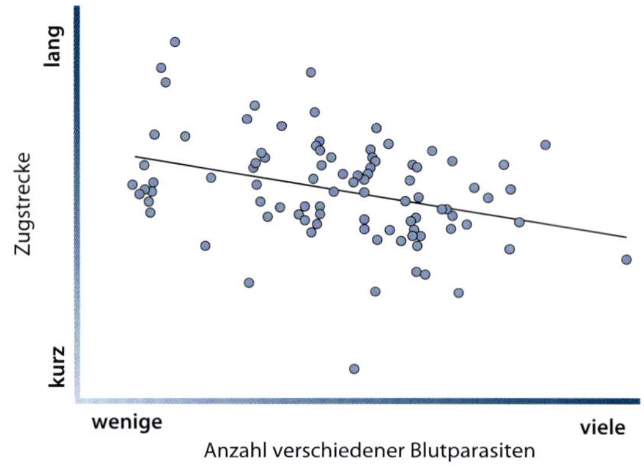


Abb. 613: Zusammenhang zwischen Zugstrecke und Anzahl verschiedener Blutparasiten (Vogel-Malaria-Erreger) bei insgesamt 114 untersuchten Vogelarten ganz unterschiedlichen Zugverhaltens (x- und y-Achse jeweils relative Einheiten) (nach Møller 2008).

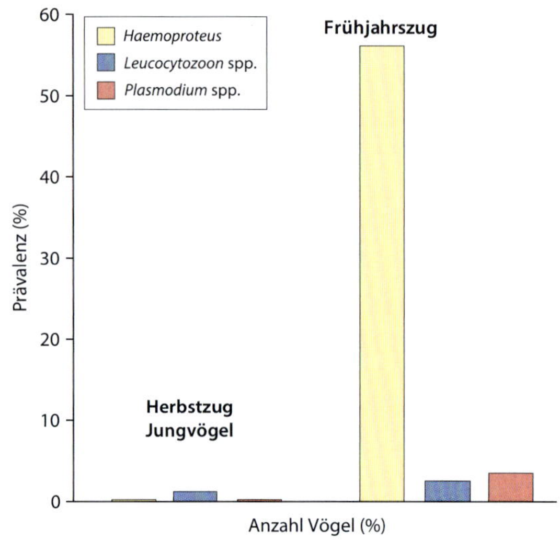


Abb. 614: Befall (Prävalenz) von Mehlschwalben mit Vogel-Malaria auf der Kurischen Nehrung (nach Valkiunas 2005).

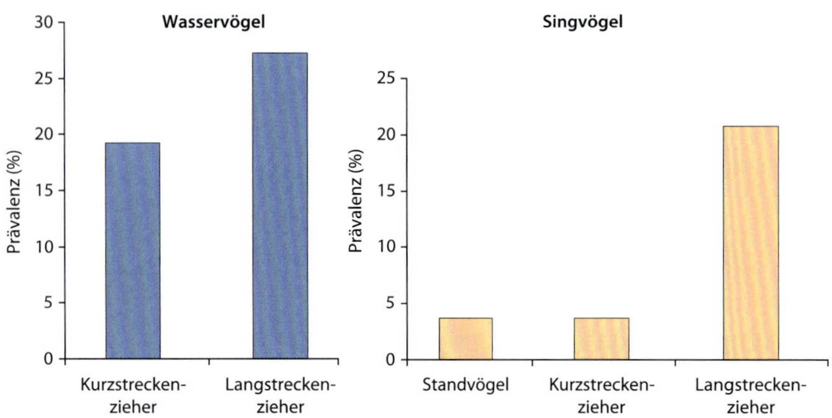


Abb. 615: Befall (Prävalenz) von Wasservögeln (links) und Singvögeln (rechts) mit Vogel-Malaria (nach Figuerola & Green 2000 und Shurulinkov 2004).

Anlockungssignal für Stechmücken. Auch könnten größere Vögel mehr Oberfläche für Vektorenbefall anbieten. Die prognostizierte Klimaerwärmung erhöht das Risiko von Vogel-Malariaausbrüchen bei Wild- wie Hausgeflügel, wobei insbesondere Europa und Afrika betroffen sind.

Zugvögel transportieren und verbreiten Vogel-Malaria. So finden sich in europäischen Standvögeln Vogel-Malariatypen, die von afrikanischen Standvögeln stammen, also nur von Zugvögeln mitgebracht worden sein können. Allerdings tragen Zugvögel mit langen Zugstrecken weniger verschiedene Vogel-Malaria-Erreger als weniger weit ziehende Arten (Abb. 613) und bei den weit ziehenden Arten ist die Prävalenz an Blutparasiten durchschnittlich geringer als bei Kurzstreckenziehern.

Von auf der Kurischen Nehrung untersuchten Mehlschwalben waren auf dem Frühjahrszug wesentlich mehr mit Vogel-Malaria infiziert als beim Herbstzug (Abb. 614), ebenso bei Schafstelzen in Bulgarien. Bei Wasservögeln wie bei Singvögeln waren Langstreckenzieher mehr infiziert als Kurz-/Mittelstreckenzieher oder Standvögel (Abb. 615). Bei den teilziehenden nordamerikanischen Winterammern war dagegen die Prävalenz an Malariaerregern bei den ganzjährigen Standvögeln höher als bei den Ziehern (Abb. 616). Dieser Unterschied zu den europäischen Langstreckenziehern dürfte darin liegen, dass die Winterammern nicht in die Tropen ziehen, sondern in gemäßigten Breiten überwintern. Die Intensität einer Malaria-Infektion, d. h. die Menge an Erregern je Vogel, war dagegen bei beiden Gruppen ähnlich.

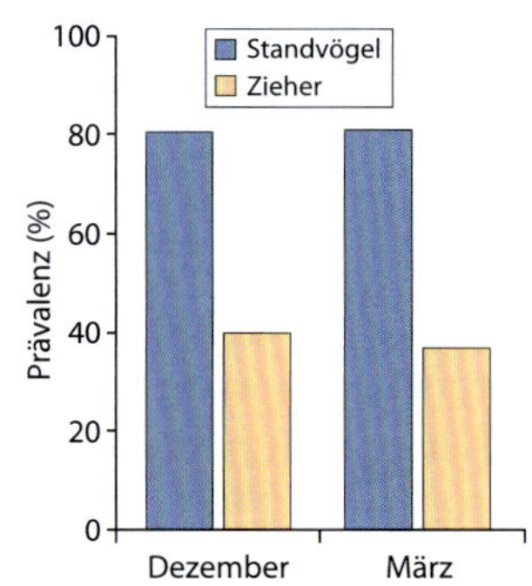


Abb. 616: Befall (Prävalenz) mit Vogel-Malaria von nordamerikanischen Winterammern. Sowohl im Dezember (Winter) wie März (zu Beginn der Brutzeit) war die Prävalenz bei den ganzjährig am Brutplatz verbleibenden Standvögeln höher als bei den Ziehern (nach Slowinski et al. 2018).

## „Pharmökologie“ bei Vögeln

Zugvögel sind nicht nur mögliche Transporteure für humane Infektionskrankheiten, sie sind natürlicherweise selbst zahlreichen Parasiten und Krankheiten ausgesetzt. Allerdings ist nur wenig darüber bekannt, wie sich Krankheiten und Parasiten auf Wildvögel auswirken und wie sie damit umgehen. Abgesehen von tödlichen Infektionen wird ganz allgemein von negativen Effekten von Parasitosen im subletalen Bereich ausgegangen. So wird angenommen, dass Parasitosen dem Vogel energetische Kosten verursachen und sein Immunsystem beeinflussen. Parasiten führen zu Änderungen im Verhalten, zu einer Reduzierung der Fitness und sie haben Auswirkungen auf „Lebenslauf-Entscheidungen“. Gerade während kräftezehrender Perioden wie der Zugzeit erscheint dieser negative Einfluss problematisch. So sind stark mit Saugwürmern (Trematoden) infizierte Tüpfelgelbschenkel nicht in der Lage, Fettvorräte aufzubauen (Abb. 617) und dänische Rauchschwalben kehrten später in die Brutgebiete zurück, wenn sie stark mit „Federlingen“ (Mallophagen) belastet waren (Abb. 618), wie auch spanische Rauchschwalben mit einer hohen Infektion mit Vogel-Malaria-Erregern. Bei Langstreckenziehern ist die herbstliche Rastdauer durch Blutparasiten nicht beeinträchtigt, wogegen infizierte Kurzstreckenzieher deutlich länger verweilen (Abb. 619).

Begegnen können Zugvögel einem negativen Einfluss von Krankheiten und Parasiten durch eine angepasste **Immunreaktion** und/oder auch dadurch, dass sie gezielt Nahrung aufnehmen, die „schützende“ Wirkung hat. Für Zugvögel ergibt sich allerdings ein Konflikt. Einerseits sind sie in der Zugvorbereitung und während des Zuges hohen physiologischen Anforderungen ausgesetzt, so dass sie Kosten für andere, für den Zug nicht zwingend erforderliche Lebensfunktionen, wie eben auch das Immunsystem, reduzieren sollten, zum anderen sind sie auf ihren Wanderungen aber immer wieder neuen Krankheitserregern und Parasiten ausgesetzt, für deren „Abwehr“ ein starkes Immunsystem hilfreich wäre. Bei nordamerikanischen Zwergmusendrosseln war das Immunsystem während der Zugzei-

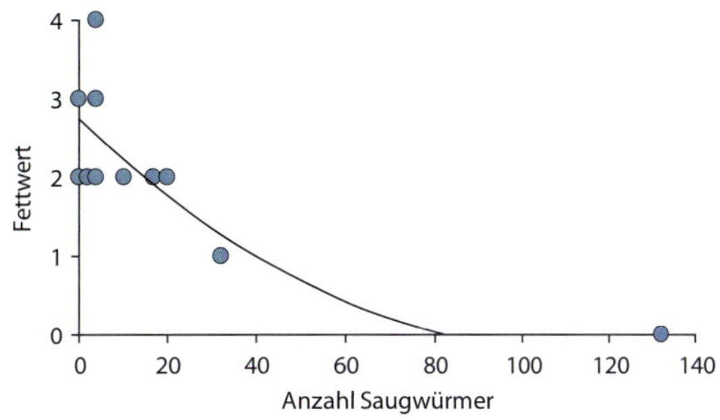


Abb. 617: Zusammenhang zwischen dem Befall von Tüpfelgelbschenkeln mit Trematoden (Saugwürmern) und ihrem Fettwert (nach McNeil et al. 1985).

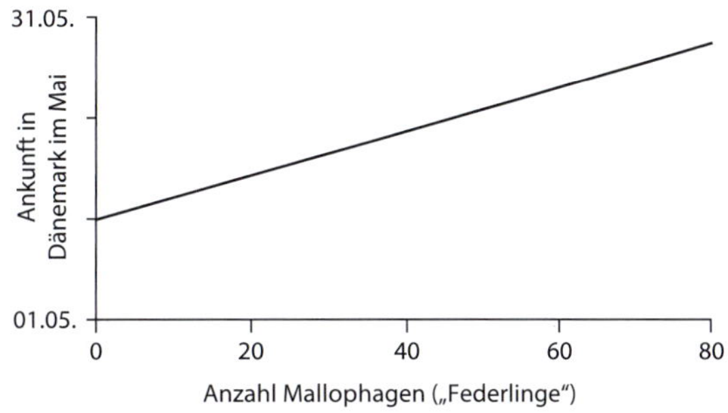


Abb. 618: Zusammenhang zwischen dem Befall von Rauchschwalben-Männchen mit „Federlingen“ und ihrer Ankunft im Frühjahr in Dänemark (nach Møller et al. 2004).

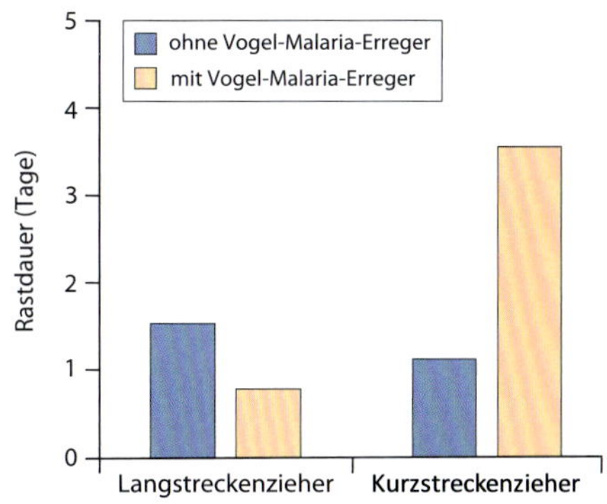


Abb. 619: Rastdauer bei mit Blutparasiten (Vogel-Malaria) infizierten bzw. nicht-infizierten Singvögeln im Herbst (nach Hegemann et al. 2018).

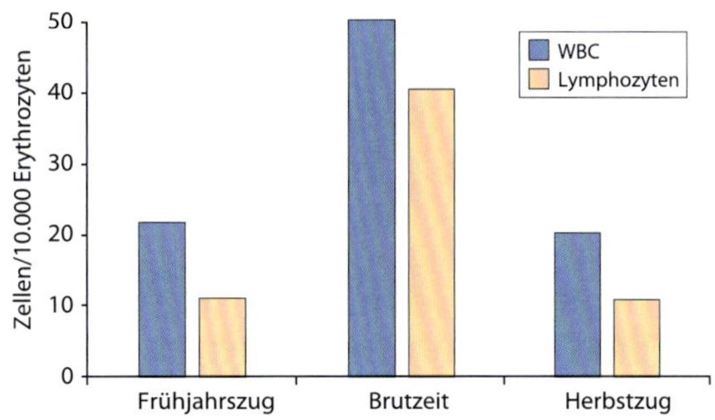


Abb. 620: Zusammenhang zwischen Immunfunktion (gemessen als Anzahl weißer Blutkörperchen (WBC) bzw. Anzahl Lymphozyten je 10.000 rote Blutkörperchen) und Zug bei nordamerikanischen Zwergmusendrosseln (nach Owen & Moore 2006).

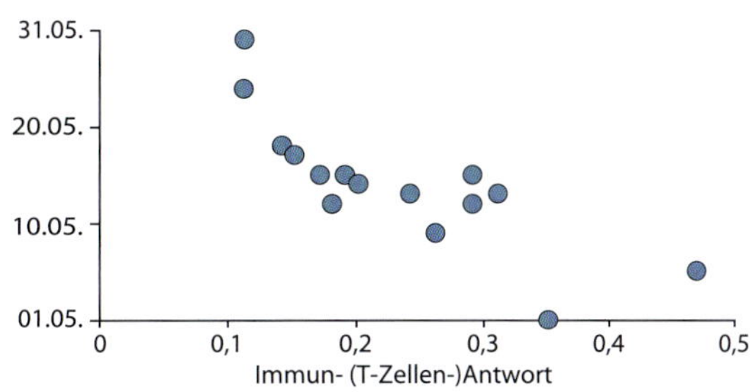


Abb. 621: Zusammenhang zwischen dem Ausmaß an Immunkompetenz (gemessen durch induzierte Immunantwort als Anzahl produzierter Immunzellen) von Rauchschwalben-Männchen und ihrer Ankunft in Dänemark (nach Møller et al. 2004).

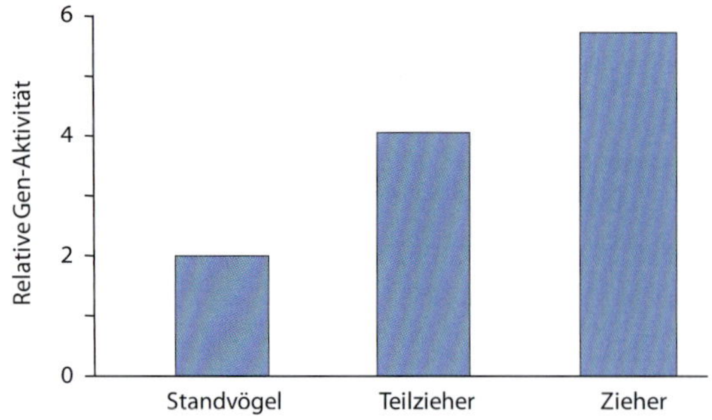


Abb. 622: „Aktivität" von MHC-Genen bei 34 Arten von Nicht-Singvögeln in Abhängigkeit von ihrem Zugverhalten (nach Minias et al. 2016).

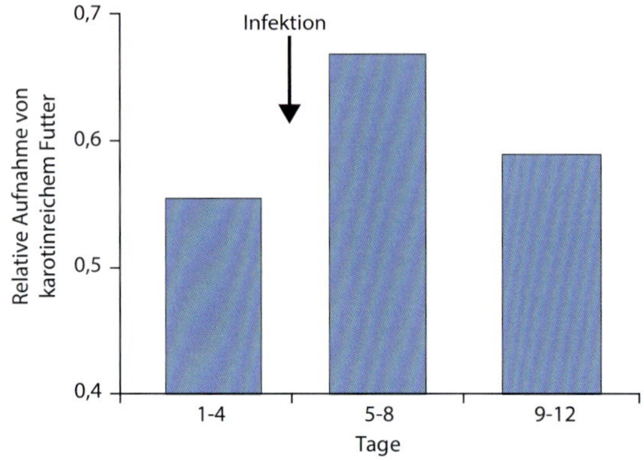


Abb. 623: Relative Aufnahme von karotinreichem gegenüber karotinarmem Futter von Gartengrasmücken, die am 4. Tag des Versuchs mit Kokzidien infiziert wurden (nach Bairlein 2010 und Metzger & Bairlein, unveröff.).

ten im Frühjahr und Herbst im Vergleich zur Brutzeit reduziert (Abb. 620). Ebenso zeigten auf Helgoland durchziehende Amseln eine geringere Immunfunktion als die dortigen Standvögel. Bei gekäfigten Knutts dagegen waren Immunfunktionen während der Zeit der Fettdeposition und des Zuges im Frühjahr angeregt. Dänische Rauchschwalben kehrten im Frühjahr früher zurück, wenn sie ein starkes Immunsystem aufwiesen (Abb. 621).

Auf ein bei Zugvögeln angeregtes Immunsystem weisen auch Untersuchungen daran beteiligter sog. **MHC-Gene** hin. MHC-Gene (Haupthistokompatibilitätskomplex; Abk. MHC von engl. major histocompatibility complex) sind eine Gruppe von Genen, die bei Wirbeltieren die körpereigene Immunabwehr regulieren. In einer vergleichenden Studie von 34 Nicht-Singvogelarten zeigten die ziehenden Arten eine deutlich höhere relative Genaktivität als die Standvögel (Abb. 622), was mit der höheren „Begegnungsrate" mit Pathogenen bei Zugvögeln erklärt wird.

Neben einer gesteigerten Immunfunktion könnten Zugvögel dem negativen Einfluss von Pathogenen auch dadurch begegnen, dass sie gezielt Nahrung aufnehmen, die reich an natürlichen „Arzneistoffen" ist. Eine solche Stoffgruppe sind die **Karotine**. Karotine können freie Radikale binden, die bei oxidativem Stress wie unter Parasitenbelastung oder beim Langstreckenflug entstehen, und sie können direkt die Immunantwort verbessern, indem sie die Bildung von Leukozyten beschleunigen. Karotinoide sind natürlicher Bestandteil der Nahrung vieler Vogelarten.

Experimentelle Untersuchungen an jungen, gekäfigten Gartengrasmücken deuten einen solchen Zusammenhang an. Wurde Gartengrasmücken, die experimentell mit Kokzidien (*Isospora* spp.; natürlichen Darmparasiten) infiziert waren, die Wahl zwischen einem mit Karotin angereicherten oder einem karotinarmen Futter gegeben, wählten sie bereits am ersten Tag nach Infektion die karotinreiche Nahrung und diese Bevorzugung hielt während der akuten Phase der Infektion an (Abb. 623). Am höchsten war der Anteil am vierten Tag nach Infektion, dem Höhepunkt der akuten Kokzidiose. Je mehr karotinreiche Nahrung gefressen wurde, desto geringer war die Anzahl ausgeschiedener Kokzidien. Die aufgenommene Karotinmenge hatte also eine unmittelbare Wirkung auf die Parasiten. Damit ist gezeigt, dass sich Gartengrasmücken im Falle einer Parasitose durch entsprechende Nahrungswahl selbst „medikamentieren" können. Auch können sie sich durch entsprechende Nahrungswahl Karotinspeicher anlegen, die dann während des Fluges als Radikalfänger zur Verfügung zu stehen.

Wiedehopf (Foto: M. Schäf)

# Ontogenese von Zugverhalten

# 16

Mit ihrem angeborenen „Wissen" um den Zeitpunkt des Ziehens, der Zugweglänge und der einzuschlagenden Zugrichtungen können erstmals ziehende, noch unerfahrene Jungvögel gleichsam automatisch ihre Winterquartiere erreichen: Sie brauchen nach ihrem Aufbruch nur solange in die angeborene Richtung zu fliegen, wie ihnen über ihr endogenes Zugzeitprogramm vorgegeben ist, und erreichen so ihr Ziel. Zahlreiche Studien zeigen aber, dass sich das Zugverhalten von Altvögeln von dem der Jungvögel unterscheiden kann (s. Kap 4). Doch wie sich das Zugverhalten der Jungvögel über die Zeit des Älterwerdens verändert, ist recht wenig bekannt. Besonders relevant ist die Frage nach der Ontogenese des Zugverhaltens (dem zeitlichen Verlauf der Individualentwicklung vom Jung- zum Altvogel) bei langlebigen Arten, bei denen die Jungvögel ohne elterliche oder soziale „Anleitung" ziehen, weniger dagegen bei den vielen recht kurzlebigen Singvögeln oder kleineren Watvögeln, für die „Lernen" (Erfahrung) eine geringere Rolle spielen dürfte.

Grundsätzlich gibt es zwei sich auch nicht gegenseitig ausschließende Möglichkeiten, wie sich das Zugverhalten der Altvögel „herausschälen" könnte: die Jungvögel könnten bei ihrem ersten Zug Erfahrungen sammeln, die sie bei späteren Zügen anwenden, oder es greift Selektion mit dem Ergebnis, dass nur diejenigen Jungvögel ihren ersten Zug überleben, die „alles richtig" gemacht haben. Zu letzterem muss man wissen, dass bei den meisten Vogelarten die natürliche Sterblichkeit im 1. Lebensjahr mit oftmals 60–70 % sehr hoch ist.

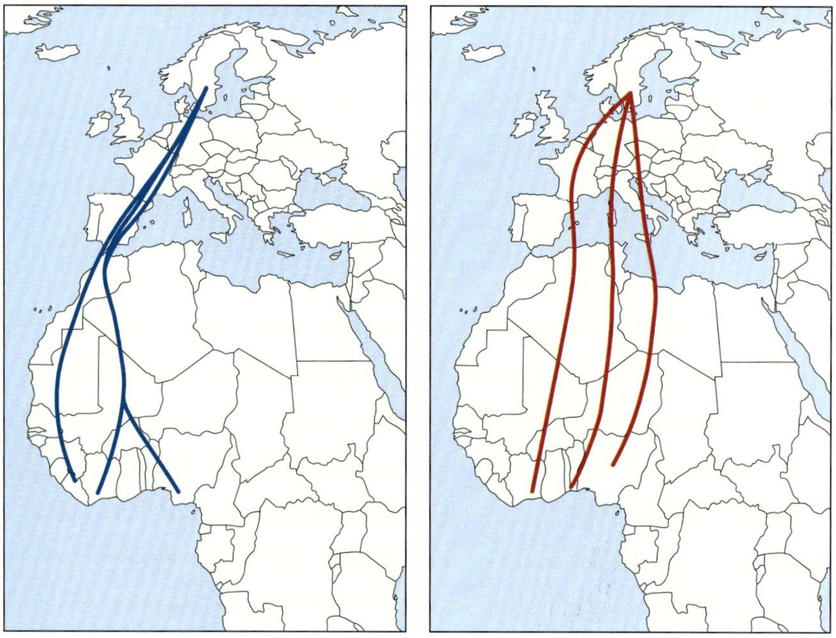

Abb. 624: Zugrouten (schematisch) von in S-Schweden besenderten alten (links) und jungen (rechts) Wespenbussarden (nach Hake et al. 2003).

Ontogenese zu verstehen, setzt voraus, dass man Individuen über die Zeit verfolgen kann. Für Zugvögel ist dies erst seit der Einführung von der Telemetrie und „tracking“ möglich. Wegen der hohen Kosten für die Telemetrie und der hohen Sterblichkeit im ersten Lebensjahr wurden aber meist nur Altvögel mit Sendern markiert, weshalb es bisher kaum Daten zur Ontogenese des Zugverhaltens gibt.

Zwei Beispiele: Bei S-schwedischen Wespenbussarden zogen die Altvögel im Herbst über die Iberische Halbinsel nach Afrika, die, allerdings nur drei, Jungvögel dagegen zogen mehr über das zentrale Mittelmeer und streuten in ihren Zugrouten sehr viel mehr als die Altvögel (Abb. 624). Jung- wie Altvögel zogen an Flugtagen ähnlich schnell, doch die Altvögel machten weniger Stopps und waren so mit 42 Tagen weniger lang unterwegs als die Jungvögel mit 64 Tagen.

Ein detaillierteres Beispiel liefert eine Untersuchung an Schwarzmilanen der Coto de Donana, SW-Spanien. Seit 1970 werden dort Schwarzmilane mit Sendern ausgestattet, insgesamt bisher 92 Vögel, die 364 untersuchbare Züge zwischen SW-Spanien und W-Afrika erbrachten. Schwarzmilane verbringen die ersten 1–2 Winter in W-Afrika, mit 3–6 Jahren beginnen sie zu brüten, ihr „bestes“ Brutalter ist 7–11 Jahre. Schwarzmilane ziehen einzeln, auch wenn sie als Gleitflieger aufgrund der Notwendigkeit, zum Ziehen Aufwinde nutzen zu müssen, oft zusammen mit anderen Gleitfliegern unterwegs sind.

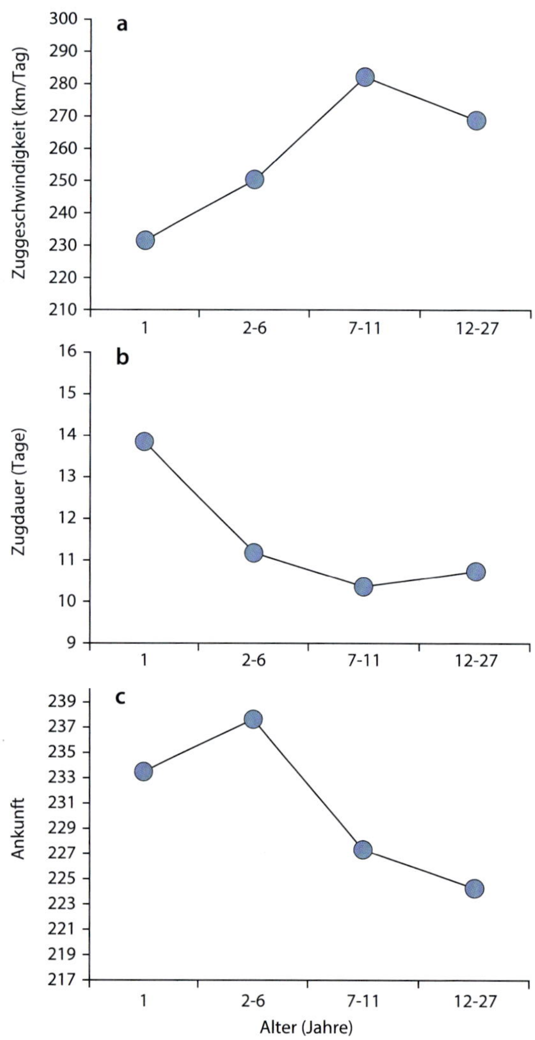


Abb. 625: Altersabhängige Zuggeschwindigkeit (a) und Zugdauer (b) während des Herbstzuges sowie Ankunft im W-afrikanischen Wintergebiet (c) von in SW-Spanien mit GPS-Sendern ausgestatteten Schwarzmilanen (nach Sergio et al. 2014).

Junge Schwarzmilane zogen im Herbst langsamer, waren länger unterwegs und erreichten so ihre Wintergebiete später als ältere Vögel (Abb. 625), wobei aber die Zugrouten und Winterquartierte nicht altersabhängig verschieden waren. Junge Schwarzmilane verließen ihre Wintergebiete später (Abb. 626) und veränderten ihr Zugverhalten (verbesserten es in Richtung dem der Altvögel) häufig, wogegen das Zugverhalten der älteren Vögel von Jahr zu Jahr sehr ähnlich war und sich nur noch wenig veränderte (Abb. 627). Diese Arbeit zeigt, dass sich das Zugverhalten von Jungvögeln nicht „sprunghaft“ verändert, sondern sich graduell über das Älterwerden

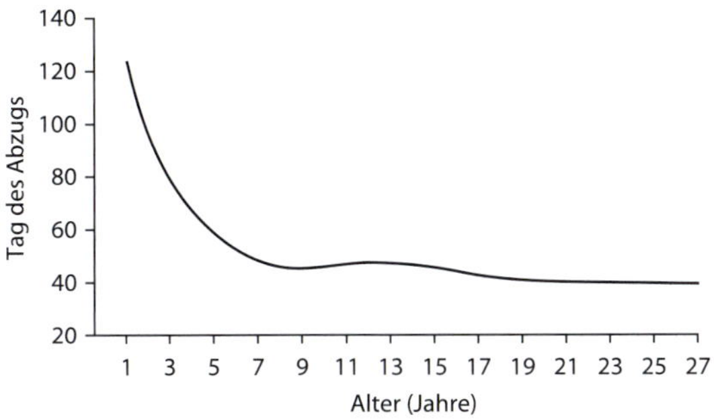


Abb. 626: Zusammenhang zwischen dem mittleren Aufbruch im W-afrikanischen Wintergebiet und dem Alter von in SW-Spanien mit GPS-Sendern ausgestatteten Schwarzmilanen. Junge Vögel begannen ihren Frühjahrszug sehr viel später, näherten sich aber sukzessive dem Aufbruch der Altvögel immer weiter an, und ab dem 8. Lebensjahr ist der Zugbeginn nicht mehr vom Alter abhängig (y-Achse: Tag seit 1. Januar) (nach Sergio et al. 2014).

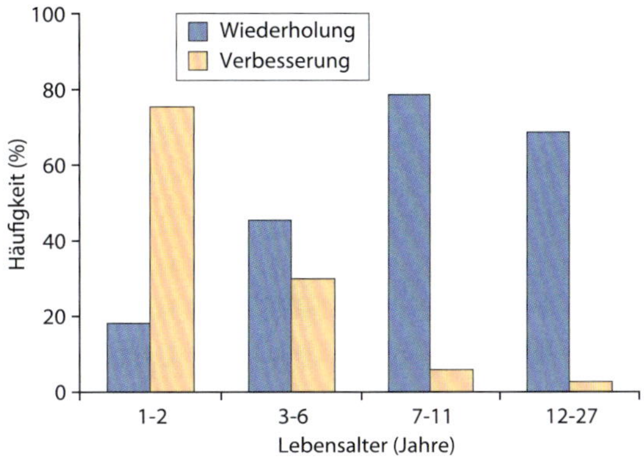


Abb. 627: Wiederholung bzw. Verbesserung des Zugverhaltens von besenderten Schwarzmilanen in Abhängigkeit vom Lebensalter (nach Sergio et al. 2014).

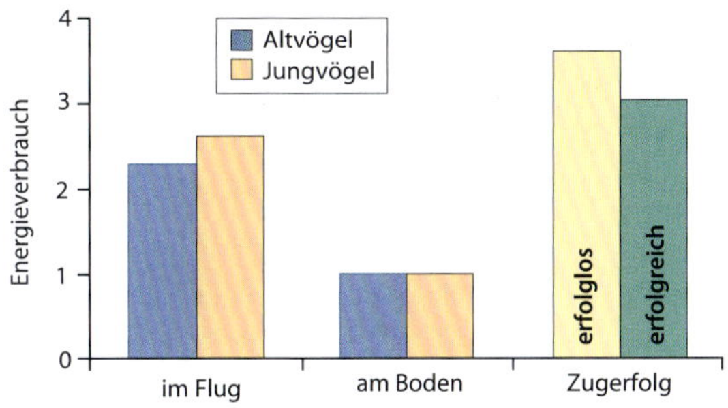


Abb. 628: Mittlerer Energieverbrauch (relativ; abgeleitet aus Beschleunigungsdaten) von jungen und erwachsenen Weißstörchen im Flug und am Boden sowie von jungen, erstmals ziehenden Weißstörchen, die auf ihrem SO-Zug die Türkei erreicht („erfolgreich") oder nicht erreicht haben („erfolglos") (nach Rotics et al. 2016).

entwickelt, wobei sowohl selektive Sterblichkeit wie das Sammeln von Erfahrung eine Rolle spielen.

Dass Jung- und Altvögel auf ihrem Zug unterschiedliche Sterblichkeit haben können, zeigen Untersuchungen an Weißstörchen. Von in Ostdeutschland mit GPS-Sendern und Beschleunigungsmessern ausgestatteten Weißstörchen starben auf ihrem folgenden Zug

Schwarzmilane (Foto: M. Schäf)

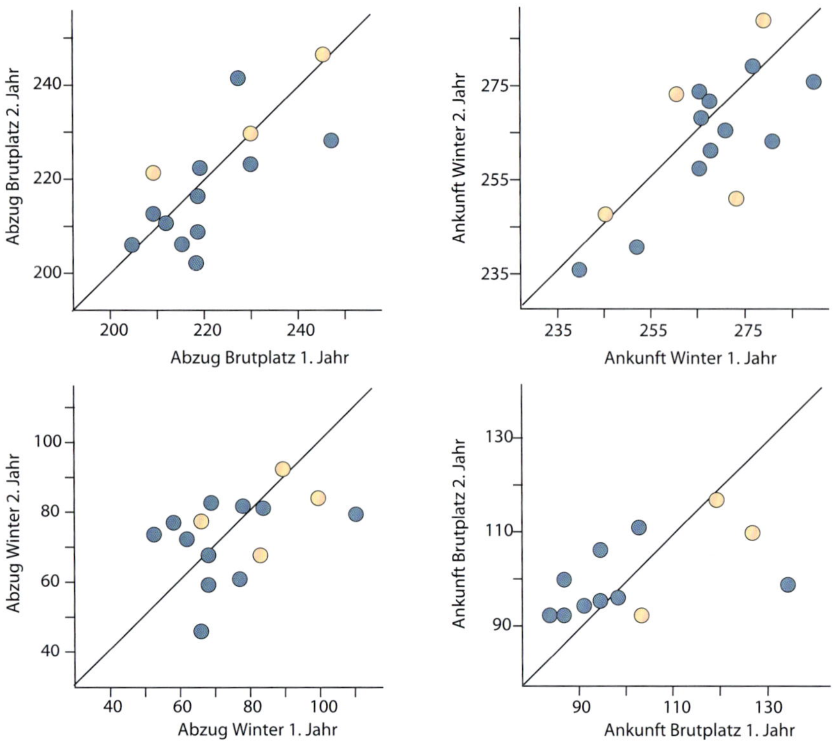


Abb. 629: Zusammenhang zwischen Zugbeginn bzw. Zugende im 1. und 2. Jahr von mit GPS-Sendern ausgestatteten jungen (orange) und erwachsenen (blau) schweizerischen Wiedehopfen auf dem Herbst- (oben) und Frühjahrszug (unten) (nach Wijk et al. 2016).

nur 2 von 62 Altvögeln, aber 15 von 64 Jungvögeln. Auch hatten die Jungvögel im Flug einen höheren Energieverbrauch als die Altvögel. Jungvögel, die erfolgreich bis mindestens in die Türkei gezogen waren, hatten einen geringeren Energieverbrauch als „erfolglose" Jungvögel (Abb. 628).

Während die jungen Schwarzmilane zwischen dem ersten Zug und folgenden Zügen nur eine geringe Ähnlichkeit (Wiederholung) zeigten, war dies bei schweizerischen Wiedehopfen, die ebenfalls mittels GPS-Tracking untersucht wurden, anders. Bei ihnen waren die Zugabläufe sowohl von den jungen wie von den alten Vögeln beim 1. und 2. Herbstzug sehr ähnlich (Abb. 629) wie auch die herbstlichen Zugrouten. Die Frühjahrszüge dagegen ähnelten sich in beiden Altersgruppen weniger und auch die Überwinterungsplätze lagen zwischen zwei Wintern um teilweise bis zu 1000 km auseinander. Als Ursache für die geringere Konsistenz in der Überwinterung und auf dem Frühjahrszug werden die variablen Regen im Winterquartier bzw. während des Frühjahrszuges und die damit einhergehende variablere Nahrungssituation als im Herbst gesehen.

Girlitz (Foto: M. Schäf)

# Evolution

# 17

Wann Vogelzug wo zum ersten Mal entstanden ist, entzieht sich unserer Kenntnis. Anzunehmen ist aber, dass sich Vogelzug unabhängig voneinander bei verschiedenen Vogelgruppen und an verschiedenen Orten entwickelt haben dürfte. Wichtige erdgeschichtliche Ereignisse, die die Evolution von Vogelzug und der Zugwege beeinflusst haben dürften, sind die Kontinentaldrift und die Wirkung der Eiszeiten.

Vor etwa 200 Millionen Jahren waren die heutigen Kontinente in einer großen Landmasse, dem Urkontinent Pangea, verbunden (Abb. 630). Vor etwa 180 Millionen Jahren zerbrach dieser Urkontinent, die Landmassen drifteten auseinander und die heutigen Kontinente entstanden. In diese Zeit fiel die Entstehung der Vögel. Skelette der ersten Vögel stammen aus Ablagerungen des Oberjura, etwa 150 Mio. Jahre vor heute. Bereits in der Kreidezeit vor 135–65 Millionen Jahren gab es eine Vielzahl von Vogelformen, darunter möglichweise schon Zugvögel. Nach dem Massensterben vor etwa 65 Millionen Jahren entwickelte sich aus den vermutlich wenigen überlebenden Arten in recht kurzer Zeit eine Vielzahl neuer Vogelgruppen, die alle Kontinente besiedelten und die Grundlage der heutigen Vogelwelt bildeten. Zunächst dürften Wanderungen zwischen Sommer(brut)- und Wintergebieten nur über recht kurze Strecken gegangen sein, mit zunehmendem Auseinanderdriften der Kontinente wurden diese Strecken aber immer länger. Möglicherweise sind die Zugwege der heutigen sog. **Interkontinentalwanderer**, z. B. Küstenseeschwalbe oder Knutt, auf diese **Kontinentaldrift** zurückzuführen.

Während Vogelzug also wohl schon mit der Kontinentaldrift entstand, dürften es insbesondere die Wechsel von Kalt- und Warmzeiten gewesen sein, die die vielfältigen Formen

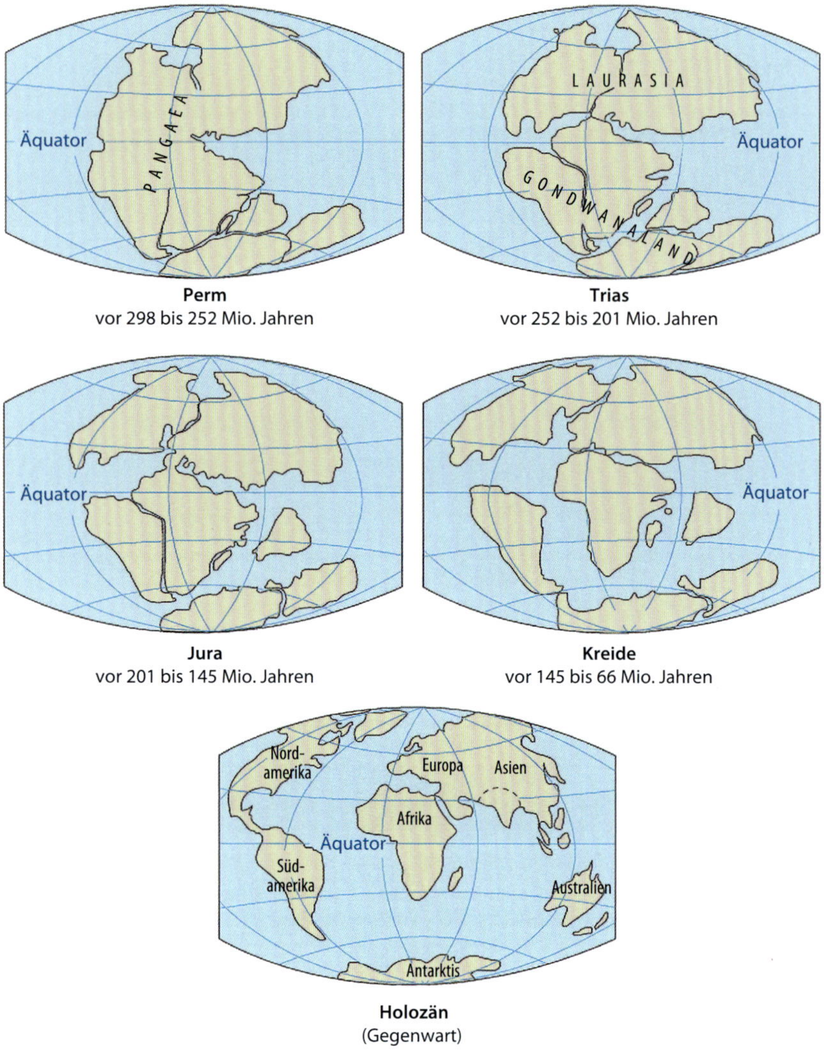


Abb. 630: Bis vor etwa 200 Millionen Jahre waren die heutigen Kontinente noch in einem einzigen großen Urkontinent, der Pangea, verbunden. Danach zerbrach die Landmasse und die einzelnen Teile entfernten sich voneinander und bildeten die heutigen Kontinente (nach USGS https://pubs.usgs.gov/gip/dynamic/historical.html/wikipedia).

von Vogelzug und die Evolution von Zugverhalten bedingt haben. Stammesgeschichtliche (phylogenetische) Untersuchungen zeigen, dass es keinen „Ur-Zugvogel“ gab, aus dem sich alle heutigen Zugvögel ableiten, sondern vielmehr viele nordische Zugvogelarten unabhängig voneinander aus weiter südlichen Standvögeln entstanden sind. So zeigen beispielsweise Untersuchungen an Laubsängern und Grasmücken (Abb. 631), dass Zugvögel nicht mehr miteinander verwandt sind als Teilzieher oder Nichtzugvögel, und es keinen Zusammenhang zwischen Verwandtschaftsgrad und Zugweglänge gibt. Zudem zeigen phylogenetische Studien, dass eine Reihe von heute bei uns typischen Langstreckenziehern wie Kuckuck, Segler, Fliegenschnäpper, Grasmücken oder Laubsänger nahverwandte, nicht-ziehende Arten in Afrika haben und dass die europäischen Vertreter dieser Artengruppen von afrikanischen Vorfahren abstammen, woraus geschlossen wird, dass zumindest bei diesen Artengruppen die Zugvögel aus Afrika heraus entstanden sind.

Grundsätzlich darf man davon ausgehen, dass Vogelarten immer dann zu Zugvögeln werden, wenn sie am Brutplatz nicht ganzjährig Nahrung finden können. Das gilt zumindest für die aktuelle Situation etwa 12.000 Jahre nach Ende der letzten Eiszeit. Man kann davon ausgehen, dass vor 12.000 Jahren schon fast alle Arten, die wir heute kennen, existierten. Denn phylogenetische Analysen zeigen, dass die meisten Singvogel- und Nicht-Singvogelarten schon vor Beginn der letzten Eiszeit vor etwa 2 Millionen Jahren entstanden sind. Die heute lebenden Arten haben also viele Zyklen von dramatischen Klimaänderungen erfolgreich überlebt.

Am Ende der letzten Eiszeit vor etwa 12.000 Jahren waren die potenziellen Verbreitungsgebiete für viele der heutigen Trans-Sahara-Zieher sehr eingeschränkt, da weite Bereiche Nord- und Westeuropas vereist waren und Mittel- und Osteuropa große Flächen baumloser Steppentundra aufwies (Abb. 633). Da auch die Sahara eine große Wüste war, verblieben für viele Arten vermutlich nur Afrika südlich der Sahara oder Süd- und Südost-Asien als Siedlungsgebiet. Als dann die Sahara am Ende der Eiszeit eine grüne Savanne wurde, vergrößerte sich vermutlich für viele Insektenfresser der Siedlungsraum nach Norden und nach und nach sicher auch nach Europa, als dort die Tundrenvegetation durch Wälder ersetzt wurde. Da im europäischen und asiatischen Sommer kurzfristig große Mengen an Arthropoden als Nahrung zur Verfügung stehen, bot sich einigen Arten eine Chance, die neuen konkurrenzarmen Areale zu besiedeln. Da auch damals die Winter für Insektenfresser nahrungsarm waren, entwickelte sich offenbar der Vogelzug nach Afrika südlich der Sahara bzw. ins tropische Südostasien, wo es im nordischen Winter warm ist oder das Sommerhalbjahr beginnt und damit wieder ausreichend Nahrung zur Verfügung steht.

Anfänglich war die Sahara noch eine vielerorts grüne Savanne, die nicht im Nonstop-Flug überwunden werden musste, sondern eher etappenweise. Als die Sahara sich vor rund 6000 Jahren wieder zur Wüste zurückverwandelte, haben viele Arten offenbar den Nonstop-Flug entwickelt.

Wie diese Entwicklung erfolgte, ist spekulativ. Derzeit werden vor allem zwei Hypothesen diskutiert. Die eine geht davon aus, dass tropische Vögel zufällig über große Distanzen in neue Lebensräume gekommen sind, in denen sie aufgrund einer ausgeprägten Saisonalität nicht dauerhaft überleben konnten, weshalb die meisten von ihnen gestorben sind. Überlebt haben nur diejenigen, die die Fähigkeit hatten, in ihre ursprünglichen Herkunftsgebiete zurückzufliegen. Haben diese Vögel vorher im neuen Gebiet erfolgreich gebrütet, ist aufgrund der hohen Ortstreue, die erfolgreich brütende Vögel zeigen, die Wahrscheinlichkeit hoch, dass sie an ihren vorherigen Brutort zurückkehren und dies auch in den Folgejahren wiederholen. Der Schritt zum regelmäßigen Pendel-Langstreckenzug wäre vollzogen. Basiert diese „Rückkehrfähigkeit" auf einer vererbbaren genetischen Mutation, kann sie an die Jungvögel weitergegeben werden und dann sind auch diese zu einem solchen Zug fähig.

Dieser Hypothese einer sprunghaften Ausbreitung aus den Tropen heraus steht die Annahme gegenüber, dass sich Langstreckenzug letztlich aus einem schrittweisen Ausbreiten einer zunächst sesshaften Art durch Nomadisieren entwickelt hat (Abb. 632). Dabei wird auch hier angenommen, dass auf der Suche nach neuen Brutorten umherstreifende Vögel in benachbarte Gebiete kommen können, die zum Brüten günstig sind, aber aufgrund ihrer Saisonalität kein dauerhaftes Überleben zulassen. Aufgrund ihrer Neigung zum Umher-

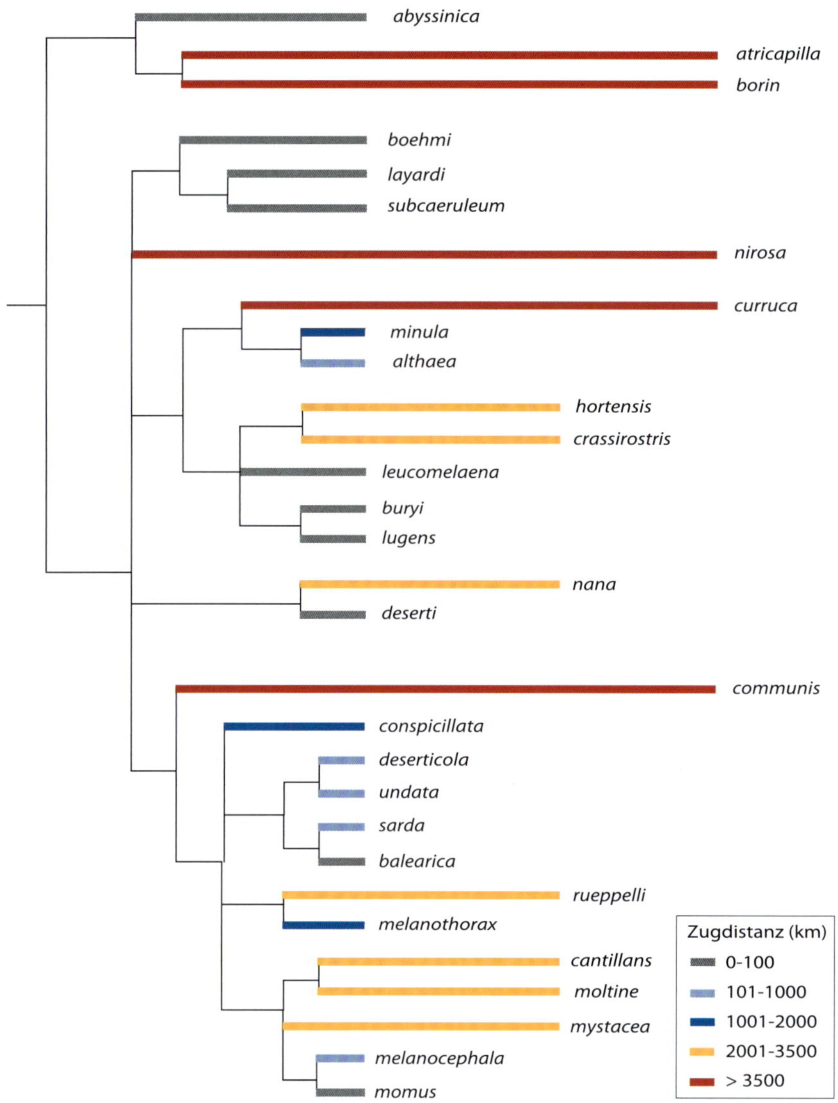


Abb. 631: Stammbaum der Gattung *Sylvia* (Grasmücken) und Zugdistanz der jeweiligen Art (nach Helbig 2003).

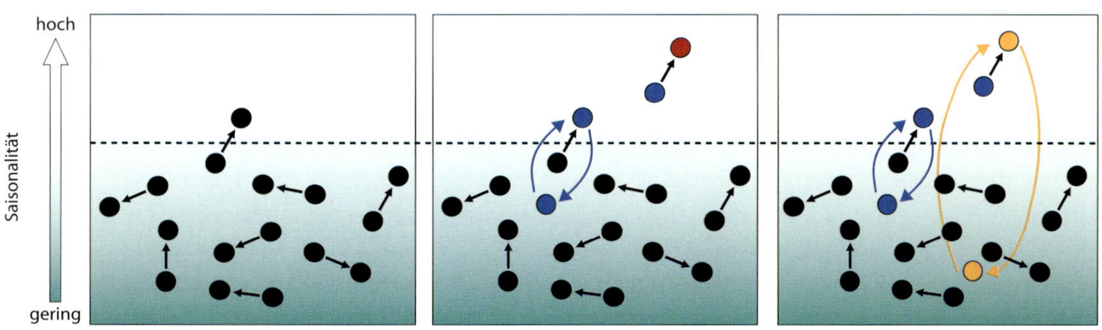


Abb. 632: Schematische Darstellung der Hypothese, dass Vogelzug aus schrittweiser Ausbreitung in benachbarte Brutplätze entstanden ist. Horizontale gestrichelte Linie: Trennung zwischen Gebieten, in denen Überleben ganzjährig (unten) bzw. nur saisonal (oben) gegeben ist. Rot: Vogel überlebt nicht; blau Vogel überlebt durch Rückwanderung in Herkunftsgebiet; orange: Langstreckenzug (nach Salewski & Bruderer 2007 und Winger et al. 2018).

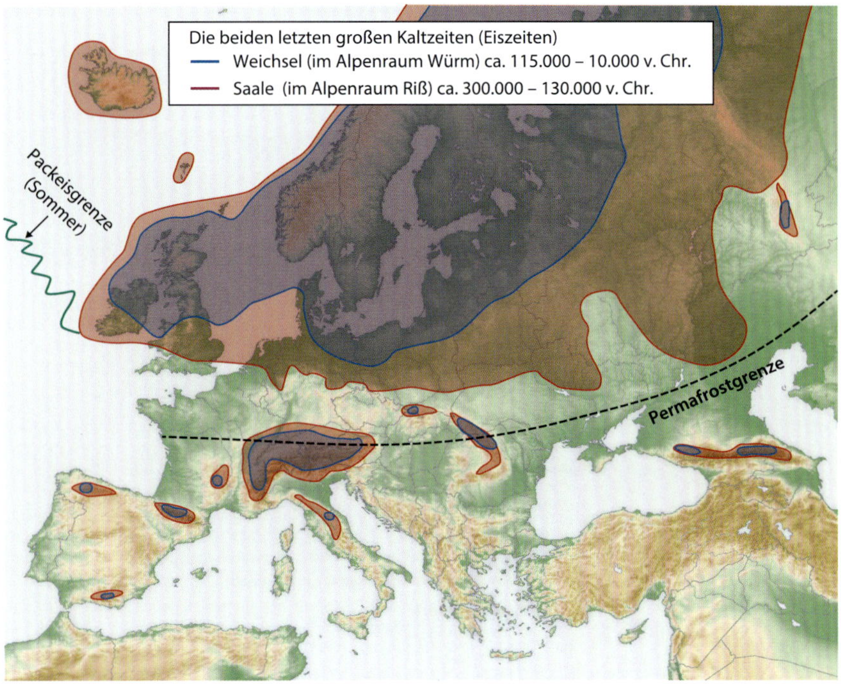


Abb. 633: Eisbedeckung Europas (farbige Flächen) während der letzten beiden Kaltzeiten (nach: https://de.wikipedia.org/wiki/W%C3%BCrm-Kaltzeit#/media/Datei:SaaleWeichsel_x.png)

streifen gelangen die Vögel aber bei ungünstigen Bedingungen wieder in günstige Bedingungen, kehren jedoch in der folgenden Brutzeit wegen ihrer Brut- bzw. Geburtsortstreue wieder an den vorjährigen Brutplatz bzw. ins Geburtsgebiet zurück. Von hier aus erfolgt erneutes Umherstreifen in wieder weiter entfernte Gebiete: Langstreckenzug entsteht.

Ein Beispiel hierfür ist der Steinschmätzer, was zugleich beschreibt, dass die heutigen Zugformen im Wesentlichen durch die Entwicklungen seit Ende der letzten Eiszeit vor etwa 12.000 Jahren bestimmt sind (s. Kap. 4).

Die mögliche Wirkung der Eiszeiten, insbesondere in der Paläarktis, auf die Ausbildung von Zugverhalten und der Zugwege lässt sich trotz einer im Detail sehr hohen Komplexität der Zusammenhänge bei den verschiedensten Arten auf einen recht einfachen Nenner bringen: Mit zunehmender Vereisung wurden immer mehr Vogelarten aus ihren Brutgebieten in den höheren Breiten verdrängt, vornehmlich nach S und SO. Mit dem Rückgang des Eises dürften sich dann viele Arten wieder in die nun freiwerdenden Lebensräume ausgebreitet haben. Viele heutige Zugwege scheinen so gerade die Umkehr der letzten postglazialen Ausbreitungsrichtung von vor etwa 5000 bis 8000 Jahren zu sein.

Steinschmätzer (Gattung *Oenanthe*) besiedeln ein weites Areal, von der Kapregion Südafrika bis ins westliche China mit dem Schwerpunkt ihrer Verbreitung in der westlichen Paläarktis, vor allem im Norden Afrikas und im Vorderen Orient. Insgesamt sind innerhalb der Gattung *Oenanthe* 18–22 Arten und mindestens 45–47 Unterarten beschrieben. Der überwiegende Teil der Steinschmätzer lebt in sehr offenen Lebensräumen, insbesondere in Halbwüsten, Steppen und trockenen Gebirgslandschaften mit heißen Sommern und relativ milden Wintern. Nur wenige Arten sind echte Zugvögel, die auch nördlichere und feuchtere Regionen besiedeln, in denen die härteren Winterbedingungen einen saisonalen Zug erforderlich machen. Dabei hat der auch in Deutschland brütende Steinschmätzer *O. oenanthe* nahezu die gesamte nördliche Welt „erobert“ und ein außerordentliches Zugverhalten entwickelt. Steinschmätzer haben eines der weitesten natürlichen Verbreitungsgebiete aller Singvogelarten und ein sehr vielseitiges Zugsystem. Ihr Brutgebiet erstreckt sich von Ostkanada über Grönland und Skandinavien bis nach Sibirien und Westalaska. Die Überwinterungsgebiete aller Populationen liegen in Afrika südlich der Sahara. Damit finden wir innerhalb der Art sehr unterschiedliches Zugverhalten.

Die höchste Artendichte erreichen die Steinschmätzer in den Wüsten- und Steppengebieten Nordafrikas und des Nahen und Mittleren Ostens. In diesen Regionen liegt möglicherweise das Herkunftsgebiet dieses vermutlich noch recht jungen Taxons. Mehrere Arten kommen hier häufig gemeinsam nebeneinander (sympatrisch) vor. So findet man beispielsweise in Marokko allein sieben brütende Steinschmätzer-Arten, die je nach ihren ökologischen Ansprüchen in offenen Gebirgs-, Steppen- und Wüstenlandschaften anzutreffen sind. Alle Steinschmätzer-Arten besetzen spezielle ökologische Nischen und können so nebeneinander existieren.

Das Zugverhalten der verschiedenen Steinschmätzer ist sehr variabel. Während viele Arten des Mittleren Ostens und Afrikas reine Standvögel oder Kurzstreckenzieher sind, sind einige wenige Arten echte Langstreckenzieher, wie der Steinschmätzer und der nah verwandte Isabellsteinschmätzer, der aus seinen Brutgebieten von Vorderasien bis in die Mongolei in Winterquartiere in Ostafrika, Arabien und Nordwestindien zieht.

Während der letzten Eiszeit scheinen die Steinschmätzer in Refugien im Vorderen Orient konzentriert gewesen zu sein. Von hier aus erfolgte schrittweise die Ausbreitung nach NW wie nach NO, bis schließlich NO-Kanada und Alaska erreicht waren. Die heutigen Zugwege sind damit im Wesentlichen die Umkehr der nacheiszeitlichen Ausbreitung.

Mit dieser Ausbreitung ging der Wandel vom Kurzstrecken- zum Langstreckenzieher einher, der sich auch in fundamentalen Veränderungen in der Körpergestalt niederschlug, insbesondere in der Flügelmorphologie. Die Steinschmätzer mit den weiten Zugwegen haben deutlich spitzere Flügel als Kurzstreckenzieher bzw. Standvögel (Abb. 634). Dies gilt nicht nur für den Vergleich der verschiedenen Arten, sondern auch innerhalb *O. oenanthe*: Die nur recht kurze Strecken ziehenden Vögel Marokkos haben eine weniger spitze Flügelform als die fernziehenden Vögel Ostsibiriens (s. Abb. 440).

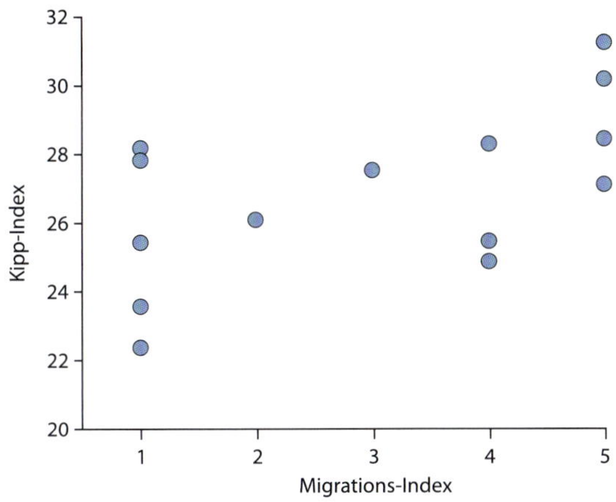


Abb. 634: Zusammenhang zwischen Flügelspitzigkeit (gemessen als Kipp-Index) und Zugverhalten (gemessen als Migrations-Index von 1 = Standvogel bis 5 = Langstreckenzug) bei verschiedenen Steinschmätzer-Arten (nach Förschler 2010).

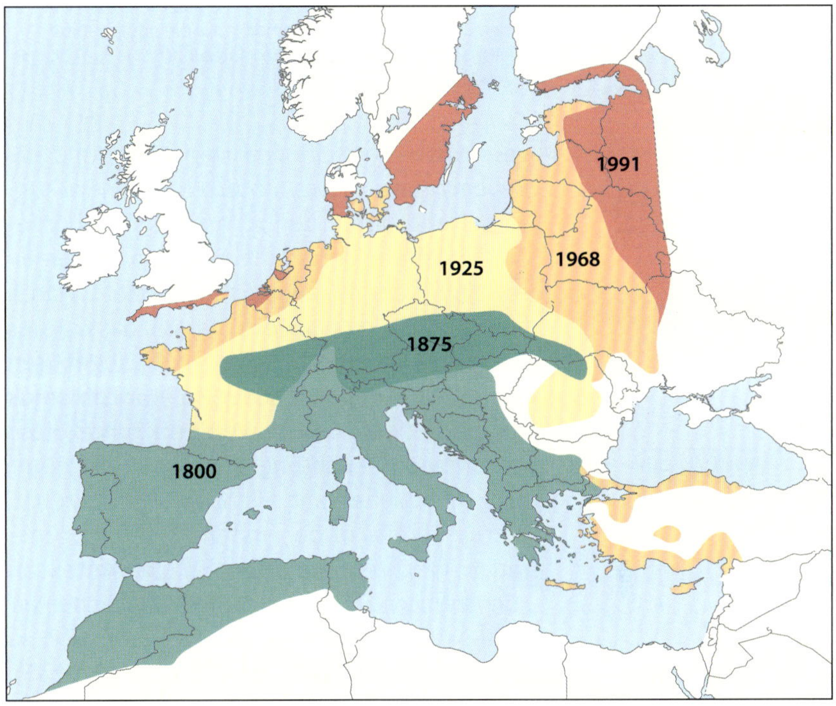


Abb. 635: Ausbreitung des Girlitzes in Europa (nach Schüz 1971 und Bruderer 2017).

## Mikro-Evolution

War man früher der Ansicht, dass sich Vogelzug nur sehr langsam, in erdgeschichtlichen Zeiträumen, über zahlreiche Generationen, entwickelt haben dürfte, so erscheint dies im Lichte neuerer Daten und Untersuchungen fraglich. Denn es gibt mehrere Beispiele, die zeigen, dass sich Zugverhalten auch in nur wenigen Jahrzehnten entwickeln kann.

Girlitze besiedelten noch anfangs des 19. Jahrhunderts ausschließlich den mediterranen Raum. Während des 19. Jahrhunderts hat sich der Girlitz rasch über weite Teile Europas ausgebreitet und erreichte in den 1960er Jahren auch den baltischen Raum (Abb. 635). Diese nun nördlichen Brutvögel entwickelten sich zu Zugvögeln, die zur Überwinterung in den Mittelmeerraum ziehen, während ihre südlichen Artgenossen Standvögel blieben.

Das eindruckvollste Beispiel zur Frage der Evolutionsgeschwindigkeit von Zugverhalten liefern Züchtungsversuche an Mönchsgrasmücken. Mönchsgrasmückenpopulationen sind am Mittelmeer, z. B. in S-Frankreich sog. Teilzieher (s. Abb. 131): ein Teil der Individuen zieht regelmäßig weg, sind also echte Zugvögel mit Winterquartieren auf der Iberischen Halbinsel, während der andere Teil als Standvögel ganzjährig im Brutgebiet verbleibt. Entsprechend verhalten sich auch dem Freiland entnommene und handaufgezogene Jungvögel. Von ihnen zeigen 77 % nächtliche Zugaktivität (Zugunruhe), 23 % dagegen nicht (Abb. 636). Dabei können sogar Nest-

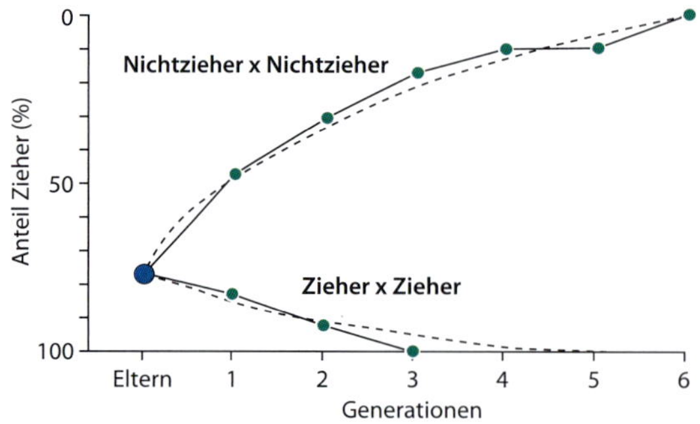


Abb. 636: Selektionsexperiment mit teilziehenden Mönchsgrasmücken aus S-Frankreich. Ausgehend von einer Elternpopulation handaufgezogener Vögel aus S-Frankreich wurden von Generation zu Generation jeweils zum einen Nicht-Zieher x Nicht-Zieher, zum anderen Zieher x Zieher gekreuzt. Die durchgezogenen Linien geben die tatsächlichen Ergebnisse des Experiments an, die gestrichelten Linien beschreiben angepasste mathematische Funktionen (nach Berthold et al. 1990).

geschwister verschieden sein. Dies, und die Beobachtung dieses unterschiedlichen Zugverhaltens unter den künstlichen Laborbedingungen, in denen die Vögel auch keinen sozialen Kontakt zueinander hatten, waren bereits wichtige Hinweise darauf, dass dieses Verhalten genetisch fixiert, d. h. angeboren ist und ihm ein genetischer **Polymorphismus** zugrunde liegt. Belegt werden konnte diese Annahme in Züchtungsexperimenten. Wurden Nichtzieher mit Nichtziehern gekreuzt, betrug bereits in der ersten Nachfolgegeneration (Tochtergeneration F1) der Anteil an Nichtziehern 53 %; bei Zieher mal Zieher erhöhte sich der Anteil an Ziehern von 77 % in der Elterngeneration auf 85 % in F1 (Abb. 636). Die Fortsetzung dieser Linienzuchten erbrachte bereits nach wenigen Generationen entweder ausschließlich Nichtzieher oder ausschließlich Zieher. Dies heißt, dass unter dem Einfluss einer solch strengen Selektion

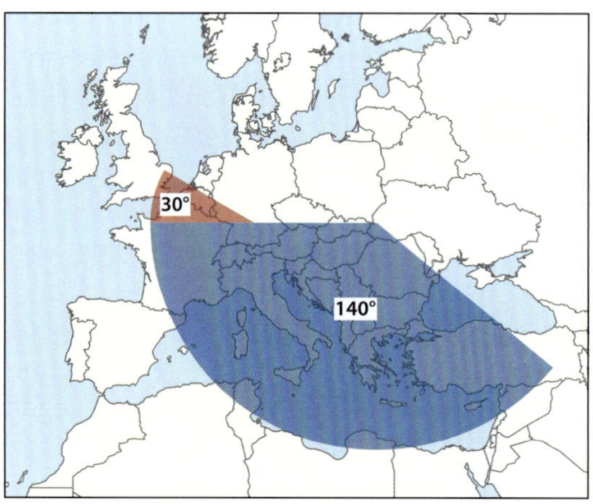


Abb. 637: „Normale" aus Ringfunden bekannte Abzugsrichtung von Mönchsgrasmücken aus Mitteleuropa (blau) und „Abweichung" von „normal" (rot), um zu den Britischen Inseln zu gelangen. Gegenüber dem „normalen" Fächer der herbstlichen Abzugsrichtungen aus Mitteleuropa von etwa 140° braucht es gerade einmal 30° Abweichung, um nach Großbritannien zu gelangen (nach Berthold & Terrill 1988).

(für die Weiterzuchten wurden ja jeweils nur echte Zieher bzw. reine Nichtzieher der vorhergehenden Generation verwendet) schon nach wenigen Generationen aus einer polymorphen Population eine reine Nichtzieher- oder eine reine Zieher-Population hervorgehen kann.

Im Freiland entsteht eine solche Selektion durch die jährlich wechselnden Umweltbedingungen im Brut-/Wintergebiet und auf den Zugwegen. In einem milden Winter haben die Individuen Vorteile, die im Brutgebiet verbleiben. Sie können ihre Reviere früher besetzen als die später ankommenden Zugvögel, sie können die besseren Reviere besetzen und so einen höheren Fortpflanzungserfolg erreichen, mit dann relativ mehr nichtziehenden Nachkommen. In strengen Winter hingegen erfahren diese Standvögel erhebliche Verluste, der Selektionsvorteil liegt nun bei den wegziehenden, die trotz ihres Zuges eine geringere Wintersterblichkeit erfahren. Nach strengen Wintern überwiegt so der Anteil der Zieher.

Über einen solchen genetischen Polymorphismus kann das Zugverhalten einer Population ständig auf die wechselnden Umweltbedingungen eingestellt werden. Diese genetische Kontrolle des Teilzugverhaltens ist heute für mehrere Arten sicher belegt (Amsel, Rotkehlchen, Schwarzkehlchen, Mönchsgrasmücke und Singammer). Inwieweit obligates Teilzieherverhalten auch durch unmittelbar wirkende, exogene Faktoren, z. B. Nahrungsangebot oder Konkurrenz, hervorgerufen wird („Verhaltens-Konstitutions-Hypothese"), ist nicht zweifelsfrei belegt.

Im Lichte dieser Daten zur genetischen Grundlage und zur möglichen Evolutionsgeschwindigkeit des Vogelzuges ist auch das in jüngster Zeit bei mitteleuropäischen Mönchsgrasmücken festgestellte, geänderte Zugverhalten zu sehen. Seit den 1960er Jahren ziehen immer mehr Mönchsgrasmücken aus Mitteleuropa zum Überwintern auf die Britischen Inseln. Etwa 1/3 aller Ringfunde von zur Brutzeit im südlichen Mitteleuropa beringten Mönchsgrasmücken liegt im folgenden Herbst NW des Beringungsgebietes. Ursache hierfür ist zum einen ihre sehr flexible Nahrungswahl im Winter, die es ihr ermöglichte, die nach dem 2. Weltkrieg zahlreich eingerichteten Winterfutterplätze zu nutzen. Zum anderen kamen ihr die in jüngerer Zeit recht milden Winter zugute. Hierdurch eröffnete sich ein riesiges Nahrungsangebot, das die sonst hohe Wintersterblichkeit erheblich reduzierte. Es darf angenommen werden, dass Mönchsgrasmücken wohl schon immer in geringer Zahl im Herbst die Britischen Inseln erreicht haben, da die „erforderliche" Abweichung von der normalen Wegzugsrichtung aus Mitteleuropa im Herbst nur recht gering ist (Abb. 637), dann aber wegen fehlender Nahrung nicht überlebt haben.

Hintergrund für diese rasche Entwicklung eines neuen Zugverhaltens ist dabei Folgendes: In Großbritannien überwinternde Mönchsgrasmücken leben dort im Winter in kürzeren Tageslichtdauern als ihre im Mittelmeergebiet überwinternden Artgenossen. Zudem erfahren die britischen Überwinterer im zeitigen Frühjahr eine raschere Veränderung der Tageslichtdauer als diejenigen, die auf der Iberischen Halbinsel überwintern. Beides scheint die britischen Überwinterer früher in Fortpflanzungsstimmung zu bringen und ihren Rückzug nach Mitteleuropa zu verfrühen, jeweils immer gesehen gegenüber ihren im Mittelmeergebiet überwinternden Artgenossen. Der frühere Rückzug britischer Überwinterer in die mitteleuropäischen Brutgebiete hat dann zur Folge, dass sich so im Brutgebiet vornehmlich solche Individuen verpaaren, die im selben Überwinterungsgebiet waren. Damit wird dann ein genetischer Unterschied, der diese Vögel zu den Britischen Inseln gebracht

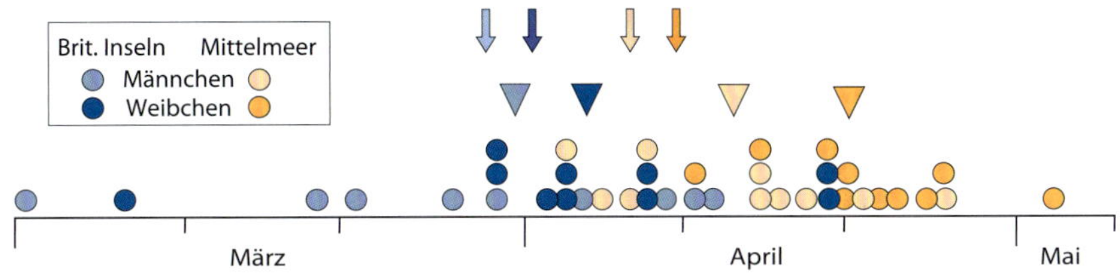


Abb. 638: Aus dem Beginn der nächtlichen Zugunruhe im Frühjahr, der mittleren Zugstrecke zwischen Winter- und Brutgebiet und einer Reisegeschwindigkeit von 45 km/Tag errechnete Ankunft von „britischen" bzw. „mediterranen" Mönchsgrasmücken im mitteleuropäischen Brutgebiet. Kreise: Individuen; Dreiecke: Mittelwerte (nach Terrill & Berthold 1990) sowie mittlere im Freiland im Jahr 2008 festgestellte Ankunftstermine (Pfeile) (nach Rolshausen et al. 2010).

hat, rasch vererbt und verstärkt. Diese Vorstellung wird gestützt durch experimentelle Daten: Wurde gekäfigten Mönchsgrasmücken entweder die photoperiodische Situation des westlichen Mittelmeerraumes, also dem üblichen Winterquartier, oder die Englands simuliert, so zeigten die „britischen" Vögel tatsächlich einen erheblich früheren Beginn ihrer Fortpflanzungsfähigkeit und einen früheren Beginn von Zugunruhe und somit eine frühere Ankunft im Brutgebiet (Abb. 638) als ihre „mediterranen" Artgenossen. Schließlich orientierten sich die Jungen von im britischen Überwinterungsgebiet gefangenen Mönchsgrasmücken im Orientierungskäfig während ihres ersten Herbstes westlich, nach England gerichtet, ähnlich ihren Eltern, und deutlich verschieden von Jungvögeln von Eltern aus SW-Deutschland (Abb. 639). Grundlage hierfür ist, dass die Mönchsgrasmücken über eine genetisch fixierte Zugdisposition verfügen, die in hohem Maße vererbbar ist (s. Abb. 337).

Ein anderes Beispiel „rasanter" Veränderung des Zugverhaltens ist die Amsel. Bis weit in das 20. Jahrhundert hinein war die Amsel ein Waldvogel und Zugvogel, der für den Winter

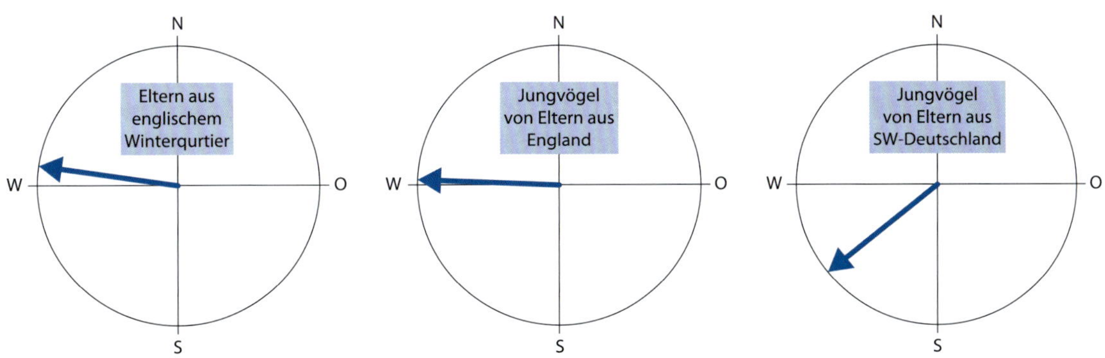


Abb. 639: Richtungswahl in Orientierungskäfigen von Mönchsgrasmücken unterschiedlicher Herkunft. Nachkommen von Altvögeln, die auf den britischen Inseln als Überwinterer gefangen wurden, weisen in ihrer mittleren Vorzugsrichtung ebenfalls nach S-England, im Gegensatz zu Jungvögeln von Eltern aus SW-Deutschland, die entsprechend des Überwinterungsgebietes ihrer Eltern eine Vorzugsrichtung nach SW zeigen (nach Berthold et al. 1992).

vor allem nach S-Frankreich und ins westliche Mittelmeergebiet gezogen ist. So war sie auch auf Helgoland lediglich als Durchzügler und seltener nordischer Wintergast bekannt. Heute dagegen ist die Amsel vielerorts ganzjähriger Standvogel und Bewohnerin von Siedlungen.

Auf Helgoland brütete die Amsel erstmals 1923, weitere Bruten wurden vereinzelt erst wieder ab 1969 festgestellt. Ab Mitte der 1980er Jahre nahm die Anzahl der auf Helgoland brütenden Amseln stetig zu, mit Beginn der 1990er Jahre rasant auf heute über 100 Brutreviere, wahrscheinlich begünstigt durch mildere Winter mit erhöhtem Nahrungsangebot und der zunehmenden Verbuschung der Insel. Die meisten der heute auf Helgoland brütenden Amseln sind ganzjährige Standvögel und auch eine hohe Zahl von Jungvögeln bleibt ganzjährig auf der Insel. Möglicherweise hervorgegangen aus durchziehenden Amseln, eher aber aus nach der Brutzeit umherstreifenden Amseln vom nahen Festland, ist die heutige Helgoländer Amselpopulation aber isoliert. Dies überrascht, da neben den brütenden Amseln Helgoland von vielen ziehenden Amseln aus Skandinavien zur Rast aufgesucht wird. Mit jährlich rund 2500 Erstfängen ist die Amsel nach der Singdrossel die zweithäufigste Zugvogelart im Fanggarten auf Helgoland. Zudem könnten auch Amseln des benachbarten Festlandes während ihrer nachbrutzeitlichen Zerstreuungswanderungen auf die Insel verdriftet werden und sich im folgenden Jahr mit ortsansässigen Vögeln paaren. Molekulargenetische Untersuchungen zeigen aber, dass die Helgoländer Amseln eindeutig von ihren zur Zugzeit gefangenen Artgenossen zu unterscheiden und genetisch isoliert sind. Im Untersuchungszeitraum 2004 bis 2007 wurde lediglich ein einziger Fall von genetischer Immigration gefunden, d.h. nur ein Nestling von insgesamt 779 beprobten zeigte einen abweichenden Genotyp. Die Tatsache, dass sich die „Zugamseln" nicht mit der Inselpopulation durchmischen, spricht dafür, dass ihr Zugverhalten als Teil eines populationsspezifischen „Zugsyndroms" genetisch determiniert ist und sich nicht opportunistisch abschalten lässt. Das gleiche gilt möglicherweise auch für die ausgeprägte „Standvogeligkeit" der Helgoländer Amseln. Auch hierbei scheinen Selektionsprozesse die Verteilung von Zug- bzw. Nicht-Zugmerkmalen zu einem „Extrem" hin verschoben zu haben. Denn bei keiner der Helgoländer Amseln ergaben telemetrische Untersuchungen und Farbberingung einen Hinweis auf saisonalen Pendelzug zwischen Insel und Festland. Diese „Standvogeligkeit" fand sich auch im Labor. Nur ganz wenige der handaufgezogenen Jungvögel Helgoländer Amseln zeigten nächtliche Zugunruhe. Die Inselpopulation besteht also überwiegend aus Standvögeln (Individuen ohne nächtliche Zugunruhe), was die Verhältnisse im Freiland bestätigt. Die Laborergebnisse belegen, dass das stark eingeschränkte Zugverhalten der Helgoländer Amseln eine angeborene genetische Grundlage besitzt und durch evolutionäre Prozesse (Gründereffekt, gerichtete Selektion) geprägt wurde.

Weiterhin sind die Helgoländer Brutvögel kurzflügeliger als ihre durchziehenden Artverwandten und haben kürzere Schnäbel und teilweise auch kürzere Läufe. Zug- und Inselamseln sind voneinander isoliert. Auf Helgoland durchziehende Amseln befinden sich offensichtlich noch nicht in Brutstimmung und verpaaren sich deshalb nicht (oder nur selten) mit ortsansässigen Amseln. Außerdem brüten die Helgoländer Standvögel früher als ihre durchziehenden Artgenossen und paaren sich bevorzugt untereinander. Die hohe Populationsdichte kombiniert mit einer hohen Rekrutierungsrate des eigenen Nachwuchses ist für die Ansiedlung potenzieller Immigranten wahrscheinlich ebenso hinderlich. Dieses Beispiel zeigt, wie durch Isolationsprozesse in recht kurzer Zeit aus einer ehemals ziehenden Art eine Standvogelart entstehen kann.

Ein interessantes Beispiel einer „sprunghaften" Neuentwicklung im Zugverhalten liefern Rauchschwalben in Argentinien. Nordamerikanische Rauchschwalben überwintern in S-Amerika südwärts bis Argentinien (Abb. 639). Erstmals 1980 brüteten verbliebene Nordamerikanische Rauchschwalben dort; seither hat sich eine kleine, distinkte argentinische Population aufgebaut. Ihr Zugverhalten hielten sie grundsätzlich bei, doch änderten sie ihren Jahreszyklus und ihre Zugstrecke. Dem südlichen Winter weichen sie durch Zug gen

Norden aus, ziehen dabei aber nur bis ins nördliche Südamerika (Abb. 640).

Diese Beispiele zeigen, wie rasch sich auch komplexes (Zug)Verhalten verändern kann. Dies ist insbesondere im Lichte des Klimawandels bedeutsam, zeigt es doch, dass sich Arten in recht kurzer Zeit anpassen können, sofern die selektierenden Prozesse weitgehend gerichtet ablaufen. Die in jüngerer Zeit immer milderen Winter in den gemäßigten und höheren Breiten erhöhen die Überlebenswahrscheinlichkeiten und erlauben so auch ganzjähriges Verweilen am Brut- oder Geburtsort und damit die Etablierung von mehr „Standvogeligkeit". Zugleich erfordern z. B. polwärts gerichtete Arealausweitungen der Brutgebiete eine Verlängerung von Zugwegen, wenn die Winterquartiere von den Brutgebieten durch ausgedehnte Barrieren wie Meere und Wüsten getrennt sind, wodurch eine entsprechende Arealverschiebung der Wintergebiete verhindert ist. Die zentrale Frage dabei ist, ob Veränderungen der endogenen Jahresperiodik der Vögel mit den veränderten ökologischen Bedingungen Schritt halten können.

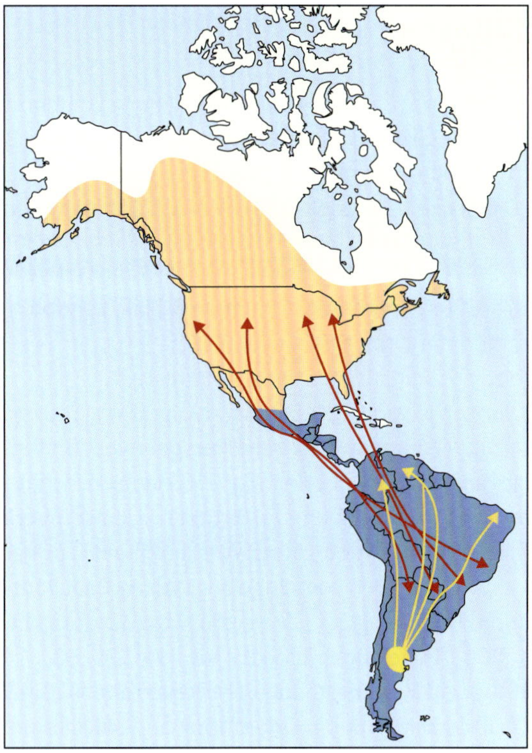

Abb. 640: Sommer- (orange) und Winter- (blau) Verbreitung Nordamerikanischer Rauchschwalben sowie Brutgebiet (gelb) der seit 1980 in Argentinien brütenden Rauchschwalben. Die roten Linien zeigen Zugrouten von in N-Amerika, die gelben von in Argentinien mit Geolokatoren ausgestatteten Rauchschwalben (nach Winkler et al. 2017).

## Zum Weiterlesen


Alerstam T (1990): Bird Migration. Cambridge University Press, Cambridge.

Alerstam T, Hedenström A (1998): Optimal Migration. Journal of Avian Biology 29: 337-636.

Bairlein F, Becker P (2011): Linking Migration and Population Studies. Journal of Ornithology 152: Supplement 1: S1-S288.

Bairlein F, Dierschke J, Dierschke V, Salewski V, Geiter O, Hüppop K, Köppen U, Fiedler W (2014): Atlas des Vogelzugs. Ringfunde deutscher Brut- und Gastvögel. AULA-Verlag, Wiebelsheim.

Bairlein F, Wiltschko W. (2017): Bird Migration. Journal of Comparative Physiology A 203: 381-564.

Berthold P (1996): Control of bird migration. Chapman & Hall, London.

Berthold P (1991): Orientation in Birds. Birkhäuser, Basel.

Berthold P (2012): Vogelzug. 7. Aufl. Primus Verlag, Darmstadt.

Berthold P, Gwinner E, Sonnenschein E (2003): Avian Migration. Springer Verlag, Berlin.

Bruderer B (2017): Vogelzug – Eine schweizerische Perspektive. Ornithologischer Beobachter, Beiheft 12.

Bub H (1966-1969): Vogelfang und Vogelberingung I-IV. Ziemsen-Verlag, Wittenberg-Lutherstadt.

Bub H (1974): Vogelfang und Vogelberingung zur Brutzeit. Ziemsen-Verlag, Wittenberg-Lutherstadt.

Chernetsov N (2012): Passerine migration - Stopovers and flight. Springer, Berlin.

Curry-Lindahl K (1982): Das große Buch vom Vogelzug. Verlag Paul Parey, Berlin.

Dingle H (2014): Migration. The Biology of Life on the Move. Oxford University Press, Oxford.

Drent R, Fox T, Stahl J (2006): Travelling to breed. Ardea 94: 299-713.

Gatter W (2000): Vogelzug und Vogelbestände in Mitteleuropa. AULA Verlag, Wiesbaden.

Gauthreaux SA jr (1980): Animal Migration, Orientation and Navigation. Academic Press, New York.

Glutz von Blotzheim UN (Hrsg., 1966-1997): Handbuch der Vögel Mitteleuropas, Band 1-14. AULA-Verlag, Wiesbaden.

Greenberg RL, Marra PP (2005): Birds of Two Worlds. The Ecology and Evolution of Migration. Johns Hopkins University Press, Baltimore.

Gwinner E (1986): Circannual Rhythms. Springer, Berlin.

Gwinner E (1990): Bird Migration. Physiology and Ecophysiology. Springer, Berlin.

Hagan JM III, Johnston DW (1992): Ecology and conservation of Neotropical Migrant Landbirds. Smithsonian Institution Press, Washington.

Hansson L-A, Åkesson S (2014): Animal movement across scales. Oxford University Press, Oxford.

Jenni L (2001): Bird Ringing 100 Years. Ardea 89 special issue: 1-252.

Keast A, Morton ES (1980): Migrant Birds in the Neotropics: Ecology, Behavior, Distribution, and Conservation. Smithsonian Institution Press, Washington.

McClure HE (1974): Migration and survival of the birds of Asia. SEATO, Bangkok.

Milner-Gulland EJ, Fryxell JM, Sinclair ARE (2011): Animal Migration. Oxford University Press, Oxford.

Moreau RE (1972): The Palaearctic-African bird migration systems. Academic Press, London.

Nachtigall W (1985): Warum Vögel fliegen. Rasch und Röhrig, Hamburg.

Nachtigall W (1987): Vogelflug und Vogelzug. Rasch und Röhrig, Hamburg.

Newton I (2008): The Migration Ecology of Birds. Elsevier, Amsterdam.

Rappole JH (2013): The Avian Migrant. The Biology of Bird Migration. Columbia University Press, New York.

Richarz K (2019): Vogelzug. Wissenschaftliche Buchgesellschaft, Darmstadt.

Schmidt-Koenig K (1975): Migration and Homing in Animals. Springer, Berlin.

Schüz E (1971): Grundriß der Vogelzugskunde. Verlag Paul Parey, Hamburg.

Südbeck P, Bairlein F, Lottmann R (2018): Zugvögel im Wattenmeer. Faszination und Verantwortung. Brune-Mettcker, Wilhelmshaven.

Wroza S (2020): Identifier Les Oiseaux Migrateurs par le son. Delachaux et Niestlé, Paris.

Zink G (1973, 1975, 1981, 1985): Der Zug europäischer Singvögel: ein Atlas der Wiederfunde beringter Vögel: Lfg. 1–4. AULA-Verlag, Wiesbaden.

Zink G, Bairlein F (1995): Der Zug europäischer Singvögel: ein Atlas der Wiederfunde beringter Vögel, Vol. 3. AULA-Verlag, Wiebelsheim.

# Abbildungsquellen

Ahola M, Laaksonen T, Sippola K, Eeva T, Rainio K, Lehikoinen E (2004): Variation in climate warming along the migration route uncouples arrival and breeding dates. Global Change Biology 10: 1610-1617.

Åkesson S, Atkinson PW, Bermejo A, de la Puente J, Ferri M, Hewson CM, Holmgren J, Kaiser E, Kearsley L, Klaassen RHG, Kolunen H, Matsson G, Minelli F, Norevik G, Pietiäinen H, Singh NJ, Spina F, Viktora L, Hedenström A (2020): Evolution of chain migration in an aerial insectivorous bird, the common swift *Apus apus*. Evolution 74: 2377-2391.

Åkesson S, Klaassen R, Holmgren J, Fox JW, Hedenström A (2012): Migration routes and strategies in a highly aerial migrant, the Common Swift *Apus apus*, revealed by light-level geolocators. PLoS ONE 7(7): e41195. doi:10.1371/journal.pone.0041195.

Alerstam T (2003): Bird migration speed. In: Berthold P, Gwinner E, Sonnenschein E (eds) Avian migration: 253-267. Springer, Berlin.

Alerstam T, Bäckman J, Gudmundsson GA, Hedenström A, Henningsson SS, Karlsson H, Rosén M, Strandberg R (2007): A polar system of intercontinental bird migration. Proc Royal Soc London B 274: 2523-2530.

Alerstam T, Lindström Å (1990): Optimal bird migration: the relative importance of time, energy and safety. In: Gwinner E (ed) Bird migration: 331-351. Springer, Berlin.

Alerstam T, Rosén M, Bäckman J, Ericson PGP, Hellgren O (2007): Flight speeds among bird species: Allometric and phylogenetic effects. PLoS Biology 5: e197.

Alves JA , Gunnarsson TG, Potts PM, Gélinaud G, Sutherland WJ, Gill JA (2012): Overtaking on migration: does longer distance migration always incur a penalty? Oikos 121: 464-470.

Alves JA, Gunnarsson TG, Hayhow DB, Appleton GF, Potts PM,. Sutherland WJ, Gill JA (2013): Costs, benefits, and fitness consequences of different migratory strategies. Ecology 94: 11-17.

Ambrosini R, Rubolini D, Møller AP3, Bani L, Clark J, Karcza Z, Vangeluwe D, du Feu C, Spina F, Saino N (2011): Climate change and the long-term northward shift in the African wintering range of the barn swallow *Hirundo rustica*. Climate Research 49: 131-141.

Arlt D, Olsson P, Fox JW, Low M, Pärt T (2015): Prolonged stopover duration characterizes migration strategy and constraints of a long-distance migrant songbird. Animal Migration 2: 47-62.

Babushkina O, Bojarinova J (2011): Photoperiodically regulated cycle of locomotory activity and fat reserves during migration seasons in the irruptive bird species, the long-tailed tit *Aegithalos c. caudatus*. J Avian Biology 42: 169-177.

Bacccetti N, Frugis S, Mongini E, Piacentini D, Spina F (1985): Osservazioni sul peso di beccafichi, *Sylvia borin*, in transito in diverse aree Italiane. Riv ital Orn 55: 171-179.

Bairlein F (1979): Zum Zugbeginn junger Weißstörche *Ciconia ciconia* in Südwestdeutschland. Vogelwarte 30: 68-69.

Bairlein F (1981): Ökosystemanalyse der Rastplätze von Zugvögeln: Beschreibung und Deutung der Verteilungsmuster von ziehenden Kleinvögeln in verschiedenen Biotopen der Stationen des „Mettnau-Reit-Illmitz-Programmes" der Vogelwarte Radolfzell. Ökologie Vögel 3: 7-137.

Bairlein F (1985): Efficiency of food utilization during fat deposition in the long-distance migratory garden warbler *Sylvia borin*. Oecologia 68: 118-125.

Bairlein F (1985): Body weights and fat deposition of palaearctic passerine migrants in the central Sahara. Oecologia 66: 141-146.

Bairlein F (1985): Dismigration und Sterblichkeit in Süddeutschland beringter Schleiereulen *Tyto alba*. Vogelwarte 33: 81-108.

Bairlein F (1985): Offene Fragen der Erforschung des Zuges paläarktischer Vogelarten in Afrika. Vogelwarte 33: 144-155.

Bairlein F (1987): The migratory strategy of the Garden Warbler: a survey of field and laboratory data. Ringing & Migration 8: 59-72.

Bairlein F (1988): How do migratory songbirds cross the Sahara? Trends in Ecology and Evolution 3: 191-194.

Bairlein F (1990): Nutrition and food selection in migratory birds. In: Gwinner E (ed) Bird migration: physiology and ecophysiology: 198-213. Springer, Berlin.

Bairlein F (1990): Zur Nahrungswahl der Gartengrasmücke *Sylvia borin*: Ein Beitrag zur Bedeutung der Frugivorie bei omnivoren Singvögeln. Proc Internat 100. DO-G Meeting, Current Topics Avian Biol, Bonn 1988: 103-110.

Bairlein F (1991): Body mass of Garden Warblers (*Sylvia borin*) on migration: a review of field data. Vogelwarte 36: 48-61.

Bairlein F (1991): Nutritional adaptations to fat deposition in the long-distance migratory Garden Warbler (*Sylvia borin*). Proc XX Internat Ornithol Congress: 2149-2158.

Bairlein F (1992): Zugwege, Winterquartiere und Sommerverbreitung mitteleuropäischer Weißstörche. In: Institut Europeen d'Ecologie & A.M.B.E. (eds) Les Cigogne d'Europe. Metz. pp 191-205.

Bairlein F (1994): Manual of Field Methods. European-African Songbird Migration Network. Wilhelmshaven.

Bairlein F (1998): The effect of diet composition on migratory fueling in garden warblers *Sylvia borin*. J Avian Biology 29: 546-551.

Bairlein F (1998): The European-African songbird migration network: new challenges for large-scale study of bird migration. Biol Cons Fauna 102: 13-27.

Bairlein F (1998): Vogelzug in die Tropen – ein globaler Vergleich. Mitt Bundesforschungsanstalt für Forst- und Holzwirtschaft Hamburg 190: 178-195.

Bairlein F (2001): Results of bird ringing in the study of migration routes. Ardea 89 (spec. issue): 7-19.

Bairlein F (2004): Large-scale networks in bird research in Europe: pitfalls and prospects. Avian Science 3: 49-63.

Bairlein F (2010): Fett macht fit – physiologische und ökologische Kontrolle des Vogelzuges. In: Bairlein F, Becker PH (2010): 100 Jahre Institut für Vogelforschung Vogelwarte Helgoland. 75-90. AULA-Verlag, Wiebelsheim.

Bairlein F, Becker P (2011): Linking Migration and Population Studies. J Ornithol 152: Supplement 1: S1-S288.

Bairlein F, Becker PH (2010): 100 Jahre Institut für Vogelforschung Vogelwarte Helgoland. AULA-Verlag, Wiebelsheim.

Bairlein F, Dierschke J, Dierschke V, Salewski V, Geiter O, Hüppop K, Köppen U, Fiedler W (2014): Atlas des Vogelzugs. Ringfunde deutscher Brut- und Gastvögel. AULA-Verlag, Wiebelsheim.

Bairlein F, Fritz J, Scope A, Schwendenwein I, Stanclova G, van Dijk G, Meijer HAJ, Verhulst S, Dittami J (2015): In-flight energy expenditure and metabolic processes in a free-ranging migratory bird. PLoS One 10(9): e0134433. doi:10.1371/journal.pone.0134433.

Bairlein F, Gwinner E (1994): Nutritional mechanisms and temporal control of migratory energy accumulation in birds. Annual Review Nutrition 14: 187-215.

Bairlein F, Heiser F (2014): Langfristige Veränderungen in der Frühjahrsankunft von Zugvögeln im Lech-Donau-Winkel, Bayern. Ornithol Anzeiger 53: 1-21.

Bairlein F, Henneberg HR (2000): Der Weißstorch (*Ciconia ciconia*) im Oldenburger Land. Isensee, Oldenburg.

Bairlein F, Hüppop O (2004): Migratory fuelling and global climate change. Advances Ecol Research 35: 33-47.

Bairlein F, Hüppop O (2020): Differenziertes Zugverhalten beim Gartenrotschwanz (*Phoenicurus phoenicurus*)? Ornithol Jber Museum Heineanum 35: 11-20.

Bairlein F, Kelsey N (2018): Quantitative Magnetresonanz - eine neue, nicht-invasive Methode zur Bestimmung des Körperfettes von Zugvögeln. Jber Inst Vogelforschung 13: 6.

Bairlein F, Metzger B (2014): Klimawandel, Zugvögel und ihre Rolle bei der Verbreitung von Infektionskrankheiten – zunehmende »Gefahr« in Zeiten klimatischer Veränderung? In: Lozan JL, Graßl H, Jendritzky G, Karbe L, Reise K (Hrsg) Warnsignal Klima – Gesundheitsrisiken, 2nd edition. Wissenschaftliche Auswertungen, Hamburg. http://www.klima-warnsignale.uni-hamburg.de/?page_id=4606

Bairlein F, Norris DR, Nagel R, Bulte M, Voigt CC, Fox JW, Hussell DJT, Schmaljohann H (2012): Cross-hemisphere migration of a 25-gram songbird. Biol Lett 8: 505-507.

Bairlein F, Simons D (1995): Nutritional adaptations in migrating birds. Israel J Zoology 41: 357-367.

Bairlein F, Winkel W (1998): Vögel und Klimaveränderungen. In: Lozán JL, H Graßl, P Hupfer, H Sterr (Hrsg) Warnsignale Klima – Wissenschaftliche Fakten. GEO, Hamburg. 281-285.

Barcante L, Vale MM, Alves MAS (2017): Altitudinal migration by birds: a review of the literature and a comprehensive list of species. J Field Ornithol 88: 321-335.

Battley PF, Warnock N, Tibbitts TL, Gill RE, Piersma T, Hassell CJ, Douglas DC, Mulcahy DM, Gartrell BD, Schuckard R, Melville DS, Riegen, AC (2012): Contrasting extreme long-distance migration patterns in bar-tailed godwits *Limosa lapponica*. J Avian Biology 43: 21-32.

Bauer HG (2013): Die Rote Liste wandernder Vogelarten. Falke 60 Sonderheft: 36-38

Baumann S (2001): Beobachtungen zur Koexistenz von paläarktischen und afrikanischen Pirolen in Simbabwe. Vogelwelt 122: 67-79.

Becker PH, Schmaljohann H, Riechert J, Wagenknecht G, Zajková Z, González-Solís (2016): Common Terns on the East Atlantic Flyway: temporal-spatial distribution during the non-breeding period. J Ornithol 157: 927-940.

Bensch S, Andersson T, Åkesson S (1999): Morphological and molecular variation across a migratory divide in Willow Warblers, *Phylloscopus trochilus*. Evolution 53: 1925-1935.

Berthold P (1976): Animalische und vegetabilische Ernährung omnivorer Singvogelarten: Nahrungsbevorzugung, Jahresperiodik der Nahrungswahl, physiologische und ökologische Bedeutung. J Ornithol 117: 145-209.

Berthold P (1978): Das Zusammenwirken von endogenen Zugzeit-Programmen und Umweltfaktoren beim Zugablauf bei Grasmücken: Eine Hypothese. Vogelwarte 29, 1978: 153-159.

Berthold P (1978): Die quantitative Erfassung der Zugunruhe bei Tagziehern: Eine Pilotstudie an Ammern (*Emberiza*). J Ornithol 119: 334-336.

Berthold P (1990): Wegzugbeginn und Einsetzen der Zugunruhe bei 19 Vogelpopulationen – eine vergleichende Untersuchung. Proc Internat 100. DO-G Meeting, Current Topics Avian Biol., Bonn, 1988. J Ornithol 131 Sonderheft: 217-222.

Berthold P (1996): Control of Bird Migration. Chapman & Hall, London.

Berthold P (1999): Towards a comprehensive theory for the evolution, control and adaptability of avian migration. In: Adams, NJ, Slotow RH (eds) Proceed 22 Int Omithol Congr, Durban. Ostrich 70: 1-11.

Berthold P, Gwinner E, Klein H (1972): Circannuale Periodik bei Grasmücken I. Periodik des Körpergewichtes, der Mauser und der Nachtunruhe bei *Sylvia atricapilla* und S. *borin* unter verschiedenen konstanten Bedingungen. J Ornithol 113: 170-190.

Berthold P, Helbig AJ, Mohr G, Querner U (1992): Rapid microevolution of migratory behaviour in a wild bird species. Nature 360: 668-670.

Berthold P, Kaatz M, Querner U (2004): Long-term satellite tracking of white stork (*Ciconia ciconia*) migration: constancy versus variability. J Ornithol 145: 356-359.

Berthold P, Leisler B (1980): Migratory restlessness of the marsh warbler *Acrocephalus palustris*. Naturwissenschaften 67: 472.

Berthold P, Mohr G, Querner U (1990): Steuerung und potentielle Evolutionsgeschwindigkeit des obligaten Teilzieherverhaltens: Ergebnisse eines Zweiweg-Selektionsexperiments mit der Mönchsgrasmücke (*Sylvia atricapilla*). J Ornithol 131: 33-45.

Berthold P, Nowak E, Querner U (1995): Satelliten-Telemetrie eines Zugvogels yon Mitteleuropa bis in das südafrikanische Winterquartier: eine Fallstudie am Weißstorch (*Ciconia ciconia*). J Ornithol 136: 73-76.

Berthold P, Querner U (1981): Genetic Basis of Migratory Behavior in European Warblers. Science 212: 77-78.

Berthold P, Terrill SB (1988): Migratory behaviour and population growth of Blackcaps wintering in Britain and Ireland: some hypotheses. Ringing & Migration 9: 153-159.

Biebach H (1990): Strategies of trans-Saharan migrants. In: Gwinner E (ed) Bird Migration. Physiology and Ecophysiology: 352-367. Springer, Berlin.

Biebach H, Bauchinger U (2003): Energetic savings by organ adjustment during long migratory flights in Garden Warbler (*Sylvia borin*). In: Berthold P, Gwinner E, Sonnenschein E (eds) Avian Migration: 269-280. Springer, Berlin.

Biebach H, Friedrich W, Heine G (1986): Interaction of bodymass, fat, foraging and stopover period in trans-sahara migrating passerine birds. Oecologia 69: 370-379.

Bingman VP, Wiltschko W (1988): Orientation of dunnocks (*Prunella modularis*) at sunset. Ethology 77: 1-9.

BirdLife Österreich (2016): V.i.A – Vogelzug im Alpenraum. BirdLife Österreich, Wien.

Bobek M, Hampl R, Peške L, Pojer F, Šimek J, Bureš S (2008): African Odyssey project – satellite tracking of black storks *Ciconia nigra* breeding at a migratory divide. J Avian Biology 39: 500-506.

Bolshakov CV, Chernetsov N, Mukhin A, Bulyuk VN, Kosarev V, Ktitorov P, Leoke D, Tsvey A (2007): Time of nocturnal departures in European robins, *Erithacus rubecula*, in relation to celestial cues, season, stopover duration and fat stores. Animal Behaviour 74: 855-865.

Bowlin MS, Enstrom DA, Murphy BJ, Plaza E, Jurich P, Cochran J (2015): Unexplained altitude changes in a migrating thrush: Long-flight altitude data from radio-telemetry. Auk 132: 808-816.

Brensing D (1977): Nahrungsökologische Untersuchungen an Zugvögeln in einem südwestdeutschen Durchzugsgebiet während des Wegzuges. Vogelwarte 29: 44-56.

Bridge ES, Thorup K, Bowlin MS, Chilson PB, Diehl RH, Fléron RW, Hartl P, Kays R, Kelly JF, Robinson WD, Wikelski M (2011): Technology on the move: Recent and forthcoming innovations for tracking migratory birds. BioScience 61: 689-698.

Brink AB, Eva HD (2009): Monitoring 25 years of land cover change dynamics in Africa: A sample based remote sensing approach. Applied Geography 29: 501-512.

Brochet, A-L, van den Bossche W, Jbour S, Ndang'ang'a PK, Jones VR, Ibrahim Abdou WAL, Al-Hmoud AR, Asswad NG, Atienza JC, Atrash I, Barbara N, Bensusan K, Bino T, Celada C, Cherkaoui SI, Costa J, Deceuninck B, Etayeb KS, Feltrup-Azafzaf C, Figelj J, Gustin M, Kmecl P, Kocevski V, Korbeti M, Kotrošan D, Laguna JM, Lattuada M, Leitão D, Lopes P, López-Jiménez N, Lucić V, Micol T, Moali A, Perlman Y, Piludu N, Portolou D, Putilin K, Quaintenne G, Ramadan-Jaradi G, Ružić M, Sandor A, Sarajli N, Saveljić D, Sheldon RD, Shialis T, Tsiopelas N, Vargas F, Thompson C, Brunner A, Grimmett R, Butchart SHM (2016): Preliminary assessment of the scope and scale of illegal killing and taking of birds in the Mediterranean. Bird Conservation International 26: 1-28.

Bruderer B (1996): Vogelzugforschung im Bereich der Alpen 1980-1995. Ornithol Beobachter 93: 119-130.

Bruderer B (2017): Vogelzug – Eine schweizerische Perspektive. Ornithol Beobachter, Beiheft 12.

Bruderer B (2020): Ein halbes Jahrhundert Zugforschung mit der „Superfledermaus". Vogelwarte 58: 255-272.

Bruderer B, Jenni L (1990): Migration across the Alps. In: Gwinner E. (ed) Bird migration: 60-77. Springer, Berlin.

Bruderer B, Peter D, Korner-Nievergelt F (2018): Vertical distribution of bird migration between the Baltic Sea and the Sahara. J Ornithol 159: 315-336.

Buehler DM, Baker AJ, Piersma T (2006): Reconstructing palaeoflyways of the late Pleistocene and early Holocene Red Knot *Calidris canutus*. Ardea 94: 485-498.

Bulte M, Bairlein F (2013): Endogenous control of migratory behaviour in Alaskan Northern Wheatears *Oenanthe oenanthe*. J Ornithol 154: 567-570.

Bulte M, Heyers D, Mouritsen H, Bairlein F (2017): Geomagnetic information modulates nocturnal migratory restlessness but not fueling in a long distance migratory songbird. J Avian Biology 48: 75-82.

Bulte M, McLaren J, Bairlein F, Bouten W, Schmaljohann H, Shamoun-Barranes JZ (2014): Can wheatears weather the Atlantic? Modelling non-stop trans-Atlantic flights of a small migratory songbird. Auk 131: 363-370.

Bussiere EMS, Underhill LG, Altwegg R (2015): Patterns of bird migration phenology in South Africa suggest northern hemisphere climate as the most consistent driver of change. Global Change Biology 21: 2179-2190.

Carbone C, Owen M (1995): Differential migration of the sexes of Pochard *Aythya ferina*: results from a European survey. Wildfowl 46: 99-108.

Catry P, Campos A, Almada V, Cresswell W (2004): Winter segregation of migrant European robins *Erithacus rubecula* in relation to sex, age and size. J Avian Biology 35: 204-209.

Chamberlain CP, Bensch S, Feng X, Åkesson S, Andersson T (2000): Stable isotopes examined across a migratory divide in Scandinavian willow warblers (*Phylloscopus trochilus trochilus* and *Phylloscopus trochilus acredula*) reflect their African winter quarters. Proc Royal Soc London B 267: 43-48.

Chernetsov N, Pakhomov A, Kobylkov D, Kishkinev D, Holland RA, Mouritsen H (2017): Migratory Eurasian Reed Warblers can use magnetic declination to solve the longitude problem. Current Biology 27: 2647-2651.

CILSS (2016): Landscapes of West Africa - A Window on a Changing World. U.S. Geological Survey EROS, 47914 252nd St, Garretson, SD 57030, USA

Cochran WW, Mouritsen H, Wikelski M (2004): Migrating Songbirds Recalibrate Their Magnetic Compass Daily from Twilight Cues. Science 304: 405-408.

Coppack T (2010): Evolution und Kontrolle des geschlechtsdifferenzierten Frühjahrszugs. In: Bairlein F, Becker PH (Hrsg) 100 Jahre Institut für Vogelforschung „Vogelwarte Helgoland“: 115-120. AULA-Verlag, Wiebelsheim.

Coppack T, Pulido F (2009): Proximate control and adaptive potential of protandrous migration in birds. Integrative and Comparative Biology 49: 493-506.

Corman A-M, Bairlein F, Schmaljohann H (2014): The nature of the migration route shapes physiological traits and aerodynamic properties in a migratory songbird. Behav Ecol Sociobiol 68: 391-402.

Couve E, Vidal C (2003): Birds of Patagonia, Tierra del Fuego & Antarctic Peninsula. Editorial Fantastico Sur Birding, Punta Arenas.

Cramp S (1988): Handbook of the Birds of Europe, the Middle East and North Africa. Vol V. Oxford University Press, Oxford.

Curry-Lindahl K (1982): Das große Buch vom Vogelzug. Verlag Paul Parey, Berlin.

De la Hera I, Javier Pérez-Tris J, Tellería JL (2010): Relationships among timing of moult, moult duration and feather mass in long-distance migratory passerines. J Avian Biology 41: 609-614.

Delingat J, Bairlein F, Hedenström A (2008): Obligatory barrier crossing and adaptive fuel management in migratory birds: the case of the Atlantic crossing in Northern Wheatears (*Oenanthe oenanthe*). Behav Ecol Sociobiol 62: 1069-1078.

Delingat J, Dierschke V (2000): Habitat utilization by Northern Wheatears (*Oenanthe oenanthe*) stopping over on an offshore island during migration. Vogelwarte 40: 271-278.

Delingat J, Dierschke V, Schmaljohann H, Mendel B, Bairlein F (2006): Daily stopovers as optimal migration strategy in a long-distance migrating passerine: the Northern Wheatear *Oenanthe oenanthe*. Ardea 94: 593-605.

Delmore KE, Van Doren BM, Conway GJ, Curk T, Garrido-Garduño T, Germain RR, Hasselmann T, Hiemer D, van der Jeugd HP, Justen H, Lugo Ramos JS, Maggini I, Meyer BS, Phillips RJ, Remisiewicz M, Roberts GCM, Sheldon BC, Vogl W, Liedvogel M (2020): Individual variability and versatility in an eco-evolutionary model of avian migration. Proc Royal Soc London B 287: 20201339.

DeLuca WV, Woodworth BK, Mackenzie SA, Newman AEM, Cooke HA, Phillips LM, Freeman NE, Sutton AO, Tauzer L, McIntyre C, Stenhouse IJ, Weidensaul S, Taylor PD, Norris DR (2019): A boreal songbird's 20,000 km migration across North America and the Atlantic Ocean. Ecology 100 (5), e02651.

DeLuca WV, Woodworth BK, Rimmer CC, Marra PP, Taylor PD, McFarland KP, Mackenzie SA, Norris DR. 2015 Transoceanic migration by a 12 g songbird. Biol. Lett. 11: 20141045.

Dias MP, Granadeiro JP, Catry P (2012): Do Seabirds Differ from Other Migrants in Their Travel Arrangements? On Route Strategies of Cory's Shearwater during Its Trans-Equatorial Journey. PLoS ONE 7(11): e49376. doi:10.1371/journal.pone.0049376.

Dierschke J (2001): Die Überwinterungsökologie von Ohrenlerchen *Eremophila alpestris*, Schneeammern *Plectrophenax nivalis* und Berghänflingen *Carduelis flavirostris* im Wattenmeer. Cuvillier, Göttingen.

Dierschke J, Dierschke V, Hüppop K, Hüppop O & Jachmann KF 2011: Die Vogelwelt der Insel Helgoland. OAG Helgoland, Helgoland.

Dierschke V, Delingat J (2001): Stopover behaviour and departure decision of northern wheatears, *Oenanthe oenanthe*, facing different onward non-stop flight distances. Behav Ecol Sociobiol 50: 535-545.

Dierschke V, Mendel B, Schmaljohann H (2005): Differential timing of spring migration in northern wheatears *Oenanthe oenanthe*: hurried males or weak females? Behav Ecol Sociobiol 57:470-480.

Dietz MW, Piersma T, Dekinga A (1999): Body-building without power training: endogenously regulated pectoral muscle hypertrophy in confined shorebirds. J Exp Biol 202: 2831-2837.

Dorka V (1966): Das jahres-und tageszeitliche Zugmuster von Kurz-und Langstreckenziehern nach Beobachtungen auf den Alpenpässen Cou/Bretolet (Wallis). Ornithol Beobachter 63: 165-223.

Dowsett-Lemaire F, Dowsett RJ (1987): European Reed and Marsh Warblers in Africa: migration patterns, moult and habitat. Ostrich 58: 65-85.

Drent R (1980): Goose flocks and food exploitation: How to flave your cake and eat it. Acta XVII Congressus Internationalis Ornithologici, Berlin 1978: 800-806.

Ebbinge BS (1989): A multifactorial explanation for variation in breeding performance of Brent Geese *Branta bernicla*. Ibis 131: 196-204.

Egevang C, Stenhouse IJ, Phillips RAd, Petersen A, Fox JW, Silk JRD (2010): Tracking of Arctic terns Sterna paradisaea reveals longest animal migration. Proc Nat Acad Sciences 107: 2078-2081.

Eikenaar C, Fritzsch A, Bairlein F (2013): Corticosterone and migratory fueling in Northern Wheatears facing different barrier crossings. General and Comparative Endocrinology 186: 181-186.

Eikenaar C, Klinner T, Szostek KL, Bairlein F (2014): Migratory restlessness in captive individuals predicts actual departure in the wild. Biol Lett 10: 20140154. http://dx.doi.org/10.1098/rsbl.2014.0154

Eikenaar C, Müller F, Kämpfer S, Schmaljohann H (2016): Fuel accumulation advances nocturnal departure: a migratory restlessness study on northern wheatears at stopover. Animal Behaviour 117: 9-14.

Eikenaar C, Müller F, Leutgeb C, Hessler S, Lebus K, Taylor PD, Schmaljohann H (2017): Corticosterone and timing of migratory departure in a songbird. Proc Royal Soc London B 284: 20162300.

Eikenaar C, Schläfke JL (2013): Size and accumulation of fuel reserves at stopover predict nocturnal restlessness in a migratory bird. Biol Lett 9: 20130712.

Eikenaar C, Schmaljohann H (2015): Wind conditions experienced during the day predict nocturnal restlessness in a migratory songbird. Ibis 157:125-132.

Emlen ST (1967): Migratory orientation in the indigo bunting, *Passerina cyanea*: part i: evidence for use of celestial cues. Auk 84: 309-342.

Emlen ST, Emlen JT (1966): A technique for recording migratory orientation of captive birds. Auk 83: 361-367.

Eraud C, Rivière M, Lormée H, Fox JW, Ducamp J-J (2013): Migration Routes and Staging Areas of Trans-Saharan Turtle Doves Appraised from Light-Level Geolocators. PLoS ONE 8(3): e59396. doi:10.1371/journal.pone.0059396

Erni B, Liechti F, Underhill LG, Bruderer B (2002): Wind and rain govern the intensity of nocturnal bird migration in central Europe - a log-linear regression analysis. Ardea 90: 155-166.

Exo K-M, Becker PH, Hüppop O (2010): Grundlagen für den Umweltschutz. Falke 57: 162-168.

Fiedler W (2003): Recent changes in migratory behaviour of birds: A compilation of field observations and ringing data. In: Berthold, Gwinner E, Sonnenschein E (Eds) Avian Migration: 21-38 Springer, Berlin.

Fiedler W (2005): Ecomorphology of the external flight apparatus of Blackcaps (*Sylvia atricapilla*) with different migration behavior. Ann NY Acad Science 1046: 253-263.

Figuerola J, Green AJ (2000): Haematozoan parasites and migratory behavior in waterfowl. Evolutionary Ecology 14: 143-153.

Fijn RC, Hiemstra D, Phillips RA, van der Winden J (2013): Arctic Terns *Sterna paradisaea* from The Netherlands migrate record distances across three oceans to Wilkes Land, East Antarctica. Ardea 101: 3-12.

Flack A, Fiedler W, Blas J, Pokrovsky I, Kaatz M, Mitropolsky M, Aghababyan K, Fakriadis I, Makrigianni E, Jerzak L, Azafzaf H, Feltrup-Azafzaf C, Rotics S, Mokotjomela TM, Nathan R, Wikelski M (2016): Costs of migratory decisions: A comparison across eight white stork populations. Sci Adv 2016; 2: e1500931.

Fliege G (1984): Das Zugverhalten des Stars (*Sturnus vulgaris*) in Europa: Eine Analyse der Ringfunde. J Ornithol 125: 393-446.

Förschler MI (2010): Phylogenie und die Entstehung des Vogelzuges in der Gattung *Oenanthe* (Steinschmätzer). In: Bairlein F, Becker PH (Hrsg) 100 Jahre Institut für Vogelforschung „Vogelwarte Helgoland“: 127-129. AULA-Verlag, Wiebelsheim.

Förschler MI, Bairlein F (2011): Morphological shifts of the external flight apparatus across the range of a passerine (Northern Wheatear) with diverging migratory behaviour. PloSOne 6 e18732. doi: 10.1371/journal.pone.0018732.

Fox AD, Jesper Madsen J (2017): Threatened species to super-abundance: The unexpected international implications of successful goose conservation. Ambio 46 (Suppl. 2): S179-S187.

Fransson T, Jakobsson S, Johansson P, Kullberg C, Lind J, Vallin A (2001 Magnetic cues trigger extensive refuelling. Nature 414: 34-35.

Frederiksen M, Børge Moe B, Daunt F, Phillips RA, Barrett RT, Bogdanova MI, Boulinier T, Chardine JW, Chastel O, Chivers LS, Christensen-Dalsgaard S, Clément-Chastel C, Colhoun K, Freeman R, Gaston AJ, González-Solís J, Goutte A, David Grémillet D, Guilford T, Jensen GH, Krasnov Y, Lorentsen S-H, Mallory ML, Newell M, Olsen B, Shaw D, Steen H, Strøm H, Systad GH, Thórarinsson TL, Anker-Nilssen T (2011): Multicolony tracking reveals the winter distribution of a pelagic seabird on an ocean basin scale. Diversity and Distributions, 2011, 1-13. DOI: 10.1111/j.1472-4642.2011.00864.

Fudickar AM, Partecke J (2012): The flight apparatus of migratory and sedentary individuals of a partially migratory songbird species. PLoS ONE 7(12): e51920. doi:10.1371/journal.pone.0051920.

Fusani L, Gwinner E (2005): Melatonin and Nocturnal Migration. Ann NY Acad Science 1046: 264-270.

Ganusevich SA, Maechtle TL, Seegar WS, McGrady MJ, Fuller M, Schueck L, Dayton J, Henny CJ (2004): Autumn migration and wintering areas of Peregrine Falcons *Falco peregrinus* nesting on the Kola Peninsula, northern Russia. Ibis 146: 291-297.

Gatter W (1991): Bewertung und Vergleichbarkeit von Medianwerten des Wegzuges am Beispiel Randecker Maar-Programm. Vogelwarte 36: 19-34.

Gatter W (2000): Vogelzug und Vogelbestände in Mitteleuropa. AULA Verlag, Wiesbaden.

Gauthreaux SA (1991): The flight behavior of migrating birds in changing wind fields: Radar and visual analyses. Amer Zool 31: 187-204

Gill JA, Alves JA, Sutherland WJ, Appleton GF, Potts PM, Gunnarsson TG (2014): Why is timing of bird migration advancing when individuals are not? Proc Royal Soc London B 281: 20132161.

Gilroy JJ (2017): Stay-at-home strategy brings fitness benefits to migrants. J Animal Ecology 86: 983-986.

Grattarola A, Spina F, Pilastro A (1999): Spring migration of the Garden Warbler (*Sylvia borin*) across the Mediterranean Sea. J Ornithol 140: 419-430.

Gwinner E (1986): Circannual Rhythms. Springer, Berlin.

Gwinner E (1996): Circadian and circannual programmes in avian migration. J Exp Biol 199: 39-48.

Gwinner E, Zeman M, Schwabl-Benzinger I, Jenni-Eiermann S, Jenni L, Schwabl H (1992): Corticosterone levels of passerine birds during migratory flight. Naturwissenschaften 79: 276-278.

Haase E, Rees A, Harvey S (1986): Flight Stimulates Adrenocortical Activity in Pigeons (*Columba livia*). General Comparative Endocrinology 61: 424-427.

Haest B, Hüppop O, Bairlein F (2018): The influence of weather on avian spring migration phenology: What, where, and when? Global Change Biology 24: 5769-5788.

Haest B, Hüppop O, Bairlein F (2020): Weather at the winter and stopover areas determines spring migration onset, progress, and advancements in Afro-Palearctic migrant birds. Proc Nat Acad Sciences; www.pnas.org/cgi/doi/10.1073/pnas.1920448117

Hahn S, Alves JA, Bedev K, Costa JS, Emmenegger T, Schulze M, Tamm P, Zehtindjiev P, Dhanjal-Adams KL (2019): Range-wide migration corridors and non-breeding areas of a northward expanding Afro-Palaearctic migrant, the European Bee-eater *Merops apiaster*. Ibis 162: 345-355.

Hahn S, Emmenegger T, Lisovski S, Amrhein V, Zehtindjiev P, Liechti F (2014): Variable detours in long-distance migration across ecological barriers and their relation to habitat availability at ground. Ecology and Evolution 4: 4150-4160.

Hake M, Kjellén N, Alerstam T (2001): Satellite tracking of Swedish Ospreys *Pandion haliaetus*: autumn migration routes and orientation. J Avian Biology 32: 47-56.

Hake M, Kjellén N, Alerstam T (2003): Age-dependent migration strategy in honey buzzards *Pernis apiv*orus tracked by satellite. Oikos 103: 385-396.

Hegemann A, Abril PA, Muheim R, Sjöberg S, Alerstam T, Nilsson JÅ , Hasselquist D (2018): Immune function and blood parasite infections impact stopover ecology in passerine birds. Oecologia 188: 1011-1024.

Helbig AJ (1991): SE- and SW-migrating Blackcap (*Sylvia atricapilla*) populations in Central Europe: Orientation of birds in the contact zone. J Evol Biol 4: 657-670.

Helbig AJ (2003): Evolution of bird migration: A phylogenetic and biogeographic perspective. In: Berthold P, Gwinner E, Sonnenschein E (eds) Avian Migration: 3-20. Springer, Berlin.

Hewson CM, Thorup K, Pearce-Higgins JW, Atkinson PW (2016): Population decline is linked to migration route in the Common Cuckoo. Nature Comm 7:12296; DOI: 10.1038/ncomms12296.

Heyen H (1998): Detecting relationships between the interannual variability in climate records and ecological time series using a multivariate statistical approach -four case studies for the North Sea region. GKSS-Forschungszentrum Geesthacht GmbH, Geesthacht.

Hill R, Hüppop O (2008): Birds and bats: Automatic recording of flight calls and their value for the study of migration. In: Frommolt K-H, Bardeli R, Clausen M (eds) Computational bioacoustics for assessing biodiversity. Proceedings of the International Expert meeting on IT-based detection of bioacoustical patterns. BfN-Schriften 234: 135-141.

Hobson KA, Van Wilgenburg SL, Wesołowski T, Maziarz M, Bijlsma RG, Grendelmeier A, Mallord JW (2014): A multi-isotope (δ2H, δ13C, δ15N) approach to establishing migratory connectivity in Palearctic-Afrotropical migrants: An example using Wood Warblers *Phylloscopus sibilatrix*. Acta Ornithol: 49: 57-69.

Holland RA,Thorup K, Gagliardo A, Bisson IA, Knecht E, Mizrahi D, Wikelski M (2009): Testing the role of sensory systems in the migratory heading of a songbird. J Exp Biol 212: 4065-4071.

Hölzinger J (1997, 1999): Die Vögel Baden-Württemberg. Singvögel Band 1 und 2. Ulmer, Stuttgart.

Hölzinger J, Bauer HG (2018): Die Vögel Baden-Württembergs. Band 2.1.1: Nicht-Singvögel 1.2. Ulmer, Stuttgart.

Hölzinger J, Boschert M (2001): Die Vögel Baden-Württemberg. Singvögel Band 2.2. Nicht-Singvögel 2. Ulmer, Stuttgart.

Hüppop K, Hüppop O (2004): Atlas zur Vogelberingung auf Helgoland Teil 2: Phänologie im Fanggarten von 1961 bis 2000. Vogelwarte 42: 285-343.

Hüppop K, Hüppop O (2005): Atlas zur Vogelberingung auf Helgoland. Teil 3: Veränderungen von Heim- und Wegzugzeiten von 1960 bis 2001. Vogelwarte 43: 217-248.

Hüppop K, Hüppop O (2013): Vom Lang- zum Mittelstreckenzieher? Falke 60 Sonderheft: 58-61.

Hüppop K, Hüppop O, Bairlein F (2008): Veränderung von Zugzeiten. Falke 55: 294-299.

Hüppop O, Dierschke J, Exo K-M, Fredrich E, Hill R (2006): Bird Migration and Offshore Wind Turbines. In: Köller J, Köppel J, Peters W (eds) Offshore Wind Energy: Research on Environmental Impacts: 91-116. Springer, Berlin.

Hüppop O, Hüppop K (2003): North Atlantic Oscillation and timing of spring migration in birds. Proc Royal Soc London B 270: 233-240.

Hüppop O, Hüppop K (2011): Bird migration on Helgoland: the yield from 100 years of research. J Ornithol 152 (Suppl 1): S25-S40.

Jahn AE, Levey DJ, Cueto VR, Ledezma JP, Tuero DT, Fox JW, Masson D (2013): Long-distance bird migration within South America revealed by light-level geolocators. Auk 130: 223-229.

Jenni L, Jenni-Eiermann S (1987): Der Herbstzug der Gartengrasmücke *Syliva borin* in der Schweiz. Ornithol Bobachter 84: 173-206.

Jenni-Eiermann S, Jenni L (1991): Metabolic responses to flight and fasting in night-migrating passerines. J Comp Physiology B 161: 465-474.

Jones P (1985): The migration strategies of Palearctic passerines in West Africa. In: MacDonald A, Goriup P (eds) Migratory birds: Problems and prospects in Africa: 21. International Council for Bird Preservation, Cambridge.

Kaiser A (1987): A new multi-category classification of subcutaneous fat deposits of songbirds. J Field Ornithol 64: 246-255.

Kanyamibwa S, F Bairlein, A Schierer (1993): Comparison of survival rates between populations of the White Stork *Ciconia ciconia* in Central Europe. Ornis Scand 24: 297-302.

Kelsey NA, Bairlein F (2019): Migratory body mass increase in Northern Wheatears (*Oenanthe oenanthe*) is the accumulation of fat as proven by quantitative magnetic resonance. J Ornithol 160: 389-397

Kelsey NA, Schmaljohann H, Bairlein F (2021): The avian lightweights: trans-Saharan migrants show lower lean body mass than short-/medium-distance migrants. J Evol Biology DOI: 10.1111/jeb.13787.

King JR (1961): On the regulation of vernal premigratory fattening in the white-crowned sparrow. Physiol Zool 34: 145-157.

Kinzelbach R (2005): Das Buch vom Pfeilstorch. Basilisken-Presse, Marburg.

Kishkinev D, Chernetsov N, Pakhomov A, Heyers D, Mouritsen H (2015): Eurasian reed warblers compensate for virtual magnetic displacement. Current Biology 25: R811-R826.

Klaassen RHG, Ens BJ, Shamoun-Baranes J, Exo K-M, Bairlein F (2011): Migration strategy of a flight generalist, the Lesser Black-backed Gull *Larus fuscus*. Behavioral Ecology 23: 58-68.

Klaassen RHG, Hake M, Strandberg R, Koks B, Trierweiler C. Exo K-M, Bairlein F, Alerstam T (2014): When and where does mortality occur in migratory birds? Direct evidence from long-term satellite tracking of raptors. J Animal Ecology 83: 176-184.

Klaassen RHG, Schlaich AE, Bouten W, Both C, Koks BJ (2014): Eerste resultaten van het jaarrond volgen van Blauwe Kiekendieven broedend in het Oost-Groningse akkerland. Limosa 87: 135-148.

Kölzsch A, Bauer S, de Boer R, Griffin L, Cabot D, Exo K-M, van der Jeugd HP, Nolet BA (2014): Forecasting spring from afar? Timing of migration and predictability of phenology along different migration routes of an avian herbivore. J Animal Ecology. doi:10.1111/1365-2656.12281.

Kölzsch A, Müskens, Szinai P, Moonen S, Glazov P, Kruckenberg H, Wikelski M, Nolet BA (2019): Flyway connectivity and exchange primarily driven by moult migration in geese. Movement Ecology 7:3. https://doi: org/10.1186/s40462-019-0148-6 10.

Kramer G (1949): Über die Richtungstendenzen bei der nächtlichen Zugunruhe gekäfigter Vögel. In: Mayr E, Schüz E (Hrsg) Ornithologie als biologische Wissenschaft. Carl Winter Universitätsverlag, Heidelberg.

Kristensen MW, Tøttrup AP, Thorup K (2013): Migration of the Common Redstart (*Phoenicurus phoenicurus*): a Eurasian songbird wintering in highly seasonal conditions in the West African Sahel. Auk 1302: 258-264.

Ktitorov P, Bairlein F, Dubinin, M (2008): The importance of landscape context for songbirds on migration: body mass gain is related to habitat cover. Landscape Ecology 23: 169-179.

Kuhlmann Clausen K, Clausen P (2013): Earlier Arctic springs cause phenological mismatch in long-distance migrants. Oecologia 173: 1101-1112.

Kullberg C, Lind J, Fransson T, Jakobsson S, Vallin A (2003): Magnetic cues and time of season affect fuel deposition in migratory thrush nightingales (*Luscinia luscinia*). Proc Royal Soc London B 270: 373-378.

LaDeau SL, Kilpatrick M, Marra PP (2007): West Nile virus emergence and large-scale declines of North American bird populations. Nature 477: 710-714.

Landys-Ciannelli MM, Ramenofsky M, Piersma T, Jukema J, Wingfield JC, Castr Ring Grp (2002): Baseline and Stress-Induced Plasma Corticosterone during Long-Distance Migration in the Bar-Tailed Godwit, *Limosa lapponica*. Physiological and Biochemical Zoology 75: 101-110.

Lehikoinen A, Jaatinen K, Vähätalo AV, Clausen P, Crowe O, Deceuninck B, Hearn R, Holt CA, Hornman M, Keller V, Nilsson L, Langendoen T, Tománková I, Wahl J, Fox AD (2013): Rapid climate driven shifts in wintering distributions of three common waterbird species. Global Change Biology 19: 2071-2081.

Lerche-Jørgensen M, Willemoes M, Tøttrup AP, Scotchburn Snell KR, Thorup K (2017): No apparent gain from continuing migration for more than 3000 kilometres: willow warblers breeding in Denmark winter across the entire northern Savannah as revealed by geolocators. Movement Ecology 5:17; DOI: 10.1186/s40462-017-0109-x.

Liechti F, Peter D, Lardelli R, Bruderer B (1996): Die Alpen, ein Hindernis im nächtlichen Breitfrontzug – eine großräumige Übersicht nach Mondbeobachtungen. J Ornithol 137: 337-356.

Liechti F, Peter D, Lardelli R, Bruderer B (1996): Herbstlicher Vogelzug im Alpenraum nach Mondbeobachtungen - Topographie und Wind beeinflussen den Zugverlauf. Ornithol Beobachter 93: 131-152.

Liechti F, Scandolara C, Rubolini D, Ambrosini R, Korner-Nievergelt F, Hahn S, Lardelli R, Romano M, Caprioli M, Romano A, Sicurella B, Saino N (2014): Timing of migration and residence areas during the non-breeding period of barn swallows *Hirundo rustica* in relation to sex and population. J Avian Biology 45: 254-265.

Liechti F, Schmaljohann H (2007): Wind-governed flight altitudes of nocturnal spring migrants over the Sahara. Ostrich 78: 337-341.

Lindström Å (2003): Fuel deposition rates in migrating birds: Causes,constraints and consequences. In: Berthold P, Gwinner E, Sonnenschein E (eds) Avian Migration: 307-320. Springer, Berlin.

Lindström Å, Alerstam T, Bahlenberg P, Ekblom R, Fox JW, Råghall J, Klaassen RHG (2016): The migration of the great snipe Gallinago media: intriguing variations on a grand theme. J Avian Biology 47: 321-334.

Löhmus M, Sandberg R, Holberton RL, Moore FR (2003): Corticosterone levels in relation to migratory readiness in red-eyed vireos (*Vireo olivaceus*). Behav Ecol Sociobiol 54:233-239.

Lok T, Overdijk O, Piersma T (2015): The cost of migration: spoonbills suffer higher mortality during trans-Saharan spring migrations only. Biol Lett 11: 20140944.

Lucanus F von (1919): Zug und Wanderung der Vögel Europas nach den Ergebnissen des Ringversuchs. J Ornithol 67: 1-78.

Madsen J, Klaassen M (2006): Assessing body condition and energy budget components by scoring abdominal profiles in free-ranging pink-footed geese *Anser brachyrhynchus*. J Avian Biology 37: 283-287.

Maggini I, Bairlein F (2011): Body condition and stopover of trans-Saharan spring migrant passerines caught at a site in southern Morocco. Ringing & Migration 26: 31-37.

Maggini I, Bairlein F (2012): Innate sex differences in the timing of spring migration in a songbird. PloS One 7(2): e31271. doi: 10.1371/journal.pone.0031271.

Maggini I, Bulte M, Bairlein F (2017): Endogenous control of fuelling in a migratory songbird. Science Nature 104: 93; doi. org/10.1007/s00114-017-1514-0.

Marchant JH, Hudson R, Carter SP, Whittington P. (1990 Population trends of British birds. BTO, Tring.

Marquiss M, Newton I, Hobson KA, Kolbeinsson Y (2012): Origins of irruptive migrations by Common Crossbills *Loxia curvirostra* into northwestern Europe revealed by stable isotope analysis. Ibis 154: 400-409.

McClure HE (1974): Migration and survival of the birds of Asia. SEATO, Bangkok.

McCulloch MN, Tucker GM, Baillie SR (1991): The hunting of migratory birds in Europe: a ringing recovery analysis. Ibis 134 suppl 1: 55-65.

McNeil R, Díaz MT, Casanova B, Villeneuve A (1995): Trematode parasitism as a possible factor in over-summering of Greater Yellowlegs (*Tringa melanoleuca*). Ornithologia Neotropical 6: 57-65.

Mellone U, López-López P, Limiñana R, Piasevoli G, Urios V (2013): The trans-equatorial loop migration system of Eleonora's falcon: differences in migration patterns between age classes, regions and seasons. J Avian Biology 44: 417-426.

Merkel KF, Fromme (1958): Untersuchungen über das Orientierungsvermögen nächtlich ziehender Rotkehlchen (*Erithacus rubecula*). Naturwissenschaften 45: 499-500.

Metzger BJ, Bairlein F (2011): Fat stores in a migratory bird: a reservoir of carotenoid pigments for times of need? J Comp Physiol B 181: 269-275.

Meyburg B-U, Howey PW, Meyburg C, Fiuczynski KD (2011): Two complete migration cycles of an adult Hobby tracked by satellite. British Birds 104: 2-15.

Minias P, Whittingham LA, Dunn PO (2016): Coloniality and migration are related to selection on MHC genes in birds. Evolution 71: 432-441.

Møller AP (2008): Flight distance and blood parasites in birds. Behavioral Ecology 19: 1305-1313,

Møller AP, de Lope F, Saino N (2004): Parasitism, immunity, and arrival date in a migratory bird, the barn swallow. Ecology 85: 206-219.

Mortensen HCC (1912): Fra Fuglemaerkestationen i Viborg. Dans Orn Foren Tidskr 6: 98-127.

Mouritsen H (2012): Search for the compass needles. Nature 484: 320-321.

Mouritsen H (2015): Magnetoreception in Birds and its use for long-distance migration. In: Scanes CG (ed) Sturkie's Avian Physiology: 113-133. Elsevier, Amsterdam.

Mouritsen H (2018): Long-distance navigation and magnetoreception in migratory animals, Nature 558: 50-59.

Mouritsen H, Bairlein F (2018): Kompass und Karte. In: Südbeck P, Bairlein F, Lottmann R (Hrsg) Zugvögel im Wattenmeer. Faszination und Verantwortung: 166-177. Brune-Mettcker Druck- und Verlags-GmbH, Wilhelmshaven.

Müller F, Eikenaar C, Crysler ZJ, Taylor PD, Schmaljohann H (2018): Nocturnal departure timing in songbirds facing distinct migratory challenges. J Animal Ecology 87: 1102-1115.

Müller F, Taylor PD, Sjöberg S, Muheim R, Tsvey A, Mackenzie SA, Schmaljohann H (2016): Towards a conceptual framework for explaining variation in nocturnal departure time of songbird migrants. Movement Ecology 4: 24.

Nachtigall W (1987): Vogelflug und Vogelzug. Rasch und Röhrig, Hamburg.

Newton I (1995): The contribution of some recent research on birds to ecological understanding. J Animal Ecology 64: 675-696.

Newton I (2008): The Migration Ecology of Birds. Elsevier, Amsterdam.

Newton I, Dale L (1996): Relationship between migration and latitude among West European birds. J Animal Ecology 65: 137-146.

Nilsson C, Sjöberg S (2016): Causes and characteristics of reverse bird migration: an analysis based on radar, radio tracking and ringing at Falsterbo, Sweden. J Avian Biology 47: 354-362.

Norberg UM (1996): Energetics of flight. In: Carey C (ed) Avian Energetics and Nutritional Ecology: 199-249. Chapman & Hall, New York.

Nowakowski JK, Szulc J, Remisiewicz M (2014): The further the flight, the longer the wing: Relationship between wing length and migratory distance in Old World reed and bush warblers (Acrocephalidae and Locustellidae). Ornis Fennica 91: 178-186.

Ottosson U, Bairlein F, Hjort C (2002): Migration patterns of Palaearctic *Acrocephalus* and *Sylvia* warblers in north-east Nigeria. Vogelwarte 41: 249-262.

Ouwehand J, Ahola MP, Ausems ANMA, Bridge ES, Burgess M, Hahn S, Hewson CM, Klaassen RHG, Laaksonen T, Lampe HM, Velmala W, Both C (2016): Light-level geolocators reveal migratory connectivity in European populations of pied flycatchers *Ficedula hypoleuca*. J Avian Biology 47: 69-83.

Ovčiariková S, Škrábal J, Matušík H, Makoň K, Mráz J, Arkumarev V, Dobrev V, Raab R, Literák I (2020): Natal dispersal in Black Kites *Milvus migrans migrans* in Europe. J Ornithol 161: 935-951.

Owen JC, Moore FR (2006): Seasonal differences in immunological condition of three species of thrushes. Condor 108: 389-398.

Pathak VK, Chandola A (1982): Involvement of thyroid gland in the development of migratory disposition in the Redheaded Bunting, *Emberiza bruniceps*. Hormones and Behavior 16: 46-58.

Peach W, Baillie S, Underhill L (1991): Survival of British Sedge Warblers *Acrocephalus schoenobaenus* in relation to west African rainfall. Ibis 133: 300-305.

Pearson DJ (1990): Palaearctic Passerine Migrants in Kenya and Uganda: Temporal and Spatial Patterns of Their Movements. In: Gwinner E (ed) Bird Migration, 44-59. Springer, Berlin.

Pedler RD, Ribot RFH, Bennett ATD (2014): Extreme nomadism in desert waterbirds: flights of the banded stilt. Biol Lett 10: 20140547. https://doi.org/10.1098/rsbl.2014.0547

Pennycuick CJ (1972): Animal Flight. Edward Arnold, London.

Pennycuick CJ, Åkesson S, Hedenström A (2013): Air speeds of migrating birds observed by ornithodolite and compared with predictions from flight theory. J R Soc Interface 10: 20130419.

Percival SM, Houston DC (1992): The effect of winter grazing by Barnacle Geese on grassland yields on Islay. J Applied Ecology 29: 35-40.

Perdeck AC (1958): Two types of orientation in migrating starlings, *Sturnus vulgaris* L., and chaffinches, *Fringilla coelebs* L., as revealed by displacement experiments. Ardea 55: 1-37.

Perez-Tris J, Telleria JL (2002): Migratory and sedentary blackcaps in sympatric non-breeding grounds: implications for the evolution of avian migration. J Animal Ecology 71: 211-224.

Pfeifer R, Stadler J, Brandl R (2007): Birds from the Far East in Central Europe: a test of the reverse migration hypothesis. J Ornithol 148: 379-385.

Piersma T (1987): Hop, skip, or jump? Constraints on migration of arctic waders by feeding, fattening, and flight speed. Limosa 60: 185-194.

Pilastro A, Macchio S Massi A, Montemaggiori A, Spina F (1998): Spring migratory routes of eight trans-Saharan passerines through the central and western Mediterranean; results from a network of insular and coastal ringing sites. Ibis 140: 591-598.

Procházka P, Brlík V, Yohannes E, Meister B, Auerswald J, Ilieva M, Hahn S (2018): Across a migratory divide: divergent migration directions and non-breeding grounds of Eurasian reed warblers revealed by geolocators and stable isotopes. J Avian Biology 49: e01769; doi: 10.1111/jav.01769.

Pulido F, Berthold P (2003): Quantitative genetic analysis of migratory behavior. In: Berthold P, Gwinner E, Sonnenschein E (eds) Avian Migration: 53-77. Springer, Berlin.

Robillard A, Therrien JF, Gauthier G, Clark KM, Bêty J (2016): Pulsed resources at tundra breeding sites affect winter irruptions at temperate latitudes of a top predator, the snowy owl. Oecologia 181: 423-433.

Rolshausen G, Hobson KA, Schaefer HM (2010): Spring arrival along a migratory divide of sympatric blackcaps (*Sylvia atricapilla*). Oecologia 162: 175-183.

Rössler M, Schauer C (2014): Flugrichtungen und räumliche Verteilung des nächtlichen Vogelzuges über den Ostalpen: Mondbeobachtungen 2005-2007. Ornithol Beobachter 111: 173-186.

Rothe H-J, Biesel W, Nachtigall W (1987): Pigeon flight in a wind tunnel. II. Gas exchange and power requirements. J Comparative Physiology B 157: 99-109.

Rotics S, Kaatz M, Resheff YS, Turjeman SF, Zurell D, Sapir N, Eggers U, Flack A, Fiedler W, Jeltsch F, Wikelski M, Nathan R (2016): The challenges of the first migration: movement and behaviour of juvenile vs. adult white storks with insights regarding juvenile mortality. J Animal Ecology 85: 938-947.

Rubolini D, Gardiazabal Pastor A, Pilastro A, Spina F (2002): Ecological barriers shaping fuel stores in barn swallows *Hirundo rustica* following the central and western Mediterranean flyways. Avian Biology 33: 15-22.

Ruegg KC, Anderson EC, Paxton CL, Apkenas V, Lao S, Siegel RB, Desante DF, Moore F, Smith TSB (2014): Mapping migration in a songbird using high-resolution genetic markers. Molecular Ecology 23: 5726-5739.

Rüppell W (1944): Versuche über Heimfinden ziehender Nebelkrähen nach Verfrachtung. J Ornithol 92: 106-132.

Saino N, Ambrosini R, Rubolini D, von Hardenberg J, Provenzale A, Hüppop K, Hüppop O, Lehikoinen A, Lehikoinen E, Rainio K, Romano M, Sokolov L (2011): Climate warming, ecological mismatch at arrival and population decline in migratory birds. Proc Royal Soc London B 278: 835-842.

Saino N, Szep T, Ambrosini R, Romano M, Møller AP (2004): Ecological conditions during winter affect sexual selection and breeding in a migratory bird. Proc Royal Soc London B 271: 681-686.

Salewski V (2013): Zugvögel in Afrika. Falke 60 Sonderheft: 48-53.

Salewski V, Bruderer B (2007): The evolution of bird migration—a synthesis. Naturwissenschaften 94: 268-279.

Salewski V, Siebenrock K-H, Hochachka WM, Woog F, Fiedler W (2014): Morphological change to birds over 120 years is not explained by thermal adaptation to climate change. PLoS ONE 9(7): e101927. doi:10.1371/journal.pone.0101927.

Sandberg R (2003): Stored fat and the migratory orientation of birds. In: Berthold P, Gwinner E, Sonnenschein E (eds) Avian Migration: 515-526. Springer, Berlin.

Sapir N, Wikelski M, McCue MD, Pinshow B, Nathan R (2010): Flight Modes in Migrating European Bee-Eaters: Heart Rate May Indicate Low Metabolic Rate during Soaring and Gliding. PLoS ONE 5(11): e13956. doi:10.1371/journal.pone.0013956.

Schaub, Liechti F, Jenni L (2004): Departure of migrating European robins, *Erithacus rubecula*, from a stopover site in relation to wind and rain. Animal Behaviour 67: 229-237.

Scheiffarth G (2001): Bar-tailed Godwits (*Limosa lapponica*) in the Sylt-Römö Wadden Sea: which birds, when, from where, and where to? Vogelwarte 41: 53-69.

Scheiffarth G (2003): Born to fly - Migratory strategies and stopover ecology in the European Wadden Sea of a long-distance migrant, the Bar-tailed Godwit (*Limosa lapponica*). PhD-thesis, University of Oldenburg.

Schmaljohann H (2013): Was machen Zugvögel am Rastplatz? Falke 60 Sonderheft: 42-46.

Schmaljohann H (2018): Proximate mechanisms affecting seasonal differences in migration speed of avian species. Scientific Reports 8:4106; DOI:10.1038/s41598-018-22421-7

Schmaljohann H, Bruderer B, Liechti F (2008): Sustained bird flights occur at temperatures far beyond expected limits. Animal Behaviour 76: 1133-1138.

Schmaljohann H, Brust V, Hüppop O (2018): Automatische Verfolgung kleiner Vögel – Der technische Fortschritt hält Einzug in die Vogelzugforschung über der Nordsee. Nachrichten des Marschenrates 55: 57-62.

Schmaljohann H, Dierschke V (2005): Optimal bird migration and predation risk: a field experiment with northern wheatears *Oenanthe oenanthe*. J Animal Ecology 74: 131-138.

Schmaljohann H, Eikenaar C (2017): How do energy stores and changes in these affect departure decisions by migratory birds? A critical view on stopover ecology studies and some future perspectives. J Comp Physiol A 203: 411-429.

Schmaljohann H, Fox JW, Bairlein F (2012): Phenotypic response to environmental cues, orientation, and costs of migration in songbirds flying half around the world. Animal Behaviour 84: 623-640.

Schmaljohann H, Liechti F, Bruderer B (2007): Songbird migration across the Sahara: the non-stop hypothesis rejected! Proc Royal Soc London B 274: 735-739.

Schmaljohann H, Lisovski S, Bairlein F (2017): Flexible reaction norms to environmental variables along the migration route and the significance of stopover duration for total speed of migration in a songbird migrant. Frontiers in Zoology 14:17; DOI 10.1186/s12983-017-0203-3.

Schmaljohann H, Meier C, Arlt D, Bairlein F, van Oosten H, Morbey YE, Åkesson S, Buchmann M, Chernetsov N, Desaever R, Elliott J, Hellström M, Liechti F, López A, Middleton J, Ottosson U, Pärt T, Spina F, Eikenaar C (2016): Proximate causes of avian protandry in a long-distance migrant: a comparison of subspecies with contrasting migration routes. Behavioral Ecology 27: 321-331.

Schmaljohann H, Müller F, Thomas Klinner T, Eikenaar C (2018): Potential age differences in the migratory behaviour of a nocturnal songbird migrant during autumn and spring. J Avian Biology 49: e01815.

Schmaljohann H, Naef-Daenzer B (2011): Body condition and wind support initiate the shift of migratory direction and timing of nocturnal departure in a songbird. J Animal Ecology 80: 1115-1122.

Schmaljohann H, Rautenberg T, Muheim R, Naef-Daenzer B, Bairlein F (2013): Response of a free-flying songbird to an experimental shift of the light polarization pattern around sunset. J Exp Biol 216: 1381-1387.

Schneider T, Thalau H-P, Semm P, Wiltschko W (1994): Melatonin is crucial for the migratory orientation of pied flycatchers (*Ficedula hypoleuca* PALLAS). J Exp Biol 194: 255-262.

Schüz E (1971): Grundriß der Vogelzugskunde. Verlag Paul Parey, Hamburg.

Schwabl H (1993): Ausprägung und Bedeutung des Teilzugverhaltens einer südwestdeutschen Population der Amsel *Turdus merula*. J Ornithol 124: 101-116.

Schwabl H, F Bairlein, E Gwinner (1991): Basal and stress-induced corticosterone levels of garden warblers, *Sylvia borin*, during migration. J Comp Physiol B 161: 576-580.

Schwemmer P, Mercker M, Vanselow KH, Bocher P, Garthe S (2021): Migrating curlews on schedule: departure and arrival patterns of a long-distance migrant depend on time and breeding location rather than on wind conditions. Movement Ecology 9:9; https://doi.org/10.1186/s40462-021-00252-y

Senner NR, Stager M, Verhoeven MA, Cheviron ZA, Piersma T, Bouten W (2018): High-altitude shorebird migration in the absence of topographical barriers: avoiding high air temperatures and searching for profitable winds. Proc Royal Soc London B 285: 20180569.

Sergio F, Tanferna A, De Stephanis R, López Jiménez L, Blas J, Tavecchia G, Preatoni D, Hiraldo F (2014): Individual improvements and selective mortality shape lifelong migratory performance. Nature 515: 410-413.

Shurulinkov P (2004): Prevalence of Haematozoa in wild birds in relation with the host's age and migratory status. Acta Zool Bulg 56: 223-232.

Sillett TS, Holmes RT (2002): Variation in survivorship of a migratory songbird throughout its annual cycle. J Animal Ecology 71: 296-308.

Slowinski SP, Fudickar AM, Hughes AM, Mettler RD, Gorbatenko OV, Spellman GM, Ketterson ED, Atwell JW (2018): Sedentary songbirds maintain higher prevalence of haemosporidian parasite infections than migratory conspecifics during seasonal sympatry. PLoS ONE 13(8): e0201563.

Smith M, Bolton M, Okill JD, Harris P, Petrie G, Riddington R, Wilson JD (2018): Further evidence of transatlantic migration routes and Pacific wintering grounds of Red-necked Phalaropes breeding in Shetland. British Birds 111: 428-437.

Smith RJ, Moore FR (2003): Arrival fat and reproductive performance in a long-distance passerine migrant. Oecologia 134:325-331.

Sokolov LV, Kosarev VV (2003): Relationship between timing of arrival of passerines to the Courish Spit and North Atlantic Oscillation index (NAOI) and precipitation in Africa. Proc Zool Inst Russian Acad Science 299: 141-154.

Solov'yov IA, Mouritsen H, Schulten K (2010): Acuity of a cryptochrome and vision based magnetoreception system in birds. Biophysical Journal 99: 40-49.

Stach R, Jakobsson S, Kullberg C, Fransson T (2012): Geolocators reveal three consecutive wintering areas in the thrush nightingale. Animal Migration DOI: 10.2478/ami-2012-0001, 201, 1-7.

Stach R, Kullberg C, Jakobsson S, Ström K, Fransson T (2016): Migration routes and timing in a bird wintering in South Asia, the Common Rosefinch *Carpodacus erythrinus*. J Ornithol 157: 671-679.

Stey K, Röseler D, Bairlein F (2017): Endogenous migratory behaviour in a diurnally migrating songbird. J Ornithol 158: 717-724.

Stolz M (2009): Erster Nachweis von Zugunruhe bei einem Greifvogel (Wespenbussard, *Pernis apivoris*). Vogelwarte 43: 133-135.

Strandberg R, Klaassen RHG, Hake M, Alerstam T (2010): How hazardous is the Sahara Desert crossing for migratory birds? Indications from satellite tracking of raptors. Biol Lett 6: 297-300.

Strandberg R, Klaassen RHG, Hake M, Olofsson P, Alerstam T (2009): Converging migration routes of Eurasian hobbies *Falco subbuteo* crossing the African equatorial rain forest. Proc Royal Soc London B 276: 727-733.

Studds CE, Kendall BE, Murray NJ, Wilson HB, Rogers DI, Clemens RS, Gosbell K, Hassell CJ, Jessop R, Melville DS, Milton DA, Minton CDT, Possingham HP, Riegen AC, Straw P, Woehler EJ, Fuller RA (2017): Rapid population decline in migratory shorebirds relying on Yellow Sea tidal mudflats as stopover sites. Nature Communications 8:14895; DOI: 10.1038/ncomms14895

Tellería JL, Fernández-López J, Fandos G (2016): Effect of Climate Change on Mediterranean Winter ranges of Two Migratory Passerines. PLoS ONE 11(1): e0146958.

Terrill SB, Berthold P (1990): Ecophysiological aspects of rapid population growth in a novel migratory blackcap (*Sylvia atricapilla*) population: an experimental approach. Oecologia 85: 266-270.

Thackeray SJ, Sparks TH, Frederiksen M, Burth S, Bacon PJ, Bell JR, Botham MS, Brereton TM; Bright PW, Carvalho L, Clutton-Brock T, Dawson A, Edwards M, Elliott JM, Harrington R, Johns ID, Jones JT, Leech DI, Roy DB, Scott A, Smith M, Smithers RJ Winfield IJ, Wanless S (2010): Trophic level asynchrony in rates of phenological change for marine, freshwater and terrestrial environments. Global Change Biology 16: 3304-3313.

Thienemann J (1930): Rossitten: Drei Jahrzehnte auf der Kurischen Nehrung. Verlag Neumann- Neudamm; reprint: AULA, Wiesbaden 1996.

Thomas DK (1979): Figs as food source of migrating Garden Warblers in southern Portugal. Bird Study 26: 187-191.

Thorup K (2004): Reverse migration as a cause of vagrancy. Bird Study 51: 228-238.

Tonra CM, Marra PP, Holberton RL (2011): Migration phenology and winter habitat quality are related to circulating androgen in a long-distance migratory bird. J Avian Biology 42: 397-404.

Tøttrup AP, Klaassen RHG, Strandberg R, Thorup K, Willemoes Kristensen M, Jørgensen PS, Fox J, Afanasyev V, Rahbek R, Alerstam T (2012): The annual cycle of a trans-equatorial Eurasian-African passerine migrant: different spatio-temporal strategies for autumn and spring migration. Proc Royal Soc London B 279: 1008-1016.

Trierweiler C, Exo K-M, Komdeur J, Bairlein F, Smits L, Koks B J (2009): Weltreisende Wiesenweihen. Falke 56: 249-255.

Trierweiler C, Klaassen RGH, Drent RH, Exo K-M, Komdeur J, Bairlein F, Koks BJ (2014): Population specific migration routes and migratory connectivity in a long-distance migratory raptor. Proc Royal Soc London B 281: 1471-2954.

Valkiunas G (2005): Avian malaria parasites and other haemosporidia. CRC Press, Boca Raton, Florida.

van Doren BM, Horton KG (2018): A continental system for forecasting bird migration. Science 361: 1115-1118.

van Doren BM, Horton KG (2018): BirdCast, migration forecast map; generation date and time (most easily accessible from data on the image). Cornell Lab of Ornithology and Colorado State University. birdcast.info/live-migration-maps.

van Gils JA, Lisovski S, Lok T, Meissner W, Ożarowska A, de Fouw J, Rakhimberdiev E, Soloviev MY, Piersma T, Klaassen M (2016): Body shrinkage due to Arctic warming reduces red knot fitness in tropical wintering range. Science 352: 819-821.

van Roomen M, Nagy S, Citegetse G, Schekkerman H (2018, eds) East Atlantic Flyway Assessment 2017: the status of coastal waterbird populations and their sites. Wadden Sea Flyway Initiative p/a CWSS, Wilhelmshaven, Germany, Wetlands International, Wageningen, The Netherlands, BirdLife International, Cambridge, United Kingdom.

van Wijk RE, Bauer S, Schaub M (2016): Repeatability of individual migration routes, wintering sites, and timing in a long-distance migrant bird. Ecology and Evolution 6: 8679-8685.

van Wijk RE, Kölzsch A, Kruckenberg H, Ebbinge BS, Müskens GJDM, Nolet BA (2012): Individually tracked geese follow peaks of temperature acceleration during spring migration. Oikos 121: 655-664.

Vansteelant WMG, Bouten W, Klaassen RHG, Koks BJ, Schlaich AE, van Diermen J, van Loon EE, Shamoun-Baranes J (2015): Regional and seasonal flight speeds of soaring migrants and the role of weather conditions at hourly and daily scales. J Avian Biology 46: 25-39.

Vega ML, Willemoes M, Thomson RL, Tolvanen J, Rutila J, Samas P, Strandberg R, Grim T, Fossøy F, Stokke BG, Thorup K (2016): First-time migration in juvenile Common Cuckoos documented by satellite tracking. PLoS ONE 11(12): e0168940. doi:10.1371/journal.pone.0168940.

Vickery JA, Ewing SR, Smoth KW, Pain DJ, Bairlein F, Škorpilova J, Gregory RD (2014): The decline of Afro-Palearctic migrants and an assessment of potential causes. Ibis 156: 1-22.

Vincze O (2015): Light enough to travel or wise enough to stay? Brain size evolution and migratory behavior in birds. Evolution 70: 2123-2133.

Wagner HO (1930): Über Jahres- und Tagesrhythmus bei Zugvögeln. I. Mitteilung Zeitschrift für vergleichende Physiologie 12: 703-724.

Walter H (1979): Eleonora's falcon. Adaptations to prey and habitat in a social raptor. University of Chicago Press, Chicago.

Weimerskirch H, Cherel Y, Delord K, Jaeger A, Patrick SC, Riotte-Lambert L (2014): Lifetime foraging patterns of the wandering albatross: Life on the move! J Exp Marine Biology and Ecology 450: 68-78.

Wellbrock AHJ, Bauch C, Rozman J, Witte K (2017): 'Same procedure as last year?' Repeatedly tracked swifts show individual consistency in migration pattern in successive years. J Avian Biology 48: 897-903.

Wennerberg L (2001): Breeding origin and migration pattern of dunlin (*Calidris alpina*) revealed by mitochondrial DNA analysis. Molecular Ecology 10: 1111-1120.

Wernham CV, Toms MP, Marchant JH, Clark JA, Siriwardena GM, Baillie SR (2002): The migration atlas: movements of the birds of Britain and Ireland. T & AD Poyser, London.

Wikelski M, Arriero E, Gagliardo A, Holland R, Huttunen MJ, Juvaste R, Mueller I, Tertitski G, Thorup K, Wild M, Alanko M, Bairlein F, Cherenkov A, Alison Cameron A, Flatz R, Hannila J, Hüppop O, Kangasniemi M, Kranstauber, Penttinen, M-L, Safi K, Semashko V, Schmid H, Wistbacka R (2015): True navigation in migrating gulls requires intact olfactory nerves. Scientific Reports 5: 17061; DOI: 10.1038/srep17061.

Willemoes M, Strandberg R, Klaassen RHG, Tøttrup AP, Vardanis Y, Howey PW, Thorup K, Wikelski M, Alerstam T (2014): Narrow-Front Loop Migration in a Population of the Common Cuckoo *Cuculus canorus*, as Revealed by Satellite Telemetry. PLoS ONE 9(1): e83515.

Williams TC, Williams JM, Ireland LC, Teal JM (1977): Autumnal bird migration over the western North Atlantic Ocean. American Birds 31: 251-267.

Wiltschko R, Wiltschko W (2003): Mechanisms of orientation and navigation in migratory birds. In: Berthold P, Gwinner E, Sonnenschein E (eds) Avian Migration: 433-456. Springer, Berlin.

Wiltschko W (1968): Über den Einfluß statischer Magnetfelder auf die Zugorientierung der Rotkehlchen. Z Tierpsychologie 25: 537-558.

Wiltschko W, Traudt J, Güntürkün O, Prior H, Wiltschko R (2002): Lateralization of magnetic compass orientation in a migratory bird. Nature 419: 467-470.

Wiltschko W, Wiltschko R (1975): The interaction of stars and magnetic field in the orientation system of night migrating birds. I. Autumn experiments with European warblers (Gen. *Sylvia*). Z Tierpsychologie 37: 337-355.

Wiltschko W, Wiltschko R (1979): Wie stellen wir uns heute das Orientierungssystem der Vögel vor? Natur und Museum 109: 321-329.

Wiltschko W, Wiltschko R (1988): Die Orientierung von Zugvögeln: Magnetfeld und Himmelsfaktoren wirken zusammen. J Ornithol 129: 265-286.

Wiltschko W, Wiltschko R (2002): Magnetic compass orientation in birds and its physiological basis. Naturwissenschaften 89: 445-45.

Winger BM, Auteri GG, Pegan TM, Weeks BC (2019): A long winter for the Red Queen: rethinking the evolution of seasonal migration. Biol Review 94: 737-749.

Wingfield, J, Schwabl H, Mattocks PW Jr (1990): Endocrine mechanisms in relation to migration. In: Gwinner E (ed) Bird Migration. Physiology and Ecophysiology: 232-256. Springer, Berlin.

Winkel W, Frantzen M (1991): Ringfund-Analyse zum Zug einer niedersächsischen Population des Trauerschnäppers *Ficedula hypoleuca*. Vogelkdl Beitr Niedersachsen 23: 90-98.

Winkel W, Hudde H (1993): *Ficedula hypoleuca* -Trauerfliegenschnäpper, Trauerschnäpper. In: Glutz von Blotzheim UN, Bauer KM (Hrsg) Handbuch der Vögel Mitteleuropas, 13/I: 165-263. AULA-Verlag, Wiesbaden.

Winkler DW, Gandoy FA, Areta JI, Iliff MJ, Rakhimberdiev E, Kardynal KJ, Hobson KA (2017): Long-distance range expansion and rapid adjustment of migration in a newly established population of Barn Swallows breeding in Argentina. Current Biology 27: 1080-1084.

Winkler DW, Gandoy FA, Areta JI, Iliff MJ, Rakhimberdiev E, Kardynal KJ, Hobson KA (2017): Long-distance range expansion and rapid adjustment of migration in a newly established population of Barn Swallows breeding in Argentina. Current Biology 27: 1080-1084.

Winkler H, Leisler B, Bernroider G (2004): Ecological constraints on the evolution of avian brains. J Ornithol 145: 238-244.

Yamashina Institute for Ornithology (2002): Atlas of Japanese Migratory Birds from 1961 to 1995. Yamashina Institute for Ornithology, Abiko.

Yamaura Y, Schmaljohann H, Lisovski S, Senzaki M, Kawamura K, Fujimaki Y, Nakamura F (2017): Tracking the Stejneger 's stonechat *Saxicola stejnegeri* along the East Asian - Australian Flyway from Japan via China to southeast Asia. J Avian Biology 48: 197-202.

Yohannes E, Biebach H, Nikolaus G, Pearson DJ (2009): Passerine migration strategies and body mass variation along geographic sectors across East Africa, the Middle East and the Arabian Peninsula. J Ornithol 150: 369-381.

Yom-Tov Y, Yom-Tov S, Wright J, Thorne CJR, du Feu R (2006): Recent changes in body weight and wing length among some British passerine birds. Oikos 112: 91-101.

Zink G, F Bairlein (1995): Der Zug europäischer Singvögel. Bd. 3. AULA-Verlag, Wiesbaden.

Zwarts L, Bijlsma RG (2015): Detection probabilities and absolute densities of birds in trees. Ardea 103: 99-122.

Zwarts L, Bijlsma RG, van der Kamp J, Sikkema M, Wymenga E (2015): Moreau's paradox reversed, or why insectivorous birds reach high densities in savanna trees. Ardea 103: 123-144.

Zwarts L, Bijlsma RG, van der Kamp J, Wymenga E (2009): Living on the edge: Wetlands and birds in a changing Sahel. KNNV Publishing, Zeist, The Netherlands.

# Register

## Der Autor

Prof. Dr. Franz Bairlein studierte Biologie, Chemie und Physik an der Universität Konstanz, wo er 1980 mit einer Arbeit über die Rastplatzökologie von Zugvögeln promovierte, die er am heutigen Max-Planck-Institut für Verhaltensbiologie in Radolfzell durchführte. Dort blieb er bis 1982, bevor er an das Zoologische Institut der Universität Köln wechselte. Hier habilitierte sich Bairlein 1987 mit einer Arbeit über die Ernährungsphysiologie von Zugvögeln. Es folgten drei weitere Jahre an der Universität Köln als Heisenberg-Stipendiat der Deutschen Forschungsgemeinschaft, unterbrochen von einem längeren Forschungsaufenthalt in den USA. Von 1990 bis 2019 war Bairlein Direktor des Instituts für Vogelforschung „Vogelwarte Helgoland" in Wilhelmshaven. Seit 1982 ist er Professor für Zoologie an der Universität Oldenburg. Seit 2017 ist Bairlein Adjunct Professor am Centre of Excellence in Biodiversity der Rajiv Gandhi University in Itanagar, Arunachal Pradesh, Indien, und seit 2020 Fellow der Max-Planck-Gesellschaft am Max Planck Institut für Verhaltensbiologie in Radolfzell. Sein Forschungsschwerpunkt ist die Vogelzugforschung. Forschungsreisen führten ihn u.a. in viele Teile Afrikas, nach Alaska und in die kanadische Arktis. Für seine Forschungen wurde Bairlein vielfach ausgezeichnet, so mit dem „Heinz-Meier-Leibnitz-Preis" der Deutschen Forschungsgemeinschaft, dem „Ornithologen-Preis" der Deutsche Ornithologen-Gesellschaft, der „Konrad Lorenz Medallie" der Konrad-Lorenz-Gesellschaft und dem „Marsh Award for International Ornithology" des British Trust for Ornithology. Bairlein war und ist in zahlreichen nationalen und internationalen wissenschaftlichen Gesellschaften und Gremien aktiv. So war er von 1996 bis 2004 Mitglied und Sprecher des Fachausschusses Zoologie der Deutschen Forschungsgemeinschaft, von 2002 bis 2012 Präsident der Deutschen Ornithologen-Gesellschaft, deren Ehrenpräsident er heute ist, von 2007 bis 2019 Präsident der „European Union for Bird Ringing (EURING)" und von 2010 bis 2014 Präsident der „International Ornithologists' Union (IOU)" oder ist seit 2012 Mitglied der Steuergruppe des „African-Eurasian Migratory Landbirds Action Plan" der UNEP/CMS, seit 2014 Mitglied des wissenschaftliches Beirates des Landesbundes für Vogelschutz in Bayern, seit 2019 Vorstandsmitglied des Deutscher Rates für Vogelschutz und seit 2020 Mitglied des wissenschaftlichen Beirates der Ornithologischen Gesellschaft Bayern. Seit 1998 ist er Herausgeber des „Journal of Ornithology" der Deutschen Ornithologen-Gesellschaft und seit 2015 Mitarbeiter bei „Der Falke". (mehr s. https://ifv-vogelwarte.de/das-institut/personal/prof-dr-franz-bairlein)